CENTRALES ELÉCTRICAS DE ENERGÍAS RENOVABLES

CENTRALES ELÉCTRICAS DE ENERGÍAS RENOVABLES

Coordinadores

José Luis Rodríguez Amenedo
Universidad Carlos III de Madrid

Santiago Arnaltes Gómez
Universidad Carlos III de Madrid

Juan Ignacio Pérez Díaz
Universidad Politécnica de Madrid

Antonio Acosta Iborra
Universidad Carlos III de Madrid

CENTRALES ELÉCTRICAS DE ENERGÍAS RENOVABLES

José Luis Rodríguez Amenedo; Santiago Arnaltes Gómez; Juan Ignacio Pérez Díaz; Antonio Acosta Iborra

ISBN: 978-84-1728-971-3

IBERGARCETA PUBLICACIONES, S.L., Madrid, 2025

Edición: 1.ª

Nº de páginas: 778

Formato: 17 × 24 cm.

Materia Thema: THY Generación, distribución y almacenamiento de energía

Centrales Eléctricas de Energías Renovables

ISBN: 978-84-1728-971-3

Imagen de portada: cortesía de PV_EOLICA

Edición: 1.ª.

Impresión: 1.ª

Depósito legal: M-5410-2025

Impresión:

OI: XXX/2025

IMPRESO EN ESPAÑA-*PRINTED IN SPAIN*

Dedicado a nuestras familias

"Todo llega a quien se apresura mientras espera"

Thomas Alva Edison (1847-1931)

Contenido

Acerca de los autores

Acosta Iborra, Antonio. Ingeniero industrial (2000) y doctor en tecnologías industriales (2004) por la Universidad Carlos III de Madrid. Desde el inicio, ha enfocado su carrera a la docencia e investigación en ingeniería térmica. Sus principales líneas de investigación son la simulación y el análisis de receptores solares, lechos fluidizados, e intercambiadores de calor, entre otros sistemas térmicos. Actualmente es catedrático de Máquinas y Motores Térmicos en el departamento de Ingeniería Térmica de la Universidad Carlos III de Madrid.

Arnaltes Gómez, Santiago. Ingeniero industrial (1989) y doctor ingeniero industrial (1993) por la Escuela Técnica Superior de Ingenieros Industriales de Madrid. En la actualidad es catedrático de Ingeniería Eléctrica de la Universidad Carlos III de Madrid.

Chinchilla Sánchez, Mónica. Ingeniera industrial por la Escuela Técnica Superior de Ingenieros Industriales de Madrid (1996) y doctora ingeniera industrial por la Universidad Carlos III de Madrid (2001). Profesora de Energía Solar Fotovoltaica en titulaciones de grado y máster de la Universidad Carlos III de Madrid desde 2001, donde actualmente es vicerrectora adjunta en Infraestructuras/Energía.

De Vega Blázquez, Mercedes. Ingeniera industrial por la Universidad Politécnica de Madrid (UPM) e ingeniera superior por la Ecole Centrale de Marseille (1991). Tras dos años y medio trabajando como ingeniera de sistemas en Empresarios Agrupados (Madrid), obtuvo una beca concedida por el Ministerio de Universidades e Investigación en la Escuela Técnica Superior de Ingenieros Aeronáuticos de la Universidad Politécnica de Madrid. Presentó su tesis doctoral en la Universidad Carlos III de Madrid en 1998. En la actualidad es catedrática del departamento de Ingeniería Térmica de la Universidad Carlos III de Madrid.

Granizo Arrabé, Ricardo. Ingeniero técnico industrial por la Escuela Universitaria de Ingeniería Técnica Industrial de la UPM (1992), Máster en ingeniería eléctrica por la UPM (2011) y doctor en ingeniería eléctrica por la UPM (2018). Ha trabajado como formador en la ingeniería CIDESPA y como director técnico de Sistemas de Protección y Control en la empresa alemana SEG (1996-2007). En la actualidad es profesor contratado doctor en la ETS de Ingeniería y Diseño Industrial de la Universidad Politécnica de Madrid.

Martínez de Lucas, Guillermo. Ingeniero de caminos, canales y puertos por la Universidad Politécnica de Madrid (2013) y doctor por la misma universidad (2018). graduado en administración y dirección de empresas por la Universidad Nacional de Educación a Distancia (2018). Ha trabajado desde 2014 en la simulación y el control de centrales hidroeléctricas, ocupando distintos puestos de investigador y profesor en la Universidad Politécnica de Madrid y realizando sendas estancias doctorales en el Centro de Desarrollo de Energías Renovables (CIEMAT) y en la Universidad de Padua. En la actualidad es profesor contratado doctor en el departamento de Ingeniería Civil: Hidráulica, Energía y Medio Ambiente de la Universidad Politécnica de Madrid.

Marugán Cruz, Carolina. Ingeniera industrial (2004) y doctora en ingeniería matemática (2008) por la Universidad Carlos III de Madrid. En la actualidad es profesora titular del departamento de Ingeniería Térmica y de Fluidos de la Universidad Carlos III de Madrid y su línea principal de investigación es la energía solar de concentración.

Pérez Díaz, Juan Ignacio. Ingeniero de caminos, canales y puertos por la Universidad Politécnica de Madrid (2004) y doctor por la misma universidad, con una tesis doctoral titulada "*Modelos de explotación a corto plazo de centrales hidroeléctricas: Aplicación a la generación hidroeléctrica con velocidad variable*" (2008). Ha trabajado desde 2003 en la programación de la generación, la simulación y el control de centrales hidroeléctricas, ocupando distintos puestos de investigador y profesor en la Universidad Politécnica de Madrid. Ha realizado estancias posdoctorales en la Universidad noruega de Ciencia y Tecnología, en la Universidad de Padua y en la Universidad Técnica de Graz. En la actualidad es catedrático de Ingeniería Eléctrica en la Universidad Politécnica de Madrid.

Rebollal Jordán, David. Ingeniero eléctrico (2014), máster en energías renovables en sistemas eléctricos (2016) y doctor en ingeniería eléctrica, electrónica y automática (2023) por la Escuela Politécnica Superior de la Universidad Carlos III de Madrid. Ha trabajado como responsable técnico en Santos Maquinaria Eléctrica (2015-2016) y en Acciona Energía como técnico del departamento de Microrredes y Almacenamiento (2021-2024). En la actualidad es responsable técnico en el departamento de Integración Energética, Microrredes y Almacenamiento en Acciona Energía.

Rodríguez Amenedo, José Luis. Ingeniero industrial por la Escuela Técnica Superior de Ingenieros Industriales de Madrid (1995) y doctor ingeniero industrial por la Universidad Carlos III de Madrid (2000). Ha trabajado en Iberdrola Ingeniería y Construcción como responsable de tecnología de aerogeneradores (1999-2000) y en Iberdrola Renovables como responsable de parques eólicos (2001-2003). En la actualidad es catedrático de Ingeniería Eléctrica de la Universidad Carlos III de Madrid.

Sánchez Delgado, Sergio. Ingeniero industrial (2005) y doctor en ingeniería mecánica y organización industrial (2010) por la Universidad Carlos III de Madrid. Actualmente es catedrático de universidad en el departamento de Ingeniería Térmica y de Fluidos en el área de Máquinas y Motores Térmicos de la Universidad Carlos III de Madrid. Su investigación está orientada al estudio de sistemas de generación de calor de proceso mediante energía renovable y al almacenamiento de energía térmica.

Sarasúa Moreno, José Ignacio. Ingeniero de caminos, canales y puertos por la Universidad Politécnica de Madrid (2001) y doctor por la misma universidad (2009). Ha trabajado desde 2003 en el modelado, control y estudio dinámico de centrales hidroeléctricas y de sistemas eléctricos con alta penetración renovable. Ha ocupado desde entonces puestos docentes e investigadores en la Universidad Alfonso X el Sabio y desde 2011 en la Universidad Politécnica de Madrid, donde en la actualidad ocupa una plaza de profesor titular.

Prólogo

La energía eléctrica es sinónimo de progreso. Desde sus primeros usos industriales a finales del siglo XIX, el crecimiento del consumo de electricidad ha ido parejo al crecimiento económico de las sociedades. Por otro lado, se puede decir que las centrales eléctricas son el corazón de los sistemas eléctricos. Efectivamente, las centrales eléctricas *bombean* la energía eléctrica, para que ésta fluya a través de los sistemas de transporte y distribución y llegue a los consumidores finales. El nombre de *central* deriva del hecho de que las primeras centrales eléctricas se situaban en el centro geográfico del conjunto de cargas, con el fin de disminuir las pérdidas y caídas de tensión en la distribución de la electricidad. Así, la primera central eléctrica comercial fue la central de Pearl Street, en Manhattan, Nueva York (NY), en 1881. Pertenecía a la compañía de Edison y era una central térmica de carbón que usaba un generador de corriente continua (dinamo) de 100 kW para suministrar electricidad a 110 V, para la iluminación de más de mil lámparas en un área de hasta una milla de radio.

La necesidad de aprovechar otras fuentes de energía allá donde éstas se encuentren, como la energía hidráulica, hizo necesario el transporte de energía eléctrica a grandes distancias y fue la causa de que los sistemas de corriente alterna se impusieran sobre los sistemas de corriente continua. Así se puso de relieve en el concurso internacional en 1892 para suministrar electricidad a la ciudad de Búfalo (NY) desde las cataratas del Niágara. El concurso quedó desierto, y en 1893 la comisión pidió a Westinghouse desarrollar un sistema de corriente alterna para el proyecto. Desarrollado por Nikola Testa, el enlace de corriente alterna de 32 km de longitud se puso en funcionamiento en 1896, marcando el primer gran hito del desarrollo de los sistemas eléctricos actuales. El sistema incluía generadores de corriente alterna bifásicos de 5000 CV (un orden de magnitud mayor que los desarrollados hasta la fecha), 25 Hz y 2200 V, transformadores elevadores trifásicos con conexión Scott a 11 000 V, línea de transporte, transformadores reductores, motores industriales de inducción y síncronos, así como convertidores rotativos de corriente continua.

Desde entonces, la forma en que se genera la energía eléctrica ha sufrido una profunda transformación, especialmente en los últimos años, motivada por la necesidad de descarbonizar el sistema eléctrico. Además de las centrales eléctricas convencionales, hidráulicas y térmicas, otros tipos de centrales han sido desplegadas en el sistema eléctrico. Por orden de capacidad instalada, hay que resaltar las centrales eólicas y fotovoltaicas. Pero también, las de ciclos combinados de gas natural y las centrales térmicas solares, de biomasa y de geotermia. Además, los sistemas de generación fotovoltaica y también, en gran medida, los eólicos, utilizan para la conexión a la red convertidores estáticos de electrónica de potencia, lo que motiva la necesidad del estudio de este tipo de convertidor como un componente relevante de estas centrales de generación eléctrica.

El *mix* energético del sistema eléctrico español puede considerarse un ejemplo paradigmático del cambio significativo sufrido desde principios del siglo XXI. Según datos de Red Eléctrica de España, a fecha de la edición de este prólogo, de un total de 128 GW de potencia de generación instalada, los sistemas de generación eólica y fotovoltaica representan un 50 %, con 32 GW de potencia eólica y otros tantos de potencia fotovoltaica, lo que supone un crecimiento espectacular de estas formas de generación eléctrica. Otros sistemas de generación, como las centrales hidroeléctricas convencionales y de bombeo no han sufrido cambio alguno en cuanto a la potencia instalada, manteniéndose los 17 GW y 3,3 GW, respectivamente, que había instalados hace dos décadas. En cuanto a las centrales de generación térmica, el resultado es muy dispar. La generación nuclear instalada ha sufrido un ligero descenso, siendo la potencia instalada a día de hoy ligeramente superior a los 7 GW. Por otro lado, la capacidad de generación térmica de carbón sí ha sufrido un descenso considerable, pasando de los 11 GW de hace dos décadas a sólo 2 GW en la actualidad. En cuanto a la solar termoeléctrica, aunque sufrió un considerable incremento en la primera década de los años 2000, desde 2013 no se han puesto en servicio nuevas instalaciones, manteniéndose en 2,3 GW de capacidad instalada. Lo mismo cabe decir de los ciclos combinados; tras sufrir un fuerte incremento en la primera década del siglo XXI, desde 2010 no se han puesto en servicio nuevas instalaciones, manteniéndose en 24,5 GW de potencia instalada desde entonces. La situación es la misma con la cogeneración, donde se mantienen los 5,5 GW que había instalados hace dos décadas.

En cuanto a las previsiones de futuro, según el PNIEC (Plan Nacional Integrado de Energía y Clima), en el horizonte 2030, el parque generador crecerá hasta los 214 GW, destacando la fotovoltaica y la eólica, con 76 GW y 62 GW de potencia instalada, respectivamente. También hay previsión de crecimiento de la generación solar termoeléctrica y de la biomasa, hasta los 4,8 GW y 1,4 GW, respectivamente. Por otro lado, no hay previsión de crecimiento de la hidráulica ni de los ciclos combinados; además se espera el cierre de todas las plantas térmicas de carbón y de cuatro centrales nucleares, quedando en funcionamiento sólo tres grupos, que supondrán algo más de 3 GW de potencia nuclear conectada al sistema eléctrico peninsular. Además, aunque no se contempla un crecimiento del bombeo, sí se prevé un fuerte crecimiento del almacenamiento en baterías electroquímicas, totalizando una capacidad instalada de 19 GW de almacenamiento eléctrico. Con este *mix* energético se espera que en el citado horizonte de 2030, el 81 % de la electricidad suministrada sea de origen renovable.

Son precisamente estos cambios lo que han motivado la edición de esta obra, añadiendo al estudio de las centrales hidroeléctricas y térmicas, las centrales eólicas y fotovoltaicas. En el capítulo de generadores eléctricos, además de las máquinas eléctricas rotativas, que realizan la conversión de energía mecánica en eléctrica, se ha considerado conveniente tratar los convertidores estáticos de electrónica de potencia, utilizados para la conexión a red de generadores fotovoltaicos y eólicos, como ya se señaló anteriormente.

En el Capítulo 1 se aborda el estudio de las centrales hidroeléctricas. Se describen los componentes de una central hidroeléctrica y se profundiza en el estudio de las máquinas hidráulicas y del sistema de regulación de potencia. También se abordan los transitorios hidráulicos en las conducciones y se obtiene el modelo dinámico de centrales hidroeléctricas.

El Capítulo 2 trata sobre las centrales térmicas. Además del estudio detallado de los ciclos de las turbinas de vapor y de gas, se ha considerado conveniente abordar el estudio de las centrales térmicas renovables, de geotermia, biomasa y solar, por su aportación tan significativa al objetivo de descarbonización de los sistemas eléctricos.

En el Capítulo 3 se consideran las centrales solares fotovoltaicas. Se estudia el recurso solar y la conversión de la radiación solar en energía eléctrica por las células fotovoltaicas. Se describen las diferentes tecnologías de células fotovoltaicas y su agrupación hasta formar el módulo fotovoltaico. Se analizan los seguidores solares, que permiten aumentar la producción de electricidad de un campo fotovoltaico. Continúa el capítulo con el estudio de los inversores fotovoltaicos, que realizan la conversión de la energía eléctrica producida por los módulos en forma de corriente continua a corriente alterna para su inyección a la red eléctrica. Se realiza seguidamente un ejercicio de dimensionado de un parque fotovoltaico y termina el capítulo con el estudio del autoconsumo fotovoltaico.

El Capítulo 4 se dedica a los parques eólicos. Se estudian los principios de la conversión de la energía eólica en energía mecánica por medio de la turbina eólica, así como su posterior conversión en energía eléctrica por el generador eléctrico. Se describen detalladamente los componentes de un aerogenerador. Se presentan sus esquemas de control de velocidad variable y se muestran ejemplos numéricos de su operación. Además, se detalla el modelo dinámico empleado para estudios de integración en la red eléctrica. El capítulo se completa con la descripción de un parque eólico como unidad básica de generación, el cual está formado por la agrupación de un número de turbinas eólicas conectadas en paralelo a un punto de conexión a la red a la que vierten la energía generada. Se analizan en detalle los parques eólicos terrestres y también los que se instalan en el mar (parques eólicos *offshore*). Para finalizar el capítulo se presenta un ejemplo de cálculo de producción energética de un parque eólico, así como su evaluación económica.

En el Capítulo 5 se estudian los generadores eléctricos. Desde el punto de vista eléctrico, el generador es el elemento principal de una central eléctrica. Se estudian los generadores eléctricos rotativos: síncronos y asíncronos, así como los convertidores estáticos, utilizados en los sistemas de generación fotovoltaica y en los generadores de velocidad variable, empleados en los aerogeneradores y a veces, también en centrales hidroeléctricas. Efectivamente, los generadores eléctricos de las centrales convencionales funcionan a velocidad constante (o prácticamente constante en el caso del generador asíncrono), cuando se conectan a una red de frecuencia fija. No obstante, estos generadores operan a velocidad variable cuando se alimentan a frecuencia variable por medio de convertidores estáticos. Todos estos temas se tratan en profundidad en los apartados correspondientes de este capítulo.

Para finalizar, el Capítulo 6 se dedica a los sistemas aislados de generación, ejemplarizados en el caso de la isla de El Hierro, en las Islas Canarias. Como se relató anteriormente, los sistemas eléctricos comenzaron como pequeños sistemas aislados, que con el paso del tiempo se fueron interconectando. No obstante, fundamentalmente por motivos geográficos, como en el caso de islas o zonas remotas, los sistemas de generación siguen siendo aislados. Es por ello que se ha considerado conveniente añadir un capítulo dedicado a este tipo de sistemas. El capítulo comienza con la descripción del sistema eléctrico de la isla de El Hierro, que además presenta la peculiaridad de presentar una alta penetración de renovables gracias a un central de bombeo alimentada por un parque eólico, por lo que su operación es particularmente singular. Se describe el funcionamiento de la central hidroeólica de Gorona del Viento, se presenta el modelo dinámico del sistema y su estrategia de regulación de frecuencia para mantener el balance entre generación y carga, con la máxima penetración de renovables. El capítulo termina con un apartado de interesantes conclusiones sobre las lecciones aprendidas en la operación de un sistema tan singular como el de la isla del Hierro.

Por último, cabe destacar que todos los capítulos incorporan ejemplos de aplicación numéricos con el objeto de que el lector pueda evaluar cuantitativamente los conocimientos adquiridos en la lectura y estudio de este libro.

Los Autores

Madrid, enero de 2025

Agradecimientos

Los autores queremos expresar nuestro agradecimiento a todas las personas que han hecho posible la publicación de esta obra. En particular, deseamos manifestar nuestro más sincero agradecimiento al profesor Rafael Pérez Álvarez por la meticulosa y profesional elaboración de las figuras del Capítulo 2.

Asimismo, en el desarrollo del Capítulo 6, la empresa Gorona del Viento El Hierro, SA, ha facilitado las series de velocidades de viento y potencia del parque eólico de Gorona del Viento. Una parte de los datos facilitados se ha utilizado para elaborar las Figuras 6.9, 6.10 y 6.24 y como dato de entrada a los modelos de simulación con los que se han llevado a cabo las simulaciones cuyos resultados se presentan en el Apartado 6.4.

Además, los resultados mostrados en el Capítulo 6 se han obtenido gracias a la participación de los autores D. Juan Ignacio Pérez Díaz, D. José Ignacio Sarasúa Moreno y D. Guillermo Martínez de Lucas en los siguientes proyectos de investigación:

1. Entidad financiadora: MICIU/AEI/10.13039/501100011033 and FEDER, EU.
   Proyecto: PID2021-126082OB-C22.
2. Entidad financiadora: MICIU/AEI/10.13039/501100011033/Unión Europea NextGenerationEU/PRTR.
   Proyecto: TED2021-132794B-C21.
3. Entidad financiadora: Ministerio de Economía y Competitividad.
   Proyecto: ENE2016-77951-R.

Quisiéramos también agradecer a Dª Concepción Fernández Madrid la oportunidad de publicar este trabajo en la Editorial Garceta grupo editorial, su profesionalidad y constante apoyo durante los más de cuatro años que ha durado la elaboración de esta obra han sido decisivos para que finalmente vea la luz.

Capítulo 1

CENTRALES HIDROELÉCTRICAS

Juan Ignacio Pérez Díaz
Universidad Politécnica de Madrid

José Ignacio Sarasua Moreno
Universidad Politécnica de Madrid

Guillermo Martínez de Lucas
Universidad Politécnica de Madrid

Índice del capítulo

1.1. COMPONENTES DE UNA CENTRAL HIDROELÉCTRICA

Una **central hidroeléctrica** permite obtener energía eléctrica a partir del agua que circula por un tramo de río, delimitado por dos puntos o secciones, inicial y final. Entre ambos se disponen diferentes componentes hidráulicos, mecánicos y eléctricos que posibilitan que la energía con la que el agua erosionaba y transportaba sedimentos sea transformada en energía eléctrica. La energía del agua en los puntos inicial y final se estima mediante el trinomio de Bernoulli, Ecuación (1.1), expresada en metros. En la Figura 1.1 se observa un esquema de un tramo de un curso de agua en lámina libre para facilitar la interpretación de las variables de la Ecuación (1.1).

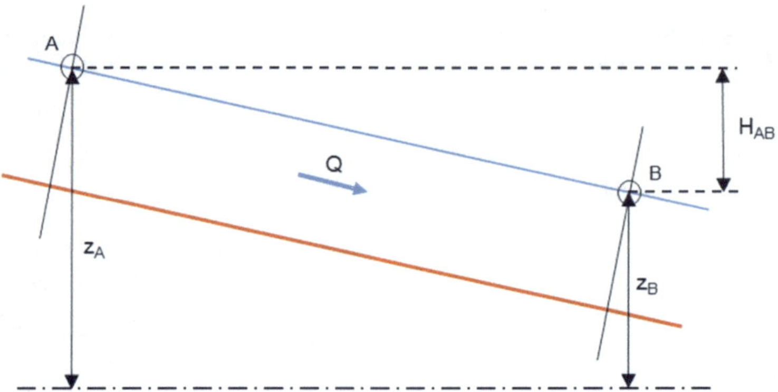

Figura 1.1. Esquema de un tramo de un curso de agua en lámina libre

$$E_A - E_B = \left(\frac{P_A}{\gamma} + z_A + \frac{v_A^2}{2g} \right) - \left(\frac{P_B}{\gamma} + z_B + \frac{v_B^2}{2g} \right) = H_{AB} \tag{1.1}$$

De modo que la energía en la superficie del agua en una sección de un curso abierto depende de la cota a la que se encuentra la superficie del agua, la velocidad del agua y la presión atmosférica. La máxima energía disponible en el tramo de río, su potencial bruto, resulta de la diferencia entre la energía del agua en los puntos inicial y final. Si se supone que la presión, P_A y P_B, es similar en ambos puntos y que la velocidad del agua v es reducida, lo cual es asumible en la mayoría de los ríos, se puede afirmar que la diferencia de energía potencial del agua determina la energía disponible en el tramo de río definido.

Una de las principales características que definen a las centrales hidroeléctricas es que su diseño está completamente condicionado por multitud de factores (topográficos, foronómicos, medioambientales, sociales, económicos, etc.), de modo que no existen dos centrales hidroeléctricas iguales y su diversidad es extraordinaria. Así, conviven minicentrales que no superan el MW de potencia instalada con grandes centrales que cuentan con miles de MW de potencia (la central con mayor potencia instalada, 22.500 MW, es la central china de Las Tres Gargantas). También hay centrales con embalses que ocupan todo el tramo de río, mientras que otras apenas disponen de un pequeño azud. De forma general puede decirse que toda central hidroeléctrica está compuesta por tres partes: el embalse del que se toma el agua, el edificio de la central en el que se produce propiamente la conversión de energía y las conducciones hidráulicas que comunican el embalse con las turbinas ubicadas en el edificio de la central. El concepto **edificio** también incluye la caverna excavada en aquellas centrales que son subterráneas. A continuación, se describen brevemente estos elementos.

El primer componente, en el sentido de circulación del agua, de toda central hidroeléctrica es una obra en el cauce del río. En unas ocasiones un pequeño azud con muy poca capacidad que tiene reducidos costes e impacto ambiental. En otras ocasiones se construye una gran presa que además de la labor de captación de agua tiene la misión de almacenar el recurso. De este modo se puede regular y gestionar el agua, condición indispensable cuando la variabilidad de caudales a lo largo del año es considerable como ocurre en gran parte de los ríos españoles. Es importante señalar el hecho de que el uso hidroeléctrico del agua del embalse es compatible con otros usos como pueden ser el abastecimiento o el regadío, dado que la central hidroeléctrica no consume agua durante su turbinación ni altera sus propiedades. Por tanto, el aprovechamiento energético del agua embalsada puede ser un incentivo que permita financiar grandes obras hidráulicas destinadas al desarrollo socioeconómico de una región.

En el embalse se ubica la toma o interfaz entre el embalse y las conducciones. La toma, además de captar el caudal y derivarlo hacia las conducciones, está dotada de rejas que evitan la entrada de sólidos. La toma también está provista de compuertas, que permiten aislar las conducciones para las labores de inspección y mantenimiento. La toma puede ser superficial o en profundidad. En el primer caso tiene importancia la limpieza de las rejas dado que los sólidos, normalmente de origen vegetal y arrastrados por el agua, pueden obstruir la entrada a las conducciones. Si la toma es en profundidad se debe tener en cuenta que las compuertas, cuando están cerradas, deben soportar la altura de presión del agua. En ambos casos se debe garantizar que la velocidad con la que el agua accede a la toma sea reducida permitiendo a los peces y otros animales acuáticos poder escapar de la succión.

Entre la toma y la casa de máquinas se disponen las conducciones hidráulicas que presentan diferentes tipologías y materiales. Básicamente existen tres posibles configuraciones hidráulicas para las conducciones, Figura 1.2.

a) A pie de presa: cuenta con una tubería en presión, llamada *tubería forzada*, que conecta la toma directamente con la turbina.

b) En derivación en presión: equipada con una conducción que parte de la toma hasta la denominada *chimenea de equilibrio*. Entre la chimenea y la turbina se dispone una tubería forzada semejante a la indicada en la configuración anterior.

c) **En derivación en lámina en libre:** cuenta con un canal que parte de la toma, normalmente en superficie y que desemboca en un depósito almacenador denominado *cámara de carga*. Esta cámara finalmente se conecta con la turbina mediante una tubería forzada similar a la de las configuraciones anteriores. En este caso el embalse no aporta regulación, sino que facilita la derivación de agua al canal.

Las tres configuraciones además deben incluir las conducciones que transportan el agua una vez que ha pasado a través de la turbina hasta la zona en la que se restituye al río, denominada descarga. Cuando esta conducción en presión tiene gran longitud entonces se suele disponer de una chimenea de equilibrio inmediatamente aguas abajo de la turbina, tal como se indica en la Figura 1.2d.

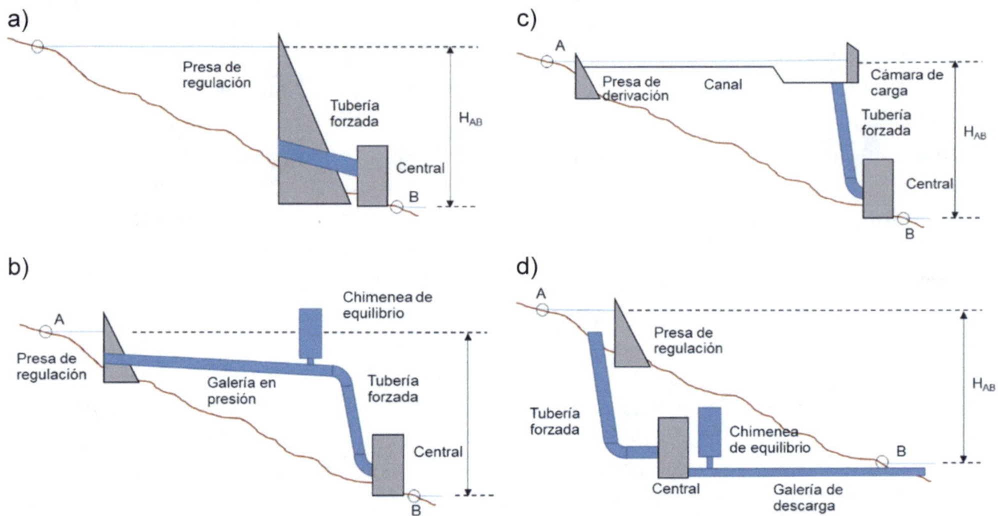

Figura 1.2. Esquemas de centrales hidroeléctricas con configuración a) a pie de presa; b) en derivación en lámina libre; c) en derivación en presión; d) en derivación en presión con chimenea de equilibrio en la descarga

La tubería forzada es, junto con las conducciones de descarga, el elemento común a todas las configuraciones. Esta conducción, que alimenta directamente las turbinas, debe soportar la presión manométrica del agua, que puede ser muy elevada en las proximidades de la turbina en los casos de centrales cuyo desnivel entre toma y descarga sea importante. Esta presión se ve incrementada durante las maniobras de apertura y cierre del elemento regulador de caudal de las turbinas que provocan el conocido como *golpe de ariete*. Las variaciones de presión que de forma prácticamente instantánea se producen por una disminución o aumento brusco del caudal turbinado pueden llegar a duplicar la presión en la tubería forzada o a reducirla hasta valores menores que la presión atmosférica. Así, un cierre brusco y completo del distribuidor que regula el caudal de entrada en la turbina produce que toda la energía cinética del agua contenida en la tubería se convierta en presión. El material con que se diseñan estas conducciones es habitualmente acero de alta calidad. Este es capaz de resistir las solicitaciones expuestas además de presentar poca rugosidad, lo que permite reducir las pérdidas de carga por rozamiento que empeoran el rendimiento de la central. En centrales con poco salto y tuberías forzadas de longitud reducida se pueden emplear otros materiales como el hormigón prefabricado.

La tubería forzada puede discurrir en superficie o enterrada en una zanja, lo que disminuye el impacto en el medio, pero dificulta enormemente su inspección y mantenimiento. Estas labores son importantes en el caso de las tuberías de acero dado que su deterioro a lo largo de su vida útil es importante y debe minimizarse mediante tratamientos anticorrosivos consistentes en capas de pintura interior y exterior, si es posible. Cuando el edificio de la central está ubicado a pie de una presa de hormigón la tubería forzada puede discurrir embebida en el hormigón atravesando el dique. En otras ocasiones la tubería forzada se excava a través de un macizo rocoso como en el caso de las centrales subterráneas. En los casos de tuberías embebidas en hormigón o excavadas, el hormigón o el macizo rocoso contribuyen a resistir la presión del agua de modo que el espesor de la tubería forzada se reduce.

Respecto al número de tuberías forzadas existe la posibilidad de disponer una tubería forzada por cada una de las turbinas que formen parte de la central o la de emplear una única tubería forzada que se bifurque en las proximidades del edificio de la central. A pesar de que construir varias tuberías forzadas implica un sobrecoste frente a la única tubería, esta solución evita la implantación de piezas especiales en las bifurcaciones que presentan múltiples dificultades constructivas además de independizar las turbinas hidráulicamente entre sí. La primera opción suele adoptarse cuando las tuberías presentan longitudes reducidas y el sobrecoste no es excesivo, lo que sucede en centrales a pie de presa.

Uno de los factores que más afecta negativamente a las variaciones de presión ocasionadas por el golpe de ariete es la longitud de la tubería forzada. En ocasiones unir directamente la toma con las turbinas, si están muy alejadas, resulta muy inconveniente desde el punto de vista económico debido al coste que requiere una tubería forzada de gran longitud con un espesor capaz de soportar un elevado golpe de ariete. En estos casos se dispone un depósito almacenador, conocido como chimenea de equilibrio, lo más próximo posible al edificio de la central. La conducción en presión queda dividida en dos, la tubería forzada entre la turbina y la chimenea y la galería en presión entre la toma y la chimenea. De esta forma el golpe de ariete queda confinado en la tubería forzada, siendo poco severo dada la escasa longitud de la misma. En cambio, toda la energía cinética contenida en el agua de la galería cuando se produce el cierre del distribuidor se transforma en energía potencial en la chimenea, cuyo nivel de agua comienza a crecer. A partir de este instante se produce un fenómeno de oscilación en masa entre la chimenea y el embalse. Durante la puesta en marcha de las turbinas el fenómeno es inverso. El nivel del agua en la chimenea desciende, perdiendo energía potencial necesaria para dotar de movimiento a la masa de agua contenida en la galería en presión. La chimenea de equilibrio permite por tanto absorber las diferencias de caudales entre la tubería forzada y la galería en presión limitando las variaciones de presión en las conducciones.

La galería en presión es una conducción normalmente excavada y revestida de hormigón, dado que el principal esfuerzo que debe soportar es la presión manométrica del agua. La longitud de esta galería puede ser considerable superando en muchas ocasiones los 10 km de longitud, partiendo de una toma normalmente en profundidad. En su diseño y construcción la geología y la geotecnia del terreno juegan un papel decisivo. Si el macizo rocoso que se atraviesa es suficientemente competente incluso se puede prescindir del revestimiento, aunque esto aumenta considerablemente las pérdidas de carga dado que el rozamiento del agua con las paredes de roca del tubo es mayor.

La tercera configuración de las conducciones resulta de sustituir la galería en presión por un canal por el que circula el agua desde la toma en lámina libre. En este caso, entre la tubería forzada y el canal se dispone un depósito denominado cámara de carga. El cometido que tiene la cámara es facilitar el paso del régimen en lámina libre del canal al presurizado de la tubería forzada. Además, en la cámara se produce el ajuste entre el caudal fluyente procedente del canal y el turbinado. Este ajuste es crítico en las maniobras de arranque y parada. Si el distribuidor que gobierna la entrada de agua en las turbinas cierra bruscamente el nivel en la cámara de carga comenzará a subir. A diferencia de las configuraciones con conducciones en presión, el canal en lámina libre no ve reducido su caudal en esta situación. Para que esto ocurra es necesario que se manipule la compuerta situada en la toma, aguas arriba del canal. De modo que la cámara debe tener un volumen necesario para contener el agua del canal o disponer de órganos de desagüe, generalmente aliviaderos de labio fijo, que permitan evacuar el exceso de agua procedente del canal y reconducirlo al río de forma segura. En el caso de la puesta en marcha, esta puede hacerse de manera escalonada de modo que se abre la compuerta en la toma y el caudal turbinado va aumentando conforme lo hace el caudal que llega a la cámara procedente del canal.

En ciertas ocasiones, se dimensiona la cámara de carga con un volumen tal que permita cierta regulación diaria o incluso semanal. De este modo el caudal que se deriva del río a través del canal continuo y constante se almacena en la cámara. El volumen de agua acumulado se turbina en pocas horas, concentrando la producción en los momentos del día que maximicen los ingresos de la central, o resulten más interesantes por diferentes motivos al propietario de la planta. Los beneficios de la regulación deben compensar el coste de la construcción de una cámara de carga de grandes dimensiones, que en ocasiones es difícil de implantar. Además, el caudal que se turbina lógicamente es mayor que el del canal de modo que los equipos de conversión de energía (turbina y alternador) deben ser mayores lo que encarece más la inversión inicial.

En el edificio de la central o casa de máquinas, es donde tiene lugar propiamente la obtención de energía eléctrica a partir de la energía del agua. Este proceso tiene fundamentalmente dos partes. En un primer momento el agua pasa a través de la turbina, máquina hidráulica, transmitiendo toda su energía salvo la necesaria para poder llegar de nuevo hasta el río en la descarga. En la turbina la energía del agua se transforma en energía mecánica, es decir se aplica un par a un eje girando a una velocidad angular constante. Esta energía antiguamente se empleaba para moler grano, mover maquinaria industrial, etc. El par mecánico se comunica a través del eje al rotor del alternador, en el que una parte de la energía mecánica se transforma en energía eléctrica[1]. La turbina y al alternador forman lo que se denomina *grupo hidroeléctrico*. La regulación del caudal que circula por la turbina se realiza a través de un dispositivo mecánico (distribuidor o inyector), cuyo principio de funcionamiento varía en función del tipo de turbina. La tensión de la corriente alterna generada en la máquina eléctrica normalmente es reducida, de modo que para posibilitar su transporte hacia los lugares de consumo se dispone de un transformador por grupo, aunque en ocasiones varios grupos pueden compartir un mismo transformador.

En el edificio de la central además se encuentran los equipos y sistemas auxiliares. Entre los más importantes se pueden citar: las válvulas y compuertas del circuito hidráulico principal, los equipos de elevación, los sistemas de refrigeración, las bombas de achique, el sistema de drenaje, los compresores, el sistema de ventilación y el de protección contra incendios.

Las conducciones de descarga desde la turbina hasta la zona de restitución al río suelen ser de reducida longitud y el agua discurre por ellas normalmente en presión. Sin embargo, en ocasiones los condicionantes externos obligan a que la central se encuentre muy alejada de la descarga. En estos casos puede ser necesaria la implantación de una chimenea de equilibrio próxima a las turbinas, aguas abajo de las mismas, para evitar en este caso presiones tan bajas que produzcan el colapso estructural de la tubería o cavitación.

Las centrales a pie de presa suelen ser la mejor opción en los tramos medios y bajo de los ríos. La presa se ubica inmediatamente aguas arriba de la descarga y remansa el agua hasta el punto inicial del tramo de río que queda ubicado en la cola del embalse. Dado que la pendiente del río es reducida el volumen de agua almacenado por cada metro de altura de la presa es elevado. Las centrales de mayor potencia instalada a nivel mundial adoptan esta configuración.

En tramos altos de los ríos alejar el edificio de la central de la presa puede suponer incrementar considerablemente el desnivel geométrico entre la superficie del agua en el embalse y la zona de descarga, es decir, la energía disponible. Las centrales en derivación, como se ha indicado anteriormente pueden diseñarse con un canal y cámara de carga o con conducciones en presión y chimenea de equilibrio. La primera opción resulta mucho más ventajosa desde el punto de vista económico, pero presenta varios inconvenientes. El primero es que dado que la toma es superficial no se puede aprovechar la capacidad de almacenamiento del embalse. Lo cual implica que estas centrales únicamente son viables en tramos de ríos que mantengan un caudal mínimo a lo largo del todo el año ya sea por condiciones naturales o porque estén regulados por otro embalse aguas arriba del tramo. Las centrales en derivación con conducciones en presión pueden disponer de la toma en profundidad de forma que aprovechan la capacidad de almacenamiento del embalse para gestionar el recurso hídrico disponible. La toma en profundidad permite convertir en energía eléctrica la presión del agua que se encuentra por encima de la toma.

---

[1] Ver capítulo 5 Generadores eléctricos para más detalle.

Otro gran inconveniente de las centrales con canal resulta de la dificultad que entraña adecuar el caudal que circula por el canal al que se está turbinando, dado que para ello es necesario manipular la compuerta que se encuentra aguas arriba del canal. Además, las variaciones de caudal que resultan de su manipulación pueden tardar muchos minutos en manifestarse en la cámara de carga. Sin embargo, en las centrales en derivación en presión las variaciones de caudal en las turbinas se transmiten rápidamente a lo largo de todas las conducciones sin necesidad de regular el caudal.

Las centrales en derivación con canal son normalmente fluyentes, es decir, adaptan su producción al caudal que circula en cada instante por el río. La obra civil necesaria para su implantación es mínima y en muchos casos el canal presenta un uso compartido, normalmente el regadío de las parcelas cercanas a la traza del canal. La reducida inversión inicial presenta el inconveniente de carecer de la capacidad de regular y gestionar el recurso para maximizar los ingresos y de depender de una forma muy directa de la pluviometría para la obtención de energía. Son centrales cuya potencia suele ser reducida, menor de 50 MW y que funcionan muchas horas al año. Por ejemplo, la central fluyente de Murias en el término municipal de Aller, Asturias, cuenta con dos grupos que turbinan 3,5 m^3/s y un salto de 220 m, lo que resulta una potencia instalada de 6,6 MW. El agua captada por la central procede de dos ríos, Negro y Los Tornos, a través de dos canales de 4.770 m y 2.570 m respectivamente que convergen en la cámara de carga. La central produce anualmente cerca de 19.000 MWh [1], lo que supone 2.880 horas equivalentes de funcionamiento a plena carga y muchas más horas de funcionamiento real.

También existen centrales a pie de presa de tipo fluyente. En estos casos se disponen en los tramos medios y bajos de grandes ríos. El desnivel en estas centrales es reducido mientras que el caudal turbinado es elevado lo que hace interesante el emplazamiento desde el punto de vista energético. En España no existen grandes centrales con esta configuración dada la acusada estacionalidad que presentan la mayor parte de los ríos. Por ejemplo, la Central Hidroeléctrica de Xerta en el río Duero dispone de cuatro grupos que turbinan un total de 112 m^3/s y un salto reducido de 5,4 m. La potencia total instalada de es 18 MW que permite obtener al año una potencia de casi 94.000 MWh [1], de modo que las horas equivalentes de funcionamiento a potencia nominal son 5.200. Sin embargo, en otros países con ríos muy caudalosos durante todo el año este tipo de centrales pueden desarrollar potencias superiores a los 1.000 MW. Por ejemplo, la central fluyente de Dalles en el río Columbia, EE. UU., cuenta con 22 grupos cuya potencia total suma 1.878 MW procedentes de un caudal total nominal de 3.380 m^3/s y un salto de 60 m.

En las últimas décadas se ha avanzado notablemente en la legislación medioambiental fluvial. Una de obligaciones que se han impuesto es la de que los embalses, independientemente de su uso, viertan durante todo el año el denominado caudal ecológico, que en muchos casos es un régimen ecológico de caudales, dado que varía a lo largo del año. Esta circunstancia ha posibilitado el desarrollo de muchas centrales hidroeléctricas de poca potencia, ubicadas en las proximidades de las presas, que aprovechan energéticamente el caudal ecológico. Lógicamente el número de horas equivalentes que funcionan estas centrales es elevado alcanzando cifras similares a las fluyentes convencionales.

Las centrales que toman agua de un gran embalse, independientemente que sean a pie de presa o en derivación en presión, pueden adaptar su producción a los intereses o necesidades del propietario de la planta. En España un buen número de embalses hidroeléctricos permiten realizar una regulación anual de la aportación del río. Obviamente las centrales tienen cierta dependencia de la pluviometría de modo que los años secos su producción global es menor; sin embargo, el aprovechamiento del volumen disponible desde el punto de vista económico es elevado.

Una tipología de central hidroeléctrica especialmente interesante por las ventajas que aporta son las centrales reversibles. Estas centrales están dotadas con grupos que permiten turbinar y bombear el agua. La primera gran ventaja que presentan las centrales reversibles es eliminar la dependencia meteorológica de la disponibilidad de agua para turbinar. Obviamente el requisito esencial para su implantación es la existencia o construcción de dos embalses, superior e inferior, relativamente próximos. Esta configuración puede darse en embalses situados en un mismo río, uno aguas abajo del otro, lo que se conoce como embalses "en cascada". Otra posibilidad es la de conectar dos embalses de ríos distintos, lo que puede aportar una herramienta útil para la gestión de agua en una cuenca hidrográfica. Finalmente existe una tercera configuración resultante de construir en un terreno elevado cerca de un embalse existente una balsa que reciba únicamente la aportación del bombeo.

La configuración de los embalses o balsas de una central reversible tiene, en España, una connotación legal, ya que el propietario de la central debe informar sobre si la central es de bombeo puro o mixto para la tramitación administrativa del proyecto. En España se consideran centrales de bombeo puro a aquellas centrales reversibles cuyo embalse superior no recibe ningún tipo de aportaciones naturales de agua, mientras que se consideran centrales de bombeo mixto a aquellas centrales reversibles capaces de generar energía eléctrica con o sin bombeo previo desde el embalse inferior.

Las centrales reversibles pueden, además, clasificarse en función del tipo de grupos de generación y/o consumo de energía eléctrica de que dispongan. La Figura 1.3 resume los tipos de grupos que pueden encontrarse en centrales reversibles. El tipo más habitual es el grupo binario

a) El tipo más habitual es el grupo binario compuesto por una turbina reversible (P-T) y una máquina eléctrica (G/M). El grupo gira en un sentido cuando opera en modo turbinación y en sentido contrario cuando opera en modo bombeo.

b) En algunas centrales existen grupos ternarios compuestos por una turbina (T), una bomba (P) y una máquina eléctrica (G/M), acopladas todas ellas en un mismo eje. Los grupos ternarios giran en el mismo sentido en ambos modos de funcionamiento, turbinación o bombeo. A veces disponen de embragues para la desconexión de la bomba o la turbina, cuando el grupo opera en modo turbinación.

c) Por último, hay centrales reversibles equipadas con grupos cuaternarios, o lo que es lo mismo, con grupos de turbinación, por un lado y de grupos de bombeo por otro, estando cada grupo compuesto por una única máquina hidráulica (turbina o bomba, T o P) y una máquina eléctrica (G o M). En ocasiones los grupos de generación y de bombeo se alojan en casas de máquinas distintas.

El rendimiento energético del ciclo bombeo-turbinación ronda el 75 % [2] a causa de las pérdidas hidráulicas, mecánicas y eléctricas en las dos fases, de modo que por cada MW consumido para bombear se obtienen 750 kW durante la turbinación[2]. Esta circunstancia no implica necesariamente pérdidas económicas si el precio que se paga por la energía consumida durante el bombeo es inferior al precio de venta de la energía generada. Las centrales reversibles tuvieron un auge muy importante durante el desarrollo de las centrales nucleares. Estas centrales prácticamente no pueden variar la potencia que entregan a la red de modo que en las horas valle, cuando el consumo de energía era mínimo, se precisaba de una tecnología que permitiese el almacenamiento de energía, de modo que la energía acumulada pudiese ser puesta en el sistema de forma inmediata posteriormente. Esta es la segunda gran ventaja que aportan las centrales reversibles: es la forma más económica y contrastada de almacenar grandes cantidades de energía. El agua bombeada puede ser puesta en el sistema en forma de energía eléctrica en cuestión de segundos.

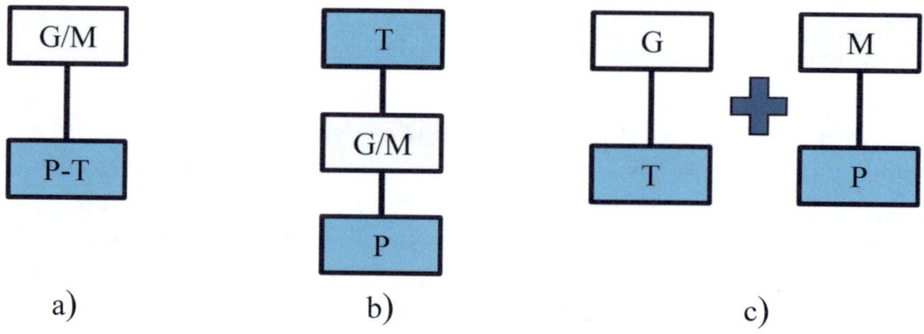

Figura 1.3. Tipos de grupos en una central reversible: a) Grupo binario. b) Grupo ternario. c) Grupo cuaternario o grupo de turbinación (generación) y bombeo (consumo)

Hoy en día el desarrollo tecnológico y el crecimiento de la potencia instalada de las energías renovables en muchos países está poniendo de nuevo en valor las centrales hidroeléctricas reversibles de modo que la gran mayoría de las instalaciones hidroeléctricas en Europa en proyecto o en construcción son reversibles. Uno de los principales problemas de las energías renovables es la imposibilidad de gestionar el recurso de modo que no se puede adaptar a la demanda de los consumidores. Las centrales reversibles permiten almacenar los excedentes de energía eólica o solar fotovoltaica y entregar la energía acumulada cuando mejor convenga.

---

[2] En la actualidad, los principales fabricantes de máquinas hidráulicas afirman que pueden alcanzarse rendimientos del 80 % en ciclos bombeo-turbinación [3].

Frente a una central convencional una central reversible presenta un sobre coste que hace normalmente inviables desde el punto de vista económico centrales reversibles de menos de 100 MW. El desnivel entre embalses normalmente es mayor de 200 m, siendo los más habituales los que oscilan entre 300 y 600 m.

1.2. MÁQUINAS HIDRÁULICAS

Las **máquinas hidráulicas** se enmarcan dentro de un grupo de máquinas más amplio denominado máquinas de fluido [3]. Estas últimas se definen como aquellos sistemas mecánicos que intercambian energía mecánica con el fluido contenido o circulante dentro de la misma. En concreto, las máquinas hidráulicas pueden absorber la energía del agua circulante transformándola en energía mecánica (**máquinas motoras** o **turbinas**) o por el contrario, transferir energía mecánica al agua (**máquinas generadoras** o **bombas**). Adicionalmente, existen máquinas hidráulicas cuyo diseño posibilita funcionar alternativamente como bombas o como turbinas (máquinas reversibles). En general, se considera que dichas transformaciones de energía tienen lugar sin producirse efectos térmicos y que la compresibilidad del agua es despreciable [4].

En las máquinas hidráulicas instaladas en centrales hidroeléctricas el intercambio de energía se lleva a cabo a través de un elemento giratorio denominado *rodete* el cual resulta ser el elemento principal de la máquina. En los siguientes apartados se describen, de manera sucinta, algunos aspectos importantes de las máquinas hidráulicas, como son su potencia asignada, principio de funcionamiento, los tipos de máquinas y sus componentes principales.

1.2.1. Potencia de una máquina hidráulica

Diversos son los parámetros relacionados con las máquinas hidráulicas. No obstante, el valor más representativo de una máquina hidráulica es su potencia. Para obtener la potencia mecánica que genera (turbina) o consume (bomba) una máquina hidráulica es necesario conocer la potencia hidráulica de un fluido. A partir de la expresión de la variación de la energía potencial de un cuerpo (Ecuación 1.2) entre dos niveles H_s y H_i, se obtiene la expresión de la potencia hidráulica de un fluido como sigue:

$$\Delta E_p = mg\,(H_s - H_i) \qquad (1.2)$$

Sustituyendo en (1.2) la relación de la masa con la densidad y el volumen, se obtiene en $\Delta Ep = \rho Vg\,(Hs - Hi)$ (1.3) la energía potencial disponible de una masa de fluido.

$$\Delta E_p = \rho Vg\,(H_s - H_i) \qquad (1.3)$$

Dividiendo ambos términos de la igualdad (1.3) por el tiempo y considerando la definición de peso específico ($\gamma = \rho g$), se puede obtener en (1.4), la potencia hidráulica de un fluido.

$$Ph = \gamma Q H \tag{1.4}$$

En esta expresión, la variable H representa la altura de energía y Q el caudal circulante.

Sin embargo, las máquinas hidráulicas no son capaces de transformar toda la energía mecánica en energía hidráulica, y viceversa. Por ello, se define el rendimiento hidráulico como la relación entre la energía o potencia que entrega la máquina ("mecánica si turbina, hidráulica si bomba") y la que recibe ("hidráulica si turbina, mecánica si bomba") tal como se indica en (1.5).

$$\eta_h = \frac{P_{\text{mec}}}{\gamma Q H} \quad \text{si turbina} \quad \eta_h = \frac{\gamma Q H}{P_{\text{mec}}} \quad \text{si bomba} \tag{1.5}$$

No obstante, no solo hay pérdidas energéticas en la máquina hidráulica. En las conducciones tienen lugar pérdidas de carga, tanto continuas como localizadas, debido a la fricción del agua con estas y a variaciones en el régimen turbulento del fluido que se producen en cambios de sección, bifurcaciones, codos, etc. Por tanto, en el cálculo de la altura de energía debe tenerse en cuenta dicho fenómeno. Sin embargo, su tratamiento según estemos hablando de turbinas o de bombas difiere.

En el caso de tratarse de turbinas, la altura de energía se denomina *salto neto h*. El salto neto es el resultado de sustraer al salto bruto h_b el término de las pérdidas de carga ΔH. A la hora de medir el salto bruto de un aprovechamiento hidroeléctrico, es necesario hacer una distinción según se dispongan de turbinas de acción o de reacción[3] (ver Figura 1.4).

En el caso de las turbinas de acción, el *salto bruto* se mide como la diferencia entre el nivel de la lámina de agua embalse superior y el eje de la turbina, puesto que esta desagua a presión atmosférica. Sin embargo, en el caso de las turbinas de reacción, el salto bruto debe medirse como la diferencia de cotas entre el nivel de la lámina de agua en el embalse superior y en la zona de descarga. Se puede deducir que, en ambos casos, el salto bruto es la diferencia entre los niveles del agua superior e inferior a presión atmosférica.

En el caso de las bombas, la altura de energía se denomina **altura manométrica** h_m y esta resulta de añadir al salto bruto el término de las pérdidas de carga (ver Figura 1.5).

---

[3] Ver Apartado 1.2.2 sobre la diferencia entre las turbinas de acción y reacción.

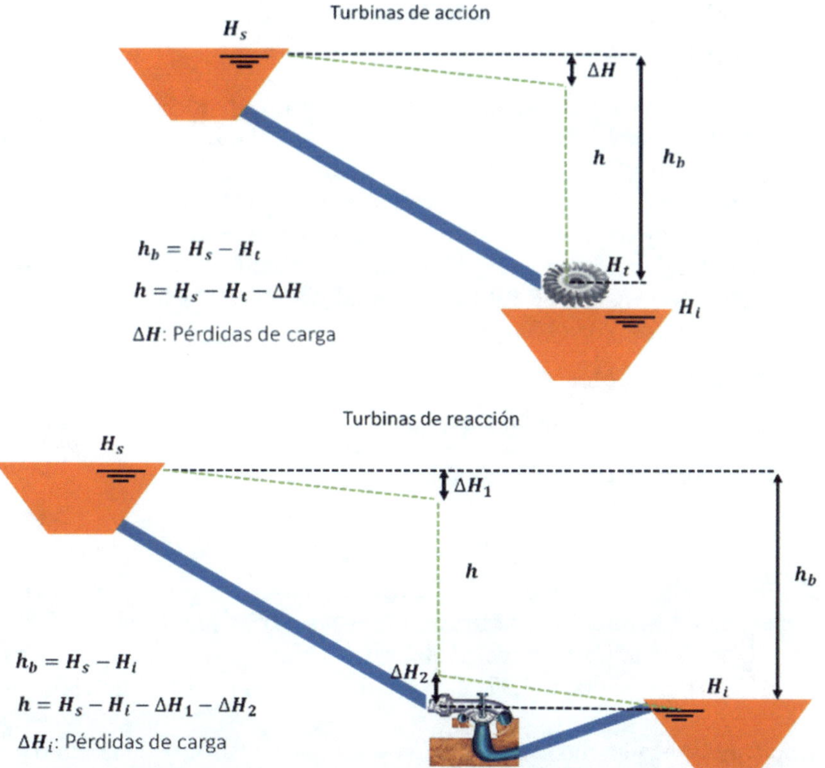

Figura 1.4. Cálculo del salto bruto y salto neto en turbinas de acción y reacción

Como puede observarse, debido a las pérdidas de carga, es preciso que la energía que se transfiere al fluido sea superior (en la misma magnitud que las mencionadas pérdidas) para que de manera efectiva se pueda bombear el agua hasta el embalse superior.

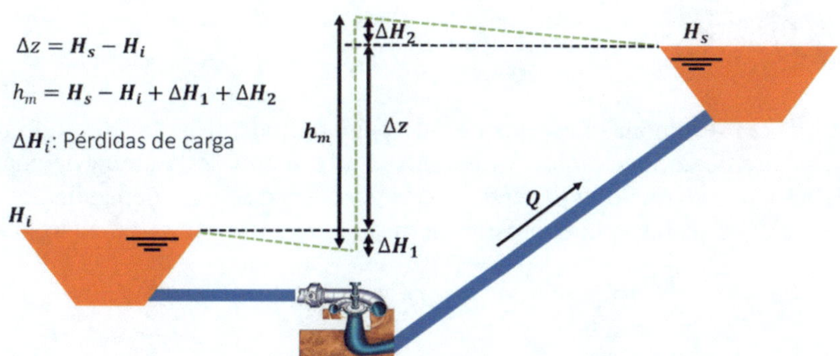

Figura 1.5. Cálculo de la altura de energía en bombas

Ejemplo de aplicación 1.1. Dimensionamiento básico de una central reversible

Se considera una central hidroeléctrica, equipada con un grupo Francis reversible, cuyo salto bruto es de 190 metros. En modo turbinación, se sabe que el caudal nominal de la turbina Francis reversible es de 50 m^3/s, provocando unas pérdidas de carga equivalentes al 2,3 % del salto bruto. El rendimiento de la turbina en estas condiciones es del 90 %. Asimismo, puede considerarse para la resolución de este ejercicio, que la potencia mecánica obtenida en modo turbinación será la misma que la aportada en modo bombeo. El rendimiento en modo bombeo es del 88 %. Considerando las pérdidas de carga proporcionales al cuadrado del caudal, se pide obtener:

a) El salto neto de la central.

b) La potencia mecánica obtenida en modo turbinación.

c) El caudal nominal en modo bombeo.

Solución

Para el cálculo del salto neto, debe tenerse en cuenta la Figura 1.4. Así pues, el salto neto se obtiene restando las pérdidas de carga del fluido al salto bruto. En este caso, las pérdidas de carga vienen dadas como una fracción del salto bruto. Por tanto, las pérdidas de carga serán el 2,3 % de 190 m, es decir, 4,37 m. Por tanto, el salto neto será de 185,63 m.

La potencia mecánica en modo turbinación se obtiene a partir de la combinación de las Expresiones (1.4) y (1.5), obteniéndose, por tanto:

$$P_{\text{mec}} = \gamma Q H \eta_h = 9,81 \cdot 10^{-3} \frac{\text{N}}{\text{m}^3} \cdot 50 \frac{\text{m}^3}{\text{s}} \cdot 185,63 \text{ m} \cdot 0,90 = 81,95 \text{ MW}$$

Análogamente al caso anterior, la potencia mecánica en modo bombeo se obtiene a partir de la combinación de las Expresiones (1.4) y (1.5), obteniéndose:

$$P_{\text{mec}} = \frac{\gamma Q H}{\eta_h}$$

Esta potencia se supone, a efectos de este ejercicio, idéntica que en modo turbinación. Sin embargo, se desconoce tanto el valor del caudal como de la altura de energía (altura manométrica), puesto que esta depende de las pérdidas de carga, dependientes del caudal. Por tanto, se debe plantear la expresión permite obtener la altura de energía (ver Figura 1.5).

$$H = H_g + \Delta H$$

Se sabe que las pérdidas de carga para un caudal de 50 m^3/s son de 4,37 m. Por tanto, las pérdidas de carga cara un caudal Q se obtendrá a partir de:

$$\Delta H = 4,37\left(\frac{Q}{50}\right)^2$$

Así pues, la expresión desarrollada que relaciona la potencia con el caudal será la ecuación de tercer grado que sigue:

$$81,95\cdot 10^6 = \frac{9810\cdot Q\cdot\left[190+4,37\left(\frac{Q}{50}\right)^2\right]}{0,88}$$

obteniéndose un caudal Q de 38,18 m^3/s.

1.2.2. Tipos de turbinas

Las turbinas hidráulicas se pueden clasificar en dos grupos, dependiendo del sentido del chorro de agua en relación al sentido de giro del rodete. Se denominan turbinas de acción aquellas en las que el sentido de giro de su rodete coincide con el sentido del chorro de agua en el punto de impacto.

En las turbinas de acción, la energía hidráulica del fluido ha sido totalmente convertida en energía cinética antes de su paso por el rodete de la turbina. Es decir, en estas turbinas, el agua sale del distribuidor o inyector a presión atmosférica, llegando al rodete con esta misma presión. Así, toda la energía potencial del salto se transmite al rodete en forma de energía cinética. Se denominan también turbinas de admisión parcial, ya que el chorro (o chorros) inciden sobre el rodete en puntos concretos de este.

Asimismo, las turbinas de acción son aquellas cuyo grado de reacción es nulo. Este se define como la relación entre la energía cedida al rodete en forma estática y la energía total suministrada a la turbina [5].

Dentro de las turbinas de acción, que comenzaron a utilizarse antes que las de turbinas de reacción, se encuentran la *turbina Zuppinger*, la *turbina Pelton* (la más utilizada), la *turbina Schwamkrug*, la *turbina Banki-Michell,* también conocida como *turbina de flujo transversal* o *cruzado* y la *turbina Ossberger*.

Las turbinas de acción más extendidas en saltos hidroeléctricos son las turbinas Pelton [6], llegando a estar instaladas en alrededor del 20 % de las centrales hidroeléctricas [7]. Estas turbinas se acomodan a la utilización de saltos de agua con mucho desnivel (entre 30 y 1000 m) y caudales relativamente pequeños (entre 0,1 y 11.000 l/s), consiguiéndose rendimientos máximos del orden del 90 % [8]. En la Figura 1.6a se representa un esquema de la instalación común de una turbina Pelton de dos inyectores, mientras que en la Figura 1.6b se muestra el rodete de una turbina Pelton de la central hidroeléctrica de Walchensee, en Alemania.

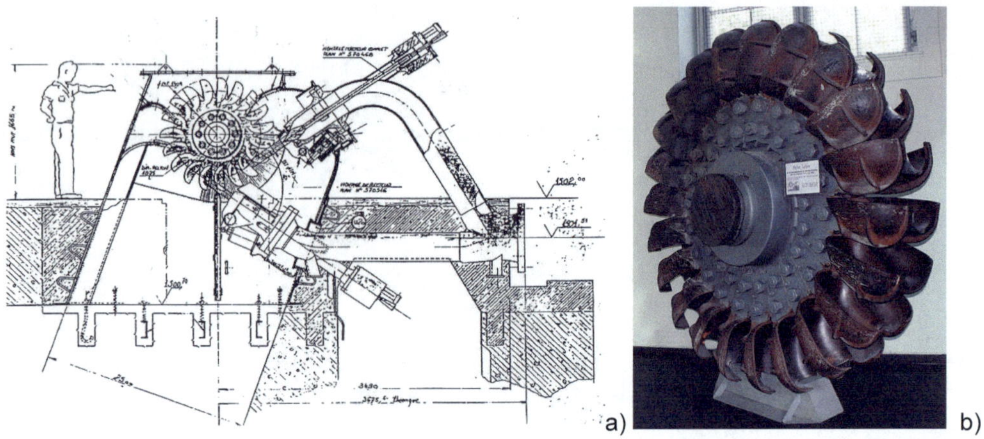

Figura 1.6. a) Croquis de instalación común de turbina Pelton con dos inyectores [1].
b) Turbina Pelton de la central hidroeléctrica de Walchensee en Alemania [2]

Las cazoletas, de las cuales está provisto el rodete de la turbina Pelton, están normalmente diseñadas en forma de doble cuchara, de forma que el chorro de agua impacta, de forma tangencial al rodete, sobre la arista media donde se divide la cazoleta. Así, el chorro queda dividido, circula por ambas cucharas y es expulsado con un ángulo cercano a los 180º, aprovechando así al máximo el empuje del chorro de agua. Una vez el agua es desalojada de la cazoleta, esta cae libremente al depósito inferior o al cauce.

El inyector es el órgano que regula el caudal del chorro (ver Figura 1.7). Está provisto de una válvula de aguja cuya posición determina el nivel de apertura y, por tanto, el caudal. El inyector cuenta también con un deflector, que consiste en una superficie metálica destinada a desviar el chorro y que este no llegue a impactar en las cazoletas. Así, se evitan sobrepresiones en las conducciones en maniobras de parada de la turbina.

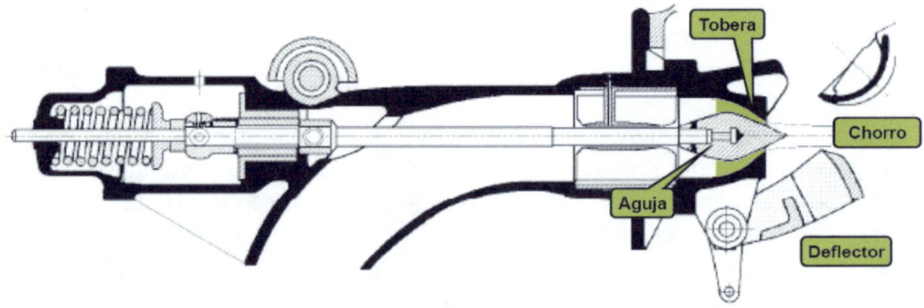

Figura 1.7. Croquis del inyector de una turbina Pelton [11]

Las turbinas Pelton pueden contar con uno o varios inyectores. En el caso de disponer de uno o dos inyectores, la turbina es de eje horizontal de forma que el agua cae al fondo de la turbina tras chocar contra las cazoletas sin interferir el giro del rodete. Si la turbina cuenta con más de dos inyectores (hasta seis), esta pasa a ser de eje vertical ya que, de ser horizontal, sería imposible evitar que el agua cayera sobre la rueda a la salida de las cucharas.

En fase de diseño, modificar el un número de inyectores de un determinado diámetro a un número superior de estos de dimensiones más pequeñas, permite construir turbinas de mayor diámetro, girando a una velocidad mayor. No obstante, se establecen ciertos límites relacionados con la necesidad de evacuar el agua adecuadamente, así como con la fatiga del material de las cazoletas, las cuales están sometidas a esfuerzos repetidos, con mayores ciclos de repetición cuanto mayor sea el número de chorros.

A diferencia de las turbinas de acción, las de **reacción** son aquellas en las que solo parte de la energía hidráulica disponible a la entrada del rodete se encuentra en forma de energía cinética. En estas turbinas, cada una de las láminas de agua que se forman después de pasar a través de las palas fijas no se proyectan frontalmente sobre los álabes del rodete, sino que se deslizan sobre estos de forma que el sentido de giro del rodete no coincide con el de entrada del agua en la turbina. Así, el agua cambia de dirección, presión y velocidad en el rodete, provocando una reacción en este que da lugar a la potencia producida por la turbina. Por tanto, en estas turbinas, el grado de reacción definido anteriormente es mayor que cero.

En estas turbinas, el agua sale del distribuidor con una cierta energía de presión que va disminuyendo a medida que el agua atraviesa los álabes del rodete, circulando en estas turbinas el agua a presión en el distribuidor y en el rodete. Así, la energía potencial del salto se transmite a la turbina, una parte, en energía cinética y la otra, en energía de presión. Dentro de las turbinas de acción, destacan la turbina *Francis* y la turbina *Kaplan*.

Las turbinas Francis son turbinas radiales, en las que el fluido entra de forma radial al rodete y cuentan con una cámara espiral y un tubo de aspiración. Así pues, es el tipo más empleado, pudiéndose emplear en aprovechamientos con saltos comprendidos entre unos pocos metros hasta más de 600 [12]. Según la velocidad específica de la turbina[4], estas pueden ser lentas (para saltos de gran altura), normales (para saltos de altura media) o rápidas (para saltos de pequeña altura). En la Figura 1.8a se muestra la sección de una turbina Francis mientras que en la Figura 1.8b se muestra el rodete de esta tipología de turbinas.

La cámara espiral[5] distribuye el agua por la periferia del rodete. Su sección circular de diámetro variable, llamada caracol debido a su apariencia, permite que la velocidad media del agua sea la misma en cualquier punto de la cámara. Así se evitan posibles pérdidas de carga debidas por cambios bruscos de velocidad. En su zona periférica interior se encuentra el antedistribuidor

[4] La velocidad específica de una turbina se define en la Sección 1.2.3.

[5] Existen otros posibles diseños de la cámara, pero la espiral es la más utilizada.

o corona de álabes fijos, cuya función es dirigir el chorro de agua radialmente para su entrada al rodete a través del distribuidor o corona de álabes móviles. El distribuidor puede regular el caudal admitido (pudiendo llegar a cortarlo) y la dirección del mismo, modificando así la potencia de la turbina, pero sin modificar la velocidad absoluta de entrada del agua en el rodete.

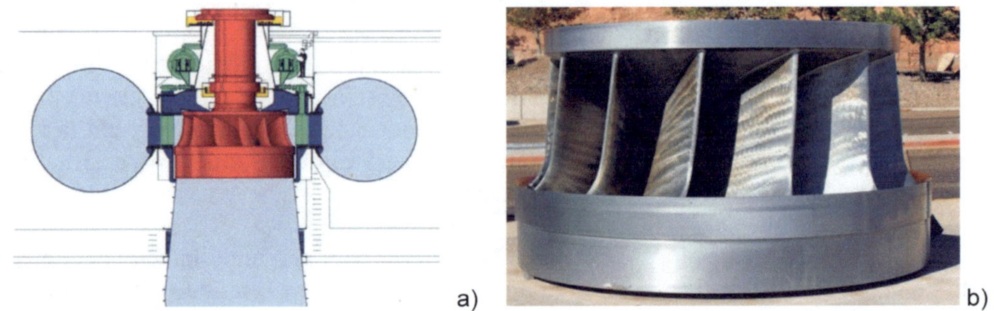

Figura 1.8. a) Sección de una turbina Francis para central hidroeléctrica de Xingu, Brasil [13]; b) Rodete de turbina Francis exhibido en la presa de Glen Canyon, Arizona [14]

La tubería de descarga recibe el nombre de tubo de aspiración. Su finalidad no es solo desalojar el agua de la turbina, sino también transformar la poca energía que le quede al agua en energía cinética. Normalmente tiene forma troncocónica, aumentando la sección en sentido aguas abajo.

Las turbinas Kaplan y las turbinas hélice, ambas clasificadas como turbinas de reacción, cuentan con un rodete equipado con palas en forma de hélice como se muestra en la Figura 1.9a. Estas turbinas se emplean en saltos de pequeña altura, de hasta unos 50 metros y con caudales medios y grandes, desde 15 m^3/s.

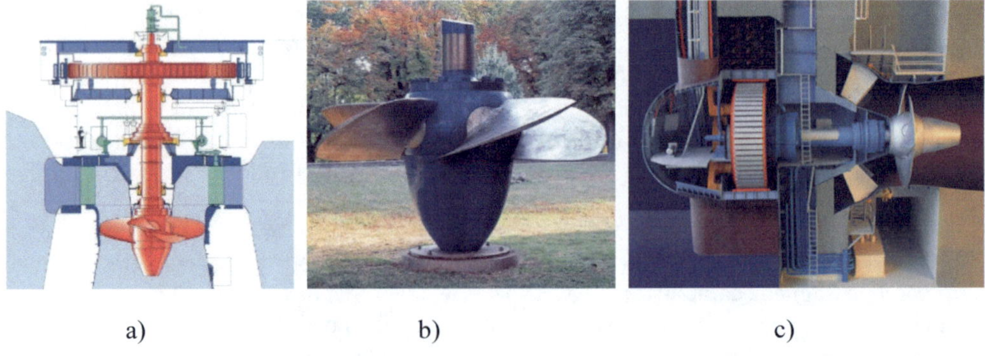

Figura 1.9. a) Croquis de una turbina Kaplan [15]. b) Rodete de turbina Kaplan en honor a Victor Kaplan situada en el edificio del Technisches Museum, Wien [16]. c) Croquis de un grupo bulbo [17]

La diferencia entre las turbinas Kaplan y las turbinas hélice radica en su rodete, equipado con palas, de forma similar a las hélices de un barco. Si las palas de este están unidas rígidamente (soldadura, fundición) al núcleo formando una única pieza se trata de una turbina hélice. Estas turbinas son apropiadas en centrales cuyo salto y caudal se mantengan más o menos constantes. Sin embargo, si las palas del rodete cuentan con un accionamiento mecánico y por tanto son orientables de acuerdo a variaciones en salto y caudal se denominan turbinas Kaplan (Figura 1.9b). Las ventajas de estas turbinas radican en la mejor distribución de velocidades sobre las palas permitiendo reducir las dimensiones de estas y la reducción en las pérdidas de carga en la entrada y la salida de la turbina aumentando el rendimiento de la turbina.

Una disposición característica de estas turbinas, en conjunto con el alternador, constituye los denominados grupos bulbo. Suelen disponerse en centrales con muy poco salto, para un mayor aprovechamiento de la corriente de agua. De esta forma, el alternador se encuentra encerrado en una cámara de acero sumergida en la corriente, como se aprecia en la Figura 1.9c.

Al igual que las turbinas Francis, en las turbinas Kaplan también suele haber una corona de álabes fijos que dirige el agua hacia el distribuidor. La función de regulación en las turbinas Kaplan se lleva a cabo a través de dos órganos: un distribuidor de álabes móviles orientables situado aguas arriba del rodete (generalmente aguas abajo del alternador) y las propias palas del rodete.

1.2.3. Funcionamiento de una máquina hidráulica

En ingeniería hidráulica en general y en máquinas hidráulicas en particular, en muchas ocasiones se recurre a ensayos en modelo reducido debido a las ventajas que estos ofrecen para obtener, entre otras, las características de funcionamiento de un prototipo de una bomba o una turbina a partir de otra de tamaño menor. Ahora bien, para poder inferir el comportamiento de un prototipo de máquina a partir de otra a escala reducida deben cumplirse ciertas condiciones. En concreto, hace falta que exista semejanza absoluta, que incluye la semejanza geométrica, semejanza cinemática y semejanza dinámica.

Se dice que dos máquinas hidráulicas son geométricamente semejantes si los ángulos homólogos son iguales y la relación de distancias que unen puntos homólogos es constante. La semejanza geométrica es por tanto una cuestión de diseño que se suele cumplir. La semejanza cinemática se cumple si las velocidades en puntos homólogos de la corriente guardan entre sí la misma relación de proporcionalidad y tienen la misma dirección. La semejanza dinámica implica la igualdad del número de Reynolds en los puntos de operación considerados.

Aplicando la teoría del análisis dimensional a un problema general de Mecánica de Fluidos, se llega a la conclusión de que la semejanza dinámica solo puede cumplirse en modelos a escala 1:1. Por tanto, es necesario hacer simplificaciones omitiendo las fuerzas que juegan un papel secundario en el problema analizado. Así pues, en el caso de las máquinas hidráulicas, las acciones principales son la gravedad o la viscosidad según se trate de máquinas de acción o de reacción. Así, aunque las leyes de semejanza que se indican a continuación resultan de ignorar la semejanza dinámica, tienen suficiente precisión para estimar las variables de funcionamiento de una máquina a partir de otra.

En (1.6) se muestran las principales relaciones de semejanza entre caudal (Q), velocidad de giro (n), salto (H), potencia (P), par (T) y diámetro característico (D). Este último hace referencia a distintas dimensiones según se trate de turbinas Pelton, Francis rápida, Francis normal o rápida o Kaplan [3].

$$\begin{aligned} &\text{a)}\ \frac{Q}{Q_m}=\left(\frac{D}{D_m}\right)^3\frac{n}{n_m} \qquad &&\text{b)}\ \frac{H}{H_m}=\left(\frac{D}{D_m}\right)^2\left(\frac{n}{n_m}\right)^2 \\ &\text{c)}\ \frac{P}{P_m}=\left(\frac{D}{D_m}\right)^5\left(\frac{n}{n_m}\right)^3 \qquad &&\text{d)}\ \frac{T}{T_m}=\left(\frac{D}{D_m}\right)^5\left(\frac{n}{n_m}\right)^2 \end{aligned} \tag{1.6}$$

No obstante, a lo mencionado anteriormente, la norma UNE-EN 62097 [4] introduce un factor corrector en cada una de las Ecuaciones (1.6) anteriores correspondiente a la relación entre el rendimiento del prototipo y el rendimiento del modelo, así como formulas empíricas para la estimación del rendimiento del prototipo en función del rendimiento de un modelo a escala reducida semejante.

Debido a motivos prácticos, es usual referirse a una serie de turbinas semejantes a partir de una turbina semejante con diámetro del rodete unitario y con un salto neto también unitario. Así, los parámetros de funcionamiento de esta, que reciben el nombre de valores unitarios y se designan con el subíndice I o 1, se definen como en (1.7).

$$n_1=\frac{nD}{\sqrt{H}}\ ;\ Q_1=\frac{Q}{D^2\sqrt{H}}\ ;\ P_1=\frac{P}{D^2H^{3/2}}\ ;\ T_1=\frac{T}{D^3H} \tag{1.7}$$

En el caso de turbinas, los parámetros unitarios más utilizados para representar gráficamente el funcionamiento de una turbina suelen ser la velocidad y el caudal, pues se utilizan en la definición de las curvas de funcionamiento. Estas curvas se suelen obtener a partir de ensayos elementales, su representación en el espacio da lugar a una superficie y representan gráficamente el funcionamiento de una turbina hidráulica.

Fijando el valor de dos variables, se obtiene el comportamiento del resto por medio de funciones de dos variables. Se habla entonces de superficies características. Es habitual representar sobre el plano $n_1 - Q_1$ las isolíneas o curvas de nivel que describen la variación del rendimiento y de la apertura del distribuidor. De estas, al conjunto de isolíneas de rendimiento, es decir, $\eta(n_1,Q_1)$ reciben el nombre de *colina de rendimientos* debido a su forma.

La Figura 1.10a muestra un ejemplo real de colina de rendimientos en coordenadas unitarias (n_1,Q_1). La Figura 1.10b muestra la colina de rendimientos de una turbina real representada en función del caudal Q y el salto neto H_n, cuya velocidad nominal es 750 r/min y su diámetro, 1,020 metros.

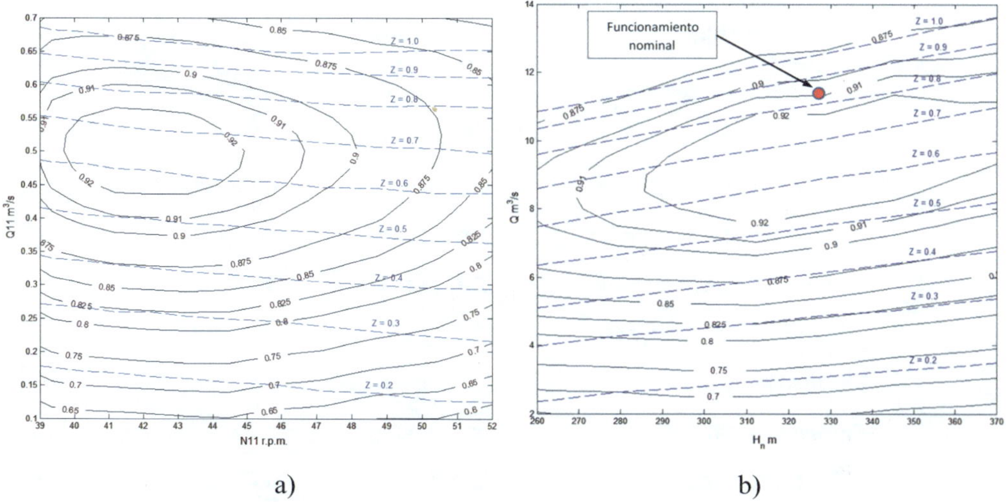

Figura 1.10. Ejemplo de colinas de rendimientos en: a) coordenadas unitarias; b) coordenadas absolutas

La velocidad específica n_s de una serie de turbinas semejantes se define como la velocidad a la que giraría una turbina de la serie para generar una potencia de 1 kW con un salto neto unitario, expresándose en revoluciones por minuto. A partir de las leyes de semejanza (1.6), se formula como en (1.8):

$$n_s = n\frac{\sqrt{P}}{H^{5/4}} \tag{1.8}$$

La velocidad específica es un parámetro muy útil en la selección de la turbina apropiada para una instalación de unas características determinadas. Junto con el salto neto, ambos definen el rango de utilización de los distintos tipos de turbinas hidráulicas, tal como se muestra en la Tabla 1.1. Se destaca, por tanto, que dentro de un mismo tipo de turbina, valores elevados de la velocidad específica se corresponden con rodetes de menos diámetro y, por tanto, con un menor número de álabes.

También es frecuente, principalmente en bombas y turbinas reversibles, definir la velocidad específica en función del caudal (en lugar de la potencia como se ha indicado anteriormente en (1.8), a partir de las leyes de semejanza (1.7).

$$n_q = n\frac{\sqrt{Q}}{H^{3/4}} \tag{1.9}$$

Tabla 1.1. Rango de operación de los distintos tipos de turbina

Tipo de turbina	n_s (r/min)	H (m)
Pelton de un inyector	Hasta 18	800
Pelton de un inyector	De 18 a 24	800 a 400
Pelton de un inyector	De 26 a 35	400 a 100
Pelton de dos inyectores	De 26 a 35	800 a 400
Pelton de dos inyectores	De 36 a 50	400 a 100
Pelton de cuatro inyectores	De 51 a 72	400 a 100
Francis muy lenta	De 55 a 70	400 a 200
Francis lenta	De 70 a 120	200 a 100
Francis rápida	De 120 a 200	100 a 50
Francis extrarrápida	De 300 a 450	50 a 25
Hélice extrarrápida	De 400 a 500	15
Kaplan lenta	De 270 a 500	50 a 15
Kaplan rápida	De 500 a 800	15 a 5
Kaplan extrarrápida	De 800 a 1.100	Menos de 5

Ejemplo de aplicación 1.2. Colina de rendimientos

Se considera la misma central hidroeléctrica del Ejemplo 1.1. La turbina Francis reversible de la central, cuya colina de rendimientos se corresponde con la de la Figura 1.10a en coordenadas unitarias, tiene un diámetro de 2,5 m y una velocidad de giro nominal de 250 r/min. Con estas condiciones y suponiendo que las pérdidas de carga son proporcionales al cuadrado del caudal, se pide obtener:

a) La velocidad específica de la turbina.

b) El rendimiento y la apertura del distribuidor en condiciones nominales a partir de la colina de rendimientos.

c) La potencia mecánica de la turbina cuando el caudal turbinado es el 70 % del caudal nominal y el salto bruto ha descendido 20 metros respecto al nominal.

Solución

La velocidad específica n_s se obtiene a partir de la Expresión (1.8) como sigue:

$$n_s = n\frac{\sqrt{P}}{H^{5/4}} = 250\frac{\sqrt{81{,}95\cdot 10^3}}{185{,}63^{5/4}} = 104{,}45 \text{ r/min}$$

Para extraer los valores que proporciona la colina de rendimientos (rendimiento y apertura del distribuidor) se debe transformar el punto de operación, en este caso el nominal, a coordenadas unitarias, a partir de las Expresiones (1.8), como se indica a continuación:

$$n_1 = \frac{nD}{\sqrt{H}} = \frac{250\cdot 2{,}50}{\sqrt{185{,}63}} = 45{,}8729 \text{ r/min}$$

$$Q_1 = \frac{Q}{D^2\sqrt{H}} = \frac{50}{2{,}5^2\sqrt{185{,}63}} = 0{,}5872 \text{ m}^3/\text{s}$$

Entrando en la colina de rendimientos de la turbina con estos valores (segmentos verdes en la Figura 1.11), se deduce que el rendimiento es del 90 % y la apertura de distribuidor (Z) es del 82 % para el punto de funcionamiento nominal.

Por último, para obtener la potencia en el nuevo punto de funcionamiento, debe recalcularse el salto neto (pues varían el salto bruto y las pérdidas de carga) y el rendimiento. Por tanto:

$$H = H_g - \Delta H = 170 - 4{,}37\left(\frac{0{,}7\cdot 50}{50}\right)^2 = 167{,}86 \text{ m}$$

Para calcular el rendimiento, es necesario obtener nuevamente los valores unitarios de velocidad de giro y caudal para este punto de funcionamiento.

$$n_1 = \frac{nD}{\sqrt{H}} = \frac{250\cdot 2{,}50}{\sqrt{167{,}86}} = 48{,}2401 \text{ r/min}$$

$$Q_1 = \frac{Q}{D^2\sqrt{H}} = \frac{0{,}7\cdot 50}{2{,}5^2\sqrt{167{,}86}} = 0{,}4322 \text{ m}^3/\text{s}$$

Entrando con estos valores en la colina de rendimientos (segmentos rojos en la Figura 1.11 se obtiene que el rendimiento en dicho punto de funcionamiento es 88,7 %. Por tanto, la potencia en este nuevo de funcionamiento es (calculado como en el Ejemplo de aplicación 1.1) de 51,12 MW.

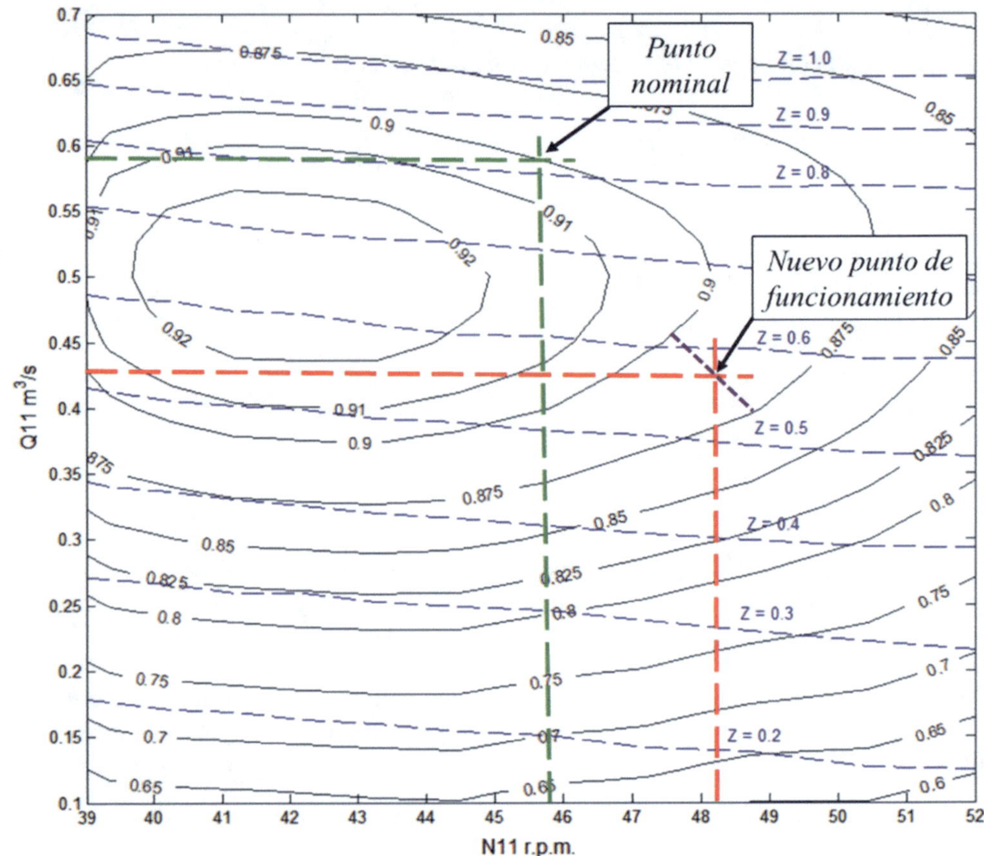

Figura 1.11. Determinación del punto de funcionamiento nominal y del nuevo punto de operación en la colina de rendimientos en coordenadas unitarias

1.2.3.1. Análisis del fenómeno de cavitación

Un condicionante en el funcionamiento de toda máquina hidráulica es el riesgo de cavitación. La cavitación es la formación de burbujas de vapor de agua en el interior de un líquido en movimiento a una temperatura inferior a la del punto de ebullición de líquido debido a que la presión del líquido alcanza un valor inferior o igual a la tensión de vapor a dicha temperatura. El vapor contenido en el interior de las burbujas se condensa violentamente cuando, al desplazarse siguiendo la trayectoria del líquido, las burbujas encuentran zonas con presiones más altas. Este fenómeno produce golpeteos de las burbujas sobre las superficies en contacto con el líquido que implican vibraciones, ruidos, discontinuidades en el flujo con la formación de estelas y una pérdida de rendimiento debido a la erosión que estas burbujas producen en el material.

El área más delicada en las turbinas de reacción[6] en relación con la cavitación es la salida del rodete donde una vez que el fluido ha cedido la mayor parte de su energía de presión a la turbina tiene una presión reducida. En el anteproyecto de una central hidroeléctrica, se exige una condición de no cavitación en esta zona consistente en que la presión absoluta sea en todo momento superior a la presión de vapor del agua. Aplicando el trinomio de Bernoulli entre la sección de salida del rodete (*r*) y la sección de descarga (*d*) se obtiene la igualdad (1.10).

$$z_r + \frac{P_r}{\gamma} + \frac{v_r^2}{2g} = z_d + \frac{P_d}{\gamma} + \frac{v_d^2}{2g} + \Delta H_{r \to d} \tag{1.10}$$

donde z representa la cota, *P* la presión absoluta, *v* la velocidad y $\Delta Hr_{\to d}$, la pérdida de carga entre ambas secciones. Llamando H_s a la diferencia de cotas entre ambas secciones (altura de aspiración) y despreciando tanto las pérdidas de carga como la velocidad en la descarga se obtiene la Expresión (1.11).

$$H_s + \frac{P_r}{\gamma} + \frac{v_r^2}{2g} = \frac{P_d}{\gamma} \tag{1.11}$$

Dividiendo por *H* (que representa, en cada caso, el salto más desfavorable a efectos de cavitación) ambos términos y reordenando convenientemente se obtiene (1.12):

$$\underbrace{\frac{v_r^2}{2gH}}_{\sigma} = \frac{P_d}{\gamma H} - \frac{P_r}{\gamma H} - \frac{H_s}{H} \tag{1.12}$$

El primer término de la igualdad se denomina *coeficiente de Thoma* y se designa por la letra griega σ. A partir de este coeficiente se obtiene la altura mínima de aspiración para evitar el fenómeno de la cavitación, tal como se muestra en (1.13).

$$H_s = \frac{P_d}{\gamma} - \frac{P_r}{\gamma} = -\sigma H \tag{1.13}$$

Esta altura de aspiración (negativa si el nivel mínimo de la descarga está por encima del rodete y viceversa) se mide desde el eje del rodete en turbinas Kaplan, mientras que en turbinas Francis se mide desde el plano medio del distribuidor (en lugar de hacerlo desde la salida del rodete, que es el punto más desfavorable).

Existen fórmulas empíricas que permiten estimar el coeficiente de Thoma a partir de la velocidad específica de la turbina, tal como se muestra en la Figura 1.12. Las fórmulas

---

[6] No resulta ser un problema relevante en turbinas de acción.

propuestas dan como resultado una elevación de la turbina por debajo de la elevación a la cual se prevé que se produzca la cavitación (aproximadamente 30 cm por debajo).

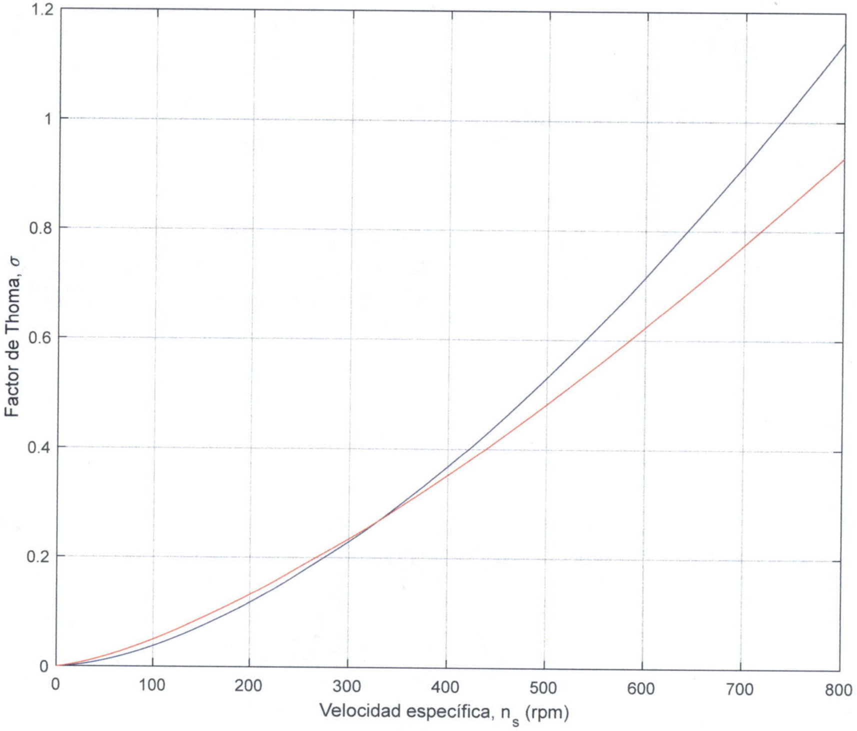

Figura 1.12. Factor de Thoma a partir de fórmulas empíricas propuestas en [19] (rojo) y [20] (azul)

En el caso de las máquinas hidráulicas destinadas al bombeo de agua (bombas), para que no haya riesgo de cavitación, se debe cumplir que la presión absoluta en cualquier punto de la tubería de aspiración y del interior de la máquina sea superior a la tensión de vapor a la temperatura de operación. Para ello se define el parámetro NPSH disponible (*Net Positive Suction Head*-Altura neta de aspiración) que representa la altura de energía por encima de la correspondiente a la presión de vapor existente (P_V) (la cual varía según la localización de la bomba) en la boca de aspiración (a) y se define en (1.14).

$$NPSH = \frac{P_a}{\gamma} + \frac{v_a^2}{2g} - \frac{P_V}{\gamma} \tag{1.14}$$

Para que no exista cavitación, el valor del NPSH disponible, calculado según (1.14) debe ser superior al valor del NPSH requerido (en la práctica se incluye medio metro más adicional). Dicho valor depende únicamente de lo que ocurre en el interior de la bomba y del caudal elevado, por lo que es un dato a facilitar por el fabricante. Sin embargo, tanto el NPSH disponible como el requerido no son valores fijos, sino que dependen de la condición de funcionamiento de la máquina, en particular del caudal. El NPSH disponible disminuye al aumentar el caudal por ser mayor la pérdida de carga en el conducto desde el depósito (recuérdese que esta pérdida de carga aumenta con el cuadrado del caudal) mientras el NPSH requerido se comporta de manera opuesta. Ello implica que una determinada máquina hidráulica en una determinada instalación dada puede presentar cavitación por encima de un determinado caudal de funcionamiento.

Aunque en general se considera que la entrada de la bomba es la zona más susceptible de registrar las mínimas presiones, esto no es así. Es en el interior de la bomba, justo antes de que se produzca la transferencia de energía entre el fluido y el rodete, donde se producen las presiones mínimas debido a las pérdidas de carga existentes entre la entrada a la bomba y el rodete.

1.2.3.2. Límites de funcionamiento de una máquina hidráulica

En todo caso, los límites de funcionamiento de una máquina hidráulica dependen del tipo de máquina y están fuertemente relacionados tanto con la cavitación, como con la aparición de vibraciones e inestabilidades. Será el fabricante del equipo quien deberá definir los límites de funcionamiento de la máquina. Ahora bien, a continuación se presenta en la Tabla 1.2 una primera aproximación de los rangos típicos de determinados parámetros de los distintos tipos de máquinas hidráulicas empleadas en centrales hidroeléctricas recogidos de [2], [5], [19], [20], [21], [22], [23] y [24].

Tabla 1.2. Rangos típicos de determinados parámetros de los distintos tipos de máquinas hidráulicas utilizadas en centrales reversibles

Parámetro	Turbina Pelton	Turbina Francis	Turbina Kaplan	Francis reversible (Generación/ Consumo)	Bomba
Caudal mínimo (respecto al máximo)	10-30 %	40-50 %	20-30 %	50-60 %/60-75 %	70-80 %
Potencia mínima (respecto a la máxima)	8-26%	34-42 %	17-25 %	44-52 %/68-84 %	76-87 %
Rendimiento máximo	88-92 %	90-95 %	90-95 %	87-92 %/82-90 %	80-87 %

1.2.3.3. Maniobras de arranque y parada

Un aspecto importante del funcionamiento de las máquinas hidráulicas son las operaciones de arranque y parada. Tanto la puesta en marcha de una turbina como de un grupo reversible en modo turbinación se lleva a cabo de manera similar, desde un punto de vista mecano-hidráulico. Tras abrir la válvula de protección y el distribuidor, el grupo se va acelerando de manera controlada por el regulador de velocidad hasta alcanzar la velocidad de sincronismo. Para proceder a la conexión del generador a la red, es necesario que el grupo gire a la velocidad de sincronismo y que la tensión en vacío del generador sea la adecuada en módulo y fase. La maniobra de arranque suele tener una duración muy corta, menos de un minuto desde el comienzo de la apertura de la válvula de protección hasta la conexión sin carga y entre 10 y 20 segundos desde carga nula a plena carga.

Sin embargo, el arranque como bomba es mucho más complicado desde un punto de vista mecano-hidráulico, puesto que se carece de la energía proporcionada por la presión del agua del embalse superior, siendo por tanto necesario un aporte energético exterior para acelerar el grupo hasta la velocidad de sincronismo. Si la operación se lleva a cabo con el distribuidor cerrado, este aporte de energía oscila entre el 30 y el 40 % de la potencia nominal. Si en cambio la operación se realiza con el distribuidor abierto, puede llegar a necesitarse un aporte de entre el 60 y el 70 % de la potencia nominal. Por tanto, el proceso normalmente se inicia con la máquina parada y el distribuidor cerrado, al mismo tiempo que se inyecta aire a presión y deprimiendo el nivel del agua en el tubo de aspiración por debajo del plano inferior del rodete. Cuando el rodete está girando sin agua, se acelera el grupo mediante un sistema de arranque apropiado y se conecta a la red cuando se alcanza la velocidad de sincronismo.

En el proceso de anegado posterior a la sincronización se deben evitar las sobrepresiones o los aumentos bruscos de potencia consumida. El anegado se puede realizar de dos formas diferenciadas. Bien desde el lado de aguas abajo de la bomba, extrayendo el aire mediante dispositivos purgantes o bien desde la cámara espiral, mediante una pequeña apertura de la válvula de protección y del distribuidor. A pesar de ello, lo normal es usar una combinación de ambos procedimientos. Así, primero se llena el rodete desde la periferia hacia el interior. Una vez que se ha alcanzado la cara inferior de este, se inicia el proceso de extracción del aire contenido en el cono de aspiración.

1.3. REGULACIÓN FRECUENCIA-POTENCIA

Los grupos hidroeléctricos participan en la regulación frecuencia-potencia del sistema modificando la apertura del distribuidor[7] de la turbina (regulación primaria y secundaria) y/o arrancando y parando el grupo (regulación terciaria). El dispositivo encargado de elaborar las órdenes de apertura o cierre del distribuidor de la turbina para contribuir a la regulación frecuencia-potencia se denomina **regulador de velocidad.**

---

[7] Inyectores en el caso de turbinas Pelton.

La norma IEC 61362:2012 recoge los datos necesarios para las especificaciones técnicas de los sistemas de regulación de grupos hidroeléctricos. En dicha norma se definen, entre otras cosas, los distintos modos de control que pueden llevar a cabo los sistemas de regulación de un grupo hidroeléctrico, entre los que se encuentran el control de velocidad y de potencia, ambos necesarios para que el grupo contribuya a la regulación frecuencia-potencia del sistema eléctrico.

Como se indica en la norma IEC 61362:2012, la estructura más habitual del lazo de control de velocidad y potencia de un grupo hidroeléctrico es el que se recoge en la Figura 1.13. Como se observa en la Figura 1.13, se trata de un regulador electrónico-hidráulico que, a partir de las medidas de frecuencia y potencia y sus correspondientes valores de referencia, actúa sobre la apertura del distribuidor (o los inyectores) de la turbina. La acción de control suele ser del tipo proporcional, integral y derivativa.

La norma IEC 61362:2012 recoge, entre otras cosas, los rangos recomendados para el estatismo permanente del grupo σ y para el coeficiente de acción proporcional K_P, la constante de tiempo de integración T_I y la constante de tiempo de derivación T_D. En la literatura científica, se pueden encontrar recomendaciones para el ajuste óptimo los parámetros K_P, T_I y T_D [25], expresadas en función del tiempo de arranque del agua T_w y de la constante de inercia del grupo H (ver Apartados 1.5.1 y 1.5.4). Habitualmente es el fabricante de los equipos quien se encarga de la instalación y puesta en marcha de los mismos y de fijar los valores de los parámetros del regulador. Solo en casos particulares puede ser necesario modificar los valores fijados por el fabricante. Para ello, la norma IEC 61362:2012 recomienda utilizar modelos de simulación no lineal que tengan en cuenta con el mayor detalle posible el circuito hidráulico de la central, las turbinas y sus sistemas de regulación y el funcionamiento del generador en red aislada y en red interconectada.

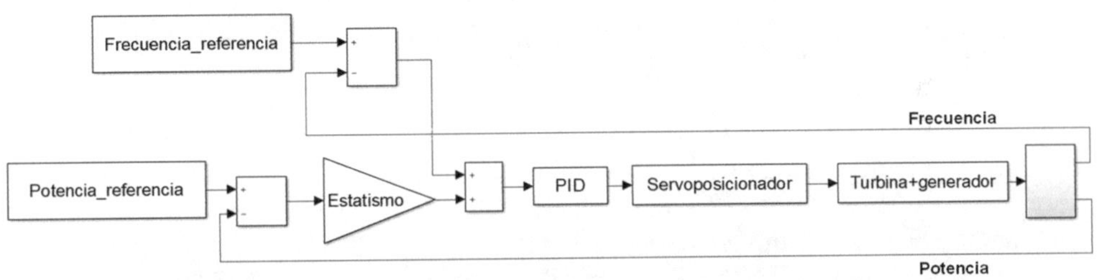

Figura 1.13. Estructura típica del lazo de control de velocidad y potencia del sistema de regulación de un grupo hidroeléctrico

No obstante, lo anterior, existen otras configuraciones para el lazo de control de velocidad y potencia de un grupo hidroeléctrico, como por ejemplo, las recogidas en el Estándar IEEE 1207-2004 o en [26]. En la norma IEC 60308:2024 se dan recomendaciones para los ensayos que convendría realizar en taller y en campo para la recepción de los sistemas de regulación de grupos hidroeléctricos.

1.3.1. Operación con velocidad variable

Las centrales hidroeléctricas pueden sufrir fuertes variaciones en las condiciones de operación, especialmente si se trata de centrales fluyentes, las cuales deben adaptarse de forma continua al régimen de caudales del río, o si la central se encuentra asociada a un embalse cuyo uso prioritario no es la producción de energía, sino cualquier otro como, por ejemplo, el riego o el abastecimiento. Asimismo, las centrales con grandes embalses reguladores cuyo uso prioritario es el hidroeléctrico pueden estar sujetas a importantes variaciones de las condiciones de operación si el régimen hidrológico de la cuenca en la que se encuentran experimenta fuertes cambios estacionales, como sucede en una gran parte del territorio español. Un caso que merece la pena citar es el de los grupos ecológicos que deben descargar de forma continua un determinado caudal, impuesto por el organismo de cuenca correspondiente, mientras que el salto bruto puede experimentar variaciones importantes.

En todos estos casos, el rendimiento global de la planta disminuye considerablemente y los grupos pueden verse sometidos a largos periodos de inactividad, en los que deben permanecer parados por motivos técnicos. Modificando en estos casos la velocidad de giro de los grupos es posible adaptarse en mayor medida a las condiciones de operación de la central, mejorando así el rendimiento global de la planta y reduciendo el tiempo que los grupos permanecen parados por motivos técnicos. Se reducen además las probabilidades de que se produzca cavitación y de que aparezcan fluctuaciones de presión en el tubo de descarga.

En el actual contexto de creciente penetración de energías renovables conectadas al sistema eléctrico a través de convertidores electrónicos de potencia, la operación con velocidad variable presenta además ventajas para la operación del sistema eléctrico, como son una mayor calidad del control de las potencias activa y reactiva, una mayor capacidad de reserva rodante y en el caso de las centrales de almacenamiento por bombeo, la posibilidad de controlar las potencias activa y reactiva y una reducción considerable en los tiempos de arranque en modo bombeo y de transición entre los distintos modos de funcionamiento de dichas centrales.

Para comprender mejor las ventajas que brinda la operación con velocidad variable, se presenta en la Figura 1.14, la colina de rendimientos de una turbina Francis de 2,9 m de diámetro, con unos caudal y salto de diseño de 60 m^3/s y 44 m y que está acoplada a un alternador que gira a 150 r/min cuya potencia máxima es de 28,6 MW. La turbina se supone instalada en una central hidroeléctrica de pie de presa, en la que las pérdidas de carga en las conducciones vienen dadas por el producto del cuadrado del caudal por un coeficiente k de valor $1{,}5 \cdot 10^{-4}$ s^2/m^5. En la Figura 1.14a se han superpuesto los límites técnicos del grupo, a saber: máxima potencia admisible por la máquina eléctrica[8], los saltos netos mínimo y máximo y rendimiento mínimo. Los saltos netos mínimo y máximo y el rendimiento mínimo se han obtenido siguiendo las recomendaciones dadas por el Bureau of Reclamation de los Estados Unidos [20].

---

[8] Se ha incluido el límite de potencia máxima admisible por el generador por motivos ilustrativos, aunque es más habitual que la condición de mínimo rendimiento hidráulico sea más limitante.

Los límites técnicos del grupo se han representado además en la Figura 1.14b, en la que a través de dos simples ejemplos es posible comprender las mejoras que la operación con velocidad variable podría ofrecer en el grupo analizado. Las curvas de color azul, con trazo continuo y discontinuo, representan los puntos de operación correspondientes a un llenado determinado del embalse v_1 y distintos caudales, cuando la turbina gira a velocidad síncrona y a una velocidad de 118,5 r/min, respectivamente. A su vez, las curvas de color negro, con trazo continuo y discontinuo, representan los puntos de operación correspondientes a un llenado determinado del embalse v_2 (mayor que en el ejemplo anterior) y distintos caudales, cuando la turbina gira a velocidad síncrona y a una velocidad de 158,5 r/min.

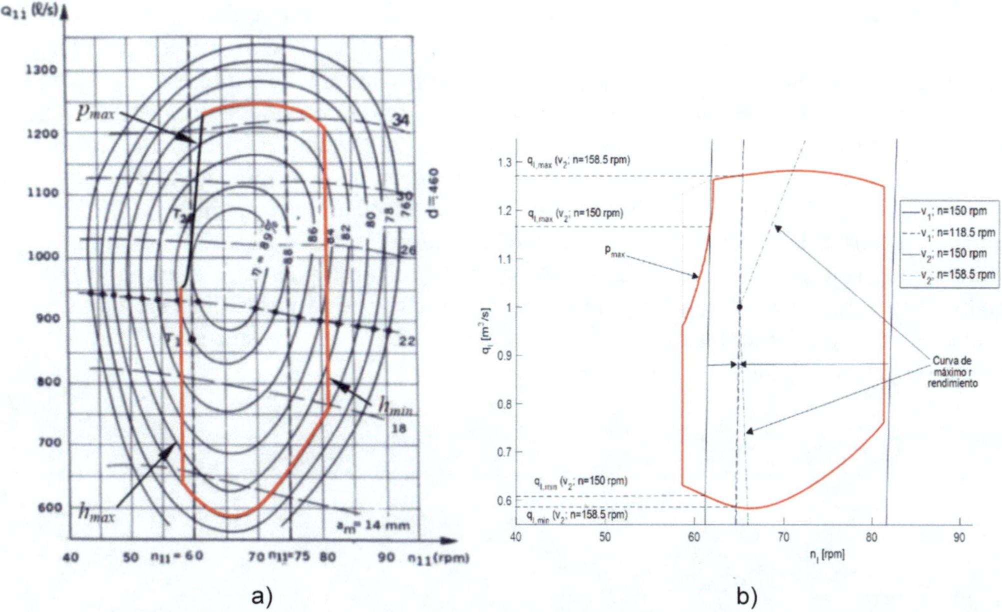

Figura 1.14. a) Colina de rendimientos y límites de funcionamiento de una turbina Francis. b) Ventajas de la velocidad variable en turbinación

En la Figura 1.14 se observa cómo gracias a la velocidad variable es posible, en ambos ejemplos, aumentar el rendimiento en todos los puntos de operación. Adicionalmente, en el primer ejemplo, la velocidad variable permite operar al grupo con un llenado del embalse con el que no sería posible hacerlo con velocidad fija, mientras que, en el segundo ejemplo, la velocidad variable permite aumentar el rango de caudales de operación para un llenado determinado del embalse. En la Figura 1.14b se ha variado la velocidad de giro del grupo para trasladar la curva de funcionamiento correspondiente a un llenado determinado del embalse a una posición en la que la curva pasa por el punto de máximo rendimiento de la colina. No obstante, sería posible variar la velocidad de giro del grupo para hacer que este funcionara siempre sobre la curva de máximo rendimiento, representada en la figura de forma aproximada con una línea de trazo y punto de color negro.

Como se comentó anteriormente, en centrales de almacenamiento por bombeo, la utilización de accionamientos de velocidad variable permite además controlar la potencia activa que consume la central en modo bombeo. En la Figura 1.15 se representan las curvas altura manométrica-caudal y potencia-caudal de una turbina Francis reversible en modo bombeo, para distintas velocidades de giro. Como se observa en la figura, la operación con velocidad variable permite variar la potencia que la bomba le confiere al fluido entre 0,72 y 1,08 p.u.

La generación hidroeléctrica con velocidad variable es un tema que lleva muchos años siendo objeto de estudio. Desde al menos la década de los 80, se comenzó a valorar la posibilidad de instalar grupos hidroeléctricos doblemente alimentados [27]. La solución convencional de conectar un alternador a la red a través de un convertidor de plena potencia era técnicamente viable [28], pero no económicamente, ya que este debe dimensionarse para la potencia máxima de la máquina a la que está conectado, lo que entonces suponía un coste aproximado del 430 % del coste del alternador. Sin embargo, en el caso de las máquinas doblemente alimentadas, una variación de la velocidad de 20 % con respecto a la velocidad de sincronismo solo suponía un coste aproximado del 125 % con respecto al coste del alternador. El concepto de máquina doblemente alimentada fue introducido a principios de la década de los cuarenta del siglo pasado; sin embargo, no fue hasta finales de la década de los setenta cuando resurgió el interés por este tipo de máquina, debido fundamentalmente a la reciente aparición de tiristores de apagado por puerta (GTO) para potencias elevadas.

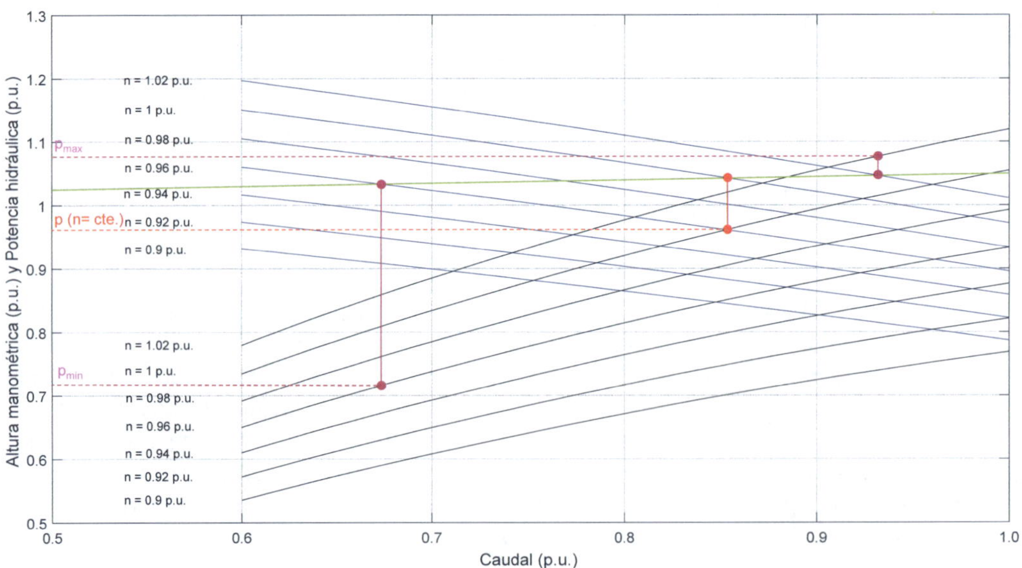

Figura 1.15. Ventajas de la velocidad variable en bombeo

En el año 1983, se celebró en la sede del U. S. Bureau of Reclamation en Denver, una reunión técnica organizada por el Departamento de Energía (DOE) y el Instituto de Investigación en Energía Eléctrica (EPRI) de los Estados Unidos, cuyo tema principal eran las aplicaciones hidroeléctricas de generadores de velocidad variable y de la que lamentablemente no se ha encontrado ninguna referencia. Un año después se publicó el artículo [5], en el que se llevó a cabo la simulación de la operación con velocidad variable de una turbina hélice de álabes fijos, en tres modos de operación distintos (rendimiento máximo, potencia constante y caudal constante), suponiendo en los tres casos una fuerte variación del salto. En los tres casos, la relación energía generada-caudal turbinado con velocidad variable fue mayor que con velocidad fija, obteniéndose con el modo de rendimiento máximo los resultados más prometedores. Un año antes, L. H. Sheldon había llevado a cabo el mismo estudio con una turbina Francis, obteniendo unos resultados muy parecidos, que fueron presentados en la reunión citada anteriormente.

Un estudio similar a los dos anteriores fue presentado por Farrell y Gulliver [30]. En este artículo analizan la posibilidad de utilizar turbinas de velocidad variable como herramientas de control del caudal y aportan interesantes ideas acerca de cómo varía el caudal turbinado en función de la velocidad, según sea el tipo de turbina. Sus ideas, en este aspecto, coinciden por completo con las de Ilyinykh [31]. Concluyen su estudio diciendo que la velocidad variable tiene pocas posibilidades de futuro como herramienta de control del caudal, aunque sostienen que una turbina específicamente diseñada para funcionar con velocidad variable debería dar mejores resultados.

Durante la década de los ochenta se produjeron en Japón aportaciones relevantes en el campo de la velocidad variable. Ingenieros de la compañía Hitachi Ltd. realizaron varias patentes de equipos y sistemas de control para la generación hidroeléctrica y el bombeo con velocidad variable ([32],[33] y [34]) Asimismo, se pusieron en funcionamiento varias centrales de almacenamiento por bombeo (reversibles) con velocidad variable, demostrando así la viabilidad técnica de esta nueva tecnología. En 1987 se puso en marcha en Japón el primer grupo reversible de velocidad variable. Este formó parte del proyecto de rehabilitación de la central hidroeléctrica Narude, llevado a cabo por la compañía KEPCO (Kansai Electric Power COmpany), [35] y [36]. Tres años después, otra compañía japonesa, TEPCO (Tokyo Electric Power COmpany), puso en marcha otro grupo reversible de velocidad variable, de mayor tamaño, en la central de Yagisawa. Este grupo sustituyó a otro anterior, de velocidad fija, que presentaba fuertes vibraciones cuando funcionaba con potencias inferiores a la nominal. Se sustituyó entonces el inductor de polos salientes de aquel grupo por un rotor bobinado y se instalaron los equipos necesarios para controlar su excitación [37].

Posteriormente, se llevaron a cabo en Japón varios proyectos de centrales reversibles de velocidad variable de dimensiones importantes. El primero de estos proyectos fue el de la central Ohkawachi que está formada por cuatro grupos reversibles, dos de los cuales son de velocidad variable con rotor bobinado que se conecta a la red a través de un cicloconvertidor. El primer grupo de velocidad variable se puso en marcha en 1993 y dos años más tarde se conectó el segundo [38] Estos dos grupos son actualmente los mayores grupos reversibles de velocidad variable en todo el mundo (400 MW).

Más adelante se han puesto en marcha en Japón varios grupos reversibles de velocidad variable, entre los que cabe destacar, los grupos de las centrales de Shiobara y Okukiyotsu n.º 2, ambos de 300 MW y equipados con sendas máquinas asíncronas doblemente alimentadas [6], los 4 grupos de la central de Omarugawa, cada uno de 340 MW y equipados con las máquinas asíncronas doblemente alimentadas de mayor velocidad en su momento [40][9], y el grupo de la central de Kazunogawa, de 400 MW y equipado con una máquina asíncrona doblemente alimentada [41], [42], hasta la fecha es el grupo reversible de velocidad variable de mayor salto del mundo (714 m) [43]. Especial mención merece también la central reversible de Yanbaru, equipada con una turbina Francis reversible acoplada a una máquina asíncrona doblemente alimentada, que utiliza el mar como depósito inferior [44].

La principal motivación para la puesta en marcha en Japón de las centrales mencionadas fue la elevada penetración de generación nuclear y las consiguientes dificultades para la operación del sistema eléctrico, especialmente en las horas de menor demanda de energía eléctrica, en las que era necesario programar un número excesivo de grupos térmicos para garantizar un adecuado control de la frecuencia [45].

En China, también a comienzos de la década de los 90, se construyó la central reversible de Panjiakou, que fue la primera central reversible con velocidad variable equipada con una máquina síncrona y un convertidor electrónico de plena potencia [46]. La gran variabilidad en las condiciones de operación, concretamente del salto, fue en este caso la motivación para equipar con accionamientos de velocidad variable el grupo reversible de la central de Panjiakou.

En la década de los 90 y principios de los 2000, en la Unión Europea se llevaron a cabo varios proyectos de demostración de la operación con velocidad variable en minicentrales hidroeléctricas, algunos financiados por la Unión Europea y otros por empresas privadas, la mayoría de ellos en países centroeuropeos. Cabe destacar, entre otros:

- El proyecto de rehabilitación de la central hidroeléctrica de Ingelfigen, en Alemania, en el que se instaló una turbina Kaplan tubular con álabes guía fijos, álabes del rodete móviles y la posibilidad de operar a distintas velocidades para hacer frente a la variabilidad del salto [47].

- La bomba operada como turbina (PAT, por sus siglas en inglés) de velocidad variable instalada en la red de abastecimiento de agua de la ciudad de Sion, Suiza, para controlar la presión, sustituyendo al control tradicional por medio de una válvula reductora de presión [47].

[9] Según la referencia consultada, la potencia varía entre 300 y 370 MW.

- El proyecto de rehabilitación de la central hidroeléctrica de Compuerto, España, en el que se sustituyó, en uno de los alternadores ya existentes, el rotor de polos salientes por un rotor trifásico con anillos colectores, alimentado por un cicloconvertidor [48].
- El proyecto de modernización del grupo reversible de la central de Forbach, de 20 MW, para equiparlo con un convertidor de plena potencia y permitir así su participación en la regulación primaria y secundaria del sistema eléctrico operado en la actualidad por TransnetBW GmbH [49].
- El proyecto de investigación VASOCOMPACT (VAriable Speed Operation of Submersible COMPACT Turbines), financiado por la Unión Europea en el Quinto Programa Marco de investigación, desarrollo tecnológico y demostración y en el que se puso en marcha un grupo hidroeléctrico de velocidad variable de 50 kW equipado con un generador síncrono de imanes permanentes, para controlar el nivel de agua en un pequeño azud en Tirva, Finlandia, por medio del control de la velocidad de giro del grupo [50].

No fue hasta 2003 cuando vio la luz en Europa la primera central hidroeléctrica de gran potencia operada con velocidad variable. Se trata de la central de almacenamiento por bombeo de Goldisthal, equipada con 4 grupos reversibles de 265 MW cada uno, dos de los cuales están acoplados a sendas máquinas asíncronas doblemente alimentadas. Los grupos de velocidad variable de Goldisthal operan una media de 19 horas al día proporcionando regulación primaria y secundaria en ambos modos de funcionamiento. El rango de operación en modo turbinación de los grupos de velocidad va desde los 40 hasta los 265 MW, mientras que los grupos de velocidad fija tienen un rango de operación que va desde los 100 hasta los 265 MW [51]. Las turbinas Francis reversibles fueron construidas por un consorcio de empresas formadas por VA Tech Escher Wyss (hoy Andritz Hydro), Voith-Siemens Hydro (hoy Voith Hydro) y CKD Blansko Engineering, mientras que la construcción de las máquinas asíncronas doblemente alimentadas corrió a cargo de VA Tech Hydro (hoy Andritz Hydro). La central es propiedad de la empresa sueca Vattenfall.

Desde entonces se han construido en Europa 4 nuevas centrales hidroeléctricas de velocidad variable de gran potencia, todas ellas reversibles. Se trata de las centrales de almacenamiento por bombeo de Avče en Eslovenia [52], [53]; Linthal en Suiza [54], [55]; Frades II, en Portugal [52], [56]; y Nant de Drance, también en Suiza [A], [B]. Todas ellas están equipadas con turbinas Francis reversibles y máquinas asíncronas doblemente alimentadas, con una potencia de 180 MW (1 × 180 MW), 1000 MW (4 × 250 MW), 780 MW (2 × 390 MW) y 900 MW (6 × 150 MW), respectivamente. Las máquinas hidráulicas y eléctricas de las centrales de Avče, Linthal, Frades II y Nant de Drance, fueron construidas por Mitsubishi, General Electric, Voith y General Electric, respectivamente. Las centrales son propiedad de las empresas Soške elektrarne Nova Gorica (SENG), AXPO, EDP y ALPIQ, respectivamente.

Merece la pena comentar adicionalmente el proyecto de modernización de la central de almacenamiento por bombeo de Grimsel II, en Suiza. Se trata de una central que se construyó en la década de los 70 del siglo pasado, propiedad de la empresa Kraftwerke Oberhasliy AG (KWO) y que está equipada con 4 grupos ternarios de eje horizontal, cada uno con una turbina Francis y una bomba radial y una potencia en modo turbinación/bombeo de 80/90 MW. La empresa propietaria de la central decidió en 2008 acometer un proyecto de modernización para dotar a uno de los grupos de la posibilidad de operar con velocidad variable. La solución adoptada fue la de conectar el alternador a la red a través de un convertidor de plena potencia, únicamente en modo bombeo, convirtiéndose así en el segundo y mayor grupo hidroeléctrico de velocidad variable con máquina síncrona del mundo [57]. ABB fue la empresa encargada de fabricar, instalar y poner en marcha el convertidor de plena potencia.

Recientemente se han llevado a cabo sendos proyectos de modernización de 2 centrales de almacenamiento por bombeo existentes. Se trata de las rehabilitaciones de las centrales de Limberg I y Malta Oberstufe, ambas en Austria. La central de Limberg I se puso en marcha en 1955 [C]. Originalmente equipada con un grupo Francis ternario, en 2022 se completaron los trabajos de rehabilitación en los que se sustituyó el grupo ternario por un grupo binario de velocidad variable de 80 MW de potencia y equipado con una máquina síncrona y convertidor de plena potencia [D]. La central de Malta Oberstufe se puso en marcha en 1977 [E]. Originalmente equipada con 2 grupos Francis ternarios con sendas máquinas síncronas diseñadas para operar a 2 velocidades, en 2022 se completaron los trabajos de rehabilitación en los que se sustituyeron los grupos ternarios por sendos grupos binarios de velocidad variable de 80 MW de potencia y equipados cada uno con un convertidor modular multinivel [F]. Cabe destacar que se trata de la primera central de almacenamiento por bombeo equipada con grupos síncronos de velocidad variable conectados a la red a través de un convertidor de estas características [G].

En China se ha puesto hace unos meses en marcha la segunda fase de la central reversible de mayor potencia del mundo (central de Fengning), equipada con 12 grupos Francis reversibles de 300 MW cada uno, 2 de los cuales están acoplados a sendas máquinas asíncronas doblemente alimentadas [H]. La central es propiedad de la empresa State Grid Xinyuan Co. Ltd., participada al 70 % por la empresa pública State Grid Corporation of China y Andritz ha sido la empresa encargada de fabricar las turbinas Francis reversibles y las máquinas asíncronas doblemente alimentadas.

En Japón, la compañía Kansai Electric Power (KEPCO) ha llevado a cabo hace poco la modernización de la central reversible de Okutataragi, en la que se han sustituido 2 grupos reversibles de velocidad fija, de 303 MW cada uno, por sendos grupos de velocidad variable [B]. Concretamente, se procedió a la sustitución de los rodetes de las turbinas Francis reversibles y de los alternadores [61], [I].

Por último, merece la pena destacar la que próximamente será la primera central reversible de velocidad variable de India. Se trata de la central de Tehri, cuya puesta en marcha está prevista para 2025 y que estará equipada con 4 turbinas Francis reversibles acopladas a sendas máquinas asíncronas doblemente alimentadas [62].

1.3.2. Operación de centrales de bombeo en modo cortocircuito hidráulico

En el contexto actual de elevada penetración (actual y prevista) de renovables no gestionables (eólica y solar fotovoltaica) en el sistema eléctrico, la operación en modo cortocircuito hidráulico constituye una alternativa a la operación con velocidad variable, que permite controlar el consumo de potencia activa de una central reversible, sin hacer uso de equipos de electrónica de potencia.

El funcionamiento en cortocircuito hidráulico básicamente consiste en que existen al menos dos máquinas hidráulicas que funcionan en paralelo, una bombeando a punto fijo y otra turbinando. El balance energético en la operación en modo cortocircuito hidráulico es normalmente negativo (consumidor neto), aunque depende de la potencia de las máquinas y el punto de funcionamiento de la máquina que turbina. La máquina que turbina aporta la capacidad de regulación de la que carece la que bombea pudiendo variar su potencia de manera convencional. De esta forma el rango de variación de la potencia queda limitado por la turbina. Si las dos máquinas tienen la misma potencia, la potencia neta puede variar desde los 0 MW hasta la potencia nominal de la bomba menos la potencia mínima de la turbina.

En la actualidad, según el conocimiento de los autores, son muy pocas las centrales reversibles de este tipo que en el mundo funcionen en algún momento en cortocircuito hidráulico; en la Tabla 1.3 se muestran aquellas centrales de las que se tiene conocimiento que funcionan en modo cortocircuito hidráulico en algunas ocasiones.

Tabla 1.3. Centrales reversibles que operan en corto circuito hidráulico en la actualidad

Nombre	País	Tipo de grupos	Potencia (MW)	Salto (m)
Geesthacht	Alemania	Francis ternarios	3 × 40	80
Kops II	Austria	Pelton ternarios	3 × 150	800
Luenersee	Austria	Pelton ternarios	5 × 50	974
Rottau	Austria	Pelton ternarios	2 × 182,5	1106
Veytaux II	Suiza	Pelton ternarios	2 × 120	880
Gorona del Viento	España	Pelton cuaternarios	4 × 2.8 turbinas 2 × 1.5 + 6 × 0.5 bombas	655

Como se refleja en la Tabla 1.3, todas las centrales que operan en cortocircuito hidráulico menos una, cuentan con grupos reversibles denominados ternarios. En el esquema de la Figura 1.16, inspirado en [63], se muestra el principio de funcionamiento de un grupo ternario cuando operan en cortocircuito hidráulico. En este caso, el esquema se corresponde con un grupo ternario de eje vertical con turbina Pelton en el que la máquina eléctrica se encuentra en el extremo superior del eje.

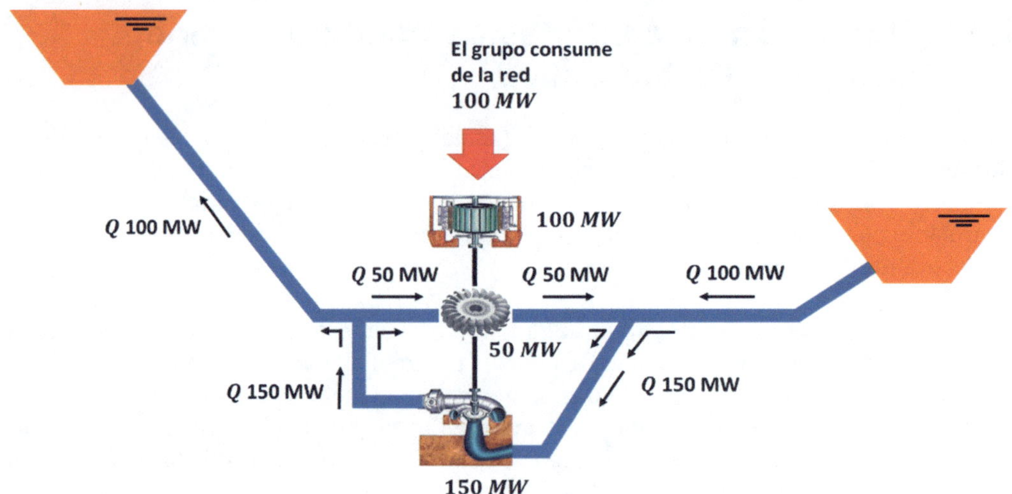

Figura 1.16. Principio de funcionamiento de una central hidroeléctrica reversible operando en cortocircuito hidráulico

Los grupos ternarios, ya sean de eje vertical u horizontal pueden instalarse según los esquemas reflejados en la Figura 1.17. Las bombas, para operar en condiciones óptimas, requieren una sumergencia elevada, es decir estar situadas decenas de metros por debajo del nivel del agua en la zona de descarga. De modo que en el caso de los grupos de eje horizontal las turbinas deben ser Francis. En ocasiones, la sumergencia necesaria para las bombas de los grupos ternarios de eje vertical obliga incluso a presurizar la cámara de descarga de las turbinas Pelton, situadas en el extremo superior del eje. Es el caso de la central de Kops II [64]. El nivel del agua en el embalse inferior se encuentra aproximadamente 10 m por encima del plano de los rodetes Pelton.

Las centrales con grupos ternarios se hicieron populares en Europa en la década de los 60, dado que permitían introducir esquemas reversibles en grandes saltos en los que los grupos binarios monoetapa no eran viables desde el punto de vista técnico. En la actualidad los grupos ternarios son valorados especialmente por la flexibilidad que presentan en la operación con cortocircuito hidráulico. Ha sido el desarrollo de los convertidores hidráulicos de par lo que ha permitido aumentar significativamente la flexibilidad de estos grupos y con ello, dotarlos de unas mejoradas prestaciones para la provisión de determinados servicios de ajuste para el control de la frecuencia, como la regulación terciaria. Por ejemplo, la central de Kops II puesta en marcha en el año 2008 consta con tres grupos Pelton que funcionan cada uno de ellos más de 8.000 h al año. Cada día los grupos cambian su modo de operación de turbinación a bombeo y viceversa entre 10 y 20 veces realizando labores de regulación en todo momento [65]. Este régimen de funcionamiento dista mucho del tradicional de una central reversible convencional en la que se concentran las horas de turbinación y de bombeo a lo largo del día para minimizar los cambios en el modo de operación.

El convertidor hidráulico de par es un dispositivo de transmisión hidrodinámica que se sitúa normalmente en el eje del grupo, entre la máquina eléctrica y la bomba y que permite la transmisión de potencia mecánica con distintos valores de par y velocidad a uno y otro lado del dispositivo. Permite acoplar y desacoplar la bomba del alternador, acelerando y decelerando la primera de forma gradual sin necesidad de vaciar la cámara de la bomba. Esto reduce notablemente el tiempo de arranque de la bomba y de la transición de modo turbinación a modo bombeo o corto circuito hidráulico. Su funcionamiento detallado se describe en [66] y [67]. Salvo la central de Geesthacht todas las centrales con grupos ternarios que operan en cortocircuito hidráulico recogidas en la Tabla 1.3 están dotadas con convertidor de par. En el caso de la central de Veytaux II se ha dispuesto un espacio en la central actual para la futura instalación de convertidores hidráulicos de par [68].

A continuación se describen brevemente las principales características de los esquemas de los grupos ternarios reflejados en la Figura 1.17.

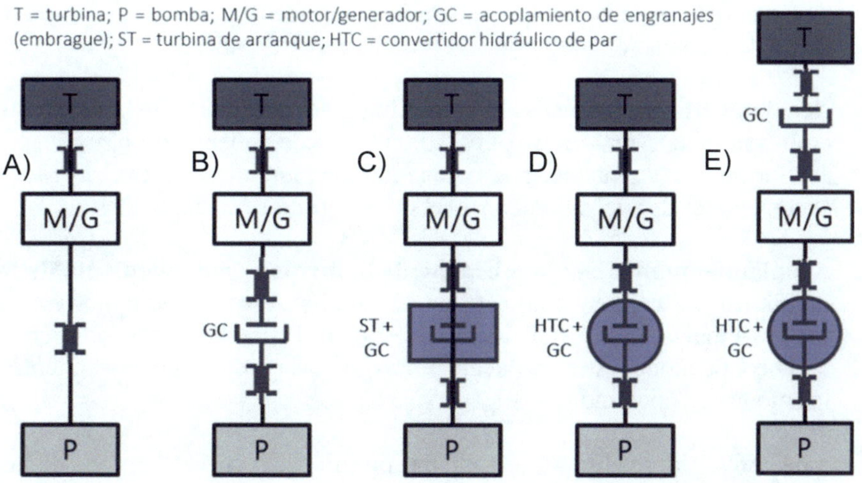

Figura 1.17. Esquemas de grupos ternarios reversibles

A. Acoplamiento permanente de la turbina y la bomba. Las dos máquinas hidráulicas y el alternador/motor están unidos solidariamente al mismo eje. Durante el funcionamiento en modo turbinación/bombeo la bomba/turbina incrementa las pérdidas por rozamiento. Según los fabricantes de turbinas estas pérdidas alcanzan el 2 % de la potencia nominal. La bomba puede arrancarse llena de agua mediante la turbina o con la cámara desanegada.

B. Acoplamiento permanente de la turbina y acoplamiento mediante embrague de la bomba. El embrague es un mecanismo que se sitúa normalmente en el eje del grupo, entre la bomba y la máquina eléctrica y que permite acoplar y desacoplar la primera al o del eje del grupo. Las velocidades, tanto del rodete de la bomba como del alternador, deben ser similares para proceder al acoplamiento de las máquinas. De esta forma no es necesario vaciar la cámara en la que está instalado el rodete de la bomba cuando el grupo opera en modo turbinación o como compensador síncrono lo que reduce los tiempos de determinadas maniobras. Cuando se arranca el grupo en modo bombeo es necesario acoplar la bomba al eje cuando esta esté parada, de modo que el arranque es convencional. Los embragues se han implantado en casi todos los grupos ternarios, aunque no operen en cortocircuito hidráulico. En [60] se muestra su principio de funcionamiento.

C. **Acoplamiento permanente de la turbina y acoplamiento mediante embrague de la bomba y turbina de arranque.** Añadir la turbina de arranque permite poder acelerar la bomba desacoplada del eje, con la cámara desanegada, hasta la velocidad de sincronismo mediante dicha turbina. Una vez que la velocidad de la bomba y del resto del grupo es igual se acopla la bomba mediante el embrague. Esto reduce enormemente el tiempo necesario para efectuar las maniobras de transición de modo turbinación a bombeo o cortocircuito hidráulico.

D. **Acoplamiento permanente de la turbina y acoplamiento de la bomba mediante embrague y convertidor de par.** La bomba puede acelerarse con su cámara anegada a partir de la máquina eléctrica o de la turbina hidráulica. En este proceso y gracias al convertidor de par la bomba y el resto del grupo están acoplados.

E. **Acoplamiento mediante embrague de la turbina y acoplamiento de la bomba mediante embrague y convertidor de par.** Este esquema se aplica en grupos con turbina Francis, para evitar tener que vaciar el rodete cuando se opera en modo bombeo, de modo que se reducen al máximo las pérdidas por rozamiento en todos los modos de operación.

El uso de convertidores hidráulicos de par permite reducir los tiempos de la mayoría de las maniobras de arranque y transición menores por debajo de los correspondientes a los de los grupos de velocidad variable. En la Tabla 1.4, tomada de [69], se muestran los tiempos que se emplean en las principales maniobras que pueden darse en los grupos convencionales, con velocidad variable y ternarios equipados con convertidor hidráulico de par.

Las dos principales desventajas del funcionamiento en cortocircuito hidráulico son la inversión inicial y el bajo rendimiento energético frente al funcionamiento convencional de los grupos reversibles. Los costes de una central hidroeléctrica reversible son altamente variables, pero según [70] se puede establecer el sobrecoste de una central con grupos ternarios alrededor de un 30 % sobre su homóloga con grupos binarios convencionales. El incremento de coste se debe fundamentalmente a que los grupos tienen dos máquinas hidráulicas y que ocupan mucho mayor espacio. Dado que estas centrales normalmente son subterráneas, el coste de la excavación de la caverna es elevado.

Tabla 1.4. Tiempos que se emplean en las principales maniobras

Maniobra	Grupo binario convencional	Velocidad variable con máquina asíncrona doblemente alimentada	Velocidad variable con convertidor pleno	Cortocircuito hidráulico Francis de eje horizontal y convertidor de par	Cortocircuito hidráulico Pelton de eje vertical y convertidor de par
Parado-turbinación	90	90	65	90	65
Parado-bombeo	340	230	80	85	80
Compensador síncrono-turbinación	70	60	60	40	20
Compensador síncrono-bombeo	70	70	60	30	25
Turbinación-bombeo	420	470	130	45	25
Bombeo-turbinación	190	280	150	60	25

Desde el punto de vista teórico también es posible que una central dotada con grupos binarios reversibles opere en cortocircuito hidráulico, pero de momento los autores no conocen ninguna central que haya adoptado dicha estrategia de funcionamiento para regular la potencia cuando el balance neto es negativo, es decir, consumidor. En este caso uno o varios grupos de la central funcionarían bombeando mientras que otros grupos lo harían turbinando al mismo tiempo siendo responsables de la regulación. Desde el punto de vista del diseño de la central, las conducciones deberían adaptarse a dicho régimen de funcionamiento, lo que encarece la obra un 3 % respecto a la central reversible que no opera con grupos binarios ni en cortocircuito hidráulico. Sin estas modificaciones las pérdidas energéticas durante el funcionamiento de la central serían considerables dado que las pérdidas de carga en algunas conducciones serían cuantiosas.

Respecto al funcionamiento de grupos cuaternarios conjuntamente en cortocircuito hidráulico es muy difícil determinar qué complejos hidroeléctricos adoptan este modo de operación, dado que normalmente constan de varias instalaciones de potencias y ubicaciones distintas. Por ejemplo, en la Isla de El Hierro la Central reversible de Gorona del Viento consta de dos instalaciones con circuitos hidráulicos independientes, que comparten los embalses superior e inferior. La central hidroeléctrica está compuesta por 4 grupos Pelton (4 × 2,8 MW) alimentados por una tubería forzada de 2.350 m de longitud y 1,0 m de diámetro y la estación de bombeo por 8 bombas (2 × 1,5 MW + 6 × 0,5 MW) que impulsan el agua a través de una tubería de 3.015 m de longitud y 0,8 m de diámetro. Las instalaciones hidráulicas se completan con cinco aerogeneradores que permiten durante muchas horas al año el abastecer completamente a la isla de El Hierro a partir de recursos renovables. Durante el verano de 2019 se logró batir un récord mundial al conseguir el abastecimiento energético de la isla durante 596 horas consecutivas (24 días) con fuentes exclusivamente renovables. Este escenario, en el que la potencia eólica tiene un peso importante precisa de la regulación de la central hidroeléctrica cuando las bombas funcionan. Aun así, surgen dificultades para mantener la frecuencia dentro de los umbrales de seguridad, debido a las rampas en la velocidad del viento que se registran y que obligan a desconectar las bombas de velocidad fija a modo de deslastre [71].

Asimismo, como se comentó anteriormente, una central con grupos reversibles binarios podría funcionar en cortocircuito hidráulico. Es el caso del salto de Chira, central reversible proyectada para su próxima puesta en servicio en la isla de Gran Canaria. Dicha central cuenta con seis grupos binarios reversibles de 33 MW equipados cada uno de ellos con un convertidor de plena potencia. Además, en su configuración hidráulica, se ha previsto que pueda operar en el modo de cortocircuito hidráulico, para lo que algunos grupos pueden bombear al mismo tiempo que otros turbinan.

1.4. TRANSITORIOS HIDRÁULICOS EN CONDUCCIONES EN PRESIÓN

Según se ha explicado anteriormente, la potencia mecánica que se produce en una turbina hidráulica es proporcional al caudal y a la altura de energía del agua que pasa a través de ella. Si las condiciones de salto (altura de energía) son constantes, cuando se requiere un cambio en la potencia que entrega el grupo hidroeléctrico a la red, el distribuidor verá modificada su posición para adecuar el caudal al nuevo punto de operación exigido. Si el movimiento del distribuidor es suficientemente rápido, el cierre o la apertura del mismo modificará momentáneamente la altura de energía del agua, concretamente la presión. Esta variación de presión tendrá su influencia en la potencia mecánica que se genera en cada instante en la turbina. De modo que los transitorios hidráulicos que tienen lugar en las conducciones que conforman la central hidroeléctrica están íntimamente relacionados con la respuesta dinámica de la potencia que se produce en sus turbinas.

La flexibilidad de la central y su facilidad para adaptar su producción a las necesidades en cada instante del sistema eléctrico al que suministre energía, dependen en gran medida de la inercia del agua acumulada en las conducciones. Modificar la potencia mecánica en la turbina implica acelerar o frenar el agua en la tubería forzada de modo que si la inercia del agua es elevada esta tarea requerirá más tiempo y dificultad que en el caso de que la inercia sea reducida. Por tanto, para analizar la respuesta dinámica de una central hidroeléctrica es necesario estudiar con detalle las ecuaciones que rigen el comportamiento del agua en las conducciones en presión.

Las dos ecuaciones que permiten reproducir el comportamiento de una conducción en presión son las ecuaciones de continuidad y de conservación de la cantidad de movimiento o teorema de Bernoulli en un conducto. Una vez definidas estas ecuaciones en su forma genérica, se introducen en las mismas la relación entre la presión del agua y la deformabilidad del material de la conducción y del propio fluido. A continuación, se deducen de forma simplificada dichas expresiones.

1.4.1. Ecuación de continuidad

Como hipótesis iniciales se considera que el agua circula por una conducción en la que puede definirse un eje y en la que todas las velocidades de todo punto son paralelas a dicho eje. Asimismo, en cada sección, se supone que la velocidad de todos sus puntos es la misma e igual a la velocidad media del agua en esa sección. En la Figura 1.18a se considera el tramo de conducción delimitado por dos secciones 1 y 2, de áreas S_1 y S_2, separadas por una distancia dx según el eje, por las que circula el agua a una velocidad V_1 y V_2, respectivamente.

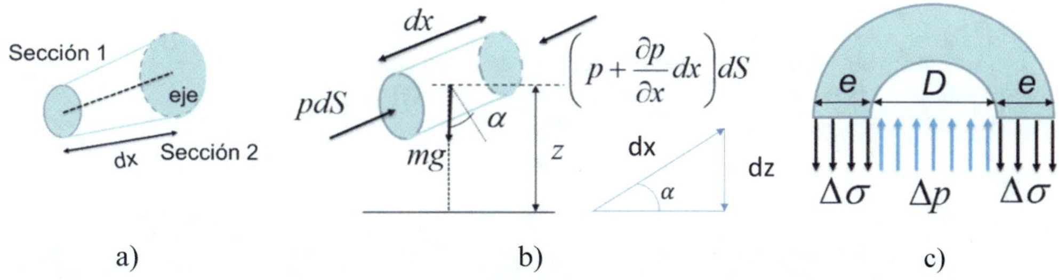

Figura 1.18. a) Tramo de conducción de longitud dx limitado por las secciones 1 y 2. b) Equilibrio de fuerzas en un tramo de conducción de longitud dx y sección constante. c) Equilibrio de fuerzas en una sección de tubería de espesor e y diámetro interior D.

En un tiempo dt, por la sección 1 habrá entrado en el tramo de conducción la masa de agua $\rho S_1 V_1 \mathrm{d}t$, mientras que por la sección 2 habrá salido la masa de agua $\rho S_2 V_2 \mathrm{d}t$. La Ecuación (1.15) muestra la diferencia entre la masa de agua que entra y sale, que será la variación de masa a lo largo del tramo de conducción de longitud dx.

$$\rho S_1 V_1 \mathrm{d}t - \rho S_2 V_2 \mathrm{d}t = \frac{\partial(\rho S V)}{\partial x}\mathrm{d}x\mathrm{d}t \tag{1.15}$$

siendo S y V la sección y la velocidad medias a lo largo del tramo de conducción. Por otro lado, la variación de la masa de agua entre las dos secciones 1 y 2 en el intervalo de tiempo dt se puede expresar también como

$$\frac{\partial(\rho S)}{\partial t}\mathrm{d}t\mathrm{d}x$$

de modo que la diferencia entre la masa de agua que entra y la que sale y la variación de masa en el intervalo de tiempo d*t* debe ser iguales, como se muestra en (1.16).

$$\frac{\partial(\rho S)}{\partial t}=\frac{\partial(\rho SV)}{\partial x} \tag{1.16}$$

Desarrollando las derivadas de los productos y dividiendo por ρS resulta la Expresión (1.17).

$$\frac{\partial V}{\partial x}+\frac{1}{S}\left(\frac{\partial S}{\partial t}+V\frac{\partial S}{\partial x}\right)+\frac{1}{\rho}\left(\frac{\partial \rho}{\partial t}+V\frac{\partial \rho}{\partial x}\right)=0 \tag{1.17}$$

El término de la velocidad se puede sustituir por d*x*/d*t* obteniendo la Expresión (1.18):

$$\frac{\partial V}{\partial x}+\frac{1}{S}\left(\frac{\partial S}{\partial t}+V\frac{\partial S}{\partial x}\frac{\mathrm{d}x}{\mathrm{d}t}\right)+\frac{1}{\rho}\left(\frac{\partial \rho}{\partial t}+V\frac{\partial \rho}{\partial x}\frac{\mathrm{d}x}{\mathrm{d}t}\right)=0 \tag{1.18}$$

Finalmente, las derivadas parciales se pueden agrupar de modo que la ecuación de la conservación de la masa se puede expresar como en (1.19).

$$\frac{\partial V}{\partial x}+\frac{1}{S}\frac{\mathrm{d}S}{\mathrm{d}t}+\frac{1}{\rho}\frac{\mathrm{d}\rho}{\mathrm{d}t}=0 \tag{1.19}$$

1.4.2. Teorema de Bernoulli

Se considera en este caso una conducción de sección infinitesimal dS y de longitud también infinitesimal dx por la que circula agua según la dirección del eje del tubo. El centro de gravedad del elemento diferencial está a una distancia z sobre un plano de referencia, tal como se muestra en la Figura 1.18b. Las fuerzas que actúan sobre el agua proyectadas sobre el eje del tubo son el peso del agua (1.20), las presiones sobres las caras del elemento diferencial (1.21), el rozamiento con las paredes del tubo (1.22) —siendo dp_e el perímetro del elemento diferencial y τ, la tensión tangencial media sobre el contorno del fluido—. Todas las fuerzas que actúan sobre el agua dan lugar a una resultante proyectada sobre el eje (1.23).

$$-mg \text{ sen } \alpha = \mathrm{d}S\,\mathrm{d}x\,\rho g \text{ sen } \alpha = -\mathrm{d}S\,\mathrm{d}z\,\rho g \tag{1.20}$$

$$p\mathrm{d}S-\left(p+\frac{\partial P}{\partial x}\mathrm{d}x\right)\mathrm{d}S \tag{1.21}$$

$$-\tau\,\mathrm{d}p_e\,\mathrm{d}x \tag{1.22}$$

$$ma=\mathrm{d}S\,\mathrm{d}x\,\rho\frac{\mathrm{d}V}{\mathrm{d}t} \tag{1.23}$$

Dividiendo (1.23) por ρ g dS dx se obtiene la Expresión (1.24):

$$\frac{1}{g}\frac{\mathrm{d}V}{\mathrm{d}t}+\frac{\mathrm{d}z}{\mathrm{d}x}+\frac{1}{\rho g}\frac{\partial P}{\partial x}+\frac{1}{\rho g}\frac{\mathrm{d}P_e}{\mathrm{d}S}=0 \qquad (1.24)$$

La posición del elemento diferencial z es constante en el tiempo; así pues, se cumple (1.25).

$$\frac{\mathrm{d}z}{\mathrm{d}x}=\frac{\partial z}{\partial x} \qquad (1.25)$$

Por otro lado, se cumple la igualdad (1.26).

$$\frac{\mathrm{d}V}{\mathrm{d}t}=\frac{\partial V}{\partial t}+\frac{\partial V}{\partial x}\frac{\mathrm{d}x}{\mathrm{d}t}=\frac{\partial V}{\partial t}+V\frac{\partial V}{\partial x}=\frac{\partial V}{\partial t}+\frac{1}{2}\frac{\partial V^2}{\partial x} \qquad (1.24)$$

El término $\frac{\tau}{\rho g}\frac{\mathrm{d}p_e}{\mathrm{d}S}$ representa la pérdida de carga continua del fluido por rozamiento con las paredes del tubo y se suele expresar como I. Introduciendo las Expresiones (1.25) y (1.26) en la Ecuación (1.24) y el peso específico del agua γ como ρg se obtiene la Expresión (1.27).

$$\frac{1}{g}\frac{\partial V}{\partial t}+\frac{\partial}{\partial x}\left(z+\frac{P}{\gamma}+\frac{V^2}{2g}\right)+I=0 \qquad (1.27)$$

La suma de los términos del trinomio de Bernoulli H, es la carga hidráulica del agua o simplemente carga.

$$\frac{1}{g}\frac{\partial V}{\partial t}+\frac{\partial H}{\partial x}+I=0 \qquad (1.28)$$

1.4.3. Introducción de la elasticidad de la tubería y de la compresibilidad del agua

Introducir la elasticidad del agua en el modelo implica considerar cómo influyen las variaciones de presión en la densidad del agua y en las dimensiones de la tubería. Si la presión crece considerablemente la densidad del agua aumentará, así como el diámetro de la conducción.

La compresibilidad del agua se introduce a partir del módulo de elasticidad volumétrico de un fluido, K_a, de modo que un incremento de presión produce una reducción del volumen (Vol) que ocupa la misma masa agua, como se muestra en (1.29).

$$\Delta P = -K_a \frac{\Delta Vol}{Vol} \tag{1.29}$$

El volumen se puede expresar en función de la masa, m y la densidad ρ, de modo que el incremento de volumen se puede expresar en función de la variación de la densidad (1.30), llegando a la igualdad (1.31).

$$\Delta Vol = \Delta\left(\frac{m}{\rho}\right) = \frac{\partial}{\partial\rho}\left(\frac{m}{\rho}\right)\Delta\rho = -\frac{m}{\rho^2}\Delta\rho \tag{1.30}$$

$$\Delta P = -K_a \frac{\Delta Vol}{Vol} = -K_a \frac{\frac{m}{\rho^2}\Delta P}{\frac{m}{\rho}} = K_a \frac{\Delta P}{\rho} \tag{1.30}$$

Por otro lado, cuando el agua que circula por una tubería de diámetro D y espesor e, sufre un incremento de presión ΔP, la tensión del material de la tubería se ve aumentada en $\Delta\sigma$. Aplicando la suma de fuerzas a la mitad de una sección de tubería, Figura 1.18c, se obtiene (1.32):

$$\Delta P \cdot D = 2e \cdot \Delta\sigma \tag{1.32}$$

La ley de Hooke relaciona la tensión y el diámetro de la tubería mediante el módulo de elasticidad lineal E y el coeficiente de Poisson v como se indica en (1.33).

$$\Delta\sigma = \frac{E}{1-v^2}\frac{\Delta D}{D} \tag{1.33}$$

El incremento de sección, ΔS, se puede relacionar con el incremento de diámetro, ΔD (1.34).

$$\Delta S = \Delta\left(\frac{\pi D^2}{4}\right) = \frac{\partial}{\partial D}\left(\frac{\pi D^2}{4}\right)\Delta D = \frac{\pi D}{2}\Delta D \tag{1.34}$$

de modo que el equilibrio de fuerzas inicial (1.32) se puede expresar como en (1.35).

$$\Delta P = \frac{2e}{D}\frac{E}{1-\partial^2}\frac{\Delta D}{D} = \frac{2e}{D}\frac{E}{1-\partial^2}\frac{\frac{2\Delta S}{\pi D}}{D} = \frac{e}{D}\frac{E}{1-\partial^2}\frac{4}{\pi D^2}\Delta S = \frac{e}{D}\frac{E}{1-\partial^2}\frac{\Delta S}{S} \tag{1.35}$$

Introduciendo los incrementos unitarios de densidad (1.31) y de sección (1.35) en la Ecuación de continuidad (1.19) resulta la Ecuación (1.36):

$$\frac{\partial V}{\partial x}+\frac{1}{S}\frac{\mathrm{d}P}{\mathrm{d}t}\frac{SD}{e}\frac{1-\partial^2}{E}+\frac{1}{\rho}\frac{\mathrm{d}P}{\mathrm{d}t}\frac{\rho}{Ka}=\frac{\partial V}{\partial x}+\frac{\mathrm{d}P}{\mathrm{d}t}\left(\frac{D}{e}+\frac{1-\partial^2}{E}\frac{1}{Ka}\right)=0 \tag{1.36}$$

La Ecuación (1.36) se reformula llegando a las expresiones indicadas en (1.37).

$$\frac{1}{\rho}\frac{\mathrm{d}P}{\mathrm{d}t}+a^2\frac{\partial V}{\partial x}=0 \quad \text{y} \quad a=\sqrt{\frac{1}{\rho\left(\frac{D}{e}+\frac{1-\partial^2}{E}\frac{1}{Ka}\right)}} \tag{1.37}$$

siendo a la celeridad de la onda de presión del agua en la conducción, es decir, la velocidad con la que las variaciones de presión se transmiten a lo largo de la tubería.

Por tanto, las dos expresiones que permiten reproducir el comportamiento dinámico del agua en una tubería, incluyendo la deformabilidad del tubo y del fluido se recopilan en (1.38). En el caso de la ecuación de Bernoulli la expresión no se ve modificada.

$$\frac{1}{\rho}\frac{\mathrm{d}P}{\mathrm{d}t}+a^2\frac{\partial V}{\partial x}=0 \quad \text{y} \quad \frac{1}{g}\frac{\partial V}{\partial t}+\frac{\partial}{\partial x}\left(z+\frac{P}{\gamma}+\frac{V^2}{2g}\right)+I=0 \tag{1.38}$$

Ambas Ecuaciones (1.38) pueden expresarse en función de la carga H y del caudal Q, magnitudes más intuitivas y aplicables a centrales hidroeléctricas que la velocidad V y la presión P. Primeramente la ecuación de continuidad resulta como en (1.39), desarrollando la derivada total de P respecto al tiempo.

$$\frac{1}{\rho}\frac{\mathrm{d}P}{\mathrm{d}t}+a^2\frac{\partial V}{\partial x}=\frac{1}{\rho}\frac{\partial P}{\partial t}+\frac{1}{\rho}\frac{\partial P}{\partial x}\frac{\mathrm{d}x}{\mathrm{d}t}+a^2\frac{\partial V}{\partial x}=\frac{1}{\rho}\frac{\partial P}{\partial t}+\frac{a}{\rho}\frac{\partial P}{\partial x}+a^2\frac{\partial V}{\partial x}=0 \tag{1.39}$$

Durante el golpe de ariete puede asumirse lo indicado en (1.40).

$$\frac{\partial P}{\partial t}>>\frac{\partial P}{\partial x}\rightarrow\frac{1}{\rho}\frac{\partial P}{\partial t}+a^2\frac{\partial V}{\partial x}=0 \tag{1.40}$$

Por otro lado, la presión se puede expresar en función del trinomio de Bernoulli como en (1.41), asumiendo además que $\mathrm{d}x/\mathrm{d}t = a$ y que $\mathrm{d}z/\mathrm{d}t = 0$.

$$\begin{aligned}&\frac{\gamma}{\rho}\frac{\partial}{\partial t}\left(H-z-\frac{V}{2g}\right)+a^2\frac{\partial V}{\partial x}=\frac{\gamma}{\rho}\frac{\partial H}{\partial t}-\frac{\gamma}{\rho}\frac{V}{g}\frac{\partial V}{\partial t}+a^2\frac{\partial V}{\partial x}=\\&=\frac{\gamma}{\rho}\frac{\partial H}{\partial t}-\frac{\gamma}{\rho}\frac{V}{g}\frac{\partial V}{\partial x}\frac{\mathrm{d}x}{\mathrm{d}t}+a^2\frac{\partial V}{\partial x}=g\frac{\partial H}{\partial t}-Va\frac{\partial V}{\partial x}+a^2\frac{\partial V}{\partial x}=0\end{aligned} \tag{1.41}$$

La Ecuación (1.41) puede simplificarse puesto que el orden de magnitud de la celeridad de la onda de presión es de 10^3, de modo que $a^2 >> a$, llegando a la Expresión (1.42).

$$g\frac{\partial H}{\partial t} - Va\frac{\partial V}{\partial x} + a^2\frac{\partial V}{\partial x} = g\frac{\partial H}{\partial t} a^2\frac{\partial V}{\partial x} \tag{1.42}$$

Finalmente la variación de sección producida por el cambio en la presión es reducida de modo que $V(S + \Delta S) \approx Q$, de modo que la ecuación de continuidad resultante es (1.43) mientras que la ecuación de Bernoulli es (1.44).

$$\frac{\partial H}{\partial t} + \frac{a^2}{gs}\frac{\partial Q}{\partial x} = 0 \tag{1.43}$$

$$\frac{1}{gS}\frac{\partial Q}{\partial t} + \frac{\partial}{\partial x}\left(z + \frac{P}{\gamma} + \frac{V^2}{2g}\right) + I = \frac{\partial H}{\partial x} + \frac{1}{gS}\frac{\partial Q}{\partial t} + I = 0 \tag{1.44}$$

1.5. MODELOS DINÁMICOS DE CENTRALES HIDROELÉCTRICAS

En el presente apartado se presentan los modelos más utilizados en la literatura para reproducir la respuesta dinámica de una central hidroeléctrica, especialmente cuando está conectada a un sistema eléctrico en el que tiene que desempeñar labores de regulación de la frecuencia y de la potencia. Los principales componentes de una central cuyo modelado se describen son las conducciones en presión, la chimenea de equilibrio, la turbina, el alternador y por último el regulador de velocidad. Como última parte se incluyen varios ejemplos o casos prácticos resultantes de la aplicación de los modelos descritos a centrales concretas: Estos permiten conocer las ventajas, limitaciones y ámbitos de aplicación de los distintos modelos.

Definición de los principales parámetros de los modelos dinámicos de una central de referencia

Para facilitar la comprensión y aplicación de los distintos modelos se propone su aplicación a una central hidroeléctrica de referencia. Esta central formará parte del enunciado de los ejemplos de aplicación de este apartado. Esta central de futura construcción está compuesta por seis grupos idénticos de 33 MW de potencia nominal. La central consta de una galería en presión de 1474 m de longitud y 4,5 m de diámetro y de una chimenea de equilibrio de sección constante de 9 m de diámetro. La tubería forzada, cuyo esquema se muestra en la

Figura 1.19, presenta un primer tramo común de 489 m y 3,5 m de diámetro. La tubería se divide a continuación en tres tuberías de longitud 23,50 m y diámetro 2,55 m (tramo 2 en la figura) y a su vez cada tubería se bifurca en sendas conducciones de 10 m y 2,40 m de diámetro, (tramo 3 en la figura). La conducción de descarga tiene un esquema y dimensiones similares a la tubería forzada, pero en sentido inverso, salvo el tramo común que tiene una longitud de 335 m y 4 m de diámetro.

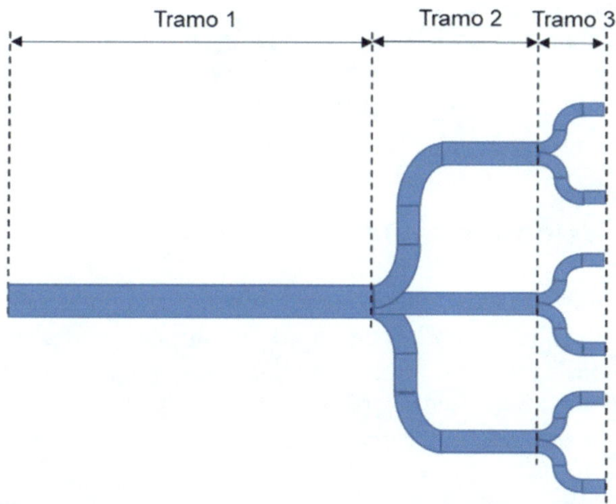

Figura 1.19. Esquema de la tubería forzada de la central hidroeléctrica de referencia

El desnivel geométrico entre el embalse superior y la descarga, es decir el salto bruto, en condiciones nominales es de 340,5 m mientras que el caudal nominal total es de 68 m^3/s, 11,33 m^3/s por grupo. El salto neto disponible en condiciones nominales en las turbinas asciende a 327 m. Las turbinas seleccionadas son del tipo Francis con una potencia nominal de 33 MW y sus colinas de rendimientos son las que se muestran en la Figura 1.10. El rodete de cada turbina tiene 1,020 m de diámetro y la velocidad de sincronismo de cada grupo es de 750 rev/min. La inercia de cada grupo asciende a 32.100 $kg{\cdot}m^2$.

□

1.5.1. Conducciones

Las Ecuaciones (1.43) y (1.44) permiten obtener la respuesta dinámica del caudal y de la carga hidráulica en las conducciones que componen el circuito hidráulico de la central hidroeléctrica pero no tienen solución inmediata, es decir, una expresión que permita obtener la evolución temporal de ambas magnitudes. Para ello es necesario recurrir a modelos aproximados. Las aproximaciones más utilizadas y conocidas son, fundamentalmente:

- Modelos de **columna de agua rígida.**
- Modelos de **columna de agua elástica.**
  - Método de los parámetros concentrados.
  - Función de transferencia.
  - Método de las características.

Evidentemente, toda simplificación implica una pérdida de precisión en los resultados obtenidos de modo que es importante conocer las hipótesis iniciales y los objetivos que se persiguen para determinar qué tipo de simplificación se adapta mejor a la central modelada.

1.5.1.1. Modelos de columna de agua rígida

Una de las simplificaciones más habituales para modelar las conducciones de una central hidroeléctrica es suponer que tanto el agua como las propias conducciones se mantienen indeformables, se comportan como una "columna de agua rígida". Esto quiere decir que las variaciones de presión a las que puede verse sometida el agua no influyen en su densidad ni en el diámetro de la tubería por la que circula. Esta hipótesis es razonable cuando el golpe de ariete es moderado. En [72], los autores relacionaron la necesidad de introducir los fenómenos elásticos del agua y de la conducción con el parámetro de Allievi (1.45), de modo que para valores del parámetro de Allievi superiores a 1, los modelos de agua rígida son una buena aproximación.

$$\rho_{al} = \frac{aV}{2gh} \tag{1.45}$$

Ejemplo de aplicación 1.3. Parámetro de Allievi

Dada la central de referencia, obtener el parámetro de Allievi y determinar si es preciso la utilización de un modelo de agua elástica o de agua rígida. Para ello suponer que la celeridad de la onda en las conducciones forzadas es de 1000 m/s.

Solución

El golpe de ariete se va a producir mayoritariamente en la tubería forzada y en la conducción de descarga, por tanto, la necesidad del uso de modelos elásticos para obtener la respuesta dinámica de las conducciones se centra en dichas tuberías. A partir de la Expresión (1.45) particularizada para los valores de salto y velocidad del agua en el tramo de conducción forzada de mayor longitud (tramo 1 en la tubería forzada) se llega a que el parámetro de Allievi asciende a 0,965 (menor que 1,000) de modo que para modelar la tubería forzada sería aconsejable optar por un modelo de columna de agua elástica.

$$\rho_{al} = \frac{aV}{2gH} = \frac{4aQ}{2gH\pi D^2} = \frac{41 \cdot 000 \cdot 68}{2g \cdot 327 \cdot \pi \cdot 3,5^2} = 0,965$$

Si se calcula el parámetro de Allievi al tramo de mayor longitud de la descarga, el valor obtenido, 0,844 también justificaría su modelado elástico.

$$\rho_{al} = \frac{aV}{2gH} = \frac{4aQ}{2gH\pi D^2} = \frac{41 \cdot 000 \cdot 68}{2g \cdot 327 \cdot \pi \cdot 4,0^2} = 0,844$$

En el caso de la galería en presión, la existencia de la chimenea de equilibrio evita la transmisión del golpe de ariete a dicha conducción, de modo que el modelo de columna de agua rígida se muestra adecuado para su modelado.

□

Si se considera el agua rígida entonces, a partir de la Ecuación de continuidad (1.16), se cumple la igualdad (1.46):

$$\frac{\partial(\rho S)}{\partial t} = -\frac{\partial(\rho SV)}{\partial x} = 0 \qquad (1.46)$$

Es decir, en cada instante, el caudal es idéntico en todas las secciones de la tubería, variando en todas ellas simultáneamente con el tiempo. Si se integra la expresión de Bernoulli (1.44) entre los dos extremos de una tubería de sección constante S y longitud L que no recibe aportación ni derivación de caudal entre los extremos se obtiene la ecuación dinámica (1.47).

$$\frac{L}{gS}\frac{\mathrm{d}Q}{\mathrm{d}t} = H_1 - H_2 - \int_1^2 I\mathrm{d}x \qquad (1.47)$$

La integral de las pérdidas de carga continuas en la tubería entre sus extremos 1 y 2 se suele expresar como en (1.48).

$$\int_1^2 I\mathrm{d}x = \Delta H_{1\rightarrow 2} = K_r Q|Q| \qquad (1.48)$$

La constante K_r depende del material del que esté hecha la tubería y del diámetro de la misma D. Se puede obtener a partir de expresiones propuestas por diferentes autores entre las que destacan la expresión de Darcy (1.49).

$$K_r\left(\text{Darcy}\right) = \frac{fL}{2gDS^2} \qquad (1.49)$$

donde f es el coeficiente de fricción que se determina fundamentalmente a partir del material del que está fabricada la tubería. Una de las expresiones empleadas para la obtención del coeficiente de fricción es la fórmula propuesta por C. F. Colebrook, (1.50).

$$\frac{1}{\sqrt{f}} = -2{,}0 \log_{10}\left(\frac{K/D}{3{,}7} + \frac{2{,}51}{Re\sqrt{f}}\right) \quad ; \quad Re = \frac{VD}{\upsilon} \tag{1.50}$$

donde K es la rugosidad absoluta del material, Re es el número de Reynolds, número adimensional que caracteriza el movimiento de un fluido y ν, la viscosidad cinemática del fluido en m^2/s.

Ejemplo de aplicación 1.4. Pérdidas de carga en las conducciones

Dada la central de referencia, obtener la pérdida de carga continuas en metros de cada una de las conducciones de la central: galería en presión, tubería forzada (tramos 1, 2 y 3) y conducción de descarga (tramo 1, 2 y 3). Comprobar que la suma de las pérdidas de carga totales permite obtener el salto neto a partir del salto bruto suponiendo en este caso despreciables las pérdidas de carga localizadas. Considerar la rugosidad del revestimiento de la galería en presión de 1,70 mm y de las conducciones forzadas de 0,16 mm y como valor para la viscosidad cinemática del agua 10^{-6} m^2/s.

Solución

A continuación, se muestra detalladamente cómo se obtienen las pérdidas de carga en la galería en presión. El resto de pérdidas se calculan de manera análoga y los resultados se muestran en la tabla que se muestra a continuación. Se debe tener en cuenta que el caudal que circula por los diferentes tramos de las conducciones en presión se va dividiendo. La tabla también incluye los coeficientes de pérdidas necesarios para modelar las pérdidas de carga de las conducciones.

El número de Reynolds se obtiene aplicando la Expresión (1.50):

$$Re = \frac{VD}{\upsilon} = \frac{Q \cdot 4}{\upsilon \cdot \pi \cdot D} = \frac{68{,}0 \cdot 4}{10^{-6} \cdot \pi \cdot 4{,}5} = 1{,}92 \cdot 10^{7}$$

Entrando en la Expresión de Colebrook (1.50) se extrae el coeficiente de fricción f:

$$\frac{1}{\sqrt{f}} = -2{,}0 \log_{10}\left(\frac{1{,}70/4500}{3{,}7} + \frac{2{,}51}{1{,}92 \cdot 10^{7}\sqrt{f}}\right) \quad ; \quad f = 0{,}0157$$

Aplicando la expresión de Darcy (1.49) se obtiene la constante K_r.

$$K_r\left(\text{Darcy}\right)=\frac{fL}{2gDS^2}=\frac{0,0225\cdot 1474,0}{2\cdot 9,81\cdot 4,5\cdot 15,90^2}=10,4\cdot 10^{-4}$$

de modo que las pérdidas de carga en la galería resultan:

$$\Delta H_{\text{galería}}=K_rQ|Q|=10,4\cdot 10^{-4}\cdot 68^2=4,80\text{ m}$$

Tabla 1.5. Obtención de las pérdidas de carga continuas en las conducciones en presión de la central hidroeléctrica de referencia

	Galería en presión	**Tubería forzada tramo 1**	**Tubería forzada tramo 2**	**Tubería forzada tramo 3**	**Descarga tramo 1**	**Descarga tramo 1**	**Descarga tramo 3**
L **(m)**	1474,0	489,0	23,5	10,0	335,0	23,5	10,0
D **(m)**	4,50	3,50	2,55	2,40	4,00	2,55	2,40
S **(m^2)**	15,90	9,62	5,11	4,52	12,57	5,11	4,52
K **(mm)**	1,70	0,16	0,16	0,16	0,16	0,16	0,16
v **(m^2/s)**	10-6	10-6	10-6	10-6	10-6	10-6	10-6
Re **(10^7)**	1,92	2,47	1,13	0,60	2,16	1,13	0,60
f	0,0157	0,0105	0,0112	0,0115	0,0103	0,0112	0,0115
K_r (10^{-4})	10,38	8,09	2,02	1,19	2,79	2,02	1,19
Q **(m^3/s)**	68,0	68,0	22,7	11,3	68,0	22,7	11,3
Δ*H* **(m)**	4,80	3,74	0,10	0,02	1,29	0,10	0,02
			Pérdidas de carga totales (m)				10,07

Las pérdidas de carga totales 10,07 m relacionan el salto bruto (337,1 m) con el salto neto de la central en condiciones nominales (327,0 m).

□

La expresión resultante de introducir las pérdidas de carga a partir de la formulación de Darcy en (1.47) se muestra en (1.51). Dicha ecuación se suele emplear con sus variables expresadas en valores por unidad (1.52).

$$\frac{L}{gS}\frac{\mathrm{d}Q}{\mathrm{d}t}=H_1-H_2-K_rQ|Q| \tag{1.51}$$

$$\frac{L}{gS}\frac{\mathrm{d}\left(Q_bq\right)}{\mathrm{d}t}=H_bh_1-H_bh_2-K_rQ_bq\left|Q_bq\right| \tag{1.52}$$

donde H_b y Q_b son la carga base y el caudal base respectivamente. En el caso de los modelos de centrales hidroeléctricas estos parámetros se suelen hacer coincidir con valores representativos de la central como el salto bruto, el salto neto en el caso de H_b y el caudal nominal en el caso de Q_b.

Finalmente, la Expresión (1.52) se agrupa introduciendo nuevos parámetros que aportan información representativa de la central.

$$T_w \frac{\mathrm{d}q}{\mathrm{d}t} = h_1 - h_2 - \frac{r}{2} q|q| \qquad (1.53)$$

siendo

$$T_w = \frac{LQ_b}{gSH_b} \quad \text{y} \quad \frac{r}{2} = \frac{K_r Q_b^2}{H_b} \qquad (1.54)$$

La constante T_w (1.54) recibe el nombre de *constante de tiempo de la tubería* o *tiempo de arranque de agua* y equivale al tiempo necesario para acelerar sin rozamiento la masa del fluido contenido en la tubería desde el reposo hasta el caudal Q_b cuando está sometida a una altura H_b. Se puede decir que cuanto mayor es el valor de T_w, mayor es la inercia del agua y, por tanto, menor es la rapidez de respuesta de la conducción. En las conducciones hidroeléctricas, especialmente en la tubería forzada lo ideal es que los valores del tiempo de arranque del agua sean reducidos tomando como valores base los valores nominales del caudal y del salto neto. Los valores normales rondan el segundo, pudiendo llegar a los 3 s [7]. Tiempos de arranque del agua elevados contribuyen a que la central sea más difícil de gobernar. Obviamente reducir la longitud de la tubería es una forma de reducir T_w, pero si esto no puede hacerse, siempre puede ampliarse el diámetro de la conducción a costa de un incremento en el coste de la misma.

El término $r/2$ de (1.54) representa las pérdidas de carga producidas por el caudal base expresadas en tanto por uno respecto al salto base. Dependiendo del tipo de aprovechamiento las pérdidas pueden representar el 1-3 % en saltos a pie de presa, mientras que en saltos en derivación se puede llegar a valores superiores (4-10 % [2]). Obviamente, las pérdidas de carga suponen una disminución del rendimiento de la instalación. Su reducción, a base de incrementar el diámetro, aunque encarece el presupuesto de la central, puede ser rentable a lo largo de la vida útil de la misma.

Ejemplo de aplicación 1.5. Caracterización de la inercia y las pérdidas de carga de una conducción en valores por unidad

Dada la central de referencia, obtener el tiempo de arranque del agua T_w, así como el término $r/2$ de cada tramo de conducción, es decir: galería en presión, tubería forzada (tramos 1, 2 y 3) y conducción de descarga (tramos 1, 2 y 3). Considerar como el caudal base el caudal nominal total de la central y como el salto base, el salto neto en condiciones nominales.

Solución

Partiendo de la Expresión (1.54), a continuación se muestran los valores del tiempo de arranque del agua y de $r/2$ de la galería en presión. El valor del coeficiente K_r se ha calculado en el Ejemplo de aplicación 1.5.

$$T_{w,\text{ galería}} = \frac{LQ_b}{gSH_b} = \frac{1474 \cdot 68}{9{,}81 \cdot 15{,}90 \cdot 327} = 1{,}965 \text{ s}$$

$$\frac{r}{2} = \frac{K_r Q_b^2}{H_b} = \frac{14{,}8 \cdot 10^{-4} \cdot 68^2}{327} = 20{,}95 \cdot 10^{-3}$$

En la tabla siguiente se muestran los valores, tanto de la constante T_w como de $r/2$ de las tres conducciones (galería en presión, tubería forzada y descarga) con sus respectivos tramos, en el caso de la tubería forzada y la conducción de descarga. En el caso de las tuberías de los tramos 2 y 3 de la tubería forzada y de la descarga, los valores de T_w y $r/2$ se corresponden con los de una de las conducciones en paralelo en dichos tramos.

Tabla 1.6. Obtención de las constantes T_w y $r/2$ de las conducciones en presión de la central hidroeléctrica de referencia

	Galería en presión	**Tubería forzada tramo 1**	**Tubería forzada tramo 2**	**Tubería forzada tramo 3**	**Descarga tramo 1**	**Descarga tramo 2**	**Descarga tramo 3**
L (m)	1474,0	489,0	23,5	10,0	335,0	23,5	10,0
S (m^2)	15,90	9,62	5,11	4,52	12,57	5,11	4,52
Q_b (m^3/s)	68,0	68,0	68,0	68,0	68,0	68,0	68,0
H_b (m)	327,0	327,0	327,0	327,0	327,0	327,0	327,0
K_r (10^{-4})	14,8	1,01	2,39	1,38	3,57	2,39	1,38
T_w (s)	1,965	1,077	0,098	0,047	0,566	0,098	0,047
$r/2$ (10^{-3})	14,68	11,44	2,86	1,69	3,94	2,86	1,69

□

En ocasiones, cuando las centrales tienen muchos grupos, como el caso de la central de referencia, los modelos pueden ser excesivamente complejos. Existe la posibilidad de simplificar dichos modelos agrupando todos los grupos en un único "grupo equivalente", cuya potencia es la suma de todos los grupos de la central. Esta simplificación puede realizarse cuando todos los grupos operan en el mismo punto de funcionamiento (caudal, salto y potencia) y bajo las mismas condiciones. En este caso es necesario plantear también un modelo de conducción equivalente.

En la Figura 1.20a se muestra, a modo de ejemplo, una tubería que alimenta dos grupos que operan en las mismas condiciones (caudal y salto) que se simplifica en una única tubería de sección constante que alimenta un grupo equivalente (Figura 1.20b).

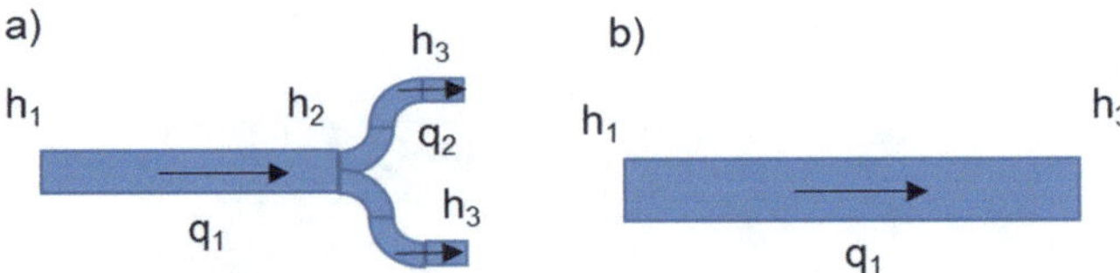

Figura 1.20. Simplificación a) de una tubería forzada que presenta una bifurcación con dos grupos que turbinan el mismo caudal bajo el mismo salto; b) una única tubería con sección constante que alimenta un grupo equivalente

Para obtener los parámetros que caracterizan el comportamiento dinámico de la tubería equivalente ($T_{w,eq}$ y $r_{eq}/2$) en la Expresión (1.55) se plantean en primer lugar las ecuaciones de Bernoulli entre los extremos del primer tramo (1.56) y los extremos de uno de las conducciones resultantes de la bifurcación (1.57).

$$T_{w,\,\text{eq}}\frac{\mathrm{d}q_1}{\mathrm{d}t}=h_1-h_3-\frac{r_{\text{eq}}}{2}q_1\left|q_1\right| \tag{1.55}$$

$$T_{w12}\frac{\mathrm{d}q_1}{\mathrm{d}t}=h_1-h_2-\frac{r_{12}}{2}q_1\left|q_1\right| \tag{1.56}$$

$$T_{w23}\frac{\mathrm{d}q_2}{\mathrm{d}t}=h_2-h_3-\frac{r_{23}}{2}q_2\left|q_2\right| \tag{1.57}$$

A continuación, se introduce la condición de que q_2 es la mitad que q_1 en la Ecuación (1.57), resultando (1.58).

$$T_{w23}\frac{\mathrm{d}\frac{q_1}{2}}{\mathrm{d}t}=h_2-h_3-\frac{r_{23}}{2}\frac{q_1}{2}\left|\frac{q_1}{2}\right| \quad ; \quad \frac{1}{2}T_{w23}\frac{\mathrm{d}q_1}{\mathrm{d}t}=h_2-h_3-\frac{1}{4}\frac{r_{23}}{2}q_2\left|q_2\right| \tag{1.58}$$

De las Expresiones (1.56) y (1.58) se despeja el valor de la carga hidráulica h_2 y se igualan ambos resultados en (1.59).

$$h_2=h_1-T_{w12}\frac{\mathrm{d}q_1}{\mathrm{d}t}-\frac{r_{12}}{2}q_1\left|q_1\right|=\frac{1}{2}T_{w23}\frac{\mathrm{d}q_1}{\mathrm{d}t}+h_3-\frac{1}{4}\frac{r_{23}}{2}q_1\left|q_1\right| \tag{1.59}$$

De donde se puede extraer el valor de ($T_{w,\text{eq}}$ y $r/2_{\text{eq}}$) que se muestra en (1.60).

$$T_{w,\text{eq}} = T_{w12} + \frac{1}{2}T_{23} \quad ; \quad \frac{r_{eq}}{2} = \frac{r_{12}}{2} + \frac{1}{4}\frac{r_{23}}{2} \tag{1.60}$$

Ejemplo de aplicación 1.6. Caracterización de una tubería equivalente en valores por unidad

Dada la central de referencia, obtener el tiempo de arranque del agua T_w, así como el término $r/2$ de la tubería equivalente de la tubería forzada y de la conducción de descarga.

Solución

Aplicando la metodología previamente descrita a la central de referencia las expresiones que permiten obtener el valor de $T_{wt,\text{eq}}$ y de $r_{t,\text{eq}}/2$ de la tubería forzada equivalente resultante de agrupar las diferentes conducciones de los tramos 1, 2 y 3 se muestra en las siguientes expresiones.

$$T_{wt,\text{eq}} = T_{wt1} + \frac{1}{3}\left(T_{wt2} + \frac{1}{2}T_{w3}\right) = 1,077 + \frac{1}{3}\left(0,098 + \frac{1}{2}0,047\right) = 1,118 \text{ s}$$

$$\frac{r_{t,\text{eq}}}{2} = \frac{r_{t1}}{2} + \frac{1}{9}\left(\frac{r_{t2}}{2} + \frac{1}{4}\frac{r_{t3}}{2}\right) = \left[11,44 + \frac{1}{9}\left(2,86 + \frac{1}{4}1,69\right)\right]\cdot 10^{-3} = 11,81\cdot 10^{-3}$$

T_{wt1} y $r_{t1}/2$ se corresponden con el primer tramo mientras que las parejas T_{wt2}-$r_{t2}/2$ y T_{wt3}-$r_{t3}/2$ se corresponden con la inercia del agua y las pérdidas de una las tuberías en paralelo de los tramos 2 y 3, respectivamente. Como la tubería inicial se divide en tres tramos, al tiempo T_{wt1} se le suma un 1/3 de la constante temporal del resto de la tubería. Esta constante temporal será la del tramo 2 más 1/2 del tiempo de arranque del agua porque cada uno de los tres tramos se divide, a su vez, en dos. Los valores numéricos de $T_{wt,\text{eq}}$ se obtienen a partir de los datos de la tabla resumen del ejercicio anterior. Para determinar el valor de $r_{t,\text{eq}}/2$ se sigue la misma metodología que en el caso de $T_{wt,\text{eq}}$, pero teniendo en cuenta que las pérdidas de carga se obtienen con el cuadrado del caudal.

Siguiendo la misma metodología en las expresiones que se muestran a continuación se obtienen los valores teóricos y numéricos del tiempo de arranque del agua de la conducción de descarga equivalente $T_{wd,\text{eq}}$ y de las pérdidas de carga $r_{t,\text{eq}}/2$ en dicha conducción.

$$T_{wd,\text{eq}} = T_{wd1} + \frac{1}{3}\left(Td_{wd2} + \frac{1}{2}T_{d3}\right) = 0,565 + \frac{1}{3}\left(0,098 + \frac{1}{2}0,047\right) = 0,605 \text{ s}$$

$$\frac{r_{d,\text{eq}}}{2} = \frac{r_{d1}}{2} + \frac{1}{9}\left(\frac{r_{d2}}{2} + \frac{1}{4}\frac{r_{d3}}{2}\right) = \left[3,94 + \frac{1}{9}\left(2,39 + \frac{1}{4}1,96\right)\right]\cdot 10^{-3} = 4,31\cdot 10^{-3}$$

□

1.5.1.2. Modelos de columna de agua elástica. Método de los parámetros concentrados

Este método consiste fundamentalmente en dividir la tubería a modelar en una serie de tramos con características físicas constantes (diámetro, espesor, material, etc.). Para ello, las discontinuidades que pueden darse en una tubería como cambios de sección o de espesor se hacen generalmente coincidir con los extremos de los tramos. La elasticidad de cada tramo se supone concentrada en uno de sus extremos (dando lugar al conocido como esquema en Γ), en ambos (resultando el esquema en π) o en su punto medio (esquema en T), mientras que entre dichos puntos se considera el agua rígida.

Esquema en π

La elasticidad de cada uno de los tramos puede concentrarse en sus dos extremos 1 y 2, ver Figura 1.21a.

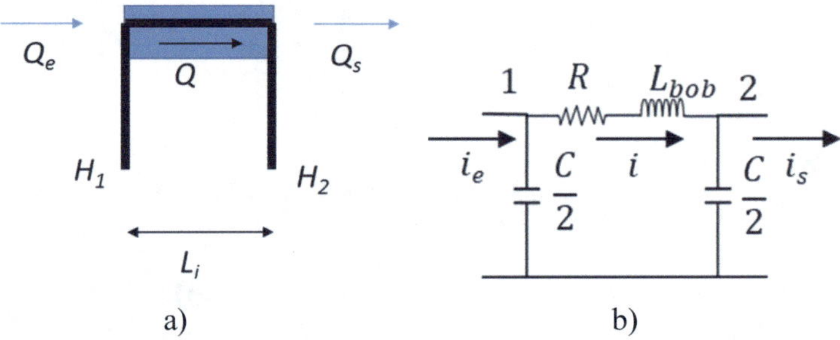

Figura 1.21. a) Esquema en π del modelo de parámetros concentrados. b) Analogía eléctrica

La carga hidráulica en los extremos del tramo (H_1 y H_2) de longitud L_i se calcula mediante las Ecuaciones (1.61), que se obtienen a partir de (1.43), suponiendo que la elasticidad total del tramo se divide a partes iguales entre ambas mitades del mismo y que el caudal en todo el tramo de la tubería Q es constante.

$$\frac{\partial H}{\partial t}+\frac{a^2}{gS}\frac{\partial Q}{\partial x}\rightarrow\begin{cases}\dfrac{\mathrm{d}H_1}{\mathrm{d}t}+\dfrac{2a^2}{gS_iL_i}(Q-Q_e)=0\\[2ex]\dfrac{\mathrm{d}H_2}{\mathrm{d}t}+\dfrac{2a^2}{gS_iL_i}(Q_s-Q)=0\end{cases}\qquad(1.61)$$

Al igual que en el caso de la ecuación de Bernoulli, la ecuación de conservación de la masa puede expresarse en valores por unidad, Ecuaciones (1.62) y (1.63).

$$\frac{d(h_1 H_b)}{\mathrm{d}t}+\frac{2a^2}{gS_i L_i}(qQ_b-q_e Q_b)=\frac{\mathrm{d}h_1}{\mathrm{d}t}+2\frac{T_{w,i}}{T_{e,i}^2}(q_b-q_e)=0 \tag{1.62}$$

$$\frac{dh_2}{dt}+2\frac{T_w}{T_e^2}(q_s-q)=0 \quad \text{siendo} \quad T_{e,i}=\frac{L_i}{a} \tag{1.63}$$

$T_{w,i}$ es la constante de tiempo del tramo mientras que la constante temporal $T_{e,i}$, denominada *tiempo elástico del tramo*, representa el tiempo que transcurre desde que la variación de presión ocurrida en un extremo del tramo se transmite al extremo opuesto. Esta constante temporal también se puede aplicar a toda la longitud de la tubería.

La ecuación de Bernoulli para agua rígida se aplica al tramo como en (1.64).

$$\frac{\partial H}{\partial x}+\frac{1}{gS}\frac{\partial Q}{\partial t}+I=0 \rightarrow H_2-H_1+\frac{L_i}{gS_i}\frac{\mathrm{d}Q}{\mathrm{d}t}+K_r Q|Q|=0 \tag{1.64}$$

que expresada en valores por unidad resulta.

$$T_{w,i}\frac{\mathrm{d}q}{\mathrm{d}t}=h_1-h_2-\frac{r_i}{2}q|q| \tag{1.65}$$

Para facilitar la comprensión del proceso de unión de tramos que permite la modelización de la tubería completa se recurre a la analogía eléctrica (ver Figura 1.21b), es decir, a la representación de cada tramo de tubería a partir de un circuito eléctrico compuesto por resistencias, bobinas y condensadores. Para aplicar esta analogía se deben linealizar las expresiones empleadas dado que las pérdidas de carga hidráulicas no son lineales respecto al caudal mientras que, como es bien sabido, la caída de tensión en una resistencia eléctrica sí es lineal respecto a la intensidad de la corriente. La linealización implica que las ecuaciones se expresen en función de las variaciones de los caudales y las cargas en torno a sus valores iniciales, como se indica en (1.66), (1.67) y (1.68) y.

$$H_2-H_1+\frac{L_i}{gS_i}\frac{\mathrm{d}Q}{\mathrm{d}t}+K_r Q|Q|=0 \rightarrow \Delta H_2-\Delta H_1+\frac{L_i}{gS_i}\frac{\mathrm{d}\Delta Q}{\mathrm{d}t}+2K_{r,i}Q^0\Delta Q=0 \tag{1.66}$$

$$\frac{\mathrm{d}H_1}{\mathrm{d}t}+\frac{2a^2}{gS_i L_i}(Q-Q_e)=0 \rightarrow \frac{\mathrm{d}\Delta H_1}{\mathrm{d}t}+\frac{2a^2}{gS_i L_i}(\Delta Q-\Delta Q_e)=0 \tag{1.67}$$

$$\frac{\mathrm{d}H_2}{\mathrm{d}t}+\frac{2a^2}{gS_i L_i}(Q_s-Q)=0 \rightarrow \frac{\mathrm{d}\Delta H_2}{\mathrm{d}t}+\frac{2a^2}{gS_i L_i}(\Delta Q_s-\Delta Q)=0 \tag{1.68}$$

Establecer una analogía entre un circuito hidráulico y otro eléctrico supone relacionar la carga del agua H con la tensión V y el caudal Q con la intensidad de la corriente i. De este modo la caída de tensión que se produce en una resistencia pura por la que circula una corriente i se puede equiparar a la pérdida de carga continua en una tubería (Figura 1.21b y Ecuación (1.69)).

$$\Delta H_1 - \Delta H_2 = 2K_r Q^0 \Delta Q \rightarrow V_1 - V_2 = R \cdot i \tag{1.69}$$

de donde se establece la equivalencia (1.70).

$$R \leftrightarrow 2K_r Q^0 \tag{1.70}$$

La dinámica de la bobina eléctrica pura (sin resistencia interna), Figura 1.21b, cuya inductancia vale L_{bob}, se rige por la Ecuación (1.71).

$$V_1 - V_2 = L_{bob} \frac{\mathrm{d}i}{\mathrm{d}t} \tag{1.71}$$

Mientras que en una tubería en la que no se consideren las pérdidas de carga como en la bobina se cumple la igualdad (1.72).

$$\Delta H_1 - \Delta H_2 = \frac{L_i}{gS_i} \frac{\mathrm{d}\Delta Q}{\mathrm{d}t} \tag{1.72}$$

de donde se establece la equivalencia (1.73).

$$L_{bob} \leftrightarrow \frac{L_i}{gS_i} \tag{1.73}$$

Por último, un condensador de capacidad $C/2$, Figura 1.21b, responde temporalmente según la Ecuación (1.74).

$$\frac{\mathrm{d}V_1}{\mathrm{d}t} = \frac{2}{c}(i_e - i) \quad ; \quad \frac{\mathrm{d}V_2}{\mathrm{d}t} = \frac{2}{c}(i - i_s) \tag{1.74}$$

La ecuación de continuidad aplicada a cada extremo del tramo de tubería resulta como:

$$\frac{\mathrm{d}\Delta H_1}{\mathrm{d}t} = \frac{2a^2}{gS_iL_i}(\Delta Q_e - \Delta Q) \quad ; \quad \frac{\mathrm{d}\Delta H_2}{\mathrm{d}t} = \frac{2a^2}{gS_iL_i}(\Delta Q - \Delta Q_s) \tag{1.75}$$

de donde se establece la equivalencia (1.76):

$$C \leftrightarrow \frac{gS_iL_i}{a^2} \tag{1.76}$$

Aplicando la analogía eléctrica a un tramo de tubería y un esquema en π se obtiene el circuito eléctrico de la Figura 1.22. Si se divide la tubería en n tramos modelados en π se debe unir cada uno de los tramos para conformar la tubería completa.

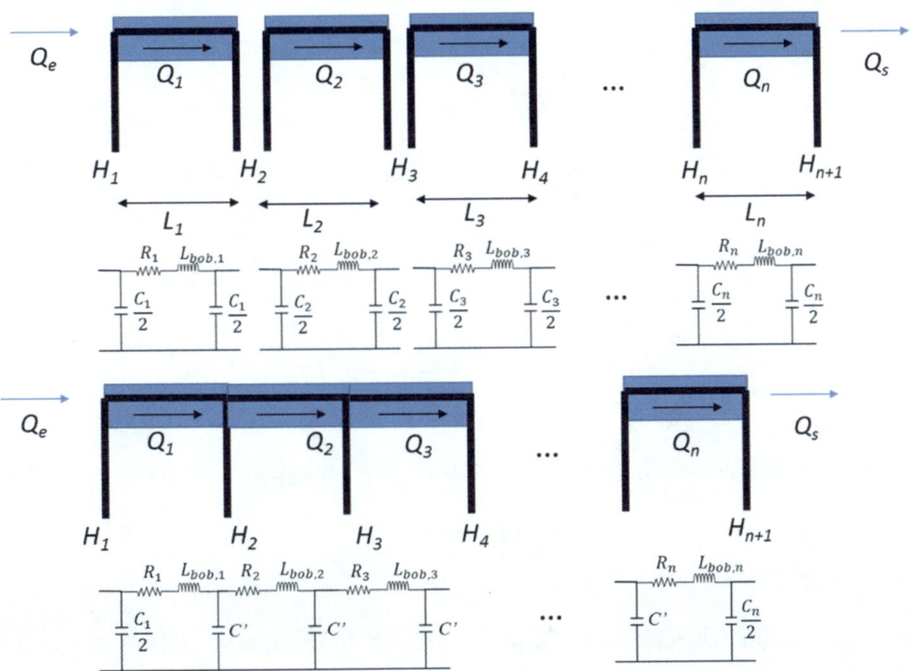

Figura 1.22. Aplicación de un modelo de parámetros concentrados con esquema en π a una tubería de n tramos

Cada tramo en sus extremos concentra la mitad de la elasticidad del mismo. Ello implica que en el circuito eléctrico equivalente de la Figura 1.22, la capacidad C´ de obtiene a partir de la Ecuación (1.77):

$$C' = \frac{C_{n-1}}{2} + \frac{C_n}{2} \tag{1.77}$$

de modo que, a modo de ejemplo, la ecuación dinámica que permite obtener la variación del nivel de carga hidráulica en el extremo final del tramo 2 e inicial del tramo 3, H_3 es la indicada en (1.78).

$$\frac{\mathrm{d}\Delta H_3}{\mathrm{d}t} = \frac{2a^2}{g\left(S_2 L_2 + S_3 L_3\right)}\left(\Delta Q_2 - \Delta Q_3\right) \tag{1.78}$$

Dado que la ecuación de continuidad era inicialmente lineal, la Ecuación (1.78) se puede expresar en variables absolutas como en (1.79).

$$\frac{dH_3}{dt}=\frac{2a^2}{g\left(S_2L_2+S_3L_3\right)}\left(Q_2-Q_3\right) \tag{1.79}$$

mientras que (1.79), expresada en valores por unidad, resulta (1.80).

$$\frac{dh_3}{dt}=\frac{2T_{w,2}T_{w,3}}{T_{w,2}T_{e,3}^2+T_{w,3}T_{e,2}^2}\left(q_2-q_3\right) \tag{1.80}$$

La carga hidráulica en los extremos de la tubería se calcula según (1.81) y (1.82).

$$\frac{dH_1}{dt}=\frac{2a^2}{gS_1L_1}\left(Q_e-Q_1\right) \quad ; \quad \frac{dH_{n+1}}{dt}=\frac{2a^2}{gS_nL_n}\left(Q_n-Q_s\right) \tag{1.81}$$

$$\frac{dh_1}{dt}=\frac{2T_{w,1}}{T_{e,1}^2}\left(q_e-q_1\right) \quad ; \quad \frac{dh_{n+1}}{dt}=\frac{2T_{w,n}}{T_{e,n}^2}\left(q_n-q_s\right) \tag{1.82}$$

La ecuación de Bernoulli aplicada al tramo 3 resulta como se indica en la Ecuación (1.83).

$$\Delta H_4-\Delta H_3+\frac{L_3}{gS_3}\frac{d\Delta Q_3}{dt}+2K_{r,3}Q_3^0\Delta Q_3=0 \tag{1.83}$$

Revirtiendo la linealización se obtiene la ecuación de Bernoulli aplicada al tramo 3, en valores "absolutos" (1.84) y por unidad (1.85).

$$H_4-H_3+\frac{L_3}{gS_3}\frac{dQ_3}{dt}+K_{r,3}Q_3\left|Q_3\right|=0 \tag{1.84}$$

$$h_4-h_3+T_{w,3}\frac{dq_3}{dt}+\frac{r_3}{2}q_3\left|q_3\right|=0 \tag{1.85}$$

de modo que el esquema en π sirve para modelar una tubería dividida en n tramos cuando se conocen como condiciones de contorno los caudales en los extremos de propia la tubería. El modelo permite obtener la evolución temporal de la presión en los extremos de la tubería y en los puntos intermedios, así como el caudal en cada uno de los tramos en los que se ha dividido la tubería.

Esquema en T

Otra posibilidad para aplicar el método de los parámetros concentrados consiste en modelar cada tramo mediante el llamado **esquema en T** (ver Figura 1.23a), según el cual la elasticidad de cada tramo se concentra en su punto medio. El modelo en T se utiliza cuando se conocen como condiciones de contorno la carga hidráulica en cada extremo de cada tramo, H_e y H_s. El agua entre el extremo inicial y el punto intermedio y entre este punto y el extremo final se considera rígida.

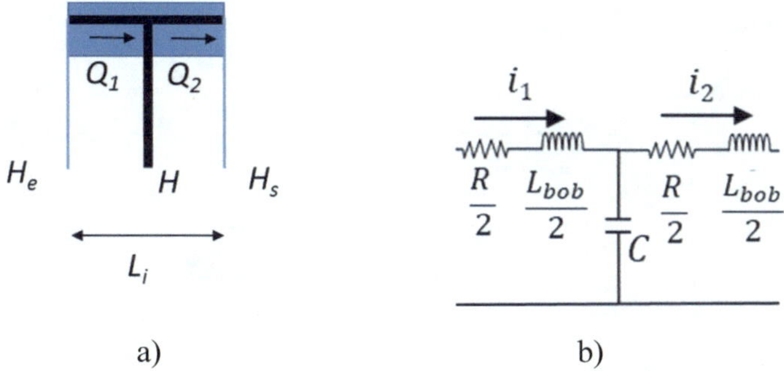

Figura 1.23. a) Esquema en T del modelo de parámetros concentrados. b) Analogía eléctrica

La altura de energía en el punto intermedio H se obtiene mediante la Expresión (1.86), mientras que la respuesta temporal de los dos caudales que circulan por el tramo Q_1 y Q_2 se extrae de las ecuaciones (1.87) y (1.88).

$$\frac{\mathrm{d}H}{\mathrm{d}t}+\frac{a^2}{gS_iL_i}(Q_2-Q_1)=0 \tag{1.86}$$

$$H_e-H+\frac{L_i}{2gS_i}\frac{\mathrm{d}Q_1}{\mathrm{d}t}+\frac{K_{r,1}Q_1|Q_1|}{2}=0 \tag{1.87}$$

$$H-H_s+\frac{L_i}{2gS_i}\frac{\mathrm{d}Q_2}{\mathrm{d}t}+\frac{K_{r,2}Q_2|Q_2|}{2}=0 \tag{1.88}$$

Linealizando las ecuaciones anteriores y aplicando la analogía eléctrica es posible obtener el circuito equivalente de la Figura 1.23b) en el que los parámetros R, L_{bob} y C se obtienen a partir de las equivalencias (1.70), (1.73) y (1.76), respectivamente.

Si se divide la tubería en n tramos, modelado cada uno según un esquema en T, es posible obtener el circuito equivalente de la Figura 1.24, donde el valor de las resistencias y bobinas resultantes de la unión de tramos se expresa en (1.89).

$$R'=\frac{R_{n-1}}{2}+\frac{R_n}{2} \quad ; \quad L'_{bob}=\frac{L_{bob,n-1}}{2}+\frac{L_{bob,n}}{2} \tag{1.89}$$

La ecuación que permite modelar la evolución temporal del caudal compartido por los tramos 2 y 3, Q_3 es la Ecuación (1.90).

$$\Delta H_3 - \Delta H_2 + \frac{1}{2g}\left(\frac{L_2}{S_2} + \frac{L_3}{S_3}\right)\frac{\mathrm{d}\Delta Q_3}{\mathrm{d}t} + \left(K_{r,2}Q_3^0 + K_{r,3}Q_3^0\right)\Delta Q_3 = 0 \qquad (1.90)$$

Revirtiendo la linealización se obtienen las Expresiones (1.91) y (1.92), en valores absolutos y por unidad, respectivamente.

$$H_3 - H_2 + \frac{1}{2g}\left(\frac{L_2}{S_2} + \frac{L_3}{S_3}\right)\frac{\mathrm{d}Q_3}{\mathrm{d}t} + \frac{1}{2}\left(K_{r,2} + K_{r,3}\right)Q_3\left|Q_3\right| = 0 \qquad (1.91)$$

$$h_3 - h_2 + \left(\frac{T_{w,3} + T_{w,2}}{2}\right)\frac{\mathrm{d}q_3}{\mathrm{d}t} + \frac{r_2 + r_3}{4}q_3\left|q_3\right| = 0 \qquad (1.92)$$

Las expresiones anteriores particularizadas para los extremos de la tubería son (1.93) y (1.94), en valores absolutos y (1.95) y (1.96), en valores por unidad

$$H_1 - H_e + \frac{L_1}{2gS_1}\frac{\mathrm{d}Q_1}{\mathrm{d}t} + \frac{K_{r,1}}{2}Q_1\left|Q_1\right| = 0 \qquad (1.93)$$

$$H_s - H_n + \frac{L_n}{2gS_n}\frac{\mathrm{d}Q_n}{\mathrm{d}t} + \frac{K_{r,n}}{2}Q_{n+1}\left|Q_{n+1}\right| = 0 \qquad (1.94)$$

$$h_1 - h_e + \frac{T_{w,1}}{2}\frac{\mathrm{d}q_1}{\mathrm{d}t} + \frac{r_1}{4}q_1\left|q_1\right| = 0 \qquad (1.95)$$

$$h_s - h_n + \frac{T_{w,n}}{2}\frac{\mathrm{d}q_n}{\mathrm{d}t} + \frac{r_n}{4}q_n\left|q_n\right| = 0 \qquad (1.96)$$

La ecuación de continuidad aplicada al tramo 2 viene dada, una vez revertida la linealización, por (1.97) y (1.98), en valores absolutos y por unidad, respectivamente.

$$\frac{\mathrm{d}H_2}{\mathrm{d}t} = \frac{a^2}{gS_2L_2}\left(Q_2 - Q_3\right) \qquad (1.97)$$

$$\frac{\mathrm{d}h_2}{\mathrm{d}t} = \frac{T_{w,2}}{T_{e,2}^2}\left(q_2 - q_3\right) \qquad (1.98)$$

El esquema en T permite modelar una tubería incluyendo su elasticidad cuando se conocen las cargas hidráulicas en ambos extremos de la tubería, H_e y H_s (ver Figura 1.24).

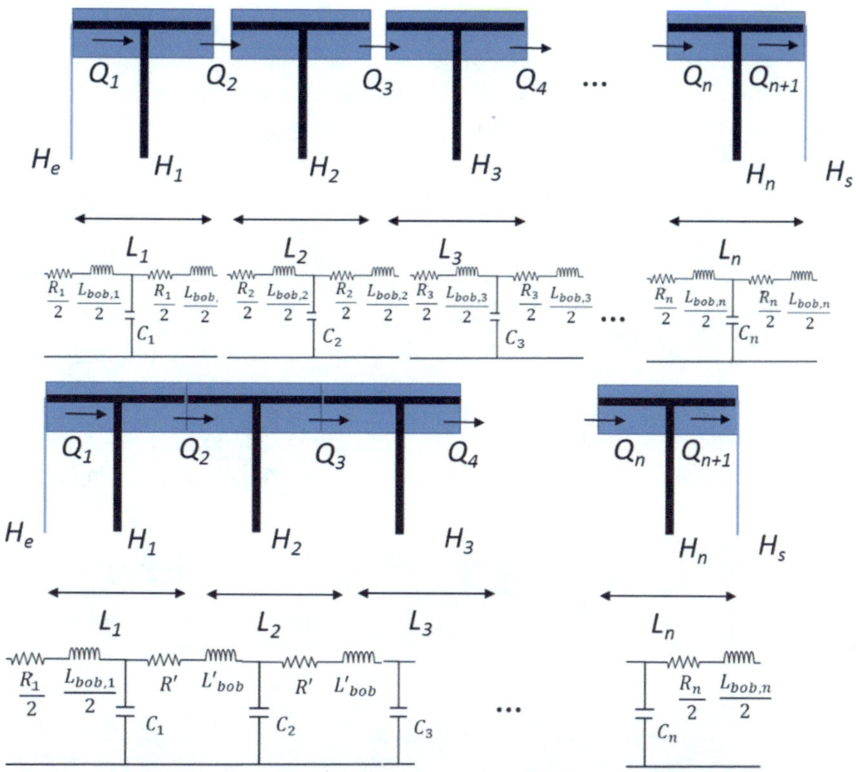

Figura 1.24. Aplicación de un modelo de parámetros concentrados con esquema en T a una tubería de *n* tramos

Esquema en Γ

Por último, para aplicar el método de los parámetros concentrados se pueden emplear también los esquemas en Γ o Γ invertida. En estos casos, la elasticidad del tramo de tubería se concentra en uno de los extremos del tramo mientras que este se considera rígido entre los extremos (Figura 1.25.a).

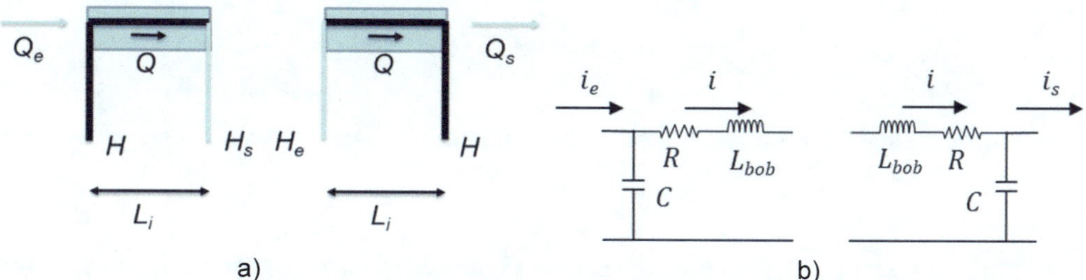

Figura 1.25. a) Esquemas en Γ y Γ invertida del modelo de parámetros concentrados. b) Analogía eléctrica

En ambos esquemas se desconoce la altura de energía en uno de los extremos y el caudal en el extremo opuesto de modo que, mediante las ecuaciones de continuidad y de Bernoulli, se puede obtener la evolución temporal de la carga y caudal desconocidos, tal como se indica en las Ecuaciones (1.99) y (1.100).

$$\frac{\mathrm{d}H}{\mathrm{d}t}+\frac{a^2}{gS_iL_i}(Q-Q_e)=0 \quad ; \quad \frac{\mathrm{d}H}{\mathrm{d}t}+\frac{a^2}{gS_iL_i}(Q_s-Q)=0 \tag{1.99}$$

$$H-H_s+\frac{L_i}{gS_i}\frac{\mathrm{d}Q}{\mathrm{d}t}+K_rQ|Q|=0 \quad ; \quad H_e-H+\frac{L_i}{gS_i}\frac{\mathrm{d}Q}{\mathrm{d}t}+K_rQ|Q|=0 \tag{1.100}$$

Si se divide la tubería en n tramos, modelado cada uno según un esquema en Γ, es posible obtener el circuito equivalente de la Figura 1.26. Linealizando las ecuaciones anteriores y aplicando la analogía eléctrica se obtienen los circuitos equivalentes de la Figura 1.25b.

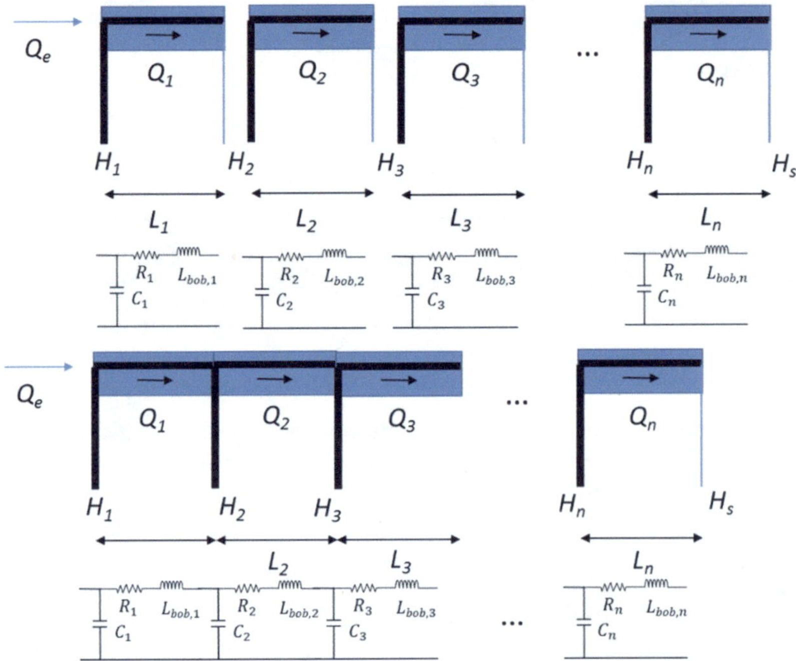

Figura 1.26. Aplicación de un modelo de parámetros concentrados con esquema en Γ a una tubería de *n* tramos

A modo de ejemplo, la evolución del caudal Q_2 y la carga en el extremo inicial del tramo 2 H_2 pueden obtenerse como se indica en las Ecuaciones (1.101) y (1.103) en valores absolutos o en las Ecuaciones (1.102) y (1.104) en valores por unidad.

$$H_3 - H_2 + \frac{L_2}{2gS_2}\frac{\mathrm{d}Q_2}{\mathrm{d}t} + K_{r,2}Q_2\left|Q_2\right| = 0 \tag{1.101}$$

$$h_3 - h_2 + T_{w,2}\frac{\mathrm{d}q_2}{\mathrm{d}t} + \frac{r_2}{2}q_2\left|q_2\right| = 0 \tag{1.102}$$

$$\frac{\mathrm{d}H_2}{\mathrm{d}t} = \frac{a^2}{gS_2L_2}\left(Q_1 - Q_2\right) \tag{1.103}$$

$$\frac{\mathrm{d}h_2}{\mathrm{d}t} = \frac{T_{w,2}}{T_{e,2}^2}\left(q_1 - q_2\right) \tag{1.104}$$

Los esquemas en Γ o Γ invertida permiten aplicar el método de los parámetros concentrados cuando como condiciones de contorno en la tubería se conocen la altura de energía o carga y el caudal en extremos opuestos.

Ejemplo de aplicación 1.7. Planteamiento del método de los parámetros concentrados para modelar una tubería forzada

Dada la central de referencia, se pide plantear la modelización elástica de sus conducciones forzadas (tubería y descarga) mediante el método de los parámetros concentrados. Para ello se debe especificar qué tipo de esquema se ajusta mejor al modelo, proponer una división en tramos para las conducciones, definir las ecuaciones que gobiernan el comportamiento dinámico del agua en cada tramo y determinar numéricamente los parámetros que caracterizan las expresiones. Suponer que la celeridad de la onda a en las conducciones es de 1000 m/s.

Solución

Dado que, como se comprobó en el Ejemplo de aplicación 1.1, el parámetro de Allievi resulta inferior a 1 es recomendable emplear los modelos de columna de agua elástica para modelar la tubería forzada y la conducción de descarga. A partir de las bifurcaciones que presentan ambos conductos se propone dividir cada uno de ellos en tres partes coincidiendo con los tramos descritos previamente, armonizando con los cambios de sección y las bifurcaciones de las tuberías.

En el caso de la tubería forzada, como condiciones de contorno, aguas arriba se encuentra la chimenea de equilibrio cuyo nivel es conocido y aguas abajo se dispone de los caudales que pasan a través de cada una de las seis turbinas en cada instante de modo que el esquema que mejor se adapta a dichas condiciones de contorno es el esquema en Γ invertida, en la Figura 1.25a.

En el caso de la descarga los caudales turbinados son la condición de contorno aguas arriba mientras que el nivel de agua en la descarga es la condición aguas abajo. De modo que el esquema en Γ es el que mejor se adapta a este caso.

En la Figura 1.27 se muestra un esquema de la aplicación del método de los parámetros concentrados a la tubería forzada y a la galería de descarga de la central hidroeléctrica de referencia

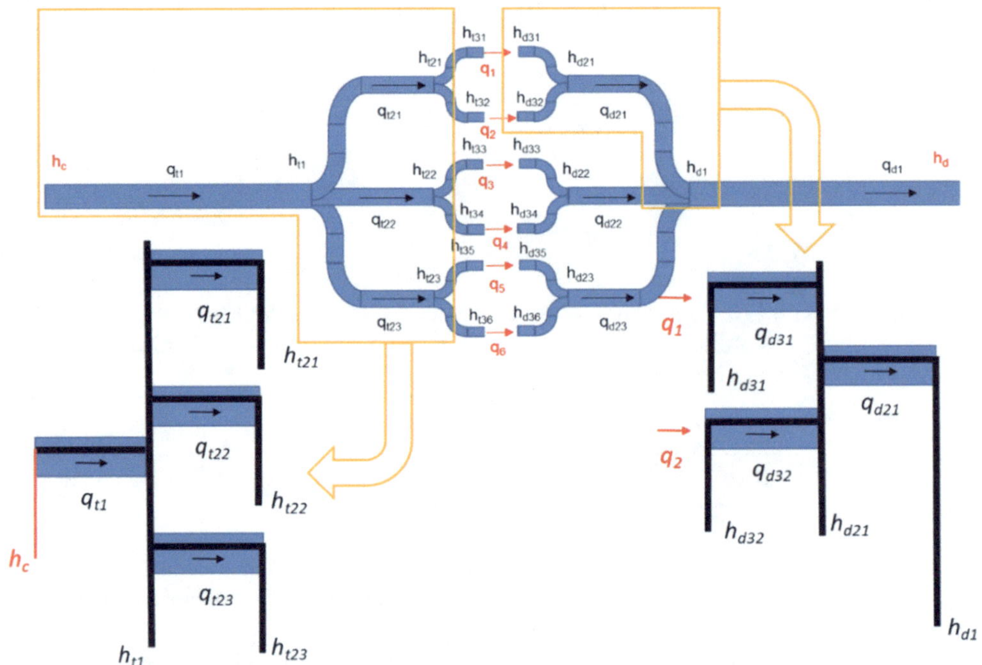

Figura 1.27. Aplicación del método de los parámetros concentrados a la tubería forzada y a la galería de descarga de la central hidroeléctrica de referencia

de modo que el tramo 1 de la tubería forzada se caracteriza por el caudal q_{t1} y la carga hidráulica al final de dicho tramo h_{t1}. Dicha carga hidráulica es común en el punto inicial de las tres tuberías pertenecientes al tramo 2. Cada una de estas tres tuberías tiene como variables a definir los caudales q_{t2i} las cargas hidráulicas al final de cada tubería h_{t2i} siendo $i = 1$ a 3. En la Figura 1.27 se muestra, a modo de ejemplo, cómo se acoplarían los esquemas con forma de Γ invertida correspondientes a la zona recuadrada. El tramo 3 está compuesto por seis conducciones cuyos caudales y cargas hidráulicas al final de las mismas se denominan q_{t3j} y h_{t3j}, siendo $j = 1$ a 6.

Para obtener la respuesta dinámica de cada una de las variables, caudales (q_{t1}, q_{t2i} y q_{t3j}) y cargas hidráulicas (h_{t1}, h_{t2i} y h_{t3j}) se emplean las ecuaciones de continuidad y de Bernoulli aplicadas a cada tramo y tubería.

A continuación se muestra por un lado la ecuación de Bernoulli aplicada al tramo 1 de la tubería forzada, que permite caracterizar la respuesta dinámica del caudal q_{t1}, siendo $T_{w,t1}$ y $r_{t1}/2$ el tiempo de arranque del agua y las pérdidas de carga expresadas en valores por unidad de ese tramo de tubería. Por otro se expone la ecuación que determina la carga hidráulica en el extremo final de dicho tramo de tubería h_{t1}, donde $T_{e,t1}$ es el tiempo elástico del tramo 1 de la tubería.

Ecuaciones dinámicas del tramo 1:

$$h_e - h_{t1} + T_{w,t1}\frac{\mathrm{d}q_{t1}}{\mathrm{d}t} + \frac{r_{t1}}{2} q_{t1}\left|q_{t1}\right| = 0$$

$$\frac{\mathrm{d}h_{t1}}{\mathrm{d}t} = \frac{T_{w,t1}}{T_{e,t1}^2}\left(q_{t1} - q_{t21} - q_{t22} - q_{t23}\right)$$

Siguiendo la misma metodología se plantean las expresiones de los tres tramos 2:

$$h_{t1} - h_{t21} + T_{w,t2}\frac{\mathrm{d}q_{t21}}{\mathrm{d}t} + \frac{r_{ti}}{2} q_{t21}\left|q_{t21}\right| = 0$$

$$\frac{\mathrm{d}h_{t21}}{\mathrm{d}t} = \frac{T_{w,t2}}{T_{e,t2}^2}\left(q_{t21} - q_{t31} - q_{t32}\right)$$

$$h_{t1} - h_{t22} + T_{w,t2}\frac{\mathrm{d}q_{t22}}{\mathrm{d}t} + \frac{r_{ti}}{2} q_{t22}\left|q_{t22}\right| = 0$$

$$\frac{\mathrm{d}h_{t22}}{\mathrm{d}t} = \frac{T_{w,t2}}{T_{e,t2}^2}\left(q_{t22} - q_{t33} - q_{t34}\right)$$

$$h_{t1} - h_{t23} + T_{w,t2}\frac{\mathrm{d}q_{t23}}{\mathrm{d}t} + \frac{r_{ti}}{2} q_{t23}\left|q_{t23}\right| = 0$$

$$\frac{\mathrm{d}h_{t23}}{\mathrm{d}t} = \frac{T_{w,t2}}{T_{e,t2}^2}\left(q_{t23} - q_{t35} - q_{t36}\right)$$

Finalmente se muestran las ecuaciones correspondientes con los seis tramos 3.

$$h_{t21} - h_{t31} + T_{w,t3}\frac{\mathrm{d}q_{t31}}{\mathrm{d}t} + \frac{r_{tj}}{2} q_{t31}\left|q_{t31}\right| = 0$$

$$\frac{\mathrm{d}h_{t31}}{\mathrm{d}t} = \frac{T_{w,t3}}{T_{e,t3}^2}\left(q_{t31} - q_1\right)$$

$$h_{t21} - h_{t32} + T_{w,t3}\frac{\mathrm{d}q_{t32}}{\mathrm{d}t} + \frac{r_{tj}}{2} q_{t32}\left|q_{t32}\right| = 0$$

$$\frac{\mathrm{d}h_{t32}}{\mathrm{d}t}=\frac{T_{w,t3}}{T_{e,t3}^{2}}\left(q_{t32}-q_{2}\right)$$

$$h_{t22}-h_{t33}+T_{w,t3}\frac{\mathrm{d}q_{t33}}{\mathrm{d}t}+\frac{r_{tj}}{2}q_{t33}\left|q_{t33}\right|=0$$

$$\frac{\mathrm{d}h_{t33}}{\mathrm{d}t}=\frac{T_{w,t3}}{T_{e,t3}^{2}}\left(q_{t33}-q_{3}\right)$$

$$h_{t22}-h_{t34}+T_{w,t3}\frac{\mathrm{d}q_{t34}}{\mathrm{d}t}+\frac{r_{tj}}{2}q_{t34}\left|q_{t34}\right|=0$$

$$\frac{\mathrm{d}h_{t34}}{\mathrm{d}t}=\frac{T_{w,t3}}{T_{e,t3}^{2}}\left(q_{t34}-q_{4}\right)$$

$$h_{t23}-h_{t35}+T_{w,t3}\frac{\mathrm{d}q_{t35}}{\mathrm{d}t}+\frac{r_{tj}}{2}q_{t35}\left|q_{t35}\right|=0$$

$$\frac{\mathrm{d}h_{t35}}{\mathrm{d}t}=\frac{T_{w,t3}}{T_{e,t3}^{2}}\left(q_{t35}-q_{5}\right)$$

$$h_{t23}-h_{t36}+T_{w,t3}\frac{\mathrm{d}q_{t36}}{\mathrm{d}t}+\frac{r_{tj}}{2}q_{t36}\left|q_{t36}\right|=0$$

$$\frac{\mathrm{d}h_{t36}}{\mathrm{d}t}=\frac{T_{w,t3}}{T_{e,t3}^{2}}\left(q_{t36}-q_{6}\right)$$

En el caso de la conducción de descarga, a continuación, se muestra cómo se compondría la combinación de esquemas en Γ (en este caso no invertida) de la parte recuadrada de la galería de descarga de la Figura 1.27. La división en tramos y la consideración de tuberías en paralelo en los tramos 2 y 3 es similar a la efectuada en la tubería forzada. Los caudales en este caso se denominan, de aguas arriba a aguas abajo, q_{d3j}, q_{d2i} y q_{d1} y las cargas hidráulicas h_{t3j}, h_{t2i} y h_{d1}. Las siguientes expresiones muestran en primer lugar la aplicación de la ecuación de Bernoulli a una de las tuberías pertenecientes al tramo 3, concretamente la que recoge el caudal turbinado por el grupo 1, mientras que en segundo se aplica la ecuación de la continuidad en el extremo inicial de esa conducción.

$$h_{d31}-h_{d21}+T_{w,d31}\frac{\mathrm{d}q_{d31}}{\mathrm{d}t}+\frac{r_{d,31}}{2}q_{d31}\left|q_{d31}\right|=0$$

$$\frac{\mathrm{d}h_{d31}}{\mathrm{d}t}=\frac{T_{w,d31}}{T_{e,d31}^{2}}\left(q_{1}-q_{d31}\right)$$

Cada tramo presenta los correspondientes valores de T_w, T_e y $r/2$, recogidos en la tabla siguiente. Dicha tabla también recoge el valor numérico de los parámetros eléctricos equivalentes de cada tramo.

Tabla 1.7. Constantes T_w, T_e y $r/2$ y sus equivalentes eléctricos R, L_{bob} y C de las conducciones en presión de la central hidroeléctrica de referencia

	Tubería forzada *t*1	**Tubería forzada *t*21, *t*22, *t*23**	**Tubería forzada *t*31, *t*32, *t*33, *t*34, *t*35, *t*36**	**Descarga *d*1**	**Descarga *d*21, *d*22, *d*23**	**Descarga *d*31, *d*32, *d*33, *d*34, *d*35, *d*36**
T_w (s)	1,077	0,098	0,047	0,566	0,098	0,047
T_e (s)	0,489	0,023	0,001	0,336	0,023	0,010
$r/2$ (10^{-3})	14,34	0,38	0,050	5,050	0,380	0,050
R	0,1101	0,0092	0,0027	0,0379	0,0092	0,0027
L_{bob}	5,181	0,471	0,225	2,723	0,471	0,225
C (10–3)	46,2	1,2	0,4	41,4	1,2	0,4

□

1.5.1.3. Modelos de columna de agua elástica. Función de transferencia

Linealizar las ecuaciones de conservación de la masa y de Bernoulli y expresarlas en el dominio de la frecuencia mediante la transformada de Laplace es un recurso utilizado habitualmente para resolver dichas ecuaciones. Dichas funciones, a pesar de expresarse referenciadas a la frecuencia, pueden integrarse con facilidad en modelos de simulación dinámicos codificados en programas informáticos comerciales como por ejemplo MATLAB® Simulink®. Las ecuaciones de continuidad y de Bernoulli se linealizan como se indica en (1.105) y (1.106), respectivamente.

$$\frac{\partial H}{\partial t}+\frac{a^2}{gS}\frac{\partial Q}{\partial x}=0 \rightarrow \frac{\partial\left(h^0+\Delta h\right)}{\partial t}H_b+\frac{a^2 Q_b}{gS}\frac{\partial\left(q^0+\Delta q\right)}{\partial x}=\frac{\partial \Delta h}{\partial t}+L\frac{T_w}{T_e^2}\frac{\partial \Delta q}{\partial x}=0 \quad (1.105)$$

$$\frac{\partial H}{\partial x}+\frac{1}{gS}\frac{\partial Q}{\partial t}+I=0 \rightarrow$$

$$\frac{\partial\left(h^0+\Delta h\right)}{\partial x}LH_b+\frac{LQ_b}{gS}\frac{\partial\left(q^0+\Delta q\right)}{\partial t}+K_r\left(q^0+\Delta q\right)\left|q^0+\Delta q\right|=0 \rightarrow \quad (1.106)$$

$$\frac{\partial h^0}{\partial x}L+\frac{\partial \Delta h}{\partial x}L+\frac{\partial \Delta q}{\partial t}T_w+\frac{r}{2}\left(q^{0^2}+2q^0\Delta q+\Delta q^2\right)=0$$

Teniendo en cuenta que la variación de carga en x en el instante inicial es la indicada en

(1.107) y despreciando los términos cuadráticos de (1.106), la ecuación de Bernoulli linealizada resulta la expresada en (1.108).

$$\frac{\partial h^0}{\partial x} L = -\frac{r}{2} q^{0^2} \tag{1.107}$$

$$\frac{\partial \Delta q}{\partial t} + \frac{\partial \Delta h}{\partial x}\frac{L}{T_w} + \frac{rq^0}{T_w}\Delta q = 0 \tag{1.108}$$

La transformada de Laplace de las ecuaciones (1.105) y (1.108) se expresa como en (1.109) y (1.110).

$$\frac{\partial \Delta h}{\partial t} + L\frac{T_w}{T_e^2}\frac{\partial \Delta q}{\partial x} = 0 \rightarrow s\Delta h(s,x) + L\frac{T_w}{T_e^2}\frac{\partial \Delta q(s,x)}{\partial x} \tag{1.109}$$

$$\frac{\partial \Delta q}{\partial t} + \frac{\partial \Delta h}{\partial x}\frac{L}{T_w} + \frac{rq^0}{T_w}\Delta q = 0 \rightarrow \frac{L}{T_w}\frac{\partial \Delta h(s,x)}{\partial x} + \left(\frac{rq^0}{T_w} + s\right)\Delta q(s,x) \tag{1.110}$$

Ordenando (1.109) y derivando (1.110) parcialmente respecto a x se obtienen (1.111) y (1.112), respectivamente.

$$\frac{\partial \Delta q(s,x)}{\partial x} = -s\frac{T_e^2}{LT_w}\Delta h(s,x) \tag{1.111}$$

$$\frac{L}{T_w}\frac{\partial^2 \Delta h(s,x)}{\partial x} = -\left(\frac{rq^0}{T_w} + s\right)\frac{\Delta q(s,x)}{\partial x} \tag{1.112}$$

Si se introduce la primera en la segunda se obtiene la Expresión (1.113) en la que se introduce el cambio de variable sugerido en (1.114).

$$\frac{\partial^2 \Delta h(s,x)}{\partial x} = \left(\frac{rq^0}{T_w} + s\right)s\frac{T_e^2}{L^2}\Delta h(s,x) = \left(\frac{rq^0}{T_w}s + s^2\right)\frac{1}{a^2}\Delta h(s,x) \tag{1.113}$$

$$Z^2 = \left(\frac{rq^0}{T_w}s + s^2\right) \rightarrow \frac{\partial^2 \Delta h(s,x)}{\partial x} - \frac{Z^2}{a^2}\Delta h(s,x) = 0 \tag{1.114}$$

La solución de la ecuación diferencial resultante en (1.114) presenta la forma (1.115) que se introduce en la ecuación de Bernoulli (1.110), según la Expresión (1.116).

$$\Delta h(s,x) = K_1(s)e^{\frac{Zx}{a}} + K_2(s)e^{-\frac{Zx}{a}} \tag{1.115}$$

$$\frac{L}{T_w}\frac{\partial}{\partial x}\left[K_1(s)e^{\frac{Zx}{a}} + K_2(s)e^{-\frac{Zx}{a}}\right] + \left(\frac{rq^0}{T_w} + s\right)\Delta q(s,x) = 0 \tag{1.116}$$

A continuación se efectúa la derivada parcial respecto a x en (1.116) y se despeja el caudal $\Delta q(s,x)$ en (1.117).

$$\frac{L}{T_w}\frac{\partial}{\partial x}\Delta q(s,x) = -\frac{LZ}{a}\frac{\left[K_1(s)e^{\frac{Zx}{a}} - K_2(s)e^{-\frac{Zx}{a}}\right]}{T_w s + rq^0} \tag{1.117}$$

Las Ecuaciones (1.115) y (1.117), expresan las variaciones de caudal y de la carga en valores por unidad en el dominio de la frecuencia en un punto genérico x de la tubería. Los valores de $K_1(s)$ y $K_2(s)$ dependen de las condiciones de contorno.

En el caso de una central hidroeléctrica, la tubería forzada es la conducción en la que se observan los fenómenos elásticos relevantes. Esta tubería comunica la turbina con un elemento almacenador de agua que puede ser el embalse en el caso de las centrales a pie de presa, o la chimenea de equilibrio o la cámara de carga en el de las centrales en derivación. Teniendo en cuenta las constantes temporales de estos elementos, las variaciones de presión en el extremo inicial de la tubería ($x = 0$) pueden considerarse nulas, deduciéndose con ello las igualdades (1.118).

$$\Delta h(s,0) = 0 = K_1(s)e^{\frac{Z\cdot 0}{a}} + K_2(s)e^{-\frac{Z\cdot 0}{a}} = K_1(s) + K_2(s) \rightarrow K_1(s) = -K_2(s) \tag{1.118}$$

Se define una función de transferencia $G(s,x)$ que relacione las variaciones de la carga hidráulica y del caudal en un punto genérico x de la tubería, (1.119).

$$G(s,x) = \frac{\Delta h(s,x)}{\Delta q(s,x)} \tag{1.119}$$

Sustituyendo las Expresiones (1.115), (1.117) y (1.118) en (1.119) se obtiene la función de transferencia de la Ecuación (1.120).

$$G(s,x) = \frac{K_1(s)\left(e^{Zx/a} - e^{-Zx/a}\right)}{-\frac{LZ}{a}\frac{K_1(s)\left(e^{Zx/a} + e^{-Zx/a}\right)}{T_w s + rq^0}} = \frac{e^{Zx/a} - e^{-Zx/a}}{e^{Zx/a} + e^{-Zx/a}}\frac{\left(T_w s + rq^0\right)}{ZT_e} \tag{1.120}$$

Teniendo en cuenta (1.121) la Ecuación (1.120) puede reescribirse como en (1.122).

$$\tan h\left(\frac{Zx}{a}\right)=\frac{\left(e^{\frac{Zx}{a}}-e^{\frac{-Zx}{a}}\right)}{\left(e^{\frac{Zx}{a}}+e^{\frac{-Zx}{a}}\right)} \tag{1.121}$$

$$G(s,x)=\frac{\Delta h(s,x)}{\Delta q(s,x)}=-\frac{\left(T_w s+rq^0\right)}{ZT_e}\tan h\left(\frac{Zx}{a}\right) \tag{1.122}$$

Para deshacer el cambio de variable planteado en (1.114), partiendo de que $s >> rq^0/T_w$ se puede formular la Expresión (1.123), de modo que la función de transferencia (1.122) particularizada para el extremo final de la tubería forzada ($x = L$) se muestra en (1.124).

$$Z^2=\frac{rq^0}{T_w}s+s^2\approx\frac{rq^0}{T_w}s+s^2+\left(\frac{rq^0}{2T_w}\right)^2\rightarrow Z\approx s+\frac{rq^0}{2T_w} \tag{1.123}$$

$$G(s,L)=-\frac{\left(T_w s+rq^0\right)}{\left(s+\frac{rq^0}{2T_w}\right)T_e}\tan h\left(T_e s+\frac{rq^0}{2T_w}T_e\right)=-\frac{\left(s+\frac{rq^0}{T_w}\right)T_w}{\left(s+\frac{rq^0}{2T_w}\right)T_e}\tan h\left(T_e s+\frac{rq^0}{2T_w}T_e\right) \tag{1.124}$$

Por último, asumiendo la simplificación propuesta en (1.125) se obtiene la expresión final

$$\left(s+\frac{rq^0}{T_w}\right)\approx\left(s+\frac{rq^0}{2T_w}\right) \tag{1.125}$$

$$G(s,L)=\frac{\Delta h(s,x)}{\Delta q(s,x)}=-\frac{T_w}{T_e}th\left(Ts+\frac{rq^0}{2T_w}T_e\right) \tag{1.126}$$

Si la tubería tiene bifurcaciones o tramos de distintas características como sección o rugosidad, puede aplicarse una función de transferencia a cada tramo y se unen de forma que las condiciones de contorno sean coherentes. En [8] se muestran diferentes ejemplos de la aplicación de (1.126) considerando diferentes disposiciones de tubería forzada, única, con bifurcaciones, etc.

1.5.1.4. Modelos de columna de agua elástica. Método de las características

Se propone para resolver el sistema que conforman las ecuaciones de conservación de la masa (1.43) y de Bernoulli (1.44) plantear una ecuación combinación lineal de ambas a partir de la constante λ, como se muestra en (1.127).

$$\frac{\partial H}{\partial x}+\frac{1}{gS}\frac{\partial Q}{\partial t}+I+\lambda\left(\frac{\partial H}{\partial t}+\frac{a^2}{gS}\frac{\partial Q}{\partial x}\right)=0 \tag{1.127}$$

La Ecuación (1.127) se puede ordenar como en (1.128).

$$\frac{\partial Q}{\partial t}+\lambda a^2\frac{\partial Q}{\partial x}+gS\lambda\left(\frac{\partial H}{\partial t}+\frac{1}{\lambda}\frac{\partial H}{\partial t}\right)+gSI=0 \tag{1.128}$$

Las derivadas totales de Q y H respecto al tiempo se escriben como se indica en (1.129), de modo que existe un valor de λ y de a, deducido en (1.130), para los que las derivadas parciales $\partial Q/\partial t$ y $\partial H/\partial t$ en (1.128) puedan expresarse como derivadas totales $\mathrm{d}Q/\mathrm{d}t$ y $\mathrm{d}H/\mathrm{d}t$.

$$\frac{\mathrm{d}Q}{\mathrm{d}t}=\frac{\partial Q}{\partial t}+\frac{\partial Q}{\partial x}\frac{\mathrm{d}x}{\mathrm{d}t} \quad ; \quad \frac{\mathrm{d}H}{\mathrm{d}t}=\frac{\partial H}{\partial t}+\frac{\partial H}{\partial x}\frac{\mathrm{d}x}{\mathrm{d}t} \tag{1.129}$$

$$\left.\begin{array}{l}\lambda a^2=\dfrac{\mathrm{d}x}{\mathrm{d}t}\\[2ex] \dfrac{1}{\lambda}=\dfrac{\mathrm{d}x}{\mathrm{d}t}\end{array}\right] \quad \lambda=\pm\frac{1}{a} \tag{1.130}$$

Sustituyendo el valor de λ en (1.128) se obtienen las dos ecuaciones conocidas como características. Para el valor de $\lambda = 1/a$, $\mathrm{d}x/\mathrm{d}t = \pm\, a$ y la Ecuación (1.128) se puede expresar como en (1.131), denominándose *característica positiva*, mientras que para el valor $\lambda = -1/a$, y la Ecuación (1.128) se puede expresar como en (1.132), denominándose *característica negativa.*

$$\frac{\mathrm{d}Q}{\mathrm{d}t}+\frac{gS}{a}\frac{\mathrm{d}H}{\mathrm{d}t}+gSI=0 \tag{1.131}$$

$$\frac{\mathrm{d}Q}{\mathrm{d}t}-\frac{gS}{a}\frac{\mathrm{d}H}{\mathrm{d}t}+gSI=0 \tag{1.132}$$

Las ecuaciones características son la base para resolver numéricamente el golpe de ariete a partir de diferencias finitas. Para aplicar el método de las características se divide la tubería de sección y material constante en n tramos de longitud Δx, como se indica en la Figura 1.28. Suponiendo conocidos el caudal Q y la carga hidráulica H en todos los puntos de una tubería de sección y rugosidad constantes en el instante t_0, las ecuaciones características, permiten calcular por diferencias finitas Q y H en un punto situado a una distancia x_p del extremo inicial de la tubería en el instante $t_0 + \Delta t$, a partir del valor de Q y H en el instante t_0 en los puntos situados a una distancia $x_p - a \cdot \Delta t$ y $x_p + a \cdot \Delta t$.

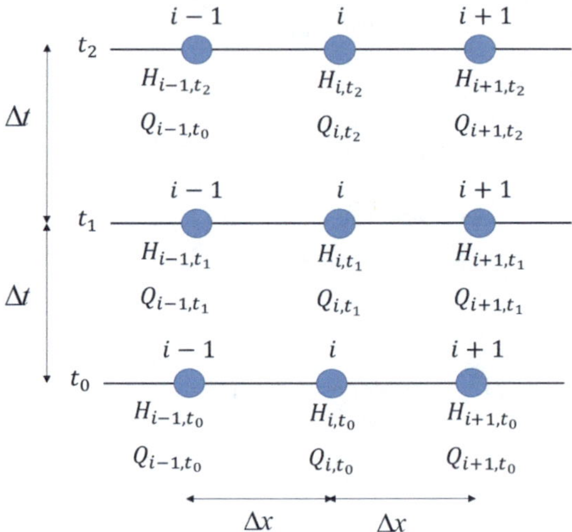

Figura 1.28. División de un tramo de tubería para aplicación del método de las características

La celeridad de la onda a relaciona la longitud de los n tramos Δx con los intervalos de tiempo Δt en que se podrán conocer Q y H en cada punto. Por ejemplo, en una tubería de 2 km de longitud y suponiendo un valor aproximado de a entorno a los 1000 m/s, si se desea obtener valores cada décima de segundo se precisarán 20.000 tramos de 10 cm de longitud mientras que si el intervalo de tiempo asciende al medio segundo se precisarán 4000 tramos de 50 cm de longitud.

Para calcular caudal y carga en el punto i en el instante t_1 ($t_0 + \Delta t$), es decir, $Q_{i,t1}$ y $H_{i,t1}$, se integran las características positiva y negativa tomando como valores iniciales para la integración los valores de caudal y carga en los puntos $i - 1$ e $i + 1$ en el instante t_0, como se muestra en la Figura 1.29.

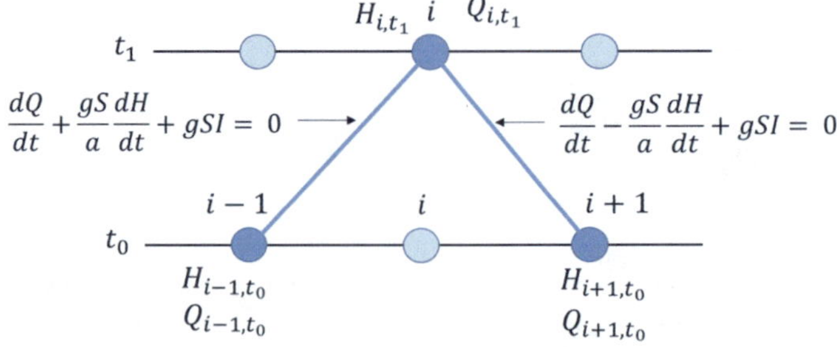

Figura 1.29. Intersección de las curvas características positiva y negativa

Para realizar la integración que permita obtener las variables Q y H en el instante t_1 se multiplican las ecuaciones características positiva (1.131) y negativa (1.132) por dt y se integran en x, resultando las Expresiones (1.133) y (1.134), respectivamente.

$$\int_{i-1}^{i} \mathrm{d}Q + \frac{gS}{a}\int_{i-1}^{i} \mathrm{d}H + gS\int_{i-1}^{i} I\mathrm{d}t = 0 \qquad (1.133)$$

$$\int_{i}^{i+1} \mathrm{d}Q - \frac{gS}{a}\int_{i}^{i+1} \mathrm{d}H + gS\int_{i}^{i+1} I\mathrm{d}t = 0 \qquad (1.134)$$

Se aproximan por diferencias finitas las Expresiones (1.133) y (1.134), de modo que las ecuaciones características se pueden expresar en función de los incrementos de Q y H como se indica en (1.135) y (1.136).

$$Q_{i,t_1} - Q_{i-1,t_0} - \frac{gS}{a}\left(H_{i,t_1} - H_{i-1,t_0}\right) + gS\int_{i-1}^{i} I\mathrm{d}t = 0 \qquad (1.135)$$

$$Q_{i,t_1} - Q_{i+1,t_0} - \frac{gS}{a}\left(H_{i,t_1} - H_{i+1,t_0}\right) + gS\int_{i-1}^{i} I\mathrm{d}t = 0 \qquad (1.136)$$

Existen diferentes formas de aproximar las pérdidas de carga como la denominada *trapezoidal*, que resulta de una aproximación de segundo orden de las pérdidas [9]. El problema que surge de esta aproximación es que numéricamente la resolución de los sistemas ecuaciones resultantes aumenta su dificultad considerablemente, por lo que es habitual simplificar las expresiones de las pérdidas como se muestra en (1.137) y (1.138).

$$Q_{i,t_1} - Q_{i-1,t_0} - \frac{gS}{a}\left(H_{i,t_1} - H_{i-1,t_0}\right) + gSK_r\Delta t Q_{i-1,t_0}\left|Q_{i-1,t_0}\right| = 0 \qquad (1.137)$$

$$Q_{i,t_1} - Q_{i+1,t_0} - \frac{gS}{a}\left(H_{i,t_1} - H_{i+1,t_0}\right) + gSK_r\Delta t Q_{i+1,t_0}\left|Q_{i+1,t_0}\right| = 0 \qquad (1.138)$$

de modo que, para cada punto de la malla que resulta de la división del tramo de la tubería y del tiempo (ver Figura 1.30) se debe resolver el sistema de dos ecuaciones —la (1.139) y la (1.140)— a partir de los datos del instante anterior.

$$Q_{i,t+\Delta t} - Q_{i-1,t} - \frac{gS}{a}\left(H_{i,t+\Delta t} - H_{i-1,t}\right) + gSK_r\Delta t Q_{i-1,t}\left|Q_{i-1,t}\right| = 0 \qquad (1.139)$$

$$Q_{i,t+\Delta t} - Q_{i+1,t} - \frac{gS}{a}\left(H_{i,t+\Delta t} - H_{i+1,t}\right) + gSK_r\Delta t Q_{i+1,t}\left|Q_{i+1,t}\right| = 0 \qquad (1.140)$$

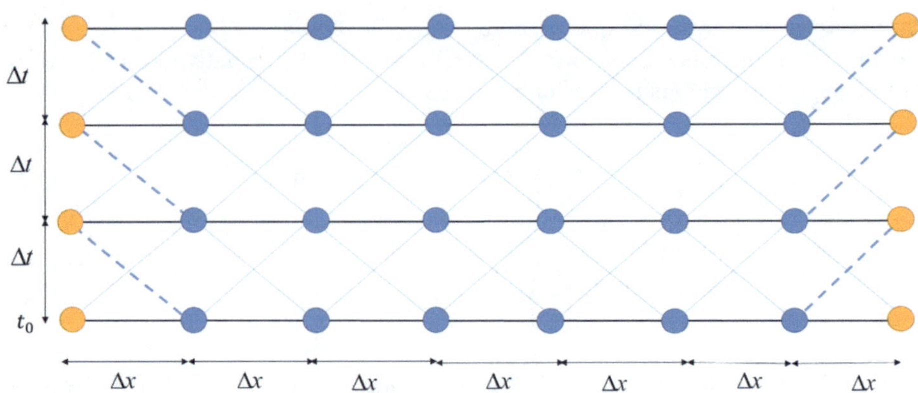

Figura 1.30. Malla resultante de la división del tramo de la tubería y del tiempo

Sumando y restando ambas expresiones se despejan el caudal $Q_{i,t+\Delta t}$ y la carga $H_{i,t+\Delta t}$ en el punto i a partir de los caudales y cargas hidráulicas en los puntos $i-1$ e $i+1$ en el instante anterior —Ecuaciones (1.141) y (1.142), respectivamente—.

$$Q_{i,t+\Delta t} = \frac{1}{2}\left(Q_{i-1,t} + Q_{i+1,t}\right) + \frac{gS}{2a}\left(H_{i-1,t} - H_{i+1,t}\right) - \frac{gSK_r\Delta t}{2}\left(Q_{i-1,t}\left|Q_{i-1,t}\right| + Q_{i+1,t}\left|Q_{i+1,t}\right|\right) \quad (1.141)$$

$$H_{i,t+\Delta t} = \frac{a}{2gS}\left(Q_{i-1,t} - Q_{i+1,t}\right) + \frac{1}{2}\left(H_{i-1,t} + H_{i+1,t}\right) + \frac{K_r\Delta t}{2}\left(Q_{i+1,t}\left|Q_{i+1,t}\right| - Q_{i-1,t}\left|Q_{i-1,t}\right|\right) \quad (1.142)$$

Condiciones de contorno

Atención especial merecen los extremos inicial y final de la tubería, puntos 1 y $n+1$ (suponiendo que la tubería se ha dividido en n tramos), respectivamente, por disponer en ellos únicamente de 1 ecuación característica y ser, por tanto, necesario utilizar condiciones de contorno para la determinación del caudal y la carga hidráulica en los mismos. Las condiciones de contorno en los extremos de la tubería deben ser coherentes con el funcionamiento de los elementos existentes en los mismos (embalses, depósitos, chimeneas de equilibrio, válvulas, máquinas hidráulicas, etc.).

En centrales hidroeléctricas a pie de presa la tubería forzada conduce el agua desde el embalse (extremo inicial) hasta la turbina (extremo final). Suponiendo despreciables las pérdidas de carga localizadas en la embocadura de la tubería, la carga hidráulica en el punto $1 \cdot H_{1,t}$ deberá ser igual en todo momento a la del embalse H_{emb}, mientras que el caudal en el punto$1 \cdot Q_{1,t}$ vendrá dado por (1.143). Esta condición también podría aplicarse a centrales con chimenea de equilibrio o cámara de carga, asumiendo la hipótesis de que el nivel en dichos elementos almacenadores evoluciona temporalmente mucho más lentamente que la presión en la tubería forzada de modo que pueda considerarse constante.

$$Q_{i,t+\Delta t} = Q_{2,t} + \frac{gS}{a}\left(H_{\text{emb}} - H_{2,t}\right) - gSK_r\Delta t Q_{2,t}\left|Q_{2,t}\right| = 0 \qquad (1.143)$$

Si existen cambios de sección en una conducción (ver Figura 1.31a), esta debe dividirse en tantas tuberías como tramos haya de sección constante en la conducción original para poder aplicar el método de las características de forma adecuada. En el ejemplo de la Figura 1.31a, el caudal y el salto en el cambio de sección se determinan a partir de ecuación caracteística positiva (1.139), particularizada para el extremo final de la tubería A (punto n + 1) —Ecuación (1.144)— y la ecuación característica negativa (1.140), particularizada para el extremo inicial de la tubería B (punto 1) —Ecuación (1.145) —.

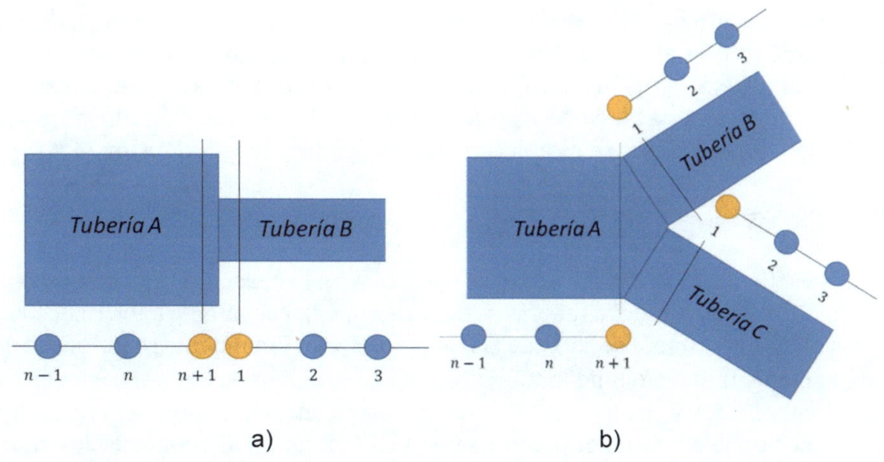

Figura 1.31. Esquemas a) de una tubería con cambio de sección; b) de una bifurcación

$$Q_{i,t+\Delta t,B} - Q_{n,t,A} + \frac{gS_A}{a_A}\left(H_{i,t+\Delta t,B} - H_{n,t,A}\right) + gS_A K_{r,A}\Delta t Q_{n,t,A}\left|Q_{n,t,A}\right| = 0 \qquad (1.144)$$

$$Q_{i,t+\Delta t,B} - Q_{2,t,B} - \frac{gS_B}{a_B}\left(H_{i,t+\Delta t,B} - H_{n,t,B}\right) + gS_B K_{r,B}\Delta t Q_{2,t,B}\left|Q_{2,t,B}\right| = 0 \quad (1.145)$$

Se tiene en cuenta la condición de continuidad según la cual el caudal en el extremo final de la tubería A debe ser igual al caudal en el extremo inicial de la tubería B y se suponen despreciables las pérdidas en el estrechamiento —Expresión (1.146)—. Esta hipótesis simplifica notablemente los cálculos, quedando siempre del lado de la seguridad, dado que disminuye el amortiguamiento del golpe de ariete.

$$H_{n+1,\,t+\Delta t,\,A} = H_{1,\,t+\Delta t,\,B} \quad ; \quad Q_{n+1,\,t+\Delta t,\,A} = Q_{1,\,t+\Delta t,\,B} \qquad (1.146)$$

Aplicando (1.146) a las Expresiones (1.144) y (1.145) se puede despejar la carga en el extremo final de la tubería A o inicial de la B —Ecuación (1.147)—. A partir de estos valores, usando las Expresiones (1.144) y (1.145) se puede obtener el caudal en el extremo inicial de la tubería B, que es igual al caudal en el extremo final de la tubería A.

$$H_{i,t+\Delta t,B} = \frac{a_A a_B}{gS_A a_B + gS_B a_A} \left[\begin{array}{l} \frac{gS_A}{a_A} H_{n,t,A} + \frac{gS_B}{a_B} H_{2,t,B} + Q_{n,t,A} - Q_{2,t,B} - \\ gS_A K_{r,A} \Delta t Q_{n,t,A} \left| Q_{n,t,A} \right| + gS_B K_{r,B} \Delta t Q_{2,t,B} \left| Q_{2,t,B} \right| \end{array} \right] = \\ = H_{n+1,t+\Delta t,A} \qquad (1.147)$$

En caso de existir una bifurcación al final de la tubería forzada, como en el caso de la Figura 1.31b (situación habitual en centrales en derivación con varios grupos), debe procederse de manera similar al caso del cambio de sección, teniendo en cuenta que la suma de los caudales en los extremos iniciales de las tuberías B y C debe ser igual al caudal en el extremo final de la tubería A. Si se mantiene que las pérdidas de carga localizadas en la bifurcación son despreciables se establecen las condiciones de la Expresión (1.148).

$$H_{n+1,t+\Delta t,A} = H_{1,t+\Delta t,B} = H_{1,t+\Delta t,C} \;;\; Q_{n+1,t+\Delta t,A} = Q_{1,t+\Delta t,B} + Q_{1,t+\Delta t,C} \qquad (1.148)$$

Según el esquema de la Figura 1.31b, se particulariza la ecuación característica positiva (1.139) a la última sección de la tubería A, mientras que la ecuación característica negativa (1.140) se aplica a la primera sección de las tuberías B y C. Finalmente se introduce el valor de la carga en el extremo final de la tubería A, $H_{n+1,t+\Delta t,A}$, en las tres ecuaciones características particularizadas y se restan las dos segundas (negativas) a la primera (positiva) para obtener el valor de la carga en el punto común (1.149). Se pueden obtener los caudales a partir de las ecuaciones características de cada tubería, conocido el valor la carga.

$$H_{n+1,t+\Delta t,A} = \frac{a_A a_B a_C}{gS_A a_B a_C + gS_B a_A a_C + gS_C a_B a_A} \\ \left[\begin{array}{l} \frac{gS_A}{a_A} H_{n,t,A} + \frac{gS_B}{a_B} H_{2,t,B} + \frac{gS_C}{a_C} H_{2,t,C} + Q_{n,t,A} - Q_{2,t,B} - Q_{2,t,C} - \\ gS_A K_{r,A} \Delta t Q_{n,t,A} \left| Q_{n,t,A} \right| + gS_B K_{r,B} \Delta t Q_{2,t,B} \left| Q_{2,t,B} \right| + gS_C K_{r,C} \Delta t Q_{2,t,C} \left| Q_{2,t,C} \right| \end{array} \right] \qquad (1.149)$$

1.5.2. Chimenea de equilibrio

En ocasiones en necesario contemplar los fenómenos oscilatorios que afectan al nivel del agua en la chimenea de equilibrio en el modelo de central hidroeléctrica. En esos casos se relacionan los caudales en la galería Q_{gp} y en la tubería forzada Q_{tf} con el nivel del agua en la chimenea de equilibrio H_{ch} (ver Figura 1.32).

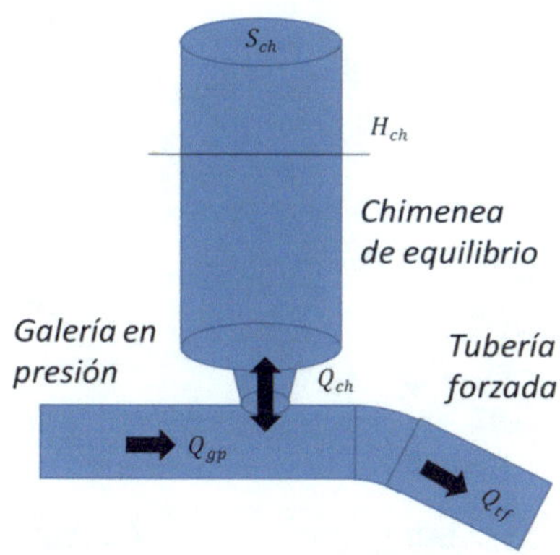

Figura 1.32. Esquema de una chimenea de equilibrio

Si la central se encuentra funcionando en régimen permanente ambos caudales son iguales y el nivel en la chimenea permanece constante. Pero ante un cambio en las condiciones de funcionamiento la diferencia entre los caudales produce que la chimenea de equilibrio se llene o se vacíe. En un período de tiempo Δt el incremento de volumen de agua que experimenta la chimenea de equilibrio se puede expresar como en (1.150).

$$\Delta Vol_{ch} = (Q_{gp} - Q_{tf})\Delta t \tag{1.150}$$

Si la sección de la chimenea S_{ch} es constante, el incremento de volumen produce una variación en el nivel de agua de la chimenea según (1.151):

$$\Delta Vol_{ch} = \Delta H_{ch} \cdot S_{ch} \qquad \Delta Vol_{ch} = \Delta H_{ch} \cdot S_{ch} \tag{1.151}$$

Igualando las Expresiones (1.150) y (1.151) se obtiene la evolución del nivel en la chimenea (1.152), que expresada en valores por unidad resulta (1.153), donde T_{ch} es la constante temporal de la chimenea.

$$\frac{\Delta H_{ch}}{\Delta t} = \frac{\left(Q_{gp} - Q_{tf}\right)}{S_{ch}} = \frac{\mathrm{d}H_{ch}}{\mathrm{d}t} \tag{1.152}$$

$$\frac{\mathrm{d}h_{ch}}{\mathrm{d}t} = \frac{\left(q_{gp} - q_{tf}\right)}{T_{ch}} \qquad T_{ch} = \frac{S_{ch} H_b}{Q_b} \tag{1.153}$$

La conexión entre la chimenea de equilibrio y las conducciones siempre se produce a través de un estrechamiento de sección en el que se producen pérdidas de carga localizadas. En ocasiones, el estrechamiento o estrangulamiento se dimensiona para que las pérdidas de carga disminuyan la amplitud de la oscilación del nivel del agua en la chimenea de equilibrio. Las pérdidas de carga localizadas r_{loc} se incluyen normalmente en la ecuación de la galería en presión, que dado que no sufre el golpe de ariete se modela habitualmente suponiendo la columna de agua rígida, a partir de la Ecuación (1.154), o su equivalente en valores por unidad (1.155).

$$\frac{L_{gp}}{gS_{gp}}=\frac{\mathrm{d}Q_{gp}}{\mathrm{d}t}=H_{\mathrm{embalse}}-H_{ch}-K_{r,gp}Q_{gp}\left|Q_{gp}\right|-K_{\mathrm{loc}}\left(Q_{gp}-Q_{tf}\right)\left|Q_{gp}-Q_{tf}\right| \quad (1.154)$$

$$T_{w,gp}\frac{\mathrm{d}q_{gp}}{\mathrm{d}t}=h_{\mathrm{embalse}}-h_{ch}-\frac{r_{gp}}{2}q_{gp}\left|q_{gp}\right|-\frac{r_{\mathrm{loc}}}{2}\left(q_{gp}-q_{tf}\right)\left|q_{gp}-q_{tf}\right| \quad (1.155)$$

Según se demuestra en [7] el estrangulamiento puede reducir como máximo un 30 % la amplitud de las oscilaciones del nivel, lo que puede no ser suficiente. En estos casos se suele disponer de una chimenea de equilibrio con cámara superior o de expansión para almacenar el caudal rechazado durante el cierre del distribuidor y con cámara inferior o de alimentación para suministrar el caudal demandado durante la apertura mientras se acelera la masa de agua de la galería (ver Figura 1.33).

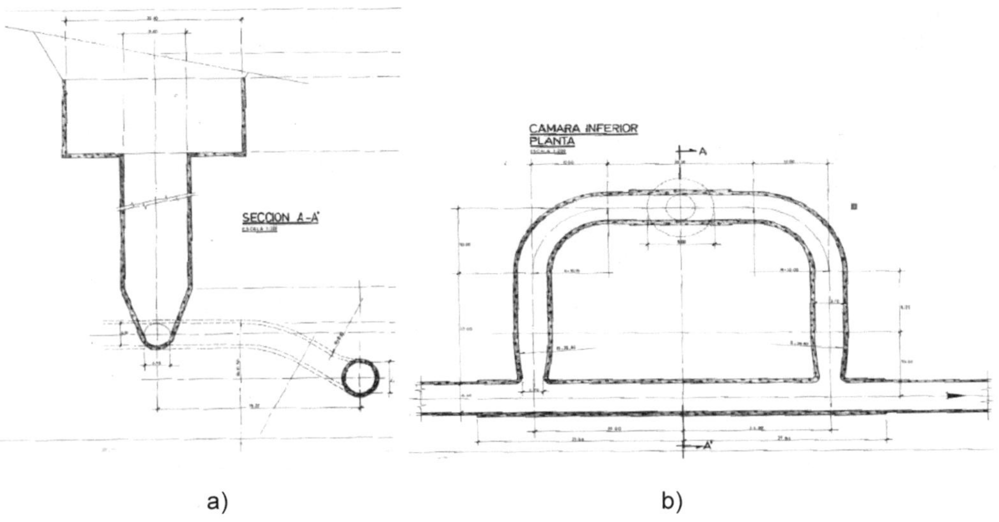

a) b)

Figura 1.33. Plano de una chimenea de equilibrio en a) alzado y b) planta[10]

Ejemplo de aplicación 1.8. Constante de tiempo de una chimenea de equilibrio

Se pide obtener la constante de tiempo de la chimenea de equilibrio de la central de referencia.

[10] Facilitado por David Escobar Escudero, de Naturgy.

Solución

La central de referencia cuenta con una chimenea de equilibrio de sección constante entre la galería en presión y la tubería forzada de 9 m de diámetro. En este caso la constante temporal de la chimenea resulta de aplicar los datos a la central a la Expresión (1.157).

$$T_{ch} = \frac{S_{ch} H_b}{Q_b} = \frac{\pi \cdot D_{ch}^2 \cdot H_b}{4 \cdot Q_b} = \frac{3{,}1416 \cdot 9^2 \cdot 327{,}0}{4 \cdot 68{,}0} = 305{,}92 \text{ s}$$

□

1.5.3. Turbina

Existen diferentes formas de introducir la turbina hidráulica en un modelo dinámico. Evidentemente la conversión de energía que se realiza a través de la turbina es un proceso dinámico de modo que por ejemplo el caudal que se introduce en la turbina no es exactamente el mismo que sale de ella en cada instante. Sin embargo, estas diferencias son tan pequeñas que casi la totalidad de modelos de turbina utilizados en el análisis de transitorios hidráulicos de centrales hidroeléctricas establecen relaciones estáticas entre caudal, salto, velocidad de giro del grupo, posición del distribuidor y potencia o par mecánicos.

La manera más precisa de establecer la relación entre las variables mencionadas anteriormente es mediante interpolación en la colina de rendimientos de la turbina que se desea modelar como las recogidas en la Figura 1.10. Desafortunadamente, la interpolación en la colina de rendimientos no permite disponer de expresiones analíticas que puedan ser empleadas en el análisis de la respuesta dinámica y la estabilidad de la central. Cuando es preciso la utilización de ecuaciones matemáticas que reflejen la relación entre las variables mencionadas anteriormente se suelen adoptar dos soluciones: linealizar la colina de rendimientos de la turbina en torno a un punto de operación o emplear ecuaciones genéricas.

Matemáticamente las expresiones lineales que describen las relaciones entre las variables de funcionamiento de la turbina se suelen formular en desviaciones por unidad como se muestra en las Expresiones (1.156) y (1.157), donde c es el par mecánico de la turbina y los coeficientes b_{ij} son las derivadas parciales del caudal (b_{11}, b_{12}, b_{13}) y el par mecánico (b_{21}, b_{22}, b_{23}) con respecto al salto neto a la entrada de la turbina h, la velocidad de giro de la turbina n y la apertura del distribuidor z [75].

$$\Delta q = b_{11} \cdot \Delta h + b_{12} \cdot \Delta n + b_{13} \cdot \Delta z \tag{1.156}$$

$$\Delta c = b_{21} \cdot \Delta h + b_{22} \cdot \Delta n + b_{23} \cdot \Delta z \tag{1.157}$$

La linealización de las colinas de rendimientos se aplica a la pequeña perturbación de las condiciones iniciales de equilibrio porque dichos coeficientes presentan valores muy dispares en función del punto de funcionamiento de la turbina en que son tomados.

Para obtener los coeficientes b_{ij} se calcula a partir de la colina de rendimientos los cambios en el caudal y en el par turbinado que producen pequeñas modificaciones del salto, de la velocidad de giro y de la posición del distribuidor.

Ejemplo de aplicación 1.9. Coeficientes b_{ij} del modelo lineal de una turbina

Se plantea, la obtención de los coeficientes b_{ij} de una de las turbinas de la central de referencia, cuando opera en condiciones nominales y cuya colina de rendimientos en coordenadas absolutas está representada en la Figura 1.10b. Se recuerda que el salto neto de la central es de 327,0 m, el caudal nominal de cada turbina es 11,33 m^3/s y su potencia nominal asciende a los 33 MW. El rodete de la turbina tiene 1,020 m de diámetro y la velocidad de sincronismo del grupo es de 750 r/min.

Solución

Coeficientes b_{11} y b_{21}

Los coeficientes b_{11} y b_{21} representan la influencia que los cambios en el salto neto tienen en el caudal turbinado y en el par mecánico cuando la velocidad de giro de la turbina y la posición del distribuidor permanecen constantes. Se impone entonces un aumento del 5 % del salto neto ($\Delta h = 0{,}05$) respecto al funcionamiento nominal (punto *A* en la Figura 1.34), lo que supone un incremento de 16,35 m del salto neto, que pasa a ser 343,35 m (punto *B* en la figura).

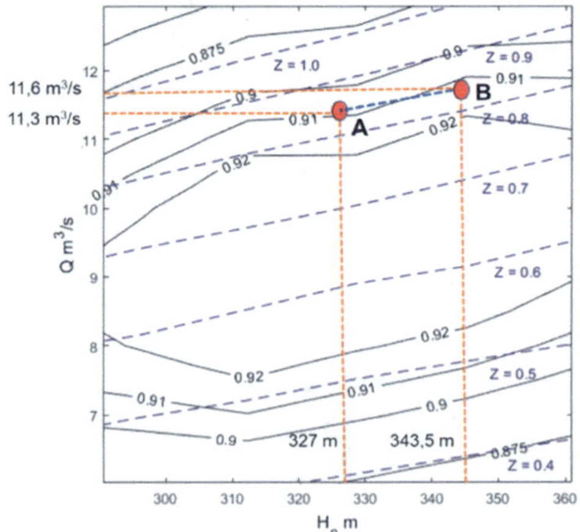

Figura 1.34. Obtención de los términos b_{11} y b_{21} en la colina de rendimientos

Manteniendo la apertura del distribuidor constante en 0,83 p.u. el caudal que se corresponde con el nuevo punto de operación es 11,64 m^3/s, de modo que el incremento de Q que experimenta la turbina ante el cambio en el salto neto es de 0,31 m^3/s, que expresado en valores por unidad respecto al caudal nominal de la turbina resulta 0,0274 p.u. Entrando en la Expresión (1.156) y suponiendo nulos Δz y Δn, el coeficiente b_{11} se obtiene según la expresión

$$b_{11} = \frac{\Delta q}{\Delta h} = \frac{0,0274}{0,05} = 0,548$$

La turbina bajo las condiciones de funcionamiento del punto B en la Figura 1.34 experimentará un cambio en su potencia, debido a la modificación del salto, el caudal y el rendimiento obtenida en la expresión siguiente. El nuevo caudal pasa de 11,33 a 11,64, el salto de 327 a 343,5 y el rendimiento, de 0,908 a 0,915.

$$P_B = \gamma Q H \eta_h = 9{,}81 \cdot 11{,}64 \cdot 343{,}5 \cdot 0{,}915 \cdot 10^{-3}\ (\text{MW}) = 35{,}87\ \text{MW}$$

El incremento de potencia por tanto entre el punto A y el punto B es de 2,87 MW que expresada en valores por unidad considerando la potencia nominal como valor base resulta 0,0870 p.u. La Expresión (1.157) relaciona el par mecánico de la turbina c con los cambios de salto, velocidad y distribuidor. En este caso, como la velocidad de giro de la turbina se mantiene constante la variación de potencia y de par son idénticas expresadas en valores por unidad, de modo que el valor que entrando en (1.157) el término b_{21} se calcula de la manera siguiente:

$$b_{21} = \frac{\Delta c}{\Delta h} = \frac{0,0870}{0,050} = 1,739$$

Coeficientes b_{12} y b_{22}

Los términos b_{12} y b_{22} reflejan cómo influye la velocidad de giro de la turbina en el caudal y el par mecánico de la turbina. La colina de rendimientos en unidades absolutas (Figura 1.10b) no proporciona información acerca de la velocidad angular de la turbina de modo que en este caso se precisa de la colina de rendimientos en coordenadas unitarias Figura 1.10a, que se adaptará a la turbina estudiada mediante el diámetro y la velocidad de giro del grupo.

A partir de las expresiones recogidas en (1.7) se obtienen la velocidad y el caudal unitarios, N_{11} y Q_{11} que permiten ubicar el punto de funcionamiento nominal en la colina, punto A en la Figura 1.34.

$$N_{11} = \frac{nD}{\sqrt{H}} = \frac{750 \cdot 1,02}{\sqrt{327}} = 42,3 \text{ r/min}$$

$$Q_{11} = \frac{Q}{D^2\sqrt{H}} = \frac{11,32}{1,02^2\sqrt{327}} = 0,602 \text{ m}^3/\text{s}$$

Se incrementa un 5 % la velocidad de giro de la turbina manteniendo la posición del distribuidor y el salto neto, fijando un nuevo punto en la colina, (punto C en la Figura 1.35). La velocidad en coordenadas unitarias $N_{11,C}$ se obtiene a partir de la nueva velocidad (787,5 r/min):

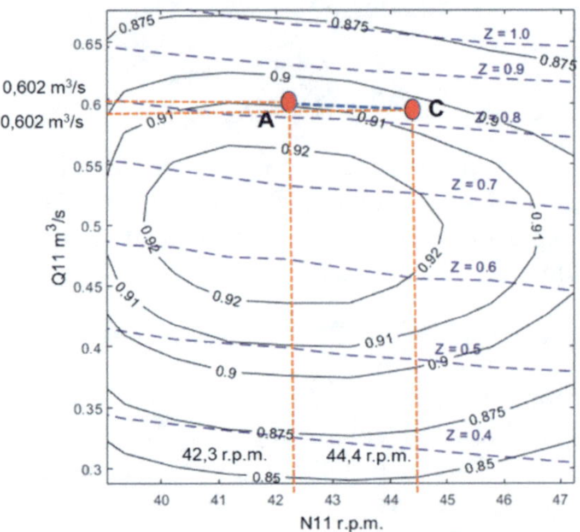

Figura 1.35. Obtención de los términos b_{12} y b_{22} en la colina de rendimientos

$$N_{11,C} = \frac{nD}{\sqrt{H}} = \frac{787,5 \cdot 1,02}{\sqrt{327}} = 44,4 \text{ r/min}$$

La ubicación del punto C permite conocer su caudal en coordenadas unitarias $Q_{11,C}$, 0,595 m³/s del que se puede obtener el caudal en coordenadas absolutas:

$$Q_C = Q_{11,C} D^2 \sqrt{H} = 0,595 \cdot 1,02^2 \sqrt{327} = 11,20 \text{ m}^3/\text{s}$$

El decremento de caudal resulta 0,125 m³/s, que expresado en valores por unidad tomando como base el caudal nominal de la turbina es 0,0111. Este valor permite calcular el valor de b_{12}.

$$b_{12} = \frac{\Delta q}{\Delta n} = -\frac{0,0111}{0,05} = -0,221$$

Al igual que en el caso anterior (punto *B*) el nuevo punto de funcionamiento (punto *C*) está asociado a una nueva potencia que se obtiene a continuación:

$$P_C = \gamma Q H \eta_h = 9,81 \cdot 11,20 \cdot 327 \cdot 0,904 \cdot 10^{-3} \text{ (MW)} = 32,47 \text{ MW}$$

En este caso, la velocidad de giro del grupo experimenta un incremento de modo que para calcular la variación en el par mecánico que sufre la turbina a causa de dicho incremento es necesario obtener el par mecánico en los puntos *A* y *C* en valores por unidad:

$$\Delta C_{AC} = \frac{C_c - C_A}{C_b} = \frac{(P_c/N_c)-(P_A/N_A)}{P_A/N_A} = \frac{(32,47/787,5)-(33/750)}{33/750} = -0,0629 \text{ p.u.}$$

La variación del par mecánico de la turbina en valores por unidad permite a su vez calcular el valor del coeficiente b_{22}.

$$b_{22} = \frac{\Delta c}{\Delta n} = -\frac{0,0629}{0,050} = -0,258$$

Coeficientes b_{13} y b_{23}

Finalmente se plantea un incremento del 5 % de la apertura del distribuidor (de 0,83 a 0,88 p.u.) para obtener los valores de b_{13} y b_{23}, punto D en la Figura 1.36.

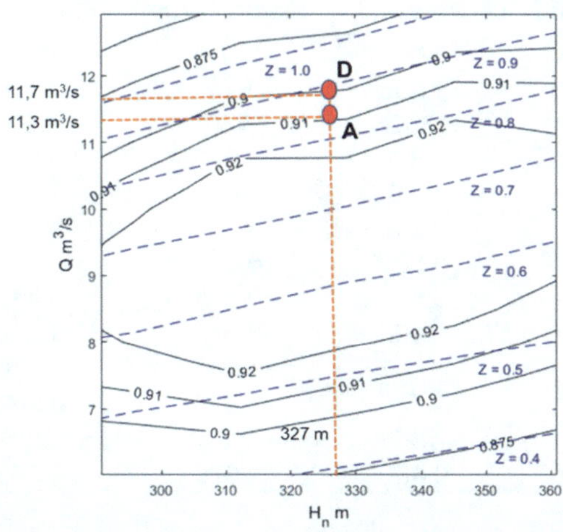

Figura 1.36. Obtención de los términos b_{13} y b_{23} en la colina de rendimientos

En este caso, el incremento de Q que experimenta la turbina ante el cambio en el distribuidor es de 0,33 m^3/s, que expresado en valores por unidad respecto al caudal nominal de la turbina resulta 0,0291 p.u. Entrando en la Ecuación (1.156) y suponiendo nulos Δh y Δn, el coeficiente b_{13} se obtiene según la expresión:

$$b_{13} = \frac{\Delta q}{\Delta z} = \frac{0,0291}{0,050} = 0,582$$

La potencia de la turbina bajo las condiciones de funcionamiento del punto D *sufrirá* un cambio, debido a la modificación del caudal y el rendimiento y obtenida en la expresión:

$$P_D = \gamma Q H \eta_h = 9{,}81 \cdot 11{,}7 \cdot 327 \cdot 0{,}901 \cdot 10^{-3}\ (\text{MW}) = 33{,}71\ \text{MW} \qquad (1.159)$$

El incremento de potencia en valores por unidad, 0,0215, es igual al del par, dado que la velocidad de giro es constante, de modo que el término b_{23} resulta de aplicar la expresión

$$b_{23} = \frac{\Delta C}{\Delta z} = \frac{0,0215}{0,050} = 0,430 \qquad (1.159)$$

En la tabla siguiente, además de los coeficientes b_{ij}, ahora obtenidos para el punto de funcionamiento nominal, se muestran los coeficientes b_{ij} para otros dos puntos distintos de funcionamiento, media carga y baja carga. Para la media carga el caudal turbinado es de 8,87 m^3/s y para la baja carga, 6,12 m^3/s. Estos coeficientes se obtienen con la misma metodología seguida en el presente ejemplo.

Tabla 1.8. Valores de los coeficientes b_{ij} de la turbina representada en la colina de rendimientos de la Figura 1.9. para distintos puntos de operación

Magnitud	Nominal	Media carga	Baja carga
H_n (m)	327,0	327,0	327,0
Q (m^3/s)	11,33	8,87	6,12
N (r/min)	750	750	750
z (p.u.)	0,828	0,600	0,400
P (MW)	33,0	26,0	17,14
N_{11} (r/min)	42,3	42,3	42,3
Q_{11} (m^3/s)	0,602	0,472	0,325
b_{11}	0,548	0,443	0,445
b_{12}	−0,221	−0,525	−0,309
b_{13}	0,582	1,033	1,176
b_{21}	1,739	1,273	0,988
b_{22}	−1,258	−1,373	−0,852
b_{23}	0,430	1,079	1,388

□

En muchas ocasiones no se dispone de suficiente información de la(s) turbina(s) de la central que se va modelar para calcular los coeficientes b_{ij}, de modo que en esos casos es necesario la utilización de fórmulas genéricas. También puede suceder que el estudio que se pretende realizar con el modelo dinámico de la central contemple la consideración de grandes perturbaciones en las condiciones de funcionamiento de la central, no siendo por tanto adecuado el uso de un modelo lineal como el presentado en (1.156) y (1.157). En las últimas décadas la formulación propuesta en [73] ha sido con diferencia la que se ha impuesto, generalizándose su utilización en el modelado de la colina de rendimientos de turbinas hidráulicas. Estas ecuaciones, que se expresan en valores por unidad, relacionan el caudal (1.160) y la potencia (1.161) con las variables q_{nl} (mínimo caudal necesario en la turbina para vencer su rozamiento interno y comenzar a producir energía), D (factor de amortiguamiento de la turbina), n_{ref} (velocidad de giro nominal), h_n (salto neto nominal), q_n (caudal nominal) y A_t, cuya expresión se define en (1.162).

$$q = z \cdot \sqrt{h} \tag{1.160}$$

$$p = A_t \cdot h \cdot (q - q_{nl}) - D \cdot z \cdot (n - n_{ref}) \tag{1.161}$$

$$A_t = \frac{1}{h_n \left(q_n - q_{nl}\right)} \tag{1.162}$$

1.5.4. Alternador

El **alternador** es la máquina eléctrica en la que se produce la conversión de la potencia mecánica que se ha generado en la turbina hidráulica en potencia eléctrica. El par mecánico se transmite a través del eje del grupo que une solidariamente el rodete de la turbina y el rotor del alternador de modo que ambos giran a la misma velocidad angular. En algunas ocasiones, sobre todo en minicentrales de potencias reducidas, la velocidad de giro del alternador es mayor que el de la turbina para reducir sus dimensiones y abaratarlo. En estos casos es necesario un sistema de transmisión entre ambas máquinas, hidráulica y eléctrica.

Los transitorios electromagnéticos que tienen lugar en el alternador, desde el punto de vista dinámico, se producen en un lapso de tiempo muy reducido (del orden de ms) en comparación con la evolución temporal de las variables mecánicas e hidráulicas de la central, de modo que es una práctica muy habitual en el modelado de centrales hidroeléctricas despreciar las dinámicas de origen electromagnético de los alternadores.

Sin embargo, sí es frecuente tener en cuenta las variaciones de la velocidad de giro del grupo que se producen como consecuencia del desequilibrio entre el par mecánico C_m que se produce en la turbina y el par electromagnético C_e que depende del estado del sistema al que está conectada la central [76]. Dicho equilibrio de pares se formula como en (1.163), donde ω es la velocidad angular del grupo y J es el momento de inercia del mismo.

$$C_m - C_e = J\frac{\mathrm{d}\omega}{\mathrm{d}t} \tag{1.163}$$

La mayor parte de esta inercia, alrededor del 90 %, se concentra en la masa del rotor del alternador mientras que el rodete de la turbina y el agua que contiene apenas contribuye a la inercia del grupo. La Ecuación (1.163) se puede expresar en función de la potencia eléctrica P_e y mecánica P_m, como se muestra en (1.164) y en valores por unidad en (1.165), donde n es la velocidad de giro del grupo expresada en valores por unidad, N_b es su velocidad angular de sincronismo y P_b es su potencia nominal.

$$P_m - P_e = J \cdot \omega\frac{\mathrm{d}\omega}{\mathrm{d}t} \tag{1.164}$$

$$P_m - P_e = T_m \cdot n\frac{\mathrm{d}n}{\mathrm{d}t} \quad ; \quad T_m = \frac{J \cdot N_b^2}{P_b} \quad ; \quad \omega = nN_b \tag{1.165}$$

El tiempo de lanzamiento T_m representa el tiempo necesario para acelerar las masas giratorias hasta la velocidad de sincronismo partiendo del reposo y aplicando un par igual a 1 p.u. Este parámetro juega un papel determinante en la estabilidad y en la labor de regulación de frecuencia por parte de la central y suele tomar valores entre 3 y 6 s. En general, cuanto mayor sea el valor del tiempo de lanzamiento, más estable será el comportamiento del grupo. El tiempo de lanzamiento del grupo, por tanto, se debe tener muy en cuenta en la elaboración de las especificaciones técnicas de los equipos. En ocasiones se añaden volantes de inercia al eje del grupo para añadirle más inercia y, por tanto, mayor estabilidad.

Es frecuente caracterizar la inercia del grupo mediante la denominada constante de inercia H, que se define como el cociente entre la energía cinética del grupo girando a la velocidad de sincronismo y su potencia nominal y es igual a la mitad del tiempo de lanzamiento ($2H = T_m$).

Normalmente los estudios de estabilidad y de regulación de los grupos hidroeléctricos se realizan una vez que se han definido todos y cada uno de los componentes de la central, así como el lazo de control que determina el funcionamiento de la misma. Sin embargo, durante la fase de diseño de la planta existe la posibilidad de evaluar de una forma previa la futura capacidad de regulación de frecuencia de la central. Como se ha comentado anteriormente la inercia del agua en la tubería forzada (medida a través del tiempo de arranque del agua (1.54) es uno de los factores que más condiciona la capacidad de una central hidroeléctrica de modificar la potencia generada y atender así las necesidades de regulación del sistema eléctrico. Por este motivo se suele recomendar que el cociente entre la longitud de tubería forzada y el salto no exceda el valor de 5 [2].

Sin embargo, dado que además de la inercia del agua, la inercia de las masas rodantes, medida a través del tiempo de lanzamiento (1.165), también influye de forma determinante en la respuesta dinámica de la central es frecuente emplear el denominado *índice de estabilidad* (*IE*), que resulta del cociente del tiempo de lanzamiento del grupo entre el tiempo de arranque del agua, para estimar la capacidad de regulación de frecuencia de la central.

En el caso de que la central disponga de tantas tuberías forzadas como grupos debe determinarse el *IE* de cada grupo. En caso de que una única tubería forzada alimente varios grupos se calcula el tiempo de arranque del agua correspondiente al máximo caudal en la tubería forzada equivalente y el tiempo de lanzamiento como el del grupo equivalente cuyas inercia y potencia son la suma de las inercias y potencias de cada uno de los grupos.

Dado que la inercia de las masas rodantes es beneficiosa mientras que la inercia del agua dificulta el control de la central el *IE* debe ser lo mayor posible. En la publicación [77], citada a su vez en [2] se muestra la Tabla 1.9, en la que se dan valores apropiados para el *IE* que se utilizan con frecuencia en el proyecto de centrales hidroeléctricas.

Tabla 1.9. Condiciones de regulación en función del IE

IE	Condiciones de regulación
2	Valor mínimo para sincronizar
2,5-3,0	Deficientes
5,0-8,0	Aceptables
> 8,0	Buenas

Estos valores se pueden reducir en caso de grupos de reducida potencia propios de minicentrales ($P < 10,0$ MW), en los que la capacidad de regulación de la central suele ser muy limitada y las exigencias respecto a la estabilidad de la central mucho menores. En cambio, en centrales con una clara vocación regulatoria el índice de estabilidad no debe ser inferior a 4. En caso de que se precisase aumentar dicho valor, lo más habitual es aumentar la sección de la tubería forzada, aproximar la chimenea de equilibrio a la central o incrementar la inercia del alternador.

Ejemplo de aplicación 1.11. Tiempo de lanzamiento de un grupo e índice de estabilidad de una central hidroeléctrica

Se desea obtener el tiempo de lanzamiento de los grupos de la central de referencia, así como el índice de estabilidad de la propia central.

Solución

En el caso de la central de referencia cada grupo presenta una inercia de 32.100 kg·m^2. Considerando como valores base los nominales en la expresión (1.165), en la siguiente ecuación se obtiene el tiempo de lanzamiento de cada grupo.

$$T_m = \frac{J \cdot N_b^2}{P_b} = \frac{321000 \cdot \left(\frac{750 \cdot 2\pi}{60} \right)^2}{33 \cdot 10^6} = 6,00 \text{ s}$$

El tiempo de lanzamiento T_m de los grupos resulta de 6,0 s mientras que la constante de inercia H es 3,0 s.

El índice de estabilidad de la central de referencia resulta del cociente del tiempo de lanzamiento de un grupo y del tiempo de arranque del agua de la tubería forzada. Para determinarlo se emplea un grupo equivalente con su tiempo de arranque del agua y su tiempo de lanzamiento equivalentes. El tiempo de arranque del agua de la tubería forzada equivalente se obtuvo en el Ejemplo de aplicación 1.7 ($T_{wt,eq}$ = 1,118 s). Por otro lado, la inercia del grupo equivalente es seis veces la inercia de un grupo, pero como la potencia de ese grupo equivalente es también seis veces la de un grupo, el tiempo de lanzamiento del grupo equivalente resulta el mismo que el de cada grupo, es decir, 6,0 s, de modo que el índice de estabilidad de la central resulta:

$$IE = \frac{T_{m,eq}}{T_{wt,eq}} = \frac{6}{1,118} = 5,37$$

Esto implica, según la Tabla 1.9, unas condiciones de regulación aceptables para la central. □

1.5.5. Regulador de velocidad

Como se resume en el Apartado 1.3, el **regulador de velocidad** de un grupo hidroeléctrico actúa sobre la apertura del distribuidor (o los inyectores) de la turbina a partir de las medidas de frecuencia y potencia y sus correspondientes valores de referencia. La acción de control suele ser del tipo proporcional, integral, derivativa (PID) [78] y tiene por objeto eliminar el denominado error frecuencia-potencia $e(t)$, que se determina a partir del error de frecuencia $ef(t)$, el error de potencia $ep(t)$, y el denominado *estatismo permanente del grupo* σ (1.166).

$$e(t) = ep(t)\sigma + ef(t) \tag{1.166}$$

El error de frecuencia y de potencia se calculan directamente como la diferencia entre la medida de frecuencia o potencia y su correspondiente valor de referencia. La ecuación que rige el funcionamiento del regulador es la mostrada en (1.167), donde Δd es la orden de variación en la posición del servomotor que acciona los álabes del distribuidor (o la válvula de aguja de los inyectores) de la turbina y K_p, K_i y K_d, son las ganancias de las acciones proporcional, integral y derivativa, respectivamente.

$$\Delta d = K_p e(t) + K_i \int e(t)\,\mathrm{d}t + K_d \frac{\mathrm{d}e(t)}{\mathrm{d}t} \tag{1.167}$$

En la Figura 1.37 se muestra un diagrama de bloques del modelo dinámico del regulador de velocidad y el distribuidor de una turbina hidráulica en el que se han incluido algunos bloques utilizados habitualmente para modelar ciertos aspectos no lineales de su funcionamiento. El bloque denominado *banda muerta* se utiliza frecuentemente para tener en cuenta la insensibilidad del regulador o de las bandas muertas voluntarias que decida implementar el operador de la central. Los bloques denominados *retardo* se utilizan para tener en cuenta el retardo asociado a la lectura de las medidas de frecuencia y potencia, que suelen efectuarse a partir de la medida en varios ciclos consecutivos [78]. En el bloque *servo*, T_s se refiere a la constante de tiempo del servomotor que acciona los álabes del distribuidor y que, según la norma IEC 61362:2012, está entre 0,1 y 0,25 segundos y z se refiere a la posición o apertura de estos en valores por unidad (z_0 en el instante inicial). Los bloques *limitador de velocidad* y *saturador* se utilizan para limitar la velocidad de cierre o apertura del distribuidor y fijar sus aperturas máxima y mínima, de acuerdo, bien con sus limitaciones mecánicas o con las limitaciones impuestas por el operador de la central para reducir las oscilaciones de presión en las conducciones.

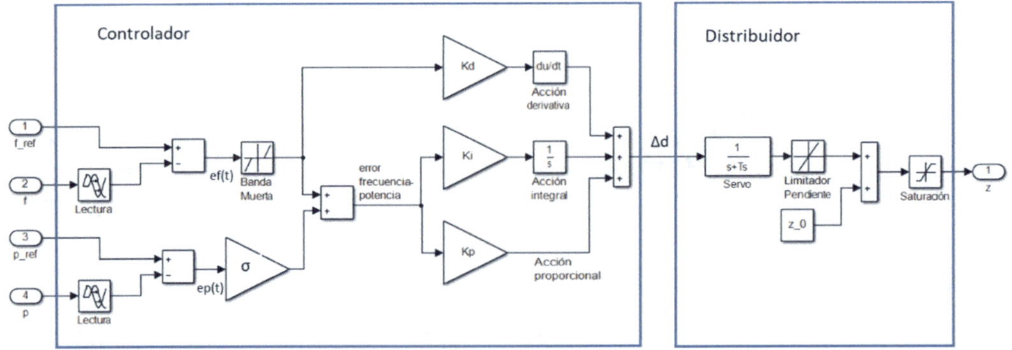

Figura 1.37. Diagrama de bloques de un modelo dinámico del regulador de velocidad y el distribuidor de un grupo hidroeléctrico

1.5.6. Casos prácticos

A lo largo del presente apartado se van a presentar ejemplos de resultados de modelos de centrales hidroeléctricas que los autores han desarrollado en estos últimos años. Todos ellos corresponden a centrales reales existentes o en fase de diseño. La selección de los casos se ha realizado con vistas a ilustrar las aplicaciones que tienen los modelos descritos en los apartados anteriores. Se va a prestar especial atención a las bondades y limitaciones de cada uno de ellos, demostrando que no existe el mejor modelo absoluto, sino que se debe encontrar el más adecuado para el objetivo que motive la elaboración del modelo y la tipología de central.

1.5.6.1. Modelo de columna de agua rígida de una central en derivación

En este apartado se presentan los resultados de un modelo de simulación dinámica desarrollado para identificar la causa de los disparos que se produjeron en una central hidroeléctrica tras la sustitución del rodete de la turbina, debidos al descenso del nivel de la lámina de agua en la chimenea de equilibrio y proponer soluciones para reducir la frecuencia de los mismos. Se trata de un modelo de columna de agua rígida tanto para modelar la tubería forzada como la galería en presión entre la chimenea de equilibrio y el embalse, calibrado a partir de los datos recogidos en una campaña de ensayos que se llevó a cabo en la propia central. Los ensayos consistieron fundamentalmente en maniobras de arranque, variación de apertura del distribuidor y disparo.

La central cuenta con una galería en presión de aproximadamente 5 km y una tubería forzada de 190 metros y está equipada con una turbina única Francis que descarga el agua directamente al río a través de un pequeño tubo de aspiración o descarga.

El elemento más singular de la central es, sin duda, la chimenea de equilibrio, compuesta por dos cámaras (inferior y superior), la primera de sección variable, unidas por un elemento de sección constante (pozo) —ver Figuras 1.33a y b—. A su paso por la chimenea de equilibrio, el fluido experimenta importantes pérdidas de carga (o altura de energía) localizadas, cuya magnitud depende de la velocidad del fluido, del sentido de circulación del mismo y de las singularidades geométricas que atraviesa (por ejemplo, la pérdida de carga que experimenta el fluido entre la cámara inferior y el pozo vertical no es la misma en los dos sentidos de circulación del agua), lo que añadió cierta complejidad a la calibración del modelo.

En las Figuras 1.38a y b se compara el nivel del agua en la chimenea de equilibrio obtenido de forma experimental y con el modelo de simulación, en dos de los ensayos efectuados. Como puede verse en las figuras, los resultados que proporciona el modelo de columna de agua rígida se aproximan bastante a los valores registrados durante los ensayos.

El modelo desarrollado permitió identificar el problema que era consecuencia de una determinada secuencia de maniobras que a su vez eran resultado de la participación en la regulación secundaria de la central.

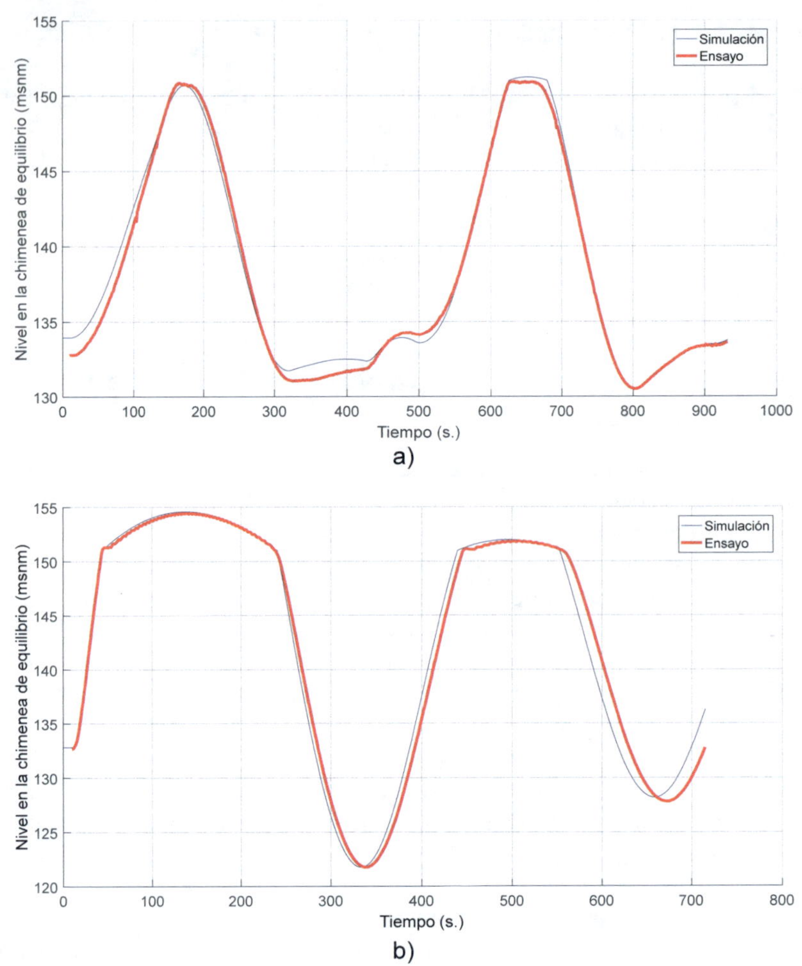

Figura 1.38. a) Validación de los resultados de un modelo de agua rígida en maniobras de variación de la apertura del distribuidor. b) Validación de los resultados de un modelo de agua rígida en una maniobra de disparo

1.5.6.2. Modelo de columna de agua elástica de una central a pie de presa con tubería forzada de gran longitud

En el año 2014 se puso en servicio la instalación hidroeólica de Gorona del Viento, en la isla de El Hierro. Dicha instalación consta de una central hidroeléctrica reversible y de un parque eólico (5 aerogeneradores de 2,3 MW). La central reversible, en realidad, está compuesta por dos instalaciones independientes: la central hidroeléctrica (4 grupos Pelton de 2,8 MW) y la estación de bombeo (6 bombas de 0,5 MW y 2 de 1,5 MW) que comparten los dos embalses, superior e inferior. La instalación completa está destinada a reducir de manera determinante el uso de los grupos diésel (9 grupos que suman 15 MW) que hasta su puesta en marcha eran los únicos generadores de la isla.

Cuando los grupos diésel están desconectados, la demanda es cubierta por la central hidroeléctrica y los aerogeneradores. En estos casos, la regulación de la frecuencia del sistema la realizan únicamente los grupos Pelton. En los casos en que la potencia eólica disponible es elevada, el sistema funciona en cortocircuito hidráulico aprovechando la potencia eólica, no solo para cubrir la demanda sino también, para bombear agua. Las variaciones que se producen en la potencia eólica a causa de la variabilidad del viento hacen que la frecuencia sufra caídas que los grupos Pelton no son capaces de contrarrestar. Esto provoca en algunos casos que sea necesario deslastrar bombas de 0,5 MW para que la frecuencia no llegue a valores inadmisibles [79].

La principal razón por la que los grupos Pelton no son capaces de afrontar con éxito la regulación de frecuencia es la elevada inercia del agua en las conducciones de la central. Los cuatro grupos tienen un salto bruto de 670 m y 0,5 m^3/s de cauda nominal por grupo y están alimentados por una única tubería forzada de 2577 m de longitud y 1 m de diámetro. En [80] los autores del presente capítulo analizaron la respuesta dinámica del sistema de El Hierro utilizando diferentes modelos dinámicos de la central hidroeléctrica, que se han utilizado para obtener los resultados gráficos que se muestran a continuación.

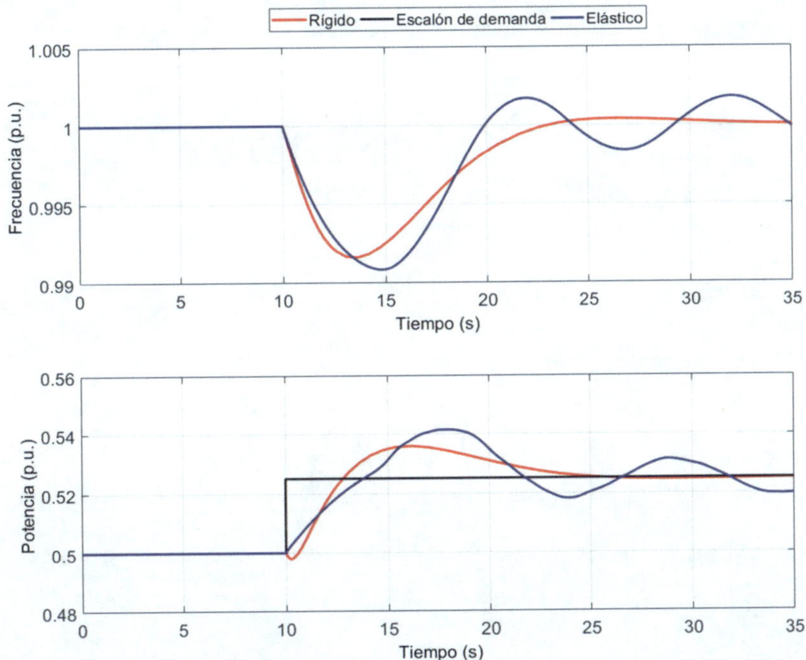

Figura 1.39. Comparación entre la respuesta de la frecuencia del sistema y de la potencia de la central obtenidas a partir de un modelo de columna de agua rígida y elástica

En primer lugar, en la Figura 1.39 se muestra la respuesta de la frecuencia del sistema y de la potencia de la central hidroeléctrica a un escalón de demanda, obtenidas a partir de sendos modelos de columna de agua rígida y columna de agua elástica. En el caso simulado, en la situación inicial se encuentran funcionando 2 grupos Pelton y 3 aerogeneradores, aunque para modelar las turbinas Pelton se emplea un modelo de turbina equivalente. Esta simplificación se hace cuando los grupos operan de manera idéntica. El funcionamiento de esta central se analizará con detalle en el Capítulo 6 del presente libro. A lo largo de dicho capítulo se describirá un modelo dinámico detallado empleado para simular la respuesta dinámica de la central completa, con todos sus grupos Pelton y aerogeneradores.

En la Figura 1.39 se observa claramente cómo el componente oscilatorio debido a la presión del agua en la tubería no es reproducido por el modelo de columna de agua rígida y que no es un fenómeno despreciable en el caso de la central modelada, ya que su influencia en la frecuencia es notable.

En la Figura 1.40 se presentan los resultados de la simulación de una caída brusca del 5 % de la demanda eléctrica de la isla cuando es cubierta únicamente por la central hidroeléctrica, obtenidos con los modelos a partir de parámetros concentrados de 1 tramo (1T), de diez tramos (10T) y con las conducciones modeladas a partir de una función de transferencia (*FT*). Como puede observarse en la figura, los tres modelos presentan una respuesta temporal prácticamente idéntica, especialmente durante los primeros 20 segundos tras el incidente, que es cuando tienen lugar las principales acciones de regulación.

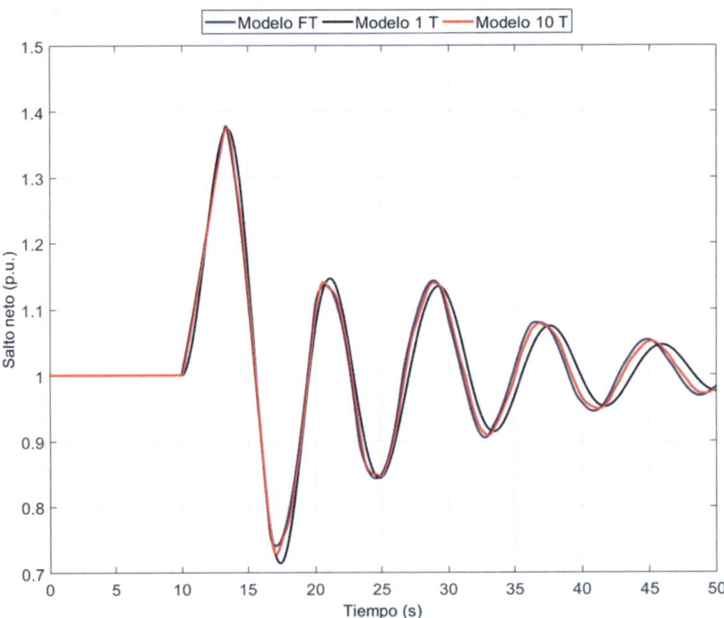

Figura 1.40. Salto neto a la entrada de la turbina equivalente tras una caída del 5 % de la demanda, utilizando distintas aproximaciones de la respuesta dinámica de la tubería forzada

1.5.6.3. Modelo de agua elástica de una central reversible con bombeo a velocidad variable

La operación a velocidad variable de grupos reversibles mediante su conexión a la red a través de convertidores electrónicos está experimentando un notable desarrollo en los últimos años tal como se ha descrito en el Apartado1.3.1. Una de las principales aplicaciones de dicha tecnología es la de permitir, a partir de la variación de la velocidad de giro de los grupos, que la central pueda variar la potencia consumida. No obstante, esto puede llevar a las máquinas hidráulicas a funcionar en puntos de operación muy diferentes de los nominales en los que pueden producirse fenómenos perjudiciales para la vida útil de las mismas, como, por ejemplo, la cavitación o la aparición de pulsaciones de presión y par y su propagación a través de las conducciones de la central.

En [81] se estima el riesgo de rotura por fatiga de una tubería forzada debido a la propagación de las pulsaciones de presión que se originan en el rodete de una turbina reversible cuando opera en modo bombeo a velocidades inferiores a la nominal.

Para ello se desarrolló en primer lugar un modelo dinámico de una instalación experimental en la que se había registrado previamente la existencia y propagación de pulsaciones de presión como consecuencia de la operación a velocidad variable de una turbina reversible en modo bombeo y que sirvió para calibrar los parámetros de un modelo matemático que reproducía con suficiente precisión las pulsaciones de presión registradas en el laboratorio [82].

El modelo matemático obtenido en [82] se escaló por semejanza hidráulica en [81] y se integró en un modelo dinámico de una hipotética central reversible con una tubería forzada de 2000 m de longitud que alimenta dos grupos reversibles mediante un pantalón con tuberías de 50 m, reflejada en la Figura 1.41.

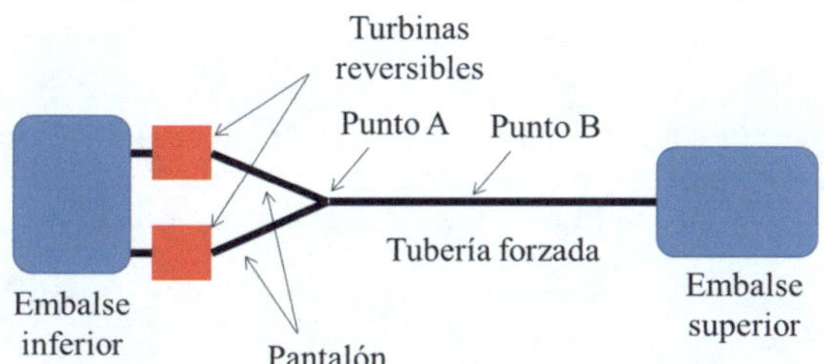

Figura 1.41. Esquema de la central de bombeo

Para modelar los transitorios hidráulicos en las conducciones de la central se emplearon el método de los parámetros concentrados y el método de las características[11]. En la Figura

[11] El modelo incluía como condiciones de contorno el nivel constante en el embalse superior, la condición de continuidad en la bifurcación y las ecuaciones de funcionamiento en modo bombeo de las turbinas reversibles en los extremos inferiores de la bifurcación. Las conducciones se dividieron en tramos de 10 m de longitud (206 puntos incluyendo los de contorno) y se utilizó un intervalo de tiempo de cálculo de 0,01 s.

1.42 se observa la presión en el punto A (bifurcación del pantalón) y en el punto B (punto medio de la tubería forzada) obtenida en respuesta a una disminución de la velocidad de giro del rotor sin considerar (a) y considerando (b) la aparición de pulsaciones de presión mediante el modelo matemático calibrado en [82] y escalado por semejanza hidráulica.

A partir de los resultados presentados en la Figura 1.42a, se comprueba que si no se consideran las pulsaciones de presión los resultados obtenidos con ambos métodos son prácticamente iguales. Sin embargo, en la Figura 1.42b se comprueba que la utilización del método de parámetros concentrados no permite reproducir la propagación de las pulsaciones de presión a lo largo de las conducciones, resultando estas filtradas en los elementos elásticos situados en los extremos de cada tramo.

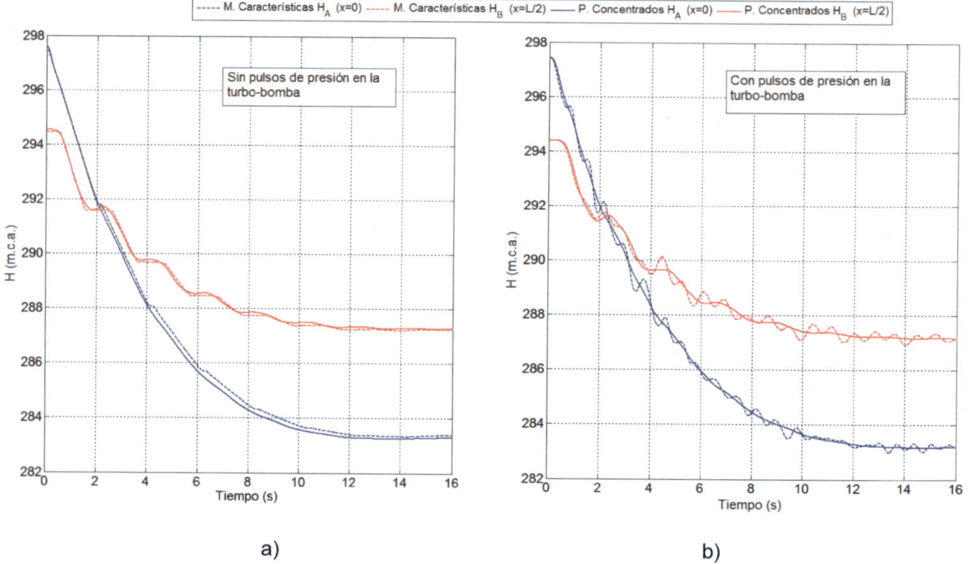

Figura 1.42. Presión en los puntos A y B ante un descenso de la velocidad de giro de la turbina reversible en modo bombeo, utilizando el método de las características y de los parámetros concentrados[12] a) sin pulsos de presión; b) con pulsos de presión

1.5.6.4. Comparación de diferentes modelos de turbina en una central en sistema aislado

En el presente apartado, se comparan mediante simulaciones los modelos de turbinas expuestos en el Apartado 1.5.3. Para ello se emplea el modelo de una central de futura construcción compuesta por seis grupos idénticos de 33,33 MW de potencia nominal. La central consta de una galería en presión de 1474 m, chimenea de equilibrio de sección constante,

[12] Los resultados presentados en la figura se han obtenido con un modelo de 4 tramos tipo Γ. Los resultados obtenidos con otro número de tramos han resultado ser idénticos.

tubería forzada de 488 m y galería de descarga de 335 m. El salto neto nominal de los grupos es de 327 m y el caudal nominal total es de 68 m^3/s. Las seis turbinas se modelan a partir de la interpolación en la colina de rendimientos (Figura 1.10), mediante la linealización de dicha colina obteniendo los parámetros b_{ij} en torno al punto de operación de la turbina y en último lugar, utilizando las ecuaciones (1.160), (1.161) y (1.162), de acuerdo con [73] (modelo WG en las figuras). Para modelar la galería en presión se ha empleado un modelo de agua rígida que incluye las pérdidas localizadas en la chimenea de equilibrio. La tubería forzada se ha modelado a través de un modelo de parámetros concentrados de tres tramos coincidiendo con las dos bifurcaciones de la tubería. Finalmente, la descarga también se ha modelado de manera similar a la tubería forzada en este caso para introducir la unión de las seis conducciones de cada grupo a una única tubería.

La central se supone conectada a un sistema aislado en el que hay generación térmica con una potencia total igual a la de la central hidroeléctrica y cuya respuesta dinámica se modela mediante el uso de funciones de transferencia con [83]. La respuesta inercial del sistema se modela a partir de un modelo de nudo único[13] en el que las variaciones de frecuencia son consecuencia del desequilibrio entre generación y demanda. El modelo del sistema incluye el AGC (*Automatic Generation Control*), similar al desarrollado en [83], que reparte los esfuerzos de la regulación secundaria entre los grupos térmicos y la central hidroeléctrica.

En la Figura 1.43 se muestra la evolución de la frecuencia del sistema y de la potencia de origen hidroeléctrico y térmico, en respuesta a un aumento instantáneo del 3 % de la demanda. Los grupos térmicos aportan inicialmente el 80 % de su potencia nominal mientras que las potencias iniciales de los grupos hidroeléctricos I, II, IV, V y VI son respectivamente 33,3/28/0/24/20/16 MW. El grupo III no está conectado, lo que suele ser habitual en centrales hidroeléctricas con alto número de grupos, debido a las labores de inspección y mantenimiento que suelen realizarse periódicamente en los grupos. En la central hidroeléctrica no todos los grupos participan de la regulación secundaria; solo los grupos IV y V prestan este servicio de regulación.

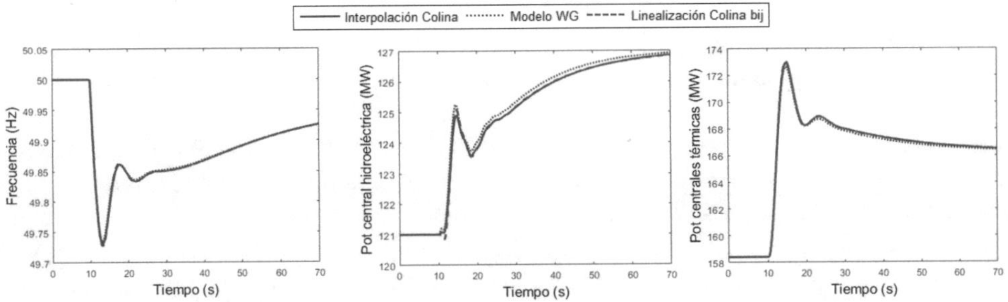

Figura 1.43. Respuesta del sistema ante un aumento instantáneo del 3 % de la demanda para diferentes métodos de modelado de turbina. Frecuencia del sistema, potencia de origen hidroeléctrico y potencia de origen térmico

[13] En el que se supone que todos los generadores están conectados en un mismo nudo del sistema.

Como se aprecia en la figura, desde el punto de vista del sistema, la utilización de modelos simplificados de turbina no supone una diferencia apreciable en los resultados. En donde sí hay ciertas diferencias es en la respuesta dinámica de cada uno de los grupos (ver Figura 1.44), especialmente en el grupo I, cuya potencia inicial es la nominal. De modo que si se desea estudiar con detalle la respuesta de la central hidroeléctrica puede ser conveniente el uso de la colina de rendimientos, aunque las diferencias observadas tampoco son determinantes.

No obstante lo anterior, conviene señalar que la interpolación en las colinas de rendimiento puede no ser viable debido a la en general limitada información que facilita el fabricante de la turbina.

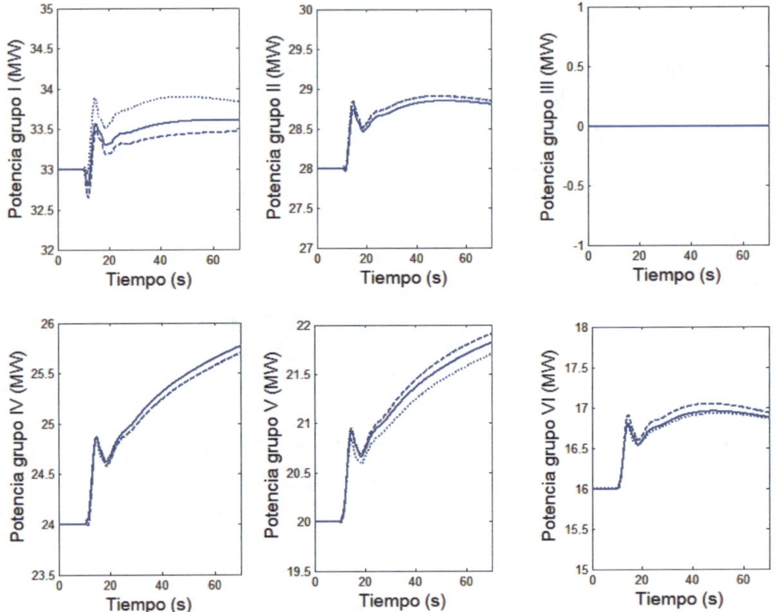

Figura 1.44. Respuesta de los seis grupos de la central hidroeléctrica ante un aumento del 3 % de la demanda para diferentes métodos de modelado de turbina

Podría existir la duda de si la potencia relativa de la central respecto a la del sistema o la inercia del sistema pueden ser factores que influyan en la bondad de los modelos aproximados utilizados. Para ello se han realizado simulaciones similares a la anterior variando la potencia de los grupos térmicos y su inercia. Se han probado potencias de 66, 200 y 600 MW, suponiendo que la potencia inicial en las simulaciones es siempre el 80 % de la nominal. Se han considerado tiempos de lanzamiento para los grupos térmicos de 6, 12 y 18 s mientras que el de los grupos Pelton es de 6 s. En las simulaciones los seis grupos Pelton se han supuesto conectados y se han probado diferentes potencias iniciales 33, 30 y 26 MW. En los casos en los que los grupos Pelton se encuentran inicialmente entregando su potencia nominal se ha simulado una disminución instantánea de la demanda del 5 %. En los demás casos, se ha simulado un aumento instantáneo de la demanda de la misma magnitud.

En las columnas tercera a quinta de las Tablas 1.10 y 1.11 se refleja el valor mínimo (*nadir*) (para los casos en los que se ha simulado un aumento de la demanda) o máximo (*cenit*) (para los casos en los que se ha simulado una disminución de la demanda) de la frecuencia en cada caso, obtenidos a partir del modelo que interpola en la colina de rendimientos. A continuación, se muestra en las siguientes columnas la diferencia entre el nadir y el cenit obtenidos con los modelos simplificados respecto al valor obtenido por interpolación en la colina de rendimientos, concretamente en la Tabla 1.10 a partir de las ecuaciones propuestas en [64] (Modelo WG) y en la Tabla 1.11 mediante la linealización de la colina de rendimientos. En las Tablas 1.12 y 1.13, de forma análoga a las Tablas 1.10 y 1.11, se muestra el tiempo en que se producen el nadir y el cenit medidos desde el instante en que tiene lugar la variación en la demanda.

Tabla 1.10. Valor del nadir o del cenit de frecuencia tras una caída o aumento del 5 % de la potencia demandada obtenidos a partir por interpolación en la colina de rendimientos y diferencias respecto a estos valores obtenidas a partir de las ecuaciones propuestas en [64] (Modelo WG)

P_{hid}^0	P_{ter}^0	Interpolación colina			Modelo WG		
		6 s	**12 s**	**18 s**	**6 s**	**12 s**	**18 s**
	0,8 × 67	50,776	50,697	50,640	–0,093	–0,082	–0,075
6 × 33	0,8 × 200	50,494	50,417	50,372	–0,023	–0,019	–0,017
	0,8 × 600	50,368	50,296	50,260	–0,006	–0,005	–0,004
	0,8 × 67	49,277	49,366	49,429	+0,075	+0,063	+0,055
6 × 30	0,8 × 200	49,520	49,601	49,649	+0,020	+0,016	+0,014
	0,8 × 600	49,637	49,710	49,747	+0,006	+0,004	+0,004
	0,8 × 67	49,421	49,489	49,538	+0,022	+0,017	+0,014
6 × 26	0,8 × 200	49,572	49,644	49,687	+0,008	+0,005	+0,004
	0,8 × 600	49,654	49,724	49,759	+0,003	+0,002	+0,001

Tabla 1.11. Valor del nadir o del cenit de frecuencia tras una caída o aumento del 5 % de la potencia demandada obtenidos a partir por interpolación en la colina de rendimientos y diferencias respecto a estos valores obtenidas mediante la linealización de la colina de rendimientos

P_{hid}^0	P_{ter}^0	Interpolación colina			Modelo linealizado b_{ij}		
		6 s	**12 s**	**18 s**	**6 s**	**12 s**	**18 s**
	0,8 × 67	50,776	50,697	50,640	+0,003	+0,002	+0,002
6 × 33	0,8 × 200	50,494	50,417	50,372	+0,002	+0,001	+0,000
	0,8 × 600	50,368	50,296	50,260	+0,001	+0,000	+0,000
	0,8 × 67	49,277	49,366	49,429	+0,147	+0,121	+0,104
6 × 30	0,8 × 200	49,520	49,601	49,649	+0,043	+0,034	+0,029
	0,8 × 600	49,637	49,710	49,747	+0,012	+0,009	+0,008
	0,8 × 67	49,421	49,489	49,538	–0,035	–0,025	–0,018
6 × 26	0,8 × 200	49,572	49,644	49,687	–0,016	–0,009	–0,006
	0,8 × 600	49,654	49,724	49,759	–0,006	–0,003	–0,002

Tabla 1.12. Valor del instante en que se producen el nadir o el cenit tras una caída o aumento del 5 % de la potencia demandada obtenidos por interpolación en la colina de rendimientos y diferencias respecto a estos valores obtenidos a partir de las ecuaciones propuestas en [64] (Modelo WG)

P_{hid}^0	P_{ter}^0	Interpolación colina			Modelo WG		
		6 s	**12 s**	**18 s**	**6 s**	**12 s**	**18 s**
	0,8 × 67	3,05	3,45	3,84	–0,30	–0,36	–0,43
6 × 33	0,8 × 200	2,16	2,75	3,29	–0,07	–0,12	–0,15
	0,8 ×600	1,72	2,42	3,06	–0,02	–0,03	–0,05
	0,8 × 67	2,77	3,06	3,33	–0,22	–0,25	–0,28
6 × 30	0,8 × 200	2,11	2,63	3,09	–0,05	–0,10	–0,13
	0,8 x 600	1,71	2,39	2,99	0,00	–0,03	–0,05
	0,8 × 67	2,53	2,79	3,04	–0,04	–0,04	–0,04
6 × 26	0,8 × 200	2,04	2,52	2,96	–0,01	–0,01	–0,02
	0,8 × 600	1,70	2,35	2,94	0,00	0,00	–0,01

Tabla 1.13. Valor del instante en que se producen el nadir o el cenit tras una caída o aumento del 5 % de la potencia demandada obtenidos por interpolación en la colina de rendimientos y diferencias respecto a estos valores obtenidos mediante la linealización de la colina de rendimientos

P_{hid}^0	P_{ter}^0	Interpolación colina			Modelo linealizado b_{ij}		
		6 s	**12 s**	**18 s**	**6 s**	**12 s**	**18 s**
	0,8 × 67	3,05	3,45	3,84	–0,44	–0,52	–0,59
6 × 33	0,8 × 200	2,16	2,75	3,29	–0,16	–0,22	–0,30
	0,8 ×600	1,72	2,42	3,06	–0,04	–0,08	–0,12
	0,8 × 67	2,77	3,06	3,33	–0,46	–0,49	–0,51
6 × 30	0,8 × 200	2,11	2,63	3,09	–0,18	–0,22	–0,25
	0,8 × 600	1,71	2,39	2,99	–0,05	–0,08	–0,10
	0,8 × 67	2,53	2,79	3,04	+0,52	+0,66	+0,80
6 × 26	0,8 × 200	2,04	2,52	2,96	+0,12	+0,22	+0,32
	0,8 × 600	1,70	2,35	2,94	+0,02	+0,07	+0,12

Tras analizar los resultados presentados en las Tablas 1.6 y 1.7 puede concluirse que efectivamente, cuanto mayor sea el tamaño de la central frente al del sistema y menor la inercia de los grupos térmicos más error introducen los modelos aproximados. En el caso del modelo propuesto en [64] los máximos errores son de –93 mHz y de +0,75 mHz, mientras que en el caso del modelo elaborado a partir de la linealización de la colina de rendimiento los máximos errores son de –35 mHz y 147 mHz.

Respecto a las diferencias en los tiempos en los que se producen el nadir y el cenit, lógicamente también son mayores cuando la potencia instalada y la inercia de los grupos térmicos son menores. En este caso sí se aprecia que el modelo de turbina propuesto en [73] permite obtener resultados más próximos a los obtenidos por interpolación en la colina de rendimientos. En cualquier caso, los resultados obtenidos con los modelos aproximados son en general aceptables, lo que explica la frecuente utilización de ambos métodos en la modelización y el análisis dinámico de centrales hidroeléctricas.

BIBLIOGRAFÍA

[1] IDAE, Instituto para la Diversificación y Ahorro de la Energía. Ministerio de Industria, Turismo y Comercio. Minicentrales hidroeléctricas. Manuales de energías renovables, 2006.

[2] L. Cuesta y E. Vallarino, Aprovechamientos hidroeléctricos, Madrid: Garceta grupo editorial, 2014.

[3] B. Zamora Parra y A. Viedma Robles, Máquinas Hidráulicas: Teoría y Problemas, Cartagena: CRAI ediciones, 2016.

[4] P. Fernández Díez, Turbinas Hidráulicas, Santander: Biblioteca sobre ingeniería energética, 2000.

[5] C. Mataix, Turbomáquinas hidráulicas, Madrid: ICAI, 1975.

[6] G. Ardizzon, G. Cavazzini and G. Pavesi, «A new generation of small hydro and pumped-hydro power plants: Advances and future challenges», *Renewable and Sustainable Energy Reviews,* vol. 31, pp. 746-761, 2014.

[7] M. Egusquiza, E. Egusquiza, C. Valero, A. Presas, D. Valentín y M. Bossio, «Advanced condition monitoring of Pelton turbines», *Measurement,* vol. 119, pp. 46-55, 2018.

[8] B. Suyesh, V. Parag, D. Keshav, A. M. Ahmed y A. G. Olabi, «Novel trends in modelling techniques of Pelton Turbine bucket for increased renewable energy production», *Renewable and Sustainable Energy Reviews,* vol. 112, pp. 87-101, 2019.

[9] FRAMYJO, «Coupe d'une turbine Pelton», 11 noviembre 2007. [En línea]. Disponible: https://commons.wikimedia.org/wiki/File:Pelton_01.jpg. [Último acceso: 29 abril 2019].

[10] Bermiego, «Pelton wheel from Walchensee, Germany hydro power station", 10 marzo 2005. [En línea]. Disponible: https://es.m.wikipedia.org/wiki/Archivo:Peltonturbine-1.jpg. [Último acceso: 29 abril 2019].

[11] C. J. Renedo, I. Fernández Diego, J. Carcedo Haya y F. Ortiz Fernández, «Sistemas y máquinas Fluido Mecánicas», [En línea]. Disponible: https://ocw.unican.es/pluginfile.php/319/course/section/272/bloque_1_tema_3.2.pdf. [Último acceso: 25 septiembre 2019].

[12] A. Presas, Y. Luo, Z. Wang y B. Guo, «Fatigue life estimation of Francis turbines based on experimental strain measurements: Review of the actual data and future trends», *Renewable and Sustainable Energy Reviews,* vol. 102, pp. 96-110, 2019.

[13] M. Schweiss, «Schnittzeichnung einer Francisturbine für das Kraftwerk Xingu, Brasilien», 2005 diciembre 2005. [En línea]. Disponible: https://es.m.wikipedia.org/wiki/Archivo:M_vs_francis_schnitt_1_zoom.jpg. [Último acceso: 29 abril 2019].

[14] RJHall, «A Francis turbine runner on display at the Glen Canyon Dam, Arizona», 4 octubre 2005. [En línea]. Disponible: https://es.m.wikipedia.org/wiki/Archivo:Turbine_runner_glen_canyon.jpg. [Último acceso: 29 abril 2019].

[15] Voith Hydro Power Generation, «Kaplan-Turbin vert. Schema», 13 diciembre 2005. [En línea]. Disponible:

https://commons.wikimedia.org/wiki/File:S_vs_kaplan_schnitt_1_zoom.jpg. [Último acceso: 29 abril 2019].

[16] Reinraum, «Kaplan Turbine Schaustück in Würdigung des Viktor Kaplan ausgestellt vor dem Gebäude des Technischen Museums Wien», 7 agosto 2013. [En línea]. Disponible: https://commons.wikimedia.org/wiki/File:Kaplan_Turbine.JPG. [Último acceso: 29 abril 2019].

[17] K. Gruber, «Modell der Maschine 7 (Kaplanrohrturbine) des Donaukraftwerkes Ybbs-Persenbeug», 2 diciembre 2016. [En línea]. Disponible:

https://commons.wikimedia.org/wiki/File:Kraftwerk_Ybbs-Persenbeug_7829_retusche.jpg. [Último acceso: 29 abril 2019].

[18] AENOR, «UNE-EN 62097 Máquinas hidráulicas, radiales y axiales. Método de transposición de las prestaciones del modelo al prototipo», AENOR, Madrid, 2012.

[19] United States Department of the Interior-Bureau of Reclamation, «Selecting large pumping units», A Water Resources Technical Publication, Engineering Monograph no. 40, 1978.

[20] United States Department of the Interior-Bureau of Reclamation, «Selecting hydraulic reaction turbines», A Water Resources Technical Publication. Engineering Monograph no. 20, 1976.

[21] United States Department of the Interior-Bureau of Reclamation, «Estimating reversible pump-turbine characteristics», A Water Resources Technical Publication, Engineering Monograph no.9, 1977.

[22] Warnick, Hydropower Engineering, 1984.

[23] J. Raabe, Hydro power-The design, use and function of hydromechanical, hydraulic and electrical equipment, Düsseldorf: VDI Verlag, 1985.

[24] GFEE (Grupo Formación de Empresas Eléctricas), Centrales Hidroeléctricas, Madrid: Paraninfo, 1994.

[25] S. Hagihara, H. Yokota, K. Goda y K. Isobe, «Stability of a hydraulic turbine generating unit controlled by P.I.D. governor», *IEEE Trans. Power App. & Systems,* Vols. %1 de %2PAS-98, nº 6, pp. 2294-2298, 1979.

[26] I. Kamwa, D. Lefebvre y L. Loud, «Small signal analysis of hydro-turbine governors in large interconnected power systems», de *IEEE Power Engineering Society Winter Meeting*, New York, NY, 2002.

[27] W. Gish, J. Schurz, B. Milano y F. Schleif, «An adjustable speed synchronous machine for hydroelectric power applications», *IEEE Transactions on Power Apparatus and Systems,* Vols. %1 de %2PAS-100, nº 5, pp. 2171-2176, 1981.

[28] R. Kerkman, T. Lipo, W. Newman y J. Thirkell, «An inquiry into adjustable operation of a pumped hydro plant. Part 1-Machine design and performance», *IEEE Trans. Power App. & Systems,* Vols. %1 de %2PAS-99, nº 5, pp. 1828-1837, 1980.

[29] L. Sheldon, «An analysis of the applicability and benefits of variable speed generation for hydropower», de *ASME Winter Annual Meeting*, New Orleans (Louisiana), 1984.

[30] C. Farrell y J. Gulliver, «Hydromechanics of variable speed turbines», *ASCE Journal of Energy Engineering,* vol. 113, nº 1, pp. 1-13, 1987.

[31] I. Ilyinykh, Hydroelectric Stations, Moscow: MIR Publishers, 1985.

[32] T. Kuwabara, «Method and apparatus for controlling variable-speed hydraulic power generating system». United States Patent 4625125, 1986.

[33] E. Haraguchi, H. Nakagawa, T. Kuwabara, H. Nohara y K. Ono, «Control system for variable-speed hydraulic turbine generator apparatus». United States Patente 4694189, 1987.

[34] A. Sakayori, T. Kuwabara, A. Bando, Y. Ohno, S. Hayashi, I. Yokohama y K. Ogiwara, «Variable-speed pumped-storage power generating system». United States Patente 4816696, 1989.

[35] E. Kita, Y. Ohno, T. Kuwabara y A. Bando, «Gaining flexibility, value with adjustable-speed hydro», *Hydro Review Worldwide,* vol. 2, nº 4, pp. 18-27, 1994.

[36] K. Desingu, R. Selvaraj, T. Chelliah y D. Khare, «Effective utilization of parallel connected megawatt three-level back-to-back power converters in variable speed pumped storage units», de *IEEE Industry Applications Society Annual Meeting*, Portland, Oregon, 2018.

[37] W. Byers, «Making the Old new with better machines», *Hydro Review Worldwide,* vol. 2, nº 4, p. 28, 1994.

[38] T. Kuwabara, A. Shibuya y H. Furuta, «Design and dynamic response characteristics of 400 MW adjustable speed pumped storage unit for Ohkawachi power station", *IEEE Transactions on Energy Conversion,* vol. 11, nº 2, pp. 376-384, 1996.

[39] JICA (Japan International Energy Agency), «Final report on feasibility study on adjustable speed pumped storage generation technology», 2012. [En línea]. Disponible: http://open_jicareport.jica.go.jp/pdf/12044822.pdf. [13-10-2024].

[40] O. Nagura, M. Higuchi, K. Tani y T. Oyake, «Hitachi's adjustable-speed pumped-storage system contributing to prevention of global warming», *Hitachi Review,* vol. 59, nº 3, pp. 99-105, 2010.

[41] T. Kubo, H. Tojo, J. Mori, T. Shiozaki y T. Watnabe, «Large-capacity adjustable-speed pumped-storage power system», The Japan Society of Mechanical Engineers Medal for New Technology, 2015. [En línea]. Disponible: https://www.jsme.or.jp/award/jsme2015/mnt2015-2.pdf. [15-10-2024].

[42] S. Suganuma, «Operation of pumped storage (PSHP) hydropower in TEPCO», de *Workshop on Pumped Storage and Variable Renewables Integration*, Mexico City, Mexico, 2015.

[43] Power Technology, «Kazunogawa Hydroelectric Power Plant», 11 02 2002. [En línea]. Disponible: https://www.power-technology.com/projects/kazunogawa. [Último acceso: 06 09 2024].

[44] T. Fujihara, H. Imano y K. Oshima, «Development of Pump Turbine for Seawater Storage Power Plant», *Hitachi Review,* vol. 47, nº 5, pp. 199-202, 1998.

[45] M. Valavi y A. Nysveen, «Variable-speed operation of hydropower plants: a look at the past, present and future», *IEEE Industry Applications Magazine,* vol. 24, nº 5, pp. 18-27, 2018

[46] G. Galasso, «Adjustable speed operation of pumped hydroplants», de *International Conference on AC and DC Power Transmission*, London, UK, 1991.

[47] KWI Architects Engineers Consultants, «Status report on variable speed operation in small hydropower», European Commission, Directorate- General for Energy and Transport, Energie, New Solutions in Energy, St. Pölten, Austria, 2000.

[48] J. Merino y Á. López, «ABB Varspeed generator boosts efficiency and operating flexibility of hydropower plant», *ABB Review,* nº 3, pp. 33-38, 1996.

[49] AEG, «Control of the line by a pump-storage power generator in the water power station Forbach», AEG Technik Magazin vol. 4, 1993.

[50] J. Bard, H. Pirttiniemi, E. Goede, A. Mueller, D. Upadhyay y M. Rothert, «VASOCOMPACT-A European project for the development of a commercial concept for variable speed operation of submersible compact turbines», de *HIDROENERGIA International Conference*, Crieff, Scotland, UK, 2006.

[51] T. Beyer, «Goldisthal pumped-storage plant: more than power production», *Hydro Review Worldwide,* vol. 15, nº 1, 2007.

[52] M. Basic, P. Silva y D. Dujic, «High power electronics innovation perspectives for pumped storage power plants», de *HYDRO Conference*, Gdansk, Poland, 2018.

[53] S. Aubert, «Power on tap. A pumped storage solution to meet energy and tariff demands», *ABB Review,* vol. 3, pp. 26-31, 2011.

[54] C. Münch, «Innovative technologies for hydropower», HES·SO Valai-Wallis, PhD School, 2016. [En línea]. Disponible: https://www.hevs.ch/media/document/2/munch_sccer_soe_phdschool2016.pdf. [10-10-2024].

[55] eStorage, «New rotor design guidelines for both doubly and full-fed solutions», Deliverable 1.4, Publishable Summary, eStorage project, 2017.

[56] T. Hildinger, L. Ködding, P. Eilebrecht, A. Kunz y H. Henning, «Frades II – Europe¡s largest and most powerful doubly-fed indusction machine. A step ahead in variable speed machines», de *HYDROVISION International*, Charlotte, North Carolina, 2018.

[57] H. Schlunegger y A. Thöni, «100 MW full-size converter in the Grimsel 2 pumped-storage plant», de *HYDRO Conference*, Innsbruck, Austria, 2013.

[58] G. Seingre, «Nant de Drance 900 MW pumped storage power plant», de *International Tunneling and Underground Space Association (ITA) Awards*, 2014.

[59] E. Ingram, «New Chinese pumped-storage hydro plant to be the "world's largest" when completed in 2021», *Hydro Review,* vol. 9, 2017.

[60] IEA (International Energy Agency), «Renewal and upgrading of hydropower plants. Volume 2: Case histories report», IEA Technical Report, 2016.

[61] A. Iwadachi, K. Tani y K. Aguro, «The design of adjustable speed pump-turbine modified from existing constant-speed on Okutataragi power station», de *19th International Conference on Electrical Machines*, Chiba, Japan, 2016.

[62] A. Joseph, K. Desingu, R. Semwal, T. Chelliah y D. Khare, «Dynamic performance of pumping mode of 250 MW variable speed hydro-generating unit subjected to power and control circuit faults», *IEEE Trans. Power Syst.,* vol. 33, nº 1, pp. 430-441, 2018.

[63] V. Koritarov, L. Guzowski, J. Feltes, Y. Kazachkov, B. Gong, B. Trouille, P. Donalek y V. Gevorgian, «Modeling Ternary Pumped Storage Units», agosto 2013. [En línea]. Disponible: https://ceeesa.es.anl.gov/projects/psh/ANL_DIS-13_07_Modeling_Ternary_Units.pdf. [Último acceso: 28 abril 2019].

[64] V. Brost y H. Reinhardt, «Air Chamber Oscillations in the Pumped-Storage Power Station Kops II», 2007. [En línea]. Disponible: http://kwk.ihs.uni-stuttgart.de/fileadmin/IHS-Startseite/veroeffentlichungen/v2007_05.pdf. [Último acceso: 28 abril 2019].

[65] Eurelectric, «Hydropower - supporting a power system in transition», 2015.

[66] H. Höller, «Hydrodynamics in Drive Technology", abril 2008. [En línea]. Disponible: https://www.google.com/url?sa = t&rct = j&q = &esrc = s&source = web&cd = 1&cad = rja&uact = 8&ved = 2ahUKEwjpioLFw_XhAhVBUhoKHbPSDLUQFjAAegQIABAC&url = https %3A %2F %2Fpdfs.semanticscholar.org %2F71f0 %2F52ac0bc6319349de142e92a50dd8b494ca52.pdf&usg = AOvVaw0NiPz6XVus-CyHkznnhkFZ. [Último acceso: 27 abril 2019].

[67] Voith, «Getting the Speed Right. Voith Variable Speed Fluid Couplings", abril 2017. [En línea]. Disponible: https://d2euiryrvxi8z1.cloudfront.net/asset/445934742530/90d171e88987215889a6928018de8bb2. [Último acceso: 27 abril 2019].

[68] C. Nicolet, A. Béguin, J. D. Dayer y G. Micoulet, «New surge tank commissioning at the Hongrin-Léman pumped-storage plant by real time simulation monitoring", de *HYDRO 2016 Conferenc*, Montreux, Switzerland., 2016.

[69] J. Koutnik, «Hydro Power Plants", de *AGCS Expert Days*, Munich, 2013.

[70] A. Botterud, T. Levin y V. Koritarov, «Pumped storage hydropower: Benefits for grid reliability and integration of variable renewable energy", 2014. [En línea]. Disponible: http://www.ipd.anl.gov/anlpubs/2014/12/106380.pdf. [Último acceso: 25 septiembre 2017].

[71] A. Marrero, R. Corujo, J. Gil y J. González, «Gorona del Viento Wind-Hydro Power Plant. Results, Improvement actuations and next stpes", de *3rd international Hycrid Power System Workshop.*, Tenerife, España, 2018.

[72] O. F. Jiménez y M. Chaudhry, «Stability Limits of Hydroelectric Power Plants", *Journal of energy Engineering,* vol. 113, nº 2, pp. 50-60, 1987.

[73] IEEE Working Group, «Hydraulic turbine and turbine control models for system dynamic studies", *IEEE Transactions on Power Systems,* vol. 7, nº 1, pp. 167-179, 1992.

[74] M. Chaudhry, Applied Hydraulic Transients, Second ed., New York: Van Nostrand, 1987.

[75] B. Strah, O. Kuljaca y Z. Vukic, «Speed and active power control of hydro turbine unit", *IEEE Trsnsactions on Energy Conversion,* vol. 20, nº 2, pp. 424-434, 2005.

[76] S. Mansoor, D. Jones, D. Bradley, F. Aris y G. Jonces, «"Reproducing oscillaroty behaviour of a hydroelectric power station by computer simulation", *Control Engineering Practise,* vol. 8, pp. 1261-1272, 2000.

[77] R. Fazalare, «Bulb turbine selection for the Main Canal project", *Water Power and Dam Construction,* vol. 37, pp. 33-37, 1985.

[78] ENTSO E, RG-CE System Protection & Dynamics Sub Group, «Frequency Measurements Requirements and Usage", UCTE, 2009.

[79] A. Marrero Quevedo, E. J. Medina Domínguez, J. M. de León Izquier, R. Corujo de León, P. Santos Arozarena, J. Gil Moreno, A. Castañeda Quintero y J. González Hernández, «Gorona del Viento Wind-Hydro Power Plant", de *3rd International Hybrid Power Systems Workshop*, Tenerife, Spain, 2018.

[80] G. Martínez-Lucas, J. I. Sarasúa, J. Á. Sánchez-Fernández y J. R. Wilhelmi, «Power-frequency control of hydropower plants with long penstocks in isolated systems with wind generation", *Renewable Energy,* vol. 83, pp. 245-255, 2015.

[81] G. Martínez-Lucas, J. I. Pérez-Díaz, M. Chazarra, J. I. Sarasúa, G. Cavazzini, G. Pavesi y G. Ardizzon, «Risk of penstock fatigue in pumped-storage power plants operating with variable speed in pumping mode", *Renewable Energy,* vol. 133, pp. 636-646, 2018.

[82] G. Martínez-Lucas, P.-D. J.I., S. J.I, C. G. G. Pavesi y G. Ardizzon, «Simulation model of a variable-speed pumped-storage power plant in unstable operating conditions in pumping mode", de *Hyperbole Conference*, 2017.

[83] J. I. Pérez-Díaz, J. I. Sarasúa y J. R. Wilhelmi, «Contribution of a hydraulic short-circuit pumped-storage power plant to the load–frequency regulation of an isolated power system", *International Journal of Electrical Power & Energy Systems,* vol. 62, pp. 199-211, 2014.

[84] O. Teller, «STEPs pour que l'énergie reste renouvelable», 2012.

Capítulo **2**

CENTRALES TÉRMICAS

Antonio Acosta Iborra
Universidad Carlos III de Madrid
Sergio Sánchez Delgado
Universidad Carlos III de Madrid
Carolina Marugán Cruz
Universidad Carlos III de Madrid
Mercedes de Vega Blázquez
Universidad Carlos III de Madrid

Índice del capítulo

2.1. INTRODUCCIÓN

Las **centrales térmicas** son instalaciones industriales cuyo objetivo es transformar la energía térmica contenida en una fuente o en un combustible, en energía eléctrica. Sin embargo, antes de producir la energía eléctrica, la energía térmica ha de convertirse en energía mecánica de rotación, que es la que posee un objeto debido al movimiento rotacional alrededor de un eje. Esta energía mecánica de rotación la que, mediante el uso de un generador eléctrico, se transforma en energía eléctrica.

Tradicionalmente, las centrales térmicas han utilizado combustibles fósiles para la obtención de la energía térmica necesaria en el proceso, tales como el carbón, el gas natural o los derivados del petróleo, así como el combustible nuclear en las centrales de generación de potencia eléctrica termonuclear. Sin embargo, en las últimas décadas se han desarrollado centrales eléctricas, donde la fuente de energía térmica es una fuente de energía renovable. Estas fuentes pueden tener el origen en la energía solar (*centrales termosolares de concentración*), en la combustión de los productos obtenidos mediante la transformación termoquímica de residuos o biomasas (*centrales de gas*, *centrales de biomasa*, etc.), o en la energía térmica contenida en el interior de la Tierra (*centrales de geotermia*).

El auge de las centrales eléctricas renovables está justificado por las ventajas que presentan respecto a las centrales de tecnología convencional. En lo que respecta a la emisión de gases de efecto invernadero, este tipo de centrales provocan cero emisiones al utilizar la energía de la fuente térmica renovable. Incluso la combustión de la biomasa o los gases-líquidos obtenidos de los procesos de transformación termoquímica de la misma tienen un balance neto igual a cero en cuanto a emisiones de CO_2. Por otro lado, estas tecnologías cuentan con la abundancia del recurso, ya que típicamente el recurso puede considerarse una fuente inagotable de energía, con lo que el suministro de la fuente térmica está garantizado y su obtención queda fuera del tablero geopolítico internacional, evitando conflictos por la obtención del mismo.

En el presente capítulo se analizarán los ciclos termodinámicos de vapor (ciclo Rankine) y de gas (ciclo Brayton), realizando balances de masa y energía en cada uno de los dispositivos de los ciclos y obteniendo expresiones para poder calcular el rendimiento termodinámico de cada uno de ellos. Además, se explicarán y analizarán las modificaciones utilizadas para aumentar el rendimiento de los ciclos. Por otro lado, también se describirán las principales características de las centrales de generación de potencia eléctricas geotérmicas, de biomasa y de concentración solar.

2.2. CICLOS DE TURBINA DE VAPOR

Una **central de generación de potencia eléctrica** mediante **ciclo de vapor** (**ciclo Rankine**), es aquella que genera vapor en una caldera con el fin de ser expandido en el grupo de turbinas y transformar la potencia mecánica de rotación del eje en electricidad, mediante el uso de un generador eléctrico.

2.2.1. Elementos de un ciclo de vapor

De manera simplificada, una central de generación de potencia eléctrica mediante ciclo de vapor está constituida por cuatro subsistemas claramente diferenciados, tal como muestra la Figura 2.1:

a) Subsistema de generación de potencia térmica.
b) Subsistema de transformación de la energía térmica en trabajo.
c) Subsistema de generación eléctrica.
d) Subsistema de refrigeración.

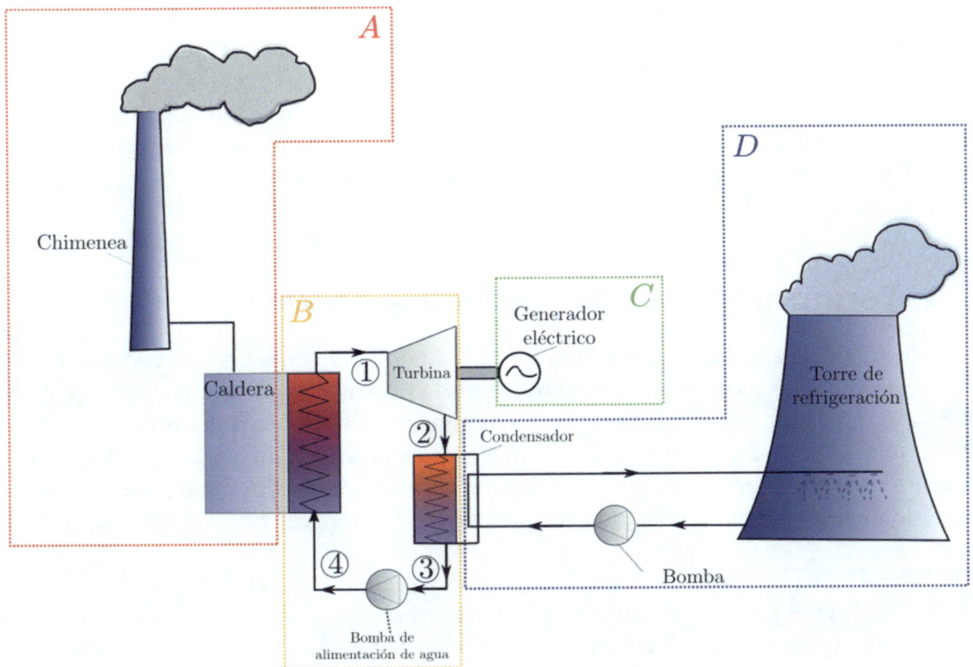

Figura 2.1. Subsistemas básicos de una central de generación de potencia mediante el ciclo de vapor

En el subsistema A) es en donde tiene lugar la generación de energía térmica, que se transferirá al fluido de trabajo del ciclo (agua, en este caso), generando vapor en las condiciones de presión y temperatura de entrada a la turbina, solicitada en el subsistema B). En función de la tecnología empleada en el subsistema A) encontraremos los diferentes tipos de centrales de generación de potencia mediante ciclos de vapor: centrales nucleares, térmicas de combustible fósil (carbón, en su mayoría), biomasa/residuos y termosolares. En las centrales nucleares se utilizará la energía térmica liberada en el proceso de fisión nuclear del combustible, con el fin de obtener vapor en unas determinadas condiciones para el proceso B). Las centrales de combustión de combustible fósil y de biomasa/residuos utilizarán la energía térmica contenida en los gases producto de la combustión para conseguir el vapor en determinadas condiciones de presión y temperatura para el subsistema B). Por último, las centrales termosolares de generación de potencia eléctrica utilizarán sistemas de captación de energía solar para que sea intercambiada con el agua y poder generar el vapor necesario para el subsistema B). El subsistema B) es el principal objetivo de estudio en este capítulo, en que se realizará el estudio termodinámico detallado de cada uno de sus elementos, con el fin de analizar los procesos de transferencia de potencia térmica y producción o consumo de potencia mecánica en cada uno de ellos. En el subsistema C) es en donde tiene lugar la generación de potencia eléctrica mediante el uso de un generador eléctrico, que transforma la potencia mecánica del eje de la turbina en potencia eléctrica. En lo que respecta al subsistema D), es en donde tiene lugar la condensación del agua a la salida del subsistema B) y, por tanto, la evacuación de calor del ciclo termodinámico hacia el foco frío (típicamente el ambiente). En función de la cantidad de potencia térmica a evacuar y la localización geográfica de la planta, se utilizarán diferentes tipos de sistemas, siendo los más comunes las torres de refrigeración húmedas de tiro natural. Estos sistemas tienen el inconveniente de necesitar grandes cantidades de agua para su funcionamiento y, por tanto, necesitan de emplazamientos en los que el suministro de agua esté garantizado. También se pueden encontrar torres de refrigeración secas de tiro natural, aerocondensadores o torres híbridas.

2.2.2. Termodinámica de los ciclos de vapor

En este apartado se analiza el subsistema B) de la Figura 2.1, en donde se produce el ciclo termodinámico del ciclo de vapor. Las **centrales térmicas de vapor** son máquinas de combustión externa en las que el fluido de trabajo es agua, que evoluciona de forma cíclica a lo largo de una serie de procesos que tienen lugar en dispositivos diferentes. Se denominan **ciclos de vapor** al existir ciertos procesos durante los cuales el fluido de trabajo experimenta un cambio de fase (pasando de líquido a vapor, de vapor a mezcla y de mezcla a líquido).

Su constitución básica es la siguiente:

- Un **foco caliente,** con temperatura no necesariamente constante ni uniforme, constituido por un intercambiador de calor, denominado en lo sucesivo *caldera* o *generador de vapor*, en donde se lleva el líquido que recorre el ciclo al estado de vapor (este intercambiador de calor opera a alta presión).
- Un elemento, la **turbina,** donde el vapor producido en la caldera se expande hasta la presión más baja reinante en el condensador. Esta expansión es la que produce la energía mecánica en el eje.
- Un foco frío, constituido por un intercambiador de calor (el *condensador*) donde se transmite calor al ambiente (a presión más baja que la caldera).
- Un **grupo de impulsión** (*bombas*), que eleva la presión del líquido obtenido a la salida del condensador, para volver a entrar en la caldera, consumiendo parte de la energía mecánica proporcionada por la turbina.

Cuando los procesos anteriores son ideales (reversibles) el ciclo corresponde a un **ciclo ideal de Rankine.**

El generador de vapor (caldera) genera el vapor que será expandido en la turbina y que a continuación se condensa para ser de nuevo bombeado al generador de vapor y repetir el proceso. En las plantas reales existen pequeñas fugas y procesos de purga que obligan a reponer agua al ciclo, sin embargo, en este capítulo se supondrá que la cantidad de agua del ciclo permanece constante durante el funcionamiento del mismo.

Para el análisis de cada uno de los elementos se utilizarán los siguientes balances de masa y energía aplicados a un volumen de control:

$$\frac{\mathrm{d}m_{vc}}{\mathrm{d}t} = \sum_e \dot{m}_e - \sum_s \dot{m}_s \tag{2.1}$$

$$\frac{\mathrm{d}E_{vc}}{\mathrm{d}t} = \dot{Q}_{vc} - \dot{W}_{vc} + \sum_e \dot{m}_e \left(h_e + \frac{V_e^2}{2} + gz_e \right) - \sum_s \dot{m}_s \left(h_s + \frac{V_s^2}{2} + gz_s \right) \tag{2.2}$$

donde la Ecuación 2.1 representa el balance de flujo para volúmenes de control con varias entradas y salidas, siendo $\dot{m}_e$ y $\dot{m}_s$ los *flujos másicos* (también conocidos como *gastos másicos*) de entrada, indicada con subíndice *e* y de salida, indicada con subíndice *s* del *volumen de control*. Por otro lado, la Ecuación 2.2 representa la variación temporal de la energía dentro de un volumen de control, teniendo en cuenta la velocidad o ritmo de transferencia de calor a través de la frontera, $\dot{Q}_{vc}$ y el trabajo en términos de esfuerzos normales y cortantes en las porciones móviles de la frontera, $\dot{W}_{vc}$. En cuanto a la variación de energía asociada a los flujos másicos de entrada y salida, se puede apreciar que son tres términos los que se han tenido en cuenta: gz representa la energía potencial, $v^2/2$, la energía cinética, siendo V la velocidad del flujo y h representa la entalpía específica. Una descripción más detallada de estos términos se muestra en la Sección A.1.1.1del apéndice al final de este capítulo. Para la determinación de la entalpía específica se utilizarán las tablas de propiedades del agua (saturada, sobrecalentada y subenfriada) y la aproximación de líquido incompresible, que aparecen la Sección A1.2 de dicho apéndice.

En el proceso de análisis de cada uno de los elementos en este capítulo, se suponen las siguientes consideraciones:

- Estado estacionario.
- Las variaciones de energía cinética y potencial en cada uno de los elementos son despreciables frente a las variaciones de entalpía.
- El trabajo realizado por el sistema hacia el entorno a través del volumen de control es positivo, al igual que el calor cedido desde el entorno hacia el sistema.

Estas consideraciones hacen que las expresiones descritas previamente se reescriben de la siguiente manera:

$$\sum_e \dot{m}_e = \sum_s \dot{m}_s \tag{2.3}$$

$$0 = \dot{Q} - \dot{W} + \sum_e \dot{m}_e h_e - \sum_s \dot{m}_s h_s \tag{2.4}$$

Generador de vapor

El **generador de vapor** es el dispositivo compuesto por una caldera y un sobrecalentador, encargado de transformar el agua subenfriada proveniente de los grupos de impulsión, en vapor a unas determinadas condiciones de presión y temperatura para ser expandido en el cuerpo de turbinas. La caldera generará vapor saturado y en el sobrecalentador se generará vapor sobrecalentado.

Aplicando las Ecuaciones (2.3) y (2.4) sobre el volumen de control del generador de vapor obtenemos la potencia térmica transferida al agua en el generador de vapor $\dot{Q}_g$

$$\dot{Q}_g = \dot{m}(h_1 - h_4) \tag{2.5}$$

Turbina

En la **turbina** es donde tiene lugar la expansión de vapor de agua (típicamente sobrecalentado) proveniente del generador de vapor, provocando el movimiento del eje de la turbina, transformando la energía térmica en energía mecánica. El vapor o mezcla de vapor y líquido descarga en el condensador donde tiene lugar la condensación. La aplicación de las Ecuaciones (2.3) y (2.4) en el volumen de control de la turbina hace que se obtenga una expresión para la potencia desarrollada en la turbina $\dot{W}_t$

$$\dot{W}_t = \dot{m}(h_1 - h_2) \tag{2.6}$$

Condensador

Es en el **condensador** donde el vapor proveniente de la turbina condensa y cambia su estado de agregación a líquido. La temperatura a la que se produce el cambio de fase es la temperatura de saturación de la presión del condensador. Toda la potencia térmica liberada en el proceso de condensación $\dot{Q}_c$ transferida desde el sistema hacia el entorno a través de la frontera del volumen de control. El uso de las Ecuaciones (2.3) y (2.4) en el condensador muestran que

$$\dot{Q}_c = \dot{m}(h_2 - h_3) \tag{2.7}$$

Grupos de impulsión

El fluido de trabajo completamente condensado ha de ser nuevamente impulsado a la presión del generador de vapor para evaporarse de nuevo a una presión y temperatura determinadas y completar el ciclo. Es por ello que se necesita de **grupos de impulsión** que realicen este último proceso del ciclo. La aplicación de las Ecuaciones (2.3) y (2.4) al volumen de control que delimita los grupos de impulsión, permite obtener la expresión de la potencia necesaria a aportar al sistema a través de su frontera para poder impulsar el fluido de trabajo, $\dot{W}_p$

$$\dot{W}_p = \dot{m}(h_4 - h_3) \tag{2.8}$$

Una vez evaluadas las principales transferencias de calor y trabajo en los diferentes dispositivos del ciclo, definiremos el **rendimiento térmico del ciclo** como aquel valor que representa la cantidad de potencia neta producida en el ciclo respecto a la cantidad total de potencia térmica recibida por el fluido en el generador de vapor. Téngase en cuenta que el trabajo neto total considera los elementos que producen trabajo (turbinas) y los elementos que consumen trabajo (bombas)

$$\eta = \frac{\dot{W}_t - \dot{W}_p}{\dot{Q}_g} = \frac{\dot{m}(h_1 - h_2) - \dot{m}(h_4 - h_2)}{\dot{m}(h_1 - h_4)} = \frac{h_1 - h_2 - h_4 + h_3}{h_1 - h_4} \quad (2.9)$$

Nótese que el valor del rendimiento del ciclo nunca podrá superar el rendimiento teórico máximo (rendimiento de Carnot), que corresponde con el rendimiento máximo de cualquier máquina térmica operando entre dos focos de temperatura

$$\eta_{\text{Carnot}} = 1 - \frac{\overline{T_F}}{\overline{T_C}} \quad (2.10)$$

siendo $\overline{T_F}$ la temperatura media del foco frío del ciclo o temperatura de condensación $\overline{T_F} = T_2 - T_3$ y $\overline{T_C}$, la temperatura media a la que el calor se suministra al ciclo (temperatura media desde 4 hasta 1).

A partir de esta expresión se deduce que interesa disminuir al máximo la temperatura de condensación (el límite a esta temperatura viene impuesto por las condiciones del ambiente y por la actuación del circuito de circulación, que se encarga de refrigerar el condensador) y aumentar la temperatura a la que se suministra el calor al ciclo. Este aumento se consigue con altas presiones en la caldera y altas temperaturas del sobrecalentamiento. Además, se aumenta $\overline{T_C}$ mediante el ciclo de Rankine, lo que da lugar al ciclo con recalentamiento y a los ciclos con regeneración, que se estudiarán a continuación.

2.2.3. Ciclo de Rankine ideal y representación *T-s*

En el presente apartado se realiza un análisis termodinámico del ciclo de Rankine ideal, asumiendo que el fluido no sufre ninguna irreversibilidad a su paso por los diferentes dispositivos. Esto provoca que los procesos de intercambio de calor con el entorno ocurran a presión constante. Por otra parte, bajo la hipótesis de adiabaticidad en turbina y bomba, podremos asumir que los procesos en la turbina y la bomba serán isoentrópicos. En la Figura 2.2 se puede apreciar el gráfico de la disposición de los dispositivos del ciclo Rankine, así como la evolución termodinámica del fluido a lo largo del ciclo ideal descrito en la Figura 2.1 en un diagrama temperatura (T [K])-entropía específica (s [kJ/(kg K)]), siendo este tipo de representación la más común cuando se trata de representar las propiedades termodinámicas de los puntos del ciclo Rankine.

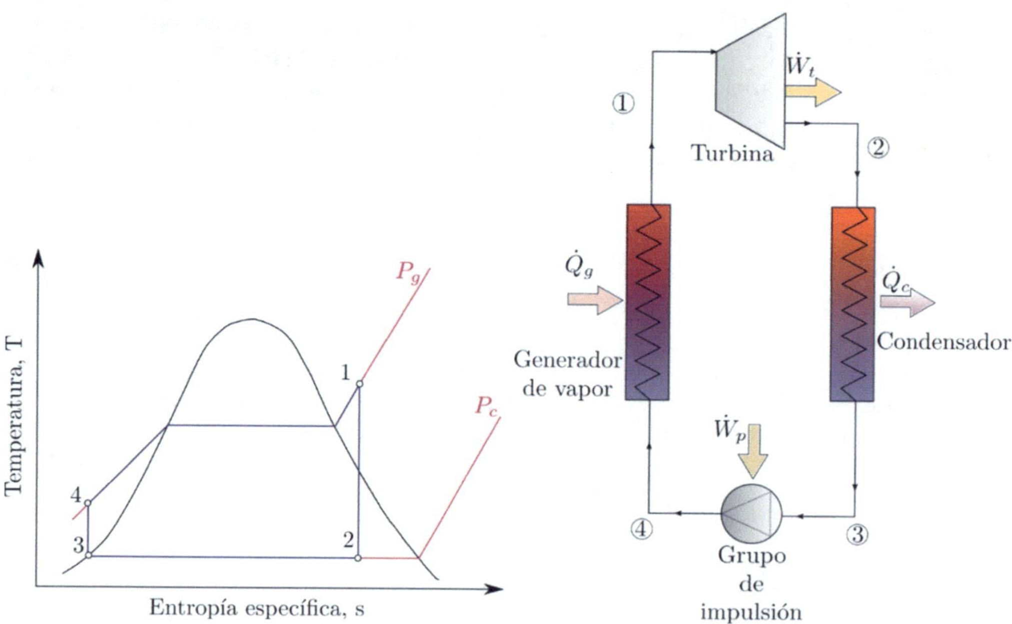

Figura 2.2. Diagrama *T-s* y esquema de un ciclo de vapor (ciclo de Rankine)

- *Generador de vapor* (evolución del punto 4 al punto 1): proceso estacionario a presión constante. Se produce una transferencia de calor hacia el fluido que provocará un calentamiento sensible del mismo hasta la temperatura de saturación alcanzando el punto de líquido saturado. A continuación, el aporte de calor provocará el cambio de fase (*calor latente*) hasta alcanzar el punto de vapor saturado. Por último, en la mayoría de las centrales de ciclo de vapor se producirá de nuevo un calentamiento sensible, llevando el vapor saturado a vapor sobrecalentado a cierta temperatura (punto 1). Aunque en las centrales reales de ciclo de vapor, el generador de vapor tiene asociada cierta pérdida de carga que ha de ser compensada. En este apartado se considera que el proceso ocurre a presión constante.
- *Turbina* (evolución del punto 1 al punto 2): proceso estacionario de expansión isoentrópica, sin transferencia de calor entre la turbina y el entorno a través de su frontera (adiabático), donde la energía cinética contenida en el fluido se transforma en energía mecánica provocando la rotación de la turbina.
- *Condensador* (evolución del punto 2 al punto 3): proceso estacionario a presión constante. En el condensador se condensa el vapor proveniente de la turbina y se cede el calor al entorno a través de la frontera. A la salida del condensador podremos encontrar, según las características del ciclo termodinámico o del líquido saturado o líquido subenfriado. Al igual que en el generador de vapor, el condensador tiene asociada cierta pérdida de carga que ha de ser compensada, en este apartado se considera que el proceso ocurre a presión constante.

En este apartado se considera que el proceso ocurre a presión constante.

- *Grupos de impulsión*: proceso estacionario de impulsión isoentrópica (evolución del punto 3 al punto 4), sin transferencia de calor entre la bomba y el entorno a través de su frontera (adiabático).

El siguiente problema muestra la metodología para el análisis de un ciclo de Rankine simple e ideal.

Ejemplo de aplicación 2.1. Ciclo de Rankine simple e ideal

Se considera un ciclo de generación de potencia mediante ciclo de vapor ideal (Rankine), en el que el vapor entra en la turbina a una presión de 100 bar y a una temperatura de 500 ºC y al expandirse reduce su presión hasta los 0,05 bar. El vapor se condensa hasta líquido saturado y es de nuevo impulsado a la máxima presión. El ciclo produce una potencia neta de 300 MW. Calcular:

a) El rendimiento térmico del ciclo,

b) El flujo másico/gasto másico del agua del ciclo.

Consideraciones iniciales:

- El ciclo trabaja en estado estacionario y se desprecian las variaciones de energía cinética y potencial respecto a los cambios de entalpía.
- El fluido desarrolla procesos internamente reversibles.
- Todos los dispositivos se consideran adiabáticos.
- La salida del condensador se considera líquido saturado.

Solución

En primer lugar, se representa la disposición de dispositivos y se esboza un diagrama *T-s* del ciclo termodinámico en el que situar los puntos del ciclo.

Para el cálculo del rendimiento termodinámico del ciclo, se puede desarrollar la expresión del mismo como:

$$\eta = \frac{\dot{W}_t - \dot{W}_p}{\dot{Q}_g} = \frac{\dot{m}(h_1 - h_2) - \dot{m}(h_4 - h_2)}{\dot{m}(h_1 - h_4)} = \frac{h_1 - h_2 - h_4 + h_3}{h_1 - h_4}$$

por lo que se han de calcular las entalpías específicas de cada uno de los cuatro puntos o estados del ciclo, que se representan en el diagrama *T-s* para un mejor entendimiento de la evolución termodinámica del proceso.

Estado 1. Definido por p_1 = 100 bar; T_1 = 500 ºC. En estas condiciones el vapor está sobrecalentado, ya que la temperatura, 500 ºC, es mayor que la temperatura de saturación a la presión de 100 bar, que es 500 ºC según aparece en la Tabla A1.2 de propiedades. Entonces, mediante el uso de la Tabla A1.3 de propiedades del vapor sobrecalentado se puede obtener la entalpía y entropía específicas del estado-1, interpolando hacia una temperatura de T_1 = 500 ºC para una presión fijada. En concreto, se ha interpolado entre dos estados a y b correspondientes a 100 bar y cuyas temperaturas son las más cercanas a T_1 = 500 ºC, pues la tabla no ofrece una fila de datos justo para esta temperatura:

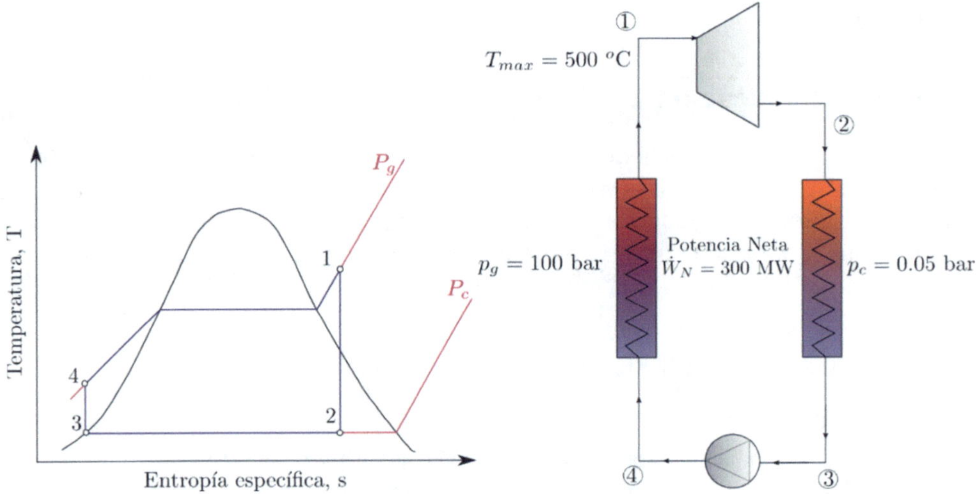

Figura 2.3 Diagrama T-s y esquema con los datos del Ejemplo de aplicación 2.1

$$h_1 = h_a + \frac{T_1 - T_a}{T_b - T_a}(h_b + h_a) = 3373{,}25\,{}^{\text{kJ}}\!/_{\text{kg}} \quad ; \quad s_1 = s_a + \frac{T_1 - T_a}{T_b - T_a}(s_b + s_a) = 6{,}595\,{}^{\text{kJ}}\!/_{\text{kgK}}$$

donde h_a = 3321,4 kJ/kg y s_a = 6,5282 kJ/kgK se han obtenido de la Tabla A2.3 para p_a = 100 bar y T_a = 480 ºC, mientras que h_b = 3425, 1 kJ/kg y s_a = 6,6622 kJ/kgK se han obtenido de la Tabla A1.3 para p_b = 100 bar y T_b = 520 ºC.

Estado 2. Alcanzado por una expansión isoentrópica desde el estado 1 hasta p_2 = 0,05 bar. Entonces $s_2 = s_1$ = 6,595 kJ/kgK. Como el valor de s_2 se encuentra entre la entropía de líquido saturado s_f = 0,4718 kJ/kgK y la de vapor saturado s_g = 8,4025 kJ/kgK, el estado 2 es mezcla de líquido y vapor saturados. Los valores de s_f y s_g se han obtenido de la Tabla A.1.1 interpolando hacia p_2 = 0,05 bar (con un procedimiento de interpolación análogo al realizado en el estado 1). Como $s_2 = (1 - x_2)\, s_f + x_2\, x_g$, el título (tanto por uno de vapor en la mezcla de líquido y vapor saturados del estado 2) es $x_2 = \dfrac{s_2 - s_f}{s_g - s_f} = 0{,}772$. Con ello se calcula $h_2 = (1 - x_2)\, h_f + x_2\, h_g$ = 2008,4 kJ/kg, donde h_f = 136,5 kJ/kg y h_g = 2560,9 kJ/kg se han obtenido de la Tabla A.1.1 interpolando hacia p_2 = 0,05 bar.

Estado 3. Salida del condensador a p_3 = 0,05 bar en condiciones de líquido saturado. Interpolando hacia una presión p_2 = 0,05 bar en la Tabla A1.1, como se explicó anteriormente, se obtiene $h_3 = h_f$ = 136,5 kJ/kg.

Estado 4. Alcanzado con una evolución isoentrópica ($s_4 = s_3$) desde el estado 3 hasta $p_4 = 100$ bar. Por tanto, al aumentar la presión el líquido pasa de estar saturado a estar en subenfriado. La entalpía de líquido subenfriado puede calcularse a partir de la Tabla A1.4 mediante interpolación hacia el valor de s_4 para $p_4 = 100$ bar. Otra alternativa más sencilla es recurrir a la aproximación de líquido incompresible mostrada en la Sección A.1.1.2 del Apéndice 1: $h_4 = h_3 + v_f\,(P_4 - P_3) = 146{,}5$ kJ/kg, donde $v_f = 1{,}0052 \cdot 10^{-3}$ m^3/kg es el volumen específico de líquido saturado obtenido con la Tabla A.1.1 para $p_3 = 0{,}05$ bar.

Por tanto:

$$\eta = \frac{\dot{W}_t - \dot{W}_p}{\dot{Q}_g} = \frac{\dot{m}(h_1 - h_2) - \dot{m}(h_4 - h_2)}{\dot{m}(h_1 - h_4)} = \frac{h_1 - h_2 - h_4 + h_3}{h_1 - h_4} = 0{,}426 \;\Rightarrow\; 42{,}6\ \%$$

En cuanto al cálculo de flujo másico del ciclo, basta con desarrollar la expresión de la potencia neta para poder obtenerlo. Siendo la potencia neta la potencia producida por la turbina menos la potencia consumida por los grupos de impulsión

$$\dot{W}_{\text{neta}} = \dot{W}_{\text{turb}} - \dot{W}_{\text{bomba}} = \dot{m}(h_1 - h_2) - \dot{m}(h_4 - h_3) \rightarrow \dot{m} = 221{,}4\ \text{kg/s}$$

2.2.4. Ciclo de Rankine real

Evidentemente, la suposición que el ciclo sea ideal y que no existen irreversibilidades y pérdidas a lo largo de él dista mucho de la realidad. De hecho, el ciclo tiene asociadas diferentes irreversibilidades y pérdidas en cada uno de los elementos que lo componen (generador de vapor, turbina, condensador y bomba). En este apartado se detallan las irreversibilidades internas debidas al paso del fluido a través de la bomba y de la turbina, ya que son las que tienen mayor efecto en el rendimiento del ciclo termodinámico. Sin embargo, aunque no se describen y estudian en este libro, se ha de tener en cuenta que existen otras irreversibilidades que también afectan, en menor medida, al rendimiento termodinámico del ciclo, como son los rozamientos que provocan pérdidas de presión en los conductos presentes en la caldera, intercambiadores de calor y conductos de transporte del fluido o la pérdida de calor a través de las superficies de los equipos.

Bomba

El hecho de que los grupos de impulsión eleven la presión del fluido de trabajo no está exento de provocar una pérdida de rendimiento dentro del ciclo, ya que la bomba ha de emplear mayor trabajo que en el caso isoentrópico para producir la compresión del líquido. Este efecto provoca que, considerando la bomba adiabática, a la salida de la bomba el fluido ha sufrido un aumento de entropía. Este efecto se tiene en cuenta en la definición de *rendimiento isoentrópico de la bomba*, que compara el trabajo isoentrópico de la bomba con el trabajo real utilizado para la compresión del fluido de trabajo, tal como se observa en la siguiente expresión:

$$\eta_b = \frac{h_4' - h_3}{h_4 - h_3} \tag{2.11}$$

donde la evolución 3-4 hace referencia a la compresión real de la Figura 2.4 y la evolución 3-4´ hace referencia a la compresión ideal de la Figura 2.2.

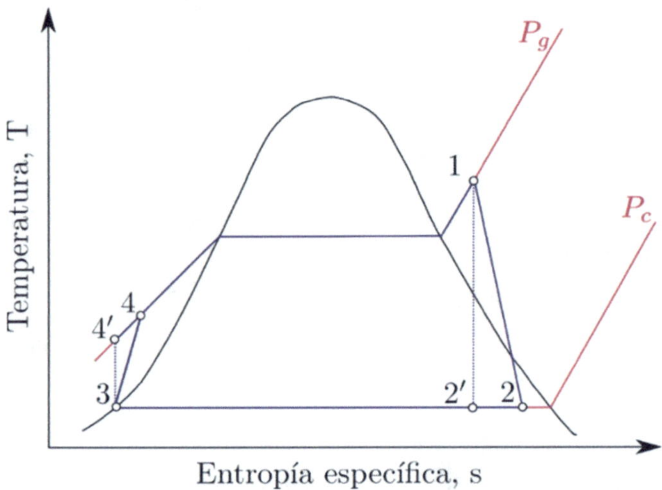

Figura 2.4. Efectos de las irreversibilidades en la bomba (4-3) y en la turbina (1-2)

Turbina

La expansión del fluido de trabajo a través de la **turbina** también es un proceso que provoca irreversibilidades, al igual que el proceso de compresión en la bomba y además tiene mayor relevancia, siendo la principal irreversibilidad del proceso. Tal como ocurría en los grupos de impulsión, la transferencia de calor a través de la frontera de la turbina es despreciable respecto a las irreversibilidades generadas en la expansión del punto 1 al punto 2 del diagrama *T-s* de la Figura 2.4. Estas irreversibilidades quedan recogidas en la expresión del rendimiento isoentrópico de la turbina, que relaciona el trabajo isoentrópico de la turbina con el trabajo real de la misma, tal como se puede observar en la Ecuación 2.12:

$$\eta_t = \frac{h_1 - h_2}{h_1 - h_2'} \tag{2.12}$$

donde la evolución 1-2 hace referencia a la expansión real de la Figura 2.4 y la evolución 1-2´ hace referencia a la expansión ideal de la Figura 2.2.

A partir de ahora, todos los ciclos de vapor que se muestren en lo que queda de la sección estarán formados por bombas y turbinas irreversibles, ya que representan mejor la realidad. Para mostrar el efecto de las irreversibilidades en la bomba y la turbina se resolverá el Ejemplo de aplicación 2.1, con la diferencia que los rendimientos isoentrópicos de la bomba y la turbina no son del 100 %, sino del 90 % en cada uno de ellos.

Ejemplo de aplicación 2.2. Ciclo de Rankine simple real

Se considera un ciclo de generación de potencia mediante ciclo de vapor real (Rankine), en el que el vapor entra en la turbina a una presión de 100 bar y a una temperatura de 500 ºC y al expandirse reduce su presión hasta los 0,05 bar. El vapor se condensa hasta líquido saturado y es de nuevo impulsado a la máxima presión. El ciclo produce una potencia neta de 300 MW. Los rendimientos isoentrópicos de la bomba y de la turbina son del 90 %. Calcular:

a) El rendimiento termodinámico del ciclo.

b) El flujo másico de agua del ciclo.

Consideraciones iniciales:

- El ciclo trabaja en estado estacionario y se desprecian las variaciones de energía cinética y potencial respecto a los cambios de entalpía.
- Todos los dispositivos se consideran adiabáticos.
- La salida del condensador se considera líquido saturado.

Solución

Al igual que en el Ejemplo de aplicación 2.1, en primer lugar, se representa la disposición de los dispositivos y se esboza un diagrama *T-s* del clico termodinámico, en el que situar los puntos del ciclo.

Como en el Ejemplo de aplicación 2.1, la expresión utilizada para el cálculo del rendimiento del ciclo es:

$$\eta = \frac{\dot{W}_t - \dot{W}_p}{\dot{Q}_g} = \frac{\dot{m}(h_1 - h_2) - \dot{m}(h_4 - h_2)}{\dot{m}(h_1 - h_4)} = \frac{h_1 - h_2 - h_4 + h_3}{h_1 - h_4}$$

por lo que se han de calcular las entalpías específicas de cada uno de los cuatro puntos del ciclo, que se representan en el diagrama *T-s* para un mejor entendimiento de la evolución termodinámica del proceso.

Estado 1. $p_1 = 100$ bar, $T_1 = 500$ ºC. Tal como se mostró en el Ejemplo de aplicación 2.1, mediante la interpolación de datos obtenidos de la Tabla A1.3 de propiedades del vapor sobrecalentado del apéndice del presente capítulo, se hallan h_1 = 3373,25 kJ/kg y s_1 = 6,595 kJ/kgK.

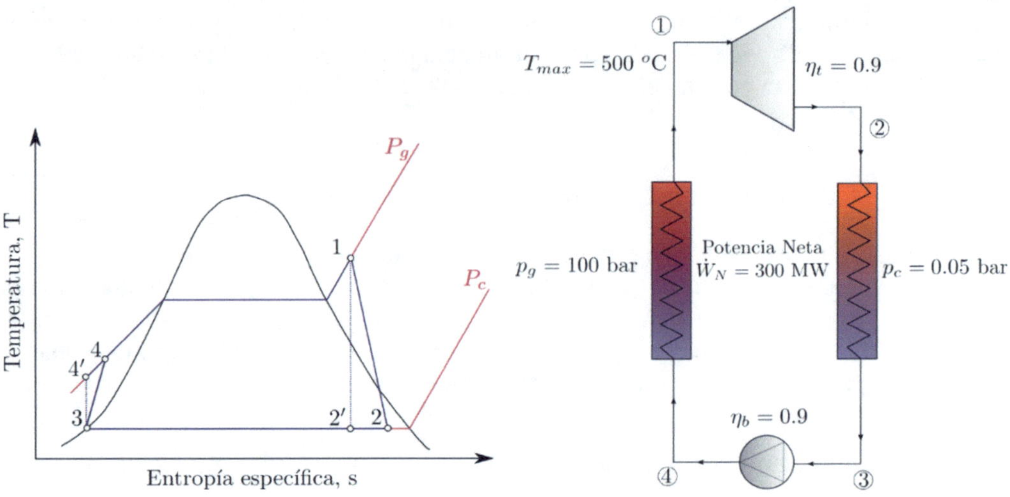

Figura 2.5. Diagrama T-s y esquema con los datos del Ejemplo de aplicación 2.2

Estado 2. Alcanzado tras una expansión no isoentrópica en la turbina con

$$\eta_t = \frac{h_1 - h_2}{h_1 - h_2'} = 0{,}9$$

hasta p_2 = 0,05 bar. Sabiendo por el Ejemplo de aplicación 2.1 que $h_2' = 2008{,}4$ kJ/kg se despeja la entalpía a la salida a partir de η_t y tenemos $h_2 = h_1 + \eta_t\left(h_2' - h_1\right) = 2144{,}9$ kJ/kg

Estado 3. Salida del condensador, p_3 = 0,05 bar; líquido saturado, con h_3 = 136,5 kJ/kg (véase Ejemplo de aplicación 2.1).

Estado 4. Alcanzado tras una presurización no isoentrópica desde punto 3 mediante una bomba con

$$\eta_b = \frac{h_4' - h_3}{h_4 - h_3} = 0{,}9$$

La salida ideal de la bomba cumple que $s_4 = s_3$ y p_4 = 100 bar, que ya se hallaron en el Ejemplo de aplicación 2.1 obteniéndose $h_4' = 146{,}5$ kJ/kg. Considerando el rendimiento de la bomba η_b = 0,9, , se obtiene

$$h_4 = h_3 + \frac{h_4' - h_3}{\eta_b} = 147{,}7\,\text{kg/s}$$

Por tanto:

$$\eta = \frac{\dot{W}_t - \dot{W}_p}{\dot{Q}_g} = \frac{\dot{m}(h_1 - h_2) - \dot{m}(h_4 - h_2)}{\dot{m}(h_1 - h_4)} = \frac{h_1 - h_2 - h_4 + h_3}{h_1 - h_4} = 0{,}384 \;\Rightarrow\; 38{,}4\ \%$$

En cuanto al cálculo de flujo másico del ciclo, tal cual se hizo en el ejemplo de aplicación 1, basta con desarrollar la expresión de la potencia neta para poder obtenerlo:

$$\dot{W}_{\text{neta}} = \dot{W}_{\text{turb}} - \dot{W}_{\text{bomba}} = \dot{m}(h_1 - h_2) - \dot{m}(h_4 - h_3) \rightarrow \dot{m} = 246\ \text{kg/s}$$

Como se puede observar, el rendimiento del ciclo decrece respecto al ciclo Rankine ideal, debido a las irreversibilidades de turbina y bomba. Además, por el mismo motivo, el flujo másico de fluido de trabajo aumenta.

□

2.2.5. Mecanismos para aumentar el rendimiento

Tal como se aprecia en la Ecuación 2.9, desde un punto de vista meramente algebraico el rendimiento del ciclo termodinámico puede aumentar si aumenta el numerador (potencia neta producirá) o si por el contrario disminuye el denominador (se reduce la potencia térmica aportada por la caldera), por lo que se han de explorar diferentes estrategias para aumentar el valor del numerador, disminuir el valor del denominador, o ambas, con el objetivo de **aumentar el rendimiento** del ciclo. Entre las modificaciones que se introducen en los ciclos para mejorar el rendimiento se encuentran los procesos de recalentamiento y regeneración, que se describen a continuación

2.2.5.1. Recalentamiento

Mediante el **recalentamiento** se pretende aumentar el rendimiento termodinámico del ciclo al poder aprovecharse de la alta presión de trabajo de la caldera y de la obtención de valores de título de vapor menores a la salida del último cuerpo de turbina.

Tal como se puede apreciar en la Figura 2.6, el recalentamiento es una cesión de calor al ciclo, adicional a la que se realiza en el ciclo simple. Esta adición de calor se lleva a cabo después de una expansión parcial del vapor en un primer cuerpo de turbina (1 a 5), en un intercambiador de calor (el recalentador) que opera a una presión (presión de recalentamiento) que idealmente es constante. La Figura 2.6 muestra los procesos en turbina y bombas como isoentrópicos por la sencillez en la representación, pero en realidad, la entropía crece en estos procesos definiendo un rendimiento isoentrópico para la bomba y la turbina de forma análoga los vistos en la Sección 2.2.4.

El proceso de recalentamiento no provoca un aumento del rendimiento bajo cualquier condición de operación, ya que aun aumentando la potencia producida en el cuerpo de turbina debido a las dos expansiones (aumento del numerador en la Ecuación 2.9), también existe un aumento de la cantidad de potencia térmica necesaria para generar el vapor sobrecalentado previo a las dos expansiones (aumento del denominador de la Ecuación 2.9).

Para que el rendimiento aumente, esta presión tiene que ser tal que la temperatura media a la que el ciclo recibe este calor adicional (de 5 a 6) sea lo suficientemente alta. Existe un valor óptimo para esta presión, como se muestra en la Figura 2.7.

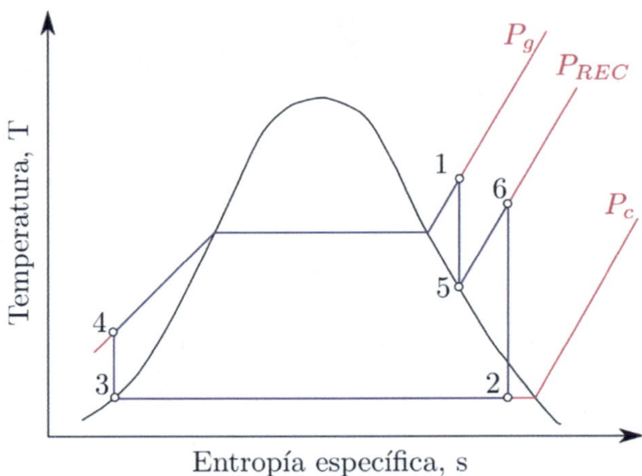

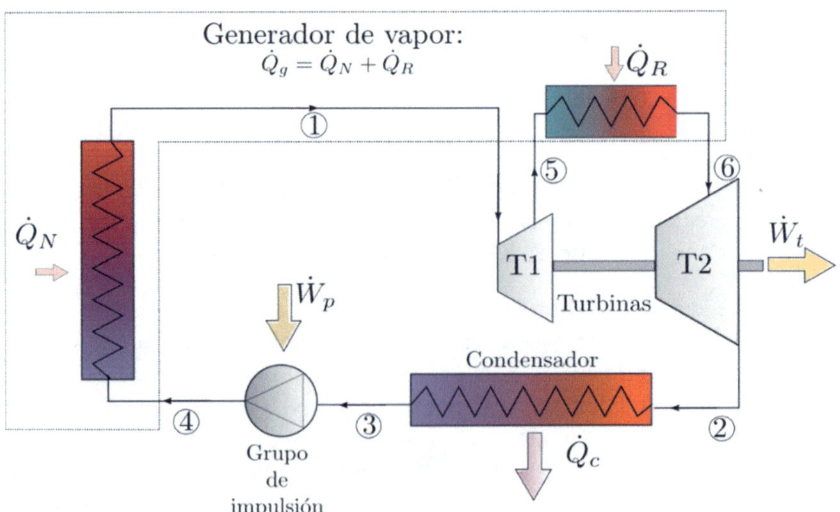

Figura 2.6. Diagrama *T-s* y esquema de un ciclo de vapor con recalentamiento

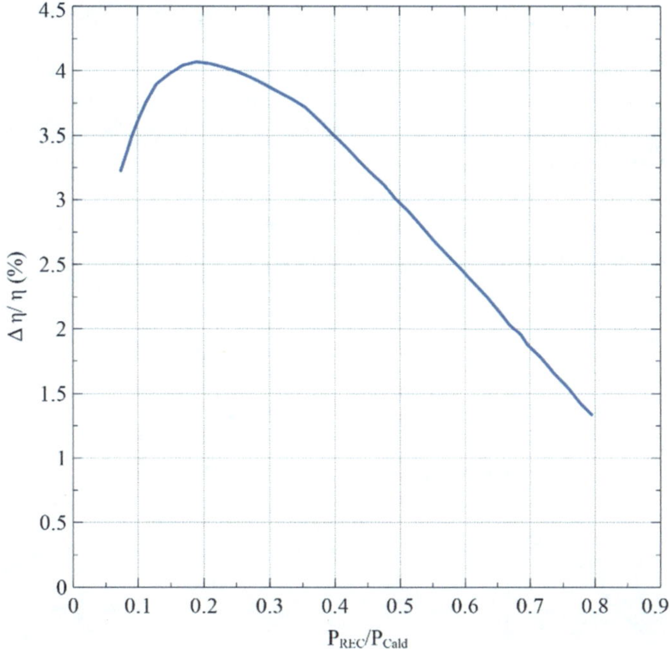

Figura 2.7. Incremento relativo del rendimiento *vs* relación de presión de recalentamiento y presión en la caldera

2.2.5.2. Regeneración

La **regeneración** en los ciclos de vapor es otro de los mecanismos utilizados para aumentar el rendimiento del ciclo termodinámico y consiste en precalentar el agua que se va a introducir en la caldera mediante un intercambio de calor interno al ciclo, a partir del vapor a alta temperatura que se expande en la turbina. Es decir, en un momento concreto del ciclo se extrae una pequeña fracción de vapor tras una extracción, que servirá para precalentar el agua de alimentación que retorna a la caldera. Con ello, aumenta la temperatura del agua a la entrada a la caldera, aumentando así la temperatura media a la que el ciclo recibe el calor desde la fuente externa y reduciendo la cantidad de potencia térmica suministrada al flujo de trabajo en la caldera para alcanzar las condiciones de expansión en el primer cuerpo de turbina.

Para este proceso se utilizan intercambiadores de calor con mezcla (abiertos o de contacto directo) o de superficie (cerrados), en los que el precalentamiento del líquido se consigue mediante la extracción de parte del vapor en etapas intermedias a lo largo de la expansión en la turbina. La alta cantidad de energía contenida en el calor de cambio de fase de este vapor es lo que permite que baste una cantidad relativamente pequeña de vapor extraído para elevar la temperatura del agua. A continuación, se esquematizan las distintas configuraciones posibles.

Regeneración con intercambiador abierto (con mezcla)

La Figura 2.8 muestra tanto el diagrama *T-s* del ciclo Rankine con regeneración abierta, como la disposición de los sistemas del ciclo. El agua de alimentación a la caldera se bombea (3-4) hasta la presión a la que se extrae el vapor (presión de regeneración) y se mezcla, a esa presión, con el vapor extraído. El resultado de la mezcla (6) —líquido saturado o líquido subenfriado— se bombea desde la presión de regeneración hasta la presión en la caldera mediante una segunda bomba (6-7). En la Figura 2.8, los bombeos se muestran como procesos isoentrópicos por sencillez en la representación.

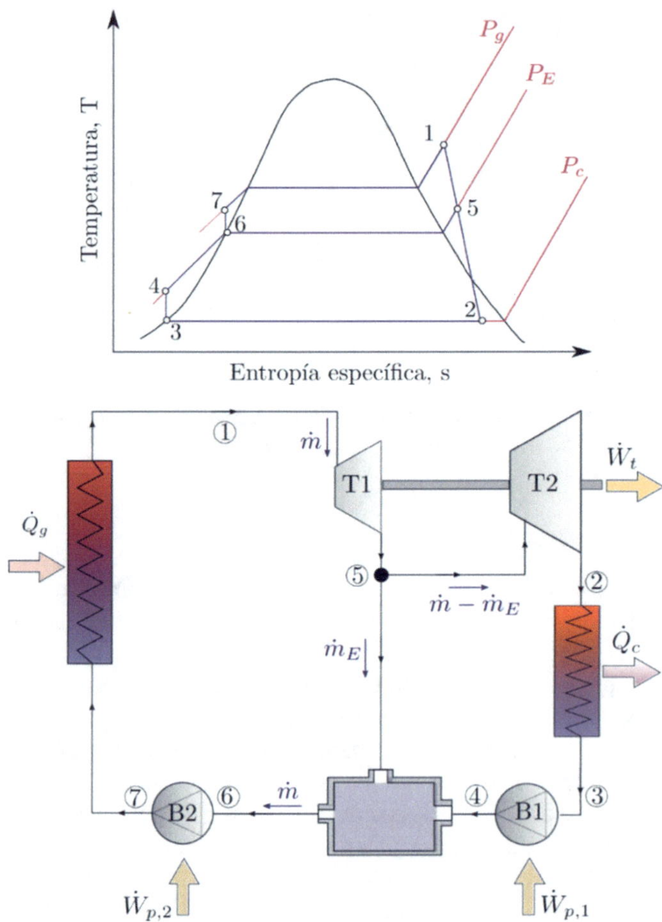

Figura 2.8. Diagrama *T-s* y esquema de un ciclo de vapor con regenerador abierto

Existe una *presión de regeneración* con la que se consigue un incremento máximo en el rendimiento. Este máximo corresponde a repartir la diferencia de temperatura del líquido (desde la temperatura mínima en 4 hasta la temperatura de saturación en la caldera) en dos saltos de temperatura iguales (lo que equivale a minimizar la generación de entropía en los intercambiadores de calor por efecto de las diferencias de temperatura).

Ejemplo de aplicación 2.3. Problema de ciclo de vapor con regenerador abierto

Se considera un ciclo de generación de potencia mediante ciclo de vapor ideal (Rankine) como en el Ejemplo de aplicación 2.1, al que se le añade una extracción a 10 bar de presión, que se conduce hasta un regenerador abierto, con la intención de aumentar el rendimiento del ciclo. El vapor entra la turbina de alta presión a 100 bar y a una temperatura de 500 ºC. La extracción es llevada desde la turbina hacia un regenerador abierto, mientras que el resto del vapor continúa su expansión en la turbina hasta una presión de 0,05 bar. Este vapor se condensa tras salir de la turbina hasta líquido saturado y es de nuevo impulsado con una bomba hasta la presión del regenerador para mezclarse con la extracción. El agua de alimentación abandona el regenerador abierto a una temperatura igual a la temperatura de saturación de la extracción y es de nuevo impulsada en una segunda bomba hasta la presión de caldera. El ciclo produce una potencia neta de 300 MW. Calcular:

a) El rendimiento térmico del ciclo.
b) El porcentaje de vapor extraído.
c) El flujo másico de agua del ciclo.

Consideraciones iniciales:

- El ciclo trabaja en estado estacionario y se desprecian las variaciones de energía cinética y potencial respecto a los cambios de entalpía.
- El fluido desarrolla procesos internamente reversibles.
- Todos los dispositivos se consideran adiabáticos.
- La salida del condensador se considera líquido saturado.

Para la resolución de este ejemplo de aplicación se tendrán presentes los gráficos de la Figura 2.8, en donde están representados la disposición de dispositivos del ciclo y el diagrama *T-s* del ciclo con regeneración, con la salvedad que las expansiones en ambos cuerpos de turbina en este ejemplo son isoentrópicas al analizarse un ciclo ideal.

Para calcular el rendimiento del ciclo se puede comenzar escribiendo la expresión de dicho rendimiento, donde ahora la expansión ocurre en dos cuerpos de turbina y el bombeo se realiza en dos grupos de impulsión o bombas. Se ha de tener en cuenta que los flujos másicos que circulan por los diferentes dispositivos no son el mismo.

$$\eta = \frac{\sum \dot{W}_t - \sum \dot{W}_P}{\dot{Q}_g} = \frac{\dot{m}(h_1 - h_5) + (\dot{m} - \dot{m}_E)(h_5 - h_2) - (\dot{m} - \dot{m}_E)(h_4 - h_3) - \dot{m}(h_7 - h_6)}{\dot{m}(h_1 - h_7)}$$

Se define el parámetro $y = \dot{m}_E / \dot{m}$ como la fracción del gasto másico extraído $\dot{m}_E$ frente al gasto másico total de la corriente que pasa por la caldera, $\dot{m}$. Con ello, la expresión de rendimiento se puede simplificar a:

$$\eta = \frac{\sum \dot{W}_t - \sum \dot{W}_P}{\dot{Q}_g} = \frac{(h_1 - h_5) + (1 - y)(h_5 - h_2) - (1 - y)(h_4 - h_3) - (h_7 - h_6)}{(h_1 - h_7)}$$

Al igual que en los ejemplos de aplicación anteriores, mediante el uso de las tablas de propiedades del agua de la Sección A1.2 del apéndice de este capítulo, se pueden calcular las entalpías específicas de cada uno de los estados.

Estado 1. Salida de la caldera a p_1 = 100 bar; T_1 = 500 ºC; h_1 = 3373,25 kJ/kg; s_1 = 6,595 kJ/kgK (véase Ejemplo de aplicación 2.1).

Estado 5. Salida de la primera expansión de turbina, p_5 = 10 bar; $s_5 = s_1$; h_5 = 2783 kJ/kg (interpolando en Tabla A1.1).

Estado 2. Salida de la segunda expansión, P = 0,05 bar; $s_2 = s_1$; h_2 = 2011 kJ/kg (interpolando en Tabla A1.1).

Estado 3. Salida del condensador, P = 0,05 bar; líquido saturado; h_3 = 136,5 kJ/kg (véase Ejemplo de aplicación 2.1).

Estado 4. Salida del primer grupo de impulsión (bomba ideal) a p_1 = 10 bar. En estas condiciones se puede utilizar la aproximación de líquido incompresible (Sección A.1.1.2 del Apéndice de este capítulo), donde la variación de entalpía de un estado a otro se puede escribir como $h_4 = h_3 + v_f(P_4 - P_3)$ = 137,5 kJ/kg, donde $v_f = 1{,}0052 \cdot 10^{-3}$ m^3/kg es el volumen específico de líquido saturado calculado con la Tabla A.1.1 en las condiciones del estado 3.

Estado 6. Salida de regenerador en condiciones de líquido saturado a p_1 = 10 bar; h_6 = 762,8 kJ/kg.

Estado 7. Salida del segundo grupo de impulsión; bomba ideal; P = 100 bar. En estas condiciones, se puede utilizar la aproximación de líquido incompresible, donde la variación de entalpía de un estado a otro se puede escribir como $h_7 = h_6 + v_f(P_7 - P_6)$ = 773,0 kJ/kg, siendo $v_f = 1{,}1273 \cdot 10^{-3}$ m^3/kg es el volumen específico de líquido saturado calculado con la Tabla A.1.1 en las condiciones del estado 6.

En este momento se han conseguido los valores de las entalpías de los puntos del ciclo; sin embargo, se necesita el valor de la fracción de extracción y para poder calcular el rendimiento del ciclo. Para el cálculo de la fracción extraída se realizará un balance de masa y energía en el regenerador abierto, aplicando las Ecuaciones 2.1 y 2.2. De la aplicación de las mismas se puede escribir:

$$y \cdot \dot{m} \cdot h_5 + (1-y) \cdot \dot{m} \cdot h_4 = \dot{m} \cdot h_6 \Rightarrow \frac{(h_6 - h_4)}{(h_5 - h_4)} = 0,236 \Rightarrow 23,6\ \%$$

En este caso, el rendimiento del ciclo es:

$$\eta = \frac{\sum \dot{W}_t - \sum \dot{W}_p}{\dot{Q}_g} = \frac{(h_1 - h_5) + (1-y)(h_5 - h_2) - (1-y)(h_4 - h_3) - (h_7 - h_6)}{(h_1 - h_7)} = 45\ \%$$

Como puede observarse, es mayor que en el Ejemplo de aplicación 2.2, por lo que las condiciones a las que se ha producido la regeneración abierta han sido beneficiosas.

En cuanto al flujo másico del ciclo se ha de tener en cuenta la potencia neta producida por el mismo, 300 MW.

$$\dot{W}_{\text{neta}} = \dot{m}(h_1 - h_5) + (1-y)\dot{m}(h_5 - h_2) - (1-y)\dot{m}(h_4 - h_3) - \dot{m}(h_7 - h_6) \Rightarrow \dot{m} = 256,3\,\text{kg/s}$$

□

Regeneración con intercambiador cerrado

La Figura 2.9 muestra tanto el diagrama *T-s* del ciclo Rankine con regeneración cerrada, como la disposición de los dispositivos. En este caso, el vapor extraído y el agua de alimentación a la caldera pueden encontrarse a distintas presiones; es por ello que el agua de alimentación se bombea hasta la presión de la caldera desde la salida del condensador (3-4):

El vapor extraído (5) se condensa a la presión de regeneración. El calor de cambio de fase se cede al agua de alimentación (4), que aumenta de temperatura a la presión más alta (la de la caldera) (8).

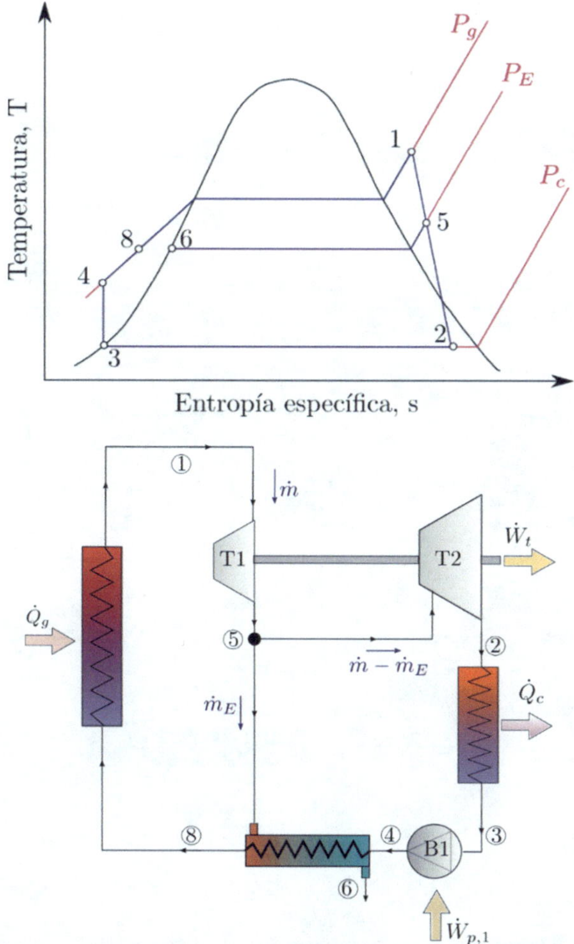

Figura 2.9 Diagrama *T-s* y esquema de un ciclo de vapor con regenerador cerrado

El ciclo se puede completar mediante dos esquemas distintos, dependiendo de lo que se haga con el líquido saturado obtenido en el intercambiador (6). Dado que este líquido está a una presión intermedia entre la baja presión del condensador y la alta presión de la caldera se puede optar por dos opciones:

1. mezclarlo en el condensador con el resto del agua (es decir, disminuir su presión) en una válvula (6-7) (ver Figura 2.10), o

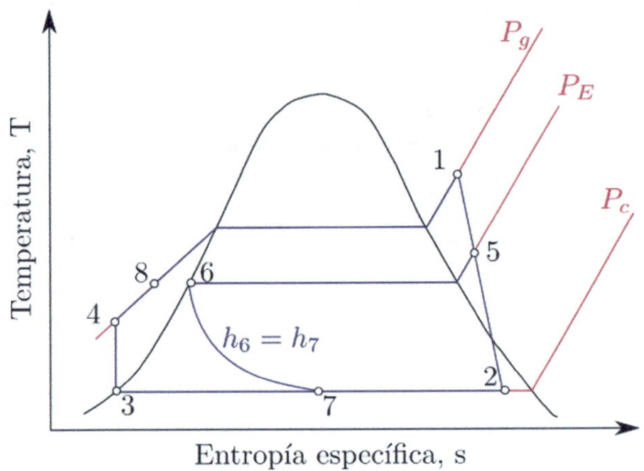

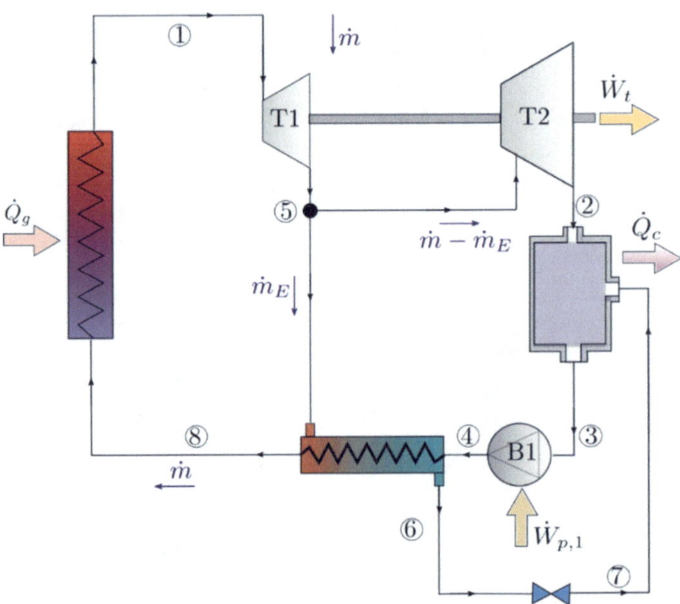

Figura 2.10. Diagrama *T-s* y esquema de un ciclo de vapor con regenerador cerrado y purga de drenajes.

2. enviarlo hacia la caldera, aumentando su presión empleando una segunda bomba (6-7) para mezclar este líquido con el agua principal de alimentación (8), tal como se muestra en la Figura 2.11.

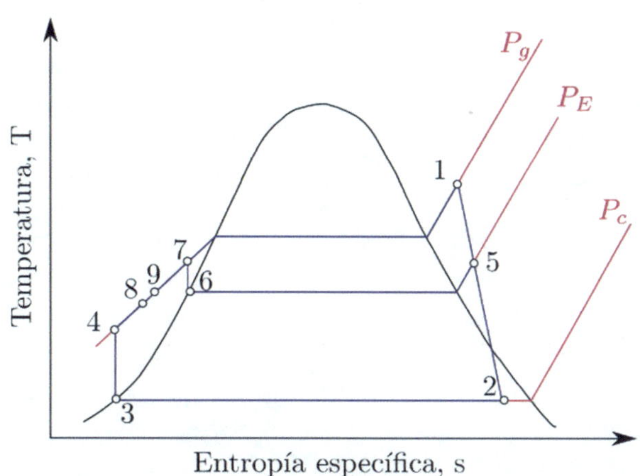

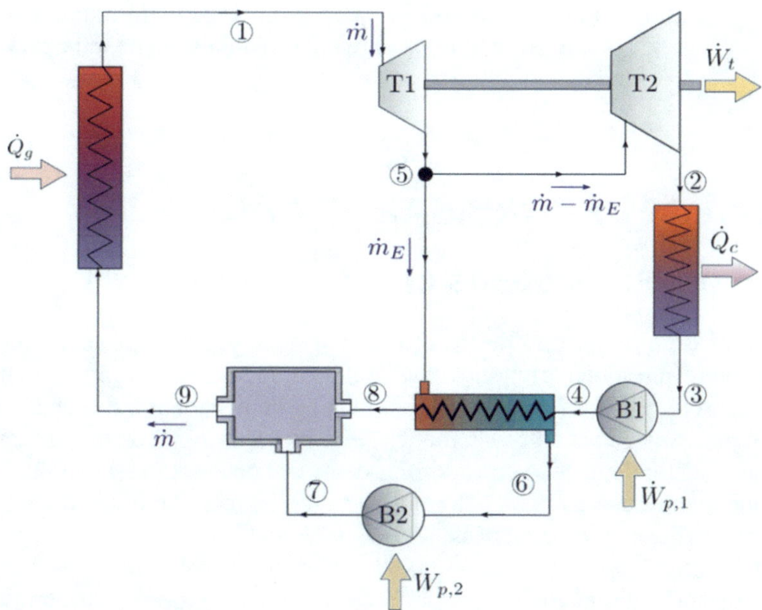

Figura 2.11. Diagrama *T-s* y esquema de un ciclo de vapor con regenerador cerrado y bombeo de drenajes

2.2.6. Rendimientos y consumo específicos

Se dan a continuación (Tabla 2.1), algunos valores teóricos de los **rendimientos** de los ciclos termodinámicos ideales descritos, en donde se ponen de relieve las mejoras obtenidas con el recalentamiento y la regeneración:

Tabla 2.1. Valores orientativos de rendimientos de ciclos de vapor en diferentes configuraciones

Características del ciclo: *p* condensador 30 mbar	η (%)
Sin sobrecalentamiento: *p* caldera 160 bar (saturado)	41
Sobrecalentamiento (160 bar, 570 ºC)	45
Recalentamiento intermedio 1 etapa. (p_i=44 bar)	47
Recalentamiento intermedio y precalentamiento.	53

Las irreversibilidades (pérdidas de presión y fricción en la expansión y la compresión) hacen disminuir estos valores en más de un 5 %.

En la práctica, las centrales consumen más energía que la considerada al estudiar los ciclos termodinámicos (en las bombas), ya que hay otros servicios auxiliares que son consumidores y que hay que tener en cuenta al evaluar el conjunto de la instalación.

2.3. CICLOS DE TURBINAS DE GAS

2.3.1. Elementos de los ciclos de turbina de gas

Las **turbinas de gas** son uno de los motores térmicos más avanzados y con una mayor capacidad de respuesta en arranques y variaciones de la demanda. Es por ello que las turbinas de gas son utilizadas actualmente en plantas de generación de electricidad, tanto de forma aislada como, más frecuentemente, en ciclos combinados que integran la turbina de gas con un ciclo de turbina de vapor. En centrales de energía renovable, las turbinas de gas pueden encontrarse en plantas termosolares de concentración y en centrales térmicas basadas en gasificación de biomasa.

En una turbina de gas, el fluido de trabajo es un *gas*, de ahí su nombre. Dicho gas normalmente es aire tomado del ambiente, el cual es sometido a diversos procesos en el interior de la turbina. En particular, el aire se compre para así actuar de oxidante en una reacción de combustión o se calienta mediante una fuente térmica exterior. A continuación, los productos de la combustión, o el gas que ha sido calentado por la fuente externa, se expanden en una turbina para extraerles parte de su energía y transformarla en *energía de cinética de rotación de un eje*. Dicho eje mueve un alternador para generar *energía eléctrica*. Este proceso de variación de presión y temperatura al que se somete el aire en una turbina de gas recibe el nombre de *ciclo Brayton*, en honor al ingeniero norteamericano George Brayton, que fue uno de los pioneros en el desarrollo de dicho ciclo. La Figura 2.12 muestra de forma esquemática los elementos involucrados en los procesos descritos de una turbina de gas. En las siguientes líneas se describen los elementos que habitualmente conforman una turbina de gas en sus configuraciones de ciclo abierto o ciclo cerrado).

Tal como aparece en la Figura 2.12, los principales elementos que componen una turbina de gas para generación de energía eléctrica son los siguientes:

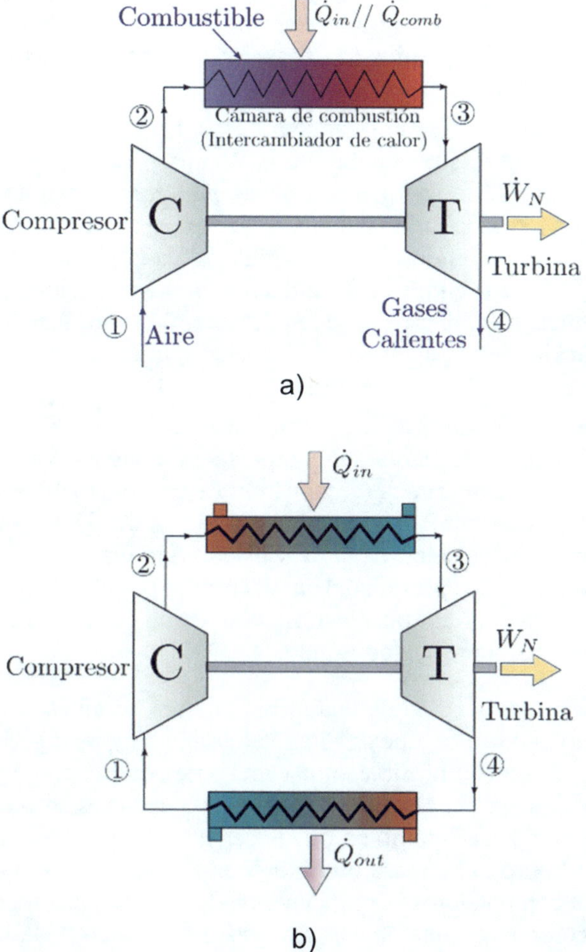

Figura 2.12. Elementos de una turbina de gas de ciclo Brayton simple: (a) turbina de gas en ciclo abierto; (b) turbina de gas en ciclo cerrado

- **Compresor.** Es un dispositivo que eleva la presión del fluido gaseoso de trabajo que, como se ha visto, es aire u otro gas. Esta elevación de la presión va asociada inevitablemente a un incremento de temperatura del gas, como posteriormente se demostrará. Los compresores son comúnmente turbomáquinas de tipo axial, las cuales son idóneas para tamaños medianos y grandes. También existen compresores de tipo radial empleados para tamaños medianos y pequeños. En los compresores, la rotación de elementos aerodinámicos (denominados *álabes*) y la presencia de elementos fijos (*estatores* y *difusores*) logran aportar energía cinética al fluido de forma gradual, que se transforma inmediatamente en un incremento de presión según el fluido circula por dichos elementos. Para lograr el movimiento del rotor del compresor, compuesto por los álabes del compresor, el eje de giro y el resto de elementos móviles a los que se unen, es preciso aportar una potencia mecánica de giro al rotor través del eje del compresor. Por tanto, el compresor requiere una potencia exterior para mover el eje de su rotor y así elevar la presión del gas. Dicha potencia procede de la turbina de expansión, que se describirá a continuación.
- **Turbina de expansión** o, simplemente, **turbina** o **expansor.** Este dispositivo realiza la función opuesta a la de un compresor. En la turbina los gases se expanden desde una presión relativamente alta hasta una presión menor. En el curso de la expansión, parte de la energía de los gases se transforma en energía cinética de rotación del rotor de la turbina, compuesto básicamente por los álabes de la turbina y el eje al que están unidos. Por consiguiente, en la turbina el gas cede parte de su energía (manifestada en forma de alta temperatura y presión) al rotor, transformándola en potencia mecánica de rotación del rotor de la turbina. La potencia producida por la turbina ha de ser superior a la potencia requerida por el compresor, para que así se genere una potencia neta positiva en la turbina de gas.
- **Cámara de combustión** o **intercambiador de aporte de calor al gas.** En este dispositivo el gas procedente del compresor se calienta, ya sea por medio de una reacción química exotérmica (combustión de un combustible con el fluido de trabajo, cuando este es aire) o porque recibe calor procedente del exterior a través de un intercambiador de calor. Debido al diseño relativamente diáfano de estos componentes, la pérdida de presión del gas al circular por ellos es normalmente reducida y el aporte de calor al gas puede considerarse que es un proceso aproximadamente isobárico, esto es, a presión constante.

La configuración más sencilla de una turbina de gas se muestra en la Figura 2.12(a). En ella el gas de trabajo es aire que se toma del ambiente y es ingerido por el compresor para ser quemado con un combustible en la cámara de combustión. En la cámara de combustión de la turbina de gas, el combustible utilizado puede ser un combustible fósil como queroseno o gas natural, pero también puede ser un combustible sintetizado a partir de fuentes renovables como la biomasa o el hidrógeno renovable. Los gases quemados que salen de cámara de combustión se expanden en la turbina expansora de la cual se obtiene el trabajo mecánico de la turbina de gas. Los gases que salen de la turbina expansora ya no pueden retornar otra vez al compresor, porque su capacidad de ser quemados una segunda vez en la cámara de combustión decrece al haber disminuido el oxígeno disponible la primera vez que pasaron por esta cámara. Por ello, los gases a la salida de la turbina se liberan al ambiente o a una unidad de tratamiento que elimina parte de los contaminantes producidos en la combustión. Por tanto, en esta configuración el aire sigue un *ciclo abierto*.

Por otro lado, existen configuraciones en las que la turbina de gas posee un intercambiador de aporte de calor en lugar de una cámara de combustión, en cuyo caso el gas de trabajo no se quema con combustible y por ello puede volverse a usar en la turbina de gas sin ser evacuado hacia el exterior. Esta configuración de la turbina de gas se denomina *ciclo cerrado* y se muestra en la Figura 2.10(b). En el intercambiador de aporte de calor, el gas de trabajo de la turbina de gas recibe el calor de un fluido más caliente que puede proceder de sistemas de captación de energía renovable, como por ejemplo un receptor solar de concentración. En algunas configuraciones de centrales termosolares con turbina de gas, el intercambiador de calor es directamente el receptor solar de la central, en el cuál la radiación solar incidente se transforma en calor que es transferido al gas de trabajo de la turbina de gas. En un ciclo cerrado, para poder retornar el gas de trabajo hacia el compresor, es preciso enfriar al gas a la salida de la turbina de expansión. Así se consigue que el gas entre al compresor a una temperatura no muy elevada que permita repetir otra vez el ciclo. El dispositivo en donde el gas de trabajo se enfría en su retorno desde la turbina expansora al compresor es un **intercambiador de extracción de calor,** que se añade a la lista anterior de elementos de la turbina de gas. Los ciclos cerrados en turbinas de gas son menos comunes que los ciclos abiertos, ya que añaden un dispositivo adicional (el intercambiador de extracción de calor) que eleva el número de elementos y coste de la instalación.

2.3.2. Ciclo Brayton simple

Tal como se ha explicado en el apartado anterior, el compresor, la turbina expansora y la cámara de combustión (en ciclo abierto) o los intercambiadores de calor (en ciclo cerrado), son los principales elementos de una turbina de gas, los cuales son indispensables para que la turbina de gas funcione. El conjunto de procesos seguido por el gas de trabajo al ir circulando secuencialmente por cada uno de estos elementos principales recibe el nombre de **ciclo Brayton simple.** La Figura 2.13 muestra un diagrama temperatura frente a entropía del ciclo Brayton, el cual consta de las siguientes etapas o procesos termodinámicos:

1. **Compresión adiabática del gas de trabajo.** Este proceso se realiza en el compresor de la turbina de gas. En él se eleva la presión del gas de trabajo desde unas condiciones iniciales de entrada al compresor, que se denominarán como *estado 1*, hasta unas condiciones finales de salida del compresor (*estado 2*). Para poder llevarse a cabo, el proceso de compresión del gas requiere una potencia mecánica que se aporta desde el exterior del compresor. Además, la transferencia de calor entre el gas de trabajo y el exterior del compresor suele ser en la práctica muy reducido y puede ser despreciable en relación a la potencia mecánica del compresor. Por ello, se considerará que las paredes del compresor son *adiabáticas*, es decir, la compresión será externamente adiabática. Si se denomina la presión y temperatura del gas a la entrada del compresor como p_1 y T_1 y a la salida del compresor como p_2 y T_2, entonces $p_2 > p_1$ al elevarse la presión en el compresor. Debido a que el fluido de trabajo es un gas, una elevación

de presión va intrínsecamente asociada a un aumento de temperatura, por lo que $T_2 > T_1$. Los compresores, al ser máquinas de flujo continuo y considerarse adiabáticos, no acumulan energía en su interior ni la disipan por calor hacia el exterior, por lo que toda la potencia aportada para mover el compresor acaba transfiriéndose al gas de trabajo, el cual sale con mayor energía que la que entró.

2. **Absorción de calor a alta presión.** En este proceso el gas de trabajo se calienta en la cámara de combustión al quemarse con el combustible, en el caso de un ciclo abierto, o bien en un intercambiador, en el caso de un ciclo cerrado. En un proceso real existe una caída de presión del gas de trabajo a medida que circula por estos dispositivos, aunque suele ser relativamente reducida y en procesos ideales se desprecia, considerándose que el aporte de calor se realiza a presión constante.

3. **Expansión adiabática del gas de trabajo.** El proceso de expansión se realiza en la turbina expansora de la turbina de gas. Al igual que en un compresor, se considerará que el proceso de expansión es externamente adiabático, es decir, sin intercambio de calor con el exterior. Como ya se mencionó anteriormente, el gas de trabajo experimenta desde la entrada (*estado 3*) a la salida (*estado 4*) de la turbina un proceso inverso al de un compresor. Por ello, $p_4 < p_3$ y $T_4 < T_3$. En este proceso el gas de trabajo cede gran parte de su energía al exterior en forma de potencia mecánica, por lo que la energía del gas a la salida de la turbina de expansión es menor que a su entrada.

4. **Cesión de calor a baja presión.** Si el ciclo es cerrado, este proceso consiste en la cesión de calor del gas de trabajo hacia el exterior en un intercambiador de calor. Si el ciclo es abierto, el proceso de cesión de calor representa la renovación de los gases que salen de la turbina y que contienen los gases quemados, por aire fresco inquemado que se introduce en el compresor para comenzar el ciclo. En esta cesión de calor, que se produce a la presión menor del ciclo, la caída de presión entre la salida de la turbina y la entrada al compresor suelen ser despreciables, considerándose idealmente como un proceso a presión constante.

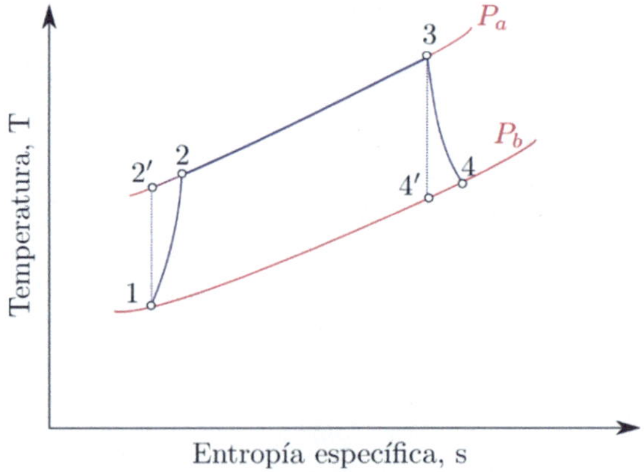

Figura 2.13. Evolución de la temperatura frente a la entropía específica del gas de trabajo en un ciclo Brayton simple

Cálculo de ciclo de Brayton simple

Los procesos que describen un ciclo Brayton simple pueden caracterizarse fácilmente mediante expresiones termodinámicas basándose en las aproximaciones comentadas en el apartado anterior. Si se consideran condiciones ideales, en las que la compresión y expansión son procesos reversibles y el aporte y cesión de calor son isobáricos, el ciclo pasa a denominarse ciclo *Brayton simple ideal*, en caso contrario se le denomina ciclo *Brayton simple real* o sencillamente *ciclo Brayton simple*. A continuación, se desarrollarán las expresiones termodinámicas resultantes de cada proceso ideal del ciclo.

1. **Compresor (estados 1 a 2).** Como se ha visto anteriormente, la función de un compresor es elevar la presión del gas del ciclo. La *relación de presiones del compresor* se define como

$$\Pi_c = \frac{p_2}{p_1}$$

donde p_1 es la presión del gas a la entrada del compresor y p_2 es la presión del gas a la salida. Entonces, $\Pi_c > 1$, dado que $p_2 > p_1$. Aplicando un balance de energía (véase la Sección A.1.1.1del apéndice al final de este capítulo) para el sistema abierto que forma el compresor y que tiene una entrada ($i = 1$) y una salida ($i = 2$) de gas, se verifica:

$$\frac{dE_{vc}}{dt} = \dot{Q}_{vc} - \dot{W}_{vc} + \dot{m}_1\left(h_1 + \frac{1}{2}V_1^2 + gz_1\right) - \dot{m}_2\left(h_2 + \frac{1}{2}V_2^2 + gz_2\right) \qquad (2.13)$$

donde hi, Vi, zi y $\dot{m}_1$ son, respectivamente, la entalpía específica, la velocidad media y la altura media (con respecto a una cota vertical arbitraria) y el gasto másico del gas a la entrada y a la salida del compresor. En la ecuación (2) del balance de energía se considerarán condiciones estacionarias, por lo que la energía total del volumen de control E_{vc} no variará con el tiempo, es decir, $dE_{vc}/dt = 0$. En dicho estado estacionario ha de cumplirse que el gasto másico de salida debe ser igual al de entrada, por lo que $\dot{m}_2 = \dot{m}_1$. Además, la potencia calorífica intercambiada en el compresor es nula, $\dot{Q}_{vc} = 0$, puesto que el compresor es externamente adiabático. Por otro lado, debido al diseño y tamaño de los compresores, los cambios de energía cinética y potencial entre la salida y la entrada son despreciables, lo que significa que se puede considerar que $\frac{1}{2}V_1^2 = \frac{1}{2}V_2^2$ y $gz_1 = gz_2$, sin incurrir en mucho error en los cálculos.

Finalmente, dado que el compresor solamente intercambia energía mecánica con el exterior a través de un eje, la potencia mecánica intercambiada con el exterior en el volumen de control puede expresarse como $\dot{W}_{vc} = \dot{W}_{eje}$. Sin embargo, como en un compresor el sentido de la energía mecánica es desde el exterior hacia el gas que circula por el compresor, se verifica que $\dot{W}_{eje} < 0$, de acuerdo al criterio de signos utilizado en el balance de energía. Entonces, para manejar números de magnitud positiva, se realizará el siguiente cambio de variable en la potencia mecánica del compresor: $\dot{W}_{\text{eje}} = -\dot{W}_c$, donde $\dot{W}_c$ se denominará *potencia del compresor*, que es más cómoda de utilizar en las operaciones al ser una variable positiva $(\dot{W}_c > 0)$. Por consiguiente, introduciendo todas estas consideraciones en la Ecuación (2.13), el balance de energía en el compresor se simplifica a:

$$\dot{W}_c = \dot{m}_1 (h_2 - h_1) = \dot{m}_1 c_p (T_2 - T_1) \tag{2.14}$$

donde, a la derecha de la igualdad de la Ecuación (2.14), se ha utilizado la expresión general de la variación de entalpía para un gas ideal caloríficamente perfecto: $h_b - h_a = c_p (T_b - T_a)$, siendo a y b dos estados cualesquiera (véase Sección A.1.1.2 del Apéndice de este capítulo).

Además, las temperaturas del gas a la entrada, T_1 y la salida, T_2, del compresor pueden relacionarse entre sí a través del rendimiento isoentrópico del compresor, η_c:

$$\eta_c = \frac{\dot{W}_{c'}}{\dot{W}_c} = \frac{\dot{m}_c c_p (T_{2'} - T_1)}{\dot{m}_c c_p (T_2 - T_1)} = \frac{(T_{2'} - T_1)}{(T_2 - T_1)} \tag{2.15}$$

donde $\dot{W}_c$ es la potencia del compresor del ciclo y $\dot{W}_{c'}$ es la potencia de un compresor ideal que comprime el mismo gasto másico de gas, $\dot{m}_c$, con la misma temperatura de entrada, T_1 y presiones de entrada y salida, p_1 y p_2, que el compresor real del ciclo. Es importante resaltar que un compresor ideal requiere menos potencia mecánica para comprimir la misma cantidad de gas que un compresor real, es decir, $\dot{W}_{c'} < \dot{W}_c$. Por ello, $\dot{W}_{c'}$ aparece en el numerador del rendimiento, para que así $\eta c < 1$. En la Ecuación 2.15 del rendimiento isoentrópico, $T_{2'}$, es la temperatura del gas a la salida del compresor ideal. Para obtener $T_{2'}$ ha de tenerse en cuenta que los compresores se han considerado adiabáticos y en un ciclo ideal, el proceso de compresión es además reversible. Por ello, el proceso resultante en un compresor ideal es isoentrópico. Esto quiere decir que la entropía s del gas de trabajo no cambia desde que entra a presión p_1 hasta que sale del compresor a mayor presión p_2, es decir, $s_1 = s_{2'}$. Además, se considerará de ahora en adelante que el gas se comporta como un gas ideal caloríficamente perfecto. Por tanto, haciendo uso de la relación entre temperaturas y presiones de un gas ideal caloríficamente perfecto sometido a un proceso isoentrópico, se puede obtener la temperatura del gas a la salida del compresor, T_2, como función de su temperatura a su entrada, T_1:

$$T_{2'} = T_1 \left(\frac{p_2}{p_1} \right)^{\frac{\gamma-1}{\gamma}} = T_1 \Pi_c^{\frac{\gamma-1}{\gamma}} \tag{2.16}$$

donde $\gamma = c_p/c_v$ es una constante que representa la relación de calores específicos del gas de trabajo. Introduciendo la expresión de la Ecuación 2.16 para $T_{2'}$ en la Ecuación 2.15 del rendimiento isoentrópico, puede obtenerse la temperatura del gas a la salida del compresor real:

$$T_2 = T_1\left[1+\frac{1}{\eta_c}\left(\Pi_c^{\frac{\gamma-1}{\gamma}}-1\right)\right] \tag{2.17}$$

2. **Cámara de combustión o intercambiador calentador (estados 2 a 3).** Este proceso representa el calentamiento del gas de trabajo en la cámara de combustión o intercambiador calentador de una turbina de gas. Se presentará como una potencia térmica neta que absorbe el gas, $\dot{Q}_{in}$. En un ciclo cerrado, la potencia absorbida corresponde a la potencia intercambiada en el intercambiador de calor calentador $\dot{Q}_{in} = \dot{Q}_{\text{intercambiador}}$. En un ciclo abierto, la potencia absorbida proviene del calor generado en la cámara de combustión, $\dot{Q}_{in} = \eta_{comb} L_i \dot{m}_{comb}$, donde η_{comb} es el rendimiento de la combustión, L_i es el poder calorífico inferior del combustible y $\dot{m}_{comb}$ es el gasto másico de combustible inyectado a la cámara de combustión. La caída de presión el gas desde los estados 2 a 3, motivada por fenómenos de fricción y cortadura del gas, se denominará pérdida de carga, Δp_{23} y suele ser reducida en comparación con p_2 y p_3. Así, la presión del gas al terminar el proceso de absorción de calor puede expresarse como $p_3 = p_2 - \Delta p_{23}$. Aplicando un balance de energía en la cámara de combustión o intercambiador de calor:

$$\frac{\mathrm{d}E_{vc}}{\mathrm{d}t} = \dot{Q}_{vc} - \dot{W}_{vc} + \dot{m}_2\left(h_2 + \frac{1}{2}V_2^2 + gz_2\right) - \dot{m}_3\left(h_3 + \frac{1}{2}V_3^2 + gz_3\right) \tag{2.18}$$

Se tendrá en cuenta que este proceso se realiza en estado estacionario, que el calor aportado es: $\dot{Q}_{cv} = \dot{Q}_{in} > 0$, que no se intercambia trabajo con el exterior $(\dot{Q}_{Vc} = 0))$ y que el gasto másico de entrada es igual al de salida $(\dot{m}_3 = \dot{m}_2)$ en un intercambiador de calor. En una cámara de combustión se verifica que $\dot{m}_3 = \dot{m}_2 + \dot{m}_{\text{comb}}$. Normalmente, el gasto másico de combustible $(\dot{m}_{\text{comb}})$ añadido en la cámara de combustión es mucho menor que el gasto de aire, es decir, $\dot{m}_{\text{comb}} << \dot{m}_2$, por lo que $\dot{m}_3 = \dot{m}_2 + \dot{m}_{\text{comb}} \approx \dot{m}_2$. Si además se considera que los incrementos de energía cinética y potencial entre la entrada y salida de la cámara de combustión son despreciables, se obtiene:

$$\dot{Q}_{in} = \dot{m}_2\left(h_3 - h_2\right) = \dot{m}_2 c_p\left(T_3 - T_2\right) \tag{2.19}$$

donde T_3 es la temperatura máxima del gas en el ciclo Brayton simple, ya que se obtiene tras el proceso de absorción de calor.

3. **Turbina expansora (estados 3 a 4).** Siguiendo el mismo proceso de desarrollo del balance de energía que se realizó en el compresor, se obtiene que en la turbina expansora

$$\frac{\mathrm{d}E_{vc}}{\mathrm{d}t} = \dot{Q}_{vc} - \dot{W}_{vc} + \dot{m}_3\left(h_3 + \frac{1}{2}V_3^2 + gz_3\right) - \dot{m}_4\left(h_3 + \frac{1}{2}V_4^2 + gz_4\right) \tag{2.20}$$

siendo ahora $\dot{W}_{vc} = \dot{Q}_t > 0$, ya que se extrae energía mecánica de los gases calientes que circulan por la turbina mientras son expandidos. Los subíndices 3 y 4 del balance de energía indican las condiciones de entrada y de salida de la turbina, respectivamente.

Aplicando las condiciones de estado estacionario, adiabatismo de las paredes de la turbina, conservación del gasto másico $(\dot{m}_4 = \dot{m}_3)$ e incrementos de energía cinética y potencial despreciables en la Ecuación 2.20 del balance de energía, la potencia de la turbina queda expresada como:

$$\dot{W}_t = \dot{m}_3 (h_3 - h_4) = \dot{m}_3 c_p (T_3 - T_4) \tag{2.21}$$

Para obtener la temperatura de los gases a la salida de la turbina, puede recurrirse al rendimiento isoentrópico de la turbina:

$$\eta_t = \frac{\dot{W}_t}{\dot{W}_{t'}} = \frac{\dot{m}_c c_p (T_3 - T_4)}{\dot{m}_c c_p (T_3 - T_{4'})} = \frac{(T_3 - T_4)}{(T_3 - T_{4'})} \tag{2.22}$$

donde $\dot{W}_{t'}$ es la potencia de una turbina ideal que expande los gases entre las mismas presiones de la turbina real del ciclo, p_3 y p_4 y con la misma temperatura de entrada, T_3, que la turbina real. Obsérvese que en la turbina, al contrario que en el compresor, la potencia de la turbina ideal se encuentra en el denominador del rendimiento isoentrópico de la turbina debido a que la turbina ideal proporciona más potencia que la turbina real $(\dot{W}_{t'} > \dot{W}_t)$. En el rendimiento isoentrópico del compresor, $T_{4'}$es la temperatura del gas a la salida de la turbina ideal. La turbina ideal extrae energía mecánica de los gases por medio de una expansión adiabática y reversible o, lo que es lo mismo, por medio de una expansión isoentrópica. Al igual que en el compresor, la conservación de la entropía permite relacionar la temperatura de entrada y de salida de la turbina:

$$T_{4'} = T_3 \left(\frac{p_4}{p_3} \right)^{\frac{\gamma-1}{\gamma}} = T_3 \left(\frac{1}{\Pi_t} \right)^{\frac{\gamma-1}{\gamma}} \tag{2.23}$$

donde $\Pi_t = \dfrac{p_4}{p_3}$ es la *relación de presiones de la turbina*.

Incluyendo la expresión de $T_{4'}$en el rendimiento isoentrópico de la turbina, puede obtenerse la temperatura a la salida de la turbina:

$$T_4 = T_3 \left\{ 1 + \eta_t \left[\left(\frac{1}{\Pi_t} \right)^{\frac{\gamma-1}{\gamma}} - 1 \right] \right\} \tag{2.24}$$

4. **Renovación de aire o intercambiador enfriador (estados 4 a 1).** Finalmente, para retornar al estado inicial 1, el ciclo Brayton se completa con una cesión de calor a

presión constante desde el gas hacia el exterior de la turbina de gas. Si el ciclo Brayton tiene configuración de ciclo abierto, dicha cesión de calor representa el equivalente a renovar el aire de salida de la turbina por aire fresco que entra al compresor. Por tanto, aplicando un balance de energía entre la salida de la turbina (estado 4) y la entrada al compresor (estado 1) se obtiene:

$$\frac{\mathrm{d}E_{vc}}{\mathrm{d}t} = \dot{Q}_{vc} - \dot{W}_{vc} + \dot{m}_4\left(h_4 + \frac{1}{2}V_4^2 + gz_4\right) - \dot{m}_1\left(h_1 + \frac{1}{2}V_1^2 + gz_1\right) \qquad (2.25)$$

Análogamente al proceso de calentamiento entre los estados 2 y 3 visto anteriormente, $\dot{m}_4$ y $\dot{m}_1$ se considerarán iguales, no hay intercambio de trabajo, es decir, $\dot{W}_{vc} = 0$ y los gases ceden calor $\dot{Q}_{cv} < 0$. Con ello, el calor cedido expresado en magnitud positiva, $\dot{Q}_{out} = -\dot{Q}_{cv} > 0$, queda para este proceso:

$$\dot{Q}_{out} = \dot{m}_4\left(h_4 - h_1\right) = \dot{m}_4 c_p\left(T_4 - T_1\right) \qquad (2.19)$$

Si el ciclo Brayton es abierto, la turbina descarga el gas al ambiente y las presiones de salida de la turbina, p_4, y de entrada al compresor, p_1, pueden considerarse similares a la presión ambiente. Si el ciclo Brayton es cerrado, p_4 se relaciona con p_1 a través de la pérdida de carga del intercambiador de cesión de calor Δp_{41}, es decir, $p_1 = p_4 - \Delta p_{41}$. Además, en un ciclo cerrado el gas del ciclo no está en contacto con el aire exterior, por lo que p_1 y p_4 no necesariamente son similares a la presión ambiente.

Es importante resaltar que el gasto másico a la entrada del compresor es similar a los gastos másicos del resto de los estados del ciclo (despreciando el aporte de masa de combustible si el ciclo es abierto), es decir, $\dot{m}_1 = \dot{m}_i$ (en kg/s), siendo $\dot{m}_i = \rho_i \dot{V}_i$ para un estado denotado por el índice $i = 2$, 3 y 4, ρ_i es la densidad del gas y $\dot{V}_i$ es el caudal volumétrico (en m^3/s) en cada uno de dichos estados. Por tanto, ya que es invariante, el gasto másico del gas dentro de la turbina de gas se denominará simplemente $\dot{m}$. Además, la densidad en cualquier estado puede obtenerse por medio de la ecuación de estado de los gases ideales, por lo que $\rho_i = p_i/(R_g T_i)$, donde T_i es la temperatura del gas en unidades absolutas (Kelvin), p_i es la presión del gas y R_g es la constante de gas ideal del gas que circula por los elementos de la turbina de gas. Al ir variando la presión y temperatura de cada estado, la densidad también varía y, por tanto, el caudal volumétrico $\dot{V}_i = \dot{m}_i / \rho_i$ no se conserva a lo largo de los estados del ciclo.

Finalmente, una vez analizados cada uno de los elementos del ciclo Brayton simple, es fácil obtener la potencia neta producida por la turbina de gas y la eficiencia termodinámica de la misma. La potencia neta de la turbina de gas se define como la potencia producida por la turbina de expansión menos la potencia del compresor, pues la turbina invierte parte de su potencia en mover el compresor:

$$\dot{W}_{net} = \dot{W}_t - \dot{W}_c = \dot{m} c_p\left[\left(T_3 - T_4\right) - \left(T_2 - T_1\right)\right] \qquad (2.27)$$

donde el trabajo neto, reagrupando términos, también puede expresarse como $\dot{W}_{net} = \dot{Q}_{in} - \dot{Q}_{out}$. Esta definición alternativa del trabajo neto es evidente si se realiza un balance de energía que englobe a toda la turbina de gas. En ese balance el calor absorbido por el ciclo es una energía que acaba enviándose al exterior en forma de calor y trabajo: $\dot{Q}_{in} = \dot{W}_{net} + \dot{Q}_{out}$. Además, la eficiencia termodinámica de la turbina de gas se define como la potencia neta de la turbina de gas dividida por el calor absorbido por el gas para que funcione la turbina:

$$\eta_{TG} = \frac{\dot{W}_{net}}{\dot{Q}_{in}} = \frac{\dot{m}_c c_p \left[(T_3 - T_4) - (T_2 - T_1) \right]}{\dot{m}_c c_p (T_3 - T_2)} = 1 - \frac{(T_4 - T_1)}{(T_3 - T_2)} \tag{2.28}$$

En la ecuación del rendimiento, es fácil comprobar que otra forma de expresarlo es

$$\eta_{TG} = 1 - \frac{\dot{Q}_{out}}{\dot{Q}_{in}}$$

La Tabla 2.2 resume las principales ecuaciones para caracterizar el comportamiento termodinámico de un ciclo Brayton simple.

Tabla 2.2. Resumen de ecuaciones para el ciclo Brayton simple

Elemento	Parámetros
Compresor	$T_2 = T_1 \left(1 + \frac{1}{\eta_c} \left[\Pi_c^{\frac{\gamma-1}{\gamma}} - 1 \right] \right)$; $p_2 = p_1 \Pi_c$; $\dot{W}_c = \dot{m} c_p (T_2 - T_1)$
Combustor/ Intercambiador calentador	$\dot{Q}_{in} = \dot{m} c_p (T_3 - T_2)$; $p_3 = p_2 - \Delta p_{23}$ • Intercambiador calentador: $\dot{Q}_{in} = \dot{Q}_{\text{intercambiador}}$ • Cámara de combustión: $\dot{Q}_{in} = \eta_{\text{comb}} L_i \dot{m}_{\text{comb}}$
Turbina expansora	$T_4 = T_3 \left\{ 1 + \eta_t \left[\left(\frac{1}{\Pi_t} \right)^{\frac{\gamma-1}{\gamma}} - 1 \right] \right\}$; $p_4 = \frac{p_3}{\Pi_t}$; $\dot{W}_t = \dot{m} c_p (T_3 - T_4)$
Renovación o intercambiador enfriador	$\dot{Q}_{out} = \dot{m} c_p (T_4 - T_1)$ • Ciclo cerrado (intercambiador enfriador): $p_1 = p_4 - \Delta p_{41}$ • Ciclo abierto (renovación de aire): $p_1 = p_4 \approx p_{\text{ambiente}}$
Conjunto de la turbina de gas	$\dot{W}_{net} = \dot{W}_t - \dot{W}_c$; $\eta_{TG} = \frac{\dot{W}_{net}}{\dot{Q}_{in}}$

Ejemplo de aplicación 2.4. Turbina de gas simple

Una turbina de gas de ciclo simple abierto aspira 5 m^3/s de aire a 1 bar y 25 ºC a la entrada del compresor. La relación de presiones en el compresor es 10 y su rendimiento isoentrópico es 85 %. A la salida del compresor el aire ya comprimido pasa por un intercambiador calentador que aporta calor al ciclo. En el intercambiador de calor el aire se calienta hasta una temperatura de 1150 ºC (temperatura máxima del ciclo) gracias al calor que le cede un fluido térmico externo que procede de una central solar. La pérdida de carga de aire en el intercambiador de calor es 0,15 bar. A continuación, el aire pasa por una turbina expansora, de rendimiento isoentrópico igual al 95 %, tras lo cual el aire es expulsado al ambiente. Puede considerarse que el aire se comporta como gas ideal caloríficamente perfecto con relación de calores específicos igual a 1,4 y constante de gas ideal igual a 286 J/(kgK). Calcular:

a) Las temperaturas y las presiones a la entrada y a la salida de todos los componentes de la turbina de gas.

b) La potencia térmica transferida al aire en el intercambiador que aporta calor al ciclo.

c) La potencia mecánica neta producida por la turbina de gas.

d) El rendimiento térmico del ciclo.

e) Si en lugar de un intercambiador calentador la turbina de gas funcionara con una cámara de combustión que quema un biogás, ¿cuál sería el gasto másico necesario de biogás en la cámara de combustión? Considere un biogás con poder calorífico inferior medio igual a 40 MJ/kg y rendimiento de combustión igual al 97 %.

f) Si la relación de compresión del compresor fuera igual a 8 en lugar de 10, ¿cuál sería el rendimiento térmico de la turbina de gas?

Solución

Este problema caracteriza un ciclo Brayton simple, cuyas ecuaciones se resumen en la Tabla 2.2.

a) Las temperaturas y las presiones a la entrada y a la salida de todos los componentes de la turbina de gas.

Estado-1 (entrada al compresor). Las condiciones de entrada al compresor están definidas por el enunciado del problema: p_1 = 1 bar; T_1 = 25 ºC = 298,15 K. En problemas de turbina de gas es común usar unidades de presión en bares, donde 1 bar = 10^5 Pa.

Estado-2 (salida del compresor). La presión a la salida del compresor es $p_2 = p_1\Pi_c$ = 10 bar, donde Π_c = 10 es la relación de presiones del compresor. La temperatura del aire a la salida del compresor es

$$T_2 = T_1\left[1+\frac{1}{\eta_c}\left(\Pi_c^{\frac{\gamma-1}{\gamma}}-1\right)\right] = 624,6 \text{ K}$$

Aquí es importante resaltar que, para que los resultados sean correctos, la temperatura en la ecuación ha de expresarse en Kelvin, no en grados Celsius, puesto que contiene términos deducidos a partir de la ecuación de estado de los gases ideales.

Estado-3 (entrada a la turbina expansora). La presión es $p_3 = p_2 - \Delta p_{23}$, donde $\Delta p_{23} = 0{,}15$ bar, es la pérdida de carga en el intercambiador calentador. La temperatura está dada por el enunciado: $T_3 = 1150$ ºC $= 1423{,}15$ K. Como la entrada de la turbina expansora corresponde con la salida del intercambiador, la temperatura allí será la máxima del ciclo, $T_{\text{máx}} = T_3$.

Estado-4 (salida de la turbina expansora). Dado que es un ciclo simple abierto, la presión a la salida de la turbina se considerará similar a la presión ambiente hacia la que descarga la turbina expansora, $p_4 = p_1$. Por sencillez, no se tendrá en cuenta la pérdida de carga en otros elementos posteriores a la turbina como, por ejemplo, la chimenea de salida de gases. Por consiguiente, $\Pi_t = p_3/p_4 = 9{,}85$ y la temperatura a la salida de la turbina expansora es

$$T_4 = T_3 \left\{ 1 + \eta_t \left[\left(\frac{1}{\Pi_t} \right)^{\frac{\gamma-1}{\gamma}} - 1 \right] \right\} = 774{,}45 \text{ K}$$

b) Potencia térmica transferida al aire en el intercambiador que aporta calor al ciclo.

Utilizando la ecuación del balance de energía en el intercambiador calentador se obtiene:

$$\dot{Q}_{in} = \dot{m} c_p \left(T_3 - T_2 \right) = 4{,}687 \cdot 10^6 \text{ MW}$$

donde el calor específico del gas es $c_p = (\gamma R_g)/(\gamma - 1)$ J/(kg · K)y el gasto másico de aire que pasa por el intercambiador es igual al gasto másico que entró al intercambiador de calor, $\dot{m}_2 = \dot{m}_1$. Para calcular $\dot{m}$ se utiliza el caudal que se ha proporcionado en el enunciado para el estado-1, que se obtiene: $\dot{m} = \rho_1 \dot{V}_1 = 5{,}864 \text{ kg/s}$, siendo $\rho_1 = p_1 / R_g T_1 = 1{,}173 \text{ kg/m}^3$ la densidad del aire a la entrada del compresor y $\dot{V}_1 = 5 \text{ m}^3/\text{s}$ el caudal en dicha entrada (recuérdese que el caudal depende de la presión y de la temperatura y, por tanto, cambia a lo largo del ciclo).

c) Potencia mecánica neta producida por la turbina de gas.

Está dada por la potencia producida por la turbina expansora menos la consumida por el compresor, es decir: $\dot{W}_{net} = \dot{W}_t - \dot{W}_c = 1{,}891$ MW, donde, en la ecuación, $\dot{W}_c = \dot{m} c_p (T_2 - T_1) = 1{,}916$ MW y $\dot{W}_t = \dot{m} c_p (T_3 - T_4) = 3{,}808$ MW, siendo $\dot{m}_3 = \dot{m}_1$ por la conservación del gasto másico de aire a lo largo de la turbina.

d) Rendimiento térmico del ciclo:

$$\eta_{TG} = \frac{\dot{W}_{net}}{\dot{Q}_{in}} = 0{,}404 \rightarrow 40{,}4 \ \%$$

e) Si en lugar de un intercambiador calentador la turbina de gas funcionara con una cámara de combustión que quema un biogás, ¿cuál sería el gasto másico necesario de biogás en la cámara de combustión? Considerar un biogás con poder calorífico inferior medio igual a 40 MJ/kg y rendimiento de combustión igual al 97 %.

Como $\dot{Q}_{in} = \eta_{\text{comb}} L_i \dot{m}_{\text{comb}}$, entonces $\dot{m}_{\text{comb}} = \dot{Q}_{in} / \eta_{\text{comb}} L_i = 0{,}121$ kg/s , donde $\eta_{comb} = 0{,}97$ y $L_i = 40 \cdot 10^6$ J/kg.

f) Si la relación de compresión del compresor fuera igual a 8 en lugar de 10, ¿cuál sería el rendimiento térmico de la turbina de gas?

Repitiendo el cálculo de las temperaturas y presiones de los estados del ciclo para $\Pi_c = 8$, se obtiene un rendimiento térmico $\eta_{TG} = \dot{W}_{net} / \dot{Q}_{in} = 0{,}377 \rightarrow 37{,}7\ \%$, lo que indica que al bajar la relación de compresión del compresor, manteniendo el resto de datos del enunciado, el rendimiento del ciclo baja. En este caso, el decrecimiento del rendimiento ha sido del 2,7 %.

□

2.3.3. Ciclos Brayton mejorados

El ciclo Brayton simple visto en el apartado anterior proporciona un rendimiento termodinámico que normalmente es inferior al de otros ciclos de potencia como, por ejemplo, los ciclos de vapor. Con vistas a aumentar el rendimiento del ciclo Brayton, se pueden incluir elementos adicionales en el ciclo que permiten un mejor aprovechamiento de la energía utilizada. Estos elementos son, principalmente, *recuperadores*, *recalentadores* e *interenfriadores* y, cuando se incluyen en el ciclo, dan lugar a los denominados **ciclos Brayton mejorados,** que se describen en los siguientes apartados.

2.3.3.1. Ciclo Brayton con regeneración

El **ciclo Brayton con regeneración** es un ciclo Brayton simple al que se le ha añadido un regenerador. El objetivo de este componente es aumentar la eficiencia térmica del ciclo. La Figura 2.14 muestra un diagrama con los elementos de una turbina de gas a la que se ha añadido un regenerador y que da lugar al ciclo Brayton con regeneración.

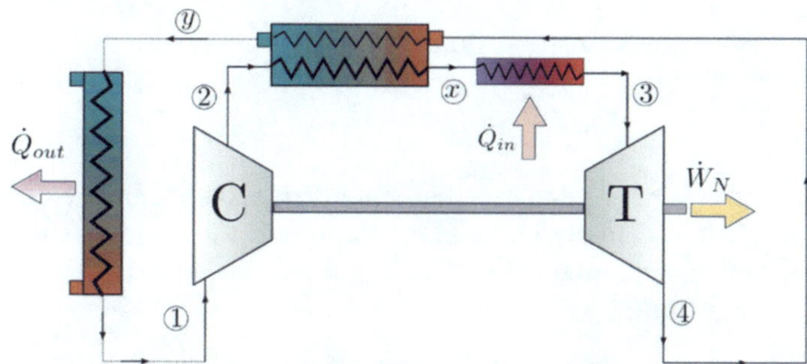

Figura 2.14. Diagrama de los elementos de una turbina de gas con regenerador

El *regenerador* es un intercambiador de calor que transfiere potencia térmica desde los gases a la salida de la turbina expansora hasta los gases que salen del compresor antes de que estos últimos se calienten en la cámara de combustión o en el intercambiador calentador. La idea tras la regeneración es utilizar parte de la energía térmica de los gases a la salida de la turbina expansora en lugar de expulsar dicha energía directamente al ambiente en el intercambiador enfriador. De esta forma se puede disminuir, $\dot{Q}_{in}$, y bajar, $\dot{Q}_{out}$, dando lugar a un aumento del rendimiento térmico de la turbina de gas, η_{TG}. La Figura 2.15 muestra la evolución de la temperatura frente a la entropía específica del gas en un ciclo Brayton con regeneración.

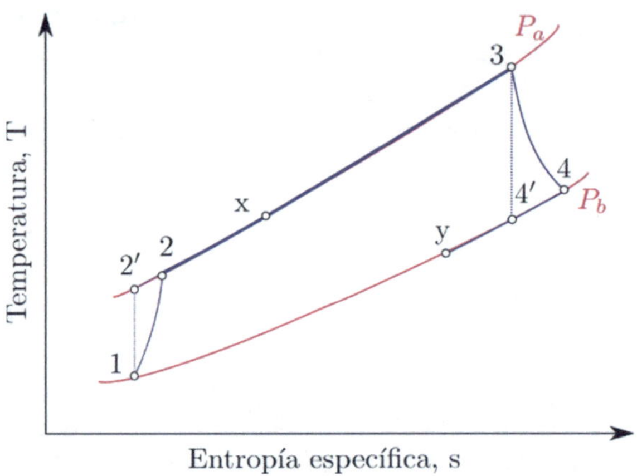

Figura 2.15. Diagrama temperatura *versus* entropía específica del gas de trabajo en un ciclo Brayton con regenerador

El regenerador se encuentra entre los estados 2 y x para el gas que sale del compresor, que es el flujo que se quiere calentar y los estados 4 e y para el flujo de gas a la salida turbina expansora, que está relativamente caliente y puede ceder parte de su energía térmica. Así, el calor que cede el flujo caliente en el regenerador es:

$$\dot{Q}_{r.\text{cede}} = \dot{m}c_p\left(T_4 - T_y\right) \tag{2.29}$$

mientras que el calor que absorbe el flujo frío en el regenerador es:

$$\dot{Q}_{r.\text{abs}} = \dot{m}c_p\left(T_x - T_2\right) \tag{2.29}$$

Como los regeneradores están externamente bien aislados, puede despreciarse el calor disipado desde el flujo caliente hacia el ambiente en primera aproximación (esto es, las pérdidas de calor hacia el ambiente son nulas). Por tanto, todo el calor cedido por el flujo caliente va a parar al flujo frío:

$$\dot{Q}_{r.\text{cede}} = \dot{Q}_{r.\text{abs}} \rightarrow \left(T_4 - T_y\right) = \left(T_x - T_2\right) \tag{2.31}$$

Adicionalmente a la ecuación anterior, las temperaturas de los flujos del regenerador suelen relacionarse a través de la efectividad del regenerador, la cual se define como:

$$\varepsilon_r = \frac{\dot{Q}_{r.\text{abs}}}{\dot{Q}_{r.\text{máx}}} = \frac{\dot{m}c_p\left(T_x - T_2\right)}{\dot{m}c_p\left(T_{r.\text{máx}} - T_{r.\text{mín}}\right)} \rightarrow \varepsilon_r = \frac{\left(T_x - T_2\right)}{\left(T_4 - T_2\right)} \quad (2.32)$$

donde $\dot{Q}_{r.\text{máx}}$ es el calor que, como máximo, podría intercambiarse en un regenerador ideal. En el regenerador ideal el área de contacto entre los fluidos es infinitamente grande, de forma que el flujo frío se calienta hasta la temperatura máxima posible, que es la temperatura de entrada del flujo caliente al intercambiador, $T_{r.\text{máx}} = T_4$. Análogamente, en un regenerador ideal, como el flujo caliente ha proporcionado el calor máximo posible, se enfría hasta la temperatura mínima, que es la temperatura de entrada del flujo frío, $T_{r.\text{mín}} = T_2$.

La inclusión de un regenerador en el ciclo Brayton no cambia el tratamiento con ecuaciones del resto de componentes, salvo el proceso de adición de calor al gas. Dicho proceso de adición de calor al gas comienza con el gas a la temperatura del flujo frío a la salida del regenerador, T_x, en lugar de con la temperatura de salida del compresor, T_2. El regenerador implica una pérdida de carga adicional (Δp_{2x} para el flujo frío e Δp_{4y} para el flujo caliente) que ha de tenerse en cuenta en el ciclo. La Tabla 2.3 resume el cálculo de los parámetros principales resultantes del ciclo Brayton con regeneración.

Tabla 2.3. Resumen de ecuaciones para el ciclo Brayton con regenerador

Elemento	Parámetros
Compresor	T_2 ; p_2 y $\dot{W}_c$ similares a ciclo Brayton simple
Regenerador	$\varepsilon_r = \frac{\left(T_x - T_2\right)}{\left(T_4 - T_2\right)}$; $\left(T_x - T_2\right) = \left(T_4 - T_y\right)$; $p_x = p_2 - \Delta p_{2x}$; $p_y = p_4 - \Delta p_{4y}$
Combustor/ Intercambiador calentador	$\dot{Q}_{in} = \dot{m}c_p\left(T_3 - T_z\right)$; $p_3 = p_x - \Delta p_{x3}$ • En ciclo cerrado: $\dot{Q}_{in} = \dot{Q}_{\text{intercambiador}}$ • En ciclo abierto: $\dot{Q}_{in} = \eta_{\text{comb}} L_i \dot{m}_{\text{comb}}$
Turbina expansora	T_4 ; $p_4 = \frac{p_3}{\Pi_t}$ y $\dot{W}_t$ similares a ciclo Brayton simple
Renovación o intercambiador enfriador	$\dot{Q}_{out} = \dot{m}c_p\left(T_y - T_1\right)$ • En ciclo es cerrado: $p_1 = p_y - \Delta p_{y1}$ • En ciclo abierto: $p_1 = p_y \approx p_{\text{ambiente}}$
Conjunto de la turbina de gas	$\dot{W}_{net}$ y η_{TG} son similares al ciclo simple, pero usando $\dot{Q}_{in}$ del ciclo Brayton con regeneración

Ejemplo de aplicación 2.5. Turbina de gas regenerativa

Considérese que a la turbina de gas del Ejemplo de aplicación 2.4 se le añade un regenerador para crear un ciclo abierto regenerativo. El regenerador posee una eficiencia del 75 %. La pérdida de carga de la corriente fría en el regenerador es de 0,12 bar y para la corriente caliente es de 0,2 bar. El resto de componentes y condiciones de trabajo quedan descritos por los datos proporcionados en el ejemplo de aplicación 4.2 de este capítulo. Calcular:

a) Las temperaturas y las presiones a la entrada y a la salida de todos los componentes de la turbina de gas.
b) La potencia térmica transferida en el regenerador del ciclo.
c) La potencia térmica transferida al aire en el intercambiador de aporte de calor al ciclo.
d) La potencia mecánica neta producida por la turbina de gas.
e) El rendimiento térmico del ciclo.

Solución

En este ejemplo se analiza un ciclo Brayton regenerativo. Las expresiones a aplicar en este ciclo se resumen en la Tabla 2.3.

a) Las temperaturas y las presiones a la entrada y a la salida de todos los componentes de la turbina de gas.

Los pasos a realizar para el cálculo de los estados del ciclo son semejantes a los seguidos en el Ejemplo de aplicación 2.4. Aquí se mostrarán de forma abreviada, excepto aquellos cálculos que cambian debido a la presencia del regenerador.

Estado-1 (entrada al compresor). $p_1 = 1$ bar; $T_1 = 25$ ºC $= 298{,}15$ K (véase la solución del Ejemplo de aplicación 2.4).

Estado-2 (salida del compresor): $p_2 = p_1 \Pi_c = 10$ bar y

$$T_2 = T_1 \left[1 + \frac{1}{\eta_c} \left(\Pi_t^{\frac{\gamma-1}{\gamma}} - 1 \right) \right] = 624{,}6 \text{ K}$$

Estado-*x* (salida del regenerador, referida al flujo que se calienta). De momento, se calculará la presión, que es $p_x = p_2 - \Delta p_{2x} = 9{,}88$ bar, donde Δp_{2x} es la pérdida de carga en el flujo frío del regenerador y es igual a 0,12 bar.

Estado-3 (entrada a la turbina expansora). La presión es $p_3 = p_x - \Delta p_{3x}$, donde Δp_{3x} es la pérdida de carga en el intercambiador calentador que aporta calor al ciclo desde la central solar y es igual a 0,15 bar. Además, $T_3 = 1150$ ºC $= 1423{,}15$ K (véase el Ejemplo de aplicación 2.4).

Estado-4 (salida de la turbina expansora). Dado que es un ciclo regenerativo abierto, la presión a la salida de la turbina ya no es similar a la presión ambiente, sino que hay que sumarle la pérdida de carga del regenerador. En particular, tenemos que $p_4 = p_y + \Delta p_{4y} = 1{,}2$ bar, donde $\Delta\, p_{4y}$ es la pérdida de carga en el flujo caliente del regenerador y es igual a 0,2 bar y p_y es la presión de salida del regenerador, que es igual a la presión de entrada al compresor ($p_y = p_1$), ya que el regenerador descarga directamente al ambiente, al ser el ciclo del problema de tipo abierto. Por tanto, $\Pi_t = p_3/p_4 = 8{,}11$. Usando este último valor, la temperatura a la salida de la turbina expansora es:

$$T_4 = T_3 \left\{ 1 + \eta_t \left[\left(\frac{1}{\Pi_t} \right)^{\frac{\gamma-1}{\gamma}} - 1 \right] \right\} = 814{,}66\ \mathrm{K}$$

Estado-*x*. Una vez conocida T_4, es inmediato obtener la temperatura del gas en el estado-*x* a partir de la expresión $T_x = T_2 + \varepsilon_r(T_4 - T_2) = 767{,}14$ K, siendo ε_r a la efectividad del regenerador que es igual a 0,75.

Estado-*y* (salida del regenerador, referida al flujo que se enfría). $p_y = p_1 = 1$ bar (apartado anterior). Mediante un balance de energía en el regenerador se obtiene $T_y = T_4 + (T_2 - T_x) = 672{,}12$ K.

b) Potencia térmica transferida en el regenerador del ciclo.

Esta potencia se refiere a la potencia térmica que pasa desde el flujo de aire caliente (procedente de la salida de la turbina expansora) al flujo de aire frío (procedente del compresor). A partir de un balance de energía en el flujo de aire frío se obtiene que dicho flujo absorbe un calor: $\dot{Q}_{r.\mathrm{abs}} = \dot{m}c_p\left(T_x - T_2\right) = 8{,}366\ \mathrm{MW}$. Esta es, por tanto, la potencia térmica transferida en el regenerador. Lógicamente el valor obtenido es el mismo si se calcula con un balance de energía en el flujo de aire caliente del regenerador $\dot{Q}_{r.\mathrm{cede}} = \dot{m}c_p\left(T_4 - T_y\right) = 8{,}366\ \mathrm{MW}$.

c) Potencia térmica transferida al aire en el intercambiador que aporta calor al ciclo.

Como el ciclo tiene un regenerador, el calor que se aporta al ciclo (procedente de una central solar) desde el estado-*x* hasta el estado-3 es:

$$\dot{Q}_{in} = \dot{m}c_p\left(T_3 - T_x\right) = 3{,}850\ \mathrm{MW}$$

Obsérvese que esta potencia térmica aportada al ciclo resulta ser menor que la del Ejemplo de aplicación 2.4, ya que el regenerador recupera parte de la energía de los gases de escape. Eso permite que $\dot{Q}_{in}$ sea menor que en el Ejemplo de aplicación 2.5, para un mismo valor de T_3 en ambos ejemplos.

d) Potencia mecánica neta producida por la turbina de gas.

$$\dot{W}_{net} = \dot{W}_t - \dot{W}_c = 1{,}655\ \mathrm{MW}$$

donde $\dot{W}_c = \dot{m}c_p(T_2 - T_1) = 1{,}916$ MW y $\dot{W}_t = \dot{m}c_p(T_3 - T_4) = 3{,}572$ MW .

e) Rendimiento térmico del ciclo

$$\eta_{TG} = \frac{\dot{W}_{net}}{\dot{Q}_{in}} = 0,43 \rightarrow 43\ \%$$

Como puede comprobarse, el uso de un regenerador ha incrementado el rendimiento térmico en un 2,6 % con respecto al ciclo Brayton simple.

□

2.3.3.2. Ciclo Brayton con recalentamiento

El **recalentamiento** en un ciclo Brayton consiste en volver a calentar el gas de trabajo del ciclo tras expandirlo parcialmente en un primer módulo de la turbina expansora. El gas se termina de expandir en un segundo módulo de la turbina. Por consiguiente, el recalentamiento del gas va emparejado al uso de un *recalentador*, que consiste en un intercambiador de calor o una cámara de combustión adicional a los existentes en el ciclo. El recalentador trabaja a una presión intermedia entre dos módulos de la turbina expansora. Uno de los objetivos principales del recalentamiento es aumentar la potencia que es capaz de proporcionar la turbina de gas sin sobrepasar una temperatura máxima de la cámara de combustión, para así no dañar los materiales del sistema. La Figura 2.16 muestra un esquema de bloques de una turbina de gas que sigue un ciclo Brayton con recalentamiento.

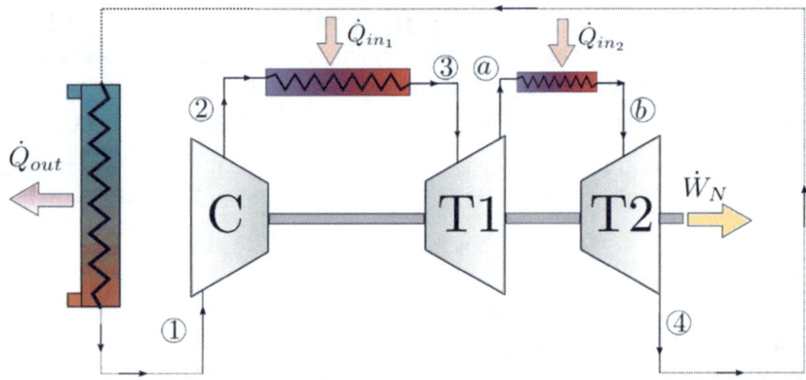

Figura 2.16. Diagrama de los elementos de un ciclo Brayton con recalentamiento

La repercusión principal del recalentamiento en las prestaciones de un ciclo Brayton es el aumento de la potencia neta producida en el ciclo, así como de la temperatura de salida de los gases tras completar toda la expansión (salida del segundo módulo de la turbina expansora). Esto indica que aumenta tanto $\dot{W}_{net}$ como $\dot{Q}_{out}$, pero no necesariamente el rendimiento de la turbia de gas, el cual puede bajar o subir con respecto a un ciclo simple dependiendo de factores como la presión de trabajo del recalentador o la inclusión de elementos adicionales como un regenerador visto en la sección anterior.

La Figura 2.17 contiene una representación de un ciclo de turbina de gas con recalentamiento en un diagrama de temperatura frente a entropía específica del gas de trabajo. El recalentador realiza el proceso situado entre los estados de entrada, a y de salida, b y puede consistir en un intercambiador calentador que extrae la potencia térmica de otro fluido caliente $(\dot{Q}_{\text{intercambiador 2}})$ o bien, puede consistir en una cámara de combustión, donde el gas de trabajo es aire que es calentado por el calor de combustión generado al quemarse parcialmente con un gasto másico de combustible $(\dot{m}_{comb2})$. Por consiguiente, el proceso de calentamiento del gas en un recalentador es análogo al proceso de calentamiento principal entre los estados 2 a 3 del intercambiador-1 o de la primera cámara de combustión.

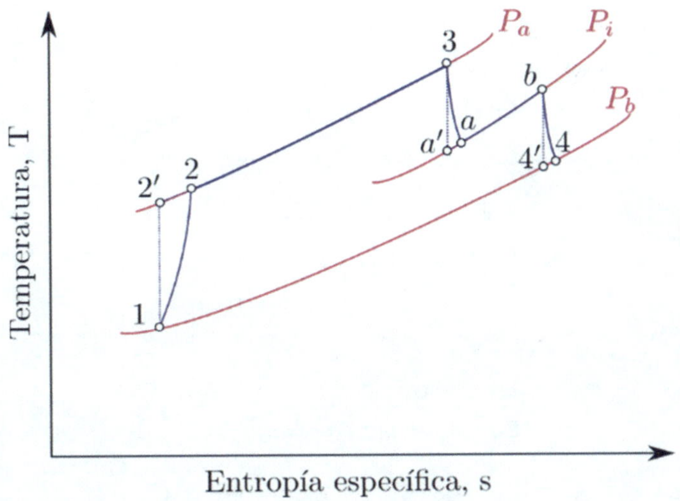

Figura 2.17. Diagrama temperatura *versus* entropía específica del gas de trabajo en un ciclo Brayton con regeneración

Por consiguiente, el gas absorbe calor en el recalentador, lo que aumenta su temperatura desde T_a hasta T_b. Debido a la pérdida de carga Δp_{ab} en el recalentador, la presión del gas a su salida será inferior que la de entrada. Antes del recalentador, los gases se expanden en el primer módulo de turbina desde el estado 3 hasta el estado a. Después del recalentador, los gases continúan expandiéndose en el segundo módulo de turbina desde el estado b hasta el estado 4. Los valores de la relación de presión, Π_{t1}, el rendimiento isoentrópico, η_{t1} y la potencia producida, $\dot{W}_{t1}$, en el primer módulo de turbina pueden ser diferentes de los valores correspondientes al segundo módulo de turbina (Π_{t2}, η_{t2} y $\dot{W}_{t2}$). La Tabla 2.4. resume las principales ecuaciones que pueden usarse para describir los parámetros termodinámicos de un ciclo Brayton con recalentamiento.

Tabla 2.4. Resumen de ecuaciones para el ciclo Brayton con recalentamiento

Elemento	Parámetros
Compresor	T_2, p_2 y $\dot{W}_c$ similares a ciclo Brayton simple
Combustor/ Intercambiador calentador	$\dot{Q}_{in1} = \dot{m}c_p(T_3 - T_2)$; $p_3 = p_2\Delta p_{23}$ • En ciclo cerrado: $\dot{Q}_{in1} = \dot{Q}_{\text{intercambiador1}}$ • En ciclo abierto: $\dot{Q}_{in1} = \eta_{comb}L_i\dot{m}_{comb1}$
Primer módulo de la turbina expansora	$T_a = T_3\left\{1+\eta_{t1}\left[\left(\frac{1}{\Pi_{t1}}\right)^{\frac{\gamma-1}{\gamma}}-1\right]\right\}$; $p_a = \frac{p_3}{\Pi_{t1}}$; $\dot{W}_{t1} = \dot{m}_{cp}(T_3 - T_a)$
Recalentador	$\dot{Q}_{in2} = \dot{m}c_p(T_b - T_a)$; $p_b = p_a\Delta p_{ab}$ • En ciclo cerrado: $\dot{Q}_{in2} = \dot{Q}_{\text{intercambiador2}}$ • En ciclo abierto: $\dot{Q}_{in2} = \eta_{comb}L_i\dot{m}_{comb2}$
Segundo módulo de la turbina expansora	$T_4 = T_b\left\{1+\eta_{t2}\left[\left(\frac{1}{\Pi_{t2}}\right)^{\frac{\gamma-1}{\gamma}}-1\right]\right\}$; $p_4 = \frac{p_b}{\Pi_{t2}}$; $\dot{W}_{t2} = \dot{m}_{cp}(T_b - T_4)$
Renovación o intercambiador enfriador	$\dot{Q}_{out} = \dot{m}c_p(T_4 - T_1)$ • En ciclo cerrado: $p_1 = p_4 - \Delta p_{41}$ • En ciclo abierto: $p_1 = p_4 \approx p_{\text{ambiente}}$
Conjunto de la turbina de gas	$\dot{W}_{net} = \dot{W}_{t1} - \dot{W}_{t2} - \dot{W}_c$; $\eta_{TG} = \frac{\dot{W}_{net}}{\dot{Q}_{in}}$; $\dot{Q}_{in} = \dot{Q}_{in1} + \dot{Q}_{in2}$

2.3.3.3. Ciclo Brayton con interenfriamiento

El **interenfriamiento** en turbinas de gas consiste en enfriar el gas de trabajo a una presión intermedia dentro del proceso de compresión. Para ello, el compresor se divide en dos etapas operando en serie y entre las dos etapas se sitúa un intercambiador de calor, que enfría el gas. Dicho intercambiador de calor se denomina *interenfriador* y cede parte de la energía térmica del gas a un fluido exterior tal como el aire o el agua.

Debido a que, como se ha dicho, el interenfriamiento extrae parte de la energía térmica del sistema, la temperatura del gas durante la compresión no será tan alta como en el caso de un compresor sin interenfriamiento. Esta temperatura menor del gas conseguida con un interenfriador facilitará la compresión. Este es precisamente uno de los objetivos del interenfriamiento de las turbinas de gas. Además, existen otros motivos por los cuales es interesante interenfriar. En concreto, para aumentar el rendimiento del ciclo de turbina de gas, suele asociarse el uso de interenfriadores con el uso de regeneradores, lográndose con ello una gran efectividad del regenerador debido a que la menor temperatura de los gases tras la compresión favorece que absorban calor en el regenerador. También pueden usarse el interenfriador y el regenerador con un recalentador para aumentar la potencia neta generada. En este último caso, aunque el recalentamiento puede aumentar la temperatura de salida de los gases de la turbina expansora, la energía térmica de dichos gases no se desperdicia gracias al regenerador. La Figura 2.18 muestra un diagrama de bloques de una turbina de gas con interenfriamiento, recalentador y regenerador y la Figura 2.19 representa el diagrama *T-s* del ciclo Brayton resultante. Esta disposición sería la que potencialmente podría aportar unas mejores prestaciones a la turbina de gas, aunque también incrementa el coste de su instalación y mantenimiento.

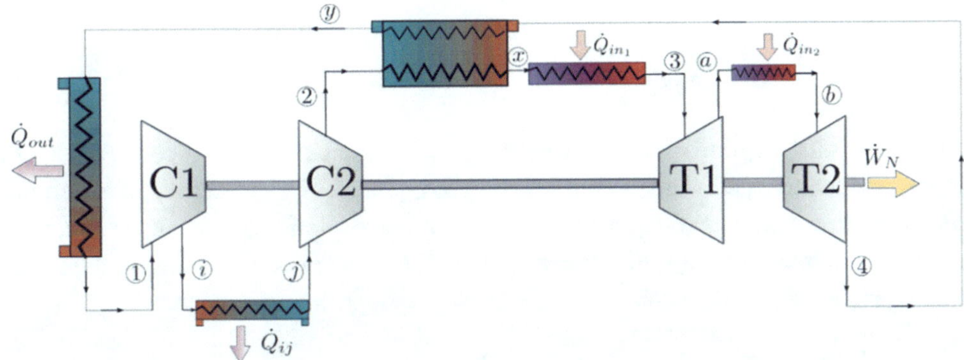

Figura 2.18. Diagrama de los elementos del ciclo Brayton con interenfriamiento, recalentamiento y regeneración

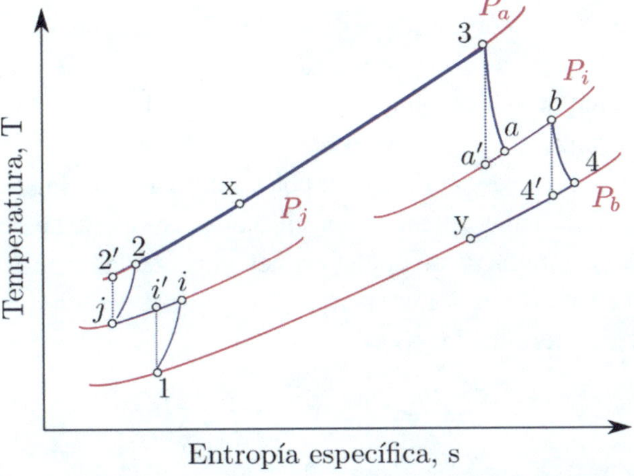

Figura 2.19. Diagrama temperatura *versus* entropía específica del gas de trabajo en un ciclo Brayton con interenfriamiento, recalentamiento y regeneración

El interenfriador puede caracterizarse de forma análoga a como se hizo en el caso del regenerador. La única salvedad es que el gas del ciclo que pasa por el interenfriador cede su calor a un fluido externo al ciclo (por ejemplo, aire ambiente o agua de una torre de refrigeración) que llamaremos *fluido refrigerante*. Así, la potencia térmica $\dot{Q}_{i.\text{cede}}$ cedida por el gas del ciclo en el interenfriador puede expresarse con la diferencia de temperaturas entre la entrada (estado-i) y la salida (estado-j) del regenerador:

$$\dot{Q}_{i.\text{cede}} = \dot{m}c_p\left(T_i - T_j\right) \tag{2.33}$$

Despreciando las pérdidas de calor hacia otro fluido que no sea el refrigerante del interenfriador, esta potencia térmica debe ser igual a la potencia absorbida por dicho fluido refrigerante:

$$\dot{Q}_{i.\text{cede}} = \dot{Q}_{i.abs} = \dot{m}_{ref}c_{p,ref}\left(T_{ref.out} - T_{ref.in}\right) \tag{2.34}$$

donde $\dot{m}_{ref}$ es el gasto másico de refrigerante, $c_{p.ref}$ es su calor específico y $T_{ref.out}$ y $T_{ref.in}$ son sus temperaturas de salida y entrada, respectivamente. Usando estas temperaturas se puede definir la *efectividad del interenfriador* como el decremento de temperatura del gas del ciclo en el interenfriador, dividido por el máximo decremento alcanzable por el gas si el área de intercambio de calor del interenfriador fuese infinitamente grande:

$$\varepsilon_i = \frac{\left(T_i - T_j\right)}{\left(T_i - T_{ref.in}\right)} \tag{2.35}$$

El gas de la turbina, similarmente a un regenerador, sufre una pequeña pérdida de carga en el interenfriador, Δp_{ij}, con lo que $p_j = p_i - \Delta p_{ij}$. La etapa del compresor antes del interenfriador (etapa 1) y la etapa del compresor tras el interenfriador (etapa 2) quedan definidas por su relación de compresión (Π_{c1} para la etapa 1 y Π_{c2} para la etapa 2), su rendimiento isoentrópico (η_{c1} y η_{c2}) y su potencia mecánica ($\dot{W}_{c1}$ y $\dot{W}_{c2}$). La potencia mecánica de las dos etapas deberá ser suministrada por la turbina o turbinas expansoras, debiendo producir dichas turbinas más potencia mecánica que la requerida por los compresores para que la turbina de gas produzca una potencia neta que pueda ser utilizada para generación de electricidad u otros procesos. Por ejemplo, en el caso de existir dos turbinas expansoras, la potencia neta de la turbina de gas es:

$$\dot{W}_{net} = \dot{W}_{t1} + \dot{W}_{t2} - \dot{W}_{c1} - \dot{W}_{c2}$$

La Tabla 2.5 resume las ecuaciones aplicables a cada uno de los componentes de un ciclo con interenfriamiento en la compresión, recalentamiento y regeneración.

Tabla 2.5. Resumen de ecuaciones para el ciclo Brayton con interenfriamiento, recalentamiento y regeneración

Elemento	Parámetros
1.ª etapa del compresor	$T_i = T_1 \left\{1 + \frac{1}{\eta_{c1}}\left[\Pi_{c1}{}^{(\gamma-1)/\gamma} - 1\right]\right\}$; $p_i = p_1 \Pi_{c1}$; $\dot{W}_{c1} = \dot{m}_{cp}\left(T_i - T_1\right)$
Interenfriador	$\varepsilon_i = \frac{\left(T_i - T_j\right)}{\left(T_i - T_{ref.in}\right)}$; $\dot{Q}_{i.\text{cede}} = \dot{m}c_p\left(T_i - T_j\right)$; $p_j = p_i - \Delta p_{ij}$
2.ª etapa del compresor	$T_2 = T_j \left\{1 + \frac{1}{\eta_{c2}}\left[\Pi_{c2}{}^{(\gamma-1)/\gamma} - 1\right]\right\}$; $p_2 = p_j \Pi_{c'}$; $\dot{W}_{c2} = \dot{m}_{cp}\left(T_2 - T_j\right)$
Combustor /Intercambiador calentador	$\dot{Q}_{in1} = \dot{m}c_p\left(T_3 - T_x\right)$; $p_3 = p_x - \Delta p_{x3}$ • En ciclo cerrado: $\dot{Q}_{in1} = \dot{Q}_{\text{intercambiador1}}$ • En ciclo abierto: $\dot{Q}_{in1} = \eta_{comb} L_i \dot{m}_{comb1}$
1.ª etapa de la turbina expansora	$T_a = T_3 \left\langle 1 + \eta_{t1}\left\{\left[\frac{1}{\Pi_{t1}}\right]^{(\gamma-1)/\gamma} - 1\right\}\right\rangle$; $p_2 = p_j \Pi_{c'}$; $\dot{W}_{c2} = \dot{m}_{cp}\left(T_2 - T_j\right)$
Recalentador	$\dot{Q}_{in2} = \dot{m}c_p\left(T_b - T_a\right)$; $p_b = p_a - \Delta p_{ab}$ • En ciclo cerrado: $\dot{Q}_{in2} = \dot{Q}_{\text{intercambiador2}}$ • En ciclo abierto: $\dot{Q}_{in2} = \eta_{comb} L_i \dot{m}_{comb2}$
2.ª etapa de la turbina expansora	$T_4 = T_b \left\langle 1 + \eta_{t2}\left\{\left[\frac{1}{\Pi_{t2}}\right]^{(\gamma-1)/\gamma} - 1\right\}\right\rangle$; $p_4 = \frac{p_b}{\Pi_{t2}}$; $\dot{W}_{t2} = \dot{m}_{cp}\left(T_b - T_4\right)$
Regenerador	$\varepsilon_r = \frac{\left(T_x - T_2\right)}{\left(T_4 - T_2\right)}$; $\left(T_x - T_2\right) = \left(T_4 - T_y\right)$; $p_x = p_2 - \Delta p_{2x}$; $p_y = p_4 - \Delta p_{4y}$
Renovación o intercambiador enfriador	$\dot{Q}_{out} = \dot{m}c_p\left(T_4 - T_y\right)$ • En ciclo cerrado: $p_1 = pv - \Delta p_{v1}$ • En ciclo abierto: $p_1 = pv \approx p_{\text{ambiente}}$
Conjunto de la turbina de gas	$\dot{W}_{net} = \dot{W}_{t1} + \dot{W}_{t2} - \dot{W}_{c1} - \dot{W}_{c2}$; $\eta_{TG} = \frac{\dot{W}_{net}}{\dot{Q}_{in}}$; $\dot{Q}_{in} = \dot{Q}_{in1} + \dot{Q}_{in2}$

Ejemplo de aplicación 2.6. Turbina de gas regenerativa con interenfriamiento y recalentamiento

Considérese que a la turbina de gas del Ejemplo de aplicación 2.5 se le añaden un interenfriador y un recalentador, obteniéndose así un ciclo Brayton abierto con interenfriamiento, recalentamiento y regeneración. Use los mismos datos de partida que los del enunciado del Ejemplo de aplicación 2.5 de este capítulo. El interenfriador alcanza una eficiencia del 87 % y el fluido refrigerante entra al enfriador a una temperatura de 25 ºC. La pérdida de carga en el interenfriador es 0,1 bar. La etapa del compresor antes del interenfriador (etapa de baja presión del compresor) posee un rendimiento isoentrópico del 85 % y su relación de presiones es 3. Considere que la etapa del compresor después del interenfriador (etapa de alta presión del compresor) tiene el mismo rendimiento isoentrópico que la etapa de baja presión del compresor. El aire a la salida de la etapa de alta presión del compresor alcanza una presión de 10 bar. La pérdida de carga en el recalentador es 0,15 bar. La etapa de la turbina expansora antes del recalentador (etapa de alta presión de la turbina) posee un rendimiento isoentrópico igual al 95 % y su relación de presiones es 2,8. El recalentador, consistente en un intercambiador calentador adicional situado tras la primera etapa de la turbina expansora, aporta calor al aire hasta calentarlo a 1150 ºC (temperatura similar a la alcanzada en el intercambiador calentador tras el regenerador). La etapa de la turbina expansora tras el recalentador (etapa de baja presión de la turbina) también tiene un rendimiento isoentrópico del 95 %. Calcular:

a) Las temperaturas y las presiones a la entrada y a la salida de todos los componentes de la turbina de gas.
b) La potencia térmica extraída del ciclo en el interenfriador.
c) La potencia térmica transferida al aire en los intercambiadores de aporte de calor al ciclo.
d) La potencia mecánica neta producida por la turbina de gas.
e) El rendimiento térmico del ciclo.

Solución

Este problema estudia un ciclo Brayton con interenfriamiento, recalentamiento y regeneración. Las expresiones a aplicar en este ciclo se resumen en la Tabla 2.5.

a) Las temperaturas y las presiones a la entrada y a la salida de todos los componentes de la turbina de gas.

Los pasos a realizar para el cálculo de los estados del ciclo son semejantes a los mostrados en los Ejemplos de aplicación 2.4 y 2.5, por lo que se presentarán de forma abreviada salvo aquellos cálculos que cambian debido a la presencia del interenfriador y del recalentador.

Estado-1 (entrada al compresor). p_1 = 1 bar; T_1 = 25 º C = 298,15 K (véase el enunciado del Ejemplo de aplicación 2.4).

Estado-*i* (salida de la etapa del compresor de baja presión). A partir de las expresiones de la Tabla 2.4 se obtiene que la presión y temperaturas son:

$$p_i = p_1 \Pi_{c1} \text{ y } T_i = T_1 \left[1 + \frac{1}{\eta_{c1}} \left(\Pi_{c1}^{\frac{\gamma-1}{\gamma}} - 1 \right) \right]$$

donde $\Pi_{c1} = 3$ y $\eta_{c1} = 0{,}85$.

Estado-*j* (salida del interenfriador). La presión es $p_j = p_i - \Delta p_{ij}$ =2,9 bar y la temperatura es $T_j = T_i + \varepsilon_i\,(T_{ref,in} - T_i) = 314{,}96$ K, siendo ε_i la eficiencia del interenfriador, que es igual a 0,87 y $T_{ref,in}$, la temperatura de entrada del flujo de refrigerante, cuyo valor es de 25 ºC (298,15 K).

Estado-2 (salida de la etapa del compresor de alta presión). La presión es un dato del problema $p_2 = 10$ bar y la temperatura se calcula de forma análoga al compresor de baja presión, es decir

$$T_2 = T_j \left[1 + \frac{1}{\eta_{c2}} \left(\Pi_{c2}^{\frac{\gamma-1}{\gamma}} - 1 \right) \right] = 472{,}19 \text{ K}$$

con $\eta_{c2} = 0{,}85$ y $\Pi_{c2} = p_2/p_j = 3{,}45$.

Estado-*x* (salida del regenerador, referida al flujo de aire que se calienta). $p_x = p_2 - \Delta p_{2x}$ =9,88 bar, donde $\Delta p_{2x} = 0{,}12$ bar. Se dejará para el final el cálculo de la temperatura del estado-*x*, ya que para ello necesario caracterizar el resto de estados de la turbina de gas.

Estado- 3 (entrada a la etapa de alta presión de la turbina expansora). La presión es $p_3 = p_x - \Delta p_{x3} = 9{,}73$ bar, donde Δp_{x3} es la pérdida de carga en el intercambiador calentador que aporta calor al ciclo desde la central solar y es igual a 0,15 bar; y $T_3 = 1150$ ºC = 1423,15 K (véase Ejemplo de aplicación 2.4).

Estado-*a* (entrada al recalentador tras la etapa de alta presión de la turbina). Como según el enunciado del problema, $\Pi_{t1} = 2{,}8$, entonces

$$p_a = \frac{p_j}{\Pi_{t1}} \quad ; \quad T_a = T_3 \left\{ 1 + \eta_{t1} \left[\left(\frac{1}{\Pi_{t1}} \right)^{\frac{\gamma-1}{\gamma}} - 1 \right] \right\} = 1078{,}59 \text{ K}$$

donde η_{t1} es el rendimiento isoentrópico de la etapa de alta presión de la turbina y tiene un valor de 0,95.

Estado-*b* (entrada a la etapa de baja presión de la turbina expansora tras la salida del recalentador). La presión es $p_b = p_a - \Delta p_{ab} = 3{,}325$ bar, donde Δp_{ab} es la pérdida de carga en el recalentador que aporta calor al ciclo por segunda vez desde la central solar y es igual a 0,15 bar. Según los datos del problema, $T_b = 1150$ ºC (1423,15 K).

Estado-*y* (salida del regenerador referida al flujo que se enfría). Como es un ciclo abierto, $p_y = p_1 = 1$ bar. La temperatura de salida del regenerador no puede ser obtenida hasta que no se calculen las condiciones del siguiente estado.

Estado-4 (salida de la etapa de baja presión de la turbina expansora). Dado que es un ciclo regenerativo abierto, la presión a la salida de la turbina, $p4$, ya no es similar a la presión ambiente, sino que hay que sumarle la pérdida de carga del regenerador. En particular, $p4 = py + \Delta p_{4y} = 1{,}2$ bar, donde Δp_{4y} es la pérdida de carga en el flujo de aire caliente que se enfría en el regenerador, cuyo valor es de 0,2 bar. Por tanto, $\Pi_{t2} = p_b/p_4 = 2{,}77$ y la temperatura a la salida de la etapa de baja presión de la turbina expansora es

$$T_4 = T_b \left\{ 1 + \eta_{t2} \left[\left(\frac{1}{\Pi_{t2}} \right)^{\frac{\gamma-1}{\gamma}} - 1 \right] \right\} = 1081{,}61 \text{ K}$$

Una vez conocida T_4, ya pueden obtenerse las temperaturas de salida del regenerador para el flujo que se calienta: $T_x = T_2 + \varepsilon_r (T_4 - T_x) = 929{,}25$ K y para el flujo que se enfría, $T_y = T_4 + (T_2 - T_x) = 624{,}54$ K, donde ε_r es la eficiencia del regenerador y tiene un valor de 0,75.

b) Potencia térmica extraída del ciclo en el interenfriador.

Utilizando la Tabla 2.5 de ecuaciones del ciclo, la potencia térmica que es cedida por el aire al fluido refrigerante en el interenfriador es

$$\dot{Q}_{i.\text{cede}} = \dot{m} c_p \left(T_i - T_j \right) = 0{,}66 \text{ MW}$$

c) Potencia térmica transferida al aire en los intercambiadores de aporte de calor al ciclo.

Según la Tabla 2.5, la potencia térmica transferida al ciclo en el primer intercambiador de aporte de calor es

$$\dot{Q}_{in1} = \dot{m}c_p \left(T_3 - T_x\right) = 290 \text{ MW}$$

mientras que en el segundo intercambiador de aporte de calor, que actúa como recalentador, es

$$\dot{Q}_{in2} = \dot{m}c_p \left(T_b - T_a\right) = 202 \text{ MW}$$

En total, la suma de estos intercambiadores aporta al aire del ciclo una potencia térmica total igual a

$$\dot{Q} = \dot{Q}_{in1} + \dot{Q}_{in2} = 4{,}92 \text{ MW}$$

Esta potencia térmica total aportada al ciclo es mayor que la de los ejercicios de aplicación 4 y 5 debido a que en el presente problema se ha añadido un recalentador.

d) Potencia mecánica neta producida por la turbina de gas.

Para obtenerla es preciso calcular las potencias de las etapas de baja y alta presión del compresor y de alta y baja presión de la turbina, cuyas ecuaciones son, respectivamente, según se pueden obtener a partir de la Tabla 2.5:

$$\dot{W}_{c1} = \dot{m}_1 \left(T_i - T_1\right) = 0{,}759 \text{ MW} \; ; \; \dot{W}_{c2} = \dot{m}_2 \left(T_2 - T_j\right) = 0{,}923 \text{ MW}$$

$$\dot{W}_{t1} = \dot{m}_3 \left(T_3 - T_a\right) = 2{,}022 \text{ MW} \; ; \; \dot{W}_{t2} = \dot{m}_3 \left(T_b - T_4\right) = 2{,}005 \text{ MW}$$

Por consiguiente, la potencia neta generada por la turbina de gas es

$$\dot{W}_{net} = \dot{W}_{t1} + \dot{W}_t - \dot{W}_{c1} - \dot{W}_{c2} = 2{,}35 \text{ MW}$$

Si se comparan con los resultados de los Ejemplos de aplicación 2.4 y 2.5 de este capítulo, la presente potencia neta generada por la turbina de gas ha aumentado como consecuencia del uso del recalentador.

e) Rendimiento térmico del ciclo:

$$\eta_{TG} = \frac{\dot{W}_{net}}{\dot{Q}_{in}} = 0{,}477 \rightarrow 47{,}7 \text{ \%}$$

Obsérvese que el rendimiento es un 4,7 % superior respecto al obtenido en el Ejemplo de aplicación 2.5. Esta mejora del rendimiento es debida al uso conjunto de un recalentador y un interenfriador que permiten que crezca la potencia neta de la turbina de gas mucho más que el incremento de la potencia térmica total que es necesario aportar al sistema.

□

2.4. CENTRALES DE ENERGÍA GEOTÉRMICA

2.4.1. La energía geotérmica y sus aplicaciones

La **energía geotérmica** proviene principalmente del decaimiento de elementos radioactivos naturales en el interior de la Tierra. Este decaimiento genera calor, el cual se transfiere por conducción y convección en la corteza terrestre, alcanzando su superficie, así como los acuíferos y el mar.

El calor proveniente de la energía geotérmica se caracteriza por ser *continuo*, por lo que puede usarse como fuente de energía para generar potencia térmica o eléctrica en centrales de base que funcionen en continuo durante todo el día. Esto es una ventaja en comparación con otras fuentes de energía renovable, que sí son intermitentes, como la energía solar y la eólica, dotando a la energía geotérmica de un atractivo para aportar seguridad al suministro eléctrico en escenarios donde las fuentes de energía sean principalmente renovables. Otra ventaja de la energía geotérmica es que es una fuente esencialmente limpia. Además, las plantas de generación de potencia que la utilizan requieren de poca extensión en superficie, provocando un menor impacto visual que otras energías renovables.

La fuente de calor geotérmica posee una temperatura y potencia utilizable que depende del nivel de profundidad y de las características geológicas del suelo, por lo que existen regiones del planeta más adecuadas para el uso de este recurso que otras. Sin embargo, la localización de la central es un factor cada vez menos crítico debido al avance de las tecnologías de explotación geotérmicas. La Tabla 2.6 muestra los principales países productores de energía eléctrica a partir de fuentes geotérmicas.

Tabla 2.6. Principales países productores de energía eléctrica geotérmica en el año 2023. *Fuente*: Adaptado de IRENA (2024).

País	Potencia eléctrica instalada (MWe)	Contribución al total de la potencia eléctrica instalada en el país (%)	Contribución a la potencia eléctrica geotérmica mundial (%)
Estados Unidos	2674	0,22	17,8
Indonesia	2598	3,7	17,3
Filipinas	1952	7,1	13
Turquía	1691	1,6	11,3
Nueva Zelanda	1050	10,1	7
México	999	0,96	6,6
Kenia	984	26,2	6,5
Italia	772	0,63	5,1
Islandia	756	25,1	5,0
Japón	428	0,12	2,8
Costa Rica	263	7,1	1,8
El Salvador	229	8	1,5
Nicaragua	165	9	1,1

La tabla contiene solamente aquellos países cuya contribución al total de la energía eléctrica geotérmica mundial es igual o superior al 1 %. Como puede observarse, el mayor productor de energía eléctrica geotérmica en términos absolutos es EE. UU., seguido de Indonesia. En términos relativos destacan Islandia y El Salvador, con contribuciones de la energía eléctrica geotérmica del 30 % y el 25 %, respectivamente, sobre el total de potencia eléctrica instalada en el país. Aunque en la actualidad la suma de la energía geotérmica instalada a nivel mundial es de solo unos 15 GWe (en torno a un 1 % de toda la potencia eléctrica mundial generada), su potencial de explotación es altísimo. En los siguientes apartados de explicará el recurso geotérmico y los ciclos termodinámicos de las centrales térmicas que se utilizan para explotarlo.

2.4.2. El recurso geotérmico

En torno a un 70 % del calor que se transmite a través de la corteza terrestre, de hasta 40 km de espesor, hacia su superficie procede del decaimiento de elementos radiactivos de la Tierra tales como los isótopos de uranio (^{238}U y ^{235}U), de torio (^{232}Th) y de potasio (^{40}K). El 30 % restante del calor transmitido por la corteza procede de debajo de la corteza, en concreto del manto terrestre, el cual disipa calor hacia la corteza debido a la alta temperatura del mismo (unos 1000 ºC). A su vez, el manto se encuentra en contacto con el núcleo de la Tierra, cuya temperatura alcanza los 4000 ºC. El núcleo y manto terrestres acumulan el calor que se generó por la compresión gravitatoria de materiales durante la formación de la Tierra.

Se estima que la suma de las contribuciones del decaimiento radiactivo y el calor del manto terrestres produce cada año un calor de unos 1200 EJ ($1{,}2 \cdot 10^{21}$ J) que se transmite hacia la superficie, masas de agua de la Tierra y, en última instancia, hacia la atmósfera y espacio exterior. Aunque este calor es enorme, es muy inferior al calor que la Tierra recibe del Sol, por lo que las pérdidas netas de calor hacia el espacio no son tan elevadas y se sitúan en torno a $4 \cdot 10^{19}$ J/año. En la corteza continental, en promedio, la temperatura crece unos 3 ºC cada 100 m de profundidad (gradiente vertical de temperatura $G = 30$ ºC/km). El flujo de calor de origen geotérmico que en promedio atraviesa la corteza continental, por unidad de área de su superficie externa, es 0,065 W/m^2. Esta cifra puede aumentar localmente en regiones donde el recurso geotérmico es mayor, alcanzando flujos de calor superiores a 50 W/m^2. Dependiendo del gradiente de temperaturas las regiones geotérmicas se clasifican como:

- **Regiones hipotermales,** situadas en zonas de interacción entre placas tectónicas y que se asocian típicamente a áreas de actividad volcánica y/o sísmica. En ellas el gradiente vertical de temperatura es muy elevado, excediendo los 80 ºC/km.
- **Regiones semitermales,** donde la presencia de anomalías en el espesor y comportamiento térmico de la corteza, a pesar de encontrarse lejos de zonas de interacción entre placas tectónicas, conduce a la existencia de gradientes térmicos altos comprendidos entre los 40 ºC/km y los 80 ºC/km.

- **Regiones térmicamente normales,** que representan la mayoría de la corteza continental terrestre y en las cuales los gradientes térmicos son menores de 40 °C/km, lo que complica su utilización para la generación de energía geotérmica.

En estas regiones de la corteza terrestre existen dos mecanismos principales de transferencia del calor geotérmico. Por un lado, el calor se transfiere por conducción a través del material sólido de la corteza, fundamentalmente las rocas. La conductividad térmica promedio del material mayoritario de la corteza continental (granito y gneis) es de 2,2 W/(m · K). A mayor humedad del material de la corteza, mayor será la conductividad térmica promedio.

Por otro lado, el calor también se transfiere por procesos convectivos que involucran el movimiento de sustancias como, por ejemplo, aguas subterráneas, gases de la corteza e incluso, ocasionales flujos de magma en volcanes activos.

El tipo de aprovechamiento de la energía geotérmica está fuertemente ligado a las características del recurso geotérmico a explotar, también denominado *yacimiento geotérmico*, el cual pude clasificarse en dos grandes tipos que se representan en la Figura 2.20.

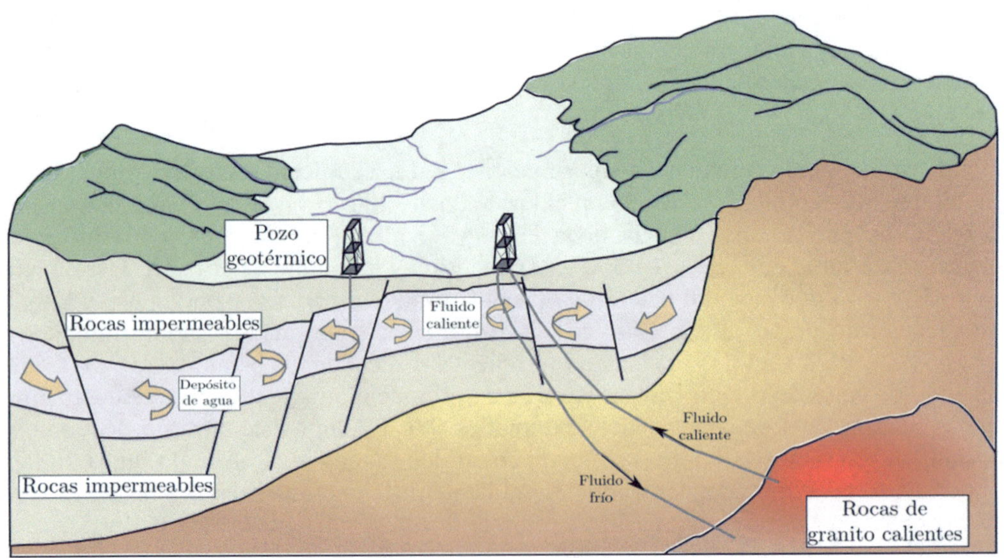

Figura 2.20. Recursos geotérmicos principales: (a) Recurso hidrotermal. (b) Recurso de rocas calientes

1. **Yacimientos geotérmicos hidrotermales** o **de agua caliente**, en los que el agua de los acuíferos profundos naturalmente presentes en la corteza se encuentra en forma de agua líquida presurizada por la presión del subsuelo y que es calentada

por las rocas de la corteza o incluso, por contacto con magma. El agua puede transformarse total o parcialmente en vapor, lo que genera movimientos naturales de recirculación del agua y puede empujarla violentamente hacia la superficie (géiseres). El calor en este tipo de yacimientos se obtendría mediante la extracción directa del agua en estado líquido o vapor de los acuíferos por medio de pozos naturales o artificiales.

Puede estimarse de forma simplificada la energía contenida en una fuente geotérmica hidrotermal para el caso en el que el acuífero tenga un espesor h, que se encuentre a una profundidad promedio z_a con respecto a la superficie terrestre y que ocupe una extensión horizontal de área A. Típicamente $h << z_a$. A dicha profundidad, z_a para un gradiente vertical de temperatura, G_r, el acuífero alcanza una temperatura media, T_a igual a la de los sólidos de la corteza a esa profundidad:

$$T_a = T_{st} + G_r \cdot z_a \tag{2.36}$$

siendo T_{st} en la Ecuación 2.36 es la temperatura de la superficie terrestre ($z_a = 0$).

Suponiendo una porosidad ε_a promedio del suelo en el acuífero (volumen de agua dividido por la suma de los volúmenes de agua y sólidos promedio en el espesor del acuífero), la capacidad térmica total del acuífero se puede expresar como:

$$C_a = h \cdot A \, [\rho_w \, c_w \, \varepsilon_a + \rho_s c_s \, (1 - \varepsilon_a)] \tag{2.37}$$

donde ρ y c son, respectivamente, la densidad y el calor específico del agua (subíndice w) y de los sólidos (subíndice s) del acuífero. Por tanto, la energía térmica almacenada en el acuífero es:

$$E_a \, C_a \, (T_a - T_{\text{mín}}) \tag{2.28}$$

siendo $T_{\text{mín}}$ la temperatura mínima hasta la que como mucho podría enfriarse el agua del acuífero para obtener energía de ella en un intercambiador de calor del ciclo de potencia de la central geotérmica. Esta temperatura mínima se encuentra dada por el tipo de ciclo de potencia al que el agua transfiere calor.

Así, si se extrae del acuífero un caudal de agua, $\dot{V}_w$, se le conduce hasta el ciclo de potencia y se le enfría hasta la temperatura $T_{\text{mín}}$ (este mismo caudal a temperatura $T_{\text{mín}}$ vuelve a retornar al acuífero) el ritmo de obtención de energía del acuífero es:

$$\dot{E}_a = \dot{W} \rho_w c_w \left(T_a - T_{\text{mín}}\right) \tag{2.39}$$

Pero, despreciando otros intercambios de energía a corto plazo, la obtención de energía térmica del acuífero, disponible por medio de extracción de agua, provoca que la energía total contenida en el acuífero descienda al mismo ritmo:

$$\dot{E}_a = \frac{\mathrm{d}\left[C_a\left(T_a - T_{\text{mín}}\right)\right]}{\mathrm{d}t} = C_a \frac{\mathrm{d}\left(T_a - T_{\text{mín}}\right)}{\mathrm{d}t} \tag{2.40}$$

donde t es el tiempo. Igualando las Ecuaciones 2.39 y 2.40 se llega a:

$$C_a \frac{\mathrm{d}\left(T_a - T_{\text{mín}}\right)}{\mathrm{d}t} = \dot{W} \rho_w c_w \left(T_a - T_{\text{mín}}\right) \tag{2.41}$$

Esta ecuación diferencial es fácilmente integrable. Para el caso de una temperatura, $T_{\text{mín}}$, invariable en el tiempo, en primera aproximación, la evolución temporal de la temperatura del acuífero resulta ser:

$$T_a(t) = T_{\text{mín}} + \left[T_a(0) - T_{\text{mín}}\right] \cdot e^{-t/\tau_a} \tag{2.42}$$

Aquí $T_a(0)$ es la temperatura inicial del acuífero justo al comienzo de la extracción de agua ($t = 0$) y

$$\tau_a = \frac{C_a}{\dot{W}_w \rho_w c_w}$$

es la constante de tiempo característico del decaimiento de la temperatura del acuífero. Como se observa en la Ecuación 2.42, el recurso térmico del acuífero se agotaría apreciablemente si la extracción se prolonga en el tiempo un valor suficientemente grande (t del orden de τ_a).

2. **Yacimientos geotérmicos secos** o **de rocas calientes,** caracterizados por la presencia de masas rocas a **profundidades** accesibles por perforación (hasta unos 10 km) sin acuíferos naturales. La baja humedad de estas zonas rocosas hace que su conductividad térmica sea relativamente baja, lo que favorece que hayan acumulado calor sin disiparlo durante millones de años. Estos yacimientos son numerosos, comprendiendo temperaturas de unos 200 ºC a profundidades del orden de varios kilómetros.

Sin embargo, la explotación de estos yacimientos no es tan fácil como en el caso de los yacimientos húmedos, por lo que actualmente su uso es muy reducido. Si las rocas son suficientemente permeables, una forma de explotación del yacimiento de rocas calientes consiste en inyectar agua a través de perforaciones y grietas naturales del terreno para empapar a las masas rocosas, extraerles el calor y retornar el agua ya calentada hacia la superficie. Cuando la porosidad del terreno no es muy alta, es preciso recurrir a sistemas geotérmicos mejorados (*Enhanced Geothermal Systems*, EGS) que se basan en la creación de fracturas en la roca para mejorar su permeabilidad, como, por ejemplo, la fracturación hidráulica por bombeo de agua a alta presión en pozos de gran profundidad.

En un yacimiento geotérmico de rocas calientes, la temperatura de las rocas, T_s cambia apreciablemente si el volumen de rocas se extiende en un rango amplio de profundidades. Esto tiene implicaciones en cuanto a la energía potencialmente extraíble del yacimiento. Así, si $T_s(z) = T_{st} + G \cdot z$ es la variación de la temperatura de las rocas con la profundidad, existe una profundidad mínima dada por la expresión $z_{\text{mín}} = (T_{\text{mín}} - T_{st})/G$, por debajo de la cual las rocas calientes proporcionan una temperatura mayor que la temperatura mínima permitida en el ciclo de potencia, $T_{\text{mín}}$. Entonces, la energía térmica almacenada en un volumen de rocas calientes hasta una profundidad máxima de explotación $z_{\text{máx}} > z_{\text{mín}}$ y una extensión cuya área horizontal es A, puede expresarse como:

$$E_a = \int_{z_{\text{mín}}}^{z_{\text{máx}}} A c_s \rho_s \left[T_s(z) - T_{\text{mín}}\right] \mathrm{d}z = C_{se} \frac{T_{\text{máx}} - T_{\text{mín}}}{2} \tag{2.43}$$

donde $T_{\text{máx}} = T_{st} + G_e \cdot z_{\text{máx}}$ es la temperatura de las rocas a la profundidad máxima de la explotación del yacimiento, $C_{se} = Ahc_s\rho_s$ es la capacidad térmica del volumen de rocas calientes utilizado en la explotación, c_s y ρ_s, su calor específico y densidad promedio y $h = z_{\text{máx}} - z_{\text{mín}}$, el espesor de dicho volumen. En el caso, por ejemplo, de inyectar en las rocas calientes un caudal $\dot{V}_w$ de agua a temperatura $T_{\text{mín}}$ (procedente del intercambiador de calor del ciclo de la central geotérmica) y extraer el agua a una temperatura intermedia, es decir, a $(T_{\text{máx}} + T_{\text{mín}})/2$, el ritmo de obtención de energía del volumen de rocas calientes sería:

$$\dot{E}_a = \dot{W}_w \rho_w c_w \frac{T_{\text{máx}} - T_{\text{mín}}}{2} \tag{2.44}$$

Finalmente, igualando la Ecuación 2.44 a la derivada de la Ecuación 2.43 como se hizo en la Ecuación 2.41, se obtiene,

$$\frac{C_{se}\mathrm{d}\left(T_{\text{máx}} - T_{\text{mín}}\right)}{\mathrm{d}t} = \frac{\dot{W}_w \rho_w c_w \left(T_{\text{máx}} - T_{\text{mín}}\right)}{2} \tag{2.45}$$

Esta ecuación refleja que, para las condiciones de este caso, $T_{\text{máx}}$ variará en el tiempo como consecuencia de la extracción de calor de las rocas. Es decir, la pendiente G del perfil de temperatura $T_s(z)$ cambiará localmente en el volumen de rocas utilizado para extraer calor. La variación temporal de la temperatura máxima de las rocas a la que se extrae el agua inyectada, $T_{\text{máx}}$, supuesta una temperatura $T_{\text{mín}}$ invariable, se obtiene tras integrar la Ecuación 2.45:

$$T_{\text{máx}}(t) = T_{\text{mín}} + \left[T_{\text{máx}}(0) - T_{\text{mín}}\right] e^{-t/\tau_{se}} \tag{2.46}$$

donde $T_{máx}(0)$ es el valor de $T_{máx}$ inicial ($t = 0$) y

$$\tau_{se} = \frac{C_{se}}{\dot{V}_w \rho_w c_w}$$

es la constante de tiempo característico del decaimiento de la temperatura de volumen de rocas utilizado en la explotación geotérmica. Al igual que en Ecuación 2.42, el yacimiento térmico se agotará gradualmente en el tiempo.

Para la generación de energía eléctrica mediante ciclos de potencia, típicamente se requieren temperaturas del agua procedente del yacimiento geotérmico que sean iguales o superiores a 150 ºC, aunque en la actualidad se están estudiando tecnologías capaces de aprovechar fuentes geotérmicas hasta temperaturas de 70 ºC. Por ello, la mayor parte de las plantas de generación de energía geotérmica en la actualidad se emplazan en regiones hipertermales o semitermales con yacimientos geotérmicos hidrotermales y, en menor medida, de rocas calientes, por la mayor dificultad de utilización de este yacimiento, a pesar de ser el más abundante.

2.4.3. Centrales de energía geotérmica

La viabilidad y la eficiencia de las centrales de energía geotérmica para generación eléctrica está fuertemente ligada a la temperatura disponible en el recurso geotérmico. En general, para un adecuado rendimiento, los yacimientos geotérmicos con temperaturas superiores a 300 ºC (muy alta temperatura) son los más idóneos, seguidos por los de temperaturas medias (entre 150 ºC y 300 ºC) y aquellos con temperaturas inferiores a 150 ºC (baja temperatura) son poco atractivos o inviables, dependiendo de la tecnología empleada. Además, no ha de olvidarse que, incluso con temperaturas del recurso favorables, el coste de las perforaciones y la gestión de los flujos de agua extraídos e inyectados condicionan la decisión sobre la construcción de la planta. Sin embargo, una de las principales ventajas de la generación eléctrica geotérmica es que puede operar de continuo sin interrupciones a potencia nominal durante aproximadamente el 70 % del total de horas del año.

Las centrales geotérmicas pueden agruparse en tres grandes grupos según el fluido de trabajo:

- **Centrales de ciclo abierto al recurso,** que usan directamente vapor procedente del recurso geotérmico para mover una turbina de vapor. A este grupo pertenecen las *centrales geotérmicas de vapor seco* y las *centrales con cámara flash* o *de vapor de destello*.
- **Centrales de ciclo cerrado,** en las que el agua del recurso geotérmico cede su calor en un intercambiador de calor hacia otro fluido (por ejemplo, un fluido orgánico) de un ciclo Rankine de vapor. Las *centrales geotérmicas de ciclo binario* son la configuración común de este grupo.

- **Centrales de ciclo híbrido,** las cuales poseen un ciclo abierto combinado con un ciclo cerrado. Un ejemplo lo constituyen las centrales que usan un ciclo abierto con cámara *flash* cuyo purgado de agua líquida se utiliza para calentar un ciclo Rankine cerrado con un fluido de trabajo orgánico.

A continuación, se describe con más detalle la clasificación de las centrales geotérmicas junto con algunos ejemplos de configuraciones.

2.4.3.1. Centrales geotérmicas de vapor seco

En las **centrales geotérmicas de vapor seco,** un flujo de agua a media o alta temperatura se extrae del yacimiento en estado mayoritariamente vapor. Se hace pasar el agua por un secador para eliminar la pequeña fracción de agua líquida (en torno al 2 % de la masa total de agua extraída del yacimiento) que pueda arrastrar el vapor, tras lo cual el vapor es inyectado directamente en la turbina de vapor para producir la potencia mecánica del eje que mueve el alternador eléctrico. La Figura 2.21 muestra de forma esquemática este proceso y sus componentes. La ventaja de las centrales geotérmicas de vapor seco es que su capacidad de generación por unidad de agua extraída del recurso geotérmico, así como el trabajo específico producido en la turbina de vapor, son los más altos en relación a otros tipos de centrales geotérmicas. Un 10 % aproximadamente de las centrales geotérmicas en operación actualmente funcionan con esta configuración.

Para hallar la potencia y el rendimiento térmicos del ciclo abierto en una central térmica de vapor seco puede seguirse un procedimiento análogo al descrito en la Sección 2.2 de ciclos de turbina de vapor. Así, el vapor seco extraído del recurso, tras pasar por el secador, se encuentra a la entrada de la turbina (estado-1 en la Figura 2.21) a una temperatura T_1 y una presión P_1 correspondientes a condiciones de vapor saturado o ligeramente sobrecalentado. Típicamente, P_1 se encuentra entre 5 bar y 20 bar, dependiendo del recurso y de la cantidad de gasto másico de vapor extraído. El vapor se expande y condensa parcialmente a su paso por la turbina de vapor. A la salida de la turbina de vapor (estado-2) las condiciones son de mezcla vapor-líquido saturados (vapor húmedo) con un título x_2 que puede ser algo inferior al 85 % (véase la Figura 2.21), que es el título por debajo del cual la presencia de numerosas gotas de agua complica apreciablemente la operación de la turbina de vapor. La potencia mecánica extraída por la turbina de vapor es:

$$\dot{W}_{tv} = \dot{m}_v \left(h_1 - h_2 \right) \tag{2.47}$$

donde $\dot{m}_v$ es el gasto másico del vapor seco a la salida del secador y h_1 y h_2 son las entalpías del vapor a la entrada y a la salida de la turbina de vapor. Para obtener h_2 puede utilizarse la presión de salida de la turbina, p_2 y el rendimiento isoentrópico de la misma, $\eta_{tv.s}$,

$$h_2 = h_1 + \eta_{tv.s} \left(h_{2.i} - h_1 \right) \tag{2.48}$$

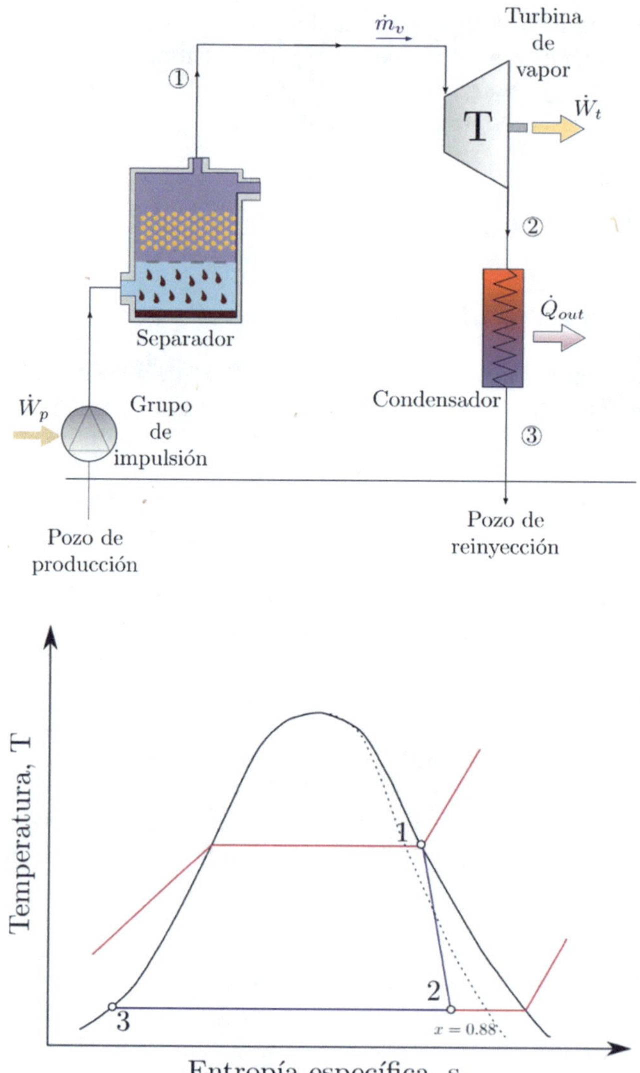

Figura 2.21. Configuración básica de una central geotérmica de vapor seco y diagrama *T-s* del agua de trabajo

siendo $h_{2.i} = h\ (s_1, p_2)$, la entalpía a la salida de una turbina de vapor ideal en la que el proceso de expansión del vapor es isoentrópico, por lo que la entropía específica a la salida coincide con la de entrada, s_1. Además, en la Ecuación 2.48 el rendimiento isoentrópico de la turbina de vapor puede estimarse siguiendo la regla de Baumann:

$$\eta_{tv.s} = \eta_{tv.s0}\,\frac{x_1 + x_2}{2} \tag{2.49}$$

siendo $\eta_{tv,s0}$ el rendimiento isoentrópico de la turbina de vapor operando en condiciones de referencia, donde el vapor sale justo en condiciones de título igual a la unidad (no hay condensación en la turbina). $(x_1 + x_2)/2$ es el valor medio del título dentro de la turbina de vapor real.

Después de expandirse en la turbina de vapor, la mezcla se hace pasar por un condensador que disipa calor hacia el aire ambiente en una torre de refrigeración húmeda o seca. A la salida del condensador, tal cual se vio en la Sección 2.2 de ciclos de vapor, el agua ha condensado completamente hacia un estado de líquido saturado (estado-3). Así, el calor evacuado hacia el ambiente desde el condensador es:

$$\dot{Q}_{\text{cond}} = \dot{m}_v \left(h_2 - h_3 \right) \tag{2.50}$$

donde $h_3 = h_{l,\text{sat}}(p_{\text{cond}})$ es la entalpía de líquido saturado a la presión del condensador, p_{cond}.

Este gasto $\dot{m}_v$ de agua líquida saturada que sale del condensador ya puede ser retornado hacia el yacimiento mediante su inyección a través de un pozo para facilitar la renovación hídrica del recurso. Un parámetro que indica el nivel de aprovechamiento del recurso geotérmico para la producción de energía es el rendimiento del ciclo de vapor seco, que puede definirse como:

$$\eta_c = \frac{\dot{W}_{net}}{\dot{m}_r \left(h_r - h_0 \right)} \tag{2.51}$$

siendo $\dot{W}_{net}$ la potencia generada por la turbina de vapor menos los autoconsumos (bombas de impulsión de líquido y otros subsistemas), $\dot{m}_r$, el gasto másico de agua extraída del recurso geotérmico, h_r, su entalpía y h_0, la entalpía del agua a la temperatura y presión ambiente. En este caso, h_r y $\dot{m}_r = \dot{m}_v + \dot{m}_p$ si se tiene en cuenta el gasto másico de agua líquida que se purga del separador, $\dot{m}_p$.

Ejemplo de aplicación 2.7. Central geotérmica de vapor seco

Una central geotérmica utiliza vapor seco procedente de un yacimiento geotérmico. El gasto másico de vapor que se extrae del recurso geotérmico es 80 kg/s y tras pasar por un separador un 2 % de la masa se saca en forma de gotas, quedando el resto en forma de vapor saturado a 170 ºC que entra a la turbina de vapor. La turbina de vapor opera con un rendimiento isoentrópico del 80 % y descarga a un condensador a una presión de 0,1 bar. La turbina de vapor mueve un generador eléctrico cuyo rendimiento es el 96 %. El 1 % de la potencia eléctrica generada por la turbina de vapor se usa para alimentar a las bombas de impulsión del agua condensada que se retorna al recurso y para otros consumos secundarios de la central. El aire ambiente se encuentra a 20 ºC y 1 bar. Calcular:

a) La potencia eléctrica neta producida por la central geotérmica de vapor seco.
b) El calor que es necesario evacuar en el condensador.
c) El rendimiento de la central.

Solución

a) Para la solución de este problema se usará el ciclo y la numeración de los estados mostrados en la Figura 2.21. Como el enunciado indica que a la entrada de la turbina (estado-1) el vapor está saturado a la temperatura de T_1 = 170 ºC, la entalpía y la entropía especificas en dicho estado pueden obtenerse a partir de la Tabla A1.2 de vapor saturado (Sección A1.2 del Apéndice de este capítulo): $h_1 = h_{v.sat}(T_1)$ = 2768,7 kJ/kg y $s_1 = s_{v.sat}(T_1)$ = 6,6663kJ/(kg · K). A la salida de la turbina (estado-2), la presión es p_2 = 0,1 bar. Para caracterizar la turbina se comenzará con el cálculo de una turbina ideal del que se obtendrá después la entalpía de la turbina real. La entropía de salida de una turbina ideal (estado-2*i*) es igual a la entropía de entrada, $s_{2i} = s_1$. Entonces, el título de salida de la turbina ideal deberá cumplir que

$$s_1 = s_{v.sat}(p_2)\, x_{2i} + s_{l.sat}(p_2)\,(1 - x_{2i})$$

del cual se obtiene:

$$x_{2i} = \frac{s_1 - s_{l.sat}(p_1)}{s_{v.sat}(p_1) - s_{l.sat}(p_1)} = 0,802$$

$$h_1 = h_{v.sat}(p_2)\, x_{2i} + h_{l.sat}(p_2)\,(1 - x_{2i}) = 2111,3 \text{ kJ/kg}$$

donde $s_{v.sat}(p_2)$ = 8,1502 kJ/(kg · K) y $s_{l.sat}(p_2)$ = 0,6493 kJ/(kg · K) son las entropías específicas de vapor y líquido saturado, respectivamente y $h_{v.sat}(p_2)$ = 2584,7 kJ/kg y $h_{l.sat}(p_2)$ = 191.83 kJ/kg son las entalpías de vapor y líquido saturado, respectivamente. Todas ellas se han evaluado a la presión de salida de la turbina, que es la presión del condensador.

Utilizando la ecuación del rendimiento isoentrópico de la turbina de vapor se obtiene la entalpía de salida de la turbina real:

$$h_2 = h_1 + \eta_{tv.s}\,(h_{2i} - h_1) = 2242,8 \text{ kJ/kg}$$

siendo $\eta_{tv.s}$ el rendimiento isoentrópico de la turbina de vapor, con un valor de 0,8.

El gasto másico de vapor que entra a la turbina es igual al gasto de agua obtenida del recurso $\dot{m}_r = 80$ kg/s menos la fracción del 2 % de gotas de agua (ϕ_g = 0,02) extraída mediante el separador: $\dot{m}_v = \dot{m}_r\left(1-\phi_g\right) = 78,4$ kg/s. Con este gasto, la potencia mecánica producida por la turbina de vapor es:

$$\dot{W}_{tv} = \dot{m}_v\,(h_1 - h_2) = 41,2 \cdot 10^3 \text{ kW} = 41,2 \text{ MW}$$

Esta potencia mecánica se transforma en potencia eléctrica en el generador con un rendimiento $\eta_e = 0{,}96$. La potencia eléctrica neta se obtiene tras sustraer los consumos de las bombas y sistemas auxiliares de la planta, que es el 1 % de la potencia eléctrica producida ($\phi_e = 0{,}01$). Por consiguiente, la potencia eléctrica neta generada en la planta puede calcularse como:

$$\dot{W}_{net.e} = \eta_e \dot{m}_{tv} (1-\phi_e) = 39{,}19 \text{ MW}$$

b) A la salida del condensador (estado-3) todo el vapor ha condensado y el estado del líquido puede considerarse como líquido saturado a la presión de la entrada del condensador si se desprecian las pérdidas de carga ($p3 - p2$) ($p_3 = p_2$). Entonces, la entalpía específica de salida del condensador corresponde a la del líquido saturado $h_3 = h_{l.sat}(p_1) = 191{,}83$ kJ/kg. Con h_3, el calor que ha de extraerse del ciclo en el condensador puede calcularse fácilmente:

$$\dot{Q}_{cond} = \dot{m}_v (h_2 - h_3) = 160{,}8 \text{ MW}$$

c) Para el cálculo del rendimiento del ciclo ha de obtenerse la entalpía del agua a la temperatura y presión ambiente (estado-0), las cuales son $T_0 = 20$ ºC y $p_0 = 1$ bar $= 10^5$ Pa. En estas condiciones, el estado del agua es líquido. A partir de la Tabla A1.2 con el agua en saturación y recurriendo a la aproximación de líquido subenfriado (Sección A.1.1.2 del Apéndice), se obtiene que la energía interna y el volumen específicos del agua líquida en esas condiciones: $u_0 \approx u_{l.sat}(T_0) = 83{,}95$ kJ/kg y $v_0 \approx v_{l.sat}(T_0) = 1{,}0018 \cdot 10^{-3}$ m^3/kg. Usando estos valores, la entalpía del agua líquida en las condiciones del ambiente es $h_0 = u_0 + p_0 + v_0 \approx 84{,}05$ kJ/kg. Finalmente, el rendimiento de la producción de energía eléctrica en central geotérmica de vapor seco es:

$$\eta_c = \frac{\dot{W}_{net.e}}{\dot{m}_r (h_r - h_0)} = 18{,}2$$

es decir, en este caso la planta permite transformar en energía eléctrica el 18,2 % de la energía del recurso geotérmico con respecto al estado-0 de mínima energía.

□

2.4.3.2. Centrales geotérmicas con cámara *flash*

Las **centrales geotérmicas con cámara *flash*** o **de vapor de destello** permiten operar con agua líquida extraída del yacimiento a temperaturas medias. Esto es una ventaja ya que existen más yacimientos aprovechables de vapor húmedo o de agua caliente que de vapor seco. Así, en las centrales con cámara *flash*, el agua líquida del yacimiento se introduce a dicha cámara que está a menos presión que el agua, lo que vaporiza parcialmente el flujo de agua líquida.

La Figura 2.22 a) muestra un ejemplo de central con una sola cámara *flash* al cual entra agua líquida del yacimiento geotérmico y se produce una mezcla de agua líquida y vapor. Mediante un balance de energía en la cámara *flash* se obtiene que la entalpía específica, h_1, del agua líquida a la entrada de la cámara (estado-1) es similar a la entalpía específica, h_2, de la mezcla de agua y vapor a la salida (estado-2):

$$\begin{gathered}\frac{\mathrm{d}E_{vc}}{\mathrm{d}t}=\dot{m}_1 h_1-\dot{m}_2 h_2 \rightarrow h_1=h_1 \rightarrow \\ h_{l.sat}(p_1)=x_s h_{v.sat}(p_2)+(1-x_2)h_{l.sat}(p_2)\end{gathered} \tag{2.52}$$

donde el gasto másico total de agua extraída del recurso geotérmico, $\dot{m}_{rec}$, se introduce directamente a la entrada de la cámara *flash* $(\dot{m}_{r.}=\dot{m}_1)$ y es el mismo que a la salida $(\dot{m}_1-\dot{m}_2)$. Además, se ha considerado que el agua del recurso se encuentra en forma de líquido saturado a la presión de entrada de la cámara *flash* [$h_1 = h_{l.sat}(p_1)$]. A la salida de la cámara la presión es menor que a la entrada, $p_2 < p_1$, por lo que en dicha salida hay una mezcla de las entalpías de vapor y líquidos saturados [$h_{v.sat}(p_2)$] y [$h_{l.sat}(p_2)$] promediados según el título x_2, es decir, la relación entre el gasto másico de vapor y de la mezcla a la salida. Por tanto, despejando de la Ecuación 2.52 el título de vapor a la salida de la cámara *flash* es:

$$x_2=\frac{h_{l.sat}(p_1)-h_{l.sat}(p_2)}{h_{v.sat}(p_2)-h_{l.sat}(p_2)} \tag{2.53}$$

Con el título quedan definidos los gastos másicos de vapor y líquido saturados de la mezcla a la salida de la cámara: $\dot{m}_{v.2}=x_2\dot{m}_2$ y $\dot{m}_{l.2}=(1-x_2)\dot{m}_2$, respectivamente. Tras salir de la cámara *flash*, la mezcla se introduce en un separador que, como su nombre indica, separa el agua líquida del vapor de la mezcla. Con la notación de la Figura 2.22, la salida de vapor del separador es el estado-3. Por tanto, $\dot{m}_3=\dot{m}_{v.2}$. Solamente el gasto de vapor prosigue hacia la turbina, ya que el gasto de agua líquida que sale del separador (estado-6), $\dot{m}_6=\dot{m}_{l.2}$, se elimina o retorna al yacimiento. El vapor saturado que sale de la cámara *flash* se introduce en la turbina de vapor de forma análoga a la del ciclo de vapor seco descrito anteriormente. Tras pasar por la turbina, el vapor se termina de condensar en un condensador y finalmente se inyecta hacia el recurso junto con el agua líquida del separador. Por consiguiente, la potencia extraída por la turbina a continuación de la cámara *flash* y el calor disipado en el condensador pueden expresarse como:

$$\dot{W}_{tv}=\dot{m}_3(h_3-h_4) \tag{2.54}$$

$$\dot{Q}_{cond}=\dot{m}_3(h_4-h_5) \tag{2.55}$$

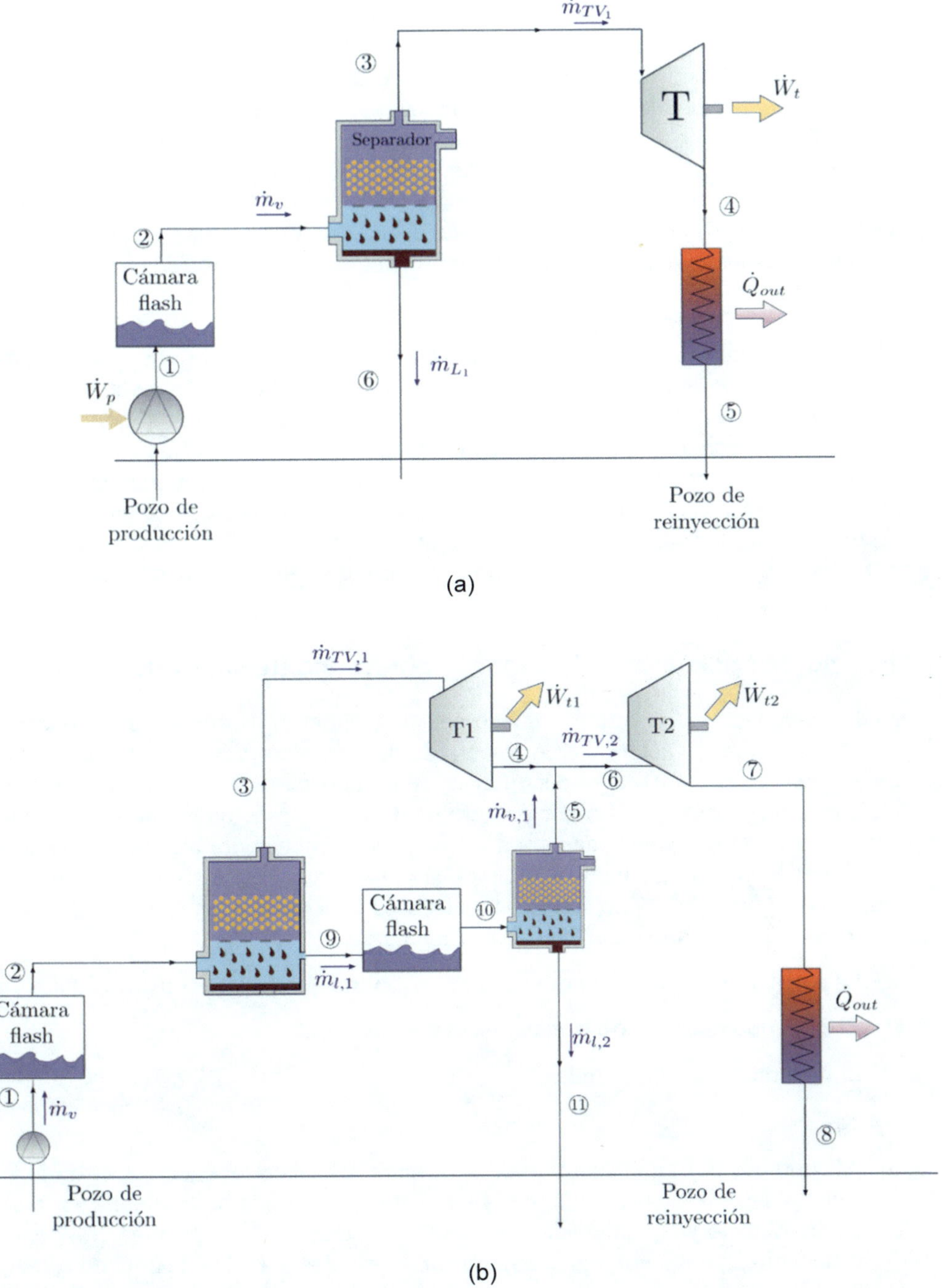

Figura 2.2. Ejemplo de configuraciones de centrales geotérmicas. (a) Con una cámara *flash*. b) Con dos cámaras *flashes*

El *rendimiento* de las centrales de cámara *flash* se define como en un ciclo de vapor seco, Ecuación 2.51. En general, comparadas con las centrales de vapor seco, las centrales geotérmicas con cámara *flash* presentan una capacidad inferior de generación de energía eléctrica por unidad de masa de agua extraída del recurso, debido a que a la salida de cada la cámara *flash* siempre hay un porcentaje (del orden del 30 %) de agua que no se evapora y no puede enviarse a la turbina. Para incrementar la eficiencia de uso del agua del yacimiento antes de retornarla, pueden usarse varias cámaras *flash* anidadas, según se muestra en la Figura 2.22 b), en donde el agua líquida que sale de la primera cámara *flash*, se introduce en otra a menor presión para seguir obteniendo una fracción de vapor y mandarlo a la turbina.

De modo similar, la salida de agua líquida de la segunda cámara *flash* puede introducirse en una tercera cámara y así sucesivamente, hasta que la presión de la cámara *flash* sea suficientemente reducida como para que ya no sea ventajoso usar el vapor separado para mover una turbina. A medida que se incrementa el número de cámaras *flashes*, crece la generación de energía en la planta por unidad de masa de agua extraída del recurso, ya que se disminuye la cantidad de agua líquida de la última cámara que no pasa finalmente por la turbina. La elección del número de cámaras *flash* a diseñar en el ciclo obedece a un compromiso entre el rendimiento del ciclo y su coste de instalación y mantenimiento.

Ejemplo de aplicación 1.8. Central geotérmica de vapor húmedo

Una central geotérmica de vapor húmedo con una cámara *flash* extrae 80 kg/s de agua líquida de yacimiento geotérmico. A la entrada de la cámara *flash*, el agua extraída del recurso se encuentra a 170 ºC en condiciones de líquido saturado. La cámara *flash* opera con una presión de salida de 1,5 bar. La turbina de vapor posee un rendimiento isoentrópico del 85 %. La presión del condensador es 0,1 bar. El generador eléctrico tiene un rendimiento igual a 96 %. Las bombas de impulsión del agua y otros sistemas auxiliares de la central consumen el 1 % de la potencia eléctrica generada por la turbina de vapor. El aire ambiente se encuentra a 20 ºC y 1 bar. Calcular:

a) La potencia eléctrica neta producida por la central geotérmica con una cámara *flash*.

b) El calor que es necesario evacuar en el condensador.

c) El rendimiento de la central.

Solución

a) Al contrario que en el Ejemplo de aplicación 2.7, ahora el agua que entra al ciclo con cámara *flash* procedente del yacimiento geotérmico se encuentra en fase líquida. El ciclo y la numeración de estados se muestran en la Figura 2.22. Según el enunciado, el agua entra a la cámara *flash* (estado-1) a $T1$ = 170 ºC en estado de líquido saturado, por lo que su entalpía corresponde con la del agua líquida saturada: $h_1 = h_{l.sat}(T_1)$ = 719,21 kJ/kg. A la salida de la cámara *flash* la presión es p_2 = 1,5 bar, mucho menor que la presión de saturación a la entrada [$p_{sat}(T_1)$ =

7,917 bar] para generar una mezcla de líquido y vapor. Utilizando la ecuación del balance de energía vista en la descripción del ciclo, se obtiene un título de vapor, Ecuación (2.53), a la salida de la cámara *flash* del orden del 11,3 %:

$$x_2 = \frac{h_{l.sat}(p_1) - h_{l.sat}(p_2)}{h_{v.sat}(p_2) - h_{l.sat}(p_2)} = 0,1132$$

donde $h_{v.sat}(p_2)$ = 2693,6 kJ/kg y $h_{l.sat}(p_2)$ = 467,11 kJ/kg son las entalpías específicas de saturación del vapor y del líquido a la presión de salida de la cámara *flash*.

El separador que se encuentra tras la cámara *flash* separa el vapor saturado del líquido saturado. El vapor saturado a la salida del separador (estado-3) tendrá por tanto una entalpía igual a $h_3 = h_{v.sat}(p_2)$ = 2693,6 kJ/kg y un gasto másico dado por $\dot{m}_3 = x_2 \dot{m}_r = 9,058$ kg/s. El gasto másico de agua líquida saturada que se ha separado del vapor es entonces $\dot{m}_6 = (1 - x_2)\dot{m}_r = 9,058$ kg/s. El vapor es conducido a la turbina de vapor donde se expande con rendimiento isoentrópico $\eta_{tv.s}$ = 0,85 hasta la presión del condensador (estado-4) $p4$ = 0,1 bar. Siguiendo un procedimiento análogo al descrito en el Ejemplo de aplicación 2.7, la salida ideal de la turbina de vapor está dada por:

$$x_{4i} = \frac{s_3 - s_{l.sat}(p_4)}{s_{v.sat}(p_4) - s_{l.sat}(p_4)} = 0,8764$$

$$h_{4i} = h_{v.sat}(p_4)x_{4i} + h_{l.sat}(p_4)(1 - x_{4i}) = 2289 \text{ kJ/kg}$$

y la salida real de la turbina es:

$$h_4 = h_3 + \eta_{tv.s}(h_{4i} - h_3) = 2349,7 \text{ kJ/kg}$$

donde $s_3 = s_{v.sat}(p_3)$ = 7,2233 kJ/(kg · K) es la entropía de vapor saturado a la entrada de la turbina de vapor, $s_{v.sat}(p_4)$ = 8,1502 kJ/(kg · K) y $s_{l.sat}(p_4)$ = 0,6493 kJ/(kg · K) son las entropías específicas de vapor y líquido saturado, respectivamente y $h_{v.sat}(p_4)$ = 2584,7 kJ/kg y $h_{l.sat}(p_4)$ = 191,83 kJ/kg son las entalpías de vapor y líquido saturado, respectivamente. Con ello, la potencia mecánica generada en la turbina de vapor es:

$$\dot{W}_{tv} = \dot{m}_3(h_3 - h_4) = 3,11 \text{ MW}$$

La potencia eléctrica neta producida por la central, teniendo en cuenta que una fracción del 1 % (ϕ_b = 0,01) de la energía producida es absorbida por los autoconsumos de la planta, será entonces:

$$\dot{W}_{net.e} = \eta_e \dot{W}_{tv}(1 - \phi_b) = 2,96 \text{ MW}$$

b) La potencia térmica extraída en el condensador es:

$$\dot{Q}_{cond} = \dot{m}_3 \left(h_4 - h_5 \right) = 19{,}5 \text{ MW}$$

donde la entalpía específica de salida del condensador es $h_5 = h_{l.sat}(p_5) = h_{l.sat}(p_4)$, ya que $p_5 = p_4$, al despreciarse la pérdida de carga en el condensador.

c) El rendimiento de la producción de energía eléctrica en central geotérmica de vapor seco es de solo un 5,8 %:

$$\eta_c = \frac{\dot{W}_{net.e}}{\dot{m}_r \left(h_r - h_0 \right)} = 0{,}058$$

siendo la entalpía de mínima energía $h_5 \approx 84{,}05$ kJ/kg, tal cual se explicó en el Ejemplo de aplicación 2.7.

Como puede comprobarse, el ciclo de vapor húmedo en una cámara *flash* calculado en este problema proporciona mucha menos potencia y rendimiento que un ciclo de vapor seco que utiliza la misma cantidad de agua (ver Ejemplo de aplicación 2.7). Esto es así, ya que el ciclo de vapor húmedo con cámara *flash* extrae agua del recurso en estado líquido, lo que potencialmente reduce la capacidad del ciclo para generar potencia. La inclusión de varias cámaras *flash* en serie (véase, por ejemplo, la Figura 2.22 b) logra aumentar la potencia y la eficiencia de los ciclos de vapor húmedo.

□

2.4.3.3. Centrales geotérmicas de ciclo binario

Las **centrales geotérmicas de ciclo binario** son adecuadas para fluidos geotermales muy salinos, ya que el agua del yacimiento no entra en contacto con la turbina de vapor. En concreto y como puede verse en la Figura 2.23, el agua extraída del yacimiento se hace pasar por un intercambiador de calor y cede su calor al fluido de trabajo de un ciclo cerrado de vapor. Este fluido de trabajo puede ser agua y realizar un ciclo Rankine de vapor como los vistos en la Sección 2.2 o puede ser isobutano o isopentano y realizar un ciclo Rankine orgánico, cuyas temperaturas de ebullición son menores que las del agua para una presión de condensación dada, o bien, una mezcla de amoniaco agua para un ciclo Kalina. El ciclo cerrado puede caracterizarse por un rendimiento termodinámico dado por la potencia de la turbina de vapor del ciclo, $\dot{Q}_{tv}$, dividida por la potencia térmica, $\dot{Q}$ aportada al ciclo en el intercambiador de calor:

$$\eta_{cc} = \frac{\dot{W}_{tv}}{\dot{Q}_c} \tag{2.56}$$

Realizando un balance de energía en el intercambiador de calor en el que se desprecia el calor disipado al ambiente se obtiene:

$$\frac{dE_{vc}}{dt} = \dot{m}_r\left(h_{r.a} - h_{r.b}\right) - \dot{m}_v\left(h_1 - h_2\right) \tag{2.57}$$

siendo $h_{r.a}$ y $h_{r.b}$ las entalpías específicas del agua extraída del yacimiento a la entrada y la salida del intercambiador, respectivamente. Estas entalpías pueden calcularse como función de la temperatura y presión de entrada (T_a y p_a) y de salida (T_a y p_a) del agua del yacimiento en el intercambiador. Además, h_1 y h_2 son las entalpías específicas del fluido de trabajo del ciclo cerrado a la entrada y a la salida del intercambiador, respectivamente. En estado estacionario, el calor transferido al ciclo cerrado en el intercambiador de calor es:

$$\dot{Q}_c = \dot{m}_r\left(h_{r.a} - h_{r.b}\right) = \dot{m}_v\left(h_1 - h_2\right) \tag{2.58}$$

La temperatura del fluido del ciclo cerrado a la salida del intercambiador se puede obtener de la efectividad del intercambiador:

$$\varepsilon = \frac{\dot{Q}_c}{\dot{Q}_{\text{máx}}} = \frac{\dot{m}_v\left(h_1 - h_2\right)}{\dot{m}_r\left[h_{r.a} - h_r\left(T_1, p_b\right)\right]} \tag{2.59}$$

donde $\dot{Q}_{\text{máx}}$ es el calor que como máximo podría ceder el agua del recurso en el intercambiador logrando enfriar el agua del recurso hasta la mínima temperatura posible, que es la temperatura de entrada del fluido del ciclo cerrado en el intercambiador, T_1:

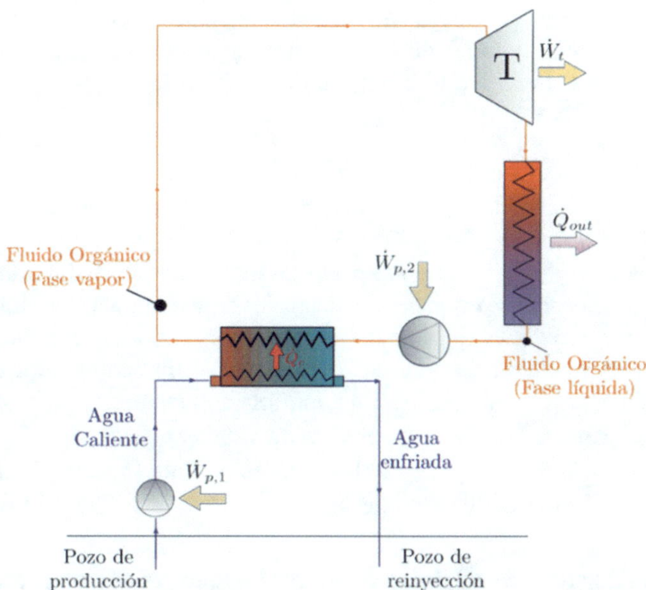

Figura 2.23. Configuración de una central geotérmica de ciclo binario

Ejemplo de aplicación 2.9: Central geotérmica de ciclo binario

Una central geotérmica de ciclo binario está formada por un ciclo cerrado de vapor cuyo rendimiento térmico es igual al 30 %. La temperatura de condensación del fluido de trabajo del ciclo cerrado es 45 ºC. Un caudal de 125 l/s de agua líquida se extrae de un acuífero hidrotermal subterráneo a 90 ºC y se le hace entrar a esa temperatura y a 2 bar por un intercambiador de calor para calentar el fluido de trabajo del ciclo cerrado. Tras salir del intercambiador, el agua del recurso se reinyecta otra vez al acuífero hidrotermal. El intercambiador de calor opera con una efectividad igual al 80 %. Las bombas de impulsión del agua del recurso y otros sistemas auxiliares de la central consumen el 5 % de la potencia eléctrica generada por la turbina de vapor del ciclo cerrado. El generador eléctrico tiene un rendimiento igual al 96 %. El recurso geotérmico posee un gradiente vertical de temperatura igual a 35 K/km. La extensión en horizontal del recurso explotado es de 0,5 km^2 y su espesor es de 400 m. La temperatura de la superficie terrestre es 20 ºC. Igualmente, el aire ambiente se encuentra a 20 ºC y 1 bar. Se considera que el agua líquida del recurso posee un calor específico igual a 4200 J/(kg · K) y las rocas tienen una densidad media de 2500 kg/m^3 y un calor específico de 820 J/(kg · K). La porosidad de las rocas al paso de agua es igual a 0,07. Calcular:

a) La potencia eléctrica neta producida por la central geotérmica con la cámara *flash*.

b) La profundidad media a la que se encuentra el acuífero hidrotermal utilizado.

c) El tiempo que ha de transcurrir para que la temperatura del acuífero descienda hasta los 70 ºC.

d) Repetir el apartado c) considerando que, en lugar de ser un acuífero hidrotermal, el recurso geotérmico son rocas calientes a las que se inyecta agua y se extrae el agua en las mismas condiciones de temperatura, presión, caudal, densidad y calor específico, que los del recurso hidrotermal del problema.

Solución

a) El agua del acuífero a la entrada del intercambiador se encuentra a T_a = 90 ºC y p_a = 2 bar. En estas condiciones la entalpía específica del agua es $h_{r.a} = u_a + p_a v_a \approx$ 377,06 kJ/kg, donde $u_a \approx u_{l.sat}(T_a)$ = 376,85 kJ/kg y $v_a \approx v_{l.sat}(T_a) = 1{,}036 \cdot 10^{-3}$ m^3/kg se han obtenido de la Tabla A1.2 para el agua en estado de líquido saturado. La entalpía mínima específica que puede alcanzar el agua del acuífero a la salida del intercambiador es aquella evaluada a la temperatura del condensador del ciclo cerrado, T_1 = 45 ºC. Despreciando la pérdida de carga en el intercambiador de calor, $p_b = p_a$, puede estimarse la entalpía específica mínima con la aproximación de líquido subenfriado (Sección A.1.1.2 del Apéndice de este capítulo): $h_r(T_1, p_b) \approx u_{l.sat}(T_1) + p_b v_{l.sat}(T_1)$ = 188,64 kJ/kg, siendo los valores de líquido saturado $u_{l.sat}(T_1)$ = 188,44 kJ/kg y $v_{l.sat}(T_1) = 1{,}0099 \cdot 10^{-3}$ m^3/kg.

Introduciendo las entalpías anteriores en la expresión de la eficiencia del intercambiador de calor, ε = 0,8, se obtiene que el calor aportado en el intercambiador de calor desde el agua del yacimiento hacia el fluido de trabajo del ciclo cerrado es $\dot{Q}_c = \varepsilon \dot{m}_r [h_{r.a} - h_r(T_1, p_b)] = 18{,}187$ MW. Aquí, el gasto másico del agua del yacimiento se obtiene multiplicando el caudal volumétrico por la densidad del agua a la entrada del intercambiador, es decir, $\dot{m}_r = \dot{V}_a \rho_a = \dot{V}_a / \vartheta_a \approx 120{,}65$ kg/s.

Utilizando ese calor en la ecuación del rendimiento del ciclo cerrado, $\eta_{cc} = 0{,}3$ y multiplicando por el rendimiento del generador eléctrico, $\eta_e = 0{,}96$, es fácil hallar la potencia eléctrica neta producida por la central geotérmica del problema:

$$\dot{W}_{net.e} = \eta_e \dot{W}_{tv} (1 - \phi_b) = \eta_e \eta_{cc} \dot{Q}_c (1 - \phi_b) = 4{,}98 \text{ MW}$$

donde ϕ_b es la fracción de la potencia consumida por las bombas y equipos auxiliares de la central y es igual a 0,05.

b) Para obtener la profundidad media a la que se encuentra el acuífero, se utilizará la curva de temperaturas dada por la Ecuación 2.36:

$$z_a = \frac{T_r - T_{st}}{G_r} = 2000 \text{ m}$$

siendo T_r, la temperatura del agua extraída del yacimiento, que es de 90 ºC, T_{st}, la temperatura de la superficie terrestre, que es de 20 ªC y G_r, el gradiente térmico del suelo, que tiene un valor de 35 K/km = 0,035 K/m.

c) El tiempo que tarda en descender la temperatura del acuífero hasta $T_{r.f} = 70$ ºC se puede hallar a partir de la Ecuación 2.42:

$$t_f = -\tau_a \text{Ln}\left(\frac{T_{r.f} - T_{\text{mín}}}{T_r - T_{\text{mín}}}\right) = 5{,}08 \cdot 10^8 \text{ s} = 16{,}1 \text{ años}$$

donde la temperatura mínima del agua en el retorno al yacimiento se puede considerar, en primera aproximación, que es similar a la temperatura de condensación del ciclo cerrado $T_{\text{mín}} = T_{cond} = 45$ ºC y la constante de tiempo característica del acuífero es

$$\tau_a = \frac{c_a}{\dot{W}_w \rho_w c_w} = 8{,}64 \cdot 10^8 \text{ s}$$

calculada con la capacidad calorífica del yacimiento obtenida con la Ecuación 2.37:

$$C_a = h \cdot A\, [\rho_w c_w \varepsilon_a + \rho_s c_s (1 - \varepsilon_a)] = 4{,}38 \cdot 10^{14} \text{ J/K}$$

siendo h el espesor y A el área del yacimiento, cuyos valores son, respectivamente, 400 m y 0,5 · 10^6 m^2; $\rho_w \approx 1/\upsilon_a$, la densidad y c_w, el calor específico del agua del yacimiento, cuyos valores son, respectivamente, 965,3 kg/m^3 y 4200 J/(kg · K); ρ_s, la densidad media y c_s, el calor específico medio de la roca, cuyos valores son, respectivamente, 2500 kg/m^3 y J/(kg · K); y ε_a, la porosidad de las rocas al paso del agua, que tiene un valor de 0,07.

d) Si el acuífero fuese un lecho de rocas calientes a la que se inyecta agua a $T_{\text{mín}}$ = 45 ºC y se extrae inicialmente a $T_{\text{máx}}(0)$ = 90 ºC. El tiempo que tarda bajar la temperatura de extracción hasta $T_{\text{máx}}$ = 70 ºC se puede hallar con la Ecuación (2.46):

$$t_f = -\tau_{se}\text{Ln}\left[\frac{T_{\text{máx}} - T_{\text{mín}}}{T_{\text{máx}}(0) - T_{\text{mín}}}\right] = 4,76 \cdot 10^8 \text{ s} = 15,1 \text{ años}$$

donde τ_{se} es el tiempo característico de enfriamiento del yacimiento y se puede obtener de la expresión

$$\tau_{se} = \frac{C_{se}}{\dot{W}_w \rho_w c_w} = 8,09 \cdot 10^8 \text{ s}$$

y $C_{se} = A\, h\, c_s\, \rho_s$ =4,1 · 10^{14} J/K es el calor específico de sus rocas.

2.4.3.4. Otras configuraciones y tecnologías de centrales geotérmicas

Otros ciclos distintos a los mostrados en los apartados anteriores son posibles. Si la temperatura del recurso térmico es baja (menor o igual a 150 ºC) no es posible usar una segunda cámara *flash*. En esa situación, los ciclos híbridos son los más adecuados ya que permiten obtener más rendimiento que los ciclos con una única cámara *flash*. En un ciclo híbrido se combina en cascada el uso directo en la cámara *flash* del agua del recurso con el uso de otro fluido (por ejemplo isobutano, amoniaco, etc.), el cual se encuentra en un ciclo cerrado (por ejemplo, un ciclo Rankine orgánico o un ciclo Kalina) diferente del circuito de agua.

La Figura 2.24 muestra un ejemplo de esta configuración que combina el uso de cámara *flash* con un ciclo cerrado. El agua purgada de la cámara *flash* es la encargada de calentar el ciclo cerrado que aporta típicamente entre un 10 y 20 % de la potencia total de la planta. Por otro lado, para aquellos casos en los que se desea simplificar el ciclo de obtención de potencia al máximo, ya sea por cuestión de costes o por que sea una instalación provisional, una opción puede ser la instalación de ciclos abiertos sobre un único pozo (hasta potencias del orden de 10 MW) que utilizan turbinas de vapor cuya presión de salida es relativamente alta (turbinas de contrapresión), lo que permite liberar el agua (vapor o mezcla) directamente al ambiente, sin necesidad de cerrar el ciclo con un condensador. Este tipo de ciclos simples poseen rendimientos térmicos relativamente bajos, pero simplifica la instalación y mantenimiento del sistema.

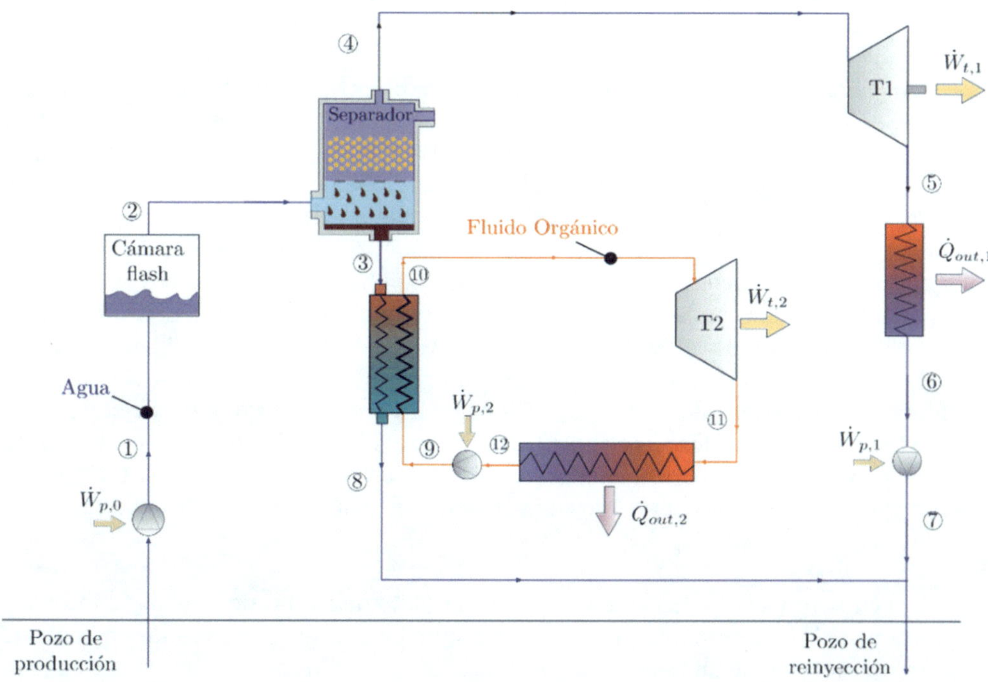

Figura 2.24. Configuración de una central geotérmica híbrida que combina un ciclo de una cámara *flash* con un ciclo cerrado

2.5. CENTRALES TERMOELÉCTRICAS DE BIOMASA

Las centrales termoeléctricas de biomasa son centrales de generación de potencia eléctrica que, mediante la transformación termoquímica de la biomasa (principalmente la combustión de la misma), generan la potencia térmica necesaria para producir la evaporación de agua en la caldera y producir potencia eléctrica mediante un ciclo Rankine. Fue a finales del siglo XX cuando este tipo de centrales empezaron a operar a escala industrial, presentándose como una alternativa a las centrales de carbón, que ya contaban con una tecnología madura y con una gran penetración en el conjunto de centrales de generación de potencia eléctrica a nivel mundial. Merece la pena mencionar que existen diferentes tipologías de centrales de generación de potencia basadas en ciclo Rankine y es precisamente la manera de generar la potencia térmica lo que da nombre a las diferentes tipologías de centrales (nuclear, carbón, biomasa, termosolar, etc.). Sin embargo, aunque las diferentes tipologías de centrales comparten el mismo principio de funcionamiento en cuanto al ciclo Rankine se refiere, existen diferencias significativas en el diseño y operación de las plantas, motivadas por el uso de la biomasa como fuente de energía térmica. A continuación, se describen algunas de las ventajas e inconvenientes asociados a la utilización de biomasa como combustible.

En cuanto a las ventajas fundamentales de la biomasa, podemos decir que la biomasa deriva de materiales orgánicos como residuos agrícolas, forestales y de la industria de la madera, entre otros, lo que la convierte en una fuente de energía renovable. Estos materiales pueden ser regenerados a través del crecimiento de plantas. Aunque la combustión de biomasa emite dióxido de carbono (CO_2), en un ciclo cerrado se considera neutral en carbono, ya que, durante su crecimiento, las plantas absorben este CO_2 compensando así las emisiones. Esta característica contrasta con los combustibles fósiles, cuya combustión libera carbono almacenado en la Tierra durante millones de años, lo que contribuye al aumento neto de CO_2 en la atmósfera y al cambio climático. El aprovechamiento de la biomasa en lugar de dejar que los residuos orgánicos se descompongan en vertederos puede reducir los problemas de gestión de residuos y las emisiones de gases de efecto invernadero asociadas con la descomposición anaeróbica. Además, la producción y el uso de biomasa pueden generar oportunidades económicas en áreas rurales, ya sea a través de la producción de cultivos energéticos o la creación de empleo en la cadena de suministro de biomasa.

Sin embargo, el uso de la biomasa no está exento de ciertas desventajas o inconvenientes, ya que el uso de biomasa para la generación de energía puede entrar en competencia con la producción de alimentos, lo que podría incidir en los precios de estos y en la disponibilidad de tierras agrícolas. El cultivo y la recolección de biomasa pueden generar impactos ambientales locales, como deforestación, pérdida de biodiversidad y degradación del suelo, dependiendo de cómo se gestionen. Las centrales eléctricas que emplean biomasa pueden presentar una menor eficiencia en comparación con las que utilizan combustibles fósiles, lo que implica que se podría requerir una mayor cantidad de biomasa para generar la misma cantidad de electricidad. Aunque la biomasa puede ser más limpia que los combustibles fósiles en cuanto a emisiones de CO_2, su combustión puede dar lugar a otros contaminantes atmosféricos, como óxidos de nitrógeno (NO_x), partículas y compuestos orgánicos volátiles, lo cual dependerá del tipo de biomasa y de la tecnología de combustión empleada.

2.5.1. La biomasa como fuente de energía

La Real Academia Española de la Lengua define a la **biomasa** en su primera acepción como "*materia total de los seres que viven en un lugar determinado, expresada en peso por unidad de área o de volumen*", siendo la segunda acepción la "*materia orgánica originada en un proceso biológico, espontáneo o provocado, utilizable como fuente de* *energía"*. Tal como se puede observar, estas definiciones son poco concisas y de amplio significado y, por tanto, muchas sustancias podrían ser consideradas como biomasa y más aún, biomasa como fuente energética. Es por ello que conviene aclarar el concepto, para adecuarlo al actual capítulo y hablar de **biomasa** como aquella sustancia sólida de la que se puede extraer la potencia térmica necesaria para producir potencia eléctrica en una central termoeléctrica de biomasa. A esta sustancia sólida la llamaremos *biocombustible*.

El origen de estos biocombustibles sólidos ha dado lugar a múltiples clasificaciones de los mismos; sin embargo, de manera general, se pueden clasificar en biocombustibles sólidos primarios y secundarios. Los *primarios* hacen referencia a aquellos biocombustibles que están destinados en su totalidad a la producción de energía, como los cultivos energéticos y la biomasa forestal. Por otro lado, los *biocombustibles secundarios* son aquellos que incluyen la biomasa generada como residuo o subproducto de otros procesos industriales previos, como pueden ser procesos industriales (carpintería, muebles, embalaje de maderas, palés, papel, industria del corcho, etc.), residuos forestales (residuos de incendios forestales, apertura de cortafuegos, labores de conservación del monte, podas de regeneración, estrato arbustivo, etc.) y residuos agrícolas (olivo, vid, frutales, cereales, oleaginosas, etc.). Todos ellos, tanto primarios como secundarios, pueden ser utilizados directamente para generar la potencia térmica necesaria en las centrales termoeléctricas, mediante el proceso de transformación termoquímica de la combustión.

La heterogeneidad de la biomasa es un aspecto crucial a considerar al evaluar su viabilidad como fuente de energía renovable. Comprender esta diversidad es esencial para optimizar los procesos de producción, procesamiento y conversión de energía de la biomasa, garantizando así su uso eficiente y sostenible. La diversidad de la biomasa se refiere a las variaciones en sus características físicas, químicas y energéticas, derivadas de la amplia gama de materiales orgánicos utilizados. Esta diversidad, fundamental en la biomasa, incide en múltiples aspectos relacionados con su producción, procesamiento y utilización.

La biomasa puede originarse en diversos recursos, desde residuos agrícolas y forestales hasta cultivos energéticos específicamente cultivados. Como resultado, su composición química puede variar notablemente según su origen, influenciada por factores como la especie vegetal, la edad, las condiciones de crecimiento y los métodos de recolección. Por otro lado, la cantidad de humedad presente en la biomasa varía según la estación, el clima y los métodos de recolección y almacenamiento, lo que afecta su rendimiento energético y los procesos de conversión como la combustión o la gasificación.

En cuanto a la granulometría o forma de presentación, la biomasa se presenta en diversas formas físicas, desde astillas de madera y pellets hasta residuos agrícolas triturados, lo que influye en su transporte, manipulación, almacenamiento y procesamiento, así como en la eficiencia de la combustión y otros procesos de conversión de energía. La diversidad energética de la biomasa es notable, con algunos materiales poseyendo un mayor poder calorífico que otros, lo que determina su idoneidad para distintas aplicaciones de generación de energía. Además, la biomasa puede contener impurezas y contaminantes que afectan su calidad y su adecuación para ciertas aplicaciones. La presencia de minerales, cenizas y compuestos orgánicos no deseados puede influir en la eficiencia de la combustión y en la emisión de contaminantes atmosféricos.

Es por todo ello que es de vital importancia que los biocombustibles sólidos se caractericen, para así poder determinar sus propiedades físicas, químicas y energéticas, que a continuación se describen.

2.5.2. Propiedades de los biocombustibles sólidos

2.5.2.1. Propiedades físicas de los biocombustibles sólidos

En lo que a las **propiedades físicas** se refiere, las principales son la densidad, la humedad y la distribución granulométrica, que están directamente relacionadas con las diferentes formas en las que el biocombustible es presentado y tiene una menor relación con la propia composición de cada una de las muestras. Los biocombustibles, en función de cómo han sido recolectados, transportados, tratados y almacenados, presentan diferentes parámetros físicos, pudiendo encontrar desde pequeñas partículas de biocombustible procedentes de residuos agrícolas (por ejemplo, cáscara de arroz) hasta grandes tamaños de biomasa procedentes de residuos forestales (copas, ramas y raberones), todos ellos con densidades, humedades y granulometrías diferentes.

Densidad

La **densidad** es una magnitud que expresa la relación entre la masa de la materia y el volumen que ocupa la misma; sin embargo, cuando se caracterizan los biocombustibles se ha de distinguir entre la densidad real de esa materia y la densidad aparente, que es aquella que tiene en cuenta no solo el volumen que ocupa la materia, sino que cuantifica el volumen que se genera entre las diferentes partículas al estar almacenadas.

$$\rho_{\text{real}} = \frac{\text{Masa de la materia}}{\text{Volumen de la materia}} \tag{2.60}$$

$$\rho_{\text{aparente}} = \frac{\text{Masa de la materia}}{(\text{Volumen de la materia} + \text{Volumen del aire en huecos})} \tag{2.61}$$

Se puede apreciar que la densidad real siempre será mayor que la densidad aparente y es interesante que en los procesos de almacenaje y transporte, la densidad aparente sea lo menor posible, ya que este valor puede comprometer los gastos de transporte y la densidad energética del biocombustible.

Humedad

La **humedad** contenida en un biocombustible se puede dividir en dos contribuciones. En primer lugar, definimos la *humedad libre*, que es aquella humedad que se encuentra presente en el biocombustible y que es fácilmente eliminable mediante un proceso de secado al aire ambiente hasta que se alcanza el equilibrio entre la humedad de la muestra y la humedad ambiente, que depende de las condiciones atmosféricas. A esa humedad en equilibrio es a la que llamaremos *humedad en equilibrio* y representa la segunda contribución. La suma de las dos contribuciones dará como resultado la humedad total contenida en la muestra. Para determinar la humedad total de la muestra, la norma fija el uso de una estufa a 105 °C, durante un tiempo suficiente para eliminar la humedad totalmente y no provocar la devolatilización de ciertos volátiles (los tiempos no superaran las 24 horas). Se ha de mencionar que, una vez realizada la caracterización de humedad de la muestra, existen dos bases de cálculo para expresarla, la base húmeda (*bh*) y la base seca (*bs*), siendo la más común de ellas la expresión de la humedad en base húmeda.

$$W_{bh}(\%) = \frac{(\text{Peso inicial de la muestra} - \text{Peso de la muestra seca})}{\text{Peso inicial de la muestra}} \tag{2.62}$$

$$W_{bs}(\%) = 100 \cdot \frac{(\text{Peso inicial de la muestra} - \text{Peso de la muestra seca})}{\text{Peso de la muestra seca}} \tag{2.63}$$

La caracterización de los biocombustibles en cuanto al contenido de humedad y los diferentes procesos de secado son de vital importancia para aumentar la eficiencia en la combustión de los biocombustibles, siendo generalmente valores inferiores al 50 % los porcentajes de humedad en base húmeda.

Los elevados porcentajes de humedad en los biocombustibles pueden comprometer la viabilidad del uso del biocombustible como fuente de energía térmica en las plantas termoeléctricas de biomasa, ya que reduce la capacidad energética, aumenta los costes de pretratamiento y disminuye la calidad del combustible, disminuyendo su poder calorífico.

Distribución granulométrica

Los estudios para la determinación de la **distribución granulométrica** de los biocombustibles sólidos se realizan principalmente en biomasas trituradas, molidas o astilladas, ya que para mayores tamaños la heterogeneidad es tan elevada que el estudio granulométrico no tiene especial interés. Es por ello que para los primeros casos es importante tener una caracterización del tamaño de partícula del biocombustible, que como es de esperar no es el mismo para todas las partículas y se presenta generalmente como un valor medio con una desviación asociada. También podemos encontrar caracterizaciones granulométricas que representan el porcentaje de partículas de la muestra que se encuentran en diferentes intervalos de tamaños. Para ello se tamiza la muestra utilizando una tamizadora provista de diferentes tamices (diferentes luces).

2.5.2.2. Propiedades químicas de los biocombustibles sólidos

Las **propiedades químicas** de los biocombustibles se refieren tanto a los diferentes porcentajes de los elementos que constituyen la materia (carbono, hidrógeno, nitrógeno, azufre y oxígeno), como a los componentes moleculares principales como lignina, celulosa y hemicelulosa. Además, la caracterización química de los biocombustibles contempla la cuantificación de elementos inorgánicos (cenizas).

Para la caracterización química de los biocombustibles se realizan fundamentalmente el análisis elemental y el análisis inmediato.

Análisis elemental

Para comprender la composición química y las propiedades energéticas de la biomasa, es esencial realizar un análisis elemental. Estos datos se utilizan para diseñar y optimizar procesos de conversión de energía, evaluar la calidad de la biomasa como combustible e investigar su potencial como recurso renovable. La mayoría de las veces, este análisis se enfoca en los componentes principales de la biomasa, que incluyen carbono (C), hidrógeno (H), oxígeno (O), nitrógeno (N) y, ocasionalmente, azufre (S). Este análisis puede calcular, entre otros parámetros de operación, la cantidad de aire necesaria (aire estequiométrico) para que un mol de combustible se queme completamente o el poder calorífico del biocombustible basado en formulaciones empíricas específicas. Los resultados obtenidos de diversos biocombustibles sólidos, muestran que estos tienen menores contenidos de carbono y mayores de oxígeno en comparación con combustibles fósiles sólidos, como el carbón.

Análisis inmediato

Mediante el **análisis inmediato** de un combustible sólido se puede determinar el porcentaje en peso de la biomasa que contiene energía química que puede ser potencialmente liberada (carbono fijo y volátiles) y el porcentaje en peso del biocombustible que no libera ningún tipo de energía (cenizas y humedad) o que incluso consume energía durante la combustión para su transformación (humedad). Uno de los procedimientos más utilizados para realizar el análisis inmediato de los biocombustibles sólidos es el que se realiza con un *analizador termogravimétrico*, (*ThermoGravimetric Analyzer*, TGA) o *termobalanza*. Es un dispositivo utilizado para analizar cambios en la masa de una muestra, en una atmósfera inicialmente inerte (generalmente, N_2), en función de la temperatura. Funciona aplicando un aumento controlado de la temperatura a una muestra y registrando la masa de esta en función del tiempo o de la temperatura.

La siguiente curva, Figura 2.25, muestra la evolución del peso de la muestra (eje de ordenadas izquierdo) frente a los cambios de temperatura (eje de ordenadas derecho) en el tiempo (eje de abscisas).

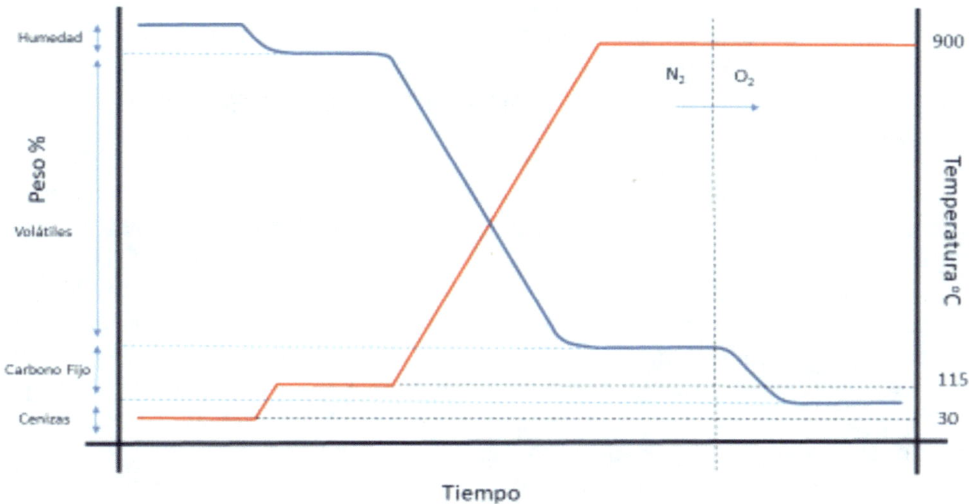

Figura 2.25. Curva típica de ensayo en balanza termogravimétrica (TGA)

Tal como se puede apreciar, en el instante inicial del análisis (tiempo cero), en una atmósfera inerte de nitrógeno, el peso registrado por la balanza donde se encuentra alojada la muestra en el interior del horno registra el 100 % y la temperatura del horno es de 30 °C. En ese momento la temperatura de la atmósfera empieza a aumentar hasta que se alcanzan los 115 °C y se mantiene constante. Durante este proceso la balanza registra una pérdida de peso que corresponde al porcentaje de humedad contenida en la muestra. Una vez que se comprueba que el nuevo porcentaje indicado es constante, se continúa con el aumento de la temperatura del horno (hasta 900 °C) y comienza un descenso brusco del peso de la muestra, debido a la pérdida de los volátiles. Una vez que el nuevo tanto por ciento de peso permanece constante, se realiza un cambio en el gas que fluye por dentro del horno, que deja de ser N_2 y comienza a ser O_2, lo que provoca la oxidación (combustión) del carbono fijo que quedaba retenido en la muestra, que hace que el peso registrado por la balanza sufra un nuevo descenso. Es a partir de ese momento cuando el peso registrado por la balanza corresponde únicamente con el porcentaje de cenizas que contenía la muestra.

Como es de esperar, la elevada heterogeneidad de los diferentes biocombustibles sólidos, proporcionarán un amplio rango de volátiles, carbono fijo, cenizas y humedad, según la muestra. Sin embargo, en base seca, este tipo de biocombustibles suelen contener entre un 70-90 % de volátiles, 10-30 % de carbono fijo y 1-20 % de cenizas, [16].

2.5.2.3. Propiedades energéticas de los biocombustibles sólidos

La evaluación de las propiedades energéticas de los combustibles sólidos se centra fundamentalmente en la determinación del poder calorífico del mismo. El *poder calorífico* de una sustancia se define como la cantidad de energía que puede liberar la combustión completa de una unidad de masa de un combustible, expresada comúnmente en unidades de energía por masa, como julios por kilogramo (J/kg) o kilocalorías por kilogramo (kcal/kg). Es una medida fundamental en la industria energética, empleada para evaluar la cantidad de energía contenida en los diferentes combustibles y que afecta directamente a la eficiencia y capacidad de producir potencia térmica en los procesos industriales. Cuanto mayor sea el poder calorífico de un combustible, mayor será la energía que se pueda obtener de él durante la combustión. Una vez que se mide la cantidad energía liberada durante la combustión completa (generalmente mediante una bomba calorimétrica), el poder calorífico de un biocombustible se puede expresar como *poder calorífico superior* (PCS), que es aquel que también tiene en cuenta el calor cedido por los gases de la combustión durante su condensación, o como *poder calorífico inferior* (PCI), que no contempla dicho calor de condensación. Generalmente, mediante el uso de una bomba calorimétrica y la aplicación de norma se determina el valor de PCS de un biocombustible, pero también se ha de mencionar que existen expresiones obtenidas empíricamente para poder, a partir de la composición elemental del combustible, el valor de PCS, como por ejemplo la expresión que se presenta a continuación.

$$PCS_{bs}\left(\frac{\text{MJ}}{\text{kg}}\right) = 0{,}314\cdot C + 1{,}322\cdot H - 0{,}12\cdot O - 0{,}12\cdot N + 0{,}0686\cdot S - 0{,}0153\cdot Z \quad (2.64)$$

donde el valor del poder calorífico superior en base seca depende de las fracciones másicas en base seca de carbono (C), hidrógeno (H), oxígeno (O), nitrógeno (N), azufre (S) y ceniza (Z).

A modo de ejemplo se presentan los siguientes rangos de valores aproximados de PCS para algunos biocombustibles comunes, expresados en MJ/kg. Madera seca: 17-22; residuo agrícola: 14-18; cáscaras de frutos secos: 18-22; residuos de poda: 15-19; biomasa forestal residual (hojas, ramas, etc.): 16-20; residuo de cultivos energéticos: 15-19.

2.5.3. Centrales termoeléctricas de biomasa en España

El sector agrícola es un pilar fundamental en la economía española, destacándose como uno de los principales motores de empleo, desarrollo rural y producción alimentaria. España, con sus extensas tierras dedicadas a la agricultura, figura como uno de los líderes europeos y mundiales en la producción de diversos cultivos como cereales, aceitunas, frutas, hortalizas y vino. Esta actividad agrícola genera una notable cantidad de residuos, tales como paja, restos de poda, cáscaras y otros subproductos. Estos residuos agrícolas se consideran una valiosa fuente de biomasa y pueden ser aprovechados para la generación de energía eléctrica en centrales de biomasa. La **biomasa** se distingue por ser una fuente energética renovable y sostenible, al provenir de recursos biológicos. El desarrollo de **centrales de biomasa en España** capitaliza la abundancia de estos residuos agrícolas, proporcionando una solución rentable y sostenible para su manejo.

Las centrales de biomasa no solo contribuyen a diversificar la matriz energética del país, reduciendo la dependencia de los combustibles fósiles, sino que también promueven el uso de energía limpia y renovable, desempeñando un papel crucial en la lucha contra el cambio climático al disminuir las emisiones de gases de efecto invernadero. Al emplear residuos agrícolas como combustible, estas centrales fomentan la economía circular, cerrando el ciclo de vida de los productos agrícolas y evitando la generación de desechos indeseados.

Por otra parte, España cuenta con vastas áreas forestales, que abarcan aproximadamente el 50 % de su territorio. La gestión sostenible de estos bosques conlleva la generación de residuos forestales, como ramas, hojas, cortezas y restos de madera, los cuales también pueden ser utilizados como biomasa para la generación de energía en centrales especializadas. El aprovechamiento de los residuos forestales para la generación de energía contribuye a prevenir incendios forestales al reducir la acumulación de biomasa muerta en los bosques. Además, promueve la gestión sostenible de los recursos forestales, incentivando prácticas de manejo forestal responsable y la preservación de la biodiversidad.

A continuación, se muestran dos gráficos en los que se muestra la evolución temporal (1998-2023) del número de instalaciones de plantas de biomasa, potencia instalada (MW) y de la energía vendida (MWh) —Figuras 2.26 y 2.27, respectivamente—.

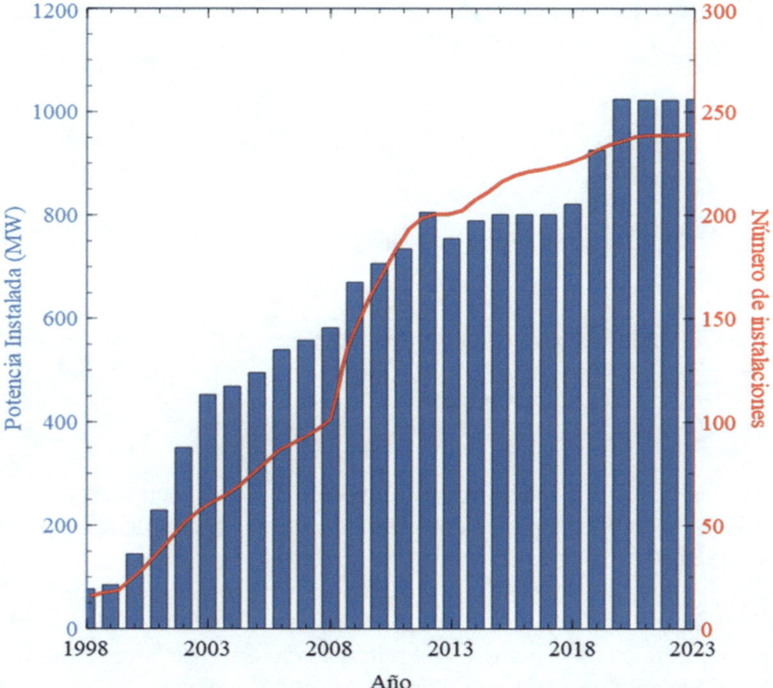

Figura 2.26. Potencia instalada y número de centrales instaladas en España 1998-2023

Tal como se puede observar, en los últimos 20 años el número de centrales de biomasa se ha multiplicado por 17, multiplicando por 13 la potencia instalada. Este hecho ha provocado que se multiplique por 20 la cantidad de energía vendida, poniendo de relevancia la penetración de esta tecnología en la producción de potencia eléctrica, que forma parte e incrementa el conjunto de centrales renovables para la producción de potencia eléctrica en España.

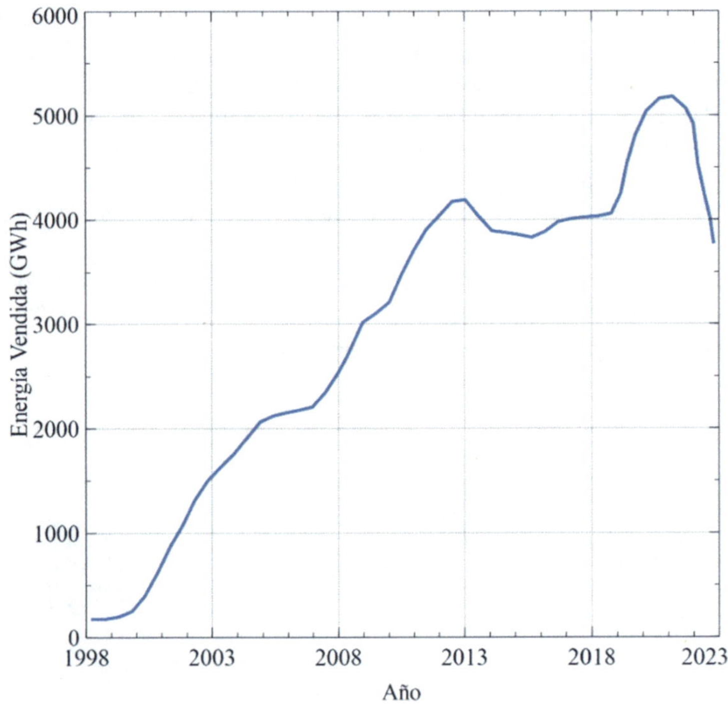

Figura 2.27. Energía anual vendida proveniente de centrales de generación de potencia de biomasa

Asimismo, en la Tabla 2.7 se recogen algunos ejemplos de centrales termoeléctricas de biomasa en España, donde se pude ver el año de operación, la potencia instalada y el tipo de combustible que se utiliza.

Se puede observar que la potencia instalada en este tipo de centrales es pequeña, comparada con las centrales de generación de potencia eléctrica de combustible fósil convencionales, que típicamente son de un orden de magnitud mayor.

Tabla 2.7. Principales centrales de biomasa instaladas en España

Central	Provincia	Año	Potencia (MW)	Combustible
Sangüesa	Navarra	2002	30	Paja de cereal
Briviesca	Burgos	2010	16	Biomasa herbácea
Cubillos de Sil	León	2020	50	Biomasa forestal
Ence	Mérida	2014	20	Biomasa agrícola
La Loma	Jaén	2005	16	Biomasa agrícola
El Ejido	Almería	2010	50	Biomasa agrícola
Biollano	Ciudad Real	2020	50	Biomasa agrícola y forestal
Piedrabuena	Ciudad Real	2014	16	Biomasa herbácea y leñosa
Villanueva del arzobispo	Jaén	2002	16	Orujillo de extracción de aceite
Miajadas	Cáceres	2010	16	Biomasa herbácea y leñosa
Allariz	Orense	1998	2,35	Biomasa forestal

En la Tabla 2.8 se muestra una lista con las mayores centrales termoeléctricas de biomasa de Europa. En ella se puede ver el año de operación, la potencia instalada y el combustible que usan.

Tabla 2.8. Principales centrales de biomasa instaladas en Europa

Central	País	Año	Potencia (MW)	Combustible
Ironbridge	Reino Unido	2013	740	Pellets de Madera
AlholmensHraft	Finlandia	2002	265	Residuo maderero
Toppila	Finlandia	2019	210	Turba
Polaniec	Polonia	2012	205	Residuo maderero y subproducto agrícola
Kymijärvi	Finlandia	2012	160	Papel, cartón y madera
Vaasa	Finlandia	2013	140	Residuo forestal
Wisapower	Finlandia	2004	140	Lejías negras
KaukaanVoima	Finlandia	2010	125	Madera y turba
Seinäjoki	Finlandia	1990	125	Madera y turba

Tal como se puede observar, la potencia de generación eléctrica de estas grandes centrales en considerablemente mayor que la de las centrales españolas, teniendo especial relevancia el caso de Finlandia, país que cuenta con 7 de las 9 mayores centrales termoeléctricas de biomasa de Europa. En Finlandia, la presencia significativa de centrales de biomasa se debe a una combinación de factores clave que incluyen la abundancia de recursos forestales, políticas energéticas favorables, tecnología avanzada y la influencia de la industria papelera y maderera del país. Finlandia es conocida por sus vastos bosques, que cubren aproximadamente tres cuartas partes de su territorio. Esta abundancia de recursos forestales proporciona una fuente rica y renovable de biomasa, como residuos de madera, ramas, cortezas y otros subproductos forestales. Además, las políticas energéticas y ambientales de Finlandia han promovido activamente el uso de fuentes de energía renovable, incluida la biomasa, como parte de su estrategia para reducir las emisiones de gases de efecto invernadero y fomentar la sostenibilidad ambiental. Esto ha llevado a incentivos gubernamentales y programas de apoyo para el desarrollo de proyectos de biomasa y la construcción de centrales de generación de energía basadas en este recurso.

Las industrias papelera y maderera de Finlandia, motores fuertes de su economía, generan grandes cantidades de residuos de madera y subproductos forestales como virutas, aserrín y corteza y una gran cantidad de lejías negras (subproducto de la empresa papelera) que son valiosos combustibles para las centrales de biomasa. La utilización de estos residuos como biomasa no solo ayuda a gestionar los desechos de la industria, sino que también mejora la eficiencia y la sostenibilidad de sus operaciones contribuyendo significativamente a la economía circular finlandesa, proporcionando empleo y generando ingresos mediante la gestión de un residuo potencialmente utilizable, que proviene de un proceso industrial previo.

2.6. CENTRALES TÉRMICAS DE ENERGÍA SOLAR

2.6.1. La energía solar y su aprovechamiento

La energía solar proviene de las reacciones nucleares de fusión, principalmente entre núcleos de hidrógeno, que ocurren en el interior del Sol. Dichas reacciones liberan una cantidad enorme de energía que da lugar a la radiación solar que emite el Sol. Una pequeña fracción de la radiación solar alcanza el globo terráqueo y conforma la que se denomina, de manera general, *energía solar.*

La radiación solar es la principal responsable del calentamiento de la atmósfera del planeta Tierra y del control de temperatura de sus masas superficiales de agua y tierra.

Los gradientes térmicos generados por la radiación solar producen el viento y las olas del mar, así como la evaporación y la condensación del agua en la atmósfera que produce las precipitaciones conducentes a la formación de ríos. Estos efectos son manifestaciones indirectas de la energía solar y se tratan en otros capítulos de este libro.

La radiación solar también puede aprovecharse a través de su conversión directa a electricidad mediante paneles fotovoltaicos, los cuales serán también presentados en el Capítulo 3. Finalmente, la radiación solar también puede transformarse directamente en energía térmica de alta temperatura para después alimentar a un ciclo termodinámico de potencia, como los vistos en las Secciones 2.2 y 2.3, capaz de producir trabajo para generar electricidad. Este tipo de plantas de generación que utilizan la radiación solar para alimentar un ciclo de potencia enfocado a la generación de electricidad se denominan *centrales solares termoeléctricas* o simplemente *centrales termosolares*.

Uno de los grandes atractivos de las centrales termosolares es su capacidad para almacenar la energía térmica producida cuando hay excedente de producción, lo que les permite generar electricidad de forma continua sin interrupciones debidas al paso de nubes o a la puesta de sol. Es por ello que actualmente las centrales termosolares constituyen una tecnología relevante para aportar estabilidad a la red eléctrica en escenarios donde la generación intermitente de energía eólica y solar fotovoltaica es significativa.

La Tabla 2.9 muestra la contribución de la energía termosolar a la generación eléctrica en algunos países que destacan por el uso de las energías renovables.

Como refleja la tabla, la contribución de la energía termosolar a la generación eléctrica es relativamente pequeña en términos cuantitativos, pero, como se ha mencionado, pueden jugar un papel relevante si se tienen en cuenta sus capacidades de almacenamiento térmico.

Tabla 2.9. Principales países productores de energía eléctrica termosolar y potencia instalada en el año 2023. *Fuente*: adaptado de IRENA (2024)

País	Potencia eléctrica instalada (MWe)	Contribución al total de la potencia eléctrica instalada en el país (%)	Contribución a la potencia eléctrica termosolar mundial (%)
España	2304	1,8	33,5 %
Estados Unidos	1480	0,12	21,5 %
Emiratos Árabes Unidos	600	1,5	8,7 %
China	570	0,022	8,2 %
Marruecos	540	3,8	7,9 %
Sudáfrica	500	0,79	7,2 %
India	343	0,07	5,0 %
Israel	242	1,1	3,5 %
Chile	108	0,3	1,6 %

2.6.2. El recurso solar

El Sol es una estrella de medio tamaño con un diámetro de $1{,}39 \cdot 10^6$ km. La distancia media entre el Sol y la Tierra es de una unidad astronómica 1 UA = $149{,}6 \cdot 10^6$ km. Debido a la gigantesca cantidad de masa del Sol, la presión gravitatoria en su interior es tan alta que logra fusionar los núcleos de hidrógeno, que componen la mayor parte de la materia en su interior, generando principalmente núcleos de helio en una serie de reacciones en cadena. Estas reacciones de fusión llevan asociadas una reducción de la masa de los productos de fusión, en relación a los núcleos atómicos originales, que se transforma en un exceso de energía que provoca la altísima temperatura del Sol (más de 10^7 K en su núcleo). Tras recorrer el interior del Sol y alcanzar sus capas exteriores, dicha energía se libera hacia el exterior del Sol, fundamentalmente en forma de radiación electromagnética que se emite hacia todas las direcciones del espacio.

La *energía de radiación solar electromagnética* que por unidad de tiempo recibe una superficie colocada perpendicularmente al Sol, por unidad de área de dicha superficie, recibe el nombre de *irradiancia solar*, G_s. Se trata, por tanto, de una potencia de irradiación por unidad de área. A medida que una superficie se aleja del Sol, debido a que la energía emitida por el astro se reparte entre más puntos del espacio, la irradiancia solar se reduce con la inversa al cuadrado de la distancia entre el centro del Sol y la superficie de medida. La *irradiancia solar extraterrestre*, G_{se}, se define como la irradiancia solar sobre una superficie situada fuera de la atmósfera terrestre, pero a una distancia de la Tierra despreciable frente a la distancia al Sol y puede expresarse como:

$$G_{se} = G_{s0}\left[1 + 0{,}033 \cos\left(\frac{360}{365} n\right)\right] \tag{2.65}$$

donde n es el número de día del año (siendo n = 1 el 1 de enero y n = 365, el 31 de diciembre de un año no bisiesto) y $G_{s0} = 1365$ W/m^2 es la constante solar, que corresponde al valor medio de G_{se} en una órbita completa al Sol. En la Ecuación 2.65, G_{se} depende del día del año debido a que la órbita de la Tierra alrededor del Sol es elíptica, lo que causa que la distancia entre ambos varíe de un punto a otro de la órbita.

Debido a que la atmósfera terrestre refleja parte de la irradiación solar y otra parte la absorbe, G_{se} es superior a la irradiancia solar que logra alcanzar directamente una superficie perpendicular al Sol a nivel de la superficie terrestre. Con cielos idealmente limpios (sin nubes ni polvo en suspensión) y el Sol en su cenit con respecto a un punto de su superficie, la distribución espectral de dicha radiación terrestre es como la que se muestra en la Figura 2.28(a), medida por unidad de longitud de onda.

Como puede observarse en la figura, la irradiancia solar ocupa un espectro muy amplio de longitudes de onda, siendo el espectro de luz visible la parte central más intensa del espectro, aunque también existe una contribución apreciable de los espectros ultravioleta e infrarrojo.

Los gases atmosféricos absorben parcialmente la radiación solar en ciertas bandas del espectro. Por ejemplo, el ozono (O_3) es responsable de la absorción de una banda de la radiación ultravioleta del Sol y el CO_2 y el vapor de agua absorben bandas del infrarrojo. Además, tal como demuestra la figura, la irradiancia extraterrestre se puede aproximar a la radiación que emitiría una superficie de cuerpo negro (superficie ideal de máxima emisión posible) a la temperatura de las capas más exteriores del Sol, las cuales emiten con una temperatura efectiva de unos 5800 K, aproximadamente.

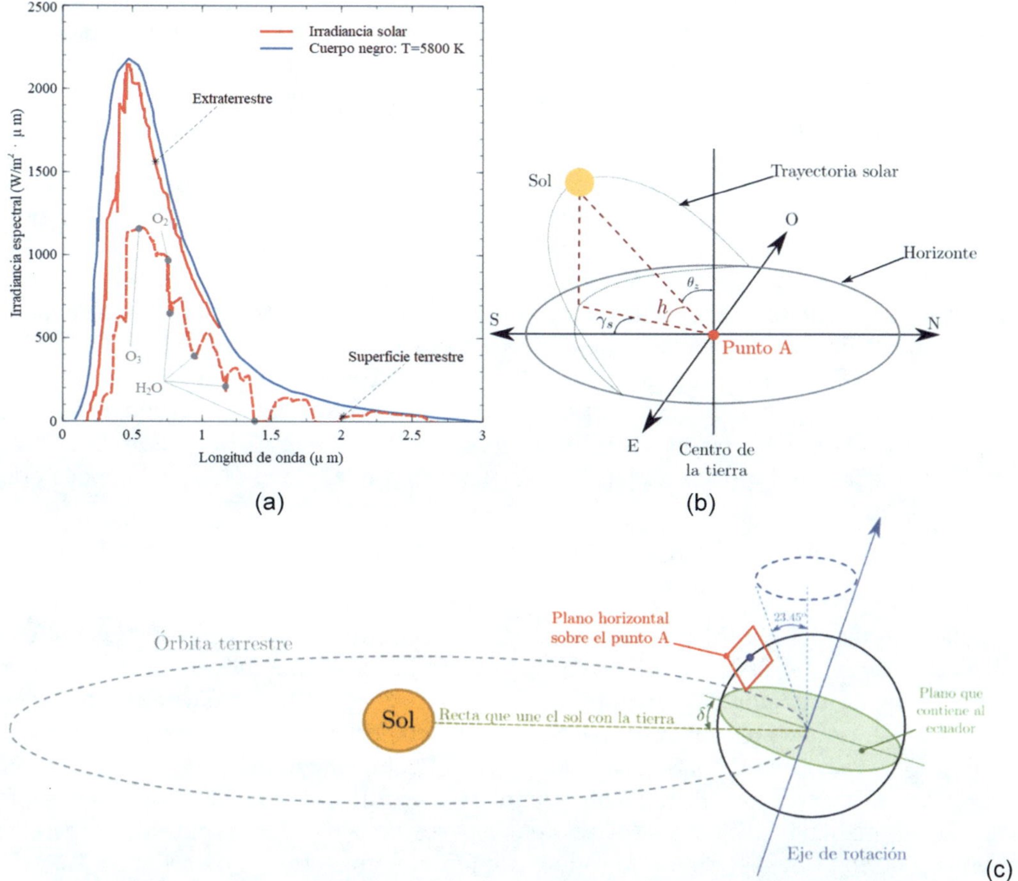

Figura 2.28. (a) Distribución espectral de la irradiancia solar extraterrestre y terrestre comparadas con la irradiación de cuerpo negro. (b) Variación de la posición del Sol en el hemisferio norte y ángulos implicados. (c) Orientación la Tierra en la órbita alrededor del Sol

La existencia de nubes y la dispersión de la atmósfera reducen aún más el valor de la irradiancia solar que directamente llega a una superficie perpendicular al Sol situada a nivel de la superficie terrestre. Dicha irradiancia se suele denominar *DNI* (de sus siglas en inglés, *Direct Normal Irradiation*), con unidades de potencia por unidad de área (por ejemplo, W/m^2) y es una función de la transmitancia atmosférica hasta el nivel del suelo, τ_s, que, a su vez, depende del ángulo cenital, θ_z, que forman los rayos del Sol con respecto a la vertical terrestre y la altura del suelo, H_s, con respecto al nivel del mar:

$$DNI = G_{se}\tau_s = G_{se}\left[a_0 + a_1 e^{-k/\cos(\theta_z)}\right] \tag{2.66}$$

donde a_0, a_1 y k son constantes que dependen de las condiciones meteorológicas y de H_s. En ocasiones, en lugar de la *DNI* referida a la potencia se utiliza su valor integrado a lo largo de un periodo de tiempo como, por ejemplo, una hora (radiación directa horaria), siendo en ese caso sus unidades de energía por unidad de superficie; por ejemplo, kWh/m^2, donde 1 kWh = 3,6 MJ.

Es importante resaltar que el valor de *DNI* se refiere a la unidad de superficie enfocada en perpendicular a la dirección del Sol, el cual sigue una trayectoria aparente en cielo relativa al movimiento de la Tierra y la posición de un observador. La orientación de la Tierra en su órbita alrededor del Sol y la trayectoria aparente del Sol en el cielo se muestra en las Figuras 2.28 (b) y (c). La trayectoria aparente del Sol mostrada en la figura depende del día del año, n, debido a que el eje de la Tierra se encuentra inclinado unos 23,45° con respecto al plano de su órbita (eclíptica) alrededor del Sol con una precesión (cambio de la dirección a la que enfoca esa inclinación) periódica al completar cada órbita. Por consiguiente, existe una relación directa entre el día del año, n, y la *declinación solar*, δ, definida como el ángulo que forman los rayos del Sol con respecto al plano del ecuador, dada por:

$$\delta = 23{,}45^\circ\left[\frac{360}{365}(284+n)\right] \tag{2.67}$$

Para un día del año (o declinación diaria) dado, la trayectoria aparente del Sol con respecto a un punto de la superficie terrestre se define con el ángulo *elevación* o *altitud solar*, h, frente al ángulo de *acimut solar*, γ_s, y el día del año. El ángulo de elevación solar es el ángulo formado por los rayos del Sol y un plano horizontal en la posición del observador. El *ángulo cenital* del Sol, $\theta_z = 90^\circ - h$, es el complementario de h y se mide sobre la vertical al observador. El ángulo de acimut es el ángulo que forma la proyección sobre un plano horizontal de los rayos solares con respecto a una recta enfocando al sur (para un observador en el hemisferio norte) o al norte (en el hemisferio sur). La Figura 2.28 (b) muestra un ejemplo de curvas de trayectoria solar. Los ángulos de elevación y acimut quedan determinados por el día del año, la *hora solar*, *HS*, y la *latitud*, L de la posición donde se encuentra el observador. La hora solar *HS* referida a un punto de la superficie terrestre es la hora del día ajustada diariamente para que a las 12 h solares la posición del Sol relativa a dicho punto tenga acimut $\gamma_s = 0$. Sabiendo que cada hora el Sol gira, relativo a la Tierra, un ángulo de 15° = 360°/24, la hora solar también se expresa en grados a través del *ángulo horario solar* $\omega_s = 360^\circ/24\ (HS - 12)$, que es el ángulo en grados entre el plano que contiene al meridiano del observador y plano que contiene al meridiano por el que pasa la recta que une el centro de la Tierra con el centro del Sol. La latitud, L, de una posición sobre la superficie terrestre es el ángulo entre el plano ecuatorial terrestre y una línea imaginaria que une el centro de la Tierra con dicha posición. Las siguientes ecuaciones muestran la relación geométrica que existe entre todos los ángulos anteriores:

$$\text{sen}(h) = \cos(\theta_z) = \text{sen}(L)\,\text{sen}(\delta) + \cos(L)\cos(\delta) + \cos(\omega_s) \quad (2.68)$$

$$\text{sen}(\gamma_s) = \frac{\cos(\delta)\,\text{sen}(\omega_s)}{\cos(h)} \quad (2.69)$$

Para ángulos bajos de elevación solar, la longitud recorrida en la atmósfera por los rayos solares hasta la posición de un observador es mayor que para elevaciones altas. Esto genera que la transmitancia atmosférica a la luz solar (en tanto por uno de la radiación solar que directamente alcanza un punto sin ser absorbida ni reflejada por la atmósfera) sea máxima a las 12 h solares y mínima al amanecer y al anochecer. Ello, unido a la meteorología, conduce a una variación horaria de la *DNI* como la mostrada en la Figura 2.29 (b). Lógicamente, la *DNI* es nula en el intervalo entre las horas de puesta de sol y el amanecer, las cuales también dependen de la orografía de la línea del horizonte.

Además de la *radiación solar directa* a nivel del suelo dada por la *DNI*, la radiación solar puede alcanzar a una superficie a través de su dispersión con las moléculas y las partículas atmosféricas (*irradiación indirecta*) y a través de su reflexión principalmente con el suelo (*irradiación reflejada* o *de albedo*). Otros parámetros de interés que ayudan a describir la radiación directa, indirecta y de albedo se proporcionan en el Capítulo 3 dedicado a energía fotovoltaica.

Las centrales termosolares aprovechan principalmente la *DNI*, concentrándola con espejos o helióstatos sobre un receptor. El conjunto formado por los espejos y el receptor se denomina *colector solar* o *sistema de concentración*. El receptor es el elemento de la central termosolar encargado de transformar la irradiación solar en calor que es captado por una sustancia caloportadora de la central como, por ejemplo, aceite térmico o las sales fundidas. Para ello, los espejos han de enfocarse de forma que reflejen los rayos del Sol y los hagan interceptar al receptor. El ángulo que forman los rayos del Sol con la normal saliente de un punto de la superficie del espejo se denomina *ángulo de incidencia*, θ. La superficie de un punto sobre el espejo está enfocada justo hacia el Sol (superficie del espejo en perpendicular a la dirección del Sol) si posee $\theta = 0$. Por tanto, para enfocar al receptor se necesitan ángulos de incidencia $\theta > 0$ en todos los puntos de su superficie, pues el receptor no puede estar alineado con el Sol, ya que bloquearía los rayos solares antes de llegar al espejo. Al proyectar un diferencial de área de la superficie, $\mathrm{d}A_s$, sobre un plano virtual normal a los rayos solares, se obtiene $\cos(\theta)\,\mathrm{d}A_s$. Integrando esta área proyectada para toda la superficie de espejos de la central y multiplicando por la *DNI*, se halla la irradiación solar total instantánea, en unidades de potencia, que alcanza la suma del área de los espejos de una central:

$$q_s = DNI \iint \cos(\theta)\,\mathrm{d}A_s = DNI\,\cos(\theta_m)\,A_s \quad (2.70)$$

siendo A_s la suma de las áreas reflectantes de los espejos de la central y θ_m, el ángulo medio de incidencia del Sol a los mismos. La Ecuación 2.70 muestra que, para maximizar la irradiación solar que reflejan los espejos de la central, interesa elegir una orientación y/o curvatura de los espejos tal que se minimice el ángulo medio de incidencia θ_m porque ello maximiza el valor del cos (θ_m).

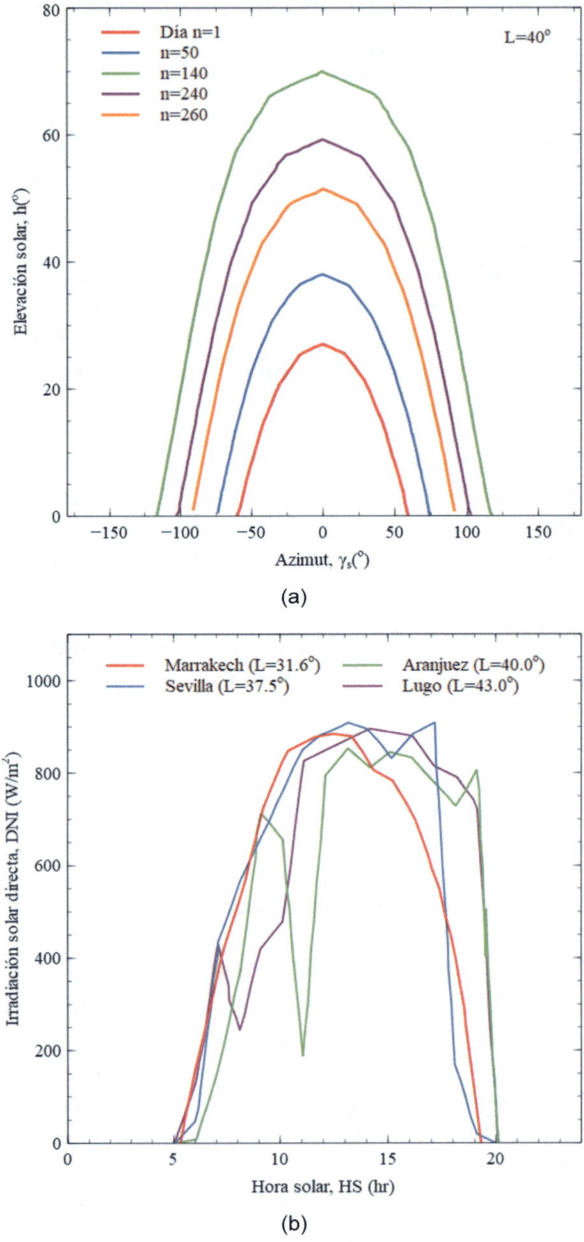

Figura 2.29. Ejemplos de: (a) Diagrama de trayectoria solar. (b) Evolución horaria de la *DNI* (1 de agosto de un año representativo)

2.6.3. Centrales termosolares

Como se ha comentado anteriormente, las centrales termosolares se basan en la concentración de la energía solar, mediante espejos, para convertirla en calor de alta temperatura (típicamente superior a los 350 ºC) sobre un elemento captador denominado *receptor*. Este calor se transfiere a una sustancia caloportadora, que lo transporta hacia un ciclo de potencia, como los vistos en las Secciones 2.2 y 2.3, capaz de convertir una fracción de dicho calor en trabajo. Una ventaja que ofrecen las centrales termosolares frente a otras centrales de energía renovable es su capacidad para almacenar de forma eficiente el calor de alta temperatura en cantidad lo suficientemente grande como para poder convertirlo en electricidad de forma continua, sin las interrupciones dadas por el paso de nubes y por la puesta de sol. La Figura 2.30 muestra un diagrama con los elementos básicos que componen una planta termosolar. En los siguientes apartados se presentarán las principales tecnologías utilizadas para la concentración solar y el almacenamiento de energía en las centrales termosolares. La sección concluye con algunos ejemplos de configuraciones típicas de estas plantas.

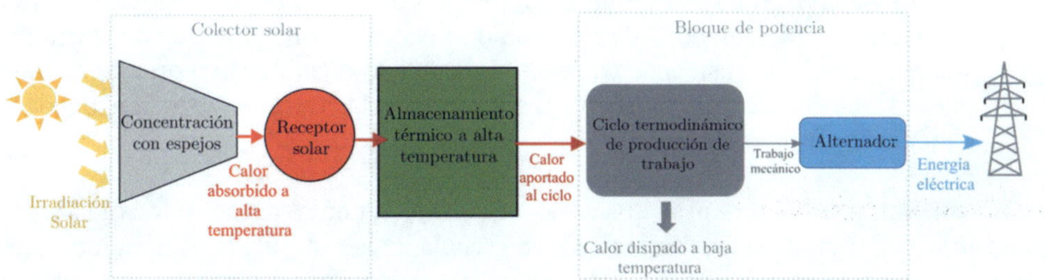

Figura 2.30. Diagrama con los elementos básicos y los intercambios de energía en una planta termosolar con almacenamiento térmico

2.6.3.1. Colectores solares y clasificación de las centrales termosolares

En la Sección 2.6.2 se vio que las centrales termosolares usan *colectores solares* o *sistemas concentradores de la DNI* que están compuestos por superficies altamente reflectoras, llamadas *reflectores* o *espejos*, que reflejan los rayos del Sol concentrándolos hacia un *foco*, más un elemento *receptor* que se sitúa sobre dicho foco. El receptor está formado por superficies absorbedoras de la irradiación solar, las cuales han de ser muy absorbentes (es decir, poco reflectoras) al espectro visible y poco emisivas en la radiación infrarroja para evitar que una parte importante de la energía incidente sea devuelta hacia el exterior del receptor por reflexión y/o emisión. El receptor se encarga de transformar la radiación solar absorbida en calor. Por el interior del receptor circula una sustancia caloportadora que recoge el calor generado en el absorbedor y lo lleva al ciclo de potencia, donde el calor se convierte en potencia eléctrica. Los colectores de centrales termosolares pueden clasificarse en dos grandes grupos según el método usado para concentrar la irradiación solar en sus receptores:

- **Colectores de foco lineal.** En este tipo de colectores sus espejos hacen converger los rayos del Sol reflejados, desviándolos solamente en un plano. De esta forma se consigue que la radiación solar se concentre a lo largo de una franja estrecha o línea que conforma el foco de concentración. A lo largo del foco lineal de concentración de los rayos solares se extiende un receptor que consiste, típicamente, en un tubo por el que circula el fluido caloportador encargado de recoger la energía solar concentrada transformada en energía térmica. Idealmente, este método permite un calentamiento más progresivo del fluido, aunque al estar el foco extendido sobre una línea, las temperaturas alcanzadas serán menores ya que el área exterior del receptor expuesta a la irradiación concentrada del Sol es relativamente grande y ello incrementa las pérdidas de calor al exterior.

- **Colectores de foco puntual.** En ellos los espejos hacen converger los rayos del Sol reflejándolos en múltiples planos o direcciones. El objetivo es concentrar la radiación sobre un área muy reducida y circunscrita a las cercanías de un punto o región no alargada donde se encuentra el receptor. De esta forma se consiguen mayores índices de concentración de la radiación sobre el receptor comparado con la concentración de foco lineal. Además, debido a esta alta concentración de la irradiación solar, el fluido o sustancia caloportadora puede alcanzar mayores temperaturas, pues el área del receptor expuesta al exterior es relativamente reducida, dando lugar a menores pérdidas de calor.

En general, pueden definirse dos áreas de relevancia en el sistema de colectores para concentrar la luz solar en una central. En referencia a los **espejos,** la irradiación solar que incide sobre un sistema de espejos atraviesa una sección virtual plana que los cubre hasta sus extremos. Esta sección plana virtual recibe el nombre de *apertura* y su área es el área de la apertura de los espejos, $A_{p.esp}$. Si el espejo es plano, $A_{p.esp}$ coincide con el área de la superficie real de los espejos y si el espejo posee curvatura, $A_{p.esp}$ será menor que la superficie de los espejos. En referencia al receptor, el área proyectada del receptor, $A_{p.rec}$ es el área de los elementos absorbedores del receptor (por ejemplo, unos tubos) proyectada en la dirección en la que le llega la irradiación solar concentrada.

Para cuantificar la capacidad de concentrar la irradiación solar de los colectores de las plantas termosolares, puede emplearse el denominado *factor de concentración solar*, C, que es la fracción entre el área de la apertura de los espejos y el área proyectada del receptor:

$$C = \frac{A_{p.esp}}{A_{p.rec}} \tag{2.71}$$

Por tanto, C es un factor adimensional superior a la unidad, ya que $A_{p.esp} > A_{p.rec}$. En condiciones de concentración ideales, donde toda la radiación reflejada se concentra en el receptor y además no es absorbida ni dispersada por el aire, la irradiación solar total instantánea incidente en el colector, q_{col}, es igual a la potencia que pasa por $A_{p.esp}$ y esta debe ser igual a la que llega idealmente a $A_{p.rec}$, es decir,

$$q_{col} = G_{p.esp} A_{p.esp} = G_{p.rec}^{\text{ideal}} A_{p.rec}$$

Aquí, $G_{p.esp}$ es el valor de la *irradiancia solar sin concentrar*, medida por unidad de área de apertura de los espejos de la planta y $G_{p.rec}^{\text{ideal}}$ es el valor medio de irradiancia solar concentrada medida por unidad de área proyectada del receptor en condiciones ideales sin pérdidas ópticas en la concentración. Por tanto, el factor de concentración solar es equivalente a la fracción entre la irradiancia concentrada idealmente sobre el receptor y la que atraviesa la apertura de los espejos,

$$C = \frac{G_{p.rec}^{\text{ideal}}}{G_{p.esp}}$$

Por ello, al valor resultante del factor C se le suele incluir la unidad de **soles** para indicar su significado de amplificación de la irradiancia solar.

En ocasiones el factor de concentración solar se define teniendo en cuenta el área total, no proyectada, del receptor, A_{rec}, en cuyo caso se denotará como

$$C' = \frac{A_{p.esp}}{A_{rec}} = \frac{G_{rec}^{\text{ideal}}}{G_{p.esp}}$$

siendo G_{rec}^{ideal} el valor medio de la *irradiancia solar idealmente concentrada* y expresada por unidad de superficie total del receptor.

Las prestaciones de los colectores solares suelen definirse a través de rendimientos. Así, el *rendimiento óptico* del colector indica la capacidad del colector para concentrar la radiación solar sobre el receptor y que este la absorba. El rendimiento óptico se define como la irradiación solar total instantánea concentrada que es absorbida en la realidad por toda la superficie del receptor, $q_{abs.rec}$, dividida por la irradiación solar total instantánea que idealmente alcanza el colector cuando la apertura de los espejos está perfectamente orientada en perpendicular la dirección del Sol:

$$\eta_{opt} = \frac{q_{abs.rec}}{A_{col.\perp}} = \frac{\alpha G_{p.rec} A_{p.rec}}{DNI \cdot A_{p.esp}} = \frac{\alpha G_{rec} A_{rec}}{DNI \cdot A_{p.esp}} \tag{2.72}$$

El *rendimiento térmico* del receptor se refiere a la capacidad del receptor para transformar la energía solar absorbida por la superficie del receptor y transformarla en energía térmica útil que es captada por la sustancia de trabajo del receptor. En este caso, el rendimiento térmico se expresa como la potencia térmica útil captada por la sustancia de trabajo en el receptor, $q_{u.rec}$, dividida por la potencia térmica incidente que es absorbida en el receptor, $q_{abs.rec}$:

$$\eta_{t.rec} = \frac{q_{u.rec}}{q_{abs.rec}} = 1 - \frac{q_{perd.rec}}{q_{abs.rec}} \tag{2.73}$$

donde la potencia térmica útil captada por la sustancia de trabajo del receptor puede expresarse como el calor incidente menos las pérdidas hacia el exterior, $q_{perd.rec}$. Dichas pérdidas son por emisión de radiación hacia el exterior y la disipación convectiva de calor hacia el aire por convección. Estas últimas pérdidas por convección pueden ser de tipo *forzado*, si hay viento, o *naturales*, si se producen por el movimiento local del aire inducido por flotabilidad al ser calentado por el receptor. Las pérdidas por conducción del calor desde el receptor hacia otros elementos mecánicamente conectados, como los agarres, suelen ser despreciables. Nótese que, si la sustancia de trabajo en el receptor es un fluido, la potencia térmica útil captada en el receptor también puede expresarse como:

$$q_{u.rec} = \dot{m}_{rec}\, c_{p.rec}\left(T_{f.i} - T_{f.o}\right) \tag{2.74}$$

a partir del gasto másico y calor específico del fluido en el receptor, $\dot{m}_{rec}$ y $q_{p.rec}$ y el incremento que existe entre la temperatura del fluido a la entrada, $T_{f.i}$, y salida, $T_{f.o}$ del receptor.

A nivel general de la central termosolar, el *rendimiento global* cuantifica la eficiencia de la central para transformar la *DNI* en potencia eléctrica, $\dot{W}_e$:

$$\eta_g = \frac{\dot{W}_e}{DNI \cdot A_{p.esp}} = \eta_{opt}\eta_{t.rec}\eta_{ciclo}\eta_e \tag{2.75}$$

donde η_{ciclo} es el rendimiento del ciclo termodinámico utilizado para mover el alternador y η_e es el rendimiento eléctrico del alternador y otros elementos adicionales para la producción de la corriente eléctrica.

La implementación práctica de los métodos de concentración del foco lineal y el foco puntual anteriormente descritos ha conducido a varias tecnologías de centrales termosolares. Destacan actualmente las tecnologías de centrales de concentración de cilindro-parabólico, las centrales Fresnel, las centrales de torre y las centrales de disco. La Figura 2.31 muestra de forma esquemática estas tecnologías de centrales de concentración.

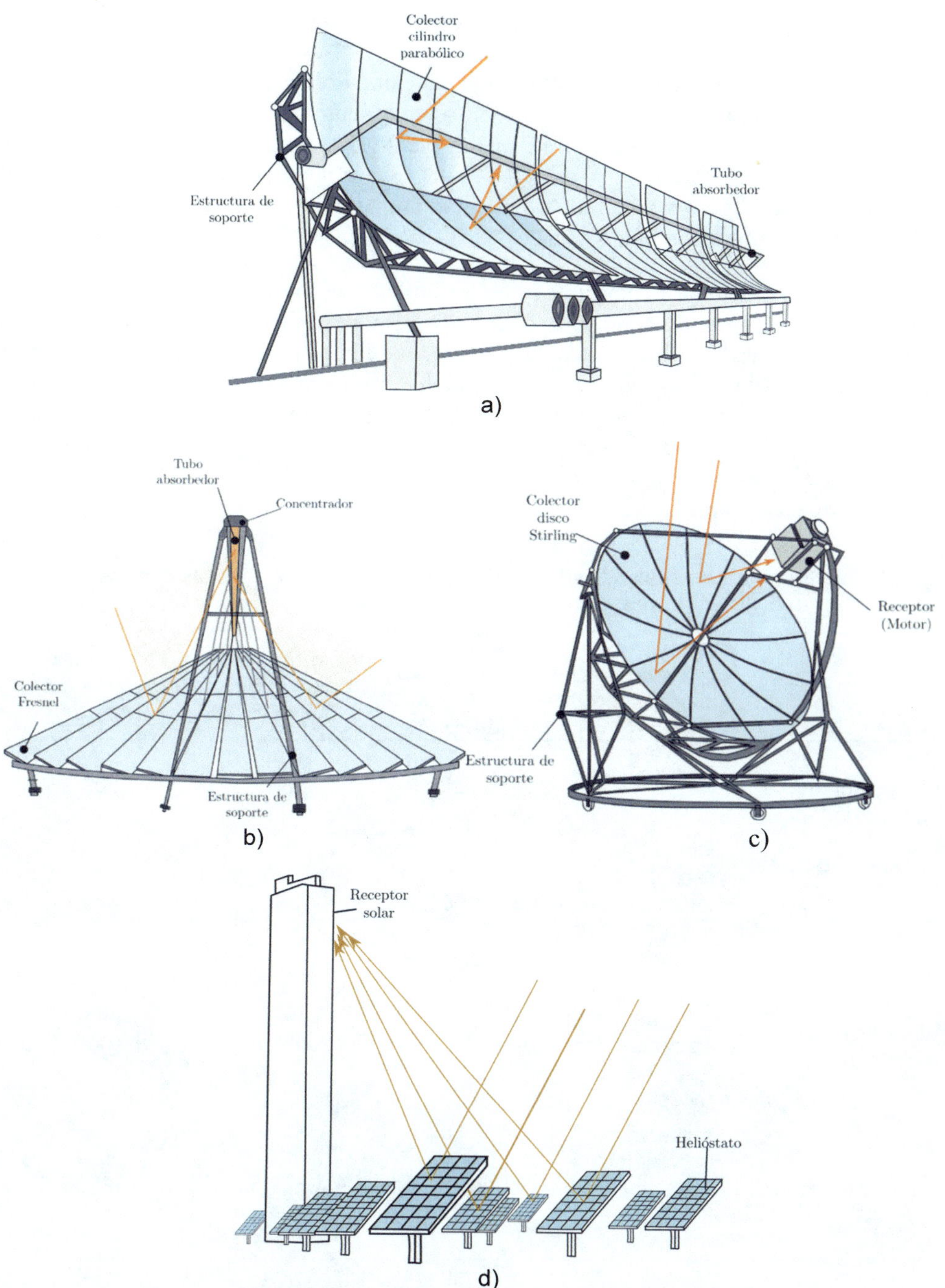

Figura 2.31. Principales tecnologías de centrales termosolares desarrolladas en la actualidad: a) Central de colector cilindro-parabólico. b) Central de foco lineal Fresnel. c) Central de disco parabólico. d) Central de torre

2.6.3.2. Almacenamiento termosolar

Como se ha comentado anteriormente, una de las características que hacen atractivas las centrales termosolares es su capacidad de almacenamiento térmico. El almacenamiento térmico en este tipo de centrales permite que la planta siga produciendo energía eléctrica sin interrupciones motivadas por el paso de las nubes o la puesta de sol, logrando con ello un suministro más seguro y adaptado a la demanda que puede ayudar a estabilizar la red eléctrica cuando la contribución de las energías renovables a la generación es alta.

Existen dos métodos principales de almacenamiento térmico. El más habitual es el almacenamiento en forma de calor *sensible*, es decir, aquel en el que se acumula energía cambiando la temperatura de una sustancia que puede ser un fluido como, por ejemplo, el vapor sobrecalentado o la sal fundida, o bien puede ser un material sólido como, por ejemplo, los bloques de hormigón o rocas. La Tabla 2.9 muestra algunos ejemplos de sustancias de almacenamiento sensible y sus principales características. La elección de una sustancia u otra depende de factores como su precio, las temperaturas máximas de almacenamiento, el volumen ocupado para la energía total a almacenar, etc.

Tabla 2.9. Ejemplos de sustancias de almacenamiento de calor sensible usadas en centrales termosolares

Sustancia	Forma de calentamiento	Calor específico aproximado (J/(kg · K))	Temperatura típica mínima $T_{at.mín}$ (°C)	Temperatura típica máxima, $T_{at.máx}$ (°C)
Vapor de agua sobrecalentado a alta presión	Directo en receptor	2000 (sin cambio de fase)	35	500
Sal solar de nitrato fundida (60 % $NaNO_3$ + 40 % KNO_3)	Directo en receptor o indirecto con intercambiador de calor	1500	290	565
Bloques de hormigón	Indirecto por intercambio de calor con el fluido del receptor	880	Ambiente	1000
Arena y rocas	Indirecto por intercambio de calor con el fluido del receptor	800	Ambiente	1500

Suponiendo que la sustancia de almacenamiento con calor sensible es caloríficamente perfecta (hipótesis aceptable para un primer cálculo), la energía térmica, Q_{at}, que una masa, m_{at}, de dicha sustancia almacena puede expresarse como:

$$Q_{at} = m_{at}\, c_{p.at}\, (T_{at.máx} - T_{at.mín}) \qquad (2.76)$$

donde $c_{p.at}$ es el calor específico de la sustancia usada en el almacenamiento térmico, $T_{at.mín}$, es la temperatura media inicial de la sustancia de almacenamiento, la cual es calentada con la energía térmica absorbida en el receptor de la planta hasta una temperatura media final igual a $T_{at.máx}$.

En una configuración de almacenamiento *directo*, la sustancia de trabajo del receptor, tras calentarse en el mismo, se conduce al sistema de almacenamiento haciendo también las funciones de sustancia de almacenamiento. Este es el caso común de las centrales de torre que operan con sal fundida, en donde la propia sal del receptor es la que se acumula en los tanques de almacenamiento. Por el contrario, en una configuración de almacenamiento *indirecto*, el fluido de trabajo del receptor no es el que se acumula en el sistema de almacenamiento, sino que cede su energía térmica a la sustancia de almacenamiento, la cual es la que acumula el calor. Por ejemplo, en una central termosolar de colector cilindro-parabólico, el fluido de trabajo puede ser un aceite térmico que, tras calentarse en el receptor, se hace pasar por un intercambiador de calor para cederle su energía térmica a un flujo de sal fundida, la cual es la sustancia de almacenamiento que se acumula en uno o varios tanques.

En el ejemplo de almacenamiento con sal fundida en centrales de torre y centrales de colector cilindro-parabólico, los tanques de almacenamiento de la planta suelen disponerse en pares. Cada par está formado por un tanque de alta temperatura y un tanque de menor temperatura (tanque de *baja* temperatura en términos relativos) según se muestra en la Figura 2.32. Tras recibir, directa o indirectamente, el calor absorbido por el receptor, el flujo de sal fundida está en su nivel térmico mayor ($T_{at.máx}$) y se almacena continuamente en el tanque de alta temperatura. De este tanque se extrae un caudal de sal, que se lleva a un intercambiador de calor para ceder su energía térmica a un ciclo de vapor (véase la Sección 2.2) utilizado para producir la potencia mecánica que mueve un generador de energía eléctrica. De dicho intercambiador de calor la sal sale a la temperatura mínima posible ($T_{at.mín}$) dada por la temperatura de cristalización de la sal más un incremento de temperatura de seguridad para que siempre se encuentre en estado líquido. Este flujo de sal a la temperatura mínima posible se conduce al tanque de baja temperatura donde se almacena. Finalmente, del tanque se baja temperatura se extrae el flujo de sal para volverlo a calentar directa o indirectamente con el calor del receptor y así, comenzar otra vez el proceso descrito. Ambos tanques se aíslan térmicamente en su superficie exterior para reducir las pérdidas de calor hacia el ambiente y, además, incluyen resistencias eléctricas que se activan en caso de que baje excesivamente su temperatura.

El almacenamiento térmico también permite hibridación con otras tecnologías renovables mediante la acumulación en forma de calor (por disipación en resistencias térmicas) del excedente de energía generada en las mismas. Otras configuraciones de almacenamiento consisten en un único tanque con temperaturas estratificadas (termoclino), el almacenamiento a presión del vapor sobrecalentado del ciclo de potencia, la acumulación de calor en bloques de hormigón con tubos por los que circula el fluido del receptor o bien en silos de rocas o arena.

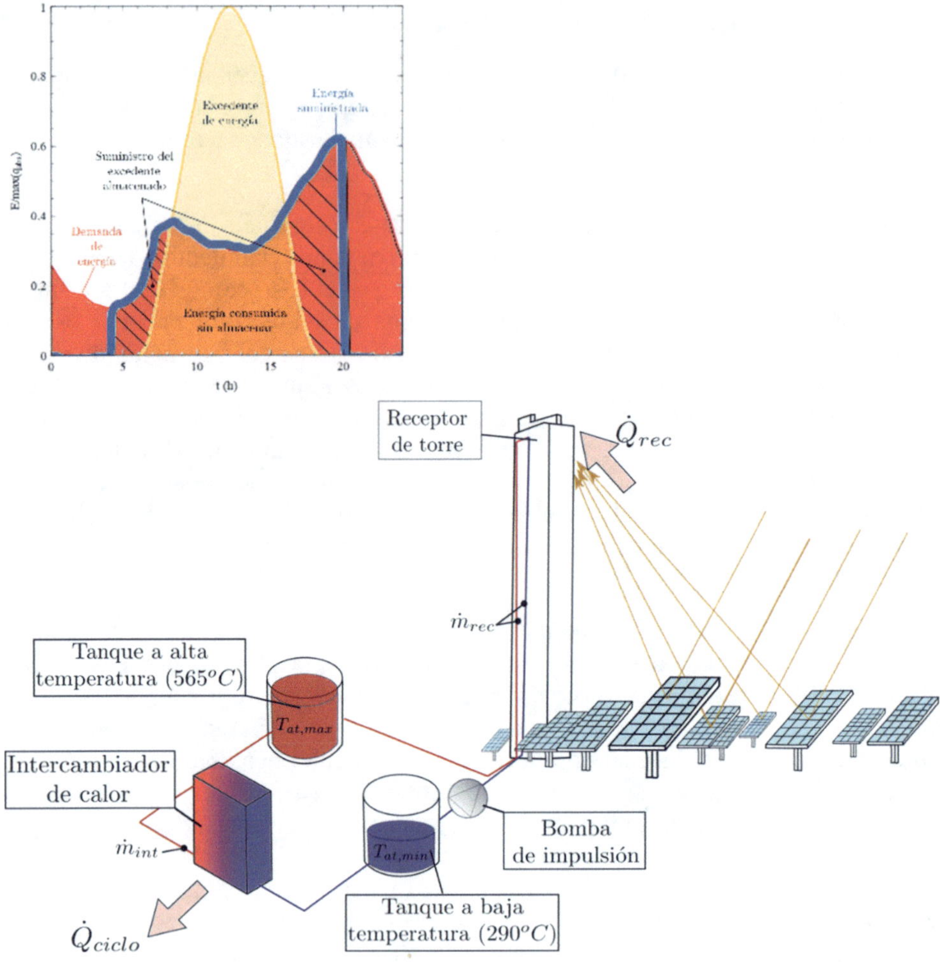

Figura 2.32. Ejemplo de almacenamiento térmico directo con sal Solar fundida mediante un tanque de sal caliente y otro tanque de sal fría en una central termosolar de torre y distribución diaria de la energía almacenada

El dimensionado del sistema de almacenamiento ha de tener en cuenta las horas de generación que se desean alcanzar en la planta. Así, de forma simplificada, para una planta termosolar con una potencia de generación eléctrica, $\dot{W}_e$ mantenida durante un intervalo de tiempo diario, $t_e^{\text{día}}$ la energía total inyectada a la red será $W_e^{\text{día}} = \dot{W}_e t_e^{\text{día}}$. Suponiendo un rendimiento total, η_t, de conversión de calor en electricidad en la planta, la energía absorbida diariamente en el absorbedor es, entonces

$$Q_{rec}^{\text{día}} = \frac{\dot{W}_e t_e^{\text{día}}}{\eta_t}$$

Para el caso de una central de torre de sales fundidas como la mostrada en la Figura 2.32, la energía Q_{rec}^{d} es transportada mediante el flujo de las sales desde el receptor hasta el tanque de sales calientes (a temperatura 565 ºC para el caso de sal solar). La masa total que se manda del receptor al tanque es entonces:

$$m_{rec}^{\text{día}} = \frac{Q_{rec}^{\text{día}}}{c_{p.at}\left(T_{at.\text{máx}} - T_{at.\text{mín}}\right)}$$

Pero no toda esa masa ha de acumularse en el tanque de sal caliente, ya que simultáneamente se está extrayendo un flujo de sal del tanque caliente para el intercambiador de calor que calienta el ciclo de potencia de la planta. Llamando $t_{rec}^{\text{día}}$ al intervalo de tiempo diario durante el cual funciona el receptor, es decir, se concentra la irradiación solar sobre el receptor y llega $m_{rec}^{\text{día}}$ al tanque caliente, la masa de sales extraída del tanque caliente durante ese tiempo es

$$m_{rec}^{\text{día}} \frac{t_{rec}^{\text{día}}}{t_e^{\text{día}}}$$

Restando ambas cantidades se obtiene la masa que de forma neta se ha de almacenar en el tanque para que la planta opere el resto de horas en las que el receptor no funciona:

$$m_{at} = m_{rec}^{\text{día}} \left(1 - \frac{t_{rec}^{\text{día}}}{t_e^{\text{día}}}\right) \phi_{at} = \frac{Q_{rec}^{\text{día}}}{c_{p.at}\left(T_{at.\text{máx}} - T_{at.\text{mín}}\right)} \left(1 - \frac{t_{rec}^{\text{día}}}{t_e^{\text{día}}}\right) \phi_{at} \tag{2.77}$$

donde ϕ_{at} es un parámetro de seguridad mayor que la unidad (por ejemplo, $\phi_{at} = 1,05$), que sobredimensiona la masa acumulada de sal en el tanque para evitar un vaciado completo de los tanques que conllevaría problemas con las bombas de impulsión. Entonces, el volumen total de sal caliente a acumular es $V_{at} = m_{at}/\rho_{at}$ siendo ρ_{at} la densidad de la sal fundida. La masa acumulada en el tanque caliente, según se muestra en la Figura 2.32, acaba, al final del día, pasando por el intercambiador de calor y llenando el tanque de sales frío (290 ºC para el caso de sal solar), por lo que el volumen total de sal fría a acumular será también V_{at}. Estos cálculos son aproximados ya que se ha despreciado la variación de la densidad de la sal. Si el volumen V_{at} es muy elevado, en lugar de un par ($N_{at} = 1$) de tanques para el frío y el caliente, puede optarse por dos pares ($N_{at} = 2$) tanques, tres pares ($N_{at} = 3$), etc., por lo que la capacidad en volumen de cada tanque, ya sean los tanques de sal caliente o fría, será $V_{\text{tanque}} = m_{at}/(\rho_{at} N_{at})$.

Un segundo método para almacenar calor se basa en el *calor latente*, es decir, en el cambio de fase de la sustancia de almacenamiento, pudiéndose expresar el calor latente acumulado como:

$$Q_{at} = m_{at} h_{cf} \tag{2.78}$$

donde h_{cf} la entalpía específica de cambio de fase de la sustancia, es decir, la energía que hay que proporcionar a la sustancia de almacenamiento para que una unidad de su masa pase de fase sólida a líquida o bien de fase líquida a vapor. El calor latente de las sustancias por unidad de masa es mucho mayor que el calor sensible para el rango de temperaturas de las centrales termosolares. Por tanto, el calor latente proporciona las mayores capacidades de almacenamiento térmico. Sin embargo, es menos utilizado en las centrales ya que su grado de madurez tecnológica es menor que el almacenamiento sensible.

2.6.4. Descripción y análisis de las centrales termosolares

La Tabla 2.10 resume las características más relevantes de las principales tecnologías de centrales termosolares desarrollas hasta la fecha y que se han mostrado esquemáticamente en la Figura 2.31: centrales de colector cilindro-parabólico, centrales de colector lineal Fresnel, centrales de torre y centrales de disco parabólico. Estas tecnologías y su análisis de describen en los siguientes apartados.

Tabla 2.10. Características de las principales tecnologías de centrales termosolares

Características	Central de cilindro parabólico	Central lineal Fresnel	Central de torre	Central de disco parabólico
Factor de concentración *C* (soles)	70-80	25-100	300-1000	1000-3000
Configuración del receptor	Absorbedor de tubos con cubierta transparente calentados en foco lineal que se mueven con los espejos	Absorbedor de tubos con o sin cubierta calentados en foco lineal que no se mueve con espejos	Absorbedor de tubos, materiales porosos o partículas calentados en foco puntual, en el exterior del receptor o en interior de cavidad, sobre una torre	Absorbedor de tubos o materiales porosos en cavidad calentados en foco puntual fijado a un espejo circular
Configuración de los espejos	Cilindro abierto de perfil parabólico	Facetas planas o ligeramente curvadas formando filas paralelas al foco	Facetas agrupadas en paneles aprox. cuadrados alrededor de la torre	Disco con geometría de revolución de perfil de parabólico
Fluido del receptor	Aceite térmico, agua, sal fundida	Agua y aceite térmico	Sal fundida, agua, aire, sodio, partículas	Aire, otros fluidos gaseosos
Temperaturas de operación (°C)	230-430	150-500	300-1000	➢ 800
Eficiencia anual de la planta (%)	11-16	13	7-20	12-25
Bloque de potencia	Ciclo Rankine de vapor	Ciclo Rankine de vapor	Ciclo de vapor (Rankine o supercrítico); Brayton de gas	Ciclo Stirling; otros ciclos de gas
Almacenamiento térmico	Tanque de sales fundidas; vapor de agua	Tanque de sales fundidas; vapor de agua	Tanque de sales fundidas; vapor de agua; sólidos (hormigón y arena).	Conceptos en desarrollo (almacenamiento químico)
Contribución mundial a la termosolar (%)	84	3	12	1

2.6.4.1. Centrales de colector cilindro-parabólico

Tal como indica su nombre, este tipo de centrales se basa en el uso de colectores de tipo cilindro-parabólico. En ellos la superficie reflectante concentradora está compuesta por espejos curvados que forman un cilindro abierto de decenas de metros de largo y de sección o perfil parabólico [Figura 2.33 (a)]. Así, los espejos del colector concentran los rayos solares en el foco lineal de la parábola, el cual es paralelo al eje del cilindro tal como se indica en la Figura 2.31 (a). El receptor consiste en un *tubo absorbedor* situado en la línea del foco. El tubo absorbedor está tratado externamente con un recubrimiento o acabado superficial que incrementa la absorción de la radiación y baja su emisividad. Para disminuir las pérdidas de calor por convección hacia el aire exterior, el tubo absorbedor se protege con una cubierta tubular de vidrio transparente, separada del tubo y sellada en sus extremos y se hace un vacío parcial entre ambos. La Figura 2.33 (b) contiene una sección del colector en donde se muestra el colector junto con el absorbedor.

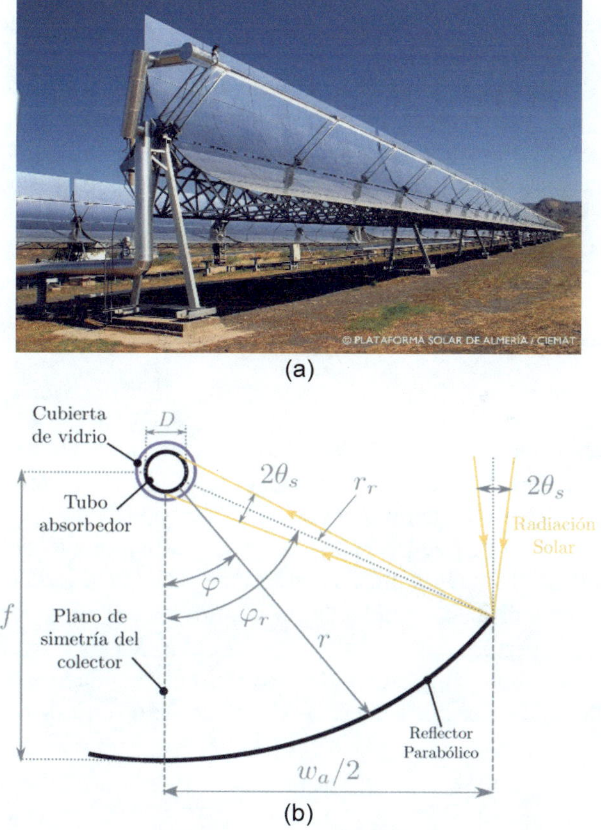

Figura 2.33. (a) Fotografía de un colector cilindro-parabólico en la Plataforma Solar de Almería (PSA), Almería, España (©PSA-CIEMAT). (b) Esquema de una sección mostrando sus parámetros geométricos

La superficie concentradora de espejos gira gradualmente (a lo largo de las horas del día) alrededor de un eje paralelo a la longitud de la superficie cilíndrica del reflector. Este giro permite orientar lo mejor posible la apertura del espejo hacia el Sol y que así se concentre en el foco la mayor cantidad de irradiación solar. Típicamente el eje del receptor alinea de norte a sur o bien de este a oeste. Las configuraciones de alineamiento norte-sur pueden proporcionar en media anual una mayor capacidad de recolección de la irradiación solar, pero con gran diferencia de capacidad entre los meses de invierno y verano. La orientación este-oeste, aunque con menos eficiente en términos anuales, puede proporcionar mayor capacidad que la norte-sur en los meses de menor insolación.

El tubo absorbedor con su cubierta se encuentra suspendido por la misma estructura que soporta a los espejos, por lo que rota con ellos formando una unidad solidaria de colector con una entrada y una salida del fluido caloportador. En una planta termosolar, varias unidades de colector suelen ponerse en serie de forma que la salida del fluido caloportador de una unidad es la entrada de la siguiente. El resultado es un campo de colectores cilindro-parabólicos formando filas muy extensas para que el fluido calorportador pueda alcanzar al final de la fila la temperatura deseada. El caudal total de fluido calentado necesario para obtener una potencia térmica dada se consigue disponiendo varias de estas filas en paralelo. El área total de apertura de las superficies reflectantes en el campo de colectores de la central es $A_{p.esp} = W_a L_{tot}$, siendo W_a la anchura del colector (apertura de la parábola de la superficie reflectante) y L_{tot}, la suma de las longitudes de todas las unidades de colector de la central. La anchura del colector se relaciona geométricamente con la longitud del foco, f, y el semiángulo de apertura de la parábola, φ_r (véase la Figura 2.31) a través de $W_a = 4f \tan(\varphi_r/2)$. Por otro lado, el área total de los receptores puede estimarse como $A_{rec} = \pi D L_{tot}$, donde D es el diámetro exterior de los tubos absorbedores del receptor.

El rendimiento óptico del colector cilindro-parabólico puede estimarse con:

$$\eta_{opt} = \rho \tau \alpha \gamma F_e K_\theta \tag{2.79}$$

donde ρ es la reflectividad de los espejos del colector, τ, la transmitividad a la radiación solar de la cubierta de vidrio, α, la absortividad de la superficie del receptor a la radiación solar, γ, el factor de interceptación que considera no todos los rayos inciden sobre el foco debido a las imperfecciones de los espejos y el desalineamiento del tubo con respecto al foco, F_e, un factor de ensuciamiento de los espejos y de la cubierta transparente del receptor y K_θ, un factor modificador por el ángulo incidencia θ_p de la radiación solar con respecto al plano de la apertura del colector. En particular, $K_\theta = F_{b.CP} \cos(\theta_p)$, siendo $\cos(\theta_p)$ el factor coseno, que representa efecto de proyectar el área de apertura en la dirección del Sol y $F_{b.CP}$, el factor de pérdidas laterales de un colector cilindro-parabólico, que se obtiene:

$$F_{b.CP} = 1 - \frac{fN_c}{L_{tot}}\left(\frac{2h_c}{3f} + 1 + \frac{W_a^2}{48f^2}\right)\tan(\theta_p)$$

$F_{b.CP}$ incluye el efecto de sombra de los mamparos laterales de altura, h_c, situados al final y el principio de cada una de las N_c unidades de colector, así como el efecto del rebasamiento de la radiación concentrada en dichos extremos debido a las incidencias no nulas. El ángulo de incidencia a la apertura del colector cilindro-parabólico puede obtenerse con las siguientes ecuaciones en función de si la orientación es norte-sur (identificada con NS = 1) o este-oeste (NS = 0):

$$\cos^2(\theta_p) = 1 - \operatorname{sen}^2(\theta_z)\,\mathrm{NS} + \cos^2(\delta)\,\operatorname{sen}^2(\omega_s)\,(1 - 2\,\mathrm{NS}) \qquad (2.80)$$

Para la obtención del rendimiento térmico del tubo absorbedor del receptor, las pérdidas de calor hacia el exterior se calculan mediante un coeficiente global efectivo de transferencia de calor, U_{rec}, que tiene en cuenta las resistencias térmicas de convección y las resistencias equivalentes de radiación entre el fluido térmico del interior del tubo absorbedor, a temperatura T_f (que suele aproximarse con la temperatura de entrada del fluido al colector si se analiza un módulo de pequeña longitud), la cubierta de vidrio y el exterior:

$$q_{perd.rec} = A_{rec}\,U_{rec}\,(T_f - T_{ext}) \qquad (2.81)$$

donde T_{ext} es una temperatura efectiva del aire exterior junto con la temperatura de radiación de los alrededores del colector.

En las centrales termosolares de colector cilindro-parabólico, el colector se integra junto a otros sistemas que se muestran en la Figura 2.35. En concreto, la figura muestra una configuración típica en la que el fluido de trabajo de los colectores calienta un ciclo Rankine de potencia y también cede su calor excedente a una sustancia de almacenamiento térmico. Este calor almacenado es devuelto al fluido de trabajo cuando la insolación es reducida o nula, pudiendo de esta forma seguir generando energía en el ciclo Rankine de forma desacoplada al recurso solar. Las pérdidas de calor en sistemas de la planta como las conducciones de fluidos caloportadores y el sistema de almacenamiento, pueden incluirse como un coeficiente menor que la unidad multiplicando a los términos del rendimiento global de la Ecuación 2.71.

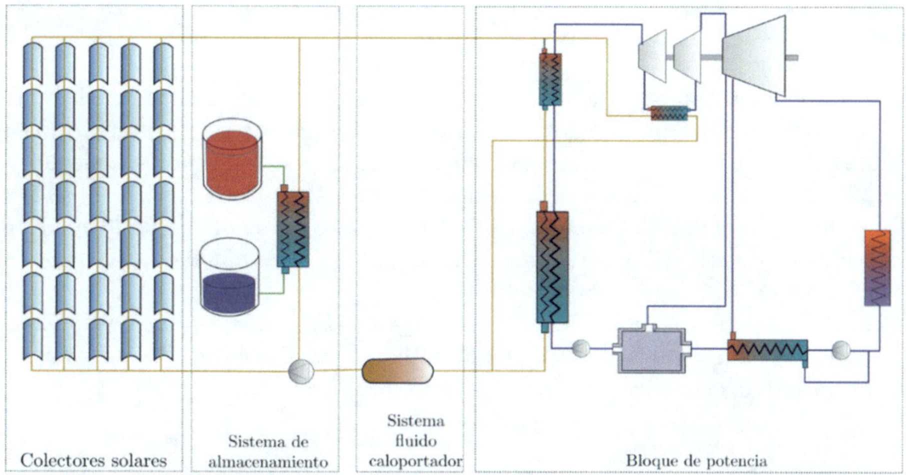

Figura 2.35. Diagrama ejemplo de los sistemas de una planta termosolar de colector cilindro-parabólico

Ejemplo de aplicación 2.10. Central termosolar de colectores cilindro-parabólicos

Una central termosolar de colectores cilindro parabólicos emplazada en latitud 37,4° opera a las 13:00 h, hora solar, del día número 79 del año (20 de marzo) con una *DNI* igual a 900 W/m^2, produciendo 15 MW de potencia eléctrica neta. Un esquema de la central se muestra en la Figura 2.35. Cada módulo de colector cilíndrico posee una longitud de 12 m, un foco de 1,8 m, un semiángulo de apertura de la parábola igual a 70° y una altura efectiva de los mamparos laterales de 25 cm. La reflectividad de los espejos es 0,85, su factor de ensuciamiento es 0,95 y el factor de interceptación del receptor es 0,94. El tubo absorbedor del receptor posee un diámetro externo de 7 cm, una absortividad a la radiación solar igual a 0,85. Por el interior del tubo absorbedor circulan 6200 litros por hora de aceite térmico cuya densidad y calor específico medios son 850 kg/m^3 y 2000 J/(kg · K). La transmitividad de la cubierta de vidrio que rodea el tubo absorbedor es 0,9. El coeficiente de pérdidas del receptor hacia el ambiente es 4 W/(m^{2}K). La temperatura ambiente y de los alrededores es 25 ºC. El eje de todos los colectores del campo posee orientación norte-sur y sigue al Sol en todo momento. El aceite térmico entra a 292 ºC al campo de colectores y sale a 393 ºC. El ciclo de vapor posee un rendimiento térmico del 37,4 % y se alimenta por la mitad del gasto másico de aceite térmico que pasa por el campo de colectores, siendo utilizada la otra mitad del gasto para ceder su calor sensible a un sistema de almacenamiento térmico. El rendimiento del generador eléctrico que mueve el ciclo es el 98 %. Un 2 % de la potencia eléctrica producida se invierte en autoconsumos de la planta. Se pide calcular:

a) El factor de concentración del colector.

b) El rendimiento óptico del colector.

c) El número de lazos de colectores y el número de unidades de colector por lazo.

d) El rendimiento térmico del receptor y el rendimiento total de la planta

Solución

a) Para obtener el factor de concentración del colector se calcularán las áreas de la apertura y del receptor de una unidad de colector. El área de apertura de una unidad de colector es $A_{p.esp} = W_a L_a = 60{,}5$ m^2, donde L_a es la longitud del colector y es de 12 m, W_a es la anchura de la apertura, que se obtiene de $W_a = 4f \tan(\varphi_r/2) = 5{,}04$ m, f es la longitud de foco, que es de 1,8 m y φ_r es el semiángulo de apertura de la parábola y mide 70°. El área total del receptor en una unidad de colector es el área exterior de su tubo se obtiene de $A_{rec} = \pi\ D\ L_a = 2{,}64$ m$_2$, siendo D el diámetro exterior del tubo, que mide 7 cm. El área proyectada del receptor se calcula a partir de $A_{p.\mathrm{rec}} = D\ L_a = 0{,}84$ m^2. Por tanto, el factor de concentración solar con área de receptor proyectada está dada por la Ecuación (2.71):

$$C = \frac{A_{p.esp}}{A_{p.rec}} = 72$$

El factor de concentración con área del receptor sin proyectar ha de ser menor:

$$C' = \frac{A_{p.esp}}{A_{rec}} = 22,9$$

b) El rendimiento óptico del colector requiere evaluar los ángulos solares. Para las HS = 13 horas solares del día n = 79, el ángulo horario solar se determina a partir de ω_s = 360/24 [360/365(HS – 12)] y es de 15° y la declinación se obtiene de la Ecuación (2.67) es δ = 23,45 [360/365(284 + n)] y que tiene un valor de –2,67°. A partir de la Ecuación (2.68), sabiendo que la central está localizada en longitud L = 37,4°, con una elevación del Sol de 47,58°, obtenida a partir de la expresión h = arcsen [sen (L) sen (δ) cos (δ) cos (ω_s)]. Además, el ángulo cenital es de 42,2° y se obtiene de la fórmula $\theta_z = (\pi/2) - h$. Con los ángulos solares, para una orientación norte-sur (NS = 1), el ángulo de incidencia del Sol con respecto al plano de la apertura del colector se evalúa con la Ecuación (2.80):

$$\cos^2(\theta_p) = 1 - \text{sen}^2(\theta_z)\,\text{NS} + \cos^2(\delta)\,\text{sen}^2(\omega_s)\,(1 - 2\,\text{NS}) = 46{,}26°$$

El ángulo de incidencia obtenido permite calcular el factor de pérdidas, que es igual a 0,803, obtenido de:

$$F_{b.CP} = 1 - \frac{f}{L_a}\left(\frac{2h_c}{3f} + 1 + \frac{W_a^2}{48f^2}\right)\tan\left(\theta_p\right)$$

y el factor de modificación del ángulo de incidencia, $K_\theta = Fb.CP \cos(\theta p) = 0{,}555$. Finalmente, el rendimiento óptico del colector es de $\eta_{opt} = \rho_{esp}\, \tau_r\, \alpha_r\, \gamma_r\, F_e\, K_\theta = 0{,}323$ (32,3 %), siendo ρ_{esp} la reflectividad de los espejos del colector, cuyo valor es de 0,85; F_e, su factor de ensuciamiento, de valor 0,95; τ_r, la transmitividad de la cubierta de vidrio del tubo absorbedor del receptor, que vale 0,9; α_r, la absortividad del tubo absorbedor, de valor igual a 0,85; y γ_r, el factor de interceptación del receptor, con un valor de 0,94.

c) Para obtener el número de líneas o lazos y el número de colectores por línea es preciso caracterizar el gasto másico de aceite que requiere la central. En cada lazo de colector el aceite térmico se calienta desde la temperatura inicial, $T_{f.i}$ = 292 ºC hasta la temperatura final, $T_{f.o}$ = 393 ºC. Hay tantos lazos en paralelo como se sea necesario para absorber el calor que requiere la central. En particular, para poder generar una potencia de $\dot{W}_e = 15\text{ MW} = 15 \cdot 10^6\text{ W}$, el ciclo térmico es alimentado con una potencia térmica q_{ciclo}, que cumple $q_{\text{ciclo}}\eta_{\text{ciclo}}\eta_e\left(1 - F_{\text{auto}}\right) = \dot{W}_e$, siendo η_e, el rendimiento de la conversión a electricidad del trabajo del eje de la turbina y que vale 0,98 y F_{auto}, el factor del 2 % de autoconsumos eléctricos de la planta, cuyo valor es de 0,02. Despejando se obtiene

$$q_{\text{ciclo}} = \frac{\dot{W}_e}{\eta_{\text{ciclo}}\eta_e\left(1-F_{\text{auto}}\right)} = 41,76 \text{ MW}$$

La potencia térmica neta útil que absorbe el aceite térmico del receptor es $q_{u.rec} = q_{\text{ciclo}} + q_{at} = 2q_{\text{ciclo}}$, ya que, según el enunciado del problema, la potencia térmica a almacenar, q_{at}, es igual que la del receptor, q_{ciclo}. Por tanto, a partir de la Ecuación (2.74), el gasto másico total de aceite térmico en la suma de las líneas de colectores es

$$\dot{m}_{\text{total}} = \frac{q_{u.rec}}{c_{p.ac}\left(T_{\text{fin}} - T_{\text{ini}}\right)} = 413,5 \ \frac{\text{kg}}{\text{s}}$$

y por una línea circula el gasto másico de un tubo, $\dot{m}_t = \dot{V}_{ac}\,\rho_{ac} = 1,46 \text{ kg/s}$, siendo ρ_{ac}, la densidad del aceite térmico, cuyo valor es de 850 kg/m^3; $c_{p.ac}$, el calor específico del aceite térmico, que es de 2000 J/(kg · K); y $\dot{V}_{ac}$, el caudal de aceite que circula por un tubo, que es de 6200 l/h = 1,722 · 10^{-3} m^3/s. Con esto, el número de líneas de colectores está dado por $N_{lin} = \dot{m}_{\text{total}}/\dot{m}_t \approx 283$. Para hallar el número de colectores por línea es necesario calcular el área del receptor en la suma de todas las líneas, $A_{rec.tot}$. Esta área debe cumplir que el calor absorbido por la superficie del receptor, $q_{abs.rec} = A_{rec.lin}\, C\, DNI\, \eta_{opt}$ menos el calor de pérdidas, $q_{perd.rec} = A_{rec.lin}\, U_{rec}\,(T_f - T_{ext})$ sea igual al calor útil que absorbe el aceite térmico: $q_{u.rec} = q_{abs.rec} - q_{perd.rec}$. Despejando de este balance queda un área total del receptor suma de todas las unidades de colectores de la planta igual a

$$A_{rec.tot} = \frac{q_{u.rec}}{C \cdot DNI \cdot \eta_{opt} - U_{rec}\left(T_f - T_{ext}\right)} = 4254 \text{ m}^2$$

donde U_{rec} es el coeficiente global de pérdidas del receptor, que es 4 W/(m^{2}K) y T_f es la temperatura media del aceite en los tubos del receptor, que se obtiene de $(T_{f.o} - T_{f.i})/2$. Entonces, dividiendo por el número de líneas de colectores y el área del receptor en un colector, el número de unidades de colector por línea resultante es:

$$N_c = \frac{A_{rec.tot}}{N_{lin}A_{rec}} \approx 18$$

d) Usando la Ecuación (2.73), el rendimiento térmico del receptor es

$$\eta_{t.rec} = 1 - \frac{q_{perd.rec}}{q_{abs.rec}} = 0,935 \ (93,5\ \%)$$

Finalmente, el rendimiento global de la planta [Ecuación (2.75)] es

$$\eta_g = \eta_{\text{ciclo}} \cdot \eta_{t.rec} \cdot \eta_{\text{opt}} \cdot \eta_e = 0,111 \ (11,1\ \%)$$

□

2.6.4.2. Centrales de colector lineal Fresnel

En esta tecnología de planta termosolar, la concentración es de foco lineal. Sin embargo, al contrario que en las centrales de colector cilindro-parabólico, el **colector de una central Fresnel** está compuesto por varias filas paralelas de superficies reflectoras compuestas por segmentos de espejos planos, o ligeramente curvados, situadas cerca del suelo, según se muestra en la Figura 2.36 (a). Este conjunto de filas conforma el reflector primario de la central. Cada fila de espejos rota a lo largo del tiempo con respecto a su eje longitudinal, para que en todo instante la radiación reflejada por la franja incida sobre el tubo receptor, resultando en ángulos de inclinación, β, distintos para cada fila del reflector. Al igual que en los colectores cilindro-parabólicos, la orientación de las filas de espejo del colector Fresnel puede ser norte-sur o bien, este-oeste. El tubo receptor se orienta en paralelo a los espejos y se encuentra suspendido sobre un soporte varios metros por arriba de los espejos en la posición del foco lineal del sistema colector. Por tanto, la suma de las filas del reflector primario concentra la radiación solar sobre el tubo, sin necesidad de utilizar las grandes estructuras móviles necesarias en los colectores cilindro-parabólicos que elevan el coste y complican el mantenimiento. No obstante, el apuntamiento al foco de las filas de espejos no es potencialmente tan preciso como en un colector cilíndrico.

Comúnmente, para aumentar el factor de concentración solar en las centrales Fresnel, se emplaza un reflector secundario sobre el tubo absorbedor, opuesto a las filas de espejos del reflector primario, como se indica en la Figura 2.36 (b). Este reflector secundario es básicamente un espejo curvado o facetado para concentrar sobre la parte superior del tubo la radiación proveniente del reflector primario que pasa cerca de los tubos, pero no incide directamente sobre ellos. De esta forma, también se consigue que el tubo se caliente más uniformemente por todo su perímetro. Aprovechando la estructura del reflector secundario, el tubo del receptor se suele proteger con una cubierta transparente a la radiación para minimizar las pérdidas convectivas de calor provocadas por el viento.

$$\cos^2(\theta_i) = 1 + \cos^2(h)\,\mathrm{sen}^2(\gamma_s) \tag{2.82}$$

$$\tan(\theta_t) = \frac{NS \cdot \mathrm{sen}(\gamma_s) + (1 - NS)\cos(\gamma_s)}{\tan(h)} \tag{2.83}$$

En el rendimiento óptico del colector Fresnel, θ_i y θ_t aparecen en lugar de θ_p en el modificador por ángulo de incidencia, que puede expresarse como $K_\theta \approx F_{b.F} \cos(\theta_i) \cos(\theta_t)$, siendo $F_{b.F}$ el factor de pérdidas laterales que depende de la geometría del colector y también de θ_i y θ_t. En un colector Fresnel, la expresión de $F_{b.F}$ es más compleja que en un colector cilindro-parabólico, debido a que para definir la inclinación de los rayos solares se necesitan los dos ángulos θ_i y θ_t.

En general, las eficiencias ópticas y térmicas de absorción del calor en los colectores Fresnel tienden a ser menores que las de los colectores cilindro parabólicos en atención a la menor concentración y mayor área de receptor que normalmente caracterizan a los colectores Fresnel. Esta menor eficiencia térmica de las centrales de colectores Fresnel puede quedar compensada por el menor coste de instalación, operación y mantenimiento.

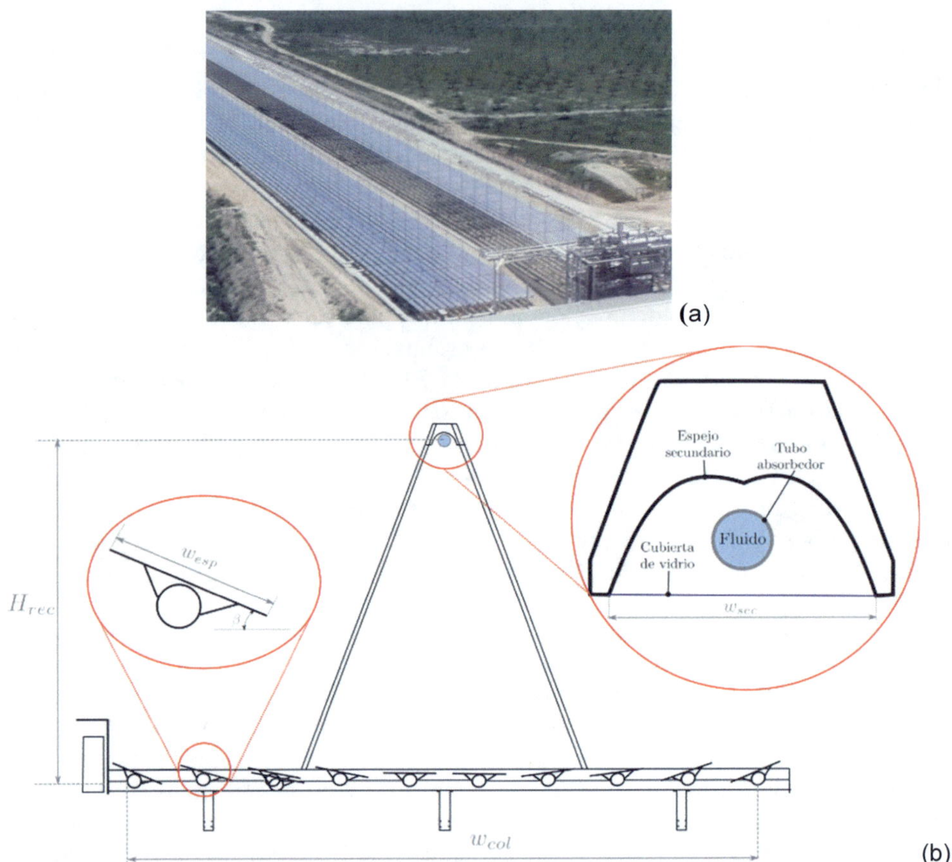

Figura 2.36. (a) Fotografía de un colector Fresnel en Murcia, España (©NOVATEC BIOSOL). (b) Esquema de una sección mostrando sus parámetros geométricos

El fluido de trabajo que circula por el receptor, el almacenamiento y el ciclo de potencia en las centrales de colector lineal Fresnel es normalmente similar al del colector de una central de cilindro-parabólico. La Figura 2.37 muestra un esquema ejemplo de central de colector lineal Fresnel en la que el fluido de trabajo del receptor es el agua del ciclo de vapor de la planta. En esta configuración el agua del ciclo se evapora directamente en los colectores (*Direct Steam Generation*, DSM). Asimismo, el análisis de los rendimientos y potencias térmicas de los colectores Fresnel es similar al de los colectores cilindro-parabólicos, pero con modificaciones en las áreas de las superficies reflectantes y los factores de pérdidas. Así, el área de apertura del reflector primario en colectores Fresnel es la suma de las aperturas de las N_F filas de superficies reflectantes que hay bajo cada tubo absorbedor, es decir, $A_{p.esp} = N_F\, W_{esp}\, L_{tot}$, siendo W_{esp}, la anchura de cada franja y L_{tot}, la longitud total del reflector primario considerado. Además, la inclinación de los rayos solares sobre una fila dada del reflector primario puede expresarse en función del ángulo de incidencia, θ_i, que es el ángulo de la radiación solar incidente sobre la fila con respecto al plano perpendicular al eje longitudinal de la misma y del ángulo transversal θ_t, que es el ángulo entre un plano perpendicular a la apertura de la fila reflectora y el plano que contiene a los rayos del Sol y el eje longitudinal de la fila. Estos ángulos de incidencia y transversal del colector Fresnel pueden estimarse con las siguientes ecuaciones en función de si la orientación es norte-sur (identificada con NS = 1) o este-oeste (NS = 0):

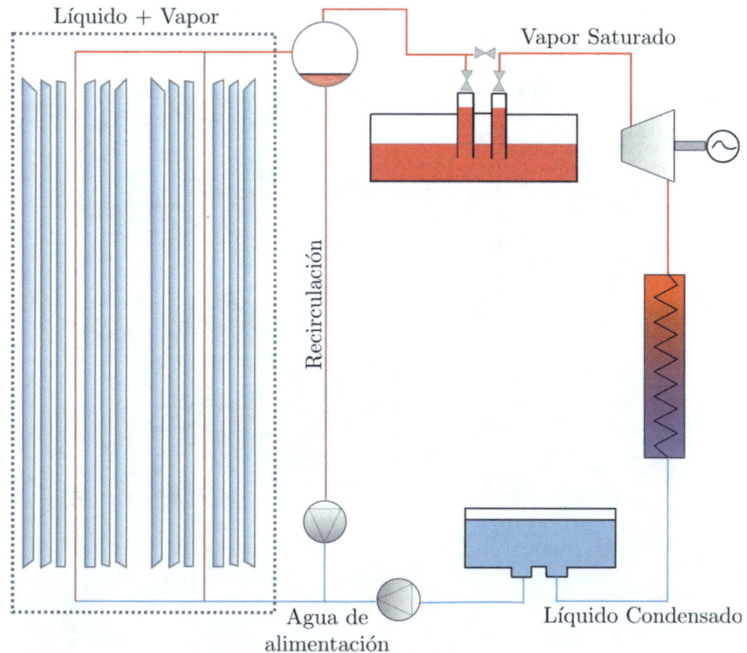

Figura 2.37. Diagrama ejemplo de los sistemas de una planta termosolar de foco lineal Fresnel con evaporación directa

2.6.4.3. Centrales de torre

Este tipo de centrales está formado por un gran número de *helióstatos* (típicamente, del orden de millares) que reflejan la radiación solar hacia un foco de tamaño relativamente reducido, el cual puede considerarse puntual a efectos prácticos. Este foco está situado en lo alto de una torre [véase la Figura 2.38 (a)] para facilitar un apuntamiento de los helióstatos sin interferencias y con buena eficiencia óptica. Cada uno de los helióstatos está compuesto por facetas de espejos unidas entre sí mediante una estructura inferior. El conjunto de facetas de un helióstato forma un plano reflector de gran envergadura, típicamente del orden de 10×10 m^2. Para reflejar la radiación solar a lo largo de las horas del día, de manera que los rayos reflejados apunten al receptor con precisión, la estructura de cada helióstato ha de girar en dos ejes a ritmos y orientaciones distintas al resto de helióstatos. Esto contrasta con el movimiento de los espejos de las centrales de colector cilindro-parabólico y de tipo Fresnel, en donde el colector solo gira en un eje.

El apuntamiento preciso a dos ejes de los helióstatos de las centrales de torre es crucial para el buen rendimiento óptico de la central y ha de ser robusto a perturbaciones como las causadas por el viento, especialmente si el helióstato está separado de la torre muchas centenas de metros, o incluso el millar de metros, como ocurre en centrales de torre de gran tamaño. Esto encarece la instalación y mantenimiento de la central. A cambio, las centrales de torre consiguen factores de concentración del orden del millar, lo que reduce el tamaño del receptor y eleva la eficiencia térmica de la central.

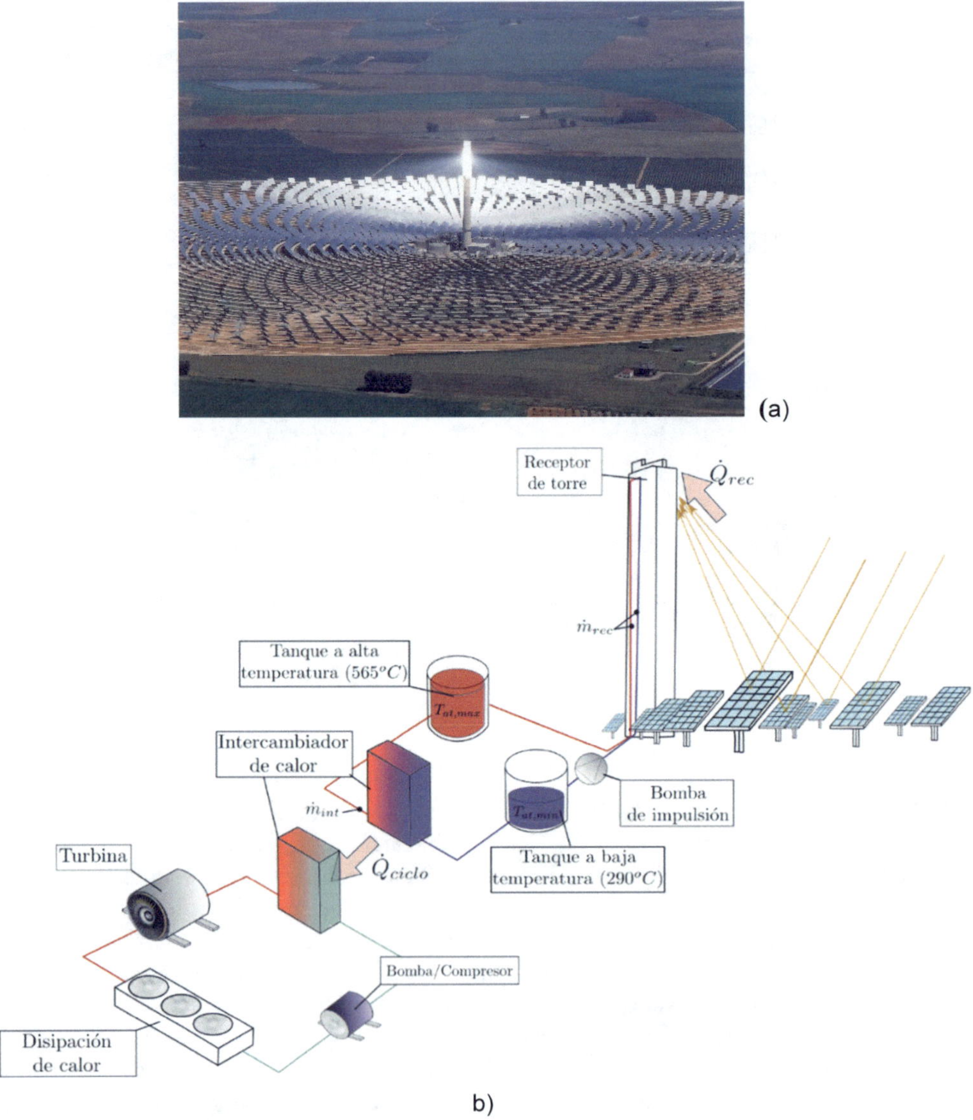

Figura 2.38. a) Fotografía de una central termosolar de torre en Sevilla, España (©Kallerna). b) Representación esquemática de sus elementos principales

La configuración más típica del receptor en la torre es la formada por tubos verticales, ya sea en el exterior de la torre o en una cavidad, por los que circula el fluido caloportador del receptor. Este fluido caloportador es el encargado de extraer la energía térmica que los tubos del receptor absorben al ser irradiados con la radiación solar concentrada. El fluido caloportador puede ser agua que se evapora y sobrecalienta directamente en el receptor a temperaturas que pueden superar los 400 ºC, o bien, sal fundida a temperaturas mayores. Por ejemplo, la mezcla binaria de nitrato de sodio, al 60 % en peso, y nitrato potásico al 40 % ($NaNO_3$-KNO_3) es uno de los fluidos de trabajo del receptor más comunes, ya que puede alcanzar una temperatura de 565 ºC sin deteriorarse y, además, puede ser usado para almacenamiento térmico directo en tanques de gran capacidad, [Figura 2.38 (b)]. Los helióstatos pueden rodear a la torre formando anillos aproximadamente circulares (configuración circular del campo de helióstatos) que enfocan al receptor desde todas las direcciones.

La Figura 2.39 muestra un esquema ejemplo de una central de torre de este tipo que opera con sal fundida en el receptor y en el sistema de almacenamiento. Otra disposición es aquella en la que los helióstatos solamente rodean un flanco de la torre, típicamente el flanco norte (configuración norte del campo) para conseguir un menor ángulo de incidencia solar en el apuntamiento a la torre. Esta última configuración es típica de receptores de cavidad en los que la radiación concentrada solo puede incidir con un rango relativamente estrecho de direcciones. La Figura 2.40 esquematiza una central de torre de cavidad en la que el fluido de trabajo del receptor es el aire presurizado de un ciclo Brayton. En el ejemplo de la figura se hace pasar el aire del receptor por un tanque con rocas o partículas (por ejemplo, arena) para almacenar el calor sensible excedentario y poder extender el funcionamiento de la planta hacia horas sin insolación.

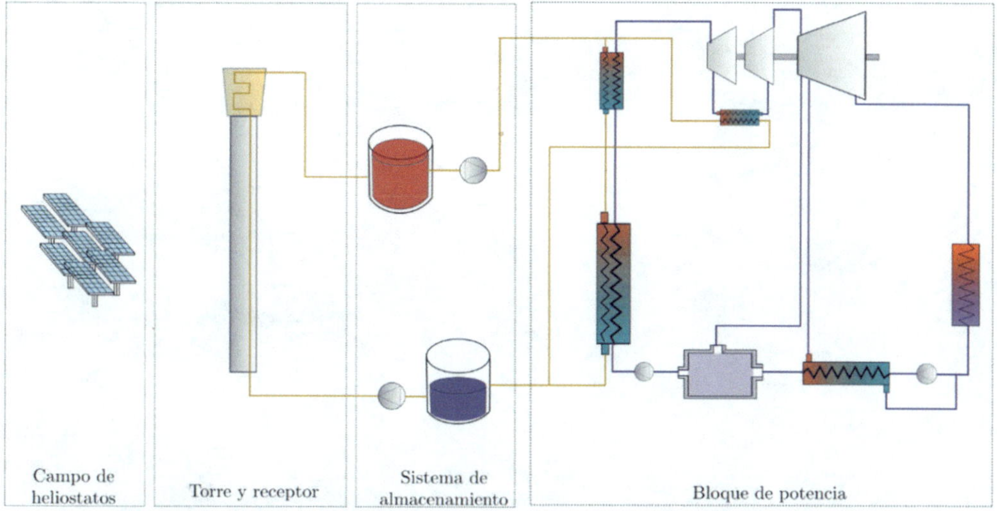

Figura 2.39. Diagrama ejemplo de los sistemas de una planta termosolar de torre que opera con sal fundida en el receptor tubular y en el sistema de almacenamiento

El rendimiento óptico de cada helióstato de una central termosolar de torre puede expresarse como:

$$\eta_h = \rho_h\ \phi_{atm}\ \phi_{sb}\ \phi_{des}\ F_e \cos(\theta_h) \qquad (2.84)$$

siendo ρ_h la reflectividad del helióstato; ϕ_{atm}, el factor de atenuación atmosférica que tiene en cuenta la fracción de radiación reflejada que alcanza el receptor sin ser absorbida ni dispersada por las partículas de polvo y agua atmosféricas; ϕ_{sb}, el factor de sombra y bloqueo de visión hacia la torre que sufren los helióstatos entre sí y por la torre; ϕ_{des}, el factor de desbordamiento que indica la fracción de la radiación reflejada que logra incidir sobre el receptor sin desbordarse fuera de él; F_e, el factor de ensuciamiento de los espejos; y θ_h, el ángulo de incidencia de la radiación solar sobre el helióstato. Es posible obtener un rendimiento óptico del campo de helióstatos, η_o, si se realiza un promedio de η_h extendido a los N_h helióstatos de la central:

$$\eta_o = \frac{\sum_{k=1}^{N_h} \eta_{h.k}}{N_h} = \overline{\rho}_h \overline{\phi}_{atm} \overline{\phi}_{sb} \overline{\phi}_{des} \overline{F}_e \cos\left(\overline{\theta}_h\right) \qquad (2.85)$$

donde los parámetros con una barra superior indican valores medios efectivos representativos del comportamiento promedio de los helióstatos de la central.

Siguiendo la Ecuación (2.72), el rendimiento óptico del colector de la central, formado por el conjunto del campo de helióstatos y el receptor, será entonces

$$\eta_{opt} = \alpha\, \eta_o \qquad (2.86)$$

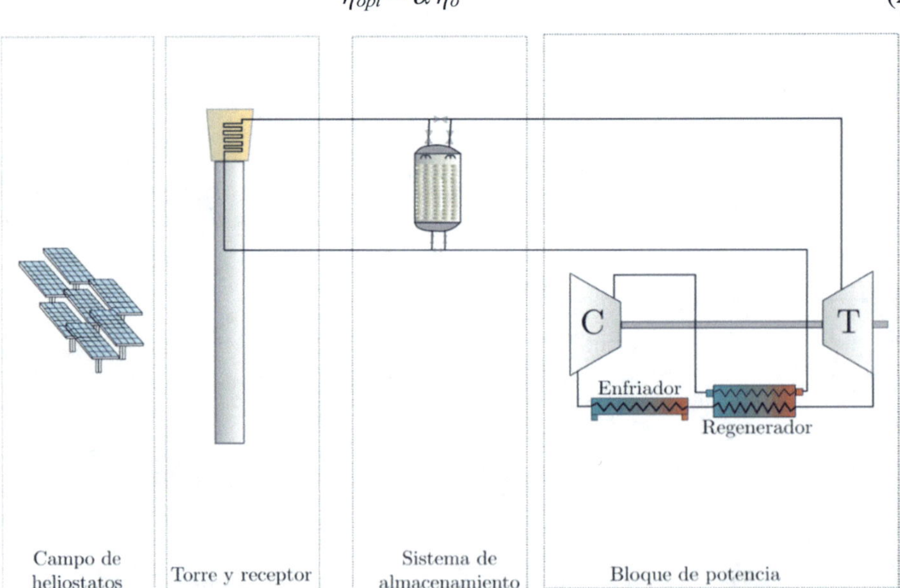

Figura 2.40. Diagrama ejemplo de los sistemas de una planta termosolar de torre que opera con gas presurizado en el receptor y rocas o partículas en el sistema de almacenamiento

Para el cálculo del rendimiento térmico del receptor, $\eta_{t.rec}$, en la Ecuación (2.73), las pérdidas del receptor hacia el exterior pueden modelarse de forma análoga a los receptores de foco lineal, pero teniendo en cuenta que la temperatura media del fluido de trabajo en las centrales de torre, T_f, es mayor y, por tanto, también es mayor la temperatura exterior del receptor. Por tanto, el coeficiente global de transferencia de calor del receptor de la torre, U_{rec}, posee una contribución muy relevante de pérdidas radiativas de calor hacia los alrededores. Finalmente, el rendimiento global de la central de torre (Ecuación 2.75), queda expresado como:

$$\eta_g = \eta_{opt}\, \eta_{t.rec}\, \eta_{\text{ciclo}}\, \eta_e = \eta_o\, \eta_{ot.rec}\, \eta_{\text{ciclo}}\, \eta_e \tag{2.87}$$

siendo $\eta_{ot.rec}$ el rendimiento óptico-térmico del receptor, definido como la fracción entre la potencia térmica útil captada por el fluido de trabajo y la potencia de irradiación incidente en el receptor, es decir,

$$\eta_{ot.rec} = \frac{q_{u.rec}}{q_{inc.rec}} = \alpha \eta_{t.rec}$$

Ejemplo de aplicación 2.11. Central termosolar de torre

Una central termosolar de torre de receptor tubular externo y ciclo de potencia de vapor, como la de la Figura 2.39, está emplazada en latitud 37,4° opera a las 13:00 h, hora solar, del día número 79 del año (20 de marzo). En esa posición las constantes de atenuación atmosférica de la *DNI* [(Ecuación (2.66)] son: $a_0 = 0{,}4$; $a_1 = 0{,}6$; y $k_1 = 0{,}6$. El campo solar es de configuración circular y posee 5200 helióstatos, cada uno con una apertura de 120 m^2, una reflectividad media, 0,9 y un factor de ensuciamiento medio, 0,98. El ángulo medio de incidencia solar en los helióstatos es 38°. El factor de atenuación atmosférica de la radiación reflejada por los helióstatos hacia la torre es 0,91, el factor medio de sombra y bloqueo de visión de los helióstatos es 0,95 y el factor medio de desbordamiento de la radiación sobre el receptor es 0,88. El receptor posee un área exterior proyectada igual a 754 m^2. El coeficiente de absortividad térmica y el coeficiente global de pérdidas, referidos a la superficie proyectada, son 0,87 y 24 W/(m^2 · K). El fluido de trabajo que circula por dentro de los tubos del receptor, usado también en los tanques de almacenamiento, es sal solar fundida cuya densidad y calor específicos son 1800 kg/m^3 y 1500 J/(kg · K). La temperatura de la sal a la entrada del receptor es 290 °C y a la salida alcanza los 565 °C.

La potencia eléctrica producida por la planta es 50 MW durante un periodo de 16 horas, gracias al sistema de almacenamiento, aunque el receptor solo opera durante 8 horas. La temperatura ambiente y de los alrededores es 25 °C. El ciclo de vapor posee un rendimiento térmico del 40 % y es alimentado por la mitad del gasto másico de la sal del receptor. La otra mitad del gasto másico de la sal del receptor se acumula de forma neta en el tanque de almacenamiento caliente mientras opera el receptor. El rendimiento del generador eléctrico que mueve el ciclo es el 98 %. Un 2 % de la potencia eléctrica producida se invierte en autoconsumos de la planta. Se pide:

a) Determinar el factor de concentración del colector.

b) Obtener el rendimiento óptico del campo de helióstatos.

c) Calcular el gasto másico de sal fundida que pasa por el receptor.

d) Evaluar los rendimientos óptico-térmico del receptor y globales de la planta.

e) Encontrar el tamaño necesario de los tanques de sales fundidas considerando un parámetro de seguridad $\phi_{at} = 1{,}05$.

f) Recalcular los rendimientos óptico, térmico y global para el caso de un receptor de cavidad que opera con el aire a presión de un ciclo Brayton como el mostrado en la Figura 2.40. En este caso, todos los datos del enunciado son los mismos excepto los que se indican a continuación. Los helióstatos se colocan al norte de la torre dando lugar a un coeficiente de atenuación atmosférica igual a 0,8 y un coeficiente de desbordamiento de 0,85. El ángulo medio de incidencia del Sol sobre los helióstatos es 25º. El receptor posee un área de apertura de 140 m^2 y un coeficiente de pérdidas de 50 W/(m^2K) debido a su alta temperatura de operación. El aire a la entrada del receptor se encuentra a 100 ºC y a su salida, a 1150 ºC. Considere que el ciclo Brayton es de tipo cerrado regenerativo y su rendimiento es similar al del ciclo abierto calculado en el Ejemplo de aplicación 2.5 de este Capítulo (43 %).

Solución

a) El factor de concentración solar se determinará con el área de cada helióstato, $A_h = 120\ m^2$, multiplicada por el número de helióstatos, $N_h = 5200$, que da lugar al área total de las superficies reflectoras, $A_{p.esp} = N_h\, A_h = 6{,}24 \cdot 10^5\ m^2$. Se usará también él área proyectada del receptor $A_{p.rec} = 754\ m^2$, ya que se desconoce su área real. Con estas áreas el factor de concentración es $C = A_{p.esp}/A_{p.rec} = 827{,}6$.

b) Para la obtención del rendimiento óptico del receptor se aplica la Ecuación (2.85): $\eta_o = \overline{\rho}_h \overline{\phi}_{atm} \overline{\phi}_{sb} \overline{\phi}_{des} \overline{F}_e \cos\left(\overline{\theta}_h\right) = 0{,}513$ donde $\overline{\rho}_h = 0{,}9$; $\overline{\phi}_{atm} = 0{,}91$; $\overline{\phi}_{sb} = 0{,}95$; $\overline{\phi}_{des} = 0{,}88$ y $\overline{F}_e = 0{,}95$ son los coeficientes medios de reflexión de los espejos, atenuación atmosférica entre espejos y receptor, sombra y bloqueo de visión, desbordamiento sobre receptor y ensuciamiento de espejos, respectivamente y $\overline{\theta}_h$ es el ángulo de incidencia medio de la irradiación solar sobre los helióstatos, cuyo valor es de 38º.

c) Como se hizo en el Ejemplo de aplicación 10, la potencia térmica que se aporta al ciclo termodinámico de la planta viene dada por

$$q_{\text{ciclo}} = \frac{\dot{W}_e}{\eta_{\text{ciclo}} \eta_e \left(1 - F_{\text{auto}}\right)} = 130{,}2\ \text{MW}$$

donde $\eta_{\text{ciclo}} = 0{,}4$; $\eta_e = 0{,}98$; $F_{\text{auto}} = 0{,}02$ y $\dot{W}_e = 50$ MW . Similarmente a ese ejemplo de aplicación, $q_{u.rec} = 2q_{\text{ciclo}}$, debido a que según el enunciado la potencia térmica a almacenar, q_{at}, es igual que la del receptor, q_{ciclo}. Con ello, el gasto másico total de sal fundida en el receptor es

$$\dot{m}_{\text{rec}} = \frac{q_{u.rec}}{c_{p.ac}\left(T_{f.o} - T_{f.i}\right)} = 631{,}1 \ \frac{\text{kg}}{\text{s}}$$

siendo ahora $T_{f.i}$ y $T_{f.o}$ las temperaturas de entrada y salida de la sal en el receptor, que son, respectivamente, 290 ºC y 565 ºC.

d) En el cálculo del rendimiento térmico del receptor, es preciso determinar la DNI. Utilizando las Ecuaciones (2.65) y (2.66) con los coeficientes del enunciado se obtiene:

$$G_{se} = G_{s0}\left[1 + 0{,}033 \cos\left(\frac{360}{365}n\right)\right] = 1376{,}4\frac{\text{W}}{\text{m}^2}$$

y

$$DNI = G_{se}\tau_s = G_{se}\left[a_0 + a_1 e^{-k/\cos(\theta_z)}\right] = 916{,}9\frac{\text{W}}{\text{m}^2}$$

siendo G_{s0} la constante solar, que es 1367 W/m^2; n, el día del año, que es el número 79; y θ_z, el ángulo cenital, de 42,42º (obtenido en el Ejemplo de aplicación 2.10 para las misma condición de longitud y hora solar que en este problema). Con este resultado, la potencia radiativa que incide sobre el receptor es

$$q_{inc.rec} = \eta_o \, DNI \, N_h \, A_h = 293{,}3 \text{ MW}$$

Además, la potencia térmica de pérdidas del receptor es

$$q_{perd.rec} = A_{p.rec} \, U_{rec} \, (T_f - T_{ext}) = 7{,}28 \text{ MW}$$

donde U_{rec} es el coeficiente de pérdidas del receptor, que vale 24 W/(m^2 · K) y Tr, la temperatura media de la sal en el receptor, que se mide por $T_f = (T_{f.o} - T_{f.i})/2$. La potencia útil absorbida por la sal en el receptor será $q_{u.rec} = \alpha_r \, q_{inc.rec} - q_{perd.rec} =$ 247,9 MW. Por tanto, el rendimiento óptico-térmico del receptor se obtiene de la expresión $\eta_{ot.rec} = q_{u.rec}/q_{inc.rec} = 0{,}845$ y el rendimiento global [Ecuación (2.87)] es: $\eta_g = \eta_o \, \eta_{ot.rec} \, \eta_{\text{ciclo}} \, \eta_e = 0{,}17$ (17 %).

e) Para encontrar el tamaño de los tanques primero se obtendrá la masa de sal que han de almacenar con la Ecuación (2.77)

$$m_{at} = m_{rec}^{\text{día}}\left(1 - \frac{t_{rec}^{\text{día}}}{t_e^{\text{día}}}\right)\phi_{at} = \frac{Q_{rec}^{\text{día}}}{c_{p.at}\left(T_{at.\text{máx}} - T_{at.\text{mín}}\right)}\left(1 - \frac{t_{rec}^{\text{día}}}{t_e^{\text{día}}}\right)\phi_{at} = 9{,}54 \cdot 10^6 \text{ kg}$$

donde $c_{p.at}$ es el calor específico de la sal y vale 1800 J/(kg · K), ya que es la sustancia usada en el almacenamiento térmico de este problema; la temperatura máxima de la sal, $T_{at.\text{máx}}$ es igual a $T_{f.o}$; la temperatura mínima de la sal, $T_{at.\text{mín}}$ es igual a $T_{f.i}$; el tiempo que funciona el receptor ese día es $t_{rec}^{\text{día}} = 8$ h; $t_e^{\text{día}}$ es el tiempo que opera la central generado energía eléctrica a potencia nominal, ϕat, que es 1,05; y es el calor útil que ha tenido que ceder la sal al ciclo durante un día.

$$Q_{rec}^{\text{día}} = \frac{\dot{W}_e t_e^{\text{día}}}{\eta_{\text{ciclo}} \eta_e \left(1 - F_{\text{auto}}\right)} = q_{\text{ciclo}} t_e^{\text{día}} = 7,497 \cdot 10^{12} \text{ J}$$

Por tanto, el volumen del tanque de sal caliente deberá poder acumular m_{at} durante la carga diaria. Es decir, el volumen del tanque caliente es $V_{\text{tanque}} = m_a t / \rho_{at} =$ 5300 m^3. Este volumen (despreciando efectos de dilatación de la sal) será similar al del tanque frío, pues la sal del tanque caliente acaba pasando hacia el tanque frío durante la descarga cuando el receptor para de operar. Si no es posible técnicamente construir un tanque de dicho volumen, deberá valorarse la posibilidad de usar 2 tanques de la mitad de volumen.

f) En este apartado la central termosolar es de torre de receptor de cavidad y ciclo Brayton como el mostrado en la Figura 2.40 y cambian únicamente los siguientes datos del enunciado: $A_{p.rec} = 140$ m^2; $\theta_m = 25°$; $\phi_{atm} = 0,8$; $\phi_{des} = 0,85$; $U_{rec} = 50$ W/(m^2 · K); $\eta_{\text{ciclo}} = 0,43$; $T_{f.i} = 100$ °C; y $T_{f.o} = 1150$ °C. Repitiendo el procedimiento mostrado en los apartados anteriores, el rendimiento óptico del campo de helióstatos es ahora $\eta_o = \overline{\rho}_h \overline{\phi}_{atm} \overline{\phi}_{sb} \overline{\phi}_{des} \overline{F}_e \cos\left(\overline{\theta}_h\right) = 0,501$. El rendimiento óptico-térmico del receptor es $\eta_{ot.rec} = q_{u.rec}/q_{inc.rec} = 0,855$, ya que ahora $q_{u.rec} = 245$ MW y $q_{inc.rec} = 286,4$ MW.

Finalmente, el rendimiento global es $\eta_g = \eta_o\, \eta_{ot.rec}\, \eta_{\text{ciclo}}\, \eta_e = 0,18$ (18 %). Nótese que esta central de torre con cavidad y ciclo Brayton ha conseguido mayor rendimiento que la central de torre de receptor externo y sal fundida debido, principalmente, al mayor rendimiento del ciclo térmico y a que el rendimiento óptico-térmico de la cavidad ha resultado ser mayor porque el área del receptor es menor y eso reduce las pérdidas térmicas. Este rendimiento podría aumentarse aún más si se usara un ciclo Brayton regenerativo con interenfriamiento y recalentamiento como en el Ejemplo de aplicación 2.6 de este capítulo, pero a costa de un incremento del coste de la instalación y su mantenimiento. No obstante, ha de tenerse en cuenta que el método de cálculo aquí expuesto es muy simplificado y proporciona una aproximación al comportamiento térmico de la central que debe ser verificada con cálculos más detallados.

□

2.6.4.3. Centrales de disco parabólico

En estas centrales, la superficie de espejos del colector conforma un disco reflectante de perfil parabólico en cuyo foco se encuentra el receptor de la central [Figura 2.41 (a)]. La estructura sobre la que se montan los espejos del disco permite girar en dos ejes para apuntar perfectamente hacia el Sol, es decir, de manera que los rayos solares incidan de forma perpendicular a la apertura del disco y se reflejan todos hacia el receptor con gran eficiencia óptica. Idealmente, el colector de disco permite las mayores concentraciones de radiación debido a este apuntamiento perfecto, que además resulta en receptores de área muy reducida en comparación con el área de la apertura del disco.

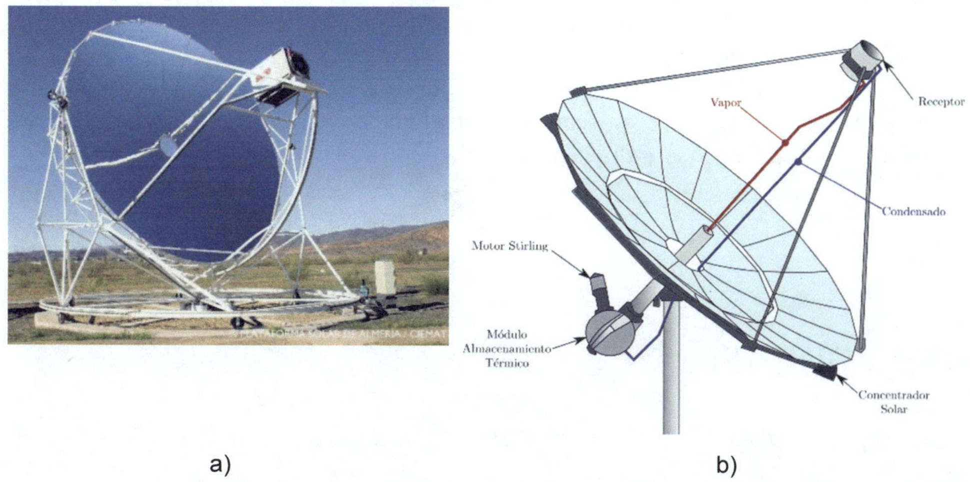

Figura 2.41. a) Fotografía de una unidad de generación termosolar de colector de disco-parabólico en la PSA, Almería, España (©PSA-CIEMAT). b) representación esquemática de sus elementos principales

Por su parte, el receptor debe estar preparado para trabajar a altas temperaturas sin que eso eleve las pérdidas térmicas hacia el exterior. Por ello, los receptores de los colectores de disco suelen diseñarse como una cavidad de pequeña apertura, para reducir la exposición al aire exterior, que puede ser protegida por una cubierta transparente a la radiación solar concentrada. La cavidad contiene en su interior tubos u otras superficies absorbedoras de la radiación concentrada, dentro de los que puede evaporarse agua para mover un ciclo de vapor o bien, calentarse aire presurizado para un ciclo Brayton o un ciclo Stirling. En los ciclos Stirling el aporte y la cesión de calor se realiza, cada uno, primero a volumen constante y luego, a temperatura constante. Típicamente este proceso es realizado con un mecanismo de pistón en de forma más reversible que los ciclos Brayton, lo que confiere al ciclo Stirling a un mayor rendimiento termodinámico. Por ello, los ciclos Stirling son una opción atractiva para los tamaños y potencias típicas de los colectores de disco.

Una planta de este tipo puede estar formada por varios sistemas de disco parabólico, cada uno con su colector. Debido a que el disco se orienta apuntando al Sol constantemente, el receptor ha de moverse solidariamente, por lo que su tamaño y peso no pueden ser elevados (también para evitar sombras en el colector), lo que complica incluir un sistema de almacenamiento local o centralizado en la planta y obliga a generar la energía eléctrica in situ en cada disco o bien a disponer de un sistema muy reducido de almacenamiento térmico, Figura 2.41 (b). Es quizá esta problemática la que explica que la tecnología de disco parabólico sea la menos habitual en las centrales termosolares.

La metodología de análisis de los colectores de discos parabólicos es análoga a la de los colectores cilindro-parabólicos. El rendimiento óptico del conjunto del colector de disco η_{opt}, está dado por la Ecuación (2.75) pero, obviamente, el factor de pérdidas laterales, F_b, es distinto al referirse ahora al obstáculo a la captación de la radiación solar que pueda crear el propio receptor y de la estructura que los soporta. El rendimiento térmico del colector, la potencia térmica de pérdidas del receptor y el rendimiento global en una central de disco parabólico quedan definidos con las Ecuaciones (2.73) (2.74) y (2.75), aplicadas a centrales de cilindro-parabólico o de torre.

BIBLIOGRAFÍA

Ciclos de vapor y ciclos de turbina de gas

[1] ASHRAE (2020) Systems and Equipment Handbook. Capítulo 25.

[2] ASINEL (1995) Colección de textos sobre centrales termoeléctricas convencionales y nucleares. Volumen 01: Calderas de vapor.

[3] M. J. Moran, H. N. Shapiro (1994) Fundamentos de termodinámica técnica. Reverté.

[4] Black & Veatch (2005) Power plant engineering. Chapman & Hall.

[5] M. M. El-Wakil (1985) Powerplant Technology. McGraw-Hill.

[6] T.C. Elliott (2012). Standard handbook of powerplant engineering. McGraw-Hill.

[7] J. Agüera Soriano (1999). Termodinámica lógica y motores térmicos. Ciencia 3.

[8] COTEC (2003) Tecnologías para la Innovación en la Generación de Energía Eléctrica.

Centrales de energía geotérmica

[9] R. DiPippo (2012) Geothermal Power Plants: Principles, Applications, Case Studies and Environmental Impact, 3rd Edition, Butterworth-Heinemann.

[10] G. Pistoia, P. Maegaard, B. Sorensen, M. Doble, S.-T. Yang, H. K. Gupta, A. Vieira da Rosa, P. Breeze, T. Storvick, S. Kalogirou, R. Sukanta (2009) Renewable Energy Focus Handbook, Academic Press.

[11] M. Salazar-Pereyra, A. Mora-Ortega, A. E. Bonilla-Blancas, R. Lugo-Leyte, H. D. Lugo-Méndez (2017) Análisis paramétrico de las centrales geotermoeléctricas: Vapor seco, cámara *flash* y ciclos híbridos DYNA, 84 (203), pp. 273-282.

[12] J. Twidell, T. Weir (2015) Renewable Energy Resources, 3rd Edition. Routledge.

Centrales termoeléctricas de biomasa

[13] D. García Galindo, A. Rezeau (2010) Energía de la biomasa (Volumen I). Fernando Sebastián Nogués. Prensas Universitarias de Zaragoza.

[14] J. R. Evans, T. A. Milne (1987) Molecular Characterization of the Pyrolysis of Biomass. 2. Applications, Energy and Fuels 1 (4), pp. 311-319.

[15] P. Ollero, A. Serrera, R. Arjona, S. Alcantarilla (2003) The CO_2 gasification kinetics of olive residue. Biomass and Bioenergy 24 (2), pp. 151 – 161.

[16] NREL (1984). Characterization of Biomass Pyrolysis Oils by Flash Evaporation and Direct, Molecular-Beam Mass Spectrometry. 1371-1393. Paper presented at Energy from Biomass and Wastes VIII, Lake Buena Vista, Florida.

Centrales térmicas de energía solar

[17] J. A. Duffie, W.A. Beckman (2013) Solar Engineering of Thermal Processes, 4th Edition, John Wiley & Sons.

[18] IEA-ETSAP, IRENA (2013), Concentrating Solar Power, Technology Brief E10.

[19] [19] IRENA (2024) Estadísticas de energía renovable 2024, International Renewable Energy Agency, Abu Dabi.

[20] [20] S. Kalogirou (2009) Solar Energy Engineering: Processes and Systems. Elsevier.

[21] M. Romero-Álvarez, J. González-Aguilar, E. Zarza (2013) Concentrating Solar Thermal Power, Capítulo 42 en: D. Yogi Goswami, F. Keith (Editores), Energy Efficiency and Renewable Energy Handbook, CRC Press.

[22] D. Yogi Goswami (2023) Principles of Solar Energy Engineering, 4th Edition. D. Yogi Goswami. CRC Press.

APÉNDICE A

A1.1 Conceptos básicos de termodinámica

A1.1.1. Balance de energía en sistemas abiertos

Gran parte de los sistemas que componen las centrales térmicas de energía renovable son dispositivos en los que entra uno o varios fluidos, sufren un proceso termodinámico en el interior del dispositivo, y abandonan el mismo en un estado distinto al que entraron. Debido a este intercambio de masa con el exterior, estos dispositivos se denominan sistemas abiertos. Ejemplos de sistemas abiertos en las centrales térmicas son las turbinas de vapor, las calderas, los intercambiadores de calor, etc.

Para analizar termodinámicamente los sistemas abiertos, es de gran utilidad realizar balances de masa y energía en los mismos. El balance de masa en un sistema abierto puede expresarse como una contabilización de las masas que entran menos las que salen del sistema (a través de sus contornos virtuales) y su resultado en términos de acumulación neta de masa en un volumen de control (*vc*) que engloba el sistema:

$$\frac{\mathrm{d}m_{vc}}{\mathrm{d}t} = \sum_{e} \dot{m}_e - \sum_{s} \dot{m}_s \tag{2.88}$$

donde el término $\mathrm{d}m_{vc}/\mathrm{d}t$ a la izquierda de la igualdad expresa el ritmo neto de acumulación de la masa m_{vc} expresada en kg) que existe dentro del volumen de control, siendo t la coordenada temporal. A la derecha da igualdad en la Ecuación (2.89) se encuentra gasto másico de fluido (masa por unidad de tiempo, expresada en kg/s) que entra al volumen de control, $\dot{m}_e$, menos el gasto másico de fluido que sale del mismo $\dot{m}_s$. Los sumatorios, Σ, de la Ecuación (2.88) suman distintos gastos másicos de entrada y de salida del volumen de control, para el caso en el que el dispositivo tenga varias entradas y salidas de un mismo fluido o de diferentes fluidos. En general, por definición, el *gasto másico* en una entrada o salida del volumen de control puede expresarse como $\dot{m} = \rho V A$, donde ρ es la densidad del fluido; V, su velocidad media; y A, la sección de paso de la entrada o la salida.

Análogamente al balance de masa, el balance de energía en un sistema abierto contabiliza la energía que se acumula en el volumen de control en función de la energía que entra menos la que sale del mismo:

$$\frac{\mathrm{d}E_{vc}}{\mathrm{d}t} = \dot{Q}_{vc} - \dot{W}_{vc} + \sum_{e} \dot{m}_e \left(h_e + \frac{V_e^2}{2} + g z_e \right) - \sum_{s} \dot{m}_s \left(h_s + \frac{V_s^2}{2} + g z_s \right) \tag{2.88}$$

donde $\mathrm{d}E_{vc}/\mathrm{d}t$ expresa el ritmo neto de acumulación de energía frente al tiempo. Aquí la energía del volumen de control, E_{vc} (por ejemplo, en unidades de julios), incluye típicamente la energía interna de los fluidos y elementos del sistema, la energía cinética y la energía potencial. Otras formas de energía (nuclear, química, etc.), también pueden contabilizarse si sufren una variación en el sistema. A la derecha de la igualdad en la Ecuación (2.89) aparecen los términos de los ritmos de entrada y de salida de energía al volumen de control a través de sus contornos. El término $\dot{Q}_{vc}$ representa el calor por unidad de tiempo (potencia térmica, en vatios) transferida por conducción a través de los contornos del volumen de control. Un valor numérico de $\dot{Q}_{vc} > 0$ indica que el calor se transfiere desde el exterior hacia el interior del sistema y viceversa, si $\dot{Q}_{vc} < 0$. El término $\dot{W}_{vc}$ se refiere al trabajo por unidad de tiempo (potencia mecánica, en vatios) que el sistema realiza sobre el exterior a través de esfuerzos normales y cortantes en las porciones móviles de la frontera del volumen de control, por ejemplo, el par ejercido un fluido del sistema sobre un eje. En este caso, como $\dot{W}_{vc}$ aparece sustrayendo en la Ecuación (2.89), si $\dot{W}_{vc} > 0$ el trabajo es ejercido desde el sistema hacia el exterior (convención habitual en ingeniería) y sucede lo contrario si $\dot{W}_{vc} > 0$.

Finalmente, la derecha de la igualdad de la Ecuación (2.89) incluye los términos de entrada y salida de energía transportada por los fluidos que atraviesan el volumen de control. Para contabilizar dicho intercambio de energía, los másicos $\dot{m}_e$ y $\dot{m}_s$ se multiplican en la Ecuación (2.89), por un término entre paréntesis. Dicho término posee unidades de energía por unidad de masa (energía específica, por ejemplo en unidades de julios por kilogramo) e incluye la entalpía específica del fluido, h; la energía cinética específica del fluido, $V^2/2$; y su energía potencial específica, gz. Aquí, V es la velocidad media del fluido en una entrada o salida dada, la cual está a una altura z con respecto a una altura de referencia arbitrariamente elegida; y g es la aceleración de la gravedad. Por simplicidad en la formulación, otros términos de energía, como la energía química del fluido, no se incluyen entre los paréntesis de la Ecuación (2.89) y, caso de haber una variación de la misma entre las entradas y salidas del fluido, su efecto neto sobre la acumulación de energía del sistema se puede incluir como un calor equivalente, $\dot{Q}_{eq}$, que se añade a $\dot{Q}_{vc}$.

Con respecto a la entalpía específica del fluido, h, es una propiedad que representa a la suma del término de la energía específica interna del fluido, u, dada por la energía microscópica del mismo (fundamentalmente por su temperatura), y el término del trabajo específico de flujo,

$$\dot{W}_{vc} = \frac{\rho A V}{\dot{m}}$$

El trabajo específico de flujo representa el trabajo que por unidad de tiempo y masa es capaz de ejercer el fluido para poder fluir con un gasto másico, $\dot{m}$, a una velocidad, V y una presión, p, que empuja a las moléculas de fluido por una sección de área de paso, A. Como $\dot{m} = \rho VA$, entonces

$$\frac{\rho AV}{\dot{m}} = \frac{p}{\rho}$$

y con ello, la entalpía específica, h, se expresa como:

$$h = u + \frac{p}{\rho} \tag{2.90}$$

Obsérvese que la Ecuación (2.90) muestra que la entalpía específica del fluido es una propiedad termodinámica, pues depende solamente de otras propiedades.

A1.1.2. Modelos de sustancia

Los balances de masa y energía de las Ecuaciones (2.88) y (2.89) dependen de las propiedades del fluido como la densidad, la entalpía, etc. Para obtener dichas propiedades, puede recurrirse a tablas de propiedades (como las del agua, que se muestran en este apéndice) o a modelos de sustancias simplificados que faciliten los cálculos. A continuación se presenta un modelo de sustancia para gas, otro para líquido así como una aproximación para líquidos usando tablas de propiedades, todos ellos comúnmente usados en el análisis termodinámico de las centrales térmicas.

A1.1.2.1. Gas ideal caloríficamente perfecto

Un **gas ideal** es una sustancia gaseosa que cumple con la denominada ecuación de estado de los gases ideales:

$$\frac{p}{\rho} = R_g T \tag{2.91}$$

siendo p, ρ y T, la presión, la densidad y la temperatura del gas, respectivamente. En la Ecuación (2.91), R_g es la constante del gas ideal, la cual se obtiene con la constante universal R_u = 8,314 J/(mol · K), dividida por el peso molecular PM_g (en kg/mol) del gas, es decir, $R_g = R_u/PM_g$, lo que confiere a R_g unas unidades de J/(kg · K), si p, ρ y T se expresan en unidades del sistema internacional (Pa, kg/s y K).

Además la energía interna específica, u, del gas ideal depende únicamente de la temperatura. Si además de ser ideal, el gas es caloríficamente perfecto, sus calores específicos a volumen constante, c_v, y a presión constante, c_p

$$c_v = \frac{\partial u}{\partial T}\Big|_{\vartheta\,=\,\mathrm{cte}} \qquad c_p = \frac{\partial h}{\partial T}\Big|_{p\,=\,\mathrm{cte}}$$

son parámetros constantes. Con ello, el incremento de la energía interna específica de un gas ideal caloríficamente perfecto entre dos estados, denominados con subíndices i y j, puede expresarse como: $u_i - u_j = c_v\,(T_i - T_j)$. Además, a partir de la Ecuación (2.90), el incremento de entalpía específica de un gas ideal caloríficamente perfecto es

$$h_i - h_j = u_i - u_j + \frac{p_i}{\rho_i} - \frac{p_j}{\rho_j}$$

Recurriendo a (2.91),

$$\frac{u_i}{\rho_i} - \frac{u_j}{\rho_j} = R_g \left(T_i - T_j\right)$$

Por tanto, $h_i - h_j = c_v\,(T_i - T_j) + R_g\,(T_i - T_j)$ y con ello, el incremento de entalpía de un gas ideal caloríficamente perfecto es:

$$h_i - h_j = c_p\,(T_i - T_j) \qquad (2.92)$$

siendo $c_p = c_v + R_g$ el calor específico a presión constante para un gas ideal.

A1.1.2.2. Líquido incompresible caloríficamente perfecto

Un **líquido incompresible** es aquel en el que la densidad es invariable, es decir, ρ = cte., dando lugar a que la energía interna del líquido, u, dependa de la temperatura, lo cual es una buena aproximación para la mayoría de los procesos en líquidos. Si además el líquido incompresible es caloríficamente perfecto, sus calores específicos son también invariables. Por tanto, $u_i - u_j = c_v\,(T_i - T_j)$ y como $h_i - h_j = u_i - u_j + (p_i - p_j)/\rho$, entonces:

$$h_i - h_j = c_v\left(T_i - T_j\right) + \frac{p_i - p_j}{\rho} \qquad (2.93)$$

A1.1.2.3. Aproximación de líquido incompresible usando las tablas de propiedades

Si se desea calcular las propiedades del agua líquida subenfriada (es decir, no saturada) en un cierto estado, puede realizarse una aproximación basada en considerar que el agua líquida se comporta como un líquido incompresible. Según se vio anteriormente, el volumen específico y la energía interna de un líquido compresible no dependen de la presión, por lo que para un estado a una cierta temperatura, T, y presión, p, pueden estimarse como:

$$\upsilon\,(T, p) \approx \upsilon_{sat}\,(T) \qquad (2.94)$$

$$u\,(T, p) \approx u_{sat}\,(T) \qquad (2.95)$$

donde υ_{sa} y u_{sat} el volumen específico y la energía interna para líquido saturado a la temperatura, T, del estado considerado. Estos valores de υ_{sa} y u_{sat} pueden obtenerse a partir de la Tabla A1.2 de la Sección A1.2. Con esta aproximación de líquido incompresible usando las tablas de propiedades, la entalpia del líquido (Ecuación 2.90) se puede calcular en función de la entalpía de saturación, h_{sat}, y la presión de saturación, p_{sat}, de la Tabla A1.2 a la temperatura T:

$$h\,(T, p) \approx u_{sat}\,(T) + p\,\upsilon_{sat}\,(T) = h_{sat}\,(T) + \upsilon_{sat}\,(T)\,[p - p_{sat}\,(T)] \qquad (2.96)$$

A1.2. Tablas de propiedades del agua

Tabla A1.1. Propiedades del agua saturada (líquido-vapor) ordenadas por presiones

		Vol. específico (m^3/kg)		Energía interna kJ/kg		Entalpía kJ/kg			Entropía kJ/(kg · K)	
P (bar)	*T* (ºC)	Líquido saturado ($v_f \times 10^3$)	Vapor saturado (v_g)	Líquido saturado (v_f)	Vapor saturado (v_g)	Líquido saturado (h_f)	Evaporac. (h_{fg})	Vapor saturado (h_g)	Líquido saturado (s_f)	Vapor saturado (s_g)
0,04	28,96	1,0040	34,800	121,45	2415,2	121,46	2432,9	2554,4	0,4226	8,4746
0,06	36,16	1,0064	23,739	151,53	2425,0	151,53	2415,9	2567,4	0,5210	8,3304
0,08	41,51	1,0084	18,103	173,87	2432,2	173,88	2403,1	2577,0	0,5926	8,2287
0,10	45,81	1,0102	14,674	191,82	2437,9	191,83	2392,8	2584,7	0,6493	8,1502
0,20	60,06	1,0172	7,649	251,38	2456,7	251,40	2358,3	2609,7	0,8320	7,9085
0,30	69,10	1,0223	5,229	289,20	2468,4	289,23	2336,1	2625,3	0,9439	7,7686
0,40	75,87	1,0265	3,993	317,53	2477,0	317,58	2319,2	2636,8	1,0259	7,6700
0,50	81,33	1,0300	3,240	340,44	2483,9	340,49	2305,4	2645,9	1,0910	7,5939
0,60	85,94	1,0331	2,732	359,79	2489,6	359,86	2293,6	2653,5	1,1453	7,5320
0,70	89,95	1,0360	2,365	376,63	2494,5	376,70	2283,3	2660,0	1,1919	7,4797
0,80	93,50	1,0380	2,087	391,58	2498,8	391,66	2274,1	2665,8	1,2329	7,4346
0,90	96,71	1,0410	1,869	405,06	2502,6	405,15	2265,7	2670,9	1,2695	7,3949
1,00	99,63	1,0432	1,694	417,36	2506,1	417,46	2258,0	2675,5	1,3026	7,3594
1,50	111,4	1,0528	1,159	466,94	2519,7	467,11	2226,5	2693,6	1,4336	7,2233
2,00	120,2	1,0605	0,8857	504,49	2529,5	504,70	2201,9	2706,7	1,5301	7,1271
2,50	127,4	1,0672	0,7187	535,10	2537,2	535,37	2181,5	2716,9	1,6072	7,0527
3,00	133,6	1,0732	0,6058	561,15	2543,6	561,47	2163,8	2725,3	1,6718	6,9919
3,50	138,9	1,0786	0,5243	583,95	2546,9	584,33	2148,1	2732,4	1,7275	6,9405
4,00	143,6	1,0836	0,4625	604,31	2553,6	604,74	2133,8	2738,6	1,7766	6,8959
4,50	147,9	1,0882	0,4140	622,25	2557,6	623,25	2120,7	2743,9	1,8207	6,8565
5,00	151,9	1,0926	0,3749	639,68	2561,2	640,23	2108,5	2748,7	1,8607	6,8212
6,00	158,9	1,1006	0,3157	669,90	2567,4	670,56	2086,3	2756,8	1,9312	6,7600
7,00	165,0	1,1080	0,2729	696,44	2572,5	697,22	2066,3	2763,5	1,9922	6,7080
8,00	170,4	1,1148	0,2404	720,22	2576,8	721,11	2048,0	2769,1	2,0462	6,6628
9,00	175,4	1,1212	0,2150	741,83	2580,5	742,83	2031,1	2773,9	2,0946	6,6226

		Vol. específico (m^3/kg)		Energía interna kJ/kg		Entalpía kJ/kg			Entropía kJ/(kg · K)	
P (bar)	*T* (ºC)	Líquido saturado ($v_f \times 10^3$)	Vapor saturado (v_g)	Líquido saturado (v_f)	Vapor saturado (v_g)	Líquido saturado (h_f)	Evaporac. (h_{fg})	Vapor saturado (h_g)	Líquido saturado (s_f)	Vapor saturado (s_g)
10,0	179,9	1,1273	0,1944	761,68	2583,6	762,81	2015,3	2778,1	2,1387	6,5863
15,0	198,3	1,1539	0,1318	843,16	2594,5	844,84	1947,3	2792,2	2,3150	6,4448
20,0	212,4	1,1767	0,09963	906,44	2600,3	908,79	1890,7	2799,5	2,4474	6,3409
25,0	224,0	1,1973	0,07998	959,11	2603,1	962,11	1841,0	2803,1	2,5547	6,2575
30,0	233,9	1,2165	0,06668	1004,8	2604,1	1008,4	1795,7	2804,2	2,6457	6,1869
35,0	242,6	1,2347	0,05707	1045,4	2603,7	1049,8	1753,7	2803,4	2,7253	6,1253
40,0	250,4	1,2522	0,04978	1082,3	2602,3	1087,3	1714,1	2801,4	2,7964	6,0701
45,0	257,5	1,2692	0,04406	1116,2	2600,1	1121,9	1676,4	2798,3	2,8610	6,0199
50,0	264,0	1,2859	0,03944	1147,8	2597,1	1154,2	1640,1	2794,3	2,9202	5,9734
60,0	275,6	1,3187	0,03244	1205,4	2589,7	1213,4	1571,0	2784,3	3,0267	5,8892
70,0	285,9	1,3513	0,02737	1257,6	2580,5	1267,0	1505,1	2772,1	3,1211	5,8133
80,0	295,1	1,3842	0,02352	1305,6	2569,8	1316,6	1441,3	2758,0	3,2068	5,7432
90,0	303,4	1,4178	0,02048	1350,5	2557,8	1363,3	1378,9	2742,1	3,2858	5,6772
100	311,1	1,4524	0,01803	1393,0	2544,4	1407,6	1317,1	2724,7	3,3596	5,6141
110	318,2	1,4886	0,01599	1433,7	2529,8	1450,1	1255,5	2705,6	3,4295	5,5527
120	324,8	1,5267	0,01426	1473,0	2513,7	1491,3	1193,6	2684,9	3,4962	5,4924
130	330,9	1,5671	0,01278	1511,1	2496,1	1531,5	1130,7	2662,2	3,5606	5,4323
140	336,8	1,6107	0,01149	1548,6	2476,8	1571,1	1066,5	2637,6	3,6232	5,3717
150	342,2	1,6581	0,01034	1585,6	2455,5	1610,5	1000,0	2610,5	3,6848	5,3098
160	347,4	1,7107	0,009306	1622,7	2431,7	1650,1	930,6	2580,6	3,7461	5,2455
170	352,4	1,7702	0,008364	1660,2	2405,0	1690,3	856,9	2547,2	3,8079	5,1777
180	357,1	1,8397	0,007489	1698,9	2374,3	1732,0	777,1	2509,1	3,8715	5,1044
190	361,5	1,9243	0,006657	1739,9	2338,1	1776,5	688,0	2464,5	3,9388	5,0228
200	365,8	2,036	0,005834	1785,6	2293,0	1826,3	583,4	2409,7	4,0139	4,9269
220,9	374,1	3,155	0,003155	2029,6	2029,6	2099,3	0	2099,3	4,4298	4,4298

Tabla A1.2. Propiedades del agua saturada (líquido-vapor) ordenadas por temperaturas

		Vol. específico (m^3/kg)		Energía interna kJ/kg		Entalpía kJ/kg			Entropía kJ/(kg · K)	
T (ºC)	P (bar)	Líquido saturado ($v_f \times 10^3$)	Vapor saturado (v_g)	Líquido saturado (v_f)	Vapor saturado (v_g)	Líquido saturado (h_f)	Evaporac. (h_{fg})	Vapor saturado (h_g)	Líquido saturado (s_f)	Vapor saturado (s_g)
0,01	0,00611	1,0002	206,136	0,00	2375,3	0,01	2501,3	2501,4	0,0000	9,1562
4	0,00813	1,0001	157,232	16,77	2380,9	16,78	2491,9	2508,7	0,0610	9,0514
5	0,00872	1,0001	147,120	20,97	2382,3	20,98	2489,6	2510,6	0,0761	9,0257
6	0,00935	1,0001	137,734	25,19	2383,6	25,20	2487,2	2512,4	0,0912	9,0003
8	0,01072	1,0002	120,917	33,59	2386,4	33,60	2482,5	2516,1	0,1212	8,9501
10	0,01228	1,0004	106,379	42,00	2389,2	42,01	2477,7	2519,8	0,1510	8,9008
11	0,01312	1,0004	99,857	46,20	2390,5	46,20	2475,4	2521,6	0,1658	8,8765
12	0,01402	1,0005	93,784	50,41	2391,9	50,41	2473,0	2523,4	0,1806	8,8524
13	0,01497	1,0007	88,124	54,60	2393,3	54,60	2470,7	2525,3	0,1953	8,8285
14	0,01598	1,0008	82,848	58,79	2394,7	58,80	2468,3	2527,1	0,2099	8,8048
15	0,01705	1,0009	77,926	62,99	2396,1	62,99	2465,9	2528,9	0,2245	8,7814
16	0,01818	1,0011	73,333	67,18	2397,4	67,19	2463,6	2530,8	0,2390	8,7582
17	0,01938	1,0012	69,044	71,38	2398,8	71,38	2461,2	2532,6	0,2535	8,7351
18	0,02064	1,0014	65,038	75,57	2400,2	75,58	2458,8	2534,4	0,2679	8,7123
19	0,02198	1,0016	61,293	79,76	2401,6	79,77	2456,5	2536,2	0,2823	8,6897
20	0,02339	1,0018	57,791	83,95	2402,9	83,96	2454,1	2538,1	0,2966	8,6672
21	0,02487	1,0020	54,514	88,14	2404,3	88,14	2451,8	2539,9	0,3109	8,6450
22	0,02645	1,0022	51,447	92,32	2405,7	92,33	2449,4	2541,7	0,3251	8,6229
23	0,02810	1,0024	48,574	96,51	2407,0	96,52	2447,0	2543,5	0,3393	8,6011
24	0,02985	1,0027	45,883	100,70	2408,4	100,70	2444,7	2545,4	0,3534	8,5794
25	0,03169	1,0029	43,360	104,88	2409,8	104,89	2442,3	2547,2	0,3674	8,5580
26	0,03363	1,0032	40,994	109,06	2411 ,1	109,07	2439,9	2549,0	0,3814	8,5367
27	0,03567	1,0035	38,774	113,25	2412,5	113,25	2437,6	2550,8	0,3954	8,5156
28	0,03782	1,0037	36,690	117,42	2413,9	117,43	2435,2	2552,6	0,4093	8,4946
29	0,04008	1,0040	34,733	121,60	2415,2	121,61	2432,8	2554,5	0,4231	8,4739
30	0,04246	1,0043	32,894	125,78	2416,6	125,79	2430,5	2556,3	0,4369	8,4533
31	0,04496	1,0046	31,165	129,96	2418,0	129,97	2428,1	2558,1	0,4507	8,4329
32	0,04759	1,0050	29,540	134,14	2419,3	134,15	2425,7	2559,9	0,4644	8,4127
33	0,05034	1,0053	28,011	138,32	2420,7	138,33	2423,4	2561,7	0,4781	8,3927
34	0,05324	1,0056	26,571	142,50	2422,0	142,50	2421,0	2563,5	0,4917	8,3728
35	0,05628	1,0060	25,216	146,67	2423,4	146,68	2418,6	2565,3	0,5053	8,3531
36	0,05947	1,0063	23,940	150,85	2424,7	150,86	2416,2	2567,1	0,5188	8,3336
38	0,06632	1,0071	21,602	159,20	2427,4	159,21	2411,5	2570,7	0,5458	8,2950
40	0,07384	1,0078	19,523	167,56	2430,1	167,57	2406,7	2574,3	0,5725	8,2570

		Vol. especifico (m³/kg)		Energía interna kJ/kg		Entalpía kJ/kg			Entropía kJ/(kg · K)	
T (ºC)	P (bar)	Líquido saturado ($\upsilon_f \times 10^3$)	Vapor saturado (υ_g)	Líquido satu-rado (υ_f)	Vapor saturado (υ_g)	Líquido saturado (h_f)	Evaporac. (h_{fg})	Vapor saturado (h_g)	Líquido saturado (s_f)	Vapor saturado (s_g)
45	0,09593	1,0099	15,258	188,44	2436,8	188,45	2394,8	2583,2	0,6387	8,1648
50	0,1235	1,0121	12,032	209,32	2443,5	209,33	2382,7	2592,1	0,7038	8,0763
55	0,1576	1,0146	9,568	230,21	2450,1	230,23	2370,7	2600,9	0,7679	7,9913
60	0,1994	1,0172	7,671	251,11	2456,6	251,13	2358,5	2609,6	0,8312	7,9096
65	0,2503	1,0199	6,197	272,02	2463,1	272,06	2346,2	2618,3	0,8935	7,8310
70	0,3119	1,0228	5,042	292,95	2469,6	292,98	2333,8	2626,8	0,9549	7,7553
75	0,3858	1,0259	4,131	313,90	2475,9	313,93	2321,4	2635,3	1,0155	7,6824
80	0,4739	1,0291	3,407	334,86	2482,2	334,91	2308,8	2643,7	1,0753	7,6122
85	0,5783	1,0325	2,828	355,84	2488,4	355,90	2296,0	2651,9	1,1343	7,5445
90	0,7014	1,0360	2,361	376,85	2494,5	376,92	2283,2	2660,1	1,1 925	7,4791
95	0,8455	1,0397	1,982	397,88	2500,6	397,96	2270,2	2668,1	1,2500	7,4159
100	1,014	1,0435	1,673	418,94	2506,5	419,04	2257,0	2676,1	1,3069	7,3549
110	1,433	1,0516	1,210	461,14	2518,1	461,30	2230,2	2691,5	1,4185	7,2387
120	1,985	1,0603	0,8919	503,50	2529,3	503,71	2202,6	2706,3	1,5276	7,1296
130	2,701	1,0697	0,6685	546,02	2539,9	546,31	2174,2	2720,5	1,6344	7,0269
140	3,613	1,0797	0,5089	588,74	2550,0	589,13	2144,7	2733,9	1,7391	6,9299
150	4,758	1,0905	0,3928	631,68	2559,5	632,20	2114,3	2746,5	1,8418	6,8379
160	6,178	1,1020	0,3071	674,86	2568,4	675,55	2082,6	2758,1	1, 9427	6,7502
170	7,917	1,1143	0,2428	718,33	2576,5	719,21	2049,5	2768,7	2,0419	6,6663
180	10,02	1,1274	0,1941	762,09	2583,7	763,22	2015,0	2778,2	2,1396	6,5857
190	12,54	1,1414	0,1565	806,19	2590,0	807,62	1978,8	2786,4	2,2359	6,5079
200	15,54	1,1565	0,1274	850,65	2595,3	852,45	1940,7	2793,2	2,3309	6,4323
210	19,06	1,1726	0,1044	895,53	2599,5	897,76	1900,7	2798,5	2,4248	6,3585
220	23,18	1,1900	0,08619	940,87	2602,4	943,62	1858,5	2802,1	2,5178	6,2861
230	27,95	1,2088	0,07158	986,74	2603,9	990,12	1813,8	2804,0	2,6099	6,2146
240	33,44	1,2291	0,05976	1033,2	2604,0	1037,3	1766,5	2803,8	2,7015	6,1437
250	39,73	1,2512	0,05013	1080,4	2602,4	1085,4	1716,2	2801,5	2,7927	6,0730
260	46,88	1,2755	0,04221	1128,4	2599,0	1134,4	1662,5	2796,6	2,8838	6,0019
270	54,99	1,3023	0,03564	1177,4	2593,7	1184,5	1605,2	2789,7	2,9751	5,9301
280	64,12	1,3321	0,03017	1227,5	2586,1	1236,0	1543,6	2779,6	3,0668	5,8571
290	74,36	1,3656	0,02557	1278,9	2576,0	1289,1	1477,1	2766,2	3,1594	5,7821
300	85,81	1,4036	0,02167	1332,0	2563,0	1344,0	1404,9	2749,0	3,2534	5,7045
320	112,7	1,4988	0,01549	1444,6	2525,5	1461,5	1238,6	2700,1	3,4480	5,5362
340	145,9	1,6379	0,01080	1570,3	2464,6	1594,2	1027,9	2622,0	3,6594	5,3357
360	186,5	1,8925	0,006945	1725,2	2351,5	1760,5	720,5	2481,0	3,9147	5,0526
374,14	220,9	3,155	0,003155	2029,6	2029,6	2099,3	0	2099,3	4,4298	4,4298

Tabla A1.3. Propiedades del agua en estado de vapor sobrecalentado

T (°C)	v (m³/kg)	u (kJ/kg)	h (kJ/kg)	s (kJ/(kg · K))	v (m³/kg)	u (kJ/kg)	h (kJ/kg)	s (kJ/(kg · K))
	P = 0,06 bar = 0,006 MPa (T_{sat} = 36,16 °C)				p = 0,35 bar = 0,035 MPa (T_{sat} = 72,69 °C)			
Sat,	23,739	2425,0	2567,4	8,3304	4,526	2473,0	2631,4	7,7158
80	27,132	2487,3	2650,1	8,5804	4,625	2483,7	2645,6	7,7564
120	30,219	2544,7	2726,0	8,7840	5,163	2542,4	2723,1	7,9644
160	33,302	2602,7	2802,5	8,9693	5,696	2601,2	2800,6	8,1519
200	36,383	2661,4	2879,7	9,1398	6,228	2660,4	2878,4	8,3237
240	39,462	2721,0	2957,8	9,2982	6,758	2720,3	2956,8	8,4828
280	42,540	2781,5	3036,8	9,4464	7,287	2780,9	3036,0	8,6314
320	45,618	2843,0	3116,7	9,5859	7,815	2842,5	3116,1	8,7712
360	48,696	2905,5	3197,7	9,7180	8,344	2905,1	3197,1	8,9034
400	51,774	2969,0	3279,6	9,8435	8,872	2968,6	3279,2	9,0291
440	54,851	3033,5	3362,6	9,9633	9,400	3033,2	3362,2	9,1490
500	59,467	3132,3	3489,1	10,1336	10,192	3132,1	3488,8	9,3194
	p = 0,70 bar = 0,07 MPa (T_{sat} = 89,95 °C)				p = 1,0 bar = 0,10 MPa (T_{sat} = 99,63 °C)			
Sat	2,365	2494,5	2660,0	7,4797	1,694	2506,1	2675,5	7,3594
100	2,434	2509,7	2680,0	7,5341	1,696	2506,7	2676,2	7,3614
120	2,571	2539,7	2719,6	7,6375	1,793	2537,3	2716,6	7,4668
160	2,841	2599,4	2798,2	7,8279	1,984	2597,8	2796,2	7,6597
200	3,108	2659,1	2876,7	8,0012	2,172	2658,1	2875,3	7,8343
240	3,374	2719,3	2955,5	8,1611	2,359	2718,5	2954,5	7,9949
280	3,640	2780,2	3035,0	8,3162	2,546	2779,6	3034,2	8,1445
320	3,905	2842,0	3115,3	8,4504	2,732	2841,5	3114,6	8,2849
360	4,170	2904,6	3196,5	8,5828	2,917	2904,2	3195,9	8,4175
400	4,434	2968,2	3278,6	8,7086	3,103	2967,9	3278,2	8,5435
440	4,698	3032,9	3361,8	8,8286	3,288	3032,6	3361,4	8,6636
500	5,095	3131,8	3488,5	8,9991	3,565	3131,6	3488,1	8,8342
	p = 1,5 bar = 0,15 MPa (T_{sat} = 111,37 °C)				p = 3,0 bar = 0,30 MPa (T_{sat} = 133,55 °C)			
Sat,	1,159	2519,7	2693,6	7,2233	*0,606*	*2543,6*	*2725,3*	*6,9919*
120	1,188	2533,3	2711,4	7,2693				
160	1,317	2595,2	2792,8	7,4665	0,651	2587,1	2782,3	7,1276
200	1,444	2656,2	2872,9	7,6433	0,716	2650,7	2865,5	7,3115
240	1,570	2717,2	2952,7	7,8052	0,781	2713,1	2947,3	7,4774
280	1,695	2778,6	3032,8	7,9555	0,844	2775,4	3028,6	7,6299
320	1,819	2840,6	3113,5	8,0964	0,907	2838,1	3110,1	7,7722
360	1,943	2903,5	3195,0	8,2293	0,969	2901,4	3192,2	7,9061
400	2,067	2967,3	3277,4	8,3555	1,032	2965,6	3275,0	8,0330
440	2,191	3032,1	3360,7	8,4757	1,094	3030,6	3358,7	8,1538
500	2,376	3131,2	3487,6	8,6466	1,187	3130,0	3486,0	8,3251
600	2,685	3301,7	3704,3	8,9101	1,341	3300,8	3703,2	8,5892

	P = 5,0 bar = 0,50 MPa (T_{sat} = 151,86 °C)				p = 7,0 bar = 0,70 MPa (T_{sat} = 164,97 °C)			
Sat	0,3749	2561,2	2748,7	6,8213	0,2729	2572,5	2763,5	6,7080
180	0,4045	2609,7	2812,0	6,9656	0,2847	2599,8	2799,1	6,7880
200	0,4249	2642,9	2855,4	7,0592	0,2999	2634,8	2844,8	6,8865
240	0,4646	2707,6	2939,9	7,2307	0,3292	2701,8	2932,2	7,0641
280	0,5034	2771,2	3022,9	7,3865	0,3574	2766,9	3017,1	7,2233
320	0,5416	2834,7	3105,6	7,5308	0,3852	2831,3	3100,9	7,3697
360	0,5796	2898,7	3188,4	7,6660	0,4126	2895,8	3184,7	7,5063
400	0,6173	2963,2	3271,9	7,7938	0,4397	2960,9	3268,7	7,6350
440	0,6548	3028,6	3356,0	7,9152	0,4667	3026,6	3353,3	7,7571
500	0,7109	3128,4	3483,9	8,0873	0,5070	3126,8	3481,7	7,9299
600	0,8041	3299,6	3701,7	8,3522	0,5738	3298,5	3700,2	8,1956
700	0,8969	3477,5	3925,9	8,5952	0,6403	3476,6	3924,8	8,4391
	p = 10,0 bar = 1,0 MPa (T_{sat} = 179,91 °C)				p = 15,0 bar = 1,5 MPa (T_{sat} = 198,32 °C)			
Sat	0,1944	2583,6	2778,1	6,5865	0,1318	2594,5	2792,2	6,4448
200	0,2060	2621,9	2827,9	6,6940	0,1325	2598,1	2796,8	6,4546
240	0,2275	2692,9	2920,4	6,8817	0,1483	2676,9	2899,3	6,6628
280	0,2480	2760,2	3008,2	7,0465	0,1627	2748,6	2992,7	6,8381
320	0,2678	2826,1	3093,9	7,1962	0,1765	2817,1	3081,9	6,9938
360	0,2873	2891,6	3178,9	7,3349	0,1899	2884,4	3169,2	7,1363
400	0,3066	2957,3	3263,9	7,4651	0,2030	2951,3	3255,8	7,2690
440	0,3257	3023,6	3349,3	7,5883	0,2160	3018,5	3342,5	7,3940
500	0,3541	3124,4	3478,5	7,7622	0,2352	3120,3	3473,1	7,5698
540	0,3729	3192,6	3565,6	7,8720	0,2478	3189,1	3560,9	7,6805
600	0,4011	3296,8	3697,9	8,0290	0,2668	3293,9	3694,0	7,8385
640	0,4198	3367,4	3787,2	8,1290	0,2793	3364,8	3783,8	7,9391
	p = 20,0 bar = 2,0 MPa (T_{sat} = 212,42 °C)				p = 30,0 bar = 3,0 MPa (T_{sat} = 233,90 °C)			
Sat	0,0996	2600,3	2799,5	6,3409	0,0667	2604,1	2804,2	6,1869
240	0,1085	2659,6	2876,5	6,4952	0,0682	2619,7	2824,3	6,2265
280	0,1200	2736,4	2976,4	6,6828	0,0771	2709,9	2941,3	6,4462
320	0,1308	2807,9	3069,5	6,8452	0,0850	2788,4	3043,4	6,6245
360	0,1411	2877,0	3159,3	6,9917	0,0923	2861,7	3138,7	6,7801
400	0,1512	2945,2	3247,6	7,1271	0,0994	2932,8	3230,9	6,9212
440	0,1611	3013,4	3335,5	7,2540	0,1062	3002,9	3321,5	7,0520
500	0,1757	3116,2	3467,6	7,4317	0,1162	3108,0	3456,5	7,2338
540	0,1853	3185,6	3556,1	7,5434	0,1227	3178,4	3546,6	7,3474
600	0,1996	3290,9	3690,1	7,7024	0,1324	3285,0	3682,3	7,5085
640	0,2091	3362,2	3780,4	7,8035	0,1388	3357,0	3773,5	7,6106
700	0,2232	3470,9	3917,4	7,9487	0,1484	3466,5	3911,7	7,7571

	P = 40 bar = 4,0 MPa (T_{sat} = 250,4 °C)				p = 60 bar = 6,0 MPa (T_{sat} = 257,64 °C)			
Sat	0,04978	2602,3	2801,4	6,0701	0,03244	2589,7	2784,3	5,8892
280	0,05546	2680,0	2901,8	6,2568	0,03317	2605,2	2804,2	5,9252
320	0,06199	2767,4	3015,4	6,4553	0,03876	2720,0	2952,6	6,1846
360	0,06788	2845,7	3117,2	6,6215	0,04331	2811,2	3071,1	6,3782
400	0,07341	2919,9	3213,6	6,7690	0,04739	2892,9	3177,2	6,5408
440	0,07872	2992,2	3307,1	6,9041	0,05122	2970,0	3277,3	6,6853
500	0,08643	3099,5	3445,3	7,0901	0,05665	3082,2	3422,2	6,8803
540	0,09145	3171,1	3536,9	7,2056	0,06015	3156,1	3517,0	6,9999
600	0,09885	3279,1	3674,4	7,3688	0,06525	3266,9	3658,4	7,1677
640	0,1037	3351,8	3766,6	7,4720	0,06859	3341,0	3752,6	7,2731
700	0,1110	3462,1	3905,9	7,6198	0,07352	3453,1	3894,1	7,4234
740	0,1157	3536,6	3999,6	7,7141	0,07677	3528,3	3989,2	7,5190
	p = 80 bar = 8,0 MPa (T_{sat} = 295,06 °C)				p = 100 bar = 10,0 MPa (T_{sat} = 311,06 °C)			
Sat	0,02352	2569,8	2758,0	5,7432	0,01803	2544,4	2724,7	5,6141
320	0,02682	2662,7	2877,2	5,9489	0,01925	2588,8	2781,3	5,7103
360	0,03089	2772,7	3019,8	6,1819	0,02331	2729,1	2962,1	6,0060
400	0,03432	2863,8	3138,3	6,3634	0,02641	2832,4	3096,5	*6,2120*
440	0,03742	2946,7	3246,1	6,5190	0,02911	2922,1	3213,2	6,3805
480	0,04034	3025,7	3348,4	6,6586	0,03160	3005,4	3321,4	6,5282
520	0,04313	3102,7	3447,7	6,7871	0,03394	3085,6	3425,1	6,6622
560	0,04582	3178,7	3545,3	6,9072	0,03619	3164,1	3526,0	6,7864
600	0,04845	3254,4	3642,0	7,0206	0,03837	3241,7	3625,3	6,9029
640	0,05102	3330,1	3738,3	7,1283	0,04048	3318,9	3723,7	7,0131
700	0,05481	3443,9	3882,4	7,2812	0,04358	3434,7	3870,5	7,1687
740	0,05729	3520,4	3978,7	7,3782	0,04560	3512,1	3968,1	7,2670
	p = 120 bar = 12,0 MPa (T_{sat} = 324,75 °C)				p = 140 bar = 14,0 MPa (T_{sat} = 336,75 °C)			
Sat	0,01426	2513,7	2684,9	5,4924	0,01149	2476,8	2637,6	5,3717
360	0,01811	2678,4	2895,7	5,8361	0,01422	2617,4	2816,5	5,6602
400	0,02108	2798,3	3051,3	6,0747	0,01722	2760,9	3001,9	5,9448
440	0,02355	2896,1	3178,7	6,2586	0,01954	2868,6	3142,2	6,1474-
480	0,02576	2984,4	3293,5	6,4154	0,02157	2962,5	3264,5	6,3143
520	0,02781	3068,0	3401,8	6,5555	0,02343	3049,8	3377,8	6,4610
560	0,02977	3149,0	3506,2	6,6840	0,02517	3133,6	3486,0	6,5941
600	0,03164	3228,7	3608,3	6,8037	0,02683	3215,4	3591,1	6,7172
640	0,03345	3307,5	3709,0	6,9164	0,02843	3296,0	3694,1	6,8326
700	0,03610	3425,2	3858,4	7,0749	0,03075	3415,7	3846,2	6,9939
740	0,03781	3503,7	3957,4	7,1746	0,03225	3495,2	3946,7	7,0952

	P = 160 bar = 16,0 MPa (T_{sat} = 347,44°C)				p = 180 bar = 18,0 MPa (T_{sat} = 357,06°C)			
Sat	0,00931	2431,7	2580,6	5,2455	0,00749	2374,3	2509,1	5,1044
360	0,01105	2539,0	2715,8	5,4614	0,00809	2418,9	2564,5	5,1922
400	0,01426	2719,4	2947,6	5,8175	0,01190	2672,8	2887,0	5,6887
440	0,01652	2839,4	3103,7	6,0429	0,01414	2808,2	3062,8	5,9428
480	0,01842	2939,7	3234,4	6,2215	0,01596	2915,9	3203,2	6,1345
520	0,02013	3031,1	3353,3	6,3752	0,01757	3011,8	3378,0	6,2960
560	0,02172	3117,8	3465,4	6,5132	0,01904	3101,7	3444,4	6,4392
600	0,02323	3201,8	3573,5	6,6399	0,02042	3188,0	3555,6	6,5696
640	0,02467	3284,2	3678,9	6,7580	0,02174	3272,3	3663,6	6,6905
700	0,02674	3406,0	3833,9	6,9224	0,02362	3396,3	3821,5	6,8580
740	0,02808	3486,7	3935,9	7,0251	0,02483	3478,0	3925,0	6,9623

Tabla A1.4. Propiedades del agua en estado de líquido subenfriado

T (°C)	$v_f\times10^3$ (m^3/kg)	u (kJ/kg)	h (kJ/kg)	s (kJ/(kg · K))	$v_f\times10^3$ (m^3/kg)	u (kJ/kg)	h (kJ/kg)	s (kJ/(kg K))
	P = 10 bar = 1 MPa (Tsat = 179,9 °C)				P = 20 bar = 2 MPa (Tsat = 212,4 °C)			
20	1,0014	83,85	84,85	0,2961	1,0009	83,79	85,8	0,2959
40	1,0074	167,4	168,4	0,5718	1,0070	167,3	169,3	0,5713
80	1,0286	334,7	335,8	1,0747	1,0281	334,5	336,6	1,0740
100	1,0430	418,8	419,8	1,3062	1,0425	418,5	420,6	1,3054
140	1,0793	588,5	589,6	1,7384	1,0787	588,1	590,2	1,7373
180	–	–	–	–	1,1265	761,3	763,6	2,1379
200	–	–	–	–	1,1561	850,1	852,5	2,3300
	P = 25 bar = 2,5 MPa (Tsat = 233,99°C)				p = 50 bar = 5,0 MPa (*Tsat* = 263,99°C)			
20	1,0006	83,80	86,30	0,2961	0,9995	83,65	88,65	0,2956
40	1,0067	167,25	169,77	0,5715	1,0056	166,95	171,97	0,5705
80	1,0280	334,29	336,86	1,0737	1,0268	333,72	338,85	1,0720
100	1,0423	418,24	420,85	1,3050	1,0410	417,52	422,72	1,3030
140	1,0784	587,82	590,52	1,7369	1,0768	586,76	592,15	1,7343
180	1,1261	761,16	763,97	2,1375	1,1240	759,63	765,25	2,1341
200	1,1555	849,9	852,8	2,3294	1,1530	848,1	853,9	2,3255
220	1,1898	940,7	943,7	2,5174	1,1866	938,4	944,4	2,5128
Sat	1,1973	959,1	962,1	2,5546	1,2859	1147,8	1154,2	2,9202
	p = 75 bar = 7,5 MPa (Tsat = 290,59 °C)				p = 100 bar = 10,0 MPa (Tsat = 311,06 °C)			
20	0,9984	83,50	90,99	0,2950	0,9972	83,36	93,33	0,2945
40	1,0045	166,64	174,18	0,5696	1,0034	166,35	176,38	*0,5686*
80	1,0256	333,15	340,84	1,0704	1,0245	332,59	342,83	1,0688
100	1,0397	416,81	424,62	1,3011	1,0385	416,12	426,50	1,2992
140	1,0752	585,72	593,78	1,7317	1,0737	584,68	595,42	*1,7292*
180	1,1219	758,13	766,55	2,1308	1,1199	756,65	767,84	2,1275
220	1,1835	936,2	945,1	2,5083	1,1805	934,1	945,9	2,5039
260	1,2696	1124,4	1134,0	2,8763	1,2645	1121,1	1133,7	2,8699
Sat	1,3677	1282,0	1292,2	3,1649	1,4524	1393,0	1407,6	3,3596
	P = 150 bar = 15,0 MPa (*T* sat = 342,24°C)				p = 200 bar = 20,0 MPa (*Tsat* = 365,81°C)			
20	0,9950	83,06	97,99	0,2934	0,9928	82,77	102,62	0,2923
40	1,0013	165,76	180,78	0,5666	0,9992	165,17	185,16	0,5646
80	1,0222	331,48	346,81	1,0656	1,0199	330,40	350,80	1,0624
100	1,0361	414,74	430,28	1,2955	1,0337	413,39	434,06	1,2917
140	1,0707	582,66	598,72	1,7242	1,0678	580,69	602,04	1,7193
180	1,1159	753,76	770,50	2,1210	1,1120	750,95	773,20	2,1147
220	1,1748	929,9	947,5	2,4953	1,1693	925,9	949,3	2,4870
260	1,2550	1114,6	1133,4	2,8576	1,2462	1108,6	1133,5	2,8459
300	1,3770	1316,6	1337,3	3,2260	1,3596	1306,1	1333,3	3,2071
Sat	1,6581	1585,6	1610,5	3,6848	2,036	1785,6	1826,3	4,0139

Capítulo **3**

CENTRALES SOLARES FOTOVOLTAICAS

Mónica Chinchilla Sánchez
Universidad Carlos III de Madrid
David Rebollal Jordán
Acciona

Índice del capítulo

3.1. INTRODUCCIÓN

3.1.1. Estado actual de la fotovoltaica

La **energía solar fotovoltaica** es una tecnología que convierte la luz solar en electricidad. En 2023 la capacidad instalada de energía solar fotovoltaica mundial alcanzó los 1,419 TW [1], de los cuales alrededor del 65 % se ha instalado en los últimos cinco años. China es el país con mayor potencia fotovoltaica instalada en el mundo, seguido de Estados Unidos e India. En 2020 Australia ha alcanzado la mayor potencia fotovoltaica instalada por habitante (con 1169 W/hab) [2]. La energía solar atrae ya más de 1000 millones de euros al año de inversión según la Agencia Internacional de la Energía (AIE) publicó en el World Investment Trends 2023.

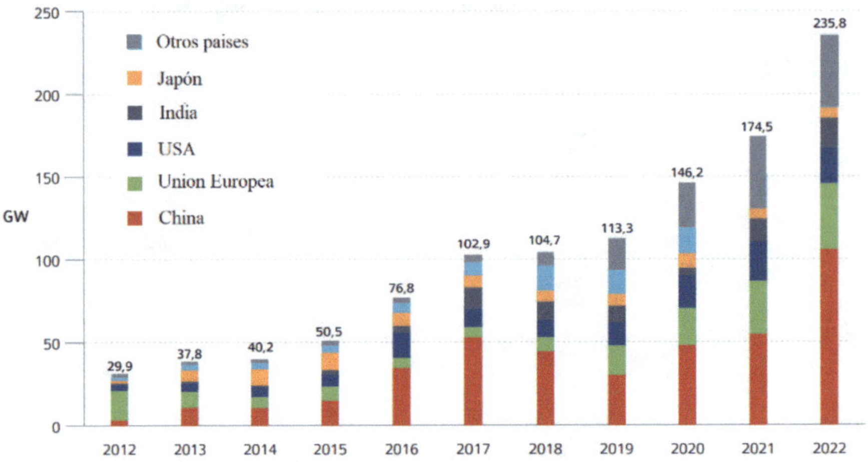

Figura 3.1. Evolución anual de las instalaciones fotovoltaicas en los principales mercados [2]

En España, la energía solar fotovoltaica también está experimentando un fuerte crecimiento y en 2023 la capacidad instalada alcanzó los 19,92 GW. En 2023 más de la mitad de toda la electricidad generada en España en 2023 fue renovable, hecho histórico al que la fotovoltaica contribuyó con más de un 14 % (España es la tercera potencia del mundo en fotovoltaica). Este crecimiento se debe a una serie de factores, como:

- El aumento de la preocupación por el cambio climático y la necesidad de reducir las emisiones de gases de efecto invernadero. El año 2023 ha sido el año más cálido de la historia desde que se dispone de registros (anomalía de +1,46 ºC).
- La disminución del coste de la energía solar fotovoltaica [caída del 90 % LCOE (coste nivelado de la energía) en los últimos 10 años] ha hecho de ella la más competitiva de entre todas las fuentes de energía eléctrica (0,03-0,06 €/kWh). Como ejemplo, cabe señalar que desde 2014 se sabe que una instalación fotovoltaica es

más eficiente económicamente que una nueva instalación nuclear, por la comparación entre las centrales fotovoltaica de Fraunhoter ISE (Alemania) con la nuclear de Hinkley Point (Reino Unido) construidas en 2014. En diciembre de 2023 el LCOE solar era un 29 % más bajo que la alternativa de combustible fósil más barata [3].

- Las políticas gubernamentales de apoyo a la energía solar fotovoltaica, que promueven la inversión en energía solar fotovoltaica, como subvenciones, primas o impuestos a las emisiones de gases de efecto invernadero. Las políticas gubernamentales de apoyo a la energía solar fotovoltaica también han impulsado su crecimiento en España. El Gobierno español ha aprobado una serie de políticas que promueven la inversión en energía solar fotovoltaica, como la Ley de Cambio Climático y Transición Energética, que establece un objetivo de alcanzar el 74 % de generación de energía eléctrica renovable en 2030.

La energía solar fotovoltaica está creciendo rápidamente en Europa. Según un informe de Solar Power Europe [4], la industria solar fotovoltaica europea empleaba a 648 000 trabajadores en 2023, siendo Alemania, seguida de España los principales países europeos en términos de empleo. Este crecimiento está generando oportunidades de trabajo en toda la cadena de valor de la energía solar fotovoltaica. La mayoría de los puestos de trabajo dentro de la industria solar están vinculados a la fase de implementación, lo que constituye el 84 % del total de puestos de trabajo (véase la Figura 3.2).

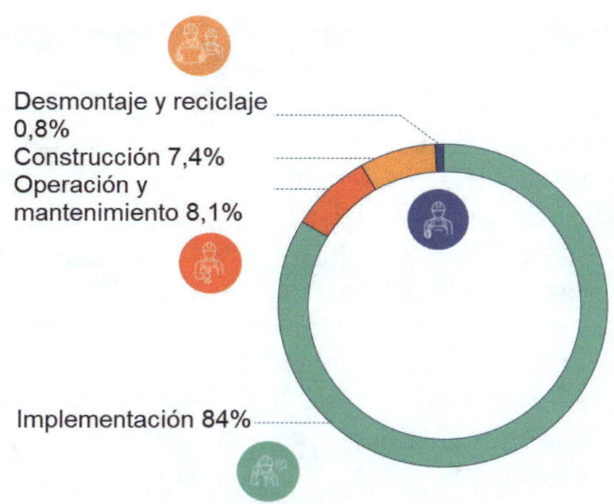

Figura 3.2. Estado de la capacidad de fabricación solar en la UE-27 y Noruega [4]

En España existen fabricantes de componentes fotovoltaicos en toda la cadena de producción (Figura 3.3), desde los materiales básicos (silicio, vidrio, aluminio, etc.), hasta los componentes terminados (paneles, inversores, transformadores etc.). Los principales mercados de exportación de los fabricantes españoles de componentes fotovoltaicos son Alemania, Italia, Francia y Portugal.

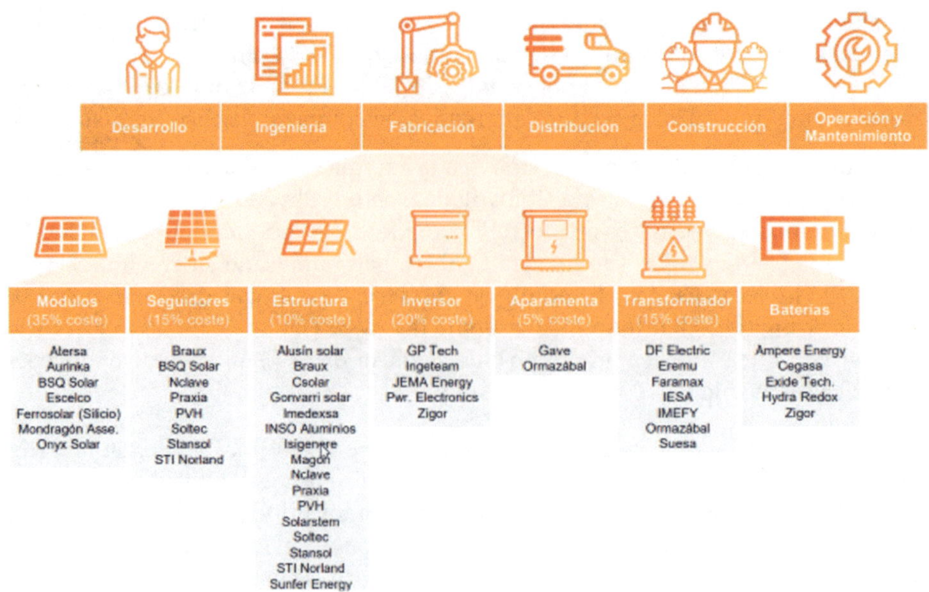

Figura 3.3. Áreas y fabricantes de componentes fotovoltaicos en toda la cadena de producción en España [5]

3.1.2. Instalaciones fotovoltaicas. Modalidades

Según su conexión a la red eléctrica, las instalaciones fotovoltaicas se pueden clasificar en:

- **Instalaciones conectadas a la red.** La energía que producen se vierte a la red eléctrica. Pueden ser instalaciones para autoconsumo (que se utilizan para producir electricidad para el consumo propio del edificio o la instalación, vertiendo los excedentes a la red), o instalaciones que se utilizan para generar electricidad para su venta en el mercado eléctrico. En España se prevén hasta 19 GW de potencia instalada fotovoltaica de autoconsumo para 2030 (Figura 3.4) y hasta 45 GW de fotovoltaica conectadas a red [6]. En 2023 existen plantas de hasta 500 MWp, como la planta solar fotovoltaica Núñez de Balboa (Badajoz). Los parques solares fotovoltaicos más grandes del mundo están en India y China, con parques como el Parque Solar Bhadla, de 2.245 MW, en Rajastán y el Parque Solar Gonghe, de 2.200 MW, en China.

- **Instalaciones aisladas de la red.** No están conectadas a la red eléctrica. La energía que producen habitualmente se almacena en baterías y se utiliza para el consumo propio de un edificio o una determinada instalación. Los principales usuarios de las instalaciones fotovoltaicas aisladas de red son: hogares y empresas de zonas rurales y remotas, instalaciones turísticas, como hoteles y campings, instalaciones de telecomunicaciones e instalaciones de riego y bombeo de agua (que no precisan baterías). El MITECO (Ministerio para la Transición Ecológica y el Reto Demográfico) estima que la potencia instalada de instalaciones fotovoltaicas aisladas de red en España alcanzará los 2 GW en 2030.

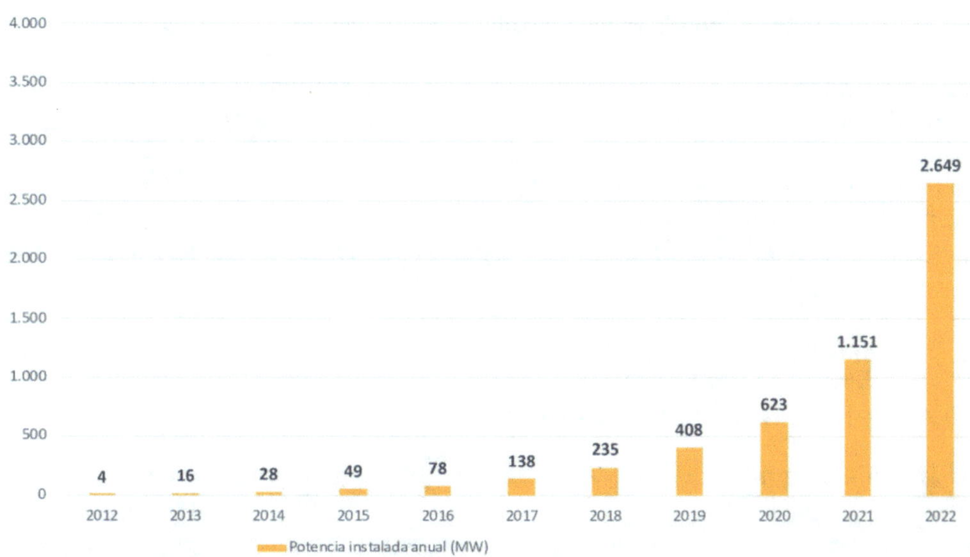

Figura 3.4. Evolución de la potencia de instalaciones fotovoltaicas para autoconsumo en España [7]

3.2. EL RECURSO SOLAR

La radiación solar es la responsable de todas las formas de vida en nuestro planeta y además, es el origen del resto de energías existentes; el conocimiento de la radiación solar disponible en una localización concreta es el primer paso para el estudio de cualquier sistema de aprovechamiento energético. Como ya se ha visto en la Sección 2.6, la generación de energía proviene de la *pérdida de masa del Sol*, que se convierte en energía de acuerdo con la famosa ecuación de Einstein, $E = m \cdot c^2$, donde E es la cantidad de energía liberada cuando desaparece la masa m; c es la velocidad de la luz. Se produce por *reacciones de fusión nuclear* entre el hidrógeno y sus isótopos (deuterio y tritio) para formar un núcleo más pesado de helio, liberando una gran cantidad de energía. Esta energía llega a la Tierra en forma de radiación electromagnética. Su flujo radiante es de $3{,}8 \times 10^{26}$ W equivalente a una densidad de 62500 kW/m^2 de superficie solar. De toda ella, como consecuencia de la distancia que los separa solo una pequeña parte en promedio llega a la Tierra, entre 1361 a 1362 W/m^2. Se debe considerar también que la radiación que llega a la superficie terrestre es una parte de la que alcanza la atmósfera, puesto que ocurren procesos de absorción, dispersión y reflexión en la misma que disminuyen el valor de la irradiancia hasta los 1000 W/m^2. Esta potencia se da sobre una superficie orientada de forma perpendicular al Sol. La irradiancia es la energía solar que incide sobre una superficie por unidad de área y unidad de tiempo. Por tanto, se expresa en W/m^2. Mientras que la irradiación es la cantidad de energía solar recibida por unidad de área durante un periodo de tiempo, por tanto, la energía se expresa en Wh/m^2.

En el momento en el que la radiación solar viaja de la atmósfera hacia la Tierra, una parte de ella se pierde por absorción o dispersión en las particulares del aire. La radiación que no refleja o se dispersa, se llama *radiación directa*. La radiación que se dispersa y llega a la superficie se llama *radiación difusa*. La radiación que se refleja en objetos y llega a la superficie se denomina *albedo*. La suma de las tres radiaciones (directa, difusa y albedo) da como resultado la *radiación global*. Para poder estimar de forma precisa la radiación solar incidente en los paneles fotovoltaicos, deben entenderse perfectamente las definiciones angulares que representan la posición del Sol respecto a la Tierra y a los paneles.

3.2.1. Ecuaciones solares

3.2.1.1. Definiciones astronómicas

La Tierra gira en un plano elíptico alrededor del Sol (eclíptica). El ángulo que forma el plano ecuatorial con el plano de la eclíptica es 23,45°. El ángulo entre la línea que une los centros de la Tierra y el Sol y el plano ecuatorial se denomina declinación (δ). Este ángulo vale cero en los equinoccios, 23,45° en el solsticio de verano y –23,45° en el solsticio de invierno (Figura 3.5).

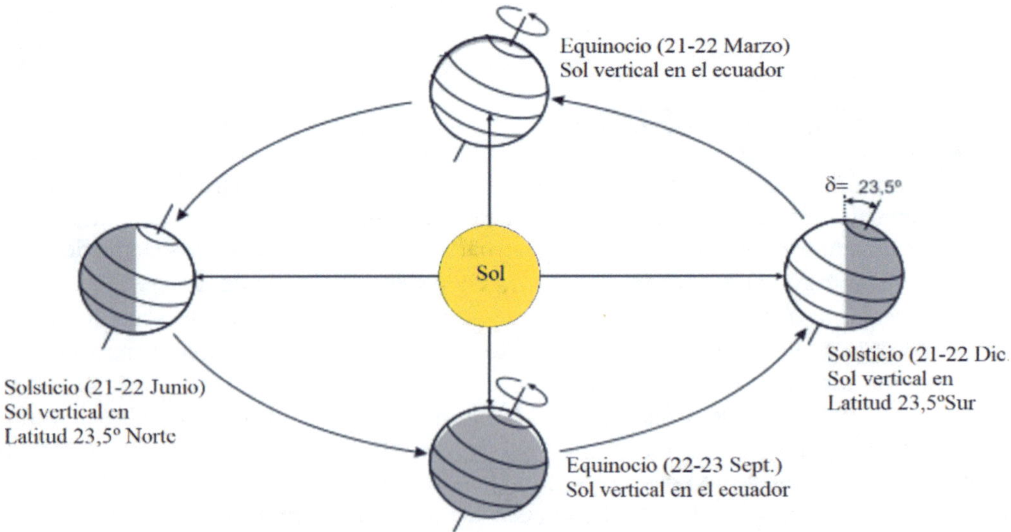

Figura 3.5. Posiciones de la Tierra y el Sol a lo largo del año

La posición instantánea del Sol respecto a la Tierra se denomina *ángulo solar*; el ángulo solar horario, ω_s, se expresa como:

$$\omega_s = \cos^{-1} [-\tan (L) \tan (\delta)] \tag{3.1}$$

donde L es la latitud de la ubicación y δ, la declinación solar.

3.2.1.2. Definiciones angulares

Los ángulos solares clave en relación con la instalación fotovoltaica y el emplazamiento se muestran gráficamente en la Figura 3.6:

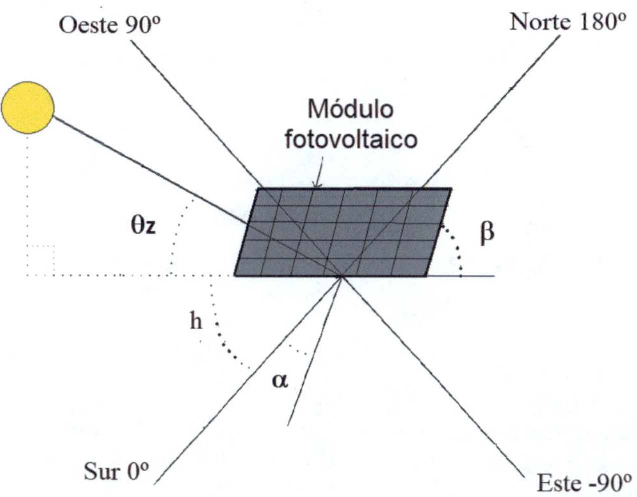

Figura 3.6. Ángulos solares e inclinación del panel solar

En la Figura 3.6:

- α: ángulo de acimut del panel solar. Es el ángulo entre la proyección sobre el plano horizontal de la normal a la superficie del módulo y el meridiano del lugar. En el hemisferio norte, su valor es 0° para módulos orientados al sur, –90° para módulos orientados al este y +90° para módulos orientados al oeste.
- β: ángulo de inclinación del panel. Es el ángulo que forma la superficie de los módulos solares con el plano horizontal. Es 0° para módulos horizontales y 90° para módulos verticales.
- α_s: ángulo de altura solar (0-90°). Es el ángulo entre la normal a la superficie terrestre y los rayos solares.
- θ_z: ángulo de elevación solar desde el horizonte. Es el ángulo entre la normal a la superficie terrestre y la línea que une el centro de la Tierra con el centro del Sol.

En el movimiento de rotación de la Tierra respecto al Sol, el ángulo de elevación solar va cambiando a cada hora del día. El *analema solar* es la curva aparente de la Sol durante todo el año cuando se observa a la misma media hora solar todos los días. Como nota práctica cabe decir que la orientación de los módulos que recogerá mayor irradiación diaria es la orientación con azimut cero; esto es, orientación sur en el hemisferio norte y orientación norte para módulos instalados en el hemisferio sur. El mes en el que la altura solar es mayor depende de la latitud. En latitudes positivas, la mayor altura solar se alcanza en el mes de junio, mientras que, en el hemisferio sur, será en el mes de diciembre (Figura 3.7).

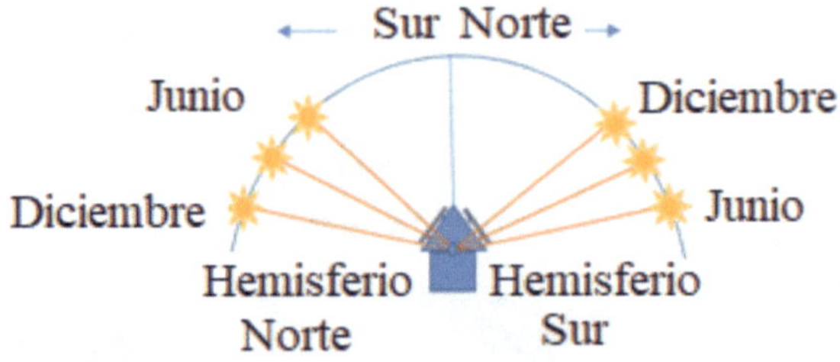

Figura 3.7. Altura solar según el hemisferio terrestre

3.2.2. Espectro solar

En un material semiconductor sobre el que incide la radiación solar, solo los fotones con una energía adecuada pueden ser absorbidos y generar pares electrón-hueco. Por tanto, es importante conocer la distribución espectral de la radiación solar, es decir, el número de fotones con una suficiente energía, en función de la longitud de onda λ. La temperatura de la superficie del Sol es de unos 6000 K. Si fuera un cuerpo negro perfecto, emitiría un espectro como el mostrado en la Figura 3.8. Esta figura incluye las distribuciones espectrales de irradiancia para AM0 y AM1.5.

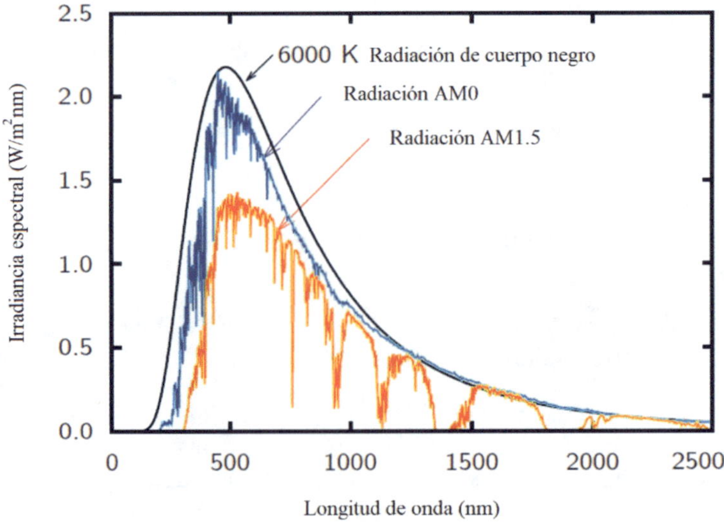

Figura 3.8. Espectro solar de cuerpo negro a 6000 K, espectro extraterrestre AM0 y AM1.5 [8]

La irradiancia en AM0 es en promedio, aproximadamente 1361 W/m2. Se llama espectro AM0 porque no se atraviesa ninguna atmósfera (o *cero*). A medida que la radiación solar atraviesa la atmósfera sufre diferentes procesos de absorción o dispersión que dan como resultado menores niveles de radiación solar recibida en la superficie terrestre. Estos se deben a los componentes de la atmósfera, como el ozono o el CO_2 y a partículas sólidas y líquidas en suspensión, como aerosoles o vapor de agua. Sin embargo, la principal fuente de atenuación es la nubosidad. No solo el valor de la banda ancha es diferente, sino que además estos procesos de absorción y atenuación afectan de manera diferente a las longitudes de onda de la radiación solar, por lo que la distribución espectral de la radiación solar a nivel del suelo difiere de la extraterrestre. También la radiación solar en condiciones de cielo despejado (sin nubes) y atmósfera limpia y seca es un parámetro muy importante, ya que proporciona información sobre la radiación máxima disponible en cualquier lugar. Este valor normalmente se modela y se utiliza como dato de entrada para otros modelos aplicados para la estimación de la radiación solar en condiciones atmosféricas normales.

La distancia que tiene que recorrer la luz del Sol en su viaje a través de la atmósfera es el parámetro más importante que determina la irradiancia solar en condiciones de cielo despejado. Esta distancia es más corta cuando el Sol está en el cenit, es decir, directamente sobre nuestra cabeza. Se conoce como **masa de aire óptica** a la relación entre la longitud real del camino de la luz solar y la distancia mínima. Cuando el Sol está en su cenit, la masa de aire óptica es la unidad y el espectro se llama *masa de aire 1* (espectro AM1). Cuando el Sol forma un ángulo θ con el cenit, la masa de aire está dada por: $AM = 1/(\cos\theta)$. El estándar industrial es el espectro AM1.5, que corresponde a un ángulo de 48,2°, con una irradiancia de 1000 W/m^2 y que está cerca del máximo que puede ser recibido en la superficie de la Tierra.; mientras que el espectro AM1.5 real corresponde a una irradiancia total de 827 W/m^2. La energía generada por un módulo fotovoltaico bajo estas condiciones se expresa en unidades de vatio pico (Wp).

Observando la Figura 3.8 se pone en manifiesto la importancia de seleccionar materiales con reflectancias o absortividades cercanas a los 500 nm en función de la tecnología utilizada. La mayor parte de los fotones emitidos por el Sol tienen una longitud de onda comprendida entre 0.3 µm y 3 µm, aunque solamente las que van desde 0.4 y 0.7 µm son susceptibles de ser captadas por el ojo humano, formando lo que se conoce como luz visible. La luz no visible emitida por el Sol, esto es, la radiación con longitud de onda menor que 0.4 µm, transporta también una considerable energía.

3.2.3. Irradiancia solar en las superficies inclinadas

La cantidad real de radiación solar que llega a un lugar concreto en la Tierra es extremadamente variable. Además de la variación regular diaria y anual debido al movimiento aparente del Sol, hay que tener en cuenta las variaciones irregulares que son causadas por condiciones atmosféricas, como las nubes. Estas condiciones influyen particularmente en las componentes directa y difusa de la radiación solar. La *componente directa* de la radiación solar es la parte de la luz solar que directamente llega a la superficie y la dispersión de la luz solar en la atmósfera genera la componente difusa. También puede estar presente una parte de la radiación solar que es reflejada por la superficie de la Tierra, que se llama *albedo*. Se usa el término *radiación global* para la radiación solar total, que se compone de esas tres componentes. En la Figura 3.9 se pueden observar medidas de 3 sensores, uno de *irradiancia global horizontal*, GHI [instrumento de medición: piranómetro, Figura 3.10 b)], otro de *irradiancia difusa horizontal*, IDF (instrumento de medición: [piranómetro con bola, Figura 3.10 c)] y un tercero de *irradiancia directa normal*, DNI [instrumento de medición: pirheliómetro, Figura 3.10 a)] en un día despejado. El diseño de un sistema fotovoltaico óptimo para una determinada ubicación depende de los datos de insolación en el lugar. Por ejemplo, la irradiación solar media anual en Segovia es de 1400 kWh/m^2 o en Paris, es alrededor de 1150 kWh/m^2, mientras que en el Sáhara, el valor medio es el doble. Para muchas localidades no se dispone de datos de estas tres magnitudes fundamentales, la radiación global, directa y difusa.

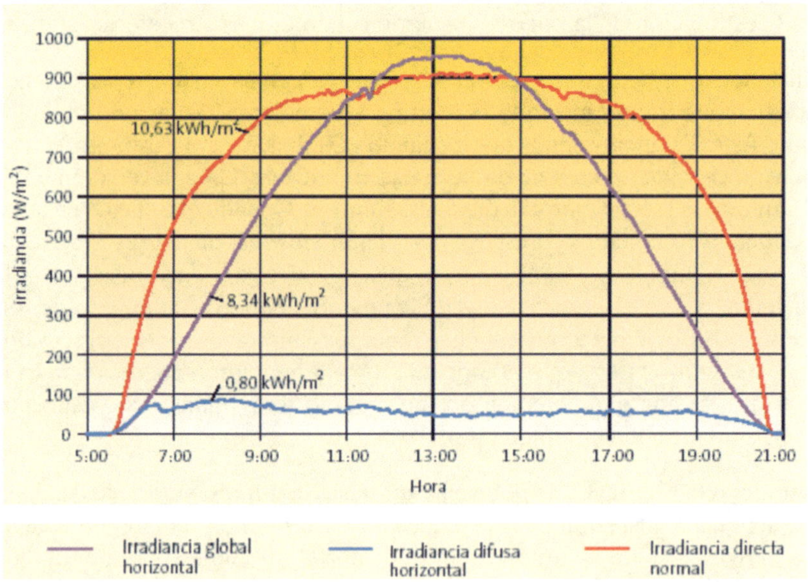

Figura 3.9. Irradiancia global horizontal, difusa horizontal y directa normal un día despejado [9]

Figura 3.10. Instrumentos de medida. a) Pirheliómetro con un seguidor solar b) Piranómetro con un sensor horizontal. c) Piranómetro sombreado con una bola con seguimiento solar [10]

La mejor manera de medir la radiación solar es utilizar sensores de alta calidad en el suelo. Pero para que sean útiles, estas mediciones deben cumplir una serie de condiciones, como que las mediciones se realicen al menos cada hora y que estén disponibles para un periodo prolongado, preferiblemente 10 años o más. Los típicos piranómetros se pueden ver en muchas estaciones meteorológicas, a menudo instalados horizontalmente y junto a paneles solares; el sensor está montado en el plano de la superficie del panel. Los piranómetros están estandarizados según la norma ISO 9060, adoptada también por la Organización Meteorológica Mundial (OMM). La calibración se realiza generalmente en relación con la Referencia Radiométrica Mundial (WRR). Esta referencia es mantenida por el Centro Mundial de Radiación (WRC) en Davos, Suiza [113].

Una fuente de estimación de la radiación solar proviene de los datos de reanálisis climático que se calculan utilizando modelos numéricos de pronóstico del tiempo. Se vuelven a ejecutar los modelos del pasado y se hacen correcciones utilizando las mediciones meteorológicas conocidas. Sobre los datos medidos se han de aplicar los controles adecuados de calidad [11]. Cada registro de irradiancia se valida según unos criterios (filtros), descartando aquellos que no sean fiables. Se ha de tener en cuenta que el sistema de adquisición de datos puede dejar de registrar valores (y habrá que rellenar adecuadamente los posibles huecos). El número de mediciones de radiación terrestre que cumplen con los suficientes criterios de calidad es relativamente bajo, por lo que se ha vuelto cada vez más común utilizar datos satelitales para estimar la radiación solar que llega a la superficie terrestre, principalmente datos de satélites meteorológicos geoestacionarios [12].

La desventaja de utilizar datos satelitales es que la radiación solar a nivel del suelo debe calcularse mediante una serie de algoritmos matemáticos complejos que utilizan no solo datos satelitales sino también, datos sobre el vapor de agua atmosférico, los aerosoles (polvo o partículas) y el ozono.

De forma general, es habitual conocer los datos de radiación solar sobre una superficie horizontal en la localidad de estudio, pero no sobre una superficie inclinada. A medida que se va inclinando la superficie del panel solar, la radiación global que recibe el panel va cambiando.

Los datos de irradiancia global (G) en una ubicación, se usan para determinar las contribuciones difusas y directas en una superficie horizontal, a través del término B_0 (irradiancia recibida durante un día por una unidad de superficie horizontal fuera de la atmósfera terrestre) y del índice de claridad, KT. El índice de claridad pretende describir la atenuación de la radiación solar a través de la atmósfera, en un área determinada, durante el mes de estudio. En el cálculo de B_0 se considera la variación de la irradiancia extraterrestre debida a la excentricidad de la órbita terrestre. La irradiancia difusa horizontal se puede obtener utilizando el índice de fracción difusa de la irradiancia global. Una vez obtenidos, la dependencia angular de cada componente nos dará la irradiancia directa y difusa en una superficie inclinada. El albedo se calculará mediante el uso de la reflectividad en el área circundante.

Los parámetros necesarios para el cálculo de las componentes de la irradiancia sobre una superficie inclinada son la irradiancia global diaria (G), la constante solar (G_{S0}), la latitud geográfica del emplazamiento, la declinación solar diaria, la reflectividad del entorno, la irradiancia global extraterrestre y los coeficientes del modelo de trasposición. En primer lugar, se calcula el ángulo de declinación solar como:

$$23{,}45 \text{ sen} \left(360 \frac{284 + n}{365} \right) \tag{3.2}$$

donde:

δ: declinación solar.

n : número de día (el 1 de enero es 1 y el 31 de diciembre, el 365).

Con este parámetro calculado se puede definir el ángulo solar horario ω_s, o ángulo de declinación horario, tal como vimos en la Ecuación (3.1). El ángulo ω_s' es el ángulo de declinación horario teniendo en cuenta la inclinación del panel:

$$\omega_s' = \cos^{-1}\left[-\tan(L-\beta)\tan(\delta)\right] \tag{3.3}$$

donde:

β: ángulo de inclinación del panel.

L: latitud de la ubicación.

El valor mínimo de estos dos parámetros define la variable ω_0:

$$\omega_0 = \text{mín}\left(\omega_s, \omega_s'\right) \tag{3.4}$$

A continuación, se calcula el término B_0:

$$B_0 = \frac{24}{\pi} GSO \left[1 + 0{,}33 \cos\left(\frac{2\pi n}{365} \right) \right] \cos(L) \cos(\delta) \text{ sen}(\omega_s) + \omega_s \text{ sen}(L) \cos(\delta) \tag{3.5}$$

donde:

GSO: constante solar.

n: número de día (1 para el 1 de enero y 365 para el 31 de diciembre).

B_0: irradiancia horizontal recibida durante un día fuera de la atmosfera terrestre.

Con este término calculado se puede establecer el índice de claridad.

$$KT = \frac{G}{B_0} \tag{3.6}$$

donde G es la irradiancia global diaria.

La irradiancia difusa en superficies horizontales (D) queda definida con el índice de claridad y el término B_0.

$$D = G\,(1 - 1{,}13\ KT) \tag{3.7}$$

y la irradiancia directa en superficies horizontales (B) puede ser calculada:

$$B = G - D \tag{3.8}$$

El albedo (irradiancia reflejada, R), se calcula asumiendo una reflectividad del entorno ρ, gracias a la irradiancia directa y a la inclinación del panel solar β, como:

$$R(\beta) = , B\rho \, [1 - \cos(\beta)] \tag{3.9}$$

Así, el objetivo inicial, la irradiancia directa en superficies inclinadas, queda perfectamente definida en la Ecuación (3.10):

$$B(\beta) = B \, \frac{\cos(L-\beta)\cos(\delta)\ \mathrm{sen}(\omega_0) + \omega_s \mathrm{sen}(L-\beta)\mathrm{sen}(\delta)}{\cos(L)\cos(\delta)\mathrm{sen}(\omega_s) + \omega_s \mathrm{sen}(L)\mathrm{sen}(\delta)} \tag{3.10}$$

La irradiancia difusa en superficies inclinadas se calcula con el modelo de transposición. Un modelo de transposición generalmente toma componentes de irradiancia horizontal medidos y/o modelados, así como varios parámetros geométricos (ángulo de elevación solar, inclinación, ángulo de incidencia, etc.) para predecir los componentes de la irradiancia en la superficie inclinada. En los modelos isotrópicos se supone que la radiación difusa está uniformemente distribuida sobre el cielo. Dado que la radiación del cielo ha sido probada como anisotrópica durante mucho tiempo, se han ido proponiendo gran cantidad de modelos en los que la irradiancia difusa captada por un panel inclinado se modela de acuerdo con un marco geométrico de dos o tres partes (modelos de la tercera generación). En esta categoría, la mayoría de los modelos descomponen la irradiancia no nublada como la adición de dos elementos (circunsolar y fondo de cielo difuso).

Hay muchos estudios que han tratado de validar y comparar modelos de transposición [13-18]. La mayoría de ellos han probado los modelos para un máximo de dos ángulos de inclinación y una sola orientación. Por ejemplo, en [13], se compararon modelos anisotrópicos e isotrópicos y se concluyó que un modelo anisotrópico, realiza una mejor estimación del recurso solar disponible en una superficie inclinada respecto al otro (debido al efecto de dispersión de los aerosoles). En [14], después de comparar modelos isotrópicos y varios modelos de cielo anisotrópico, se concluyó recomendando el uso de modelos anisotrópicos.

La familia de modelos Pérez (Pérez1[19], Pérez2[20], Pérez3[21] y Pérez4[22]), hace una división del hemisferio celeste en tres zonas: el fondo general isotrópico, la banda del horizonte y el disco circunsolar. Como ejemplo en [18], compararon 15 modelos y fue el modelo Pérez [21] el que logró el mejor rendimiento entre todos ellos. Gueymard [15] comparó 10 modelos de transposición, que fueron evaluados con la irradiancia global inclinada (*GTI*), medida en planos de inclinación fija, orientados hacia el sur y con un seguidor de dos ejes. Entre los modelos seleccionados estaban los modelos de Hay [23], Skartveit [24], Pérez [21] y Gueymard [13]; los modelos Gueymard y Pérez dieron la mejor estimación de GTI [15]. Entre los modelos analizados en la literatura y a pesar de la ausencia de un modelo universal, el modelo Pérez3 es elegido por la mayoría de los estudios [13], [18], [24-29] como el modelo de trasposición más adecuado.

3.2.4. Bases de datos de radiación solar

En general, para estimar la producción de un generador fotovoltaico se requieren datos suficientemente «representativos» que alimenten las herramientas que simulan el comportamiento de las centrales/instalaciones de producción de electricidad, preferentemente los denominados **años meteorológicos típicos** (TMY). Se considera un **año completo TMY** válido aquel compuesto por 12 meses distintos válidos, no necesariamente consecutivos o del mismo año. Algunos ejemplos significativos de bases de datos mundiales de radiación solar son: Meteonorm [31], WRDC [32], ESRL[33] o NASA[34]. En EE. UU.: NREL [35] o World Radiation Data Center [36], También es posible acceder a bases de datos de radiación solar de manera gratuita a través de herramientas de simulación como PVGIS [37]. PVGIS proporciona información sobre la radiación solar y el rendimiento de los sistemas fotovoltaicos para cualquier ubicación de Europa y África, así como de gran parte de Asia y América. Como bases de datos de radiación solar en España destacan las de AEMET [38] (Figura 3.11), INM, SIAR [39] o ADRASE [40].

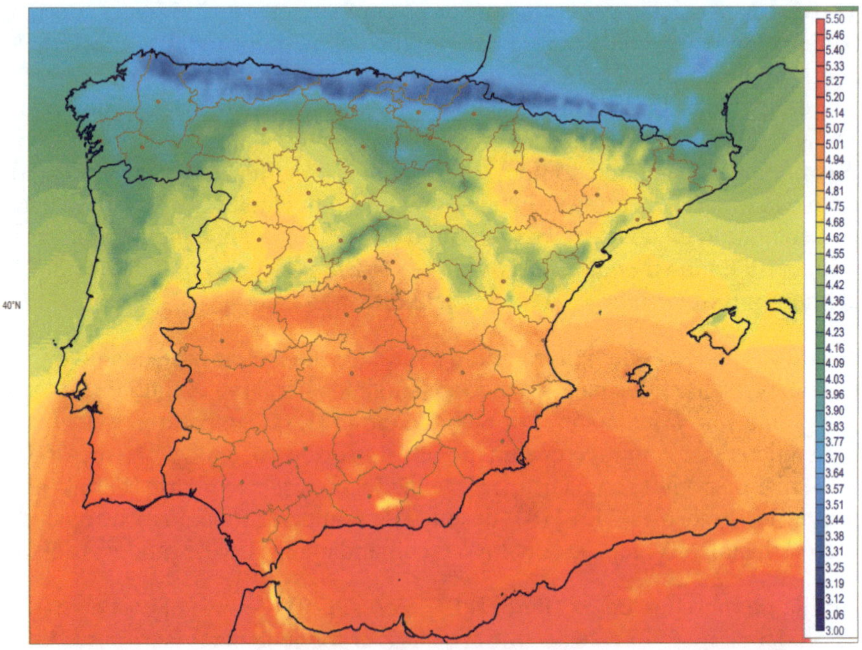

Figura 3.11. Mapa de irradiación global media sobre una superficie horizontal en España [1983-2005] (kWh/m²día) (CM-SAF) [41]

Como ejemplo en la Figura 3.12 a) se aprecia la simulación de la irradiación sobre plano inclinado en la localidad europea de Leganés, España (40,3°, –3,7°). Se eligen los valores de inclinación y orientación del plano que optimizan la captura solar anual. En Europa, la herramienta PVGIS permite elegir entre varias bases de datos de radiación solar. La mayor parte de la radiación solar utilizada en PVGIS se basa en algoritmos satelitales de calidad. En la Figura 3.11 b se presentan los valores de irradiación anual (2113,06 kWh/m^2) para una inclinación del plano de $\beta = 37^o$, ángulo que optimiza la captura anual. En las barras inferiores de la web del simulador se pueden observar los valores de irradiación solar mensual en el plano inclinado.

Figura 3.12. Herramienta de simulación PVGIS: selección de base de datos. a). Valores de irradiación anual y mensual para generador inclinado b) $\beta = 37^o$ c) $\beta = 55^o$ [37]

Para una inclinación de $\beta = 37°$, en diciembre la radiación es GTI = 125,33 kWh/m^2, que se corresponde con una irradiación media diaria en diciembre de 4 kWh/m^2. Pero se podría necesitar conocer también el ángulo de inclinación que optimizara la captura de un mes en concreto. Para ello, según [37] se va modificando el ángulo β de forma manual, incrementando su valor hasta que la irradiación del mes de diciembre es máxima. En este ejemplo, se ha modificado el ángulo de inclinación hasta $\beta = 55°$ (en la pestaña inclinación de Figura 3.12 a) y c)), obteniendo una irradiación media diaria en diciembre de 4,54 kWh/m^2 sin que se reduzca la irradiación media diaria del resto de los meses por debajo de la del mes de diciembre. Este procedimiento es útil para el dimensionado de muchos sistemas fotovoltaicos aislados de la red, donde se intenta inclinar el generador fotovoltaico un ángulo que maximice la irradiación incidente el mes con menor irradiación.

3.3. TECNOLOGÍA DE CÉLULAS Y MÓDULOS FOTOVOLTAICOS

Las **células fotovoltaicas** son dispositivos que convierten la luz solar en electricidad. La conversión de la energía de las radiaciones ópticas en energía eléctrica es un fenómeno físico conocido como *efecto fotovoltaico*. Este efecto ha sido documentado en muchos experimentos, siendo el más conocido el de Alexandre-Edmond Becquerel en 1839 [42], aunque hasta 1954 no se obtuvo una célula con suficiente eficiencia, la desarrollada en los laboratorios Bell por Chaplin, Fuller y Pearson; usaron una unión pn de silicio para lograr una célula con una eficiencia del 6 %. Observaron que cuando la luz del Sol incide sobre ciertos materiales semiconductores, los fotones son capaces de transmitir su energía a los electrones de valencia del semiconductor para que puedan romper el enlace que les mantiene unidos a los respectivos átomos; por cada enlace roto queda un electrón libre (y un hueco) que puede circular dentro del sólido. Los huecos se comportan en muchos aspectos como partículas con carga positiva igual a la del electrón.

El movimiento entre electrones y huecos en direcciones opuestas genera una corriente eléctrica en el semiconductor (Figura 3.13). Con la era espacial, surge la oportunidad de comercializar las células solares. El primer satélite estadounidense Vanguard I se puso en marcha en 1958 equipado con 6 células solares. Ya en 1971 el precio estimado de una célula solar era de 100 $/W; ahora se pueden encontrar fácilmente por debajo de 0,33 $/W.

Existen diferentes tecnologías de células fotovoltaicas. Las principales tecnologías son:

- Silicio monocristalino. Es la tecnología más madura y eficiente. Su eficiencia suele alcanzar en la práctica el 22 % (máximo del 25 %). El mercado está compuesto casi exclusivamente por estas células, ya que cubren el 97 % de la cuota total.
- Silicio policristalino. Las células de silicio policristalino son habitualmente menos eficientes, en torno al 20 % (máximo del 24 %) que las células de silicio monocristalino, pero su coste suele ser inferior.
- Capa delgada. Es una tecnología menos eficiente que el silicio monocristalino o policristalino, pero tiene un coste aún menor.

A continuación, se analizarán las principales tecnologías de células fotovoltaicas, así como las nuevas tecnologías en desarrollo.

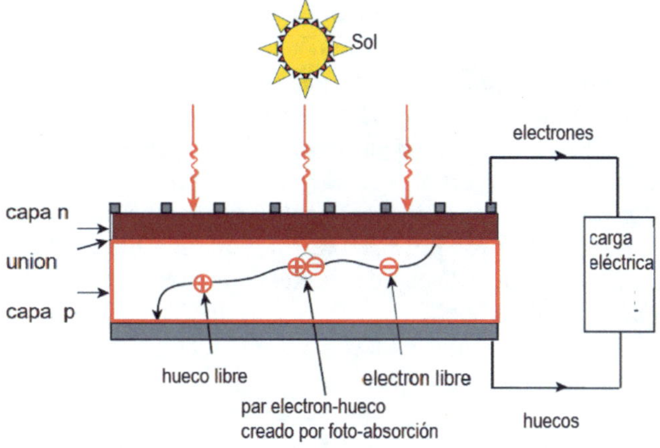

Figura 3.13. Célula fotovoltaica tipo p [43]

3.3.1. Células de silicio mono y policristalino

La corriente eléctrica se produce como consecuencia del movimiento entre electrones y huecos en direcciones opuestas. Para impedir que se restablezca el enlace entre ellos se utiliza un campo eléctrico (diferencia de potencial) que hace que los electrones y los huecos circulen en direcciones opuestas, dando lugar a una corriente acorde al sentido de la citada diferencia de potencial. En las **células solares convencionales de silicio,** esta diferencia de potencial se consigue en la unión de dos regiones de un cristal semiconductor con conductividades distintas. El material semiconductor es el silicio (4 e^- de valencia) y las regiones son:

- *Región tipo n,* habitualmente impurificada con fósforo que tiene 5 electrones de valencia, 1 más que el silicio y, por tanto, es una región con una concentración de electrones mayor que la de huecos.
- *Región tipo p,* habitualmente impurificada con boro (tiene 3 electrones de valencia, uno menos que el silicio), que forma la región con una concentración de huecos mayor que la de electrones. Hay fabricantes que usan galio en vez de boro.

El proceso de fabricación de las células solares de silicio parte de silicio metalúrgico; mediante el proceso de reducción con carbono se obtiene silicio con una pureza aproximada del 99 %. Después se purifica, eliminando impurezas hasta 1 ppm (partes por millón), alcanzando el llamado *silicio grado solar* (el silicio de los semiconductores se purifica hasta 0,2 ppm). El proceso de cristalización del *silicio monocristalino* se denomina *Czochralsky*, en referencia al científico polaco Jan Czochralski, que lo desarrolló en 1916. Se planta una «semilla» de silicio cristalino y se va introduciendo silicio fundido poco a poco, que se va pegando a la semilla y mantiene la misma estructura cristalina que el silicio de la semilla.

Por el contrario, las obleas *policristalinas* pueden confeccionarse mediante una amplia variedad de técnicas cuya complejidad y coste son sensiblemente menores al que presenta el ya mencionado *método Czochralsky*. A continuación, se cortan en discos finos como obleas, se pulen, se introducen los dopantes y se depositan los conductores metálicos en una fina rejilla depositada habitualmente en la cara donde incide la luz. El contacto eléctrico sobre la cara iluminada, que será la cara difundida, ha de hacerse de forma que se deje al descubierto la mayor parte de la superficie a fin de que penetre la luz en el semiconductor, pero proporcionando a la vez una baja resistencia eléctrica. La solución habitual suele ser usar contactos en forma de peine. Además, la capa iluminada suele cubrirse con material antirreflectante para aumentar el porcentaje de energía absorbida por la célula. Las células PERC (*Passivated Emitter Rear Cells*) llevan una capa dieléctrica intermedia que incrementa la eficiencia respecto a las celdas convencionales. En 2020 los módulos que se instalaban típicamente estaban hechos con el mismo tipo de células de silicio mono y policristalino y podían generar corrientes en torno a 9 A. En 2023 ya hay varios tipos y tamaños de células que pueden generar hasta 18 A.

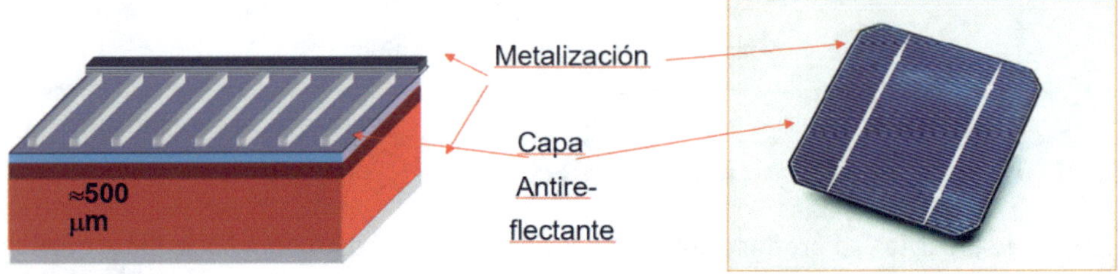

Figura 3.14. Contactos metálicos en células fotovoltaicas [9]

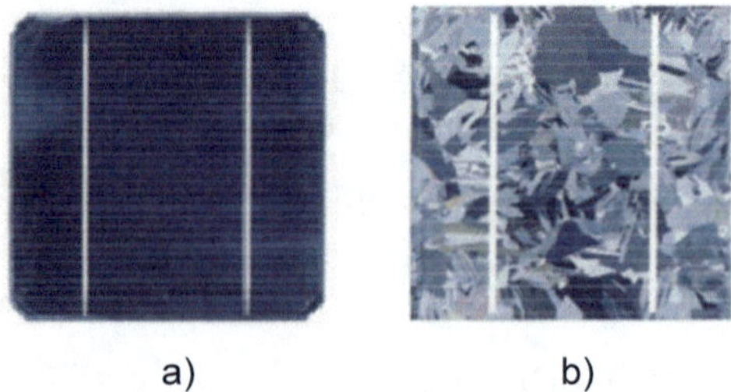

Figura 3.15. Células fotovoltaicas de a) silicio monocristalino; b) silicio policristalino

3.3.2. Células de capa delgada

Las **células de capa delgada** son las células fotovoltaicas fabricadas a partir de materiales semiconductores con una estructura de capa delgada, lo que les confiere un coste menor. Su eficiencia puede alcanzar en laboratorio el 23 %; hacemos referencia a eficiencias confirmadas de submódulos y celdas terrestres de unión simple medidas bajo el espectro global AM1.5 (1000 W/m^2) a 25°C, de acuerdo a la IEC 60904-3: 2008 o ASTM G-173-03 [44]. Las células de capa delgada son una buena opción para aplicaciones de bajo coste, como las instalaciones fotovoltaicas portátiles, para aplicaciones en las que se necesite una base flexible o en BIPV (*Building Integrated Photovoltaics*). La base del método de elaboración consiste en depositar una película delgada de un material semiconductor fotoactivo sobre sustratos de bajo coste (en la mayoría de los casos, vidrio). Suelen ser de *silicio amorfo* o *policristalinas de capa delgada*. Aunque la tecnología más extendida es la basada en el silicio amorfo (a-Si. Máxima eficiencia: 11,9 %), también destacan las basadas en diselenuro de indio y cobre (CIS o CIGS), teluro de cadmio (CdTe) o, en menor medida, por la escasez del material, arseniuro de galio (GaAs). Las células CIGS están basadas en el cobre, el indio, el galio y el selenio. Los productos químicos se mezclan para formar una película delgada que conseguirá hasta el 14 % de eficiencia (en laboratorios han llegado al 23 % de eficiencia y sigue mejorándose). Las células CIS son similares a las anteriores, pero utilizan cobre, indio y selenio. No usan galio, por lo que deben usar mayor cantidad de indio y selenio. Al ser estos elementos poco abundantes, son caros; llegan a tener una eficiencia del 11 %. El teluro de cadmio tiene cualidades útiles (barato), pero un inconveniente importante, ya que es una sustancia tóxica y menos eficiente que el silicio. Otra área de investigación dentro de las células de capa delgada que ha recibido mucha atención son las *células solares orgánicas* o *de polímeros*, que se fabrican con polímeros semiconductores y compuestos orgánicos *nanomoleculares*. Se han llegado a obtener eficiencias del orden del 6 % (15,7 % en laboratorio); son baratas de fabricar, pero tienen el inconveniente que se degradan rápidamente por efecto de la luz del Sol.

3.3.3. Células bifaciales

Las **células bifaciales** son células fotovoltaicas que pueden generar electricidad por ambas caras y tienen el potencial de aumentar la eficiencia de los sistemas fotovoltaicos. Aunque sea una tecnología descubierta hace décadas (Antonio Luque fue su inventor en 1976), ha necesitado tiempo para convertirse en una opción competitiva y comercial. Su comercialización comenzó por primera vez en la década de 1980 gracias a la empresa española Isofotón. En 1997 se instalaron barreras acústicas de 10 kW de módulos bifaciales orientados verticalmente en una autopista de Zúrich. Se trata de una de las primeras instalaciones bifaciales comerciales bien documentadas y que sigue estando en uso [45]. Una de las primeras plantas bifaciales a gran escala fue instalada en 2016 en Chile por la empresa Enel Green Power. Tiene en total 1,7 MW de potencia y fue instalada para probar los módulos bifaciales y comparar su rendimiento con el de los paneles tradicionales. Los módulos bifaciales mostraron una ganancia bifacial de entre el 12 % y 15 % (se instalaron sobre una superficie de piedra caliza). Además, se reportó un *Performance Ratio* (*PR*) promedio de 94,8 % y una reducción del *LCOE* de entre 5,3 % y 7,2 % [46]. Según la Agencia Internacional de las Energías Renovables (IRENA) [47] ya en 2019 se preveía que el cambio tecnológico más importante del mercado fotovoltaico iba a ser la tecnología bifacial, como se está demostrando en la actualidad. A nivel global, según el informe de Bloomberg New Energy Finance [115], el mercado de los módulos bifaciales alcanzará el 40 % en 2025. Hay una tendencia muy clara de utilizar células de medio corte (*half-cells*) en la tecnología bifacial, ya que las pérdidas internas de este tipo de módulos se reducen a 1/4 de un módulo de células completas; esto se debe a que la corriente eléctrica que fluye en cada *busbar* se reduce a la mitad [48].

Las células bifaciales permiten que pase la luz solar entre las áreas metalizadas. Su fabricación es más cara que las monofaciales, ya que requiere de unas especificaciones estrictas, teniendo siempre en cuenta la resistencia en serie [49]. A grandes rasgos, se puede elegir entre tres tipos de células bifaciales disponibles comercialmente: HIT, PERT y PERC. Las células HIT (*Heterojunction with Intrinsic Thin layer*) y las n-PERT son consideradas las más eficientes ya que tienen una bifacialidad de más del 90 %. Las células IBC (*Interdigitated Back Contact*) también pueden producirse para ser utilizadas en proyectos bifaciales, pero es más compleja su comercialización. Las células IBC y PERC tienen un 80 % y un 70 % de bifacialidad respetivamente. [50]. Las células de concentración p-PERC (*Passivated Emitter & Rear Cell*) añaden una película de pasivación activa en la parte trasera de una célula solar estándar que posteriormente se abre con láser para dar paso a la formación de un contacto.

Para convertir una célula p-PERC en bifacial, básicamente hay que reemplazar la parte trasera de la célula formada completamente de aluminio, por una rejilla también de aluminio, aplicando un patrón de cuadrícula similar al de la parte frontal. Se utilizan pastas de aluminio específicas evitando la utilización de plata en la parte trasera, lo cual es una ventaja. Actualmente, es el concepto bifacial más rentable y ampliamente empleado. Casi todas las células basadas en obleas de tipo n son de naturaleza bifacial, las denominadas n-PERT. A diferencia del proceso estándar, n-PERT implica un segundo paso de difusión para formar un BSF (*Back Surface Field*) de fósforo que utiliza uno de los siguientes procesos: difusión estándar, difusión a baja presión o codifusión.

Los módulos bifaciales se ofrecen en dos opciones: lámina posterior transparente (*Transparent Backsheet*, TB) y doble vidrio (*Dual Glass,* DG). Los módulos DG pueden utilizarse tanto con marco como sin marco, mientras que los módulos TB deben ir necesariamente con marco. Los estudios que las comparan indican que el DG bifacial es mejor en términos de resistencia a la humedad y propiedades mecánicas y antiabrasión, mientras que el TB es mejor en términos de resistencia a los rayos UV y a la salinidad, tiene menor peso y es más fácil de limpiar. En cuanto a la producción energética, es ligeramente mayor en el caso de la tecnología TB bifacial [51]. Se recomienda utilizar módulos TB en plantas solares en zonas no muy calurosas y húmedas y en proyectos en fachadas. Contrariamente, los módulos DG sí que se pueden utilizar plantas fotovoltaicas construidas en zonas calurosas o húmedas, así como en zonas con mucho viento.

3.3.4. Células de concentración

Las **células de concentración** son células fotovoltaicas que concentran la luz solar mediante lentes o espejos. La tecnología de concentración fotovoltaica incrementa la eficiencia de las células solares (puede alcanzar el 40 %) y, además, precisa menos material fotovoltaico. Algunas de estas tecnologías utilizan lentes para aumentar la potencia del Sol que llega a la célula. Otras concentran la energía del Sol en células de alta eficiencia mediante un sistema de espejos (Figura 3.16). Desde los años 70 del siglo pasado se han realizado investigaciones sobre sistemas de concentración, mejorando su eficiencia hasta conseguir ya en los años 2006-2007 superar en eficiencia a la fotovoltaica tradicional. En 2008 el ISFOC (Instituto de Sistemas Solares Fotovoltaicos de Concentración) puso en marcha en España una de las mayores plantas de este tipo a nivel mundial, conectando a la red 3 MW de potencia. El récord mundial de eficiencia para una célula solar de concentración se estableció en 2018 por un equipo de investigadores del Instituto de Energía Solar de la Universidad Politécnica de Madrid. La célula, que utilizaba una tecnología de triple unión, alcanzó una eficiencia del 41,4 % a una concentración de 1000 soles.

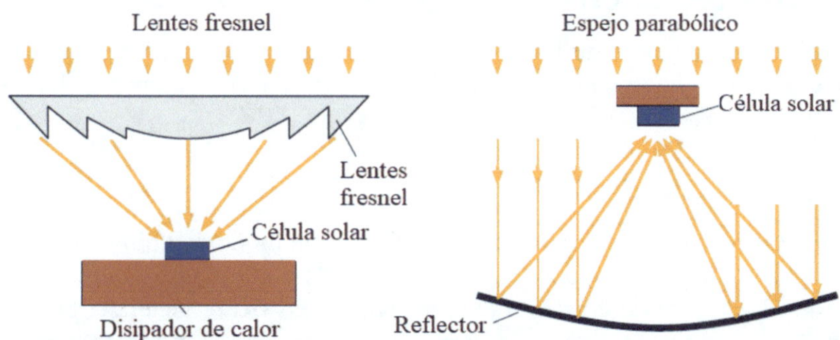

Figura 3.16. Principios de concentración de la luz con lentes Fresnel y espejo parabólico [52]

3.3.5. Células de tercera generación

Las **tecnologías fotovoltaicas de tercera generación** siguen en desarrollo y tienen el potencial de superar ciertas características o la eficiencia de las células fotovoltaicas convencionales. Algunas de las tecnologías de tercera generación más prometedoras son las siguientes:

- **Células de perovskita.** Es una tecnología emergente que tiene el potencial de alcanzar una eficiencia del 33,9 %. Desde enero de 1993, *Progress in Photovoltaics* ha publicado listas semestrales de las eficiencias más altas confirmadas para una gama de tecnologías de módulos y células fotovoltaicas. En diciembre de 2023 se ha publicado la versión 63 de las «Tablas de Eficiencia de Células Solares» en *Progress in Photovoltaics* [53] (que habitualmente se actualiza cada 6 meses y desde 1993) por el profesor Martin Green y su equipo de la Universidad de Nueva Gales del Sur (Australia). Como ejemplo, cabe destacar los últimos avances en células de perovskita de haluro de plomo de 0,05 cm^2 (eficiencia del 26,1 %) o de 1 cm^2 (eficiencia del 25,2 %) o de una célula de 0,45 cm^2 de cadmio-teluro (CdTe) (eficiencia del 22,4 %).

- **Células de silicio nanoestructurado.** Se trata de una tecnología emergente que tiene el potencial de alcanzar una eficiencia del 25 %.

- **Células solares de polímeros.** La investigación en estas células se ha incrementado significativamente en los últimos años y ahora es posible producirlas a un precio reducido. Tienen ventajas, tales como una producción a gran escala simple, rápida y económica y el uso de materiales que son fácilmente disponibles y potencialmente baratos. Las células solares de polímeros se pueden fabricar con tecnologías conocidas industriales de rollo (como en la impresión de periódicos).

La tercera generación también cubre las caras células experimentales multiunión de alto rendimiento. En [54] se puede observar en un impactante gráfico elaborado en el NREL la evolución de la eficiencia de las células solares desde 1975 en adelante.

3.3.6. Características de las células solares

Las características eléctricas de las células solares fotovoltaicas se ven afectadas por una serie de factores; tipo de material semiconductor, dopaje y condiciones ambientales como la temperatura y la irradiancia.

3.3.6.1. Circuito equivalente

El **circuito equivalente** es el circuito constituido por un diodo de unión pn ideal y por una fuente de corriente de valor I_L, que tiene el mismo comportamiento eléctrico que la célula solar descrita. La fuente de corriente I_L representa la corriente generada por la radiación solar (denominada *fotocorriente* o *corriente fotoeléctrica*) y el diodo en antiparalelo con esta que representa la unión p-n que forma la celda [Figura 3.17 (a)]. Si se tienen en cuenta las pérdidas [Figura 3.17 (b)] añadimos al circuito básico una resistencia serie (R_s) y otra en paralelo (R_p). La *resistencia serie representa* las pérdidas debidas a los contactos metálicos con el semiconductor y a la propia resistencia de la malla de metalización. La *resistencia en paralelo* representa las fugas de corriente por la superficie de los bordes de la célula o a pequeños cortocircuitos metálicos.

En el caso ideal, la corriente eléctrica suministrada por una célula solar a una carga (ecuación 3.14) viene dada por la diferencia entre la fotocorriente, I_{pv} y la corriente de recombinación o de diodo, I_D, debida a la polarización producida por el voltaje generado:

$$I = I_{pv} - I_D \tag{3.11}$$

donde la fotocorriente I_{pv} depende fundamentalmente de la irradiancia G (W/m^2) y de la temperatura, según la expresión:

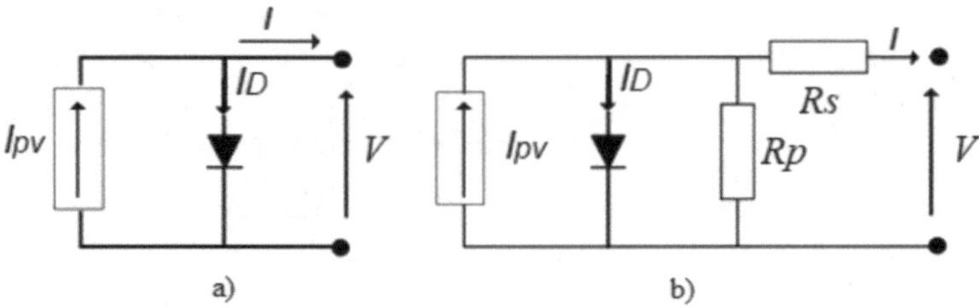

Figura 3.17. Circuito equivalente: a) de una célula solar ideal; b) de una célula real con resistencia serie y paralelo

$$I_{pv} = \left(\frac{a}{a_n}\right)\left[I_{sc}(G) + K_i(T - T_n)\right] \quad (3.12)$$

donde:

a: constante de idealidad del diodo.

a_n: su valor nominal.

K_i: coeficiente de temperatura de la corriente de cortocircuito, expresado en mA/ºC.

I_{sc}: corriente de cortocircuito.

T: temperatura, en ºC.

Tn: temperatura nominal.

La corriente en el diodo es igual a:

$$I_D = I_0\left[\exp\left(\frac{V_{pv}}{\alpha V_T}\right) - 1\right] \quad (3.13)$$

siendo:

I_0: corriente inversa de saturación del diodo.

V_{pv}: tensión aplicada a la celda.

V_T: tensión térmica, que se expresa como:

$$V_T = \frac{kT}{q} \quad (3.14)$$

donde:

k: constante de Boltzmann = 1,38 · 10^{-23} J/k.

T: temperatura (K).

q: carga del electrón = –1,602 · 10^{-19} C.

Si se tiene en cuenta el modelo de célula con pérdidas [Figura 3.17 (b)] la corriente eléctrica suministrada por la celda es igual a

$$I = I_{pv} - I_0 = \left[\exp\left(\frac{V + R_s I}{\alpha V_T} - 1\right)\right] - \frac{V + R_s I}{R_p} \quad (3.15)$$

3.3.7. Módulo fotovoltaico

La rejilla frontal de las células fotovoltaicas se compone de los *dedos*, que recogen la corriente fotogenerada por las células y de los *buses* o *bus bars*, que son los colectores donde se conectan todos los dedos y que conducen la corriente al exterior. Normalmente se ponen dos buses por fiabilidad. Cuando se fabrica un módulo fotovoltaico se han de conectar las células solares en serie: los contactos frontales de cada célula se sueldan con los contactos traseros de la siguiente célula, mediante los *bus bars* (Figura 3.18.); el material usado es una aleación ligera típicamente constituida de plata o plomo con estaño (Sn_60Pb_40 o Sn_96Ag_4). Así se conectan las células en serie (36,60,72,90, etc.). Este es un proceso delicado, ya que una presión excesiva en los contactos o un exceso de calor, pueden producir grietas en las células. Una dispersión elevada entre las corrientes generadas por las distintas células produce el efecto comúnmente llamado *missmatch* (discordancia). Finalmente, se colocan las conexiones entre las tiras y los terminales de salida.

Figura 3.18. Interconexión serie entre células solares cristalinas [55]

El módulo fotovoltaico proporciona niveles de tensión y corriente adecuados para la aplicación, protege a las células frente a agresiones (intemperie), las aísla eléctricamente del exterior y da rigidez mecánica al conjunto. La vida útil de un módulo en condiciones normales de funcionamiento es de al menos 25 años, la cual depende del encapsulado, que debe ser impermeable al agua, resistente a la fatiga térmica y a la abrasión. El vidrio es el elemento estructural del módulo, a través del cual pasan los fotones. Difiere de los cristales estándares en que es cristal templado (tratado térmicamente para tener mayor resistencia mecánica al impacto y a la flexión y mayor resistencia al choque térmico) y tiene un bajo contenido en hierro para reducir las pérdidas. Además, lleva una capa antirreflectante, es decir, un tratamiento superficial para reducir el coeficiente de reflexión y aumentar el de refracción, llegando a conseguir captar entre un 2 % y un 5 % más de radiación. En la Figura 3.19 se muestra la estructura de un módulo fotovoltaico estándar.

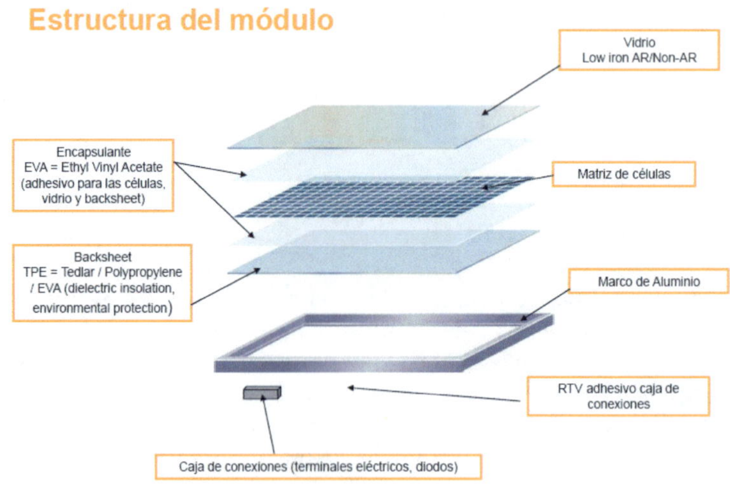

Figura 3.19. Estructura de un módulo fotovoltaico estándar [56]

El EVA es el material con el que se hace el sellado y unión de las células en el interior de los paneles solares al *backsheet* o capa posterior, que se utiliza principalmente para proteger los paneles solares contra la erosión de la luz, la humedad, el calor, las heladas y otros factores ambientales adversos. La caja de conexiones pegada sobre el *backsheet*, comunica las células con el sistema eléctrico; en su interior, además de las conexiones, contiene un cierto número de diodos (habitualmente, 3) que sirven como elementos de protección y optimización energética. Un tipo de módulo más novedoso es el panel solar de vidrio-vidrio, que tiene una vida útil más larga y se degradan más lentamente que los convencionales, aunque su precio es mayor.

La estructura de aluminio típica lleva una elevación graduable mediante pernos de acero galvanizado. La estructura soporte debe facilitar el rápido drenaje de agua en caso de lluvias torrenciales evitando la acumulación de agua. En el sistema de montaje de la estructura soporte se debe prever un margen aceptable para el fenómeno de expansión térmica de todos los componentes. Es importante consultar siempre los métodos de instalación para los que el fabricante del panel da garantía. Además, deben soportar los efectos debidos al impacto del viento como el vuelco, deslizamiento o levantamiento (Figura 3.20).

Figura 3.20. Posibles efectos adversos debidos al impacto del viento [57]

Los paneles se pueden clasificar según la capa dominante en la construcción de sus células en tipo-P (utilizan células con el silicio dopado con boro como base junto con una capa ultrafina de silicio de tipo N) y tipo-N, que, por el contrario, utilizan células con una base de silicio de tipo N con una fina capa de tipo P. La tecnología N-Type ha ganado protagonismo desde 2021.

La conexión serie de las células forma los módulos y una combinación de módulos serie y paralelo facilita la formación de generadores (Figura 3.21) para salidas con diversos valores de tensión y corriente, como se verá en los siguientes apartados.

Figura 3.21. Célula, módulo, generador [58]

Una célula de silicio cristalina estándar más antigua, de 156 × 156 mm generaba en torno a 4 vatios pico (Wp) de potencia. Por ello, los módulos fotovoltaicos antiguos típicos de 60, 72 o 90 células generan en condiciones estándar 240 Wp, 300 Wp o 360 Wp, respectivamente. En la actualidad una sola célula puede generar hasta 5 Wp. Por ejemplo, un módulo actual de 132 células se corresponde con un panel de 660 Wp. El incremento de la eficiencia de las células cristalinas y las mejoras estructurales y en la disipación térmica de los módulos han conseguido que las densidades de potencia se hayan incrementado desde los 168 W/m^2 de un módulo típico de 275 Wp de 2015 hasta los 230 W/m^2 de los actuales módulos de 670 Wp. En la Figura 3.22 y en la Tabla 3.1 se resume esta evolución. El tamaño típico para aplicaciones en entorno residencial en 2022 fue de 350 Wp a 435 Wp y los módulos más grandes (>540Wp) se reservan habitualmente para los sistemas centralizados montados en suelo.

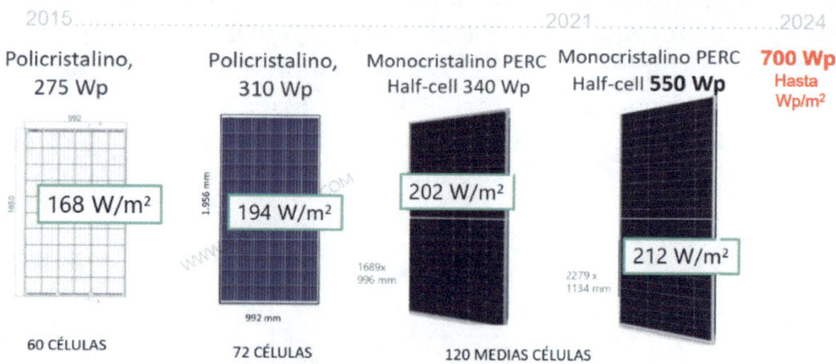

Figura 3.22. Evolución de módulos de silicio cristalino: tecnología, dimensiones y densidades de potencia

Un panel solar tiene 3 garantías: una de producto, otra de rendimiento y otra de servicio. La garantía de servicio tiene como objetivo reparar un servicio que no se entregó como se esperaba o como estaba previsto. La garantía de producto generalmente asegura 20 años de vida útil sin fallos (los de alta gama, hasta 30-40 años) y la de rendimiento o potencia de un panel solar suele garantizar el 90 % de la producción a los 10 años y el 80 % a los 25 años. El generador fotovoltaico conectado a red que se cree ser el más antiguo de Europa lleva 40 años suministrando electricidad con una eficiencia en los mejores módulos que aún sigue estando dentro de las condiciones de la garantía [59]; se trata de un generador de 10 kW ubicado en la Facultad de Ciencias Aplicadas del Tesino, Suiza.

Tabla 3.1. Evolución de la potencia, número de células, corriente en el punto de máxima potencia, peso y área de los módulos fotovoltaicos desde 2020 en adelante.

Potencia ±15 W	410	500	550	600
N.º de células	54	66	72	78
Corriente imp (A)	13	13	13	13
Peso (kg)	20	25	28	31
Área (m²)	1,8	2,3	2,6	2,8

3.3.7.1. Módulos con células PERC

Las células PERC *Passivated Emitter and Rear Cells* (Células con Emisor y Trasera Pasivados) mejoran la eficiencia y el rendimiento de los módulos solares. La tecnología PERC introduce una serie de mejoras en las células solares tradicionales, entre las que destacan tres:

- **Emisor pasivado.** La parte frontal está pasivada para reducir la recombinación de electrones y huecos, lo que significa que se minimiza la pérdida de carga eléctrica. Esto permite que más electrones generados por la luz solar se muevan a través de la célula y contribuyan a la corriente eléctrica.
- **Refracción de luz en la trasera.** En lugar de tener una parte trasera completamente reflejante, como en las células tradicionales, las células PERC tienen una parte trasera que permite que la luz que no se absorbió en el frente de la célula pase a través de ella. Esto significa que la luz que inicialmente pasó a través de la célula puede tener otra oportunidad para generar electricidad al ser reflejada nuevamente hacia el emisor.
- **Capa de aluminio.** A menudo, las células PERC tienen una capa de aluminio en la parte trasera, que ayuda a reflejar la luz hacia el emisor y a evitar la pérdida de electrones hacia la parte trasera.

3.3.8. Curvas características de módulos fotovoltaicos

El funcionamiento eléctrico de un módulo solar se representa principalmente mediante su curva característica *I-V* (corriente-tensión) como la que se muestra en la Figura 3.23, cuyos valores más relevantes son (todos son valores c.c.):

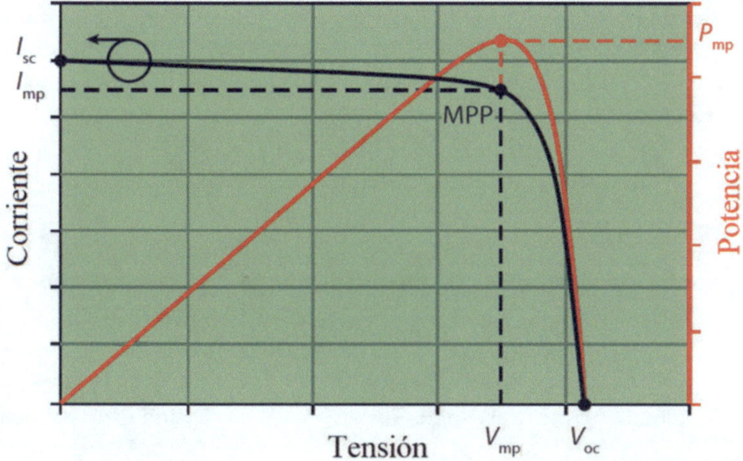

Figura 3.23. Curvas corriente-tensión y potencia-tensión típicas de un módulo solar fotovoltaico [61]

- **Corriente de cortocircuito (I_{cc} o I_{sc}, *short circuit*).** es la máxima intensidad que se genera en el panel cuando no hay conectado ningún consumo y se cortocircuitan sus bornes.
- **Tensión de circuito abierto (V_{ca} o V_{oc}, *open circuit*).** es la máxima tensión que proporciona el panel cuando no hay conectado ningún consumo (los bornes están al aire).
- **Punto de máxima potencia ($P_{máx} = I_{Pmáx} \cdot V_{Pmáx}$).** es el punto para el cual la potencia entregada es máxima, obteniéndose el mayor rendimiento posible del panel. Los valores típicos de $I_{Pmáx}$ y $V_{Pmáx}$ son algo menores que I_{sc} y V_{oc}.

A partir de ellos se definen:

- **Factor de forma (*FF*):** es la relación entre la potencia máxima, P_{mp}, que el panel puede entregar y el producto $I_{cc} \cdot V_{ca}$. Suele valer entre 0,7 y 0,8.
- **Eficiencia o rendimiento:** es el cociente entre la máxima potencia eléctrica que el panel puede entregar y la potencia de la radiación solar incidente. Habitualmente entre el 10 % y el 22 %.

Cuando la potencia de un módulo fotovoltaico se mide en el laboratorio o en la fábrica, se hace bajo condiciones estandarizadas, conocidas como *condiciones estándares de medida* (CEM o STC) La potencia medida en CEM se denomina potencia nominal (P_{CEM}). Estas condiciones estándar están determinadas por la norma internacional IEC-60904-1 como:

- **Intensidad luminosa (irradiancia):** debe ser de 1000 W/m^2 en toda la superficie del módulo. Este valor es aproximadamente lo que se obtiene al mediodía en un día soleado cuando el módulo está orientado hacia el Sol, aunque en condiciones reales la irradiancia a veces puede ser incluso mayores.
- **Temperatura del módulo:** debe ser de 25°C.
- **Espectro de la luz:** debe ser igual al espectro global dado en la norma IEC 60904-3. Este espectro corresponde al espectro que se encuentra en un día soleado con el Sol a unos 40° sobre el horizonte y con el módulo inclinado a unos 40° de la horizontal frente al Sol.

En la Figura 3.24. se muestran las condiciones estándar de medida de los ensayos eléctricos de los módulos fotovoltaicos

Ensayo en condiciones estándar de medida (CEM)	Caracterización térmica
G = 1000 W/m^2 Incidencia normal T_C = 25ºC (temperatura de la célula) Distribución espectral AM1.5G	G = 800 W/m^2 T_a = 20ºC Incidencia normal Distribución espectral AM1.5G Velocidad del viento = 1 m/s

Figura 3.24. Ensayos eléctricos en condiciones estándar de medida (CEM) y térmicos a los que se somete a los módulos fotovoltaicos para su caracterización

La *eficiencia nominal del módulo* es simplemente la P_{CEM} expresada en kWp entre la potencia que recibe del Sol, es decir, la irradiancia incidente por el área del módulo fotovoltaico en m².

La *temperatura nominal de operación de la célula* (*TONC*) de una célula fotovoltaica se calcula a partir de las condiciones de operación reales de la célula. Permite calcular la temperatura de la célula (T_c) cuando se conocen las condiciones de temperatura ambiente (T_{amb}) e irradiancia (G) sobre el módulo:

$$T_c = T_{\text{amb}} + G\left(\frac{TONC - 20}{800}\right) \tag{3.16}$$

3.3.8.1. Influencia de la irradiancia y la temperatura sobre la corriente y la tensión

Los valores del módulo que son más dependientes de la irradiancia son las corrientes. La *corriente en el punto de máxima potencia* y la *corriente de cortocircuito* se consideran linealmente dependientes de la irradiancia solar para valores de $G > 200$ W/m² (Figura 3.25):

$$I_{sc} = I_{sc,CEM} + \frac{G}{G_{CEM}} \qquad 3.17)$$

$$I_{P_{\text{máx}}} = I_{P_{\text{máx}},CEM} + \frac{G}{G_{CEM}} \tag{3.18}$$

La influencia de la temperatura sobre la corriente de cortocircuito es muy pequeña, menor que 0,1 %/ºC.

Las tensiones se pueden considerar prácticamente independientes de la irradiancia en células sin concentración óptica [62]. Sin embargo, la temperatura tiene una gran influencia en los valores de tensiones de salida del módulo (Figura 3.25).

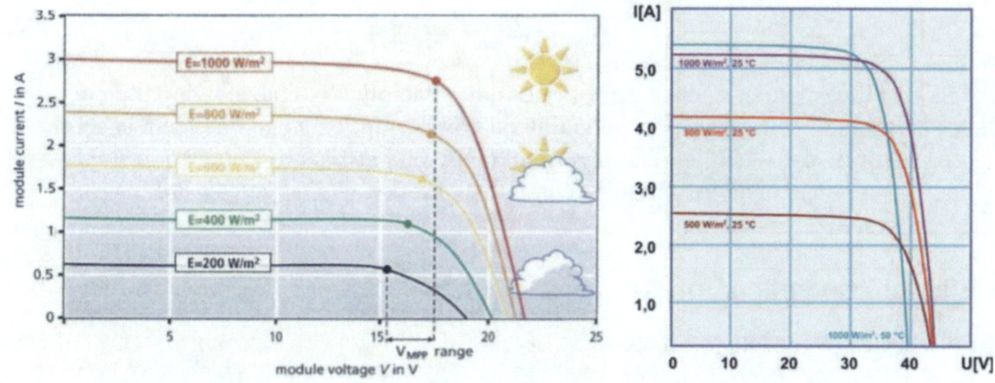

Figura 3.25. Dependencia de la irradiancia y de la temperatura [63]

La expresión de la tensión de circuito abierto es

$$V_{oc} = V_{oc,\,CEM} + \beta\,(T_c - 25) \tag{3.19}$$

siendo β el coeficiente de temperatura de la tensión de vacío, expresada en V/ºC. En algunos casos, el fabricante del panel puede indicar este coeficiente con el factor K_{Voc}, medido en %/ºC, de modo que

$$\beta = V_{oc,CEM} + \frac{K_{V_{oc}}}{100} \tag{3.20}$$

y la Expresión (3.19) quedaría entonces como

$$V_{oc} = V_{oc,CEM}\left[1 + \left(\frac{K_{V_{oc}}}{100}\right)(T_c - 25)\right] \tag{3.21}$$

De igual modo, la tensión de máxima potencia se calcula en función del coeficiente de temperatura, β y la tensión de la celda como

$$V_{P_{\text{máx}}} = V_{P_{\text{máx}},CEM} + \beta(T_c - 25) \tag{3.22}$$

o como

$$V_{P_{\text{máx}}} = V_{P_{\text{máx}},CEM} + V_{oc,CEM}\left(\frac{K_{V_{oc}}}{100}\right)(T_c - 25) \tag{3.23}$$

Es importante destacar también el coeficiente de degradación de potencia del módulo con la temperatura (%/ ºC): es el porcentaje de potencia pico de salida del módulo que disminuye al aumentar un grado la temperatura de célula cuando se mantienen el resto de condiciones estándar. Suele estar entre -0,37 % en Si policristalino y -0,2 % en Si amorfo.

La potencia del panel en el punto de máxima potencia podría calcularse mediante (3.18) y (3.23) como:

$$P_{\text{máx}} = I_{P_{\text{máx}}} V_{P_{\text{máx}}} \tag{3.24}$$

Se han investigado muchas expresiones que relacionan la potencia de salida de los paneles en función de la temperatura de trabajo con herramientas de inteligencia artificial (IA) a partir de datos de medidas experimentales. En [113] se resumen en torno a 40 relaciones de la potencia de los módulos con la temperatura $P(T)$ gracias a la IA.

Ejemplo de aplicación 3.1

Se dispone de un módulo fotovoltaico HALF-CUT de 375 Wp cuyos parámetros en CEM son los siguientes: $P_{\text{máx}}$= 375 W$_p$; V_{oc}= 41.50 V; $V_{P_{\text{máx}}}$ = 34,28 V; $I_{P_{\text{máx}}}$ = 10,95 A; I_{sc} = 11,46 A.

Se sabe además que el coeficiente de variación de la tensión en circuito abierto con la temperatura de este módulo es de –0,295 %/ ºC y que la temperatura *TONC* = 43 ±3 ºC; el coeficiente de variación de la corriente de cortocircuito es 0,041 %/ºC.

Calcular la tensión $V_{P_{\text{máx}}}$ y la potencia P_{mp} que generará el módulo en las siguientes condiciones:

a) En diciembre se ha medido una temperatura exterior de 0º y una irradiancia máxima sobre el plano del generador de G=850 W/m^2.

b) En agosto se ha medido una temperatura de célula de 69 ºC (medida en el módulo fotovoltaico) y una irradiancia máxima sobre el plano del generador de G = 1050 W/m^2.

Solución

a) Se calcula la temperatura de la célula en diciembre en condiciones extremas; en el caso extremo puede considerarse la temperatura ambiente; es el caso de un día nublado, en el que las células se encuentran a la temperatura ambiente y el cielo se despeja. Pero será más probable que la temperatura que alcance a célula sea

$$T_{cel} = T_{amb} + G\,(TONC - 25)/800 = 0 + 850\,(43 - 20)/800 = 24{,}44\ ºC$$

$$V_{P_{\text{máx}}} = V_{P_{\text{máx}},CEM} + V_{oc}\beta\left(T_{\text{cel}} - 25\right) = 37{,}34\ \text{V}$$

que es un 8,9 % de la $V_{P_{\text{máx}}}$ del módulo en CEM.

$$I_{P_{\text{máx}}} = I_{P_{\text{máx},CEM}} \frac{G}{G_{CEM}} = 9{,}3\ \text{A}$$

$$P_{\text{máx}} = V_{P_{\text{máx}}} I_{P_{\text{máx}}} = 319\ \text{W}$$

que es un 17 % inferior a la *P*máx en CEM (375 Wp).

b) La tensión $V_{P_{\text{máx}}}$ y la potencia P_{mp} que generará el módulo en las nuevas condiciones serán:

$$V_{P_{\text{máx}}} = V_{P_{\text{máx}},CEM} + V_{oc}\beta\left(T_{\text{cel}} - 25\right) = 28{,}89\ \text{V}$$

que es un 15,7 inferior a la $V_{P_{\text{máx}}}$ del módulo en CEM.

$$I_{P_{\text{máx}}} = I_{P_{\text{máx},CEM}} \frac{G}{G_{CEM}} = 11{,}5\ \text{A}$$

que es un 11 % inferior a la $P_{\text{máx}}$ en CEM.

3.3.9. Efectos del sombreado sobre los módulos fotovoltaicos

El **sombreado** reduce la producción de energía de los módulos fotovoltaicos. El efecto es muy relevante, ya que las células dentro del módulo se encuentran en serie: la sombra sobre una de las células, si no se ponen remedios adecuados, afecta de igual manera a todo el módulo. Un ejemplo de influencia de la sombra sobre el módulo se puede ver claramente en el vídeo de [64]. Además, el sombreado puede provocar un aumento de la temperatura de los módulos fotovoltaicos. Esto se debe a que las células solares sombreadas no pueden disipar el calor de manera eficiente.

3.3.9.1. Diodos de *bypass*

Los **diodos de *bypass*** se conectan en paralelo con las células solares en un módulo fotovoltaico. Cuando una célula solar está sombreada, el diodo de *bypass* permite que la corriente fluya a través de la célula solar sombreada, evitando que se produzca un punto caliente. Ayudan a garantizar que los módulos funcionen de manera eficiente y segura, incluso en condiciones de sombra.

La cantidad de diodos de *bypass* que lleva un módulo fotovoltaico depende del número de células solares que tenga el módulo. Por lo general, un módulo fotovoltaico tiene un diodo de *bypass* por cada 20 células solares. Se suelen colocar entre las subcadenas de células solares en un módulo fotovoltaico. Una *subcadena* es un grupo de células solares que están conectadas en serie. La ubicación de los diodos de *bypass* ayuda a garantizar que la corriente pueda fluir a través del módulo, incluso si una subcadena está sombreada (Figura 3.26). Para mantener al mínimo las pérdidas de rendimiento condicionadas por las sombras, es posible emplear microinversores, como se verá en el apartado correspondiente de este capítulo.

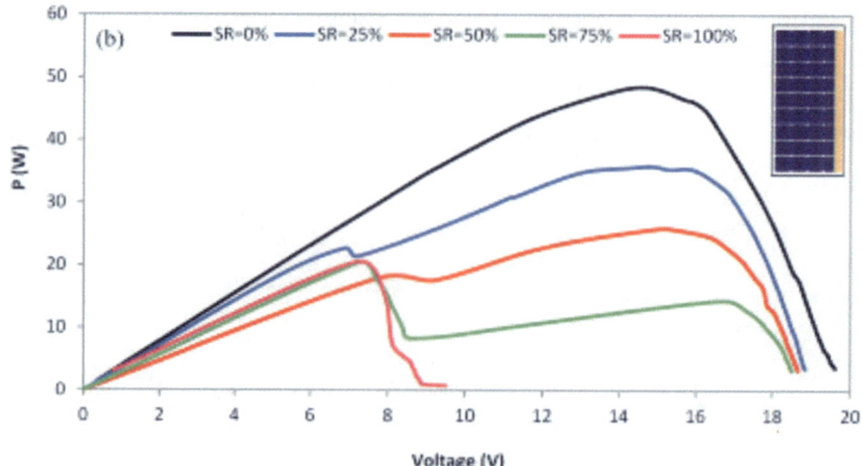

Figura 3.26. Curvas características y su dependencia de la irradiancia recibida sobre una fila lateral de células (izquierda) o en las células inferiores de una serie

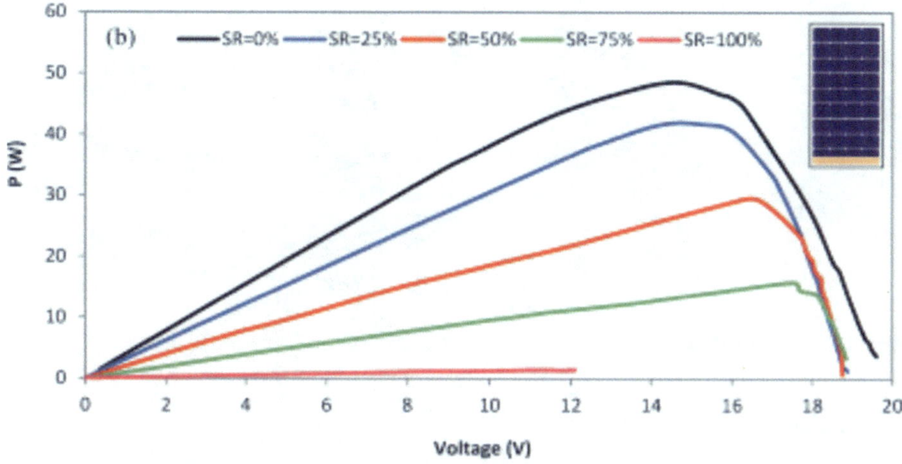

Figura 3.26. (Cont.) Curvas características y su dependencia de la irradiancia recibida sobre una fila lateral de células (izquierda) o en las células inferiores de una serie

Los módulos de media célula o HA (*half cell*) tienen el doble de *substrings* que el convencional, lo que reduce el impacto de sombras parciales en la producción. Los módulos HC tienen tres cajas de conexión en su parte posterior, 2 para los terminales y una adicional para el diodo central.

3.3.9.2. Sombreado de módulos de silicio amorfo

En comparación con los módulos cristalinos, los módulos de capa fina (o delgada) tienen una mayor tolerancia a la sombra. Con los módulos estándar a partir de obleas de silicio individuales, 2 diodos, el sombreado completo de una célula generalmente conduce a la pérdida de la mitad del módulo. En contraste, en las células individuales alargadas de capa fina, la potencia se reduce solamente en proporción al área sombreada.

3.3.9.3. Fallos en los módulos fotovoltaicos

Los **fallos** en los módulos fotovoltaicos pueden reducir su rendimiento y, en algunos casos, incluso pueden causar su destrucción. Los fallos más comunes en los módulos fotovoltaicos provienen de defectos de fabricación, daños por impacto (granizo) que pueden causar grietas, o roturas, degradación por envejecimiento o daños por sobretensión (tormentas eléctricas). En la Figura 3.27 se resumen los principales fallos en función de su causa.

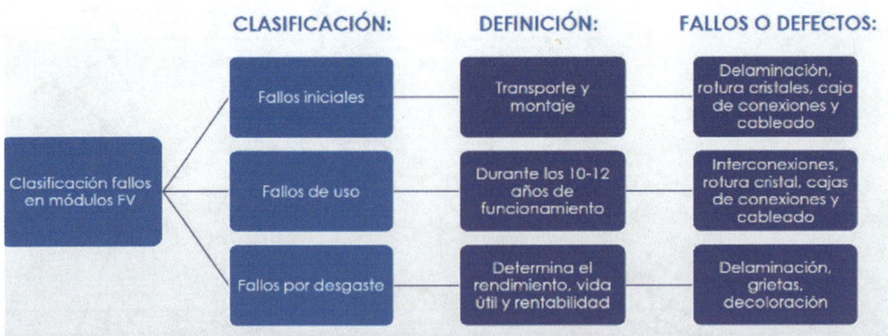

Figura 3.27. Principales fallos en módulos fotovoltaicos en función de su causa [66]

Principales tipos de degradación

- **Degradación por polarización inducida (PID).** Consiste en un fenómeno de degradación, pérdida de energía y rendimiento que afecta a los módulos fotovoltaicos tras eliminar los transformadores de salida en los inversores. Este fenómeno tiene lugar por la circulación de una corriente de fuga entre las células y el marco del módulo que provoca una acumulación de cargas eléctricas en la superficie de las células. Esto provoca una diferencia de potencial con el marco del módulo que estará puesto a tierra, que generará un efecto de **polarización** [65].
- **Degradación inducida por la luz (LID).** Consiste en una degradación que produce una pérdida de potencia de los módulos fotovoltaicos provocada por reacciones químicas que tienen lugar en la célula de silicio por la presencia de impurezas durante el proceso de fabricación. Tiene lugar durante los primeros meses de funcionamiento, es decir, en los primeros meses de incidencia de la irradiación solar en el módulo. Desde que se descubrió y estudió este fenómeno en 1977 hasta la actualidad no se ha podido evitar totalmente, aunque ciertos fabricantes han conseguido reducirlo a menos del 2 % [66].

Los fallos en los módulos fotovoltaicos pueden detectarse mediante una inspección visual o mediante ensayos. La inspección visual puede revelar grietas o perforaciones en las células, mientras que los ensayos pueden medir el rendimiento del módulo fotovoltaico y detectar cualquier anomalía (microfisuras, puntos calientes, etc.).

3.3.9.4. Tasa de retorno energética

La **tasa de retorno energética (TSR)** es la relación entre la energía generada por el panel durante su vida útil y la energía necesaria para fabricarlo. La energía necesaria para fabricar un panel fotovoltaico se puede calcular sumando la energía utilizada en todas las etapas del proceso de fabricación, desde la extracción de los materiales hasta el transporte y la instalación del panel. También se habla de indicadores como el *Energy Payback Time* (EPBT) o *tiempo de amortización energética* (TiAE), que es el tiempo que tarda en generar la misma cantidad de energía que la que se utilizó para fabricarla. Se expresa en años. Con la tecnología actual, los paneles fotovoltaicos recuperan la energía necesaria para su fabricación en un período comprendido entre 6 meses y 1,5 años, aunque hay autores que llegan a multiplicar por diez esta cifra. En la Figura 3.28 se muestra un ejemplo del TiAE en diferentes países del mundo en el año 2020.

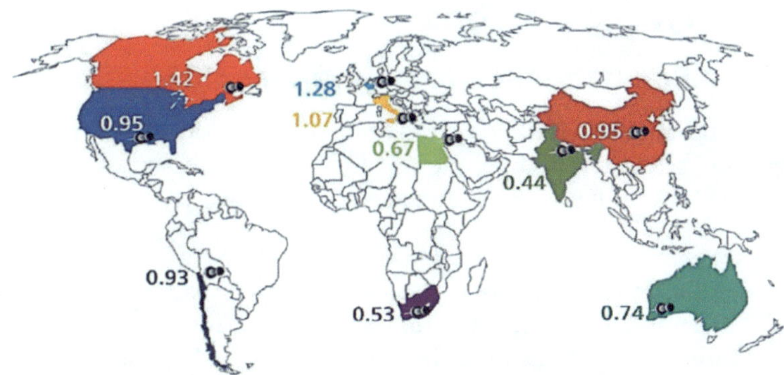

Figura 3.28. Tiempo de amortización energética en el año 2020 para instalación de módulos de 60 células de silicio cristalino PERC de eficiencia 19,9 % [60]

3.3.10. Reciclaje de paneles

El **reciclaje** ha surgido como un elemento fundamental para forjar una economía circular dentro de la industria fotovoltaica. Los paneles solares suelen tener una vida útil de entre 25 y 30 años, tras los cuales su eficiencia disminuye. El reciclaje de paneles solares debería considerarse al final de vida útil o incluso antes si se detectan daños importantes en las células o problemas eléctricos. El reciclaje no solo es responsable con el medio ambiente, sino que también ayuda a recuperar materiales valiosos para su uso en nuevos paneles u otras aplicaciones [67].

A continuación, se analizan las distintas partes de un panel solar de silicio monocristalino:

- **Obleas de silicio:** su elevada pureza permite un reciclaje eficiente y su posterior utilización en la producción de nuevos paneles solares, reduciendo la dependencia de los limitados recursos de silicio. Se requiere tecnología para separar las obleas del EVA y refinar aún más el silicio. Supone alrededor del 5-10 % del peso del módulo [68].
- **Marco** (normalmente de aluminio): pueden someterse al proceso de fundición, que da lugar a la fabricación de nuevos productos de aluminio, como marcos, soportes u otros componentes de aluminio. Supone alrededor del 5-10 % del peso del módulo.
- **Vidrio:** puede ser refundido o reprocesado para la fabricación de nuevos productos de vidrio, pero la tarea de separar el vidrio de las demás capas del módulo es compleja, aunque se ve mejorada con nuevos métodos de deslaminación [69] o [70]. Aproximadamente el 95 % del vidrio puede reutilizarse. El porcentaje en peso del vidrio es alrededor del 75-80 % del peso del módulo.
- **EVA (copolímero de etilvinilacetato):** las películas de EVA tratadas adecuadamente pueden reutilizarse en la fabricación de paneles solares, aunque. es necesario desarrollar métodos eficaces para separar y reutilizar el EVA [69].

- **Lámina posterior:** es reciclable, ya que suele estar formada por polímeros y láminas de aluminio; supone alrededor del 3-5 % del peso del módulo.

3.3.11. Ensayos y pruebas

3.3.11.1. Toma de imágenes termográficas (IR)

La toma de **imágenes termográficas** de un módulo fotovoltaico sirve para detectar puntos calientes, que son áreas del módulo que se calientan más que otras. Los puntos calientes pueden causar una disminución de la eficiencia del módulo, así como daños en el material.

El ensayo se realiza irradiando el módulo con luz solar artificial o natural y luego utilizando una cámara termográfica para capturar imágenes de la temperatura de la superficie del módulo. Las áreas que se calientan más aparecen en rojo o amarillo en las imágenes termográficas (Figura. 3.29). Las imágenes IR deben ser de la parte frontal de los módulos (parte soleada). Idealmente una instalación se debe revisar con una cámara IR cuando [56]:

- Hay una buena irradiancia (no inferior a $G = 700$ W/m^2).
- La instalación fotovoltaica está conectada y operando normalmente.
- No hay sombras o reflejos (de objetos o de uno mismo en el módulo) y no hay suciedad en los módulos. Las sombras producidas por la suciedad pueden causar que funcione en *reverse* y se caliente.

3.3.11.2. Prueba de electroluminiscencia

La **prueba de electroluminiscencia (EL)** de un módulo fotovoltaico sirve para detectar defectos internos en el módulo, como grietas, daños causados por la corrosión, defectos de fabricación como una mala colocación de las obleas o soldaduras deficientes, PID, etc. Se ha de hacer en un sitio oscuro; inicialmente se inyecta corriente en el módulo o en la célula solar; la recombinación radiativa provoca la emisión de luz de modo que las zonas inactivas o con deficiencias (fisuras) se ven más oscuras (Figura 3.29). La ventaja principal de la imagen por electroluminiscencia es la posibilidad de inspeccionar un módulo completo en un espacio de tiempo muy corto.

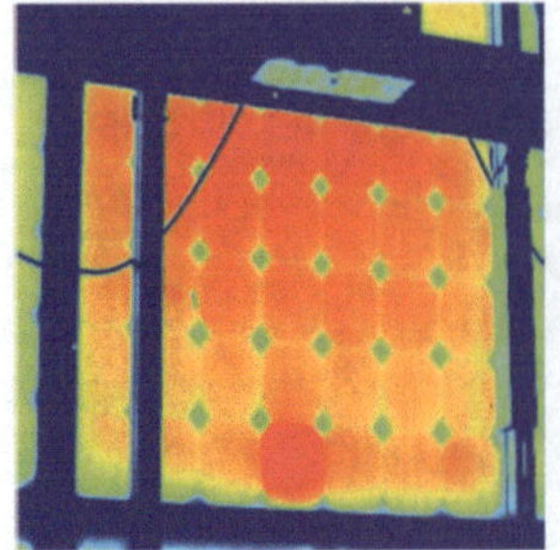

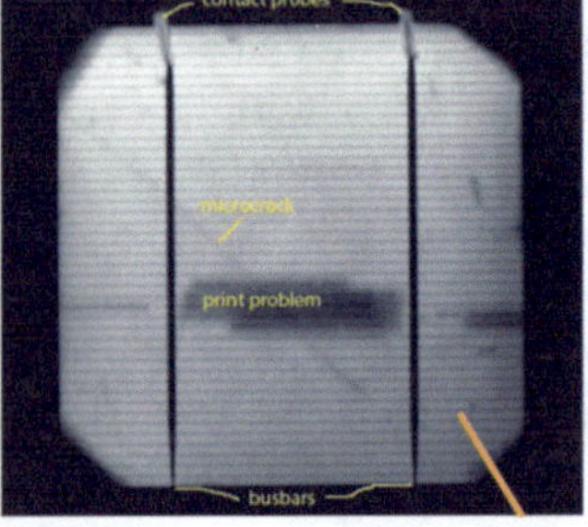

Figura 3.29. Toma de imágenes termográficas (IR) y prueba de electroluminiscencia [56]

3.3.11.3. Otras aplicaciones

Al considerar los sistemas fotovoltaicos distribuidos, es necesario distinguir entre BAPV (*Building Applied Photovoltaic,* fotovoltaica aplicada a edificios) y *BIPV* (*Building Integrated Photovoltaic,* fotovoltaica integrada en edificios). BAPV se refiere a sistemas fotovoltaicos que se instalan en un edificio existente, mientras que BIPV implica que el sistema fotovoltaico reemplaza los materiales de construcción convencionales, como, por ejemplo, los que forman el tejado o el revestimiento de la fachada. Los productos BIPV pueden tomar varias formas, colores y fabricarse utilizando varios materiales, aunque una gran mayoría utiliza vidrio por ambas caras.

Por otro lado. los conocidos como *VIPV* (*Vehicle Integrated PhotoVoltaics*) se refieren a sistemas fotovoltaicos integrados en vehículos; así se designa a la integración de células solares en la carrocería de los vehículos para reducir las emisiones en la movilidad. Los avances tecnológicos en células solares permiten nuevos modelos que satisfacen tanto las expectativas estéticas del diseño del automóvil como las técnicas, que pueden ser la ligereza y la resistencia a la carga.

Los sistemas fotovoltaicos *flotantes* se montan sobre una estructura que flota sobre una superficie del agua y puede asociarse a conexiones de red existentes, por ejemplo, en el caso de las proximidades de una presa. Se puede utilizar para reducir la tasa de evaporación en climas secos y mejorar el enfriamiento (para una mayor eficiencia), en climas cálidos.

La fotovoltaica agrícola (*agrivoltaica*) combina cultivos y producción de energía al mismo tiempo La energía fotovoltaica puede ser una herramienta agregada a pastos o cultivos, pero también una herramienta dinámica para facilitar la producción agrícola. El compartir la luz entre estos dos tipos de producción permite potencialmente un mayor rendimiento del cultivo, dependiendo del clima y la variedad de cultivos e incluso, pueden ser mutuamente beneficiosos en algunos casos, ya que el agua que se evapora de los cultivos puede contribuir a una reducción de la temperatura de funcionamiento de los módulos fotovoltaicos. Para dar un ejemplo del potencial relativo de este segmento, en Japón se ha realizado un mapeo de todas las tierras agrícolas y se ha considerado adecuado para la fotovoltaica el 10 % (podría albergar 440 GW de energía fotovoltaica) [2].

Las instalaciones solares *fotovoltaicas híbridas térmicas* combinan un módulo solar con un colector solar térmico, convirtiendo así la luz solar en electricidad y capturando el calor residual restante de la energía fotovoltaica. El módulo puede así producir agua caliente sanitaria o alimentar sistemas de calefacción central. También permite reducir la temperatura de funcionamiento de los módulos, lo que beneficia el desempeño global del sistema.

3.4. SEGUIDORES SOLARES

Su objetivo es seguir la trayectoria del Sol en cada momento del año, de forma que la superficie de los paneles esté orientada perpendicularmente a los rayos del Sol. El tamaño del mercado mundial de seguidores solares en 2022 alcanzó aproximadamente los 5000 millones de dólares y se prevé que experimente una tasa de crecimiento anual del 26 % entre 2023 y 2030 [71].

Existen básicamente 2 tipos de seguimiento según el número de ejes de rotación que tenga el seguidor, que se muestran en los Apartados 3.41 y 3.4.2.

3.4.1. Seguidores a un eje o uniaxiales

En este tipo de seguidor solar la rotación de la superficie de captación se hace sobre un solo eje ya sea *x*, *y*, *z* o polar. Estos seguidores son más sencillos que los de doble eje (Figura 3.30), pero están limitados en el seguimiento completo del Sol, ya que solo puede seguir ya sea el azimut o la altura solar, pero no ambas.

- Eje *x*. Son los seguidores de inclinación. Resultan los más simples de implementar, pues solo llevan un eje de rotación vertical y rotan alrededor del Sol desde su posición más oriental hacia la posición más occidental (eje este-oeste).
- Eje *y*. Realizan un seguimiento horizontal (o cenital). Este tipo de seguimiento es de un solo eje y es aquel en el que se sigue la trayectoria del Sol desde su posición más baja hasta su posición más alta, con un eje de rotación horizontal. Los *strings* se orientan en ejes norte-sur. Son particularmente adecuados para países de baja latitud, donde la trayectoria del Sol es más elevada en el cielo.
- Eje *z*. Se hace un seguimiento vertical (o azimutal), es decir, tiene una inclinación fija y gira alrededor de un eje vertical, siguiendo el azimut del Sol. Para lograr esto, el panel se monta sobre una base giratoria servoasistida, al ras del suelo. Esto puede ser adecuado en latitudes muy altas, cuando el Sol está bajo en el horizonte.
- Eje polar. Se mueven en un solo eje inclinado. Los *strings* se orientan en ejes norte-sur, de manera análoga al seguidor horizontal N/S, pero con un eje inclinado. El uso de un eje inclinado puede mejorar un poco el rendimiento en latitudes medias. Sin embargo, la realización mecánica es más compleja, ya que no se pueden construir seguidores largos. La inclinación del eje debe ser igual o menor que la latitud.

El mercado del seguidor de un solo eje ha estado creciendo y en 2022 alcanzó alrededor de 46 GW. El mercado más grande es EE. UU., donde alrededor del 70 % de los proyectos a escala de servicios públicos se construyen con seguidores de un solo eje. También está expandiéndose a mercados tan importantes como China, India, América del Sur, Sudáfrica, Arabia Saudita y Emiratos Árabes Unidos [2]. Los fabricantes estadounidenses representan más del 50 % de la producción total mundial de seguidores de un solo eje.

3.4.2. Seguidores a dos ejes o biaxiales

Los **seguidores biaxiales** son capaces de realizar el movimiento en dos grados de libertad, por lo que tienen capacidad de realizar un seguimiento total del Sol, tanto en altura como en azimut, dando como resultado un rendimiento efectivo en la captación solar en comparación con los seguidores de un solo eje. Sin embargo, se trata de componentes con una mecánica compleja, por lo que se implementan con seguidores bastante grandes; por ejemplo, el problema de la sensibilidad al viento requiere soportes mecánicos muy robustos (Figura 3.20).

Los seguidores biaxiales son menos comunes que los uniaxiales por requerir mayor coste de inversión inicial y de mantenimiento. La mejora en la captura energética de un seguidor a doble eje respecto a un uniaxial depende de varios factores, como la ubicación geográfica, la inclinación de los módulos y la irradiación solar. En una ubicación con una irradiación solar alta, como en el sur de España, la mejora puede ser de hasta el 35 % [72]. En una ubicación con una irradiación solar baja, como el norte de Europa, la mejora puede ser de hasta el 20 %. Entre los principales fabricantes de seguidores solares se encuentran Soltec, Array Technologies, Nextracker, o SolarFlex, Convert Italia S.p.A. Abengoa Solar, S.A o SunPower Corporation.

Los seguidores solares utilizan motores eléctricos que pueden ser accionados por energía solar o por la red eléctrica y suelen estar controlados por un sistema electrónico que recibe datos sobre la posición del Sol. Estos accionamientos pueden ser de tipo hidráulico, neumático o eléctrico. Suelen estar fabricados en acero o aluminio. El acero es más resistente, pero también es más pesado y costoso. El aluminio es más ligero y económico, pero también es menos resistente. Una de las principales tendencias en el desarrollo de seguidores solares es el uso de materiales más ligeros y resistentes para reducir el peso y el coste de los sistemas.

Uno de los aspectos derivados de intentar conseguir una mayor rentabilidad en las instalaciones fotovoltaicas ha sido la mejora de los seguidores solares; se ha producido en los últimos años un notable incremento de la potencia unitaria de dichos seguidores, que se inició con potencias de hasta 5 kW, hasta el caso actual, en el que existen seguidores solares a dos ejes con potencias superiores a 30 kW, valor que va incrementándose. Se integran así 100 kW en tres seguidores y superficies de vela superiores a 300 m^2, lo que implica un estudio muy detallado de la influencia del viento en las estructuras necesarias para contener con seguridad tal cantidad de módulos fotovoltaicos.

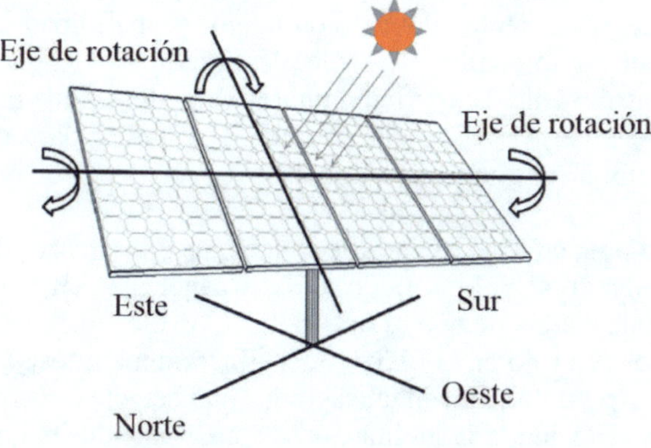

Figura 3.30. Seguidor con doble eje de rotación [73]

Según su algoritmo de seguimiento los seguidores pueden ser, bien por punto luminoso o por programación astronómica. Los primeros poseen un sensor que les indica cuál es el punto del cielo más luminoso y al que deben apuntar. El algoritmo de este tipo de seguidor basa su funcionamiento en la señal integrada por uno o varios sensores y dependiendo de dicha señal, se envía un comando de control a uno o varios motores para que se posicionen en el punto más adecuado de luminosidad. Los seguidores con programación astronómica conocen, mediante serie de ecuaciones que predicen la ubicación del Sol en cualquier momento, en qué punto debería estar el Sol a cada hora y apuntan a dicha posición. Presenta una total independencia de las condiciones climáticas ya que su algoritmo no requiere de sensores que indiquen cual es el punto más luminoso [74].

En los seguidores a un eje con seguimiento este-oeste, un parámetro básico a elegir es la distancia entre ejes. Esta está ligada por un lado a la relación de ocupación del terreno y por otro, a la generación eléctrica. La *relación de ocupación de terreno* (*ROT*), en sus siglas en inglés *Ground Coverage Ratio* (*GCR*), se calcula mediante la siguiente expresión:

$$ROT = \frac{\text{Superficie de los módulos}}{\text{Superficie del terreno}} \tag{3.26}$$

Cuanto mayor sea el *ROT*, mayores serán las pérdidas de sombreado.

3.4.3. Sistema *backtracking* o sistema antisombras

En los seguidores a un eje con seguimiento este-oeste se puede programar un **sistema antisombras** orientando los módulos con un ángulo menor al ángulo óptimo con respecto al Sol en los momentos en los que la orientación óptima generaría sombras entre filas de módulos. Se puede programar el sistema para evitar que, tanto a primera hora de la mañana como a última de la tarde (momentos del día con mayor probabilidad de producirse sombras), los módulos se den sombra entre ellos y la planta reduzca su generación (además de que dichas sombras contribuyen a la aparición puntos calientes en los módulos que causan daños y pérdida de eficiencia). Es algo que se debe de estudiar para cada caso, pues no siempre se consigue mejorar la producción global.

En la Figura 3.31 se pueden diferenciar dos situaciones: los *strings* de la parte superior de la imagen están siguiendo al Sol de modo que los paneles se enfrentan perpendicularmente a él. Se da la circunstancia de que es una inclinación elevada y se producen sombras en los *strings* posteriores (en rojo en la Figura 3.31), incrementándose las pérdidas eléctricas. Los *strings* de la parte inferior llevan un seguidor que detecta la pérdida de producción (sistema *backtracking*), reduciendo la inclinación de los *strings* hasta que no se produzcan sombras entre ellos, aunque incrementándose las pérdidas por desviación respecto a la posición óptima.

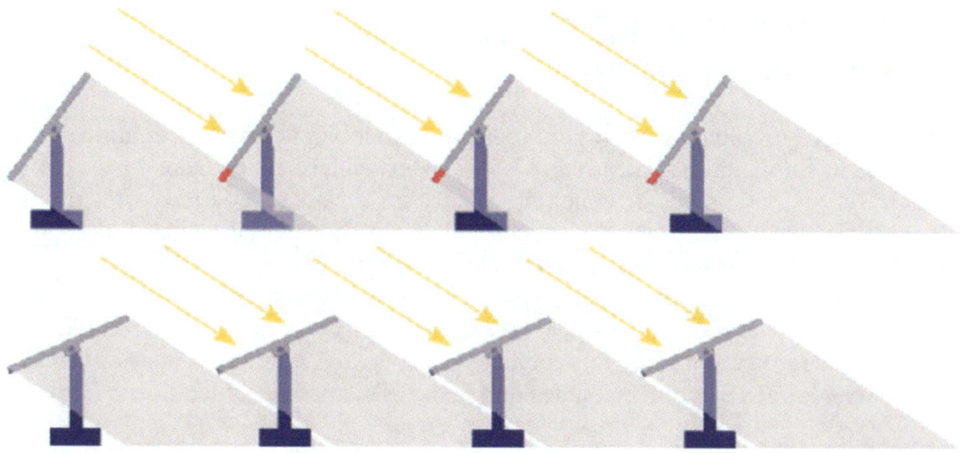

Figura 3.31. *Strings* sin sistema *backtracking* (parte superior de la imagen) y con sistema *backtracking* (parte inferior) [75]

Como ejemplo, en la Figura 3.32 se muestra una comparación del rendimiento entre un seguimiento normal (con sombras entre *strings*) y otro con *backtracking*, para un sistema de seguimiento horizontal en eje N/S que se ha instalado en Santiago de Chile. Los límites de los ángulos del seguidor son ±60°; hay cuatro *strings* de módulos en horizontal a lo ancho de los seguidores. El rendimiento es ambos casos es muy similar, excepto cuando se usan distancias entre ellos muy elevadas (*GCR* muy altos).

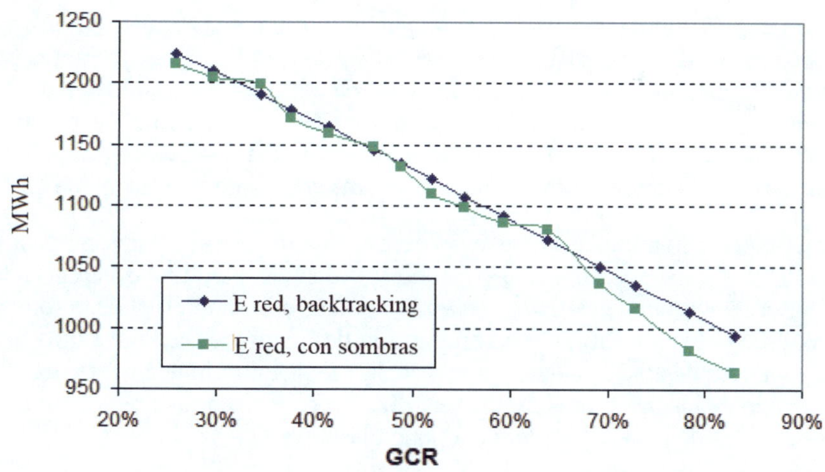

Figura 3.32. Producción vertida a red (MWh) del sistema fotovoltaico con seguidor eje N/S, con y sin sistema de *backtracking* en función del GCR (ratio de ocupación de terreno) [76]

3.5. INVERSORES EN CENTRALES SOLARES FOTOVOLTAICAS

Los inversores fotovoltaicos son los equipos que convierten la corriente continua generada por las células fotovoltaicas en corriente alterna. Existen básicamente dos tipos de inversores fotovoltaicos: inversores de conexión a red y los aislados de la red; estos últimos no están conectados a la red eléctrica y la electricidad generada por las células fotovoltaicas se almacena en baterías o se utiliza directamente para alimentar cargas aisladas, como es el caso de muchos sistemas de bombeo fotovoltaico. En esta sección solo se tratan los inversores fotovoltaicos de conexión a red, cuyo esquema típico es el mostrado en la Figura 3.33. Se pueden encontrar inversores fotovoltaicos de conexión a red en grandes plantas habitualmente en régimen de producción de energía o en sistemas de autoconsumo fotovoltaico.

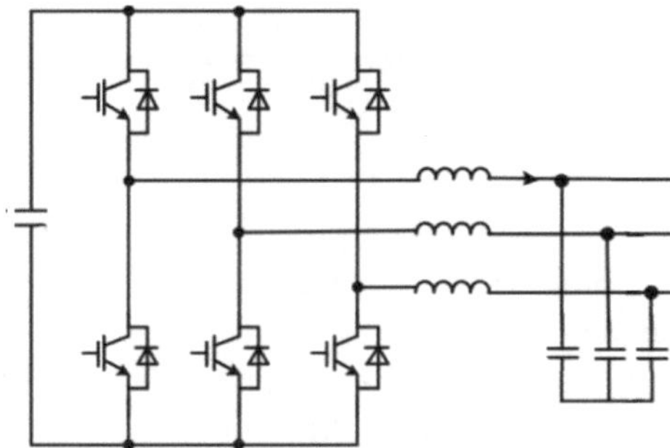

Figura 3.33. Esquema típico de inversor VSI trifásico de conexión a red

Los inversores de conexión a red se clasifican, en términos generales, en *inversores en fuente de tensión* (VSI) e *inversores en fuente de corriente* (CSI). Los inversores en fuente de tensión suelen disponer de un condensador en paralelo en los terminales de corriente alterna, mientras que los inversores de fuente de corriente suelen emplear una bobina en serie en la entrada de corriente continua. La mayoría de los inversores fotovoltaicos son VSI, a pesar de que el generador fotovoltaico se comporta como una fuente de corriente.

Según su potencia nominal se encuentran desde *microinversores* para uno o varios módulos fotovoltaicos, *inversores de string* (mono y trifásicos, para una o varias cadenas de módulos), hasta los grandes *inversores centrales* que se conectan en plantas fotovoltaicas de varios MW de potencia. En 2022, la proporción de inversores centrales utilizados para aplicaciones industriales o de plantas a gran escala fue de aproximadamente del 33 % y la cuota de mercado de los inversores de *string* utilizados para sistemas fotovoltaicos residenciales y comerciales de pequeña y mediana potencia fue del 64 % [2].

A continuación, se presenta la tecnología asociada a los inversores centrales y de *string*. En la Figura 3.34 se muestra la disposición de en una planta fotovoltaica de estos dos tipos de inversores. Los inversores centrales suelen ser de elevada potencia y forman parte de las denominadas *soluciones integrales* (*Scale Utility o Mega Station*) (> 500 kW; típicos, de 1 MW y más), que integran en un mismo espacio uno o varios inversores centrales, las celdas de protección y seccionamiento, tableros auxiliares y el transformador elevador (BT/MT) para conexión a red.

Sus principales ventajas son:

- Son una solución «llave en mano», muy compacta y probada en fábrica.
- Demandan menos conexiones y se reducen los costes de operación y mantenimiento.
- Reducen el tiempo de montaje y puesta en marcha.
- Son resistentes a las condiciones climáticas más extremas.
- Integran un sistema de control de temperatura por ventilación forzada, sistemas de aire acondicionado y sistemas de detección de incendios.

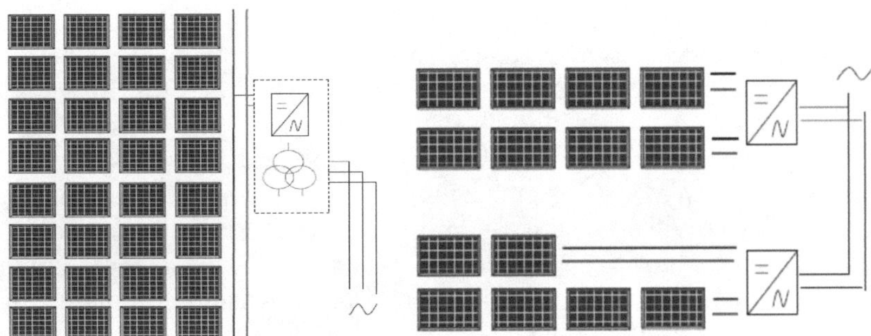

Figura 3.34. Solución integrada en media tensión con inversores centrales (izquierda). Solución con inversores de *string* (derecha) [77]

A diferencia de los inversores centrales, los de *string* permiten una agrupación modular de los paneles y, por tanto, un mejor seguimiento del recurso solar debido a su mayor número de seguidores de máxima potencia MPPT.

En general las principales funciones de los inversores de *string*, además de la conversión continua/alterna (c.c./c.a.), son la de sincronización con la red eléctrica, la protección y el aviso de fallos eléctricos, el ajuste del seguimiento de máxima potencia del campo solar (MPPT), la monitorización, o incluso, la ayuda a la estabilidad de la tensión y la frecuencia de la red [78]. Los requisitos de estabilidad ya se están imponiendo como obligatorios en países como Alemania o Italia.

Los inversores pueden llevar una sola entrada (un *string*) o varias (*multi-string*, con múltiple MPPT), pudiendo ser estas en algunos casos, asimétricas. Su rango típico de potencias es de 1-50 kW (hasta 200 kW).

El uso de estos inversores, frente al uso de un inversor central, conlleva ciertas ventajas:

- Mejora de la disponibilidad de la planta.
- Sencillez en el reemplazo de un inversor dañado (equipos livianos y compactos).
- Instalación muy cerca de los paneles solares, lo que reduce la cantidad de cableado en c.c.
- Reducción de la necesidad de utilizar equipos de protección externos.
- Mayor rendimiento, gracias a sus numerosos seguidores de máxima potencia (MPPT).
- Facilidad en el diagnóstico y la detección de problemas en la planta.
- Simplicidad en la posible ampliación futura del sistema fotovoltaico.

En el caso de inversores de conexión a red en autoconsumo, cabe destacar además funciones adicionales como la de gestión de las cargas y el posible almacenamiento. Se utilizan varios tipos de inversores para energía fotovoltaica conectada a la red: el *inversor conmutado por la línea* o el *inversor autoconmutado*, siendo este último el más usado en aplicaciones fotovoltaicas. Los inversores conmutados por la línea son baratos, pero pueden generar una mala calidad de la energía, con elevadas tasas de armónicos inyectados en la red, lo que implica el empleo de filtros de compensación adecuados. El inversor autoconmutado habitualmente usa IGBT y un control de su conmutación por modulación del ancho de pulso (PWM). El sistema de regulación suele incorporar dos bucles de control para controlar la potencia activa y la reactiva de forma independiente. La potencia activa obedece a un algoritmo externo de seguimiento del punto de máxima potencia (MPPT). La potencia del panel depende del valor de tensión continua a su salida (ver Figura 3.23, curvas corriente-tensión y potencia-tensión típicas de un módulo solar fotovoltaico).

El punto de máxima potencia (MPPT) se produce en el cambio de pendiente de la curva. Los seguidores del punto de máxima potencia utilizan algún tipo de circuito de control o lógica para buscar este punto y así permitir extraer la máxima potencia disponible. Habitualmente llevan un bucle de control PI interno de tensión que consigue mantenerla en el valor de referencia. Para calcular ese valor es habitual aplicar el algoritmo iterativo conocido como *perturbación-observación*; se miden la tensión y la corriente en continua, se multiplican y se comprueba si la potencia obtenida es inferior o superior a la potencia medida en el paso anterior. En caso de ser inferior, se corrige el valor de tensión y se vuelven a medir tensión y corriente para ajustar el punto de funcionamiento hasta conseguir que sea el de la máxima potencia del panel. Además, en intervalos regulares se escanea todo el rango de tensión continua para comprobar que el algoritmo esté funcionando en el MPP máximo y que no esté atrapado en un MPP local. Durante la noche, el convertidor se puede utilizar para regular la potencia reactiva del sistema conectado a la red, aunque al no haber Sol, no puede proporcionar potencia activa. Durante este tiempo, el controlador PI mantiene una tensión de continua mínima para permitir que el sistema de acondicionamiento de energía pueda aportar la potencia reactiva requerida [79].

El rango de tensión en el que un inversor puede hacer seguimiento del punto de máxima potencia es una característica esencial, ya que del mismo dependerá el número mínimo y máximo de módulos que se puedan conectar en serie a su/s entrada/s (ver el Ejemplo de aplicación 3.1 para comprobar su gran influencia en el dimensionado de una planta fotovoltaica).

Para pequeñas instalaciones y a nivel de módulo, es posible usar *microinversores* o bien optimizadores de potencia. Con *microinversores* cada módulo funciona en su punto de máxima potencia. El rango típico de potencias es de 200 hasta 600 W. Se conectan en paralelo entre ellos y en alterna. Como ventajas destacan que es posible obtener una mayor producción de energía debido a que el seguimiento del punto de máxima potencia (MPP) se hace a nivel de módulo. También facilita monitorizar su estado de funcionamiento, localizar más rápidamente fallos y simplifica el montaje en la propia estructura de los módulos. Por el contrario, son más caros y, al tener más equipos, hay más probabilidad de fallos. A nivel de módulo también es posible usar *optimizadores* de potencia. Un optimizador es un convertidor c.c./c.c. que hace que cada módulo (con optimizador) funcione en su MPP; el rango típico de potencias es el mismo que el de *microinversores*. Se conectan en serie entre ellos, pero en c.c. (no como los micro inversores que van en paralelo en y c.a.). Como ventajas cabe destacar que es posible obtener mayor producción (kWh totales) debido al MPP a nivel de módulo. Por el contrario, son más caros y al tener más equipos hay más probabilidad de fallos.

3.5.1. Especificaciones técnicas

Las principales características que se han de tener en cuenta en la selección de un inversor son:

- Características en corriente alterna (c.a.)
  - Potencia nominal del inversor.
  - Inyección trifásica o monofásica.
  - Compatibilidad con la red eléctrica: tensión (V_{ca}, en V) y frecuencia (Hz).
  - Eficiencia del inversor (máxima, europea y a la tensión nominal).
  - Legislación, seguridad y elementos de protección.
  - Régimen de neutro (TT, IT o TN).
  - Transformador (con o sin él).
- Características en corriente continua (c.c.):
  - Número de entradas de c.c., corriente máxima por cada entrada y número de MPPT.
  - Tensión nominal del inversor, tensión mínima y máxima (tanto V_{oc} y $V_{P\text{máx}}$).
  - Máxima potencia de c.c. admisible.
  - Eficiencia del sistema según la configuración del inversor.

Tabla 3.2. Especificaciones técnicas de inversores fotovoltaicos SUN2000 [80]

Especificaciones técnicas	SUN2000 -12KTL-M0	SUN2000 -15KTL-M0	SUN2000 -17KTL-M0	SUN2000 -20KTL-M0
Eficiencia				
Máxima eficiencia	98.50%	98.65%	98.65%	98.65%
Eficiencia europea ponderada	98.00%	98.30%	98.30%	98.30%
Entrada				
Potencia FV máxima de entrada	24,000 Wp	29,760 Wp	29,760 Wp	29,760 Wp
Tensión máxima de entrada [1]	1,080 V			
Rango de tensión de operación [2]	160 V ~ 950 V			
Tensión de arranque	200 V			
Tensión nominal de entrada	600 V			
Intensidad de entrada máxima por MPPT	22 A			
Intensidad de cortocircuito máxima	30 A			
Cantidad de MPPTs	2			
Cantidad máxima de entradas por MPPT	2			
Salida				
Conexión a red eléctrica	Tres fases			
Potencia nominal activa de CA	12,000 W	15,000 W	17,000 W	20,000 W
Máx. potencia aparente de CA	13,200 VA	16,500 VA	18,700 VA	22,000 VA
Tensión nominal de Salida	220 Vac / 380 Vac, 230 Vac / 400 Vac, 3W + N + PE			
Frecuencia nominal de red de CA	50 Hz / 60 Hz			
Máx. intensidad de salida	20 A	25.2 A	28.5 A	33.5 A
Factor de potencia ajustable	0,8 capacitivo ... 0,8 inductivo			
Máx. distorsión armónica total	≤ 3 %			
Características y protecciones				
Dispositivo de desconexión del lado de entrada	Sí			
Protección anti-isla	Sí			

3.5.1.1. Potencia nominal del inversor (c.a.)

Es la potencia que puede suministrar el inversor de forma continuada. En la legislación española, la potencia de la instalación fotovoltaica es la suma de la potencia nominal de los inversores instalados, al 100 % de su carga en funcionamiento continuo (no se refiere a la potencia pico que pueda suministrar un inversor en un periodo corto de tiempo, que sería la potencia máxima).

3.5.1.2. Eficiencia europea (η_{Eur})

Se obtiene como resultado de una fórmula que atribuye diferente peso por cada coeficiente de eficiencia del inversor según su potencia de salida (Figura.3.35):

$$\eta_{\text{Eur}} = 0,03\times\eta_{5\,\%\,P_n} + 0,06\times\eta_{10\,\%\,P_n} + 0,13\times\eta_{20\,\%\,P_n} + 0,10\times\eta_{30\,\%\,P_n} + \\ + 0,48\times\eta_{50\,\%\,P_n} + 0,20\times\eta_{P_n}$$

donde η_5 es la eficiencia del inversor a 5 % de su potencia nominal, etc.

La eficiencia europea suele ser calculada por los fabricantes exclusivamente para el valor nominal de tensión; hay que tener en cuenta que el inversor va a estar trabajando en un amplio intervalo de tensión a lo largo del año, debido a la dependencia que tiene la tensión de salida del generador fotovoltaico con la temperatura. Además, la eficiencia depende no solo de la tensión en continua sino también, de la temperatura ambiente. Suele medirse según el estándar del IEC 61683 "*Photovoltaic Systems-Power Conditioners-Procedure for Measuring Efficiency*" a una temperatura ambiente de 25°C ±2°C y para los 3 valores de tensión: el mínimo valor de la tensión de entrada, la tensión nominal y para el 90 % del valor máximo de la tensión de entrada.

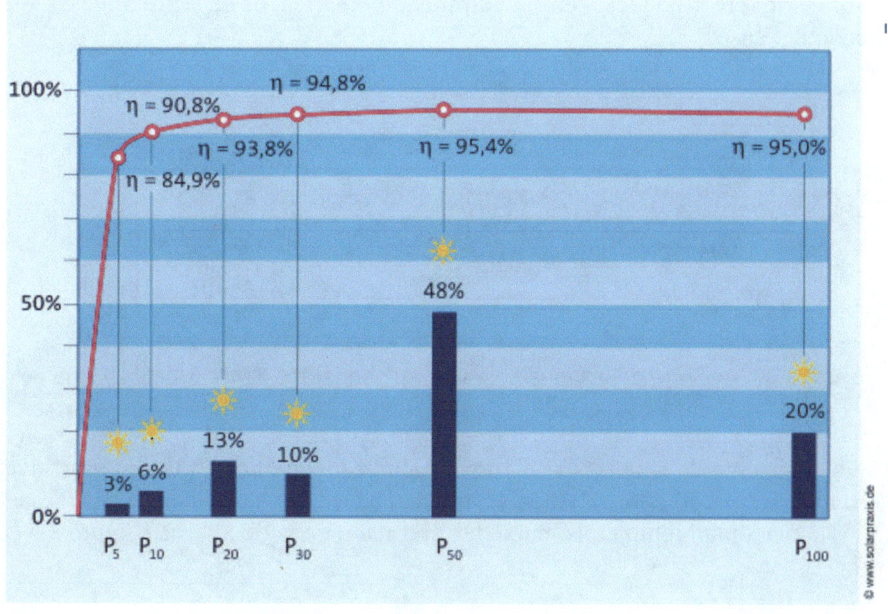

Figura 3.35. Eficiencia europea

Entre las principales normas que deben cumplir los inversores de conexión a red en España destacan: UNE-EN 62116:2014 V2 (protección antiisla), UNE 217001 y 217002:2020, Norma Técnica de Supervisión (NTS) (UE) 2016/631 y el RD1699/2011. En esta última se detallan los umbrales de protección y el tiempo máximo de actuación de las protecciones de: sobretensión (+10 % y 1,5 s en fase 1 y +15 % y 0,2 s en fase 2), tensión mínima (−15 % y 1,5 s) y las frecuencias máximas (50,5 Hz, 0,5 s) y mínima (48 Hz, 3s). Estas protecciones pueden ser externas al inversor, pero en general las suele incorporar. Destacar además que en el artículo 15 del RD1699/2011 se indican las condiciones de puesta a tierra y se señala que los inversores deben evitar la inyección de corriente continua a la red, que está limitada al 0,5 % de la corriente nominal.

Es importante destacar además que las instalaciones eólicas y las fotovoltaicas de potencia superior a 2 MW en España están obligadas al cumplimiento de lo dispuesto en el procedimiento de operación P.O. 12.3 Requisitos de respuesta frente a huecos de tensión.

Entre los principales fabricantes de inversores para centrales fotovoltaicas destacan Huawei o Sungrow. Los tres fabricantes más importantes españoles son Power Electronics, Ingeteam y Gamesa Electric. La proporción global de inversores fabricados en China en 2022 fue aproximadamente 69,3 % [2]. En inversores de autoconsumo destacan también Fronius o SMA. (Figura 3.36).

El tiempo de amortización del impacto sobre el clima (*Payback Time* de CO_2), es decir, cuánto tarda el inversor en alcanzar la neutralidad climática, es de entre 5 meses y 2 años, dependiendo del caso.

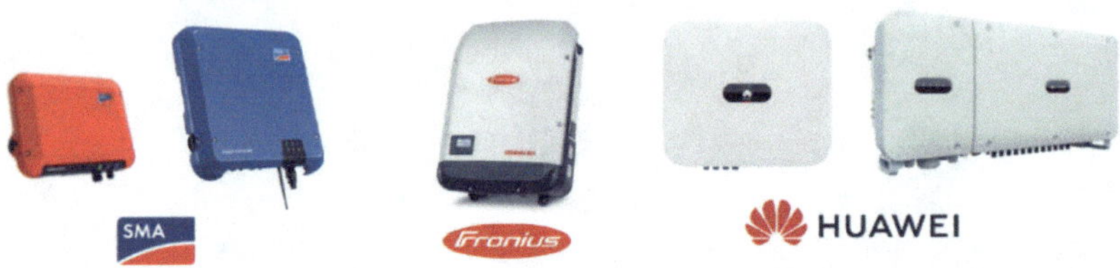

Figura 3.36. Aspecto de los inversores de autoconsumo SMA, Fronius y Huawei

Cuando el sistema de generación incorpora almacenamiento se pueden usar inversores híbridos o inversores cargadores. Además, pueden hacer la gestión de la carga/descarga de las baterías con acoplamiento en la etapa de continua o en la de alterna (Figura 3.37).

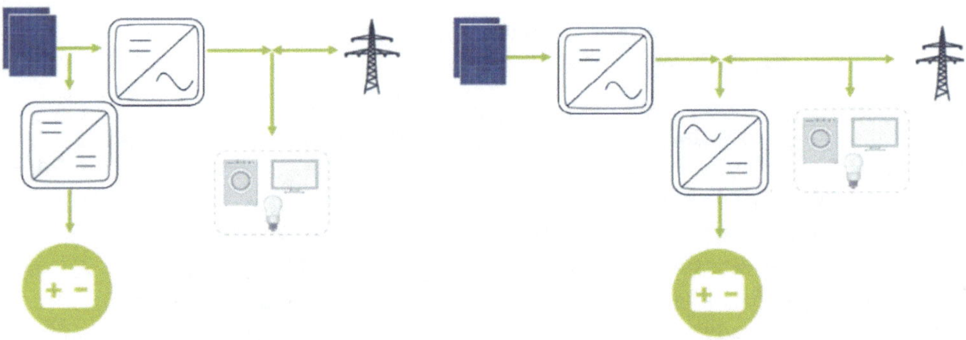

Figura 3.37. Inversores híbridos o inversores cargadores con gestión de las baterías mediante acoplamiento en la etapa de continua (izquierda) o en alterna (derecha) [81]

3.5.1.3. Sistema de monitorización

Este sistema recopila datos de la instalación y los representa para que el usuario pueda hacer un seguimiento. Datos como la producción de energía o el estado de los inversores y en algunas ocasiones hasta la temperatura de los paneles. Algunos ejemplos se muestran en [116-121].

3.6. DIMENSIONADO DE GENERADORES FOTOVOLTAICOS CONECTADOS A LA RED

El **dimensionado** de un generador fotovoltaico conectado a red implica determinar la configuración del sistema más adecuada, seleccionando todos los componentes del sistema: número, conexión, tipo, potencia, inclinación y orientación los de módulos, estructura, seguidor (si fuera el caso), cableado, protecciones, inversor, transformador de conexión a red (si fuera el caso) o el sistema de monitorización. El dimensionado se realiza teniendo en cuenta fundamentalmente los factores que se observan en la Figura 3.38, de los cuales se destaca aquí los relativos al emplazamiento: la irradiancia incidente en el plano del generador, la temperatura, la velocidad del viento, el sombreado o la suciedad.

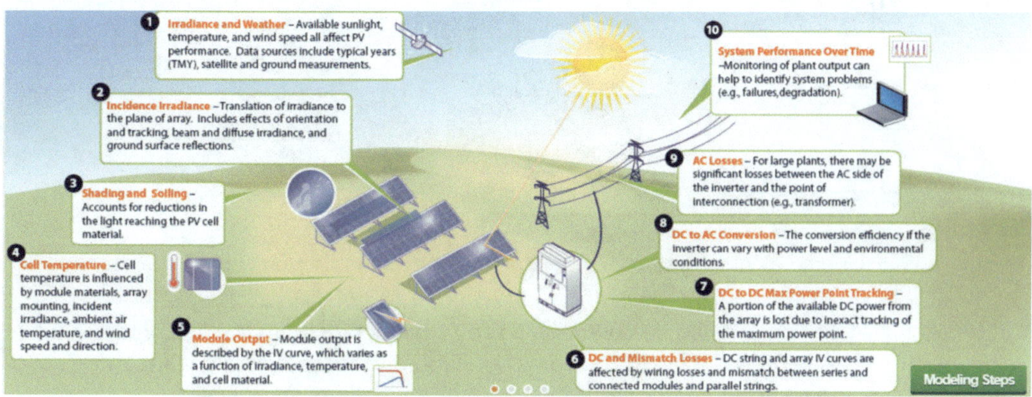

Figura 3.38. Aspectos técnicos más relevantes [82]

El esquema eléctrico general de una planta fotovoltaica según el modelo europeo puede incorporar un convertidor *buck-boost* entre las cadenas de módulos y el inversor trifásico (Figura 3.39).

Finalmente, el tipo de conexión quedará condicionado a las condiciones técnicas de acceso y conexión que marque la compañía distribuidora en su punto de conexión. Las compañías eléctricas son las que dictan las características que tienen que tener los centros de transformación, ya que los terrenos en los que se instalen los centros quedarán en propiedad de las mismas. En general, las instalaciones de hasta 5 MW van a conectarse en la red de distribución (RdD).

Para potencias inferiores o iguales a 630 kVA, la conexión a la RdD se podrá realizar con conexión en «T» en una línea existente, previa instalación de un dispositivo de corte. Este tipo de conexión es más económica y sencilla desde el punto de vista técnico. El entronque se realiza generalmente con infraestructuras de AT que quedaran bajo titularidad del promotor.

Para potencias superiores a 630 kVA, la conexión a la RdD se realizará con conexión entrada y salida en centro de seccionamiento. Este tipo de conexión es más costosa, más compleja desde el punto de vista técnico y empeora los tiempos de conexión respecto a la conexión en «T». El entronque se realiza generalmente con infraestructuras de AT que quedaran bajo titularidad de la distribuidora eléctrica.

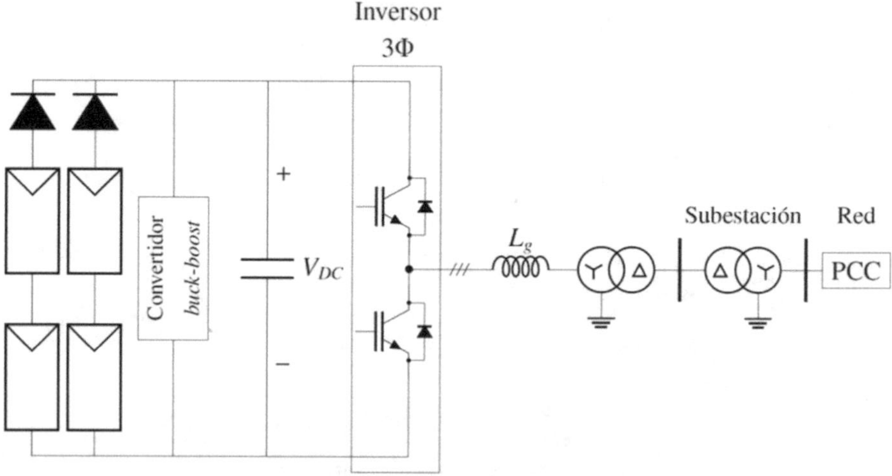

Figura 3.39. Esquema eléctrico general de una planta fotovoltaica según el modelo europeo [99]

En un proyecto fotovoltaico de conexión a red se pueden distinguir cuatro fases. La primera, el *diseño*, en la que realizan los estudios de viabilidad del proyecto y la ingeniería conceptual; la siguiente, la fase de *desarrollo*, en la que hace la ingeniería básica y la ingeniería para la petición de ofertas y subastas; la tercera fase sería la de *construcción*, con la ingeniería de detalle, construcción y puesta en marcha; y por último la fase de *operación y mantenimiento de la planta*. El proceso de ingeniería básico queda resumido en la Figura 3.40.

A continuación, se van a detallar las 4 primeras fases del proceso de ingeniería mostradas en la figura mediante el desarrollo de dos ejemplos de proyectos de dimensionado de generadores fotovoltaicos, paso a paso. En el primer ejemplo (Ejemplo de aplicación 3.2), el dimensionado del generador fotovoltaico de 660 kWp se hará mediante cálculo manual y posteriormente, en el segundo ejemplo (Ejemplo de aplicación 3.3), se repetirá el proceso con la herramienta de simulación PVsyst. Se ha elegido esta herramienta por ser la más usada en el mundo para plantas de entre 100 MWp y 1 MWp. Para instalaciones fotovoltaicas de más potencia, sobre todo cuando la orografía del suelo es compleja, existen herramientas de simulación muy potentes como el software PVDesign de Rated Power.

Figura 3.40. Proyecto de planta fotovoltaica: proceso de ingeniería [83]

Ejemplo de aplicación 3.2. Dimensionado de generador fotovoltaico de 660 kWp

Se quiere dimensionar un generador fotovoltaico de aproximadamente 660 kWp conectado a un inversor Siemens SINVERT PVS600 que tiene las siguientes características:

Tabla 3.3. Principales especificaciones del inversor del ejercicio

Características del inversor	
Rango de tensiones de alta potencia	570 V-750 V
Tensión máxima de entrada	820 V (opt. 1000 V)
Tensión mínima de entrada	570 V
Potencia nominal de entrada	613 kW
Corriente máxima de entrada	1104 A
Número de entradas DC	3
Máxima corriente por entrada DC	368 A

Se dispone de ofertas interesantes para los siguientes módulos fotovoltaicos: Kyocera KD240GX-LFB, Mitsubishi PV-MLT265HC,SCHOTT Perform Poly 240 y SCHOTT Protect ASI 100, cuyas características se resumen en la Tabla 3.4 [114].

Se va instalar en una zona de Andalucía donde las condiciones máximas y mínimas de la irradiancia y temperatura ambiente son:

$G = 1000$ W/m^2 y $T_{\text{amb}} = 35$ ºC.

$G = 200$ W/m^2 y $T_{\text{amb}} = 5$ ºC.

Calcular el número de módulos serie y de cadenas (*strings*) totales, así como el número total de módulos necesarios, respetando las limitaciones impuestas por el inversor. Despreciar la variación de la tensión por efecto de la irradiancia.

Tabla 3.4. Principales especificaciones de los módulos fotovoltaicos del ejemplo

Valores en CEM (1000 W/m², T_c = 25°C)	KD240GX-LFB	MLT265HC	Perform Poly 240	Protect ASI 10
$P_{máx}$, CEM	240 W	265 W	240 W	100 W
$VP_{máx}$, CEM	29,8 V	31,7 V	30,4 V	30,4 V
$IP_{máx}$, CEM	8,06 A	8,38 A	7,90 A	3,29 A
V_{oc}, CEM	36,9 V	38,2 V	37,3 V	40,9 V
I_{sc}, CEM	8,59 A	9,08 A	8,52 A	3,93 A
Coeficientes de temperatura				
α	+0,050 %/K	+0,056 %/K	+0,040 %/K	+0,080 %/K
β	340 %/K	−0,350 %/K	−0,330 %/K	−0,330 %/K
γ	−0,450 %/K	−0,450 %/K	−0,450 %/K	−0,200 %/K
Valores en condiciones normales de operación (800 W/m², T_{amb} = 20°C, v = 1 m/s)				
T_{c_con}	45 °C	47 °C	47,2 °C	49,0 °C
Tensión máxima del sistema:				
$V_{máx}$	600 V	1000 V	1000 V	1000 V

Solución. Cálculos para el desarrollo del Ejemplo de aplicación 3.2

1. Análisis del problema

El generador FV suele estar sobredimensionado entre un 5 y un 20 % respecto al inversor, para que este trabaje con un rendimiento medio mejor; el caso del sobredimensionamiento del 15 %, un valor muy habitual en España.

El análisis se hará para una entrada del inversor, puesto que el inversor dispone de 3 entradas idénticas e independientes.

2. Tensión máxima del sistema

Se puede ver que el módulo de Kyocera soporta una tensión máxima del sistema de 600V.Esto permite descartar este panel, ya que la tensión mínima de entrada del inversor es de 570V, demasiado cercana para que el generador pudiese operar cerca del punto de máxima potencia. El resto de módulos sin embargo soportan una tensión máxima del sistema de 1000V.

3. Potencia pico del generador

Se impone en el enunciado una potencia de 660 kWp para el generador, por lo que para cada entrada DC el límite será de 220 kWp. Se impone una condición al número total de módulos por entrada:

$$n_{tot} \approx \frac{220}{P_{máx}}$$

	MLT265HC	Perform Poly	Protect ASI 100
N_{tot}	≈ 830	≈ 916	≈ 2200

4. Corriente de entrada

La corriente máxima de cada entrada del inversor es de 368 A, por lo que se impone una condición al número máximo de ramas en paralelo, que será función de la corriente máxima del módulo:

$$N_p \leq \frac{368}{I_{cc,CCM}}$$

	MLT265HC	Perform Poly	Protect ASI 100
$N_{p,\text{máx}}$	40	43	93

Aquí se ha supuesto que la corriente máxima es la de cortocircuito en CEM. Esto no es exactamente así, ya que la I_{sc} aumenta, aunque poco, con la temperatura y, por tanto, el cálculo exacto implica calcular I_{sc} para la irradiancia máxima y para la temperatura de célula máxima, teniendo en cuenta la irradiancia y la temperatura ambiente. Además según el emplazamiento es posible que la irradiancia sea superior a la de CEM, por lo que la I_{sc} máxima podría ser superior a $I_{sc,cem}$.

La limitación anterior de n_p impone un número mínimo de módulos en serie por rama si se quiere alcanzar la potencia nominal deseada para el generador: $N_{s,\text{mín}} = N_{\text{tot}}/n_p$.

	MLT265HC	Perform Poly	Protect ASI 100
$N_{s,\text{mín}}$	21	22	24

Habrá una potencia nominal máxima de generador que se podrá instalar, ya que al aumentar la potencia deseada para el generador también aumenta $N_{s,min}$, por lo que en algún momento se rebasará la tensión máxima del sistema admisible, bien por los módulos, bien por el inversor.

5. Tensión máxima del sistema

Será necesario que la tensión en el campo fotovoltaico no supere la tensión máxima admisible de los módulos ni del inversor. En este caso la tensión máxima admisible para los módulos es de 1000V y para el inversor hay dos opciones a la venta: 820V o 1000V.

Se determinará, por tanto, cuál será el número máximo de paneles en serie $N_{s,máx}$ que asegure respetar este límite. Este límite habrá que calcularlo suponiendo las condiciones más desfavorables, es decir la mayor tensión. Esta tensión máxima se tendrá cuando el generador esté en circuito abierto, la temperatura sea la más baja esperable en el emplazamiento y la irradiancia sea suficientemente alta como para que la V_{oc} no se vea muy reducida, pero lo suficientemente baja como para que la irradiancia no provoque demasiado calentamiento en la célula [114]. En el límite:

$$820 = N_s \cdot V_{oc,máx}$$

Primero se estimará la temperatura de la célula en las condiciones escogidas. Para ello se puede emplear la fórmula aproximada:

$$T_c = T_{\text{amb}} + G\left(\frac{T_{c,cno} - T_{\text{amb,cno}}}{G_{cno}}\right) \Rightarrow T_c = T_{\text{amb}} + G\left(\frac{T_{c,cno} - 20}{800}\right)$$

En Andalucía se establecen estas condiciones en $G = 200\text{W/m}^2$ y $T_{amb} = 5$ ºC.

Ejemplo para el MLT265HC:

$T_c = 5 + 200/800\ (47 - 20) = 11{,}75$ ºC. Una vez estimada la temperatura de la célula, se podrá estimar V_{oc} mediante el coeficiente de temperatura proporcionado por el fabricante, en este caso de forma conservadora ya que se desprecia el efecto de la irradiancia:

$$V_{oc} = V_{ocCEM} + V_{ocCEM}\ \beta\ (T_c - 25)/100.$$

$$V_{ca} = 38{,}2 + 38{,}2\ (-0{,}0035)\ (11{,}75 - 25) = 39{,}97 \text{ V}$$

$$820/V_{oc,\text{máx}} = N_{s\ \text{máx}} = 20$$

por lo que para $G = 200$ W/m² y $T_{amb} = 5$ ºC los resultados son:

Módulo	$V_{oc,CEM}$ (V)	K (% ºC)	$T_{c,\text{mín}}$ (ºC)	$V_{oc,\text{máx}}$ (V)	820	$N_{s,\text{ máx}}$	1000	$N_{s,\text{ máx}}$
MLT265HC	38,2	0,35	11,75	39,97	20,51	20	25,02	25
Per Poly 240	37,3	0,33	11,8	38,92	21,07	21	25,69	25
Protect ASI 100	40,9	0,33	12,25	42,62	19,24	19	23,46	23

Los valores de N_s máximos permitidos son menores que los valores N_s mínimos anteriormente calculados como necesarios para cumplir el requisito de potencia sin sobrepasar la corriente. Por tanto, se puede ver que no se podría instalar la potencia pedida con el modelo de inversor de $V_{P\text{máx}} = 820$ V, sino que sería necesario comprobar si sería suficiente con la ampliación opcional que el modelo que ofrece a $V_{\text{máx}} = 1000$ V.

$$1000/39{,}97 = N_{s\ \text{máx}} = 25{,}02 \text{ módulos}$$

En ciertas ocasiones, para contemplar el peor caso, se supone que la temperatura mínima de célula sea la ambiente; sería el caso de un día de invierno muy nuboso, con $T_{amb} = 5$ ºC$=T_{cel}$. Si tras el paso de las nubes el Sol incide directamente sobre los módulos con $G = 1000$ W/m^2 y la temperatura de célula es la ambiente. Por ello, poniéndonos en el peor caso, $T_{c,\text{min}} = 5$ ºC los resultados son:

Módulo	$V_{oc,CEM}$ (V)	K (% ºC)	$T_{c,\text{mín}}$ (ºC)	$V_{oc,\text{máx}}$ (V)	820	$N_{s,\text{ máx}}$	1000	$N_{s,\text{ máx}}$
MLT265HC	38,2	0,35	5	40,87	20,06	20	24,47	24
Per Poly 240	37,3	0,33	5	39,76	20,62	20	25,15	25
Protect ASI 100	40,9	0,33	5	43,60	18,81	18	22,94	22

6. Tensiones de máxima potencia

Para que el inversor sea capaz de extraer la máxima potencia del generador en cada momento es necesario que las tensiones de máxima potencia del generador estén dentro del rango que puede controlar el inversor.

En este caso, se tendrá que cumplir que 570V < $V_{Pmáx}$ < 750 V

La situación más desfavorable respecto de la tensión mínima de máxima potencia será con alta temperatura ambiente y alta irradiancia (por su efecto en la temperatura). Es cierto que se tendrán tensiones todavía más bajas con una irradiancia muy débil, pero en este caso la energía asociada es muy baja y no tiene gran impacto en el rendimiento de la instalación.

Inicialmente se ha de calcular la temperatura de célula para G = 1000 W/m² y T_{amb} = 35 °C.

$$T_c = T_{amb} + G\,(Tc_{CNO} - 20)/800$$

Para obtener la tensión de máxima potencia (mínima) se puede suponer como aproximación que su variación porcentual es similar a la tensión de circuito abierto. Cuando en las especificaciones del panel fotovoltaico se dispone solo del coeficiente de variación de la tensión de circuito abierto con la temperatura en %/°C, para extrapolar $V_{Pmáx}$ a condiciones distintas de las CEM entonces: (Norma IEC 60891)

$$V_{Pmáx\,min} = V_{Pmáx,CEM} + V_{oc,\,CEM} \cdot (K_v/100) \cdot (T_{c\,máx} - T_{c,\,CEM})$$

Así, para G = 1000 W/m² y T_{amb} = 35 °C, los resultados son:

Módulo	$V_{mp,CEM}$ (V)	$V_{oc,CEM}$ (V)	K (% °C)	$T_{c,máx}$ (°C)	$V_{mp,mín}$ (V)	570	$N_{s,mín}$
MLT265HC	31,7	38,2	0,35	68,75	28,85	22,05	23
Per Poly 240	30,4	37,3	0,33	69	24,98	22,81	23
Protect ASI 100	30,4	40,9	0,33	71,25	43,60	23,60	24

Nota. Este cálculo también se puede hacer a partir del coeficiente de variación de potencia con la temperatura; se ha de determinar la potencia pico que darían los paneles en condiciones extremas. De los catálogos de los módulos se obtiene el coeficiente de variación de la potencia pico con la temperatura: K_P = –0,45 %/°C en todos los casos menos en el último (K_P = –0,2 %/°C). Se aplica:

$$P_{máx}(T_{máx}) = P_{máx}\,(25\ °C) \times [1 - (K_P/100)\,(T - 25)]$$

y luego

$$V_{Pmáx}(T_{máx}) = P_{máx}(T_{máx})/I_{Pmáx}.$$

Se puede comprobar que el resultado es muy similar.

Para los cálculos de tensión máxima, se tomarán las condiciones menos favorables empleadas en el apartado anterior, por lo que para G = 200 W/m² y T_{amb} = 5 °C los resultados son:

Módulo	$V_{mp,CEM}$ (V)	$V_{oc,CEM}$ (V)	K (% ºC)	$T_{c,min}$ (ºC)	$V_{mp,máx}$ (V)	750	$N_{s,\ máx}$
MLT265HC	31,7	38,2	0,35	11,79	33,47	22,41	22
Per Poly 240	30,4	37,3	0,33	11,8	32,02	23,42	23
Protect ASI 100	30,4	40,9	0,33	12,25	32,12	23,35	23

Poniéndonos en el peor caso, considerando $T_{c,\ min} = 5$ ºC los valores de $N_{s\ máx}$ se reducen ligeramente: 21, 22 y 22 módulos.

Tabla 3.5. Resumen tabulado del número de módulos según las restricciones calculadas

	Por cada entrada del inversor	Por potencia e I_{de}	$U_{cc\ máx}$ 820 V	$U_{cc\ máx}$ 1000 V	Límite superior *MPPT* (*V*, invierno)	Límite superior *MPPT* (*V, verano*)
Módulo	$N_{p,\ máx}$	$N_{s,\ min}$	$N_{s,\ máx}$	$N_{s,\ máx}$	$N_{s,\ máx}$)	$N_{s,\ máx}$
MLT265HC	40	21	20	25	22	23
Per Poly 240	43	22	21	25	23	23
Protect ASI 100	93	24	19	23	23	24

Por lo que se ve, el margen de libertad para el dimensionamiento del campo fotovoltaico es muy pequeño en este caso. Esto es fundamentalmente debido a que el rango de tensiones de máxima potencia del inversor escogido es muy estrecho. Los módulos Perform Poly 240 son adecuados ya que $N_{s,\ máx} \geq N_{s,\ min}$:

$$N_{s,\ máx} = 23$$

Número de ramas paralelo por entrada de continua:

$$N_p = 220.000/(23 \cdot 240) = 39{,}85 \text{ módulos}$$

es decir, 40:

$$N_{p\ total} = 40 \cdot 3 = 120 \text{ módulos.}$$

Número total de módulos:

$$N_{total} = 23 \cdot 40 \cdot 3 = 2760 \text{ módulos}$$

Potencia total del generador fotovoltaico en $CEM = 2760 \cdot 240 = 662.400$ Wp

$$Potencia\ Fv = 662{,}4 \text{ kWp}$$

Como es mayor que la potencia solicitada en el diseño y suponiendo que el inversor permite entradas no simétricas, reducimos una rama paralelo de una de las entradas: $n_p = 119$; así, $n_{total} = 2737$ módulos y la potencia fotovoltaica = 657 kWp, adecuada a lo buscado.

Si el inversor no permitiese entradas no simétricas:

$$N_{total} = 23 \cdot 39 \cdot 3 = 2691 \text{ módulos,}$$

con una P_{total} en CEM de $2691 \cdot 240 = 645.840$ Wp

$$Potencia\ Fv = 645{,}84 \text{ kWp}$$

□

Ejemplo de aplicación 3.3. Dimensionado de generador fotovoltaico conectada a red usando la herramienta de simulación PVsyst

Realizar el diseño de una instalación fotovoltaica de conexión a red sobre cubierta de un edificio del situado en el campus de Leganés de la Universidad Carlos III de Madrid, latitud: 40°20'3.30"N longitud: 3°45'55.29"O. Diseñarlo como una instalación de conexión a red en cubierta, con el objetivo de maximizar su producción anual. Se parte del supuesto de que la red a la que conectemos el generador tendrá suficiente capacidad en la conexión para la potencia que se instalará.

Figura 3.41. Emplazamiento del proyecto del Ejemplo de aplicación 3.3

Solución

Para la resolución del ejercicio seguiremos los siguientes pasos:

1. **Creación de un proyecto especificando la ubicación geográfica y los datos meteorológicos.**
2. **Definición de un sistema con variante básica,** incluyendo solo la orientación de los módulos fotovoltaicos, el área disponible y los tipos de módulos fotovoltaicos e inversores a utilizar. Será la primera aproximación que se perfeccionará en sucesivas iteraciones.
3. **Definición de variantes con modificaciones sucesivas,** agregando al diseño de este primer sistema, por ejemplo, los cambios geométricos, las conexiones eléctricas, los parámetros de pérdidas específicos, los diferentes escenarios económicos, etc. En la base de datos, los archivos con las variantes del proyecto tendrán el nombre del archivo, con extensiones V_{C0}, V_{C1}, etc. Se pueden definir hasta 36 variantes por proyecto, lo que resulta muy útil para comparar y comprender el impacto de todos los detalles que se suman a la simulación.

Cálculos para la resolución del Ejemplo de aplicación 3.3

1. **Creación de un proyecto especificando la ubicación geográfica y los datos meteorológicos.**

En primer lugar, debemos seleccionar una ruta donde PVsyst tenga los archivos de sus bases de datos y donde vaya almacenando los archivos de lugares geográficos (.SIT), los datos meteorológicos horarios (.MET), los proyectos (.PRJ) y las variantes de simulación (.VCx) que se vayan creando en el proceso de diseño de nuestro sistema. Para ello, en el menú principal vamos a *Archivo\Espacio de trabajo*.

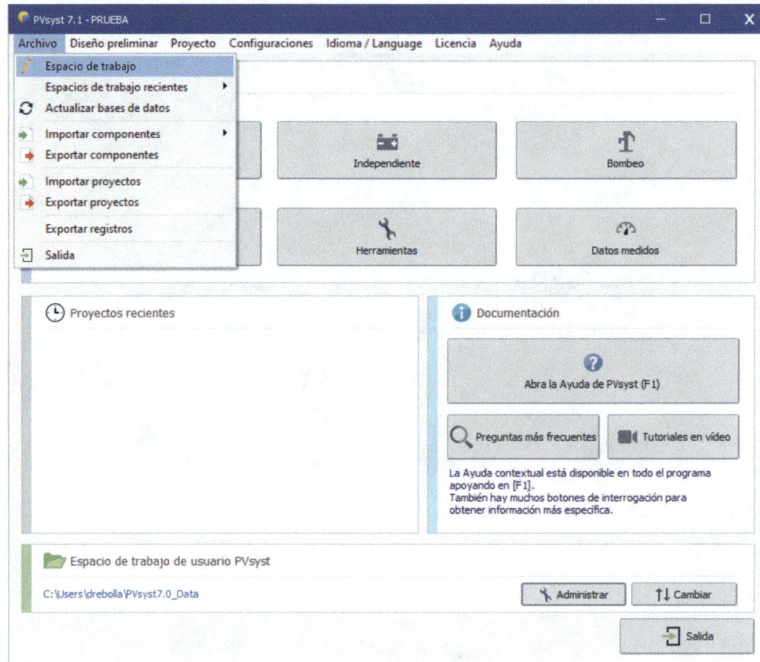

Figura 3.42. Selección del espacio de trabajo en la herramienta PVsyst

En la ventana principal, en *Base de datos,* Sitios geográficos es necesario seleccionar el lugar geográfico, así como los datos meteorológicos. Se puede seleccionar uno de los emplazamientos de los listados en la base de datos propia del programa, 1200 sitios, procedente de Meteonorm. O podemos crear un nuevo emplazamiento, el cual será incorporado a nuestro listado de sitios. Por un lado, si seleccionamos uno de los sitios listados y nuestro emplazamiento está a menos de 20 km de un sitio del que PVsyst tiene datos, los datos meteorológicos recogidos en esa situación serán los que PVsyst incorpore para nuestra simulación. Si está a más distancia, PVsyst crearía la base de datos meteorológicos triangulando entre los datos de las posiciones más cercanas de las que dispone. Por otro lado, si disponemos de estos datos meteorológicos podemos introducir los datos a mano o importar de una base de datos externa.

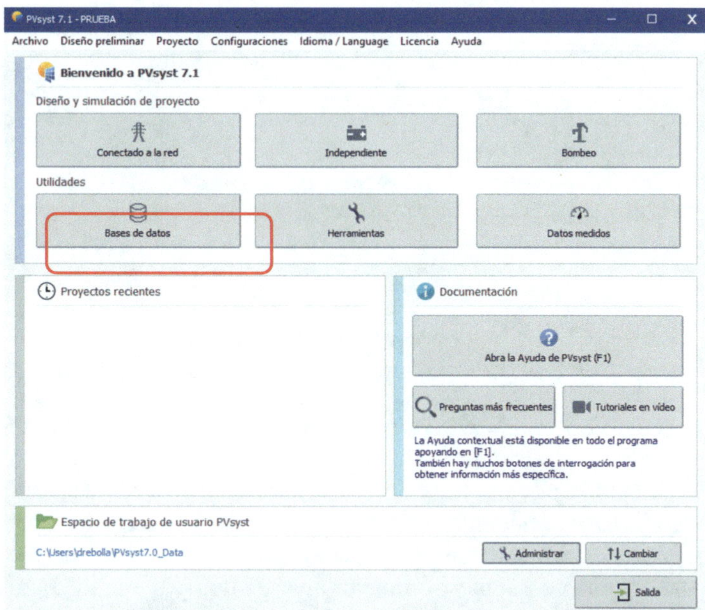

Figura 3.43. Selección de *Bases de datos* en la herramienta PVsyst

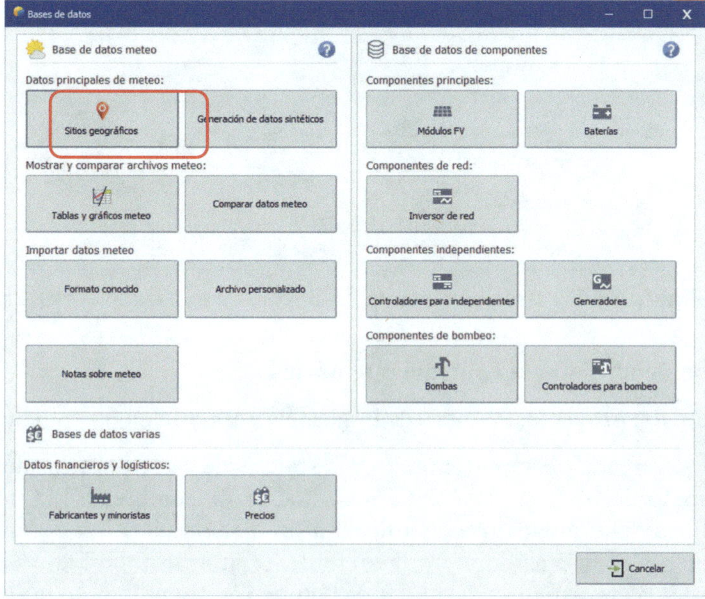

Figura 3.44. Selección de Sitios geográficos en la herramienta PVsyst

En *Nuevo* y en la pestaña *Mapa interactivo* buscamos *Leganés*. Navegamos con el ratón hasta localizar la universidad Carlos III. Seleccionamos el Edificio Juan Benet del Campus de Leganés.

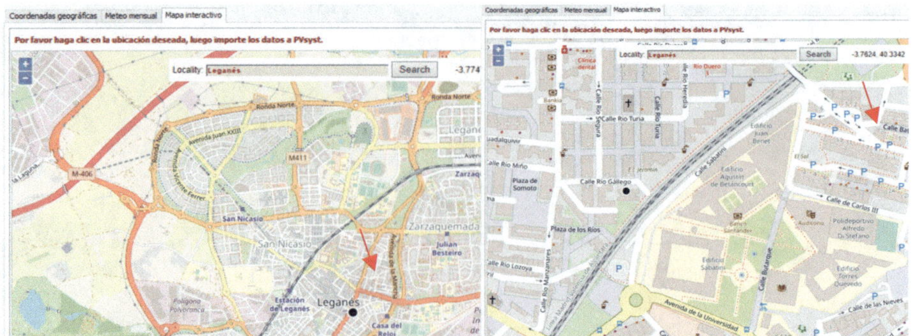

Figura 3.45. Selección del emplazamiento en la herramienta PVsyst

En la pestaña *Coordenadas geográficas*, en *Obtener de Coordenadas* (también podemos hacer clic en *Aceptar punto seleccionado*) aparecerán los datos de nuestro emplazamiento. Se ha optado por seleccionar Meteonorm como fuente del recurso: en el cuadro *Importación de datos meteo,* marcamos *Meteonorm 8.1*, hacemos clic en *Importar*. Guardamos y nos preguntará, además, si deseamos guardar el archivo de datos sintéticos y lo hacemos. Ahora aparecerá nuestro nuevo lugar geográfico en la lista de sitios (marcado en azul o verde) y se podrá seleccionar en la creación de un nuevo proyecto.

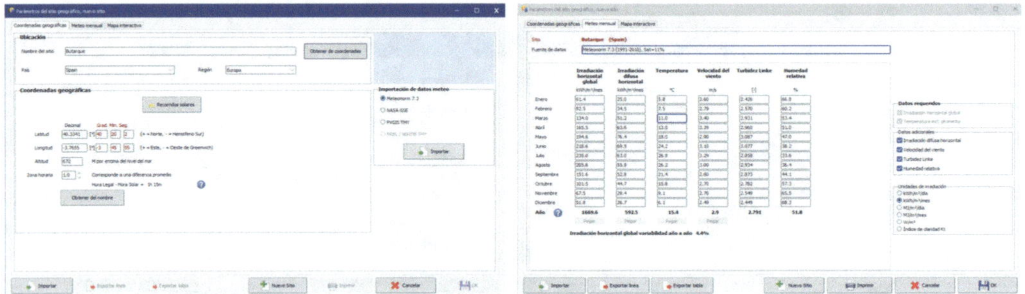

Figura 3.46. Selección del emplazamiento en la herramienta PVsyst

2. Definición de un sistema con variante básica

- **Diseño del proyecto.** Pérdidas de irradiancia por posición no óptima

  Una vez creado el emplazamiento y la síntesis de datos horarios de clima, haremos el diseño del sistema, mediante los estudios de sombreado, la determinación de pérdidas y la evaluación económica. La simulación se realiza durante un año entero en intervalos de una hora y proporciona un informe completo y muchos otros resultados. Para sistemas aislados y de bombeo es útil el *Diseño preliminar* (segunda de las pestañas superiores) solo para una rápida evaluación de las potencialidades y limitaciones de un proyecto. Para los sistemas conectados a la red, es solo un instrumento para, por ejemplo, que los arquitectos consigan una rápida evaluación del potencial fotovoltaico de un edificio. La precisión de esta herramienta es limitada y por lo que no se suelen entregar estos informes a clientes.

En la ventana principal, en *Diseño y simulación del Proyecto* damos clic en *Conectado a la red.* En *Nuevo proyecto* damos un nombre al proyecto.

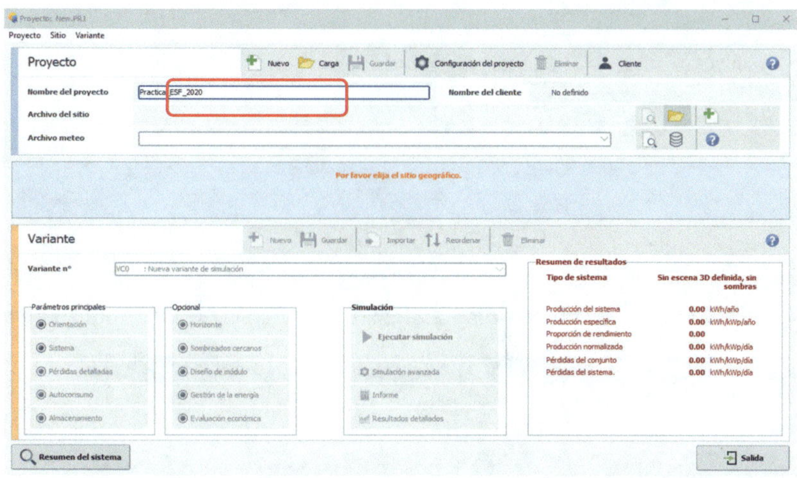

Figura 3.47. Pantalla principal de la herramienta PVsyst

En el icono de la carpeta del *Archivo del sitio* y en el desplegable seleccionamos la ubicación que hemos creado antes (y clic en OK). Automáticamente se cargará el archivo de datos meteorológicos para ese sitio (que también lo acabamos de crear). Si previamente hemos cargado algún otro archivo meteo, aparecerá en el desplegable del campo *archivo meteo*. En la lupa podemos ver las opciones de gráficos y tablas del recurso disponibles. Guardamos el proyecto.

En la ventana principal vamos a *Configuración del proyecto.* Elegimos *Albedo.* El valor de albedo, dado que estamos en una zona urbana, es 0,2. Este valor no suele incrementarse, salvo que exista mayor reflexión en el suelo, por ejemplo, con presencia de nieve (importante si se usan módulos bifaciales), en la que puede llegar a ser 0.8. En la pestaña *Condiciones de diseño,* en *Temperatura más baja para el límite de voltaje absoluto,* podemos dejar el valor por defecto de −10 ºC o bien, elevarlo según el emplazamiento. Es un valor significativo, ya que determina la tensión máxima del *array* en cualquier condición. Idealmente, debería ser la temperatura mínima medida con la luz del día en ese lugar, que se debe dar al amanecer cuando salen los primeros rayos de sol. Por ejemplo, en nuestro caso, podemos comprobar cuál es esa temperatura en archivo meteo; tras analizarla, determinamos que sería el 12 de enero a las 8 de la mañana (comienza a haber generación), la temperatura es de 1 ºC. Podemos ver estos datos en modo gráfica o en modo tabla. En Europa Central, la práctica común es elegir −10 °C (excepto en los climas de montaña). Introducimos 70 ºC, que en este caso está referida a la temperatura de célula, en *Temperatura de funcionamiento en verano para diseño* $V_{\text{PmáxMin}}$, que se establece para una temperatura ambiente en verano de entre 30 ºC y 40 ºC.

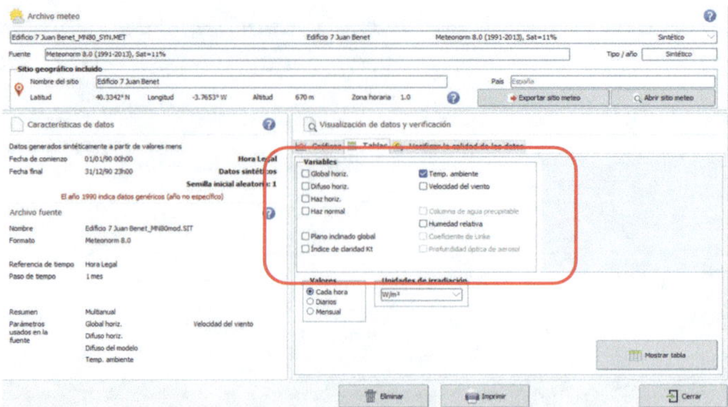

Figura 3.48. Selección de datos de temperatura en la herramienta PVsyst

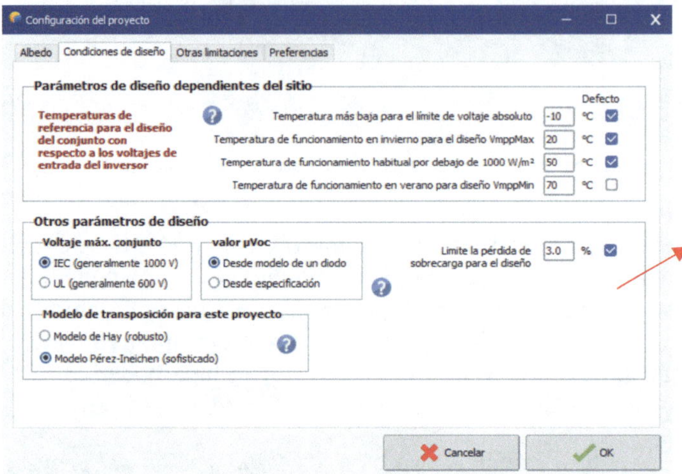

Figura 3.49. Selección de datos de temperatura en la herramienta PVsyst

3. Definición de variantes del proyecto

Creamos una nueva variante seleccionando *Nueva variante* y le ponemos nombre. Los botones marcados en rojo: "Orientación" y "Sistema" indican que esta variante del proyecto aún no está lista para la simulación: se requiere, al menos, la elección de una configuración de los apartados dentro del cuadro *Parámetros principales*. Los parámetros básicos necesarios son la orientación, el tipo y número de módulos fotovoltaicos; y el tipo y número de inversores que se utilizarán, conociendo la potencia que podemos instalar o el área disponible.

- **Pérdidas de irradiación por orientación-plano inclinado fijo**

  Como se ha mencionado antes, el objetivo es maximizar la producción. La orientación óptima en general, que maximiza la captura anual es la de generador orientado hacia el ecuador; en el hemisferio norte, orientación sur y en emplazamientos del hemisferio sur, orientación norte.

La inclinación óptima, si se dispone de herramientas de simulación con bases de datos se ha de calcular con ella; si no se dispone, hay fórmulas básicas (usar la latitud) o expresiones más completas para su cálculo. Por ejemplo, la obtenida en [96] a partir de datos experimentales en 2600 emplazamientos del mundo de los que se conoce su latitud (L).La inclinación que maximiza la generación anual es:

$$\beta_{opt} = -0{,}0053 \cdot L^2 + 0{,}977 . L + 2{,}55$$

En nuestro ejemplo, el tejado del edificio es plano y está orientado 30° al sureste. Por ejemplo, elegimos (por precio) cubrirlo con módulos fotovoltaicos policristalinos (aunque ya es muy mayoritaria la selección de la tecnología monocristalina). Si quisiéramos obtener las máximas horas equivalentes seleccionaríamos la orientación e inclinación óptimas (35º, sur). Pero nos interesa maximizar la energía generada, por lo que compararemos varias configuraciones tratando de conseguir la mayor potencia instalada posible sin que las pérdidas sean muy elevadas. En nuestro caso, ya que el edificio está orientado al sureste, lo más económico desde el punto de vista de la estructura, fácil instalación y aprovechamiento máximo del espacio de la cubierta, es orientar los paneles paralelos al edificio.

Vamos a estudiar si la pérdida de producción es significativa en relación con la mayor potencia que se puede instalar. Por un lado, sabemos que cuanto mayor es el ángulo de inclinación al que instalamos los paneles, las sombras entre filas serán mayores y, por tanto, la distancia entre filas, disminuyéndose el número de paneles que podemos instalar. Por otro lado, si instalamos paneles con la orientación del tejado cabrán más que si los ponemos con la orientación sur. Se han de analizar las **pérdidas por inclinación** y la **orientación distinta a la óptima** para maximizar la potencia pico a instalar o, lo que es lo mismo, el número de paneles a instalar. La inclinación mínima es 10º para que el agua pueda discurrir libremente y se limpie la superficie del panel, la inclinación máxima es 35º, ya que más inclinación se alejaría del óptimo anual y aumentaría el esfuerzo por el efecto vela.

Según la latitud y la longitud donde se encuentra el edificio, la orientación Sur corresponde con la óptima de cara a las horas equivalentes mientras que la orientación 30º. Este aumenta la potencia pico a instalar. En *parámetros principales* seleccionamos *Orientación* para definir la orientación e inclinación de nuestro plano fotovoltaico. En la pestaña *Tipo de campo*, seleccionamos *Plano inclinado fijo.* Podemos variar tanto la *Inclinación* como el *Azimut* (orientación respecto al sur) y ver como esto afecta a las pérdidas de irradiación. Comprobamos que el azimut óptimo es de 0º y que la inclinación óptima es aproximadamente 35º.

- **Pérdidas de irradiación por inclinación y orientación distintas del óptimo**
  Compararemos ahora las pérdidas de irradiación para azimut de 0º de -30º y para una inclinación de 35º, 30º, 20º y 15º. Anotamos en la Tabla 3.6 las pérdidas de irradiación que nos da PVsyst para todos los casos y elegimos la configuración con menos pérdidas.

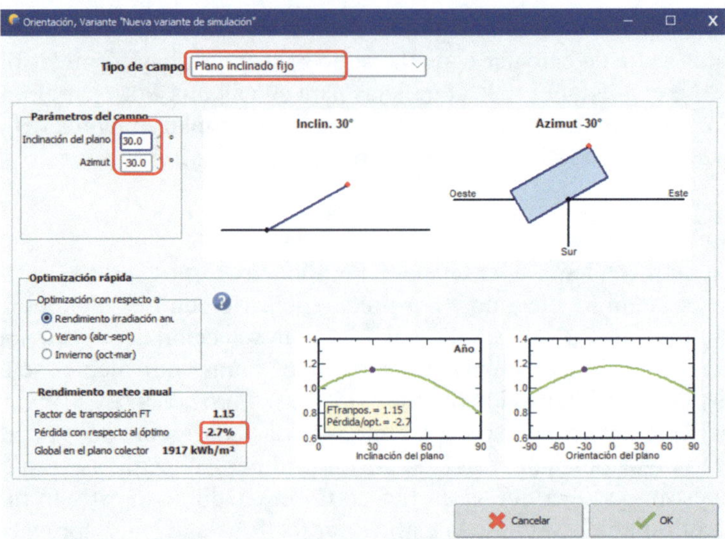

Figura 3.50. Selección de datos de orientación/inclinación en la herramienta PVsyst

Tabla 3.6. Pérdidas por irradiación a distintas inclinaciones; ángulo de orientación 0º y 30º

Ángulo azimut (º)	Ángulo de inclinación (º)	Pérd. irrad. (%)	Eficiencia (%)(1)
0	35	0	100,00
0	30	–0,4	99,60
0	20	–3,2	96,80
0	15	–5,4	94,60
–30º	35	–2,6	97,40
–30º	30	–2,8	97,20
–30º	20	-5	95,00
–30º	15	–6,9	93,10

(1) $\left(1-\frac{\%\ \text{pérd. irrad.}}{100}\right)$

- **Pérdidas por sombras entre filas (distancia de paso: sombreados cercanos)**
  En general situaremos los módulos en Horizontal (inclinados) si hay poco espacio para dejar entre filas o cargas de viento fuertes o en Vertical: si no hay problemas de espacio, no hay cargas de viento fuerte, se maximiza más la potencia a instalar y la solución estructural es más económica. Pero hemos de comprobar las dos posibilidades en cada proyecto. Se puede fijar como criterio el mantener un porcentaje máximo de pérdidas de producción por sombreado cercano por debajo de un cierto valor y, a partir de este, se determina la distancia mínima de separación entre filas que cumple con dicho requisito.

Otra opción es la que se muestra a continuación; un sencillo cálculo geométrico que, según la altura (o anchura, según disposición) de los módulos, resultará en una distancia mínima de separación. Esta distancia mínima, *d*, se obtiene conociendo la longitud del módulo, l (lado corto en disposición horizontal, lado largo en disposición vertical) y su inclinación β:

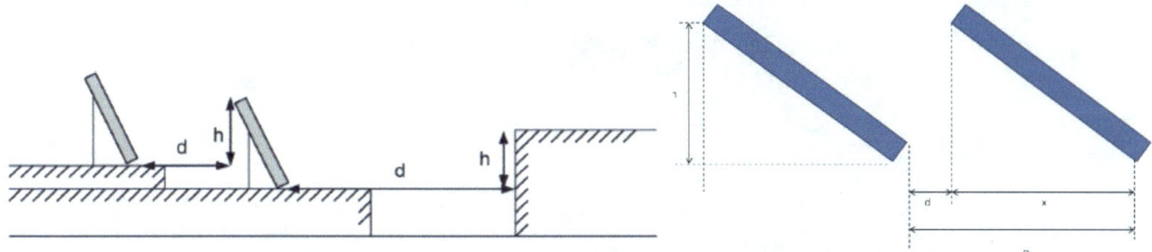

Figura 3.51. Distancia mínima entre filas de módulos [105]

d ha de ser como mínimo igual a $h \cdot k$, siendo *h* diferencia de alturas entre la parte alta de una fila y la parte baja de la superior y *k*, un factor adimensional al que, en este caso, se le asigna el valor $k = 1/\tan(61° - \text{latitud})$. En la Tabla 3.7. pueden verse algunos valores significativos del factor k, en función de la latitud del lugar:

Tabla 3.7. Factor *k* para distintas latitudes

Latitud	29º	37º	39º	41º	43º	45º
k	1,600	2,247	2,475	2,747	3,078	3,487

Asimismo, la separación entre la parte posterior de una fila y el comienzo de la siguiente no será inferior a $h \cdot k$, siendo *h*, en este caso, la diferencia de alturas entre la parte alta de una fila y la parte baja de la posterior, efectuándose todas las medidas con relación al plano que contiene las bases de los módulos.

Es importante diferenciar entre *d* y el *pitch* (*D*), distancia entre puntos homólogos (Figura 3.50 b), siendo *D* la distancia entre filas homólogas (*pitch*; es importante definirlo, por ejemplo, en PVsyst).

Aclaración para el cálculo del *pitch* con el programa PVsyst

Para realizar una optimización teniendo en cuenta sombras entre filas, es necesario, en primer lugar, seleccionar en la pestaña Orientación el tipo de campo "*Cobertizos ilimitados*" Y definir el ancho del plano colector, es decir, el ancho de la estructura. Esta metodología no incorpora el efecto de las sombras cercanas.

A continuación, en el menú principal se selecciona la pestaña *Simulación avanzada* y dentro de esta se elige *Herramienta de optimización*. En ella se realiza un escaneo para los parámetros que se desean optimizar. Por ejemplo, el azimut u orientación, el *tilt* o inclinación y el *pitch* o paso. La precisión de la optimización se selecciona mediante el denominado *escalón* en PVsyst. Es lo habitual en grandes plantas. En simulaciones de plantas pequeñas se usa la opción *Plano inclinado fijo* y se activa *sombreado cercano*.

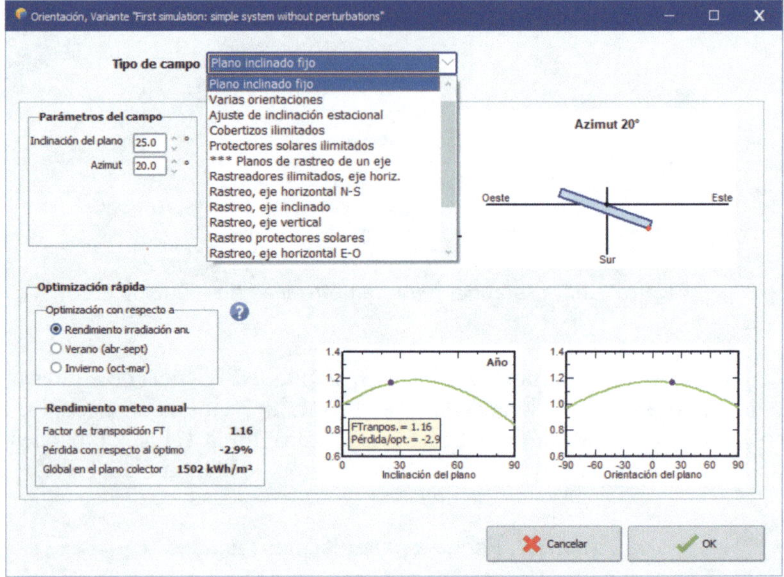

Figura 3.52. Selección de datos de orientación/inclinación en la herramienta PVsyst

Nota. La construcción del sombreado cercano puede ser inviable con un gran número de filas (digamos, más de varios cientos). El tiempo de cálculo y la complejidad del cálculo del factor de sombreado aumentan con el cuadrado del número de elementos. Las dos opciones no deben utilizarse al mismo tiempo, ya que los sombreados se contabilizarán dos veces. Sin embargo, si se tiene que combinar una matriz de este tipo con otros obstáculos de sombreado circundantes en una escena de sombreado cercano muy grande, para la cual el cálculo de "sombreados cercanos" es prohibitivo: puede usar un modo muy especial:

- En la parte de "*orientación*", se definen "*cobertizos ilimitados*", lo que garantiza un cálculo genérico y rápido de los sombreados mutuos.
- En la parte de sombreados cercanos 3D, se define un plano horizontal que representa la ocupación del suelo de sus cobertizos. Los sombreados de los objetos circundantes se calcularán en este plano horizontal y el factor de sombreado resultante será un compromiso entre los dos cálculos. Por supuesto, esto es una aproximación, pero una buena manera cuando los cobertizos son tan numerosos que la complejidad del sombreado cercano y los tiempos de cálculo se vuelven prohibitivos (generalmente en estos casos de plantas grandes, los sombreados mutuos fila a fila dominan en gran medida las pérdidas de sombreado).

Veamos un ejemplo en la Figura 3.53.

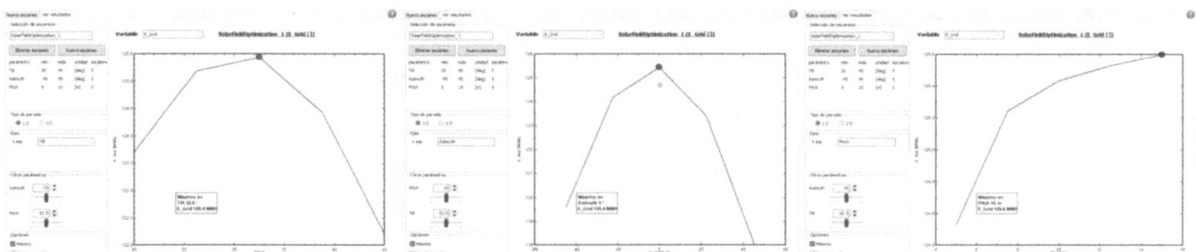

Figura 3.53. Ejemplo de resultados de la optimización con la opción "*Cobertizos ilimitados*" de PVsyst

Resultados del ejemplo

- La inclinación que maximiza la producción anual de energía eléctrica es de 32.5°.
- La orientación que maximiza la captura de radiación solar es el sur, esto es, 0°.
- El *pitch* optimo, como tal, no tiene un valor definido. A medida que este aumente, menores serán las perdidas por sombras cercanas. No obstante, hay una disponibilidad limitada de espacio. Por ello, es necesario buscar un compromiso y parece razonable tomar valores del *pitch* entre 7,5 y 10 m.

En el proyecto que estamos desarrollando, vamos a calcular con mayor precisión el paso entre filas. De la misma forma que en el apartado anterior, vamos a comparar pérdidas en distintas configuraciones de inclinación y azimut, pero, en este caso, para pérdidas por sombreado entre filas. Vamos a analizar cómo afectarían según distinta inclinación, azimut y colocación del panel (horizontal o vertical). Si quisiéramos minimizar estas pérdidas llevándolas al 0 %, la separación entre filas sería tan grande que no nos permitiría maximizar la potencia instalada. Puedo colocar el módulo en posición horizontal (apaisado) o en vertical (tipo retrato), tratando de maximizar el número de paneles en el espacio disponible. Es decir, si coloco los paneles en vertical, en cada fila caben más paneles, pero puedo poner menos filas. Si los coloco en horizontal, en cada fila caben menos paneles, pero puedo poner más filas (teniendo en cuenta el sombreado entre filas). Nos interesa maximizar el n.° total de paneles = n.° de paneles por fila × n.° de filas.

Seleccionamos los módulos em la pantalla principal, *Sistema*. Por ejemplo, se selecciona el panel Atersa A-230P, ya que nuestro proveedor nos ha hecho una buena oferta. Hay que marcar *Todos los módulos* (no solo los actualmente disponibles). Sus medidas son 1,65 m × 0,99 m. Primero, vamos a hallar el paso que minimiza pérdidas para una inclinación y azimut dados. Para poder avanzar damos un valor inicial de potencia de un generador elemental de 3 filas de 10 paneles en horizontal (230 × 30 = 6,9 kWp) y de un inversor cualquiera de 6 kW. Seleccionamos *Sombreados* cercanos.

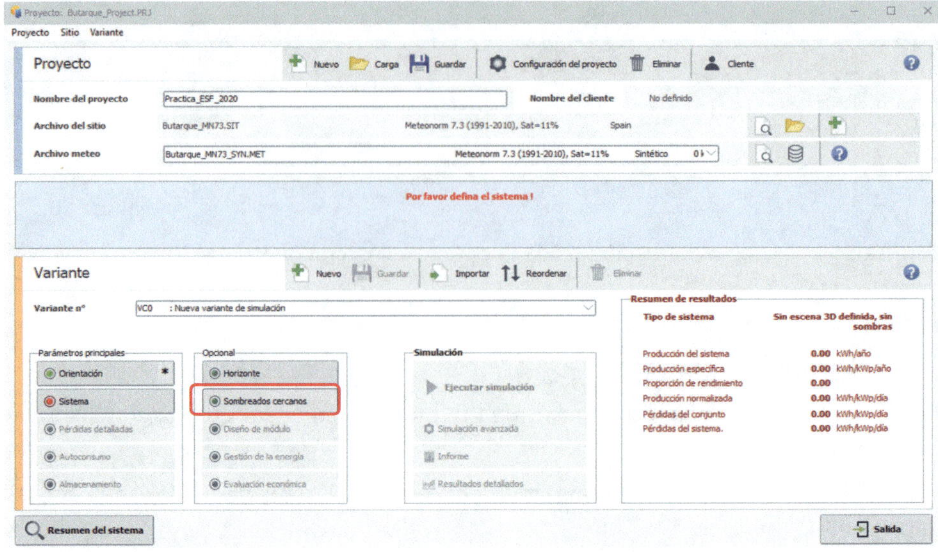

Figura 3.54. Pantalla principal de la herramienta PVsyst con selección de *Sombreados cercanos*

Seleccionamos *Construcción/Perspectiva* y en la ventana que se abre *Conjunto de generadores fotovoltaicos:*

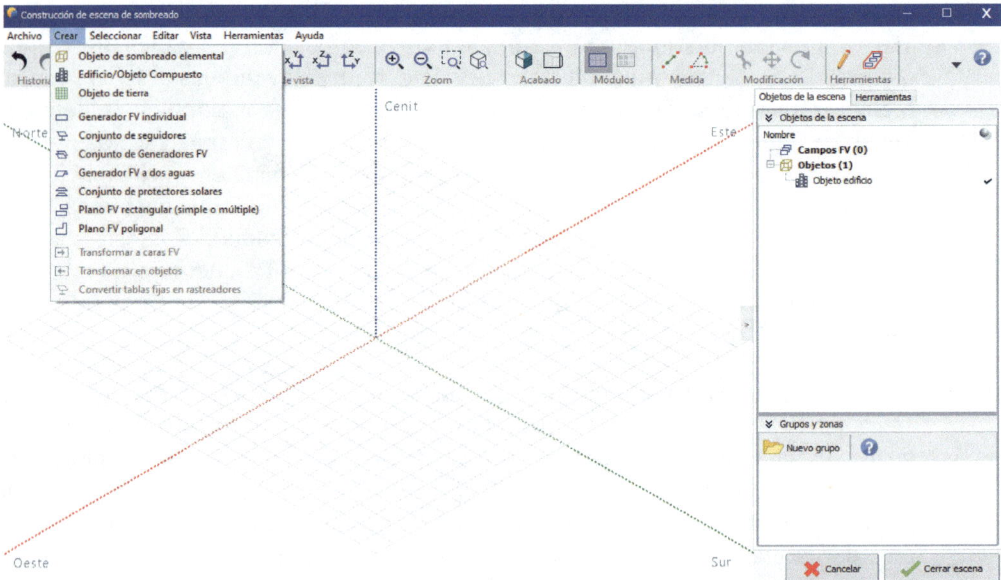

Figura 3.55. Construcción 3D en la herramienta PVsyst

- **Panel en horizontal** («apaisado»)

  Azimut 0. Para calcular el sombreado basta con partir del generador elemental de 3 filas de 10 paneles en horizontal (23,0 × 30 = 6,9 kWp), por lo que las dimensiones de cada fila son: 16,63 m × 0,99 m. El programa las indica al haber elegido previamente los módulos. Dejamos los marcos a 0 m entre sí (introducir estos valores en pestañas *Parámetros básicos* y *Tamaños de los cobertizos).* Vamos a rellenar varias tablas comparando y una distancia entre filas de 2 m.

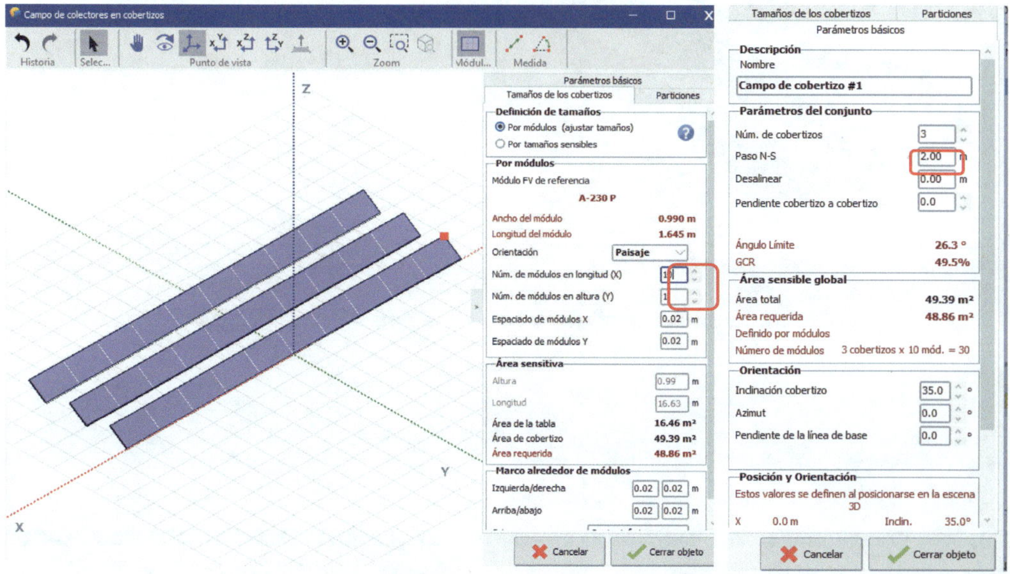

Figura 3.56. Construcción 3D en la herramienta PVsyst

Aseguramos que los paneles «miran» al sur; introducimos una *Inclinación* de 35º y en paso 2 m (distancia entre filas). Tras *Cerrar objeto, en Herramientas → Animación de sombreados*, hacemos clic en el icono verde *Play* ▶ y obtenemos las *Pérdidas por sombreado*. Para modificar la inclinación (35 º, 30 º, 20 º y 15 º), se hace doble clic sobre los paneles (o clic derecho y *Modificar objeto*) y modificar la *Inclinación* (pestaña *Parámetros básicos*), *Cerrar objeto* y pulsar ▶ *Play.* Calculamos las pérdidas para todas las inclinaciones (Figura 3.57).

Repetimos el mismo proceso para azimut -30º. Completo así otra tabla (pérdidas por sombreado para distintas inclinaciones, azimut 0º y -30º y panel en horizontal) y paso 2 m. Como las pérdidas son elevadas, subimos un poco el paso (a 2,5m) hasta que las pérdidas en el mejor de los casos sean inferiores al 1 % (ver Figura 3.58).

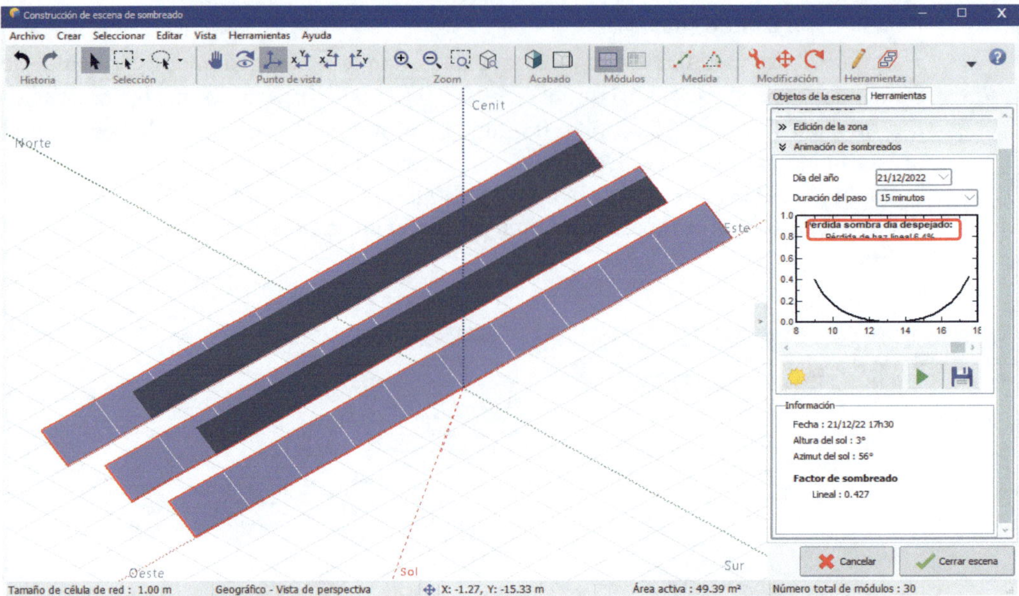

Figura 3.57. Construcción 3D en la herramienta PVsyst

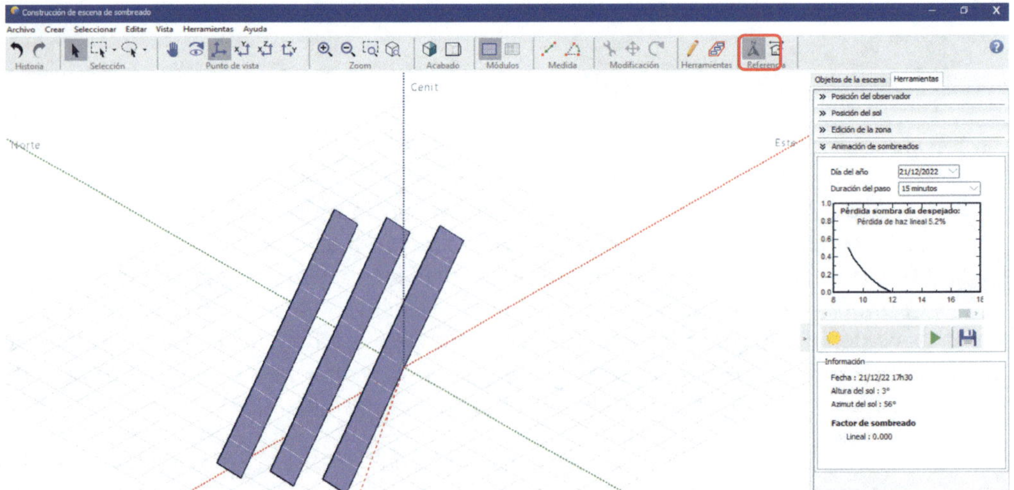

Figura 3.58. Construcción 3D de la planta en la herramienta PVsyst

Tabla 3.8. Pérdidas por sombreado para distintas inclinaciones y azimut 0 y -30°, panel en horizontal

Panel en horizontal				
Ángulo azimut (°)	**Ángulo inclinación (°)**	**Paso [m]**	**Pérd. somb. [%]**	**Eficiencia [p.u.](1)**
0	35	2	–6,4	93,60 %
0	30	2	–4,1	95,90 %
0	20	2	–1,3	98,70 %
0	15	2	–0,6	99,40 %
–30	35	2	–6,8	93,20 %
–30	30	2	–5,2	94,80 %
–30	20	2	–3,6	96,40 %
–30	15	2	–1,1	98,90 %
–30	35	2,5	–3,4	96,60 %
–30	30	2,5	–2,5	97,50 %
–30	20	2,5	–1	99,00 %
–30	15	2,5	–0,5	99,50 %

(1) $\left(1-\dfrac{\%\text{ pérd. somb.}}{100}\right)$

- **Panel vertical** («retrato»)

  Azimut 0. De la misma manera suponemos 3 filas de 10 paneles, pero ahora en vertical, por lo que las dimensiones de cada fila son: 9,9 m × 1,65 m.

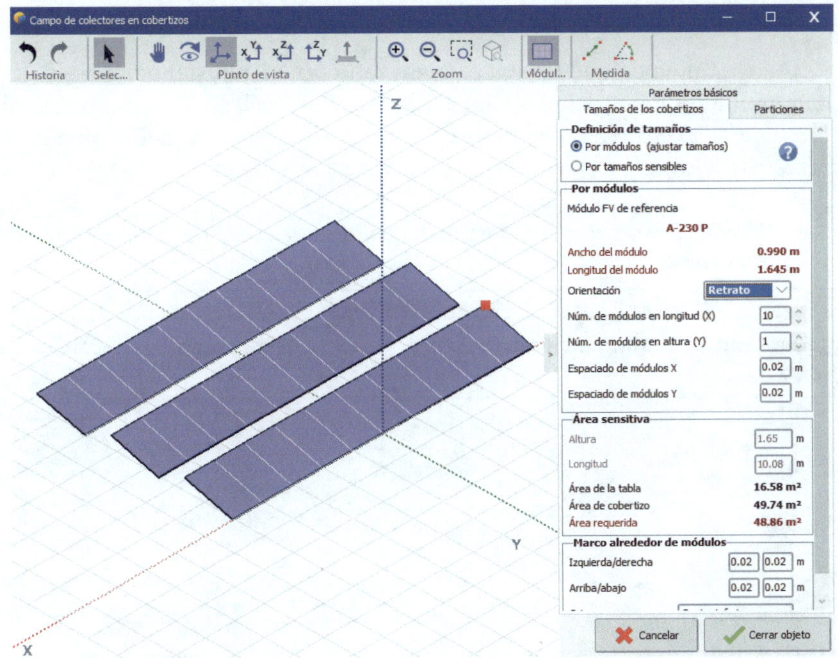

Figura 3.59. Construcción 3D de la planta en la herramienta PVsyst

En la pestaña *Parámetros básicos,* introducimos una *Inclinación* de 15°; con un paso de 2,5 m las pérdidas son del 3,4 %, así que aumentamos el paso hasta 3,5 m. Vamos modificando la inclinación y rrepetimos el mismo proceso para un azimut –30°. Completamos así la tabla con las pérdidas por sombreado para distintas inclinaciones, azimut 0 °, azimut –30 ° y panel en vertical.

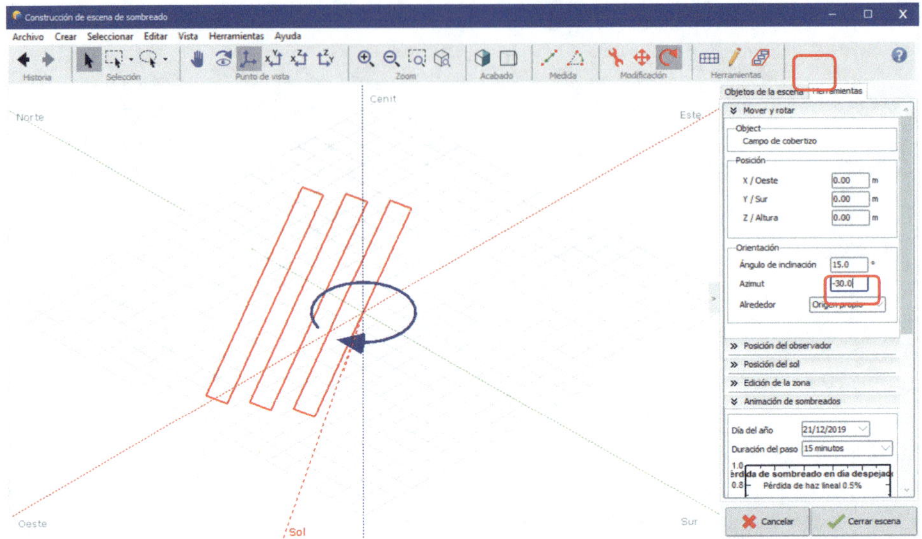

Figura 3.60. Construcción 3D de la planta en la herramienta PVsyst

Aseguramos de que los paneles «miran» 30° al sureste (azimut –30); para ello damos clic sobre los paneles y en la pestaña *Parámetros básicos*, introducimos una *Inclinación* de 15° y con un paso de 4 m. Modificamos la inclinación (pestaña *Parámetros básicos*), *Cerrar objeto* y volver a dar al *Play.*

Tabla 3.9. Pérdidas por sombreado para distintas inclinaciones y azimut 0 y–30°, panel en vertical

Panel en vertical				
Ángulo azimut (°)	**Ángulo inclinación (°)**	**Paso [m]**	**Pérd. somb. [%]**	**Eficiencia [p.u.][(1)]**
0	35	3,5	–3,5	96,50 %
0	30	3,5	–2,3	97,70 %
0	20	3,5	–0,8	99,20 %
0	15	3,5	–0,3	99,70 %
–30	35	3,5	–5,3	94,70 %
–30	30	3,5	–4	96,00 %
–30	20	3,5	–1,7	98,30 %
–30	15	3,5	–0,8	99,20 %

(1) $\left(1-\frac{\%\text{ pérd. somb.}}{100}\right)$

Con los datos de pérdidas por irradiación y por sombreado (Tablas 3.6 a 3.9) podemos calcular la eficiencia conjunta para las distintas configuraciones:

Tabla 3.10. Pérdidas para distintas inclinaciones y azimut 0 y –30º, panel en vertical y en horizontal

Ángulo azimut (º)	Ángulo de inclinación (º)	Pérd. Irrad. [%]	Pérd. somb. [%]	Eficiencia [%]
0	35	0	–3,5	96,50 %
0 vertical	**30**	**–0,4**	**–2,3**	**97,30 %**
0 horizontal	30	**–0,4**	–4,1	95,50 %
0	20	–3,2	–0,8	96,00 %
0	15	–5,4	–0,3	94,30 %
–30	35	–2,6	–3,4	94,00 %
-30 vertical	30	–2,8	–4	93,20 %
–30 horizontal	30	–2,8	–2,5	94,70 %
–30	20	–5	–1	94,00 %
–30	15	–6,9	–0,5	92,60 %

Con la orientación sur, la inclinación de 30º y el panel en vertical con paso 3,5, hay menor porcentaje de perdidas (el rendimiento es algo mayor), pero si queremos maximizar los kWh producidos, habrá que ver cuántos módulos caben en la cubierta con las configuraciones estudiadas.

Nota. Existe otra herramienta para para analizar las pérdidas por sombreado de una manera simple y rápida, dentro de *Orientación → Cobertizos Ilimitados.* Esta herramienta considera que la longitud de los cobertizos es infinita y nos da una estimación somera de las pérdidas por sombreado a distintas inclinaciones para un ángulo límite dado o para una distancia entre filas dada.

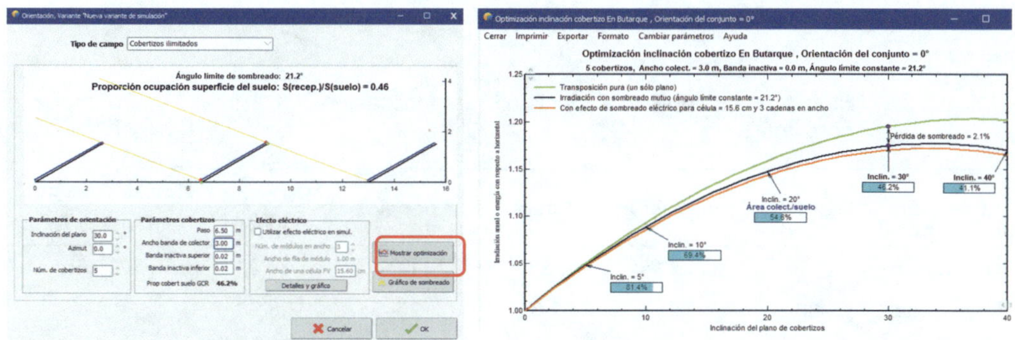

Figura 3.61. Ejemplo de resultados de la optimización con la opción "Cobertizos ilimitados" de PVsyst

- **Implantación**

Deseamos calcular cuánta potencia podemos instalar en la según el área disponible. Para conocer las dimensiones se podría hacer una visita para tomar medidas en terreno o estimar las dimensiones mediante el uso de herramientas como Google Earth/Maps, por ejemplo, copiando la imagen con la barra de escala y pegándola en AutoCAD para dibujarlo y escalarlo (y así estimar las medidas de la planta de nuestro edificio y las dimensiones del campo fotovoltaico).

La altura de los objetos colindantes igualmente se podría medir o estimar. Se deben considerar las sombras de los objetos colindantes para, según aconseja IDAE, tener al menos 4 horas sin sombras en torno al mediodía del solsticio de invierno. Tenemos en cuenta también las zonas donde no se pueden instalar módulos fotovoltaicos como los lucernarios.

Figura 3.62. Emplazamiento del proyecto del Ejemplo de aplicación 3.3

Si se dibujan los paneles sobre la planta para distintas inclinaciones y orientaciones, según los resultados obtenidos, se obtendrían el siguiente número de paneles [84].

Tabla 3.11. Resultados de potencia a instalar para inclinación 30°, azimut 0 y –30°, panel en horizontal

Posición	Azimut	Inclinación	Paso	N.° paneles	Potencia (kWp)	Relación de potencias [p.u.]
Horizontal	0	30	2	114	26,22	0,75
Horizontal	–30	30	2,5	126	28,98	0,829
Vertical	0	30	3,5	103	23,69	0,678
Vertical	–30	30	3,5	152	34,96	1

Tratando de maximizar la eficiencia total tendríamos:

Tabla 3.12. Resultados de potencia a instalar para inclinación 30º, azimut 0 y -30º, panel en horizontal o en vertical

Posición	Azimut	Inclinación	N.º paneles	Potencia (kWp)	Relación de potencias [p.u.]	Eficiencia pérdidas	Eficiencia y potencia
Horizontal	0	30	114	26,22	0,750	0,955	0,716
Horizontal	–30	30	126	28,98	0,829	0,947	0,785
Vertical	0	30	103	23,69	0,678	0,973	0,659
Vertical	–30	30	152	34,96	1,000	0,932	0,932

Si colocamos los *arrays* orientados hacia el sur la cantidad máxima de paneles que cabe, que es 114. Además, la instalación de la estructura va a ser más difícil porque habrá que *encajar* bien la estructura a las correas y las distancias serán mayores, lo que tendrá un coste mayor de estructura. Esta disminución de potencia va hacer que se produzcan menos kWh que si colocamos los módulos en la orientación del edificio, sacrificando la orientación óptima. Lógicamente, si la estructura sube el coste de la instalación, la rentabilidad de esta instalación también será peor. Orientando los *arrays* paralelos a la fachada, en posición vertical caben 152 paneles. Comprobamos que esta es la disposición optima tras introducir el factor de pérdidas de irradiación y sombreado. Los 152 paneles de 230Wp nos dan un total de 34.96 kWp.

Los componentes de las instalaciones, como módulos, inversores, baterías, reguladores, bombas, etc., pueden estar en la base de datos que viene por defecto en el PVsyst, que es lo más común; si no es así se pueden meter datos de forma manual mano o, en el caso de importarlas, se debe seguir un proceso similar al de la importación de base de datos meteorológica.

- **Inversor**

  Se recomienda sobredimensionar la potencia del inversor entre un 5 % y un 20 % respecto a la potencia pico del generador fotovoltaico. Dividimos la potencia de nuestro generador entre 1,05 y 1,2 para ver entre qué valores debe estar la potencia nominal del inversor.

Tabla 3.13. Resultados de potencia de paneles e inversor

N.º paneles	$P_{máx}$ panel (Wp)	$P_{máxgen}$ (kWp)	$P_{máx}$/1,2 (kWp)	$P_{máx}$/1,05 (kWp)
152	230	34,96	29,1	33,3

Seleccionamos el inversor trifásico que mejor se adecue a la configuración y que optimice el número de paneles a instalar. Seleccionamos aquel donde tenga valores de intensidad máxima admisible en la etapa de c.c. del inversor, la tensión de salida sea trifásica, con 50 Hz de potencia y la tensión máxima de entrada sea mayor que la tensión de los módulos a –10°C. Se puede hacer una comprobación visual de los valores máximos y mínimos de tensión y potencia de inversor y módulos haciendo clic en *Pérd. sobrecarga.* Seleccionamos un inversor de 30 kW de potencia, por ejemplo, el inversor Ingeteam Ingecon Sun 30. También se podrían poner varios inversores de potencia menor con un solo MPPT para tener mayor disponibilidad de la instalación, ahorrar en cableado y, ya que solo hay una orientación y una inclinación de modulo, con un solo MPPT porque es un poco más económico.

Tras seleccionar el inversor revisamos la configuración de *strings* de módulos en serie y *strings* por inversor que aparecen (entradas), que en nuestro caso serían 19 módulos en serie por 8 estradas al inversor de 30 kW, teniendo un sobredimensionamiento de 1,17 p.u. que está dentro de los parámetros que recomienda el fabricante de inversores (5-20 %).

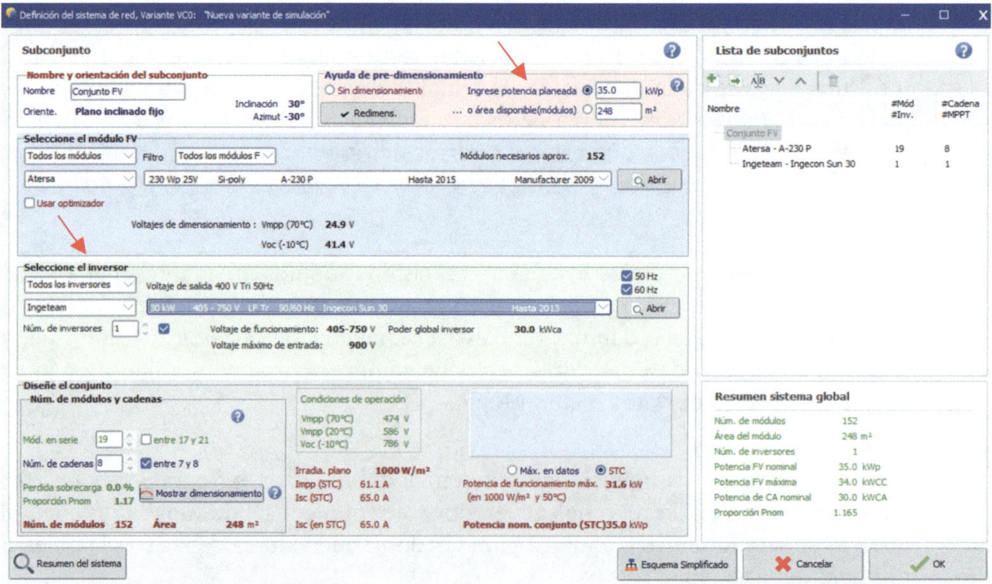

Figura 3.63. Selección de paneles e inversor en la herramienta PVsyst

Dentro del cuadro azulado de la parte inferior se mostrarían mensajes de aviso o error si hubiera algún problema de adecuación entre inversor y módulos. Pulsamos *OK* y vamos a *Perdidas detalladas.*

Aclaración de la selección potencia del inversor y número de inversores

En plantas fotovoltaicas grandes no hay una línea claramente definida y en todo caso, depende de la potencia de la central. En general:

- Hasta 300 kWp-500 kWp: el inversor *string* (de entre 20-50 kW) es la opción más utilizada.
- Hasta 1 MWp: hay quien prefiere inversores *string* y otros inversores centrales.
- Centrales de más de 1 MWp: la opción más usada es la de inversores de 1 o 2 MW. Incluso se han hecho plantas de 1,5 MWp con inversores de 20 kW o de 36 kW, pues el central no siempre es posible; por ejemplo, en centrales montadas en sitios montañosos o remotos; los inversores centrales de MW, necesitan un camión y una grúa para descargarlos/instalarlos. Si solo hay un inversor central, se intentará localizarlo para reducir pérdidas de c.c.

4. Diseño detallado, simulación y resultados. Pérdidas detalladas

- **Pérdidas térmicas**

Influencia del montaje de los módulos

Para sistemas fijos (sin sistema de seguimiento solar), el modo en que se colocan los módulos afecta a la temperatura de los mismos, lo que a su vez influye en su rendimiento. Si se limita la circulación de aire por detrás de los módulos, estos se sobrecalientan considerablemente (hasta 15°C con una irradiancia de 1000W/m^2).

Existen varias posibilidades, destacando las dos siguientes:

- Montaje libre, esto es, cuando los módulos están colocados sobre un bastidor que permite libre circulación de aire por detrás de los mismos
- Integrados en el edificio, lo cual significa que los módulos están completamente integrados en la estructura de la pared o del tejado del edificio y por tanto, no existe circulación de aire por la parte posterior de los módulos.

Existen otros tipos de montajes a medio camino entre los dos extremos anteriores. Por ejemplo, cuando los módulos se colocan sobre un tejado de tejas curvas, las cuales permiten circulación de aire por detrás de los módulos. En estos casos, el funcionamiento del sistema estará entre los resultados obtenidos para las dos opciones anteriores.

En nuestro proyecto, en la pestaña *Parámetro térmicos* marcamos *Módulos montados "libres" con circulación de aire*. Existe circulación de aire por debajo del panel, incluso si fuera coplanar también hay esta circulación de aire, solo en el caso de integración arquitectónica se elegirían las otras opciones. Es importante no olvidar marcar esta opción ya que puede afectar a una reducción de entre el 3-4 % de la energía prevista.

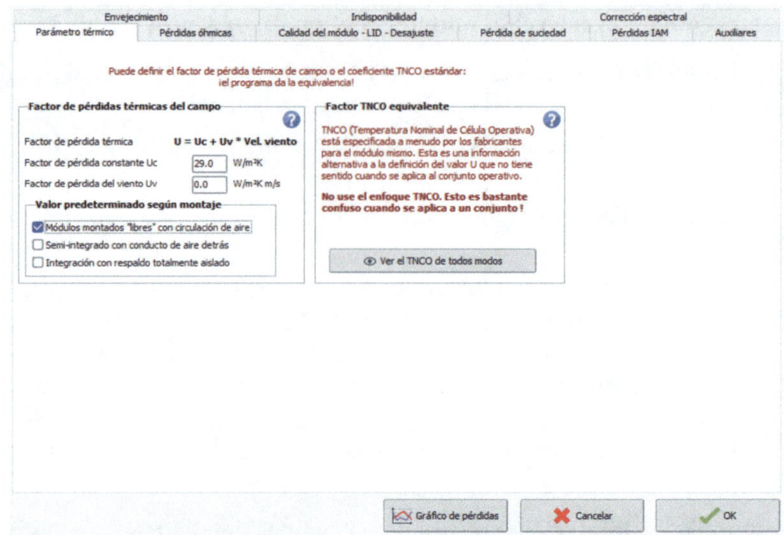

Figura 3.64. Selección de parámetros térmicos para el cálculo de pérdidas en la herramienta PVsyst

- **Pérdida óhmica**

  Marcamos *Defecto* en *Caída de Tensión a través del diodo* y la fracción de pérdidas en 1 % (aunque se puede calcular metiendo la longitud por circuito de dos secciones de cable de la parte de c.c.).En c.a., marcamos *tomar en cuenta* y ponemos una pérdida de 0,5 %.

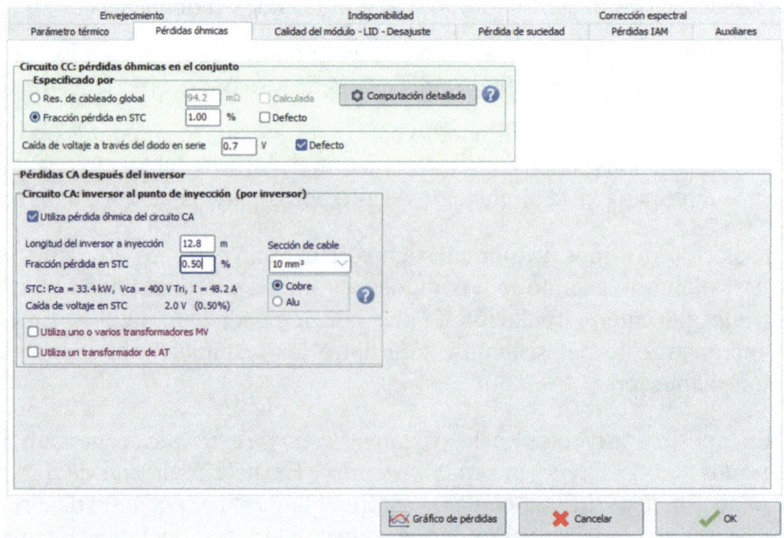

Figura 3.65. Selección de parámetros para el cálculo de pérdidas óhmicas en la herramienta PVsyst

- **Pérdidas de calidad**

  Pulsamos *Calidad* → *LID* → *Desajuste* en el cuadro → *Pérdidas de desajuste de módulo* (*Missmatch*) e introducimos 0 % en *Pérdidas cuando funciona a tensión fija*, puesto que el inversor tiene al menos un seguidor de MPPT. En *LID* introducimos 1 % por la degradación inducida al exponer los módulos a la luz solar y dejamos para este caso el resto las pérdidas que salen por defecto.

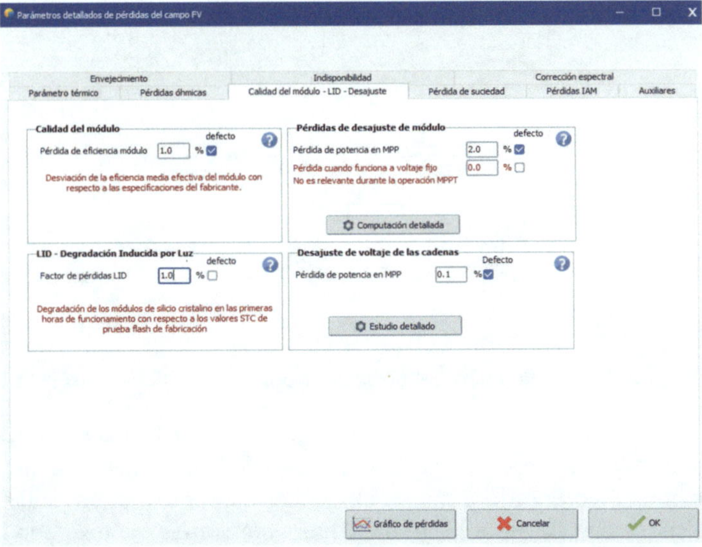

Figura 3.66. Selección de parámetros para el cálculo de pérdidas en la herramienta PVsyst

- **Pérdidas por polvo o suciedad**

  La deposición de polvo y suciedad en la superficie de un módulo fotovoltaico disminuye la corriente y la tensión entregadas por el generador, provoca pérdidas de conexionado y pérdidas por formación de puntos calientes.

  En *pérdida de suciedad* marcamos por defecto 3 % por la polución y porque no llueve mucho, aunque podrían variar en función del emplazamiento, si es un ambiente desértico, etc.

  El resto de las pérdidas no las vamos a modificar en este caso, dejamos los valores predefinidos.

- **Perfil de obstáculos**

  Los accidentes geográficos también pueden causar sombreado al campo fotovoltaico. Relieves tales como montañas, colinas, etc., son susceptibles de causar sombra durante ciertas horas en ciertos días del año. Por ejemplo, formaciones arbóreas de carácter caduco que en los meses de invierno pasan desapercibidas, en primavera pueden desarrollar un follaje tal que cause sombra a la instalación.

La pestaña *Horizonte* en PVsyst hace referencia a las sombras lejanas o a las sombras del horizonte (botón Horizonte).El diagrama muestra el recorrido del Sol a lo largo del año "visto" desde los módulos. Es posible importar la sombra de horizonte, por ejemplo de PVGIS:

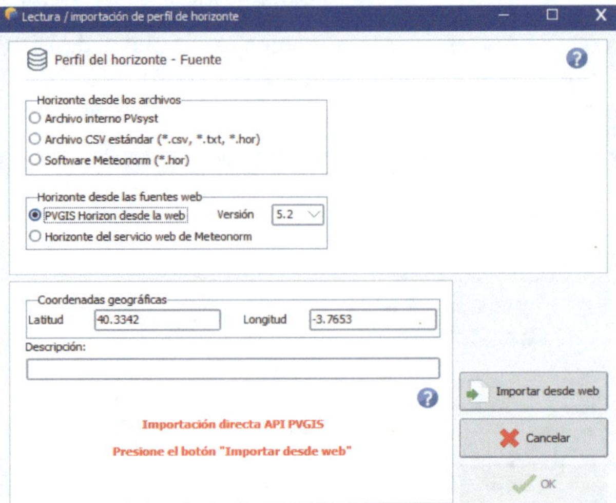

Figura 3.67. Selección del perfil del horizonte en la herramienta PVsyst

Si existiera algún edificio grande, que proyectase una sombra difusa, por estar a una distancia inferior a 15 veces el tamaño de la planta, habría que tenerlo en cuenta. Podemos incorporarlo a mano, eligiendo los puntos: altura solar y azimut. Con el botón derecho del ratón añadimos o movemos más puntos de la línea roja y con el botón izquierdo, los desactivamos. Los datos de la línea de horizonte también se pueden importar o modificar a mano. En este caso, *Factor Difuso*: atenuación de la radiación difusa debido a las sombras del horizonte. *Fracción Albedo*: porcentaje de albedo que se pierde debido a sombras en el horizonte.

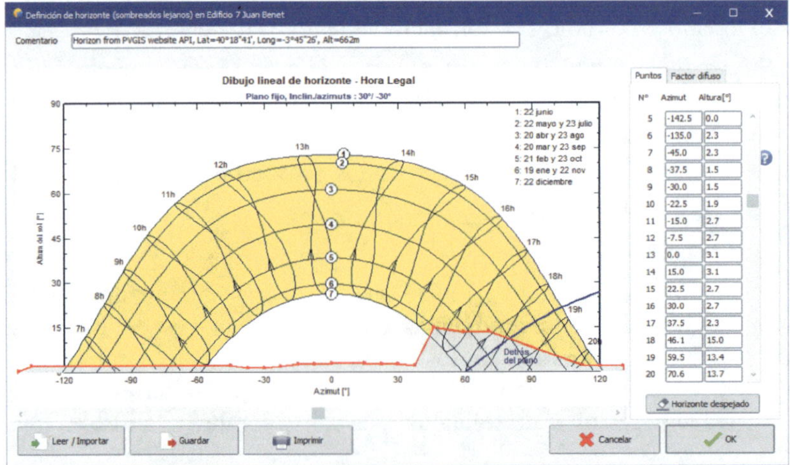

Figura 3.68. Selección del perfil del horizonte en la herramienta PVsyst

- **Sombras cercanas**

  Las sombras se pueden calcular como lineales, por cadenas o según la disposición de módulos (descrita en el apartado siguiente).

  – *Lineales*: las pérdidas son proporcionales al área sombreada por cadenas, es decir, que cuando se sombrea un panel de la cadena, la producción entera de la cadena cae.

  – *Por cadenas*: cuando se sombrea un panel de la cadena, la producción entera de la cadena cae. Para ello habría que introducir el número de cadenas en altura y a lo ancho. Además, se puede seleccionar un porcentaje de fracción de efecto eléctrico. Esto tiene en cuenta la actuación de los diodos de bypass entre otros fenómenos que se explican a continuación.

El efecto real de las sombras parciales sobre la producción eléctrica del campo fotovoltaico es no lineal y depende de las interconexiones entre los módulos. En el *array* FV, la corriente de cada *string* de células está limitada por la corriente de la peor celda del *string*. Es decir, cuando una sola celda está sombreada, toda la cadena se ve fuertemente afectada (lo que también tiene efectos drásticos sobre la característica I-V del *array*). Incluso con los diodos de *bypass*, este *string* no participa más que marginalmente en la producción. Este fenómeno es demasiado complejo para ser tratado con gran detalle —con una distribución real de los módulos en el espacio— durante el proceso de simulación. Sin embargo, el programa proporciona un método simplificado, dando la posibilidad de dividir el campo en rectángulos, cada uno de los cuales supuestamente representa un *string* de módulos en serie (*repartición en cadenas*). A continuación, se calcula un factor de sombreado en función de las cadenas, indicando que en cuanto un *string* se ve afectado por una sombra, todo este *string* (cada rectángulo de la repartición) se considera eléctricamente improductivo.

Aunque no es perfecta, esta aproximación debe dar un límite superior (caso más desfavorable) para la evaluación real de pérdida de sombreado. En la práctica, a menudo se observa que (a excepción de configuraciones uniformes como en las naves industriales), este límite superior no está tan lejos del límite inferior, es decir, la pérdida lineal. Es posible seleccionar la *Fracción para efecto eléctrico* (en la ventana de *Sombras cercanas*) sobre la producción de los *strings* parcialmente sombreados. No hay un valor por defecto para este parámetro; depende de la distribución de las sombras en el campo y de la configuración eléctrica del *array*. Para un *array* sobre una nave industrial o nuestro edificio (donde las sombras son muy regulares), probablemente esté cerca del 100 %. Cuando las sombras estén más distribuidas, como las producidas por chimeneas o edificios lejanos, probablemente podría ser del orden del 60 al 80 %, dependiendo de la regularidad de la sombra (una sombra diagonal tiene probablemente un menor impacto). En caso de simular las sombras con este método, se estimaría un factor eléctrico del 100 %, ya que el panel se coloca en posición vertical (cuando se sombrea la parte de debajo de un panel vertical la producción es cero en la cadena puesto que los diodos de paso no actúan, para el caso de un panel en posición horizontal, cuando se sombrea la parte de abajo sí actúan los diodos de paso y sí hay producción).

Primero, creamos el edificio. En *Sombreados cercanos*, hacemos clic en *Construcción perspectiva* y seleccionamos *Crear* y *Edificio → Objeto compuesto.* Seleccionamos *Agregar objeto*, el tipo de forma *Paralelepípedo* e introducimos valores de la Figura 6.39:

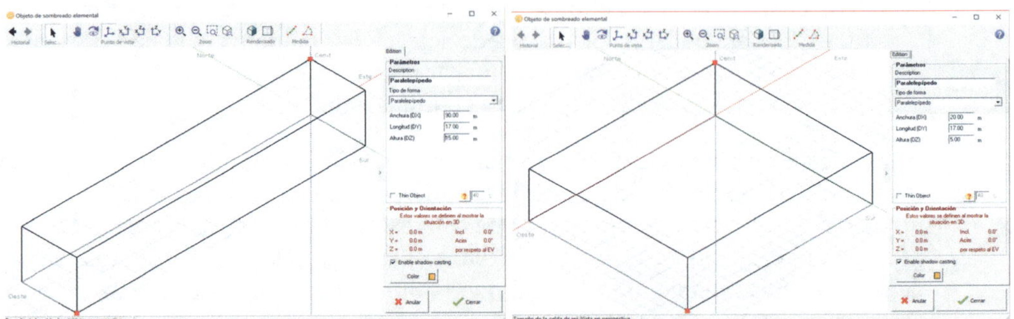

Figura 3.69. Construcción de objetos para cálculo de pérdidas por sombreado cercano en la herramienta PVsyst

Repetimos el proceso, volvemos a *Agregar objeto,* seleccionamos *Paralelepípedo* e introducimos las dimensiones. Seleccionamos *paralelepípedo pequeño* y en el cuadro de la derecha, en *Posición de origen*, introducimos $X = 70$ m y $Z = 15$ m (si no vemos el cuadro, seleccionamos el objeto y con clic en el botón derecho seleccionamos *Posición en la situación*).

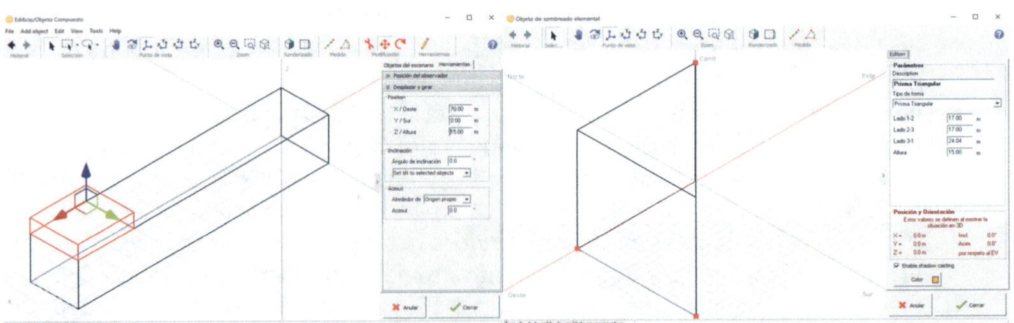

Figura 3.70. Construcción de objetos para cálculo de pérdidas por sombreado cercano en la herramienta PVsyst

A continuación, seleccionamos *Agregar objeto.* En *Tipo de forma → Prisma triangular* con sus siguientes dimensiones. Desplazamos de la misma manera (desplazar la selección o Ctrl + B) el prisma en $X = -17$ m.

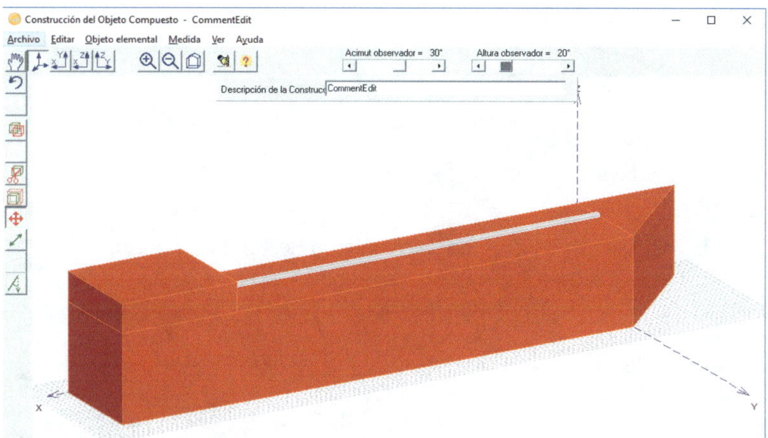

Figura 3.71. Construcción de objetos para cálculo de pérdidas por sombreado cercano en la herramienta PVsyst

Finalmente, guardamos nuestro edificio dando clic en *Archivo → Exportar edificio*. Creamos los planos fotovoltaicos. Continuamos siguiendo con el Ejemplo resuelto 3.3: 152 paneles y 8 cadenas de 19 paneles en serie.

Tabla 3.14. Resultados de paneles a instalar según disposición de las filas

Fila al sur	46,53 × 1,65	47 paneles	2,5 cadenas
Fila en medio	53,46 × 1,65	54 paneles	2,8 cadenas
Fila al norte	50,49 × 1,65	51 paneles	2,7 cadenas

Tanto el edificio que hemos creado como los planos fotovoltaicos que se van a crear a continuación están orientados paralelos a los ejes de referencia para simplificar la construcción de la escena 3D. El último paso será reorientar toda la situación al azimut que corresponda (-30º). Seleccionar *Crear-Plano FV rectangular*. En *Parámetros básicos* puedes seleccionar la inclinación del plano. En *Tamaño rect.* marca ◉ *Por tamaños sensibles* y en *Área sensitiva* se pone el ancho y el largo del rectángulo que representa una mesa de módulos (de la tabla anterior o de las imágenes de abajo).

Creamos uno a uno los *planos rectangulares* (n.º de rectángulos = 1) con la inclinación de 30º y con las dimensiones de la Tabla 3.14. Para que al importar a la escena cada plano FV el origen quede en la esquina inferior derecha de cada plano FV, en la parte inferior derecha, en *Origen del rectángulo en el plano colector* se introduce el valor del ancho en negativo como en la Figura 3.72: fila al sur (izquierda); central (centro); al norte (derecha).

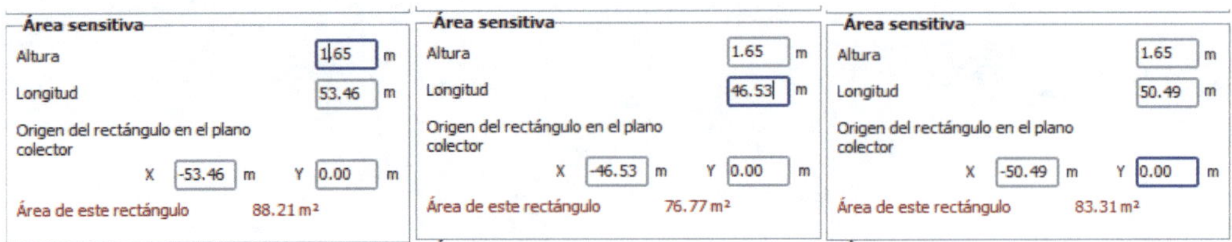

Figura 3.72. Construcción de objetos para cálculo de pérdidas por sombreado cercano en la herramienta PVsyst

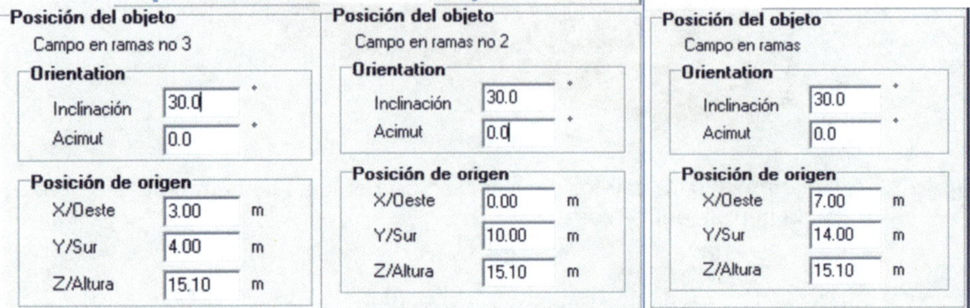

Figura 3.73. Construcción de objetos para cálculo de pérdidas por sombreado cercano en la herramienta PVsyst

Seleccionamos y nos posicionamos (desplazar la selección o Ctrl + B) con los siguientes valores para la fila al sur (izquierda), la fila central (centro) y la fila al norte (derecha):

Es importante añadir unos centímetros más de altura *Z* que la de la cubierta del edificio para que no se solapen los planos y esto afecte a la simulación.

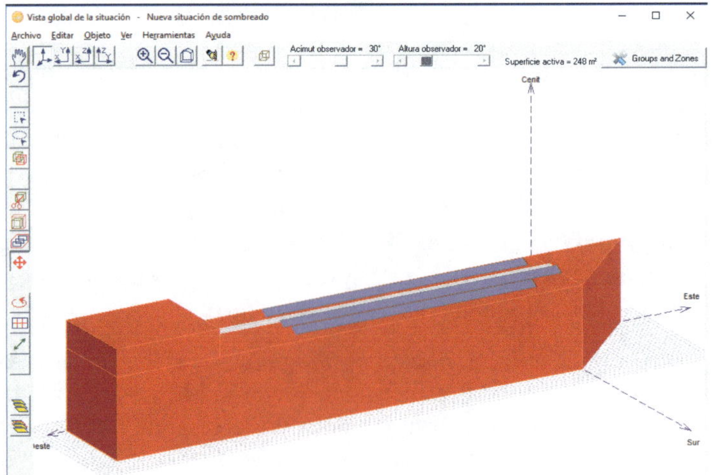

Figura 3.74. Construcción de objetos para cálculo de pérdidas por sombreado cercano en la herramienta PVsyst

Por último, hacemos clic en *Editar → Girar toda la escena Orientar* o Shift + Ctrl + R para orientar la situación global a –30.

Si quisiéramos calcular las pérdidas por cadenas de módulos, seleccionaríamos un plano fotovoltaico con el ratón, pulsamos *Editar* y a la derecha, en *Particiones*, se podrían definir las particiones (*strings*). Por ejemplo:

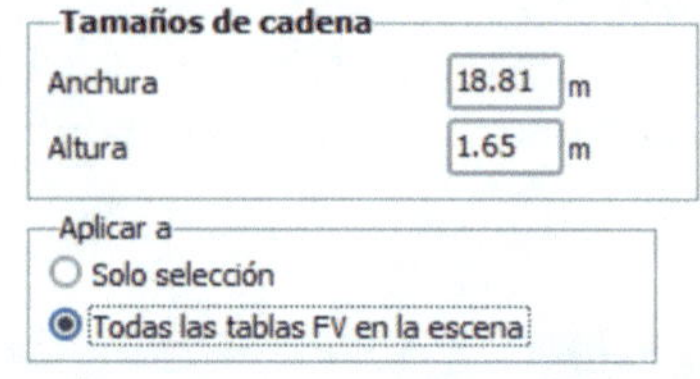

Figura 3.75. Definición de tamaños de cadena en PVsyst

Se puede comprobar como el software, en la escena 3D, redondea el número de cadenas del módulo al entero más cercano. Si quisiéramos conocer el porcentaje de perdidas, haríamos la simulación de las sombras pulsando en el icono *Play*, en *Herramientas → Animación de sombreado.*

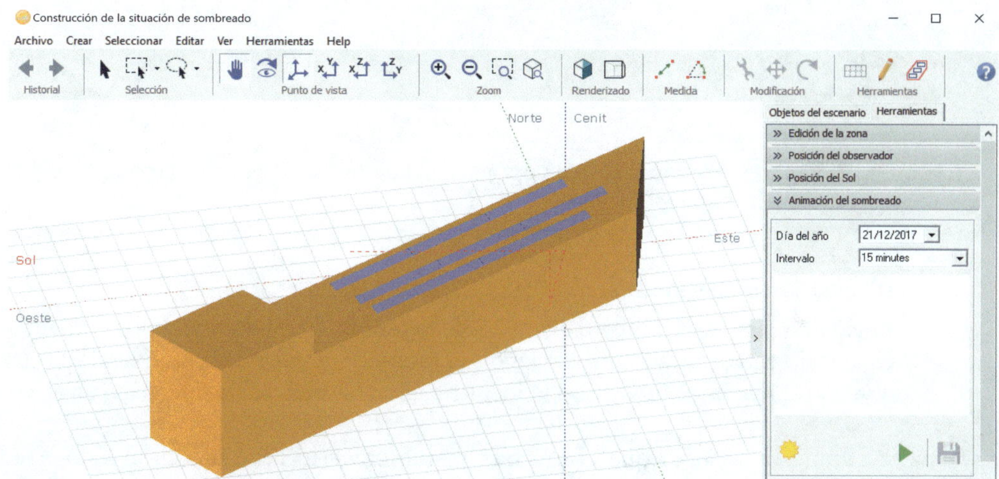

Figura 3.76. Construcción de objetos para cálculo de pérdidas por sombreado cercano en la herramienta PVsyst

PVsyst no tiene un enlace directo entre la definición del sistema (paneles e inversores) y la definición de la escena 3D. Pero cuando se modifica una de estas partes, el programa comprueba si siguen siendo compatibles. Además, verifica que la orientación e inclinación sigan siendo las mismas y que el área definida en la escena 3D tenga espacio suficiente para albergar los paneles definidos en *Sistema*. Esto lo hace solamente para el área total. Para conseguir una distribución coherente que nos ayude a ordenar las cadenas en ese espacio se puede utilizar la herramienta *Sombras cercanas → Repartición en cadenas del módulo* o bien, como se verá en el próximo apartado, la herramienta *Disposición de módulos*.

Nota. Existe una funcionalidad para importar diseños hechos en otros software, en *Construcción/Perspectiva → Archivo → Importar*. Se pueden importar archivos con extensiones como 3DS, DAE, PVC o H2P [84]. Una vez importado el archivo, se abrirá un cuadro de diálogo que nos ayudará a definir las características de los objetos que estemos importando.

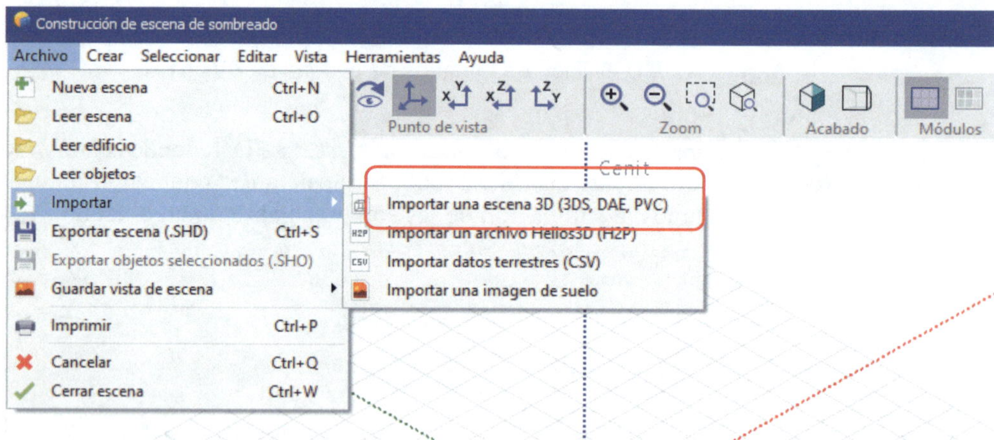

Figura 3.77. Importar escena u objetos para cálculo de pérdidas por sombreado cercano en la herramienta PVsyst

- **Disposición de los módulos**

  El cálculo realista del efecto eléctrico de las sombras implicará el posicionamiento exacto de cada módulo en el plano geométrico, esto se hará utilizando la herramienta *Diseño de módulo*, con la identificación de cada *string* eléctrico en el *array*.

Vamos a suponer que el inversor puedo ubicarlo centrado en el lado este del sistema, una designación de cadenas enteras de oeste a este, las cadenas partidas en el este y una unión entre filas.

Hacemos clic en *Diseño de módulo*. A continuación, en *Mecánico*, en el cuadro *Disposición del módulo,* en la pestaña *Sistema completo*, introducimos espacio entre módulos $X = 0$ m e $Y = 0$ m. En *Modo de relleno,* marcamos *Desde la izquierda, Desde la parte inferior y Retrato* (panel vertical*)*. Hacemos clic en *Establ. todos los módulos* y en *Coincidir con todas las tablas*.

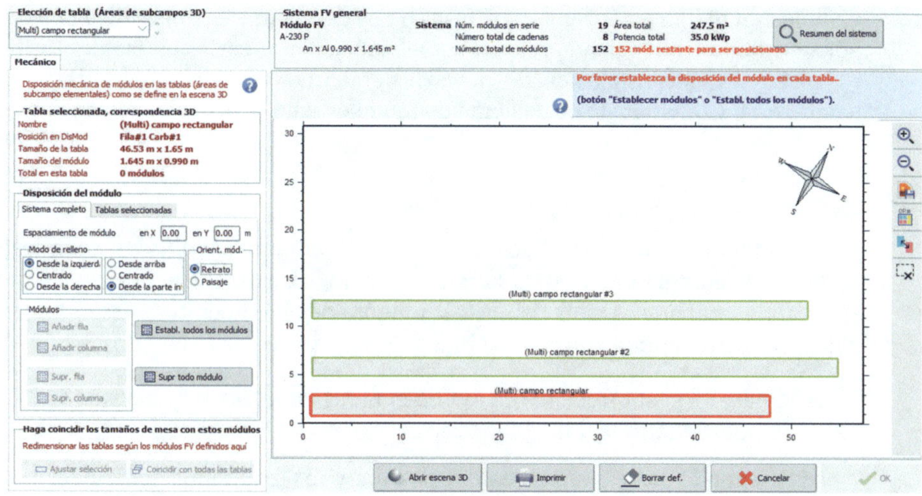

Figura 3.78. Definición de las conexiones eléctricas de las cadenas en la herramienta PVsyst

En la pestaña *Eléctrico,* seleccionamos *Atribución automática*: *cadena en 3 filas, llenado horizontalmente y abajo a la izquierda*. Clic en *Distribuir todo.*

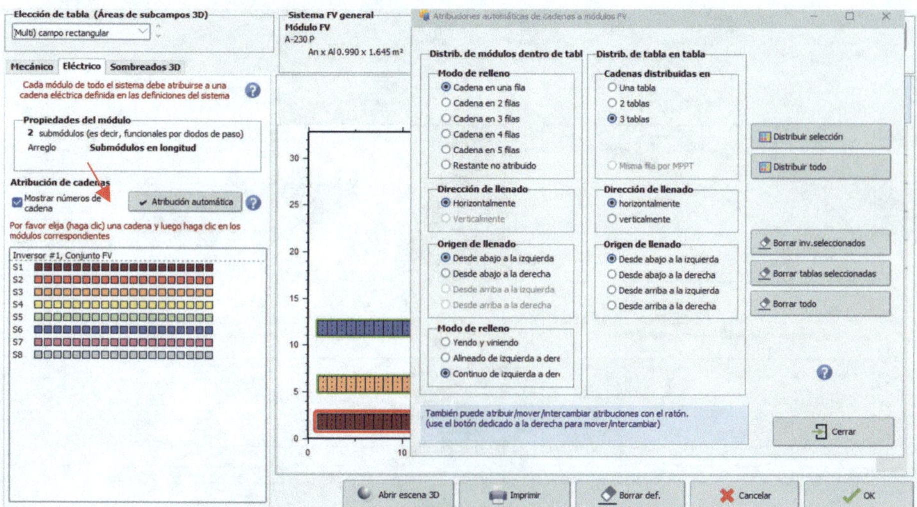

Figura 3.79. Definición de las conexiones eléctricas de las cadenas en la herramienta PVsyst

También se podría elegir fila a fila y cadena a cadena, seleccionando con el botón izquierdo del ratón y deseleccionando con el botón derecho. Guardamos la variante y seleccionamos *Ejecutar simulación*. Guardamos y hacemos clic en *Informe.*

Conclusión. Al no tener sombras difusas o con geometrías distintas de una horizontal, por sencillez, se recomienda usar cálculo sombras en cadenas con factor eléctrico 100 % (cuando el panel esté colocado en vertical, pues no cambian las pérdidas en función del diodo) y el método de disposición de módulos para panel colocado en horizontal.

- **Resultados e informe de PVsyst**

Tras ejecutar la simulación, haciendo clic en *Resultados detallados,* se muestra una tabla con la energía inyectada a la red en función de la incidencia global. Esta línea se satura a irradiancias altas debido al aumento de la temperatura (en sistemas aislados suele aparecer una meseta que indica la sobrecarga de la batería).

Además, PVsyst ofrece la opción de generar un informe que describe los resultados de nuestra simulación. El informe constará tras la portada (página 1):

- La segunda es de resúmenes del sistema y los resultados generales.
- En la tercera aparecen las características que configuran nuestro sistema.
- En la cuarta aparecerá una perspectiva de la escena 3D y el diagrama de isosombreado.

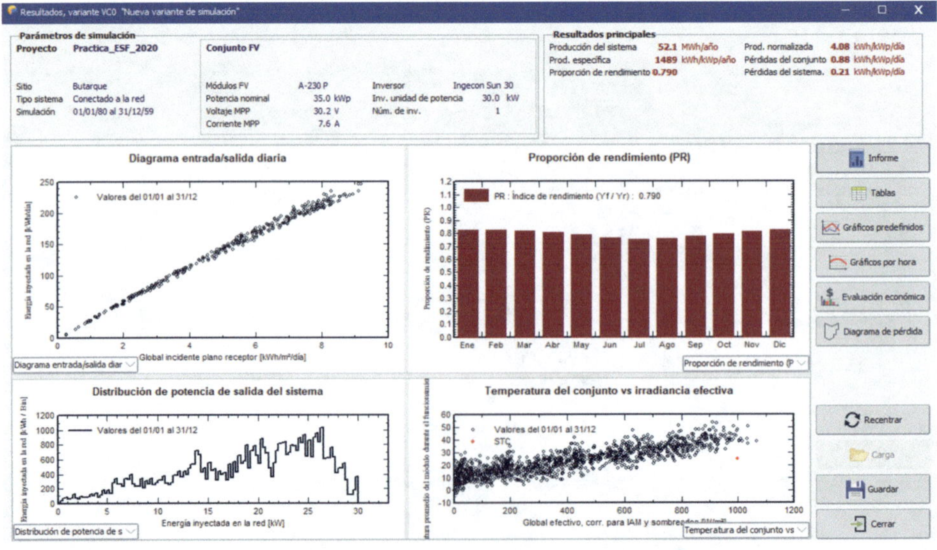

Figura 3.80. Página principal de resultados en la herramienta PVsyst

- En la quinta se muestran los parámetros principales y los resultados de la simulación, como el *Performance Ratio* (PR) o rendimiento de la instalación, tanto anual como mensual.

- En la penúltima página se representa el diagrama de pérdidas desglosadas
- En la última página se mostrarán otros gráficos (diagrama de entrada/salida y distribución de potencia).

En la Tabla 3.15 se resumen los resultados de las simulaciones realizadas para los cuatro casos de estudio elegidos.

Tabla 3.15. Resultados de potencia a instalar y producción según la disposición de los paneles

CASO 0

Potencia (kWp)	Inclinac.	Orientac.	Potencia nom. (kWn)	PR	Horas prod.	Produc. (MWh)
17,71	35	0	16,5	78,1 %	1429	37,48

CASO 1

Potencia (kWp)	Inclinac.	Orientac.	Potencia nom. (kWn)	PR	Horas prod.	Produc. (MWh)
26,71	35	0	16,5	78,1 %	1429	37,48

CASO 2

Potencia (kWp)	Inclinac.	Orientac.	Potencia nom. (kWn)	PR	Horas prod.	Produc. (MWh)
28,98	30	–30	25	78 %	1408	49,24

CASO 3

Potencia (kWp)	Inclinac.	Orientac.	Potencia nom. (kWn)	PR	Horas prod.	Produc. (MWh)
34,96	30	-30	30	79 %	1489	52.07

Como vemos la diferencia de horas de producción u horas equivalentes entre el caso 3 y el caso 0 es de 4 % y la diferencia entre la potencia pico a instalar es de 17,25 kWp, el doble. Por tanto, elegimos el caso 3 cuya potencia pico es la máxima y la diferencia de las horas equivalentes frente a los otros casos es poco relevante. El PR (*Performance Ratio*) es el parámetro que indica la eficiencia de la instalación en condiciones reales de trabajo; en este caso el PR obtenido, está dentro de los PR admisibles para Madrid (75-80 %).

Una producción anual de 52,07 MWh al año equivale a un ahorro en las emisiones de CO_2 de 52070 kWh·0,25 KgCO2/kWh= 13017,5 kWh/año (siendo 0,25 kgCO_2/kWh el coeficiente de ahorro emisiones en España según el IDAE, 2023).

Es interesante observar el diagrama de pérdidas que ofrece el Informe para ver en una imagen la relación entre energía entrante (irradiación incidente) y la energía eléctrica generada con las principales pérdidas.

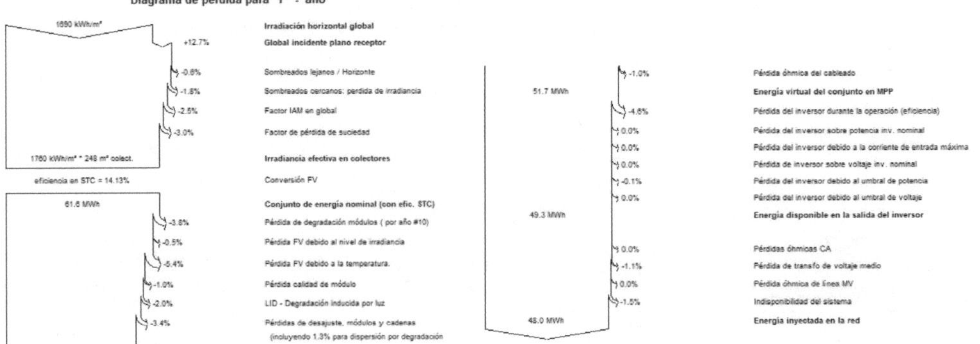

Figura 3.81. Esquema de pérdidas y resumen de resultados en la herramienta PVsyst

3.6.1. Protección de las instalaciones FV conectadas a la red

En general, la central fotovoltaica debe:

- garantizar su desconexión en caso de un fallo en la red o fallos internos mediante un sistema de protecciones.
- Evitar el funcionamiento no intencionado en isla con parte de la red de distribución, en el caso de desconexión de la red general.
- Estar dotadas de un sistema de teledesconexión y un sistema de telemedida en todas las centrales fotovoltaicas con una potencia mayor de 1 MW.
- Poseer los medios necesarios para admitir un reenganche de la red de distribución sin que se produzcan daños.
- No producir sobretensiones que puedan causar daños en otros equipos, incluso en el transitorio de paso a isla, con cargas bajas o sin carga.

Todos los fusibles, protectores de sobretensiones e interruptores de apertura en carga deben cumplir con la norma IEC 60634-7-712. Cuando existan más de 3 *strings* conectados en paralelo, cada uno de ellos deberá estar protegido mediante un dispositivo de protección tipo fusible en ambos polos (positivo y negativo). Normalmente, en la práctica solo se pone en uno de los polos.

En la actualidad es habitual que el propio inversor lleve integrado en su interior casi la totalidad de las protecciones necesarias para garantizar la seguridad y el correcto funcionamiento de los equipos y personas.

Habitualmente deben incorporar:

- Un interruptor-seccionador de potencia c.c.
- Una protección contra sobretensiones del lado de la c.c., con un descargador de sobretensiones (frente a la caída de un rayo).
- Una protección contra polaridad inversa de c.c. mediante diodo de cortocircuito.
- Una protección contra sobretensiones del lado de la c.a. y descargadores.
- Una protección frente a cortocircuitos y sobrecorrientes de salida.
- Una monitorización de fallos a tierra gracias a la detección de la resistencia de aislamiento.
- Un aislamiento galvánico.
- Una protección de funcionamiento antiisla.
- Una desconexión de la red frente a desvíos de frecuencia de la red (menor que 49 Hz o mayor que 51 Hz) y desvíos de tensión (mayores que 1,1 o menores que 0,85 de la tensión nominal).

3.6.2. Protección antirrayos

Una descarga de un rayo implica una variación muy rápida de la corriente en el tiempo (alta di/dt). Esta rápida variación de la corriente en el tiempo, junto con otros parámetros como la inductancia del bucle de cableado, la geometría del bucle y la distancia al punto de descarga, determinarán la aparición de una determinada tensión inducida en el cableado. Se han de evitar los bucles de cableado (Figura 3.82) que puedan aumentar el riesgo de sobretensiones inducidas en la instalación debido a descargas cercanas de rayos.

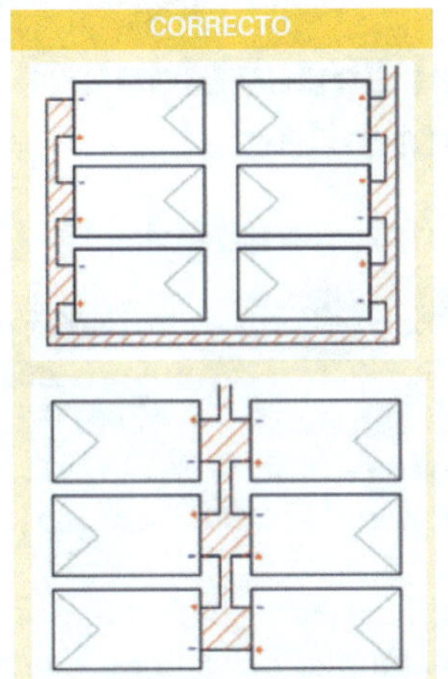

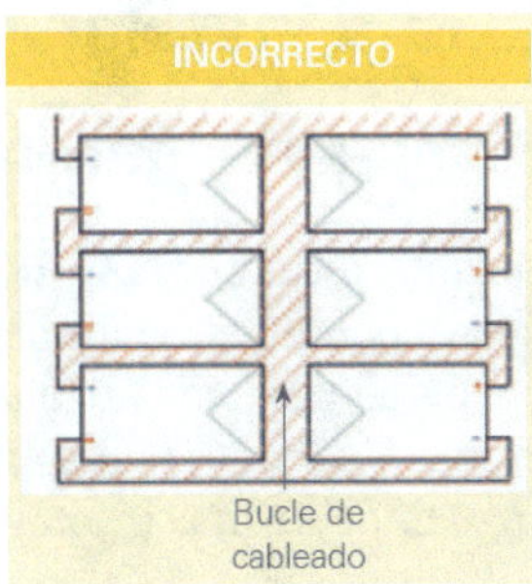

Figura 3.82. Disposición de cables para disminuir el riesgo de sobretensiones inducidas en la instalación debido a descargas cercanas de rayos [97]

Se emplean descargadores de sobretensiones en DC y AC; todo se pone al potencial del rayo para que no haya incrementos de corriente. Los descargadores en DC son distintos a los de AC; deben soportar la $V_{oc\,\text{máx}}$ del generador FV. Otra forma de protección es mediante un descargador de corriente de rayo.

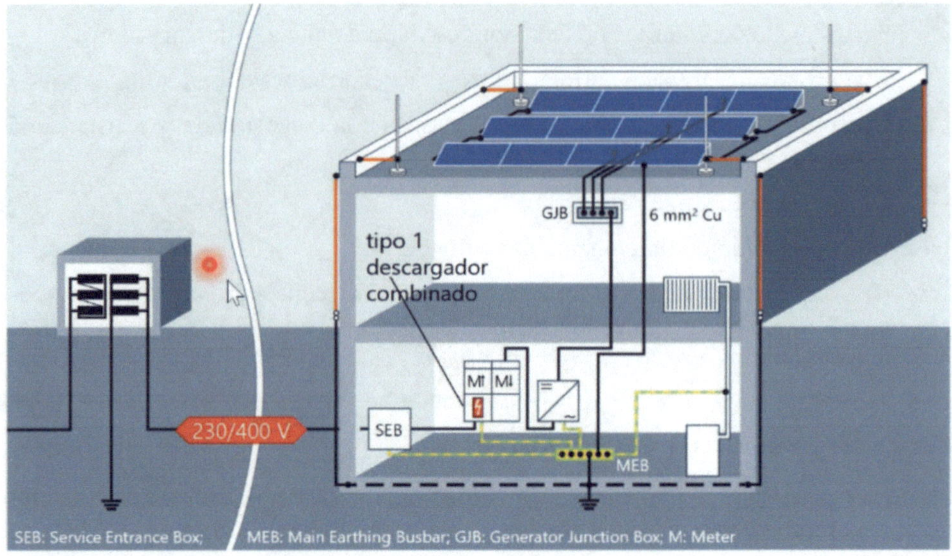

Figura 3.83. Protección antirrayo [98]

3.6.3. Parámetros que influyen en el dimensionado de una instalación fotovoltaica bifacial

3.6.3.1. Parámetros que influyen en la ganancia bifacial

Como vimos anteriormente, los módulos bifaciales pueden generar electricidad por ambas caras y tienen el potencial de aumentar la eficiencia de los sistemas fotovoltaicos. Los elementos clave para aumentar la ganancia bifacial de un determinado proyecto (Figura 3.84) son básicamente el albedo, la distancia entre filas de módulos o pitch, la altura de la estructura y los elementos de la estructura que generan sombras en la cara trasera [85].

Los expertos en proyectos bifaciales recomiendan utilizar varios simuladores para optimizar los resultados a la hora de diseñar el sistema; por ejemplo, PVsyst, *Radiance Bifacial* (NREL), *System Advisor Model* (SAM) o PVDesign. NREL ha sido diseñado específicamente para módulos bifaciales. Utiliza un modelo de trazado de rayos muy preciso; sin embargo, el software está enfocado a simular el rendimiento [87]. SAM estima la ganancia bifacial en base a tres parámetros: el porcentaje del área del panel que permite el paso de la luz solar, la eficiencia relativa de la cara delantera en comparación con la eficiencia de la cara trasera y la distancia entre el suelo y la parte más baja del módulo. PVDesign es muy interesante para grandes plantas en terrenos complejos y ofrece un análisis energético y eléctrico muy completo, incluso para plantas híbridas con almacenamiento. A continuación se analizarán con un ejemplo las funcionalidades del PVsyst.

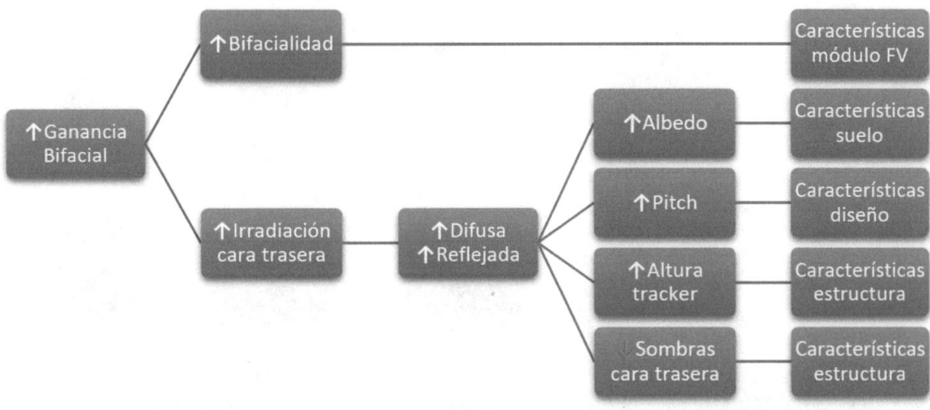

Figura 3.84. Parámetros que influyen en la ganancia bifacial [86]

Aunque la tendencia actual es que la tecnología bifacial se utilice junto con seguidores, también existe la posibilidad de utilizar una estructura fija evitando de este modo que elementos estructurales en la parte trasera estén dando sombra al panel. Es algo poco común, ya que con un sistema de seguidores norte-sur se consigue incrementar la ganancia de hasta un 20 % (depende mucho de la latitud donde se instale la planta [88]). En cuanto a la configuración de los módulos, la tendencia del mercado actual es instalar un módulo en posición vertical (*one-in-portait*, 1P) o dos módulos en vertical (*twin-portait*, 2P). Esto tiene gran impacto a la hora de analizar las sombras por los elementos estructurales empleados, pudiendo resultar en más de un 20 % de pérdidas de irradiación recibida en la cara trasera [85]. Según el mismo análisis del Centro de Evaluación de Seguidores para tecnología Bifacial (BiTEC), los módulos bifaciales instalados en seguidores tienen hasta un 19,2 % de ganancia bifacial en condiciones de alto albedo y un 11,9 % con un albedo medio. Utilizar estos seguidores con módulos bifaciales 2P (dos en vertical) aumenta en un 11,9 % la producción en comparación con la utilización de seguidores con módulos monofaciales 2P.

Cuanto mayor sea la altura de la estructura, aumenta el área reflejada y mayor radiación difusa y reflejada se obtiene en la parte trasera. Además, una ventaja adicional es que tienden a operar a una temperatura más baja. Todos estos efectos dan lugar a una mayor radiación recibida, no está distribuida de forma homogénea y puede dar lugar a pérdidas de potencia.

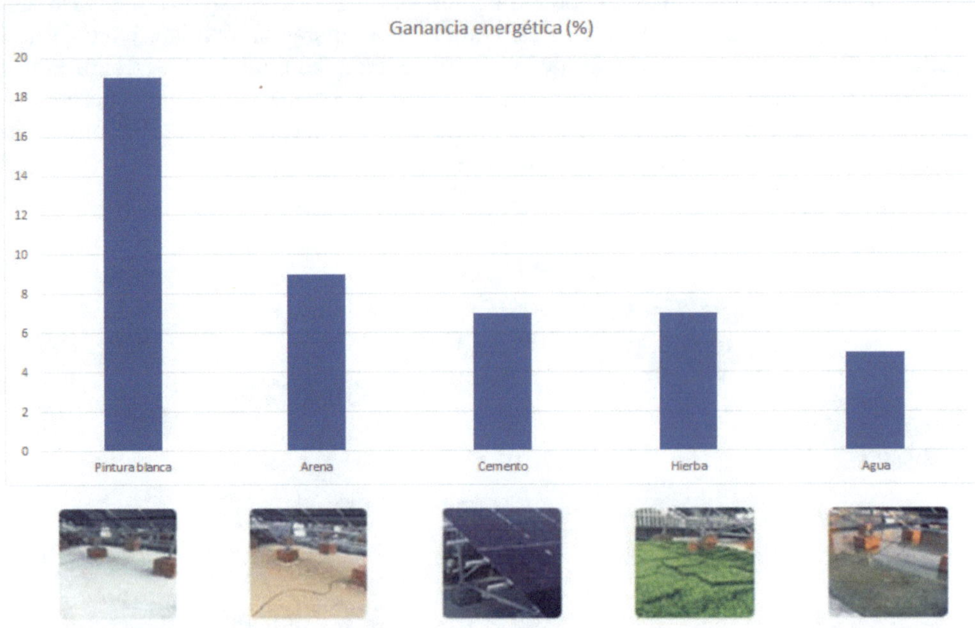

Figura 3.85. Ganancia en la generación para distintos tipos de suelo (albedo) y respecto a monofacial en las mismas condiciones: 1,5 kWp por array, en una localidad (30,3ºN,120,4ºE), 30º de inclinación y a una distancia borde inferior del suelo de 1,2 m [89]

Por ejemplo, en la herramienta PVsyst se pueden contabilizar como una pérdida por *mismatch*. Se trata de unas pérdidas causadas por el desajuste de generación dentro del mismo módulo (normalmente por debajo del 2 %). No es un valor fijo y depende de la altura del módulo en cada ángulo de inclinación: a mayor altura de la estructura, más homogénea es la distribución y menores son las pérdidas por *mismatch*. Según [90], para alturas mayores de 2m la parte trasera estará homogéneamente iluminada y la ganancia bifacial se saturará. Incrementar la altura de las estructuras disminuye las pérdidas por desajuste o *mismatch* [87]. Sin embargo, aumentar la altura normalizada de la estructura (la altura a la que se ubican los paneles respecto al suelo frente al largo del módulo), además de aumentar su coste, tiene una repercusión en las cimentaciones que tendrían una mayor profundidad y la dificultad añadida de trabajar a una altura mayor. Los seguidores son muy sensibles al viento, por lo que, habría que analizar bien esta cuestión.

Dependiendo de la configuración de los módulos, se obtiene una altura normalizada diferente:

- **Configuración 1P:** dividiendo la altura de la estructura (normalmente, 1,5 m) entre el largo del módulo (aproximadamente, 2,1 m) obtenemos una altura normalizada de 0,72 m.

- **Configuración 2P:** dividiendo la altura de la estructura (normalmente, 2,3 m) entre el largo del módulo (aproximadamente 4,2 m) obtenemos una altura normalizada de 0,55 m.

Para que el seguidor 2P tenga la misma altura normalizada que el 1P y así reciba la misma irradiación en la parte trasera, los paneles deberían estar en torno a 3,1 m de altura. Esto, tiene un coste muy elevado y una ejecución compleja, por lo que hay que considerar una altura menor. Habitualmente se busca un balance entre las dificultades técnicas y costes de una mayor altura de la estructura y la ganancia bifacial [91].

El *pitch* se puede definir como la distancia entre filas de módulos, tomando como referencia partes homólogas. Depende en gran medida de la superficie total disponible y la tecnología que se está utilizando. Cuanto mayor es esta distancia, mayor es la superficie que refleja la luz solar a la cara trasera del módulo y mayor es la ganancia bifacial. El *pitch* es un parámetro mucho más sensible en los proyectos bifaciales que en los monofaciales. Al aumentar el *pitch*, no solamente aumenta el periodo de *tracking* sino también, la ganancia bifacial, lo que da como resultado una mayor producción (Figura 3.86).El valor del *pitch* determina el *Ground Coverage Ratio* (GCR) del proyecto, es decir, la relación entre el área de los módulos y el área total. Al aumentar el *pitch* disminuye el GCR, ya que la superficie reflectante es mayor. De esta manera, también aumenta el tiempo de las horas de seguimiento solar a lo largo del día, ya que se eleva el ángulo del *backtracking*. El GCR de las plantas bifaciales tiende a ser más bajo que en las monofaciales [92], mientras que el GCR de las monofaciales está entre el 30 y el 40 %; en el caso de las bifaciales, se puede reducir a 28-35 %, lo cual es una ventaja [93].

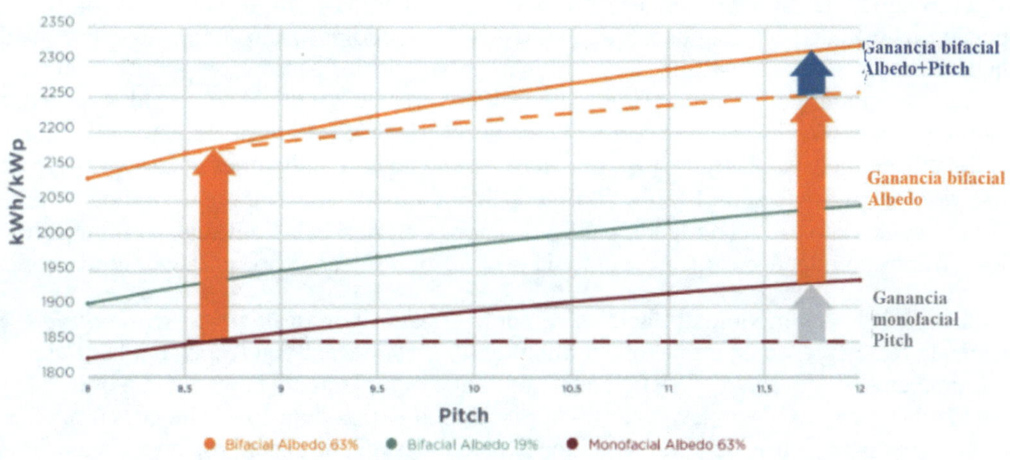

Figura 3.86. Influencia de la ganancia bifacial, en la producción, en función del *pitch* y albedo [92]

A la hora de elegir la potencia del inversor respecto a la potencia de los paneles hay que tener en cuenta que las ganancias en bifacial son mayores en determinadas horas del día (generalmente mediodía) y podrían perderse debido a la saturación del inversor (*inverter clipping)*. Esto sucede cuando el inversor alcanza su máxima capacidad y limita la electricidad generada. Para mantener la pérdida de limitación del inversor dentro de un rango óptimo es preferible una ratio c.c./c.a. de entre 1,05 y 1,15, es decir, alrededor de un 5 % menor que en el caso de los proyectos monofaciales. De esta manera, se produce una reducción de los costes de la capacidad c.c. (potencia pico de los módulos) [94]. Es importante además configurar los cables y los inversores para poder tratar las corrientes máximas y evitar el *derating* del inversor, es decir, la disminución de su potencia para proteger componentes sensibles al sobrecalentamiento.

Ejemplo de aplicación 3.4 Instalación fotovoltaica con módulos bifaciales

Calcular el balance energético de una instalación fotovoltaica con módulos bifaciales. Use la herramienta de simulación PVsyst [76]. La planta se va a ubicar en la provincia de Sevilla. La clase de suelo es rústico, siendo su uso principal agrario para el labradío de secano y pastos. La instalación se compone de 224 módulos fotovoltaicos bifaciales de 425 Wp cada uno lo que hace un total de 95,2 kWp de potencia pico. La potencia nominal de la instalación es de 87 kW.

Solución

La irradiación global horizontal y la irradiación difusa horizontal son datos extraídos del sistema fotovoltaico de información geográfica de la Comisión Europea, PVGIS, según el TMY o año meteorológico típico. PVsyst, como ya hemos visto, ofrece la opción de importar dichos datos automáticamente. Los datos de albedo utilizados han sido extraídos de la base de datos de SOLARGIS. Se combinan varias fuentes basadas en satélites (MODIS) y modelos numéricos de predicción meteorológica (ERA5), aplicando métodos de reducción de escala y realizando las correcciones necesarias [95]. La base de datos utilizada es la del albedo mensual a largo plazo, que tiene en cuenta las condiciones de la superficie con una resolución espacial de 1 km × 1 km, considerando una cobertura temporal de 10 años. Esta base de datos se recomienda para ubicaciones en donde las nevadas son inusuales y los terrenos homogéneos, que es el caso de la ubicación seleccionada para las simulaciones.

En PVsyst, los módulos bifaciales se caracterizarán por su *factor de bifacialidad*, es decir, la relación entre la eficiencia nominal en la parte trasera con respecto a la eficiencia nominal en la parte frontal. La eficiencia nominal es simplemente la potencia nominal bajo CEM (STC) expresada en kWp, dividida por el área del módulo fotovoltaico, en m^2. Para seleccionar este y otros parámetros bifaciales en la pestaña de sistema se ha de seleccionar un módulo bifacial para poder acceder a los parámetros que pueden definir en el sistema bifacial (Figuras 3.87 a y b). En la pestaña *Orientación* previamente se ha elegido el tipo de rastreador (ilimitado, eje horizontal en este caso).

La instalación va a estar formada por 8 *strings* (conjunto de módulos conectados en serie) de 28 módulos cada uno. Los *strings* se van a distribuir en cuatro seguidores, es decir, va a haber dos *strings* por seguidor (56 módulos).

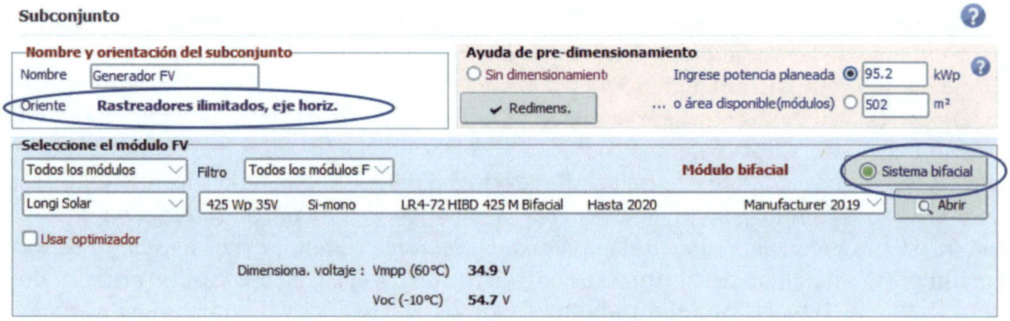

a)

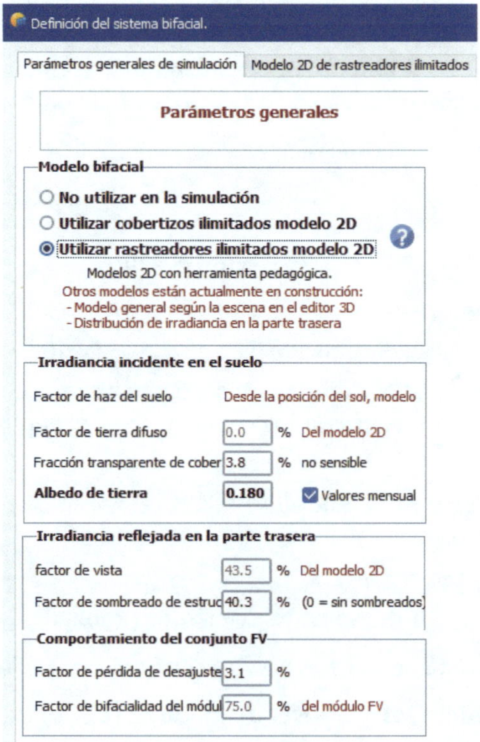

b)

Figura 3.87. a) Pestaña de PVsyst *Sistema* donde se seleccionan los componentes. b) Ventana con los parámetros del sistema bifacial

Esta topología se basa en el estudio de BiTEC, utilizando el seguidor SF7 de Soltec [87], con el que podremos comparar los resultados de la simulación. PVsyst no modela las especificidades de los seguidores, ya que considera que los módulos están colocados en un plano continuo suspendido en el aire. Sin embargo, esta pérdida se puede incorporar manualmente al *Structure Shading Factor* (*factor de sombreado de la estructura*). Según cálculos del fabricante de la estructura, Soltec, este factor debería ser −1,7 % y al ser negativo, se traduce en un aumento de la producción. Como no se puede introducir un factor negativo en PVsyst, se deja en 0 % y se incrementa la *Shed Transparent Fraction* (fracción transparente de la mesa), que es otro parámetro que se puede modificar en PVsyst; se trata de la cantidad de radiación que pasa a través de una fila de módulos y llega a la superficie. Tiene en cuenta que el espacio entre células y entre paneles es transparente. Según el fabricante Soltec este factor es de 3,8 % (también tiene en cuenta la ganancia del factor de sombreado de la estructura). PVsyst considera que toda la radiación recibida es homogénea a lo largo de todo el módulo, simulando un desajuste constante de la radiación en la cara trasera, un valor que, por defecto, es 10 % (según el estudio realizado en BiTEC, es válido para una estructura con una elevación de 1 m); además según el mismo estudio, utilizando un seguidor bifacial 2P SF7 de Soltec (2,35 m de altura), se consigue un valor de *Mismatch Loss Factor* del 3,1 %.

En la pestaña de *Pérdidas detalladas* se considerarán los principales factores de pérdidas del sistema y la mayoría se especifican en condiciones estándares de medida.

- **Pérdidas térmicas del campo:** factores de pérdida de energía causadas por la temperatura. Ejemplo:
  - Pérdida constante: $U_c = 31$ W/m^{2}K.
  - Pérdida del viento: $U_v = 1{,}6\ 31$ W/m^2·K / m/s.
- **Pérdidas óhmicas:**
  - Pérdidas óhmicas del cableado de c.c.: 1,5 % (valor por defecto).
  - Pérdidas óhmicas del cableado de corriente alterna: como no se tiene información sobre las distancias de los cables y secciones utilizadas, se deja un valor conservador del 1.5 %.
- **Pérdidas de eficiencia del módulo:** –0,4 % (ejemplo de valor extraído de la ficha técnica del módulo).
- **Factor de pérdidas LID** (*Light Induced Degradation*): 2 % (dato extraído de la ficha técnica del módulo); es una característica propia del cristal del módulo.
- **Pérdidas de potencia en MPP a nivel de *string*:** 1 % (valor por defecto).
- **Pérdidas de potencia MPP a nivel de módulo:** 0,1 % (valor por defecto).
- **Factor de pérdida de suciedad anual:** suponiendo que los módulos se limpiarán dos veces al año y considerando que las pérdidas por suciedad en las instalaciones con seguidores solares son menores que en las instalaciones de estructura fija se estima un 2 %.

- **Pérdidas IAM (modificador angular de incidencia):** datos extraídos de la ficha técnica del módulo, una característica propia de las células y del ángulo de incidencia de la luz solar.
- **Pérdidas de energía auxiliares:** hay unas pérdidas predeterminadas del inversor. Es habitual considerar un 0,5 % de pérdidas generales proporcionales a la potencia de salida del inversor (5 W/kW) en relación al consumo de los seguidores, luminarias, circuito de televisión, aire acondicionado, etc. Estas pérdidas van a ser nulas por la noche (a nivel de estudio energético, ya que, estos consumos se producen en horario nocturno y por tanto no pueden ser restados de la energía generada).

Los resultados de producción y rendimiento mensuales, así como balance energético tras la simulación con PVsyst son los mostrados en la Figura 3.88. Se observa cómo en el diagrama de pérdidas, a diferencia del obtenido en el informe del Ejercicio 3.3, aparece el término de irradiación incidente desde el suelo.

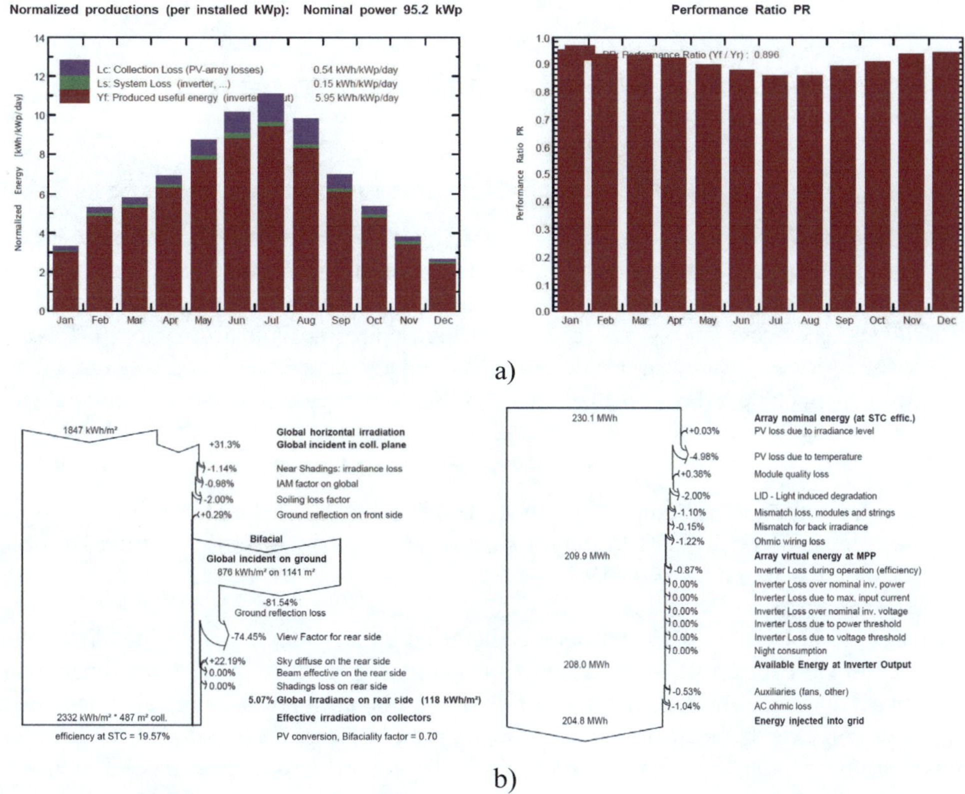

Figura 3.88. Resultados PVsyst. a) Producción y PR mensuales, b) Balance energético anual

3.7. AUTOCONSUMO SOLAR FOTOVOLTAICO

El Real Decreto 244/2019 entiende como autoconsumo «*el consumo por parte de uno o varios consumidores de energía eléctrica proveniente de instalaciones de generación próximas a las de consumo y asociadas a las mismas*». Las energías renovables permiten su uso para pequeños y medianos consumidores procedentes de fuentes de energía fotovoltaica, minieólica, biomasa, etc. Por precio y difusión hablaremos de la FV, aunque el concepto es extensible a otras fuentes de generación de energía.

Entre las ventajas del autoconsumo destacan las de menores pérdidas en el transporte por menor uso de la red y menor impacto ambiental; entre los inconvenientes destaca la mayor inversión. Por ejemplo, para instalaciones residenciales individuales podría llegar a triplicar el coste, ≈ 1700 €/kWp frente a ≈ 600 €/kWp grandes instalaciones (2 MWp-2 ejes: 1,5 M€).

En la actualidad en España hay más de 5 GW de potencia en instalaciones de autoconsumo fotovoltaico (¡la potencia instalada equivalente a la de 5 centrales nucleares!). Se prevén hasta 19 GW de autoconsumo para 2030 (4-9 GW en segmento vertical).

3.7.1. Clasificación de las instalaciones de autoconsumo

Podemos diferenciar tres grandes grupos de aplicaciones:

1. Instalaciones para el sector residencial (doméstico), con potencias típicas de 1 a 25 kWp.
2. Integración fotovoltaica en edificios comerciales o industriales: potencia de 5 kWp a varios MWp. Las plantas fotovoltaicas de potencia inferior a 100 kWp, de forma general, se deben conectar a la red de baja tensión. Las compañías eléctricas son las que dictan las características que deben tener los Centros de Transformación (CT) ya que los terrenos en los que se instalen los CT quedarán en propiedad de las compañías Si no se dispone de red de BT en el emplazamiento escogido o bien por motivos de nivel de potencia superior al admitido por el punto de conexión disponible, la empresa distribuidora indicará los condicionantes para inyectar la energía a la red de alta tensión
3. Plantas centralizadas con potencias de 100 kWp hasta más de 0,1 GWp, para venta de electricidad. En 2023 la mayor instalación de autoconsumo de toda Europa se instaló en Cartagena (100 MW).

A partir de la Ley 24/2013 del Sector Eléctrico existen dos tipos de instalaciones de autoconsumo sin excedentes (será necesario justificar la no inyección de excedentes a la red de distribución mediante la instalación de un equipo antivertido) e instalaciones de autoconsumo con excedentes. En España se regulan en el Real Decreto 244/2019 las condiciones administrativas, técnicas y económicas del autoconsumo de energía eléctrica. En el caso de excedentes el sujeto consumidor y el sujeto productor de electricidad serán el mismo y conllevará un procedimiento de legalización más complejo, pero que permitirá dar valor a los excedentes solares producidos. Se distinguen dos opciones básicas según la potencia instalada:

a) *P* menor o igual a 100 kWp: acogida a compensación (se compensan los excedentes de forma automática).

b) *P* mayor a 100 kWp: sin derecho a compensación. Se pueden vender los excedentes (pagando el 7 % impuesto por venta de energía eléctrica, como el resto de centrales y el peaje de generación: 0,5 €/MWh).

Se pueden distinguir tres formas de autoconsumo: individual, colectivo (Figura 3.89) y el autoconsumo próximo a través de red; en este último la instalación no tiene que estar conectada necesariamente al edificio donde queremos autoconsumir, sino que puede ser una instalación *próxima*: esto supone que también podemos tener en cuenta espacios o cubiertas cercanos a nuestro edificio. La distancia se amplió a 2 km (sobre cubierta) en 2022.

Figura 3.89. Sistema de generación básico de autoconsumo residencial, individual y colectivo (IDAE)

3.7.1.1. Autoconsumo colectivo

Cuando se trata de varios consumidores asociados a la instalación o instalaciones de producción próximas. Puede ser en red interior, mediante líneas directas o a través de red, cuando se cumpla alguna de las siguientes condiciones:

- Cuando la conexión se realice a la red de BT que se deriva del mismo centro de transformación al que pertenece el consumidor.
- Cuando se encuentren conectados, tanto la generación como los consumos a una distancia entre ellos menor de 500 m, medidos en proyección ortogonal en planta entre los equipos de medida. Esta distancia será de 2000 m en el caso de plantas fotovoltaicas sobre cubiertas, suelo industrial o estructuras artificiales cuyo objetivo principal no sea generar electricidad.
- Cuando la instalación generadora y los consumidores asociados se ubiquen en la misma referencia catastral, tomada como tal si coinciden los 14 primeros dígitos (con la excepción de las comunidades autónomas con normativa catastral propia).

Existen diferentes *modalidades* de autoconsumo colectivo:

1. **Sin excedentes.** En esta modalidad existen varios consumidores asociados y se dispone de un sistema antivertido. La titularidad de la instalación de generación y del mecanismo antivertido será compartida solidariamente por todos los consumidores asociados. La modalidad puede ser:
   - **Sin compensación de excedentes.** No se aprovechan los excedentes.
   - **Con compensación de excedentes.** Sí se compensan los excedentes, para beneficio de los consumidores. Solo se generarán excedentes cuando otro consumidor esté consumiendo la energía en ese momento, ya que, con el sistema antivertido, la instalación nunca generará más energía que la demandada por la suma de los consumidores.
2. **Con excedentes, acogida a compensación:**
   - Las instalaciones deberán estar **conectadas en red interior,** de manera que, en los edificios sujetos a la Ley de Propiedad Horizontal (LPH) no se conecte directamente a la red interior de ninguno de los consumidores.
   - Las instalaciones colectivas con excedentes a través de red, para poder acogerse a la compensación, deberán asegurar que **al menos uno de los consumidores asociados está conectado a la instalación en red interior.** En estos casos, la titularidad de la instalación de generación será del productor.
3. **Con excedentes, no acogida a compensación:**
   - El productor ostenta la titularidad de la instalación de generación. En esta modalidad existen varios consumidores asociados y los excedentes no autoconsumidos se venden al mercado.
   - Estos excedentes, que estarán asociados a la instalación (o instalaciones) de generación, se calculan como la diferencia entre la generación horaria neta y la suma de los autoconsumos horarios individualizados.

En una instalación de autoconsumo colectivo todos los consumidores asociados deberán pertenecer a la misma modalidad de autoconsumo. También es necesario que los intervinientes firmen un acuerdo con los criterios de reparto de la energía generada. Este reparto de la energía podrá realizarse con los criterios que más se acomoden a las necesidades de los consumidores. El reparto debe acordarse con antelación y podrá ser distinto para cada hora del periodo de facturación, con la única restricción de que la suma de esos coeficientes debe ser 1 para cada hora del periodo de facturación.

Este acuerdo deberá ser firmado por todos los consumidores asociados y remitido de forma individual por cada consumidor asociado a la compañía distribuidora (directamente o a través de su comercializadora). Las activaciones de la modalidad de autoconsumo se irán realizando a medida que se activen las solicitudes que realicen los distintos comercializadores.

Pasos para la implementación del autoconsumo

Los pasos más importantes a la hora de implementar el autoconsumo son:

- Estudio de viabilidad posibilidades del edificio, presupuesto y ahorro.
- Trámites administrativos.
- Instalación.
- Registro ante la comunidad autónoma y notificación a la distribuidora.

El punto de partida es disponer del espacio necesario: tejado, cubiertas, jardín, etc. En el caso de los paneles solares fotovoltaicos, estos son más productivos cuando los rayos del Sol inciden de forma perpendicular, por lo que la orientación sur es la mejor, aunque otras orientaciones también son viables. En viviendas individuales hay mucha variedad de opciones, pero hay que destacar una característica particular de España: el 65 % de los españoles viven en pisos de bloques de viviendas, porcentaje solo superado por Letonia (Figura 3.90) [101], por lo que se ha de reforzar e impulsar el autoconsumo colectivo en bloques de viviendas más que en el resto de Europa.

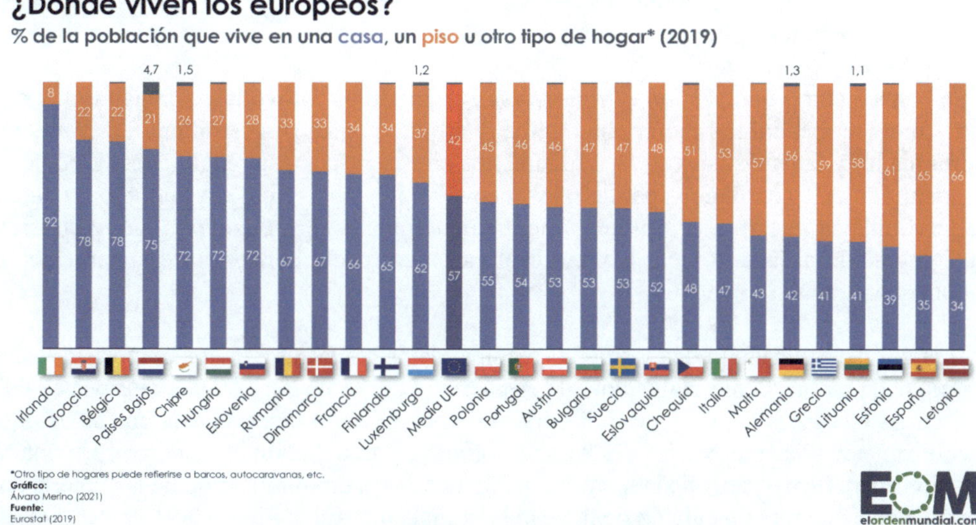

Figura 3.90. ¿Dónde viven los europeos? [101]

Dimensionado

En el último apartado del capítulo se muestra un ejemplo de dimensionado de sistema de autoconsumo individual, pero antes debemos matizar algunos conceptos previamente tratados en el dimensionado de grandes plantas fotovoltaicas.

Se sabe que existe un ángulo de inclinación óptimo, que será aquel que maximice la producción anual total y que la orientación óptima es hacia el ecuador.

En los sistemas de autoconsumo, en especial en el segmento vertical, lo habitual es adaptar la disposición de los paneles a la arquitectura de la vivienda o edificio. Se recomienda que la orientación e inclinación del generador fotovoltaico y las posibles sombras sobre el mismo serán tales que las pérdidas sean inferiores a los límites mostrados en la Tabla 3.16.

Tabla 3.16. Recomendaciones en España. Límites de pérdidas en instalaciones fotovoltaicas [105]

	Orientación e inclinación (*OI*)	**Sombras (*S*)**	**Total (*OI* + *S*)**
General	10 %	10 %	15 %
Superposición	20 %	15 %	30 %
Integración arquitectónica	40 %	20 %	50 %

Se distinguen tres casos: general, superposición de módulos e integración arquitectónica. En todos los casos se recomienda cumplir tres condiciones: pérdidas por orientación e inclinación, pérdidas por sombreado y pérdidas totales inferiores a los límites estipulados respecto a los valores óptimos.

Se conoce como *integración arquitectónica* de módulos fotovoltaicos: cuando los módulos cumplen una doble función, energética y arquitectónica (revestimiento, cerramiento o sombreado) y, además, sustituyen a elementos constructivos convencionales. La colocación de módulos fotovoltaicos paralelos a la envolvente del edificio sin la doble funcionalidad definida en integración arquitectónica se denominará *superposición* y no se considerará integración arquitectónica. No se aceptarán, dentro del concepto de superposición, módulos horizontales.

Una vez determinado que hay sitio, es recomendable contactar con una empresa especializada. Puede ser una comercializadora de electricidad una empresa instaladora especializada de sistemas eléctricos, una empresa de servicios energéticos o una empresa que se dedique específicamente a las renovables. Se hará un estudio técnico; habitualmente también una simulación energética a partir de la factura. En algunos casos una simulación de la cubierta con sombreado. Y siempre un cálculo de la posible producción. En la Figura 3.91 se ven simulaciones con diversos simuladores (Helioscope, Arquelios, PVsyst, PVSol, PVcase).

Habitualmente será la empresa la que llevará a cabo los pasos técnicos y administrativos necesarios, además de realizar la instalación con todas las garantías de seguridad. La nueva normativa ha simplificado y reducido la cantidad y complejidad de trámites a realizar y el IDAE [100] ha elaborado una guía detallada para ayudar a estos profesionales a llevar a cabo todos los pasos necesarios. El IDAE publicó en julio 2023 una buena guía sobre autoconsumo colectivo. Es interesante también la guía que ha elaborado el Colegio Profesional de Administradores de Fincas de Madrid con la colaboración del IDAE [112].

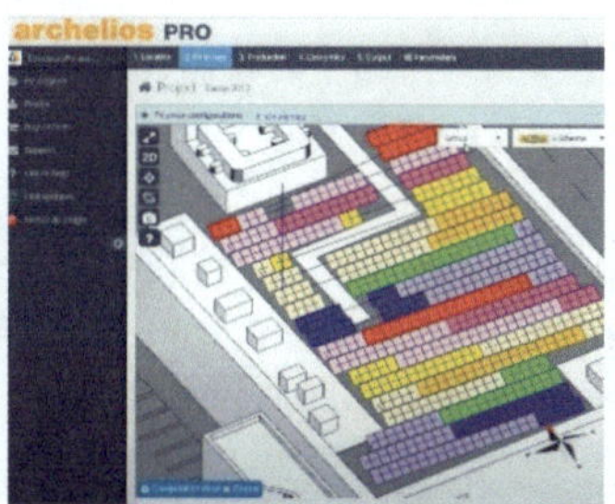

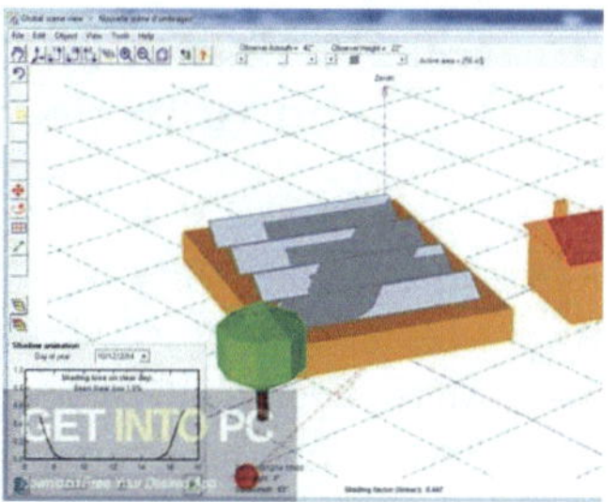

Figura 3.91. Simuladores: Helioscope, Arquelios, PVsyst

La amortización en una instalación en autoconsumo residencial estaría entre 3 y 10 años, ya que depende tanto de la potencia instalada, el emplazamiento, la evolución del precio de la energía y del uso que se haga de ella. Hay líneas de ayuda y beneficios fiscales que ayudan a amortizar aún más rápido la instalación. El informe [111] repasa las bonificaciones fiscales que ofrecen los ayuntamientos españoles de más de 10.000 habitantes para las instalaciones de autoconsumo. Hay sistemas de financiación que evitan tener que desembolsar la inversión inicial de golpe. Tras la amortización de la inversión inicial, es decir durante los 20 o 25 años siguientes, el ahorro en la factura eléctrica es enorme, 20-25.000 euros. Si hablamos de edificios de viviendas, los plazos son incluso inferiores. Esto se debe a que las economías de escala que se consiguen suelen ser mayores, aunque la potencia recibida por cada vecino suele ser también inferior (1,5 kW aproximadamente). En este caso, la inversión suele recuperarse en un plazo de entre 3 y 7 años [104].

¿Qué se hace con el exceso de energía eléctrica que no autoconsumimos?

Se puede:

- Optar por la compensación simplificada si la instalación es de menos de 100 kWp. En la que la comercializadora compensa los excedentes como ahorro en la factura eléctrica mes a mes. La comercializadora le pone un precio a tu electricidad sobrante (ej.: 6 céntimos el kWh), cantidad que se restará del total de tu factura del mes. Hay que prestar atención a que solo se resta hasta que la parte de la factura correspondiente a la energía sea cero. El autoconsumidor tendrá que pagar la parte correspondiente a todos los demás conceptos (potencia, impuestos, peajes para el mantenimiento de las redes, etc.).
- Instalar baterías. Pueden ser baterías virtuales. El almacenamiento virtual consiste en que todos aquellos excedentes de energía se pueden emplear para el futuro o segundas viviendas. Por ejemplo, lo ofrecen comercializadoras como: Hola luz, Próxima Energía, Octopus, EDP, Iberdrola, Repsol, Endesa y Factor Energía. La oferta ha ido creciendo mucho desde mediados de 2023. Las baterías virtuales almacenan esos excedentes que no han podido compensarse en la misma factura en la que se generaron y aplican en forma de descuento, tanto en la misma factura, como en otras facturas posteriores o en facturas de segundas viviendas.
- Si se prevé que va a haber muchos excedentes se puede optar por autoconsumo con excedentes, sin compensación simplificada (lo que supone darse de alta como productor de energía, pero se incrementan mucho los trámites administrativos y fiscales).

3.7.1.2. Reglamentos técnicos, evaluación medioambiental y estudio de seguridad y salud

- Ley 24/2013, de 26 de diciembre, del Sector Eléctrico. Establece que las instalaciones de autoconsumo conectadas en baja tensión se ejecutarán de acuerdo a lo establecido en el Reglamento Electrotécnico de Baja Tensión (REBT) y sus Instrucciones Técnicas Complementarias (ITC-BT). Según determina la ITC-BT-40, será admisible la conexión a BT de las instalaciones de hasta 100 kW.
- En el caso de las instalaciones conectadas en alta tensión el reglamento aplicable será el Reglamento de Instalaciones Eléctricas de Alta Tensión (RAT) y sus Instrucciones Técnicas Complementarias (ITC-RAT).
- Quedan exentas de evaluación ambiental casi la totalidad de las instalaciones fotovoltaicas de autoconsumo: todas las que se encuentren en tejados o cubiertas de edificios existentes y todas las que estando ubicadas sobre suelo ocupen menos de 100 Ha.
- En líneas generales, las instalaciones de autoconsumo fotovoltaico realizadas sobre cubiertas de edificaciones no necesitan elaborar planes de seguridad y salud.
- Las instalaciones de potencia no superior a 100 kW ($P \leq 100$ kW) no precisan proyecto. Únicamente será necesaria la elaboración de un apartado de gestión preventiva de los trabajos a realizar en la instalación o estudio preventivo de la actividad contratada (art. 7, RD 1627/1997), que se incluirá como apartado dentro del documento descriptivo de la instalación. Esta gestión preventiva de los trabajos a realizar vendrá firmada por el mismo técnico que firma el documento descriptivo de la instalación ya que formará parte del mismo.
- En las instalaciones de potencia superior a 100 kW ($P > 100$ kW), el proyecto a realizar incorporará un estudio básico de seguridad y salud (con el contenido mínimo indicado en el art. 5.2 RD 1627/1997) donde se deberá precisar las normas de seguridad y salud aplicables a la obra. Deberá contemplar la identificación de los riesgos laborales que puedan ser evitados, indicando las medidas técnicas necesarias para ello; relación de los riesgos laborales que no puedan eliminarse, especificando las medidas preventivas y protecciones técnicas tendentes a controlar y reducir dichos riesgos y valorando su eficacia, en especial cuando se propongan medidas alternativas.

3.7.1.3. Proyecto de generación fotovoltaica para autoconsumo con PVsyst

A continuación se presentan las particularidades de un proyecto de autoconsumo; en el Ejemplo de aplicación 3.3 se detallaron los pasos iniciales para el dimensionado de la instalación, esto es, la introducción del recurso solar, la selección de componentes y el estudio de pérdidas del sistema incluyendo sombreado. En el caso de un proyecto de autoconsumo es conveniente conocer el consumo horario anual previsto. Para poder insertar el consumo se selecciona el parámetro *Autoconsumo* en la página principal de PVsyst; se puede optar entre varias opciones (Figura 3.92). Por ejemplo, *Perfiles diarios* con *Modulación estacional.*

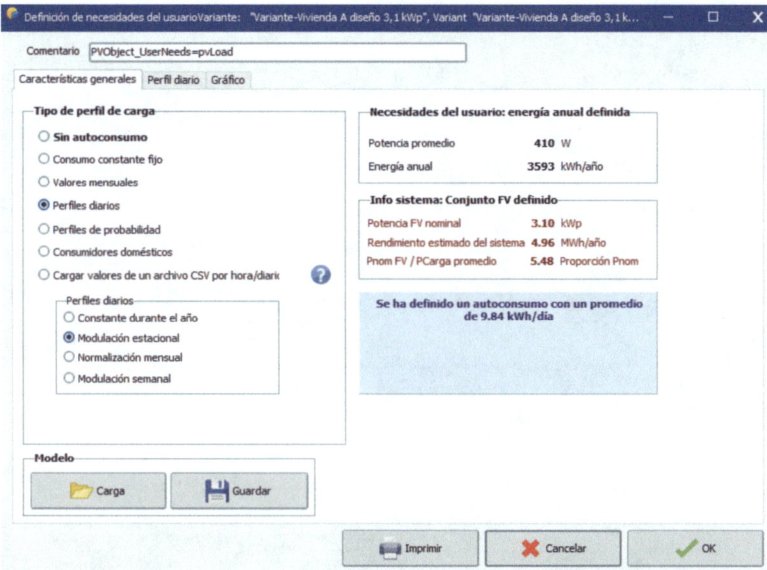

Figura.3.92. Opciones para la introducción del consumo. Ejemplo en PVsyst

En *Perfil diario*, es posible insertar los consumos horarios para las cuatro estaciones.

Definición de necesidades del usuarioVariante: "Variante-Vivienda A diseño 3,1 kWp", Variant "Variante-Vivienda A diseño 3,1 k...

Comentario PVObject_UserNeeds=pvLoad

Características generales | Perfil diario | Gráfico

Necesidades usuario: perfil diario, Modulación estacional

Potencia por hora [W]

Valores por hora

h	W	h	W
0 h	445	12 h	506
1 h	462	13 h	600
2 h	481	14 h	387
3 h	552	15 h	359
4 h	477	16 h	762
5 h	477	17 h	305
6 h	459	18 h	326
7 h	478	19 h	326
8 h	1131	20 h	294
9 h	1293	21 h	455
10 h	335	22 h	304
11 h	1280	23 h	400

Promedio 537 W
Suma del día 12.9 kWh/día
Suma del mes 387 kWh/mes

Operador (actuando en todos los valores): Idéntico, Añadir, Multiplicar, Renormalizar a suma — Valor 0.00 W — Elaborar

Muestra valores de: Verano (jun-ago) — Copiar valores

Imprimir | Cancelar | OK

Figura 3.93. Datos de consumos domésticos estacionales. Ejemplo en PVsyst

Otra opción es *Uso doméstico* y en el apartado *Consumo*, hay la posibilidad de insertar los aparatos eléctricos, su número, la potencia absorbida y el tiempo de funcionamiento (en este ejemplo para cada estación).

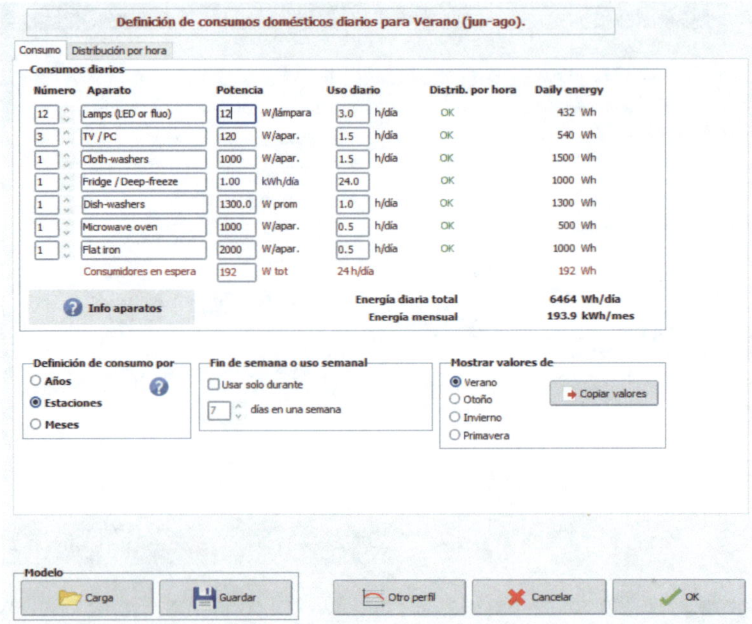

Definición de consumos domésticos diarios para Verano (jun-ago).
Consumo
Distribución por hora
Consumos diarios
Número
Aparato
Potencia
Uso diario
Distrib. por hora
Daily energy
12 Lamps (LED or fluo) 12 W/lámpara 3.0 h/día OK 432 Wh
3 TV / PC 120 W/apar. 1.5 h/día OK 540 Wh
1 Cloth-washers 1000 W/apar. 1.5 h/día OK 1500 Wh
1 Fridge / Deep-freeze 1.00 kWh/día 24.0 OK 1000 Wh
1 Dish-washers 1300.0 W prom 1.0 h/día OK 1300 Wh
1 Microwave oven 1000 W/apar. 0.5 h/día OK 500 Wh
1 Flat iron 2000 W/apar. 0.5 h/día OK 1000 Wh
Consumidores en espera 192 W tot 24 h/día 192 Wh
Info aparatos
Energía diaria total 6464 Wh/día
Energía mensual 193.9 kWh/mes
Definición de consumo por
Años
Estaciones
Meses
Fin de semana o uso semanal
Usar solo durante
7 días en una semana
Mostrar valores de
Verano
Otoño
Invierno
Primavera
Copiar valores
Modelo
Carga
Guardar
Otro perfil
Cancelar
OK

Figura 3.94. Datos de consumos domésticos estacionales. Ejemplo en PVsyst

Para que PVsyst pueda ejecutar la evaluación energética de la instalación, es necesario especificar la distribución horaria de las cargar en *Distribución por hora*.

Definición de consumos domésticos diarios para Verano (jun-ago).
Consumo
Distribución por hora
Lamps (LED or fluo)
Total 3 H
TV/PC
Total 1.5 H
Cloth-washers
Total 1.5 H
Fridge / Deep-freeze
Total 24 H
Dish-washers
Total 1 H
12H
15H
18H
21H
0H
3H
6H
9H
Mostrar valores de
Verano
Otoño
Invierno
Primavera
Aparatos definidos
Mostrar otros
Consumo global diario
Perfil horario
Consumo por hora [kW]
Modelo
Carga
Guardar
Otro perfil
Cancelar
OK

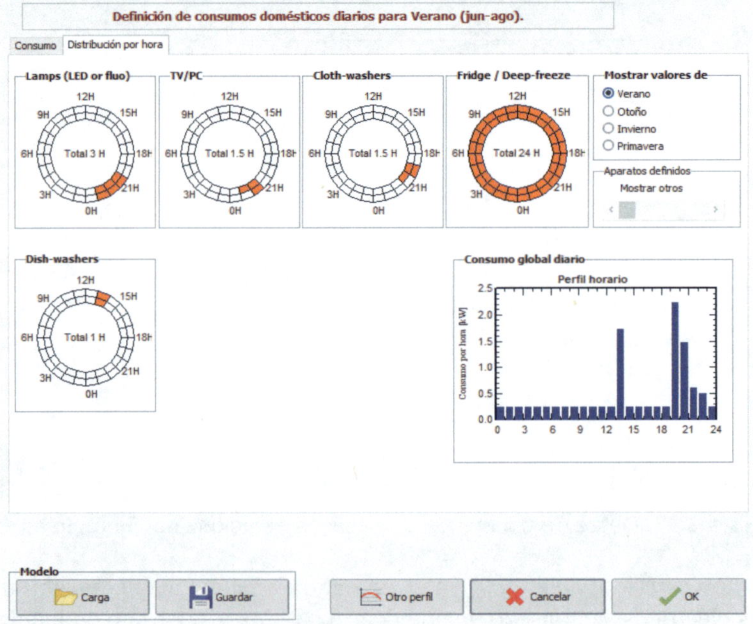

Figura.3.95. Datos de consumos domésticos estacionales. Ejemplo en PVsyst

Otra manera sería importar los datos de consumo de un fichero .csv que se puede descargar de la propia compañía distribuidora o de la empresa comercializadora.

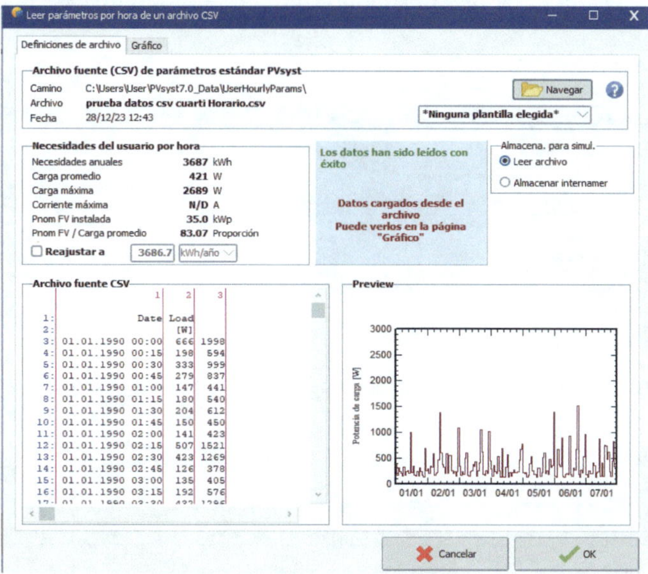

Figura.3.96. Datos de consumos domésticos a partir de fichero.csv con datos cuartihorarios. Ejemplo en PVsyst

Potencia del generador

Es habitual utilizar paneles con potencia de entre 300 y 450 Wp (habitual en tejado). Se selecciona un inversor de una potencia en torno al 90 %-100 % de la potencia del generador fotovoltaico.

La fórmula del pliego de condiciones técnicas de Instalaciones aisladas de la red [106] nos da la potencia mínima del generador que suministraría la demanda *Ed* diaria:

$$P_{P_{\text{mín}}} = \frac{Ed \cdot G_{CEM}}{G_{dm}(\alpha, \beta) \cdot PR} \tag{3.26}$$

donde:

G_{CEM} = 1kW/m^2.

PR = 0,8. El valor del *Performance Ratio* de partida utilizado puede ser 0,7, pues es el valor típico indicado en el pliego de condiciones técnicas [106], para instalaciones con inversor y sin batería; pero los actuales inversores de conexión a red usados en autoconsumo, tienen un rendimiento mejor que los de aislada, por lo que será más realista usar un *PR* cercano al 0,8.

$G_{dm}(\alpha, \beta)$. La irradiación media diaria sobre el plano del generador puede elegirse como el promedio de todo el año. Este valor no es la irradiación sobre la horizontal de la que se dispone en la tabla inicial de recurso solar, sino la prevista sobre los módulos una vez orientados e inclinados en su emplazamiento final. Se puede obtener como parte de los resultados de simulación del sistema, bien en la página 6 del informe de salida de PVsyst, o bien en la parte derecha de la pantalla de resultados, en la pestaña *Tablas*:

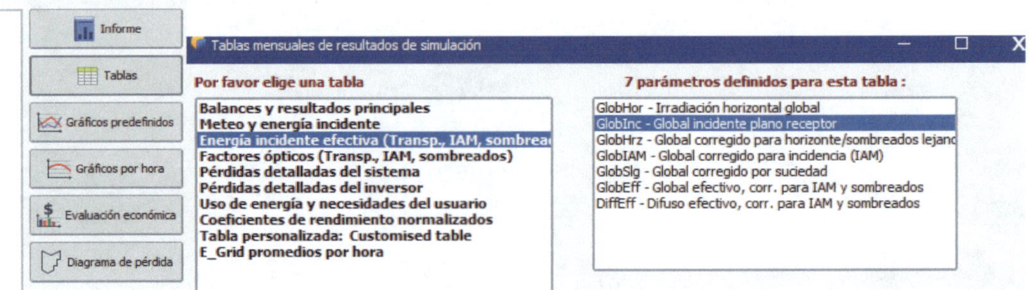

Figura.3.97. Selección de resultados en PVsyst

GETAFE 17

Energía incidente efectiva (Transp., IAM, sombreados)

	GlobHor kWh/m²	GlobInc kWh/m²	GlobHrz kWh/m²	GlobIAM kWh/m²	GlobSlg kWh/m²	GlobEff kWh/m²	DiffEff kWh/m²
Enero	62.5	77.6	77.4	74.8	72.5	72.5	18.39
Febrero	84.4	99.4	99.2	96.7	93.8	93.8	21.88
Marzo	133.8	149.8	149.5	146.0	141.6	141.6	28.07
Abril	166.2	175.2	174.8	171.1	166.0	166.0	38.88
Mayo	199.9	203.8	203.4	199.0	193.0	193.0	43.47
Junio	222.1	223.4	223.1	218.6	212.1	212.1	36.92
Julio	237.1	240.3	240.0	235.3	228.2	228.2	27.58
Agosto	208.0	217.6	217.2	212.7	206.3	206.3	34.17
Septiembre	154.4	168.8	168.4	164.6	159.7	159.7	31.17
Octubre	105.4	122.0	121.7	118.6	115.0	115.0	26.86
Noviembre	67.7	81.4	81.1	78.6	76.2	76.2	22.86
Diciembre	54.4	68.7	68.6	66.1	64.2	64.2	17.17
Año	1695.9	1827.9	1824.4	1782.0	1728.5	1728.5	347.43

Figura.3.98. Ejemplo de radiación incidente en PVsyst

Este sería el generador mínimo calculado para cubrir necesidades básicas. Pero se suele sobredimensionar para tener excedente y conseguir así una reducción en el pago de la energía del mes siguiente. Como máximo en autoconsumo domiciliario se ha de intentar suministrar la demanda en horas de Sol (es decir el autoconsumo puro), suele ser un 30 o 40 % de la demanda diaria total. Habrá que definir el número de módulos en serie y el número de *strings* (o cadenas) entre las que propone el software PVsyst; este hará la comprobación de que la tensión máxima de las *strings* no supere la máxima tensión de entrada del inversor en condiciones meteorológicas desfavorables y que la tensión mínima no esté debajo del rango de MPPT del inversor, para maximizar la potencia producida por los módulos. En caso de que estas condiciones no se verifiquen, el PVsyst generará un aviso. Tal como vimos en el Ejemplo de aplicación 3.3 se pueden introducir en Sombras cercanas el edificio, los paneles y los posibles obstáculos para ver las sombras (Figura 3.99).

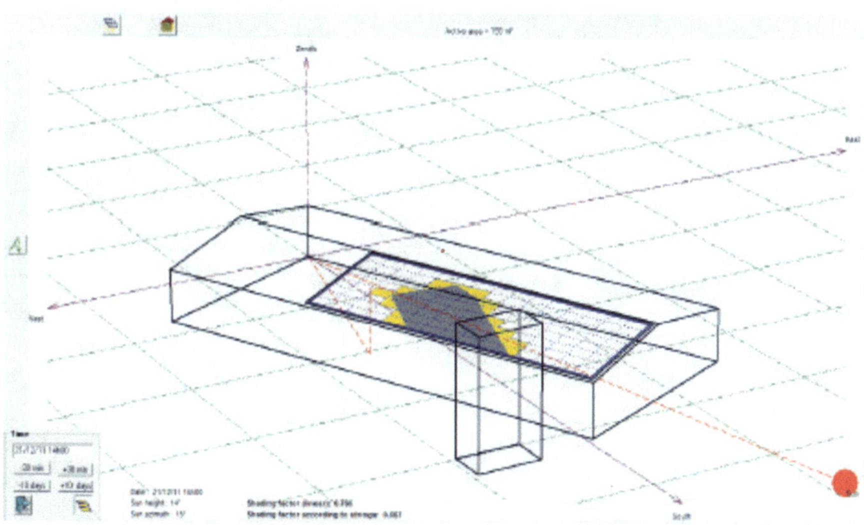

Figura.3.99. Ejemplo de construcción de emplazamiento y obstáculo para el cálculo de sombreado cercano en PVsyst

En la penúltima página del informe del PVsyst se puede encontrar la estimación de la energía que se va a inyectar a la red, la que se consume o bien desde la red o bien desde el generador fotovoltaico. Se encuentra al final del diagrama de pérdidas del informe o de la pantalla de resultados de PVsyst (Figuras 3.100 y 3.101).

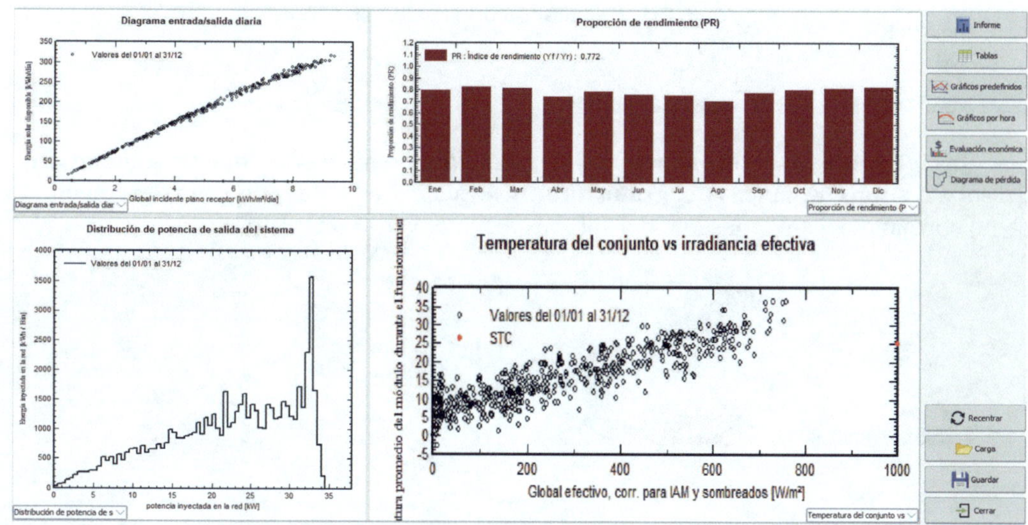

Figura 3.100. Resultados principales en PVsyst

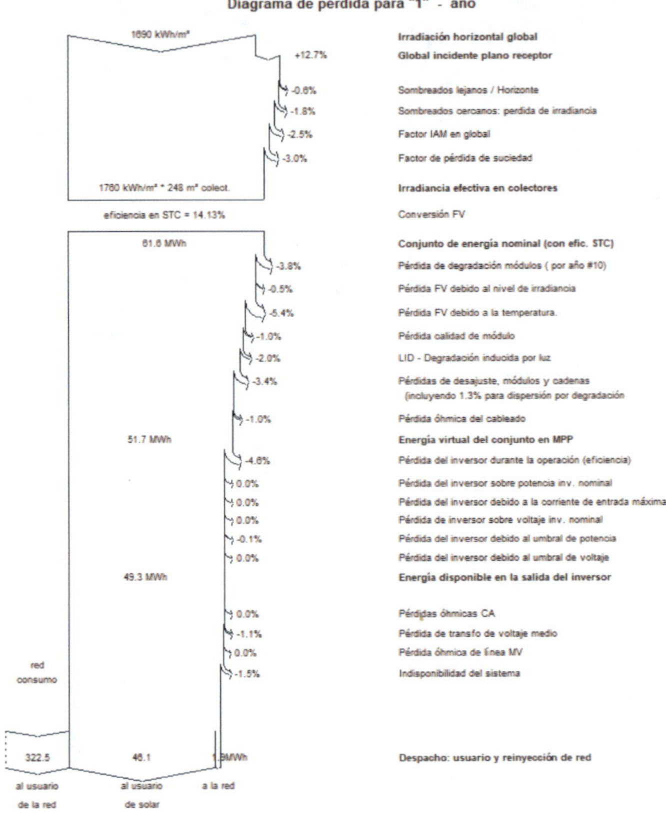

Figura 3.101. Resultados principales en PVsyst

3.7.1.4. Grado de autoconsumo

Se define el **grado de autoconsumo (% de casación)** como el consumo del sol/(consumo del sol + consumo de la red) y el **grado de autosuficiencia (% de reducción del consumo)** como consumo del sol/(consumo del sol + excedente; ver Figura 3.102).

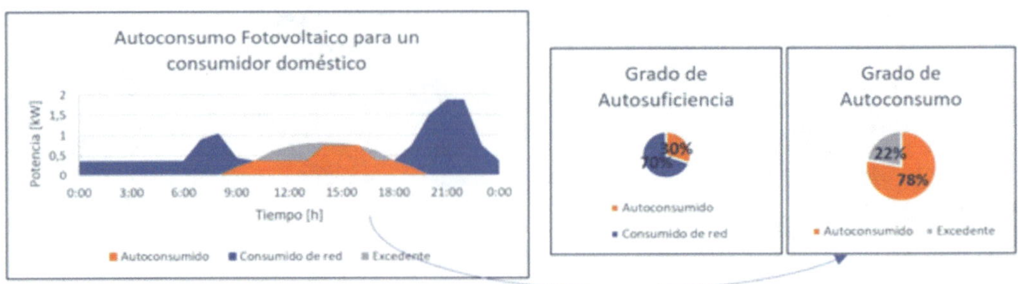

Figura 3.102. Ejemplos de grado de autoconsumo y autosuficiencia [110]

Ejemplo de aplicación 3.5. Cálculo del grado de autosuficiencia y del grado de autoconsumo

A partir de la salida de PVsyst de la Figura 3.103, calcular el grado de autosuficiencia y el grado de autoconsumo de la instalación.

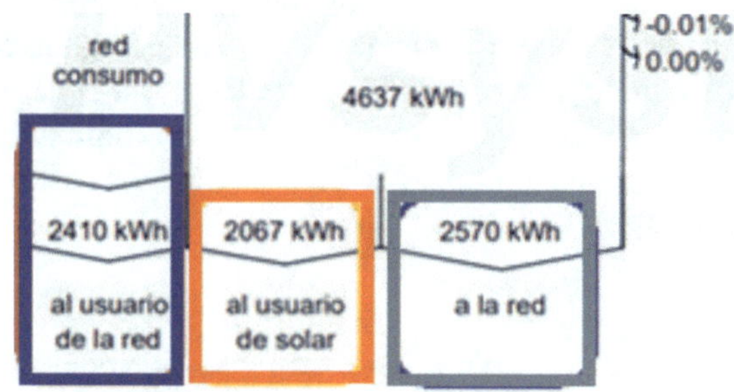

Figura 3.103. Ejemplo de PVsyst, resultado de energía

Solución

Grado de autosuficiencia

Consumo del sol/(consumo del sol + consumo de la red) = 2067/(2067 + 2510) = 45 %

Grado de autoconsumo

Consumo del sol/(consumo del sol + excedente) = 2067/(2067 + 2570) = 44,6 %

Por último, añadiremos que habitualmente se realiza una monitorización de la energía generada, consumida, almacenada o excedentaria que ayuda a conocer y gestionar mejor el uso que hacemos de la electricidad (Figura 3.104).

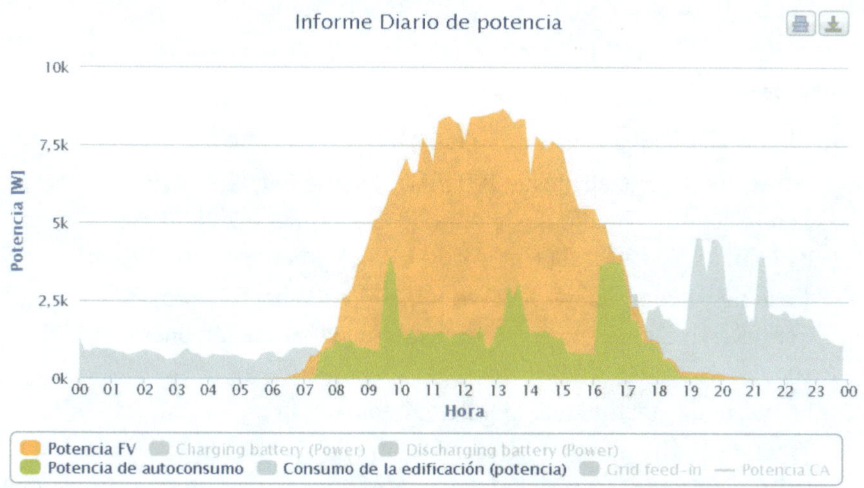

Figura 3.104. Monitorización de inversor fotovoltaico. Informe diario de potencia [81]

Ejemplo de aplicación 3.6. Ahorro en la factura eléctrica en una vivienda con autoconsumo

Calcular el total de la factura eléctrica del mes de mayo a pagar por el propietario de la vivienda que se describe a continuación, antes y después de instalar el sistema de autoconsumo fotovoltaico en su vivienda. Como aproximación se supone que tiene un consumo eléctrico medio mensual de 400 kWh y que, tras la instalación de los paneles, en promedio autoconsume 200 kWh y tiene un excedente de 300 kWh (su generador produce un 25 % de excedente de consumo). De la tarifa PVPC del Mercado Regulado se sabe que la potencia contratada en punta y en valle es 3,45 kW con los siguientes costes asociados P1 (punta): 0,062982 €/kW día. P2 (valle): 0,002572 €/kW día

Solución

Calcularemos el coste de la factura para un determinado mes del año, antes y después de incorporar el sistema de autoconsumo fotovoltaico en la vivienda

1. Antes de la fotovoltaica
   - Término fijo: término de potencia:
     - P1 (punta): 3,45 kW × 31 días × 0,062982 €/kW día = 6,74 €.
     - P2 (valle): 3,45 kW × 31 días × 0,002572 €/kW día = 0,28 €.
     - Además, hay cargos de potencia + margen comercialización ≈ 2 €.
   - Término variable:
     - Ejemplo del precio medio de compra de la energía: 0,244 €/kWh.
     - Consumo mes: P1 (punta): 70 kWh; P2 (llano): 50 kWh; P3 (valle): 280 kWh.
     - Término de energía: = 400 kWh × 0,244 €/kWh = 97,6 €.
     - Cargos energía más peajes de transporte y distribución energía ≈ 7 €.
     - Impuesto de electricidad, alquiler contador ≈ 1 €.
   - Total= 9 + 104,6 + 1 = 114,6 €/mes, que con IVA (reducido 10 %) × 1,1 = 126 €.

     Total: 135 €
2. Después de instalar los paneles fotovoltaicos:
   - Compensación de excedentes: –300 kWh × 0,164 €/kWh = –49,2 €.
     - Total del precio medio de compra de la energía≈ 0,244 €/kWh.
     - P1 (punta): 70 kWh; P2 (llano): 50 kWh; P3 (valle): 280 kWh.
     - Término de energía: = 400 kWh × 0,244 €/kWh = 97,6 €.
     - Cargos energía más peajes de transporte y distribución energía ≈ 7 €.

       104,6 – 49,2 = 55,4 €.
     - Impuesto de electricidad, alquiler contador ≈ 1 €.
     - Total = 9 + 104,6 – 49,2 + 1= 65,4 €/mes × 1,1 = 72 €.
     - Diferencia: (135 – 72)= 63 €/mes. Ahorro un 46,7 % en el mes estudiado.

3.7.2. Comunidades energéticas

3.7.2.1. ¿Qué son las comunidades energéticas?

Se entiende por **comunidades energéticas** aquellas entidades de participación voluntaria y abierta, donde el control efectivo lo ejercen los miembros que pueden ser personas físicas, pymes o autoridades locales, las cuales pueden llevar a cabo múltiples actividades como producir, consumir, almacenar, compartir o vender energía y el objetivo social por el que se rigen será ofrecer beneficios energéticos, medioambientales, económicos o sociales a la comunidad.

3.7.2.2. ¿Cómo organizar una comunidad energética?

Las figuras que han sido introducidas legalmente son las **comunidades de energías renovables** o las **comunidades ciudadanas de energía**, si bien es cierto que la regulación hasta la fecha es escasa [103].

- **Comunidades de energías renovables.** Figura introducida por la Directiva (UE) 2018/2001 del Parlamento Europeo y del Consejo, del 11 de diciembre de 2018. Ha sido transpuesta al ordenamiento jurídico español mediante el Real Decreto Ley 23/2020, de 23 de junio, que las define como: «*Entidades jurídicas basadas en la participación abierta y voluntaria, autónomas y efectivamente controladas por socios o miembros que están situados en las proximidades de los proyectos de energías renovables que sean propiedad de las entidades jurídicas y que estas hayan desarrollado, cuyos socios o miembros sean personas físicas, pymes o autoridades locales, incluidos los municipios y la finalidad primordial sea proporcionar beneficios medioambientales, económicos o sociales a sus socios o miembros o en las zonas locales donde operan, en lugar de ganancias financieras*».
- **Comunidades ciudadanas de energía.** Figura jurídica introducida en la Directiva (UE) 2019/944 del Parlamento Europeo y del Consejo, de 5 de junio de 2019. En la directiva europea, se definen como una entidad jurídica que:
  - «*Se basa en la participación voluntaria y abierta, el control efectivo lo ejercen socios o miembros que sean personas físicas, autoridades locales, incluidos los municipios, o pequeñas empresas.*
  - *El objetivo principal consiste en ofrecer beneficios medioambientales, económicos o sociales a sus miembros o socios o en la localidad en la que desarrolla su actividad, más que generar una rentabilidad financiera.*
  - *Participa en la generación, incluida la proveniente de fuentes renovables, la distribución, el suministro, el consumo, la agregación, el almacenamiento de energía, la prestación de servicios de eficiencia energética o la prestación de servicios de recarga para vehículos eléctricos o de otros servicios energéticos a sus miembros o socios.*
  - *Autoconsumo colectivo*».

Las actividades más comúnmente desarrolladas por comunidades energéticas son:

- Generación de energía que proceda de fuentes renovables, especialmente eléctrica, pero también térmica.
- Proporcionar servicios de eficiencia energética. Gestión de la demanda.
- Suministro, consumo, agregación y almacenamiento de energía. Potencialmente también, distribución.
- Prestación de servicios de recarga de vehículos eléctricos u otros servicios energéticos, pudiendo incluso darse el caso de disponer de vehículos compartidos por la comunidad.
- El autoconsumo colectivo facilita mucho compartir energía próxima, por lo que a día de hoy es la principal figura legal mediante la que se implementan comunidades energéticas (paso inicial).

3.7.2.3. ¿Cómo se forman las comunidades energéticas?

- **Cooperativas.** Por ejemplo, en Navarra y Aragón) Como inconveniente cabe destacar que el reparto no es proporcional entre socios.
- **Consorcios.** Tiene como inconveniente que no hay posibilidad de participación de personas físicas ni empresas.
- **Sociedad limitada.** Un ejemplo es la CE del Prat de Llobregat cuyo inicio de expediente de actividad económica y objeto social es la creación de la comunidad ciudadana de energía como sociedad mixta de carácter abierto y voluntario.
- **Agrupaciones sin ánimo de lucro**.
- **Organizaciones sin figura jurídica**: Plataformas ciudadanas, contratos multilaterales, etc.

En la Figura 3.105 se puede observar la evolución de las CCEE en España en el visor del IDAE [107]; como vemos la mayoría en 2023, se concentran en el País Vasco y Cataluña.

Figura 3.105. CCEE en España; visor del IDAE [107]

BIBLIOGRAFÍA

[1] IRENA Renewable capacity statistics 2024, https://www.irena.org/Publications/2024 Report.

[2] IEA PVPS Trends in Photovoltaic Applications, 2023.

[3] https://www.pv-tech.org/ey-solar-lcoe-29-lower-than-cheapest-fossil-fuel-alternative/,Simon Yuen, dic. 6, 2023.

[4] Solar Power Europe, EU Solar Jobs,2023.

[5] UNEF, 2022.

[6] Plan Nacional Integrado de Energía y Clima (PNIEC) 2021-2030.

[7] Informe anual de autoconsumo fotovoltaica, IDAE y Appa Renovables, 2023.

[8] Solar Energy Fundamentals, Technology, and Systems. Klaus Jager et al. Delft University of Technology, 2014.

[9] Planning and Installing Photovoltaic Systems: A Guide for Installers, Architects and Engineers.

[10] National Renewable Energy Laboratory, NREL, www.nrel.gov/srrl.

[11] Baseline Surface Radiation Network.

[12] Gracia Amillo, A.M; Huld, T.; Müller, R. A new database of global and direct solar radiation using the eastern Meteosat satellite, models and validation. Remote Sens. 2014, 6, 8165–8189.

[13] C.A. Gueymard, "An anisotropic solar irradiance model for tilted surfaces and its comparison with selected engineering algorithms", *Solar Energy,* vol. 38, n.º 5, pp. 367-386, 1987.

[14] D.T. Reindl, W.A. Beckman y J. A. Duffie, "Diffuse fraction correlations" *Solar Energy,* vol. 45, n.º 1, pp. 1-7, 1990.

[15] C.A. Gueymard, "Direct and indirect uncertainties in the prediction of tilted irradiance for solar engineering applications", *Solar Energy,* vol. 83, n.º 3, pp. 432-444, mar. 2009.

[16] D. Yang, "Solar radiation on inclined surfaces: Corrections and benchmarks", *Solar Energy,* vol. 136, pp. 288-302, oct. 2016.

[17] Z. Li, H. Xing, S. Zeng, J. Zhao y T. Wang, "Comparison of anisotropic diffuse sky radiance models for irradiance estimation on building facades", *Procedia Engineering,* vol. 205, pp. 779-786, 2017.

[18] G. Notton, C. Cristofari y P. Poggi, "Performance evaluation of various hourly slope irradiation models using mediterranean experimental data of Ajaccio", *Energy Conversion and Management,* vol. 47, n.º 2, pp. 147-173, ene. 2006.

[19] R. Pérez, R. Seals, P. Stewart y D. Menucucci, "A new simplified version of the Perez diffuse irradiance model for tilted surfaces", *Solar Energy,* vol. 39, n.º 3, pp. 221-231, 1987.

[20] R. Pérez, R. Stewart, R. Seals, T. Guertin, "The development and verification of the Pérez diffuse radiation model", Sandia National Labs, Estados Unidos, informe técnico, 1988.

[21] R. Pérez, R. Seals, J. Michalsky, P. Ineichen y R. Stewart, "Modelling daylight availability and irradiance components from direct and global irradiance", *Solar Energy*, vol. 44, n.º 5, pp. 271-289, 1990.

[22] M.P. Utrillas y J.A.M. Lozano, "Performance evaluation of several versions of the Perez tilted diffuse irradiance model", *Solar Energy,* vol. 53, n.º 2, pp. 155-162, ago. 1994.

[23] J. E. Hay, "Calculation of monthly mean solar radiation for horizontal and inclined surfaces", *Solar Energy,* vol. 23, n.º 4, pp. 301-307, 1979.

[24] A. Skartveit y J.A. Olseth "Modelling slope irradiance at high latitudes", *Solar Energy,* vol. 36, n.º 4, pp. 333-344, 1986.

[25] P.G. Loutzenhiser, H. Manz, C. Felsmann, P.A. Strachan, T. Frank y G.M. Maxwell, "Empirical validation of models to compute solar irradiance on inclined surfaces for building energy simulation", *Solar Energy,* vol. 81, n.º 2, pp. 254-267, feb. 2007.

[26] D.H.W. Li y J.C. Lam," Evaluation of slope irradiance and illuminance models against measured Hong Kong data", *Building and Environment,* vol. 35, n.º 6, pp. 501-509, ago. 2000.

[27] S. A. Khalil y A.M. Shaffie, "A comparative study of total, direct and diffuse solar irradiance by using different model son horizontal and inclined surfaces for Cairo, Egypt". *Revewable and Sustainable Energy Reviews,* vol. 27, pp. 853-863, nov. 2013.

[28] A.M. Noorian, I. Moradi y G.A. Kamali, "Evaluation of 12 models to estimate hourly diffuse irradiation on inclined surfaces", *Renewable Energy,* vol. 33, n.º 6, pp. 1406-1412, jun. 2008.

[29] C. Demain, M. Journée y C. Bertrand, "Evaluation of different models to estimate the global solar radiation on inclined surfaces", *Renewable Energy,* vol. 50, pp. 710-721, feb. 2013.

[30] M. David, P. Lauret y J. Boland, "Evaluating tilted plane models for solar radiation using comprehensive testing procedures, at a southern hemisphere location", *Renewable Energy,* vol. 51, pp. 124-131, mar. 2013.

[31] Meteonorm

[32] http://wrdc.mgo.rssi.ru/) WRMC (http://bsrn.awi.de/).

[33] ESRL https://www.esrl.noaa.gov/gmd/grad/surfrad/.

[34] NASA (https://eosweb.larc.nasa.gov/sse/).

[35] NREL http://rredc.nrel.gov).

[36] World Radiation Data Center http://wrdc-mgo.nrel.gov.

[37] PVGIS https://re.jrc.ec.europa.eu/pvg_tools/es.

[38] AEMET (http://www.aemet.es/es/datos_abiertos/catalogo.

[39] SIAR (http://eportal.magrama.gob.es/websiar/SeleccionParametrosMap.aspx?dst=1).

[40] ADRASE (http://www.adrase.com).

[41] Atlas de radiacion de AEMET. https://www.aemet.es/documentos/es/serviciosclimaticos/datosclimatologicos/atlas_radiacion_solar/atlas_de_radiacion_24042012.pdf.

[42] Becquerel, AE Mémoire sur les effets électriques produits sous l'influença des rayons solaires. Comptes Rendus 1839, 9, 561-567.

[43] Clean Electricity from Photovoltaics, M.D. Archer, M.A. Green.

[44] https://onlinelibrary.wiley.com/doi/full/10.1002/pip.3726.

[45] The Electric Power Research Institute (EPRI), «Bifacial Solar Photovoltaic Modules. Program on Technology Innovation» sep. 2016. https://static1.squarespace.com/static/57a12f5729687f4a21ab938d/t/5903c8f9d482e95dce5900f3/1493420284912/EPRI.pdf].

[46] A. Di Stefano, G. Leotta y F. Bizzarri, «La Silla PV plant as a utility scale side-by-side test for innovative modules» 33rd European photovoltaic solar energy conference and exhibition, Catania, 2017.

[47] International Renewable Energy Agency (IRENA), «Future of Solar Photovoltaic» nov. 2019.

[48] https://www.jinkosolar.com/en/site/bifacial.

[49] The Electric Power Research Institute (EPRI), «Bifacial Solar Photovoltaic Modules. Program on Technology Innovation» sep. 2016. https://static1.squarespace.com/static/57a12f5729687f4a21ab938d/t/5903c8f9d482e95dce5900f3/1493420284912/EPRI.pdf.

[50] M. Schmela y S. K. Chunduri, «Bifacial Solar Module Technology» TaiyangNews UG, Munich, 2017.

[51] Jinko Solar y Global PM, «Transparent Backsheet VS Dual Glass. Advantages and Disadvantages», 2020.

[52] Libro "Photovoltaics Fundamentals Technology and Practice", K. Mertens, WILEY, 2015.

[53] Green MA, Dunlop ED, Siefer G, Yoshita M, Kopidakis N, Hao XJ. Solar cell efficiency tables (version 61). Progr Photovoltaics: Res Appl. 2022; 31(1): 3-16. doi:10.1002/pip.3646 https://onlinelibrary.wiley.com/doi/full/10.1002/pip.3726.

[54] https://www.nrel.gov/pv/national-center-for-photovoltaics.html.

[55] Solarpraxis DGS, Berlin BRB.

[56] Ponencia en Master de Energías Renovables en el Sector Eléctrico, Universidad Carlos III de Madrid, 2019, Sunpower.

[57] Ponencia en Master de Energías Renovables en el Sector Eléctrico, Universidad Carlos III de Madrid, 2018, Schletter.

[58] Design And Simulation of Stand Alone Integrated Renewable Energy System for Remote Areas Mokana Mani Susanna, Srinivasa Kishore Teegala, Dattatraya Koushik Surikuchi. Ijret: International Journal of Research in Engineering and Technology Eissn: 2319-1163| Pissn: 2321-7308 Vol.: 05 Issue: 08| ago. 2016].

[59] Mauro Caccivio, Supsi, 2022.

[60] Energía solar. De la utopía a la esperanza", Guillermo Escolar Ediciones Madrid, 2020).

[61] Libro: "Solar Energy Fundamentals", Technology, and Systems. Klaus Jager et al. Delft University of Technology, 2014.

[62] IEC 60891:2009, «Photovoltaic devices. Procedures for temperature and irradiance corrections to measured I-V characteristics».

[63] R. Haselhuhn 'Photovoltaik-Gebaude liefern Strom, Hrsg', BINE-Fachinformationsdienst Karlsruhe, TUV-Verlag, Cologne, 2005.

[64] https://lorentz.vids.io/videos/489ddeb21513e4c5c0/lorentz-shading-mp4.

[65] https://www.sfe-solar.com/noticias/articulos/degradacion-efecto-pid-paneles-solares/.

[66] Köntges M., Kurtz S., Packard C., Jahn U., Berger K.A., Kato, K., Friesen T., Liu H., & Van Iseghem M. (July 2014). Review of Failures of Photovoltaic Modules Final.

[67] https://www.pv-magazine.es/2023/07/14/reutilizar-silicio-de-modulos-fotovoltaicos-fuera-de-uso-para-anodos-de-baterias.

[68] Maysun Solar. Noviembre 9, 2023 https://www.pv-magazine.es/comunicados/reciclaje-de-paneles-solares-basura-por-dinero-guia-2023/.

[69] Economía circular en la fotovoltaica: el método Hot Knife de reciclaje de módulos-pv magazine España (pv-magazine.es).

[70] Li, K., Wang, D., Hu, K. et al. Recycling of solar cells from photovoltaic modules via an environmentally friendly and controllable swelling process by using dibasic ester. Clean Techn Environ Policy 25, 2203–2212 (2023). https://doi.org/10.1007/s10098-023-02496-1.

[71] Solar Tracker Market Size, Share & Growth Analysis Report to 2030 (researchcorridor.com).

[72] The Effect of Solar Trackers on the Performance of Photovoltaic Systems in Spain", de M. A. A. El-Shobokshy, A. M. El-Khodary y A. A. A. Al-Khateeb, publicado en Solar Energy, vol. 86, núm. 1, pp. 216-225, 2012.

[73] Mohammed Saifuddin Munna Mohammad Ariful Islam BhuyanKazi M. Rahman Md. Ashiqul Hoque Design, implementation and performance analysis of a dual-axis autonomous solar tracker 2015 3rd International Conference on Green Energy and Technology (ICGET).

[74] Seguidores Solares. https://somosadvance.com/expertise/seguidores-solares/.

[75] www.sistemas2002.com.

[76] /www.PVsyst.com (PVsyst backtracking performance, PVsyst 7.4).

[77] Jean F. Picard, Master EERR en el sector eléctrico, UC3M, 2022.

[78] Los inversores fotovoltaicos ayudan a reducir los costes de la red por la noche – pv magazine España (pv-magazine.es).

[79] Power Electronics Handbook Muhammad H. Rashid Academic Press Series In Engineering, 2001.

[80] Especificaciones técnicas de inversores fotovoltaicos, SUN2000.

[81] Amara nZero, Master EERR, UC3M, 2023.

[82] SANDIA pvpmc.sandia.gov.

[83] Rated Power, 2023 Master EERR, UC3M, 2023.

[84] David Rebollal Jordan, Master EERR, UC3M, 2023.

[85] S. Chaouki Almagro y J. Guerrero Perez, «Bifacial Trackers, the Real Deal. Bifacial Gain and production analysis at BiTEC,» 2018. https://www.energias-renovables.com/ficheroenergias/documentos/White-Paper-BiTEC-Results-Bifacial-Trackers-the-Real-Deal.pdf.

[86] Anastasia Langa, TFM Optimización en el diseño de instalaciones FV bifaciales y análisis de sensibilidad con diferentes albedos, Máster Universitario en Energías Renovables en Sistemas Eléctricos, UC3M,2020.

[87] J. Guerrero-Perez y J. Navarro Berbe, «BiTEC: How to simulate bifacial projects?» SOLTEC, 2019.

[88] A. Martínez Iglesias y G. Morales, «Albedo, ganancia bifacial y bancabilidad de los proyectos [Webinar],» ATA Insights, Julio 2020. https://atainsights.com/.

[89] https://www.jinkosolar.com/en/site/bifacial.

[90] V. Rodrigues, «Measurement and validation of bifacial modules' TUV Rheinland, 2020.

[91] Energyear, Las nuevas tecnologías y su influencia en el desarrollo de proyectos solares [Webinar], 2020.

[92] M. Jiménez Beltrán, Bifacial tracker and simulations on PV Plants, BifiPV Workshop 2020 Virtual, 2020.

[93] D. Barandalla y T. Dorta, «UL Renewables. Consideraciones Proyectos Bifaciales,»12-Mayo-2020.https://awsdewi.ul.com/assets/2020/05/UL_Webinar_Bifacial_200512-Final_cas.pdf.

[94] J. Crescenti, «Discussing bifacial project economics,» PV Magazine, 19 Febrero 2020. https://www.pv-magazine.com/2020/02/19/discussingbifacial-project-economics/?utm_source=dlvr.it&utm_medium=linkedin. [Último acceso: 15 Julio 2020].

[95] P. Caballero, P. Hanustiak y L. Fanego, «Surface Albedo – most frequent questions,» SOLARGIS, 19 Noviembre 2019. https://solargis.com/blog/product-updates/surface-albedo-most-frequent-questions.

[96] M. Chinchilla et al. Worldwide annual optimum tilt angle model for solar collectors and photovoltaic systems in the absence of site meteorological data. Applied Energy, 281, 116056., Applied Energy 281, 2021.

[97] Manual de BP http://www.aral.de/assets/bp_internet/solar/bp_solar_spain/STAGING/local_assets/downloads_pdfs/m/manualbp_cap2.pdf.

[98] Dehn, manual de protección anti-rayo, Maria Jose López, Master EERR en el sector eléctrico, UC3M, 2023.

[99] J. L. Rodriguez Amenedo, S. Arnaltes Gomez y J. E. García Carrasco, Generadores Eléctricos I, Convertidores Electrónicos, 1.a ed. Madrid: Ibergarceta Publicaciones S.L., 2021.

[100] Guía profesional del IDAE para la tramitación del autoconsumo https://www.idae.es/publicaciones/guia-profesional-de-tramitacion-del-autoconsumo.

[101] Guía práctica del IDAE para convertirse en autoconsumidor en 5 pasos https://www.idae.es/publicaciones/guia-practica-para-convertirse-en-autoconsumidor-en-5-pasos.

[102] Eurostat 2019, Alvaro Merino 2021.

[103] Guía de autoconsumo y Comunidades Energéticas del Gobierno de Aragón, 2023.https://www.aragoncambioclimatico.es/wp-content/uploads/Guia-Autoconsumo-y-CE_Gobierno-de-Aragon-.pdf.

[104] Ecooo (ecooo.es/oleadasolar/). Hector Pastor. Master EERR en el sector eléctrico, UC3M, 2023.

[105] Departamento de energía Solar del IDAE, "Pliego de condiciones técnicas de instalaciones conectadas a red", IDAE, ESPAÑA, pliego de condiciones, 2011.

[106] Departamento de energía Solar del IDAE, "Pliego de condiciones técnicas de instalaciones aisladas de red", IDAE, ESPAÑA, pliego de condiciones, 2009.

[107] Visor de comunidades energéticas: https://informesweb.idae.es/visorccee/

[108] Recursos e informes de UNEF https://www.unef.es/es/recursos-informes?idMultimediaCategoria=18.

[109] ESIOS, REE https://www.esios.ree.es/es/mercados-y-precios?date=18-05-2022.

[110] CIRCE, V. Ballestin, 2020.

[111] Informe Fundación Renovables, 14 junio 2023.

[112] Guía Placas Fotovoltaicas, Colegio Profesional de Administradores de Fincas de Madrid (CAFMadrid),IDAE, octubre 2023.

[113] Tiwari y Dubey, Fundamentals of Photovoltaic Modules and Their Applications, RSC, 2010 (Tabla 2.4)

[114] Jaime Alonso Martínez, asignatura "Generación Eólica y Fotovoltaica", Grado de Ingeniería Eléctrica, UC3M, 2016.

[115] New Energy Outlook 2022 | BloombergNEF | Bloomberg Finance LP (bnef.com).

[116] HUAWEI Huawei Fusion Smart Monitoring: https://eu5.fusionsolar.huawei.com.

[117] SOLAREDGE Monitoring: https://monitoring.solaredge.com.

[118] SMA Sunny Portal: https://www.sunnyportal.com.

[119] FRONIUS Solar Configurator: https://www.solarweb.com/.

[120] KOSTAL Solar Plan: https://www.piko-solar-portal.com.

[121] ENPHASE Enlightnen: https://enlighten.enphaseenergy.com.

Capítulo 4

PARQUES EÓLICOS

José Luis Rodríguez Amenedo
(*Universidad Carlos III de Madrid*),

Santiago Arnaltes Gómez
(*Universidad Carlos III de Madrid*),

Índice del capítulo

4.1. INTRODUCCIÓN

El aprovechamiento de la energía eólica mediante *molinos de viento* se remonta al siglo VI en la antigua Persia. Estos primeros artilugios para aprovechar la fuerza del viento tenían un eje vertical que disponía de unos brazos conectados a él donde se desplegaban unas tiras de madera que permitían transmitir un par resultante provocando el giro del eje (Figura 4.1). Estos artilugios permitían elevar agua en zonas áridas ubicadas entre la actual Irán y Afganistán. Sin embargo, no fue hasta finales del siglo XII cuando aparecen en el centro y norte de Europa los molinos de viento, para el bombeo de agua y posteriormente (siglos XVI y XVII), para otras aplicaciones industriales como, producción de aceite, molinos aserradores de madera, o descascarillado de cereales. Estos molinos estaban construidos mediante una estructura de madera con un eje de giro ubicado en la parte superior y dispuesto en posición horizontal. También en la Edad Media aparece el molino de viento mediterráneo, que se caracteriza por disponer de una torre cilíndrica, o casi cilíndrica, construida con pared de piedra y cal con un techo giratorio que permitía la orientación del rotor a la dirección del viento incidente. Las palas de estos molinos estaban fabricadas de madera y en algunas ocasiones se empleaban velas ubicadas en la estructura del rotor para aprovechar la fuerza del viento.

Figura 4.1. Molinos de viento de la antigua Persia

Los molinos tradicionales europeos de eje horizontal iniciaron su declive a finales del siglo XIX y hacia mediados del siglo XX dejaron prácticamente de funcionar. La utilidad para la que fueron diseñados, como la molienda de cereales o el bombeo de agua se realizaba de forma más eficiente mediante otro tipo de tecnologías basadas en motores eléctricos. Los antiguos molinos de viento que sobrevivieron quedaron simplemente como reclamo turístico. En la Figura 4.2 se muestra un ejemplo de los molinos de viento instalados en la costa mediterránea y el molino de viento holandés. A mediados del siglo XX aparecen en Estados Unidos los primeros aerogeneradores multipala acoplados a una bomba de pistón para la extracción de agua de pozos. En esa misma época, en concreto en el año 1880, Charles F. Brush construye en Estados Unidos una turbina eólica de 12 kW para producir electricidad en corriente continua, almacenando la energía generada en baterías. En Europa, el precursor de la energía eólica para la producción de energía eléctrica fue el profesor Paul Lacour. En el año 1890 diseña el primer prototipo de turbina eólica conectado a un generador de corriente continua que se empleaba para la producción de hidrógeno mediante la electrólisis del agua. Posteriormente, el holandés Johannes Jull introduce el generador de corriente alterna acoplado a la turbina eólica y además, diseña un aerogenerador con un sistema que permite la orientación del rotor eólico a la dirección del viento. Estos primeros prototipos son los antecedentes de lo que hoy se conoce con el nombre de *aerogenerador.*

Figura 4.2. Molinos de viento en Europa. Molino de viento mediterráneo (izquierda) y molino de viento holandés (derecha)

Estos primeros aerogeneradores disponían de un rendimiento muy pobre que se fue mejorando paulatinamente con el desarrollo de la teoría aerodinámica a partir de las primeras décadas del siglo XX. El desarrollo de la industria aeronáutica en aquellos años fue fundamental; en la década de 1920 se desarrollan las primeras palas con perfil aerodinámico y se comienza a analizar el campo de fuerzas que actúan sobre ellas. En 1927 se da a conocer el conocido límite de Betz el cual establece que la potencia mecánica desarrollada por un rotor eólico no puede ser superior al 60 % de la potencia eólica correspondiente a la energía cinética de la velocidad del viento incidente. Cerca de la década de 1930 se desarrolla en Francia el aerogenerador Derrieus de eje vertical y en Estados Unidos se progresa con la fabricación y comercialización de aerogeneradores de pequeña potencia (Jacobs Wind Electric; Figura 4.3). El desarrollo del primer prototipo con potencia superior al MW se produce en el año 1940 con la construcción del aerogenerador Smith-Putnam que disponía de un rotor de dos palas de acero inoxidable, torre de celosía y orientación a sotavento.

Después de la Segunda Guerra Mundial, el desarrollo de la energía eólica sufre una acusada deceleración, motivada fundamentalmente por el auge del petróleo. El rápido crecimiento en su producción y consumo, fundamentalmente en las economías más desarrolladas de Europa y Estados Unidos y los sus bajos precios, hacen que el consumo de carbón se vaya reduciendo poco a poco. Las fuentes de generación renovable, debido a su poca madurez tecnológica y sus bajas potencias unitarias no se perciben como una alternativa a las grandes centrales térmicas y nucleares que dominaban los sistemas eléctricos de la época. El único país europeo que apuesta decididamente por la generación eólica es Dinamarca; en el año 1952 y gracias a un programa de investigación del gobierno danés, se comienza a elaborar el primer mapa eólico del país y unos años más tarde se instala el primer aerogenerador de 200 kW con rotor tripala de 24 metros de diámetro.

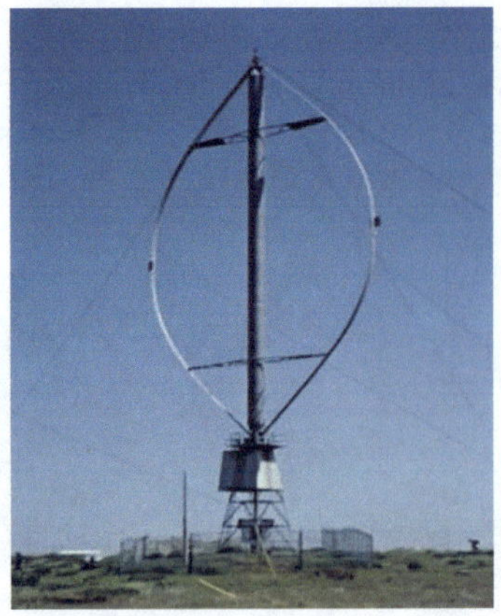

Figura 4.3. Aerogenerador de eje vertical Derrieus (izquierda) y molino de viento holandés (derecha)

Esta situación cambia bruscamente con la crisis del petróleo de la década de 1970. En estos años se produce una limitación en la producción y suministro de petróleo dando lugar a un incremento del precio que hace que las economías más avanzadas busquen fuentes de generación de energía alternativas. A partir de estos años es cuando la generación eólica retoma su avance tecnológico. En Estados Unidos y en Europa se inicia el desarrollo de algunos planes de investigación de las energías renovables para hacer frente a la crisis petrolera de los años setenta que cambiaría definitivamente el paradigma del modelo energético dominante basado en combustibles fósiles y generación nuclear. Dentro del desarrollo de las energías renovables, la que adquirió desde el principio un protagonismo más destacado frente a otras tecnologías fue, sin lugar a dudas, la energía eólica. Así, en 1975 se instaló en Estado Unidos el primer aerogenerador de 100 kW (MOD0) al que siguieron otros prototipos, algunos de ellos de gran potencia, como el aerogenerador MOD-5B de 3,2 MW y 100 m de diámetro desarrollado por la empresa Boing e instalado en 1987 en la isla de Oahu (Hawái) Habría que esperar más de 20 años para que los fabricantes de aerogeneradores europeos y americanos dispusieran de turbinas eólicas multimegavatio comerciales en el rango de 2 a 3 MW.

En España, en el periodo 1980-1994 comienza el desarrollo de los primeros prototipos de aerogeneradores. La primera instalación experimental se ubicó en Tarifa (Cádiz) en el año 1981 y constaba de una turbina de 100 kW. Comienza así el desarrollo de la tecnología eólica nacional con la contribución de algunos fabricantes como MADE y ECOTECNIA desarrollando máquinas de algunos cientos de kW y diámetros de rotor inferiores a los 30 m. Esta situación cambia drásticamente con la instalación, en el año 1990, del prototipo AWEC-60 de 1,2 MW de potencia y 60 m de diámetro de rotor, instalado en cabo Vilano, en la localidad de Camariñas (A Coruña). Unos años más tarde, GAMESA EÓLICA firma un acuerdo de transferencia tecnológica con la empresa danesa VESTAS y es a partir de entonces cuando comienza el desarrollo comercial de la energía eólica en España.

Figura 4.4. Aerogenerador AWEC-60. 1,2 MW

En cuanto al desarrollo tecnológico, se puede decir que los modernos aerogeneradores son máquinas tripalas de eje horizontal, orientadas a barlovento mediante un sistema de orientación activo y torre tubular troncocónica. Los diseños de eje vertical (aerogeneradores Derrieus) se abandonaron en los primeros años del desarrollo comercial de la energía eólica debido a su menor rendimiento en comparación con los de eje horizontal tripala y a problemas mecánicos debido a las oscilaciones de par provocados por el efecto de *sombra de la torre*[1]. En la Figura 4.5. se muestran ambas tecnologías, turbinas de eje horizontal y vertical.

Los primeros diseños eran de *velocidad fija y paso fijo*; utilizaban un generador de inducción y un sistema aerodinámico de control de potencia pasivo. Estos sistemas no permitían el giro de la pala a lo largo de su eje longitudinal, la reducción de potencia a velocidades del viento superiores a la nominal se conseguía simplemente por diseño aerodinámico haciendo que los perfiles aerodinámicos entraran en pérdida reduciendo de forma pasiva la potencia generada. En cuanto al generador eléctrico, no permitía un control dinámico de la potencia reactiva intercambiada y, por tanto, no podían contribuir al control de la tensión en sus terminales, además se desconectaban ante la aparición de un hueco de tensión. Todas estas limitaciones técnicas, no eran consideradas un problema en los primeros aerogeneradores, ya que la reducida potencia unitaria de estas máquinas y la escasa penetración de la potencia eólica instalada en el conjunto del sistema eléctrico, no preocupaban en exceso a los operadores de las redes eléctricas. En sistemas eléctricos más débiles, como los insulares, los parques eólicos daban lugar a ciertos problemas de calidad de suministro eléctrico debido a oscilaciones de tensión, más conocidas como *parpadeo*, o *flicker*, en inglés. Las compañías eléctricas, atajaron el problema limitando la potencia eólica instalada en un punto de la red a 1/20 de la potencia de cortocircuito. Este requisito que se estableció en la Orden Ministerial, de 5 de septiembre de 1985, por la que se establecen "*normas adminis-*

[1] En turbinas de eje horizontal la sombra de la torre hace referencia a la reducción del viento incidente y el incremento de turbulencia en una pala en los ángulos de giro donde se encuentra la torre. En el caso de máquinas de eje vertical el efecto es mucho más acentuado ya que cuando las palas están orientadas a la dirección del viento incidente una de ellas capta todo el recurso eólico, a diferencia de la otra, que recibe menos viento por la sombra que ejercen la otra pala y la torre.

trativas y técnicas para funcionamiento y conexión a las redes eléctricas de centrales hidroeléctricas de hasta 5000 KVA y centrales de autogeneración eléctrica" condicionaría el desarrollo de la generación eólica en el sistema eléctrico español. En cualquier caso, los fabricantes de aerogeneradores en aquellos primeros años del desarrollo de la tecnología eólica no tenían una preocupación especial por el impacto de los aerogeneradores en las redes eléctricas, consideraban la red como un sumidero de energía y en ningún caso pensaban que las turbinas eólicas tuvieran que contribuir al mantenimiento de la tensión y de la frecuencia de las redes eléctricas. Años más tarde se ha comprobado cómo estos requisitos han marcado el desarrollo de la tecnología de los aerogeneradores hacia sistemas capaces de integrarse de forma efectiva en los sistemas eléctricos. Estas turbinas eólicas capaces de prestar servicios eléctricos a la red son los aerogeneradores de *velocidad variable* y *paso variable*.

Figura 4.5. Turbina eólica de eje horizontal (izquierda) y turbina eólica de eje vertical (derecha)

El concepto de *aerogenerador de velocidad fija y paso fijo* se puede decir que fue dominante en los primeros años del desarrollo comercial de las turbinas eólica. Otros fabricantes emprendieron un desarrollo basado en máquinas de *velocidad variable y paso variable*. Este tipo de sistemas permitían adaptar la velocidad de giro a la velocidad del viento incidente mejorando la captura de energía del aerogenerador, sobre todo a vientos bajos, además permitía limitar la potencia del aerogenerador para velocidades del viento elevadas girando la pala a lo largo de su eje longitudinal, en lo que se denomina *control de paso de pala*. La variación de la velocidad de giro se conseguía mediante la incorporación de convertidores electrónicos de potencia conectados a los terminales del generador eléctrico de forma que permitían un control efectivo del par eléctrico del generador y, por tanto, regulando la velocidad de giro. Además, el convertidor electrónico conectado al generador permitía el control del factor de potencia de la instalación, de forma similar a los generadores síncronos de las centrales convencionales. El efecto de modificar la velocidad de giro permitía suavizar la potencia eléctrica generada, reducía las cargas mecánicas sobre el sistema mecánico de transmisión, las palas y la torre, además mejoraba en cierta medida la captura de energía anual del aerogenerador para un emplazamiento determinado. Estas ventajas no fueron percibidas por el mercado hasta que la madurez y fiabilidad de los sistemas electrónicos de potencia fueron una realidad a finales del siglo XX y comienzos del siglo XXI. En aquellos años el porcentaje de máquinas de velocidad variable era inferior al 20 % de la potencia total instalada, en la actualidad, la totalidad de las máquinas instaladas de nueva planta son de esta tecnología.

En el desarrollo de los sistemas de velocidad variable hubo desde los comienzos dos escuelas. El generador de convertidor completo, comúnmente denominado *fullconverter* y el generador asíncrono doblemente alimentado, o DFIG, por sus siglas en inglés de *doubly fed induction generator*. El sistema *fullconverter* dispone de un doble convertidor c.a./c.c., con sus terminales de c.c. conectados entre sí (*back-to-back converter*). Uno de los convertidores funciona como rectificador y sus terminales de c.a. se conectan al generador eléctrico y el otro convertidor conecta sus terminales de c.a. a la red trifásica. La ventaja de este sistema es que desacopla completamente la red del generador de forma que las perturbaciones eléctricas, como por ejemplo los huecos de tensión, no afectan al funcionamiento del generador. Sin embargo, presenta como inconveniente el uso de un doble convertidor por el que fluye la totalidad de la potencia del aerogenerador. El hecho de desacoplar completamente la frecuencia de la red de la frecuencia aplicada a los terminales del generador eléctrico permitió desarrollar turbinas sin caja multiplicadora, donde el generador eléctrico, fabricado con un elevado número de polos y controlado a baja frecuencia, se acoplaba directamente al rotor de la turbina. Este tipo de sistemas denominados *direct drive* fueron muy populares y comenzaron a desarrollarse a finales de los años 1980 por parte del fabricante alemán ENERCON. Los primeros diseños se realizaron con generadores síncronos de rotor bobinado y los más modernos con imanes permanentes.

Por otra parte, los aerogeneradores DFIG consistían en un generador asíncrono de rotor devanado con los terminales del estator directamente conectado a la red, y los del rotor mediante un doble convertidor *back-to-back* similar al indicado anteriormente. La ventaja de este sistema es que la potencia de diseño del convertidor es la correspondiente a la potencia intercambiada por el rotor que es proporcional al deslizamiento y a la potencia del estátor de la máquina. Esta potencia de deslizamiento no supera el 30 % de la potencia nominal del generador, por lo que es posible controlar la velocidad de giro de la turbina eólica con un convertidor electrónico más pequeño y, por tanto, más económico. Este sistema tiene el inconveniente de que el estátor está directamente acoplado a la red, de forma que todas las perturbaciones existentes se transmiten directamente al generador. Este hecho, puso en serios aprietos a esta tecnología durante la adaptación a de los aerogeneradores a la normativa internacional sobre huecos de tensión. Sin embargo, en la actualidad esta tecnología está perfectamente adaptada y cumple perfectamente los actuales *códigos de red* en relación a este tipo de perturbaciones

En relación a la potencia unitaria de las turbinas eólicas su valor ha ido creciendo a lo largo de los años. Este siempre ha sido un requisito por parte de las compañías eléctricas que consideraban a la generación renovable y en particular a la generación eólica, como una tecnología no comparable con la generación convencional debido a la gran diferencia en cuanto a la potencia unitaria. En los primeros años del desarrollo comercial de la generación eólica las potencias unitarias de los aerogeneradores eran del orden de cientos de kW cuando las grandes centrales térmicas eran de cientos de MW, llegando incluso a más de 1GW en las centrales nucleares. Es cierto que la unidad de generación para los operadores de la red era el parque eólico como agrupación de aerogeneradores, sin embargo, las potencias de estas instalaciones no superaban en el mejor de los casos algunos megavatios. Cuando las potencias unitarias fueron aumentando la unidad de generación de los parques eólicos se incrementó hasta llegar en muchos casos a alcanzar 50 MW.

Los primeros prototipos de los años 1980 disponían de un diámetro de rotor de 14 m y 100 kW de potencia asignada. En la etapa 1995-2000, cuando comienza el desarrollo comercial de la generación eólica, el diámetro del rotor se va incrementando desde 40 m, 52 m, hasta 95 m para turbinas con potencias de 500 kW, 850 kW y 2000 kW. Las máquinas no solo aumentan en diámetro de rotor y potencia, también aumenta la altura de las torres y la complejidad de diseño de las turbinas eólicas se incrementa considerablemente. Al aumentar el tamaño de las palas los esfuerzos mecánicos a los que están sometidas se incrementan, el peso que soporta la torre también aumenta y de forma general el diseño se hace más complejo. La escalabilidad para incrementar la potencia unitaria y el tamaño de rotor de las turbinas eólicas no es una cuestión sencilla, los diseños mecánicos y aerodinámicos que eran válidos para una máquina de determinadas dimensiones deja de serlo para máquinas de mayor tamaño y potencia. En los diseños de la generación eólica terrestre la tendencia ha sido mantener la potencia unitaria de las turbinas eólicas entre los 2 y 3 MW con diámetros de rotor cercanos a los 140 m. La fabricación de máquinas de mayor tamaño lleva asociadas limitaciones en el transporte de algunos elementos, principalmente las palas, así como complicaciones en la instalación, sobre todo si el emplazamiento presenta una orografía compleja.

Las palas, que comenzaron con tamaños de 7,5 m en 1980, han llegado a tener dimensiones de 65 m en una sola pieza para aerogeneradores multimegavatio de entre 2 a 5 MW, con rotores de hasta 130 m de diámetro cuando, a comienzo del año 2000, se situaban en valores medios de 50 m de diámetro. Este incremento tan espectacular del tamaño de los rotores se ha debido fundamentalmente al empleo de materiales compuestos cada vez más sofisticados en su proceso de fabricación destacando las fibras de vidrio y de carbono, o diferentes mezclas de resinas y materiales de poliéster. Este avance del uso de nuevos materiales en la tecnología de las palas ha permitido incrementar su tamaño, reduciendo su peso por unidad de volumen, aumentando sus propiedades resistentes ante esfuerzos. Hay que pensar que las primeras palas eran de madera, o incluso de acero en diseños posteriores.

El aumento espectacular del tamaño del rotor y la potencia unitaria de los aerogeneradores ha transcurrido en paralelo con la necesidad de los tecnólogos de responder a la demanda de los inversores y promotores de reducir el coste de construir y operar una instalación eólica a lo largo de su vida útil. Este reto tecnológico se ha conseguido mejorando los sistemas de control del aerogenerador y reduciendo los pesos y las cargas en los principales componentes. El objetivo final es conseguir la competitividad de la generación eólica frente a otras tecnologías de producción de energía eléctrica con una reducción de costes. El incremento de la potencia unitaria ha permitido también optimizar el espacio de los emplazamientos eólicos ubicando máquinas de mayor potencia. Es decir, para un emplazamiento concreto y una potencia determinada del parque eólico la energía anual total producida es mayor, en general, cuando el diseño se realiza con menos máquinas de mayor potencia unitaria.

En cuanto al aprovechamiento de la energía eólica en el medio marino se puede considerar como un fenómeno relativamente reciente si se compara con la historia de la generación eólica terrestre. En 1991 se conecta el primer parque eólico *offshore* en las costas del Mar del Norte de Dinamarca (Vindeby), el cual estaba configurado con 11 aerogeneradores de 450 kW y localizado a menos de diez kilómetros de la costa, empleando como estructura soporte un sistema de cimentación de gravedad que se fijaba al fondo marino que se encontraba a una distancia de 20 m.

Desde sus orígenes hasta la actualidad el desarrollo de la energía eólica marina ha estado ligado a los desarrollos de la eólica terrestre y también a la industria marina del petróleo y el gas que tenían mucha experiencia en la construcción de plataformas offshore. En el año 2000 la potencia instalada de origen marino llegó a los 86 MW frente a los 17400 MW instalados ese mismo año en tierra. Los aerogeneradores que se instalaban en los primeros años de la eólica marina eran prototipos de la eólica terrestre con ligeras adaptaciones al medio marino, con rangos de potencia inferiores al MW que fueron aumentando en potencia unitaria y tamaño de los rotores, hasta alcanzar los 2 MW comenzando a instalarse estructuras soporte de los llamados monopilotes. En la primera década del siglo XXI las potencias unitarias alcanzan valores cercanos a los 4 MW con aumentos continuos del diámetro del rotor y se consolida el sistema de anclaje en el fondo marino con los monopilotes de acero tubular frente a las estructuras soporte con cimentaciones por el sistema de gravedad. En la actualidad, se están empezando a diseñar e instalar turbinas de 15 MW y más de 230 m de diámetro.

El medio marino ofrece una serie de ventajas en cuanto al aprovechamiento de la energía eólica en comparación al medio terrestre. Debido a que la potencia que desarrolla un aerogenerador depende de la densidad y velocidad del viento, así como del área barrida por el rotor, a continuación, se indican algunos aspectos relevantes de estas magnitudes en los parques eólicos offshore. Por una parte, la densidad del aire en el entorno marino es superior, en general, al medio terrestre ya que la densidad decrece con la altura respecto al nivel del mar, además el régimen del viento es menos turbulento (más laminar) que en el caso de parques eólicos terrestres, algunos de los cuales se ubican en zonas de orografía compleja. La altura de las torres y el tamaño de los rotores son de más fácil instalación en el entorno marino que en el terrestre, aunque la logística de transporte marítimo puede ser más cara. Sin embargo, la instalación de estos componentes de grandes dimensiones se realiza sin la dificultada de transportarlos e instalarlos en zonas de orografía compleja.

Desde un punto de vista tecnológico los aerogeneradores marinos y terrestres son muy similares, sin embargo, en el mar los parques eólicos son de mayor potencia (de 200 MW a 500 MW), de modo que los volúmenes de inversión son muy superiores en comparación con la eólica terrestre. Donde sí que aparecen cambios relevantes es en la estructura de costes. En la eólica terrestre el coste del aerogenerador suele suponer dos tercios de la inversión total y el tercio restante lo componen la obra civil y cimentaciones, la evacuación de energía, la gestión del proyecto y la ingeniería. En la eólica marina la mayor inversión se produce en la instalación de las máquinas, en la logística de transporte y en los sistemas de evacuación de energía, siendo el coste de los aerogeneradores menor.

En relación a las estructuras soporte de los aerogeneradores marinos, hay dos sistemas en el mercado, los fijos al fondo marino y los flotantes. En los sistemas fijos existen sistemas monopilotes, que copan prácticamente el mercado actual, aunque se emplean otros sistemas como las cimentaciones de gravedad en el fondo marino y el sistema de celosías o *jackets*. En relación a los sistemas flotantes, hay varios de ellos que provienen de las plataformas de petróleo y gas ubicadas en aguas con profundidades superiores a 50 m, como los *jackets*, aunque de momento son marginales en la industria eólica. En cuanto a los sistemas flotantes para la eólica marina se emplean los siguientes: TLP (*tensión leg platform*), semisumergibles, plataformas *spar* y boyas lastradas con amarres. Los sistemas de celosía y los sistemas flotantes se irán imponiendo conforme los parques eólicos se conecten a largas distancias de la costa en aguas profundas.

En este tipo de parques marinos que se encuentran muy alejados de la costa los sistemas de evacuación de energía mediante enlaces HVDC se consideran rentables en relación a los sistemas de transmisión en corriente alterna. A partir de una distancia que se establece en el entorno de 100 km, la capacidad de transmisión de las líneas de transmisión en c.a. se ve seriamente mermada por la generación de potencia reactiva de los cables, en este caso es más económico realizar la transmisión en c.c. aunque implique la complejidad tecnológica añadida de ubicar estaciones conversoras en alta mar. Como puede observar el lector, el desarrollo de la generación eólica no se circunscribe solo al ámbito de la tecnología de aerogeneradores, sino que tiene implicaciones en el desarrollo de los futuros sistemas de transmisión eléctrica.

En este capítulo se abordan inicialmente los principios de conversión de la energía eólica, caracterizando el recurso eólico en función de la velocidad, dirección y variabilidad de la velocidad del viento incidente sobre los aerogeneradores. Posteriormente se determina la expresión de la potencia mecánica desarrollada por un aerogenerador en función de los fundamentos de la aerodinámica. Se deduce un modelo promediado en valores normalizados para obtener la el par mecánico de un aerogenerador en función de la velocidad del viento media incidente a la altura del buje del aerogenerador, la velocidad de giro de la turbina y el ángulo de paso de la pala. Se propone también un modelo dinámico del sistema mecánico de transmisión y del sistema de control de paso de pala.

En la sección de tecnología de aerogeneradores se presentan los tipos básicos de turbinas eólicas en función de la posición de su eje de giro, los componentes básicos de un aerogenerador y el balance de potencias desde la captura de energía cinética en el rotor del aerogenerador hasta la entrega de la potencia eléctrica a la red. Asimismo, se analizan los sistemas mecánicos de transmisión, tipo de torres, mecanismos de cambio de paso de pala y orientación del rotor eólico. Finalmente se indica brevemente el tipo de generadores eléctricos empleados en los modernos aerogeneradores.

A continuación, se analizan los sistemas aerodinámicos de control de potencia en los aerogeneradores, que se clasifican principalmente en sistemas de paso fijo y de paso variable y dentro de este último apartado se exponen brevemente los sistemas de control mediante entrada en pérdida activa. El siguiente apartado estudia los sistemas eólicos de velocidad variable, sus estrategias de control del seguimiento del punto de máxima potencia a partir de las característica par-velocidad de la turbina para cada velocidad del viento. Seguidamente se exponen los sistemas *fullconverter* y DFIG, indicando su principio de funcionamiento, límites de funcionamiento y control. Esta sección concluye con una simulación completa de un aerogenerador de velocidad variable y paso variable.

Este capítulo finaliza con el estudio de los parques eólicos terrestres y marinos, considerados ambos como una agrupación de turbinas eólicas distribuidas en un emplazamiento determinado formando una central de generación en la que se define un punto de conexión con la red y a la que se solicita unos determinados requisitos operacionales. La infraestructura eléctrica de los parques eólicos varía notablemente si están ubicados en tierra o en mar, por esta razón se ha preferido abordar su exposición en dos apartados diferentes.

4.2. PRINCIPIOS DE CONVERSIÓN DE LA ENERGÍA EÓLICA

En este apartado se analizan los principios físicos relacionados con la conversión energética que tiene lugar en una turbina eólica, en la cual se transforma la energía cinética del viento en energía mecánica y posteriormente en energía eléctrica. Comienza el apartado con la caracterización del recurso eólico analizando el módulo, la dirección y la variabilidad de la velocidad del viento que incide en el rotor de un aerogenerador. En la segunda parte se realiza una breve introducción a la aerodinámica de las turbinas de eje horizontal, a partir de la cual se determina la distribución de fuerzas que se producen en las palas de un aerogenerador, estudiando en particular el par mecánico en el eje y la potencia producida. Finalmente se estudian las técnicas del cálculo energético de un parque eólico a partir de la caracterización del recurso eólico y de la curva de potencia de los aerogeneradores.

4.2.1. Recurso eólico

La energía eólica tiene su origen en la radiación solar de forma que el viento se genera por el calentamiento desigual que sufre la tierra. De toda la energía emitida por el Sol en forma de radiación electromagnética que es recibida en la Tierra ($5{,}48 \cdot 10^{24}$ J) solo un 1 % aproximadamente se convierte en energía cinética del viento potencialmente aprovechable.

A escala global, en las capas altas de la atmósfera, el viento se genera por el desigual calentamiento de la Tierra que se produce por la variación de la radiación solar con la latitud (Figura 4.6) y el giro de la Tierra sobre sí misma y con respecto al Sol. La radiación solar es más intensa en el Ecuador que en los polos de ahí que se produzca un calentamiento desigual en ambas zonas dando lugar a un movimiento del aire. Suponiendo que la Tierra no girase, el movimiento de las masas de aire sería de la siguiente forma; el aire caliente subiría en las zonas más calientes, circularía por la parte superior de la atmósfera y caería en las zonas más frías (Figura 4.7).

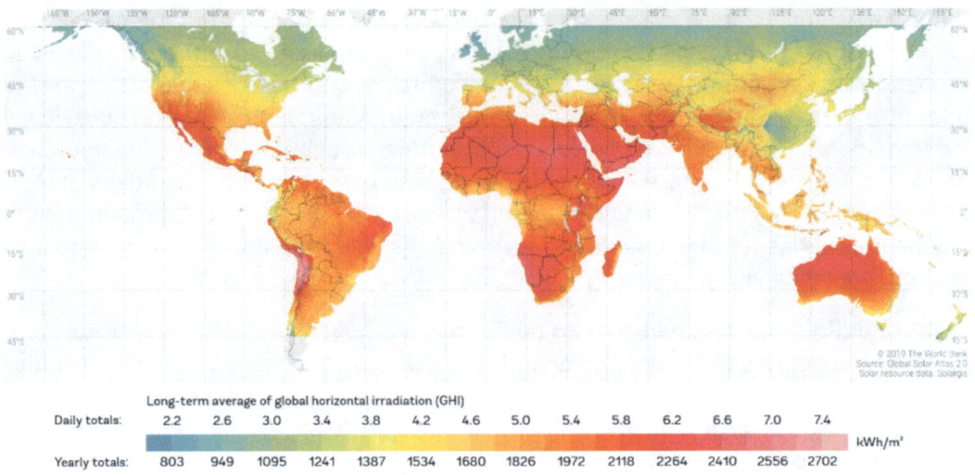

Figura 4.6. Variación de la radiación solar con la latitud

Sin embargo, el movimiento de las masas de aire en la atmósfera es más complejo ya que entran en juego otros fenómenos físicos relevantes. Debido a la rotación de la Tierra, se introduce la denomina *fuerza de coriolis*, que influye en la circulación general de la atmósfera; en el hemisferio norte el viento tiende a desviarse hacia el este en las capas altas de la atmósfera y hacia el oeste en las capas bajas. En el hemisferio sur, las desviaciones son en sentido contrario. Otro efecto relevante es la orografía y rugosidad del terreno, que da lugar a regímenes turbulentos con escalas espaciales muy diversas, desde metros a miles de kilómetros y temporales, de segundos a meses. La energía contenida en el viento se distribuye en las distintas escalas mencionadas y se transfiere desde las escalas más grandes a las más pequeñas.

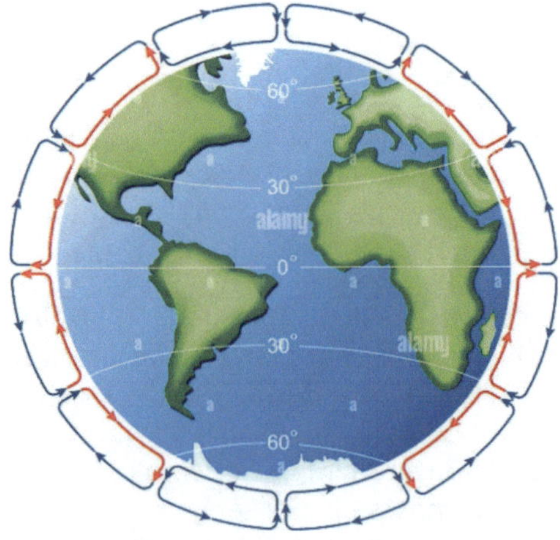

Figura 4.7. Movimiento de las masas de aire en la Tierra

El estudio del recurso eólico se suele realizar habitualmente en tres grandes escalas, a saber: *macroescala*, *mesoescala* y *microescala*. En la macroescala, o escala sinóptica, el viento existente se denomina *geostrófico* y es el que se refleja en los mapas meteorológicos, en los que aparecen, borrascas, anticiclones, frentes fríos y cálidos, etc. Los fenómenos físicos que se reflejan en estos mapas meteorológicos ocurren en una escala espacial de al menos 1000 km. La mesoescala corresponde a una escala más pequeña, del orden de 10 a 500 km, donde los vientos locales tienen su origen en gradientes térmicos y en características topográficas del terreno como valles y cordilleras. La escala de estudio inferior se denomina microescala, inferior a 10 km, donde la velocidad del viento suele ser básicamente de régimen turbulento debido a la orografía del terreno. En la microescala es donde se desarrolla fundamentalmente la caracterización del viento de los aerogeneradores y los parques eólicos.

Partiendo de estas consideraciones generales sobre la caracterización del viento a diferentes escalas, a continuación, se expone el procedimiento de evaluación del recurso eólico para la selección de emplazamientos de futuros parques eólicos. El procedimiento se suele realizar en dos fases, en la primera se emplean datos de bases meteorológicas cercanas, o si no se dispone de ellas, se emplean datos virtuales procedentes de modelos físicos climatológicos generados a partir de bases de datos, fundamentalmente satelitales. La desviación en la predicción de la velocidad del viento de estos modelos puede oscilar entre el 10 % y 20 % y aunque es un error considerable, sí que puede indicar una primera estimación sobre la idoneidad del emplazamiento. Si la valoración es positiva, se pasa a la segunda fase donde se instala una estación meteorológica en el emplazamiento durante un periodo de tiempo, habitualmente superior al año, a fin de analizar la variación interanual del recurso eólico disponible. Esta fase lleva asociado un estudio estadístico de las medidas registradas en la estación meteorológica del emplazamiento donde se analizan, al menos, los siguientes parámetros:

- Valor medio de la velocidad del viento.
- Rosa de los vientos.
- Distribución de probabilidad de la velocidad del viento.
- Variación del viento con la altura.
- Turbulencia.
- Valores extremos del viento.
- Temperatura y presión atmosférica.

El análisis estadístico de los datos tiene siempre un proceso previo de filtrado de registros anómalos debido a averías, u otro tipo de incidencias, en los sensores.

4.2.1.1. Valor medio de la velocidad del viento

El *valor medio anual de la velocidad del viento* es el indicador fundamental del recurso eólico disponible en un emplazamiento. La variación estacional de este valor indicará la estacionalidad del recurso eólico. En el cálculo inicial del valor medio no se tiene en cuenta la dirección de la velocidad del viento, aunque este mismo promediado se realiza por sectores una vez analizada la rosa de los vientos.

El valor medio de la velocidad del viento también se analiza en función de la altura. Las torres meteorológicas ubicadas en los emplazamientos disponen habitualmente de varios anemómetros colocados a diferentes alturas, midiendo la dirección y velocidad del viento con registros que se almacenan cada 10 minutos.

En la Figura 4.8 se muestra un gráfico con los valores medio, máximo y mínimo registrados un emplazamiento para cada mes del año medido por el anemómetro de una estación meteorológica situado a 40 m sobre el suelo.

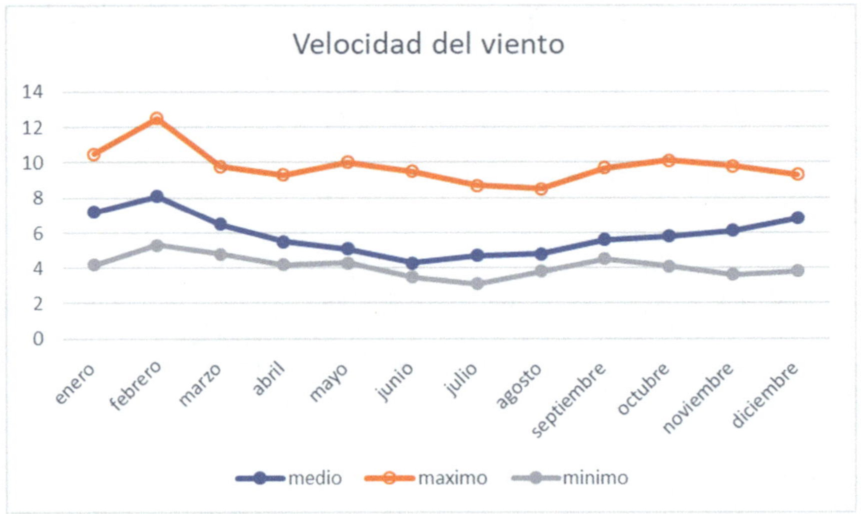

Figura 4.8. Valor medio, máximo y mínimo de un emplazamiento

4.2.1.2. Rosa de los vientos

Para definir la disposición de los aerogeneradores en el emplazamiento de un parque eólico es necesario conocer las direcciones predominantes de la velocidad del viento. La representación más empleada de la distribución direccional de la velocidad del viento es la llamada rosa de los vientos de frecuencia donde se representa el porcentaje del tiempo (o frecuencia) en el que el viento proviene de una determinada dirección. El número de sectores o rumbos que se utilizan son 16 habitualmente.

La rosa de los vientos también puede ser de velocidad, indicando la distribución de la velocidad media anual para cada una de las 16 direcciones, e incluso también existen rosas de distribución direccional de densidad de energía. En la Figura 4.9. se muestra una rosa de vientos donde indica para cada dirección la frecuencia total y la distribución de frecuencia de la velocidad media por intervalos.

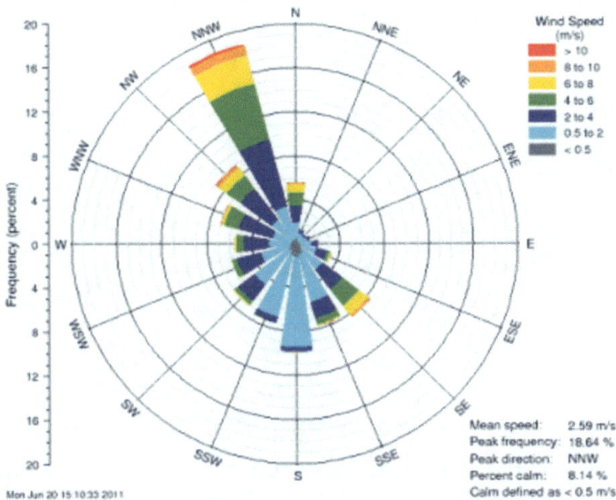

Figura 4.9. Rosa de los vientos

4.2.1.3. Distribución de probabilidad de la velocidad del viento

Para poder predecir la variación de la velocidad media del viento durante un largo periodo de tiempo se emplea la función de distribución acumulada o curva de duración de la velocidad del viento, que expresa la probabilidad de que la velocidad del viento V exceda un valor límite V_0 durante un tiempo determinado:

$$F(V_0) = P\,(V_0 < V) \tag{4.1}$$

Cuando dicha probabilidad se multiplica por 8760 horas se obtiene para cada velocidad V_0 el número de horas al año esperadas donde la velocidad del viento V excede esa velocidad ($V_0 < V$).

En la Figura 4.10. se muestra un ejemplo de curva de duración de velocidad donde se observa que hay 3000 h/año donde la velocidad del viento es superior a 9,36 m/s.

Una forma muy aceptada de esta función de probabilidad es la *distribución de Weibull*, dada por la siguiente ecuación

$$F(V_0) = P(V_0 < V) = \exp\left[\left(\frac{V_0}{C}\right)^k\right] \tag{4.2}$$

En esta ecuación aparecen dos parámetros: el factor de escala C [m/s] y el factor de forma, k. Ambos factores se deben ajustar a partir de los datos medidos en un emplazamiento concreto. El parámetro k puede variar entre 1,5 y 3 aunque en algunos casos se han detectado valores cercanos a la unidad. Cuando k es igual a 2. la distribución anterior se conoce como *distribución de Rayleigh*.

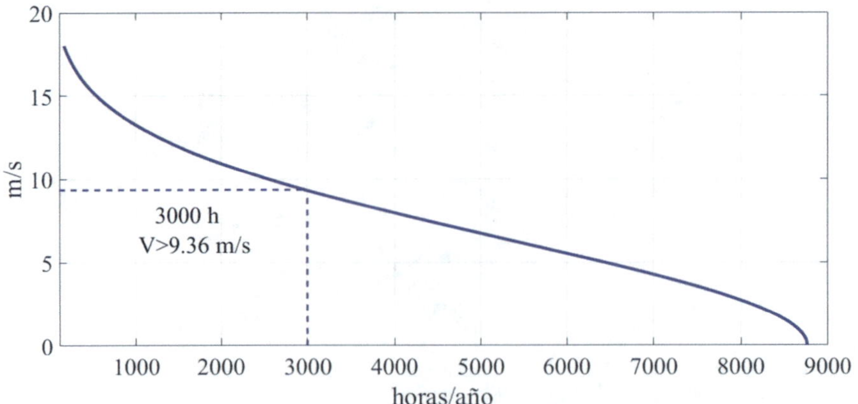

Figura 4.10. Curva de duración de la velocidad del viento

Si se toma un intervalo de velocidades comprendido entre V_1 y V_2, la fracción del tiempo en el que la velocidad del viento estaría entre ambas velocidades vendría dada por la diferencia $F(V_1) - F(V_2)$. En el límite en el que estas dos velocidades estuvieran muy próximas: $V_2 = V_1 + \mathrm{d}V$, dicha fracción de tiempo sería igual a $f(V_1)\,\mathrm{d}V$, donde $f(V)$ es la función de densidad de probabilidad, que se obtiene derivando $-F(V_0)$ y particularizando para $V_0 = V$. Para la función de Weibull, la función de densidad de probabilidad viene dada por:

$$f(V) = -\left.\frac{\mathrm{d}F}{\mathrm{d}V_0}\right|_{V=V_0} = k\frac{V^{k-1}}{C^k}\exp\left[-\left(\frac{V}{C}\right)^k\right] \tag{4.3}$$

Esta función de densidad de probabilidad de Weibull está representada para diferentes valores del factor de forma, k (Figura 4.11)

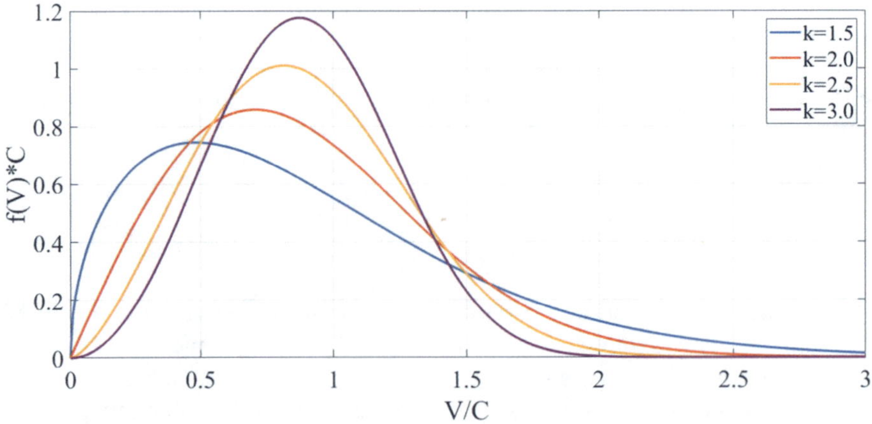

Figura 4.11. Distribución de Weibull para diferentes valores de *k*

El valor medio de la velocidad en el periodo indicado viene dado por:

$$V_{ave}\int_0^{\infty} V \cdot f(V)\,\mathrm{d}V \tag{4.4}$$

que para el caso de la distribución de Weibull sería igual a

$$V_{ave} = C \cdot \Gamma\left(1+\frac{1}{k}\right) \tag{4.5}$$

donde Γ es la función gamma. Para valores de k entre 1,5 y 3 se cumple, de forma muy aproximada, que $Vave = 0{,}9\ C$. En particular, para la distribución de Rayleigh

$$V_{ave} = C\frac{\sqrt{\pi}}{2} = 0{,}886 \cdot C \tag{4.6}$$

La norma IEC 61400-1 correspondiente a seguridad de aeroturbinas establece diferentes clases de diseño en función de la velocidad media del emplazamiento. Así, emplazamientos con velocidades medias anuales $V_{ave} = 10$ m/s o superiores son de clase 1 y emplazamientos con $V_{ave} = 6$ m/s o inferiores son de clase IV, tomando valores intermedios para las clases de diseño II y III.

4.2.1.4. Variación de la velocidad del viento con la altura

Como ya se ha indicado anteriormente la velocidad del viento varía con la altura debido al rozamiento del aire en movimiento con la superficie terrestre. Aplicando este mismo fenómeno físico a escalas más pequeñas asociadas a perturbaciones locales del viento debido a la orografía del terreno, el viento sigue una ley potencial con la altura denominada *cortadura vertical del viento* y cuya expresión empírica es la siguiente

$$\frac{V}{V_0} = \left(\frac{H}{H_0}\right)^{\alpha} \tag{4.6}$$

donde V es la velocidad del viento genérica expresada en m/s a la altura H [m], para una velocidad del viento de referencia, V_0 [m/s] medida a la altura de referencia H_0 [m]. El factor de cortadura α toma valores entre 0,01 y 0,3, dependiendo de la rugosidad del terreno. En la Figura 4.12 se muestra un esquema del incremento de la velocidad con la altura.

Por ejemplo, si se estima que la rugosidad del terreno es tal que $\alpha = 0{,}2$, si la velocidad del viento a 20 m es de 10 m/s, siguiendo esta ley potencial a 40 m la velocidad del viento sería 11,48 m/s es decir un 14,8 % mayor. Esta diferencia en la velocidad del viento con la altura tiene una gran importancia en el funcionamiento de los aerogeneradores. Por una parte, cuanto mayor es la altura de la torre mayor es la velocidad del viento que incide en el rotor eólico y, por tanto, mayor es su producción de energía. Sin embargo, un incremento de la altura de la torre implica un coste más elevado y un aumento de las cargas mecánicas sobre la turbina eólica.

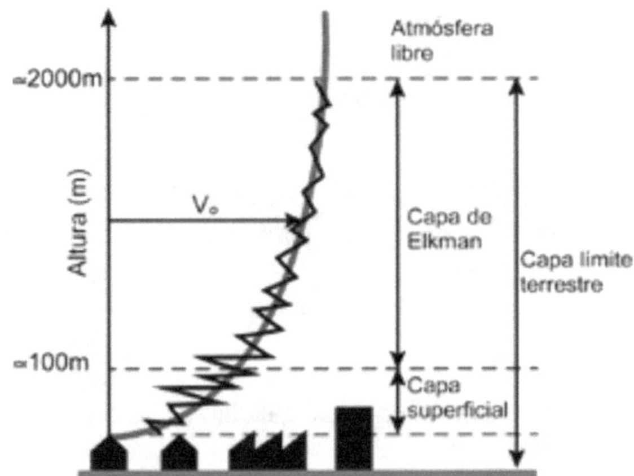

Figura 4.12. Perfil vertical de la velocidad del viento

Por otra parte, al elevar la altura de la torre, generalmente el rotor eólico incrementa su diámetro y, por tanto, las palas reciben una velocidad del viento diferente cuando se encuentran girando en la parte superior, que cuando lo hacen en la parte inferior. Esta diferencia en la velocidad del viento dependiendo de la posición en su movimiento de rotación hace que se produzcan cargas aerodinámicas cíclicas sobre las palas que se deben tener en cuenta durante la fase de diseño, así como oscilaciones de potencia proporcionales a la velocidad de giro de la máquina. En turbinas eólicas de gran envergadura estas perturbaciones se corrigen actuando de forma individual en la posición del ángulo de paso de cada pala durante el tiempo que dura una rotación completa del aerogenerador. Como se verá posteriormente, el ángulo de paso de pala determina la posición de la superficie de la pala frente al viento.

4.2.1.5. Turbulencia

La turbulencia se define como las variaciones espaciales y temporales de la velocidad del viento en la microescala, es decir, variaciones temporales de la velocidad del viento inferiores a 10 minutos y variaciones espaciales de hasta decenas de metros. La turbulencia puede venir provocada, en general, por la orografía y la rugosidad del terreno y también, por la acción de las estelas de unas máquinas sobre otras que se encuentran aguas abajo en la dirección del viento incidente.

Un aumento de la turbulencia del viento incidente sobre una turbina eólica implica un incremento de las cargas dinámicas estructurales que debe soportar y como consecuencia, reduce la vida útil de diseño del aerogenerador; de ahí la importancia de caracterizar correctamente la turbulencia en un determinado emplazamiento.

El parámetro más utilizado para caracterizar este fenómeno físico es la *intensidad de la turbulencia*, que se define como el cociente entre la desviación típica de la velocidad instantánea del viento en un periodo respecto a su valor medio. La intensidad de la turbulencia se mide en % y se calcula habitualmente en periodos de 10 minutos. Cuando la turbulencia medida en un emplazamiento es superior al 30 %, la vida media de los aerogeneradores puede disminuir significativamente y la rentabilidad de la instalación se puede ver comprometida.

En la Tabla 4.1 se muestra la intensidad de la turbulencia según la norma IEC 61400-1, donde se muestran cuatro categorías de diseño (de I a III y la categoría S). En esta misma tabla, V_{ref}, indica la velocidad de referencia correspondiente a valores máximos registrados en medias de 10 minutos, A, B y C, son las categorías de intensidad de turbulencia alta, media y baja, respectivamente e I_{ref} es el valor característico de la intensidad de la turbulencia medido a 15 m/s.

Tabla 4.1. Intensidad de la turbulencia en función de la clase de diseño del aerogenerador

Clases de aerogeneradores		I	II	III	S
V_{ref}	[m/s]	50	42,5	37,5	Valores especificados por el diseñador
A	I_{ref} (–)		0,16		
B	I_{ref} (–)		0,14		
C	I_{ref} (–)		0,12		

En general los emplazamientos de orografía compleja, con fuertes pendientes u obstáculos, o con presencia de estelas de aerogeneradores cercanos, suelen estar asociados a la existencia de niveles de turbulencia elevados. En estos casos, los perfiles verticales de la velocidad del viento con la altura están afectados por la presencia de las variaciones del viento debidos a la turbulencia, siendo en general menos acusados, e incluso en casos extremos, el perfil vertical puede llegar a ser invertido, es decir velocidades del viento más elevadas en zonas de cota baja que en zonas de cota alta. Este caso, aunque muy extraño, ha dado lugar en algunas ocasiones a impactos de la pala con la torre del aerogenerador.

4.2.1.6. Valores extremos del viento

Este parámetro, conocido también como *rafagosidad*, tiene en cuenta los valores máximos del viento, rachas o picos de viento, que pueden dar lugar a cargas dinámicas estructurales extremas en el aerogenerador.

Se entiende por *factor de rafagosidad*, al cociente entre la velocidad máxima registrada en un periodo de tiempo, que suele ser una hora, respecto al valor medio de la velocidad del viento. El conocimiento de estos valores es necesario para el diseño estructural de los aerogeneradores, especialmente cuando se instalan en zonas donde pueden aparecer vientos extremos como ciclones o huracanes.

4.2.1.7. Temperatura y presión atmosférica

Las estaciones meteorológicas miden la temperatura y presión atmosférica, ya que son magnitudes físicas a partir de las cuales se determina la densidad del aire en el emplazamiento, ρ [kg/m^3]. Como se expondrá a continuación, la potencia mecánica desarrollada por un aerogenerador es proporcional a la densidad del aire, así como otros factores como el área del rotor eólico, o el cubo de la velocidad del viento incidente.

Los valores de temperatura y presión se obtienen de los registros del termómetro y el barómetro de la estación meteorológica. En caso de no disponer de estas medidas, la temperatura se puede estimar a partir de registros disponibles en emplazamientos cercanos y la presión se puede estimar en función de datos estándar corregidos por la altura del emplazamiento respecto al nivel del mar.

4.2.2. Aerodinámica de turbinas de eje horizontal

La aerodinámica de las turbinas eólicas estudia las fuerzas que se generan en las palas como consecuencia del cambio en las velocidad y presiones del aire a su paso por el rotor eólico. Inicialmente, se presenta la teoría del disco actuador donde se obtiene la expresión de la potencia mecánica extraída de la corriente de aire y la fuerza de empuje sobre el rotor eólico. Posteriormente se determinan los coeficientes adimensionales de potencia, par y la relación de velocidad específica que se define como el cociente entre la velocidad en la punta de la pala y la velocidad del viento.

A continuación, se analizan las fuerzas de sustentación y de arrastre que actúan sobre un perfil aerodinámico. El cálculo de estas fuerzas en cada elemento de la pala (teoría del elemento de pala) permite determinar el par mecánico producido por la turbina eólica, la fuerza de empuje sobre el rotor eólico y las cargas aerodinámicas que soporta. Finalmente, se determina la curva de potencia del aerogenerador en función de la velocidad de giro tomando como parámetro la velocidad del viento.

4.2.2.1. Teoría del disco actuador

Considérese un tubo de corriente que circunda a la aeroturbina, como la que se indica en la Figura 4.13, en el que la velocidad del viento incidente es uniforme. En las secciones suficientemente alejadas aguas arriba y aguas abajo, las líneas de corriente se consideran paralelas al viento incidente y la presión es igual a la presión ambiente.

El viento, de velocidad V_1, incide en la sección S_1 y va perdiendo velocidad hasta que alcanza la sección S_2, donde la velocidad del viento es $V_2 < V_1$. A partir de esta sección, S_2, se supone que el flujo de aire deja de ser laminar, dando lugar a la generación de turbulencia. La velocidad que incide en la turbina, $V_{turbina}$, también es inferior a la velocidad incidente y se expresa en función del coeficiente de velocidad inducida a, que es un parámetro adimensional, positivo e inferior a la unidad, de modo que

$$V_{turbina} = V_1\,(1 - a) \tag{4.7}$$

y la velocidad en la sección, S_2:

$$V_2 = V_1\,(1 - 2a) \tag{4.7}$$

de manera que la velocidad incidente en la turbina se puede expresar como la media aritmética de las velocidades en las secciones 1 y 2.

$$V_{turbina} = \frac{V_1 + V_2}{2} \tag{4.9}$$

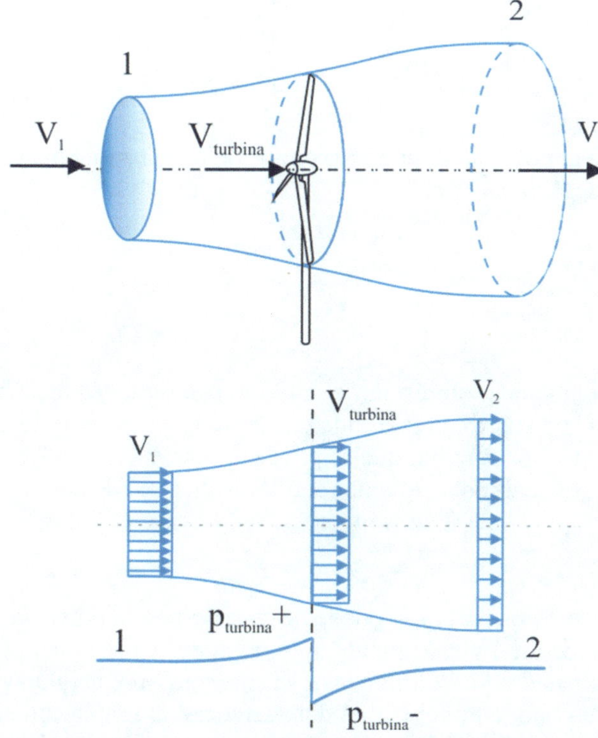

Figura 4.13. Tubo de corriente que circunda una turbina eólica

En la teoría del disco actuador se supone que el aire se frena la mitad antes de pasar por la aeroturbina y la otra mitad después. La potencia mecánica se obtiene a partir de la pérdida de energía cinética del viento incidente a su paso por la aeroturbina

$$P_m = \left(\rho V_{turbina}\,\frac{\pi D^2}{4}\right)\left(\frac{1}{2}V_1^2 - \frac{1}{2}V_2^2\right) \tag{4.10}$$

donde el primer factor representa la masa que atraviesa la aeroturbina por unidad de tiempo y el segundo factor, la pérdida de energía cinética por unidad de masa. Cuanto menor es la velocidad aguas abajo, mayor es la pérdida de energía cinética y también, menor es el flujo másico que atraviesa la turbina, de modo que hay un valor óptimo de a para el que se obtiene la máxima potencia. Sustituyendo (4.7) y (4.8) en (4.10) la expresión de la potencia mecánica queda como

$$P_m = \left(\frac{1}{2}V_1^3\frac{\pi D^2}{4}\right)\left\{(1-a)\left[1-(1-2a)^2\right]\right\} \tag{4.11}$$

Derivando esta expresión e igualando a cero se obtiene que el máximo de la potencia se obtiene en $a = 1/3$, de modo que

$$P_m = \left(\frac{1}{2}V_1^3\frac{\pi D^2}{4}\right)\left(\frac{16}{27}\right) \tag{4.12}$$

Este resultado de la potencia se puede expresar de forma adimensional, mediante el denominado *coeficiente de potencia*:

$$C_p = \frac{P_m}{\frac{1}{2}V_1^3\frac{\pi D^2}{4}} \tag{4.13}$$

El coeficiente de potencia representa el tanto por uno que se aprovecha de la energía cinética incidente en la aeroturbina si el flujo de aire fuera uniforme y laminar; sin embargo, a la vista de (4.12), el valor máximo que se puede aprovechar es 16/27, que es el conocido como *límite de Betz*, el cual indica que una turbina eólica puede convertir en potencia mecánica como máximo el 59,2 % de la potencia asociada a la energía cinética del viento incidente sobre ella.

Además, de la Expresión (4.11) se puede observar cómo la potencia mecánica depende del cubo de la velocidad del viento incidente a la altura del buje del aerogenerador y del diámetro del rotor al cuadrado. Podría pensarse entonces que, para un emplazamiento determinado, donde se conoce la velocidad del viento en el emplazamiento, una forma de aumentar la potencia captada por la turbina es aumentar el tamaño del rotor, sin embargo, esto tiene implicaciones de coste, al aumentar el tamaño de las palas y la altura de la torre, así como un incremento de las cargas que soporta el aerogenerador. Además, el aerogenerador debe limitar la potencia mecánica y la velocidad de giro a fin de evitar sobrecargas en los elementos mecánicos de transmisión. Por todo ello, se puede indicar que el tamaño del rotor del aerogenerador y la altura de la torre se adaptan habitualmente a las condiciones de viento del emplazamiento, de forma que, para un aerogenerador con una potencia eléctrica nominal determinada, se emplean turbinas con mayor diámetro en emplazamientos con menor velocidad media anual y menor índice de turbulencia que en emplazamientos con mayor recurso eólico y condiciones de turbulencia más severas.

En la Figura 4.13 se muestra también la distribución de presiones en el tubo de corriente, en la sección 1 la presión es la correspondiente a la presión ambiente, p_a, y va aumentando hasta que el fluido alcanza la turbina donde alcanza su valor máximo, $p_{\text{turbina+}}$. En la turbina se produce un salto de presiones, de forma que detrás de la turbina la presión es mínima, $p_{\text{turbina-}}$ y se va recuperando hasta alcanzar la sección S_2. Aplicando la ecuación de Bernoulli se establece que la presión total se conserva en la sección 1 y la sección inmediatamente anterior a la turbina

$$p_a + \frac{1}{2}\rho V_1^2 = p_{\text{turbina+}} + \frac{1}{2}\rho V_{\text{turbina}}^2 \tag{4.14}$$

y de igual forma, también se conserva la presión entre la sección inmediatamente posterior y la sección 2

$$p_{\text{turbina}-} + \frac{1}{2}\rho V_{\text{turbina}}^2 = p_a + \frac{1}{2}\rho V_2^2 \tag{4.15}$$

A través de la turbina no se conserva la presión total; al contrario, se produce un salto de presiones cuya diferencia multiplicada por la sección del rotor eólico permite calcular la fuerza de empuje sobre la turbina eólica

$$F = \left(p_{\text{turbina+}} - p_{\text{turbina}-}\right)\frac{\pi D^2}{4} \tag{4.16}$$

Sustituyendo la diferencia de presiones en función de las velocidades V_1 y V_2 según (4.14) y (4.15), la Ecuación (4.16) queda como

$$F = \frac{1}{2}\rho\left(V_1^2 - V_2^2\right)\frac{\pi D^2}{4} \tag{4.17}$$

La ecuación anterior se puede expresar en función de V_{turbina} como

$$F = \frac{1}{2}\left(\rho V_{\text{turbina}} \frac{\pi D^2}{4}\right)\left(V_1 - V_2\right) \tag{4.18}$$

El primer factor indica el gasto másico que atraviesa la turbina, de modo que la fuerza ejercida por la turbina es la diferencia entre la cantidad de movimiento que entra y sale del tubo de corriente. Sustituyendo las velocidades V_{turbina} y V_2 en función de la velocidad V_1 y el coeficiente de velocidad inducida, a, según (4.8) y (4.9) como

$$F = \frac{1}{2}\rho\left(\frac{\pi D^2}{4}\right)V_1^2\left[4a\left(1-a\right)\right] \tag{4.19}$$

Esta expresión se puede calcular de forma adimensional, definiendo el coeficiente de empuje como

$$C_T = \frac{F}{\frac{1}{2}\rho\left(\frac{\pi D^2}{4}\right)V_{hub}^2} = 4a\left(1-a\right) \tag{4.20}$$

donde V_{hub} indica la velocidad del viento incidente a la altura del buje del aerogenerador.

En (4.20) se puede observar cómo el coeficiente de empuje crece con a, de modo que toma su valor máximo cuando $a = ½$, siendo $C_T = 1$; sin embargo, cuando a toma este valor, la velocidad V_2 se hace nula y podría tomar valores negativos si $a > ½$, lo cual no tendría ningún sentido físico. Valores del coeficiente de velocidad inducida cercanos a 0,5 indican que la turbina está muy cargada y que se comportaría como un disco sólido, creando remolinos y desprendimientos aguas debajo de la turbina.

4.2.2.2. Coeficientes adimensionales

A continuación, se aplica el cálculo adimensional para determinar los parámetros normalizados más importantes en el comportamiento de las turbinas eólicas, en concreto de su potencia mecánica. Del aire que incide sobre el aerogenerador se conoce su densidad, ρ (kg/m^3), su viscosidad, μ (N · s/m^2), la velocidad del viento, V_{hub} (m/s). Se parte de una familia de turbinas semejantes, de manera que todas tienen la misma forma, aunque pueden tener distinto tamaño. Una vez fijado el diámetro del rotor, D (m^2), el tamaño de elementos queda fijado, incluso el coeficiente de rugosidad, k (m), que indica el grado de suciedad, hielo, o envejecimiento de las palas. Como se verá posteriormente, el control de potencia del aerogenerador se realiza a partir de la posición de los perfiles aerodinámicos respecto al plano de giro del aerogenerador. Esto se consigue girando las palas alrededor de su envergadura, el ángulo de giro, β, que se denomina *ángulo de paso de pala*. En la Figura 4.14 se muestra este ángulo, así como el ángulo ψ, denominado *ángulo de guiñada*, que representa la posición del plano de giro del rotor respecto a la velocidad del viento incidente.

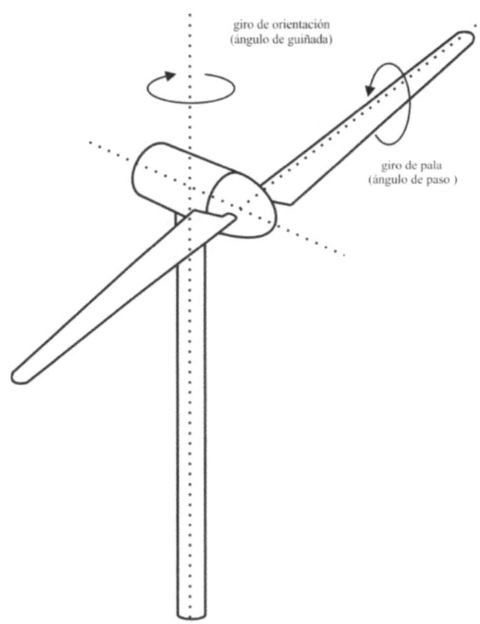

Figura 4.14. Ángulo de paso y de guiñada de una aeroturbina

Finalmente, la aeroturbina girará a una velocidad Ω (rad/s), de forma que la potencia mecánica depende de todos estos parámetros

$$P_m = f\,(V_{hub}, \underline{\rho}, \underline{\mu}, \underline{D}, \underline{k}, \underline{\beta}, \underline{\psi}, \underline{\Omega}, \text{forma}) \tag{4.21}$$

Esta dependencia funcional se puede simplificar teniendo en cuenta el teorema Π, que indica que las variables adimensionales no pueden depender de variables con dimensiones, cuyo valor puede ser arbitrario, pero escogiendo adecuadamente las unidades fundamentales. En este caso se toma como variables independientes V_{hub}, ρ y D, a partir de los cuales se normalizan el resto de parámetros. De esta forma la Expresión (4.21) en forma adimensional queda como

$$C_p = \frac{P_m}{\frac{1}{2}\rho V_{hub}^3 \frac{\pi D^2}{4}} = f\left(\frac{\mu}{\rho V_{hub} D}, \frac{k}{D}, \beta, \psi, \frac{\Omega D}{2 V_{hub}}, \text{forma}\right) \tag{4.22}$$

En este caso el coeficiente de potencia depende de 6 parámetros adimensionales. De todos ellos, el efecto de la viscosidad dado por el inverso del número de Reynolds, $\mu/(\rho V_{hub} D)$ y el de la rugosidad relativa, k/D, son poco importantes, ya que toman valores muy reducidos. Además, se considera que la máquina está orientada a la velocidad del viento incidente, habitualmente mediante un sistema activo de orientación, de modo que $\psi = 0$. De esta forma, el coeficiente de potencia depende, fundamentalmente, de dos parámetros adimensionales; por un lado, de la velocidad específica, λ (*tip speed ratio*), que se define como el cociente entre la velocidad en la punta de la pala y la velocidad del viento

$$\lambda = \frac{\Omega (D/2)}{V_{hub}} \tag{4.23}$$

y del ángulo de paso de pala, β, de modo que

$$C_p = \frac{P_m}{\frac{1}{2}\rho V_{hub}^3 \frac{\pi D^2}{4}} = f\,(\lambda, \beta) \tag{4.24}$$

En la Figura 4.15 se muestran las curvas $C_p\,(\lambda, \beta)$ para diferentes valores de λ, tomando como parámetro el ángulo de paso de pala, β. Como se puede observar el coeficiente de potencia es máximo cuando $\beta = 0°$, es decir, cuando el perfil de la pala se encuentra en el plano de giro del rotor. El coeficiente de potencia es máximo, $C_{p,\text{máx}}$ y de valor 0,48 cuando la velocidad específica es $\lambda_{\text{máx}} = 8{,}1$.

Cuando aumenta el ángulo β, la superficie de la pala expuesta al viento incidente se reduce y también las fuerzas generadas en la pala que producen par mecánico, de forma que la potencia generada por la turbina se reduce. Este es uno de los métodos de control aerodinámico para controlar la potencia mecánica producida por el aerogenerador cuando las velocidades del viento son elevadas. A la vista de la Figura 4.15 se observa que el coeficiente de potencia es altamente no-lineal cuando varían λ y β.

La potencia mecánica que produce un aerogenerador se puede expresar entonces a partir de la siguiente expresión

$$P_m = \frac{1}{2}\rho V_{hub}^3 \frac{\pi D^2}{4} C_p(\lambda,\beta) \tag{4.25}$$

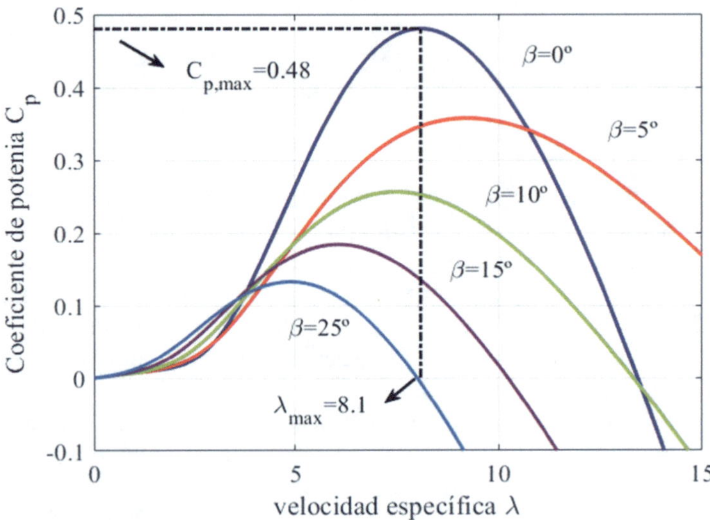

Figura 4.15. Coeficiente de potencia en función de la velocidad específica y del ángulo de paso de pala

es decir, depende linealmente de la densidad del aire, ρ, del cubo; de la velocidad del viento, V_{hub}; del área barrida por el rotor la cual es proporcional al cuadrado del diámetro y de la función $Cp(\lambda, \beta)$, cuya dependencia real es de V_{hub}, de la velocidad de giro, Ω y del ángulo β.

En la Figura 4.16 se muestra la potencia mecánica indicada en (4.25) al variar la velocidad de giro para diferentes valores de la velocidad del viento. En este análisis se ha considerado constante el ángulo de paso de pala e igual a cero (β = 0°), un diámetro de rotor de 80 m y una densidad del aire, ρ = 1,225 kg/m^3. Si se toma una velocidad de giro constante e igual a 15 r/min, se observa que cuanto mayor es la velocidad del viento, mayor es la potencia generada hasta que se alcanza una velocidad del viento en la que la potencia se reduce. Esto es debido a que el coeficiente de potencia decae más rápido que el cubo de la velocidad del viento. Este fenómeno se denomina *entrada en pérdida aerodinámica* y como se comentará en apartados posteriores, es una técnica de limitación pasiva de la potencia de salida de los aerogeneradores. Además, se observa que para la velocidad de giro de 15 r/min solamente existe una velocidad del viento (7,75 m/s) para el cual se alcanza el $C_{p,\text{ máx}}$ de 0.48. En la Figura 4.16 los puntos en los que la potencia mecánica generada es máxima, para cada velocidad del viento, se han marcado con una línea punteada.

Como se verá posteriormente, esta característica tiene una dependencia cúbica con la velocidad de giro del aerogenerador. Esto es así porque para mantener el máximo coeficiente de potencia se debe aumentar la velocidad de giro cuando aumenta la velocidad del viento de modo que se mantenga constante $\lambda_{\text{máx}}$ y, por tanto, $C_{p,\text{máx}}$. Esta característica cúbica es la que siguen las máquinas de velocidad variable para extraer la máxima potencia de la velocidad del viento. Este seguimiento del punto de máxima potencia se realiza solo hasta una velocidad de giro máxima, que no se debe sobrepasar[2]. En el caso que se presenta, esta velocidad de giro máxima es alcanza en aproximadamente a los 24 r/min. Si la máquina gira a valores superiores se producen fenómenos acústicos no deseados (ruido aerodinámico) y fenómenos de compresibilidad del aire al acercarse la velocidad en la punta de la pala a la velocidad del sonido (344 m/s). Esto explica por qué los aerogeneradores de mayor diámetro y potencia, giran a velocidades de giro menores.

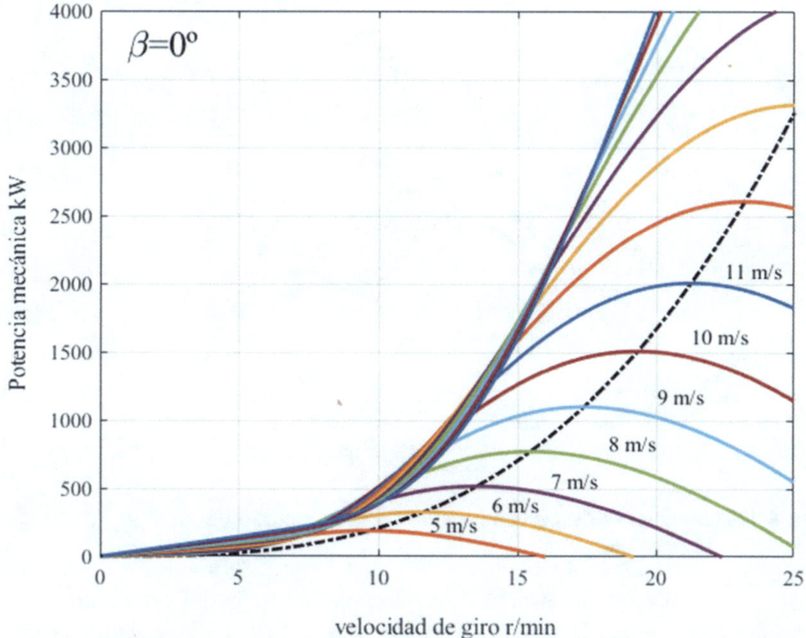

Figura 4.16. Curva de potencia en función de la velocidad de giro tomando como parámetro la velocidad del viento

---

[2] Un valor típico de velocidad máxima en la punta de la pala es de 100 m/s.

Otro parámetro importante es el par mecánico desarrollado por la turbina eólica. La potencia mecánica se define como el producto del par, expresado en Nm, por la velocidad de giro en r/min ($P_m = T_m\ \Omega$); de modo que si se divide la expresión de la potencia entre la velocidad de giro de la máquina se obtiene el coeficiente de par, C_q, como

$$C_q = \frac{T_m}{\frac{1}{2}\rho V_{hub}^2 \frac{\pi D^3}{4}} = \frac{C_q}{\lambda} \tag{4.26}$$

donde se observa que el coeficiente de par es el cociente entre el coeficiente de potencia y la velocidad específica. En la Figura 4.17 se muestran las curvas características del coeficiente de par. Es muy importante hacer notar cómo cuando la velocidad de giro es nula el coeficiente de potencia y la velocidad específica son nulas y, por tanto, C_q estaría indeterminado; sin embargo, conocer su valor cuando $\Omega = 0$ es muy importante ya que, si toma un valor positivo y no nulo, quiere decir que la turbina tiene par de arranque, es decir, la turbina eólica desarrolla elpar a velocidad nula y, por tanto, puede arrancar sin ayuda externa; por ejemplo, tomando energía de la red, haciendo funcionar a la máquina eléctrica como un motor, para que la turbina comience a girar.

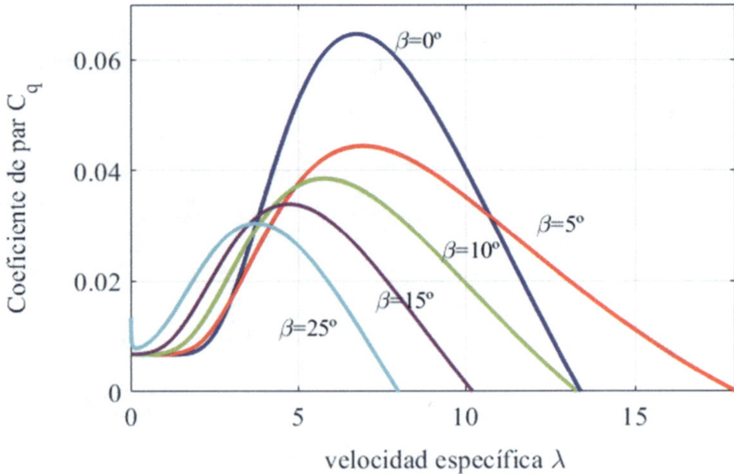

Figura 4.17. Coeficiente de par en función de la velocidad específica y del ángulo de paso de pala

Al igual que en el caso de la curva de potencia, a partir del coeficiente C_q es posible determinar el par mecánico desarrollado en función de la velocidad de giro tomando como parámetro la velocidad del viento. En la Figura 4.18 se muestran estas curvas para un diámetro $D = 80$ m y una densidad del aire $\rho = 1{,}225$ kg/m^3.

Finalmente, el coeficiente de empuje se representa como el cociente entre la fuerza de empuje ejercida sobre el aerogenerador y la fuerza de la velocidad del viento incidente

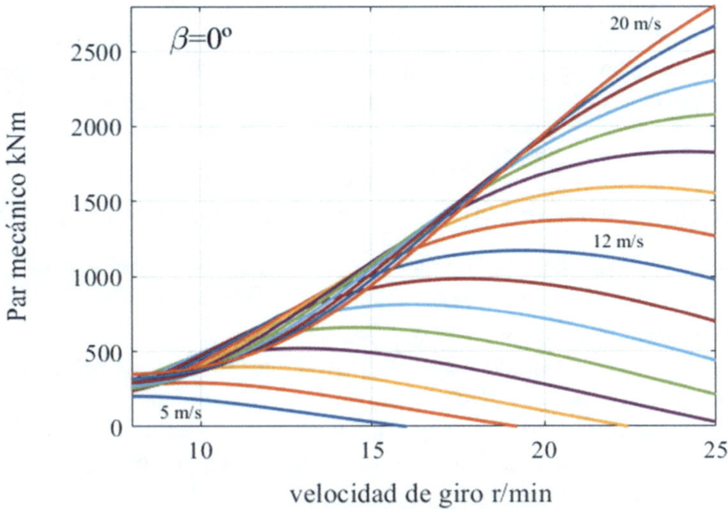

Figura 4.18. Curva de par en función de la velocidad de giro tomando como parámetro la velocidad del viento

$$C_T = \frac{F}{\frac{1}{2}\rho V_{hub}^2 \frac{\pi D^2}{4}} = f(\lambda, \beta) \tag{4.27}$$

En la Figura 4.19 se muestra este coeficiente de empuje en función de la velocidad específica λ para diferentes valores del ángulo de β.

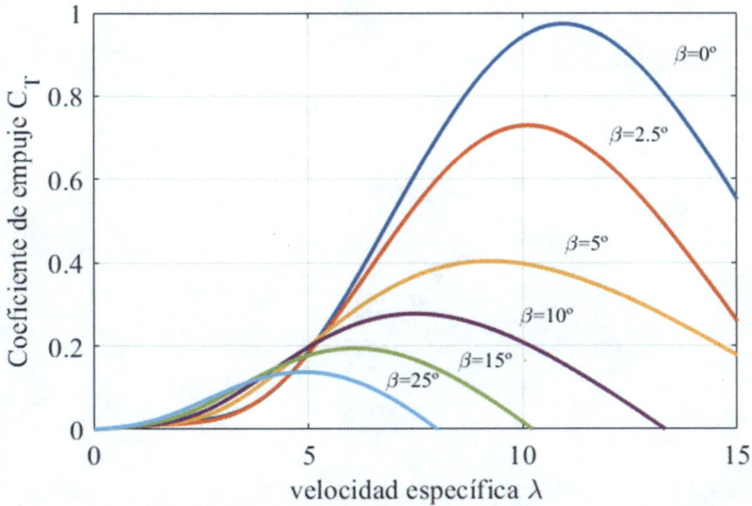

Figura 4.19. Coeficiente de empuje en función de la velocidad de giro tomando como parámetro la velocidad del viento

Como se puede observar, para $\beta = 0°$ y valores de λ cercanos a 12, la turbina está muy cargada, el C_T es cercano a 1 y el coeficiente de velocidad inducida toma valores cercanos a 0,5. En estas circunstancias, aparte de producirse una reducción brusca de la velocidad del viento a su paso por el aerogenerador se incrementan los niveles de turbulencia en la estela generada.

4.2.2.3. Perfiles aerodinámicos. Teoría del elemento de pala

Las fuerzas que se ejercen sobre las palas de una turbina eólica se deben a la acción de la velocidad relativa del aire sobre ella. Dicha velocidad es la composición de la velocidad del viento, representada por V_1 $(1 - a)$ y la velocidad de desplazamiento Ωr de la pala. La velocidad V_1 supone que incide de forma perpendicular al plano de rotación y Ωr paralelo a él, siendo r la distancia desde el eje de giro del rotor eólico hasta la sección de la pala en la que se analizan las fuerzas sobre el perfil. La velocidad resultante, o velocidad relativa sobre el perfil, es la velocidad W, de modo que su módulo es igual a

$$W = \sqrt{(\Omega r)^2 + [V_1(1-a)]^2} \tag{4.28}$$

y el ángulo que forman respecto al plano de rotación es

$$\tan\varphi = \frac{(1-a)V_1}{\Omega r} \tag{4.29}$$

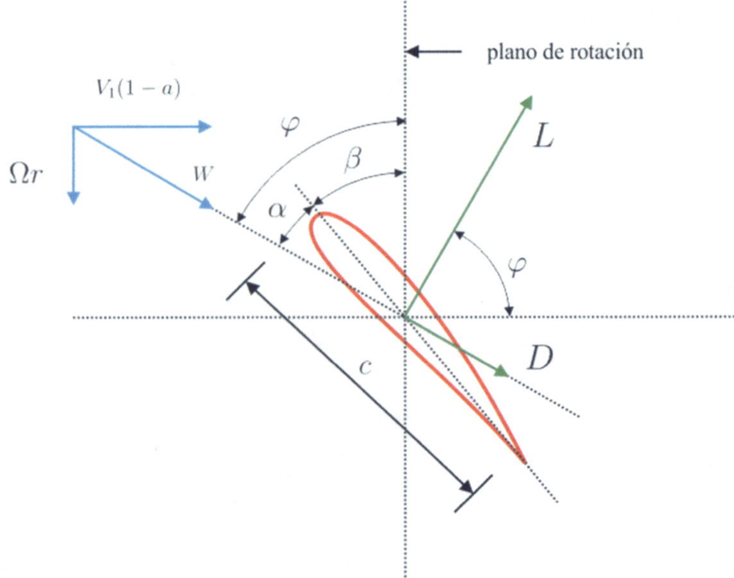

Figura 4.20. Triángulo de fuerzas y velocidades sobre un perfil aerodinámico de una turbina eólica

El módulo y el ángulo de incidencia de la velocidad relativa sobre el perfil, ángulo α, determinan *la fuerza de sustentación*, L, normal a la velocidad relativa y *la fuerza de arrastre*, D, o resistencia aerodinámica, que es paralela a la velocidad relativa. En la Figura 4.20 se muestran el triángulo fuerzas y velocidades incidentes en un perfil aerodinámico de una turbina de eje horizontal.

El ángulo de ataque, α, es el que forma la línea de sustentación nula del perfil con la dirección de la velocidad W. Se entiende *línea de sustentación nula del perfil* aquella en la que si el viento incide con esa dirección no se produce fuerza alguna sobre el perfil. En cuanto α aumenta, aparecen las fuerzas L y D indicadas en la Figura 4.20. El ángulo que forma la línea de sustentación nula del perfil con el plano de giro se denomina como β que, en este caso, es el ángulo de paso de pala para el perfil aerodinámico analizado a una cierta distancia r del eje de giro. Debido a la torsión de las palas el ángulo de paso cambia en función del radio, $\beta(r)$, a fin de garantizar que los ángulos de incidencia en todos los perfiles sean similares a lo largo de la envergadura de la pala. El ángulo de paso β, que se ha mencionado en los apartados anteriores, es el que se encuentra a una distancia $r = 0{,}75\ R$, siendo R el radio total de la pala.

La fuerza sobre los perfiles de las aeroturbinas de eje horizontal es básicamente de sustentación, denominándose L (del inglés, *lift*). Es imposible evitar que aparezca una fuerza de arrastre en la misma dirección de la velocidad relativa, que se denomina D (del inglés, *drag*). Las fuerzas de sustentación y de arrastre (por unidad de longitud del perfil) se expresan en función de los coeficientes C_L y C_D como

$$C_L = \frac{L}{\frac{1}{2}\rho W^2 c} = f\left(\frac{\mu}{\rho W c}, \alpha, \frac{k}{c}, \text{forma}\right) \tag{4.30}$$

$$C_D = \frac{F}{\frac{1}{2}\rho W^2 c} = f\left(\frac{\mu}{\rho W c}, \alpha, \frac{k}{c}, \text{forma}\right) \tag{4.31}$$

Al igual que sucedía en el apartado anterior, para situaciones típicas, los efectos de la viscosidad y la rugosidad relativa, son pequeños, de modo que ambos coeficientes dependen, fundamentalmente, del ángulo de ataque, α, y de la forma del perfil aerodinámico. En la Figura 4.21 se muestra el coeficiente de sustentación en función del ángulo α. Para valores de α inferiores a 15º (este valor límite depende de la forma del perfil) el flujo del aire alrededor del perfil es laminar, de forma que no se producen remolinos a la salida. Cuando el ángulo de ataque supera este valor crítico comienza a producirse una zona de corriente desprendida formando torbellinos cuya consecuencia es la reducción del coeficiente C_L y un aumento del coeficiente C_D. En estas circunstancias el perfil entra a funcionar en *la zona de pérdida aerodinámica* cuya consecuencia es la reducción de potencia del aerogenerador, dando lugar a cargas alternativas sobre la máquina y la aparición de vibraciones mecánicas.

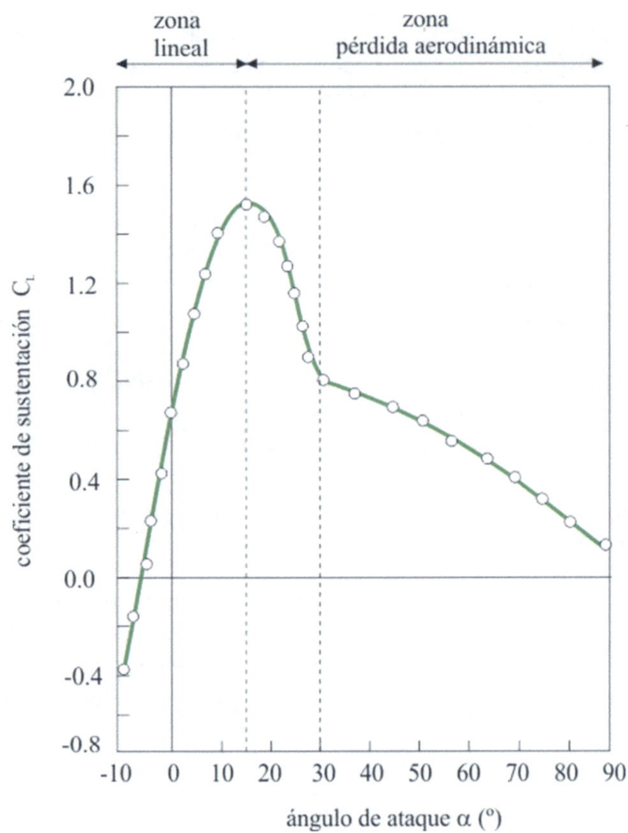

Figura 4.21. Coeficiente de sustentación en función del ángulo de ataque

El coeficiente de arrastre se muestra en la Figura 4.22, para ángulos α inferiores a 15° los valores de C_D son muy reducidos, de forma que la relación *L*/*D* puede llegar a tomar valores cercanos a 100 en algunos casos; sin embargo, cuando la máquina entra en pérdida aerodinámica los valores *L*/*D* se reducen rápidamente hasta tomar valores cercanos a la unidad.

Las turbinas modernas de eje horizontal funcionan debido al principio de sustentación aerodinámica, similar a las alas de avión, las palas de las hélices o algunos sistemas de navegación a vela. Otras tecnologías, como las turbinas eólicas tipo *Savonius*, las turbinas hidráulicas *Pelton*, o el mismo anemómetro de cazoletas, son principalmente dispositivos de arrastre. Las aeroturbinas que funcionan bajo el principio de sustentación presentan ciertas ventajas, respecto a las de arrastre. Por un lado, tienen un coeficiente de potencia mayor, a velocidades específicas más altas, esto es, se diseñan para velocidades de giro más elevadas, lo cual permite utilizar cajas multiplicadoras con menor relación de transmisión. Además, presentan menores fuerzas de empuje, reduciendo las cargas mecánicas y el diseño estructural de la torre, así como una reducción del efecto de las estelas.

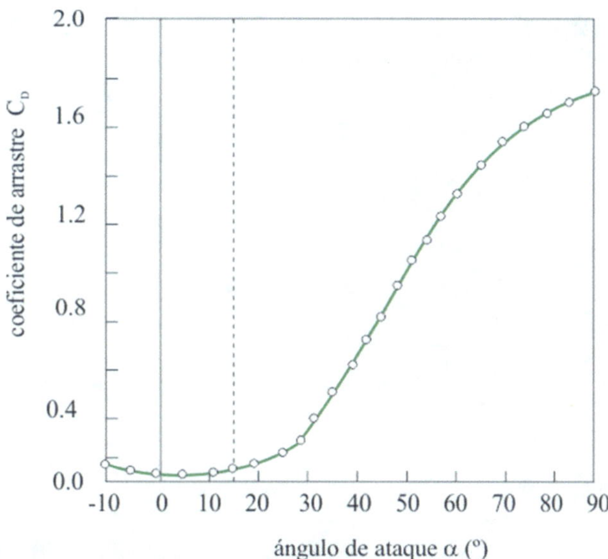

Figura 4.22. Coeficiente de arrastre en función del ángulo de ataque

En la teoría del elemento de pala se determina la fuerza de empuje total, F, y el par mecánico, T_m, en cada perfil aerodinámico, distante del eje de giro una distancia r. Para cada r se conoce el ángulo, $\beta(r)$ y la longitud de la cuerda del perfil $c(r)$. Asumiendo conocida la velocidad de giro, Ω y la velocidad del viento incidente, V_1, se determina el módulo de la velocidad relativa $W(r)$, y el ángulo, $\varphi(r)$, a partir del cual se obtiene el ángulo de incidencia de cada uno de los perfiles como $\alpha(r) = \varphi(r) - \beta(r)$. Una vez conocido el módulo de la velocidad relativa, el ángulo de incidencia y la longitud de la cuerda se pueden calcular los incrementos de las fuerzas de empuje, δF, y del par transmitido, δT_m, calculando previamente los coeficientes de sustentación $C_L(r)$ y de arrastre $C_D(r)$ para cada perfil y proyectando las fuerzas de sustentación y de arrastre respecto al plano de rotación y en su dirección perpendicular de la siguiente manera

$$\delta F(r) = \frac{1}{2}\rho W^2 c\left[C_L(\alpha)\cos\varphi + C_D(\alpha)\operatorname{sen}\varphi\right] \tag{4.32}$$

$$\delta T_m(r) = \frac{1}{2}\rho W^2 c \cdot r\left[C_L(\alpha)\operatorname{sen}\varphi - C_D(\alpha)\cos\varphi\right] \tag{4.33}$$

Como ya se ha comentado, W, c, α y φ dependen de la posición, r, del elemento de pala. Para mantener un ángulo de ataque constante a lo largo de la pala es común variar el ángulo de torsión, β, en función de r. De forma análoga, la longitud de la cuerda de la pala es mayor en la raíz y va disminuyendo progresivamente con r hasta llegar a la cuerda mínima en la punta.

La fuerza total de empuje, F, y el par mecánico, T_m, se obtienen integrando la contribución de todas las fuerzas en cada elemento de pala, para todas las palas de la turbina eólica, de modo que se obtiene

$$F = \sum_{k=1}^{N_p} \int_0^R \delta F_k(r)\,\mathrm{d}r \tag{4.34}$$

$$T_m = \sum_{k=1}^{N_p} \int_0^R \delta T_{m,k}(r)\,\mathrm{d}r \tag{4.35}$$

siendo

R: longitud de las palas.

N_p: número de las palas.

Para obtener expresiones más exactas de F y T_m, se deben considerar la velocidad inducida axial a y la tangencial a' que no se han tenido en cuenta en la componente de la velocidad lineal de rotación. De forma precisa, se debería considerar como $\Omega r\,(1 + a')$, donde el factor $(1 + a')$ se debe al giro de la corriente de aire inducida por el rotor. Las expresiones resultantes son mucho más complicadas que las obtenidas en esta sección y su deducción puede encontrarse en (Sharpe (1990).

4.3. TECNOLOGÍA DE LOS AEROGENERADORES

A continuación se muestran los aspectos básicos de la tecnología de los aerogeneradores modernos. Inicialmente se realiza una primera clasificación de las turbinas eólicas en función de eje de giro, de la disposición frente a la velocidad del viento y del número de palas. Posteriormente se determinan los componentes básicos de un aerogenerador y se analiza la transformación energética que se lleva a cabo aprovechando la energía cinética del viento y convirtiéndola, primero en energía mecánica y posteriormente, en energía eléctrica. En los apartados posteriores se profundiza en el tipo y características de los rotores eólicos, el sistema mecánico de transmisión, la torre, los mecanismos de paso de pala y orientación. El tipo y características de los generadores eléctricos empleados en sistemas eólicos se analizarán en el Capítulo 5.

4.3.1. Tipos de turbinas eólicas

Una primera clasificación de las turbinas eólicas se puede realizar atendiendo al **tipo** de rotor eólico y la disposición de su eje de giro. Así las turbinas se clasifican en turbinas con *rotor de eje vertical* y turbinas con *rotor de eje horizontal*.

4.3.1.1. Rotores de eje vertical

Las turbinas con rotores de eje vertical tienen la ventaja fundamental de que no precisan ningún sistema de orientación activo para captar la energía contenida en el viento. Presentan la ventaja añadida con respecto a las turbinas de eje horizontal, de disponer el tren de potencia, el generador eléctrico y los sistemas de control a nivel del suelo. Los diseños más conocidos de eje vertical son los rotores tipo *Derrieus* y los rotores tipo *Savonius*.

Las aeroturbinas de eje vertical tipo Derrieus deben su nombre a una patente americana de 1931 por el ingeniero G. J. M. Derrieus, consta de dos o más palas dispuestas como la forma que toma una cuerda sujeta por sus extremos y sometida a un movimiento giratorio, (Figura 4.23). Su rendimiento y velocidad de giro son comparables a las aeroturbinas de eje horizontal; sin embargo, presentan algunas desventajas como son: ausencia de par de arranque, lo que hace necesario motorizar el generador para que la turbina comience a girar; y empleo de tensores adicionales para garantizar la estabilidad estructural de la máquina. Además, cada una de las palas de este tipo de máquinas está sometida a fluctuaciones de par elevadas debido al efecto de sombra de torre.

A pesar de estos inconvenientes se llegaron a desarrollar a finales de los años 80 del siglo pasado prototipos de 625 kW de potencia y 34 m de diámetro en los laboratorios Sandia/DOE. De manera comercial se instalaron máquinas comerciales tipo Derrieus de 17 m de diámetro y 170 kW comercializadas por la empresa Flowind, en la zona de Altamont Pass (California).

Otro tipo de turbina de eje vertical desarrollada en Finlandia por S. J. Savonius, es la turbina que lleva su nombre, rotor tipo Savonius. Se caracteriza por disponer de dos palas, que son las mitades de un cilindro cortadas por una generatriz y desplazadas lateralmente. Tienen la ventaja de ofrecer par de arranque y se pueden construir fácilmente, pero su bajo rendimiento y su reducida velocidad de giro hacen que sus aplicaciones se limiten a bombeo de pistón. No obstante, se han desarrollado prototipos de 5 kW para aplicaciones de producción de electricidad en sistemas aislados como el Kansas State University Savonius.

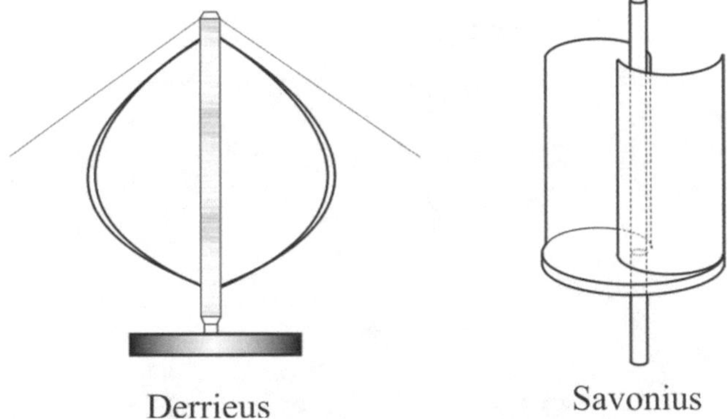

Figura 4.23. Turbinas eólicas de eje vertical

4.3.1.2. Rotores de eje horizontal

Los rotores de eje horizontal se caracterizan porque hacen giran sus palas en dirección perpendicular a la velocidad del viento incidente. La velocidad de giro de las turbinas de eje horizontal sigue una relación inversa al número de sus palas o, de forma más precisa, al parámetro denominado *solidez*, que indica el cociente entre la superficie ocupada por las palas y la superficie barrida por ellas. Así, las turbinas de eje horizontal se clasifican en turbinas con rotor multipala *o aeroturbinas lentas* y rotor tipo hélice o *aeroturbinas rápidas*. Las características básicas y aplicaciones de los dos tipos de turbinas se indican a continuación.

Los *rotores multipala* se caracterizan por tener un número de palas que puede variar de 6 a 24 y, por tanto, con una solidez elevada. Presentan elevados pares de arranque y una reducida velocidad de giro. La velocidad lineal en la punta de la pala de estas máquinas, en condiciones de diseño es del mismo orden que la velocidad del viento incidente. Estas características hacen que la aplicación fundamental de estas turbinas haya sido tradicionalmente el bombeo de agua. No se utilizan en aplicaciones de generación de energía eléctrica debido a su bajo régimen de giro. En la Figura 4.24 se muestra una turbina con rotor multipala americano.

Los *rotores tipo hélice* giran a una velocidad mayor que los rotores multipala. La velocidad lineal en la punta de la pala de estas máquinas varía en un margen de 6 a 14 veces la velocidad del viento incidente en condiciones de diseño. Esta propiedad hace que las aeroturbinas rápidas sean muy apropiadas para la generación de energía eléctrica, ya que la caja de transmisión (elemento mecánico que acondiciona la velocidad de giro de la turbina con la velocidad de giro del generador) es menor en tamaño y coste. Los rotores tipo hélice presentan un par de arranque reducido que, en la mayoría de las aplicaciones, es suficiente para hacer girar el rotor durante el proceso de conexión.

Figura 4.24. Rotor multipala americano

Dentro de los rotores tipo hélice los más utilizados son los de tres palas, debido fundamentalmente a su mejor estabilidad estructural y aerodinámica, menor emisión de ruido y mayor rendimiento energético frente a los rotores de una o dos palas. La ventaja fundamental de estos últimos, es que la velocidad de giro de diseño es superior y, por tanto, la relación de multiplicación de la caja de transmisión es más reducida. Además, presentan como ventajas adicionales: reducción en el coste de la instalación al emplear menor número de palas y una fácil instalación; ya que pueden ser izados sin giros complicados tras su montaje en el suelo como pieza única. Sin embargo, los problemas estructurales que presentan, sobre todo durante los periodos de orientación y los inconvenientes asociados a un control más complejo y a una mayor emisión de ruido han llevado a que estos sistemas no hayan pasado prácticamente de la fase de prototipos. En la Figura 4.25 se muestran rotores de eje horizontal tipo hélice de una, dos y tres palas.

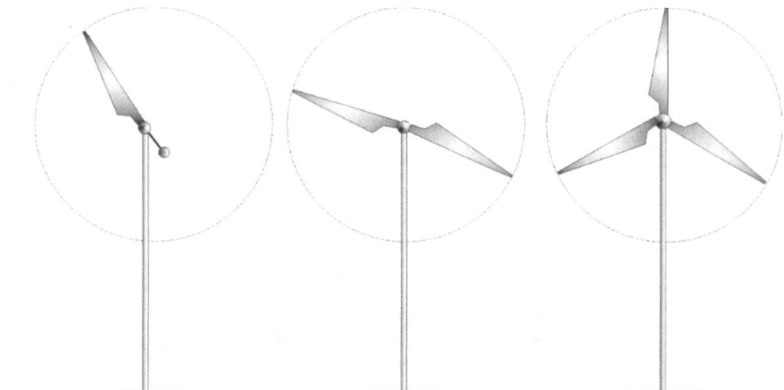

Figura 4.25. Rotores de eje horizontal tipo hélice (monopala, bipala y tripala)

Otra clasificación adicional que se puede realizar con los aerogeneradores que utilizan rotores tipo hélice es su *disposición* frente a la torre. Así, las turbinas pueden diseñarse para que funcionen en la configuración de *barlovento* o *sotavento*. Las máquinas en posición de barlovento necesitan un sistema de orientación activo, ya que la velocidad del viento inicialmente incide sobre el rotor eólico y posteriormente sobre la torre. Por el contrario, las máquinas orientadas a sotavento utilizan un sistema de orientación pasivo que se basa en inclinar ligeramente las palas como se indica en la Figura 4.26, de forma que en su movimiento de rotación describen un cono. Cuando el rotor no está orientado, las palas que se encuentran más a favor del viento reciben un empuje aerodinámico que tiende a variar la orientación del rotor hacia la posición de equilibrio.

A pesar de utilizar un sistema de orientación activo, la configuración a barlovento es la opción elegida por la inmensa mayoría de los fabricantes debido a las elevadas cargas aerodinámicas que aparecen sobre la máquina cuando la disposición es a sotavento. En esta configuración, cuando la pala pasa por la zona de influencia de la torre no recibe viento y, por tanto, no transmite par aerodinámico, lo que da lugar a fluctuaciones de potencia y fatiga en los materiales. Por otra parte, esta disposición hace que durante la orientación se generen esfuerzos transitorios elevados ya que el proceso de giro del rotor eólico no está controlado.

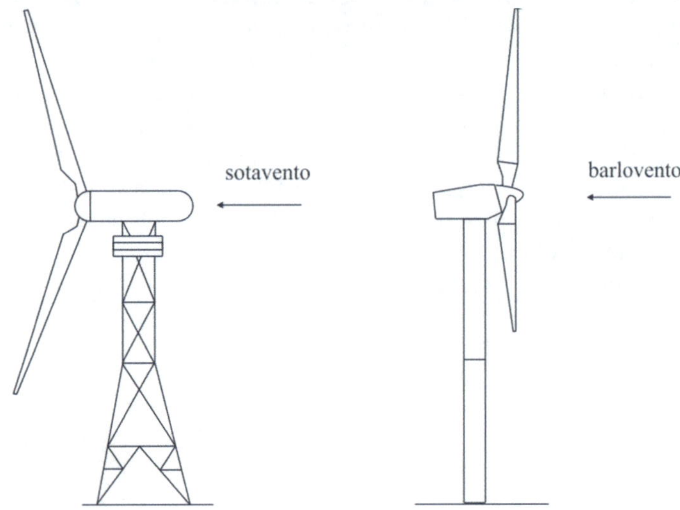

Figura 4.26. Disposición barlovento y sotavento

En la Figura 4.27 se representa el coeficiente de potencia en función de la velocidad específica de las diferentes turbinas estudiadas en este apartado.

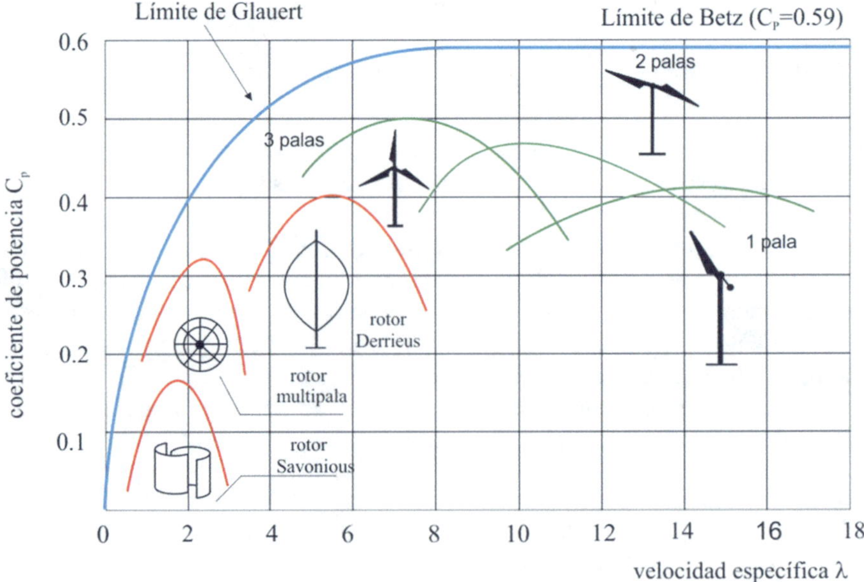

Figura 4.27. Coeficiente de potencia en función de la velocidad específica para diferentes tipos de rotores eólicos

4.3.2. Componentes básicos de un aerogenerador

Como se ha podido comprobar en el apartado anterior, existe una variedad muy grande en cuanto al tipo de turbinas empleadas para aprovechar la energía del viento y transformarla en energía eléctrica. Sin embargo, la tecnología actual de los aerogeneradores ha evolucionado hacia máquinas de eje horizontal, de tres palas, orientadas a barlovento y con torre tubular. Se podría decir que esta es la configuración básica que ofrece la gran mayoría de fabricantes de aerogeneradores y es en la que se considerará a lo largo de todo el texto.

Para entender la necesidad de todos los sistemas que componen un moderno aerogenerador y que se expondra a continuación, es importante hacer notar al lector cuál es el principio de funcionamiento de estos sistemas y cómo es el proceso de conversión de la energía que se produce en ellos.

Cuando la velocidad del viento que incide sobre un aerogenerador aumenta, lo hacen también las fuerzas que se producen sobre las palas. Estas fuerzas desarrollan par mecánico y esfuerzos sobre los elementos mecánicos del aerogenerador. El par mecánico desarrollado por la turbina, cuando está girando a una determinada velocidad, produce una potencia mecánica que se transmite al generador y se convierte finalmente en energía eléctrica. En este proceso de conversión de energía intervienen fundamentalmente: el rotor eólico, que es el elemento que convierte la energía cinética del viento en energía mecánica; el tren de potencia, que transmite la potencia mecánica desarrollada por la turbina al generador eléctrico mediante una caja de transmisión, también conocida como *caja multiplicadora* de velocidad; y, por último, el generador eléctrico, que es el dispositivo encargado de transformar la energía mecánica en eléctrica. Algunos sistemas disponen, entre el generador y la red eléctrica, de convertidores electrónicos, cuya función es, por una parte, controlar la velocidad de giro del generador y por otra, acondicionar la energía eléctrica generada.

Durante el proceso de conexión, si el aerogenerador dispone de un sistema de control de cambio paso de pala, se optimiza el ángulo de calado de las palas con el fin de controlar la aceleración del rotor eólico. Una vez que el sistema se ha conectado a la red, la velocidad de giro se mantiene constante o prácticamente constante, ya que esta depende de la frecuencia de la red, supuesta constante y de características constructivas del generador. Esto ocurre en los sistemas denominados de *velocidad fija*, que carecen de convertidores electrónicos entre el generador y la red. Estos dispositivos permiten desacoplar la frecuencia de funcionamiento del generador de la frecuencia de la red, permitiendo que puedan funcionar a *velocidad variable*.

Los procesos descrito anteriormente, corresponden a la transformación de energía que se produce en el sistema; sin embargo, cuando la velocidad del viento incide sobre el aerogenerador se producen esfuerzos sobre los elementos mecánicos (palas, torre y transmisión mecánica) que desgastan o *fatigan* los componentes y reducen la denominada *vida útil* del aerogenerador. Este aspecto es de vital importancia, ya que el diseño de un aerogenerador actual debe garantizar una vida útil de sus componentes en el entorno de los 25 años. Esto hace que la misión de algunos de los sistemas que incorporan los aerogeneradores sea reducir los esfuerzos mecánicos. Por ejemplo, cuando la velocidad del viento supera la *velocidad nominal* algunas tecnologías emplean el control por cambio de paso de las palas para limitar la potencia mecánica sobre el rotor eólico y la velocidad de giro en el caso que el sistema sea de velocidad variable.

En la Figura 4.28 se representan los diferentes sistemas que se incorporan en los modernos aerogeneradores. No todas las tecnologías disponen de la totalidad de estos sistemas. Algunos fabricantes han apostado por máquinas robustas y muy sencillas de concepto que no incorporan sistemas aerodinámicos de limitación de potencia ni convertidores electrónicos para variar la velocidad de giro del generador.

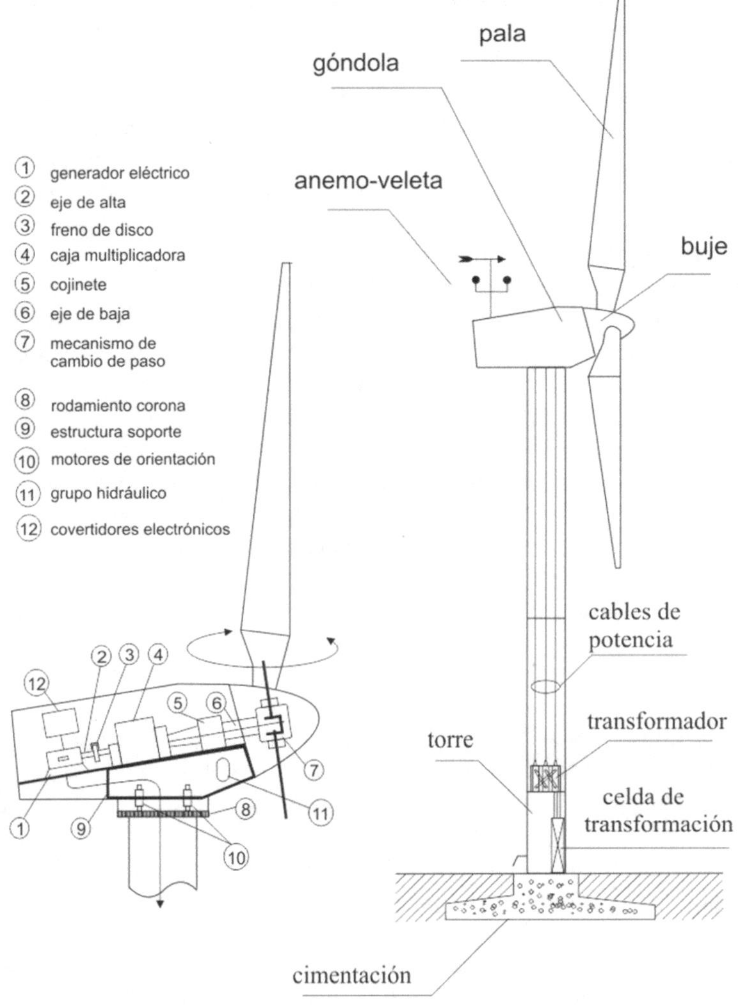

Figura 4.28. Componentes de un aerogenerador

4.3.2.1. Transformación de la energía. Rendimiento

La transformación de energía que se produce en un aerogenerador lleva asociada, inevitablemente, unas pérdidas de potencia en los diferentes componentes del sistema. Como se ha explicado anteriormente, la potencia del viento que incide sobre un rotor cuya área barrida es $\pi D^2/4$ (m^2), es proporcional a la densidad, ρ (kg/m^3) y al cubo de la velocidad del viento, v^3 (m/s).

$$P_w = \frac{1}{2}\rho\left(\frac{\pi D^2}{4}\right)v^3 \tag{4.36}$$

El *límite de Betz*, establece que cualquier sistema de aprovechamiento del recurso eólico puede transformar como máximo un 59,3 % de la potencia indicada en (4.34). El factor que relaciona la potencia mecánica desarrollada por la turbina en el eje de baja velocidad, $P_{m,b}$ y la potencia, P_w, se denomina *coeficiente de potencia mecánico*, $C_{p,m}$. Este coeficiente de potencia se puede interpretar como el rendimiento que presenta el rotor eólico y depende fundamentalmente de la velocidad del viento, de la velocidad de giro de la turbina y del ángulo de paso de las palas. De forma más concisa, esta dependencia se puede sintetizar en dos parámetros: el ángulo de paso de pala, β, y el coeficiente de velocidad específica, λ, que es la relación entre la velocidad lineal en la punta de la pala y la velocidad del viento incidente.

$$P_{m,b} = P_w \cdot C_{p,m}(\lambda, \beta) \tag{4.37}$$

Esta potencia mecánica, $P_{m,b}$, se transmite al eje de alta velocidad entregando al eje del generador eléctrico una potencia, $P_{m,a}$, a través del tren de potencia. Las pérdidas de potencia que se producen en el sistema mecánico se pueden dividir en dos partes:

1. Rozamiento existente en los cojinetes y los cierres de contacto del eje, η_{m1}.
2. Rendimiento de la caja multiplicadora, η_{m1}.

El producto de estos dos rendimientos es el *rendimiento mecánico*, $\eta_m = \eta_{m1} \cdot \eta_{m2}$. Ambos términos del rendimiento mecánico dependen de la velocidad de giro y de la potencia transmitida. La potencia mecánica $P_{m,a}$ se expresa entonces como

$$P_{m,a} = P_{m,b} \cdot \eta_m = P_w \cdot C_{p,m}(\lambda, \beta) \cdot \eta_m \tag{4.38}$$

Por último, el generador eléctrico, los convertidores electrónicos (en caso de que existan), los cables de salida del generador y el transformador de conexión a red convierten la potencia mecánica disponible en el eje del generador, $P_{m,a}$, en potencia eléctrica, P_e. En todos estos componentes se producen pérdidas de energía que se han de contabilizar a la hora de definir el rendimiento eléctrico del sistema, η_e. Las pérdidas que se producen en el generador eléctrico y en el transformador de conexión a red se clasifican como pérdidas fijas y variables. Las pérdidas fijas o *pérdidas en el hierro,* se producen debido a que el material magnético está sometido a un campo magnético variable con el tiempo. Estas pérdidas dependen del módulo y frecuencia de la tensión aplicada. Las pérdidas variables o *pérdidas en el cobre* se deben al calentamiento producido por el paso de la corriente eléctrica en los conductores. Las pérdidas en los convertidores electrónicos se clasifican en *pérdidas por conducción* y *pérdidas por conmutación*. Las primeras se producen cuando los semiconductores del convertidor electrónico están conduciendo, dependen de la caída de tensión en conducción y de la intensidad que circula por ellos. Las pérdidas por conmutación se deben a la energía requerida durante el cambio de estado del semiconductor.

Así, la potencia eléctrica final es igual a

$$P_e = P_{m,a} \cdot \eta_e = P_w \cdot C_{p,m}(\lambda, \beta) \cdot \eta_m \cdot \eta_e \qquad (4.39)$$

No es práctica habitual entre los fabricantes de aerogeneradores, incluir en el rendimiento eléctrico, las pérdidas debidas al transformador de conexión. Si se consideran en algún estudio, se ha de especificar claramente que el rendimiento eléctrico incluye estas pérdidas.

El producto del coeficiente de potencia mecánico por el rendimiento mecánico y eléctrico se denomina *coeficiente de potencia eléctrico*, $C_{p,e}$:

$$C_{p,e} = C_{p,m}(\lambda, \beta) \cdot \eta_m \cdot \eta_e \qquad (4.40)$$

Existen otras pérdidas que no se consideran habitualmente y que corresponden a los servicios auxiliares del aerogenerador. Estos sistemas son los encargados de aportar energía a: los motores del sistema de orientación de la góndola, grupo hidráulico, alumbrado interior de góndola y torre, alimentación de instrumentos de medida y control, etc.

A partir del coeficiente de potencia eléctrico, $C_{p,e}(v)$, de un aerogenerador, expresado en función de la velocidad del viento, se puede calcular la curva de potencia del aerogenerador para una determinada densidad del aire, ρ, como

$$P_e(v) = \frac{1}{2}\rho\left(\frac{\pi D^2}{4}\right)v^3 C_{p,e}(v) \qquad (4.41)$$

Las pérdidas de potencia que se producen en un aerogenerador vienen provocadas, no solo por el rendimiento de los componentes, sino también, por efectos como la sombra de torre, que puede suponer un 2 o 3 % de pérdidas de potencia en aerogeneradores orientados a sotavento. La desorientación de la góndola frente a la dirección del viento da lugar a pérdidas de potencia de un 1 o 2 %, incluso en los sistemas de orientación más rápidos. Otro efecto que produce pérdidas de potencia es el deterioro de la superficie de las palas durante el período de operación de la turbina.

4.3.3. Rotor eólico

Se entiende por rotor eólico el conjunto de componentes del aerogenerador que giran fuera de la góndola. Estos componentes son las palas, el buje y el mecanismo de cambio de paso de la pala. Desde un punto de vista de diseño y fabricación, cada uno de estos componentes se pueden considerar como elementos independientes. Sin embargo, cuando se estudia su funcionamiento, es muy adecuado incluirlos como partes del rotor eólico o bien, como componentes del tren de potencia. Las palas, claramente pertenecen al rotor eólico; sin embargo, en cuanto al buje y al mecanismo de cambio de paso esta pertenencia no es tan clara. En este apartado se estudiarán conjuntamente las palas y el buje.

El tipo de rotor eólico más adecuado en turbinas eólicas diseñadas para producir energía eléctrica es el rotor *tipo hélice* (Apartado 4.3.1). Esta denominación se basa en que el principio de funcionamiento aerodinámico y estructural de las hélices utilizadas en la tecnología aeronáutica se puede aplicar a los rotores eólicos de los aerogeneradores de eje horizontal, aunque con algunas restricciones. En la Figura 4.29 se representa la configuración de los rotores eólicos para dos turbinas de eje horizontal, una de ellas orientada a barlovento y otra, a sotavento. Las turbinas eólicas orientadas a barlovento presentan un *ángulo de conicidad*, que es el ángulo que forma el eje longitudinal de la pala con respecto al plano normal del eje de giro del rotor. Esta disposición de la pala hace que las fuerzas centrífugas originadas en la pala contrarresten los esfuerzos aerodinámicos de empuje.

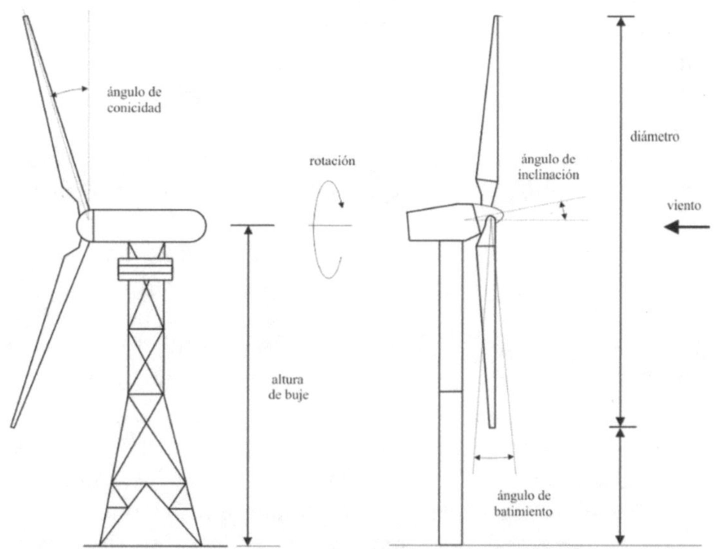

Figura 4.29. Configuración general de turbinas de eje horizontal. Disposición sotavento (izquierda) y disposición barlovento (derecha)

Otro de los parámetros importantes relacionados con el rotor eólico es la *distancia libre* entre la punta de la pala y la torre (*clearance*, en terminología inglesa). Esta distancia depende del ángulo de conicidad, de la deformación elástica de la pala cuando está cargada y del ángulo de inclinación del eje de rotación. Este ángulo de inclinación aumenta la distancia libre entre la pala y la torre, pero debe ser necesariamente pequeño, ya que reduce el área barrida por el rotor (proyección sobre un plano vertical de la superficie generada por las palas en su movimiento de giro) e introduce una componente vertical de par que tiende a girar la góndola. Sin embargo, sí se considera este ángulo en los diseños, ya que se han registrado accidentes en los que una pala ha chocado con la torre. Este tipo de fenómenos se produce normalmente en zonas de terreno complejo donde es probable que aparezcan perfiles inversos de la velocidad del viento que aumentan las cargas aerodinámicas y, por tanto, la deformación elástica, justo en el momento que la pala pasa cerca de la torre.

Otro de los componentes del rotor es el *buje*, que es el elemento de unión de las palas con el sistema de rotación. Los bujes se pueden clasificar en dos tipos: bujes rígidos y bujes basculantes. En el caso de los *bujes rígidos*, la pala se atornilla al buje y este se fija rígidamente al eje de giro. Las palas se comportan con respecto al sistema de giro como una viga en voladizo que transmite todas las cargas que recibe directamente al tren de potencia. Este tipo de bujes se emplea en máquinas de tres palas donde el rotor está dinámicamente más equilibrado.

Para reducir las cargas que se producen en los bujes rígidos una opción es *utilizar bujes basculantes*. Están conectados al tren de potencia a través de un apoyo que les permite pivotar libremente. Esta pieza permite pequeños movimientos (ángulos menores a un ±10 grados) en dirección perpendicular al rotor con respecto al plano de rotación. La frecuencia de este movimiento es proporcional a la velocidad de giro del aerogenerador (un ciclo por revolución, 1P). Este tipo de bujes se emplea con frecuencia en rotores de dos palas, ya que el efecto pivote hace que se equilibren las cargas aerodinámicas en cada vuelta.

El ángulo de paso de pala, β, se definió anteriormente como el ángulo que forma la línea de sustentación nula de un perfil determinado de la pala con respecto al plano de giro del rotor. Este perfil de la pala se suele tomar para un radio determinado, habitualmente r/R = 0,75. El mecanismo de paso de pala puede controlar el ángulo de toda la envergadura de la pala o solo de parte de ella. Como se comentará posteriormente. el mecanismo de cambio de paso se puede clasificar en función del tipo de actuadores, *hidráulicos o eléctricos*, que accionan el mecanismo. Asimismo, estos sistemas pueden ser *individuales o colectivos*, es decir el sistema de actuación que hace girar las palas se puede aplicar pala a pala, o de forma conjunta a todas ellas. La ventaja que presentan los sistemas individuales es la redundancia que supone disponer de tres frenos aerodinámicos en caso de que se produzca una parada de emergencia.

Otro mecanismo de control aerodinámico que utilizan los sistemas que no incorporan sistemas con cambio de paso son los *aerofrenos.* Estos dispositivos se denominan también *frenos aerodinámicos en la punta de pala.* Su principio de funcionamiento se basa en girar el ángulo de calado de la punta de la pala un valor cercano a 90 grados, lo que hace que aumenten considerablemente las fuerzas de arrastre y se reduzcan las de sustentación, lo que da lugar a que aparezcan pares de frenado que tienden a reducir la velocidad de giro de la máquina. También se utilizan otros dispositivos basados en aumentar las fuerzas de arrastre para frenar el rotor eólico, como los *spoilers* o *brake flaps*.

4.3.4. Sistema de transmisión

El sistema mecánico de la transmisión o tren de potencia, está constituido por todos los elementos y componentes de la turbina que transmiten par mecánico al eje de giro. Según esta definición, el sistema mecánico de la transmisión, en una aeroturbina de eje horizontal, lo componen al menos el rotor eólico y el generador eléctrico. En la mayoría de los diseños, la velocidad de giro de la turbina no se corresponde con la velocidad de giro del generador y es necesario incluir una caja multiplicadora. El cuerpo de baja velocidad de este elemento se acopla al rotor eólico a través del eje primario, o eje lento y el cuerpo de alta velocidad al generador eléctrico mediante el eje secundario, o eje rápido. Además, en el tren de potencia se incluyen los apoyos del sistema de giro con la estructura de la góndola y el freno mecánico, cuya función es bloquear la turbina en operaciones de mantenimiento y eventualmente contribuir a paradas de emergencia.

Las funciones del tren de potencia no se limitan a transmitir la potencia mecánica con el mayor rendimiento posible, sino que sus componentes deben estar diseñados para soportar los esfuerzos de empuje transmitidos por el rotor eólico. Por otra parte, un buen diseño del tren de potencia debe garantizar que todos sus elementos sean de fácil montaje y sustitución en caso de avería.

4.3.4.1. Aspectos generales

Los requisitos que hoy día se exigen a las turbinas de las centrales convencionales (hidráulicas, de vapor o de gas) que accionan generadores eléctricos conectados a red son, por una parte, un elevado grado de uniformidad en su velocidad de giro y en el par que transmiten. Por otra parte, las turbinas y el generador eléctrico se diseñan de forma que la velocidad de giro de ambos elementos sea similar. Por ejemplo, los turboalternadores que están movidos por turbinas de vapor tienen gran rendimiento cuando se mueven a velocidades elevadas. Este tipo de generadores eléctricos está diseñado con 2 o 4 polos, que para una red eléctrica de 50 Hz supone una velocidad de giro del conjunto de 3000 r/min, o 1500, r/min, respectivamente. Los generadores eléctricos de las centrales hidráulicas están movidos por turbinas cuyo tipo y velocidad de giro dependen de las características del salto hidráulico. En saltos de gran altura se utilizan turbinas Pelton, que impulsan grupos de eje horizontal que giran a velocidades comprendidas entre 750 r/min (8 polos) y 375 r/min (16 polos). En saltos medios se utilizan turbinas Francis, que funcionan con velocidades más reducidas que las aplicaciones con saltos elevados, pudiéndose llegar a velocidades de giro cercanas a 150 r/min (40 polos). En saltos de pequeña altura se emplean turbinas Kaplan, donde la velocidad del grupo puede ser inferior a 100 r/min (60 polos).

Las turbinas eólicas actuales están diseñadas con velocidades especificas cercanas a 8 en el punto de máximo coeficiente de potencia. Esto hace que para una velocidad del viento de 10 m/s y la velocidad lineal en la punta de la pala sea de 80 m/s. Consideramos una turbina es de 3 MW de potencia nominal con un diámetro de rotor de 90 m, para la velocidad de punta de pala anterior el régimen de giro de esta máquina es de 17 r/min. Si se pretende diseñar un generador eléctrico tal que su velocidad de sincronismo coincida con el régimen de giro de la turbina eólica anterior, cuando se conecta directamente a una red de 50 Hz el número de polos de diseño sería aproximadamente 353. Este número de polos implicaría diseñar el generador con un diámetro de al menos 20 o 30 m. Evidentemente, este tipo de diseño resultaría poco rentable económicamente y demasiado pesado para ubicarlo a una altura de decenas de metros sobre el nivel del suelo.

Sin embargo, desde hace años el empleo de generadores multipolares directamente acoplados (*direct drive* en inglés), esto es, sin caja multiplicadora, es una solución muy prometedora en los diseños de turbinas más modernas. Este avance ha sido posible gracias a que este tipo de sistemas funcionan con un cambiador de frecuencias que permite reducir el número de polos del generador y, por tanto, el diámetro del generador y su peso. Es evidente que excluir del diseño del tren de potencia al multiplicador de velocidad es una ventaja importante ya que este elemento está sometido a esfuerzos cíclicos que provocan fatiga de sus componentes y reducen su vida útil. La disminución de esfuerzos en el tren de potencia es uno de los aspectos que más preocupa hoy día a los diseñadores de turbinas.

Una manera de disminuir este tipo de cargas se consigue variando la velocidad de giro de la turbina. Cuando la velocidad de giro permanece constante, las variaciones de la velocidad del viento se traducen en oscilaciones bruscas del par transmitido; sin embargo, cuando la velocidad de la turbina varía, el rotor eólico actúa como un volante de inercia capaz de almacenar parte de la energía mecánica transitoria introducida en el sistema en energía cinética de rotación. Esto hace que se suavice tanto el par transmitido como la potencia eléctrica generada.

Existen dos formas de conseguir que el sistema gire a velocidad variable. La primera de ellas, y ampliamente utilizada desde hace años, es emplear convertidores electrónicos entre el generador y la red eléctrica. Estos dispositivos permiten que el generador funcione a velocidad variable y, por tanto, también la turbina, ya que la relación de multiplicación de la caja, en el caso de que exista, es constante. La segunda forma de proporcionar una variación en la velocidad de giro de la turbina es utilizando cajas de transmisión variable y generadores eléctricos directamente conectados a la red, evitando así el uso de convertidores electrónicos. Esta práctica, que condiciona en gran medida el diseño del tren de potencia, se propuso a finales del siglo XX y se instalaron algunos prototipos, pero no ha tenido ninguna repercusión industrial.

4.3.4.2. Configuración del sistema de transmisión

La configuración del sistema de transmisión en las turbinas de eje horizontal está condicionada por la posición del rotor eólico. Este elemento se encuentra situado en la parte superior de la torre a una altura que debe ser, en cualquier caso, superior a la mitad del diámetro de la turbina. La configuración más habitual del tren de potencia consiste en ubicar todos los elementos que lo componen dentro de la góndola y alineados según el eje de giro detrás del rotor eólico. Sin embargo, históricamente se han realizado diseños del tren de potencia donde parte de sus componentes se han ubicado fuera de la góndola.

El diseño más habitual del tren de potencia consiste en ubicar la caja multiplicadora y el generador eléctrico detrás del rotor eólico y dentro la góndola. Otros componentes auxiliares como los motores de orientación o el grupo hidráulico se ubican también en la góndola. La principal ventaja de esta configuración es que se puede considerar como la más compacta posible. Sin embargo, presenta algunos inconvenientes: en primer lugar, el peso total del tren de potencia se concentra en la parte superior de la torre lo que condiciona de forma definitiva el diseño estructural de toda la turbina. Por otra parte, los aspectos relativos a accesibilidad y mantenimiento de componentes se hacen más complejos.

En la Figura 4.30 se muestran los diferentes elementos que configuran el sistema de transmisión. Por una parte, se encuentran las palas (*blades*) y el sistema de cambio de paso integrado (*blade pitch control*). Las palas se conectan al buje (*hub*), el cual se poya en el cojinete principal (*main bearing)*. La caja multiplicadora (*gearbox*) conecta el rotor eólico, que gira a baja velocidad, con el generador eléctrico (*generator*), que gira a velocidades más elevadas. En el eje de alta velocidad se observa la ubicación del freno mecánico (*brake*). En la figura se muestran otros elementos adicionales, como el cojinete que se apoya en la torre (*tower*) y que permite realizar la orientación del aerogenerador (*yaw bearing*) o el anemómetro ubicado en la parte posterior de la góndola (*wind measurement*).

Figura 4.30. Configuración del sistema de transmisión de una turbina de eje horizontal

Una forma de reducir peso en la góndola es utilizar un generador eléctrico de eje vertical en la zona superior de la torre. Con esta configuración se evita el problema de retorcimiento de los cables de potencia durante los procesos de orientación; sin embargo, las desventajas de esta configuración son numerosas, ya que es necesario utilizar una caja multiplicadora más compleja con engranajes cónicos. Además, el par que opone el generador presenta una componente vertical que puede afectar al rotor durante paradas de emergencia. La solución más radical para solucionar el problema de peso excesivo en la góndola es ubicar los componentes del tren de potencia en la base de la torre. Esta opción implica que el eje lento de la caja multiplicadora debe tener una longitud similar a la altura de la torre. Una alternativa a este diseño es mantener la caja multiplicadora en la góndola y el generador en la parte inferior de la torre. En cualquier caso, la excesiva longitud de algunos de los ejes de acoplamiento hace que hayan aparecido problemas de vibraciones en los escasos prototipos de estas características.

Como se ha comentado en los apartados anteriores. los diseños basados en generadores multipolares directamente acoplados al rotor eólico que no utilizan caja multiplicadora son hoy día una de las opciones más utilizadas en los sistemas eólicos de producción de energía eléctrica. Los primeros diseños comerciales basados en este concepto fueron del fabricante alemán ENERCON. Este tipo de diseño se basa en utilizar generadores síncronos de excitación independiente con un número elevado de polos y gobernados mediante un convertidor electrónico que desacopla la frecuencia de funcionamiento del generador de la frecuencia de la red. En la Figura 4.31 se muestra la disposición del sistema de transmisión de un aerogenerador de estas características.

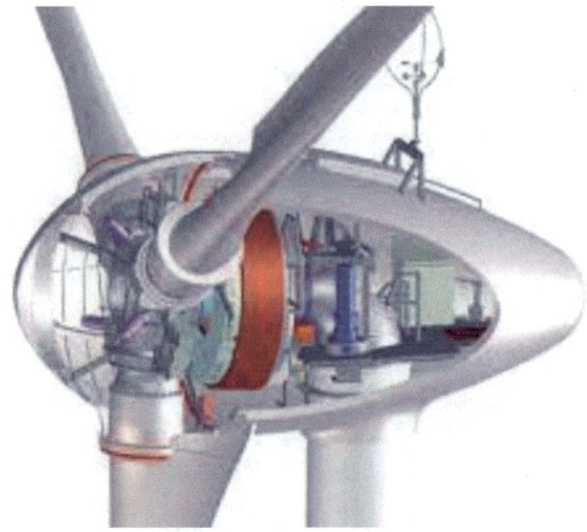

Figura 4.31. Conexión directa sin caja multiplicadora

4.3.4.3. Apoyos del sistema de transmisión

El diseño de los apoyos sobre los que se sustenta el eje de giro del rotor eólico y su integración en el tren de potencia y en la estructura de la góndola, es uno de los puntos fundamentales del diseño mecánico de la turbina, ya que este elemento soporta buena parte de las cargas que posteriormente se transmiten a la torre. A continuación, se indican diferentes configuraciones relativas a los apoyos del tren de potencia.

- **Eje de rotor con apoyos separados.** En este tipo de diseño el eje del rotor se monta sobre dos cojinetes unidos a una estructura o bancada solidaria a la torre mediante apoyos longitudinales y transversales. Todas las cargas del rotor se transmiten a la torre a través de este elemento. Con esta disposición la caja multiplicadora no soporta ninguna carga excepto el par transmitido por el eje de rotación. La ventaja fundamental de este diseño es que emplea cojinetes y cajas multiplicadoras convencionales, sin embargo, presenta el inconveniente de ser una configuración demasiado pesada.

Una alternativa a este diseño es integrar el cojinete posterior en la estructura de la caja multiplicadora. Con esta variante la distancia entre cojinetes se reduce, lo que implica una reducción en las cargas transmitidas a la bancada de unión con la torre. En esta configuración el multiplicador de velocidad se monta con dos apoyos adicionales sobre la bancada, de forma que el tren de potencia se apoya sobre tres puntos de suspensión. La ventaja fundamental de esta configuración es que se reduce notablemente el peso de la bancada y mejora su montaje en la góndola. En la Figura 4.32 se observa un sistema de transmisión con apoyos separados

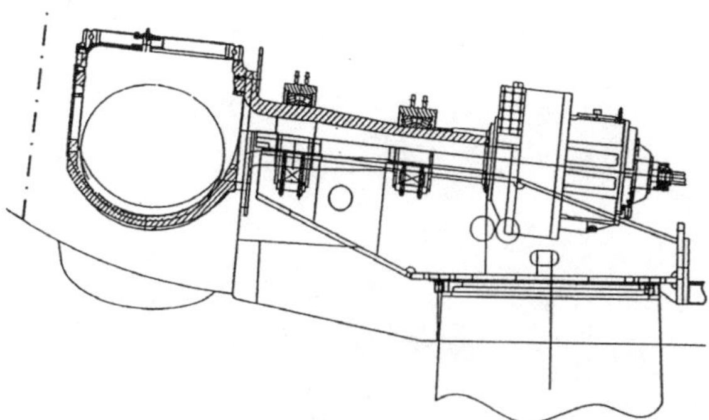

Figura 4.32. Eje de rotor con apoyos separados

- **Eje del rotor integrado en la caja multiplicadora.** En este diseño el rotor eólico se apoya completamente sobre la estructura de la caja multiplicadora. El diseño de este tipo de cajas multiplicadoras deja de ser convencional y se emplea exclusivamente en aplicaciones de energía eólica. El coste de este componente evidentemente se incrementa; sin embargo, este tipo de cajas de multiplicación se justifica si se produce en serie. Este diseño debe garantizar que las cargas que recibe su estructura no afectan a la función de transmisión. La bancada de unión de la transmisión con la torre se reduce significativamente con esta opción de diseño. En algunos casos, la carcasa de la caja multiplicadora hace las funciones de bancada y a través de ella se transmiten las cargas del rotor eólico a la torre. En la Figura 4.33 se muestra este tipo de cajas multiplicadoras.

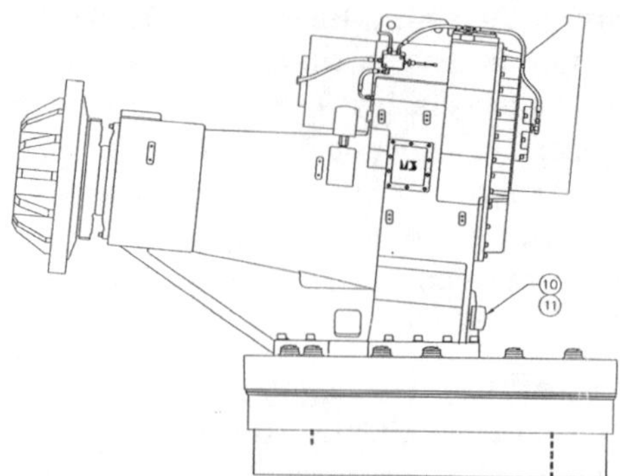

Figura 4.33. Eje de rotor integrado en la caja multiplicadora

- **Eje del rotor conectado a un soporte fijo.** En las configuraciones anteriores el eje del rotor está sometido a momentos flectores muy acentuados, que implican diseños muy robustos de todos los componentes del tren de potencia. Para evitar este problema, en algunos diseños, el rotor se une a un eje soporte fijo conectado a la torre a través de una brida cuya función es absorber los momentos flectores transmitidas por el rotor eólico. En la Figura 4.34 se muestra esta configuración para una turbina ENERCON E-40.

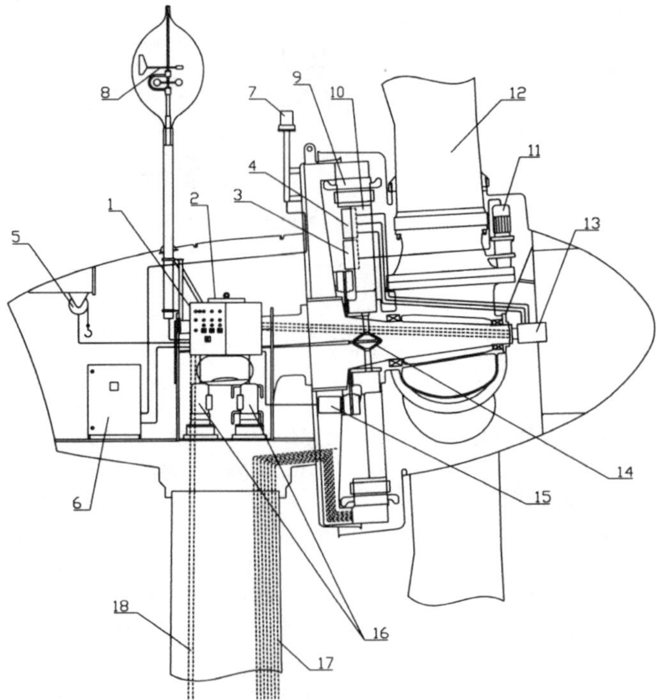

Figura 4.34. Eje de rotor conectado a un soporte fijo E-40

4.3.4.4. Freno mecánico

La función principal del freno mecánico es mantener bloqueado el eje de giro durante las operaciones de parada y mantenimiento del aerogenerador. Además del freno mecánico, es práctica habitual durante los períodos de reparación impedir el giro del rotor eólico mediante unos pernos colocados entre este elemento y la góndola. Cuando el freno mecánico se diseña únicamente para bloquear el rotor, el par que debe soportar, es el transmitido por el rotor eólico puesto en bandera en condiciones de viento extremo y con el eje de giro bloqueado.

Además de la función de bloqueo, algunos diseños de frenos mecánicos se pueden emplear para contribuir al frenado dinámico del rotor eólico durante procesos de parada de emergencia. El freno mecánico se puede utilizar como freno secundario de apoyo al freno aerodinámico que incorporan todas las turbinas de cierta potencia. La función de parada aerodinámica se realiza, o bien actuando sobre el control de paso girando la pala un ángulo cercano a 90° sobre su eje de giro (condiciones de puesta en bandera) cuando la turbina lleva incorporado un sistema de control de paso de pala, o bien, activando los *aerofrenos* en el caso que el control aerodinámico de la turbina sea pasivo. El empleo del freno mecánico para contribuir a los procesos de parada dinámica solo está justificado en turbinas de reducida o mediana potencia. Para máquinas de elevada potencia (multimegavatio), el freno mecánico se utiliza solo para funciones de bloqueo ya que un diseño de este componente durante procesos de parada supondría unas dimensiones del disco de frenado excesivamente grandes.

La constitución física de este componente consiste en un disco que gira solidario al eje de transmisión y unas zapatas de frenado que rozan con el disco cuando se activan ya sea por vía eléctrica, hidráulica o neumática. En la Figura 4.35 se muestra el freno mecánico de una turbina alojado en el eje de alta velocidad.

Figura 4.35. Freno mecánico alojado en el eje de alta velocidad

Uno de los aspectos más relevantes en el diseño del freno mecánico es su ubicación en el tren de potencia. Este componente se puede colocar tanto en el eje lento como en el eje rápido. En la mayoría de los diseños el freno mecánico está colocado en el eje que acopla la caja multiplicadora con el generador eléctrico, ya que en este eje la potencia mecánica generada por el rotor se transmite con una elevada velocidad de giro y un par reducido, lo que implica diámetros del disco de frenado reducidos. Sin embargo, este diseño presenta ciertos inconvenientes: por un lado, no se garantiza el bloqueo del rotor eólico cuando por accidente se desacopla del tren de potencia el eje lento o el cuerpo de baja velocidad de la caja multiplicadora, por otra parte, en el caso de bloqueo del rotor los dientes de la caja multiplicadora, están sometidos a esfuerzos producidos por la variabilidad del viento, aun cuando el giro se impide desde el eje de alta velocidad. Este problema da lugar a desgaste de los engranajes de la caja multiplicadora. Para solucionar estos problemas, algunos fabricantes han optado por no bloquear completamente el tren de potencia, incluso durante los periodos de mantenimiento.

Otra solución a los inconvenientes anteriores es colocar el freno mecánico en el eje de baja velocidad. Esta ubicación es muy apropiada en turbinas de reducida potencia; sin embargo, para máquinas de elevada potencia el tamaño del freno en esta posición es excesivamente grande, incluso en el caso que estuviera diseñado para funciones de bloqueo. Por razones económicas, este componente rara vez se dispone en el eje lento de los aerogeneradores de elevada potencia.

4.3.4.5. Caja multiplicadora

La **caja multiplicadora** como elemento del tren de potencia aparece como una opción de diseño habitual, ya desde las primeras turbinas eólicas concebidas para producir energía eléctrica. La necesidad de este elemento se justifica por el diferente régimen de giro que requiere un rotor eólico y un generador eléctrico de diseño convencional.

Por una parte, la velocidad de giro de la turbina depende en gran medida del diseño aerodinámico de las palas. Los modernos rotores eólicos, ya sean de velocidad fija o variable, se diseñan con velocidades lineales en la punta de la pala que pueden variar entre 70 y 90 m/s. Considerando constante este parámetro, es inmediato concluir que cuanto mayor sea el diámetro de la máquina y, por tanto, su potencia asignada, menor ha de ser la velocidad de giro del rotor eólico.

Uno de los parámetros de diseño de las cajas multiplicadoras es la *relación de transformación* (cociente entre la velocidad de giro rápido y el eje de giro lento). Parece claro que cuanto menor sea esta relación, menor será el tamaño de este elemento y, por tanto, su coste. Las dos únicas formas de reducir la relación de transmisión son: disminuir la velocidad del generador eléctrico aumentando el número de polos y para una turbina en la que el diámetro está fijado, aumentar la velocidad de giro de la turbina. Esta última forma de reducir la relación de transmisión implica aumentar los esfuerzos centrífugos y lleva asociado un aumento de las cargas aerodinámicas sobre la estructura de la máquina.

Esta necesidad inicial de reducir la relación de transmisión no se percibe en la actualidad como un problema de diseño crítico. Hoy día es posible encontrar en el mercado cajas multiplicadoras de elevada potencia (hasta 5 MW) y relación de transmisión (1:100) con rendimientos y fiabilidad muy altos durante todo su período de funcionamiento. Este grado de madurez actual se ha alcanzado gracias a la experiencia adquirida durante años en los que las cajas de multiplicación fueron causa continuada de avería, sobre todo en los primeros diseños. Las causas de fallo en este elemento no se debían al diseño de la caja multiplicadora en sí, sino a las condiciones de trabajo tan especiales a las que se ve sometida. El par que transmite una caja multiplicadora y los esfuerzos que soporta su estructura presentan una componente oscilatoria muy marcada, que provoca fatiga y, por tanto, el aumento de la probabilidad de fallo. Actualmente, los diseños de cajas multiplicadoras se realizan con unos coeficientes de seguridad muy elevados en los que se considera el estado real de cargas con los que trabaja este componente. La tendencia en cuanto al número de averías de cajas multiplicadoras se ha reducido considerablemente en los últimos años.

Los engranajes de las cajas multiplicadoras pueden ser de dos tipos: engranajes rectos o helicoidales. Los primeros se utilizan en cajas multiplicadoras de ejes paralelos y presentan una relación de multiplicación máxima en cada etapa de 1:5. Los *engranajes helicoidales* tienen un diseño más sofisticado que los *engranajes rectos* y se emplean en cajas multiplicadoras de tipo planetario. La relación de multiplicación en cada etapa puede ser, como máximo, de 1:8. Esto implica que para obtener una relación de multiplicación de entre 80-100 se necesitan multiplicadoras de tres etapas. Algunos diseños emplean multiplicadoras de 2 etapas, mediante el empleo de generadores multipolares de velocidad media; por ejemplo, generadores de 18 polos y 400 rpm de velocidad nominal. En la Figura 4.36 se muestran distintas configuraciones para cajas multiplicadoras de 3 etapas.

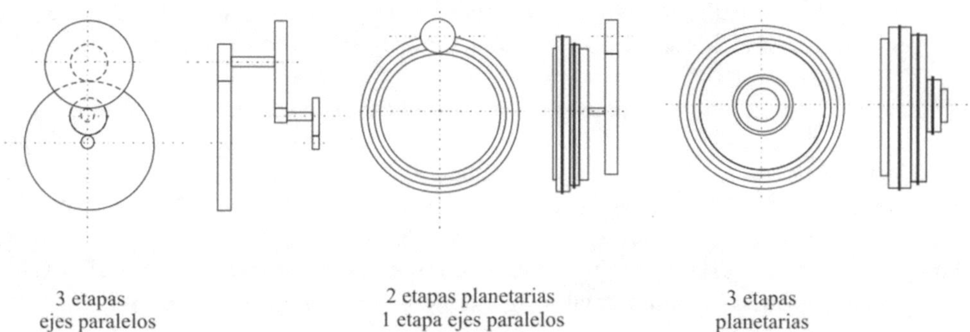

3 etapas
ejes paralelos

2 etapas planetarias
1 etapa ejes paralelos

3 etapas
planetarias

Figura 4.36. Diferentes configuraciones de cajas multiplicadoras

En general, las cajas multiplicadoras de ejes paralelos son más sencillas de diseño y, por tanto, más baratas que los diseños planetarios. Sin embargo, ante igualdad en la relación de transmisión y en la potencia transferida los diseños con ejes planetarios son más robustos y menos pesados, lo que hace que esta opción sea la más utilizada en máquinas de gran potencia. En la actualidad los diseños de cajas multiplicadoras que incorporan los aerogeneradores se realizan de forma específica para esta aplicación. Los nuevos diseños de este componente incluyen parte de los apoyos del eje de baja velocidad en su propia estructura.

Las ventajas que presenta este diseño son, por una parte, su reducido peso y su facilidad de ensamblaje con otros elementos del tren de potencia durante el período de montaje. Otros diseños utilizan, al menos, una etapa de engranajes rectos para conseguir que los ejes de la caja multiplicadora no estén alineados. Esta configuración se emplea en la actualidad en máquinas de paso variable, donde es posible utilizar un eje de baja velocidad hueco a través del cual se conecta un vástago movido por un pistón hidráulico para modificar el ángulo de paso de las palas.

Para diseñar correctamente una caja multiplicadora no es suficiente conocer las velocidades y los pares que transmitirán sus ejes en condiciones nominales. Como se indicó con anterioridad, el hecho de no considerar las variaciones de par tan bruscas que se transmiten en una caja multiplicadora ha sido causa de fallos sistemáticos en los primeros diseños. Para que el fabricante de cajas multiplicadoras sea capaz de realizar un diseño adecuado de los engranajes, ejes y apoyos, es necesario que conozca las solicitaciones mecánicas y esfuerzos que sus componentes han de transmitir y soportar durante toda la vida útil del componente. Esta información previa se conoce tras un detallado estudio de cargas que el diseñador del aerogenerador debe proporcionar.

El parámetro de diseño más importante es el par transmitido por el eje de baja en condiciones nominales; sin embargo, este par está sujeto a variaciones importantes. Una forma de considerar las variaciones de par es mediante el *espectro de carga*, que consiste en representar la magnitud y fase de estas pulsaciones de par durante la vida de operación de la caja multiplicadora. El diseño ha de realizarse de forma que la línea de resistencia a fatiga del material en función del número de ciclos sea superior en todo momento al espectro de carga (Figura 4.37).

En muchas ocasiones, no es conocido el espectro de carga con el que la caja multiplicadora debe trabajar, por lo que es habitual utilizar métodos empíricos para realizar su diseño. El parámetro inicial de partida es el par nominal, T_N, que se calcula, aproximadamente, como el cociente entre la potencia eléctrica asignada al aerogenerador y la velocidad de giro nominal. Se define el par equivalente, T_E, como aquel que aplicado de forma continua sobre el eje de la caja multiplicadora tuviera los mismos efectos mecánicos que el espectro real de cargas. El cociente entre el par equivalente y el par nominal se conoce como *factor de servicio*: $K_A = T_E/T_N$.

La magnitud de este factor de servicio depende, en gran medida, de la tecnología de aerogenerador, es decir, si es de velocidad fija o variable o si el rotor eólico se controla de forma activa o pasiva. Además, el factor de servicio de la caja multiplicadora depende de la disposición del freno mecánico y de la existencia de amortiguamientos mecánicos para reducir las oscilaciones del par transmitido. Los sistemas que presentan factores de servicio mayores son los sistemas de *velocidad fija y paso de pala fijo*, con valores cercanos a 2. Los aerogeneradores de *velocidad variable y paso de pala variable* presentan factores de servicio para el diseño de la caja de multiplicación inferiores a 2, habitualmente.

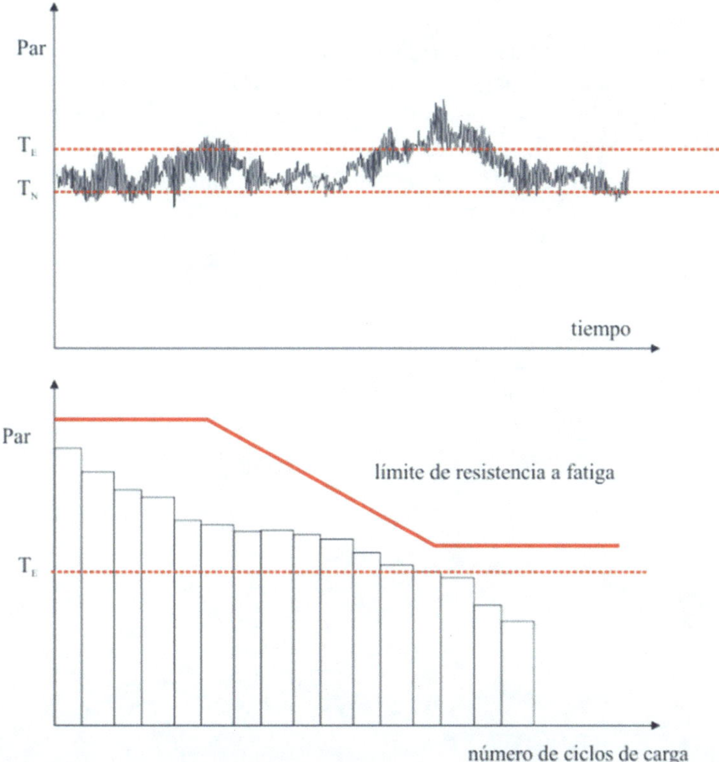

Figura 4.37. Espectro de carga y límite de resistencia a fatiga de una caja multiplicadora

Este criterio de diseño es completamente empírico y su aplicación depende, en gran medida, de la experiencia del diseñador. En cualquier caso, cabe decir que diseños con factores de servicio cercanos a 2,0, presentan generalmente límites de resistencia superiores a tres veces el par nominal de diseño. Este par tan elevado solo se presenta durante un accidente de cortocircuito. Para prevenir esta situación, que puede provocar una avería irreversible en la caja multiplicadora, algunos diseños disponen de embragues en el eje de alta velocidad con el fin de limitar el par transmitido a otros componentes del sistema en caso de avería.

Los modernos multiplicadores de velocidad se caracterizan por las pocas pérdidas que presentan durante todo el proceso de transmisión. Estas pérdidas mecánicas se deben a la fricción entre dientes del engranaje y al flujo de aceite necesario para la lubricación. En las pérdidas mecánicas se incluyen también las debidas a la fricción entre los rodamientos y los cojinetes de apoyo. La irreversibilidad de estos procesos da lugar a una transmisión de calor que puede llegar a ser un problema, sobre todo en cajas multiplicadoras con diseño planetario de elevada potencia y muy compactas. Por esta razón, en muchos casos es necesario utilizar sistemas de refrigeración por aire o agua.

El rendimiento mecánico, en principio depende del número y el tipo de etapas multiplicadoras, la potencia mecánica transmitida y la velocidad de giro. La pérdida de potencia por etapa se estima en un 2 % para cajas multiplicadoras con engranajes rectos (sistemas de ejes paralelos) y un 1 % para cajas multiplicadoras con engranajes helicoidales (sistema planetario). En la Figura 4.38. se muestran diferentes bandas de rendimiento máximo de caja multiplicadoras en función de la potencia nominal transmitida y el tipo y número de sus etapas de transmisión.

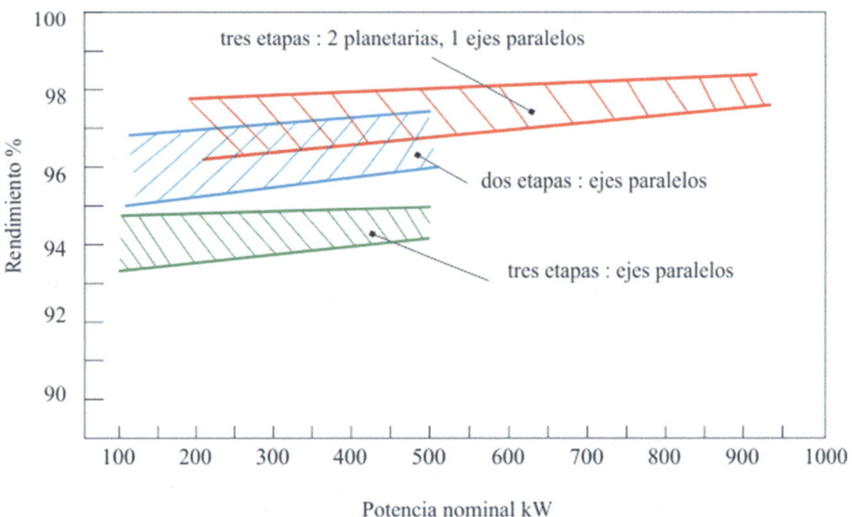

Figura 4.38. Rendimiento de una caja multiplicadora en función de la potencia transmitida, el tipo y el número de etapas

Parte de las pérdidas de potencia se convierten en ruido acústico. Este factor puede ser determinante en algunos diseños, sobre todo cuando el aerogenerador se ubica en zonas cercanas a núcleos de población. El *ruido acústico* depende en gran medida del tipo de materiales utilizados y del tamaño de la caja multiplicadora. Se mide por el nivel de presión de las ondas sonoras, en dBA. Los diseños de mediana potencia con ejes paralelos, de hasta 1 MW, presentan niveles de presión entre 80 a 85 dBA a 1 m de distancia del aerogenerador. Para cajas multiplicadoras de gran potencia, hasta 3 MW, el ruido acústico puede ser de 100 a 105 dBA.

Los aerogeneradores conectados directamente a la red mantienen prácticamente constante su velocidad de giro, esto hace que las variaciones de la velocidad del viento se traduzcan en oscilaciones de par que se transmiten directamente al tren de potencia. En concreto, los generadores asíncronos presentan pequeñas variaciones de velocidad cuando aumenta el par transmitido (deslizamiento); sin embargo, los generadores síncronos están diseñados de forma que su velocidad de giro permanezca constante, al menos en régimen permanente, lo que da lugar a un acoplamiento muy rígido con la red. Son pocos los diseños de aerogeneradores, que se han realizado con generadores síncronos directamente acoplados a la red; pero, en todos ellos se ha incluido algún sistema de amortiguamiento de las oscilaciones mecánicas para reducir las cargas sobre el tren de potencia.

4.3.5. Torre

La **torre** es uno de los componentes principales de los aerogeneradores de eje horizontal. Considerada de forma aislada, la torre representa un elemento convencional del aerogenerador; sin embargo, su diseño estructural requiere un conocimiento general del funcionamiento del sistema. Uno de los parámetros de diseño más importantes de la torre es, lógicamente, su altura. Cuanto mayor es la *altura* de la torre, la producción de energía de la turbina aumenta siempre que el perfil vertical de la velocidad del viento en el emplazamiento sea creciente. Sin embargo, un aumento de la altura de la torre implica un aumento del coste del componente y una mayor dificultad para la instalación de equipos. Así pues, la elección de la altura de la torre responde a una solución de compromiso entre las ventajas e inconvenientes que supone aumentar este parámetro de diseño.

Por otra parte, la torre debe presentar una *rigidez* suficiente para soportar las cargas de empuje transmitidas por el rotor eólico. Además, el diseño estructural de la torre debe fijar su frecuencia natural de flexión de forma que en ninguna condición de funcionamiento estable se excite esta frecuencia propia. El diseño estructural de la torre depende, en buena medida, de los materiales utilizados en su fabricación. En la Figura 4.39 se muestran los diferentes tipos de torre utilizados en turbinas eólicas

Figura 4.39. Diferentes tipos de torres utilizadas en generación eólica

Las primeras máquinas diseñadas para producir energía eléctrica utilizaron torres con estructuras metálicas o *configuración en celosía*. Posteriormente, para máquinas de potencia superior la tecnología ha evolucionado hacia torres tubulares de acero u hormigón.

La torre de celosía consiste en una estructura metálica en la que se sustenta el rotor eólico y los componentes mecánicos de la transmisión. Este tipo de diseño fue el más empleado en las primeras generaciones de aeroturbinas. Presenta la ventaja de tener un coste reducido, pero tiene una accesibilidad compleja que dificulta las tareas de mantenimiento. El impacto visual de las torres de celosía es elevado a distancias cercanas a la torre; sin embargo, este tipo de torre se confunde con el horizonte cuando la máquina se observa a una distancia suficientemente lejana.

La torre tubular de acero es la más utilizada en la actualidad. Las primeras torres tubulares de acero presentaban una gran rigidez estructural y se diseñaban de forma que la frecuencia natural de flexión de la torre fuera superior a la frecuencia de giro de la pala (1P). El motivo de esta elección se realizaba para reducir la posibilidad de excitar esta frecuencia natural del sistema. Este diseño rígido da lugar a torres excesivamente pesadas y caras, en especial cuando aumenta su altura. Las nuevas torres tubulares de acero se diseñan de forma que la frecuencia natural de flexión es inferior a 1P. El criterio de fabricación más sencillo de las torres tubulares es mediante la unión de varios tramos cilíndricos. El número de tramos habitual suele ser dos o tres, para alturas de torre superiores a 60 m. En las torres de altura elevada el diseño suele ser troncocónico, con chapa de acero de espesor decreciente con la altura para reducir peso.

La configuración de la estructura de la torre con hormigón se puede realizar, o bien con hormigón armado u hormigón pretensado. El hormigón pretensado presenta mejores características para los diseños de torres de elevada rigidez que los hormigones armados y es una opción económicamente competitiva con las torres tubulares de acero cuando estas se han de diseñar con elevada rigidez. Las torres de hormigón se pueden construir en el propio emplazamiento o se pueden transportar en varios tramos prefabricados.

Como se puede observar en la Figura 4.39, existen otras configuraciones basadas en la utilización de tensores anclados a tierra (poste con cables) para aportar rigidez a la torre, o torres mixtas formadas por un tramo superior de acero montado sobre una base de hormigón. En aerogeneradores de poca potencia también se utilizan torres tipo trípode. En cualquier caso, estas configuraciones son diseños muy particulares que no se utilizan actualmente, a excepción del caso de microturbinas eólicas.

4.3.5.1. Accesibilidad

Los criterios de accesibilidad tanto al rotor eólico como a los equipos embarcados en la góndola son muy importantes en los diseños actuales. Para turbinas pequeñas, con torres de altura inferior a 15 m, existen escaleras exteriores para acceder a la maquinaria. Cuando la altura de la torre es mayor, es común utilizar escaleras interiores con plataformas intermedias cuando la altura es superior a 30 m. Las turbinas actuales de gran potencia con alturas superiores a 60m disponen, en algunos casos, de ascensor para acceder a la góndola. Evidentemente, este accesorio, casi imprescindible para tareas de mantenimiento, supone un coste adicional del aerogenerador. El acceso a la góndola se puede realizar o bien, por el interior de la torre, cuando el diseño es tubular o a través de un acceso exterior cuando la torre es de hormigón. Dependiendo del tipo de góndola es posible realizar todos los trabajos de mantenimiento dentro de ella, o en diseños más compactos, es necesario descubrir la capota que cubre la góndola para acceder a la maquinaria.

La torre no solo dispone de las escaleras y plataformas para acceder a la parte superior de la máquina; en ella se ubican las canalizaciones de los cables de potencia que bajan hasta la zona inferior, donde cada vez es más frecuente que se ubique un transformador de potencia y las celdas de media tensión donde se realizan las conexiones exteriores y se colocan determinadas protecciones. En la Figura 4.40 se muestran los diferentes elementos que componen una torre tubular actual.

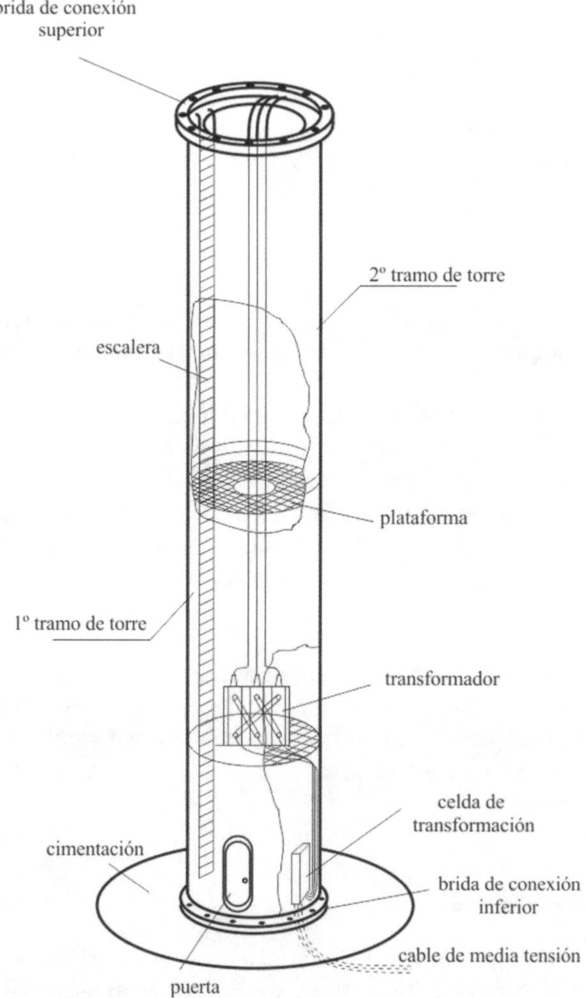

Figura 4.40. Componentes de una torre tubular actual

4.3.5.2. Diseño estructural

El diseño de la torre se ha de realizar con unos criterios de resistencia y rigidez tales que la estructura soporte los esfuerzos debidos a los casos de carga que establece la norma IEC61400/1. En concreto, se debe calcular: la máxima resistencia de la torre ante viento extremo, la resistencia a fatiga de los materiales de la torre para una vida útil de diseño de 20 a 30 años y la rigidez de la torre (frecuencia natural de flexión) para evitar problemas de vibraciones mecánicas.

La máxima resistencia de la torre se determina mediante un cálculo de cargas estáticas debidas al peso de la propia torre y de todos los elementos situados en su parte superior (rotor eólico y góndola). Además, se debe considerar el momento flector que soporta la base de la torre debido a las fuerzas aerodinámicas de empuje sobre el rotor. Las condiciones de empuje más desfavorables se producen, en las turbinas con control de paso de pala, cuando se alcanza la velocidad de giro máxima y la velocidad del viento es la nominal. Por el contrario, las mayores fuerzas de empuje en turbinas con control aerodinámico pasivo se presentan para velocidades del viento superiores a la nominal. Otro caso de carga que se debe considerar en el diseño de la torre es la situación de viento extremo con la máquina parada.

Las cargas dinámicas sobre la torre son muy significativas cuando se calcula su resistencia a fatiga. Un cálculo estático no es suficiente para determinar el comportamiento estructural del componente a largo plazo. Además, en los estudios dinámicos es necesario incluir su comportamiento en el caso que se excite la frecuencia natural de flexión.

Los requisitos de rigidez estructural dependen del comportamiento general de la turbina ante vibraciones. Los modos de vibración más importantes de la torre son el primer y el segundo modo de vibración de flexión lateral. La frecuencia natural correspondiente a este primer modo de vibración para una torre de 50 m de altura puede variar en el entorno de 0,5 a 1 Hz. Otro modo de vibración importante es el correspondiente a la frecuencia de torsión de la torre, que en la mayoría de los casos puede ser 3 o 4 veces superior a la frecuencia natural de flexión.

Uno de los problemas de diseño más importantes que se deben considerar, en especial en las torres de altura elevada diseñadas con rigideces reducidas (torres muy esbeltas), es el fenómeno de *pandeo* o flexión lateral que puede sufrir la estructura. Para evitar la aparición de este fenómeno, es necesario aumentar la rigidez de la estructura, incrementando el grosor de la chapa de acero.

4.3.5.3. Cimentaciones

El cálculo de la **cimentación,** al igual que el diseño estructural de la torre, depende de las cargas producidas por el rotor eólico en diferentes condiciones de operación, por esto la tecnología del aerogenerador juega un papel fundamental.

Un punto que diferencia el diseño de la torre con el diseño de la cimentación es la geología del terreno. Cuando el terreno es lo suficientemente compacto, esto es, que la tensión admisible sea superior a un valor determinado, habitualmente 3 kg/cm^2, el diseño de la cimentación se puede considerar convencional.

Este tipo de cimentación dispone de una zapata de hormigón pretensado sobre la que se monta una virola que se unirá posteriormente a la brida inferior de la torre. En la Figura 4.41a) se observa una cimentación convencional con torre tubular de acero.

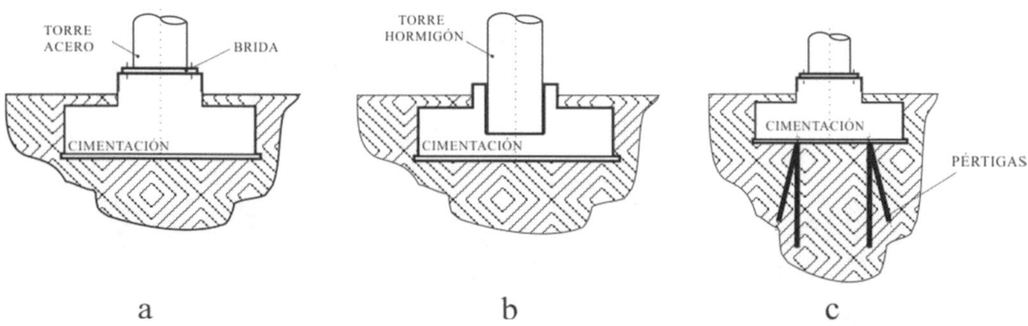

Figura 4.41. Cimentaciones típicas en aerogeneradores

Algunas torres de hormigón prefabricadas o incluso torres de acero tubulares se pueden integrar directamente en la estructura de hormigón, Figura 4.41b).

Cuando la tensión del terreno es reducida para aportar rigidez a la cimentación es necesario sustentar la zapata de hormigón mediante pértigas o pilotes de sujeción como se indica en la Figura 4.41c).

Los materiales utilizados en la fabricación de la zapata son por un lado una armadura de acero que ocupa prácticamente todo el volumen de la cimentación que se rellena en una primera fase con hormigón de limpieza y posteriormente con hormigón estructural. De esta forma se consigue las propiedades estructurales que se le exigen a la cimentación. En la Figura 4.42. se indican las cargas estáticas de diseño de una cimentación convencional para una turbina de 1 MW y 60 m de altura de la torre.

La frecuencia natural de flexión calculada para esta máquina es de 0,56 Hz; sin embargo, merece la pena destacar que este valor se reduce cuando lo hace la rigidez del terreno.

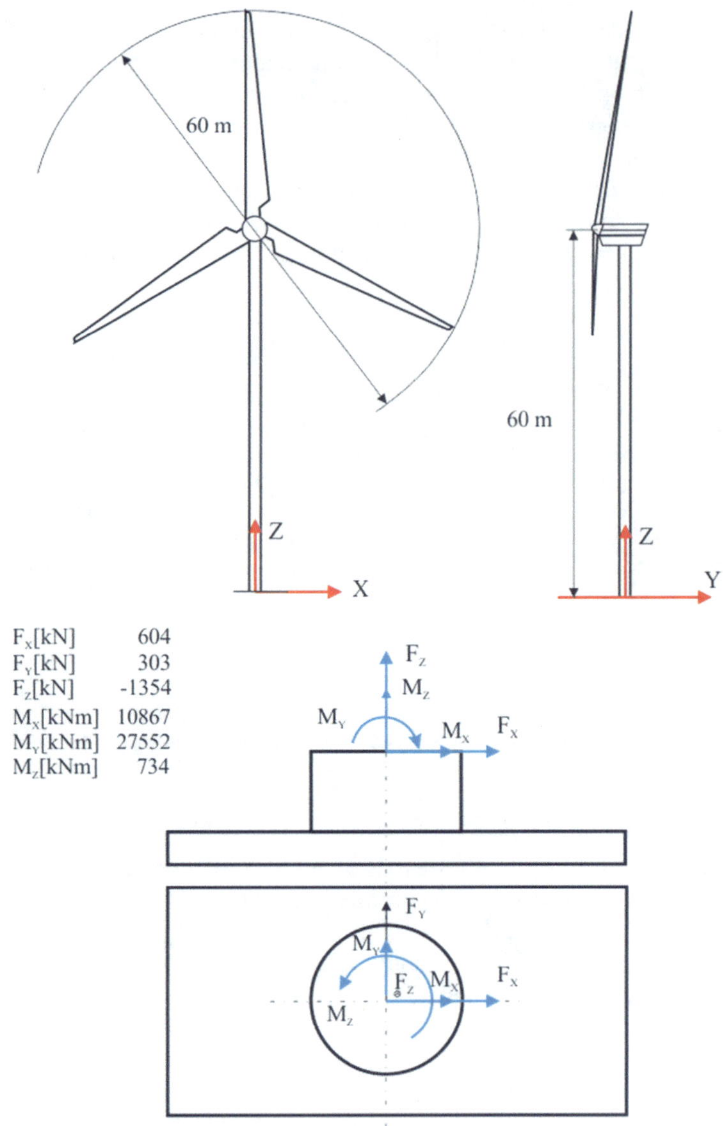

Figura 4.42. Cimentación y cargas estáticas de una turbina de 1 MW, con una altura de la torre de 60 m

4.3.6. Mecanismo de cambio de paso de pala

La mayoría de las modernas aeroturbinas incorporan en sus diseños dispositivos capaces de hacer girar la pala alrededor de su eje longitudinal. La función del ca**mbio de paso de las palas** es doble: por una parte, permite controlar la potencia y la velocidad de giro del rotor eólico y por otra, es capaz de frenar aerodinámicamente el sistema en caso de avería. No es el propósito de este apartado indicar las funciones del cambio de paso de pala durante los distintos modos de funcionamiento del aerogenerador, ni tampoco describir sus diferentes esquemas de control. Todas estas cuestiones se tratan con detalle en Apartado 4.4. A continuación se estudia el mecanismo de cambio de paso, es decir los dispositivos que se utilizan para conseguir girar la pala.

4.3.6.1. Componentes básicos

En el mecanismo de cambio de paso el elemento que conecta la pala con el buje debe permitir el giro de este alrededor de su eje longitudinal. Debido a que los ángulos y la velocidad de giro de la pala son reducidos, los sistemas de soporte son habitualmente rodamientos de bolas (*roller bearings*), que están sometidos a cargas elevadas producidas por momentos de flexión y torsión, incluso cuando los movimientos de giro son reducidos.

Cuando el sistema de cambio de paso no gira toda la pala, sino solamente la punta, el rodamiento y el accionamiento se encuentran situados a cierta distancia de la raíz de la pala. Este diseño presenta como problemas añadidos la ubicación de estos elementos en un espacio reducido, el aumento del peso de la pala y el desplazamiento de su centro de gravedad hacia posiciones más alejadas de la raíz.

El accionamiento del sistema de giro consta de un actuador, eléctrico o hidráulico, que transmite el movimiento de giro a la pala directamente o a través de un elemento adicional como ruedas dentadas, barra de desplazamiento, etc. Los sistemas de cambio de paso convencionales de las grandes turbinas constan de un actuador situado en el buje que se conecta a un grupo de presión hidráulico ubicado en la góndola. La conexión entre ambos elementos se realiza a través de un circuito hidráulico que atraviesa la caja multiplicadora y el eje principal, que debe ser hueco. La unión entre las partes fijas y giratorias del circuito hidráulico se realizan en un elemento de transmisión giratorio convenientemente sellado para impedir fugas de aceite. Este elemento tiene una buena accesibilidad ya que se sitúa en la parte posterior de la caja multiplicadora como se indica en la Figura 4.43.

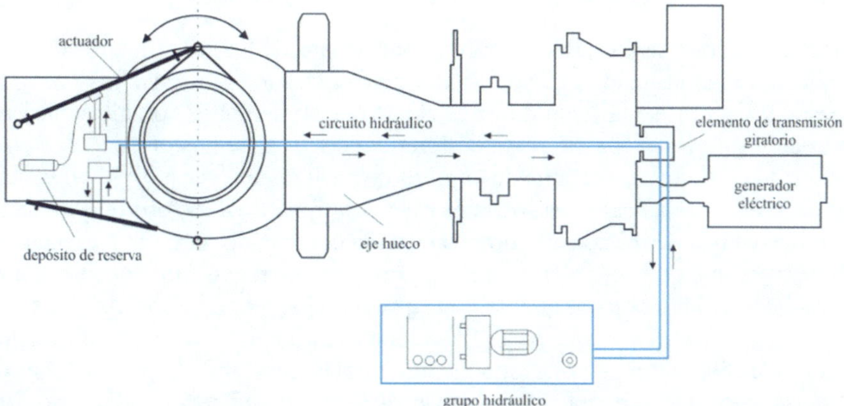

Figura 4.43. Mecanismo de cambio de paso hidráulico con el accionamiento de giro en el buje

Este sistema no utiliza elementos de transmisión giratorios y su modo de funcionamiento es como sigue; el grupo hidráulico controla la presión de un pistón que acciona un vástago en cuyo extremo se conectan unas barras que convierten el desplazamiento axial del vástago en un movimiento de giro de las palas. El pistón ejerce su presión contra un resorte, de forma que si el pistón pierde presión el resorte acciona las palas poniéndolas en posición de *bandera* y parando así la aeroturbina. Este concepto de seguridad pasiva es muy importante, ya que garantiza la parada de la máquina en caso de avería del grupo hidráulico. Un aspecto importante de este sistema es que los ejes de giro primario y secundario deben estar necesariamente desalineados para permitir la ubicación del accionamiento de las palas (Figura 4.44).

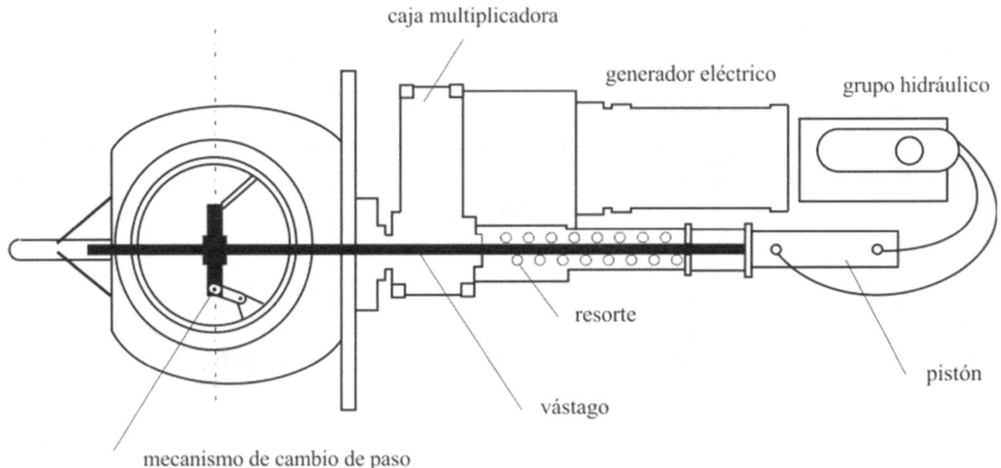

Figura 4.44. Mecanismo de cambio de paso hidráulico con el accionamiento de giro en la góndola

4.3.6.2. Sistemas eléctricos de cambio de paso

En el apartado anterior se ha descrito el funcionamiento de los mecanismos de cambio de paso hidráulicos más utilizados que accionan de forma conjunta todas las palas del rotor eólico. Desde hace años se utilizan motores eléctricos alimentados con ultracondensadores para gobernar el giro de las palas, pero a diferencia de los sistemas presentados en el apartado anterior, los sistemas eléctricos de cambio de paso suelen ser individuales, ya que un sistema colectivo de estas características es más complicado y costoso que un sistema hidráulico. Las ventajas de utilizar un motor eléctrico controlado para girar la pala son entre otras que permite una gran precisión, presenta una rigidez mayor que los sistemas hidráulicos y evita las pérdidas de estanqueidad que pueden aparecer en ellos. Además, estos sistemas son muy compactos, ya que todo el accionamiento eléctrico se encuentra situado en el buje y no necesita elementos mecánicos adicionales para girar la pala. El uso de ultracondensadores permite alimentar el motor de giro de una manera fiable y segura. En la Figura 4.45 se muestra un mecanismo de cambio de paso de estas características.

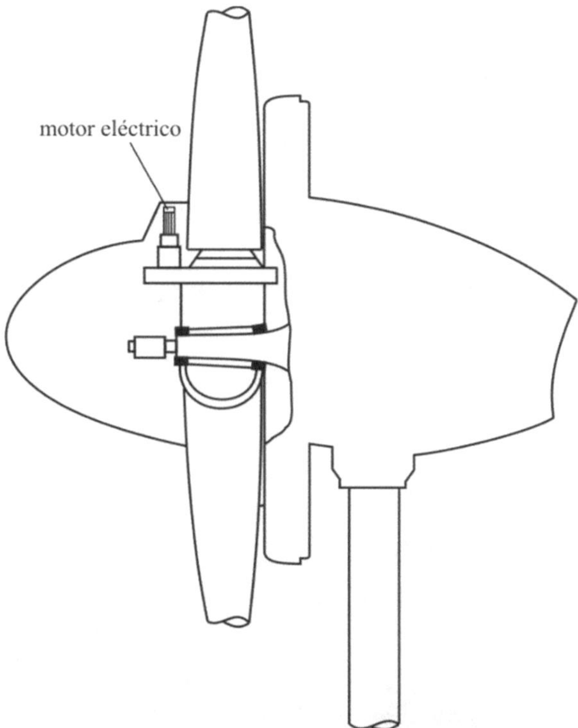

Figura 4.45. Mecanismo de cambio de paso eléctrico

4.3.6.3. Sistemas individuales de cambio de paso

Los sistemas individuales de cambio de paso de pala presentan la ventaja fundamental de aportar una mayor fiabilidad, ya que poniendo una o dos palas en posición de bandera es posible parar el rotor eólico en caso de avería. Este aspecto de la redundancia en la seguridad de los sistemas de parada es una cuestión a la que los fabricantes prestan especial atención. En concreto, los diferentes sistemas en los que se debe incorporar redundancia para garantizar la parada de la turbina son: sensores, sistemas de alimentación y accionamiento del sistema de giro. En la Figura 4.46. se muestra un sistema redundante de cambio de paso hidráulico de una turbina de tres palas.

En caso de fallo de la bomba del grupo hidráulico existen unos depósitos de reserva en la góndola que garantizan la presión necesaria para accionar el mecanismo de giro. Si se produce un fallo en los circuitos hidráulicos, los depósitos de reserva situados en el buje actuarían de igual manera. Cada pala dispone de un sistema de giro individual, de forma que la puesta en bandera de una sola de las palas es suficiente para frenar el rotor. Las señales de parada o frenado de emergencia que accionan el mecanismo de cambio de paso para poner en bandera las palas del rotor provienen directamente de los sensores de velocidad de giro o a través del sistema supervisor de la turbina.

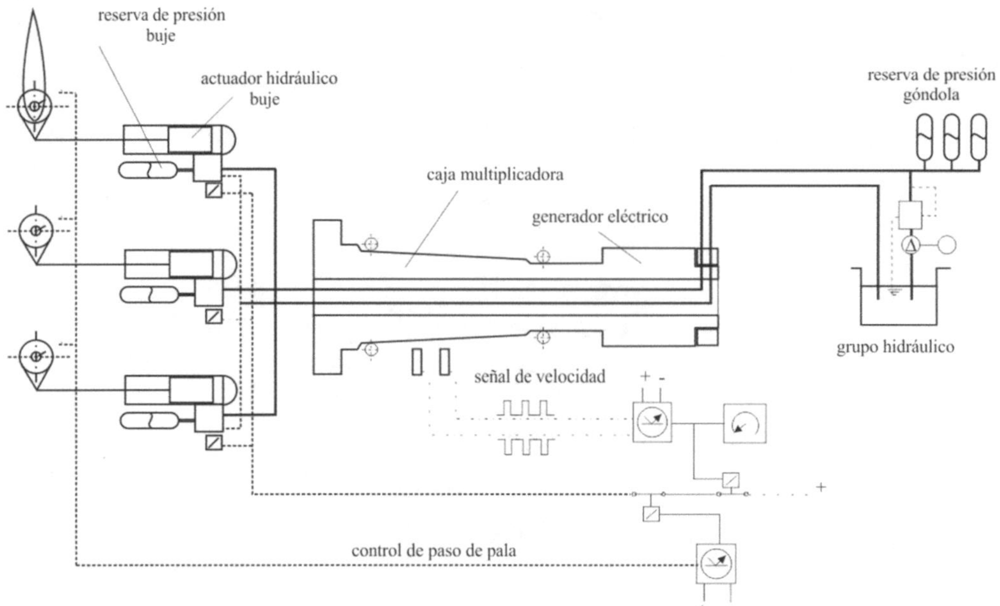

Figura 4.46. Sistema redundante de cambio de paso de pala hidráulico

Los sistemas individuales permiten también ajustar el ángulo de paso en cada revolución de la pala, con el propósito de compensar las cargas cíclicas producidas por la cortadura del viento. Este control se puede realizar cuando la constante de tiempo del mecanismo de cambio de paso lo permita, es decir, cuando el ángulo de paso alcance su valor de consigna antes de completar una vuelta. Cuanto mayor es el tamaño de la máquina, menor es su velocidad de giro y, por tanto, mayor será el tiempo que tarde una pala en realizar un giro completo. Pero, por otro lado, el peso y el momento de inercia de la pala también aumentan con el tamaño de la máquina, lo que incrementa el tiempo de respuesta del sistema de control. Por esta razón, cuando las turbinas aumentan su tamaño no es inmediato suponer que es más sencillo realizar un control de estas características; en cualquier caso, los rotores con palas más ligeras favorecen su implantación

4.3.7. Mecanismo de orientación

El **mecanismo de orientación** es el dispositivo que se emplea para girar automáticamente el rotor eólico y la góndola, de forma que la dirección del viento incidente sea los más perpendicular posible al plano de giro de las palas. Este sistema de orientación es *activo*, ya que utiliza motores eléctricos o sistemas hidráulicos para efectuar el movimiento del rotor, a diferencia de otros sistemas *pasivos*, en donde las propias fuerzas aerodinámicas realizan las funciones de orientación. Como se comentó en apartados anteriores, las turbinas diseñadas para recibir el viento a barlovento emplean sistemas activos, mientras que las turbinas dispuestas a sotavento con las palas dotadas de un cierto ángulo de conicidad pueden orientarse de forma pasiva. A priori, parecería que la opción de un sistema pasivo es la más acertada; sin embargo, en estos sistemas aparecen cargas elevadas producidas por la velocidad y la aceleración del movimiento de giro del rotor y la góndola. Para realizar esta maniobra de forma controlada y evitar así cargas elevadas se prefiere utilizar sistemas con orientación activa. Desde un punto de vista funcional, el sistema de orientación se podría considerar como un sistema independiente, sin embargo, constructivamente une la góndola con la parte superior de la torre.

A continuación, se describen el funcionamiento y los elementos que constituyen un sistema de orientación activa convencional (Figura 4.47). Los dispositivos que se utilizan para hacer girar el rotor eólico son básicamente de dos tipos, hidráulicos o eléctricos. Los sistemas **hidráulicos** se emplearon en las primeras generaciones de grandes turbinas y presentaban como ventaja su reducido coste y tamaño en comparación con la opción de **motor eléctrico,** con reductor de velocidad y convertidor electrónico, todavía poco competitivo en coste y poco fiable en aquella época. Sin embargo, esta última opción es la que se emplea hoy día de forma mayoritaria, ya que su coste se ha reducido significativamente, permite una regulación muy precisa, requiere de un menor mantenimiento y ofrece una rigidez mayor que los sistemas hidráulicos, lo que favorece el comportamiento dinámico de la turbina.

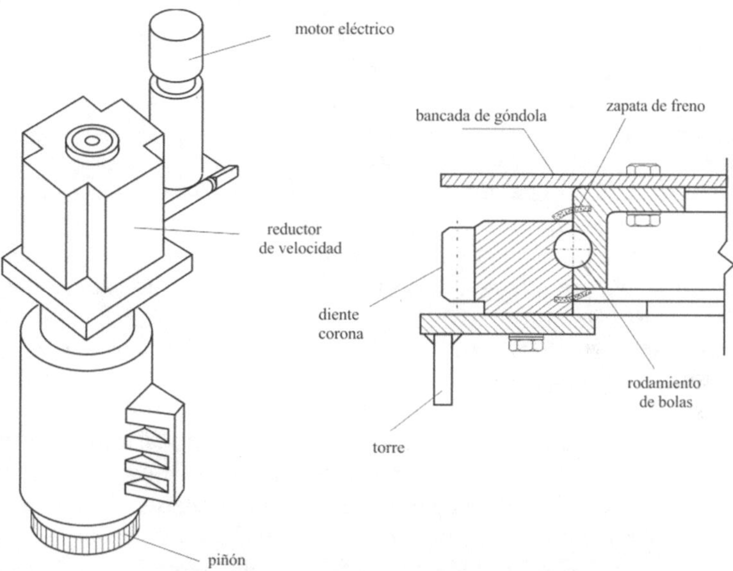

Figura 4.47. Sistema de orientación activo

Habitualmente los sistemas de orientación disponen de dos motores, uno de *giro a derechas* y otro de *giro a izquierdas*. Estos motores accionan un piñón que mueve el engranaje tipo corona sobre el que está unido rígidamente la góndola (Figura 4.47). Para evitar que los motores eléctricos soporten el momento de orientación originado por las fuerzas aerodinámicas durante la maniobra de giro o cuando el viento cambia de orientación bruscamente es habitual incorporar en el sistema unos frenos. Durante el giro los frenos introducen un cierto amortiguamiento impidiendo cambios bruscos del movimiento de orientación. En periodos de parada prolongada, como por ejemplo operaciones de mantenimiento, el sistema de orientación se bloquea mediante una serie de pernos.

El mecanismo de orientación suele llevar incorporado un dispositivo para determinar la torsión de los cables de potencia que bajan desde la salida del generador a la base de la torre. Cuando se repiten varias maniobras de orientación en el mismo sentido los cables de potencia sufren un retorcimiento que puede llegar a deteriorarlos; por esa razón, en el momento que se alcanza el límite de torsión permitido (3 vueltas en el mismo sentido, habitualmente) el sistema de orientación gira la máquina en sentido contrario hasta que se alcanza la situación inicial de torsión nula en los cables.

4.4. SISTEMAS AERODINÁMICOS DE CONTROL

Como ya se expuso en el Apartado 4.2.2, la distribución de fuerzas aerodinámicas a lo largo de la envergadura de una pala depende del módulo y dirección de la velocidad del viento resultante en cada perfil. Esta velocidad relativa es función, a su vez, de la velocidad de giro de la máquina y de la geometría de la pala. La contribución de todas estas fuerzas produce un *par mecánico* y una *fuerza de empuje* sobre el rotor eólico cuya dependencia es cuadrática con la velocidad del viento incidente la altura del buje de la máquina. Tanto el par como la fuerza de empuje dependen también de la densidad del aire, del área barrida por las palas y del coeficiente de par, C_q, y de empuje, C_T, respectivamente. Ambos coeficientes, son función del ángulo de paso de pala, β y del coeficiente de velocidad específica, λ.

Si no se toma medida alguna, puede suceder que para velocidades del viento elevadas el par y el empuje tomen valores que superen la potencia eléctrica asignada al generador eléctrico, o las cargas admisibles sobre los elementos mecánicos del aerogenerador. Por otra parte, si durante una pérdida de red no se limita la potencia mecánica desarrollada por la turbina, puede ocurrir que la velocidad de giro del rotor eólico alcance valores inadmisibles, provocando una avería irreversible en la máquina. Por todas estas razones, es necesario limitar y controlar las fuerzas aerodinámicas.

Básicamente, las fuerzas aerodinámicas se pueden reducir disminuyendo el ángulo de ataque de la velocidad del viento sobre el perfil o haciendo que se produzca un desprendimiento de las líneas de corriente aumentando el ángulo de ataque por encima de un valor determinado (fenómeno conocido como *entrada en pérdida aerodinámica*). Ya que la velocidad del viento resultante sobre el perfil depende de la composición de la velocidad del viento incidente y la velocidad debida al giro de la pala, es posible gobernar la potencia modificando el régimen de giro de la turbina; sin embargo, este método no es demasiado efectivo, ya que el margen de variación de la velocidad de giro no es muy amplio y la respuesta dinámica es necesariamente lenta debido a la gran inercia del rotor eólico.

Desde un punto de vista de control de potencia es mucho más efectivo modificar el ángulo de ataque de la velocidad del viento sobre los perfiles. Este efecto se puede conseguir de forma pasiva, es decir, por diseño aerodinámico es posible que a partir de una determinada velocidad del viento se produzca la pérdida aerodinámica y la potencia desarrollada por la turbina se reduzca considerablemente. El control de potencia se puede realizar también de forma activa; si se gira la pala en la dirección del viento incidente se reduce el ángulo de ataque y de igual manera las fuerzas de sustentación. Si el giro se produce en sentido contrario, en dirección opuesta a velocidad del viento incidente, se consigue la entrada en pérdida aerodinámica, pero en este caso de una forma controlada (fenómeno de *pérdida aerodinámica activa*).

4.4.1. Sistemas pasivos de limitación de potencia

Los **sistemas pasivos** de limitación de potencia (o sistemas de entrada en pérdida aerodinámica) utilizan turbinas eólicas de paso de pala fijo, esto es, las palas están rígidamente unidas al buje y su ángulo de calado no se puede modificar. Este tipo de sistemas se diseñan en máquinas de velocidad fija, de forma que cuando la velocidad del viento supera un determinado valor, habitualmente la velocidad nominal (12 a 14 m/s), el ángulo de ataque de los perfiles supera el valor crítico (aproximadamente, 15º) y el flujo en el borde de salida de los perfiles se desprende dando lugar a un régimen turbulento (Figura 4.48). En estas condiciones las fuerzas de sustentación se reducen rápidamente y las de arrastre aumentan, lo que produce una disminución de la potencia desarrollada por la turbina.

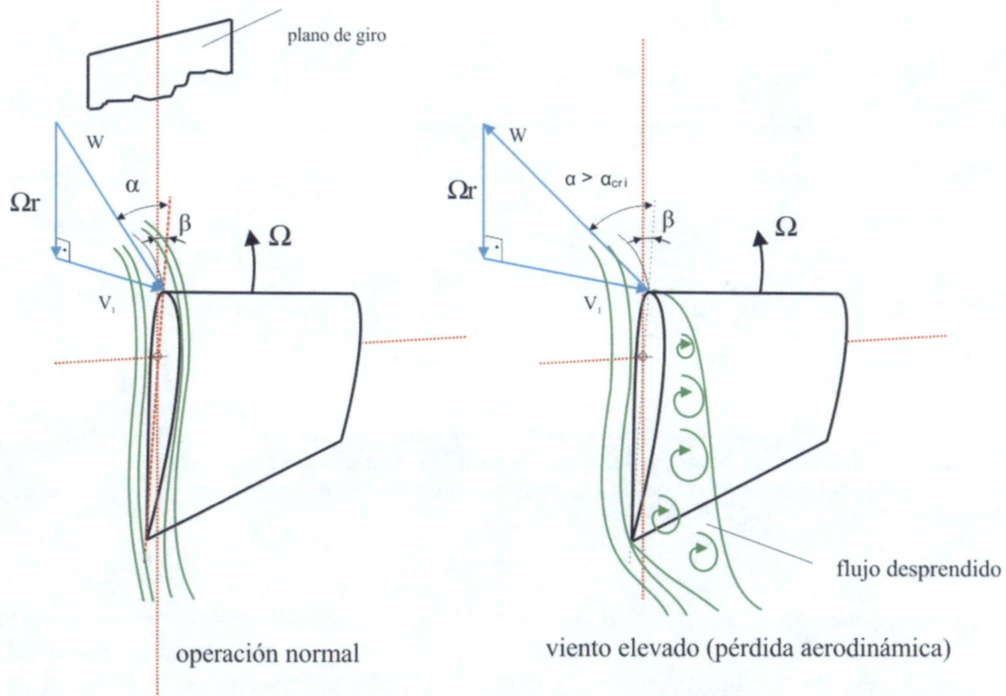

Figura 4.48. Entrada en pérdida de un perfil cuando aumenta la velocidad del viento incidente, manteniendo constante el ángulo de paso y la velocidad de giro de la pala

Como se puede apreciar en la Figura 4.48, otra forma de producir la pérdida aerodinámica es reduciendo la velocidad de giro de la turbina. Esta técnica de combinar un sistema de velocidad de giro variable con control aerodinámico pasivo no se ha utilizado de forma extensiva en sistemas comerciales. La razón de ello es que la reducción de velocidad de giro anteriormente mencionada debe realizarse cuando la potencia desarrollada por la turbina alcanza un valor cercano al nominal. En estas condiciones el par dinámico que debe oponer el generador eléctrico es excesivamente elevado, lo que produce sobrecargas y obliga a utilizar un generador eléctrico de mayor potencia.

Es práctica habitual de los fabricantes que emplean sistemas de control aerodinámico pasivo mantener constante la velocidad de giro de la turbina. El diseño de estos rotores eólicos se caracteriza porque la velocidad de giro es menor que la correspondiente al diseño óptimo, con el fin de garantizar la limitación de potencia a partir de una determinada velocidad del viento (Figura 4.49).

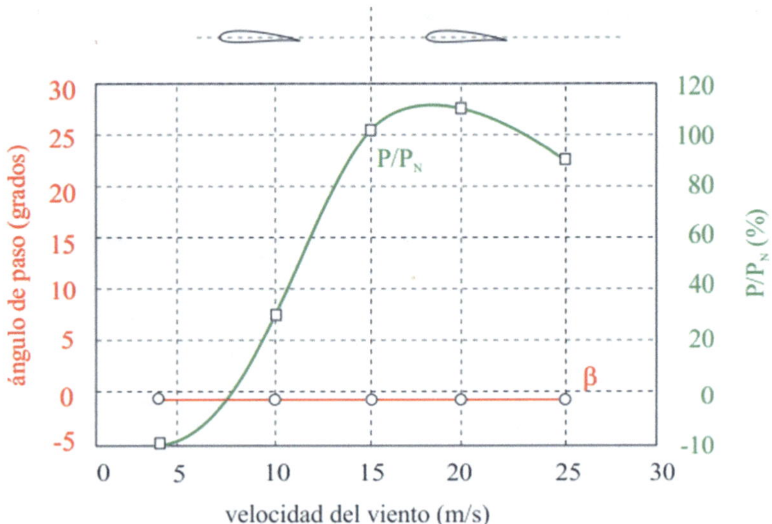

Figura 4.49. Curva de potencia y ángulo de paso de pala de un aerogenerador con sistema aerodinámico de limitación de potencia pasivo.

El diseño estructural de estos sistemas es más robusto que el empleado en sistemas con cambio de paso variable, ya que los esfuerzos de empuje son muy grandes para velocidades del viento elevadas. De igual forma, el generador eléctrico debe ser capaz de soportar sobrecargas significativas. La imposibilidad de modificar el ángulo de paso de las palas hace que no se pueda optimizar el par durante el arranque; esto hace que se empleen solo turbinas de tres palas que presentan mejor par de arranque que las bipala o monopala.

La operación de turbinas de paso fijo está restringida prácticamente a sistemas conectados a la red, ya que la imposibilidad de controlar de forma activa la potencia desarrollada por la turbina hace muy complicado el uso de turbinas de paso fijo en sistemas aislados.

Dado que en este tipo de turbinas no se puede variar el ángulo de calado del perfil, en el extremo de la pala se dispone de unos aerofrenos, que permiten detener la turbina en caso de un fallo en el sistema o ante una orden de parada. Los *aerofrenos* actúan de forma automática en caso de embalamiento de la turbina por disparo del generador o cualquier otra causa.

4.4.2. Sistemas activos de control de potencia

El objetivo de los sistemas de cambio de paso no solo es la limitación de potencia, sino el control de la velocidad y aceleración de giro durante los procesos de arranque de la turbina y en algunos casos la optimización de la potencia desarrollada por la turbina durante el modo de funcionamiento a carga parcial. Por esta razón, el título del apartado es sistemas activos de **control** de potencia en vez de sistemas activos de limitación de potencia.

Las turbinas eólicas de paso de pala variable utilizan un sistema activo de giro de las palas para controlar las actuaciones de la máquina de la siguiente forma: durante el funcionamiento a carga parcial, se mantiene el ángulo de calado del perfil en un valor que hace máxima la potencia desarrollada por la turbina, ($\beta \sim 0°$). Para velocidades del viento elevadas, el sistema de control del ángulo de paso de pala aumenta el ángulo de calado (esto es, disminuye el ángulo de ataque) para mantener la potencia constante y reducir las fuerzas de empuje sobre el rotor eólico.

Los aerogeneradores con regulación de paso de pala deben tener la posibilidad de acelerar el eje en caso de ráfagas, ya que, en caso contrario, el sistema de regulación estaría muy solicitado y el giro continuado de la pala daría lugar a problemas estructurales sobre este elemento. Por ello, en aerogeneradores de velocidad fija apenas se utilizan turbinas con control de paso de pala; sin embargo, en los sistemas de velocidad variable se utilizan para disminuir los esfuerzos sobre el rotor eólico, la torre y todos los elementos del sistema mecánico de la transmisión.

Como ya se expuso en el Apartado 4.3.6, el control de paso puede girar la totalidad o una parte de la pala. Los sistemas con control de paso *en la totalidad de la pala* tienen la ventaja con respecto a los que solo permiten girar *parte de ella*, de ser aerodinámicamente más eficientes, ya que ante una misma variación del ángulo girado las reducciones de la potencia son mayores. Debido a ello, los sistemas con control de paso en parte de la pala necesitan incrementar en mayor medida el ángulo de paso para obtener las mismas prestaciones, esto hace que sea más probable que aparezcan sobre el rotor eólico regímenes de pérdida aerodinámica, o que se presenten problemas de inestabilidades.

El sistema de control de paso de pala también se utiliza durante el arranque y la parada del sistema. Así, cuando el sistema arranca la actuación sobre el paso de pala permite conseguir una determinada aceleración durante el proceso de arranque. De hecho, el proceso de conexión a la red de una máquina de paso de pala variable es mucho más suave que en el caso de máquinas de paso de pala fijo, ya que actuando sobre el paso de pala es posible hacer que el grado de carga de la máquina aumente de forma progresiva, incluso aunque la conexión se realice con velocidades de viento elevadas.

En caso de que la velocidad del viento sea demasiado elevada (habitualmente por encima de 25 m/s) es posible utilizar la pala como freno aerodinámico para conseguir que el aerogenerador se pare; para ello, basta con actuar sobre el ángulo de paso de pala de modo que disminuya el par desarrollado por la turbina. En algunos sistemas en lugar de parar la máquina, el generador continúa conectado a la red y el sistema de control de paso actúa reduciendo la potencia de forma que las cargas se mantengan dentro de valores admisibles. La ventaja de este modo de funcionamiento es que si el viento amaina el sistema comienza a generar energía inmediatamente en vez de tener que arrancar y conectar de nuevo.

El principal inconveniente de este tipo de sistemas es el coste del mecanismo de variación del ángulo de calado y la mayor complejidad del sistema, lo que redunda en una menor fiabilidad. Por contra, su principal ventaja frente a los sistemas de paso fijo es que permiten una mayor captura energética, ya que por encima de la velocidad del viento nominal la potencia se mantiene constante, incluso en el caso de que en las palas aparezcan agentes externos como hielo o suciedad.

El control de potencia se lleva a cabo modificando el ángulo de giro de la pala, bien en la dirección de la velocidad del viento incidente (*control por cambio de paso*, *blade pitching*) o girando la pala en sentido contrario, provocando así el fenómeno de *pérdida aerodinámica activa* (*active stall*). A continuación, se desarrollan cada uno de estos dos sistemas de control.

4.4.2.1. Sistemas de cambio de paso

En la Figura 4.50. se observa cómo girando la pala en la dirección de la velocidad del viento incidente se reduce el ángulo de ataque de la velocidad resultante sobre el perfil y, por tanto, se controlan las fuerzas de sustentación. Como se expuso en el Apartado 4.2.2, despreciando la fuerza de arrastre, la componente normal al plano de giro del rotor de la fuerza de sustentación provoca cargas de empuje y su componente longitudinal par mecánico.

Si el sistema de cambio de paso acota el valor de la fuerza de sustentación se limita la potencia desarrollada por la máquina y se reducen los esfuerzos sobre los elementos mecánicos.

Durante el proceso de arranque, o durante la limitación de potencia a vientos elevados (funcionamiento a plena carga), el ajuste de ángulo de paso se realiza de forma continua. Típicamente, el ángulo de paso de pala, en estos modos de funcionamiento puede variar entre −1 y 30 grados. Durante los procesos de parada (puesta en bandera de la pala) el ángulo de paso de pala puede alcanzar valores cercanos a los 90º.

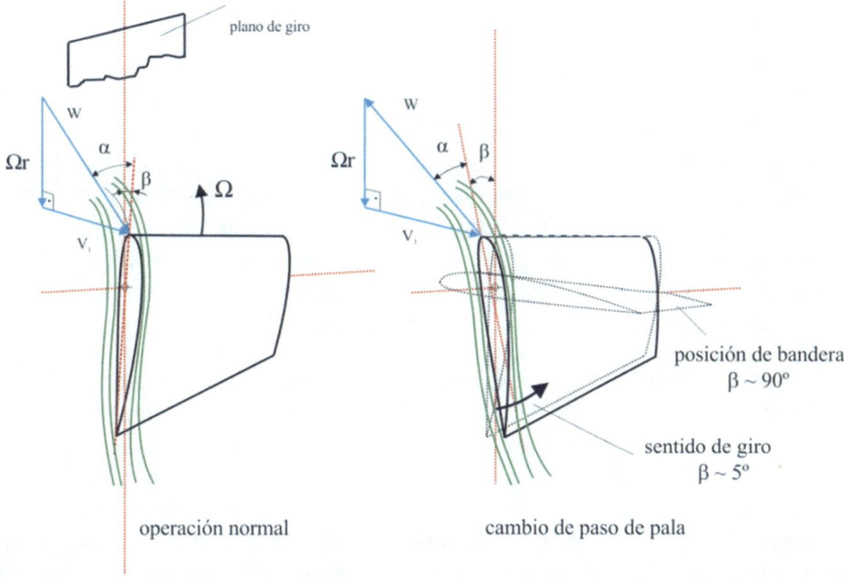

Figura 4.50. Control del ángulo de ataque de un perfil aerodinámico modificando el ángulo de paso

En la Figura 4.51 se muestra la variación del ángulo de paso de pala en función de la velocidad del viento para mantener constante la potencia eléctrica de salida.

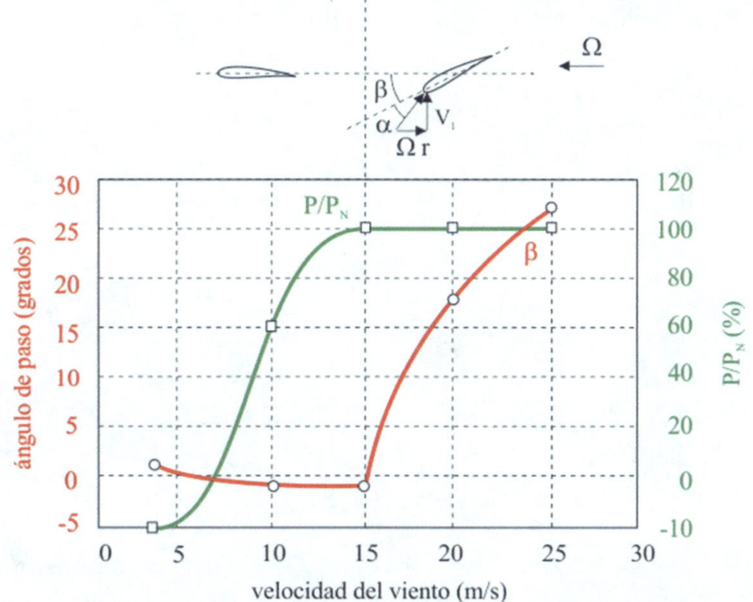

Figura 4.51. Potencia eléctrica y ángulo de paso de pala en función de la velocidad del viento para una aeroturbina con control de paso de pala

4.4.2.2. Sistemas de pérdida aerodinámica

Los sistemas de pérdida aerodinámica activa son una combinación de los sistemas por entrada en pérdida tradicionales y los sistemas de cambio de paso. Las palas utilizadas en este sistema permiten el giro alrededor del eje de giro, pero la regulación de potencia se realiza mediante pérdida aerodinámica. A velocidades del viento reducidas, el ángulo de paso se modifica levemente para optimizar la producción de energía a cualquier velocidad del viento. Cuando se alcanza la velocidad nominal del viento, el ángulo de paso se ajusta a un valor negativo, es decir las palas se giran en el sentido opuesto al utilizado en el sistema de cambio de paso produciendo el desprendimiento del flujo en los perfiles exactamente a la potencia previamente programada por el sistema de control.

En la Figura 4.52 se observa el triángulo de velocidades que se produce en un perfil aerodinámico cuando para una determinada velocidad de giro se reduce el ángulo de paso a valores negativos, es decir cuando el perfil se gira en contra de la dirección del viento incidente. La potencia eléctrica y la variación del ángulo de paso de pala en un sistema con pérdida aerodinámica activa se muestran en la Figura 4.53, en ella se observa cómo para velocidades del viento superiores a la nominal la potencia eléctrica de salida se mantiene constante, el ángulo de paso se sigue ajustando, pero las variaciones son muy pequeñas en comparación con los sistemas de cambio de paso tradicionales.

En comparación con los sistemas de entrada en pérdida convencionales, la pérdida aerodinámica activa tiene la ventaja de limitar potencia a un valor determinado, independientemente de agentes externos como variaciones de la densidad del aire, polvo, insectos o hielo que pueden modificar la rugosidad de la pala. Esta menor sensibilidad ante agentes externos permite, incluso, que el sistema de control sea en lazo abierto.

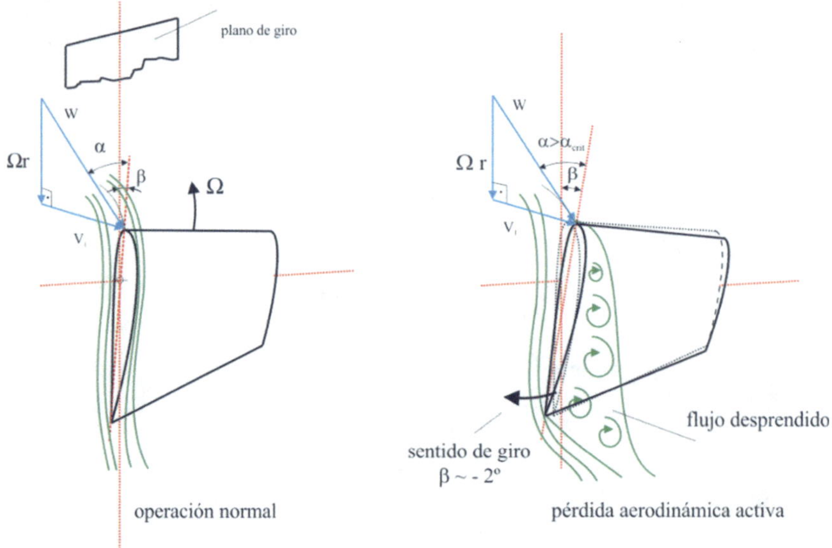

Figura 4.52. Pérdida aerodinámica activa modificando el ángulo de paso

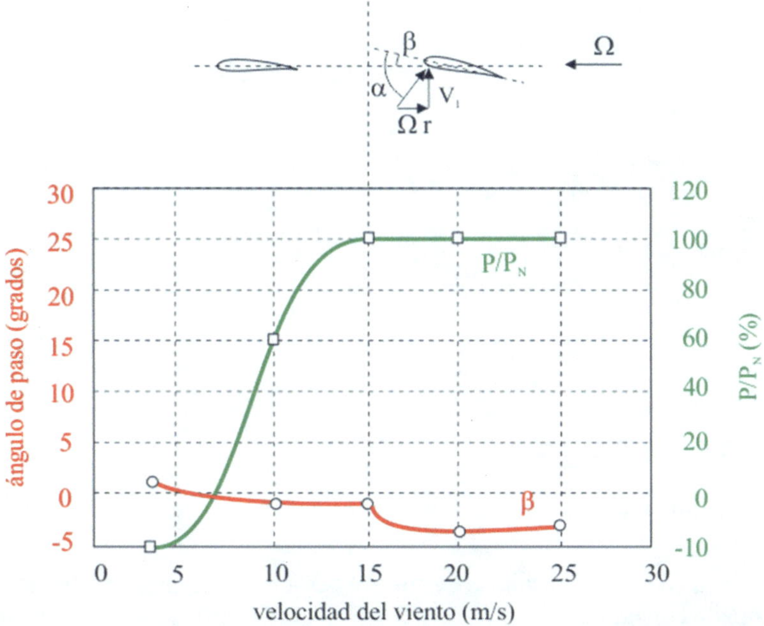

Figura 4.53. Potencia eléctrica y ángulo de paso de pala en función de la velocidad del viento para una aeroturbina con control por pérdida aerodinámica

Los sistemas de pérdida aerodinámica activa, frente a los sistemas de cambio de paso tradicionales presentan la ventaja de ser más sensibles en cuanto a la regulación se refiere. Un pequeño cambio del ángulo de paso en la dirección opuesta a la velocidad del viento produce reducciones significativas de potencia, esto hace que la pala se gire menos veces y ángulos más pequeños, lo cual aumenta significativamente la vida útil del mecanismo de paso. Dada la elevada sensibilidad del control de potencia este tipo de sistemas se pueden utilizar con generadores de velocidad fija.

4.4.2.3. Curva de potencia de aerogeneradores

Dependiendo del sistema aerodinámico de control que se ha expuesto la forma de la curva de potencia de los aerogeneradores puede cambiar. En el caso de sistemas de paso fijo, con sistemas de limitación aerodinámica pasiva, la potencia a *plena carga* no es constante. En la Figura 4.54. se observa cómo cuando la velocidad del viento supera los 16 m/s (velocidad nominal) la potencia de la turbina eólica comienza a descender por el efecto, ya comentado, de la pérdida aerodinámica. Para velocidades del viento inferiores a este valor la potencia es inferior y se dice que la turbina trabaja a *carga parcial*.

En esta máquina se ha considerado que la velocidad de conexión es de 3 m/s y la velocidad de desconexión 25 m/s.

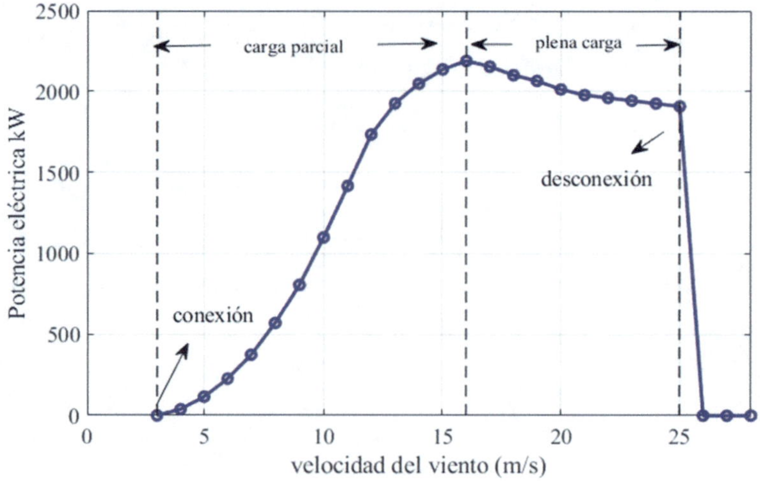

Figura 4.54. Curva de potencia típica de turbinas de paso fijo

En el caso de turbinas con sistemas de control aerodinámicos activos, la potencia a plena carga se mantiene constante (Figura 4.55). A plena carga actúan los sistemas de limitación de potencia para evitar la sobrecarga del generador eléctrico. Cuando la velocidad alcanza una cierta velocidad (25 m/s) el aerogenerador se desconecta por criterios de seguridad, o en algunos casos, el sistema de control de paso de pala actúa reduciendo la potencia por debajo del valor nominal esperando que baje la velocidad del viento para poder seguir funcionando a plena carga.

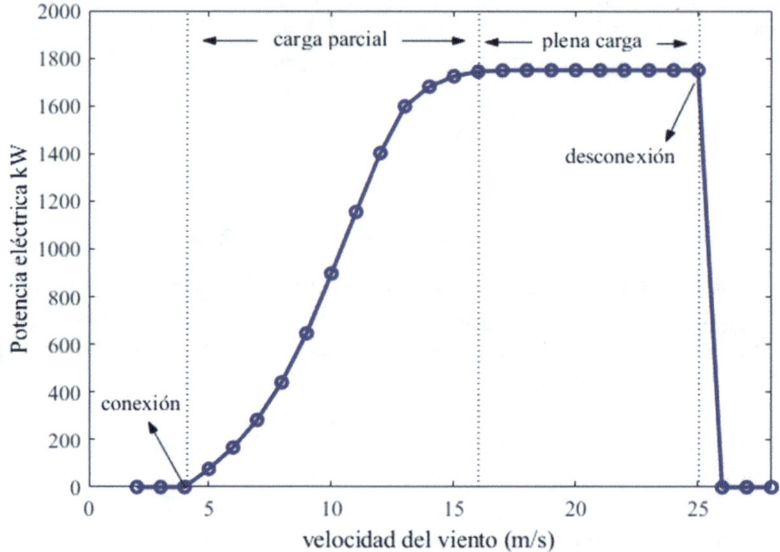

Figura 4.55. Curva de potencia típica de turbinas de paso variable

4.5. SISTEMAS EÓLICOS DE VELOCIDAD VARIABLE

Desde el punto de vista de la operación de un aerogenerador conectado a red cabe distinguir dos tecnologías: sistemas de velocidad fija y sistemas de velocidad variable. La primera de ellas se utilizó de forma casi exclusiva en los primeros desarrollos de los aerogeneradores comerciales a finales del siglo XX; sin embargo, los sistemas de velocidad variable son en la actualidad la tecnología dominante en el mercado.

La operación a velocidad variable de turbinas eólicas presenta ciertas ventajas frente a la operación a velocidad fija. Básicamente, las turbinas de velocidad variable usan la gran inercia de las partes mecánicas giratorias (el rotor de la turbina y del generador) como un volante de inercia, esto ayuda a suavizar las fluctuaciones de la potencia generada y reduce la fatiga mecánica del sistema de transmisión del aerogenerador. Además, los sistemas de velocidad variable permiten maximizar la captura energética durante la operación a carga parcial. Otra ventaja adicional es que se produce un menor ruido a bajos vientos, lo que supone una mejora del impacto medio-ambiental. En cuanto a inconvenientes cabe resaltar que los sistemas de velocidad variable son más complejos que los sistemas de velocidad fija, motivo por el cual tardaron cierto tiempo en imponerse en el mercado.

La justificación de una mayor captura energética en los sistemas de velocidad variable es fácilmente demostrable mediante el desarrollo que se realiza a continuación. No obstante, la mejora energética que se consigue apenas alcanza el 10 %, dado que esta mejora se produce con vientos bajos, que tienen un menor contenido energético.

La potencia desarrollada por una turbina eólica viene dada por la Expresión (4.25), que se reproduce de nuevo para dar continuidad a la explicación

$$P_m = \frac{1}{2}\rho V^3 \frac{\pi D^2}{4} C_P(\lambda, \beta) \tag{4.42}$$

De igual forma la velocidad específica λ es igual a la Expresión (4.23)

$$\lambda = \frac{\Omega(D/2)}{V} \tag{4.43}$$

En la Figura 4.56 se representa la función $C_p(\lambda)$ en una turbina típica. En esta figura puede verse que existe un valor óptimo del coeficiente de velocidad específico, λ_{opt}, que hace máximo el coeficiente de potencia, $C_{p,max}$ y, por tanto, la potencia de la turbina para un viento dado, V.

De la Expresión (4.43) se puede deducir que, para extraer la máxima potencia de un viento dado, V, la velocidad de giro de la turbina debe ser proporcional a la velocidad del viento, según la expresión:

$$\Omega_{opt} = \left(\frac{2\lambda_{opt}}{D}\right) V \tag{4.44}$$

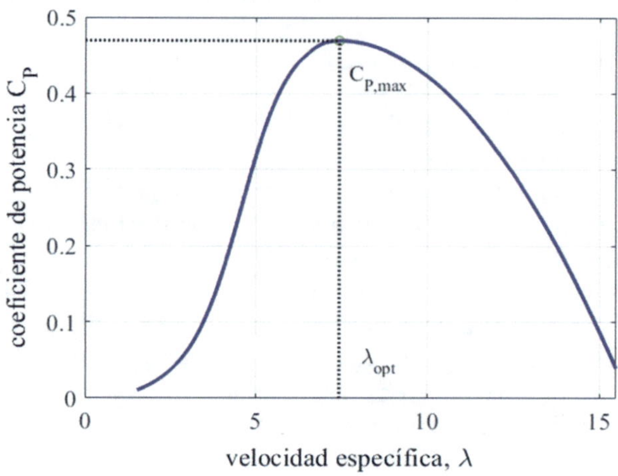

Figura 4.56. Coeficiente de potencia de una turbina

donde Ω_{opt} es la velocidad de giro óptima, o velocidad de máxima potencia. El término entre paréntesis de (4.44) es un valor constante.

Eliminando la velocidad del viento de las expresiones anteriores cuando el coeficiente de potencia es máximo y sustituyéndola en (4.42) se obtiene la potencia máxima P_{max}

$$P_{max} = \frac{1}{2}\rho\frac{\pi D^2}{4}\left(\frac{D\Omega_{opt}}{2\lambda_{opt}}\right)^3 C_{P,max} \tag{4.45}$$

que puede expresarse de la forma

$$P_{max} = K{\Omega_{opt}}^3 \tag{4.46}$$

donde la constante K es igual a

$$K = \rho\left(\frac{\pi D^5}{64}\right)\left(\frac{C_{P,max}}{{\lambda_{opt}}^3}\right) \tag{4.47}$$

Dividiendo ambos términos de (4.46) entre Ω_{opt} se obtiene que

$$T_{opt} = K\Omega_{opt}{}^2 \tag{4.48}$$

donde T_{opt} es el par óptimo, o par de máxima potencia.

La Expresión (4.46) muestra que la máxima potencia que una turbina puede extraer de un viento dado es una función cúbica de la velocidad de giro óptima de la turbina. La relación entre el par y la velocidad de giro en el punto de operación de máxima potencia, Expresión (4.48), sigue una ley cuadrática.

La Figura 4.57 muestra las características potencia velocidad de la turbina para diferentes valores de la velocidad del viento. Uniendo los puntos de máxima potencia para cada velocidad del viento se obtiene la característica potencia máxima – velocidad de giro óptima, Expresión (4.46), que también se representa en esta figura.

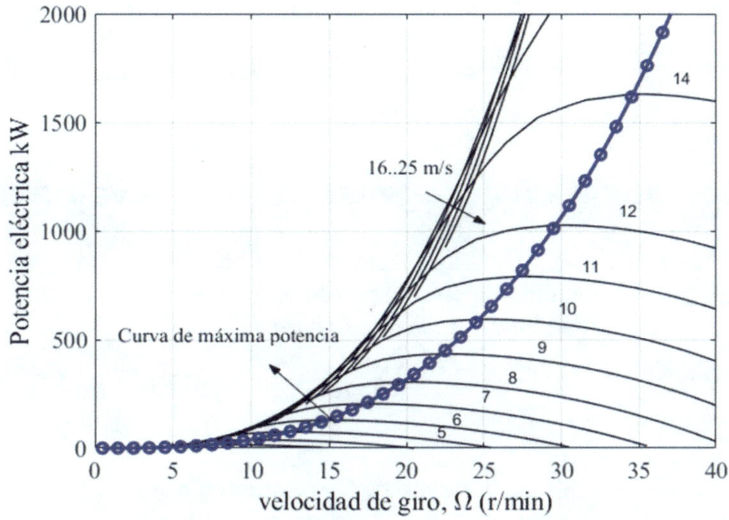

Figura 4.57. Característica potencia-velocidad de giro para diferentes velocidades del viento

En la Figura 4.58 se muestran las características par-velocidad de la turbina para diferentes velocidades del viento. Sobre este mismo plano se representa, además, la característica par-velocidad óptima de la turbina, Expresión (4.48), que representa la trayectoria óptima a seguir en este plano si se desea obtener la máxima potencia de cada viento. Obsérvese cómo la curva de máxima potencia en esta figura no pasa por los valores máximos del par.

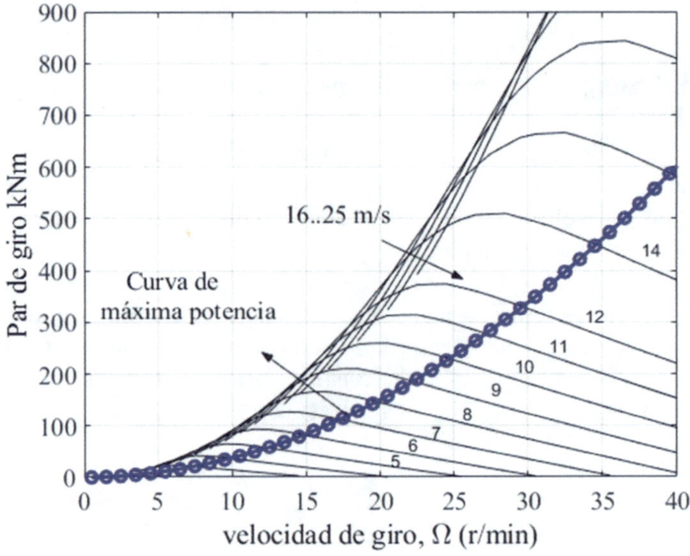

Figura 4.58. Característica par-velocidad de giro para diferentes velocidades del viento

4.5.1. Operación de aerogeneradores de velocidad fija

La velocidad de giro de un generador eléctrico directamente conectado a una red depende de la frecuencia y del número de pares de polos con el que se haya construido la máquina. La relación entre estas magnitudes es la que se indica a continuación

$$n_s = \frac{60\, f_s}{p} \tag{4.49}$$

donde n_s es la velocidad de sincronismo del generador en r/min, f_s la frecuencia de la red en Hz y p el número de pares de polos del generador. La relación anterior implica que una máquina de dos pares de polos gira a 1500 r/min cuando se conecta a una red de 50 Hz. Esto es estrictamente cierto en el caso de generadores síncronos.

En generadores asíncronos la relación anterior determina la velocidad de sincronismo, pero la máquina girará a una velocidad algo mayor, en función del par que la turbina impone en el eje. No obstante, la velocidad de giro de la máquina es muy próxima a la velocidad de sincronismo, dado que el deslizamiento nominal, que determina la velocidad de giro a plena carga, suele estar normalmente en el entorno del 1 %. Es decir, la velocidad de giro de un generador asíncrono de dos pares de polos variará entre 1500 r/min en vacío y 1515 r/min a plena carga. Este estrecho margen de variación de la velocidad no puede considerarse como operación a velocidad variable, ya que para ello se requiere un margen mayor de variación de la velocidad.

Para explicar el principio de operación de un aerogenerador de velocidad fija, se considera que el generador eléctrico es un generador asíncrono y que la limitación de potencia se realiza por regulación pasiva por entrada en pérdida, ya que este es el tipo de aerogenerador de velocidad fija más extendido.

En la Figura 4.59 se representa la característica mecánica de la turbina para diferentes velocidades del viento junto con la característica mecánica del generador eléctrico. En esta misma figura se representa, además, la característica par-velocidad óptima de la turbina. Cuando el viento alcanza la velocidad de conexión, típicamente del orden de 3 m/s, el generador se conecta a la velocidad de sincronismo, es decir, sin carga ya que a la velocidad del viento de conexión el par de la turbina es únicamente igual al par de pérdidas. Al aumentar la velocidad del viento, aumenta el par de la turbina, aumentando, por tanto, la carga del generador y el deslizamiento. A la velocidad nominal del viento, típicamente del orden de 14 m/s, se alcanza la potencia nominal del generador. Un aumento de la velocidad del viento por encima de su velocidad nominal provocará la entrada en pérdida de la turbina por lo que no se conseguirá un aumento de potencia, evitando de manera simple la sobrecarga del generador eléctrico. Este fenómeno de pérdida aerodinámica se representa en las características de la turbina mediante curvas par-velocidad que se cortan en el entorno de la potencia nominal del generador para velocidades del viento superiores a la nominal.

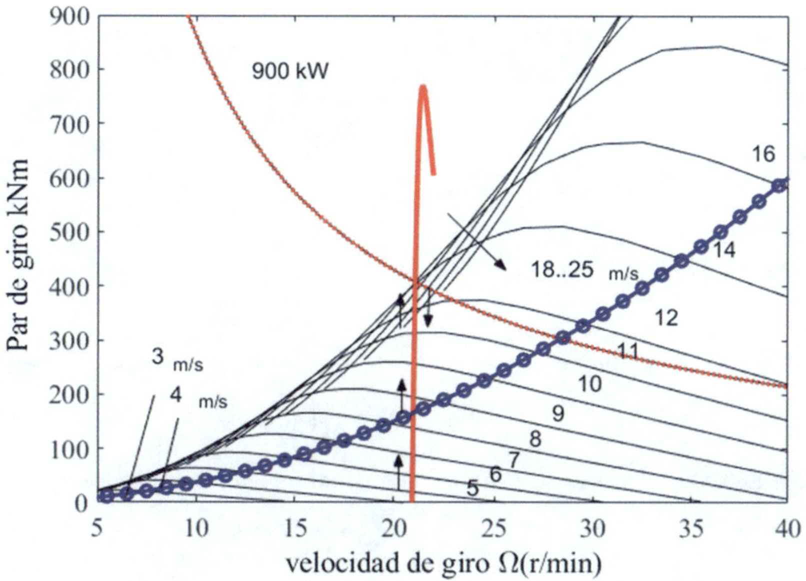

Figura 4.59. Característica mecánica de la turbina y del generador

En la Figura 4.60 se representa la curva característica del aerogenerador. Esta curva representa la potencia de salida frente a la velocidad del viento y se obtiene a partir de las características mecánicas representadas en la Figura 4.16, que permiten conocer para cada velocidad del viento, el par y la velocidad de giro del aerogenerador; y, por tanto, la potencia. Se observa que para la velocidad del viento nominal se alcanza la potencia nominal del aerogenerador y cómo un aumento de la velocidad del viento no produce un incremento en la potencia de salida; es más la potencia de salida disminuye al aumentar el viento debido a que la limitación de potencia efectuada por la entrada en pérdida de la turbina no permite una regulación fina. En la misma figura se muestra la evolución del coeficiente de potencia frente a la velocidad del viento. A la velocidad del viento de conexión le corresponde un valor del coeficiente de potencia pobre. A medida que aumenta el viento, aumenta el coeficiente de potencia hasta una velocidad del viento a la cual se obtiene el máximo coeficiente de potencia. En el plano par-velocidad este punto viene dado por la intersección de la característica del generador con la característica óptima de la turbina. Un aumento de la velocidad del viento por encima de este valor produce una disminución moderada del coeficiente de potencia hasta la velocidad del viento nominal, a partir de la cual el aumento de la velocidad del viento produce una brusca caída del coeficiente de potencia, idealmente de valor inversamente proporcional al cubo de la velocidad del viento.

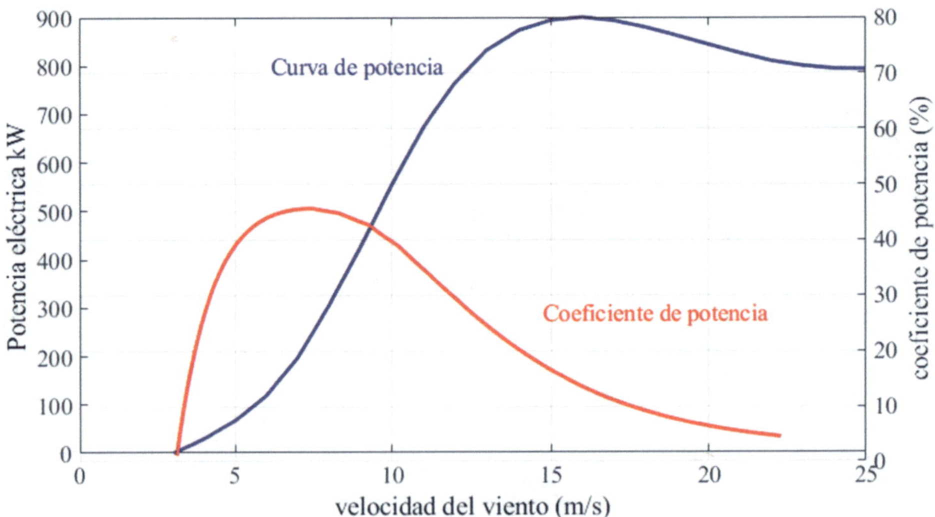

Figura 4.60. Curva característica de un aerogenerador de velocidad fija. Curva de potencia y coeficiente de potencia

El valor de la velocidad del viento al que se obtiene el máximo coeficiente de potencia debe elegirse de modo que la producción total de energía en un determinado emplazamiento resulte máxima. Si se elige una velocidad de giro óptima a vientos cercanos al nominal, se producirá una elevada pérdida energética a vientos bajos, que en muchos emplazamientos pueden ser bastante frecuentes. Si se elige una velocidad de giro óptima a vientos bajos, se producirá una elevada pérdida energética a vientos cercanos al nominal, que son los que mayor contenido energético tienen.

La ventaja de los sistemas de velocidad variable en cuanto a mayor captura energética a bajas velocidades del viento es compensada por los fabricantes de sistemas de velocidad fija incorporando un generador de dos velocidades. En la mayoría de los casos este generador está constituido por un generador de inducción con dos devanados estatóricos: uno de mayor número de polos (menor velocidad) y menor potencia, para aprovechar los vientos bajos y el otro de menor número de polos (mayor velocidad) y mayor potencia, para aprovechar los vientos altos. En otros casos se utilizan dos generadores distintos. No obstante, la forma de operación es exactamente la misma. La relación de velocidades es típicamente de 2:3 y la relación de potencias es, por tanto, de 8:27.

En la Figura 4.61 se representa el diagrama de operación de este sistema. Con vientos bajos funciona el generador de menor velocidad y potencia, obteniéndose una mayor captura energética. Cuando este generador alcanza la plena carga se realiza el cambio al generador de mayor potencia. Para evitar que pequeñas variaciones del viento en el entorno de la plena carga del generador pequeño provoquen cambios frecuentes de generadores, con todos los inconvenientes que ello conlleva, se introduce una histéresis, como se muestra en la Figura 4.61, de manera que el cambio del generador grande al pequeño no se realiza hasta que la potencia de la turbina no se reduce hasta un cierto valor de carga del generador pequeño. Este valor, que es el ancho de la banda de histéresis, dependerá de las condiciones locales de viento del emplazamiento donde se implante el aerogenerador y puede fluctuar entre un 50 % a un 80 % de la plena carga del generador pequeño.

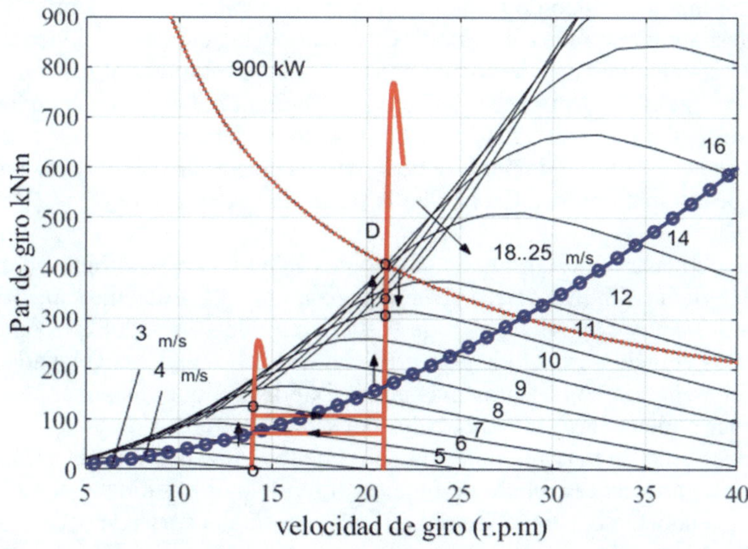

Figura 4.61. Característica par-velocidad de giro para un sistema de dos velocidades

4.5.2. Operación de aerogeneradores de velocidad variable

El objetivo del sistema de control en la operación de aerogeneradores de velocidad variable es la generación de máxima potencia. Esto es lo que en la literatura se denomina *seguimiento del punto de máxima potencia* (MPPT *maximum power point tracking*). Para velocidades del viento mayores que la nominal, la captura energética de la turbina debe limitarse, usualmente, en sistemas de velocidad variable, por medio del control de paso de pala. Cuando el aerogenerador trabaja a plena carga se limita tanto la velocidad de giro como la potencia eléctrica generada. El seguimiento del punto de máxima potencia se realiza solo a carga parcial.

La solución más adecuada para la operación a velocidad variable de las turbinas eólicas consiste en el empleo de un cambiador de frecuencia entre el generador eléctrico y la red, dado que la operación a velocidad variable de las turbinas eólicas requiere la operación a velocidad variable del generador conectado a una red de frecuencia constante.

La evolución de los semiconductores de potencia, cada vez capaces de manejar mayores potencias, con mayor rapidez y con menores costes, ha contribuido enormemente a los sistemas eólicos de velocidad variable. Lo mismo cabría decir de los microcontroladores utilizados en los equipos de control. Estos elementos de potencia y control son los componentes fundamentales de un cambiador de frecuencia.

En la Figura 4.62 se muestra la curva de seguimiento de máxima potencia de un aerogenerador de velocidad variable. Este seguimiento se realiza haciendo trabajar al aerogenerador con una velocidad específica λ_{opt} y por tanto, con el coeficiente de potencia máximo, $C_{p,max}$. El rango de variación en la que se establece el seguimiento de máxima potencia se produce entre una velocidad de giro de 10 r/min (V = 4,8 m/s) y 19 r/min (V = 9,12 m/s). El límite inferior corresponde a un valor muy cercano a la velocidad del viento de conexión, sin embargo, la velocidad del viento máxima en la que se establece el seguimiento del punto de máxima potencia (9,12 m/s) es inferior a la velocidad nominal típica de los aerogeneradores, que se encuentra entre 12 m/s y 14 m/s. Esto se debe a que la velocidad máxima de un aerogenerador está limitada por muchos factores como cargas sobre las palas y la torre, fenómenos de compresibilidad del aire en la punta de la pala, entre otros.

Si se tiene en cuenta este límite de la velocidad de giro de la turbina, se observa que la velocidad del viento máxima que se puede alcanzar con el coeficiente específico de velocidades óptimo es muy baja, del orden de 9 a 11 m/s. Un generador que funcione a plena carga con estas velocidades del viento tendría un factor de capacidad elevado, pero desperdiciaría mucha energía con vientos más altos. Es por ello que los generadores se diseñan para funcionar a plena carga a velocidades del viento del orden de 14 m/s. Por ello, el seguimiento del punto de máxima potencia solo puede realizarse hasta la velocidad máxima de la turbina, a partir de este punto de funcionamiento la operación del aerogenerador debe ser a velocidad constante. En la Figura 4.62 se representa la curva de operación del aerogenerador a carga parcial teniendo en cuenta esta nueva restricción. Entre el viento de conexión y el viento de velocidad de giro máxima se realiza el seguimiento del punto de máxima potencia: conocida la potencia generada más las pérdidas, la curva permite determinar la velocidad óptima de giro. Entre el viento de máxima velocidad de giro y el viento nominal la velocidad de giro permanece constante: la potencia generada aumenta con el viento, pero la referencia de velocidad que se obtiene es siempre la nominal del aerogenerador. Téngase en cuenta, que aunque la referencia de velocidad sea constante, la velocidad de operación no lo es, ya que está en los regímenes transitorios fluctuará en torno al valor de referencia, tanto más cuanto menor sea el ancho de banda del regulador de velocidad. Esta característica del sistema de control suele fijarse entre 2 a 4 rad/s, permitiendo sobreoscilaciones de velocidad del 5 % al 10 %, es decir, en este modo de funcionamiento no puede considerarse que el acoplamiento entre el generador y la red sea rígido. Cuando la velocidad del viento aumenta por encima de su valor nominal se requiere la actuación del sistema de limitación de potencia, que en aerogeneradores de velocidad variable se realiza habitualmente mediante la regulación del paso de pala.

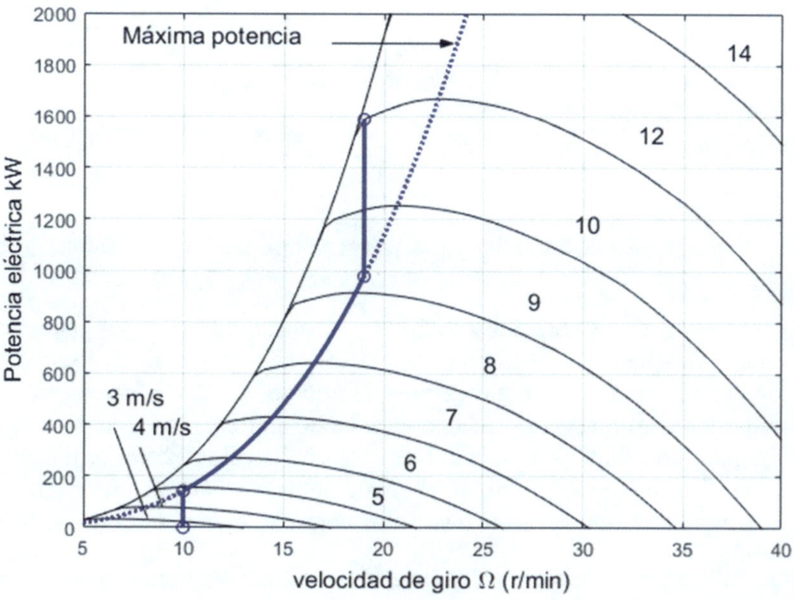

Figura 4.62. Curva de operación de un aerogenerador de velocidad variable

La estrategia de regulación de un aerogenerador de velocidad variables persigue los siguientes objetivos:

- **Seguimiento del punto de máxima potencia (MPPT).** Esta estrategia tiene como objetivo extraer la máxima energía del viento incidente adecuando la velocidad de giro de la turbina de forma que la velocidad específica se mantenga constante e igual al valor λ_{opt}. En este punto de funcionamiento el coeficiente de potencia es máximo, $C_{p,max}$. El seguimiento del punto de máxima potencia implica según (4.48) que la relación entre la velocidad de giro y el par mecánico es cuadrática. El rango de variación de la velocidad de giro se establece entre un valor mínimo de velocidad de giro, Ω_{min},

$$\Omega_{min} = \left(\frac{2\lambda_{opt}}{D}\right) V_c \tag{4.50}$$

donde V_c es la velocidad del viento de conexión del aerogenerador en m/s y una velocidad máxima que estable habitualmente a partir de la velocidad lineal máxima en la punta de la pala, V_{max}, que toma valores entre 70 y 90 m/s, habitualmente

$$\Omega_{max} = \frac{V_{max}}{D/2} \tag{4.51}$$

La expresión anterior puede expresarse en función de la velocidad del viento, denominada de *cambio de estrategia*, V_{ce} como

$$\Omega_{max} = \left(\frac{2\lambda_{opt}}{D}\right) V_{ce} \tag{4.52}$$

que como ya se ha dicho toma valores entre 9 a 11 m/s, habitualmente.

- **Limitación de la velocidad de giro y la potencia eléctrica generada**. El seguimiento del punto de máxima potencia solo se puede realizar hasta que se alcanza la velocidad máxima de giro, en ese momento el sistema de control del aerogenerador debe limitar su valor. Además, cuando aumenta la velocidad del viento, manteniendo constante la velocidad de giro en su valor máximo, Ω_{max}, la velocidad específica se reduce y también el coeficiente de potencia; sin embargo, la potencia aumenta hasta que se alcanza su valor nominal, el cual también se debe limitar.

Los mecanismos para conseguir los objetivos de control enunciados son los siguientes:

- **Control del par del generador**. El par del generador se puede controlar de forma dinámica a través del convertidor electrónico disponible en los modernos aerogeneradores de velocidad variable. La referencia de par del generador se obtiene a partir de las estrategias de regulación (MPPT) de seguimiento del punto de máxima potencia.

- **Control del ángulo de paso de pala**. Este sistema de control limita la potencia mecánica desarrollada por el rotor eólico ante incrementos del ángulo β. Por esta razón el control de paso se emplea para limitar la potencia eléctrica generada, o también para limitar la velocidad de giro de la turbina. El control de paso de pala no se suele emplear durante el seguimiento del punto de máxima potencia, en este caso el ángulo β se mantiene constante e igual a su valor mínimo β_{min}. Bien es cierto que, en algunos procesos de arranque, sin conexión del aerogenerador a la red se limita la aceleración del rotor con el control de paso de pala y también a carga parcial es posible realizar algunas variaciones, aunque en la mayoría de los casos el ángulo se mantiene constante.

Ejemplo de aplicación 4.1.

Sea una turbina eólica de velocidad variable de convertidor completo, tripala, con torre troncocónica de 80 m de altura, rotor de 70 m de diámetro y 2000 kW de potencia asignada. El seguimiento del punto de máxima potencia se realiza entre una velocidad del viento mínima de 5 m/s y una velocidad máxima de 10 m/s. En este intervalo la velocidad específica es constante e igual a $\lambda_{opt} = 7{,}33$ que corresponde a un coeficiente de potencia óptimo, también constante, $C_{p,opt} = 0{,}4243$, el cual incluye la conversión energética del rotor eólico y el rendimiento eléctrico del generador. La turbina es de conexión directa, no dispone de caja multiplicadora. La densidad del aire que se considera es 1,225 kg/m^3

Se pide calcular:

1. Potencia activa del generador expresado en kW cuando la velocidad de del viento es de 5 m/s y de 10 m/s
2. Velocidad máxima de la turbina en la punta de la pala en m/s
3. Velocidad de giro máxima y mínima de la turbina en r/min
4. Momento flector en kNm que ejerce la turbina sobre la cimentación para una velocidad del viento de 10 m/s y considerando que el coeficiente de empuje en estas condiciones es $C_T = 0{,}72$

Solución

1. Potencia activa del generador expresado en kW cuando la velocidad de del viento es de 5 m/s y de 10 m/s

El cálculo de la potencia se realiza aplicando la fórmula de la potencia eléctrica generada en función de la densidad, el área barrida, la velocidad del viento y el coeficiente de potencia. Como la velocidad de 5 m/s y 10 m/s corresponden a los límites de la estrategia del seguimiento del punto de máxima potencia el coeficiente de potencia es el óptimo. Con estas consideraciones se tiene que

$$P_5 = \frac{1}{2}\rho V^3 \left(\frac{\pi D^2}{4}\right) C_{P,opt} = 0{,}5 \cdot 1{,}225 \cdot 5^3 \cdot \left(\frac{\pi \cdot 70^2}{4}\right) \cdot 0{,}4243 = 125 \text{ kW}$$

$$P_{10} = \frac{1}{2}\rho V^3 \left(\frac{\pi D^2}{4}\right) C_{P,opt} = 0{,}5 \cdot 1{,}225 \cdot 10^3 \cdot \left(\frac{\pi \cdot 70^2}{4}\right) \cdot 0{,}4243 = 1000 \text{ kW}$$

2. Velocidad máxima de la turbina en la punta de la pala en m/s

$$V_{pp,max} = \lambda_{opt} \cdot V_{ce} = 7{,}33 \cdot 10 = 73{,}3\ m/s$$

3. Velocidad de giro máxima y mínima de la turbina en r/min

Como no existe caja multiplicadora el régimen de giro de la turbina es la del generador $n_t = n_g$.

La velocidad máxima en la punta de la pala $V_{pp,max}$ (m/s) en función de la velocidad de giro máxima de la turbina $n_{t,max}$ (en r/min) y el diámetro del rotor D (m) es igual a

$$V_{pp,max} = \left(\frac{2\pi n_{t,max}}{60}\right)\frac{D}{2}$$

de modo que

$$n_{t,max} = n_{g,max} = \left(\frac{60}{\pi}\right)\left(\frac{V_{pp,max}}{D}\right) = \left(\frac{60}{\pi}\right)\left(\frac{73{,}3}{70}\right) = 20\ \mathrm{r/min}$$

Durante el seguimiento del punto de máxima potencia el coeficiente de velocidad específico se mantiene constante e igual a λ_{opt} de modo que se mantiene constante la relación entre la velocidad de giro y la velocidad del viento

$$\lambda_{opt} = \left(\frac{\Omega_{t,max}}{V_{ce}}\right)\frac{D}{2} = \left(\frac{\Omega_{t,min}}{V_{min}}\right)\frac{D}{2}$$

De modo que se mantiene constante la relación entre la velocidad de giro y la velocidad del viento

$$\frac{n_{t,max}}{V_{ce}} = \frac{n_{t,min}}{V_{min}}$$

En la anterior relación las velocidades de giro se indican en r/min. Por tanto, despejando $n_{t,min}$ de la expresión anterior se obtiene que

$$n_{t,min} = n_{g,min} = \left(\frac{V_{min}}{V_{ce}}\right)n_{t,max} = \left(\frac{5}{10}\right)20 = 10\ \mathrm{r/min}$$

4. Momento flector en kNm que ejerce la turbina sobre la cimentación para una velocidad del viento de 10 m/s y considerando que el coeficiente de empuje en estas condiciones es $C_T = 0{,}72$

$$M_f = \frac{1}{2}\rho V^2\left(\frac{\pi D^2}{4}\right)C_T \mathrm{H} = 0{,}5 \cdot 1{,}225 \cdot 10^2 \cdot \left(\frac{\pi \cdot 70^2}{4}\right) \cdot 0{,}72 \cdot 80 = 13577\ \mathrm{kNm}$$

□

4.5.2.1. Control directo de velocidad (CDV)

En la Figura 4.63 se muestra el esquema de control para todo el rango de funcionamiento del aerogenerador. En este esquema se ha considerado que el seguimiento del punto de máxima potencia se realiza mediante un esquema de control directo. Para velocidades del viento inferiores a la nominal, funcionamiento a carga parcial, el sistema de control del seguimiento del punto de máxima potencia generará una referencia de velocidad de giro,Ω^{ref}. Esta velocidad de giro tiene una relación cúbica con la potencia eléctrica medida cuando la potencia de salida del aerogenerador está entre un valor mínimo y máximo. En la Figura 4.62 estos valores son 50 kW y 1000 kW. Si la potencia medida es inferior a 50 kW la velocidad de giro de referencia es 10 r/min y si es superior a 1000 kW la velocidad de giro de referencia es 19 r/min.

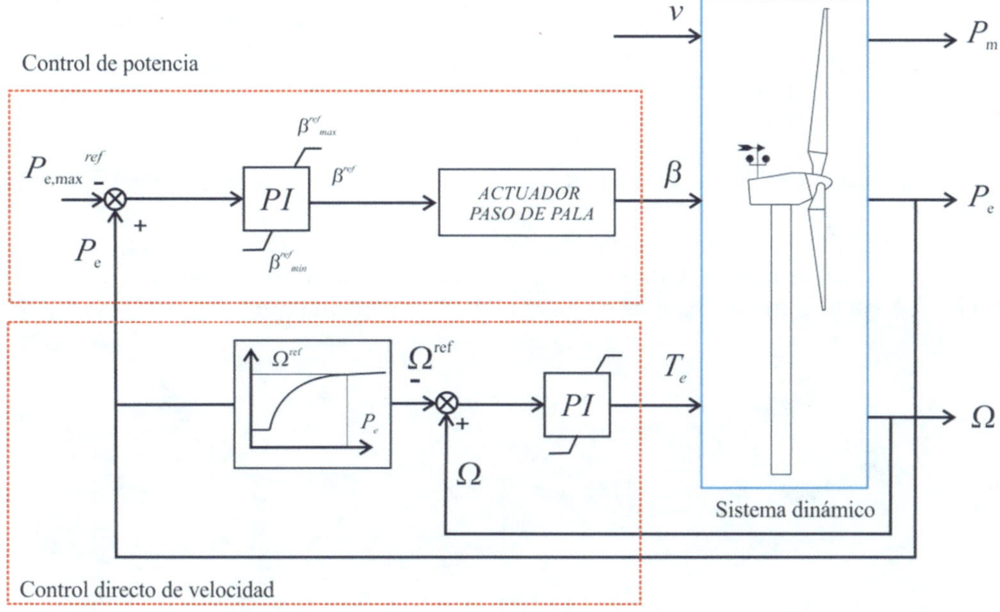

Figura 4.63. Esquema de control de un aerogenerador de velocidad variable con control directo de velocidad

La velocidad de giro de referencia, Ω^{ref}, se compara con la velocidad de giro medida, Ω y un regulador establece el par de referncia del generador. Si se quiere aumentar la velocidad de giro se reducirá el par del generador y viceversa, cuando se quiere reducir la velocidad se aumenta.

Por otro lado, el sistema de control de paso de pala recibe una referencia constante de potencia,$P^{ref}_{e,max}$ que es la potencia nominal del generador. En el rango de funcionamiento a carga parcial, la potencia generada es inferior a la nominal, por lo que el sistema de control del paso de pala intentará generar una referencia de posición de las palas decreciente. No obstante, el ángulo β se encuentra limitado a la posición óptima de las palas, β_{min} normalmente del orden de 0°, por lo que la acción del regulador está inhibida de modo que $\beta = \beta_{min} = 0^{\underline{o}}$.

Cuando la velocidad del viento aumenta por encima de su valor nominal, en los primeros instantes, se producirá un incremento de la potencia generada. Este incremento es detectado por sistema de control del paso de pala que, para llevar la potencia a su valor de consigna, generará una referencia de posición de las palas creciente. Por otro lado, la velocidad de giro seguirá manteniéndose constante ya que, al no variar la potencia, la referencia de velocidad que se obtiene es siempre la misma. Nótese que en los regímenes transitorios ambos sistemas de control se apoyan mutuamente. Efectivamente, el sistema de limitación de potencia al evitar que la potencia crezca, ayuda al sistema de control de velocidad a limitar la velocidad de giro, ya que solo durante breves instantes se requerirá la sobrecarga del generador para mantener la velocidad de giro y por otro lado, el sistema de control de velocidad, al limitar la velocidad, hace que el coeficiente de potencia se reduzca al aumentar la velocidad del viento, ayudando al sistema de limitación de potencia a cumplir su función.

En la Figura 4.64 se representa la característica mecánica de la turbina para diferentes velocidades del viento junto con la característica mecánica que se obtiene del generador eléctrico mediante el sistema de control expuesto. En esta figura se representa, además, la característica par-velocidad óptima de la turbina. Se observa el seguimiento del punto de máxima potencia entre el viento de conexión y la velocidad máxima de giro.

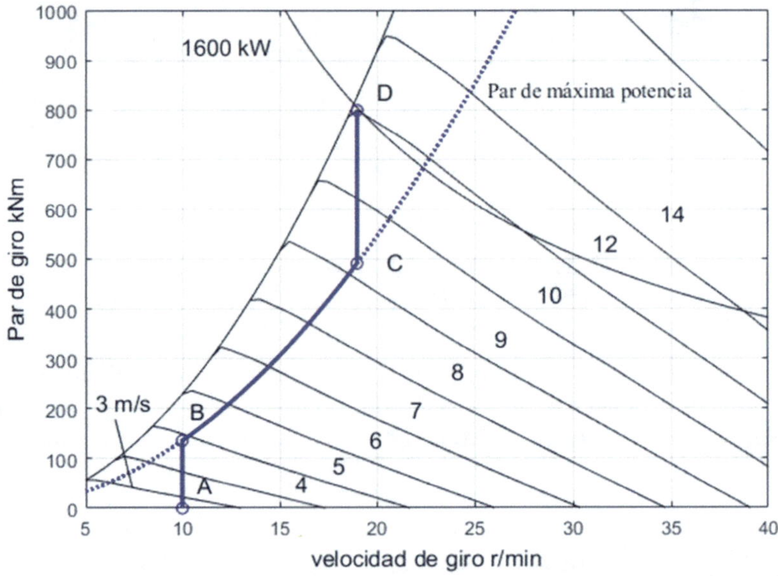

Figura 4.64. Característica mecánica de la turbina y del generador en un sistema de velocidad variable

En la Figura 4.65 se representa la curva característica de un aerogenerador de velocidad variable. Esta curva representa la potencia de salida frente a la velocidad del viento y se obtiene a partir de las características mecánicas representadas en la Figura 4.64, que permiten conocer para cada velocidad del viento, el par y la velocidad de giro del aerogenerador; y, por tanto, la potencia. Se observa que en el rango de velocidades del viento donde se realiza el seguimiento del punto de máxima potencia, la potencia de salida crece con el cubo de la velocidad del viento. A partir de este tramo la potencia crece con el viento, pero ya no sigue una ley cúbica debido a que el coeficiente de potencia ya no es máximo. Para velocidades del viento superiores a la nominal la potencia de salida es constante e igual a la potencia nominal del generador. Esto es así porque, frente al sistema de limitación de potencia por entrada en pérdida, la regulación del paso de pala permite una regulación fina de la potencia de salida. En la misma figura se representan además la evolución del coeficiente de potencia (donde puede observarse más claramente el rango de velocidades del viento en el que se realiza el seguimiento del punto de máxima potencia) y del ángulo de paso de las palas (donde se pueden distinguir los rangos de funcionamiento a carga parcial y a plena carga).

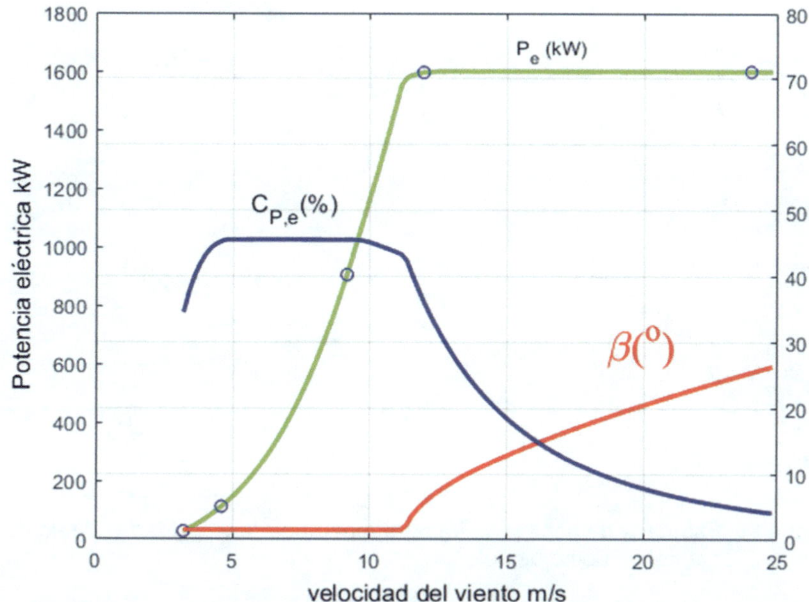

Figura 4.65. Curvas características de un aerogenerador de velocidad variable

4.5.2.2. Control indirecto de velocidad (CIV)

En los sistemas de velocidad variable en los que se realiza un control indirecto de velocidad, el sistema de control del paso de pala tiene como objetivo limitar la velocidad de giro del aerogenerador en lugar de limitar la potencia. El principio de control indirecto se basa en que para una velocidad de giro medida se obtiene el par óptimo del aerogenerador mediante la Expresión (4.48). De esta forma se consigue, de manera artificial, que el generador eléctrico presente una característica mecánica que es la óptima de la turbina. En régimen permanente, girando el aerogenerador a la velocidad óptima, el par de referencia será efectivamente el óptimo. En los transitorios el par que se obtiene no es el óptimo, pero se obtiene un par acelerante, o decelerante, que acaba llevando al aerogenerador al punto óptimo de funcionamiento. En el tramo de velocidad constante, el par del generador aumenta con la velocidad del viento por lo que la limitación de velocidad se realiza por medio del control de par del generador. Una vez alcanzada la plena carga del generador, al no poder ofrecer un mayor par de frenado por medio del generador, la limitación de velocidad es realizada por el control del paso de las palas, reduciendo el par aerodinámico de la turbina eólica.

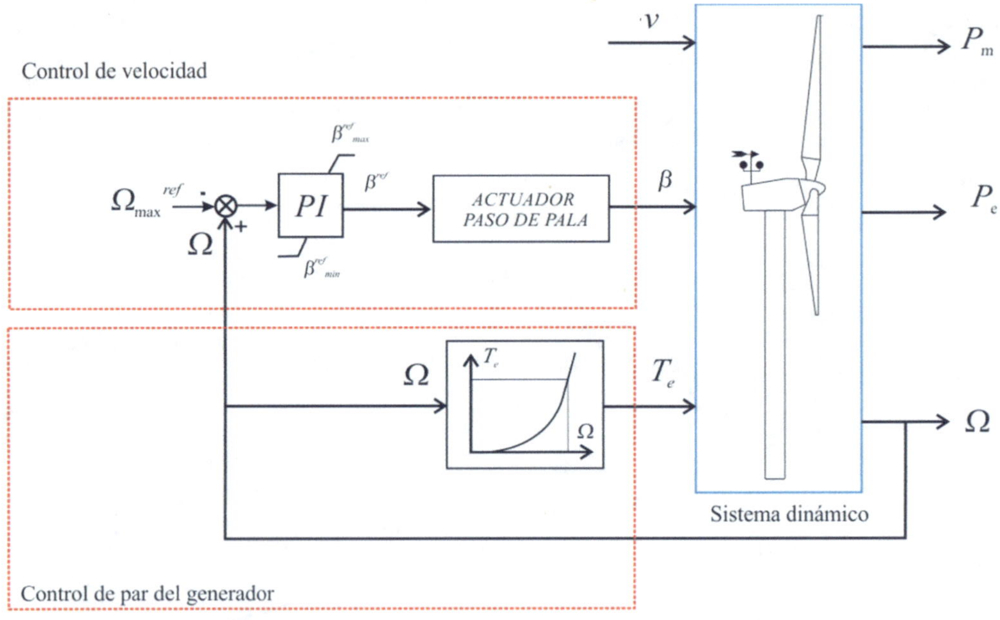

Figura 4.66. Esquema de control de un aerogenerador de velocidad variable con control indirecto de velocidad

En la Figura 4.66 se representa el esquema completo de regulación. La transición entre funcionamiento a carga parcial y limitación de potencia se realiza de forma análoga al esquema anterior. Cuando la velocidad de giro es inferior al valor de referencia la salida del regulador de velocidad se satura a la posición óptima de las palas, de manera que se obtiene la máxima captura energética. Cuando se sobrepasa el valor de referencia debido a que ya no es posible seguir aumentando el par de frenado, el sistema de control de paso de pala aumentará la posición de referencia del mecanismo de paso para limitar el par de la turbina.

No obstante, en la Figura 4.64 se observa que, alcanzada la velocidad nominal del aerogenerador, el par del generador eléctrico resulta indeterminado. Para resolver este problema es necesario cambiar la relación par-velocidad en este tramo de regulación. Esto puede hacerse empleando una característica par-velocidad que presente una cierta pendiente en el entorno del punto de operación nominal, curva CD de la Figura 4.67. La elección de la pendiente de esta característica es un problema complejo de control, que es necesario resolver mediante simulaciones dinámicas del sistema; ya que una elevada pendiente resultaría en grandes fluctuaciones del par del generador y, por tanto, en grandes fluctuaciones de la potencia inyectada en la red. Mientras, por otro lado, una pendiente reducida implicaría reducir el margen de velocidades del viento en el que se realiza el seguimiento del punto de máxima potencia.

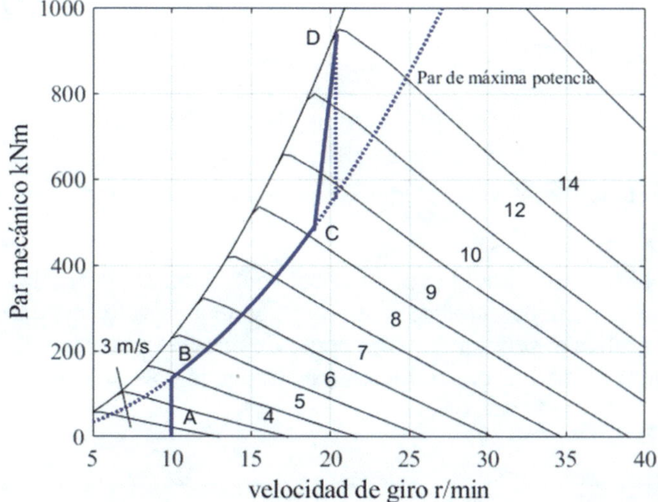

Figura 4.67. Característica par-velocidad de giro en un esquema de control indirecto de velocidad

Para finalizar este apartado, en la Figura 4.68 se muestra la potencia generada y la velocidad de giro de un sistema de velocidad variable comparadas con las que se obtienen en un sistema de velocidad fija de iguales valores nominales, cuando ambos sistemas son excitados con el mismo perfil de velocidades del viento (Figura 4.69). Puede observarse que las oscilaciones de la potencia generada son menores en el sistema de velocidad variable que en el de velocidad fija; además se observa que la potencia generada es mayor a velocidades del viento reducida, donde se realiza el seguimiento del punto de máxima potencia. En cuanto a la velocidad de giro se observa que en el sistema de velocidad variable tiende a seguir las evoluciones del viento en el rango de vientos donde se realiza el seguimiento del punto de máxima potencia. Fuera de este rango la referencia es constante, pero se observa que la velocidad real de giro varía amortiguando las oscilaciones de potencia en la red.

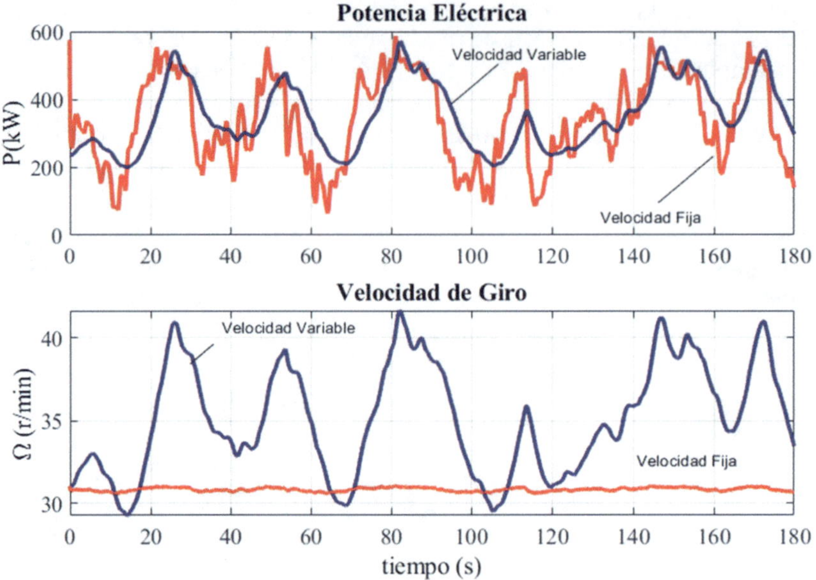

Figura 4.68. Potencia y velocidad de giro en sistemas de velocidad fija y variable

En la Figura 4.70 se muestra la evolución del coeficiente de potencia donde puede observarse que en el sistema de velocidad variable tiende a su valor máximo en el rango de vientos donde se realiza el seguimiento del punto de máxima potencia. El sistema de velocidad fija toma valores medios del coeficiente de potencia más reducidos.

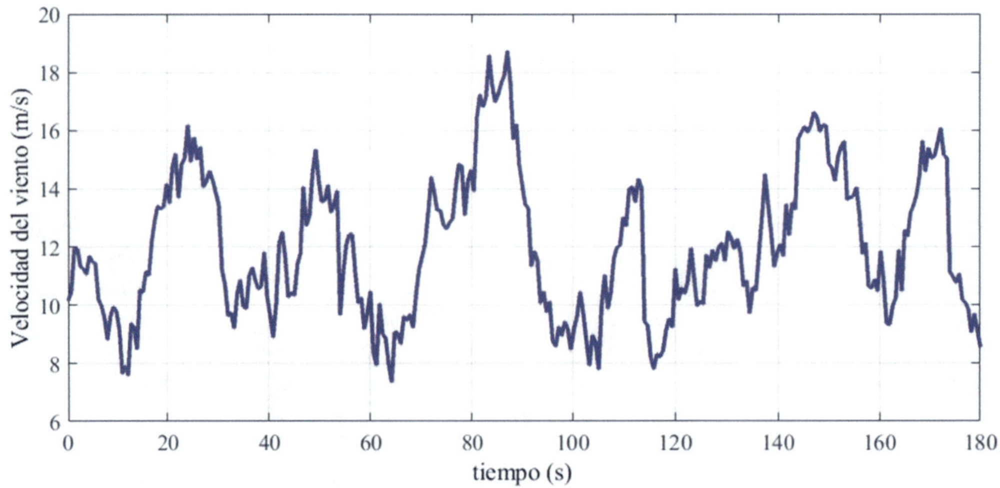

Figura 4.69. Perfil de la velocidad del viento

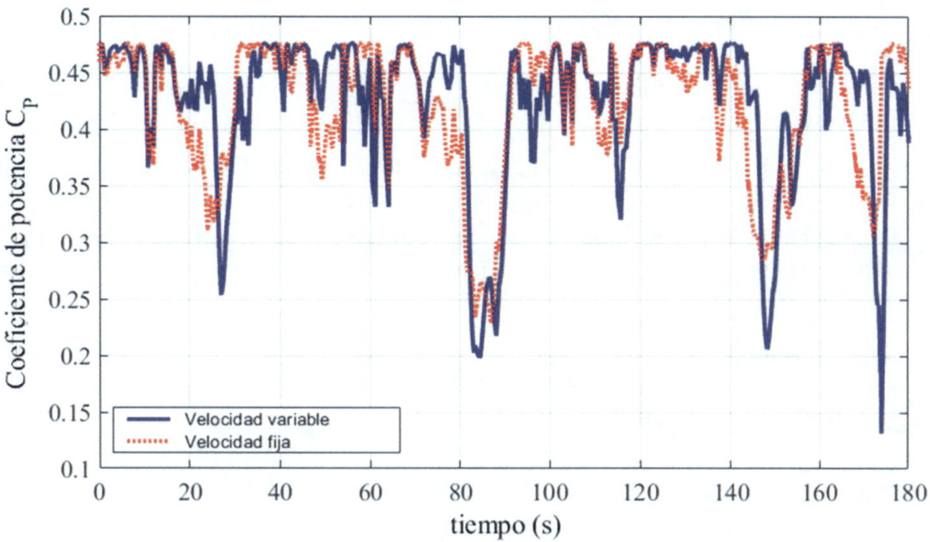

Figura 4.70. Coeficiente de potencia en sistemas de velocidad fija y variable

En la Figura 4.71 se muestra la evolución del paso de pala en el sistema de velocidad variable donde se observa que cuando el viento supera su valor nominal el sistema de control de paso de pala hace girar las palas para limitar la potencia generada.

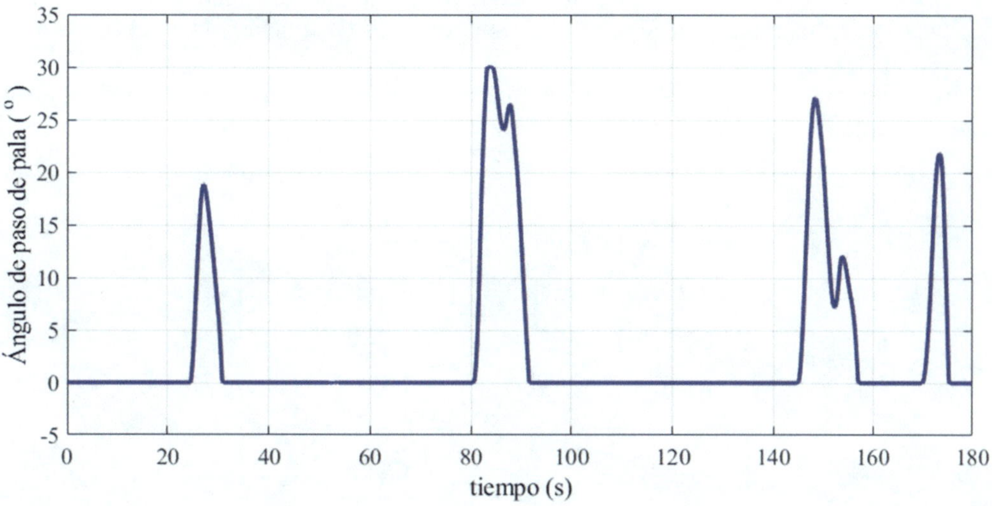

Figura 4.71. Ángulo de paso de pala

4.6. MODELOS DINÁMICOS DE TURBINAS EÓLICAS

Los modelos de turbinas eólicas para estudios eléctricos constan habitualmente de los siguientes submódulos:

1. **Modelo aerodinámico.** En este modelo se calcula la potencia y el par mecánico desarrollado por el aerogenerador cuando se conocen la velocidad del viento, v (m/s), la velocidad de giro de la turbina, Ω (rad/s) y el ángulo de paso de pala β (º). Los valores de salida del par y de la potencia se calculan a partir de una expresión analítica del coeficiente $C_p(\lambda, \beta)$.

2. **Modelo mecánico de transmisión.** En su versión más sencilla (modelo de 1 masa) permite calcular la velocidad de giro de la turbina en función del par mecánico T_m (Nm) y del par eléctrico del generador T_g (Nm). En el caso del modelo de dos masas, es decir considerando la inercia de la turbina y del generador, así como la constante de rigidez del acoplamiento entre ambos, se obtienen las velocidades de giro de la turbina Ω_t (rad/s) y del generador Ω_g (rad/s)

3. **Modelo del actuador del paso de pala.** La variable de actuación de este sistema (*pitch control* en inglés) es el ángulo de paso de pala cuya variación afecta a la potencia mecánica desarrollada por el rotor eólico. El control de paso de pala permite limitar la velocidad de giro de la turbina, o la potencia eléctrica generada, dependiendo de la estrategia de regulación.

4. **Estrategia de regulación.** La estrategia de regulación hace referencia a la coordinación entre el control de paso de pala y el control de par del generador eléctrico para extraer la máxima potencia realizando el seguimiento del punto de máxima potencia (*MPPT* en inglés) y, a su vez. limitando la potencia y la velocidad de giro del aerogenerador. Estos esquemas de regulación son los que se han detallado en el apartado 4.5.

En la Figura 4.72 se muestra el diagrama de bloques con los 4 subsistemas indicados anteriormente y el intercambio de variables entre ellos.

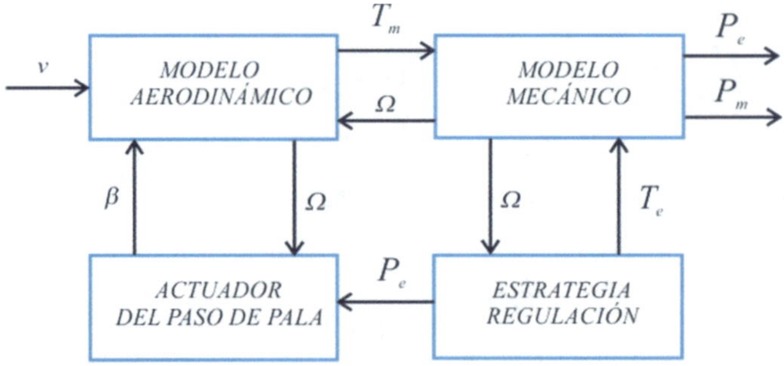

Figura 4.72. Diagrama de bloques de una turbina eólica

Los modelos dinámicos que se describen a continuación se expresan en valores normalizados (en p.u.) partiendo de ciertas magnitudes base. Se dice que una magnitud física se expresa en *por unidad* cuando se divide por su magnitud base, que debe tener la misma dimensión. Con esta técnica, denominada normalización, las magnitudes expresadas en p.u., varían entre valores cercanos a la unidad, en condiciones de funcionamiento nominales.

El estudio de valores normalizados es muy útil en el ajuste de reguladores de sistemas de control y para detectar anomalías en el funcionamiento del sistema dinámico cuando alguna de las variables toma valores muy alejados de su valor base (1 p.u.).

4.6.1. Modelo aerodinámico

El modelo aerodinámico simplificado de un aerogenerador obtiene la potencia mecánica y el par desarrollado por el rotor eólico en función de las siguientes tres variables: a) velocidad del viento incidente $v\ (m/s)$, b) velocidad de giro de la turbina $\Omega\ (rad/s)$ y c) ángulo de paso de pala $\beta(^{\underline{o}})$. La expresión de la potencia mecánica desarrollada por un aerogenerador es la correspondiente a la Ecuación (4.25), la cual se reproduce a continuación para dar continuidad a la explicación

$$P_m = \frac{1}{2}\rho V^3 \left(\frac{\pi D^2}{4}\right) C_P(\lambda, \beta) \tag{4.53}$$

Una expresión analítica comúnmente utilizada para definir la característica $C_p(\lambda, \beta)$ es la siguiente

$$C_p(\lambda, \beta) = c_1 \left(\frac{c_2}{\lambda_i} - c_3\beta - c_4\right) e^{-\frac{c_5}{\lambda_i}} + c_6\lambda \tag{4.54}$$

$$\frac{1}{\lambda_i} = \frac{1}{\lambda + 0.08\beta} - \frac{0.035}{\beta^3 + 1} \tag{4.55}$$

En operación a carga parcial (esto es para valores de la velocidad del viento inferior a la nominal, v_N) el ángulo de paso de pala se mantiene constante y próximo a cero grados ($\beta = 0^{\underline{o}}$). Como se observa en la Fig.4.73 existe un punto de operación λ_{opt} donde el coeficiente de potencia es máximo $C_{p,max}$. El objetivo de las estrategias de regulación es extraer la máxima potencia disponible haciendo trabajar a la turbina en el punto de mayor rendimiento, valor que se corresponde con el coeficiente de potencia máximo $C_{p,max}$.

En las estrategias de regulación de las turbinas de velocidad variable se puede realizar un seguimiento del punto de máxima potencia (*Maximum Power Point Tracking*) adecuando la velocidad de giro de la turbina eólica a la velocidad del viento incidente para trabajar en el punto $(\lambda_{opt}, C_{p,max})$.

El mantenimiento del punto de máxima potencia no se puede realizar hasta el valor nominal de la velocidad del viento v_N, que se define como aquel a partir del cual la potencia de la turbina es la nominal. Si se siguiera la estrategia MPPT hasta v_N la velocidad de giro sería muy superior a la permitida. Por esa razón se define una velocidad del viento base v_B inferior a la nominal ($V_B < V_N$) donde la velocidad específica es λ_{opt} a la velocidad máxima permitida Ω_{max}.

$$V_B = \left(\frac{2/D}{\lambda_{opt}}\right)\Omega_{max} \tag{4.56}$$

La velocidad del viento nominal, v_N, se define como la velocidad mínima a la cual la potencia generada de la turbina es la máxima (potencia nominal). La velocidad específica nominal λ_N en este punto de operación es la correspondiente al cociente entre la velocidad en la punta de la pala a velocidad de giro máxima Ω_{max} y la velocidad del viento v_N, de modo que

$$V_N = \left(\frac{2/D}{\lambda_N}\right)\Omega_{max} \tag{4.57}$$

Si se realiza el cociente entre (4.56) y (4.57), se obtiene λ_N en función de λ_{opt} como

$$\lambda_N = \left(\frac{V_B}{V_N}\right)\lambda_{opt} \tag{4.58}$$

Para obtener la expresión de la potencia y el par mecánicos en p.u. se parte de los siguientes valores máximos y nominales:

1. **Velocidad del viento nominal V_N.** Es una magnitud conocida, que varía de 11 m/s a 15 m/s habitualmente. Su elección depende de la potencia nominal del aerogenerador y del diámetro del rotor eólico. En emplazamientos con un recurso eólico limitado se utilizan turbinas eólicas con diámetros mayores para aumentar la captación de energética de forma que la máquina alcanza potencia nominal a velocidad del viento inferiores que en el caso de turbinas con un diámetro menor. En todo caso V_N es un dato de partida en el diseño del aerogenerador. En el caso que a continuación se presenta $V_N = 12$ m/s.

2. **Velocidad base V_B.** Coincide con la velocidad de cambio de estrategia indicada en apartados anteriores. La velocidad V_B toma valores inferiores a la velocidad nominal y suele estar en el rango de 9 m/s a 11 m/s. En este caso se ha tomado $V_N = 10{,}5$ m/s. Aplicando estos valores a (4.58) y considerando $\lambda_{opt} = 8.1$ la velocidad específica nominal es igual $\lambda_N = 7.09$. En la Figura 4.73 se muestra el coeficiente de potencia en función de la velocidad específica donde se observa que para λ_{opt}, el coeficiente de potencia es máximo, e igual a $C_{p,max} = 0.48$ y para λ_N, el coeficiente de potencia es $C_{pN} = 0.4558$.

3. **Potencia base (nominal) P_B.** En este caso la potencia base, P_B, coincide con la nominal,P_N y se define como la potencia producida por la turbina para velocidades del viento superiores a V_N. Esta potencia permanece constante al aumentar la velocidad del viento incrementando el ángulo de paso de pala y limitando la velocidad de giro a su valor máximo Ω_{max}.

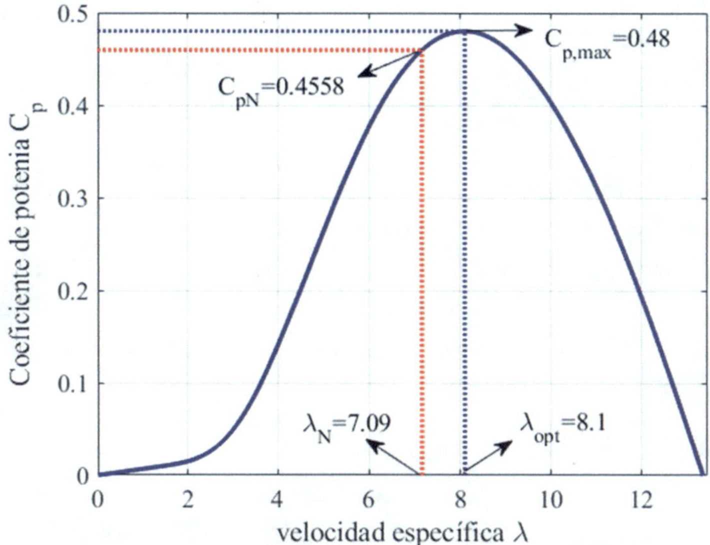

Figura 4.73. Coeficiente de potencia en función de la velocidad específica en el punto óptimo y en el punto nominal

4. **Velocidad de giro base (Ω_B).** Es la velocidad de giro de la turbina que corresponde a la velocidad de sincronismo del generador eléctrico divido por la relación de transformación, r_t de la caja multiplicadora. Teniendo en cuenta (4.49) la velocidad de giro base Ω_B es igual a

$$\Omega_B = \frac{2\pi f_s}{p} \frac{1}{r_t} \tag{4.59}$$

La estrategia de regulación de la turbina definirá una velocidad de giro máxima, $\overline{\Omega}_{max}$ y mínima, $\overline{\Omega}_{min}$, en p.u. como

$$\overline{\Omega}_{min} = \frac{\Omega_{min}}{\Omega_B} \qquad \overline{\Omega}_{max} = \frac{\Omega_{max}}{\Omega_B} \tag{4.60}$$

Si se divide la potencia mecánica de (4.53) entre la potencia nominal

$$P_N = \frac{1}{2}\rho V_N^3 \left(\frac{\pi D^2}{4}\right) C_{pN} \tag{4.61}$$

se obtiene la potencia mecánica nominal como

$$\overline{P}_m = \frac{P_m}{P_N} = \left(\frac{V}{V_N}\right)^3 \left(\frac{C_p(\lambda,\beta)}{C_{pN}}\right) \tag{4.62}$$

de forma que al expresar (4.62) en función de los valores base se obtiene la potencia mecánica unitaria $\overline{P}_m$ como

$$\overline{P}_m = \left(\frac{V_B^3 C_{p,max}}{V_N^3 C_{pN}}\right)\overline{V}^3\left(\frac{C_p(\lambda,\beta)}{C_{p,max}}\right) = k_m\overline{V}^3\left(\frac{C_p(\lambda,\beta)}{C_{p,max}}\right) \quad (4.63)$$

La expresión de la potencia mecánica en p.u. es proporcional a:

a) la velocidad del viento en p.u. $\overline{V}$ elevada al cubo,

b) el coeficiente de potencia normalizado respecto al valor base $(C_p/C_{p,max})$, y

c) la constante k_m que indica la potencia que desarrolla el aerogenerador cuando la velocidad del viento coincide con su valor base $\overline{V} = 1$ p.u. y el coeficiente de potencia es $C_{p,max}$.

Su valor según (4.63) es

$$k_m = \frac{V_B^3 C_{p,max}}{V_N^3 C_{pN}} \quad (4.64)$$

Tomando los valores de velocidad del viento $V_B = 10.5$ m/s y $V_N = 12$ m/s, así como los coeficientes de potencia $C_{p,max} = 0.48$ y $C_{pN} = 0.4558$ el coeficiente k_m es 0.7 p.u. En la Figura 4.74 se muestra la potencia mecánica unitaria en función de la velocidad de giro en p.u. para diferentes velocidades del viento. Asimismo, se muestra la estrategia de regulación MPPT (curva ABCD) donde se observa como para velocidades del viento inferiores a 6 m/s la velocidad de giro es constante e igual a la mínima $\overline{\Omega}_{min} = 0.7$ p. u.

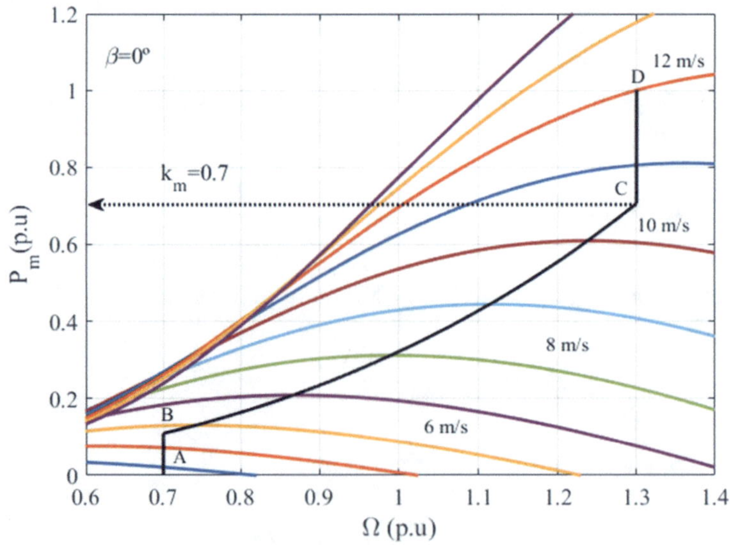

Figura 4.74. Potencia mecánica en función de la velocidad de giro en valores normalizados

El tramo BC corresponde al seguimiento del punto de máxima potencia, tiene una variación cúbica con la velocidad de giro (Ecuación (4.46)) hasta alcanzar el punto C. En C la velocidad de giro es máxima $\overline{\Omega}_{max} = 1.3$ p.u.y la velocidad del viento corresponde al valor base $V_B = 10{,}5$ m/s. En este punto la potencia mecánica coincide con la constante k_m cuyo valor es 0.7 p.u. En el tramo CD la velocidad de giro se mantiene limitada a su valor máximo y la velocidad del viento aumenta hasta llegar a su valor nominal en D, donde la potencia mecánica coincide con la potencia nominal de la turbina $\overline{P}_m = 1$ p.u. Para valores de la velocidad del viento inferiores a $V_N = 12$ m/s el ángulo de paso se mantiene en un valor constante e igual a $\beta = 0º$. Para velocidades del viento superiores a V_N, el sistema de control de paso comienza a actual manteniendo constante la potencia mecánica $\overline{P}_m = 1$ p.u y la velocidad de giro se limita a su valor máximo $\overline{\Omega}_{max} = 1.3$.p.u.

La expresión del par mecánico se obtiene dividiendo por la velocidad de giro en p.u. $\overline{\Omega}$.

$$\overline{T}_m = k_m \frac{\overline{V}^3}{\overline{\Omega}} \left(\frac{C_p(\lambda,\beta)}{C_{p,max}} \right) \tag{4.65}$$

El coeficiente de potencia C_p se obtiene aplicando la expresión analítica (4.54) y (4.55) que depende del conjunto de parámetros c_1 ... c_6 y las variables λ, β. La velocidad específica λ se obtiene en función de valores normalizados de la siguiente forma. Dividiendo λ entre λ_B.

$$\frac{\lambda}{\lambda_{opt}} = \left(\frac{\Omega \mathrm{D}/2}{V} \right) \left(\frac{V_B}{\Omega_{max} D/2} \right) \tag{4.66}$$

y, por tanto, la velocidad específica es proporcional al cociente entre la velocidad de giro unitaria $\overline{\Omega}$ y la velocidad del viento en p.u. $\overline{V}$ como

$$\lambda = \left(\frac{\lambda_{opt}}{\overline{\Omega}_{max}} \right) \left(\frac{\overline{\Omega}}{\overline{V}} \right) \tag{4.67}$$

siendo la constante de proporcionalidad $\lambda_{opt}/\overline{\Omega}_{max}$ un valor conocido.

Los parámetros del modelo aerodinámico que se han utilizado en este apartado son los que se muestran en la Tabla 4.2.

Tabla 4.2. Parámetros del modelo aerodinámico

Parámetros del modelo aerodinámico	
Velocidad del viento base	$V_B = 10{,}5\ m/s$
Velocidad del viento nominal	$V_N = 12\ m/s$
Velocidad específica óptima	$\lambda_{opt} = 8{,}1$
Coeficiente de potencia máxima	$C_{p,max} = 0{,}48$
Rango de variación de velocidad	$\overline{\Omega}_{min} = 0{,}7\ p.u.\ \ \overline{\Omega}_{max} = 1{,}3\ p.u$
Parámetros $c_1 \dots c_3$	$c_1 = 0{,}5176\ c_2 = 116\ c_3 = 0{,}4$
Parámetros $c_4 \dots c_6$	$c_4 = 5\ c_5 = 21\ c_6 = 0{,}0068$

4.6.2. Modelo mecánico de transmisión

El modelo mecánico de transmisión del aerogenerador consiste en dos masas giratorias, la de la turbina y el generador, conectadas entre sí a través de una caja multiplicadora y dos ejes de transmisión. Este modelo es conocido en la literatura como modelo de dos masas. En la Figura 4.75. se representa el momento de inercia de la turbina J_T (kg m^2) conectada al eje de baja velocidad de la caja multiplicadora que se representa a través de la constante de rigidez K_T (N m/rad). Igualmente, la constante de rigidez del eje de baja velocidad es K_G (N m/rad), donde el momento de inercia del generador es J_G (kg m^2). Para simplificar el estudio evitando analizar por separado ambos ejes se toma una rigidez conjunta K_{TG} (N m/rad) que expresada en al eje de baja velocidad es igual a

$$\frac{1}{K_{TG}} = \frac{1}{K_T} + \frac{1}{K_G r_t^2} \tag{4.68}$$

donde $K_G r_t^2$ es rigidez del eje de alta velocidad referido al eje de baja velocidad, siendo r_t la relación de transformación de la caja multiplicada, que se define como el cociente entre las velocidades de alta velocidad Ω_Gy de baja velocidad Ω_T

$$r_t = \frac{\Omega_G}{\Omega_T} \tag{4.69}$$

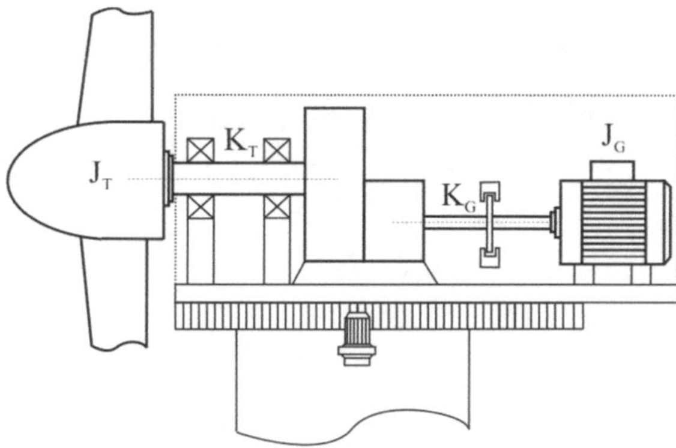

Figura 4.75. Sistema mecánico de transmisión de un aerogenerador

De igual forma se introduce el parámetro de amortiguamiento D_{TG}, a partir del cual se calcula la componente del par trasmitido debido a la diferencia angular de velocidades.

Las ecuaciones dinámicas del sistema mecánico de transmisión, expresadas en variables físicas considerando los parámetros J_T, J_G, K_{TG}, D_{TG} y la relación de la caja multiplicadora r_t son las siguientes:

$$J_T \frac{\mathrm{d}\Omega_T}{dt} = T_m - K_{TG}\theta - D_{TG}\left(\Omega_T - \frac{\Omega_G}{r_t}\right) \tag{4.70}$$

$$J_G \frac{d\Omega_G}{dt} = \frac{K_{TG}\theta}{r_t} + \frac{D_{TG}}{r_t}\left(\Omega_T - \frac{\Omega_G}{r_t}\right) - T_e \tag{4.71}$$

$$\frac{d\theta}{dt} = \Omega_T - \frac{\Omega_G}{r_t} \tag{4.72}$$

siendo θ es la diferencia angular entre dos secciones del eje de baja velocidad que multiplicada por la rigidez equivalente K_{TG} representa el par mecánico transmitido. Las Ecuaciones (4.70) a (4.72) se pueden expresar en valores normalizados tomando como base la potencia nominal del sistema de transmisión P_By las velocidades de giro en el eje de baja velocidad, Ω_{TB} y en el eje de alta velocidad, Ω_{GB}.

La velocidad de giro en p.u. se representan con una línea en la parte superior y se calculan sin más que dividir las velocidades Ω_T y Ω_G por sus valores base

$$\overline{\Omega}_T = \frac{\Omega_T}{\Omega_{TB}} \tag{4.73}$$

$$\overline{\Omega}_G = \frac{\Omega_G}{\Omega_{GB}} \tag{4.74}$$

Y análogamente el par mecánico y eléctrico

$$\overline{\mathrm{T}}_m = \frac{\mathrm{T}_m}{P_B/\Omega_{TB}} \tag{4.75}$$

$$\overline{\mathrm{T}}_e = \frac{\mathrm{T}_e}{P_B/\Omega_{GB}} \tag{4.76}$$

La constante de inercia de la turbina H_T se expresa en segundos y se define como

$$H_T = \frac{\frac{1}{2} J_T \Omega_{TB}^2}{P_B} \tag{4.77}$$

y de igual manera la constante de inercia del generador

$$H_G = \frac{\frac{1}{2} J_G \Omega_{GB}^2}{P_B} \tag{4.78}$$

La constante de rigidez normalizada $\overline{K}_{TG}$ es igual a

$$\overline{K}_{TG} = \frac{K_{TG}\Omega_{TB}}{P_B} \tag{4.79}$$

y la constante de amortiguamiento normalizada $\overline{D}_{TG}$

$$\overline{D}_{TG} = \frac{D_{TG}\Omega_{TB}^2}{P_B} \tag{4.80}$$

Considerando estos valores normalizados, las Ecuaciones (4.70) a (4.72) quedan como

$$2H_T \frac{d\overline{\Omega}_T}{dt} = \overline{T}_m - \overline{K}_{TG}\theta - \overline{D}_{TG}\left(\overline{\Omega}_T - \overline{\Omega}_G\right) \tag{4.81}$$

$$2H_G \frac{d\overline{\Omega}_G}{dt} = \overline{K}_{TG}\theta + \overline{D}_{TG}\left(\overline{\Omega}_T - \overline{\Omega}_G\right) - \overline{T}_e \tag{4.82}$$

$$\frac{1}{\Omega_{TB}} \frac{d\theta}{dt} = \left(\overline{\Omega}_T - \overline{\Omega}_G\right) \tag{4.83}$$

Este modelo normalizado se conoce habitualmente como *modelo de dos masas*, donde las variables de estados son las velocidades $\overline{\Omega}_T$, $\overline{\Omega}_G$ y el ángulo θ

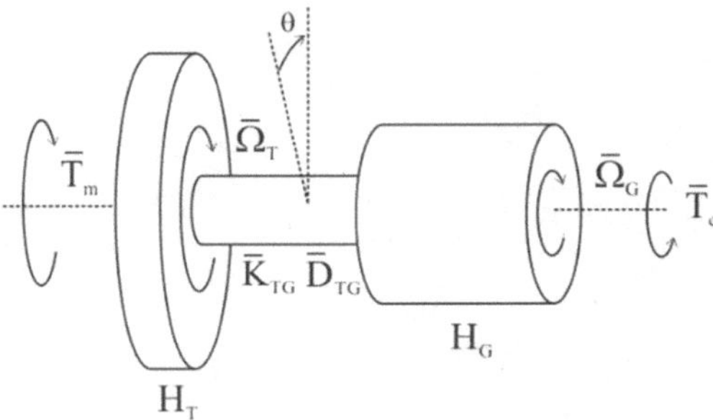

Figura 4.76. Modelo de dos masas del sistema mecánico de transmisión

Al derivar respecto al tiempo la Ecuación (4.83) y sustituyendo (4.81) y (4.82) se obtiene la ecuación de oscilación del ángulo

$$\frac{d^2\theta}{dt^2} + \overline{D}_{TG}\left(\frac{1}{2H_T} + \frac{1}{2H_G}\right)\frac{d\theta}{dt} + \overline{K}_{TG}\Omega_{TB}\left(\frac{1}{2H_T} + \frac{1}{2H_G}\right)\theta = \left(\frac{\Omega_{TB}}{2H_T}\right)\overline{T}_m + \left(\frac{\Omega_{TG}}{2H_G}\right)\overline{T}_e \tag{4.84}$$

Esta ecuación se puede asimilar a la ecuación de segundo orden normalizada $s^2 + 2\xi\omega_N + \omega_N^2$, de modo que

$$\overline{K}_{TG} = \frac{2\,\omega_N^2}{\Omega_{TB}}\left(\frac{H_T + H_G}{H_T H_G}\right) \tag{4.85}$$

El valor de $\overline{K}_{TG}$ se calcula a partir de los valores de las constantes de inercia que son datos de partida conocidos y la frecuencia natural de oscilación f_N del tren de potencia que suele estar comprendida entre 1 y 2 Hz. De igual manera se calcula el valor de la constante de amortiguamiento cuyo valor es igual a

$$\overline{D}_{TG} = 4\,\xi\omega_N\left(\frac{H_T + H_G}{H_T H_G}\right) \tag{4.86}$$

donde ξ es la contante de amortiguamiento que toma valores típicos entre 0,7 y 1. En la Figura 4.76 se muestra el modelo de dos masas correspondiente al sistema mecánico de transmisión en valores normalizados.

En la Tabla 4.3 se muestras los parámetros del modelo mecánico de transmisión de una máquina de 2MW y 114 m de diámetro.

Tabla 4.3. Parámetros del modelo mecánico de la transmisión

Parámetros del Modelo Mecánico de Transmisión	
Potencia base	$P_B = 2\,MW$
Coeficiente de inercia de la turbina	$H_T = 2.5\,s$
Coeficiente de inercia del generador	$H_g = 0.75\,s$
Frecuencia de la red	$f = 50\,Hz$
Frecuencia natural de oscilación	$f_N = 1.84\,Hz$
Constante de amortiguamiento	$\xi = 0.7$
Número de polos del generador eléctrico	$p = 4$
Velocidad de giro base del generador	$\Omega_{GB} = 1500\,rpm$
Velocidad de giro base de la turbina	$\Omega_{TB} = 10.96\,rpm$
Relación de la caja multiplicadora	$r_t = 1{:}\,136.85$
Diámetro de la turbina	$D = 114\,m$

A partir de los parámetros indicados en la Tabla. 4.3 y haciendo uso de (4.85) y (4.86) el coeficiente de rigidez del eje es igual a $\overline{K}_{tg} = 403.63$ p.u./rad y el coeficiente de amortiguamiento $\overline{D}_{tg} = 56{,}1$ p.u. s/ rad.

En la Figura 4.77. se muestra el diagrama de bloques de un modelo de 2 masas.

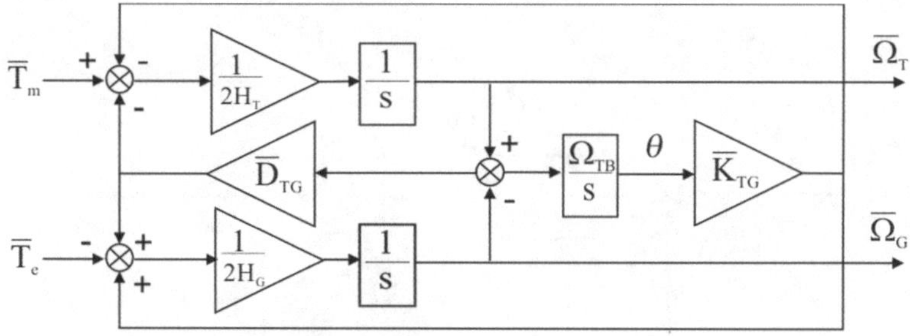

Figura 4.77. Diagrama de bloques del modelo de dos masas

En muchas ocasiones, es suficiente utilizar un modelo de una masa donde la única variable de estado es la velocidad. La ecuación dinámica es la siguiente

$$2H_{TG}\frac{d\overline{\Omega}}{dt} = \overline{T}_m - \overline{T}_e \tag{4.87}$$

donde H_{TG} es la constante de inercia global del aerogenerador considerando todas las masas rotativas del tren de potencia

4.6.3. Modelo del actuador de paso de pala

El actuador que posiciona el ángulo de la pala respecto al plano de giro del rotor puede ser de dos tipos: a) eléctrico o b) hidráulico. En cualquiera de los dos casos, el modelo de este actuador (Fig.4.78) tiene como entrada el ángulo de referencia β^{ref} y como salida el ángulo de paso real β. La dinámica interna se modela como un sistema de primer orden que calcula la velocidad de giro del ángulo de paso $\dot{\beta}$ cuyo valor debe estar acotado entre valores máximos y mínimos, $\dot{\beta}_{max}$ y $\dot{\beta}_{min}$ respectivamente. Este valor se integra para obtener asimismo el ángulo de paso de pala limitado entre valores β_{min} y β_{max}. En la Tabla 4.4 se muestran los parámetros del modelo de actuador de paso de pala.

Tabla 4.4. Parámetros del modelo del actuador de paso de pala

Parámetros del Modelo de Actuador de Paso de Pala	
Ganancia del actuador	$k_b = 2.5\ ^{\underline{o}}/s$
Constante de tiempo del actuador	$\tau_b = 2.5\ s$
Ángulo de paso mínimo	$\beta_{min} = 0\ ^{\underline{o}}$
Ángulo de paso máximo	$\beta_{max} = 35\ ^{\underline{o}}$
Velocidad máxima de cambio de paso	$\dot{\beta}_{max} = +10\ ^{\underline{o}}/s$
Velocidad mínima de cambio de paso	$\dot{\beta}_{min} = -10\ ^{\underline{o}}/s$

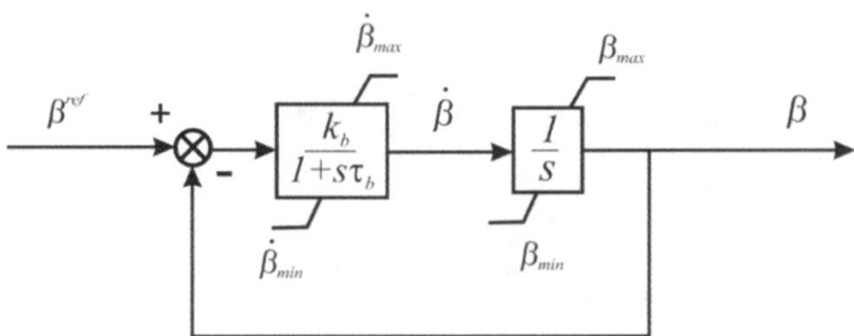

Figura 4.78. Modelo del actuador de paso de pala

4.6.4. Resultados de simulación

A continuación, se muestra la respuesta de un aerogenerador de velocidad variable ante una ráfaga de la velocidad del viento. El aerogenerador simulado tiene una potencia asignada de 2000 kW, su diámetro es de 114 m y la velocidad de giro varía entre 7 r/min hasta 16 r/min.

En la Figura 4.79 se muestra la velocidad de giro y las potencias mecánica y eléctrica cuando en t = 50 s el viento aumenta desde 5 m/s a 9 m/s. Ante el incremento de la velocidad del viento la velocidad de giro aumenta desde su valor mínimo (7 r/min) hasta 12.21 r/min realizando el seguimiento del punto de máxima potencia. La potencia del aerogenerador aumenta desde 150 kW hasta 940 kW. En este caso no se ha representado el ángulo de paso de pala porque su valor es constante e igual a $\beta = 0^{\circ}$, ya que no se ha superado ni la potencia máxima (2000 kW) ni la velocidad de giro máxima (16 r/min.).

En la Figura 4.79 se muestra cómo cuando la velocidad del viento aumenta al producirse la ráfaga, la potencia mecánica es mayor que la potencia eléctrica generada ($P_m > P_e$), el sistema de control reduce el par eléctrico del generador en relación al par mecánico para conseguir que la turbina acelere y aumente la velocidad de giro.

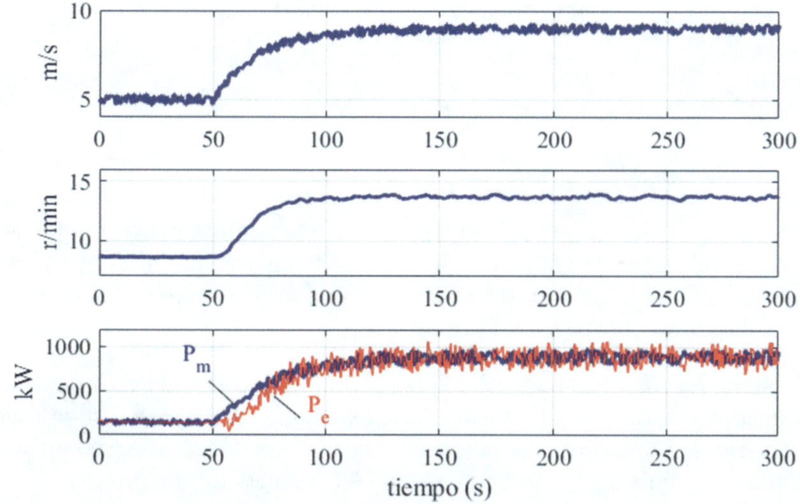

Figura 4.79. Respuesta de un aerogenerador de velocidad variable ante una ráfaga de la velocidad del viento desde 5 m/s a 9 m/s

En la Figura 4.80. se muestra un comportamiento similar al anterior, pero en este caso la ráfaga es más acusada, parte desde una velocidad del viento de 7 m/s hasta alcanzar 16 m/s que es superior a la velocidad nominal de la turbina que es de 12 m/s. El sistema de control realiza el seguimiento del punto de máxima potencia, pero también limita la velocidad de giro a su valor máximo (16 r/min) y su potencia a su valor nominal (2000 kW).

Como se muestra en la figura la limitación de potencia y velocidad se consigue aumentando el ángulo de paso de pala hasta los 12°.

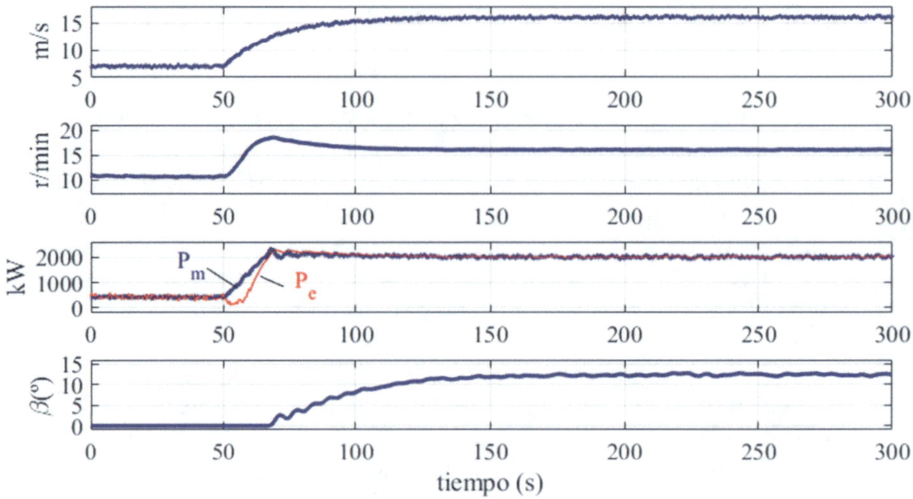

Figura 4.80. Respuesta de un aerogenerador de velocidad variable ante una ráfaga de la velocidad del viento desde 5 m/s a 15 m/s

4.7. PARQUES EÓLICOS

Se define un parque eólico como un conjunto de aerogeneradores distribuidos geográficamente y conectados eléctricamente entre sí generando energía en un punto de evacuación común. En la actualidad la unidad de generación para los operadores del sistema eléctrico es el parque eólico y no el aerogenerador.

Esta distinción que parece obvia, no era tan clara en los primeros años del desarrollo de la generación eólica. Los fabricantes estaban completamente centrados en la fabricación y puesta en servicio de sus prototipos, la red eléctrica era considerada como un sumidero de energía y todos los requisitos eléctricos se establecían en los terminales de salida del aerogenerador. Sin embargo, la visión de los operadores de la red era bien diferente, la central de generación era el parque eólico y los requisitos se establecían en el punto de conexión a la red de alta tensión. Un ejemplo claro de está diferente concepción de la generación eólica fue el control de factor de potencia (y de tensión) de la instalación. Los fabricantes garantizaban este requisito en los terminales de la máquina cuando las compañías eléctricas lo hacían en el punto de conexión a red. Finalmente, se impuso la tesis de los operadores de la red cuando los fabricantes entendieron que los parques eólicos eran una central de generación similar a las convencionales debiendo contribuir a la operación y seguridad del sistema eléctrico prestando servicios de regulación de tensión y de frecuencia. Esto trajo consigo el desarrollo de sistemas de telecontrol específicos para los parques eólicos donde se controlaba el intercambio de potencia reactiva en el punto de conexión enviando consignas a cada una de las máquinas, las cuales debían de producir (o consumir) la potencia reactiva especificada en el punto de conexión, en los cables de conexión y en los transformadores de la red de media tensión del parque eólico. Esta misma discusión se mantuvo en el cumplimiento de la continuidad de suministro ante huecos de tensión, el requisito se establecía en el punto de conexión a la red, aunque el punto de ensayo se realizaba en los terminales del aerogenerador. La verificación del cumplimiento de este requisito en el punto de conexión se realizaba posteriormente mediante modelos de simulación validados.

Los parques eólicos se clasifican según su ubicación en dos modalidades: parques eólicos terrestres (*onshore*) y parques eólicos marinos (*offshore*). En la Figura 4.81 se muestra una fotografía con la disposición de los aerogeneradores en cada una de estas instalaciones. Los parques eólicos terrestres y marinos presentan diferencias significativas, no solo por la ubicación en tierra o en mar. Los sistemas de sujeción son muy diferentes en ambos casos; los aerogeneradores terrestres emplean cimentaciones que sustentan la torre y absorben las cargas debidas a la fuerza de empuje sobre el rotor eólico. En el caso de los parques eólicos *offshore* la estructura de soporte del aerogenerador al fondo marino es más compleja. En cuanto a la infraestructura eléctrica de evacuación las diferencias son notables, en el caso de los parques eólicos marinos, cuando los parques eólicos están cercanos a la costa los esquemas eléctricos son muy similares a los parques terrestres, con la salvedad de incorporar en algunos casos compensadores dinámicos de potencia reactiva (STATCOM) a fin de garantizar un correcto funcionamiento de la instalación, en especial, cuando se producen contingencias como, por ejemplo, huecos de tensión. En el caso de parques marinos cuando están muy alejados de la costa (> 80 km) se emplean enlaces de corriente continua (c.c.) en alta tensión (HVDC) ya que permiten mayor capacidad de transmisión de potencia activa que los sistemas de transmisión de alta tensión en corriente alterna (HVAC). Los sistemas de transmisión HVDC emplean estaciones conversoras (c.c./c.a.) a ambos extremos de la línea de la línea de transmisión en c.c., o bien formando una red, empleando lo que se denomina *convertidores multiterminal*.

Figura 4.81. Parque eólico terrestre (izquierda) y parque eólico marino (derecha)

La tecnología de aerogeneradores en parques eólicos terrestres o marinos son esencialmente iguales, aunque es cierto que la altura de la torre y el diámetro de los rotores son mayores en estos últimos. El medio marino ofrece una serie de ventajas importantes para el aprovechamiento del recurso eólico respecto al medio terrestre. Recordemos que la producción de energía eléctrica de un aerogenerador depende básicamente de tres factores: la densidad del aire, el área barrida por el rotor y el cubo de la velocidad del viento. Estos tres factores son mayores en los parques eólicos marinos que en los terrestres. Por un lado, la densidad del aire decrece con la altura respecto al nivel del mar, por lo que los parques eólicos offshore tienen una ventaja respecto a los terrestres sobre todo aquellos que se instalan en zonas de alta montaña. La velocidad del viento en las zonas marinas es más laminar y sopla con mayor regularidad que en las zonas terrestres, se puede decir que la calidad del viento es mayor, la intensidad de la turbulencia y la rugosidad son más reducidas debido a la ausencia de obstáculos y el perfil vertical de la velocidad del viento es más estable. Aunque la instalación en alta mar es más cara y compleja que en algunos emplazamientos terrestres, debido a que el tamaño de las torres y el diámetro de las máquinas también es mayor. La velocidad del viento a la altura del buje de los aerogeneradores *offshore* es, por tanto, mayor y, también, el número de horas equivalentes.

4.7.1. Parques eólicos terrestres

La ubicación de los parques eólicos terrestres está determinada por los emplazamientos ventosos los cuales suelen estar localizados en zonas alejadas de los grandes núcleos urbanos (zonas montañosas usualmente), de modo que en ocasiones se encuentran a gran distancia de las infraestructuras eléctricas de las redes de alta tensión. El modelo clásico del sistema eléctrico, que no integraba energías renovables, se basaba en la generación de energía en grandes centrales y su posterior transporte mediante redes de transmisión a las zonas de consumo. En la Figura 4.82 se muestra un esquema de la conexión de un parque eólico a la red de distribución primaria y un aerogenerador aislado a una red de distribución secundaria.

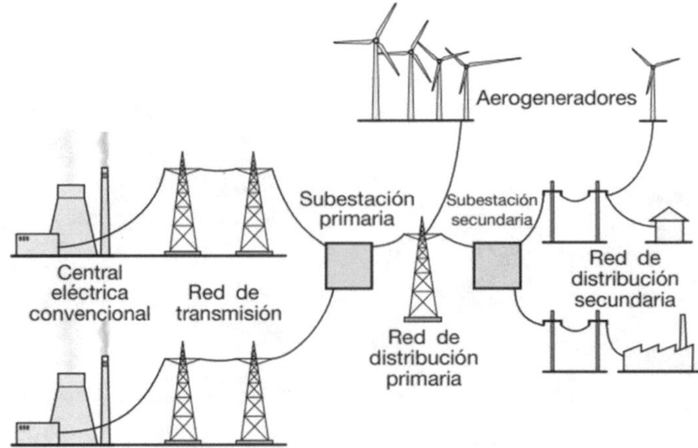

Figura 4.82. Esquema del sistema eléctrico con parques eólicos

La energía eólica se considera como una *generación distribuida*, más cercana a los puntos de consumo y las redes eléctricas de distribución. La conexión de los parques eólicos a este tipo de redes eléctricas está limitada por su potencia asignada, de modo que cuanto mayor es la potencia mayor debe ser la potencia de cortocircuito en el punto de conexión y por tanto, mayor la tensión de la red a la que se conecta el parque eólico. La Orden Ministerial de 5 de septiembre de 1985 por la que se establecen "*normas administrativas y técnicas para funcionamiento y conexión a las redes eléctricas de centrales hidroeléctricas de hasta 5.000 KVA y centrales de autogeneración eléctrica*" limitaba la potencia de los generadores eólicos a 1/20 de la potencia de cortocircuito en el punto de conexión. Esta especificación marcaría el modelo de desarrollo eólico en España a partir de esa fecha.

Las potencias unitarias de los parques eólicos son de decenas de MW (50 MW fue la potencia máxima de los parques eólicos en España según la normativa vigente hasta hace unos años) a diferencia de las centrales de generación convencionales que podían ser de cientos de MW, llegando incluso al GW en el caso de las centrales nucleares. Conforme aumentaba la potencia eólica en una zona geográfica determinada la concesión de acceso al sistema eléctrico se realizaba en puntos con tensiones eléctricas crecientes. Por ejemplo, para un parque eólico de 50 MW la potencia de cortocircuito mínima en el punto de conexión debía ser de al menos 1000 MW, la cual no se obtiene en muchos puntos de la red de distribución.

Los primeros parques se conectaban a redes de 66 kV, posteriormente a redes de 132 kV, hasta llegar finalmente a conceder puntos de conexión en la red de transporte (220 kV y 400 kV). Un modelo de desarrollo eólico muy diferente es el que se produjo en otros países con alta penetración de generación eólica, como es el caso de Alemania. La legislación alemana impedía conceder puntos de conexión en redes con tensiones superiores a 150 kV de forma que se limitaba la potencia máxima de los parques eólicos. Esta normativa propició que el desarrollo eólico se realizara con parques eólicos mucho más distribuidos geográficamente y de menor potencia unitaria que en España.

Aparte de estas consideraciones sobre el desarrollo de los parques eólicos terrestres, sus sistemas eléctricos asociados tienen por objeto la transferencia de energía desde los aerogeneradores hasta el punto de conexión a la red de alta tensión de la compañía eléctrica en condiciones óptimas. Esta transferencia de energía se realiza en dos etapas de transformación. En la primera de ellas se eleva la tensión de salida de los aerogeneradores (baja tensión -BT-, habitualmente de 690V) hasta la tensión de distribución interna del parque (media tensión -MT, habitualmente 20kV o 30 kV). La segunda etapa eleva la tensión de la red de MT del parque al nivel de AT de la red de la compañía eléctrica mediante una subestación eléctrica.

En los primeros parques eólicos, con aerogeneradores de hasta 300 kW, la conexión entre aerogeneradores se realizaba en BT. Varios aerogeneradores compartían un mismo centro de transformación (CT) para conectarse a la red de MT. En la actualidad, con aerogeneradores con potencias superiores al MW, cada aerogenerador dispone de un CT individual y la conexión entre aerogeneradores se realiza en MT. En la Figura 4.83 se muestran los componentes típicos del sistema eléctrico de un parque eólico, que ordenados según el flujo de energía son los siguientes: a) instalación eléctrica de BT de cada aerogenerador, b) centro de transformación, c) red subterránea de MT, d) subestación eléctrica y e) evacuación en AT.

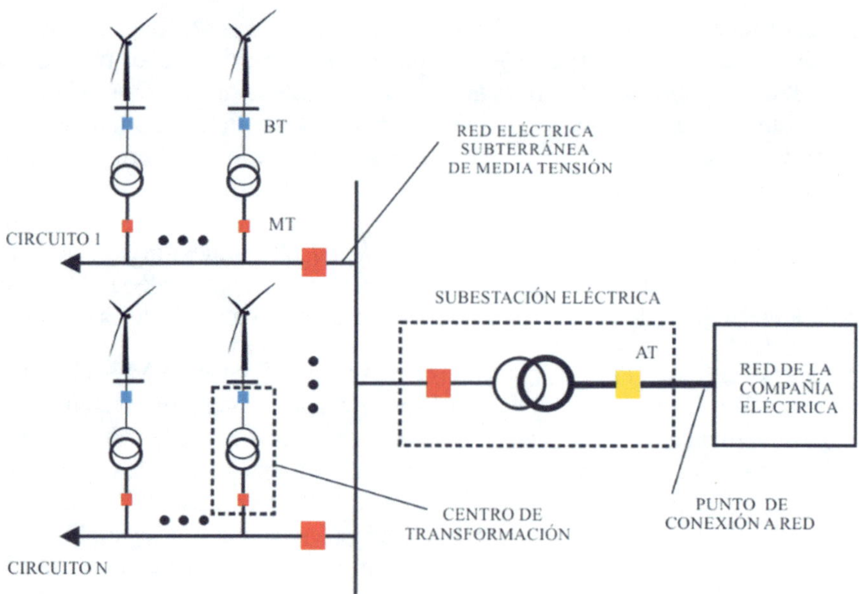

Figura 4.83. Esquema simplificado del sistema eléctrico de un parque eólico

4.7.1.1. Instalación eléctrica de BT de un aerogenerador

En la red de BT de un aerogenerador se encuentran básicamente dos circuitos: el *circuito de potencia* y los *circuitos de control, comunicaciones y servicios auxiliares.*

El circuito de potencia tiene por misión conectar la salida del generador con el centro de transformación. Los elementos principales son el generador y su equipo de regulación (en el caso de que exista), el cableado del generador hasta el CT, elementos de maniobra y protección como; contactores para las maniobras de conexión y desconexión de motores eléctricos, interruptores automáticos (IA) y/o fusibles para la protección contra sobreintensidades y defectos a tierra, descargadores para protección contra sobretensiones. Además, en el circuito de potencia se encuentran dispositivos de medida de tensión, corriente y frecuencia, así como equipos de compensación de potencia reactiva en el caso de emplear generadores de inducción directamente conectados a la red.

La instalación de BT dispone de un transformador de servicios auxiliares (SS.AA.) para alimentar los equipos de regulación y control, los motores de orientación de la góndola y del grupo hidráulico (frenado de góndola y rotor). Para los aerogeneradores con control aerodinámico activo de velocidad variable, el giro de las palas se puede realizar mediante sistemas eléctricos o hidráulicos, según el fabricante. Los SS.AA. también alimentan las líneas de alumbrado y potencia para herramientas en góndola y torre, elementos de maniobra y protección de los circuitos de control y auxiliares, resistencias de calentamiento, línea para luz de gálibo, etc.

Todos estos componentes se distribuyen entre la góndola y la torre. En la góndola, ubicada en la parte alta de la torre, (*top* en terminología inglesa) se encuentra el generador, los motores de orientación y de la unidad hidráulica, etc., cableado de conexión y una unidad de control y comunicaciones que incluye los elementos de maniobra y protección de los motores auxiliares. Por la torre bajan los cables de BT hasta llegar a su parte inferior (*ground* en terminología inglesa) donde se ubica un cuadro eléctrico los elementos de maniobra y protección principales, así como con los convertidores electrónicos de potencia (en el caso de máquinas de velocidad variable), o también la batería de condensadores y el arrancador suave, si son necesarios. Este cuadro se conecta con el secundario del transformador del CT que se suele ubicar en una plataforma situada a cierta distancia de la base de la torre. Existe una variante de esta configuración que es disponer el cuadro de BT y el CT en la góndola, con el propósito de reducir la longitud de los cables de BT debido a las elevadas pérdidas que en ellos se producen, sobre todo en torres de mucha altura. Esta opción tiene como inconveniente el incremento de peso en la góndola, por la incorporación del CT y la poca flexibilidad de los cables de MT durante el proceso de orientación de la turbina. En la actualidad ya existen en el mercado cables de MT muy flexibles que hacen viable esta opción.

En la Figura 4.84 se muestra el diagrama unifilar de la instalación de BT de un aerogenerador de velocidad fija.

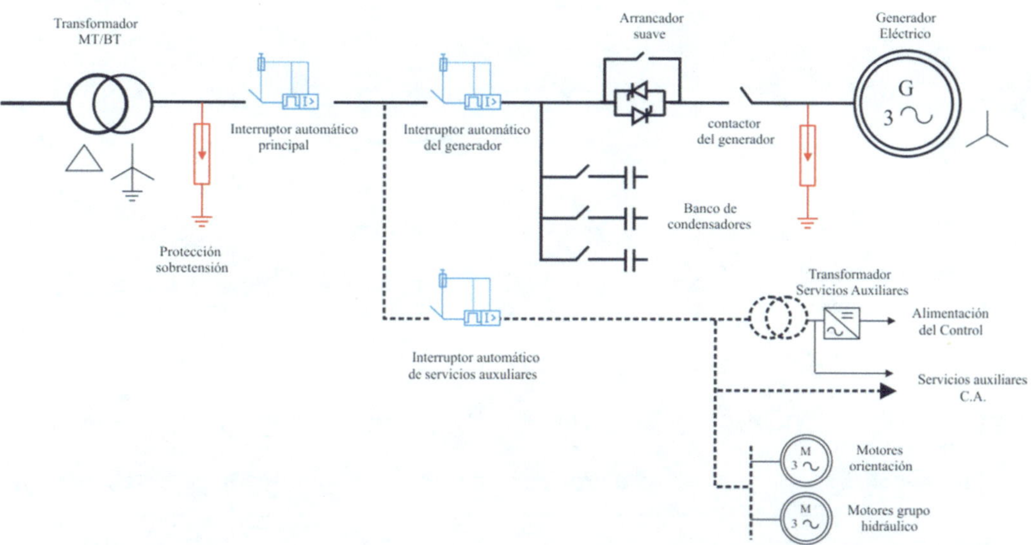

Figura 4.84. Esquema unifilar de la instalación de BT de un aerogenerador de velocidad fija

La maniobra de arranque de una máquina de estas características se realiza de la siguiente forma. Inicialmente todos los interruptores permanecen abiertos, se lanza la máquina mediante la turbina y cuando se acerca a la velocidad de sincronismo se cierra el contactor del generador, posteriormente se cierra el IA principal y posteriormente el IA del generador, momento en el cual se activan los tiristores del arrancador suave y se aplica una tensión en rampa al generador controlando el ángulo de disparo. Posteriormente se puentea el arrancador y se aplica al estátor la tensión de la red. De esta forma se limita la corriente en el arranque y la consecuente caída de tensión en la red.

En la Figura 4.85 se muestra el esquema eléctrico de un aerogenerador de velocidad variable doblemente alimentado. La puesta en marcha se realiza de forma diferente a un aerogenerador de velocidad fija, en realidad el convertidor electrónico permite realizar un proceso de sincronización similar a los generadores síncronos de las centrales convencionales. Se parte de una situación con todos los IA y contactores abiertos, una vez que se alcanza la velocidad de giro mínima de conexión se cierra el interruptor principal QP y posteriormente los interruptores del estátor QS y del rotor QR. Se precarga el bus de continua y se cierra el contactor de rotor KR. Se comienza a controlar el convertidor de rotor para cumplir las condiciones de sincronización (igualdad de amplitud, frecuencia, secuencia y fase de las tensiones de red y del estátor). En el momento en el que ambas tensiones coincidan instantáneamente se cierra el contactor KS, sin que se produzca una transitorio significativo en la corriente de conexión.

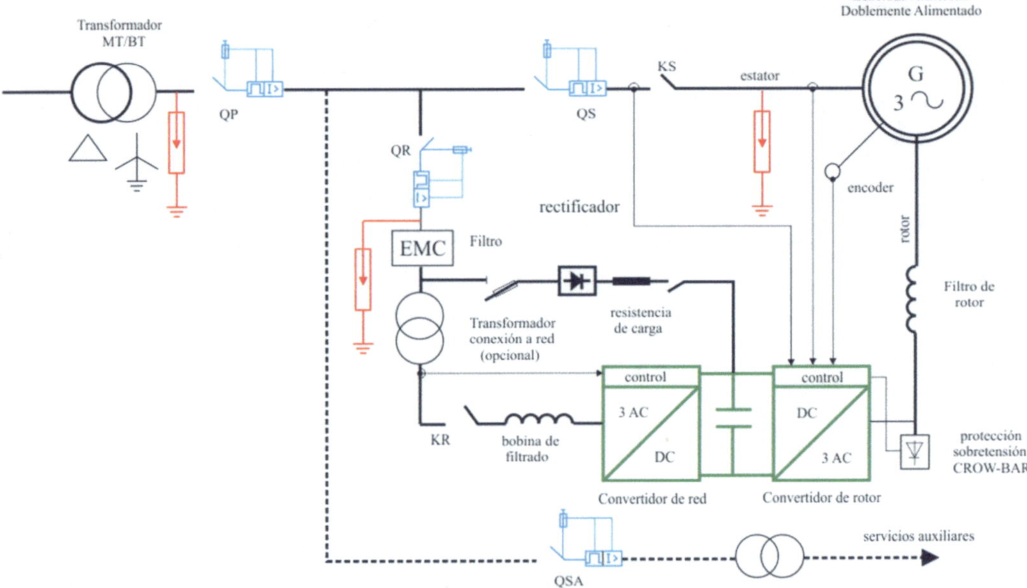

Figura 4.85. Esquema unifilar de la instalación de BT de un aerogenerador de velocidad variable doblemente alimentado

4.7.1.2. Centros de transformación

El centro de transformación puede situarse dentro o fuera de la torre, aunque en este último caso cerca de la misma para reducir las pérdidas. En la Figura 4.86. se muestra la ubicación del CT fuera de la torre y dentro de ella. La nomenclatura de los diferentes elementos del CT indicados en la figura son los siguientes: 1) celda de MT, 2) transformador MT/BT, 3) cable aislado de BT, 4) conector enchufable y 5) conector atornillable.

En la ubicación de CT dentro de la torre se ubica el transformador en una plataforma por encima de la base de la torre, a fin de colocar allí los cuadros de BT (que contienen los elementos de maniobra y protección, e incluso el convertidor electrónico) así como las celdas de MT. Aunque esta es la disposición más habitual también existen configuraciones con el transformador en piso bajo, en una plataforma intermedia a mitad de torre, o incluso en la propia góndola.

Cuando la distancia entre aerogeneradores es elevada, o existe un problema de espacio dentro de la torre, una solución es ubicar las celdas en el exterior en prefabricados denominados *centros de seccionamiento*. Estos centros de seccionamiento tienen la ventaja de tener mayor facilidad de acceso, pero tienen como inconveniente un mayor impacto visual. En España la ubicación habitual de los CT es dentro de la torre, el diseño de la puerta de acceso debe ser tal que permita la restitución del CT en caso de avería.

El transformador del CT de los aerogeneradores suele ser de tipo seco, es más caro y compacto que los transformadores de aceite, pero es la tecnología predominante en instalaciones con el CT dentro de la torre. Los transformadores de aceite se emplean cuando el CT se ubica en un prefabricado exterior. La relación habitual suele ser de 0,69kV/20kV o 30 kV y conexión triángulo/estrella Dny11.

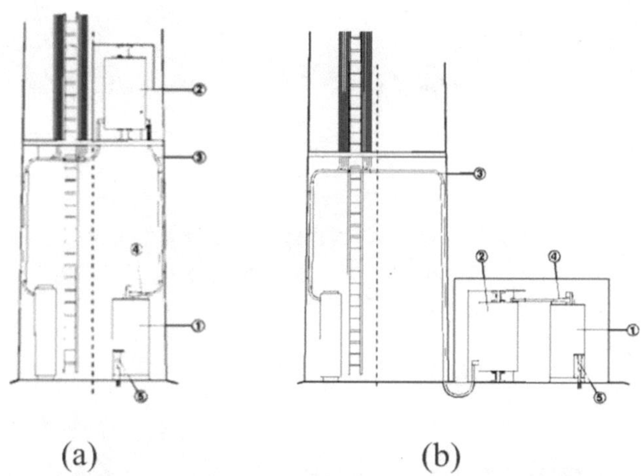

Figura 4.86. Disposición del CT de un aerogenerador:
(a) dentro de la torre en una plataforma y (b) fuera de la torre

La potencia nominal del transformador depende de la potencia nominal del generador eléctrico y su factor de potencia. Las tensiones de cortocircuito suelen ser del 6 %. Debido a que el número de horas del transformador funcionando en condiciones nominales es reducido, estos transformadores se diseñan con menores pérdidas en el hierro y mayores pérdidas en el cobre en comparación con los transformadores de distribución.

4.7.1.3. Subestación eléctrica

La subestación de interconexión de la red de MT del parque eólico con la red de AT de la compañía eléctrica suele ser de tipo mixto intemperie-exterior prevista para ampliaciones futuras, su composición es la habitual de una subestación de distribución con cables o embarrados de MT, celdas de MT, transformador principal AT/MT, aparamenta de intemperie o celdas de interior (corte, aislamiento, protección, transformadores de medida y protección), embarrado de AT, equipos de medida, cuadros de control (relés de protección), telecontrol y comunicaciones y sistema de servicios auxiliares.

Figura 4.87. Subestación eléctrica de un parque eólico

De las barras de MT salen los circuitos correspondientes a las líneas de aerogeneradores además de alimentar el transformador de SS.AA. de la subestación. Si fuera necesaria la compensación de reactiva, en este embarrado se suelen conectar las baterías de condensadores. En la Figura 4.87. se muestra la imagen de una subestación eléctrica de un parque eólico terrestre.

4.7.2. Parques eólicos marinos

Las instalaciones eólicas ubicadas en el mar son más costosas que las correspondientes a los parques eólicos terrestres, sin embargo, su interés está creciendo por diversas razones; el recurso eólico es muy superior al de tierra debido a la baja rugosidad que presenta el mar respecto a las ubicaciones terrestres llegando a alcanzar factores de capacidad del 60 % (5260 horas equivalentes) respecto al factor de capacidad medio de los parques eólicos terrestres que está en el entorno del 23 % (2000 horas equivalentes). Las menores limitaciones logísticas permiten la instalación de aerogeneradores de mayor potencia unitaria aprovechando así la economía de escala. El mayor coste asociado a estas instalaciones marinas es debido a las plataformas donde se ubican las turbinas eólicas, especialmente en zonas marinas de gran profundidad. También las infraestructuras eléctricas son más complejas y caras, sobre todo cuando el parque eólico marino se proyecta a grandes distancias de la costa, donde los sistemas de transmisión para evacuar la energía producida por los aerogeneradores a tierra firme se realizan mediante enlaces de corriente continua de alta tensión, conocidos en terminología inglesa como *enlaces HVDC*. Finalmente, las labores de operación y mantenimiento son también más costosas. En este apartado se analizarán en primer lugar las diferentes tecnologías existentes correspondientes a las plataformas que soportan el aerogenerador y finalmente los sistemas eléctricos asociados a los parques eólicos marinos.

4.7.2.1. Plataformas soporte de las turbinas eólicas marinas

El diseño de las plataformas que soportan las turbinas eólicas marinas es uno de los aspectos tecnológicos más relevante del desarrollo de los parques eólicos marinos. Las estructuras empleadas dependen de la profundidad del lecho marino y se clasifican en fijas o flotantes. Las estructuras fijas se emplean en aguas poco profundas y se caracterizan porque el elemento soporte se ancla lecho marino bien a través de una cimentación (base por gravedad), pilotes de hormigón, o bien estructuras tipo celosía denominadas como *jackets*. En la Figura 4.88 se muestran los diferentes tipos de estructuras fijas de las plataformas marinas.

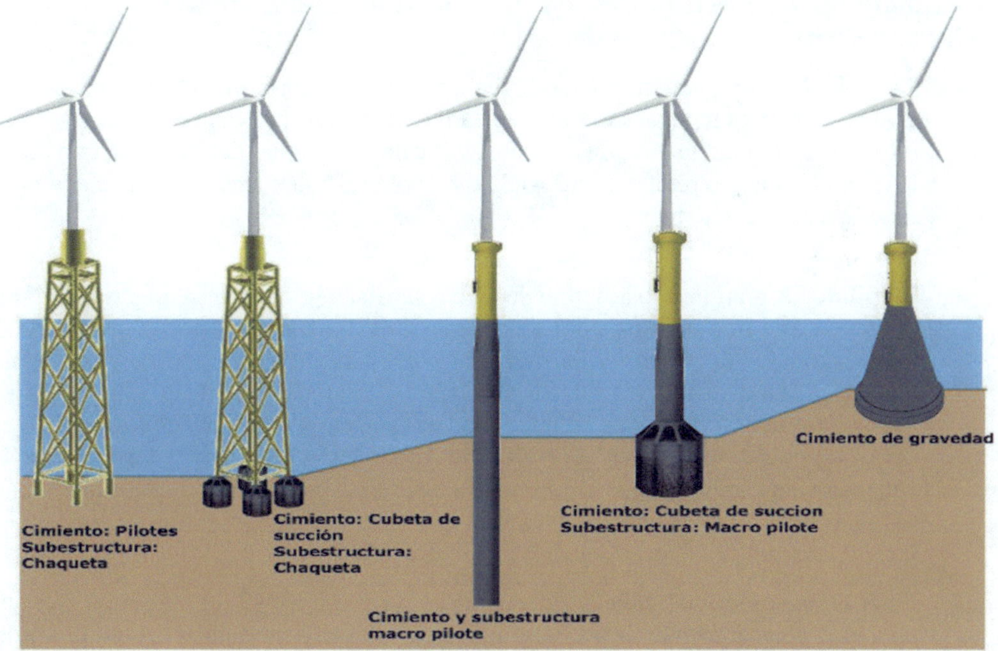

Figura 4.88. Estructuras fijas de las plataformas marinas

Cimentaciones con estructura fija para baja profundidad (menos de 20 m)

En esta categoría se encuentra la estructura soporte por gravedad y el monopilote enclavado:

- **Estructura soporte por gravedad**. Lo constituye una cimentación de acero y/o hormigón armado de unos 15 m de diámetro que se apoya sobre el lecho marino. Cuando se completa la base de gravedad se remolca hasta su ubicación y se hunde. El terreno en el que se deposita la estructura debe ser previamente acondicionado para garantizar que pueda soportar la carga vertical ejercida sobre ella.

- **Monopilote**. Se utilizan en parques eólicos marinos con una profundidad máxima de 15 metros mar adentro. Se trata de una estructura cilíndrica de acero que se entierra hasta unos 30 metros, en suelos arenosos o arcillosos, con el fin de sujetar la torre. Una ventaja importante de este tipo de cimentación es que no necesita que el lecho marino sea acondicionado. Por otro lado, requiere un equipo de pilotaje pesado y no se aconseja este tipo de cimentación en localizaciones con muchos bloques de mineral en el lecho marino. Las cimentaciones monopilote se pueden encontrar en la mayoría de los parques eólicos offshore que hay construidos hoy día.

Cimentaciones con estructura fija para profundidades medias (de 20 m a 60m)

- **Trípode**. La cimentación en trípode se inspira en las plataformas marinas construidas en acero y tres patas soporte empleadas en la industria del petróleo. Desde el pilote de acero bajo la torre de la turbina parte una estructura de acero que transfiere los esfuerzos a tres pilotes de acero. Los tres pilotes están clavados una cierta profundidad en el lecho marino.

- **Tripilote**. Es un tipo de estructura de apoyo similar a la estructura tipo trípode. Los pilotes de este tipo de estructura son de mayores dimensiones, por lo que dan una gran estabilidad al conjunto. La función la base triangular que forman los tres pilotes reside en distribuir las fuerzas verticales y dotar al apoyo de una mayor resistencia a la flexión. La pieza de transición es la encargada de unir los tres pilotes. Además, en el centro, se sitúa un sistema de conexión para unir la torre del aerogenerador con la estructura de apoyo, lo cual hace que la unión sea mucho más sencilla.

- **Estructura metálica (*jacket*).** Se trata de una estructura de 3 o 4 puntos de anclaje, pudiendo alcanzar los 60 metros de longitud. Se pueden instalar en todo tipo de lechos, salvo si son rocosos. Dichos apoyos se fijan al suelo también mediante pilotes.

Figura 4.89. Estructuras flotantes de las plataformas marinas

Las estructuras flotantes se emplean en casos donde la profundidad del lecho marino es superior a los 50 m. Entre los diferentes sistemas de anclaje con estructuras flotantes se encuentran los siguientes:

- **Semisumergible**. Este tipo de estructuras consisten en 3 columnas unidas entre sí por unos brazos, estas columnas proporcionan la estabilidad hidrostática necesaria para mantener la estructura estable en el agua. Los cimientos se mantienen en equilibrio mediante tensores. Son unos sistemas que no son aptos para zonas de fuerte oleaje y condiciones extremas, ya que dan lugar a un movimiento constante del conjunto y un mal funcionamiento del aerogenerador.
- **Plataforma con_tensores**. Consisten en una plataforma diseñada a partir de una gran columna central y unos brazos conectados a tensores que aseguran la estabilidad de la estructura. Estos tensores son macizos y de alta resistencia, normalmente de acero. Suelen situarse entre 2 o 3 cables en cada pata de la base. Dado que estos cables siempre están en tensión, se asegura su estabilidad y flotabilidad, sin embargo, se tratan de sistemas de anclaje complejos que no pueden instalarse en cualquier fondo marino.
- **Estructura cilíndrica (Spar).** Se trata de una estructura cilíndrica de acero o de hormigón. Dentro de esta se encuentran dos estructuras estancas. La de la parte inferior está llena de lastres de arena o agua, mientras que la estructura de la parte superior está llena de aire, de manera que el conjunto se mantenga a flote y en posición vertical. A su vez su cimentación se realiza a través de diversos tensores de anclaje. Estas estructuras se encuentran sobre todo a partir de los 100 metros de profundidad.

4.7.2.2. Sistemas eléctricos asociados a los parques eólicos marinos

Los componentes básicos de un sistema eléctrico asociado a un parque eólico marino se muestran esquemáticamente en el Figura 4.90 y son básicamente los siguientes:

- **Cables de interconexión**. Son los cables eléctricos que interconectan las turbinas entre sí y con la subestación transformadora que puede estar ubicada en alta mar. La tensión asignada de estos cables es habitualmente de 33 kV, aunque en la actualidad se están realizando diseños con tensiones de 66kV. El empleo de mayor tensión tiene la ventaja de poder diseñar configuraciones con turbinas de mayor potencia unitaria, sin embargo, presentan el inconveniente de usar aparamenta más voluminosa y pesada en el CT del aerogenerador.
- **Subestación transformadora marina (*offshore*).** Su misión es albergar todos los equipos necesarios (transformador elevador, equipos de maniobra, medida y protección) para exportar en alta tensión (AT) la energía generada por las turbinas hasta la subestación instalada en tierra (onshore). Existe la alternativa de que esta subestación marina no exista y que las turbinas se conecten directamente a la subestación *onshore* utilizando los cables de interconexión. Esta circunstancia ocurre para parques eólicos marinos de reducida potencia y ubicados a pocos kilómetros de la costa, debido a reducida tensión de los cables de interconexión en comparación con la línea de evacuación en AT. En la Figura 4.90. se muestra una imagen de una subestación transformadora offshore

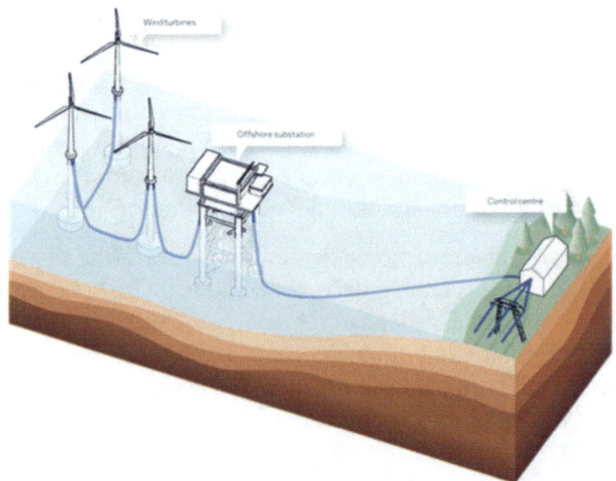

Figura 4.90. Esquema eléctrico básico de un parque eólico marino

- **Subestación transformadora en tierra (*onshore*).** Su misión es recoger la energía del parque eólico marino para integrarla en el sistema eléctrico receptor ubicado en tierra. Habitualmente esta subestación dispone de un transformador (habitualmente reductor) para adecuar los niveles de tensión de la línea de transmisión con los del punto de interconexión con la red eléctrica receptora.

Figura 4.91. Subestación transformadora offshore

4.7.2.3. Tecnología de conexión a red (corriente alterna *vs.* corriente continua)

Debido a la potencia con la que se diseñan los parques eólicos marinos actuales (cercana al GW en muchos casos) los sistemas de transmisión de energía se realizan en AT, tanto en corriente alterna (HVAC, *high voltage ac current*) como en corriente continua ((HVDC, *high voltage dc current*)). A continuación, se indican ventajas e inconvenientes de cada una de estas configuraciones.

Transmisión HVAC

Los sistemas de transmisión en c.a. son en general más económicos que los de c.c. fundamentalmente porque no necesitan estaciones convertidoras (dc/ac o ac/dc) que cambien la naturaleza de la corriente. Para las potencias asignadas de los sistemas de transmisión de los parques eólicos marinos estas estaciones emplean convertidores electrónicos (con niveles de tensión y corriente muy elevados) que hace especialmente costosa la fabricación, instalación y puesta en servicio de este tipo de instalaciones. Sin embargo, los cables de transmisión en c.a. que se emplean para evacuar la energía de los parques eólicos marinos se tienden sobre el lecho marino y son de tipo aislado, a diferencia de las líneas aéreas de AT de los sistemas de transmisión en tierra. Este tipo de cables presentan una alta capacidad por unidad de longitud, tanto mayor cuanto mayor es la tensión aplicada, de forma que cuando los cables son muy largos generan mucha potencia reactiva, que debe ser compensada y que por otra parte limita la capacidad de transmisión de la línea de evacuación

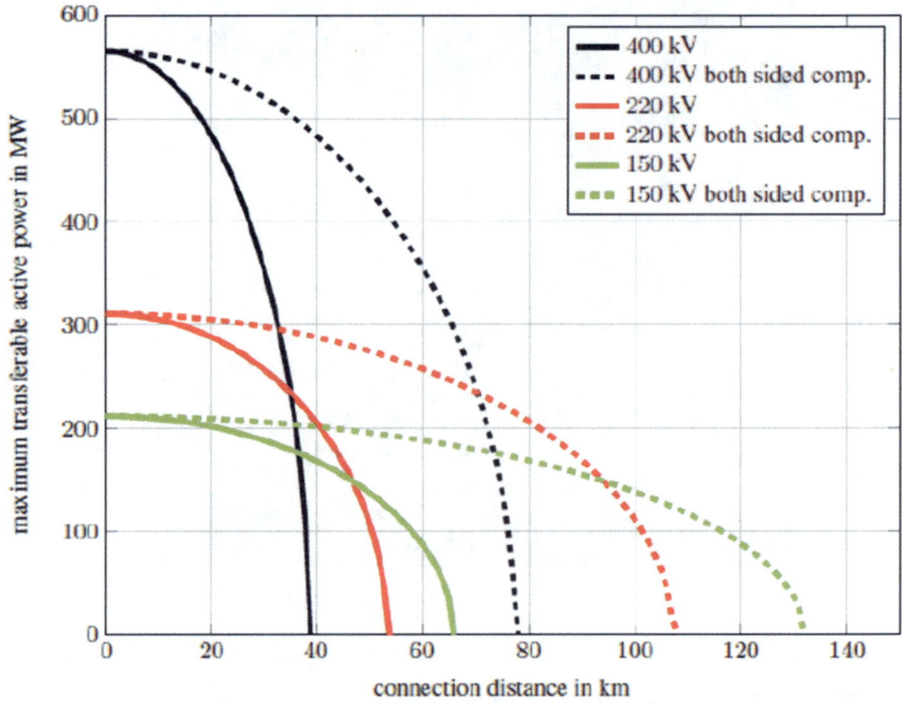

Figura 4.92. Capacidad de transmisión de línea de c.a. en función de la tensión asignada y la distancia de conexión (con y sin compensación)

En la Figura 4.92 se muestra la capacidad de transmisión de líneas HVAC en función de la distancia de conexión en función de la tensión asignada. Por ejemplo, una línea AC de 400 kV puede transmitir 400 MW a una distancia de 25 km sin compensación en los extremos y puede alcanzar 55 km si se compensa en los extremos mediante reactancias estáticas y/o compensadores dinámicos de potencia reactiva (STATCOM). Las líneas de 220 kV transmiten menos potencia a mayor distancia, 250 MW a 25 km sin compensación y 70 km con compensación. El mismo razonamiento es aplicable a las líneas de 150 kV, pueden transmitir 100 MW a una distancia de 60 km hasta la costa sin compensación y 120 km cuando se compensan.

Debido a que las potencias de los parques eólicos marinos cada vez son de mayor potencia y están más alejados de la costa la opción de sistemas de transmisión HVDC es una opción competitiva frente a los sistemas de transmisión HVAC.

En la Figura 4.93 se compara el coste de los sistemas de transmisión HVDC frente a los HVAC. El coste de las subestaciones transformadoras AC es mucho menor que las DC ya que estas últimas precisan convertidores electrónicos de elevada potencia diseñados para elevadas tensiones y corrientes, sin embargo, el coste de los cables para una misma capacidad de transmisión es menor en función de la distancia. Los cables DC no demandan potencia reactiva y además sus pérdidas asociadas son menores para una misma sección y tipo de conductor, ya que la resistencia en c.c. es menor a la de c.a. debido al efecto pelicular[3] que se produce en los cables de c.a. Todo esto hace que exista una distancia crítica a partir de la cual es más rentable emplear un sistema de transmisión HVDC que un sistema HVAC. Esta distancia crítica se encuentra en la actualidad en el entorno de los 100 km.

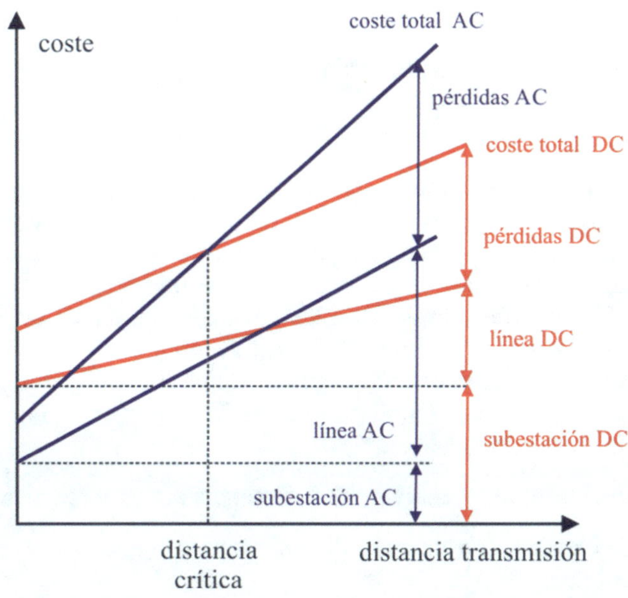

Figura 4.93. Coste de los sistemas de transmisión HVDC vs HVAC en función de la distancia

Transmisión HVDC

Existen básicamente dos tecnologías de transmisión HVDC:

a) HVDC-LCC (*Line Commutated Converter*) que está basada en interruptores conmutados por red (tiristores) y

b) HVDC-VSC (*Voltage Source Converter*) que utilizan interruptores autoconmutados basados en tecnología IGBT e IGCT en las estaciones rectificadoras e inversoras.

---

[3] Se entiende por efecto pelicular el aumento de la densidad de corriente que se produce en el exterior de un conductor cuando aumenta la frecuencia

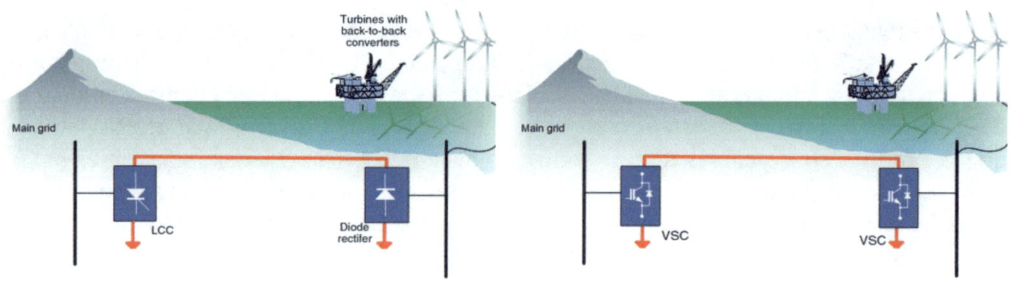

Figura 4.94. Sistemas de transmisión HVDC en parques eólicos marinos

En la Figura 4.94 se muestran dos tecnologías de sistemas de transmisión HVDC en parque eólicos marinos. La que se muestra a la izquierda es un sistema de transmisión HVDC-LCC formada por una estación rectificadora de diodos y estación inversora de tiristores. La ventaja de esta configuración es que abarata notablemente la estación conversora offshore, sin embargo, implica que las turbinas mantengan de forma coordinada la tensión y la frecuencia en la red de c.a. del parque eólico, por lo que hasta la actualidad no se desarrollado industrialmente. En la actualidad la totalidad de los sistemas de transmisión HVDC existentes son de tecnología VSC, la cual presenta las siguientes características:

- Permite un control independiente de la potencia activa y reactiva.
- Dispone de elevadas prestaciones dinámicas para el apoyo de la estabilidad transitoria del sistema.
- Precisa menores requisitos de potencia de cortocircuito que la tecnología LCC.
- Permite la alimentación de redes pasivas y la reposición del sistema eléctrico mediante arranque en negro (*black-start*).
- Permite la inversión rápida del flujo de potencia activa cambiando el signo de la corriente transmitida.
- No requiere un mínimo técnico de potencia activa a transportar como en el caso de la tecnología LCC, funciona de forma continua entre valores positivos y negativos de la potencia máxima transmitida.
- No requiere grandes filtros a la salida por lo que requiere menor superficie de construcción (se estima que la reducción del filtro es de un 40 % respecto a la tecnología LCC).
- Las pérdidas por estación conversora son del orden del 1 % y se asemeja cada vez más al rango de pérdidas de la tecnología LCC que históricamente siempre había sido más competitiva en este aspecto.

Figura 4.95. Esquema de una estación conversora HVDC-VSC tipo MMC

Los convertidores de las estaciones conversoras HVDC-VSC suelen ser del tipo MMC (*Modular Multilevel Converter*), es decir, emplean convertidores modulares conectados en serie hasta alcanzar los elevados niveles de tensión de los sistemas de transmisión HVDC. El estado del arte para sistemas de transmisión HVDC en parques eólicos offshore maneja potencias de 1000 MW y tensiones de c.c. de ±320 kV. En la actualidad se están desarrollando sistemas HVDC-VSC de 5000 MW y ±800 kV. En la Figura 4.95 se muestra a la izquierda un esquema eléctrico de esta tecnología donde se aprecia la conexión de los submódulos en serie, a la derecha de muestra una imagen de un convertidor HVDC-VSC (MMC) real.

4.7.2.4. Topologías de conexión de sistemas de transmisión de parques eólicos marinos

El enfoque tradicional para la construcción de enlaces de transmisión en parques eólicos offshore es la conexión punto a punto (Figura 4.96 izquierda). En esta configuración el promotor eólico diseña, construye y opera el enlace sin tener en cuenta posibles ampliaciones u otros proyectos, a menos que sean de su propiedad. El inconveniente de este diseño a medida del enlace de transmisión es que no se optimiza la infraestructura eléctrica en el mar, que es de por sí muy compleja y económicamente muy costosa.

Para superar algunas de las deficiencias de la construcción de redes eléctricas en alta mar con diseño a medida, varios países europeos han adoptado el enfoque de diseño agrupado o *conexión combinada* (Figura 4.96 derecha) donde varios parques eólicos marinos diferentes comparten la infraestructura eléctrica utilizando el mismo enlace de transmisión que a menudo diseña, construye y explota un operador eléctrico conocido habitualmente como TSO (*Transmission System Operator*). Esto permite la utilización óptima de los corredores disponibles para el tendido de cable en el lecho marino (especialmente en pasos submarinos estrechos) reduciendo al mínimo el número de cables de transmisión que van a tierra minimizando el impacto adverso sobre el medio ambiente y las comunidades locales, logrando también una reducción significativa de los costes de la infraestructura.

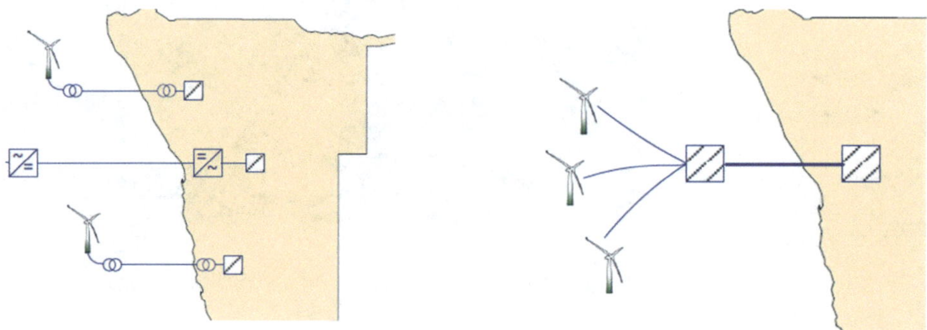

Figura 4.96. Conexión punto a punto (izquierda) y conexión combinada (derecha)

En el diseño de parques eólicos marinos también es posible concebir una red de c.c. que permita el enlace entre plataformas marinas haciendo uso de convertidores multiterminal (Figura 4.97 izquierda), pudiendo dar lugar a una red mallada (Figura 4.97 derecha) en la que varios proyectos eólicos marinos están conectados mediante líneas de transmisión compartidas. Este tipo de infraestructuras tiene la indudable ventaja de aumentar la fiabilidad y la continuidad del suministro en caso de contingencias, sin embargo, necesitan aparamenta de corte y protección en redes de c.c. de alta tensión, cuyo diseño es mucho más complejo que en redes de c.a., debido a que la c.c. no cambia su polaridad. Es por ello que en la actualidad no se hayan construido infraestructuras de este tipo, aunque probablemente se desarrollen a futuro.

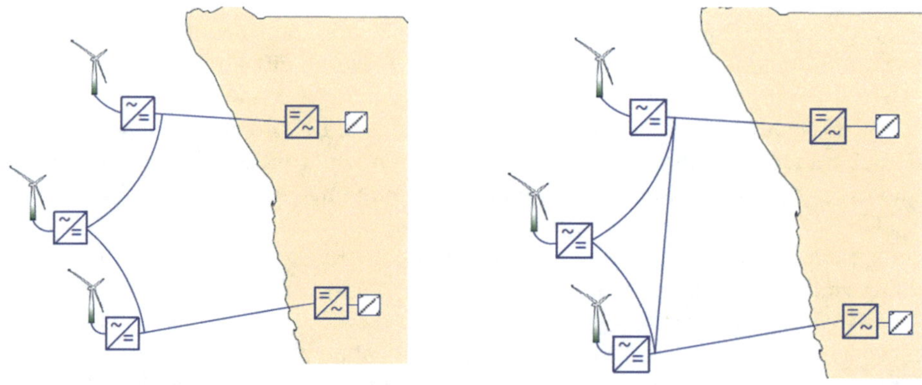

Figura 4.97. Diseño de red multiterminal, red troncal (izquierda), red mallada (derecha)

4.8. CÁLCULOS ENERGÉTICOS Y ECONÓMICOS

Uno de los aspectos más importantes durante la fase de diseño de un parque eólico es la estimación de la *energía anual producida*. Para ello es necesario conocer la curva de potencia del aerogenerador (apartado 4.4.2) y el número de horas anuales en los que la velocidad del viento se encuentra en un cierto intervalo, aplicando distribuciones tipo Weibull (o Rayleigh), según se expuso en el apartado 4.2.1.

La energía anual estimada es el punto de partida para calcular los ingresos esperados anuales de la instalación una vez conocido el precio de venta del kWh. La rentabilidad de la instalación dependerá no solo de los ingresos anuales sino también de los costes asociados correspondientes a la adquisición, instalación, puesta en servicio y mantenimiento de las turbinas eólicas y la infraestructura eléctrica, así como alquiler de terrenos, tasas, etc. Una vez conocidos los ingresos y gastos se aplican métricas como el TIR (tasa interna de retorno) y el VAN (valor actual neto) para analizar la rentabilidad de las inversiones.

A continuación, se desarrolla de una manera sencilla la metodología para obtener la energía anual producida por una turbina eólica instalada en un emplazamiento concreto, así como la rentabilidad de la inversión a partir de la estimación de los ingresos y gastos anuales tomando como datos de partida el precio de venta de la energía en €/kWh, el coste unitario de las turbinas en €/kW y su mantenimiento anual, así como el tipo de interés.

4.8.1. Cálculo energético

La energía anual producida E (expresada en kWh) por un aerogenerador se calcula a partir de la siguiente expresión

$$E = 8760 \int_0^{\infty} P(v) \cdot f(v) \cdot dv \qquad (4.88)$$

donde 8760 es el número de horas en un año, $P(v)$ es la potencia en kW producida por la turbina eólica a la velocidad del viento v(m/s) obtenida de la curva de potencia proporcionada por el fabricante. La función $f(v)$ es la distribución estadística de frecuencia del viento en el lugar de la instalación. Esta función puede representarse por una función de Weibull o de Rayleigh y se expresa en tanto por uno, siendo el área de la función igual a 1.

Si se aplica la Expresión (4.88) a intervalos discretos de la velocidad del viento de 1 m/s se obtiene la energía anual producida como

$$E = \sum_{k=1}^{N} P(V_k) \cdot H(V_k) \qquad (4.89)$$

siendo $P(V_k)$ la potencia, en kW y $H(V_k)$ el número de horas anuales obtenidas de la distribución estadística de frecuencia correspondiente a cada intervalo de velocidad de viento V_k.

$$H(V_k) = 8760\, f(V_k) \tag{4.90}$$

En la Tabla 4.5 se muestra la potencia en kW, el número de horas y la energía generada en kWh para cada intervalo de velocidad del viento. Para el cálculo de horas se ha empleado una distribución de Weibull con factor de escala k = 2.5 y factor de forma C = 6,76 m/s correspondiente a una velocidad media anual del emplazamiento V_{ave} = 6 m/s. (ver expresión 4.5 del apartado 4.2.1).

Tabla 4.5. Curva de potencia, horas y energía para cada velocidad del viento del aerogenerador G114-2MW en un emplazamiento concreto

V(m/s)	*P*(kW)	*H*(h)	*E*(kWh)	*V*(m/s)	*P*(kW)	*H*(h)	*E*(kWh)
1	0	182,6	0	14	2000	20,2	40469
2	0	496,7	0	15	2000	7,0	14057
3	32	839,4	26860	16	2000	2,1	4292
4	146	1125,7	164352	17	2000	0,6	1149
5	365	1286,8	469666	18	2000	0,1	269
6	630	1289,4	812308	19	2000	0,0	55
7	1002	1146,5	1148822	20	2000	0,0	10
8	1496	909,4	1360413	21	2000	0,0	1
9	1836	644,3	1182996	22	1906	0,0	0
10	1965	407,7	801082	23	1681	0,0	0
11	1994	230,0	458561	24	1455	0,0	0
12	1999	115,4	230687	25	1230	0,0	0
13	2000	51,4	102755	>25	0	0	0

En la Figura 4.98 se muestra gráficamente la curva de potencia y la distribución de horas del emplazamiento elegido. Se observa como el mayor número de horas está concentrada en valores próximos a la velocidad media anual. En la Figura 4.99 se muestra la energía producida en cada intervalo de velocidad del viento y se observa que el mayor aprovechamiento energético se produce en el funcionamiento a carga parcial del aerogenerador, donde se realiza el seguimiento del punto de máxima potencia, en concreto la mayor producción energética se registra a 8 m/s. Aunque la potencia es mayor a plena carga, la energía generada en estas condiciones es mucho menor que a velocidades del viento más reducidas por el menor número de horas.

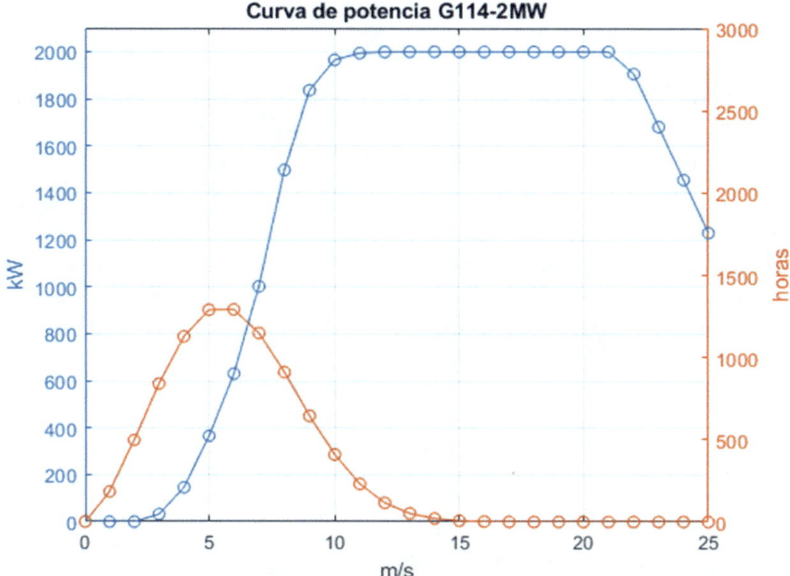

Figura 4.986. Curva de potencia y distribución de horas anuales

La suma de la energía generada en todos los intervalos de la Figura 4.97 da lugar a una energía anual producida de $E = 6819$ MWh. Esta información se suele indicar respecto a la potencia nominal del aerogenerador dando lugar al concepto de *horas equivalentes.*

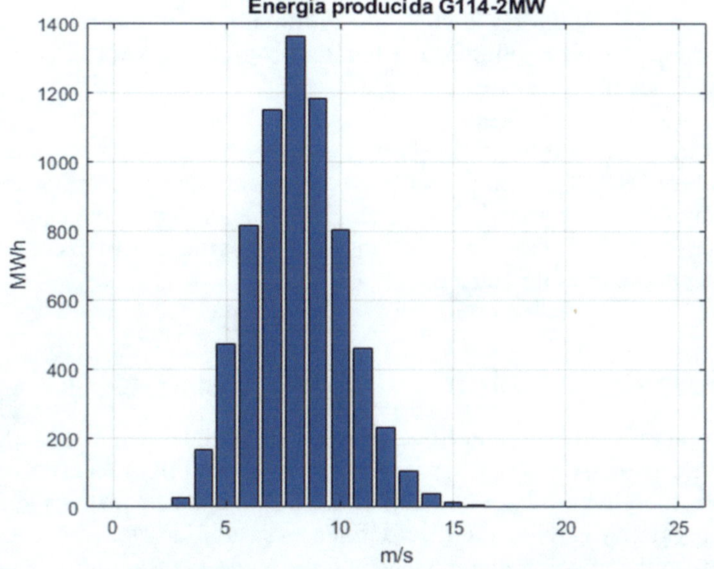

Figura 4.99. Distribución de energía producida

$$H_{eq} = \frac{E(kWh)}{P_n(kW)} \tag{4.91}$$

de modo que, en teoría y de forma ideal, es como si para producir la energía anual estimada el aerogenerador funcionara durante un número ficticio de horas H_{eq} a potencia nominal en todo el año y permaneciera parado las $(8760 - H_{eq})$ horas restantes.

Existe otro indicador para determinar el grado de aprovechamiento energético de una planta de generación de energía, se denomina factor *de capacidad* (FC) y se define como el porcentaje de la energía generada sobre la máxima teórica posible que una central podría generar en un intervalo de tiempo determinado. El FC se calcula en función de H_{eq} como

$$FC(\%) = 100\left(\frac{H_{eq}(h)}{8760}\right) \tag{4.92}$$

En el caso que se está analizando el número de horas equivalente es igual a 3409 h y el factor de capacidad $FC = 38{,}9\ \%$.

Tanto el número de horas equivalentes como el factor de capacidad permiten determinar el aprovechamiento energético de una instalación y comparar diferentes tecnologías dentro del mix energético de un sistema eléctrico. En el caso de aerogeneradores este indicador depende del recuso eólico disponible, su valor está en el entorno del 23% de valor medio para el conjunto de parques eólicos de España. La energía solar fotovoltaica presenta valores de FC ligeramente inferiores debido a que el recurso solar solo es aprovechable durante las horas del día y está en el entorno del 17% de valor medio para el conjunto de parques fotovoltaicos de España. La generación nuclear ha funcionado tradicionalmente con FC superiores al 90%, por su funcionamiento como generación base durante todo el año, aunque requieren una parada programada para la revisión técnica anual. (centrales de base).

Las centrales hidráulicas o los ciclos combinados disponen de factores de capacidad sensiblemente inferiores (30% al 50%) ya que se emplean como centrales para cubrir la demanda de energía en horas punta o con la alta penetración renovable actual, funcionan como centrales de respaldo. En todo caso, en entorno desregulado actual, el factor de capacidad depende de condiciones de mercado.

4.8.2. Cálculo económico

Los cálculos de rentabilidad económica que se emplean habitualmente en cualquier inversión son el valor actual neto (VAN), la tasa interna de retorno (TIR) y en el caso de sistemas de producción de energía se utiliza también el LCOE (*Levelized Cost Of Energy*) coste nivelado de la energía. A continuación, se definen cada uno de estos indicadores que se emplearán en la resolución de los ejemplos de aplicación de este capítulo.

4.8.2.1. Valor Actual Neto (VAN)

El Valor Actual Neto (VAN) se utiliza como método de evaluación de proyectos para medir el valor presente de los flujos de efectivo netos que se espera generar por una inversión. Básicamente, el VAN calcula la diferencia entre el valor actual de los ingresos futuros esperados y el coste inicial de la inversión. Si el VAN es positivo, significa que el proyecto generará un retorno superior al coste del capital, mientras que un VAN negativo indica que el proyecto no será rentable.

La expresión analítica del VAN es la siguiente

$$VAN = -I_0 + \sum_{t=1}^{N} \frac{F_t}{(1+r)^t} = -I_0 + \frac{F_1}{(1+r)^1} + \cdots + \frac{F_N}{(1+r)^N} \quad (4.93)$$

donde

I_0 es la inversión realizada en el momento inicial $t = 0$.

F_t es el flujo de efectivo en cada periodo t.

r es la tasa de retorno.

4.8.2.2. Tasa Interna de Retorno (TIR)

La Tasa Interna de Retorno (TIR) es la tasa de descuento que hace que el Valor Actual Neto (VAN) de unos flujos de efectivo futuros sea igual a cero. Si la TIR es mayor a la tasa de retorno el proyecto será rentable y no lo será en caso contrario

La expresión analítica de la TIR es la siguiente:

$$VAN = 0 = -I_0 + \sum_{t=1}^{N} \frac{F_t}{(1+TIR)^t} = -I_0 + \frac{F_1}{(1+TIR)^1} + \cdots + \frac{F_N}{(1+TIR)^N} \quad (4.94)$$

4.8.2.3. Coste nivelado de la energía (LCOE)

El LCOE, o coste nivelado de la energía, es una metodología estándar para calcular el coste por kWh de cada sistema de producción de energía eléctrica. Este sistema contabiliza todos los costes del sistema de producción de energía a lo largo de su vida útil (inversiones, consumibles, operación y mantenimiento, desmantelamiento, etc.) y lo divide por la producción de energía total actualizando el cálculo al valor presente. De esta manera se obtiene una métrica para el cálculo del coste de la instalación expresada en €/kWh.

La expresión analítica del LCOE es de la siguiente forma:

$$LCOE = \frac{\sum_{t=1}^{N} \frac{I_t + M_t}{(1+r)^t}}{\sum_{t=1}^{N} \frac{E_t}{(1+r)^t}} \quad (4.95)$$

donde

I_t es coste de la inversión realizada en el periodo *t* en €.

M_t es el coste de O&M realizada en el periodo *t* en €.

E_t es la energía producida en el periodo *t* en kWh.

r es la tasa de retorno.

N es el periodo de evaluación durante la vida útil de la instalación.

Ejemplo de aplicación 4.2

Sea una turbina eólica de 5000 kW, 132 m de diámetro y torre tubular de 120 m de altura. La curva de potencia y el coeficiente de empuje de la turbina para cada velocidad del viento se muestran en la Tabla 4.6. La tecnología de la turbina eólica es de convertidor completo con generador síncrono de imanes permanentes y una caja de multiplicación de relación 1:41. El coste de la turbina con estas características es de 5 M€, se ha financiado con un tipo de interés de 5 % anual considerando que el precio medio de la energía en los 20 años de su vida útil es de 50 €/MWh.

Se realiza un estudio de viabilidad de esta máquina en un emplazamiento determinado en el que se registra una velocidad media anual de 6 m/s a una altura de 120 m siguiendo una distribución de Rayleigh y un parámetro de cortadura del viento $\alpha = 0.25$.

Se pide calcular:

1. Energía anual en MWh y horas equivalentes.
2. Par máximo sobre la cimentación y velocidad del viento a la que se produce.
3. Valor actual neto (VAN), tasa interna de retorno (TIR) y año de la vida útil en la que el flujo de caja es positivo.
4. Coste nivelado de la energía (LCOE en €/MWh).

Para el apartado 3 y 4 se supondrá que los costes de O&M corresponden al 50 % de la inversión repartida uniformemente de forma anual a lo largo de la vida útil de la instalación.

Existe la posibilidad de emplear una turbina similar a la anterior de igual potencia con 128 m de diámetro y torre de 95 m de altura. La curva de potencia y el coeficiente de empuje de esta turbina se indican en la Tabla 4.7.

Para esta nueva turbina se pide calcular:

1. Velocidad media del viento a 95 m de altura y valor del factor de escala *C* (m/s).
2. Energía anual en MWh y horas equivalentes.
3. Par máximo sobre la cimentación y velocidad del viento a la que se produce.
4. Coste de la turbina asumiendo que el coste porcentual de componentes es el siguiente: a) rotor 22 % siendo proporcional al área barrida b) torre 26 % siendo

proporcional a la altura c) cimentación 15 % siendo proporcional al par máximo soportado d) Resto de componentes 37 % dependiente de la potencia.

5. Valor actual neto (VAN) y tasa interna de retorno (TIR) y año de la vida útil en la que el flujo de caja es positivo.
6. Cálculo del LCOE (€/MWh).
7. Comparar la rentabilidad de la instalación de ambas turbinas en el emplazamiento elegido.

Repetir los apartados 5 a 11 en el caso de una turbina de igual diámetro (D = 132 m), 3300 kW de potencia y misma altura de la torre (H = 120 m). La curva de potencia y el coeficiente de empuje de esta turbina se indican en la Tabla 4.8.

Tabla 4.6. Curva de potencia y coeficiente de empuje. G132-5MW

V(m/s)	*P*(kW)	*CT*	*V*(m/s)	*P*(kW)	*CT*	*V*(m/s)	*P*(kW)	*CT*
1	0	0,89	11	4337	0,6	21	4678	0,08
2	0	0,89	12	4742	0,48	22	4477	0,07
3	61	0,89	13	4921	0,37	23	4247	0,06
4	225	0,89	14	4980	0,29	24	4006	0,05
5	498	0,88	15	4996	0,23	25	3763	0,04
6	860	0,87	16	4999	0,19	26	3528	0,04
7	1365	0,87	17	4996	0,16	27	3309	0,03
8	2037	0,85	18	4979	0,13	28	3114	0,03
9	2905	0,8	19	4931	0,11	29	2952	0,02
10	3667	0,72	20	4833	0,10	30	2828	0,02

Tabla 4.7. Curva de potencia y coeficiente de empuje. G128-5MW

V(m/s)	*P*(kW)	*CT*	*V*(m/s)	*P*(kW)	*CT*	*V*(m/s)	*P*(kW)	*CT*
1	0	0,88	11	4274	0,60	21	4541	0,08
2	0	0,88	12	4639	0,49	22	4331	0,07
3	49	0,88	13	4875	0,38	23	4108	0,06
4	195	0,88	14	4965	0,30	24	3883	0,05
5	474	0,87	15	5000	0,20	25	3661	0,04
6	819	0,87	16	5000	0,16	26	3447	0,03
7	1300	0,86	17	4984	0,14	27	3247	0,03
8	1943	0,84	18	4944	0,12	28	3068	0,03
9	2766	0,79	19	4859	0,10	29	2919	0,02
10	3790	0,71	20	4722	0,09	30	2803	0,02

Tabla 4.8. Curva de potencia y coeficiente de empuje. G128-5MW

V(m/s)	*P*(kW)	*CT*	*V*(m/s)	*P*(kW)	*CT*	*V*(m/s)	*P*(kW)	*CT*
1	0	0,84	11	3254	0,55	21	3049	0,039
2	0	0,84	12	3290	0,40	22	2876	0,032
3	36	0,84	13	3300	0,30	23	2691	0,026
4	168	0,84	14	3299	0,24	24	2520	0,022
5	486	0,84	15	3299	0,19	25	2381	0,018
6	840	0,83	16	3299	0,16			
7	1335	0,83	17	3288	0,13			
8	1991	0,83	18	3288	0,11			
9	2835	0,79	19	3254	0,08			
10	3125	0,70	20	3179	0,06			

Solución

Caso 1

1. Energía anual en MWh y horas equivalentes.

Se parte de la Tabla 4.6. correspondiente al aerogenerador G132-5MW, tomando los valores de potencia y la distribución de frecuencia de Rayleigh ($k = 2$) y una velocidad media anual se obtiene el número de horas y la energía producida en cada intervalo de velocidad del viento (ver Tabla 4.9)

Tabla 4.9. Distribución de horas y energía para cada intervalo de la velocidad del viento G132-5MW

V(m/s)	*H*(h)	*E*(MWh)	*V*(m/s)	*H*(h)	*E*(MWh)	*V*(m/s)	*H*(h)	*E*(MWh)
1	374,0	0	11	300,1	1302	21	0,5	2,0
2	700,6	0	12	198,2	940	22	0,2	1,0
3	942,3	57	13	124,5	612	23	0,1	0,0
4	1078,4	243	14	74,4	370	24	0,0	0,0
5	1107,7	552	15	42,3	211	25	0,0	0,0
6	1045,6	899	16	23,0	115	26	0,0	0,0
7	918,7	1254	17	11,9	59	27	0,0	0,0
8	756,9	1542	18	5,9	29	28	0,0	0,0
9	587,6	1707	19	2,8	14	29	0,0	0,0
10	431,4	1582	20	1,2	6	30	0,0	0,0

La energía anual calculada es de 11.498,07 MWh que corresponde a 2300 horas equivalentes y un factor de capacidad del 26,25 %

2. Par máximo sobre la cimentación y velocidad del viento a la que se produce.

Aplicando la fórmula de la fuerza de empuje sobre el aerogenerador y multiplicando por la altura de la torre se obtiene el par ejercido sobre la cimentación para cada velocidad del viento según la siguiente expresión

$$M_f = \frac{1}{2}\rho V^2 \left(\frac{\pi D^2}{4}\right) C_T(\text{V})\text{H}$$

En la Tabla 4.10 se muestra el momento flector sobre la cimentación para cada velocidad del viento.

Tabla 4.10. Distribución del momento flector para cada velocidad del viento. G132-5MW

V(m/s)	M_f (kNm)	V(m/s)	M_f (kNm)	V(m/s)	M_f (kNm)
1	895,19	11	73023,34	21	35485,72
2	3580,76	12	69523,05	22	34077,56
3	8056,71	13	62894,62	23	31925,08
4	14323,04	14	57171,44	24	28967,94
5	22128,29	15	52051,76	25	25145,78
6	31502,63	16	48923,63	26	27197,67
7	42878,58	17	46509,63	27	21997,53
8	54717,21	18	42365,61	28	23657,15
9	65177,86	19	39941,56	29	16918,08
10	72419,84	20	40233,25	30	18104,96

El par máximo registrado sobre la cimentación es 73023,34 kNm y se produce a 11 m/s

3. Valor actual neto (VAN), tasa interna de retorno (TIR) y año de la vida útil en la que el flujo de caja es positivo.

Los ingresos anuales por venta de energía se calculan como el producto de la energía anual por el precio de la energía siendo igual a 574,9 k€ y descontando el coste anual de operación y mantenimiento de 125 k€, los ingresos netos por venta de energía son iguales a 449,9 k€. Este valor se considerará como $F_t = 449{,}9$ k€ en las fórmulas de TIR y VAN. Considerando una inversión inicial de $I_0 = 5$M€ y una tasa de descuento de $r = 5$ % se obtiene que el valor actual neto es igual a 606,8 k€ y la TIR es igual al 6,39 %. A partir del año 12 el flujo de caja es positivo

4. Coste nivelado de la energía (LCOE en €/MWh).

El LCOE se ha calculado según la Expresión (4.95) sabiendo que $I_1 = 5000$ k€ y el resto de periodos es igual a cero (es decir la inversión se hace en el periodo inicial). Considerando además que el coste de O&M en cada periodo es $M_t = 125$ k€ y la energía anual es $E_t =$ 11.498,07 MWh se obtiene un LCOE de 44,10 €/MWh que es ligeramente inferior al precio de venta de la energía 50 €/MWh.

Caso 2. turbina similar a la anterior de igual potencia con 128 m de diámetro y torre de 95 m de altura

Se quiere estudiar el efecto que tiene emplear una máquina de igual potencia, pero de menor diámetro y menor altura de buje. En este caso los costes de las palas y de la torre disminuirán, pero la velocidad del viento también será menor al considerar un perfil vertical de la velocidad del viento creciente con la altura. En los apartados 5 al 11 se realizarán los cálculos energéticos y económicos para analizar la rentabilidad de instalar esta nueva máquina en el emplazamiento.

1. Velocidad media del viento a 95 m de altura y valor del factor de escala C (m/s).

Aplicando la ley potencial correspondiente al perfil vertical de la velocidad del viento obtenemos que

$$V = V_0\left(\frac{H}{H_0}\right)^{\alpha} = 6\left(\frac{95}{120}\right)^{0.25} = 5{,}6596\, m/s$$

El coeficiente de escala correspondiente a esta velocidad media es $C = 6{,}386\, m/s$

2. Energía anual en MWh y horas equivalentes.

La distribución de horas y la energía correspondiente a cada intervalo de la velocidad del viento en estas nuevas condiciones se muestra en la Tabla 4.11.

Tabla 4.11. Distribución de horas y energía para cada intervalo de la velocidad del viento G128-5MW

V(m/s)	*H*(h)	*E*(MWh)	*V*(m/s)	*H*(h)	*E*(MWh)	*V*(m/s)	*H*(h)	*E*(MWh)
1	419,2	0	11	243,2	139	21	0,2	0,0
2	778,9	0	12	150,9	84	22	0,1	0,0
3	1033,6	51	13	88,6	45	23	0,0	0,0
4	1160,7	226	14	49,2	23	24	0,0	0,0
5	1163,6	552	15	25,9	9	25	0,0	0,0
6	1066,2	873	16	12,9	4	26	0,0	0,0
7	904,4	1176	17	6,1	2	27	0,0	0,0
8	715,5	1390	18	2,7	1	28	0,0	0,0
9	530,6	1468	19	1,2	0	29	0,0	0,0
10	370,0	1402	20	0,5	0	30	0,0	0,0

La energía anual calculada es de 9800,39 MWh que corresponde a 1960 horas equivalente y un factor de capacidad del 22,38 %.

3. Par máximo sobre la cimentación y velocidad del viento a la que se produce.

Se realiza el mismo cálculo que en apartado 2 pero para la curva de potencia de la Tabla 4.7 y las nuevas condiciones de viento. La Tabla 4.12 muestra los momentos flectores sobre la cimentación para cada velocidad del viento.

Tabla 4.12. Distribución del momento flector para cada velocidad del viento. G128-5MW

V(m/s)	***M***$_f$ **(kNm)**	*V*(m/s)	***M***$_f$ **(kNm)**	*V*(m/s)	***Mf*** **(kNm)**
1	658,90	11	54359,59	21	26416,06
2	2635,62	12	52832,13	22	25367,81
3	5930,14	13	48085,02	23	23765,47
4	10542,47	14	44026,77	24	21564,13
5	16285,41	15	33693,96	25	18718,87
6	23450,99	16	30668,99	26	15184,74
7	31552,52	17	30294,61	27	16375,26
8	40253,05	18	29111,58	28	17610,71
9	47912,81	19	27030,04	29	12594,05
10	53161,58	20	26955,17	30	13477,58

El par máximo registrado sobre la cimentación es 54.359,59 kNm y se produce a 11 m/s.

4. Coste de la turbina por componentes.

En la Tabla 4.12 se muestra el reparto de costes por componentes y el nuevo coste de la turbina G128-5MW. Se incluye para cada caso un factor corrector entre el componente de la turbina que se ha considerado base para el cálculo y la nueva turbina. El cálculo de cada uno de estos factores se indica a continuación.

- **Rotor**. En el caso del rotor el coste se ha supuesto proporcional al área barrida de modo que factor corrector se calcula como el cociente entre el diámetro de la nueva máquina y el diámetro de la máquina base elevado al cuadrado.

$$F_{RO} = \left(\frac{D}{D_{base}}\right)^2 = \left(\frac{128}{138}\right)^2 = 0.9403$$

- **Torre**. El factor de corrección de la torre se calcula como el cociente entre la altura de la nueva turbina y la altura base.

$$F_{TO} = \frac{H}{H_{base}} = \frac{95}{120} = 0.7917$$

- **Cimentación**. El factor de corrección de la cimentación se realiza mediante el cociente entre los momentos flectores.

$$F_{CI} = \frac{M_f}{M_{f,base}} = \frac{54.359,59}{73023,34} = 0.7444$$

- **Resto de componentes.** Este factor corrector hace referencia al resto de componentes que están afectados por la potencia nominal del aerogenerador. En este caso como las potencias de ambas máquinas son iguales el factor de corrección es igual a la unidad

$$F_{RE} = \frac{P_N}{P_{N,base}} = \frac{5000}{5000} = 1.0$$

Tabla 4.12. Reparto de costes por componentes. G128-5MW

		G132-5MW k€	Factor —	G128-5MW k€
Rotor	**22 %**	1100	0.9403	1034,3
Torre	**26 %**	1300	0,7917	1029,2
Cimentación	**15 %**	750	0,7444	558,3
Resto	**37 %**	1850	1,0000	1850
Total	**100 %**	5000		4471,8

En todos los casos salvo en los componentes que están afectados por la potencia del aerogenerador los factores de corrección son inferiores a la unidad ya que la nueva turbina tiene un diámetro y una altura menor a la turbina base. Por esa razón el coste obtenido es inferior, en el caso de la maquina G128-5MW y con los criterios establecidos el coste de la máquina es 4471,8 k€.

5. Valor actual neto (VAN) y tasa interna de retorno (TIR) y año de la vida útil en la que el flujo de caja es positivo.

En este caso los ingresos anuales por venta de energía descontando el mantenimiento son inferiores al caso anterior y son iguales a 378,22 k€. Los costes de operación y mantenimiento anuales son de 111,80 k€. Considerando una inversión inicial de I_0 = 4471,82 k€ y una tasa de descuento de r = 5 % se obtiene que el valor actual neto es igual a 241,69 k€ y la TIR es igual al 5,63 %. A partir del año 12 el flujo de caja es positivo.

6. Cálculo del LCOE (€/MWh).

La inversión inicial es $I_1 = 4471{,}82$ k€ y el resto de periodos igual a cero (es decir la inversión se hace en el periodo inicial). El coste de O&M en cada periodo es $M_t = 118{,}80$ k€ y la energía anual es $E_t = 9800{,}39$ MWh se obtiene un LCOE de 46,28 €/MWh que es ligeramente inferior al precio de venta de la energía 50 €/MWh.

7. Comparar la rentabilidad de la instalación de ambas turbinas en el emplazamiento elegido.

La rentabilidad es menor en este segundo caso la TIR, el VAN y el LCOE son menores.

La última parte del ejemplo de aplicación consiste en comparar una máquina con el mismo diámetro y altura de torre que la turbina base, pero de potencia inferior. A continuación, se repetirán los cálculos sin indicar ahora la distribución de horas, energía y momentos flectores para cada intervalo de la velocidad del viento. Se deja al lector la obtención de estos valores.

a) Energía anual en MWh y horas equivalentes.

La energía anual calculada es de 9951,92 MWh que corresponde a 3016 horas equivalente y un factor de capacidad del 34,43 %.

b) Par máximo sobre la cimentación y velocidad del viento a la que se produce.

El par máximo registrado sobre la cimentación es 70.408,18 kNm y se produce a 10 m/s.

c) Coste de la turbina por componentes.

El coste de la turbina por componentes en este caso se muestra en la Tabla 4.13.

Tabla 4.13. Reparto de costes por componentes. G132-3,3 MW

		G132-5MW	**Factor**	**G132-3,3MW**
		k€	—	k€
Rotor	**22 %**	1100	1	1100
Torre	**26 %**	1300	1	1300
Cimentación	**15 %**	750	0,96	723,14
Resto	**37 %**	1850	0,66	1221
Total	**100 %**	5000		4344,14

El coste del rotor y la rote es el mismo que el del caso base, la cimentación tiene un factor reductor debido a que los coeficientes de empuje son diferentes para las dos máquinas. El factor corrector determinante es el correspondiente al resto de equipos cuyo coste depende de la potencia de la máquina. En este caso al ser la máquina de 3,3 MW respecto a los 5MW de la turbina base el factor corrector es de 0.66. El coste final de esta turbina es de 4344,14 k€.

d) Valor actual neto (VAN) y tasa interna de retorno (TIR) y año de la vida útil en la que el flujo de caja es positivo.

En este caso los ingresos anuales por venta de energía descontando el mantenimiento son inferiores son iguales a 388,99 k€. Los costes de operación y mantenimiento anuales son de 108,60 k€. Considerando una inversión inicial de I_0 = 4344,14 k€ y una tasa de descuento de r = 5 %, se obtiene que el valor actual neto es igual a 503,57 k€ y la TIR es igual al 6,33 %. A partir del año 12 el flujo de caja es positivo.

e) Cálculo del LCOE (€/MWh).

La inversión inicial es $I_1 = 4344{,}14$ k€ y el resto de periodos igual a cero (es decir la inversión se hace en el periodo inicial). El coste de O&M en cada periodo es $M_t = 108{,}60$ k€ y la energía anual es $E_t = 9951{,}92$ MWh se obtiene un LCOE de 44,27 €/MWh que es ligeramente inferior al precio de venta de la energía 50 €/MWh.

f) Comparación de resultados.

En la Tabla 4.14 se muestran los valores de rentabilidad de los tres casos estudiados.

Tabla 4.14. Comparación de la rentabilidad de los casos estudiados

	G132-5MW	**G128-5MW**	**G132-3,3MW**
VAN	606,8 k€	241,69 k€	503,57 k€
TIR	6,39 %.	5,63 %.	6,33 %
LCOE	44,10 €/MWh	46,28 €/MWh	44,27 €/MWh

A la vista de la Tabla 4.14 se observa cómo la máquina que mejor se adapta al emplazamiento escogido es la G132-5MW, la reducción del diámetro y la altura de la torre (caso 2) penalizan claramente los índices de rentabilidad. El caso 3, donde se mantienen las dimensiones del rotor y de la torre, pero se reduce la potencia nominal, se ve afectada también la rentabilidad, pero en menor medida que en el caso 2.

□

BIBLIOGRAFÍA

[1]. Rodríguez Amenedo, José Luis, Burgos Diaz, Juan Carlos and Arnaltes Gómez. Santiago *Sistemas eólicos de producción de energía eléctrica*. Rueda, 2003.

[2]. Manwell, James F., John G. McGowan, and Anthony L. Rogers. *Wind energy explained: theory, design and application*. John Wiley & Sons, 2010.

[3]. Sørensen, John Dalsgaard, and Jens N. Sørensen, eds. "*Wind energy systems: Optimising design and construction for safe and reliable operation*." (2010).

[4]. Lynn, Paul A. *Onshore and offshore wind energy: an introduction*. John Wiley & Sons, 2011.

[5]. Corke, Thomas, and Robert Nelson. *Wind energy design*. CRC Press, 2018.

[6]. Ding, Yu. *Data science for wind energy*. Chapman and Hall/CRC, 2019.

[7]. Garcia-Sanz, Mario, and H. Houpis, Constantine. *Wind energy systems: control engineering design*. CRC press, 2012.

[8]. Tong, Wei. *Fundamentals of wind energy*. Vol. 44. Southampton, UK: WIT Press, 2010.

[9]. Anaya-Lara, Olimpo, *et al Wind energy generation: modelling and control*. John Wiley & Sons, 2011.

[10]. Ackermann, Thomas, ed. *Wind power in power systems*. John Wiley & Sons, 2012.

[11]. Ali, Mohd Hasan. *Wind energy systems: solutions for power quality and stabilization*. CRC Press, 2012.

[12]. Letcher, Trevor, (Ed.) *Wind energy engineering: A handbook for onshore and offshore wind turbines*. Elsevier, 2023.

[13]. Wu, Bin, *et al*. *Power conversion and control of wind energy systems*. John Wiley & Sons, 2011.

[14]. Mathew, Sathyajith. *Wind energy: fundamentals, resource analysis and economics*. Vol. 1. Berlin: Springer, 2006.

[15]. Ahmed, Siraj. *Wind energy: theory and practice*. PHI Learning Pvt. Ltd., 2015.

Capítulo 5

GENERADORES ELÉCTRICOS

José Luis Rodríguez Amenedo
Universidad Carlos III de Madrid
Ricardo Granizo Arrabé
Universidad Politécnica de Madrid

Índice del capítulo

5.1. INTRODUCCIÓN

Tradicionalmente, se ha entendido el generador eléctrico como un convertidor electromecánico asociado a una máquina rotativa capaz de convertir energía mecánica en energía eléctrica haciendo uso de los campos magnéticos. Esta es la configuración habitual en las centrales de producción de energía eléctrica donde una turbina (de vapor, gas o hidráulica) actúa como motor primario aportando energía mecánica a un eje al que se acopla un generador eléctrico que mantiene constante su velocidad de giro. Estos generadores que tienen la capacidad de mantener constante la velocidad de rotación independientemente de la potencia transmitida, se conocen como *generadores síncronos*, y son las máquinas eléctricas utilizadas en las centrales térmicas, hidráulicas y nucleares. Las características constructivas de los generadores síncronos son diferentes dependiendo de la velocidad de rotación impuesta por el rendimiento del motor primario al cual se conectan (turbinas de vapor o hidráulicas).

En las turbinas de vapor se obtienen rendimientos altos para velocidades de giro elevadas, la disposición del eje de giro es horizontal y su longitud axial es muy superior a su diámetro, a fin de reducir los esfuerzos producidos por las fuerzas centrífugas. Este tipo de alternadores tiene un rotor cilíndrico devanado generalmente con un número reducido de polos. Como se verá posteriormente la velocidad mecánica de sincronismo es proporcional al cociente entre la frecuencia y el número de pares de polos, de ahí que, por ejemplo, la velocidad de giro sea de 3000 r/min en el caso de un *turbogenerador* de dos polos conectado a una red de 50 Hz. La potencia unitaria de estos generadores se espera que en lo próximos años supere los 2000 MVA.

Los *alternadores hidráulicos* giran a una velocidad de rotación inferior, el tipo de turbina asociada depende fundamentalmente de las características del salto. Las turbinas Pelton se emplean en saltos de gran altura que impulsan grupos de eje horizontal, siendo el generador de 8 o 16 polos, con velocidad comprendidas entre 750 y 375 r/min en redes de 50 Hz. En saltos medios se utilizan turbinas Francis que giran más lentas (150 r/min) y en saltos de pequeña altura (< 30 m) se emplean turbinas Kaplan, las cuales giran todavía más lentamente, y se construyen con mayor número de polos. La disposición del eje de giro en las turbinas Francis y Kaplan es vertical, el generador se ubica en la parte superior y la turbina en la parte inferior para prevenir inundaciones o fugas de agua del circuito hidráulico. A diferencia de los turbogeneradores disponen de un gran diámetro y pequeña longitud axial. La potencia media de los alternadores hidráulicos es de 150 a 300 MVA, aunque se han llegado a construir unidades de mayor potencia.

En cualquiera de los casos, ya sean turbogeneradores o los alternadores hidráulicos, la máquina rotativa que realiza el proceso de conversión mecánico-eléctrico es un generador síncrono, que tiene una conexión muy rígida con la red pero que permite el mantenimiento de su frecuencia actuando sobre los sistemas de regulación de velocidad intercambiando la potencia activa necesaria cuando se produce un desequilibrio entre la generación y la demanda. Los generadores síncronos disponen de elementos de control auxiliares como el regulador automático de tensión

(AVR, *Automatic Voltage Regulator*) que permite intercambiar potencia reactiva, y controlar la tensión en sus terminales, actuando sobre el sistema de excitación. Además, en la mayoría de los casos, estas máquinas disponen de un sistema estabilizador de potencia (PSS, *Power Systems Stabilizer*) cuya función es amortiguar las oscilaciones de potencia de los sistemas eléctricos actuando, también, a través del sistema de excitación.

Se puede concluir entonces que los generadores síncronos son los elementos principales que mantienen los niveles de tensión y frecuencia en límites aceptables en las redes eléctricas, contribuyendo a su estabilidad, y garantizando la calidad y continuidad del suministro eléctrico. De hecho, los generadores síncronos han sido los elementos de control fundamentales en la operación de los sistemas eléctricos desde sus inicios a finales del siglo XIX. En la actualidad muchas de las centrales térmicas y nucleares se están desmantelando debido a la integración masiva de fuentes de generación renovable en los sistemas eléctricos, las cuales, no emplean generadores síncronos directamente conectados a la red en su proceso de conversión energética.

A finales del siglo XX comienza el auge de las energías renovables comenzando inicialmente por el desarrollo de la generación eólica y posteriormente con las plantas de generación fotovoltaica. Los generadores eléctricos asociados a las primeras turbinas eólicas eran generadores asíncronos directamente conectados a la red, los cuales permiten deslizar ligeramente por encima de la velocidad de sincronismo haciendo que la conexión sea menos rígida que la de los generadores síncronos convencionales. Este tipo de turbinas se denominan de velocidad fija, aun cuando se produce una ligera variación de velocidad. Buena parte de los desarrollos posteriores se centraron en aumentar el margen de variación de la velocidad de giro a fin de reducir las cargas mecánicas producidas por las variaciones bruscas de la velocidad del viento. Los primeros diseños disponían de una resistencia fija conectada a un puente rectificador, y éste a los anillos del rotor. En paralelo con la resistencia se usaba un interruptor de forma que su ciclo de trabajo permitía controlar la resistencia equivalente del rotor, y, por lo tanto, la característica de par del generador, consiguiendo deslizamientos cercanos al 10% para velocidades superiores a la de sincronismo.

Los desarrollos tecnológicos posteriores se dedicaron a ampliar el margen de variación de la velocidad de giro de las turbinas eólicas con el objetivo ya mencionado de reducir las cargas mecánicas y también para mejorar el rendimiento energético de la turbina adecuando su régimen de giro a la velocidad del viento incidente. Estos sistemas se denominaron de velocidad variable, y aunque tuvieron una implantación industrial lenta en las primeras décadas del siglo XXI, hoy en día se puede decir que son la tecnología dominante, siendo la práctica totalidad de las turbinas eólicas instaladas en el mundo de velocidad variable. Hay que decir que la consolidación de los sistemas de velocidad variable se ha producido gracias a la madurez tecnológica de la electrónica de potencia asociada a este tipo de sistemas.

Los sistemas de velocidad variable que se emplean en la actualidad son de dos tipos: generadores asíncronos doblemente alimentados (DFIG, *Doubly Eed Induction Generator*) o generadores síncronos de convertidor completo (FC, *Fullconverter*). EL DFIG es un generador asíncrono cuyo devanado estatórico está directamente conectado a la red, al igual que los terminales del rotor, pero éstos a través de un doble convertidor electrónico con una etapa intermedia de c.c. La ventaja de este sistema es que permite controlar de forma dinámica el par y el intercambio de potencia reactiva del estátor en un rango de variación de la velocidad del ±30% respecto de la velocidad de sincronismo con unos convertidores electrónicos diseñados para una potencia inferior a la potencia nominal de la turbina. Al estar el estátor directamente conectado a la red todas las perturbaciones eléctricas, como huecos de tensión, desequilibrios, armónicos, etc, afectan directamente al funcionamiento del generador, lo cual es un serio inconveniente para cumplir las estrictas regulaciones impuestas por los denominados *códigos de red.*

El FC lo forman un generador síncrono de rotor devanado, o de imanes permanentes, que se conecta a la red a través de un doble convertidor con etapa intermedia de c.c., convertidor conocido como *back-to back*, y cuya configuración es la misma que el empleado en el DFIG. La diferencia fundamental en este caso es que el doble convertidor maneja la totalidad de la potencia de la turbina, pero aísla eléctricamente el generador eléctrico de las perturbaciones de la red. El coste de los equipos eléctricos de las turbinas FC es mayor que en el caso de los DFIG, aunque este aspecto no es determinante ya que el coste de estos equipos puede suponer un 5% o 10% del coste total del aerogenerador. En algunos diseños el generador eléctrico se diseña con un elevado número de polos y la frecuencia de operación del convertidor al que se conecta es lo suficientemente reducida para que el régimen de giro del generador se adecue al de la turbina sin necesidad de emplear una caja multiplicadora. Este tipo de sistemas se denominan de *conexión directa* o (*direct-drive*) y tiene la ventaja indiscutible de eliminar uno de los elementos más pesados, caros y con mayor tasa de fallos de los aerogeneradores, aunque bien es cierto que el diseño del generador se complica significativamente.

El desarrollo tecnológico de la electrónica de potencia ha permitido asimismo el uso de inversores fotovoltaicos en instalaciones solares. La topología y características de este inversor es la misma que el convertidor de red de un FC, con la única diferencia de que en el enlace de c.c. se conectan una agrupación de paneles fotovoltaicos en lugar de un convertidor conectado a los terminales del generador síncrono. Estos mismos convertidores se utilizan también en sistemas de almacenamiento de energía con baterías electroquímicas, funcionando como rectificador en el proceso de carga, y como inversor en el proceso de descarga.

La práctica totalidad de los países industrializados contemplan en sus planes de desarrollo energético un progresivo desmantelamiento de centrales térmicas contaminantes, principalmente de carbón, y en algunos casos también centrales nucleares, en favor de una integración masiva de fuentes de generación renovable, principalmente generación eólica y fotovoltaica, con apoyo de sistemas de almacenamiento basados en baterías electroquímicas. Esta tendencia implica un cambio de paradigma en la operación de los sistemas eléctricos, los cuales cada vez van a estar soportados por dispositivos electrónicos desplazando los tradicionales generadores síncronos. Por este motivo es más necesario que nunca que los estudiantes y los profesionales de la ingeniería eléctrica, conozcan en profundidad el modo de operación de las plantas de generación renovable, así como el funcionamiento y capacidades de los convertidores electrónicos directamente conectados a la red eléctrica.

En este contexto se presenta este capítulo cuyo objetivo es mostrar al lector el principio de funcionamiento y límites de funcionamiento de los generadores eléctricos rotativos (síncronos y asíncronos) primero en sus aplicaciones de velocidad fija, y posteriormente en aplicaciones de velocidad variable mediante el uso de convertidores electrónicos. El conocimiento de la operación y control de estos dispositivos es uno de los elementos esenciales para comprender el funcionamiento de las plantas de energía renovable tanto de generación renovable (eólica y fotovoltaica) como de almacenamiento (baterías).

El capítulo se ha estructurado de la siguiente forma, en el primer apartado se exponen los aspectos constructivos, principio de funcionamiento, diagrama de límites de funcionamiento y protecciones básicas del generador síncrono. El segundo apartado está dedicado al generador asíncrono, se abordan también los aspectos constructivos y el principio de funcionamiento a partir del circuito equivalente general para máquinas con acceso a los terminales del estátor y del rotor. Se analiza la compensación de potencia reactiva y los métodos de arranque. Antes de abordar el estudio de estas dos máquinas a velocidad variable se presenta el principio de funcionamiento y diagrama de límites de funcionamiento de un convertidor electrónico de dos niveles conectado a la red cuyo conocimiento es fundamental para comprender la regulación de velocidad de generador síncronos y asíncronos en aplicaciones de generación eólica e hidráulica. Se exponen las técnicas básicas del control vectorial y finalmente se analizan las protecciones del convertidor en especial en el caso de los inversores fotovoltaicos.

Los apartados finales corresponden al caso de generadores síncronos, y asíncronos, controlados a velocidad variable mediante el uso de convertidores electrónicos. En el caso del generador síncrono se presenta la estrategia de regulación y el control vectorial de las máquinas de imanes permanentes, y una descripción detallada del generador síncrono de rotor bobinado con excitación independiente. Ambos sistemas forman parte de los sistemas de velocidad variable de convertidor completo. Para finalizar se estudian los generadores asíncronos de velocidad variable, se hace una breve descripción de las soluciones tecnológicas empleadas hasta el desarrollo del generador asíncrono doblemente alimentado (DFIG). Para esta máquina se propone el principio de funcionamiento, el balance de potencias, el diagrama de límites de funcionamiento y las técnicas de control vectorial aplicadas a esta máquina. En cada uno de los apartados se proponen algunos problemas de aplicación a fin de que el lector pueda asimilar los conceptos presentados.

5.2. GENERADOR SÍNCRONO

Los generadores síncronos (GS) son las máquinas electicas de uso común en las centrales convencionales de producción de energía eléctrica (hidráulicas, térmicas o nucleares). La característica fundamental de este tipo de máquinas es su capacidad de intercambiar potencia con el sistema eléctrico manteniendo constante su velocidad de giro y garantizando así el sincronismo. La velocidad de giro de los generadores síncronos está vinculada rígidamente a la frecuencia de la red, f en Hz, a la que se conecta de acuerdo a la expresión siguiente

$$n_s = \frac{60\,f}{p} \tag{5.1}$$

siendo p el número de pares de polos que es una de las características constructivas de la máquina.

La frecuencia eléctrica permanece constante cuando la potencia activa suministrada por los generadores iguala la potencia activa demandada por las cargas, más las pérdidas en los diferentes elementos que componen el sistema eléctrico (transformadores, líneas, etc.). Instantáneamente cualquier desequilibrio entre generación y demanda da lugar a una variación de la velocidad de giro de los generadores síncronos. Aunque estas variaciones suelen ser lentas debido al elevado momento de inercia de las masas giratorias acopladas al rotor del generador, sin embargo, se corrigen de forma activa a través de un regulador de velocidad, o *governor*, cuya función es modificar la potencia mecánica de la turbina para restituir la velocidad de giro a su valor de referencia y equilibrar de esta forma el balance de potencias.

El cambio de la frecuencia con la potencia activa del generador se denomina regulación primaria o estatismo (*droop* en terminología inglesa), y permite el funcionamiento en paralelo de los generadores síncronos, lo cual es una de las propiedades fundamentales de este tipo de generadores. Suponiendo un mismo ajuste del estatismo de los generadores el reparto de potencia es proporcional a su potencia nominal. Al ser el estatismo un control proporcional la frecuencia no se equilibra en un valor exactamente igual a la frecuencia nominal. Para garantizar que la frecuencia alcance su valor nominal algunas unidades de generación modifican la potencia de la turbina siguiendo una regulación de velocidad tipo integral denominada regulación secundaria.

Otra de las características, que hace del generador síncrono un elemento esencial en la operación de las redes eléctricas, es su capacidad de intercambiar potencia reactiva a través del control de la intensidad de c.c. de su devanado de excitación. Esta capacidad del GS permite realizar el control de tensión en sus terminales de salida, o en otros puntos de la red, mediante un sistema de control denominado regulador automático de tensión o AVR (*Automatic Voltage Regulator*). Finalmente, los generadores síncronos están equipados con sistemas estabilizadores de potencia (PSS, *Power System Stabilizer*) cuya función es amortiguar las oscilaciones de potencia activa actuando sobre la consigna de tensión del AVR en función de las desviaciones de la velocidad de giro, o de la propia potencia medida a la salida del GS.

En los apartados siguientes se presentan los aspectos constructivos y los sistemas de excitación de los alternadores. Posteriormente, se analiza el funcionamiento del GS en régimen permanente, se muestra el diagrama fasorial y el circuito equivalente como una fuente de f.e.m. detrás de una impedancia. A partir de los ensayos de vacío y de cortocircuito del generador se obtiene el valor de la impedancia síncrona. Continua el apartado con el estudio del diagrama de límites de funcionamiento, se analiza el límite de estabilidad estático y las curvas en V que muestran la intensidad del estátor en función de la intensidad de excitación del GS para diferentes valores de potencia activa generada y factor de potencia (f.d.p). Finalmente, se analizan las máquinas de polos salientes mediante la *teoría de las dos reacciones*.

5.2.1. Aspectos constructivos

Los generadores síncronos, al igual que el resto de máquinas eléctricas rotativas, están constituidos por dos devanados independientes:

- Un devanado inducido formado por un arrollamiento trifásico y distribuido recorrido por corriente alterna. Se suele ubicar en el estátor, a partir de máquinas de cierta potencia.
- Un devanado inductor, que se dispone habitualmente en el rotor y está recorrido por corriente continua (c.c.). El arrollamiento de este devanado puede disponerse en un rotor de: a) polos salientes, b) rotor cilíndrico o de polos lisos.

Sin embargo, en la actualidad el devanado inductor se puede sustituir por una configuración de imanes permanentes, cuya función es también crear el campo magnético en el entrehierro de la máquina, aunque en este caso, sin la necesidad de incorporar ningún arrollamiento adicional. En la Figura 5.1. se muestra una descripción de las características constructivas de un GS de rotor devanado. En la parte izquierda de la figura se observa una configuración con rotor de polos salientes alrededor de los cuales se ubica un arrollamiento concentrado por el que se hace pasar la corriente de excitación. En la parte derecha se muestra una configuración de rotor liso o cilíndrico donde el devanado de excitación se distribuye a lo largo de todas las ranuras del rotor.

Como se analizará posteriormente una diferencia fundamental entre ambas configuraciones es la distribución interna de los enlaces de flujo en la máquina. En el caso de la configuración de rotor liso, al estar el devanado distribuido, la permeabilidad de las líneas de campo magnético es la misma en cualquier dirección de la máquina. No ocurre así en el caso de las máquinas de polos salientes, ya que la permeabilidad de las líneas de campo magnético es mayor en la dirección del polo magnético (eje d) que en los espacios interpolares (eje q). Como consecuencia de esta configuración se puede concluir que existe una asimetría magnética en las máquinas síncronas de polos salientes que tiene su importancia en la representación de las ecuaciones dinámicas del generador síncrono.

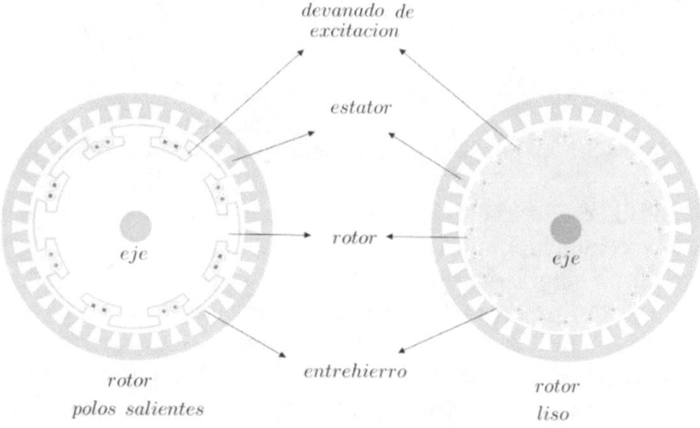

Figura 5.1. Tipos constructivos de los GS de rotor bobinado

En la Figura 5.2. se muestra la sección un turbogenerador donde se puede observar la configuración y disposición de los devanados del rotor y del estátor, así como el sofisticado sistema de refrigeración. Los turbogeneradores están movidos por turbinas de vapor que tienen un rendimiento elevado a altas velocidades de giro, de ahí que estas máquinas se diseñen con un reducido número de polos. Los turbogeneradores tienen un diámetro relativamente pequeño en relación a su longitud axial y son siempre de eje horizontal. Al ser la velocidad de giro elevada (3000 r/min, 50 Hz, 2 polos) el diámetro del turbogenerador debe ser necesariamente reducido para evitar cargas mecánicas elevadas debidas a la fuerza centrífuga. Estos generadores se diseñan siempre con una configuración de rotor liso. En la Figura 5.3. se muestra un detalle de las cabezas de bobina de un turbogenerador.

Figura 5.2. Sección de un turbogenerador de rotor liso (Siemens)

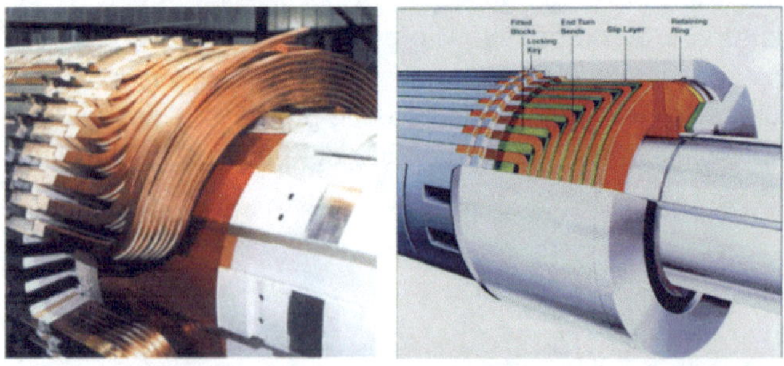

Figura 5.3. Cabezas de bobina de un generador de rotor liso

En el caso de los alternadores hidráulicos el régimen de giro del generador que optimiza el rendimiento de la turbina hidráulica es sensiblemente inferior al de los turbogeneradores. En saltos de gran altura se utilizan turbinas Pelton que giran a velocidades comprendidas entre 750 r/min y 375 r/min (que corresponden a generadores de 8 o 16 polos, 50 Hz). En saltos medios se emplean turbinas Francis con velocidades de giro cercanas a 150 r/min, sin embargo, en saltos de pequeña altura se utilizan turbinas de tecnología Kaplan con velocidades de giro inferiores a 100 r/min y un número de polos elevado (20-40 polos). El elevado número de polos determina la geometría del rotor, y también la del estátor, de tal manera que los alternadores hidráulicos se construyen con un diámetro elevado y reducida longitud axial, y son casi siempre de eje vertical, estando el alternador situado encima de la turbina hidráulica para prevenir inundaciones o daños por fugas de agua. En la Figura 5.4. se muestra un alternador hidráulico de eje vertical situado por encima de la turbina hidráulica. En la sección del generador se observa el elevado número de polos y su reducida longitud axial. A la derecha se muestra el detalle del rotor de una máquina síncrona de polos salientes. La máquina que se muestra es de 4 polos donde se observa claramente el polo inductor alrededor del cual se dispone el devanado inductor.

Figura 5.4. Sección de un alternador hidráulico de polos salientes (izquierda) y detalle del rotor de una máquina síncrona de polos salientes (derecha)

Existe una variante de las máquinas síncronas de polos salientes de rotor devanado que se utiliza en generación eólica, consiste en un generador síncrono de eje horizontal multipolar que se acopla a la turbina eólica sin necesidad de una caja multiplicadora. Un ejemplo típico es una máquina de 72 polos alimentada a 13.5 Hz girando a velocidad de 22,5 r/min. Este tipo de máquinas se operan a velocidad variable de ahí que la frecuencia nominal del estátor sea diferente de la frecuencia industrial. En la Figura 5.5. se muestra el estátor de un GS multipolar de excitación independiente.

Figura 5.5. Estátor de un generador síncrono multipolar

Los generadores síncronos de imanes permanentes (GSIP) no disponen de ningún devanado de excitación en el rotor ya que son los imanes los encargados de generar el flujo magnético en la máquina. Debido a la ausencia de devanado de excitación se obtienen elevadas densidades de potencia reduciendo así el tamaño y peso del generador. Además, no se producen pérdidas eléctricas por efecto Joule en los devanados rotor, de tal forma que se reduce la fatiga térmica de los materiales. Sin embargo, los GSIP presentan como inconveniente la posible desmagnetización de los imanes, su proceso de fabricación es más complejo y son más caros que los GS de rotor devanado. Dependiendo de la disposición de los imanes en el rotor los GSIP se pueden clasificar en: a) GSIP superficiales o b) GSIP interiores. En la Figura 5.6. se muestra la disposición de los imanes superficiales o interiores de los GSIP. Los imanes permanentes superficiales están dispuestos en la periferia del rotor. En la parte izquierda se muestra el ejemplo de GSIP con 12 imanes ubicados en la superficie externa del rotor adheridos mediante un adhesivo industrial. En este tipo de configuración la permeabilidad de los imanes es muy similar a la del material no-ferromagnético, de tal forma que se puede considerar que la distribución del campo magnético es uniforme en el entrehierro.

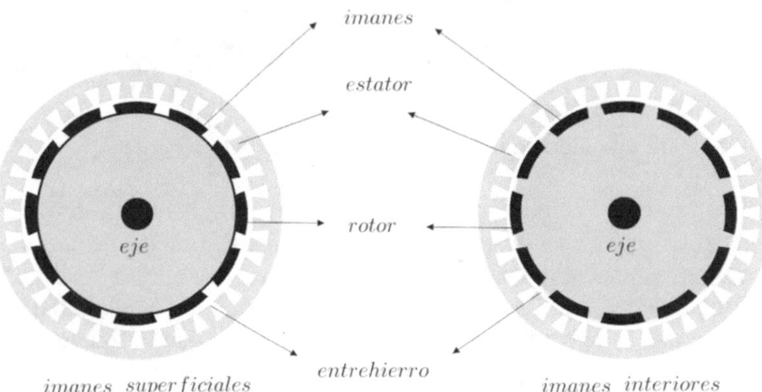

Figura 5.6. Tipos constructivos de los generadores síncronos de imanes permanentes

La principal ventaja de esta configuración es su sencillez y reducido coste de fabricación. Sin embargo, este tipo de diseño sólo es válido para aplicaciones donde la velocidad de giro es reducida debido al riesgo de desprendimiento de los imanes por causa de las fuerzas centrífugas de rotación. Existe una configuración donde el rotor es la parte giratoria externa al estátor, en este caso los imanes se adhieren a la parte interna del rotor de tal forma que la fuerza centrífuga ayuda a mantener pegados los imanes durante el giro de la máquina. Los imanes permanente interiores se disponen en el rotor como se muestra en la parte derecha de la Figura 5.6. En este caso sí que se puede considerar que la distribución del campo magnético en el entrehierro es no uniforme debido a la diferente permeabilidad de los imanes y el núcleo del rotor. Esta configuración reduce la fatiga asociada a las fuerzas centrífugas en comparación con los GSIP superficiales. En la Figura 5.7. se muestra la disposición de un GSIP cuyo rotor está directamente acoplado al eje de una turbina eólica. El rotor gira dentro del espacio interior del estátor y se une a las 3 palas a través del buje.

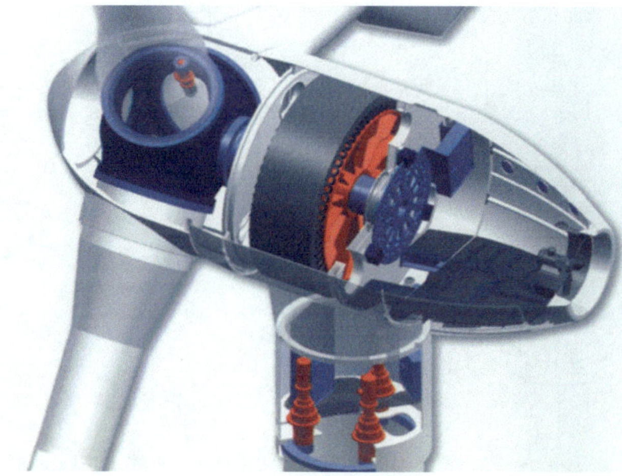

Figura 5.7. Disposición de un GSIP en una turbina eólica

5.2.2. Sistemas de excitación

El funcionamiento de un generador síncrono depende de la alimentación del devanado inductor o de excitación mediante c.c. La potencia consumida por el devanado de excitación oscila entre el 3% de la potencia nominal del generador para máquinas de reducida potencia o un 0.5% en alternadores de elevada potencia. Existen básicamente tres tipos de sistemas de excitación:

a) excitación propia

b) autoexcitación, o

c) excitación sin escobillas o *brushless*.

5.2.2.1. Sistema de excitación propia

Los sistemas de excitación propia alimentan el devanado inductor desde un generador de c.c. denominado excitatriz principal a través de anillos rozantes y escobillas. La excitatriz principal está acoplada mecánicamente al eje del generador y por lo tanto parte de la potencia mecánica desarrollada en el eje se utiliza para alimentar el devanado de excitación. Por esta razón este sistema se denomina de excitación propia. La tensión de la excitatriz se controla a través de la intensidad de su devanado inductor en función de la tensión y corriente medidas en los terminales de c.a. del generador principal. La excitatriz principal se alimenta a su vez de otra máquina de c.c. denominada excitratiz piloto, la cual también está acoplada al eje del generador y dispone de una conexión en derivación como se muestra en la Figura 5.8.

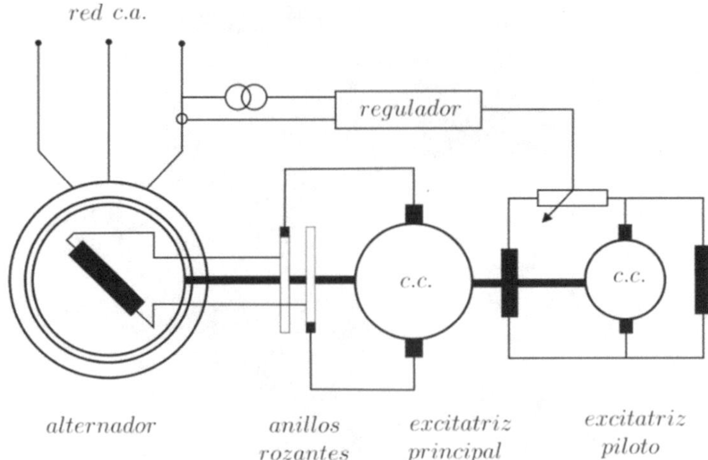

Figura 5.8. Sistema de excitación propia

Este sistema se puede considerar obsoleto, tiene el inconveniente de usar dos máquinas de c.c. en cascada. El uso de máquinas de c.c. implica el uso de contactos eléctricos a través de las escobillas y los anillos lo que supone un elevado coste de mantenimiento. Además, este sistema requiere una fuente auxiliar en el arranque cuando todavía no hay tensión en los terminales del generador. Existe la posibilidad de excitar el generador mediante una excitatriz de corriente alterna como se muestra en la Figura 5.9. Al igual que en el caso anterior siguen existiendo contactos eléctricos a través de anillos rozantes y escobillas, sin embargo, este sistema precisa un mantenimiento menor debido a la ausencia de máquinas con colector.

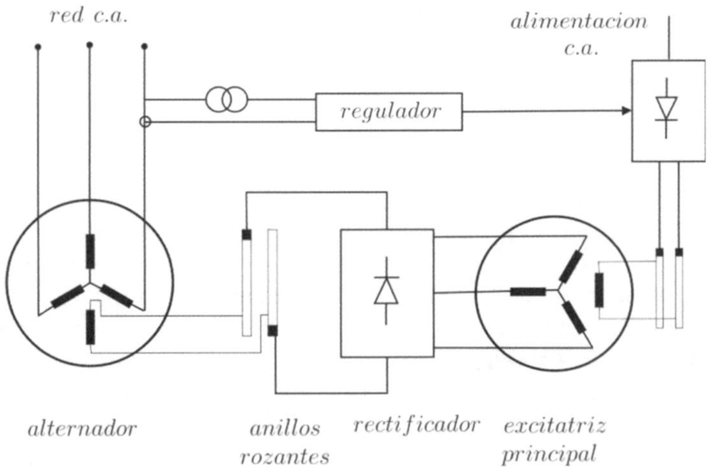

Figura 5.9. Sistema de excitación con excitatriz de c.a.

5.2.2.2. Sistema de autoexcitación

El siguiente sistema se basa en la alimentación del devanado inductor por medio de un puente rectificador controlado de tiristores. Los terminales de salida del generador alimentan la entrada del puente rectificador a través de un transformador de excitación. Por este motivo esta configuración se denomina de autoexcitación estática. Este sistema presenta una elevada fiabilidad ya que no dispone de partes móviles y su mantenimiento se limita a la revisión de los contactos entre las escobillas y los anillos. Estos sistemas requieren también de una fuente auxiliar en el arranque. En la Figura 5.10 se muestra un sistema de excitación de estas características.

Las soluciones anteriores tienen el inconveniente de utilizar anillos rozantes y escobillas para alimentar el devanado de excitación. En el caso de grandes máquinas esto puede ser un problema debido a que la corriente de excitación puede llegar a ser muy elevada y el número de escobillas en paralelo conectadas en cada anillo se incrementa.

Las pérdidas eléctricas en este tipo de configuraciones aumentan por la resistencia de contacto escobilla-anillo requiriendo además un mantenimiento periódico.

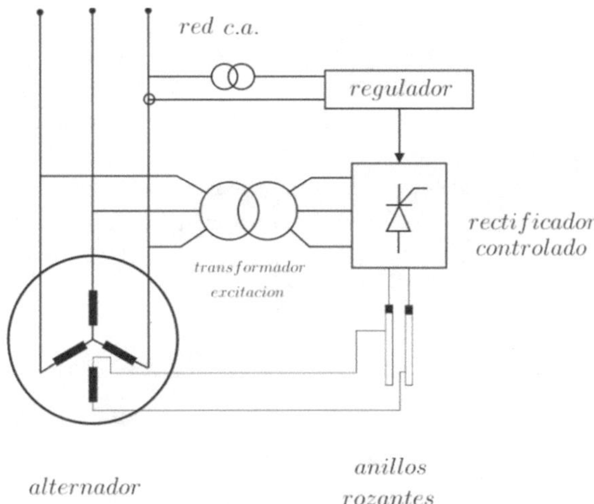

Figura 5.10. Sistema de excitación estática

5.2.2.3. Sistema de excitación sin escobillas o *brushless*

Para evitar estos inconvenientes se desarrollaron los sistemas de excitación sin escobillas o *brushless*. Estos sistemas consisten en disponer el inducido de la excitatriz principal de c.a. y un rectificador de diodos en el rotor del alternador. La excitatriz principal es, por tanto, un generador síncrono de estructura invertida, con los polos inductores en el estátor y el inducido en el rotor. El control de la corriente de excitación del alternador se realiza controlando, a su vez, la corriente de excitación de la excitatriz principal, la cual se puede alimentar desde un transformador de excitación (Figura 5.11).

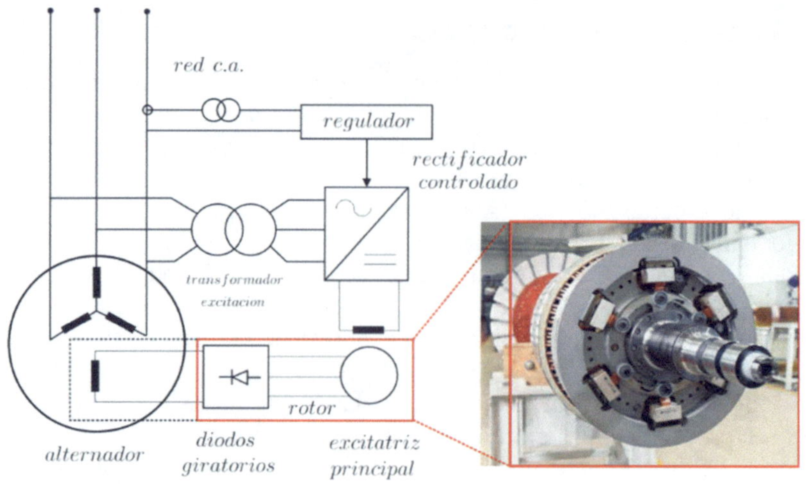

Figura 5.11. Sistema de autoexcitación sin escobillas *brushless*

Uno de los inconvenientes de este sistema es que precisa de una fuente auxiliar para el arranque. Este problema se soluciona incluyendo una excitatriz piloto de imanes permanentes como la que se muestra en la Figura 5.12. En este sistema ya no es necesario el transformador de excitación. La ventaja de este sistema es que en cuanto el alternador gira, los imanes permanentes de la excitatriz piloto alimentan el rectificador que controla la excitatriz principal. Además, en caso de producirse un cortocircuito en los terminales del alternador la excitación está siempre garantizada ya que sólo depende del giro de la máquina.

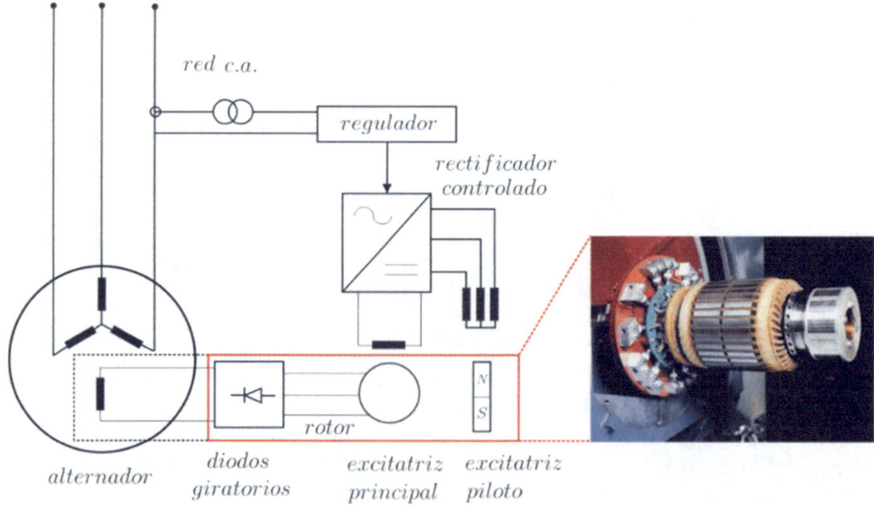

Figura 5.12. Sistema de excitación sin escobillas con excitatriz piloto

5.2.3. Principio de funcionamiento

El principio de funcionamiento del generador síncrono se estudia inicialmente cuando el generador funciona en vacío. En este modo de operación el devanado trifásico del estátor se encuentra a circuito abierto (no hay corriente en sus fases), sin embargo, el devanado inductor del rotor se alimenta con una c.c. de valor constante y se arrastra con un motor externo a una velocidad igual a la de sincronismo. En estas circunstancias el campo magnético giratorio producido por el devanado del rotor induce en los devanados del estátor tres f.e.m. del mismo módulo y desfasadas 120º en el tiempo, que constituyen, por tanto, un sistema equilibrado de tensiones. La relación entre el valor eficaz de la tensión en los terminales del GS a circuito abierto U_{s0}, y la intensidad del rotor I_f se obtiene mediante el ensayo de vacío y se denomina *característica de vacío del generador síncrono*, o *característica de circuito abierto CCA*. La tensión de vacío en cada fase del estátor para el armónico fundamental del campo giratorio viene dada por la siguiente expresión

$$U_{s0} = E_f = 4.44\, f_s\, k_{ws}\, N_s\, \phi_p(I_f) \tag{5.2}$$

siendo f_s la frecuencia de la tensión del estátor correspondiente a la velocidad de giro de la máquina Ω_s, k_{ws} el factor de devanado y N_s el número de espiras del estátor. Como se puede observar en (5.2) la tensión de vacío, coincide con la f.e.m. del inductor E_f siendo su valor proporcional al flujo por polo ϕ_p, el cual es dependiente de la intensidad de excitación I_f. La relación entre ϕ_p e I_f es no lineal, sin embargo, en primera aproximación se puede considerar la tensión de vacío proporcional a la intensidad de excitación y la pulsación ω_s de modo que (5.2) se puede expresar como

$$U_{s0} = E_f = (\omega_s L_{md})\, I_f = X_{md} I_f \tag{5.3}$$

donde L_{md} es la inductancia de magnetización del generador.

El ensayo de vacío se realiza girando el generador a velocidad constante (habitualmente la velocidad de sincronismo, Ω_s y consiste en registrar para cada intensidad de excitación el valor de la tensión medida entre dos fases (Figura 5.13).

La característica de vacío (CCA) se obtiene a partir del ensayo indicado en la Figura 5.13. La interpretación de esta característica debe hacerse de la siguiente manera. Para una ordenada cualquiera, es decir, para un determinado valor de flujo por polo, la f.m.m. total es la suma de los amperios-vuelta consumidos por el entrehierro más los amperios-vuelta consumidos por el circuito magnético del estátor y del rotor. El primer término corresponde a la intensidad de excitación necesaria para magnetizar el entrehierro, que presenta una permeabilidad constante, de ahí que esta característica se denomina *de entrehierro* (*CE*) o *característica convencional*.

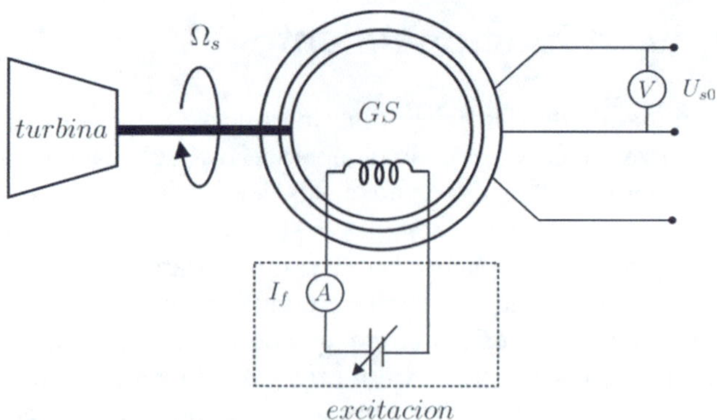

Figura 5.13. Ensayo de vacío del generador síncrono

Para la CE la relación entre la f.e.m. de excitación E_f y la intensidad de excitación I_f es la indicada en (5.3) y corresponde a una recta de pendiente X_{md} que pasa por el origen (ver Figura 5.14). El segundo término corresponde a la intensidad de excitación necesaria para magnetizar el estátor y el rotor, además contiene el elemento no lineal asociado a la saturación del circuito ferromagnético, siendo este término igual a S_{fd}/X_{md}.

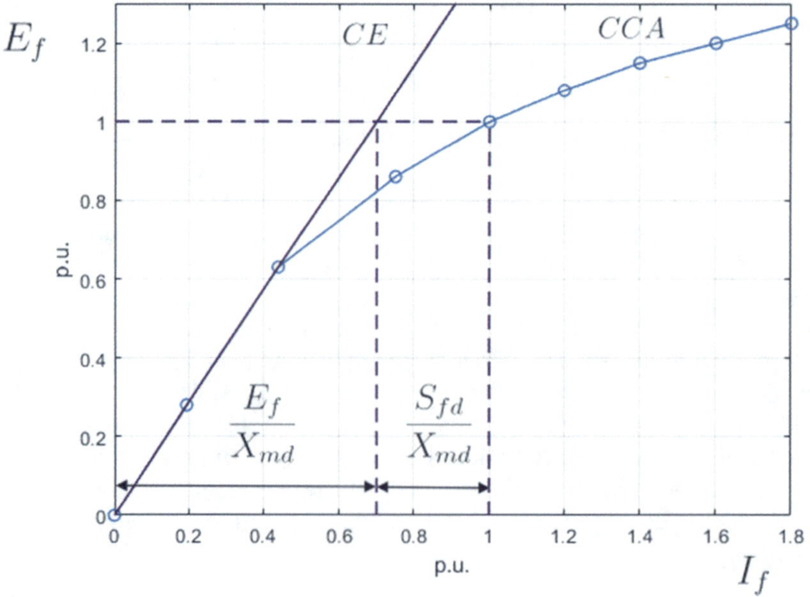

Figura 5.14. Característica de circuito abierto (CCA) y de entrehierro (CE)

5.2.3.1. Diagrama fasorial y circuito equivalente

Si estando funcionando el alternador en vacío, con una determinada corriente de excitación, se conecta en los terminales del estátor una impedancia de carga se obtiene una tensión en bornes de la máquina, U_s diferente al que presenta en vacío, U_{s0}. La variación de la tensión de salida del generador se debe a la circulación de la corriente en el devanado inducido a través de la impedancia que presentan este devanado. Esta impedancia corresponde, por un lado, a la reactancia de dispersión, X_σ, debida al flujo que se desarrolla en las cabezas de las bobinas y dentro de las ranuras donde se aloja el devanado, y por otro lado, a la resistencia de los arrollamientos, R_s. La caída de tensión en la reactancia de dispersión suele ser del orden del 10%-15% y la caída de tensión en la resistencia suele ser muy pequeña, del 1%-2%. La f.e.m. resultante $\vec{E}_r$ debido a la caída de tensión en estas impedancias se expresa como

$$\vec{E}_r = \vec{U}_s + (R_s + jX_\sigma)\,\vec{I}_s \tag{5.4}$$

El efecto que provoca la f.m.m. de inducido, $\vec{F}_i$ sobre la f.m.m. del inductor $\vec{F}_f$, modificando el flujo del entrehierro se denomina reacción del inducido y sobre él tiene influencia tanto la magnitud como la fase de la corriente del estátor. La suma vectorial de ambas f.m.m. da lugar a la f.m.m. resultante $\vec{F}_r$

$$\vec{F}_r = \vec{F}_f + \vec{F}_i \tag{5.5}$$

Cada una de estas f.m.m produce unos enlaces de flujo que por variar de forma sinusoidal en el tiempo dan lugar a vectores de f.e.m. retrasados 90º. Así pues, la f.e.m. $\vec{E}_r$ se puede expresar como la suma de la f.e.m. de excitación $\vec{E} = jE_f$ y una f.e.m debida a la reacción del inducido $\vec{E}_i$

$$\vec{E}_r = \vec{E}_f + \vec{E}_i \tag{5.6}$$

donde $\vec{E}_i$ representa la f.e.m. inducida por la parte del flujo que se debe exclusivamente a los amperios-vuelta de la reacción del inducido.

Esta fuerza electromotriz se puede sustituir por la caída de tensión de signo contrario según la siguiente expersión

$$\vec{E}_i = -jX_s\vec{I}_s \tag{5.7}$$

donde X_i es la denominada reactancia de reacción de inducido.

Todo este desarrollo se ha podido realizar bajo la hipótesis de que la máquina es lineal, es decir, no se considera el efecto de saturación. En la Figura 5.15 se muestra el diagrama fasorial de las f.e.m. y f.m.m. del generador sin saturación.

Si se sustituyen las expresiones (5.6) y (5.7) en (5.4) se obtiene que

$$\vec{E} = jE_f = \vec{U}_s + \big(R_s + j(X_\sigma + X_i)\big)\,\vec{I}_s \tag{6.8}$$

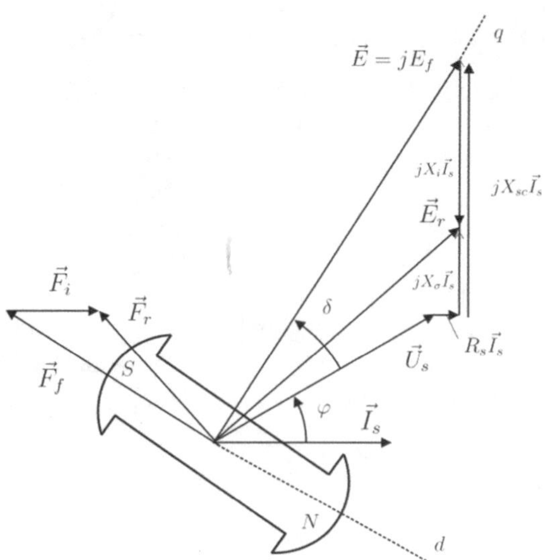

Figura 5.15. Diagrama fasorial del generador síncrono sin saturación

A la suma de las reactancias de reacción de inducido y de dispersión se le denomina habitualmente *reactancia síncrona no saturada* o *reactancia síncrona convencional* X_{sc} ya que en todo el desarrollo se ha supuesto la hipótesis de máquina lineal sin saturación.

$$X_{sc} = X_\sigma + X_i \quad (6.9)$$

El circuito equivalente que resulta finalmente teniendo en cuanta la teoría de reacción única (máquina lineal sin saturación) es el que se indica en la Figura 5.16.

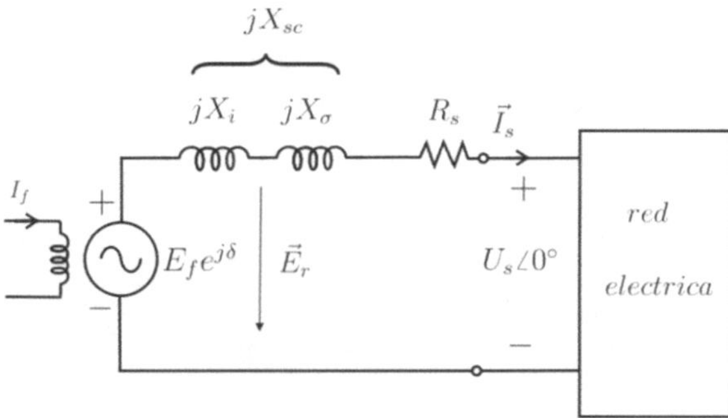

Figura 5.16. Circuito equivalente del generador síncrono sin saturación

La ventaja de disponer de un circuito equivalente con la f.e.m. de excitación detrás de la reactancia es que la dependencia de E_f a través de la intensidad de excitación I_f es conocida a partir de la característica de vacío. Sin embargo, si se emplea $\vec{E}_r$ como f.e.m. detrás de la reactancia no se dispone de una dependencia directa con I_f.

5.2.3.2. Ensayo de cortocircuito. Impedancia síncrona saturada

La determinación de la impedancia síncrona se lleva a cabo a través del ensayo de vacío (analizado en el apartado anterior) y de cortocircuito. Este último se realiza según el esquema de conexiones que se muestra en la Figura 5.17.

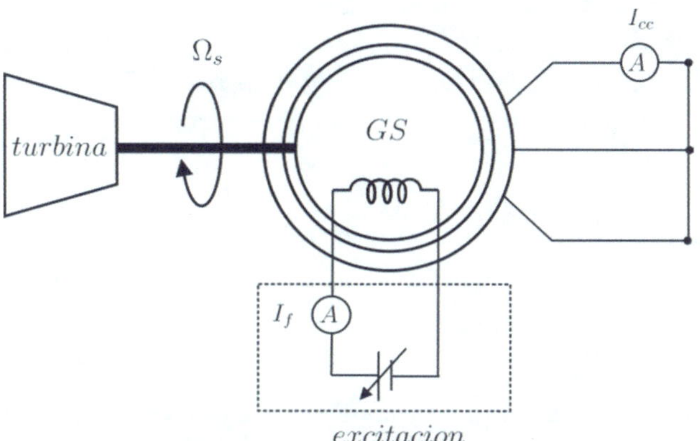

Figura 5.17. Ensayo de cortocircuito del generador síncrono

Durante este ensayo con la máquina arrastrada a la velocidad de sincronismo y con las tres fases del estátor en cortocircuito, se anotan los correspondientes valores de la intensidad de inducido al variar la intensidad de excitación. Se observa que la característica de cortocircuito CCC, es prácticamente una recta incluso para intensidades bastante superiores a la asignada. En la Figura 5.18 se muestran las características de vacío (o de circuito abierto CCA), la característica de entrehierro CE y la característica de cortocircuito CCC, del generador síncrono.

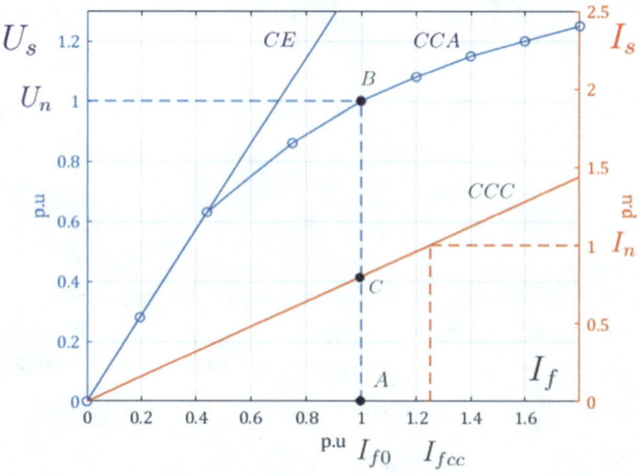

Figura 5.18. Características de vacío y de cortocircuito del generador síncrono

El cálculo de la impedancia síncrona puede realizarse aplicando el teorema de *Thévenin*, de tal forma que, para una determinada intensidad de excitación, la impedancia equivalente en los terminales del circuito de la Figura 5.16 se calcula como el cociente entre la tensión a circuito abierto (característica CCA) y la corriente de cortocircuito (característica CCC). Cuando la impedancia equivalente se determina para la intensidad de excitación I_{f0} (que es aquella que proporciona la tensión nominal del generador a circuito abierto) se denomina impedancia síncrona saturada, Z_{ss}. En la Figura 5.18, la intensidad I_{f0} se toma como valor base de la intensidad de excitación I_f, de ahí que aparezca $I_{f0} = 1$ p.u. En la CCA, a la intensidad I_{f0} le corresponde la tensión nominal del generador, que también se toma como valor base, $U_n = 1$ p.u.

Así pues, Z_{ss} se calcula como el cociente entre los segmentos $|\overline{AB}|$ y $|\overline{AC}|$

$$Z_{ss} = \frac{|\overline{AB}|}{|\overline{AC}|} \tag{5.10}$$

La impedancia Z_{ss} no es un valor constante, ya que a medida que se hace notar el efecto de la saturación en la característica de vacío, la tensión aumenta más lentamente que la intensidad de cortocircuito y la impedancia síncrona se va reduciendo progresivamente. Por esta razón, la impedancia síncrona saturada se define para una intensidad de excitación concreta, I_{f0}. Al ser Z_{ss} una impedancia por fase, el segmento $|\overline{AB}|$ representa la tensión nominal. De igual forma, el segmento $|\overline{AC}|$ representa la intensidad del ensayo de cortocircuito, medida en el estátor, cuando la intensidad de excitación es I_{f0}. Mediante una relación trigonométrica sencilla $|\overline{AC}|$ se puede expresar como

$$|\overline{AC}| = I_n \left(\frac{I_{f0}}{I_{fcc}}\right) \tag{5.11}$$

donde I_{fcc} es la corriente de excitación cuando se registra la intensidad nominal, I_n, del estátor del generador con sus terminales en cortocircuito.

Sustituyendo las expresiones de los segmentos $|\overline{AB}|$ y $|\overline{AC}|$ en (6.10) se obtiene que

$$Z_{ss} = \frac{U_n/\sqrt{3}}{I_n \left(\frac{I_{f0}}{I_{fcc}}\right)} \tag{5.12}$$

La impedancia base del GS, Z_b se define como el cociente entre la tensión nominal de fase y la intensidad nominal, de tal forma que $Z_b = U_n/(\sqrt{3}I_n)$. A la vista de la ecuación anterior en el segundo término aparece la impedancia base. Si se dividen ambos términos de (5.12) por Z_b, se obtiene que

$$Z_{ss}(p.u) = \frac{Z_{ss}(\Omega)}{Z_b(\Omega)} = \frac{1}{\left(\frac{I_{f0}}{I_{fcc}}\right)} \tag{5.13}$$

siendo el cociente entre la intensidad de excitación de vacío y la intensidad de excitación de cortocircuito el parámetro denominado *relación de cortocircuito* RCC = I_{f0}/I_{fcc}. Así pues, la impedancia síncrona saturada en p.u. se determina como el inverso de la RCC

$$Z_{ss}(p.u) = \frac{1}{RCC} \tag{5.14}$$

En la Figura 5.18 se observa que $I_{f0} = 1$ p.u. e $I_{f0} = 1.25$ p.u. de tal forma que la relación de cortocircuito es RCC = 1/1.25 = 0.8 y la impedancia síncrona Z_{ss} = 1.25 p.u. Dado que, en los generadores síncronos, el valor numérico de la reactancia síncrona es mucho mayor que el de la resistencia (el valor X/R está comprendido típicamente entre 70 y 120) es admisible aproximar los valores de impedancia a los de reactancia $X_{ss} \approx Z_{ss}$. En cualquier caso, si es conocida la resistencia del estátor, el cálculo de X_{ss} en función de Z_{ss}, es directo sin más que aplicar la relación $X_{ss} = \sqrt{Z_{ss}^2 - R_s^2}$.

5.2.4. Diagrama de límites de funcionamiento

El diagrama de límites de funcionamiento es un gráfico que representa los valores de potencia activa y reactiva que puede suministrar un generador síncrono en función de los limites térmicos del devanado del estátor y del rotor, así como de la limitación de potencia mecánica de la turbina que arrastra el generador, y de su límite de estabilidad. Este diagrama se presenta habitualmente en el supuesto de considerar el funcionamiento del GS a la tensión asignada.

A partir del circuito equivalente de la Figura 5.16 la ecuación eléctrica del devanado inducido del estátor permite determinar el vector de f.e.m. interna $\vec{E} = jE_f$ a partir de la tensión $\vec{U}_s$ y la caída de tensión en la impedancia del estátor $Z_s = R_s + jX_s$ de la siguiente forma

$$\vec{E} = E_f \angle\delta = \vec{U}_s + (R_s + jX_s)\,\vec{I}_s \tag{5.15}$$

donde R_s es la resistencia por fase del estátor y X_s es la reactancia síncrona, calculada según el método explicado en el apartado anterior. En todo el desarrollo posterior se considera de valor constante e independiente del grado de carga del generador.

Tomando como origen de fases el vector de tensión del estátor $\vec{U}_s$ y despreciando la resistencia R_s se obtiene el diagrama vectorial de la Figura 5.19, donde aplicando relaciones trigonométricas se obtiene que

$$X_s I_s cos\varphi = E_f sin\delta \tag{5.16}$$

$$X_s I_s sin\varphi = E_f cos\delta - U_s \tag{5.17}$$

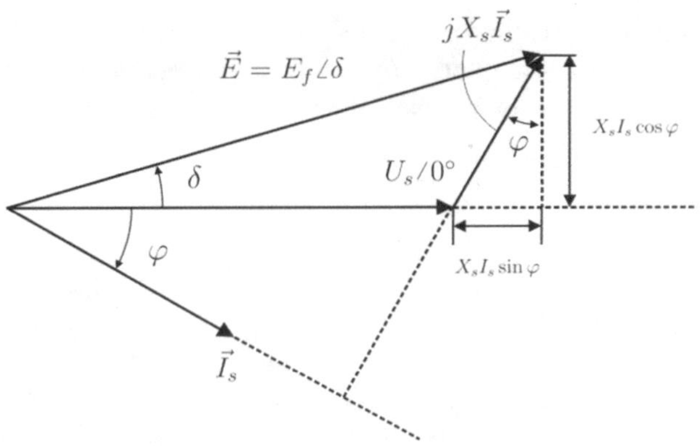

Figura 5.19. Diagrama vectorial de tensiones y corrientes del generador síncrono

La potencia activa P_s y reactiva Q_s entregadas por el generador síncrono a la red se expresan de la siguiente forma

$$P_s = 3U_sI_s cos\varphi = \left(\frac{3U_s}{X_s}\right) E_f sin\delta \tag{5.18}$$

$$Q_s = 3U_sI_s sin\varphi = \left(\frac{3U_s}{X_s}\right) \left(E_f cos\delta - U_s\right) \tag{5.19}$$

Como se puede comprobar las potencias P_s y Q_s de (5.18 y 5.19) se obtienen multiplicando por el factor $(3U_s/X_s)$ las expresiones de (5.16 y 5.17). Si en el diagrama vectorial de la Figura 5.19 todos los vectores de tensión se multiplican por este factor se obtiene el diagrama de potencias del generador síncrono (Figura 5.20) sobre el que se establecerán los límites de funcionamiento permitidos

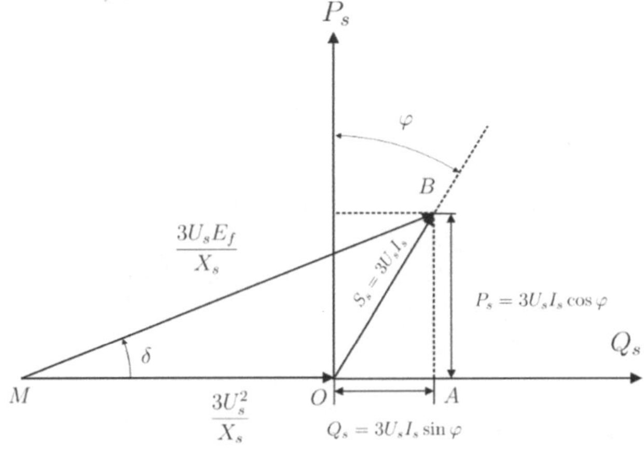

Figura 5.20. Diagrama de potencias del generador síncrono

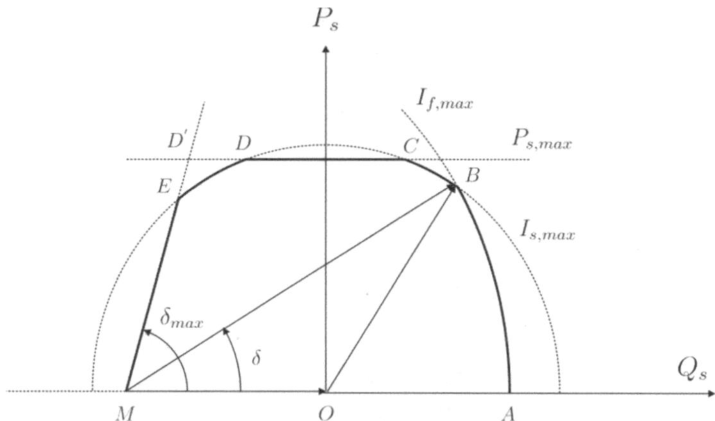

Figura 5.21. Diagrama de límites de funcionamiento del generador síncrono

En la Figura 5.21 se muestran los diferentes límites de funcionamiento del generador. Para representar este diagrama se ha considerado que la tensión del estátor es nominal y se ha tomado una X_s constante (en este caso $X_s(p.u) > 1$). El punto B se ha considerado el de funcionamiento nominal del generador, donde la corriente del estátor y del rotor son las máximas admisibles en régimen permanente. En el punto de funcionamiento nominal el generador entrega potencia activa y reactiva ($P_s > 0$ y $Q_s > 0$) lo que indica que el f.d.p. del generador es inductivo. Tomando como base este punto de funcionamiento nominal se establecen los siguientes límites de funcionamiento:

- **Límite térmico del estátor**. Este límite lo fija la máxima capacidad para evacuar las pérdidas por efecto Joule del devanado inducido. Como estas pérdidas tienen una dependencia cuadrática con el valor eficaz de I_s, esta corriente debe estar limitada a un valor $I_{s,max}$ que coincide con la corriente nominal. Asumiendo tensión constante este límite se puede representar por una circunferencia centrada en O, de radio constante e igual a la potencia aparente nominal del generador $3U_sI_{s,max}$. El límite térmico del estátor se alcanza en los tramos BC y DE.
- **Límite térmico del rotor**. De manera análoga, este límite lo fija la máxima intensidad de excitación del devanado inductor $I_{f,max}$. A este valor le corresponde un valor máximo de la f.e.m. interna, $E_{f,max}$ que se puede representar por una circunferencia de centro M y de radio $3E_{f,max}/X_s$. El límite térmico del rotor corresponde al tramo AB en el que el generador puede intercambiar una potencia reactiva superior a la del punto nominal, siempre y cuando la potencia activa se reduzca en mayor medida que lo requerido para obtener potencia aparente nominal. Cuando el generador absorbe potencia reactiva de la red (Q_s<0) nunca se alcanza este límite térmico.
- **Límite de máxima potencia de la turbina**. Aproximadamente este límite se representa por una recta paralela al eje de abscisas (tramo CD), que en realidad corresponde a una potencia del estátor $P_{s,max}$. Se trata de un límite mecánico impuesto por la turbina que

acciona el generador. En el caso de turbinas hidráulicas la potencia máxima depende de la altura disponible del salto y del rendimiento de la turbina, de modo que la potencia máxima no puede considerarse constante. Lo mismo cabe decir de las turbinas de vapor, cuyo valor máximo depende del salto entálpico disponible. Aunque no se ha representado en el diagrama de la Figura 5.21 existe una potencia mínima por debajo de la cual la turbina no puede funcionar. En todo caso, es obvio que el generador no puede entregar a la red una potencia mayor que la que le suministra la turbina. En el diseño del grupo turbina-generador es práctica habitual que la potencia nominal de la turbina coincida (salvo pérdidas) con la potencia activa nominal del generador, siendo entonces coincidentes los puntos B y C.

- **Límite de estabilidad estático.** Como se mostrará a continuación, el límite de estabilidad estático corresponde a un ángulo de carga $\delta_{max} = 90º$, que se representa por una línea vertical que pasa por el punto M dado que esta recta representa los afijos del fasor de f.e.m. normal a la tensión de estátor. Sin embargo, por criterios de seguridad considerando la estabilidad dinámica, este límite se establece con un ángulo $\delta_{max} < 90º$. Un criterio práctico para calcular el ángulo de carga máximo es determinar una reserva del 10% de la potencia activa asignada del generador para cualquier valor de la intensidad de excitación. El límite de estabilidad se alcanza en el tramo ME.

En la determinación del diagrama de límites de funcionamiento es importante el valor de la relación de cortocircuito RCC, ya que como veremos es igual a la longitud del segmento MO si se expresa en p.u. En efecto, suponiendo que la tensión en los terminales del estátor es la nominal y despreciando la resistencia R_s respecto a la reactancia X_s, el segmento MO (p.u.) es

$$MO(pu) = \frac{\left(\frac{3U_n^2}{X_s}\right)}{3U_nI_n} = \frac{U_n/I_n}{X_s} = \frac{1}{X_s(pu)} \tag{5.20}$$

5.2.4.1. Límite de estabilidad estático

Según (6.18) la potencia activa del generador es igual a

$$P_s = \left(\frac{3U_s}{X_s}\right) E_f sin\delta \tag{5.21}$$

Despreciando la resistencia del inducido, es decir, en ausencia de pérdidas eléctricas en el generador, la potencia activa entregada en bornes de la máquina es igual a la potencia mecánica de la turbina exceptuando las pérdidas por rozamiento y ventilación. Asumiendo estas simplificaciones, el par mecánico interno se obtiene dividiendo la expresión (5.21) por la velocidad de sincronismo, Ω_s, de tal forma que

$$T_{mi} = \left(\frac{3U_s}{X_s}\right) \frac{1}{\Omega_s} E_f(I_f)\, sin\delta \tag{5.22}$$

En la Figura 5.22 se representa la característica mecánica del generador síncrono, que como se puede observar varía de forma sinusoidal con el ángulo de carga δ, suponiendo constantes la velocidad de giro del generador, Ω_s, y la reactancia síncrona, X_s. El valor de par máximo depende de la tensión en los terminales del estátor, U_s, y de la corriente de excitación I_f y se alcanza para un ángulo de carga $\delta = 90$º. En el gráfico se ha considerado que el par nominal ($T_{mi} = 1$ p.u.) se produce para un ángulo de carga $\delta = 20$º, cuyo valor es muy realista. Los ángulos de carga, en condiciones nominales, suelen estar en valores comprendidos entre 10º y 30º. El par máximo en este ejemplo es de 2.92 p.u, que representa la capacidad de sobrecarga admisible teórica del generador.

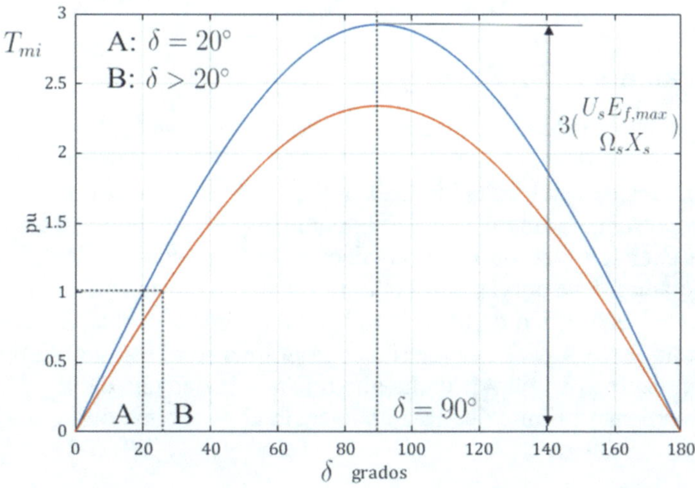

Figura 5.22. Característica mecánica del generador síncrono

En la Figura 5.22 también se muestra cómo varía la característica mecánica cuando se reduce la intensidad I_f. La capacidad de sobrecarga se reduce y si se mantiene el par mecánico en su valor nominal el ángulo de carga se incrementa ($\delta > 20$º). De la característica mecánica se deduce que a medida que aumenta el par motor de la turbina lo hace también el par electromagnético que opone el generador equilibrándose el sistema en ángulos de carga cada vez mayores. Esto es así hasta llegar al máximo de la curva, donde ante un incremento de par mecánico adicional el generador responde con un incremento de par eléctrico negativo. En estas circunstancias no se consigue el equilibrio de pares y el conjunto turbina-generador se acelera, y se dice que el generador pierde el sincronismo, siendo necesario la actuación de las protecciones para desconectar el generador de la red. La máquina síncrona, por tanto, no puede funcionar de forma estable con ángulos de carga superiores a $\delta = 90$º. Este valor de ángulo se denomina *límite de estabilidad estático*. Dado que el par depende de la tensión, una caída brusca de ésta puede provocar que se alcance el límite de estabilidad y el generador pierda el sincronismo.

Así que la característica mecánica es estable sólo cuando la pendiente de par respecto al ángulo de carga es positiva. Si se toman derivadas en (5.22) respecto a δ se obtiene el parámetro K_s como

$$K_S = \frac{dT_{mi}}{d\delta} = \left(\frac{3U_S}{X_s}\right) \frac{1}{\Omega_s} E_f(I_f)\, cos\delta \tag{5.23}$$

que se conoce como *factor de sincronización*, ya que indica la capacidad de la máquina de mantener el sincronismo. Cuando el generador se encuentra en vacío, K_S es máximo y toma un valor nulo en $\delta = 90^{\circ}$. Como ya se ha dicho, valores de $\delta > 90^{\circ}$ corresponden a una zona de funcionamiento inestable, donde los valores de K_S son negativos.

5.2.4.2. Curvas en V de Mordey

A partir del diagrama de límites de funcionamiento de la Figura 6.21 es posible determinar, para una potencia activa dada, el intercambio de potencia reactiva permitido según los límites de máxima intensidad del inducido o el límite de ángulo de carga máximo, a tensión nominal. Si se representa la intensidad del inducido, a potencia constante, en función de la intensidad de la excitación se obtienen las denominadas curvas en V de *Mordey* (Figura 6.23). Se han tomado nueve curvas partiendo de P_S = 0 p.u. hasta P_S = 0.8 p.u. en intervalos de 0.1 p.u. El lugar geométrico de los mínimos de cada curva corresponde a los puntos de f.d.p. unidad. En la parte superior izquierda de la gráfica se observa el límite de funcionamiento correspondiente al ángulo de carga máximo, y a la derecha de la gráfica se muestra, como una recta vertical, el límite de máxima intensidad de excitación.

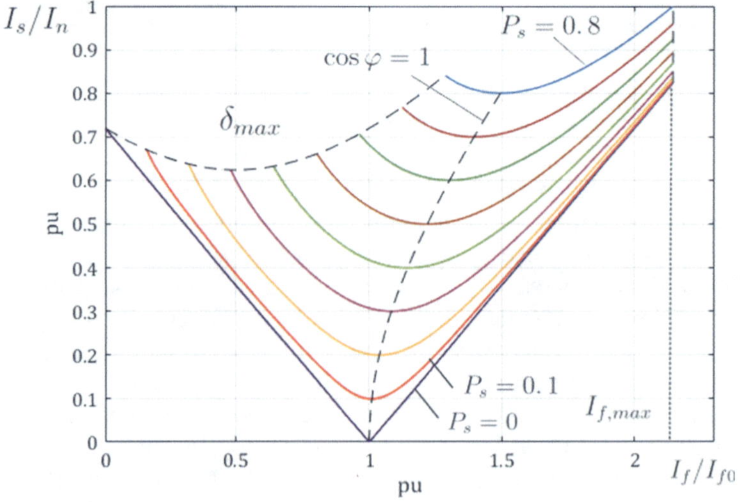

Figura 5.23. Curvas en V de Mordey

Finalmente, cuando la potencia del inducido es nula, el generador se comporta como un compensador síncrono. El punto de intensidad de inducido nula corresponde al ensayo de vacío del generador, por esta razón la intensidad del inductor es I_{f0}. Para valores, $I_f < I_{f0}$, el generador está en régimen de subexcitación absorbiendo potencia reactiva de la red, y cuando, $I_f > I_{f0}$, el generador entrega potencia reactiva (régimen de sobreexcitación).

Ejemplo de aplicación 5.1

Un alternador de 120 MVA, 20 kV, $cos\varphi = 0.8$, 4 polos, 50 Hz conectado en estrella necesita 630 A de intensidad de excitación para producir en vacío la tensión nominal en bornes. Si la relación de cortocircuito es RCC = 0.75. Se considera además que la resistencia del devanado inducido es nula. Se pide calcular:

1. Fuerza electromotriz interna en condiciones nominales e intensidad de excitación correspondiente.
2. Diagrama de límites de funcionamiento considerando que el límite de estabilidad práctico se obtiene cuando el generador desarrolla la potencia activa nominal con factor de potencia 0.94 capacitivo. La potencia máxima de la turbina se considera igual a la potencia activa nominal.

   Una vez acoplado el generador a la red, y sin modificar la intensidad de excitación, se abre la válvula de admisión de la turbina hasta que el generador entrega 60 MW. En estas condiciones se pide calcular.

3. Intensidad del estátor y potencia reactiva intercambiada con la red.
4. Potencia reactiva máxima generada, ángulo de carga e intensidad de excitación en condiciones de sobreexcitación.
5. Potencia reactiva máxima absorbida, ángulo de carga e intensidad de excitación en condiciones de subexcitación.

Solución

1. Fuerza electromotriz interna en condiciones nominales e intensidad de excitación correspondiente.

La intensidad nominal del estátor del generador es igual a

$$I_n = \frac{S_n}{\sqrt{3}U_n} = \frac{120 \cdot 10^6}{\sqrt{3} \cdot 20 \cdot 10^3} = 3461.1 \text{ A}$$

Al considerar nula la resistencia del inducido la reactancia X_s en p.u. se puede obtener directamente como el inverso de la relación de cortocircuito

$$X_s = \frac{1}{RCC} = \frac{1}{0.75} = 1.33 \text{ p.u.}$$

El vector de la intensidad del estátor en el punto nominal es igual a

$$\vec{I}_s = 1 \cdot (0.8 - j0.6)\ \mathrm{p.u.}$$

La f.e.m interna se calcula según (5.15) como

$$\vec{E} = E_f \angle\delta = U_s \angle 0^{\underline{o}} + jX_s\, \vec{I}_s$$

donde se ha considerado que $R_s = 0\ \Omega$ de modo que

$$\vec{E} = E_f \angle\delta = 1\angle 0^{\underline{o}} + j1.33\ \cdot 1 \cdot (0.8 - j0.6) = 2.0923\ \angle 30.65^{\underline{o}}$$

Asumiendo que $E_f(pu) = I_f(pu)$ se obtiene que $I_f = 2.0923$ p.u. Multiplicando por el valor base de la corriente de la excitación $I_{f0} = 600$ A se obtiene que

$$I_f = I_f(\mathrm{p.u.}) \cdot\ I_{f0}(\mathrm{A}) = 2.0923\ \cdot 600 = 1255.4\ \mathrm{A}$$

2. Diagrama de límites de funcionamiento considerando que el límite de estabilidad práctico se obtiene cuando el generador desarrolla la potencia activa nominal con factor de potencia 0.94 capacitivo. La potencia máxima de la turbina se considera igual a la potencia activa nominal.

El punto de funcionamiento nominal es el punto B de la Figura 6.24. En este punto la corriente del estátor es la nominal ($I_B = 1$ p.u.) y también la del rotor ($I_{fB} = 2.0923$ p.u.) de forma que en este punto se alcanza el límite térmico del estátor y del rotor. Además, como se considera que la potencia de la turbina es igual a la potencia nominal del generador

$$P_{sB} = 1 \cdot cos\varphi = 0.8\, pu \quad (96\ \mathrm{MW})$$

y la potencia reactiva

$$Q_{sB} = 1 \cdot sin\varphi = 0.6\, pu \quad (72\ \mathrm{MVA})$$

El punto de funcionamiento A es aquel en el que no se intercambia potencia activa $P_{sA} = 0$ p.u. y la potencia reactiva es la correspondiente a la máxima posible que el generador puede ceder a la red como compensador síncrono. Utilizando la expresión (5.19) para la potencia reactiva, pero expresando sus magnitudes en p.u. y sabiendo que $\delta = 0^{\underline{o}}$ se obtiene que

$$Q_{sA} = \left(\frac{U_s}{X_s}\right)\left(E_{f,max} cos\delta - U_s\right) = \left(\frac{1.0}{1.33}\right)(2.0923 \cdot 1 - 1) = 0.8192\ \mathrm{p.u.}\ (98.3\ \mathrm{MVar})$$

La intensidad de la corriente en p.u. coincide con el valor de la potencia aparente también en p.u. En este caso la potencia aparente coincide con la potencia reactiva intercambiada, de ahí que $I_{sA} = 0.8192$ p.u. Su valor en A se obtiene multiplicando el valor unitario por la intensidad nominal

$$I_{sA} = 0.8192 \cdot 3461.1 = 2837.8\ \mathrm{A}$$

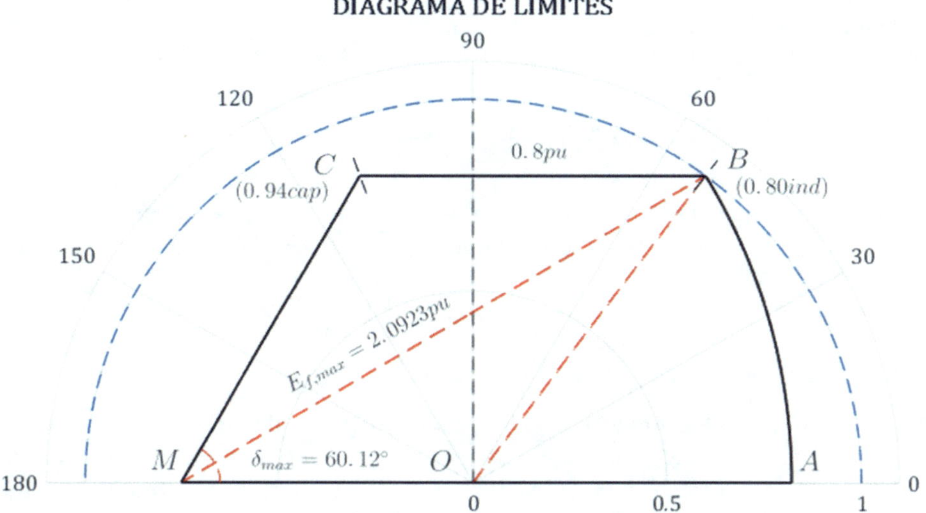

Figura 5.24. Diagrama de límites de funcionamiento I

Para calcular las condiciones de funcionamiento en el punto C del enunciado se sabe que el $cos\varphi_C$ es 0.94 capacitivo y la potencia activa generada es $P_{sC} = 0.8$ p.u. de modo que la corriente del estátor en este punto es

$$I_{sC} = \frac{P_{sC}}{U_s \cdot cos\varphi_C} = \frac{0.8}{1 \cdot 0.94} = 0.8511 \text{ p.u.}$$

y por lo tanto el vector de corriente en el punto C es

$$\vec{I}_{sC} = 0.8511\ (0.94 + j0.3412) \quad \text{p.u.}$$

La potencia compleja $P_{sC} + jQ_{sC}$ se obtiene como el conjugado de $\vec{I}_{sC}$ si la tensión es nominal (1 p.u.) de modo que

$$P_{sC} + jQ_{sC} = \vec{U}_s \cdot \vec{I}_{sC} = 1 \cdot 0.8511\ (0.94 - j0.3412)$$

La f.e.m. interna en C es igual a

$$\vec{E}_C = E_{fC} \angle \delta_{max} = U_s \angle 0º + jX_s \vec{I}_{sC} =$$

$$= 1\angle 0º + j1.33 \cdot 0.8511\ (0.94 + j0.3412) = 1.2302\ p.u\ \angle 60.12º$$

siendo entonces $\delta_{max} = 60.12º$.

Para finalizar el punto M del diagrama de límites de funcionamiento corresponde al límite máximo del generador síncrono funcionando como compensador síncrono subexcitado. El valor de $P_{sM} = 0$ p.u. y el valor de Q_{sM} se obtiene teniendo en cuenta (5.20)

$$Q_{sM} = -RCC = -\frac{1}{1.33} = -0.75 \text{ p.u.}$$

Una vez acoplado el generador a la red, y sin modificar la intensidad de excitación, se abre la válvula de admisión de la turbina hasta que el generador entrega 60 MW. En estas condiciones se pide calcular.

3. Intensidad del estátor y potencia reactiva intercambiada con la red.

El acoplamiento del generador a la red se realiza en condiciones de vacío, $I_{f0} = 1$ p.u. Al abrir la válvula de admisión el generador comienza a entregar potencia hasta alcanzar 60 MW (0.5 p.u.). Como la intensidad de excitación no se ha modificado tampoco lo hará la f.e.m. interna $E_{fD} = 1$ p.u.

Trazando una circunferencia de radio |OM| = *RCC* desde el punto M, la intersección con la recta horizontal se obtiene el punto de trabajo D (Figura 6.25).

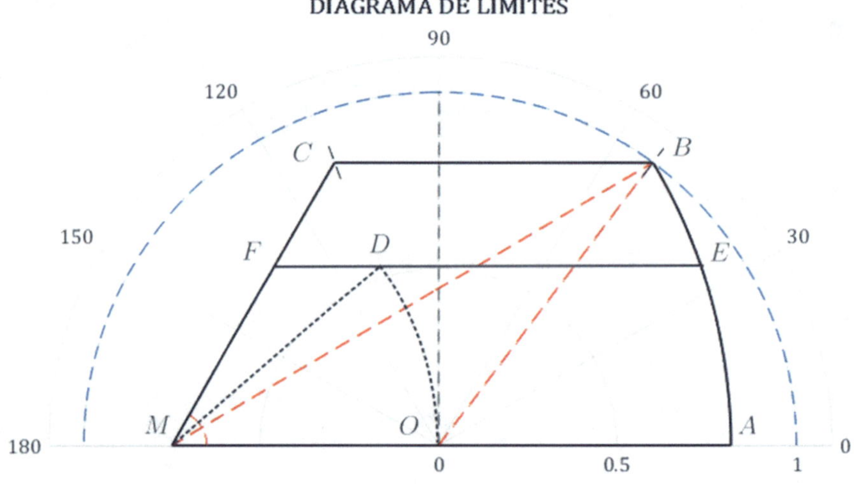

Figura 5.25. Diagrama de límites de funcionamiento II

En el punto D se conoce que $E_{fD} = 1$ p.u. y $P_{sD} = 0.5$ p.u. y, por tanto

$$sin\delta_D = \left(\frac{X_s}{E_{fD} \cdot U_s}\right) \cdot P_{sD} = \left(\frac{1.33}{1 \cdot 1}\right) \cdot 0.5 = 0.6184$$

siendo entonces $\vec{E}_D = 1\angle 41.81^{\text{o}}$.

El vector de corriente $\vec{I}_{sD}$ se calcula como

$$\vec{I}_{sD} = \frac{\vec{E}_D - \vec{U}_S}{jX_s} = 0.5 + j0.1910 \text{ p.u.}$$

siendo la potencia reactiva $Q_{sD} = -0.1910$ p.u. y la corriente $I_{sD} = 0.5352$ p.u.

4. Potencia reactiva máxima generada, ángulo de carga e intensidad de excitación en condiciones de sobreexcitación.

Al igual que en el punto D en el punto E se conoce que $E_{fE} = 2.0923$ p.u. y $P_{sE} = 0.5$ p.u.

$$sin\delta_E = \left(\frac{X_s}{E_{fE} \cdot U_s}\right) \cdot P_{sE} = \left(\frac{1.33}{2.0923 \cdot 1}\right) \cdot 0.5 = 0.3186$$

siendo $\delta_E = 18.58^{\text{o}}$.

El vector de corriente $\vec{I}_{sE}$ es igual a

$$\vec{I}_{sE} = \frac{\vec{E}_E - \vec{U}_S}{jX_s} = 0.5 - j0.7374 \text{ p.u.}$$

siendo la potencia reactiva $Q_{sE} = +0.7374$ p.u. y la corriente $I_{sE} = 0.8910$ p.u.

5. Potencia reactiva máxima absorbida, ángulo de carga e intensidad de excitación en condiciones de subexcitación.

En el punto F el ángulo de carga es el máximo $\delta_F = 60.12^{\text{o}}$ y la potencia activa es $P_{sF} = +0.5$ p.u. Ahora la f.e.m. interna se calcula como

$$E_{fF} = \left(\frac{X_s}{sin\delta_F \cdot U_s}\right) \cdot P_{sF} = \left(\frac{1.33}{\sin(60.12^{\text{o}}) \cdot 1}\right) \cdot 0.5 = 0.7689 \text{ p.u.}$$

De modo que $I_{fF} = 0.7689$ p.u. que corresponde a 484.4 A de intensidad de excitación

El vector de corriente $\vec{I}_{sF}$ es igual a

$$\vec{I}_{sF} = \frac{\vec{E}_F - \vec{U}_S}{jX_s} = 0.5 + j0.4627 \text{ p.u.}$$

siendo la potencia reactiva $Q_{sF} = 0.4627$ p.u. y la corriente $I_{sF} = 0.6813$ p.u.

□

5.2.5. Generadores síncronos de polos salientes

En las máquinas síncronas de rotor cilíndrico el espesor del entrehierro es constante, a diferencia de las máquinas de polos salientes donde el entrehierro es mayor en el eje en cuadratura o transversal (región media entre polos) que en el eje directo (correspondiente a la superficie polar) que es mucho más reducida. En la Figura 6.26 se muestra un generador síncrono trifásico con dos polos salientes donde el eje directo (eje d) está orientado según la dirección de las líneas de campo magnético generadas por la corriente de excitación I_f. El eje en cuadratura (eje q) se ha representado adelantado 90º respecto al eje d. Ambos ejes, d y q, giran solidarios al rotor del generador con velocidad ω_r.

La f.m.m. de reacción del inducido $\vec{F}_{mi}$ se ha representado en el instante en el que su valor máximo se encuentra en el eje magnético de la bobina AA' y se proyecta en las componentes d y q dando lugar a dos componentes denominadas: f.m.m. de reacción en eje directo o longitudinal (F_{md}) y f.m.m de reacción en eje cuadratura o transversal (F_{mq}). Debido a la diferencia de reluctancia entre los circuitos magnéticos la reacción del inducido total tiene en consideración la contribución de las componentes F_{md} y F_{mq} a fin de obtener resultados más precisos en la regulación de tensión de estas máquinas.

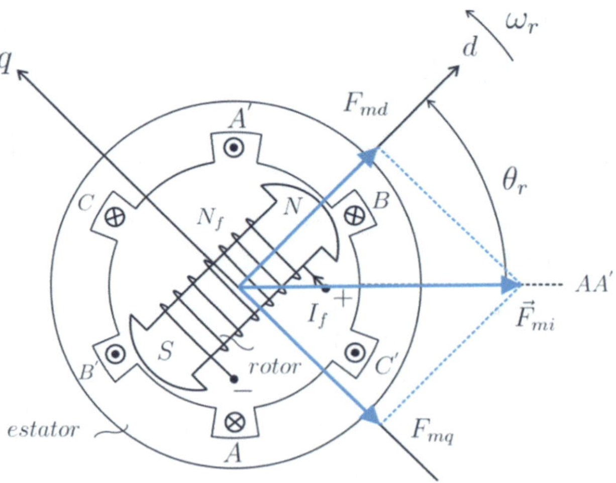

Figura 5.26. Generador síncrono de polos salientes

Las máquinas asíncronas de polos salientes presentan una asimetría magnética debido a la diferente reluctancia de las líneas de campo en los ejes directo y cuadratura, de modo que las inductancias de magnetización del estator son diferentes en el eje directo (L_{md}) y en el eje en cuadratura (L_{mq}). El valor de la inductancia de magnetización es igual al cociente entre el número de espiras (N) al cuadrado y la reluctancia ($\mathcal{R}$) de las líneas de campo magnético en cada eje de modo que

$$L_{md} = \frac{N^2}{\mathcal{R}_d} \qquad L_{mq} = \frac{N^2}{\mathcal{R}_q} \tag{5.24}$$

Considerando que la reluctancia depende de la permeabilidad del circuito magnético μ de la superficie S y del espesor del entrehierro g que encuentra a su paso las líneas de campo magnético

$$\mathcal{R} = \frac{1}{\mu}\left(\frac{g}{S}\right) \tag{5.25}$$

las expresiones L_{md} y L_{mq} de (5.24) quedan como

$$L_{md} = N^2\mu\left(\frac{S}{g_d}\right) \qquad L_{mq} = N^2\mu\left(\frac{S}{g_q}\right) \tag{5.26}$$

Asumiendo que el espesor del entrehierro es mayor en el eje transversal que en el longitudinal ($g_q > g_d$) se cumple que $L_{md} > L_{mq}$.

Si por simplicidad se considera despreciable la resistencia del inducido y a la inductancia de magnetización se añade la inductancia de dispersión, la ecuación (5.15) se puede reescribir como

$$\vec{E} = E_f\angle\delta = \vec{U}_s + jX_d\vec{I}_d + jX_q\vec{I}_q \tag{5.27}$$

En la anterior ecuación la reactancia de eje directo, X_d, es igual al producto de la pulsación eléctrica ω por $(L_{md} + L_\sigma)$, e igualmente la expresión de la reactancia de eje transversal es igual a $X_q = \omega(L_{md} + L_\sigma)$. En (5.27) $\vec{I}_d$ e $\vec{I}_q$ son las componentes de la corriente del estátor en el eje directo (longitudinal) y cuadratura (transversal). La suma vectorial de ambas componentes es el igual al vector de corriente del estátor $\vec{I}_s = \vec{I}_d + \vec{I}_q$. En la Figura 5.27 se muestra el diagrama fasorial de un alternador de polos salientes donde se representan los fasores de tensión, corriente y f.e.m. ligados a través de la expresión (5.27).

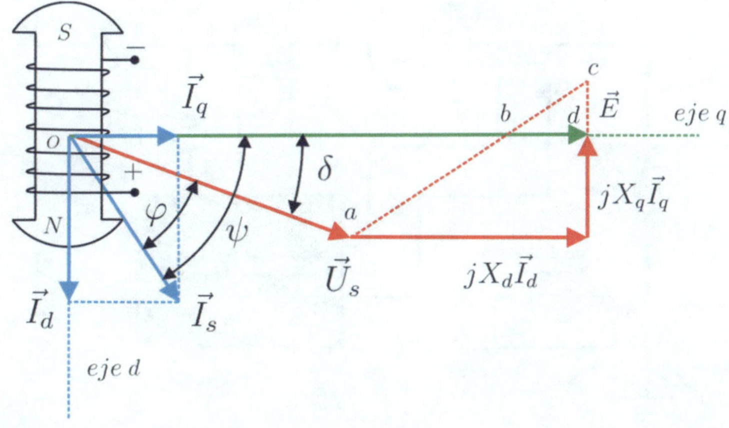

Figura 5.27. Diagrama fasorial de un alternador de polos salientes

5.2.6. Protecciones del generador síncrono

En este apartado se explican las funciones de protección básicas que se consideran para proteger generadores síncronos con relés de protección multifunción. Para cada función de protección se exponen ejemplos sencillos de ajuste para mejor comprensión de los conceptos específicos de cada una de ellas. No se ha incluido el desarrollo del cálculo de las características de los transformadores de intensidad y tensión que proporcionan los valores de intensidades y tensiones a los relés de protección para que evalúen el estado en que se encuentra funcionando el generador.

Las protecciones del generador no solo deben detectar y despejar rápidamente los defectos que puedan aparecer en el generador, sino que también detectan defectos que suceden fuera de su zona de protección. Deben, por tanto, ser coordinadas con las protecciones propias de otras posiciones adyacentes (líneas, barras, transformadores, etc.) para que sean selectivas y sólo actúen cuando el defecto externo al generador no lo despejan dichas protecciones adyacentes, estando ya el generador en una situación comprometida de funcionamiento que bien pudiera originar algún daño.

Con este apartado se trata de dar una idea general de la problemática de las protecciones de los generadores síncronos adquirida desde la experiencia para que el lector consolide los conocimientos mínimos de protección que le permitan definir los sistemas de protección de los generadores síncronos. En la Figura 5.28 se muestran las protecciones incluidas en este apartado.

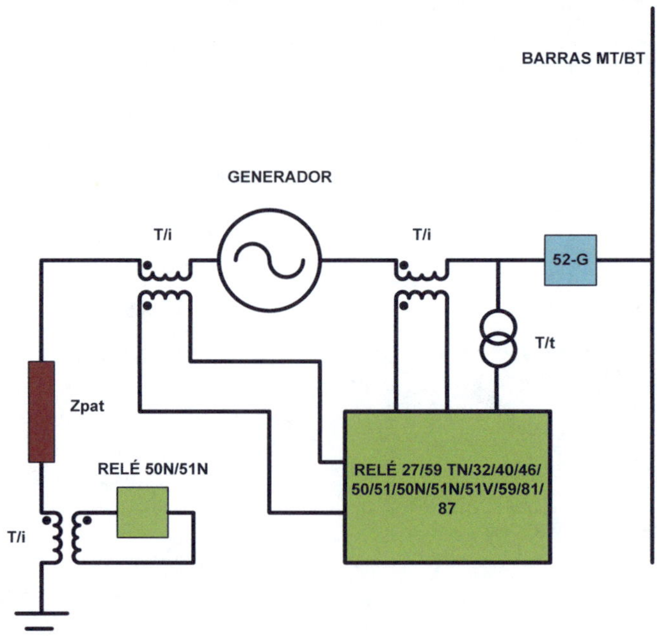

Figura 5.28. Protecciones básicas de los generadores síncronos

(1) ANSI 27/59 TN: falta a tierra del estator

La protección contra defectos a tierra en el estator de generador síncronos es de uso común cuando se ha dispuesto un régimen de neutro en el cual existe una impedancia limitadora de la intensidad de defecto a tierra para limitar su valor a 15 A y no se dañe el laminado del estator. Lógicamente, es el fabricante del generador síncrono el que debe indicar cual debe ser la máxima intensidad de defecto a tierra que puede soportar su generador y en base a ese valor, instalar la impedancia más adecuada entre el centro de la estrella del estator y tierra. Es práctica habitual limitar dicha intensidad de defecto a 5 A, 10 A y 15 A según el fabricante de la máquina. No hay que olvidar que es imprescindible disponer de esta protección cuando la limitación de la intensidad del defecto a tierra hace que la protección diferencial del generador no vea el defecto a tierra por encontrase éste por debajo del umbral de actuación de dicha protección diferencial. Los defectos a tierra en el estator del generador que se producen entre el centro de la estrella y un 10% aproximadamente del total del devanado, presentan serias dificultades a otras protecciones para que puedan detectarlos claramente y sean capaces de eliminarlos selectivamente.

Este tipo de defecto a tierra del estator en el rango entre aproximadamente el 90 % del devanado del estator y el punto de estrella se puede detectar con la ayuda de la función ANSI 27/59TN. Esta función de protección se basa en la medición del valor del tercer armónico. Según el sistema de medición existente, se tienen tres métodos de medida diferentes para este propósito:

- *V*< Detección de subtensión del nivel de tensión del tercer armónico.
- *V*> Detección de sobretensión del nivel de tensión del tercer armónico.
- *Vd* Detección de tensión diferencial del nivel de tensión del tercer armónico.

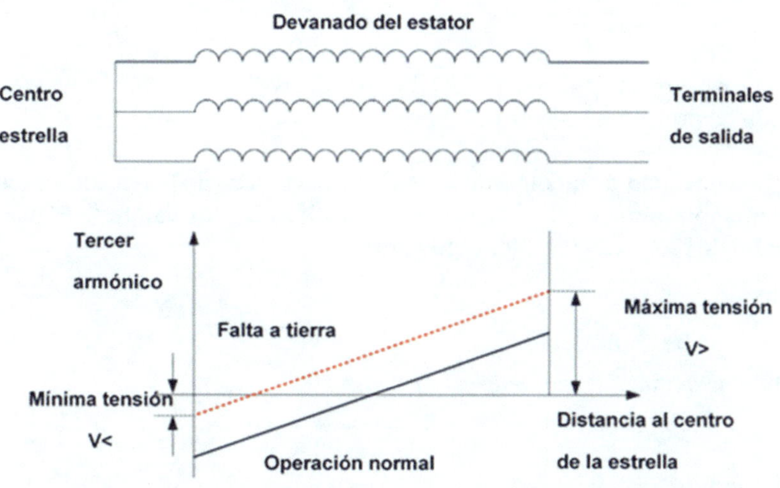

Figura 5.29. Variación del tercer armónico a lo largo del estátor

En la Figura 5.29 se muestra la variación de la amplitud del tercer armónico a lo largo de los devanados del estator.

La variación del tercer armónico depende del diseño del generador y del nivel de carga que tenga por lo que la respuesta de esta función de protección se ve afectada del estado de carga del generador síncrono. En algunas aplicaciones, esta función de protección solo se activa cuando se tienen las siguientes condiciones de funcionamiento del generador:

- Se tiene un nivel mínimo de tensión de secuencia directa en los terminales de el generador.
- Y se tiene una mínima potencia activa de salida en el generador.

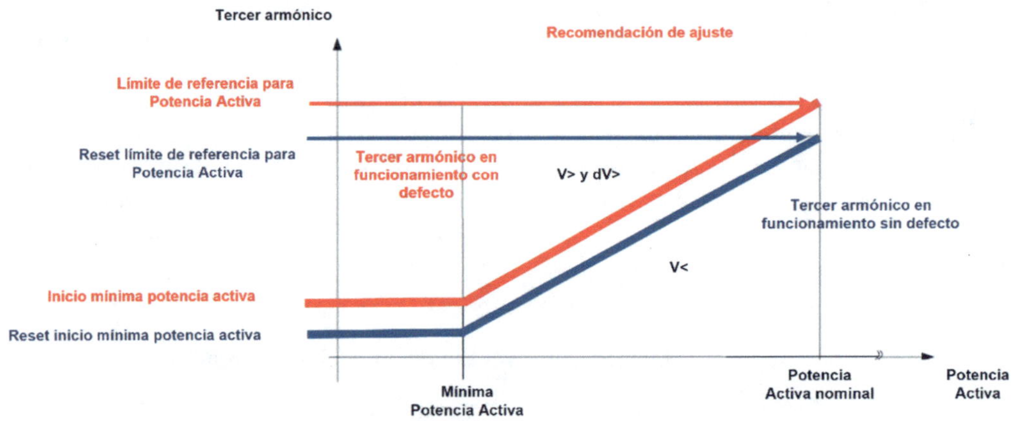

Figura 5.30. ANSI 27/59 TN. Característica de disparo en función de la carga

Para una protección de falla a tierra del estator del 100%, esta función se puede combinar con la función de protección ANSI 67N.

Para la funcionalidad de medir únicamente el valor eficaz de la tensión en los terminales del generador empleando la función de protección ANSI 27, los valores habituales de ajuste de esta función de protección son los siguientes:

- Primer escalón:

  Subtensión $U< = 0{,}95 \cdot Un$.

  Tiempo de actuación primer escalón $tU< = 10$ s.

- Segundo escalón:

  Subtensión $U<< = 0{,}85 \cdot Un$.

  Tiempo de actuación segundo escalón $tU<< = 1$ s.

(2) ANSI 32: potencia activa inversa

Esta función de protección se utiliza para evitar daños mecánicos que pudieran producirse en cualquiera de los elementos que forman el accionamiento principal del generador como pueden ser por ejemplo turbinas de vapor, de gas o hidráulica, o motores diésel o de gas. Esta función de protección ANSI 32 mide la potencia activa que absorbe el generador síncrono cuando empieza a motorizarse y cambia su funcionamiento de forma drástica de generador síncrono que exporta potencia activa a motor que absorbe potencia activa de la red. Por tanto, dicha función de protección necesita leer las tensiones e intensidades de las tres fases para evaluar la potencia activa y su sentido hacia red o hacia generador.

Es importante instalar transformadores de tensión de clase 3P y de intensidad con clase 1 para que cuando el generador esté trabajando con factores de potencia muy inductivos, no se puedan tener disparos intempestivos de manera errónea por tener errores altos en los transformadores de tensión e intensidad.

A veces ocurre que cuando el generador se sincroniza de manera brusca a la red, puede existir una potencia activa que absorbe el generador y bien pudiera originar un disparo no deseado. Para evitar esta situación conviene temporizar la actuación de esta función de protección a tiempos comprendidos entre 500 ms y 1000 ms con rangos de potencia habituales del 3%. Es este 3% un valor habitual de potencia activa inversa admisible que es siempre facilitado por los fabricantes de cada turbina o motor principal.

Ejemplo de aplicación 5.2

Se quiere realizar el ajuste de potencia inversa para un sistema de generación formado por un generador síncrono de 1 MVA arrastrado por un motor diésel.

Los transformadores de tensión e intensidad empleados en este ejemplo son los siguientes:

- Transformadores de intensidad: 150/ 5 A – clase 1 – 5 VA.
- Transformadores de tensión: 6000/1,73 – 110/1,73 V; clase 3P – 10 VA.
- Potencia nominal del generador: 1 MVA.
- Tensión nominal del generador: 6 kV.
- Ajuste de potencia inversa recomendado por el fabricante del motor diésel: 3%.

Se pide calcular:

1. Ajuste de la protección por el primario.
2. Ajuste de la protección por el secundario.

Solución

1. Ajuste de la protección por el primario.

El ajuste de potencia inversa recomendado debe ser tal que Pr>3%. Este porcentaje representa 30 kW. La potencia aparente calculada en base a los valores nominales del primario del transformador empleado es:

$$S_N = \sqrt{3} \cdot U_N \cdot I_N = \sqrt{3} \cdot 6000 \cdot 150 = 1558845{,}73 \text{ VA}$$

Este valor expresado en porcentaje sobre la potencia nominal representa:

$$P_{r>,ajuste} = \frac{30000}{1558845{,}73} \cdot S_N = 0{,}01924 \cdot S_N$$

2. Ajuste de la protección por el secundario.

Ajuste para *Pr*> 3%. Este porcentaje representa 30 kW. La potencia aparente calculada en base a los valores nominales del secundario del transformador es:

$$S_N = \sqrt{3} \cdot U_N \cdot I_N = \sqrt{3} \cdot 110 \cdot 5 = 952{,}62 \text{ VA}$$

La potencia de ajuste de valor 30 kW se expresa en valores de secundario:

$$P_{r>,sec} = \frac{30000}{r_{tu} \cdot r_{ti}} = \frac{30000}{{}^{6000}/_{110} \cdot {}^{150}/_{5}} = 18{,}33 \text{ W}$$

Por tanto, el ajuste a introducir en el relé de protección será:

$$P_{r>,ajuste} = \frac{18{,}33}{952{,}62} \cdot S_N = 0{,}01924 \cdot S_N$$

Como se puede observar el cálculo es igual realizarlo por el primario o por el secundario.

(3) ANSI 40: pérdida de excitación

Habitualmente se han empleado relé de protección que medían tanto la intensidad como la tensión del sistema d excitación. Sus ajustes estaban definidos para actuar cuando la tensión de excitación tenía un valor inferior al valor necesario para lograr tensión nominal en los terminales del generador cuando no hay ninguna carga conectada estando el generador en vacío. Esta aplicación no resulta ser la más eficaz ya que podría actuar dicho relé cuando la excitación se hace en vacío de manera lenta o cuando el sistema de regulación reduce la tensión de excitación cuando se presenta un defecto en la red que ha de eliminarse.

Por otra parte, la vigilancia de la intensidad de excitación tampoco cubre las necesidades operativas del generador síncrono ya que, por ejemplo, no se sabe sí la reducción de la intensidad de excitación se debe a una reducción de potencia de salida del generador o de la aparición de un defecto.

Los relés de pérdida de excitación actuales realizan dicha función de protección midiendo la impedancia del generador mediante el uso de transformadores de tensión e intensidad instalados en los terminales del generador. Cuando se produce un fallo en el sistema de excitación, su tensión interna disminuye y es entonces cuando la potencia reactiva pasa a ser consumida por el generador en vez de ser entregada a la red, situación que lleva al generador a perder sincronismo con la red. Esta protección de pérdida de excitación debe detectar las situaciones de pérdida de excitación en cualquier régimen de carga del generador. Sí el generador se encentra funcionando a plena carga y aparece la pérdida de excitación, el deslizamiento final no suele superar el 6% y las reactancias de la máquina suelen ser un poco superiores a los valores de las reactancias transitorias X'_d y X'_q.

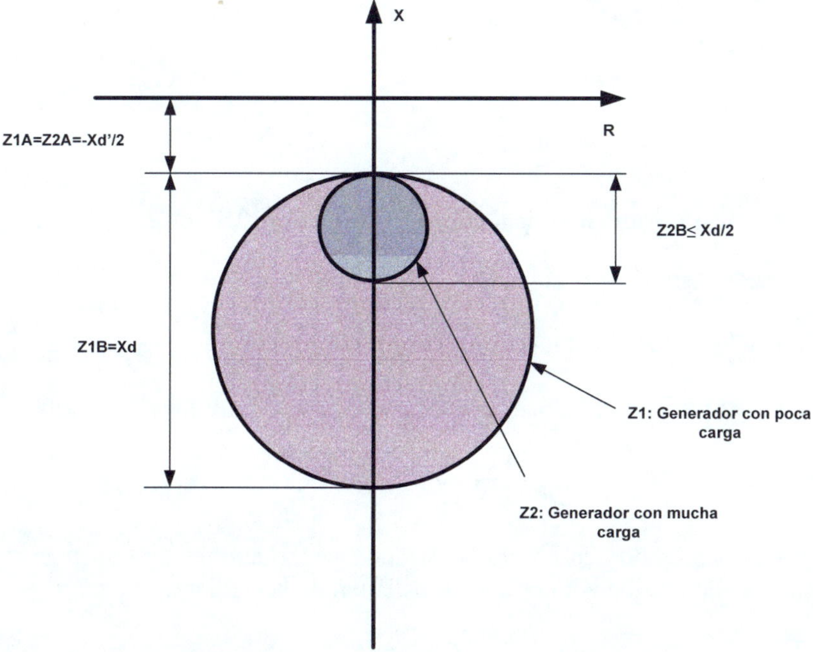

Figura 5.31. ANSI 40. Característica de disparo en función de la carga y severidad de la pérdida de excitación.

En cambio, sí el generador se encentra funcionando con poca carga y aparece la pérdida de excitación, el deslizamiento final no suele superar el 0,3% y las reactancias de la máquina suelen ser un poco inferiores a los valores de las reactancias X_d y X_q. Es decir, que la protección contra pérdida de excitación medirá valores de reactancia comprendidos entre X'_d y X'_q

sí el generador partía de una situación de carga elevada y medirá reactancias comprendidas entre X_d y X_q sí el generador se encontraba con poca carga. De esta manera, como la reactancia X_d es mayor que la reactancia X_q por una parte y, también la reactancia X'_d es menor que la reactancia X'_q, se consideran ajustes habituales aquellos que contemplan un diámetro de impedancia del valor de la reactancia X_d con un offset de valor $(X''_d)/2$. Además, para mejorar la posibilidad de soportar pérdidas de excitación no tan bruscas que puedan llegar a considerarse "estables", se define otra zona de actuación de valor igual a su impedancia base cuya actuación es mucho más rápida, con tiempos de actuación inferiores a 500 ms mientras la zona más amplia definida anteriormente tiene tiempos actuación de hasta 1000 ms. En la Figura 5.31. se muestra la característica de disparo en función de la carga y severidad de la pérdida de excitación.

Ejemplo de aplicación 5.3

Determinar la zona de actuación de la protección ANSI 40 para un generador síncrono 50 MVA, 11kV, 50 Hz, factor de potencia nominal 0.85, $X_d = 1.18$ p.u. (sin saturar) $X'_d = 0.34$ p.u. y $X''_d = 0.24$ p.u.

Solución

$$\text{Offset: } -\frac{X'_d}{2} = -\frac{0{,}34}{2} = -0{,}17 \text{ p.u.}$$

$$\text{Diámetro zona interior: se considera: } \frac{X_d}{2} = \frac{1{,}18}{2} = 0{,}59 \text{ p.u.}$$

$$\text{Diámetro zona exterior: se considera: } X_d = 1{,}18\, pu$$

$$\text{Relación de los transformadores de tensión: } r_{T/t} = \frac{11000}{\sqrt{3}} : \frac{110}{\sqrt{3}} = 100$$

$$\text{Relación de los transformadores de intensidad: } r_{T/i} = 3000/1 = 3000$$

$$\text{Impedancia base: } Z_B = 0{,}24 \cdot \frac{11^2}{50} = 0{,}5808\, \Omega$$

Los ajustes expresados en ohmios utilizando las relaciones de transformación de los transformadores de tensión e intensidad se calculan de la siguiente manera:

$$\text{Offset} = -\frac{X'_d}{2} \cdot \frac{r_{\frac{T}{i}}}{r_{\frac{T}{t}}} = -\frac{0{,}34}{2} \cdot 0{,}5808 \cdot \frac{3000}{100} = -2{,}96\, \Omega$$

$$\text{Diámetro Z1: } 0{,}24 \cdot 0{,}5808 \cdot \frac{3000}{100} = 4{,}181\, \Omega$$

$$\text{Diámetro Z2: } \frac{1{,}18}{2} \cdot 0{,}5808 \cdot \frac{3000}{100} = 10{,}28\, \Omega$$

En la Figura 5.32 se muestran los ajustes ANSI 40 del generador síncrono del ejemplo de aplicación

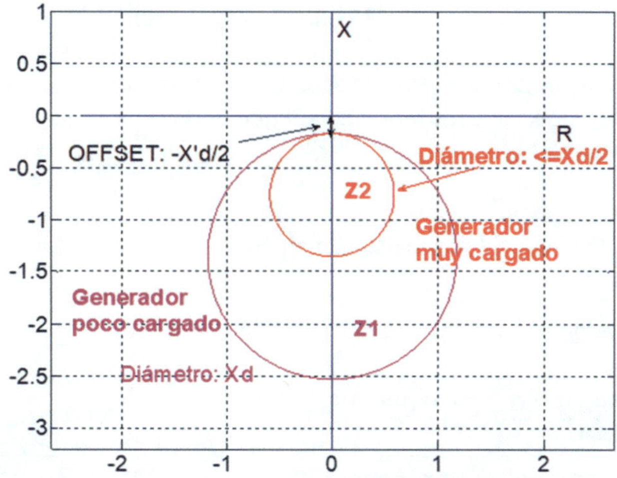

Figura 5.32. Ajustes ANSI 40. Generador 50 MVA, valores en p.u.

□

(4) ANSI 46: desequilibrio de cargas

A lo largo de la vida operativa de los generadores síncronos, los defectos asimétricos normalmente producen calentamientos más severos en los devanados de los generadores que los defectos simétricos. Durante cualquier desequilibrio que se tenga en las intensidades del estator, se genera unas componentes de intensidad de secuencia inversa que inducen corrientes en el rotor con frecuencias de 100 Hz o 120 Hz según sea la frecuencia nominal de red. De esta manera, se producen unas pérdidas muy elevadas I^2R cuyo resultado es la elevación inmediata de la temperatura de los devanados del rotor. Se hace imprescindible detectar dichas componentes de intensidad de secuencia inversa lo antes posible ya que una situación prolongada en el tiempo con esta secuencia inversa en circulación derretiría literalmente el aislamiento de los devanados del rotor. Según normativa internacional EN60034-1 Máquinas eléctricas rotativas. Parte 1: Características asignadas y características de funcionamiento se han establecido valores que determinan el desequilibrio permisible que en permanencia puede soportar el generador.

En general, la ecuación general de la corriente de secuencia negativa permitida tiene por expresión:

$$I_2^2 \cdot t = k \tag{5.28}$$

en donde I_2 es la intensidad de secuencia inversa en valores p.u. y t el tiempo que se puede soportar dicha intensidad expresado en segundo. Existen otras recomendaciones prácticas en las que para generadores con potencias nominales hasta 800 MVA, se considera un valor $k = 10$. En cambio, para generadores con potencias superiores a 800 MVA, su capacidad para soportar corrientes de secuencia inversa se calcula a partir de la siguiente aproximación:

$$10 - [0{,}00625 \cdot (S_N - 800)] \tag{5.29}$$

Por ejemplo, un generador de 1000 MVA se tendría una contante de valor $k = 8{,}75$. No se han establecido normas para motores, aunque normalmente se considera que $k = 40$ es un valor conservador.

Siguiendo las recomendaciones según DIN 57 530 parte 1/IEC VDE 0530 parte 1, se permiten las siguientes intensidades de secuencia inversa en generadores síncronos:

Tabla 5.1. Recomendaciones según DIN 57 530 parte 1/IEC VDE 0530 parte 1.

Generadores con refrigeración por aire: **Potencia nominal:**	**<100 MVA**	**<20 MVA**
Carga desequilibrada en servicio permanente-factor K_2	8 - 10 % x In	40 % x In
Constante térmica del generador K_1	30 s	60 s

Cabe preguntarse por las causas que originan intensidades de secuencia inversa en las máquinas síncronas. Las más habituales son las siguientes:

- Funcionamiento en régimen monofásico por apertura de alguna fase (cable roto o barras abiertas).
- Transformadores elevadores para generadores desequilibrados.
- Defectos asimétricos en la red.
- Fallo en la apertura de un interruptor, dejando la máquina funcionando con dos fases.
- Disparos monofásicos de relés de protección sin maniobra de reenganche rápido.

Cuando se produce tal desequilibrio, la aplicación de los relés de secuencia negativa (46) origina primero una alarma y después un disparo sí el desequilibrio no se ha corregido.

Ejemplo de aplicación 5.4.

Se tiene un generador síncrono de media tensión inferior a 20 MVA con 962,2 A de intensidad a plena carga y se han instalado transformadores de intensidad de relación 1200/5 A.

Se pide calcular el ajuste del relé de desequilibrio de cargas

Solución

Para este tipo de generador síncrono, según la Norma DIN 57 530 parte 1/IEC VDE 0530 parte 1, se permite una carga desequilibrada en régimen permanente del 0.4 I_n y se considera la constante térmica del generador el valor de 60 s.

La intensidad que recibe el relé protección ANSI 46 tiene por valor: 962,2 × 5/1200 = 4,0091 A. De este modo, la intensidad de secuencia inversa que se permite en régimen permanente es: 0,4 × 4,0091 = 1,6034 A. Así pues, el arranque de la función de protección se inicia con 1,6034/5 sobre la intensidad nominal del relé de protección.

La constante de tiempo a ajustar en el relé de protección es: $T = 60/0{,}42 = 375$ s.

Como indicación de alarma se recomienda seleccionar un valor del 30%, lo que representa un valor de 0,28 sobre la intensidad nominal del relé de protección. Su retardo no debe superar 6 segundos.

La representación de estos ajustes siguiendo la ecuación del relé es la siguiente:

$$t = \frac{T}{\left(\frac{I_2}{I_{s,ajuste}}\right)^2 - 1}$$

según se muestra en la Figura 5.33.

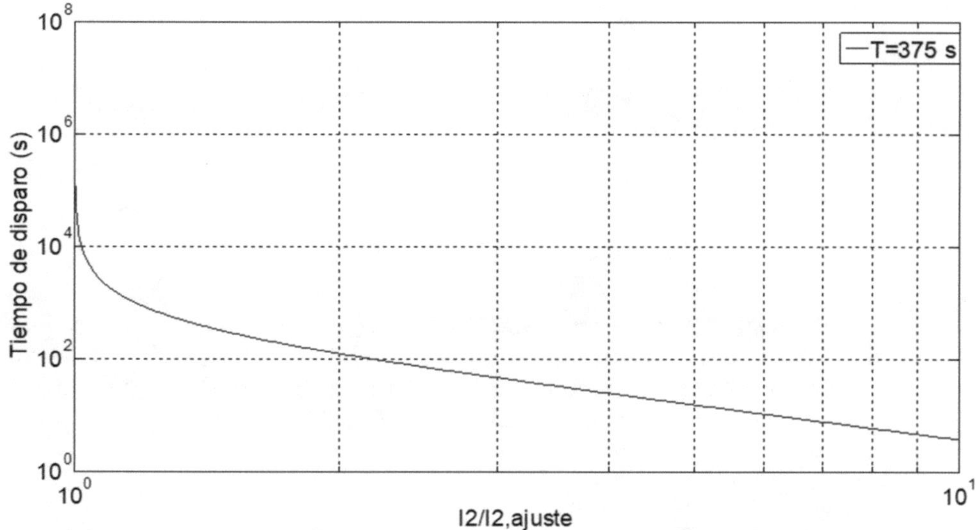

Figura 5.33. Generador síncrono de 20 MVA, curva de ajuste para protección contra intensidades de secuencia inversa

(5) ANSI 51V: sobrecarga y cortocircuito con frenado por tensión

Esta protección se aplica normalmente como protección de respaldo remoto de otros relés de protección de sobreintensidad dispuestos aguas abajo en caso de condiciones de fallo de protección o de interruptor y no se libere el defecto presente. De esta manera, se puede asegurar que el generador no continue aportando intensidad de defecto a dicha falta en semejantes condiciones.

En las protecciones actuales, se determina una curva de relación entre la tensión en los terminales del generador y su tensión nominal, pudiéndose seleccionar como tensión nominal del generador la tensión entre fases o la tensión de fase. En base a estos valores de relación de tensión se determina el factor multiplicador para la etapa de sobreintensidad y cortocircuito ANSI 50/51 y también para la función ANSI 46 de desequilibrio de intensidades. En la Figura 5.34. se muestra dicha curva genérica que proporciona el factor multiplicador de las etapas ANSI 50/51/46.

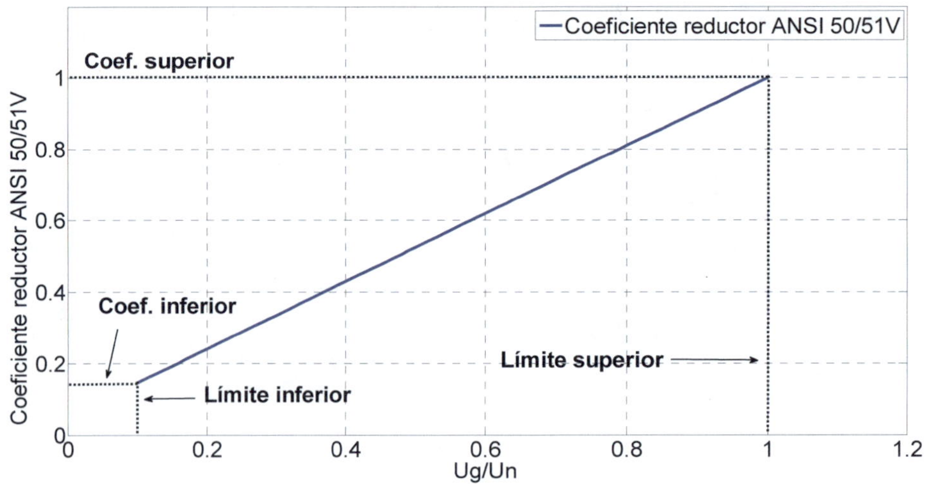

Figura 5.34. ANSI 51V. Coeficiente de reducción

Siempre es difícil conseguir los valores de la tensión en los terminales del generador en función de dónde se produzca el defecto y la respuesta del AVR ante un defecto mantenido en el tiempo. Esto sólo se puede conseguir con análisis muy detallados de la red y evaluando defectos en distintos puntos de la misma para ver el perfil de tensión que mejor se adecue al tipo de curva mostrada en la Figura 5.34.

Ejemplo de aplicación 5.5

Sea un generador síncrono de 3500 kVA, 6 kV. Las características de los transformadores de medida de tensión e intensidad empleados son las siguientes:

— Transformador de intensidad: 400/5 A – 5P20 – 10 VA.

— Transformador de tensión: 6,3/1,73 – 110/1,73 V – 3P – 30 VA.

— La curva de tensión en los terminales del generador es la que se muestra en la Figura 5.34.

— Se sabe además que la tensión en los terminales del generador ante falta en la red: 4.8 kV.

Se pide calcular el ajuste del relé ANSI 51V.

Solución

Para los valores de potencia aparente y de tensión la corriente nominal del generador es

$$I_N = \frac{3500 \cdot 10^3}{\sqrt{3} \cdot 6000} = 336.78\ A$$

Con el valor de tensión en los terminales del generador y la curva de ajuste seleccionada, se tiene una relación de tensiones

$$\frac{U_g}{U_N} = \frac{4.8}{6} = 0.8$$

Entrando en la curva para determinar el coeficiente de reducción, se obtiene un valor de 0,81. Esto significa que sí las funciones de protección ANSI 50/51 estuvieran ajustadas a $I \geq 334$ A para la etapa de sobrecarga e $I>> 900$ A para la etapa de cortocircuito, sus valores de respuesta se verían afectados por el coeficiente reductor de 0,81.

De esta manera, los nuevos valores de respuesta de las funciones ANSI 50/51 son $I>$ 51V = 0,81·334 = 270,54 A para la etapa de sobrecarga e $I>>$ 50V = 0,81·900 = 729 A para la etapa de cortocircuito.

□

(6) ANSI 50/51: sobrecarga y cortocircuito en fases

En generadores de gran potencia, esta protección actúa normalmente como protección de respaldo de la protección diferencial cuando se presentan defectos polifásicos en dicho generador. Se puede ajustar esta protección con curvas inversas clásicas o a tiempo definido. En cambio, para generadores de pequeña potencia, suele ser una de sus protecciones principales. Las funciones de protección de sobreintensidad son fáciles de ajustar y están instaladas en todos los generadores independientemente de su potencia. Su principio básico de funcionamiento consiste en evaluar el valor de la corriente medida por los transformadores de intensidad asociados y compararla con la intensidad de ajuste seleccionada en la función protección. En función de la magnitud de intensidad leída, ejecutará un disparo cuando expire el tiempo de actuación correspondiente. En la Figura 5.35 la curva genérica de ajuste para la protección ANSI 50/51.

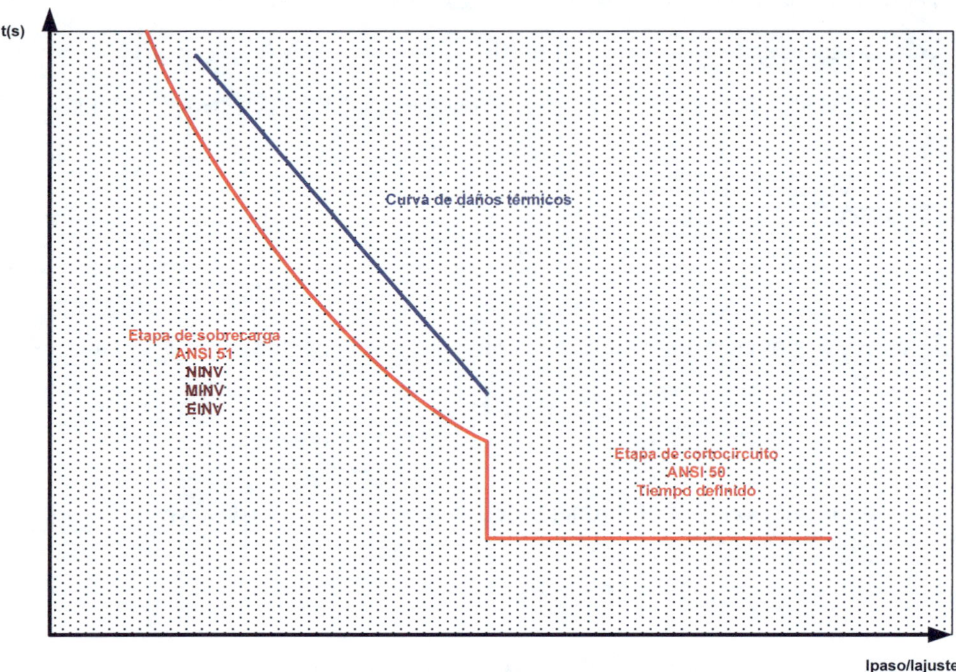

Figura 5.35. Protección ANSI 50/51. Curva genérica de ajuste.

En los relés de protección contra sobreintensidades a tiempo dependiente, las curvas de ajuste normalmente implementadas son: Normal Inversa, Muy Inversa, y Extremadamente Inversa. La fórmula empleada en función de la curva seleccionada es la siguiente:

$$t = \frac{a}{\left(\frac{I_{paso}}{I_{ajuste}}\right)^{b} - c} \cdot tI_{>} \qquad (5.30)$$

Los términos de la expresión anterior son:

— a, b, c: coeficientes pertenecientes a la curva inversa seleccionada.

— I_{paso}: intensidad de carga o de paso (en amperios).

— I_{ajuste}: intensidad de ajuste (en amperios).

— t: tiempo de disparo (en segundos).

— $tI_{>}$: dial de la curva de disparo seleccionada.

Los coeficientes especificados anteriormente tienen los siguientes valores según Norma IEC255-4:

Tabla 5.2. Coeficientes para curvas características de disparo de tipo inverso.

Curva	*a*	*b*	*c*
Tipo A: NINV	0.14	0.02	1
Tipo B: VINV	13.5	1	1
Tipo C: EINV	80	2	1

Esta función de protección no sólo detecta sobrecargas y cortocircuitos polifásicos que puedan suceder en los devanados del estátor del generador, sino que también detecta otros fenómenos que alguna vez ocurren en los generadores como pueden ser motorizaciones y energizaciones accidentales del generador.

La etapa de cortocircuito ANSI 50 tiene como inconveniente en su operación que no es una función de protección selectiva. Mientras que un defecto polifásico en el generador debe ser despejado y eliminado inmediatamente, cualquier otro defecto externo al generador debe ser despejado por la protección asociada correspondiente a su posición, lo que implica que tiempo de actuación de la protección de cortocircuito del generador para estas faltas debe ser suficientemente largo para permitir a las otras protecciones ejecutar sus disparos y así tener selectividad.

Ejemplo de aplicación 5.6

Sea un generador igual al del ejemplo de aplicación 5.5 se pide realizar la selección de ajustes del relé ANSI 50/51.

Los ajustes se realizan empleando la gráfica de la Figura 5.36.

- Sobrecarga: 337 A (no se permite la sobrecarga del generador). Expresado según relación del *T/i* empleado: 337/400 = 0,84·I_n.
- Curva: Tipo C (extremadamente inversa).
- Dial de tiempos: $tI_>$ = 0,4.
- Cortocircuito: 900 A. Expresado según relación del *T/i* empleado: 900/400 = 2,25·I_n.
- Tiempo de actuación por cortocircuito: $tI_>$ = 300 ms.

Solución

Para dar validez a estos ajustes en la etapa de sobrecarga, hay que conocer la curva de daños térmicos del generador y asegurarse que el tiempo de actuación de la función de protección ANSI 51 es siempre inferior al tiempo máximo permitido por dicha curva térmica como se ilustra en la Figura 5.35.

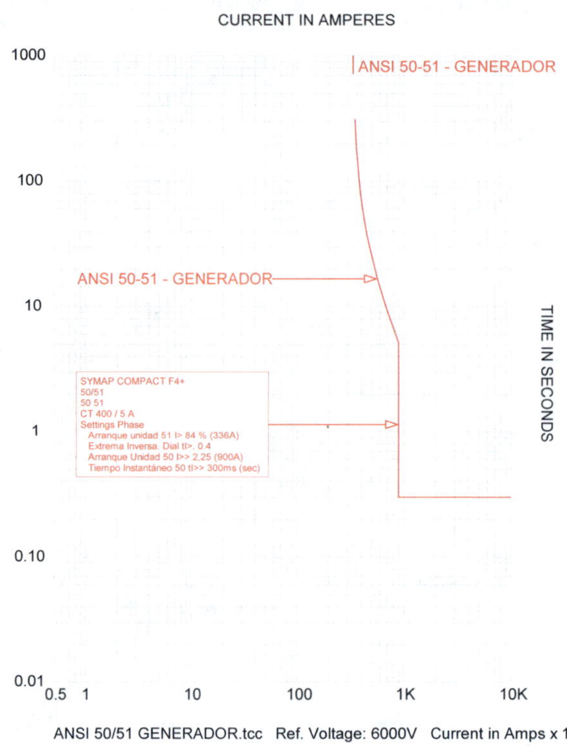

Figura 5.36. Ajustes de sobreintensidad de fases ANSI 50/51.

□

(7) ANSI 50N/51N: sobrecarga y cortocircuito en neutro

Es práctica habitual conectar el centro de la estrella del estator del generador a tierra mediante una impedancia limitadora de la intensidad de defecto a tierra a valores no superiores a 15 A para no dañar el laminado del estator. Esta limitación de la corriente de neutro obliga a instalar un transformador de intensidad de primario bobinado o toroidal de relación de transformación baja, idealmente 10/5 A o 10/1 A que permita leer sin problema alguno la intensidad de defecto a tierra que retorna por la impedancia de puesta a tierra y entregar al relé de protección de neutro una mínima intensidad que pueda ser perfectamente procesada por el relé y determinar sí ha de efectuar un disparo. Esta función de protección, al igual que las funciones ANSI 50/51 se pueden ajustar con curvas inversas clásicas o a tiempo definido. Su principio básico de funcionamiento y ecuaciones características se explicaron en el apartado de las protecciones ANSI 50/51.

El inconveniente que presenta esta función de protección es que el transformador de intensidad dispuesto entre tierra y la impedancia de limitación detecta todas las intensidades de defecto a tierra que se produzcan tanto en el generador como en cualquier otro punto de la red a la que se conecta el generador en su mismo nivel de tensión. Normalmente suele existir un transformador de potencia elevador con grupo de conexión YNd de tal manera que el único punto conectado a tierra es la impedancia de limitación de intensidad de defecto a tierra. Ajustes habituales suelen ajustarse en el arranque a un 10% de la máxima intensidad de defecto a tierra con curva inversa y la etapa de cortocircuito a un 30% de la máxima intensidad de defecto a tierra con temporización en el rango de 300 ms a 500 ms.

Ejemplo de aplicación 5.7

Sea un generador igual al del ejemplo de aplicación 5.5.

Se sabe que la puesta a tierra del generador se realiza mediante impedancia resistiva de valor 346,41 Ω y el transformador de intensidad de neutro empleado tiene las siguientes características: 10/1 A – 5P10 – 5 VA.

Se pide calcular los ajustes del relé de protección ANSI 50N/51N.

Los ajustes se realizan empleando la gráfica de la Figura 5.37.

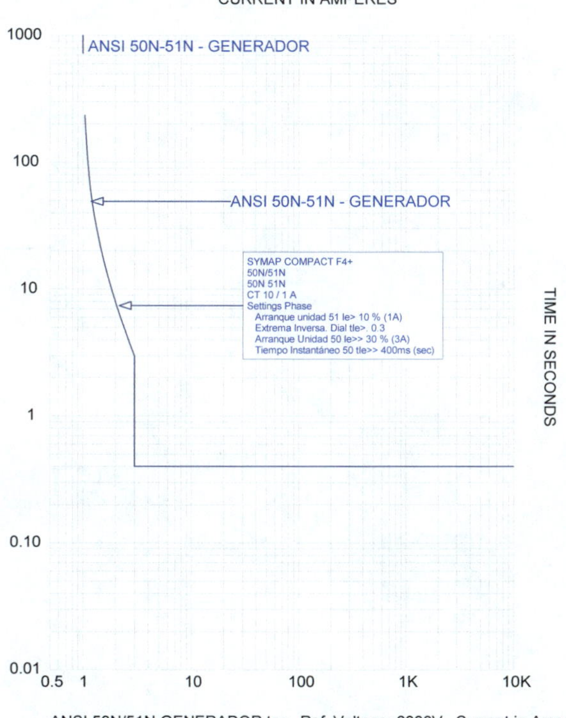

Figura 5.37. Ajustes de sobreintensidad de fases ANSI 50N/51N.

Solución:

Con la impedancia de puesta a tierra citada, la máxima intensidad de defecto a tierra toma un valor de 10 A.

Selección de ajustes:

- Sobrecarga de neutro: $10\% \cdot I_e = 0{,}1 \cdot 10 = 1$ A.
- Expresado según relación del *T/i* empleado: $1/10 = 0{,}1 \cdot I_n$.
- Curva: Tipo C (extremadamente inversa).
- Dial de tiempos: $tI> = 0.3$.
- Cortocircuito de neutro: $30\% \cdot I_e = 0{,}3 \cdot 10 = 3$ A. Expresado según relación del *T/i* empleado: $3/10 = 0{,}3 \cdot I_n$.
- Tiempo de actuación por cortocircuito: $tIe>> = 400$ ms.

Para dar validez a estos ajustes hay que ver su coordinación con los relés de protección de neutro dispuestos en otras posiciones conectadas a las barras donde se ha conectado el generador y demás posiciones de transformadores elevadores.

En la Figura 5.38. se muestra la disposición de los relés ANSI 50N/51N.

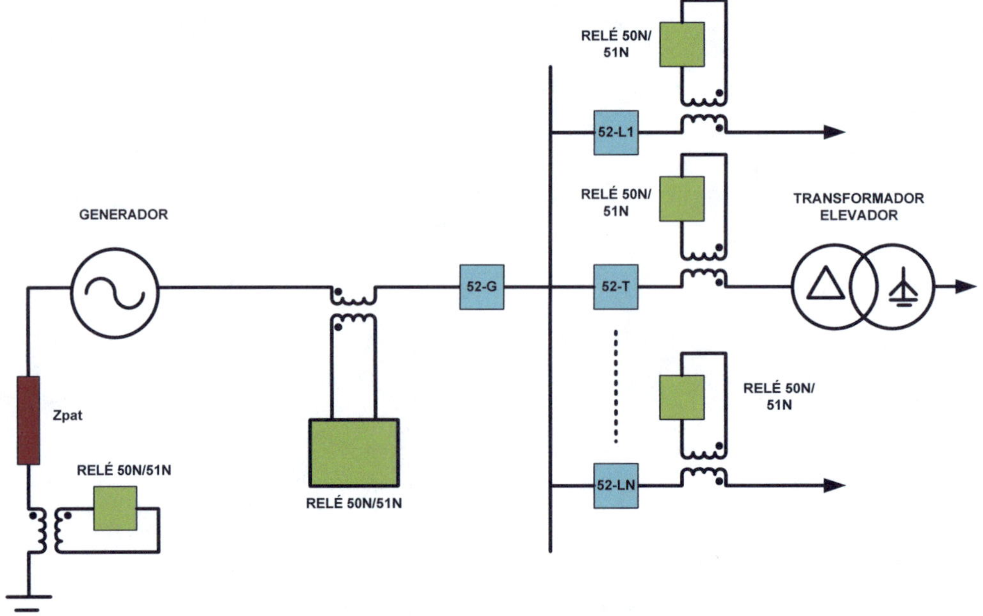

Figura 5.38. Disposición de relés ANSI 50N/51N

(8) ANSI 59: sobretensión en fases

Las principales sobretensiones que pueden presentarse en generadores síncronos se clasifican en:

- Sobretensiones transitorias producidas en la red que afectan al generador.
- Sobretensiones a frecuencia industrial que tienen larga duración.

En la mayoría de los generadores de mediana y gran potencia, se instalan descargadores de sobretensiones o pararrayos para mitigar los efectos de sobretensiones tipo rayo, maniobra o cualquier otra situación anómala que pueda dañar el aislamiento de la máquina. Los valores normalizados de impulsos de tensión según EN60071-1 presentan las siguientes características:

- Sobretensiones transitorias de frente rápido (tipo rayo): tiempo de subida T_1 = 1,2 μs y tiempo de cola T_2 = 50 μs. Sus frecuencias están en el rango de los MHz.
- Sobretensiones transitorias de frente lento (tipo maniobra): tiempo de subida Tp = 250 μs y tiempo de cola T_2 = 2500 μs. Presentan frecuencias en el rango de los kHz.

En cualquiera de los casos, para sobretensiones que se producen a frecuencia industrial (50/60 Hz), es necesario el empleo de relés de protección ANSI 59 que reciben la señal de tensión de transformadores clásicos de tensión, de sensores resistivos o capacitivos que emplean tarjetas elevadoras de tensión a 100 V o 110 V entre fases.

Una condición de sobretensión mantenida en el tiempo no debe permitirse en generadores cuyos reguladores de tensión funcionen correctamente. Dentro de las causas más frecuentes por la que aparecen sobretensiones en generadores:

- Funcionamiento defectuoso o rotura del regulador automático de tensión.
- Generador funcionando sin estar acoplado a ninguna red.
- Regulaciones manuales de la tensión del generador.
- Variaciones bruscas de potencia reactiva demandada al generador.
- Pérdida/rechazo de carga por retirada instantánea de cargas importantes. En estas situaciones, el generador bien pudiera haber pasado a modo de funcionamiento en isla desacoplado de cualquier red o manteniéndose acoplado a red, demandándole una potencia muy reducida.

Los valores habituales de ajuste de esta función de protección son los siguientes:

- Primer escalón:
  - Sobretensión $U> = 1{,}05 \cdot U_n$.
  - Tiempo de actuación primer escalón $tU> = 10$ s.
- Segundo escalón:
  - Sobretensión $U>> = 1{,}1 \cdot U_n$.
  - Tiempo de actuación segundo escalón $tU>> = 1$ s.

(9) ANSI 81: Frecuencia

En generadores acoplados a redes eléctricas, las variaciones de frecuencias no suelen ser muy elevadas salvo en circunstancias en las que el operador de red separa áreas y alguna de ellas resulta sobrecargada originando una demanda de energía eléctrica superior a las posibilidades de generación Esta situación origina subfrecuencias en los generadores que se resuelven mediante deslastres selectivos de cargas importantes con el objeto de equilibrar nuevamente la demanda a la generación. En generadores trabajando en isla, las variaciones de frecuencia son más sensibles ante variaciones de carga, tanto por exceso de carga como por defecto.

En cualquier circunstancia, hay que proteger el accionamiento principal del generador eléctrico, ya sea un motor diésel, un motor de gas, una turbina de vapor o hidráulica, etc. Velocidades de rotación excesivas generan fuerzas centrífugas que pueden originar daños severos en los componentes del rotor mientras que velocidades reducidas por exceso de demanda eléctrica, pueden llegar a torsionar demasiado el rotor produciéndoles daños irreversibles. En generadores cuyos accionamientos principales son motores, suele ser práctica habitual habilitar funciones de protección de mínima y máxima frecuencia. En cambio, en generadores arrastrados por turbinas, se aplica la función de protección que calcula y mide el gradiente de frecuencia ya que la inercia de las turbinas es tremendamente superior a la inercia de cualquier motor diésel o de gas. En el caso de medir y evaluar el gradiente de frecuencia, se debe ajustar en el relé de protección un número mínimo de ciclos a evaluar en la señal de tensión para calcular con precisión el valor del gradiente de frecuencia y tomar la decisión de disparar. Es práctica habitual seleccionar un número de ciclos a evaluar comprendido entre 3 y 8 ciclos.

Los valores habituales de ajuste de las funciones de protección de mínima y máxima frecuencia son los siguientes:

- ANSI 81F>: Sobrefrecuencia: Primer escalón:
  - $f> = 1{,}04 \cdot fn$.
    (52 Hz para generadores de 50 Hz y 62,4 Hz para generadores de 60 Hz).
  - Tiempo de actuación primer escalón $t_f> = 10$ s.
- ANSI 81F>: Sobrefrecuencia: Segundo escalón:
  - $f>> = 1{,}07 \cdot fn$.
    (53,5 Hz para generadores de 50 Hz y 64,2 Hz para generadores de 60 Hz).
  - Tiempo de actuación segundo escalón $t_f>> = 5$ s.
- ANSI 81F<: Subfrecuencia: Primer escalón:
  - $f< = 0{,}94 \cdot fn$.
    (47 Hz para generadores de 50 Hz y 62,4 Hz para generadores de 60 Hz).
  - Tiempo de actuación primer escalón $t_f< = 10$ s.

- ANSI 81F<: Subfrecuencia: Segundo escalón:
  - f<< = 1,07·fn.
    (53,5 Hz para generadores de 50 Hz y 56,4 Hz para generadores de 60 Hz).
  - Tiempo de actuación segundo escalón t_f<< = 5 s.

Ejemplo de Gradiente de frecuencia: se permite una variación de frecuencia de 0,5 Hz cada 100 ms. Esto supone un cambio de frecuencia de 5 Hz/s. Se selecciona además 4 ciclos a evaluar.

(10) ANSI 87G: protección diferencial de generador

Uno de los aspectos fundamentales de la protección diferencial es que es totalmente selectiva con las protecciones adyacentes en los dos siguientes escenarios:

- Falta externa.
- Falta interna: en este caso la protección diferencial efectuará un disparo de forma instantánea.

Básicamente las faltas internas suelen ser:

- Falta a tierra de cualquier devanado.
- Faltas fase-fase: el valor de la intensidad de defecto depende del porcentaje (%) de bobinado afectado. Si el bobinado tiene una conexión en estrella y el defecto se produce cerca del punto estrella, la intensidad de falta tendrá un valor reducido. Por el contrario, si el punto de defecto se encuentra muy cerca de los extremos de salida, la intensidad de falta tendrá un valor cercano a la intensidad de falta bifásica

$$\left(I_{kk,2p} = \frac{\sqrt{3}}{2} \cdot I_{kk,3p} \right) \tag{5.31}$$

En los bobinados conectados en triángulo, cuanto más cercana esté la falta a puntos comunes de dos fases, menor valor tendrá la intensidad de la misma. En cambio, cuando el punto de defecto se encuentre de la forma más alejada posible (terminales de salida), mayor será la intensidad del defecto entre ambos devanados (valor cercano a la intensidad de falta bifásica).

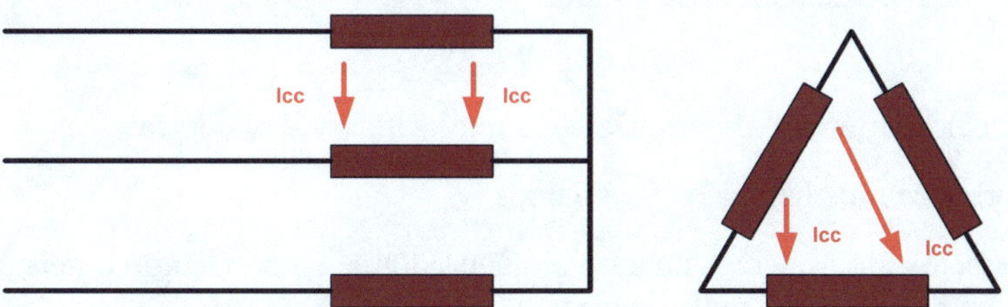

Figura 5.39. Diferentes tipos de faltas entre fases.

- Faltas entre espiras de una misma fase: estas faltas se producen principalmente por la pérdida de aislamiento debido a fenómenos transitorios o maniobras que producen sobretensiones en los bobinados conectados en estrella y puestos a tierra. Debido al pequeño valor de impedancia de las pocas espiras cortocircuitadas, el valor de la intensidad de defecto es muy alto.
- Faltas entre diferentes devanados: este tipo de defecto es de muy difícil aparición. El valor de la intensidad de defecto es muy alto ya que dos puntos distintos con diferentes tensiones se ponen al mismo potencial comparado con la referencia.

En la Figura 5.39. se muestran los diferentes tipos de faltas entre fases.

El principio de funcionamiento de la protección diferencial de generador es comparar las intensidades entrantes y salientes en el generador protegido (Figura 5.40). Si el valor de la intensidad diferencial supera un determinado valor, hay un claro indicio de tener una falta en la zona de protección comprendida entre los dos juegos de transformadores de intensidad (*T/i´s*). Dicha área comprendida entre ambos juegos de *T/i´s* es la zona de protección asignada a la protección diferencial.

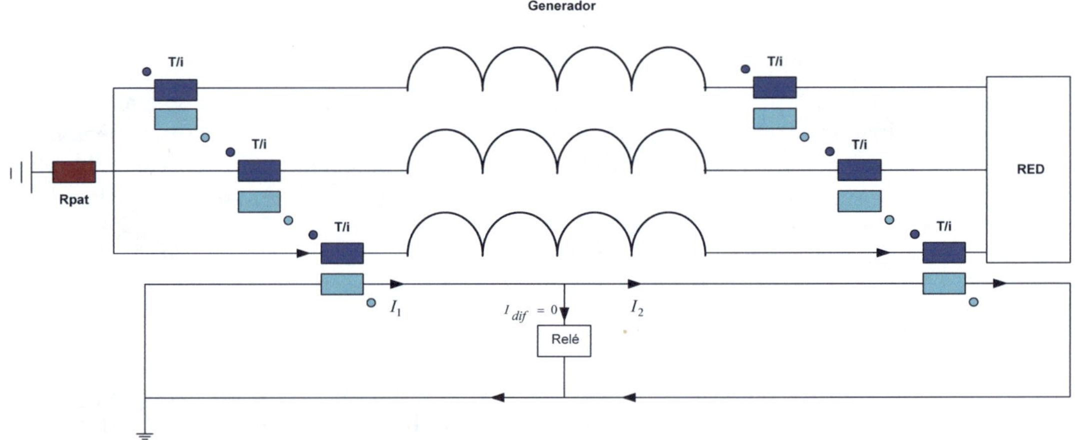

Figura 5.40. Funcionamiento de la protección diferencial de generador ANSI 87G sin defecto en el generador.

La protección diferencial garantiza una total selectividad contra:

— Cortocircuitos trifásicos y bifásicos.

— Defectos monofásicos cuando el generador se ha conectado a tierra a través de una resistencia de bajo valor óhmico.

En la Figura 5.41. se muestra la característica de operación ideal de la protección diferencial:

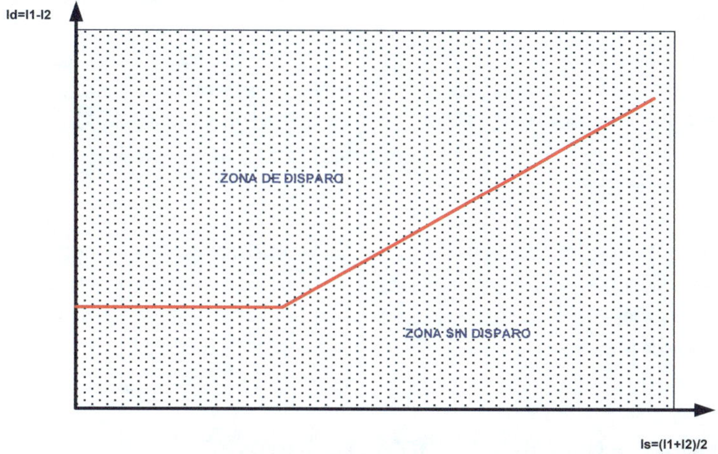

Figura 5.41. Curva de disparo genérica de la protección diferencial de generador ANSI 87G

Normalmente, todas las protecciones diferenciales comparan la intensidad pasante o de estabilización con la intensidad diferencial. En el eje de abscisas se representa la intensidad de estabilización $I_S = 0.5 \cdot (I_1 + I_2)$ mientras que en el eje de ordenadas se representa la intensidad diferencial $I_d = I_1 - I_2$. En condiciones de operación normal o con falta externa, el valor de la intensidad diferencial debería ser idealmente nulo para cualquier protección diferencial. En la realidad, la corriente diferencial nunca es cero debido a la falta de precisión de los transformadores de intensidad instalados. En cambio, cuando aparece un defecto interno, ambas intensidades I_1 e I_2 son totalmente distintas no solo en valor eficaz sino también en ángulo. Bajo estas últimas circunstancias de falta interna, la protección diferencial dispara instantáneamente en tiempos no superiores a 50 ms.

Por tanto, la precisión de los *T/i´s* instalados es esencial para obtener una correcta actuación de la protección diferencial. Ese es el caso cuando se produce una falta externa. Para mantener la estabilidad es este caso, los relés de protección diferencial tienen una característica de disparo que es una curva con pendiente positiva. Actualmente, las curvas de disparo se modelan con distintas pendientes en función de las intensidades de paso y las estabilizaciones que se quieran tener, siendo habitual disponer de hasta 3 o 4 pendientes distintas.

Una causa que lleva a la protección diferencial a efectuar disparos erróneos es la saturación de los núcleos magnéticos de los transformadores de intensidad instalados cuando la intensidad de paso es muy elevada. Por esta razón, los *T/i´s* deben estar perfectamente diseñados y no saturarse para el valor de máxima intensidad de falta en el lugar donde se encuentran instalados. Es importante señalar que una conexión defectuosa podría hacer aumentar la resistencia del circuito secundario y saturar su núcleo magnético. Este hecho produce una alta intensidad diferencial con el consiguiente riesgo de tener un disparo intempestivo que no se corresponde con un defecto en los devanados del generador.

Es importante no olvidar que la instalación del relé de protección diferencial debería ser lo más cercana posible a los transformadores de intensidad con el objeto de reducir la carga en su secundario debida al cableado. En definitiva, la carga total suma de las cargas de cableado y relé de protección diferencial no debería superar el valor de potencia nominal del transformador de intensidad.

Por último, la componente de corriente continua o unidireccional de la intensidad de falta presente en prácticamente todos los cortocircuitos es otro factor importante que considerar en la saturación de los núcleos magnéticos de los transformadores de intensidad, pudiendo originar un disparo accidental.

5.2.6.1. Protección de falta a tierra restringida

Cuando se produce un defecto a tierra en algún bobinado de un generador, pudiera suceder que el valor de la intensidad de defecto sea muy bajo si solo comprende una pequeña parte de todo el bobinado o porque se haya dispuesto de un sistema de puesta a tierra de alta impedancia. No es aceptable despejar este tipo de defectos aplicando una selectividad realizada con relés de sobreintensidad ya que éstos necesitarían tiempos muy largos y eso supondría aumentar los posibles daños en la máquina protegida, llegándose incluso su destrucción completa. Se necesita, por tanto, una protección de sobreintensidad de neutro de tipo instantánea para despejar cualquier defecto a tierra en los bobinados del generador. Esta protección se la conoce normalmente como *Protección de falta a tierra restringida*, existiendo dos principios de operación: Intensidad de Paso o Alta Impedancia.

Principio de Operación de Intensidad de Paso

Este principio de operación necesita medir las intensidades de defecto de las tres fases del generador y la intensidad de defecto que retorna por el neutro del mismo hacia su punto estrella. Si la suma de las tres intensidades de defecto leídas en las tres fases del generador coincide con la lectura de la intensidad de defecto que retorna por el neutro del generador, la falta se considera externa y la protección no efectuará disparo alguno. Este principio se muestra en la Figura 5.42.

En este caso se verifica que $\vec{I}_{L1} + \vec{I}_{L2} + \vec{I}_{L3} = \vec{I}_{LN}$ y la protección no efectúa ningún disparo. Pero si la suma de las tres intensidades de fase no coincide con la intensidad de retorno por el neutro, la falta se considera interna y la protección efectuará un disparo instantáneo. Así se muestra en la Figura 5.43. En esta situación se verifica claramente que $\vec{I}_{L1} + \vec{I}_{L2} + \vec{I}_{L3} \neq \vec{I}_{LN}$ obteniéndose un disparo instantáneo.

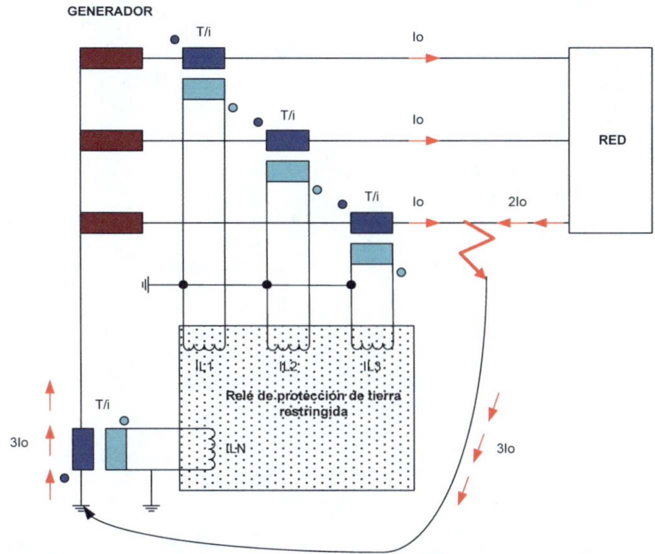

Figura 5.42. Protección de falta a tierra restringida. Principio de Intensidad de Paso. Falta externa

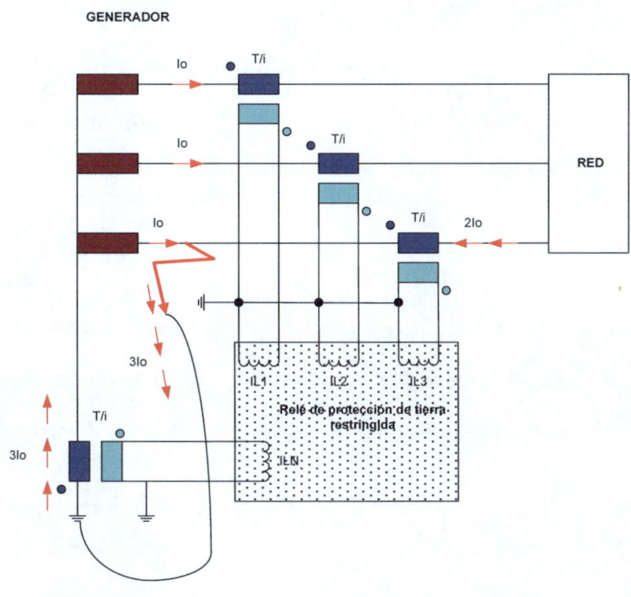

Figura 5.43. Protección de falta a tierra restringida. Principio de Intensidad de Paso. Falta interna

Principio de Operación de Alta Impedancia

La mejor forma de explicar este principio de operación consiste en considerar que un transformador de intensidad se ha saturado cuando se produce una falta externa.

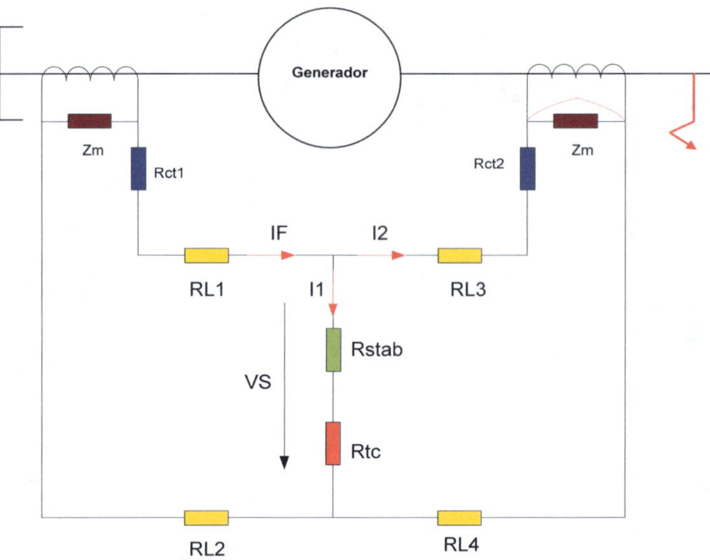

Figura 5.44. Protección de falta a tierra restringida. Principio de Operación de Alta Impedancia. Falta externa.

En la Figura 5.44. aparecen los siguientes elementos:

- Z_m: impedancia de magnetización del transformador de intensidad.
- RCT1 y RCT2: resistencias de los devanados secundarios de los transformadores de intensidad.
- RL1-RL2-RL3-RL4: resistencias del cableado entre la protección y los transformadores de intensidad.
- RSTAB: resistencia de estabilización.
- Rtc: resistencia de la bobina de operación del relé de protección.
- I_F, I_1 e I_2: intensidades secundarias con falta externa y un transformador de intensidad saturado.

En estas condiciones la tensión V_S en la bobina de operación del relé se calcula por medio de la siguiente ecuación:

$$V_S = I_2 \cdot (R_{CT2} + R_{L3} + R_{L4}) \tag{5.32}$$

Normalmente, la resistencia de estabilización R_{STAB} se calcula para limitar la intensidad de operación al valor de ajuste I_S dado a la protección y puede considerarse como:

$$R_{STAB} = \frac{V_S}{I_S} - R_R \tag{5.33}$$

La protección puede hacerse estable para la máxima tensión aplicada si se aumenta el valor de la resistencia en el circuito del relé. Con esta operación, la intensidad a través del relé es menor que el ajuste seleccionado. Como la propia resistencia del relé es normalmente muy baja, la nueva resistencia de estabilización debe instalarse en serie con la resistencia del propio relé. Como los tiempos de disparo deben ser muy rápidos cuando hay una falta interna, el punto de saturación recomendado para los transformadores de intensidad debería tener un valor de al menos cuatro (4) veces la tensión V_S.

Existen muchas recomendaciones para lograr un adecuado ajuste del relé de protección. Una de ellas es la siguiente:

$$I_{OP} = CT_{RATIO} \cdot (I_{REF}) \tag{5.34}$$

en donde:

I_{op}: intensidad de operación del primario.

CT_{ratio}: relación de transformación del transformador de intensidad.

I_{REF}: intensidad de operación de la protección.

n: número de transformadores de intensidad empleados.

I_e: intensidad de magnetización del transformador de intensidad empleado.

Se suele tomar $I_{REF} = 2 \cdot I_e$.

También tiene que considerarse el comportamiento de este procedimiento cuando se produce una falta interna. En este caso, la tensión transitoria de pico debe estimarse. Este pico de tensión es función de la tensión de codo del transformador de intensidad y de la tensión real que aparecería con la misma falta interna si no saturara el transformador de intensidad. Su valor será a su vez función de la máxima intensidad de falta en el lado secundario, de la resistencia secundaria del transformador de intensidad, del cableado y del valor de la resistencia de estabilización. El valor de pico puede por tanto expresarse según la siguiente expresión:

$$V_p = 2 \cdot \sqrt{2 \cdot V_k \cdot (V_f - V_k)} \tag{5.35}$$

$$V_f = I'_f \cdot (R_{CT} + 2 \cdot R_L + R_{STAB}) \tag{5.36}$$

Cada término se corresponde con la siguiente nomenclatura:

— V_p: valor de tensión pico desarrollado por el *T/i* con falta interna.

— V_k: tensión de codo del *T/i*.

— V_f: máxima tensión en caso de no saturación del *T/i*.

— I'_f: máxima intensidad secundaria con falta interna.

— R_{CT}: resistencia secundaria del *T/i*.

— R_L: máxima carga de cableado desde el *T/i* hasta el relé de protección.

— R_{STAB}: resistencia de estabilización.

Debe observarse que el nivel de aislamiento en el lado secundario del T/i es normalmente de 3 kV. Para prevenir al relé de protección contra altas tensiones secundarias, pueden instalarse resistencias no lineales con el objetivo de hacer circular por el relé una menor intensidad (shunt) y así evitar posibles daños. La característica de operación de las resistencias no lineales:

$$V = C \cdot I^{0.25} \tag{5.37}$$

siendo:

V: tensión instantánea aplicada a la resistencia no lineal.

C: constante de la resistencia no lineal.

I: intensidad instantánea a través de la resistencia no lineal.

La expresión final para la intensidad a través de una resistencia no lineal es:

$$I_{rms} = 0{,}52 \cdot \left(\frac{V_{rms} \cdot \sqrt{2}}{C}\right)^4 \tag{5.38}$$

En las Figuras 5.45 y 5.46. se representa la protección de falta a tierra restringida mediante el principio de alta impedancia para una falta eterna e interna, respectivamente.

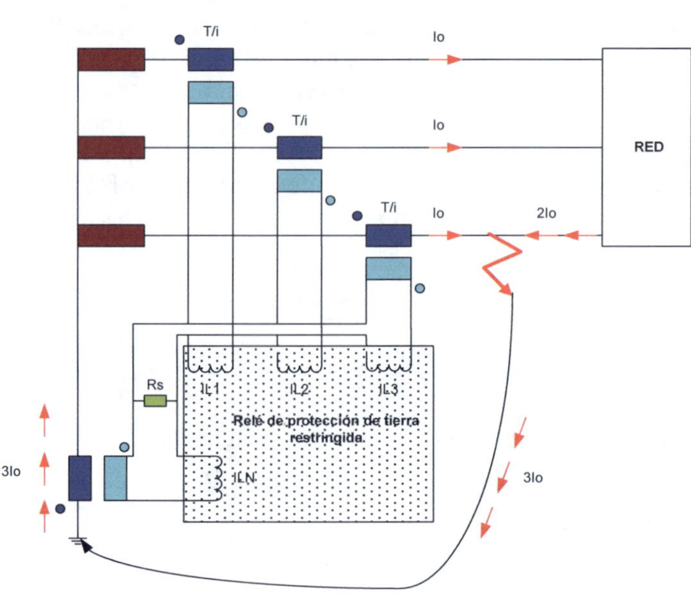

Figura 5.45. Protección de falta a tierra restringida. Principio de alta impedancia. Falta externa

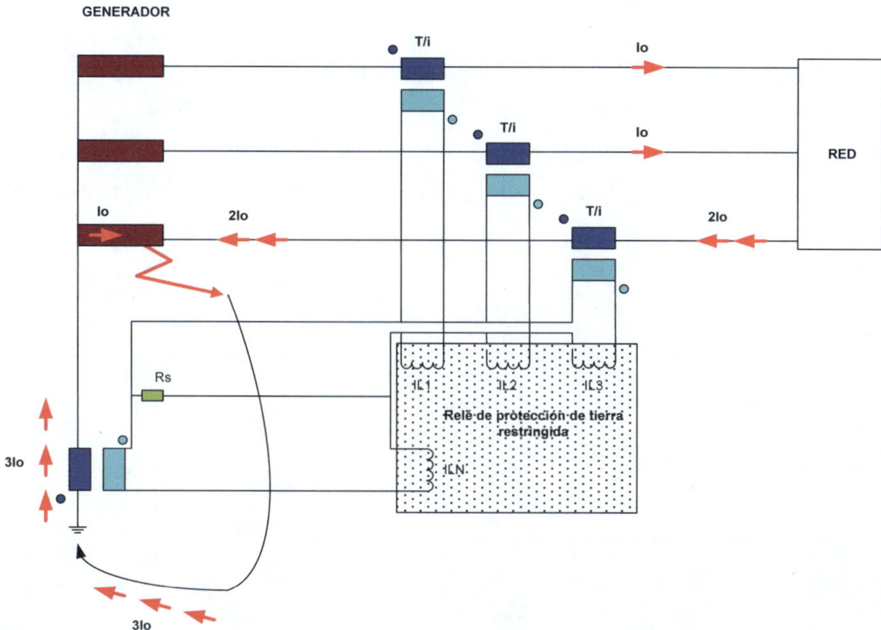

Figura 5.46. Protección de falta a tierra restringida. Principio de alta impedancia. Falta interna.

Ejemplo de aplicación 5.8

Sea un generador igual al del ejemplo de aplicación 5.5.

Se sabe que la puesta a tierra del generador se realiza mediante impedancia resistiva de valor 346,41 Ω. El transformador de intensidad empleado tiene las siguientes características: 400/5 A – 5P20 – 10 VA. Este modelo de *T/i* presenta un error de intensidad para la intensidad primaria asignada del ±1% y un error compuesto para la intensidad límite de precisión del ±5%.

Se pide calcular los ajustes del relé de protección de tierra restringida.

Solución

Como curva de ajuste, se selecciona una curva de actuación con dos pendientes. La parte de la curva con mayor pendiente evita el disparo incorrecto del relé en caso de defectos que se producen fuera de la zona de protección del relé, es decir, fallos que se aparecen más allá de la disposición física de los transformadores de intensidad que alimentan a la protección diferencial. Por otra parte, la zona de la curva con menor pendiente regula la corriente diferencial mínima necesaria para que el relé realice un disparo con niveles bajos o nulos de corriente estabilizadora.

Se considera en este ejemplo los siguientes ajustes:

— Sensibilidad: 12%. Este valor cubre el posible error máximo de los transformadores de intensidad, pensando que uno presenta un error del +5% y el otro del -5%, al cual se le añade un pequeño porcentaje de seguridad del 2%.

— Estabilización hasta un valor de corriente de 2xIn: pendiente de valor 0%.

— Estabilización a partir de una estabilización de 2xIn: pendiente de valor 10%.

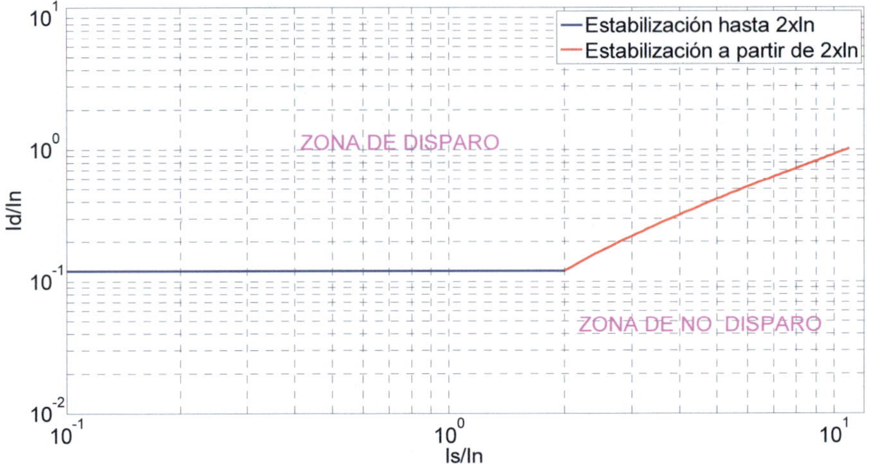

Figura 5.47. ANSI 87G. Curva de ajuste protección diferencial de generador

5.3. GENERADOR ASÍNCRONO

Al igual que cualquier máquina eléctrica, la máquina asíncrona puede funcionar también como generador, sin embargo, su aplicación en este modo de funcionamiento ha sido muy limitada siendo ampliamente superada por la máquina síncrona. La razón fundamental es que los generadores asíncronos requieren tomar de la red potencia reactiva para mantener el campo magnético del estátor, ya que esta máquina no posee un circuito independiente de excitación, como en el caso de los alternadores o generadores síncronos. Esta limitación impide que un generador asíncrono pueda contribuir al control de tensión en sus terminales, o pueda funcionar (en principio) como un generador aislado, como sucede con los alternadores. No obstante, se han desarrollado técnicas para permitir que un generador asíncrono trabaje en modo aislado conectando una batería de condensadores en sus bornes, en lo que se conoce como *generadores asíncronos autoexcitados*. El correcto funcionamiento de este tipo de sistemas depende en buena medida de la elección de la batería de condensadores, de modo que si la capacidad es insuficiente no aparece tensión en el generador, y si es muy elevada puede dar lugar a sobretensiones. En cualquier caso, la tensión generada es muy sensible a los cambios de carga y a las variaciones de la velocidad de giro del motor primario, de ahí que sus aplicaciones sean muy limitadas.

Sólo en el caso de la generación eólica la máquina asíncrona, y en menor medida en la generación hidráulica, ha encontrado su campo de aplicación como generador. Todos los inconvenientes indicados anteriormente en relación a la demanda de potencia reactiva y su imposibilidad de funcionar de forma fiable en sistemas aislados se siguen manteniendo para el caso de los generadores eólicos, sin embargo, presenta una ventaja muy importante en comparación con los generadores síncronos. La característica par/velocidad de los generadores asíncronos es menos rígida que la de los síncronos, lo cual permite una cierta variación de la velocidad de giro ante cambios bruscos del par mecánico producidos por la variación de la velocidad del viento. La posibilidad de que la velocidad de giro deslice respecto a la velocidad de sincronismo permite que se reduzcan las cargas mecánicas sobre la turbina eólica y, por tanto, también sus costes de fabricación. Estos sistemas, denominados de *velocidad fija*[1] corresponden a los primeros diseños de turbinas eólicas comerciales, los cuales han ido evolucionando hacia sistemas de velocidad variable controlados mediante convertidores electrónicos de potencia.

Esta sección comienza presentando brevemente los aspectos constructivos y el funcionamiento en régimen permanente de la máquina asíncrona, que el lector debe conocer de cursos básicos de máquinas eléctricas. Posteriormente, se deduce el circuito equivalente en régimen permanente, se presenta el balance de potencias en la máquina y la característica par/velocidad. Finalmente, se realiza un estudio de la compensación de potencia reactiva para mejorar el factor de potencia (f.d.p.) de una turbina eólica de velocidad fija y se presentan los métodos de arranque de este tipo de generadores.

5.3.1. Aspectos constructivos

Las máquinas asíncronas, o de inducción, al igual que todas las máquinas eléctricas, constan de una parte fija (estátor) y una parte móvil (rotor) separadas por un pequeño espacio de aire denominado *entrehierro*. Ambos elementos, el estátor y el rotor, junto al entrehierro forman parte del circuito magnético atravesado por el flujo común de la máquina y juegan por tanto un papel decisivo en la conversión de energía. Tanto en el estátor como en el rotor, se alojan sendos devanados que conducen la corriente eléctrica conformando los circuitos eléctricos de la máquina. Los circuitos magnéticos y eléctricos se consideran las partes activas de la máquina, a diferencia de otras meramente estructurales o de protección como la carcasa exterior, lo cojinetes o rodamientos, el eje, el ventilador, o los sistemas de refrigeración que juegan un papel auxiliar (aunque no menos importante). En la Figura 5.48. se muestra la sección de una máquina asíncrona donde se pueden observar todos estos elementos.

---

[1] Observe el lector que estrictamente hablando la velocidad de giro de la turbina eólica no es constante ya que ésta aumenta ligeramente cunando lo hace la velocidad del viento, sin embargo, estas variaciones son pequeñas, alrededor del 1% al 4% dependiendo de la potencia, de ahí que se denomine comúnmente a los generadores asíncronos conectados directamente a la red como sistemas de velocidad fija.

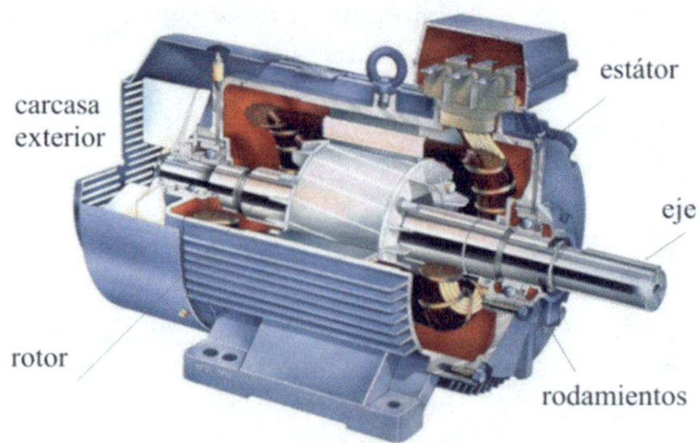

Figura 5.48. Sección y componentes de una máquina asíncrona

El estátor está formado por un núcleo de chapas magnéticas apiladas y aisladas entre sí en las que se han practicado unas ranuras en su periferia interior para alojar un devanado eléctrico trifásico que hace de inductor y que se encuentra uniformemente distribuido en ellas. Cuando estos devanados están recorridos por un sistema trifásico de corrientes se produce un flujo magnético giratorio de amplitud constante y distribuido de forma sinusoidal en el entrehierro.

El rotor se forma también a base de chapas magnéticas apiladas, pero tiene la forma de un cilindro con las ranuras que alojan el devanado rotórico practicadas en la superficie exterior y distribuidas también de manera uniforme. En la mayoría de los casos las ranuras del rotor están inclinadas para mejorar la forma sinusoidal de la fuerza magnetomotriz (f.m.m) producida. Existen dos ejecuciones posibles para los devanados del rotor, las cuales se denominan: a) de *jaula de ardilla*, o de *rotor en cortocircuito* y b) de *anillos rozantes*, o de *rotor bobinado*. En el primer caso (Figura 5.49 (a)) las ranuras se rellenan de barras de aluminio fundido (o de otro material conductor) que se unen a ambos extremos del rotor mediante anillos de cortocircuito igualmente conductores adoptando la forma de una jaula de ardilla, de ahí la denominación de este tipo de rotores.

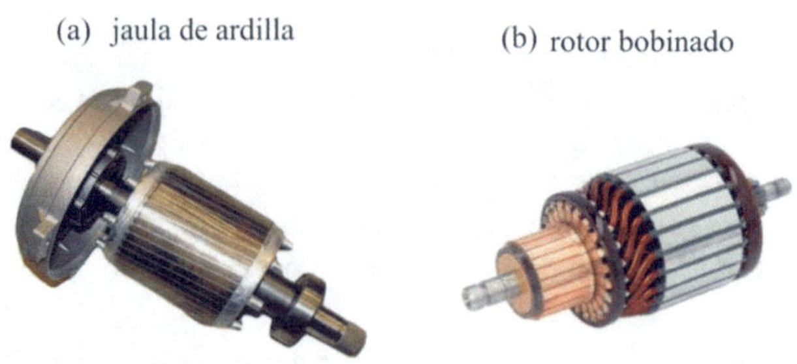

Figura 5.49. Rotor de jaula de ardilla (a) y de rotor bobinado (b)

En el tipo de rotor bobinado o de anillos rozantes, (Figura 5.49 (b)), se dispone de un devanado trifásico similar al que se ubica en el estátor, en el que las tres fases se conectan por un lado a un punto común formando una estrella, y por el otro se conectan a unos anillos aislados entre sí y aislados también del eje, sobre los que hacen contacto unas escobillas de grafito. Esta disposición hace posible la introducción de resistencias externas por los anillos para limitar las corrientes en el arranque, mejorar la característica par/velocidad y regular la velocidad de giro. Actualmente, en las máquinas de doble alimentación (DFIG) empleadas en los generadores eólicos, se aplica a los anillos una tensión externa de frecuencia y amplitud variable mediante un convertidor electrónico reversible c.c/c.a. El control de este convertidor permite regular la potencia activa y reactiva suministradas por el generador a la red, haciendo que la turbina eólica funcione a velocidad variable.

5.3.2. Principio de funcionamiento

Cuando los devanados del estátor de una máquina asíncrona trifásica se conectan a una red eléctrica equilibrada, circulan por ellos un sistema trifásico de corrientes de frecuencia f_s, que crean en virtud del teorema de *Ferraris*, una onda espacial de f.m.m o campo magnético giratorio distribuido de forma sinusoidal en el entrehierro cuya velocidad eléctrica de giro es igual a la pulsación de las corrientes del estátor $\omega_s = 2\pi f_s$ radianes eléctricos por segundo, que equivale a una velocidad angular mecánica, Ω_s, conocida como *velocidad de sincronismo* que es igual a

$$\Omega_s = \frac{\omega_s}{p} \tag{5.39}$$

en rad/s, siendo p el número de pares de polos. Si se expresa la velocidad angular anterior en r/min se obtiene la ecuación (5.1).

Partiendo de un rotor bloqueado ($\Omega = 0$) el movimiento relativo de las líneas de campo magnético creado por el estátor sobre los conductores del rotor induce en ellos una f.e.m. de pulsación ω_s, y al estar el devanado del rotor en cortocircuito se produce una circulación de corrientes por sus conductores. En esta situación la máquina se comporta como un transformador con el secundario (el rotor) en cortocircuito, con la diferencia de que ahora la f.e.m. se produce no por un campo alternativo fijo en el espacio (f.e.m. de transformación), sino por un campo magnético de amplitud constante y giratorio en el espacio (f.e.m. de movimiento o de rotación).

La interacción del campo magnético del estátor con las corrientes del rotor da lugar, de acuerdo a la ley de Laplace, a un momento de fuerzas sobre sus conductores de modo que, si se deja girar al rotor libremente, éste comienza su movimiento siguiendo al campo magnético giratorio. Cuando la máquina comienza a girar, la carga conectada al eje ofrece un par resistente que será en general función de la velocidad[2]. Incluso en vacío siempre aparece

---

[2] Aunque las características mecánicas de las cargas tienen formas muy diversas, éstas se pueden agrupar en cuatro grupos básicos: a) carga de par constante, b) carga de par lineal, c) carga de par cuadrático y d) carga de potencia constante

un par resistente debido a la fricción con el aire y al rozamiento de los cojinetes. Es por esto que la velocidad de giro del motor siempre es inferior a la velocidad de sincronismo, ya que si ambas velocidades fuesen iguales no habría movimiento relativo del campo giratorio respecto del rotor, la f.e.m. inducida sería nula y con consecuencia de ello se anularían, tanto las corrientes del rotor como el par correspondiente. De este modo, la velocidad de sincronismo n_s constituye el límite teórico al que puede girar el rotor en su funcionamiento como motor. La velocidad de giro es entonces inferior a la velocidad de sincronismo ($n < n_s$), es decir su velocidad de régimen es asíncrona y esta velocidad será tanto menor cuanto mayor sea el par resistente de la carga que mueve el motor.

En el caso de funcionamiento como generador el sentido de rotación del campo magnético respecto del rotor de la máquina se invierte debido a que la velocidad de giro es mayor que la velocidad de sincronismo del campo magnético, debido al par motor aplicado por el sistema mecánico al eje del generador. Este modo de funcionamiento lleva consigo un cambio en el sentido de la f.e.m. del rotor, lo que provoca a su vez una inversión en la corriente y el par. En el funcionamiento de la máquina asíncrona como generador el par interno se convierte en par de frenado respecto al momento de rotación del motor primario recibiendo energía de un motor externo alcanzando una velocidad de giro superior a la de sincronismo ($n > n_s$)y entregando energía eléctrica a la red por el estátor.

Como se puede observar en cualquiera de los modos de funcionamiento, bien como motor o como generador, la velocidad de giro del rotor no coincide con la de sincronismo, esta diferencia expresada de forma normalizada respecto a la velocidad de sincronismo recibe el nombre de *deslizamiento*

$$s = \frac{n_s - n}{n_s} = \frac{\Omega_s - \Omega}{\Omega_s} \tag{5.40}$$

Como se puede deducir de la explicación anterior, el deslizamiento es positivo ($s > 0$) en el caso del funcionamiento como motor, y negativo ($s < 0$) en el caso del funcionamiento como generador. El valor del deslizamiento está comprendido entre el 1% y el 8% dependiendo de la potencia asignada de la máquina, de modo que a mayores potencias menor es el deslizamiento nominal de la máquina ya que las pérdidas aumentan con su valor. En el caso de un motor al aumentar la carga mecánica en el eje, el par resistente y el par interno se equilibran a una velocidad inferior, y el deslizamiento aumenta. Razonando de forma similar en el caso de un generador asíncrono, por ejemplo, en el caso de una turbina eólica, cuando aumenta la velocidad del viento también lo hace el par mecánico y el generador incrementa su velocidad de giro, es decir, el deslizamiento aumenta, pero en sentido negativo.

En cualquier caso, la frecuencia de las corrientes del rotor está relacionada con la frecuencia de las corrientes del estátor mediante la siguiente expresión

$$f_r = s f_s \tag{5.41}$$

Habida cuenta que los valores habituales en los que está comprendido el deslizamiento de estas máquinas son reducidos, la frecuencia del rotor es mucho más pequeña que la frecuencia del estátor. Por ejemplo, para un motor asíncrono conectado a una red de 50 Hz girando con un deslizamiento del 2%, la frecuencia de las corrientes del rotor sería es igual a 1 Hz. En el caso de funcionamiento como generador, el deslizamiento es negativo y al aplicar la ecuación (5.41), la frecuencia del rotor sería también negativa. La interpretación de esta diferencia de signo en las frecuencias es que los campos magnéticos generados en ambos devanados giran en sentidos contrarios. En el caso particular de que el rotor esté parado, se cumple que $n = 0$ (es decir, $\Omega = 0$), por tanto, el deslizamiento es igual a la unidad ($s = 1$) y las frecuencias del estátor y del rotor coinciden $f_r = f_s$.

5.3.2.1. Circuito equivalente en régimen permanente

Si se considera un rotor en reposo, el deslizamiento es igual a la unidad, y las frecuencias del estátor y del rotor coinciden, de modo que la expresión del valor eficaz de la f.e.m. por fase del rotor cuando éste está parado, E_r, es igual a

$$E_r = 4.44\ f_s\ k_{wr}\, N_r\ \phi_p \tag{5.42}$$

donde

N_r, es el número de espiras por fase del rotor

k_{wr}, es el factor de devanado, y

ϕ_p, el flujo máximo por polo.

De forma análoga el valor eficaz de la f.e.m. del estátor, E_s, se expresa como:

$$E_s = 4.44\ f_s\ k_{ws}\, N_s\ \phi_p \tag{5.43}$$

siendo N_s es el número de espiras por fase y k_{ws} es el factor de devanado correspondientes al estátor. Cuando el rotor gira a una velocidad Ω en el sentido del campo magnético, el deslizamiento ya no es unidad y la frecuencia de las corrientes del rotor es igual sf_s. Si se denomina a E_{rs} la f.e.m. del rotor cuando éste se encuentra en movimiento se cumple que

$$E_{rs} = 4.44\ f_r\ k_{wr}\, N_r\ \phi_p \tag{5.44}$$

y por tanto

$$E_{rs} = sE_r \tag{5.45}$$

Esta expresión indica la relación existente entre la f.e.m. del rotor cuando está en movimiento y parado a través del deslizamiento. La f.e.m. E_{rs} produce unas corrientes en el rotor de frecuencia f_r (o pulsación $\omega_r = 2\pi f_r$) las cuales dan lugar a un campo magnético giratorio cuya velocidad mecánica, en r/min, respecto del rotor es igual a

$$\mathrm{n}_r = \frac{60 f_s}{p} \tag{5.46}$$

La velocidad de giro del campo magnético del rotor respecto a un sistema de referencia estacionario será igual a la suma de la velocidad de giro del campo magnético del rotor en su sistema de referencia, n_r, más la velocidad de giro de la máquina, n (r/min), de modo que será igual a $n_r + n$. Si se tienen en cuenta las expresiones del deslizamiento y de la velocidad de sincronismo resulta que

$$f_r = sf_s = \left(\frac{n_s - n}{n_s}\right)\left(\frac{pn_s}{60}\right) = (n_s - n)\frac{p}{60} \tag{5.47}$$

Teniendo en consideración que es necesario que el rotor se configure con el mismo número de polos que el estátor para que se produzca la conversión de energía en la máquina y al comparar la ecuación (5.46) con (5.47) se deduce que

$$n_r = n_s - n \tag{5.48}$$

y por tanto, la velocidad mecánica absoluta del campo magnético del rotor es igual a:

$$n_r + n = (n_s - n) + n = n_r \tag{5.49}$$

es decir, el campo del rotor gira en sincronismo con el campo del estátor. Por lo tanto, las ondas de f.m.m. de ambos devanados se suman para producir el flujo resultante en el entrehierro, y esta suma sólo produce un campo resultante de amplitud constante si ambas ondas giran a la misma velocidad y tienen el mismo número de polos. No ocurre lo mismo con el número de fases en ambos devanados, los cuales pueden ser diferentes.

En el caso de las máquinas de rotor bobinado o de anillos el número de fases del rotor, m_r, coincide con el número de fases del estátor, m_s. Sin embargo, en las máquinas de jaula de ardilla, donde las barras del rotor se encuentran cortocircuitadas, es el devanado del estátor el que define el número de pares de polos. En el rotor se obtienen corrientes por inducción siendo el número de fases m_r igual a la relación entre el número de barras y el número de polos de modo que la diferencia de fase que aparece entre las corrientes en las barras del rotor coincide con el ángulo eléctrico que ellas forman.

Para establecer las ecuaciones eléctricas del estátor y del rotor se considera que los arrollamientos tienen unas resistencias R_s y R_r (Ω/fase) y que además existen unos flujos de dispersión en ellos que dan lugar a las inductancias de dispersión L_{ls} y L_{lr}. En consecuencia, las reactancias de dispersión de los arrollamientos en reposo, cuando la pulsación de la red es $\omega_s = 2\pi f_s$, son las siguientes

$$X_{ls} = \omega_s L_{ls} = (2\pi f_s)L_{ls} \tag{5.50}$$

$$X_{lr} = \omega_s L_{lr} = (2\pi f_s)L_{lr} \tag{5.51}$$

Cuando la máquina comienza a girar, la frecuencia del rotor cambia al valor f_r, dando lugar a la reactancia X_{lrs}, que en función de X_{lr} vale

$$X_{lrs} = \omega_r L_{lr} = (2\pi f_r)L_{lr} = sX_{lr} \tag{5.52}$$

Obsérvese que la relación entre la reactancia del rotor en movimiento y parado es igual al deslizamiento, al igual que entre las f.e.m. del rotor según se indica en la ecuación (5.45). En la Figura 5.50 se muestra un esquema simplificado por fase de la máquina asíncrona en el que se muestran los parámetros anteriores. El estátor está conectado a una red de tensión $\vec{U}_s$ por fase y toma una corriente $\vec{I}_s$ que da lugar a una caída de tensión en la resistencia R_s y en la reactancia de dispersión X_{ls}. El flujo común Φ al estátor y al rotor induce en los arrollamientos una f.e.m. $\vec{E}_s$ y $\vec{E}_{rs}$ respectivamente.

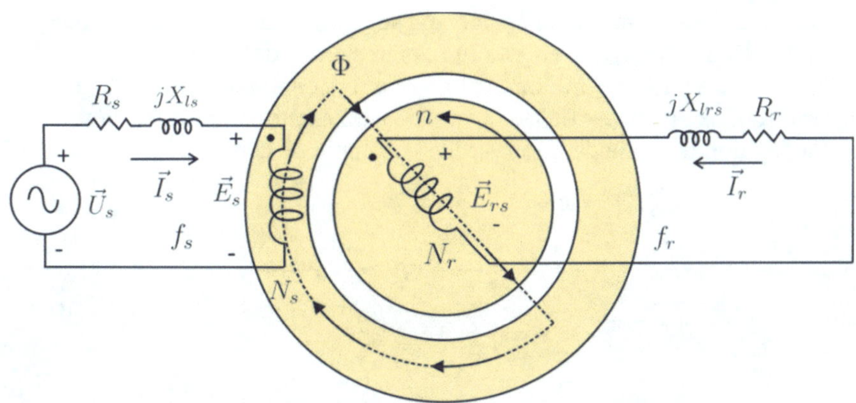

Figura 5.50. Circuito equivalente de la máquina asíncrona trifásica

La polaridad de las corrientes del estátor y del rotor tiene sentido motor, ya que éstas entran por el terminal positivo de las referencias de tensión. Las ecuaciones eléctricas de los devanados del estátor y el rotor, según las referencias indicadas en la Figura 5.50, son las siguientes

$$\vec{U}_s = R_s\vec{I}_s + jX_{ls}\vec{I}_s + \vec{E}_s \tag{5.53}$$

$$0 = R_r\vec{I}_r + jX_{lrs}\vec{I}_r + \vec{E}_{rs} \tag{5.54}$$

Las frecuencias de ambos circuitos son diferentes y de valores f_s y f_r, respectivamente. La segunda ecuación se puede referir a magnitudes correspondientes a un rotor parado (con frecuencia f_s) sustituyendo la f.e.m E_{rs} y la reactancia X_{lrs} en función del deslizamiento como

$$0 = R_r\vec{I}_r + jsX_{lr}\vec{I}_r + s\vec{E}_r \tag{5.55}$$

Dividiendo la ecuación anterior por el deslizamiento

$$0 = \frac{R_r}{s}\vec{I}_r + jX_{lr}\vec{I}_r + \vec{E}_r \tag{5.56}$$

y reescribiendo de forma equivalente la ecuación eléctrica del rotor se puede formular de la siguiente forma

$$0 = R_r\vec{I}_r + R_r\left(\frac{1}{s} - 1\right)\vec{I}_r + jX_{lr}\vec{I}_r + \vec{E}_r \qquad (5.57)$$

donde se observa que la resistencia R_r/s se puede expresar como la suma de la resistencia propia del rotor R_r y la resistencia R_c de valor variable

$$R_c = R_r\left(\frac{1}{s} - 1\right) \qquad (5.58)$$

que depende del deslizamiento. Esta resistencia se denomina *resistencia de carga* de modo que la potencia eléctrica disipada en ella (en las tres fases del rotor) representa la potencia mecánica interna en el eje del motor como se verá a continuación. En la Figura 5.51 se muestran los circuitos eléctricos de los devanados del estátor y del rotor, ambos referidos a la frecuencia f_s y donde se puede observar la resistencia de carga R_c.

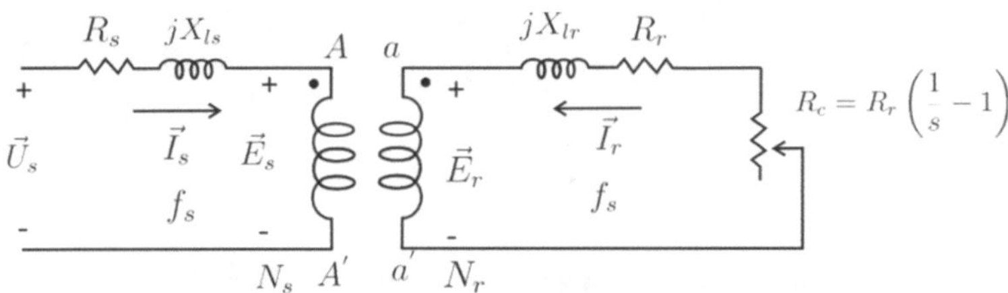

Figura 5.51. Circuito equivalente de un motor asíncrono

Ambos circuitos presentan un acoplamiento magnético de tal forma que no se encuentran conectados eléctricamente. Para obtener un circuito eléctrico conexo es preciso reducir las variables del rotor al estátor de modo que las nuevas variables reducidas se indican con prima donde se cumple que $E'_r = E_s$. De esta forma es posible conectar los terminales A y a, así como los terminales A' y a'. Para realizar la reducción de variables del rotor al estátor se definen las siguientes relaciones de transformación de tensiones, r_{tu}, y de corrientes r_{ti}.

$$r_{tu} = \frac{k_{ws}N_s}{k_{wr}N_r} \qquad (5.59)$$

$$r_{ti} = \left(\frac{m_s}{m_r}\right)\left(\frac{k_{ws}N_s}{k_{wr}N_r}\right) \qquad (5.60)$$

donde se obtienen las siguientes magnitudes transformadas de tensiones y corrientes del rotor

$$E'_r = r_{tu}E_r \qquad (5.61)$$

$$I'_r = \frac{I_r}{r_{ti}} \qquad (5.62)$$

Las magnitudes transformadas de las impedancias del rotor se obtienen dividiendo su tensión aplicada entre la corriente de modo que

$$R'_r = r_{tu} r_{ti} R_r \tag{5.63}$$

$$R'_c = r_{tu} r_{ti} R_c \tag{5.64}$$

$$X'_{lr} = r_{tu} r_{ti} X_{lr} \tag{5.65}$$

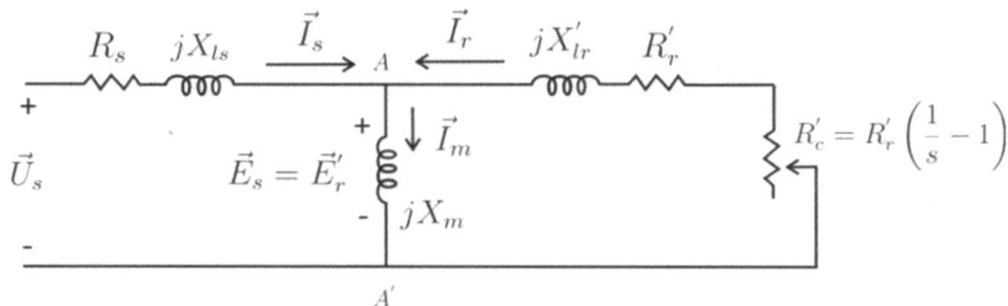

Figura 5.52. Circuito equivalente reducido al estátor

Teniendo en cuenta los valores transformados del nuevo rotor, se obtiene el circuito equivalente de la Figura 5.52 donde se ha dibujado la rama paralelo[3], por la que se deriva la corriente de magnetización $\vec{I}_m$ a través de la reactancia magnetizante $X_m = \omega_s L_m$. La tensión aplicada a la rama paralelo es igual a

$$\vec{E}_s = \vec{E}'_r = jX_m \vec{I}_m = jX_m\left(\vec{I}_s + \vec{I}_r\right) \tag{5.66}$$

donde la corriente de magnetización $\vec{I}_m$ es igual a la suma de las corrientes del estátor y rotor $\vec{I}_s + \vec{I}_r$ con los sentidos indicados en la Figura 5.52. La relación entre la magnitud del flujo magnético Φ y la inductancia de magnetización L_m es

$$\Phi = L_m I_m \tag{5.67}$$

De modo que la f.e.m. de (5.66) se puede expresar como el producto del flujo Φ por la pulsación ω_s

$$E_s = E'_r = \omega_s\,(L_m I_m) = \omega_s\,\Phi \tag{5.68}$$

y por tanto la ecuación (5.66) queda como

$$\vec{E}_s = \vec{E}'_r = j\omega_s\,\vec{\Phi} \tag{5.69}$$

---

[3] Por simplicidad se ha despreciado las pérdidas en el hierro de la máquina, de ahí que la rama paralelo sólo esté representada por una reactancia

A partir del circuito equivalente reducido al estátor de la Figura 5.52 las ecuaciones eléctricas del estátor y del rotor quedan como

$$\vec{U}_s = R_s\vec{I}_s + jX_{ls}\vec{I}_s + \vec{E}_s \tag{5.70}$$

$$-\vec{E}'_r = \frac{R'_r}{s}\vec{I}'_r + jX'_{lr}\vec{I}'_r \tag{5.71}$$

En la Figura 5.53 se muestra el diagrama fasorial correspondientes a las ecuaciones anteriores. Se toma como referencia la posición del flujo común Φ, que es proporcional a la corriente $\vec{I}_m$. De acuerdo a la ecuación (5.69) las f.e.m. $\vec{E}_s = \vec{E}'_r$ se encuentran en el eje imaginario positivo y, por lo tanto, el vector $-\vec{E}'_r$ en el eje imaginario negativo. La corriente reducida del rotor, $\vec{I}'_r$, se retrasa un ángulo φ_r respecto a la f.e.m. $-\vec{E}'_r$ cuyo coseno es

$$\cos\varphi_r = \frac{\frac{R'_r}{s}}{\sqrt{\left(\frac{R'_r}{s}\right)^2 + X'^2_{lr}}} \tag{5.72}$$

Una vez determinada la posición de, $\vec{I}'_r$, el vector de corriente del estátor se obtiene por diferencia con el vector de la corriente magnetizante $\vec{I}_s = \vec{I}_m - \vec{I}'_r$. Aplicando la ecuación vectorial del estátor (5.70) se obtiene el vector de tensión del estátor $\vec{U}_s$ el cual forma un ángulo φ_s con el vector de corriente del estátor

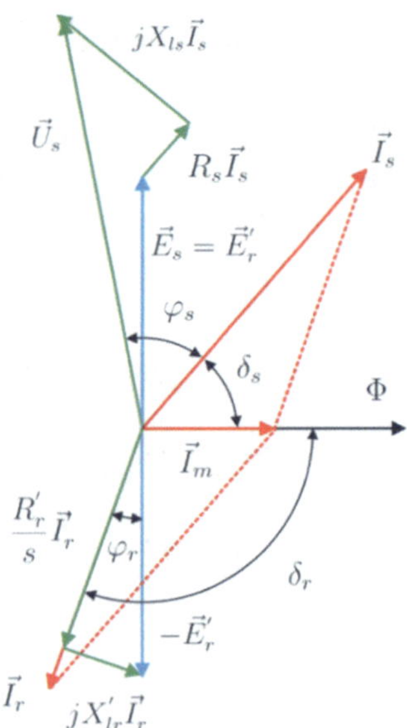

Figura 5.53. Diagrama vectorial del motor asíncrono

5.3.2.2. Balance de potencias

A continuación, se realiza un balance de potencias de la máquina asíncrona funcionando como motor, es decir desde que ésta toma potencia eléctrica por los terminales del estátor hasta que se convierte en potencia mecánica en el eje. La potencia eléctrica que absorbe el motor de una red eléctrica trifásica ($m_s = 3$) es igual a

$$P_s = 3U_s I_s cos\varphi_s \tag{5.73}$$

siendo las pérdidas en el cobre del estátor

$$P_{cu,s} = 3R_s I_s^2 \tag{5.74}$$

Suponiendo que son nulas las pérdidas en el hierro, la potencia eléctrica que llega al rotor a través del entrehierro, P_δ, es igual a la diferencia entre ambas potencias

$$P_\delta = P_s - P_{cu,s} \tag{5.75}$$

Esta potencia se puede expresar como la suma de la potencia que disipa la máquina en la resistencia del rotor R'_r y en la resistencia de carga R'_c. La suma de ambas resistencias es R'_r/s, y por lo tanto la potencia de entrehierro P_δ es igual a

$$P_\delta = 3\frac{R'_r}{s}I'^2_r \tag{5.76}$$

Descontando a la potencia P_δ las pérdidas en el cobre del rotor

$$P_{cu,r} = 3R'_r I'^2_r \tag{5.77}$$

se la potencia mecánica interna como

$$P_{mi} = P_\delta - P_{cu,r} = 3R'_r\left(\frac{1}{s} - 1\right)I'^2_r = 3R'_c I'^2_r \tag{5.78}$$

es decir, la relación entre potencia mecánica interna y la potencia del entrehierro es igual a

$$\frac{P_{mi}}{P_\delta} = 1 - s \tag{5.79}$$

La potencia útil en el eje, P_u, es algo inferior a la potencia mecánica interna, P_{mi}, debido a la potencia de pérdidas mecánicas P_{pm} producidas por efecto del rozamiento y la ventilación resultando entonces que

$$P_u = P_{mi} - P_{pm} \tag{5.80}$$

A partir del balance de potencias anterior el rendimiento de la máquina asíncrona como motor se define entonces como la relación entre la potencia mecánica entregada a la carga y la potencia eléctrica tomada por el estátor

$$\eta_m = \frac{P_u}{P_s} \tag{5.81}$$

Si se hace una aproximación donde se considera que P_u es aproximadamente igual que P_{mi}, y despreciando las pérdidas en el cobre del estátor $P_s \approx P_\delta$ se obtiene, según (5.79), la siguiente aproximación

$$\eta_m \approx \frac{P_{mi}}{P_\delta} = 1 - s \tag{5.82}$$

es decir, el rendimiento es mayor cuanto menor es el deslizamiento. Los motores de inducción de gran potencia presentan habitualmente rendimientos muy elevados siendo sus deslizamientos nominales muy reducidos, en algunos casos con valores inferiores al 1%.

5.3.3. Característica par-velocidad

Siendo P_u la potencia mecánica útil desarrollada por la máquina asíncrona y Ω la velocidad mecánica en radianes mecánicos por segundo a la que gira el rotor, el par electromagnético o par útil, T_e en Nm, es igual al cociente entre ambas magnitudes

$$T_e = \frac{P_u}{\Omega} = \frac{P_u}{\frac{2\pi n}{60}} \tag{5.83}$$

donde n es la velocidad mecánica en r/min siendo $\Omega = 2\pi n/60$.

Si se desprecian las pérdidas mecánicas, P_{pm}, la potencia útil coincide con la potencia mecánica interna y, por tanto

$$T_e = \frac{P_{mi}}{\frac{2\pi n}{60}} \tag{5.84}$$

Partiendo de la definición de deslizamiento indicada en la ecuación (5.40) se deduce que la velocidad de giro del motor es $n = n_s(1 - s)$ siendo entones la expresión del par electromagnético igual a

$$T_e = \frac{P_{mi}}{\frac{2\pi n_s}{60}(1 - s)} = \frac{P_\delta}{\frac{2\pi n_s}{60}} \tag{5.85}$$

Sustituyendo en la expresión anterior (6.64) se obtiene que

$$T_e = \frac{3\frac{R'_r}{s}I'^2_r}{\frac{2\pi n_s}{60}} \tag{5.86}$$

es decir, el par se puede calcular como el cociente entre la potencia del entrehierro y la velocidad de sincronismo, siendo esta expresión independiente de la velocidad de giro.

Considerando el circuito equivalente de la Figura 6.30 el valor de la corriente del rotor I'_r es

$$I'_r = \frac{E'_r}{\sqrt{\left(\frac{R'_r}{s}\right)^2 + X'^2_{lr}}} \tag{5.87}$$

Teniendo en cuenta la expresión del $\cos\varphi_r$ de la ecuación (5.72) y el resultado de (5.87) la expresión del par queda como

$$T_e = \frac{3\frac{R'_r}{s}I'_r}{\frac{2\pi n_s}{60}}I'_r = \frac{3E'_r I'_r \cos\varphi_r}{\Omega_s} = \frac{3pE'_r I'_r \cos\varphi_r}{\omega_s} \tag{5.88}$$

En esta ecuación se ha tenido en cuenta la relación (5.39) donde se indica que Ω_s es la pulsación de las corrientes del estátor y p el número de pares de polos. Si se tiene en cuenta la expresión (5.68) se puede expresar el par electromagnético T_e de (5.88) en función del flujo magnético en el entrehierro Φ como

$$T_e = 3p\Phi I'_r \cos\varphi_r \tag{5.89}$$

es decir, el par electromagnético es el producto del flujo Φ por la componente de la corriente del rotor que está en cuadratura con él ($I'_r \cos\varphi_r$)

Para hacer un estudio analítico del par, es más simple emplear un circuito equivalente análogo al de la Figura 5.52, pero donde la rama paralelo se ubica en los terminales de entrada del circuito. Con esta simplificación, la corriente reducida del rotor I'_r se puede expresar en función de la tensión de alimentación del estátor como

$$I'_r = \frac{U_s}{\sqrt{\left(\frac{R'_r}{s} + R_s\right)^2 + X^2_{cc}}} \tag{5.90}$$

donde X_{cc} es la reactancia de cortocircuito de la máquina que se define como la suma de las reactancias de dispersión del estátor y del rotor, esta última referida al estátor $X_{cc} = X_{ls} + X'_{lr}$. Sustituyendo la ecuación (6.78) en (6.74) se obtiene

$$T_e = \frac{3\frac{R'_r}{s}U^2_s}{\frac{2\pi n_s}{60}\left[\left(\frac{R'_r}{s} + R_s\right)^2 + X^2_{cc}\right]} \tag{5.91}$$

que expresa el valor del par electromagnético producido por una máquina en función de la tensión del estátor, U_s, el deslizamiento s y los parámetros del motor. Analizando la expresión anterior el par se hace nulo cuando $s = 0$ y $s = \pm\infty$

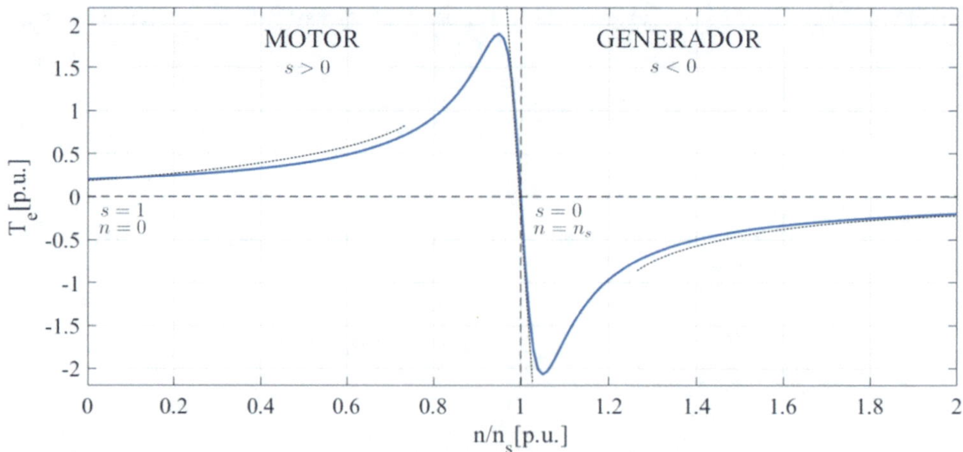

Figura 5.54. Característica par-velocidad de una máquina asíncrona

Si se observa la curva par-velocidad de la Figura 5.54 se advierte que existen dos máximos, uno en la zona de funcionamiento como motor y otro en la zona de funcionamiento como generador. Los deslizamientos para los cuales ocurren estos máximos se obtienen sin más que derivar la ecuación (5.91) del par e igualándola a cero. En este caso se cumple que

$$\frac{R'_r}{s_m} = \pm\sqrt{R_s^2 + X_{cc}^2} \tag{5.92}$$

es decir, la impedancia de carga de la máquina R'_r/s_m es igual a la impedancia interna $\sqrt{R_s^2 + X_{cc}^2}$ que es la condición necesaria para que se produzca la máxima transferencia de potencia[4]. Despejando en (5.92), el valor del s_m es igual a

$$s_m = \pm\frac{R'_r}{\sqrt{R_s^2 + X_{cc}^2}} \tag{5.93}$$

Los valores de deslizamiento de par máximo se encuentran comprendidos entre el ±10% y el ±15%, según la potencia de la máquina y la clase del motor[5] siendo los valores de par máximo iguales a

$$T_e = \pm\frac{3U_s^2}{\frac{2\pi n_s}{60}\,2\left[\pm R_s + \sqrt{R_s^2 + X_{cc}^2}\right]} \tag{5.94}$$

[4] En ingeniería eléctrica el teorema de máxima transferencia de potencia establece que, dada una fuente real con una impedancia interna determinada la máxima transferencia de potencia se consigue cuando en sus terminales se conecta una carga con una impedancia igual al conjugado de la impedancia interna de la fuente.

[5] Las características constructivas de los motores de inducción se realizan mediante la clasificación NEMA (National Eléctrical Manufacturers Association).

donde el signo positivo indica el valor de par máximo como motor y el signo negativo indica el valor del par máximo como generador. Entre ambos máximos, la curva par-velocidad es prácticamente una línea recta de pendiente negativa respecto de la velocidad de giro. Esta es la zona útil de trabajo, fuera de ella el funcionamiento de la máquina es inestable. Las máquinas asíncronas de diseños normales tienen una *capacidad de sobrecarga* intrínseca dada por el cociente entre el par máximo y su par nominal, e indica las variaciones del par externo a las que puede estar sometida la máquina sin que esta abandone la zona de funcionamiento estable. Con independencia de esta capacidad de sobrecarga intrínseca, la capacidad de sobrecarga real es función de la temperatura máxima admisible en los devanados, y ésta depende de las condiciones de refrigeración y de la temperatura ambiente.

Los valores de par máximo que se observan en la Figura 5.54 son cercanos a 2 p.u, es decir en condiciones de plena carga se puede producir un aumento del par externo igual al par nominal sin que la máquina pierda estabilidad. En régimen dinámico si se aplicara un par de carga superior al máximo durante un tiempo breve, el deslizamiento no llegaría a alcanzar el valor de par máximo debido a la inercia total del sistema. El funcionamiento estable de la máquina dependerá entonces del incremento del par externo y del tiempo durante el cual actúe, cuanto mayor sea la variación del par y el tiempo de actuación, mayor es la probabilidad de que la máquina pase a funcionar a la zona inestable.

Si en la ecuación (5.91) se considera que $s \approx 0$ la expresión del par se puede aproximar a

$$T_e = \left(\frac{3}{\frac{2\pi n_s}{60}} \right) \left(\frac{s}{R'_r} \right) U_s^2 \tag{5.95}$$

es decir, el par aumenta de forma prácticamente lineal con el deslizamiento, lo cual es una buena aproximación en la zona útil de trabajo del motor. Por otra parte, a deslizamientos elevados la ecuación del par se convierte en

$$T_e = \left(\frac{3}{\frac{2\pi n_s}{60}} \right) \left(\frac{R'_r}{s} \right) \frac{U_s^2}{R_s^2 + X_{cc}^2} \tag{5.96}$$

que es la ecuación de una hipérbola equilátera (par inversamente proporcional al deslizamiento).

La variación del par es, en todos los casos, una función cuadrática de la tensión aplicada al estátor, de ahí que una reducción brusca de la tensión pueda dar lugar a una disminución de la capacidad de sobrecarga y, por tanto, a una eventual pérdida de estabilidad. En la Figura 5.55 se muestra la característica par-velocidad de la máquina cuando la tensión del estátor es la nominal $U_s = U_{sn}$, y cuando ésta se reduce un 25% ($U_s = 0.75U_{sn}$).

Como se puede observar en este caso, el par máximo con tensión reducida se encuentra muy cerca del valor del par nominal lo que indica que en estas condiciones cualquier incremento del par externo puede hacer perder la estabilidad de la máquina.

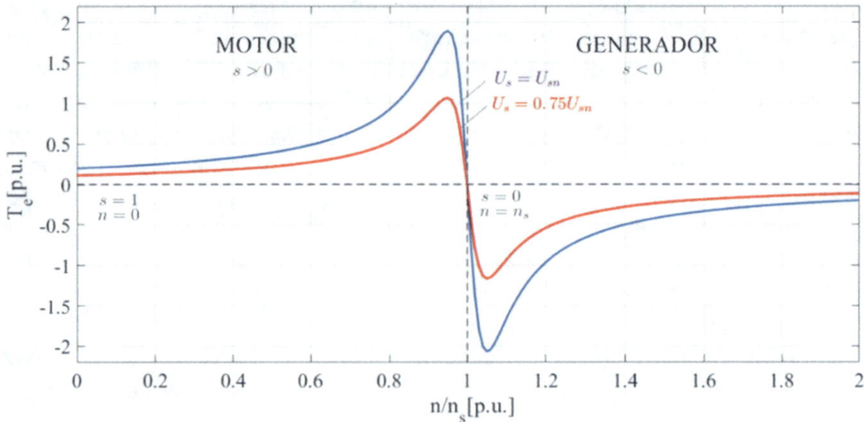

Figura 5.55. Característica par-velocidad para dos tensiones de estátor

En la expresión (5.94) el valor del par máximo, T_{max}, no depende de la resistencia del rotor, sin embargo, según la ecuación (5.93) el deslizamiento al cual se produce, s_m, es proporcional a ella. De aquí se deriva una cuestión técnica de gran importancia práctica para las máquinas de inducción, ya que variando la resistencia del rotor mediante resistencias adicionales es posible conseguir que el par máximo se mantenga constante a cualquier velocidad de giro. Evidentemente, esta técnica sólo es de aplicación a máquinas de rotor bobinado ya que en las máquinas de jaula de ardilla no se tiene acceso al rotor. La inserción de resistencias en el rotor se ha empleado históricamente para limitar la corriente en los procesos de arranque, o en las maniobras de frenado a contracorriente cambiando la secuencia de alimentación de las tensiones del estátor. En particular, es posible diseñar un reóstato de arranque donde el deslizamiento de par máximo sea igual a la unidad $s_m = 1$ de modo que el par máximo coincida con el par de arranque.

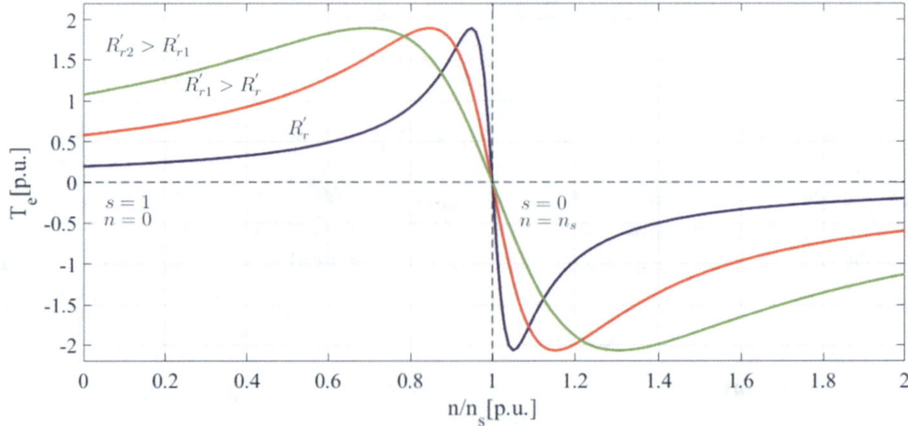

Figura 5.56. Característica par-velocidad para diferentes resistencias de rotor

En la Figura 5.56 se muestran tres característica par-velocidad de una máquina asíncrona cuando se aumenta la resistencia del rotor. Como se puede observar, el incremento de la resistencia total del rotor hace que la pendiente del par respecto a la velocidad se reduzca y el deslizamiento de par máximo aumente.

Esta técnica de alterar la resistencia del rotor para cambiar la característica natural de la máquina asíncrona se ha empleado en generadores eólicos para reducir los cambios bruscos de par ante variaciones de la velocidad del viento (p. ej. en el caso de ráfagas), permitiendo deslizamientos del generador hasta del 10% en algunos casos. Este tipo de generadores modificaban el valor de la resistencia adicional conectada a los anillos del rotor controlando el ciclo de trabajo de un interruptor de potencia conectado en paralelo con una resistencia fija. Todo el sistema, la resistencia adicional y el interruptor de potencia, giraban solidarios con el rotor para evitar el rozamiento de las escobillas. Este tipo de sistemas fueron patentados por el fabricante danés de turbinas eólicas *Vestas* con el nombre de *Optislip* (deslizamiento óptimo). En el apartado 5.6 se profundiza en este tipo de aplicaciones conocidas como generadores asíncronos de deslizamiento variable.

5.3.4. Compensación de potencia reactiva

La máquina asíncrona ya sea en su funcionamiento como motor o como generador, absorbe potencia reactiva para mantener el campo magnético giratorio en el entrehierro. La existencia de este campo giratorio es condición necesaria para que se induzca la f.e.m. en el rotor y, por tanto, para que se produzca la conversión electromecánica de energía. El consumo de potencia reactiva es función del grado de carga como se muestra en la Figura 5.57. En esta misma figura se muestra también el factor de potencia $cos\varphi_s$ en función del grado de carga, donde se puede observar que éste mejora cuando se aproxima a condiciones de régimen nominal (o de plena carga).

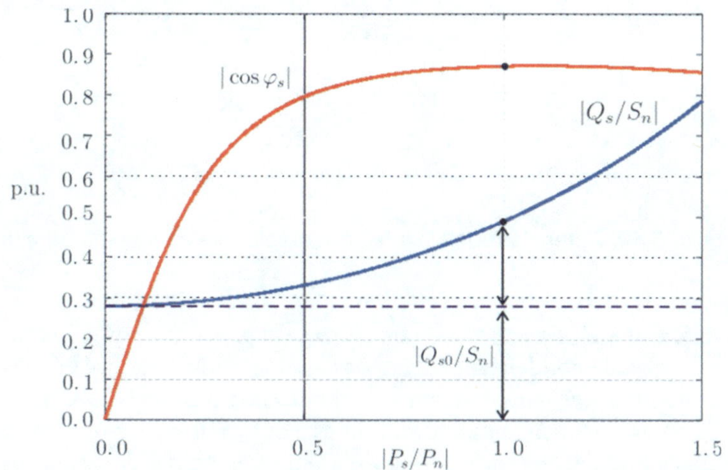

Figura 5.57. Potencia reactiva y factor de potencia de la máquina asíncrona

La potencia reactiva demandada por las máquinas de inducción presenta dos componentes. La primera de ellas es una potencia reactiva de vacío, Q_{s0}, cuyo valor se calcula a partir de la tensión aplicada y la reactancia de magnetización, por tanto, no depende del grado de carga. La segunda componente corresponde a la potencia reactiva demanda por las reactancias de dispersión cuyo valor depende de la intensidad de la corriente al cuadrado y por lo tanto del grado de carga de la máquina. En la Figura 6.35 se observan claramente ambas componentes, en vacío la máquina consume la potencia reactiva Q_{s0} y su consumo aumenta siguiendo una ley parabólica en función de $|P_s/P_n|$.

En la Figura 5.58 se muestra la potencia reactiva consumida y el f.d.p. de la máquina de inducción en función de la velocidad de giro normalizada n/n_s. El consumo de potencia reactiva es muy elevado en valores alejados de la velocidad de sincronismo y se reduce para valores de deslizamiento reducidos, siendo igual a $Q_{s0} = 0.29$ p.u. cuando $s = 0$. Obsérvese que tanto en la zona de funcionamiento de motor como generador el valor de Q_s es siempre positivo. El factor de potencia en la zona de funcionamiento como motor aumenta con la velocidad de giro alcanzando un máximo y reduciéndose hasta cero cuando $n = n_s$. En la zona de funcionamiento como generador el f.d.p. es negativo ya que la potencia activa consumida también lo es.

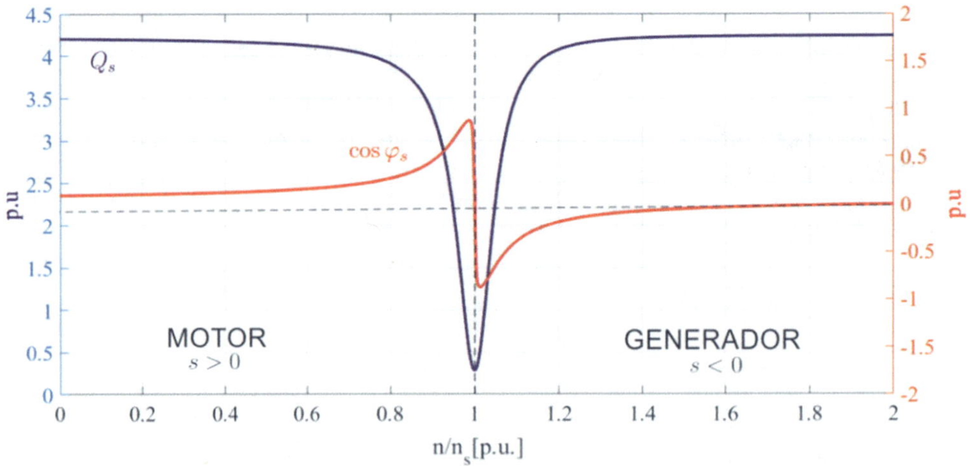

Figura 5.58. Potencia reactiva y factor de potencia en función de n/n_s

La solución más clásica e inmediata de corregir el f.d.p. en una máquina de inducción es disponer de una batería de condensadores en los terminales del estátor la cual se conecta por escalones mediante tiristores para evitar las corrientes de inserción durante su conexión. En la Figura 5.59 se muestra el esquema unifilar de esta aplicación para un generador eólico de inducción. La elección y el número de los escalones se realiza de forma que el f.d.p. se mantenga dentro de unos límites determinados.

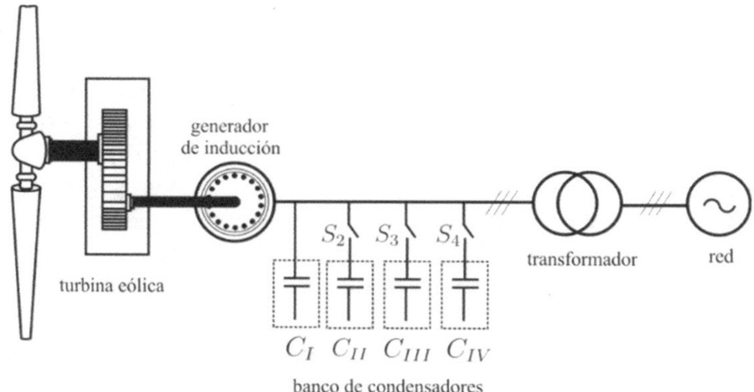

Figura 5.59. Compensación de potencia reactiva mediante banco de condensadores

5.3.5. Arranque de generadores asíncronos

Un fenómeno destacable en la utilización de generadores asíncronos es el propio proceso de conexión del generador a la red. Como es conocido la conexión directa del motor asíncrono a la red provoca la aparición de elevadas corrientes de estátor. En el momento del arranque la velocidad de giro del motor es nula, sin embargo, en el caso de los generadores el proceso de conexión se realiza acelerando la máquina mediante un elemento externo (la turbina eólica en el caso de un aerogenerador) y cerrando el interruptor de red justo en el momento que se aproxima a la velocidad de sincronismo. Si el cierre del interruptor de conexión se efectúa con la máquina girando exactamente a la velocidad de sincronismo, la corriente del rotor I_r será nula en régimen permanente, pero no ocurre lo mismo con la intensidad magnetizante I_m que presenta un transitorio de conexión, exactamente igual que ocurre al conectar un transformador en vacío. Este transitorio electromagnético tiene una duración muy breve, y se amortigua al cabo de unos pocos ciclos, pero la intensidad puede alcanzar valores instantáneos muy elevados, de 5 a 20 veces la intensidad de plena carga, tanto mayores cuanto mayor sea el grado de saturación de la máquina y dependiendo del instante del ciclo en que se efectúa la conexión. Esta punta de corriente de conexión es más que suficiente para provocar el disparo del interruptor de conexión por la protección de sobreintensidad.

El proceso completo del arranque directo de un generador asíncrono a la red se realiza de la siguiente forma. Inicialmente el rotor eólico se encuentra parado debido a la acción del aerofreno que impide el giro de las palas, una vez que el aerofreno es liberado, debido al viento incidente sobre la turbina eólica el rotor comienza a girar libremente sin que se oponga ningún par resistente ya que el interruptor principal de conexión a red está abierto. Cuando la velocidad del generador se acerca a la velocidad de sincronismo, pero siendo todavía inferior a ella, se cierra el interruptor principal. En algunos casos, el cierre del interruptor se realiza una vez superada la velocidad de sincronismo, sin embargo, esta práctica es peligrosa ya que en máquinas de cierta potencia la máquina puede alcanzar la zona de funcionamiento inestable. Por esta razón es preferible realizar la conexión en modo motor, aunque con un deslizamiento muy reducido.

En la Figura 5.60 se muestra el transitorio de conexión de un generador asíncrono arrastrado por una turbina eólica. En $t = 0$ se produce la conexión, la velocidad de giro de la máquina es todavía inferior a la velocidad de sincronismo 0.99 p.u. (1485 r/min). Las corrientes del estátor toman valores de pico cercanos a 5 veces la corriente nominal y presentan componentes de c.c. que se van extinguiendo al cabo de unos 200 ms. El par electromagnético, T_e, oscila en los instantes posteriores a la conexión, siendo su valor medio positivo en el sentido de la velocidad de giro, de tal forma que la máquina acelera y alcanza el equilibrio a la velocidad de sincronismo ($\Omega = 1$ p.u.), donde el par T_e y T_m son prácticamente nulos. En el instante $t = 1$ s el par mecánico de la turbina aumenta[6] hasta el punto que la potencia del estátor es la nominal $P_s = -1.5$ MW. El régimen permanente se alcanza cuando los pares electromagético y mecánico se equilibran, y lo hacen a una velocidad de giro superior a la nominal $\Omega = 1518$ r/min, ($s = -1.173\%$). En la Figura 5.60 se observa cómo el módulo de las corrientes del estátor aumenta también hasta alcanzar su valor nominal.

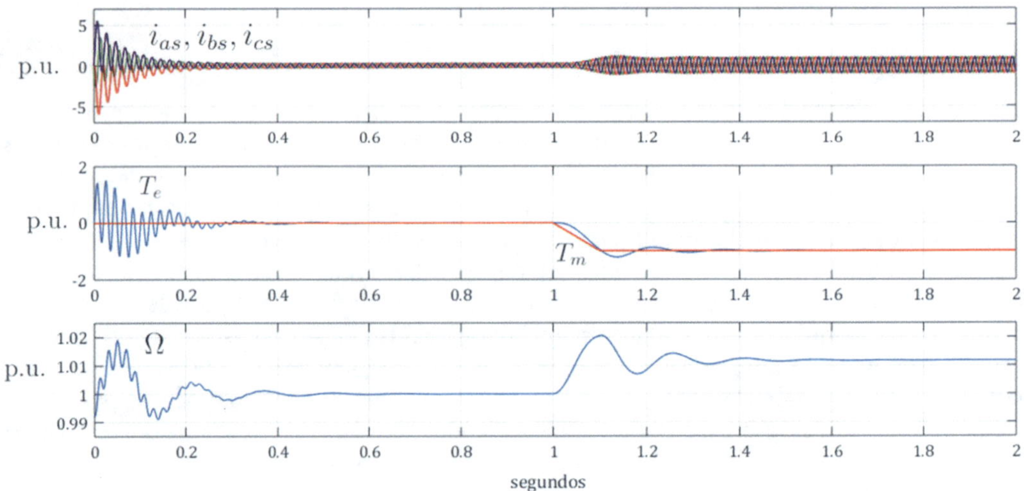

Figura 5.60. Conexión directa de un generador asíncrono a la red

Como el cierre del interruptor se ha realizado unos instantes antes de alcanzar la velocidad de sincronismo, en la zona de funcionamiento como motor, cabe preguntarse qué ocurriría en el hipotético caso que la conexión directa a red se produjera exactamente a la velocidad de sincronismo. Teóricamente el par electromagnético en este caso sería nulo, pero esto es cierto sólo en régimen permanente. En la Figura 5.61 se muestra el transitorio de conexión del generador de inducción a velocidad constante e igual a la de sincronismo ($\Omega =$ 1500 r/min).

En comparación con el caso anterior, el transitorio de conexión es ligeramente más rápido al desaparecer la contribución de la f.e.m. del rotor. Los valores máximos y las componentes de c.c. de las corrientes del estátor son similares, al igual que el par T_e. A la vista

[6] en sentido contrario a la velocidad giro ya que se ha considerado criterio generador, $T_m < 0$

de los resultados anteriores se puede concluir que la conexión directa de los generadores de inducción a la red no está permitida debido a las elevadas corrientes del estátor y a las oscilaciones de par que pueden dar lugar a: a) el disparo del interruptor principal, b) caídas de tensión inadmisibles en la red y c) elevados esfuerzos dinámicos sobre el eje.

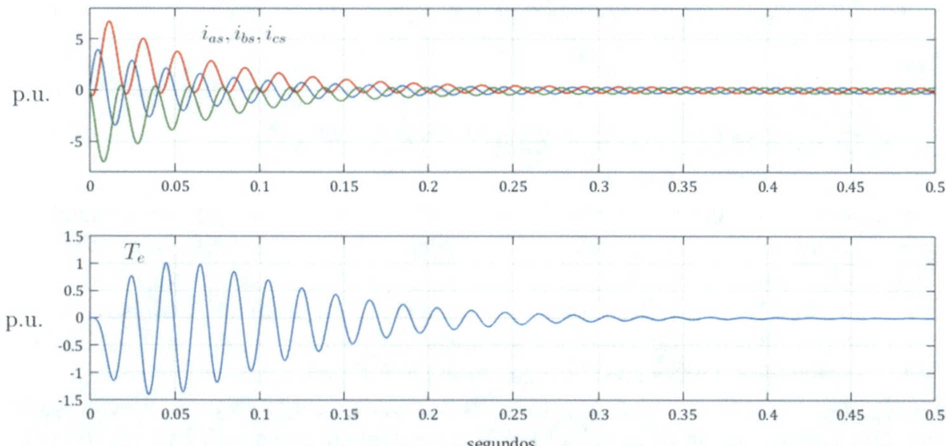

Figura 5.61. Conexión directa de un generador asíncrono a la velocidad de sincronismo

Para evitar las elevadas corrientes del generador en el proceso de conexión a la red se utilizan habitualmente dispositivos de conexión para aumentar progresivamente la tensión de estátor, similares a los arrancadores estáticos utilizados en motores asíncronos, constituidos por dos tiristores dispuestos en antiparalelo en cada fase de alimentación. La tensión de red se aplica al generador asíncrono de forma progresiva, reduciendo el ángulo de disparo de los tiristores. La distorsión en la forma de onda de la tensión y de la intensidad no es significativa en este caso, y una vez realizada la conexión, dicho dispositivo queda fuera de servicio mediante un interruptor de *bypass*, como se muestra en la Figura 5.62.

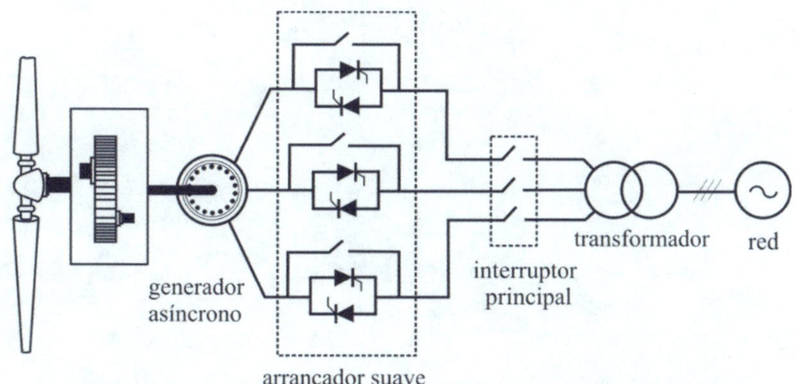

Figura 5.62. Arranque suave de generadores asíncronos.

La utilización de interruptores estáticos de conexión a la red provoca armónicos de tensión que pueden dar lugar a grandes consumos de intensidad en los condensadores de compensación del f.d.p. del generador (en este sentido, debe tenerse en cuenta que la impedancia que presenta un condensador se reduce al aumentar la frecuencia). Para evitar este fenómeno, la conexión de los condensadores se realiza una vez que ha finalizado el proceso de conexión del generador y se ha puenteado el interruptor estático.

5.4. CONVERTIDORES ELECTRÓNICOS

En los últimos años, los convertidores electrónicos de potencia aparecen como un elemento indispensable en la generación y transporte de energía de los modernos sistemas eléctricos. En relación a los sistemas de generación, los convertidores electrónicos forman parte de la práctica totalidad de los dispositivos que conectan a la red eléctrica los paneles fotovoltaicos y los generadores eléctricos de las turbinas eólicas. La variabilidad del recurso primario de las plantas de generación renovable (viento, sol o agua fluyente) ha propiciado que los dispositivos de captación permitan el seguimiento adecuado de este recurso. En el caso de las turbinas eólicas la variación de la velocidad de giro adaptándose a los cambios de la velocidad del viento permiten mejorar su rendimiento. Análogamente, las turbinas hidráulicas también permiten mejorar su rendimiento cuando la velocidad de giro se adapta a las condiciones del salto hidráulico. En ambos casos, la velocidad de giro variable se consigue mediante un convertidor electrónico conectado entre el generador y la red.

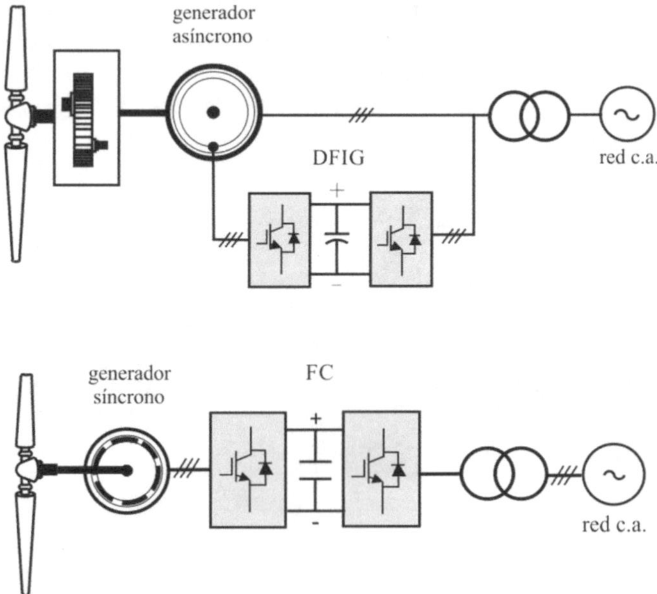

Figura 5.64. Conexión de los convertidores

En la Figura 5.64 se muestra la conexión de los convertidores electrónicos de las dos tecnologías de velocidad variable más utilizadas en generación eólica. Por una parte, está el generador asíncrono doblemente alimentado DFIG (*doubly fed induction generator*) con un doble convertidor electrónico con etapa intermedia de c.c. (configuración *back-to-back*) conectado entre los terminales del rotor y la red. El otro sistema de velocidad más empleado en la actualidad es el generador síncrono de convertidor completo, comúnmente conocido con FC (*fullconverter*). Como se puede ver en la figura el generador síncrono es de imanes permanentes multipolar, y en algunos casos, no necesita de una caja multiplicadora para acoplar el régimen de giro de la turbina y el generador. La conexión del generador a la red se realiza a través de un doble convertidor con etapa intermedia por el que circula toda la potencia de la turbina eólica, de ahí su denominación de convertidor completo.

Las plantas fotovoltaicas generan energía en forma de c.c. y se conectan a la red eléctrica de c.a. mediante convertidores electrónicos denominados *inversores*. Es estos sistemas se realiza también un seguimiento del punto de máxima potencia adaptando la tensión de c.c. de los paneles en función de la irradiancia solar y la temperatura ambiente. En la Figura 5.65 se muestra una agrupación en paralelo de paneles en serie (*string*) conectados al enlace de c.c. de un inversor central cuyos terminales de c.a. están conectados a la red.

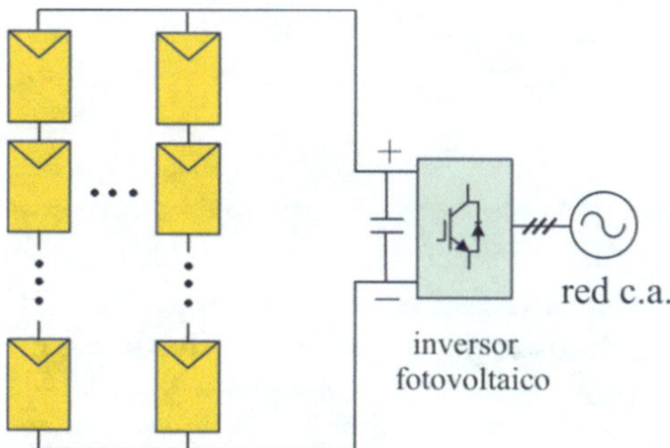

Figura 5.65. Conexión de un inversor fotovoltaico a la red de c.a.

Los sistemas de almacenamiento de energía con baterías electroquímicas también disponen de este tipo de dispositivos, pero con la particularidad de que el convertidor c.c/c.a debe ser reversible a fin de realizar el proceso de carga y descarga de la batería. En realidad, gran parte de los sistemas de almacenamiento disponen de convertidores electrónicos, p. ej, los volantes de inercia se aceleran o frenan mediante una máquina eléctrica controlada por un convertidor electrónico, o también los ultracondensadores regulan la tensión en sus terminales con este tipo de dispositivos electrónicos.

Asociado a las plantas de generación de energía eléctrica existen otra serie de dispositivos de electrónica de potencia como los sistemas de compensación de potencia reactiva, cuyo funcionamiento se basa en un convertidor c.c/c.a para la mejora del factor de potencia de las instalaciones y el control de la tensión en el punto de conexión con la red. Existen otros dispositivos electrónicos que se emplean también en plantas de generación para mejorar la calidad de la energía producida, como es el caso de los filtros activos de potencia, o bien para evitar que los generadores se desconecten de la red en caso de un hueco de tensión como ocurre con los restauradores dinámicos de tensión DVR (*Dynamic Voltage Restorer*)

La mayoría de los convertidores electrónicos indicados anteriormente intercambian energía en forma de c.c. y de c.a., aunque también se emplean convertidores c.c/c.c. Por ejemplo, en una de las topologías utilizadas en generadores síncronos de velocidad variable se emplea a la salida del generador un rectificador de diodos y un elevador c.c/c.c acoplado al inversor de red c.c/c.a. Este tipo de convertidores también se utiliza en plantas fotovoltaicas en lo que se denomina *optimizadores*, uno de los terminales de c.c. se mantiene constante a un valor elevado y conectado al inversor central de la planta, y el otro terminal de c.c. se conecta a una agrupación de paneles variando su valor a fin de optimizar la energía solar capturada. Este tipo de sistemas también se ha propuesto en algunos sistemas de almacenamiento con baterías.

Los interruptores que emplean los convertidores electrónicos indicados anteriormente son autoconmutados7 (IGBT o IGCT) con tensiones colector emisor de 1200V o 1700V y con potencias asignadas que pueden llegar a varios MW. La topología de los convertidores más empleada es de dos niveles, es decir un terminal de c.c. al que se conectan tres ramas formadas por dos interruptores conectados en serie de cuyos puntos medios salen las tres fases de c.a. Este tipo de convertidores se denomina VSC (*Voltage Source Converter*), o en fuente de tensión.

Cuando las potencias son más elevadas se utilizan cada vez con más frecuencia las topologías multinivel, siendo la más empleada la de tres niveles con enclavamiento por diodos, aunque en los enlaces de corriente continua de alta tensión HVDC (*High Voltage Direct Current*) se emplean submódulos conectados en serie hasta alcanzar de cientos de kV empleando la configuración denominada MMC (*Modular Multilevel Converter*).

En este apartado sólo se presenta el convertidor c.c./c.a. de dos niveles por ser el más empleado en la industria, no se han considerado otro tipo de topologías como las indicadas anteriormente, ni tampoco los convertidores c.c/c.c. El lector interesado en este tipo de dispositivos puede consultar las referencias bibliográficas al final del capítulo.

Así pues, para el convertidor de dos niveles se analiza el principio de funcionamiento basado en la generación de ondas de tensión de c.a, cuya amplitud, frecuencia y fase se controlan a partir de una fuente de tención continua. conmutando los interruptores de cada una de sus tres ramas. Los instantes de cierre y apertura de los interruptores se calculan mediante la técnica de modulación de ancho de pulso PWM (*Pulse Width Modulation*). Entre las diferentes técnicas existentes sólo se presenta la modulación sinusoidal, otras técnicas más avanzadas como la vectorial o la eliminación selectiva de armónicos, están fuera del alcance de este libro.

---

[7] Se entiende por interruptores *auto-conmutados* aquellos que permiten el instante de encendido y apagado, a diferencia de los interruptores *conmutados por red* cuyo apagado se produce cuando su tensión ánodo-cátodo es negativa y la corriente por el dispositivo se hace nula.

Una vez expuesto el principio de funcionamiento del convertidor de dos niveles se presenta el control vectorial cuando se conecta a una red de tensión constante. El apartado concluye con el análisis del diagrama de límites de funcionamiento del convertidor y un estudio de las protecciones eléctricas. En los apartados posteriores, dedicados al estudio de los generadores síncronos y asíncronos a velocidad variable, se emplean también este tipo de convertidores electrónicos. Las técnicas de control vectorial que se presentan en estos apartados son específicas para cada tipo de generador, no obstante, todo lo expuesto en relación a las técnicas de modulación de ancho de pulso son válidas para cualquier convertidor.

5.4.1. Convertidor c.c./c.a. de dos niveles

A continuación, se presenta el esquema básico de un convertidor c.c./c.a. de dos niveles que acopla los terminales de un enlace de c.c con los terminales de c.a. conectados a una red trifásica (Figura 5.66). Entre los terminales de c.c se conecta una fuente de tensión de valor V_{dc}, y en los terminales de c.a. se conectan tres fuentes de tensión reales denominadas v_{ag}, v_{bg} y v_{cg}.

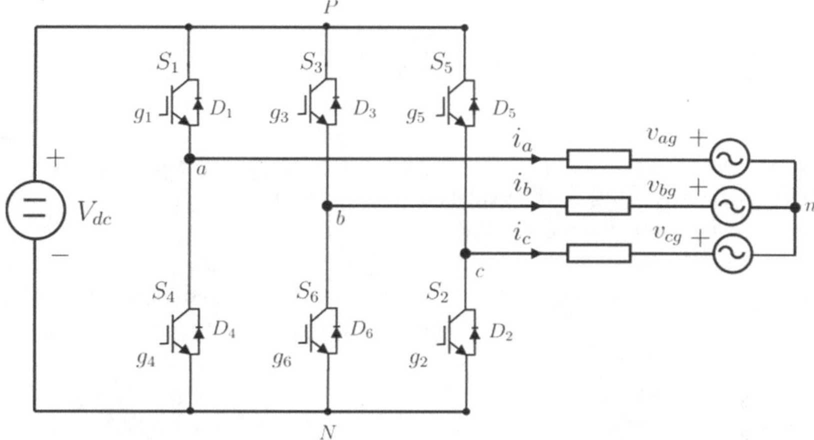

Figura 5.66. Convertidor c.c./c.a. de dos niveles

El convertidor lo forman seis interruptores autoconmutados, S_1 a S_6 con un diodo en antiparalelo de libre circulación en cada uno de ellos. Los interruptores pueden ser dispositivos IGBTs o IGCTs, dependiendo de la potencia y la tensión asignadas del convertidor. Este tipo de convertidores se denomina además VSC, es decir convertidor en fuente de tensión, ya que mediante la conmutación de los interruptores es posible sintetizar en sus terminales de salida una onda de tensión sinusoidal de amplitud, frecuencia y ángulo de fase controlables. Por otra parte, la topología indicada en la Figura 5.66 se denomina de dos niveles debido a que la tensión entre los puntos a, b, c y el punto N (polo negativo del termina de c.c.) es un tren de pulsos que puede tomar sólo dos valores, 0 o V_{dc}. El convertidor de la Figura 5.66, puede funcionar como inversor o como rectificador, transmitiendo potencia de la fuente de c.c a la de c.a. o viceversa.

Para realizar el estudio completo del inversor trifásico de dos niveles se considera inicialmente una de sus ramas formada por los interruptores S_1 y S_4, sus dos diodos en antiparalelo y la fuente de c.c. En la Figura 5.67 se muestra una sola rama del inversor.

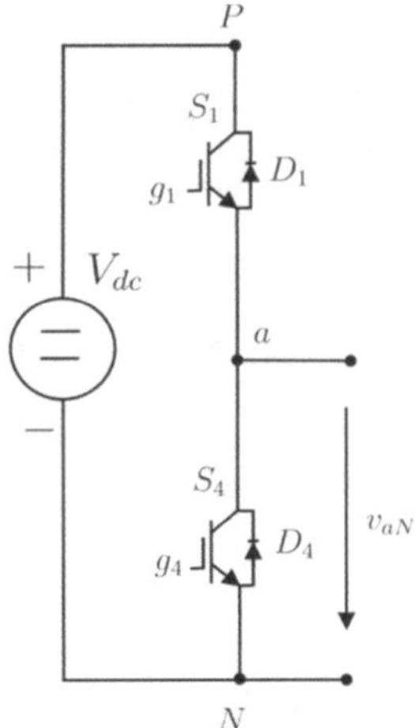

Figura 5.67. Rama de un inversor trifásico de dos niveles

El estado de los interruptores de una rama es opuesto, es decir, de las cuatro posibles combinaciones, sólo dos son activas, S_1 = 1 (*on*, cerrado), S_4 = 0 (*off*, abierto) y (S_1 = 0, S_4 = 1). La combinación (S_1 = 0, S_4 = 0) sólo es posible cuando la rama no está activa. En este caso, la rama queda como un rectificador no controlado, cargando los condensadores del bus de continua mediante los diodos en antiparalelo hasta el nivel que marca la tensión de c.a. de salida v_{aN}. Si la tensión V_{dc} mayor que el valor de máximo de v_{aN}, el diodo D_1siempre está bloqueado y no es posible transferir potencia entre la fuente de c.c. y la de c.a.

La última combinación posible, (S_1 = 1, S_4 = 1), es un estado prohibido, ya que supone cortocircuitar el bus de continua, con todas las consecuencias que conlleva un cortocircuito a una fuente. Para evitar este estado, se incluye lo que se conoce como *tiempo muerto*, que no es más que un retardo en los pulsos de activación de los interruptores.

El estudio de los estados de conmutación activos de una rama (en este caso coincidente con la rama a) se realizan con la señal de disparo S_a que coincide con el estado del interruptor superior, en este caso S_1. Asumiendo que el comportamiento de los interruptores es ideal, se cumple que $S_4 = \overline{S}_1$ Cuando S_a = 1 (S_1 = 1, S_4 = 0) la tensión en el terminal a es igual a la tensión de continua, $v_{aN} = V_{dc}$, y cero en el estado de conmutación contrario S_a = 0 (S_1 = 0, S_4 = 1). De forma general se puede indicar que

$$v_{jN} = V_{dc}S_j \qquad S_j \in [0,1] \qquad j = a, b, c \tag{5.97}$$

Si se realiza un estudio similar entre dos ramas, es posible calcular la tensión de línea entre ellas. Por ejemplo, en el caso de considerar las ramas a y b, la tensión entre ambas fases es igual a $v_{ab} = v_{aN} - v_{bN}$. Considerando el estado de conmutación de ambas ramas existen 4 posibles estados activos:

1. Estado (0,0): $S_a = 0$, $S_b = 0$ siendo $v_{aN} = 0$, $v_{bN} = 0$ y $v_{ab} = 0$
2. Estado (1,0): $S_a = 1$, $S_b = 0$ siendo $v_{aN} = V_{dc}$, $v_{bN} = 0$ y $v_{ab} = +V_{dc}$
3. Estado (0,1): $S_a = 0$, $S_b = 1$ siendo $v_{aN} = 0$, $v_{bN} = V_{dc}$ y $v_{ab} = -V_{dc}$
4. Estado (1,1): $S_a = 1$, $S_b = 1$ siendo $v_{aN} = V_{dc}$, $v_{bN} = V_{dc}$ y $v_{ab} = 0$

Obsérvese que la tensión entre fases varía ahora entre tres niveles de tensión $(+V_{dc}, 0, -V_{dc})$.

Combinando los estados de conmutación de las tres ramas, S_a, S_b, S_c se obtienen 8 estados de conmutación posibles, a partir de los cuales se determinan las tensiones de cada fase del convertidor respecto al terminal negativo N, (v_{aN}, v_{bN}, v_{cN}) y realizando diferencias entre ellas se obtienen las tensiones de línea

$$v_{ab} = v_{aN} - v_{bN} \qquad v_{bc} = v_{bN} - v_{cN} \qquad v_{ca} = v_{cN} - v_{aN} \tag{5.98}$$

Asimismo, las tensiones fase-neutro de la Figura 5.66 se calculan a partir de la terna (v_{aN}, v_{bN}, v_{cN}) y la tensión v_{nN} como

$$v_{an} = v_{aN} - v_{nN} \qquad v_{bn} = v_{bN} - v_{nN} \qquad v_{cn} = v_{cN} - v_{nN} \tag{5.99}$$

Si se suman las tres tensiones fase-neutro de la expresión anterior se obtiene que

$$v_{an} + v_{bn} + v_{cn} = v_{aN} + v_{bN} + v_{cN} - 3v_{nN} \tag{5.100}$$

Cuando el neutro está aislado, la suma instantánea de las tensiones fase-neutro es nula $v_{an} + v_{bn} + v_{cn} = 0$, y por tanto, se obtiene que

$$v_{nN} = \frac{1}{3}(v_{an} + v_{bn} + v_{cn}) \tag{5.101}$$

Sustituyendo (5.101) en (5.99) las tensiones fase-neutro quedan como

$$\begin{aligned} v_{an} &= \frac{2}{3}\, v_{aN} - \frac{1}{3}(v_{bN} + v_{cN}) \\ v_{bn} &= \frac{2}{3}\, v_{bN} - \frac{1}{3}(v_{aN} + v_{cN}) \\ v_{cn} &= \frac{2}{3}\, v_{cN} - \frac{1}{3}(v_{aN} + v_{bN}) \end{aligned} \tag{5.102}$$

que en función de los estados de conmutación de cada una de las ramas y la tensión V_{dc} se pueden expresar como

$$v_{an} = \frac{V_{dc}}{3}(2S_a - S_b - S_c)$$

$$v_{bn} = \frac{V_{dc}}{3}(2S_b - S_a - S_c) \quad (5.103)$$

$$v_{cn} = \frac{V_{dc}}{3}(2S_c - S_a - S_b)$$

En la Tabla 5.3 se muestran los estados de conmutación de un inversor de dos niveles, así como los valores de las tensiones de fase y de línea en función de la tensión V_{dc}. En esta tabla cabe destacar que hay 6 vectores activos (1-6), y dos vectores nulos (0 y 7), ya que sus tensiones de salida resultantes son nulas (no hay diferencia de potencial entre las fases). La transición entre estados contiguos implica el cambio en una sola rama, marcada en negrita. Las transiciones a los estados nulos se realizan minimizando el número de cambios de estado de los interruptores. Así, desde los estados 1, 3 y 5 se pasa al estado 0, y desde los estados 2, 4 y 6 se pasa al 7.

Tabla 5.3. Tabla de estados de conmutación de un inversor de dos niveles

Estado	$(S_a, S_b S_c)$	$(v_{ab},$	v_{bc}	$v_{ca})$	$(v_{ab},$	v_{bc}	$v_{ca})$
0	(0,0,0)	(0,	0,	0)	(0	0	0)
1	(**1**,0,0)	$(V_{dc},$	0,	$-V_{dc})$	(+ 2/3V_{dc}	− 1/3V_{dc}	−1/3V_{dc})
2	(1,**1**,0)	(0,	$V_{dc},$	$-V_{dc})$	(+ 1/3V_{dc}	+ 1/3V_{dc}	−2/3V_{dc})
3	(**0**,1,0)	$(-V_{dc},$	$V_{dc},$	0)	(− 1/3V_{dc}	+ 2/3V_{dc}	−1/3V_{dc})
4	(0,1,**1**)	$(-V_{dc},$	0,	$V_{dc})$	(− 2/3V_{dc}	+ 1/3V_{dc}	+1/3V_{dc})
5	(0,**0**,1)	(0,	$-V_{dc},$	$V_{dc})$	(−1/3V_{dc}	−1/3V_{dc}	+2/3V_{dc})
6	(**1**,0,1)	$(V_{dc},$	$-V_{dc},$	0)	(+ 1/3V_{dc}	− 2/3V_{dc}	+1/3V_{dc})
7	(1,**1**,1)	(0,	0,	0)	(0	0	0)

5.4.1.1. Modulación de ancho de pulso (PWM) sinusoidal

El objetivo de la modulación de ancho de pulso es sintetizar una forma de onda sinusoidal de amplitud, frecuencia y ángulo fase determinadas a partir de una señal de referencia. En el caso de un inversor trifásico las tres señales de referencia de cada fase v_{ma}, v_{mb}, v_{mc} se comparan con una única señal triangular v_{cr}. La amplitud de la tensión de salida del inversor a la frecuencia fundamental se controla a partir del índice de modulación de amplitud m_a

$$m_a = \frac{\hat{V}_m}{\hat{V}_{cr}} \quad (5.104)$$

donde $\hat{V}_m$ y $\hat{V}_{cr}$ son los valores de pico de las señales moduladoras y triangular, respectivamente. El índice de modulación de amplitud, m_a, se ajusta habitualmente modificando $\hat{V}_m$ y dejando fijo $\hat{V}_{cr}$. De forma análoga el índice de modulación de frecuencia m_f, se obtiene según la expresión

$$m_f = \frac{f_{sw}}{f_m} \tag{5.105}$$

donde f_{sw} y f_m son las frecuencias de la señal triangular y la de referencia, respectivamente.

Cuando la señal portadora se sincroniza con la moduladora, m_f es un valor entero y el esquema de modulación se denomina como *PWM síncrona*. En la modulación PWM asíncrona el valor de la frecuencia de conmutación f_{sw} tiene un valor fijo pero independiente de la frecuencia moduladora f_m. Una modulación asíncrona tiene la ventaja de que la frecuencia de conmutación es constante y es de fácil aplicación con dispositivos, incluso analógicos, sin embargo, tiene el inconveniente de que genera subarmónicos[8]. La modulación síncrona PWM es más adecuada para ser implementada en procesadores digitales.

El estado de los interruptores S_1a S_6 se determina comparando las señales de referencia con la señal triangular. En el caso de la rama a, cuando v_{ma}>v_{cr}, $S_a$es igual a 1 (S_1 = 1, S_4 = 0) y la tensión $v_{aN} = V_{dc}$. Cuando v_{ma}< v_{cr}, el estado de la rama es S_a = 0 (S_1 = 0, S_4 = 1), siendo ahora la tensión v_{aN} = 0. De forma general el estado de conmutación de cada rama se obtiene de acuerdo a la expresión

$$S_j = 1 \;\; si \qquad v_{mj} > v_{cr} \qquad j = a, b, c \tag{5.106}$$

En la Figura 5.68 se muestra el diagrama de bloques simplificado para la modulación PWM sinusoidal

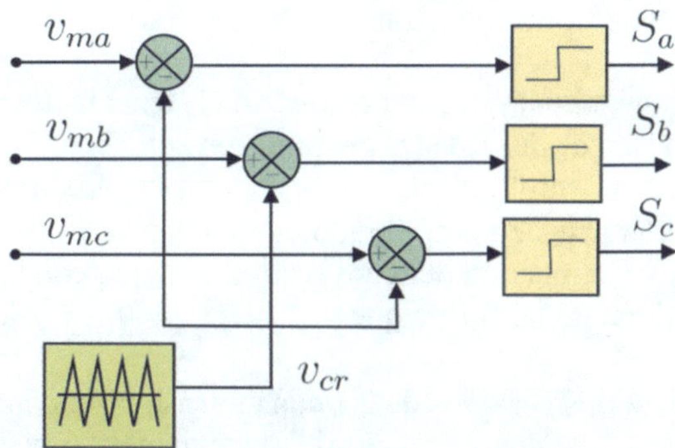

Figura 5.68. Diagrama de bloques simplificado de la modulación PWM sinusoidal

El control de la tensión de salida del convertidor se realiza ajustando el índice de modulación de amplitud m_a. Dependiendo de los valores que tome se distinguen tres zonas de funcionamiento: a) modulación lineal, b) sobremodulación y c) onda cuadrada. A continuación, se analizan cada una de ellas.

[8] componentes armónicas que no son múltiplo entero de la frecuencia fundamental

A. Modulación lineal

En la zona de modulación lineal, el índice de modulación de amplitud es inferior a la unidad m_a< 1), y la componente fundamental de la tensión de salida del inversor varia de forma lineal con el índice de modulación de amplitud m_a. En el caso del inversor trifásico el valor pico de la tensión fase-neutro a frecuencia fundamental es igual al producto del índice de modulación de amplitud por la mitad del valor de la tensión V_{dc}.

$$\left(\hat{V}_{an}\right)_1 = m_a \frac{V_{dc}}{2} \tag{5.107}$$

Por tanto, la tensión entre fases (tensión de línea) en valor eficaz y a la frecuencia fundamental para un sistema trifásico, $(V_{ab})_1$, se puede expresar de la siguiente manera

$$(V_{ab})_1 = \frac{\sqrt{3}}{\sqrt{2}}\left(\hat{V}_{an}\right)_1 = \frac{\sqrt{3}}{2\sqrt{2}} m_a V_{dc} = 0.612\ m_a V_{dc} \tag{5.108}$$

Esta expresión es de especial importancia en el diseño de convertidores ya que permite determinar el valor eficaz máximo de armónico fundamental de la tensión de salida entre fases en función de la tensión V_{dc} y, por tanto, la tensión asignada de la red de c.a. a la que se puede conectar. Por ejemplo, considerando m_a = 1 y una tensión V_{dc} = 1200 V, que es un valor habitual para IGBTs[9] con tensión colector-emisor de 1700V, la tensión máxima $(V_{ab})_1$ en zona lineal es de 734V que es ligeramente superior a la tensión normalizada de 690V. Un razonamiento similar se puede realizar para IGBTs con tensión colector-emisor de 1200V, donde la tensión de trabajo es V_{dc} = 850V y, por tanto, la tensión máxima $(V_{ab})_1$ en zona lineal es de 520V. En este caso el convertidor se puede conectar a una red con tensiones de línea de 400V, que es otro valor normalizado.

En la Figura 5.69 se muestran las formas de onda de la tensión de salida de un convertidor en fuente de tensión trifásico de dos niveles operando en zona lineal donde se ha considerado un índice de modulación de amplitud m_a = 0.9 y m_f = 40. Las tres señales de referencia corresponden a un sistema trifásico equilibrado cuyo valor de pico es 0.9 p.u. y frecuencia 50 Hz. La frecuencia de conmutación del convertidor coincide con la frecuencia de conmutación de la señal portadora, de tal forma que $f_{sw} = f_{cr} = f_m m_f$ = 50 · 40 = 2kHz.

La Figura 5.70 muestra dos periodos de la onda de tensión fundamental de 50Hz (40ms). La tensión v_{aN} contiene 40 pulsos por ciclo de la frecuencia fundamental, cada pulso se produce por la conmutación de encendido y apagado de los interruptores de la rama a, S_1y S_4 respecto al estado de conmutación S_a obtenido por la comparación de v_{am} y v_{cr}. La tensión v_{aN} y v_{bN}presentan sólo dos niveles, V_{dc} = 1200V y V_{dc} = 0V. La diferencia de ambas tensiones da lugar a la tensión de línea instantánea v_{ab} que presenta 3 niveles (+V_{dc},0,– V_{dc}).

---

[9] La tensión V_{dc}nominal de trabajo de un IGBT se suele tomar como valores ligeramente superiores a 2/3 de su tensión colector-emisor asignada

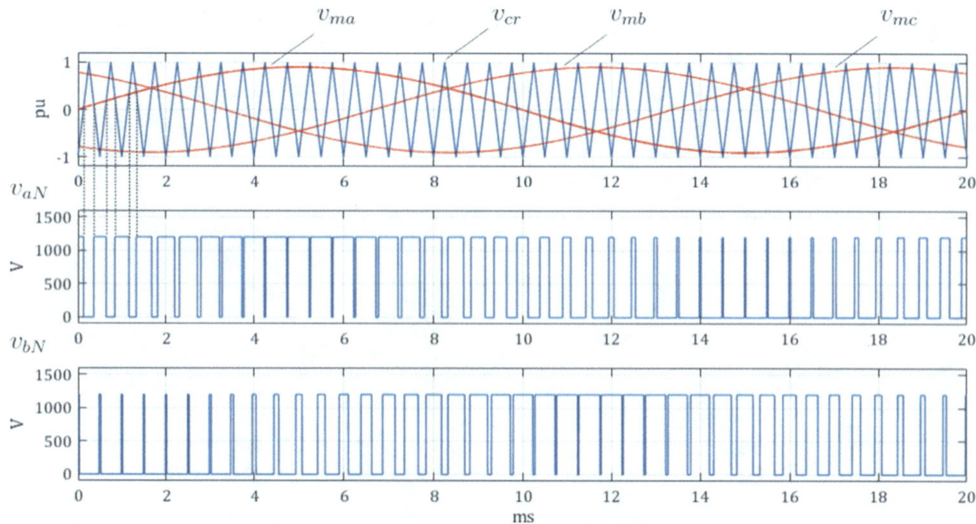

Figura 5.69. Convertidor VSC de dos niveles. Modulación PWM sinusoidal m_a = 0.9, m_f = 40

En la Figura 5.70 se muestra superpuesta a la tensión instantánea de línea el valor de la componente de frecuencia fundamental $(v_{ab})_1$. En el gráfico inferior se muestra el valor instantáneo v_{an} y el valor de frecuencia fundamental correspondiente a la tensión fase-neutro $(v_{an})_1$, de la fase a. Como se muestra en la Tabla 5.3 esta tensión se sintetiza en varios escalones, ± (2/3)V_{dc} = ± (800V), ± (1/3)V_{dc} = ± (400V) y 0V.

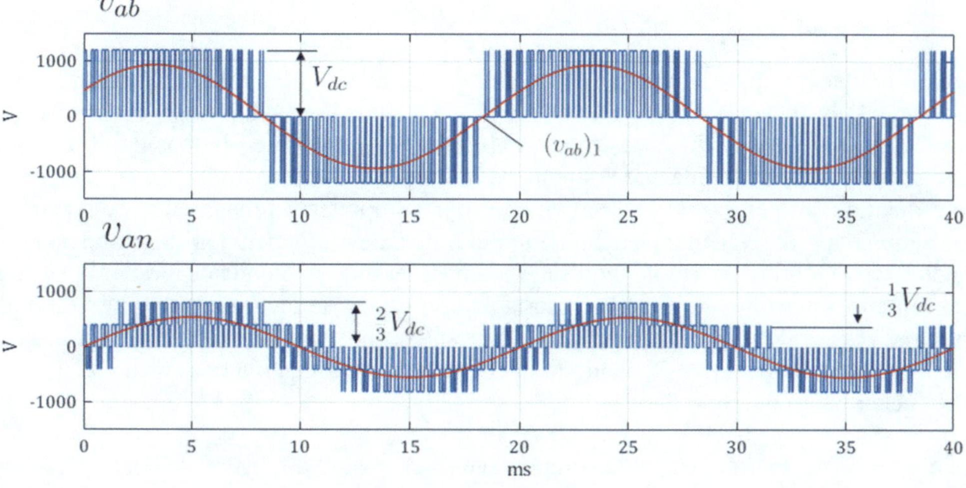

Figura 5.70. Tensiones de línea v_{ab} y de fase v_{an} con modulación PWM sinusoidal. m_a = 0.9, m_f = 40

El espectro de la tensión fase-neutro v_{an} normalizado respecto a $V_{dc}/2$ se muestra en la Figura 5.71, que presenta un armónico fundamental (h = 1) cuya amplitud es igual al índice de modulación de amplitud m_a = 0.9. El resto de componentes armónicas se producen en múltiplos enteros de la frecuencia de conmutación m_f, $2m_f$, $3m_f$, etc, con amplitudes decrecientes cuanto mayor es el orden del armónico.

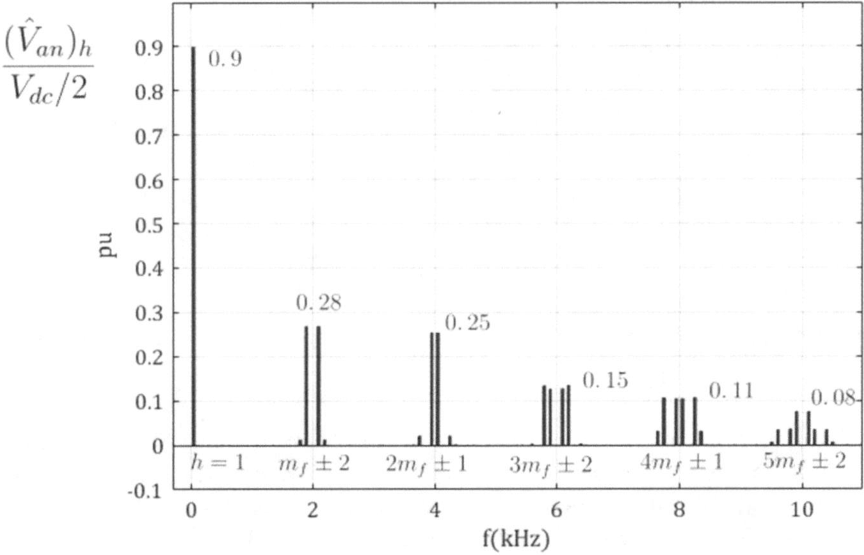

Figura 5.71. Espectro armónico. Modulación PWM sinusoidal m_a = 0.9, m_f = 40

B. Sobremodulación

La sobremodulación aparece cuando el índice de modulación de amplitud es superior a la unidad (m_a>1), es decir las señales de referencia v_m, tienen un valor de pico superior a la de la señal triangular v_{cr}. En esta situación el número de pulsos de la tensión de línea se reduce gradualmente a medida que aumenta m_a dando lugar a la aparición de armónicos de orden reducido como el 5° y el 11°. Sin embargo, la componente fundamental de la tensión de línea aumenta progresivamente al aumentar el índice de modulación de amplitud, aunque ahora de forma no lineal, hasta llegar a saturación generando una onda cuadrada. Si se considerara una relación lineal el índice de modulación donde se alcanza el régimen de onda cuadrada es $m_a = 4/\pi$, sin embargo, y debido a su comportamiento no lineal, esta zona se extiende hasta valores de m_a> 3 cuando la frecuencia de conmutación es superior a 15 veces la frecuencia de la señal moduladora.

La expresión del valor eficaz de la componente fundamental de tensión de línea $(V_{ab})_1$ en función de V_{dc} cuando se alcanza el límite de sobremodulación, y comienza la zona de onda cuadrada se obtiene empleando un índice de modulación $m_a = 4/\pi$ en (5.108) de modo que

$$(V_{ab})_1 = \frac{\sqrt{3}}{2\sqrt{2}}\left(\frac{4}{\pi}\right)V_{dc} = \frac{\sqrt{6}}{\pi}V_{dc} = 0.78V_{dc} \qquad (5.109)$$

es decir, la máxima tensión posible de salida es $(V_{ab})_1 = 0.78V_{dc}$ aunque con un contenido de armónicos de baja frecuencia muy elevado.

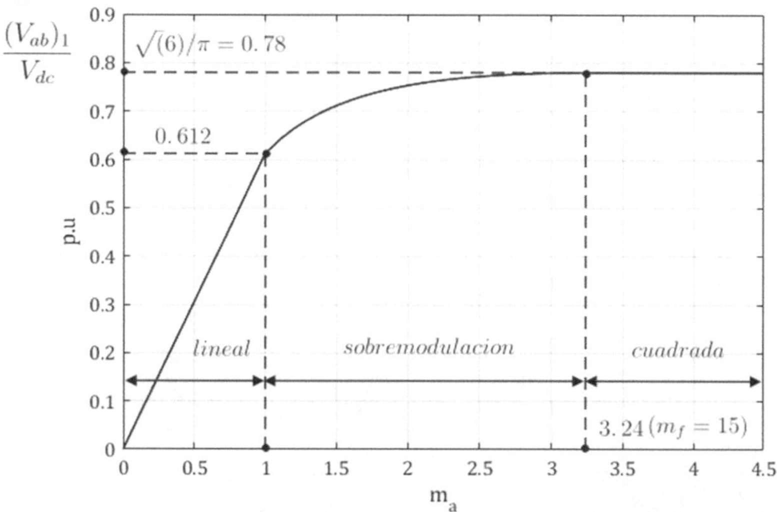

Figura 5.72. Relación $(V_{ab})_1/V_{dc}$ en un convertidor trifásico de dos niveles

La sobremodulación rara vez se emplea en la práctica debido fundamentalmente al alto contenido de armónicos de la tensión generada. En la Figura 5.72 se muestra la relación entre el cociente de tensiones $(V_{ab})_1/V_{dc}$ en función del índice de modulación de amplitud m_a para un inversor trifásico de dos niveles considerando un índice de modulación de frecuencia $m_f = 15$. En esta gráfica se muestran las tres zonas de funcionamiento del convertidor:

1. **Zona lineal** ($0<m_a<1$). La relación entre el valor eficaz de la componente fundamental de la tensión de línea de salida del convertidor y la tensión de continua varia linealmente hasta que $(V_{ab})_1 = 0.612V_{dc}$ cuando $m_a = 1$.

2. **Zona de sobremodulación** ($1<m_a<3.24$). En esta zona de funcionamiento la relación entre $(V_{ab})_1$ y m_a es no lineal, y se alcanza cuando el índice de modulación de amplitud es mayor que la unidad. Aunque en la tensión de línea se siguen produciendo algunas conmutaciones en cada ciclo de la frecuencia fundamental. A partir de un valor elevado del índice de modulación ($m_a>3.24$, para un índice de modulación de frecuencia $m_f = 15$) se alcanza el funcionamiento en onda cuadrada.

3. **Zona de onda cuadrada**. ($m_a>3.24$). El funcionamiento del convertidor como onda cuadrada implica que los interruptores de cada rama conmutan una sola vez por cada semiciclo de la frecuencia fundamental de la señal de referencia. Evidentemente las pérdidas por conmutación son reducidas, sin embargo, la tensión generada presenta armónicos elevados de baja frecuencia.

C. Onda cuadrada

El modo de operación de un convertidor trifásico de dos niveles en onda cuadra se obtiene cuando el índice de modulación de amplitud es mayor que un determinado valor dependiendo del índice de modulación de frecuencia, m_a>3.24 cuando m_f = 15, según la Figura 5.72. En realidad, el patrón de disparo en este caso se obtiene por comparación de las señales moduladoras con cero, es decir los estados de conmutación de rama se calculan como

$$S_j = 1 \;\; si \qquad v_{mj} > 0 \qquad j = a, b, c \tag{5.110}$$

Es decir, el paso por cero de las señales moduladoras se produce la conmutación de los interruptores de cada rama. Analizando con atención la Figura 5.73 se observa como cada 60° se produce un cambio de estado en una de las ramas, de tal forma que siempre estén conduciendo dos interruptores conectados al terminal *P* y uno al terminal *N*, o viceversa, dos conectados al terminal *N* y uno al terminal *P*. La secuencia de conmutación es entonces 101,100,110,010,011,101[10] y vuelta a empezar.

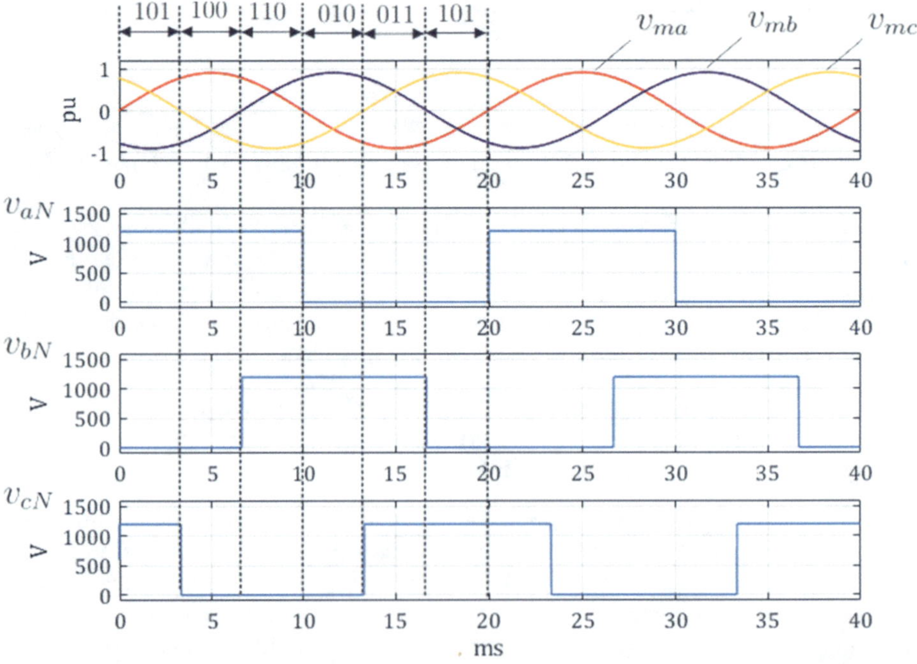

Figura 5.73. Convertidor trifásico de dos niveles modulado con onda cuadrada

[10] La numeración indica el estado de conmutación en cada rama, p.ej, en la primera secuencia (101) conduce el interruptor superior de la rama (a), (S_a=1), conduce el interruptor inferior de la rama (b) (S_b=0), y también conduce el interruptor superior de la rama (c), (S_c=1).

Las tensiones de línea, v_{ab} y de fase v_{an} que se muestran en la Figura 5.74, tienen forma cuadrada y presentan los mismos niveles de tensión que en el caso de la modulación lineal, de hecho, las formas de onda son las envolventes de las tensiones representadas en la Figura 5.70. En la modulación lineal se observan conmutaciones repetidas de la tensión de c.c., sin embargo, en la modulación con onda cuadrada sólo se producen una vez por cada semiciclo de las señales de referencia.

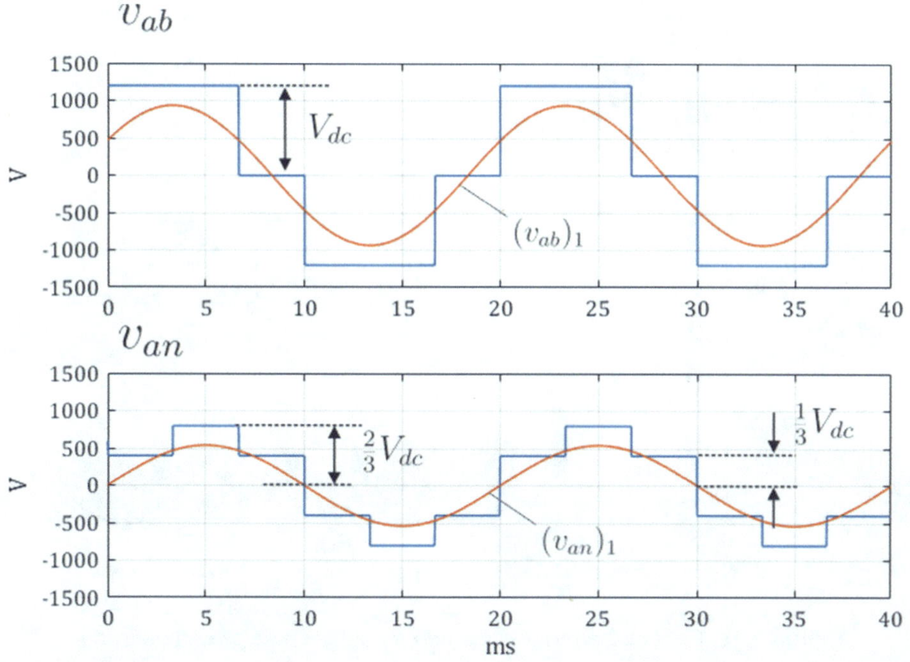

Figura 5.74. Tensiones de línea v_{ab} y de fase v_{an} modulación PWM con onda cuadrada

Otra de las diferencias entre ambos tipos de modulación es la tensión máxima de salida. En el caso de la modulación lineal la tensión eficaz máxima de línea es $(V_{ab})_1 = 0.612V_{dc}$ y se obtiene para $m_a = 1$. En el caso de onda cuadra el valor eficaz de la tensión de línea se incrementa hasta $(V_{ab})_1 = 0.78V_{dc}$aunque también lo hace su contenido armónico. Los armónicos se producen en ($h = 6n\pm 1$, $n = 1,2,3, \ldots$) siendo sus amplitudes inversamente proporcionales al orden del armónico, h, según la expresión

$$(V_{ab})_h == \frac{0.78}{h} V_{dc} \tag{5.111}$$

En la Figura 5.75 se muestra el espectro armónico de la tensión fase-neutro con modulación de onda cuadrada.

D. Modulación lineal con inyección de tercer armónico

Existe una forma de incrementar la tensión de salida del convertidor, $(V_{ab})_1$ por encima del valor máximo correspondiente a modulación lineal ($(V_{ab})_1 = 0.612V_{dc}$) sin que se produzca sobremodulación, y por tanto aumento de la distorsión armónica de la tensión. Este método se conoce como modulación lineal con inyección de tercer armónico

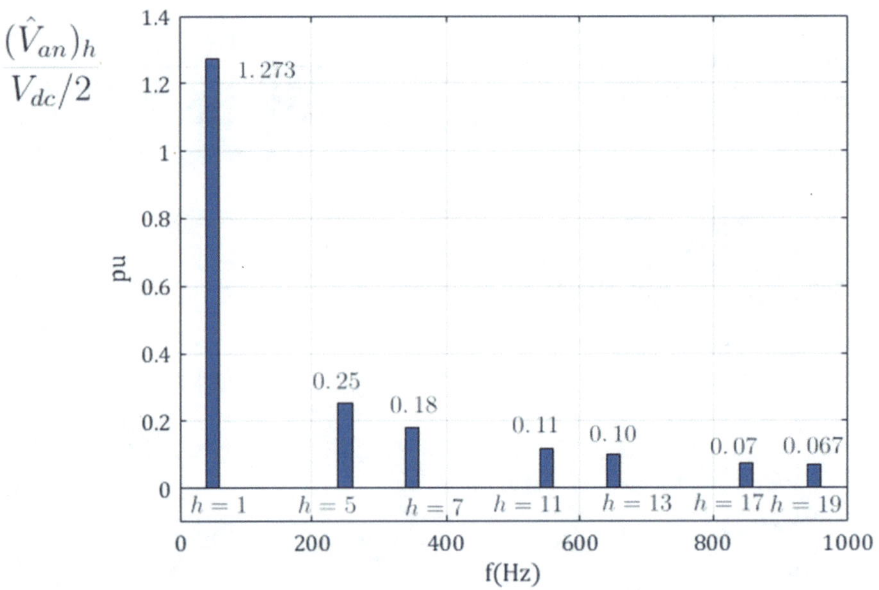

Figura 5.75. Espectro armónico v_{an} con modulación de onda cuadrada

En la Figura 5.76 se muestra la señal moduladora sinusoidal v_{ma}, cuando a la señal sinusoidal v_{m1} se le suma una señal de tercer armónico, v_{m3} de tal manera que la suma de ambas señales $v_{ma} = v_{m1}+v_{m3}$ no tenga un valor de pico superior al de la señal triangular. Notése que para conseguir esto en las tres señales moduladoras, la señal de tercer armónico debe estar sincronizada en sus pasos por cero con las tres señales sinusoidales. Como resultado, el valor de pico de la señal moduladora sinusoidal $\hat{V}_{m1}$ puede ser superior al valor de pico de la señal triangular $\hat{V}_{cr}$, aumentando así el valor eficaz de la tensión de línea $(V_{ab})_1$.

La señal de referencia v_{ma} toma su valor máximo en $\omega t = \pi/3$, (60º) que corresponde a un valor de $v_{m1}(\pi/3)$ igual a $\hat{V}_{m1}\sin(\pi/3)$. Utilizando la expresión (5.107) el valor de pico de la tensión fase-neutro de la señal de referencia v_{ma} es

$$\left(\hat{V}_{ma}\right)_1 = m_a \frac{V_{dc}}{2} = \hat{V}_{m1} \frac{\sqrt{3}}{3} \qquad (5.112)$$

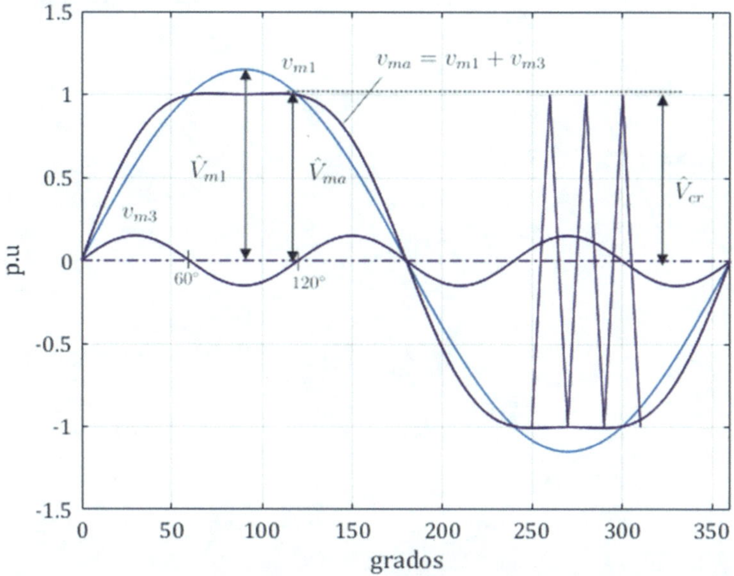

Figura 5.76. Modulación con inyección de tercer armónico

de tal forma que el índice de modulación de la nueva señal sinusoidal puede aumentar un 15.5% respecto a la modulación lineal sin inyección de tercer armónico.

$$\frac{\hat{V}_{m1}}{V_{dc}/2} = \left(\frac{2}{\sqrt{3}}\right) m_a = 1.155 m_a \tag{5.113}$$

Consecuentemente, el índice de modulación de amplitud en la zona lineal se puede extender al intervalo $0 < m_a < 1.155$. La relación entre la tensión eficaz $(V_{ab})_1$ y la tensión V_{dc} es igual a $(V_{ab})_1 = 0.707 V_{dc}$.

Una manera práctica de generar una componente de tercer armónico a partir de la medida de las tres señales de referencia es calcular de forma instantánea el valor máximo y mínimo de ellas usando la siguiente expresión

$$v_{m3} = -\frac{1}{2}[max(v_{ma} + v_{mb} + v_{mc}) + min(v_{ma} + v_{mb} + v_{mc})] \tag{5.114}$$

Aplicando la ecuación anterior a un sistema trifásico equilibrado de tensiones se obtiene una función v_{m3} triangular, que añadida a la tensión sinusoidal v_{m1} da lugar a $v_{ma} = v_{m1} + v_{m3}$. En la Figura 5.77 se muestran estas dos funciones. Asimismo, en la Figura 5.78 se presenta el diagrama de bloques simplificado para la inyección de tercer armónico a partir de las tres señales de referencia, v_{ma}, v_{mb}, v_{mc}.

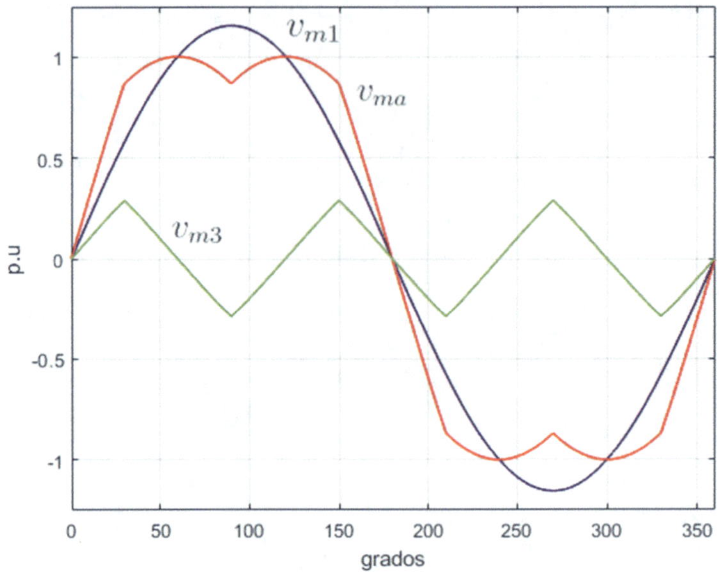

Figura 5.77. Tensión de referencia v_{ma} mediante inyección de tercer armónico

La inyección de la componente de tercer armónico v_{m3} no incrementa la distorsión armónica de la tensión de línea v_{ab}. Aunque este armónico aparece en las tensiones v_{an}, v_{bn}, v_{cn} , no existe en la tensión de línea v_{ab}, ya que su valor se obtiene como diferencia de las tensiones anteriores $v_{ab} = v_{aN} - v_{bN}$. La tensión v_{m3} es de secuencia homopolar, (idéntica en las tres fases), y por lo tanto se cancela en el cálculo de las tensiones de línea.

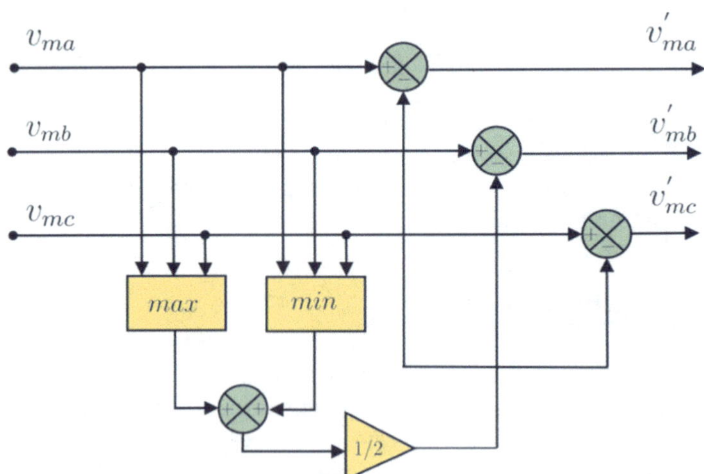

Figura 5.78. Diagrama de bloques práctico para la inyección de tercer armónico

En la Figura 5.79 se muestra la señal triangular v_{cr}y las tres señales moduladoras modificadas por la componente v_{m3} donde se observa cómo se aplanan en las zonas de pico positivo y negativo. El índice de modulación de amplitud es m_a = 0.9 y m_f = 40. En las gráficas central e inferior se muestran las tensiones v_{aN} y v_{bN}. El espectro armónico de las tensiones fase-neutro con esta técnica se muestra en la Figura 5.80.

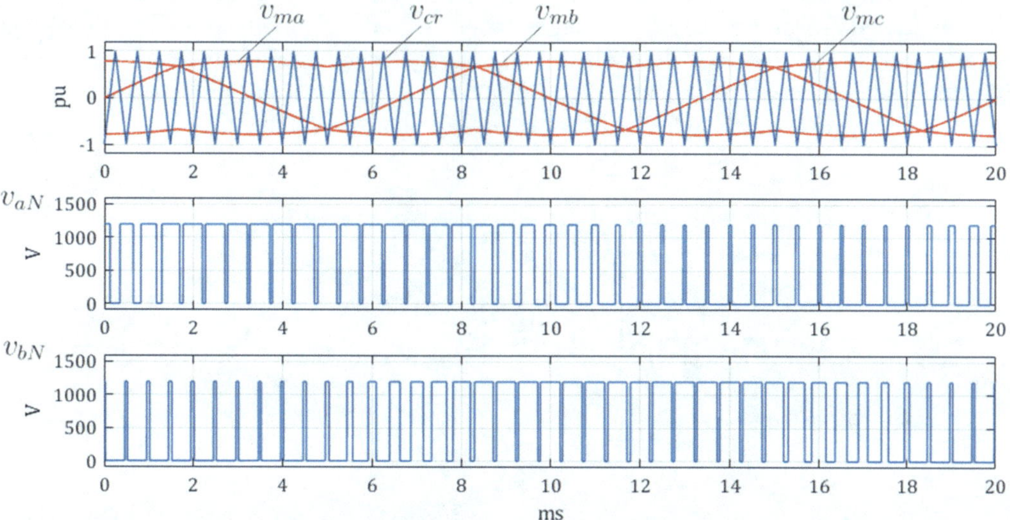

Figura 5.79. Modulación con inyección de tercer armónico

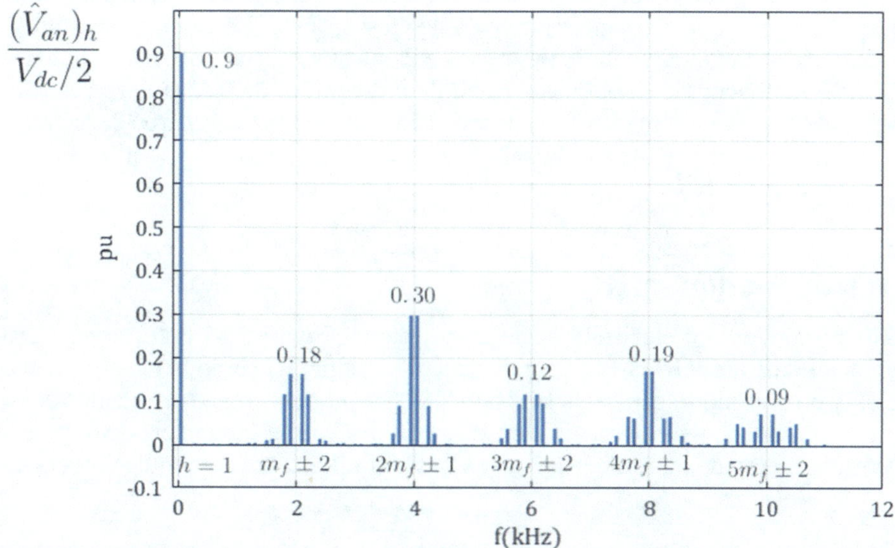

Figura 5.80. Espectro armónico de v_{an} mediante la inyección de tercer armónico

5.4.2. Control vectorial de convertidores

En esta sección se desarrolla el control vectorial de convertidores c.c./c.a. en fuente de tensión trifásicos, VSC de dos niveles, conectados a la red como el que se muestra esquemáticamente en la Figura 5.81. El terminal de c.c se alimenta mediante una fuente de corriente I_{dc}y un condensador C_{dc} sometido a la tensión V_{dc}. En esta figura se ha incluido una resistencia de frenado (*braking chopper* en inglés) controlada por un interruptor cuya misión es limitar la tensión V_{dc} cuando la potencia de entrada, P_{dc}, es superior a la potencia de c.a, P_{ac}. El terminal de c.a. es trifásico y se conecta a una red de potencia infinita[11] a través de un filtro inductivo representado por una inductancia L_g y una resistencia R_g.

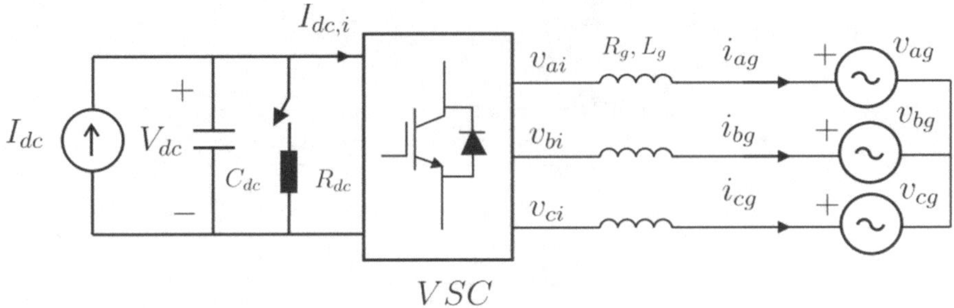

Figura 5.81. Convertidor en fuente de tensión conectado a la red

A continuación, se desarrolla el modelo dinámico a partir de sus ecuaciones de fase y también en un sistema de referencia giratorio de ejes dq Estas ecuaciones se muestran en magnitudes físicas. Seguidamente se desarrolla el control vectorial orientado a la tensión de red cuya magnitud y ángulo se obtiene a partir de un seguidor de fase en lazo cerrado, PLL (*Phase-Locked Loop*). Finalmente, se propone el cálculo de los parámetros de los reguladores internos de las corrientes de salida del convertidor y del regulador externo de la tensión en c.c.

5.4.2.1. Modelo dinámico

El modelo del convertidor electrónico que se indica en la Figura 5.82 lo forman las ecuaciones diferenciales de las corrientes de salida del convertidor, así como la tensión en el terminal de c.c. El convertidor electrónico trifásico VSC, se modela como tres fuentes de tensión v_{ai}, v_{bi}, v_{ci} que siguen una referencia sinusoidal de amplitud y frecuencia determinada, generada por el sistema de control. Estas magnitudes son las señales moduladoras que al ser

[11] Se considera una red de potencia infinita cuando la tensión y la frecuencia de la red permanecen constantes independientemente del intercambio de potencia activa y reactiva. Una red de estas características se modela como una fuente de tensión constante.

comparadas con las señales triangulares determinan al patrón de disparo de los interruptores del convertidor dando lugar a las fuentes de tensión conmutadas indicadas en la Figura 6.57. Esta técnica de control corresponde a la modulación PWM sinusoidal indicada en los apartados anteriores.

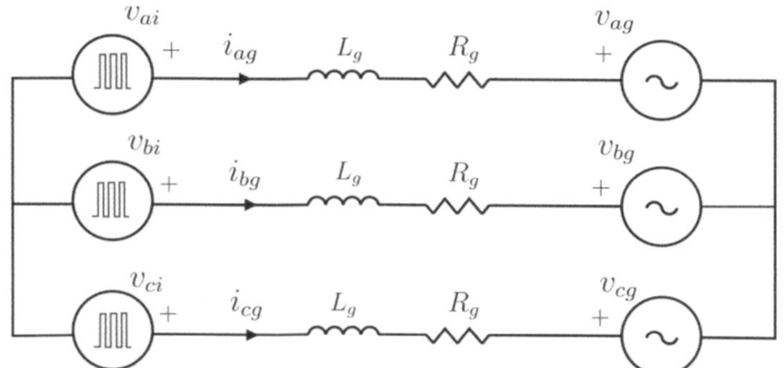

Figura 5.82. Esquema eléctrico del terminal trifásico de c.a. del VSC

A. Ecuaciones en magnitudes físicas

Las ecuaciones diferenciales de las corrientes en cada fase son las siguientes

$$\begin{aligned} v_{ai} &= R_g i_{ag} + L_g \frac{di_{ag}}{dt} + v_{ag} \\ v_{bi} &= R_g i_{bg} + L_g \frac{di_{bg}}{dt} + v_{bg} \\ v_{ci} &= R_g i_{cg} + L_g \frac{di_{cg}}{dt} + v_{cg} \end{aligned} \tag{5.115}$$

Si en la expresión anterior se multiplica la ecuación eléctrica de cada fase por $\underline{1}$, $\underline{a}$, $\underline{a}^2$, respectivamente, y se suman todas ellas, se obtienen las ecuaciones dinámicas del convertidor en forma de *vectores espaciales*[12] en un sistema de referencia estacionario. En la siguiente expresión se muestra esta ecuación vectorial con el superíndice "s", en cada uno de los vectores, para indicar con ello que están referidos a un sistema estacionario (ejes $\alpha\beta$).

$$\vec{v}_i^s = R_g \vec{i}_g^s + L_g \frac{d\vec{i}_g^s}{dt} + \vec{v}_g^s \tag{5.116}$$

Si se multiplica la ecuación (5.116) por $e^{-j\theta}$ siendo θ el ángulo que forma el eje d de un sistema de referencia giratorio respecto a uno estacionario, se obtiene que

[12] Recuerde el lector que la definición de vector espacial para una magnitud genérica es igual a $\vec{x}(t) = \frac{2}{3}(x_a(t) + \underline{a}x_b(t) + \underline{a}^2 x_c(t))$, siendo $\underline{a} = e^{j2\pi/3}$.

$$\vec{v}_i^s e^{-j\theta} = R_g \vec{i}_g^s e^{-j\theta} + L_g e^{-j\theta} \frac{d\vec{i}_g^s}{dt} + \vec{v}_g^s e^{-j\theta} \tag{5.117}$$

El cambio de sistema de referencia de un vector genérico $\vec{x}$ (expresado en un sistema de referencia giratorio) respecto de un sistema de referencia estacionario, $\vec{x}^s$, es igual a $\vec{x} = \vec{x}^s e^{-j\theta}$. Si se quiere expresar la ecuación anterior sólo a partir de vectores espaciales en un sistema de referencia giratorio el término $e^{-j\theta} d\vec{i}_g^s/dt$ se puede sustituir por

$$e^{-j\theta} \frac{d\vec{i}_g^s}{dt} = \frac{d\left(\vec{i}_g^s e^{-j\theta}\right)}{dt} - \left(-j\frac{d\theta}{dt} \cdot \vec{i}_g^s e^{-j\theta}\right) = \frac{d\vec{i}_g}{dt} + j\omega \vec{i}_g \tag{5.118}$$

donde $\omega = d\theta/dt$.

En la ecuación anterior se ha hecho uso de la expresión correspondiente a la derivada del producto $x\frac{dy}{dt} = \frac{d(xy)}{dt} - y\frac{dx}{dt} =$ tomando $x = e^{-j\theta}$ e $y = \vec{i}_g^s$.

Así pues, la ecuación (5.117) queda como

$$\vec{v}_i = R_g \vec{i}_g + L_g \frac{d\vec{i}_g}{dt} + j\omega L_g \vec{i}_g + \vec{v}_g \tag{5.119}$$

que es formalmente idéntica a la expresión (5.117) pero con un término adicional $j\omega L_g \vec{i}_g$, correspondiente a la f.e.m. de rotación del sistema giratorio respecto al sistema de referencia estacionario.

Todos los vectores de la ecuación (5.119) se pueden descomponer en parte real e imaginaria respecto a un sistema de referencia giratorio dq como el que se muestra en la Figura 5.83.

$$\vec{v}_i = v_{di} + jv_{qi} \quad \vec{v}_g = v_{dg} + jv_{qg} \quad \vec{i}_g = i_{dg} + ji_{qg} \tag{5.120}$$

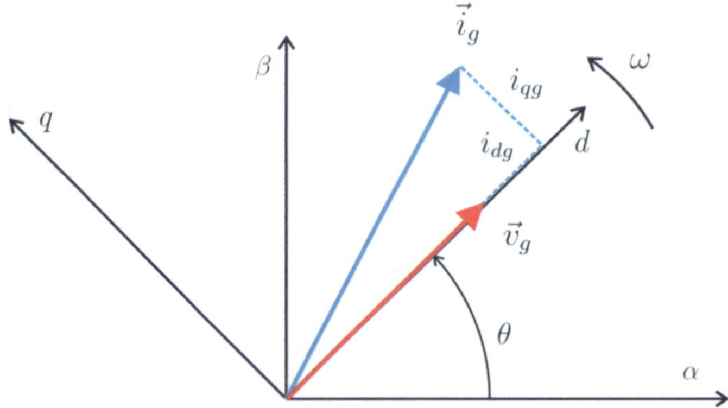

Figura 5.83. Sistema de referencia giratorio dq

de tal forma que se obtienen las siguientes expresiones

$$v_{di} = R_g i_{dg} + L_g \frac{di_{dg}}{dt} - j\omega L_g i_{qg} + v_{dg} \quad (5.121)$$

$$v_{qi} = R_g i_{qg} + L_g \frac{di_{qg}}{dt} + j\omega L_g i_{dg} + v_{qg} \quad (5.122)$$

Es decir, la dinámica de la corriente en cada uno de los ejes responde a una función de primer orden donde la entrada es la diferencia de tensiones entre la salida del convertidor y la tensión de la red. Ambas componentes de la corriente están acopladas a través de los términos cruzados que aparecen en las ecuaciones 5.121 y 5.122. En el eje d existe un término cruzado que afecta a la dinámica de la corriente i_{dg} igual a $-j\omega L_g i_{qg}$, y de forma análoga para el eje q la corriente i_{qg} depende también del término $j\omega L_g i_{dg}$. En la Figura 5.84 se presenta el diagrama de bloques del convertidor conectado a la red, indicando la dinámica de las corrientes i_{dg} e i_{qg}, donde aparecen estos términos cruzados.

La relación entre las corrientes y tensiones en cada eje responden a una función de transferencia de primer orden del tipo

$$G(s) = \frac{1}{L_g s + R_g} = \frac{1/R_g}{\left(\frac{L_g}{R_g}\right) s + 1} \quad (5.123)$$

donde la constante de tiempo es igual a $\tau = L_g/R_g$ y la ganancia $k = 1/R_g$.

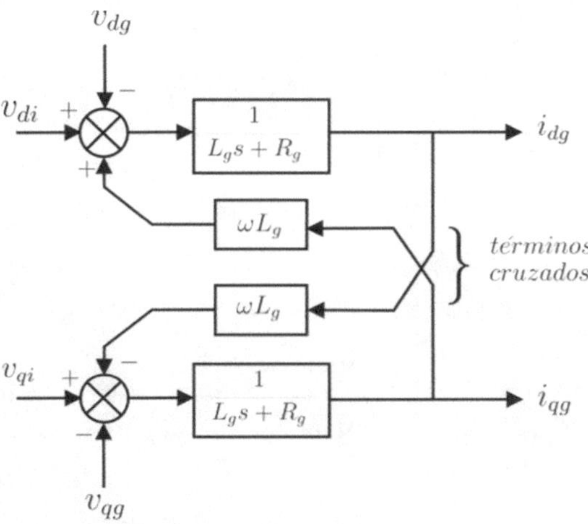

Figura 5.84. Diagrama de bloques del modelo del convertidor

El conjunto de ecuaciones dinámicas del convertidor se completa con la ecuación diferencial de la tensión V_{dc}en el condensador C_{dc} (ver Figura 5.81). La ecuación dinámica de la tensión en el condensador C_{dc} es igual a

$$C_{dc}\frac{dV_{dc}}{dt} = I_{dc} - G_{dc}V_{dc} - I_{dc,i} \tag{5.124}$$

donde G_{dc} es el inverso de la resistencia R_{dc}conectada entre los terminales de c.c.($G_{dc} = 1/R_{dc}$). $I_{dc,i}$ es la corriente continua. demandada por el convertidor que se calcula en función de las componentes i_{dg} e i_{qg} como se muestra a continuación.

Asumiendo que la potencia a la entrada del terminal de c.c., $P_{dc,i}$, es igual a la potencia activa de salida del convertidor $P_{ac,i}$ se obtiene la siguiente expresión

$$V_{dc}I_{dc,i} = v_{ai}i_{ag} + v_{bi}i_{bg} + v_{ci}i_{cg} \tag{5.125}$$

Por otra parte, las tensiones instantáneas a la salida del convertidor se pueden expresar en función de los índices de modulación y la tensión V_{dc} como

$$\begin{aligned} v_{ai} &= m_a\frac{V_{dc}}{2}\cos(\omega t) \\ v_{bi} &= m_b\frac{V_{dc}}{2}\cos(\omega t - \frac{2\pi}{3}) \\ v_{ci} &= m_c\frac{V_{dc}}{2}\cos(\omega t + \frac{2\pi}{3}) \end{aligned} \tag{5.126}$$

es decir, las magnitudes de pico de las tensiones instantáneas son iguales, según (5.107), a $\hat{v}_{ai} = m_a V_{dc}/2$. Para las fases b y c las expresiones son análogas. Si se aplica la transformada de Park a (5.126) se obtiene que

$$v_{di} = m_d\frac{V_{dc}}{2} \qquad v_{qi} = m_q\frac{V_{dc}}{2} \tag{5.127}$$

La potencia activa de salida de los terminales trifásicos del convertidor, $P_{ac,i}$es igual a:

$$P_{ac,i} = \frac{3}{2}R_e(\vec{v}_i\vec{i}_g^*) = \frac{3}{2}(v_{di}i_{dg} + v_{qi}i_{qg}) \tag{5.128}$$

Si se sustituye la expresión (5.127) en la ecuación anterior, y se tiene en cuenta la igualdad de potencias según (5.125) la c.c. demandada por el convertidor es

$$I_{dc,i} = \frac{3}{4}(m_d i_{dg} + m_q i_{qg}) \tag{5.129}$$

Así pues, el modelo dinámico completo del convertidor en magnitudes físicas lo componen cuatro ecuaciones diferenciales siendo las variables de estado $\vec{x} = [i_{dg}, i_{qg}, V_{dc}, \theta]^t$y el vector de entradas $\vec{u} = [v_{dg}, v_{qg}, m_d, m_q, G_{dc}]^t$. Estas ecuaciones son las siguientes:

$$L_g \frac{di_{dg}}{dt} = -R_g i_{dg} + \omega L_g i_{qg} + m_d \frac{V_{dc}}{2} - v_{dg} \tag{5.130}$$

$$L_g \frac{di_{qg}}{dt} = -R_g i_{qg} - \omega L_g i_{dg} + m_q \frac{V_{dc}}{2} - v_{qg} \tag{5.131}$$

$$C_{dc} \frac{dV_{dc}}{dt} = I_{dc} - G_{dc} V_{dc} - \frac{3}{4}\left(m_d i_{dg} + m_q i_{qg}\right) \tag{5.132}$$

$$\frac{d\theta}{dt} = \omega \tag{5.133}$$

Como se verá en el apartado siguiente, resulta conveniente escoger un sistema de referencia orientado al vector espacial de la tensión de red $\vec{v}_g$, de tal forma que $v_{qg} = 0$ y $v_{dg} = |\vec{v}_g|$. En la Figura 5.83 se muestra precisamente esta situación.

Los índices de modulación m_d y m_q son entradas del modelo que permiten controlar las corrientes de salida del convertidor. En el terminal de c.c. las entradas son la fuente de corriente I_{dc} y la conductancia G_{dc} cuyo valor se modula mediante el ciclo de trabajo del interruptor conectado en serie con la resistencia R_{dc} con el propósito de evitar que la tensión V_{dc} exceda un valor determinado cuando la potencia P_{dc} es superior a P_{ac}.

Tomando un sistema de referencia ligado al vector de tensión de la red $v_{qg} = 0$ y $v_{dg} = |\vec{v}_g|$ el intercambio de las potencias activa y reactiva del convertidor son proporcionales a las componentes i_{dg} e i_{qg} como se demuestra a continuación.

La expresión general de la potencia activa P_{ac} es similar a la indicada en (5.128), y la expresión de la potencia reactiva Q_{ac} en magnitudes dq se obtiene de forma análoga tomando la parte imaginaria de la potencia compleja $(3/2)\vec{v}_g \vec{i}_g^*$, de modo que

$$P_{ac} = \frac{3}{2}\left(v_{dg} i_{dg} + v_{qg} i_{qg}\right) \tag{5.134}$$

$$Q_{ac} = \frac{3}{2}\left(v_{qg} i_{dg} - v_{dg} i_{qg}\right) \tag{5.135}$$

Pero si se considera la condición de que el eje giratorio d esté alineado con el vector de tensión $\vec{v}_g$ ($v_{qg} = 0$ y $v_{dg} = |\vec{v}_g|$) se obtiene que

$$P_{ac} = +\frac{3}{2}|\vec{v}_g| i_{dg} \tag{5.136}$$

$$Q_{ac} = -\frac{3}{2}|\vec{v}_g| i_{qg} \tag{5.137}$$

es decir, como se ha indicado anteriormente, el intercambio de P_{ac} depende de i_{dg} y Q_{ac} depende de i_{qg} con el signo cambiado.

5.4.2.2. Seguidores de fase en lazo cerrado PLL

Como se expondrá a continuación, para realizar el control vectorial de un convertidor en fuente de tensión es esencial una correcta orientación del sistema de referencia al vector de tensión de la red, respecto del cual se fijan los ejes dq. Para determinar la posición angular de este vector respecto a una referencia fija (ejes $\alpha\beta$) se utilizan lo que se conoce como seguidores de fase o Phase-Locked Loops, comúnmente llamados PLL.

Las técnicas de seguimiento de fase nacen en el campo de la electrónica y las telecomunicaciones para captar señales de una frecuencia determinada, como por ejemplo las frecuencias de emisión de la radio o la televisión. Estas técnicas se han extrapolado al campo de la ingeniería eléctrica, para la sincronización de los sistemas de control con la frecuencia de la tensión de la red. El principio de funcionamiento es el mismo, si bien su aplicación es algo distinta. En la Figura 5.85 se representa el diagrama de bloques genérico de un PLL. Consta de un detector de fase, un filtro y un oscilador. El detector de fase calcula la diferencia entre las señales de referencia y de salida. Esa diferencia es procesada por el filtro, cuya salida es la referencia para el oscilador, que producirá una salida sincronizada con la señal de referencia.

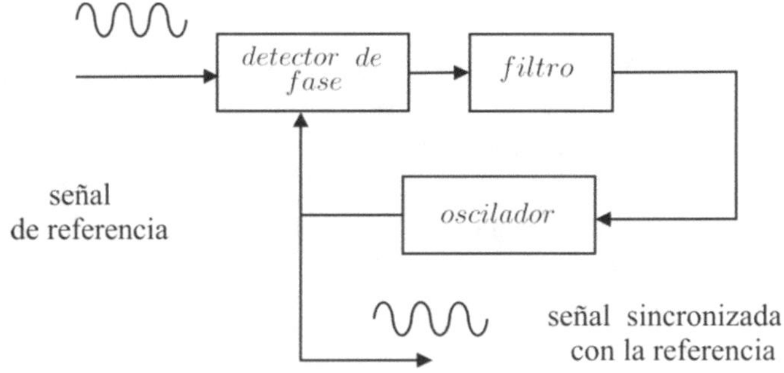

Figura 5.85. Diagrama de bloques genérico de un PLL

En el caso de los sistemas eléctricos, asociado principalmente al control de convertidores, se han planteado numerosos métodos de implementación del PLL, todos con el mismo objetivo final de obtener con precisión y rapidez la posición del sistema de referencia. En su versión más sencilla la estructura de un PLL se muestra en la Figura 5.86 donde se emplea un bloque de la transformada de Park para obtener las componentes $dq0$ a partir de las tensiones de fase abc. El ángulo de giro θ de la transformada se obtiene a partir de un sistema realimentado donde la componente en cuadratura de la tensión v_{qg} se intenta mantener a cero a partir de un regulador PI cuya salida es el incremento de frecuencia $\Delta\omega$. La expresión del ángulo de giro que sigue al vector de tensión de red se obtiene finalmente por integración de la frecuencia $\omega = \Delta\omega + \omega_0$, siendo ω_0 la frecuencia de referencia fundamental expresada en rad/s.

$$\theta = \theta_0 + \int (\Delta\omega + \omega_0)\ dt \tag{5.138}$$

cuya salida está cotada en el intervalo $[0{,}2\pi]$.

Esta configuración de PLL permite a su vez determinar el módulo de la tensión del vector de red mediante el valor de la componente $v_{dg} = |\vec{v}_g|$ que se corresponde con el valor de pico de la tensión fase neutro del sistema trifásico de tensiones.

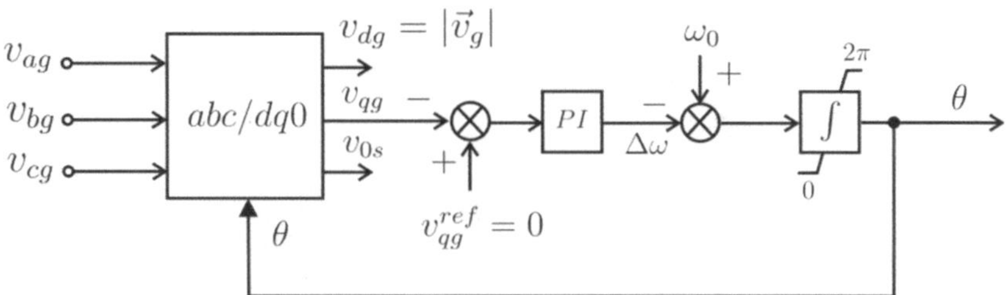

Figura 5.86. Diagrama de bloques de un PLL a partir de la transformada de Park

El algoritmo de seguimiento de fase presentado en la Figura 5.86 se basa en la orientación de un sistema de referencia giratorio al vector de tensión de la red. Estas componentes son valores constantes en condiciones equilibradas de operación, ya que el vector espacial de tensión de la red gira a la frecuencia fundamental con una amplitud constante, describiendo una circunferencia. Sin embargo, en caso de desequilibrio, el vector de tensión ya no describe una circunferencia, sino que su trayectoria pasa a ser elíptica. La componente v_{qg} deja de ser constante y presenta una oscilación de frecuencia doble cuyo seguimiento no es posible utilizando un simple regulador PI. En el caso de sistemas trifásicos desequilibrados se precisa entonces un bloque de extracción de secuencias y el cálculo del ángulo θ se aplica sólo a las componentes trifásicas de secuencia directa.

Este problema se complica si se considera que el sistema trifásico contiene un cierto contenido armónico o componentes continuas. Para ello se han presentado en la literatura diferentes métodos como el integrador generalizado de segundo orden (SOGI, *Second Order Generalized Integrator*). El seguidor de fase SOGI permite generar las componentes $\alpha\beta$ filtradas de una señal de entrada alterna de frecuencia ω_0 sin presentar retrasos y filtrando las componentes de alta frecuencia. El lector interesado puede encontrar información adicional en las referencias bibliográficas al final del capítulo.

En la Figura 5.87 se muestra un ejemplo de funcionamiento de un PLL aplicado a un sistema trifásico equilibrado v_{ag}, v_{bg}, v_{cg} de frecuencia 50 Hz que cambia su frecuencia a 25 Hz en t = 100 ms[13]. En el gráfico superior se muestran las tensiones de fase en valores

[13] Este ejemplo no corresponde a un caso real, evidentemente las redes eléctricas no permiten variaciones bruscas de la frecuencia. En el ejemplo se provoca un cambio de 50 a 25 Hz para mostrar el funcionamiento y la dinámica de un seguidor de fase en lazo cerrado.

normalizados donde puede observarse a simple vista la variación de la frecuencia a partir de los 100 ms. En el gráfico central se muestra la frecuencia real del sistema trifásico f_s y la frecuencia estimada por el PLL f_s^{PLL} que no coinciden ya que la frecuencia del seguidor de fase responde a la dinámica del regulador PI de ganancia $k_p = 100$ p.u. y constante de tiempo $T_n = 10$ ms. Finalmente, en el gráfico inferior se muestra el ángulo de salida del seguidor de fase θ Hasta $t = 100$ ms el ángulo θ se incrementa de forma lineal entre 0 y 2π rad cada 20 ms (f_s = 50Hz), a partir de t = 100 ms la variación en el intervalo $[0,2\pi]$se produce a una frecuencia de 25 Hz, es decir cada 40 ms.

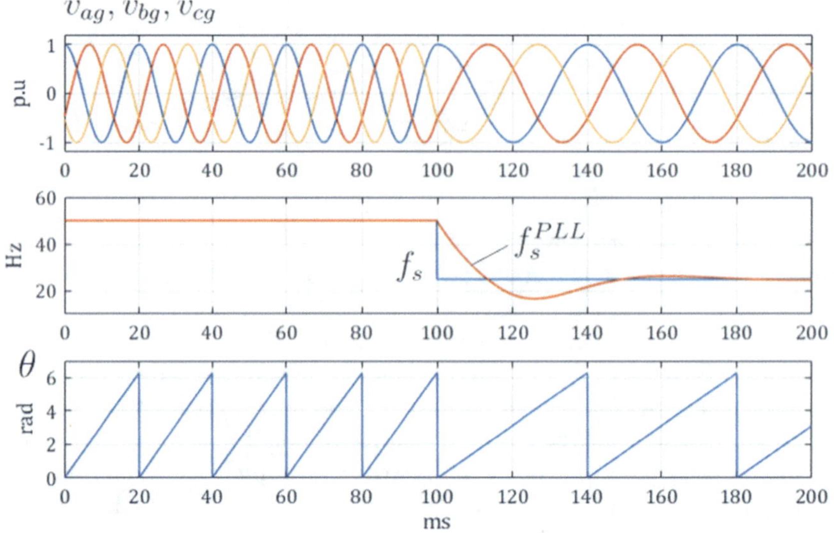

Figura 5.87. Dinámica de un PLL ante un escalón de la frecuencia de las tensiones de red

5.4.2.3. Control orientado a la tensión de la red

En la Figura 5.88 se muestra un diagrama de bloques del control vectorial orientado a la tensión de la red. Este esquema de control se basa en la transformación de las tres fases abc en un sistema de referencia síncrono dq, cuyo eje d está alineado con el vector de tensión de la red $\vec{v}_g$. El ángulo de la posición del vector $\vec{v}_g$, respecto a un sistema de referencia estacionario, θ_g, se determina a partir del seguidor de fase (bloque PLL).

El control vectorial se realiza en un sistema de referencia dq, donde las componentes de la corriente y de la tensión son variables continuas en régimen permanente. En la parte superior de la Figura 5.88 se muestra el esquema de potencia del convertidor, donde todas las magnitudes son de c.a. trifásicas (abc). En la parte inferior se muestra el diagrama de bloques del control vectorial en ejes dq. Los bloques de transición entre ambas partes son las transformadas de Park directa (abc/dq), e inversa (dq/abc), utilizando el ángulo θ_g obtenido a la salida del PLL.

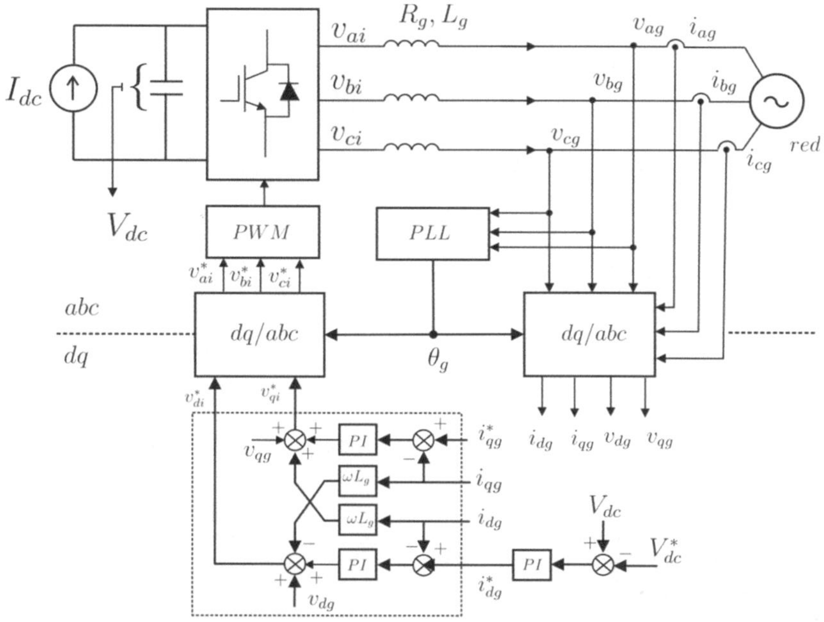

Figura 5.88. Diagrama de bloques del control vectorial orientado a la tensión de la red

El control del convertidor dispone de dos lazos anidados, uno interno correspondiente a la regulación de corriente en cada uno de los ejes dq, y otro externo cuyo objetivo es mantener constante V_{dc} ante variaciones de la potencia de entrada en los terminales de c.c. A continuación, se desarrollan los criterios de cálculo de ambos reguladores anidados.

A. Cálculo de los reguladores de corriente

Partiendo del diagrama de bloques de la planta, según la Figura 5.84, se observa que la relación entre la corriente en cada eje y la tensión de la salida del convertidor es una función de primer orden, siempre y cuando se compensen los términos cruzados. En la Figura 5.89 se muestra el esquema de control de los lazos internos de corriente. En cada uno de los ejes se muestra cómo cada corriente de referencia se compara con la corriente medida, siendo error entre ambas señales la entrada de un regulador PI (proporcional-integral) cuya salida es la tensión de referencia del convertidor que se compensa con los siguientes términos

$$v'_{di} = v_{dg} - \omega L_g i_{qg} \tag{5.139}$$

$$v'_{qi} = v_{qg} + \omega L_g i_{dg} \approx \omega L_g i_{dg} \tag{5.140}$$

En la última expresión la componente q se supone que es prácticamente nula v_{qg} es aproximadamente cero, ya que es la condición de funcionamiento del PLL en régimen permanente.

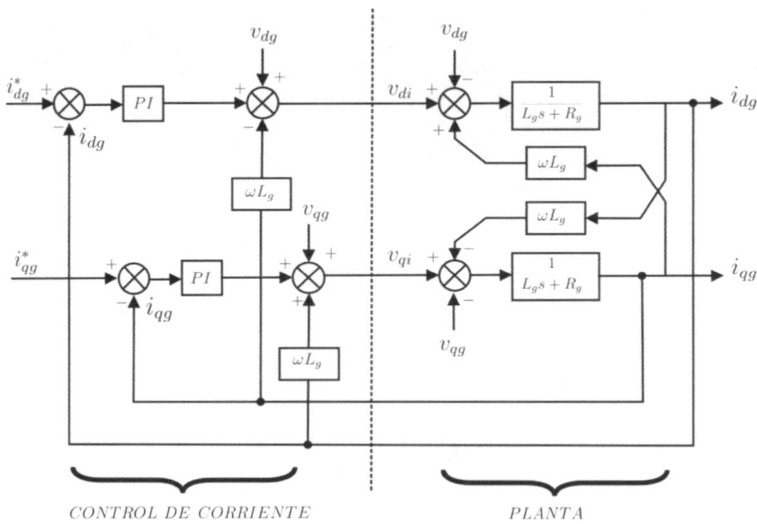

Figura 5.89. Esquema de control de los reguladores de corriente

Sabiendo que la salida de un regulador PI es proporcional a la señal de entrada (error de la magnitud de control) y a su integral, las tensiones aplicadas al convertidor en ejes dq son iguales a

$$v_{di} = v'_{di} + k_{pc}\left(i^*_{dg} - i_{dg}\right) + k_{ic}\int\left(i^*_{dg} - i_{dg}\right)\,dt \tag{5.141}$$

$$v_{qi} = v'_{qi} + k_{pc}\left(i^*_{qg} - i_{qg}\right) + k_{ic}\int\left(i^*_{qg} - i_{qg}\right)\,dt \tag{5.142}$$

siendo k_{pc} y k_{ic} las constantes proporcional e integral, respectivamente.

La función de transferencia $G_{pi}(s)$ de un regulador PI es

$$G_{pi}(s) = k_p + \frac{k_i}{s} = k_p\frac{T_n s + 1}{T_n s} \tag{5.143}$$

donde T_n es la constante de tiempo del regulador y $k_i = k_p/T_n$.

Este tipo de regulador se usa en todos los lazos de control del inversor: lazo interno de corriente, lazos de potencias (si los hubiese) y lazo de tensión de c.c. Para mantener las consignas del control dentro de los límites de la planta es muy común saturar la salida de los reguladores. Cuando por algún motivo la acción de control se satura y la variable controlada no alcanza el valor de referencia, entonces se produce un error constante. Este error es integrado por la parte integral del regulador que, a pesar de la saturación a la salida, sigue integrando. Así, el valor de la acción de control u antes de la saturación puede llegar a ser muy elevado, sin tener efecto alguno sobre la planta, debido a la saturación,u^{sat}. Esto se conoce como *windup*. Hay numerosas técnicas para cancelar este efecto, llamadas *anti-windup*, cuyo objetivo es intentar disminuir o mitigar este efecto. En el caso que se presenta, el método *anti-windup* utilizado es la saturación del integrador, para que deje de integrar cuando la acción de control se haya saturado, como se observa también en la Figura 5.90.

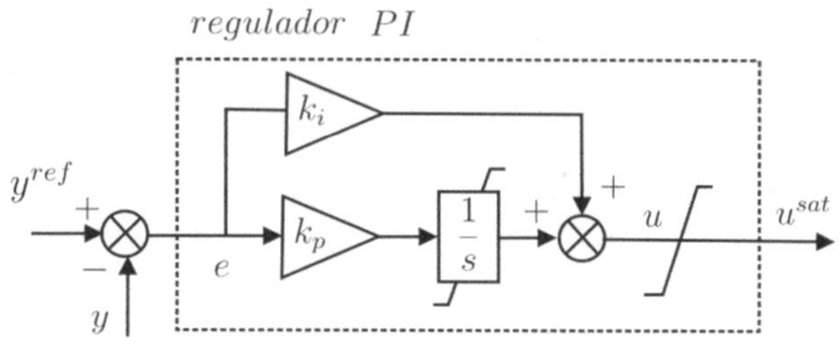

Figura 5.90. Regulador PI con saturación y *anti-windup*

La función de transferencia de la planta $G_p(s)$ es

$$G_p(s) = \frac{1}{L_g s + R_g} = \frac{1/R_g}{T_g s + 1} \tag{5.144}$$

siendo $T_g = L_g/R_g$ la constante de tiempo de la planta.

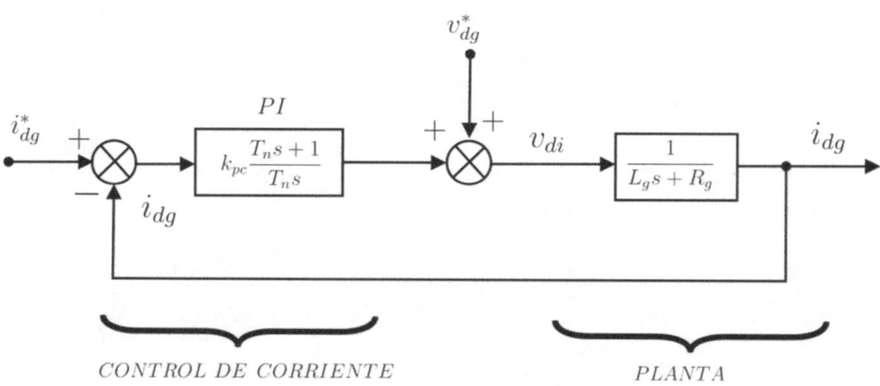

Figura 5.91. Lazo de control de la corriente i_{dg}

Es decir, la función de transferencia es una función de primer orden de ganancia $1/R_g$ y constante de tiempo T_g. Si asumimos la cancelación de los términos cruzados, el lazo de control lo forman la función de transferencia del regulador PI, $G_{pi}(s)$ en serie con la función de transferencia de la planta $G_p(s)$. En la Figura 5.91 se muestra el lazo de control de corriente de la componente i_{dg}. La consigna de corriente i_{dg}^* se compara con la componente i_{dg} a la salida de la planta, siendo esta diferencia la entrada del regulador PI cuya salida es la tensión v_{di} que es la señal de control del convertidor VSC. Se ha considerado también una señal de perturbación correspondiente a la componente directa de la tensión de la red v_{dg}^*. El cálculo de las constantes del regulador se realiza para garantizar la dinámica de las componentes de la corriente ante cambios de consigna, i_{dg}^*, y de perturbación v_{dg}^*. El lazo de corriente de la componente i_{qg} no se presenta ya que es exactamente igual que el lazo de corriente de la componente i_{dg}.

La función de transferencia en lazo abierto $G(s)$ se calcula como el producto $G = G_{pi}\,G_p$ como

$$G(s) = k_{pc}\left(\frac{T_n s + 1}{T_n s}\right)\left(\frac{1/R_g}{T_g s + 1}\right) \tag{5.145}$$

A partir de (5.145) se determina la constante de tiempo T_n del regulador PI igualándola a la constante de tiempo de la planta $T_n = T_g$, de tal forma que se cancela el par polo-cero de $G(s)$ siendo esta función igual a

$$G(s) = \left(\frac{k_{pc}}{L_g}\right)\frac{1}{s} \tag{5.146}$$

La función de transferencia en lazo cerrado de la Figura 5.91 queda entonces como una función de ganancia unidad y constante de tiempo $\tau_i = L_g/k_{pc}$ cuya expresión es igual a

$$\frac{i_{dg}^*}{i_{dg}} = \frac{G(s)}{1 + G(s)} = \frac{1}{\left(\frac{L_g}{k_{pc}}\right) + 1} = \frac{1}{\tau_i s + 1} \tag{5.147}$$

donde τ_i es la constante de tiempo del sistema en lazo cerrado a partir de la cual se determina la constante proporcional del regulador PI como

$$k_{pc} = \frac{L_g}{\tau_i} \tag{5.148}$$

y sabiendo que $T_n = L_g/R_g$ la constante integral del regulador PI es igual a

$$k_{ic} = \frac{k_{pc}}{T_n} = \frac{R_g}{\tau_i} \tag{5.149}$$

En las ecuaciones anteriores las unidades de k_{pc} es de (Ω) y la de k_{ic} de (Ω/s). Recuérdese que la entrada del regulador PI es de corriente y su salida es de tensión, por esa razón la ganancia proporcional se debe expresar con unidades de resistencia.

Uno de los requisitos habituales de los lazos de control de corriente es el denominado *ancho de banda* que se define como el rango de frecuencias donde la magnitud de la ganancia de la función de transferencia en lazo cerrado es superior a –3dB. En el sistema de control que estamos analizando de forma aproximada el ancho de banda es igual al inverso de la constante de tiempo en lazo cerrado $1/\tau_i$. Así pues, valores reducidos de τ_i implican valores elevados del ancho de banda y respuestas rápidas. En los sistemas reales el ancho de banda está limitado debido fundamentalmente al retardo de la conmutación y la amplificación del ruido de las señales. Por el contrario, valores elevados de τ_i implican anchos de banda reducidos y respuestas lentas. Evidentemente, la elección de τ_i debe ser tal que no genere sistemas demasiado lentos, pero tampoco demasiado rápidos para no superar un determinado ancho de banda. Dependiendo de los requisitos de control específicos y de la frecuencia de conmutación del convertidor f_{sw} = 2-3 kHz en un convertidor de dos niveles), la constante de tiempo τ_i se suele seleccionar en el margen de 0.5 a 5 ms.

B. Cálculo del regulador de la tensión de c.c.

En la Figura 5.92 se muestra el diagrama de bloques del esquema de control de la tensión V_{dc} a partir de la regulación de la corriente V_{dc}, que es la componente proporcional a la potencia activa intercambiada entre los terminales de c.c. y c.a, si se utiliza un esquema de control vectorial orientado a la tensión de la red. La corriente de referencia i_{dg}^* se obtiene de la salida de un regulador PI externo cuya entrada es el error de la tensión V_{dc}, de referencia y medida, aunque cambiada de signo. Este aspecto es relevante ya que un incremento de la tensión de c.c. se consigue reduciendo la potencia de salida del convertidor, y por lo tanto reduciendo el valor de la corriente de consigna i_{dg}^*.

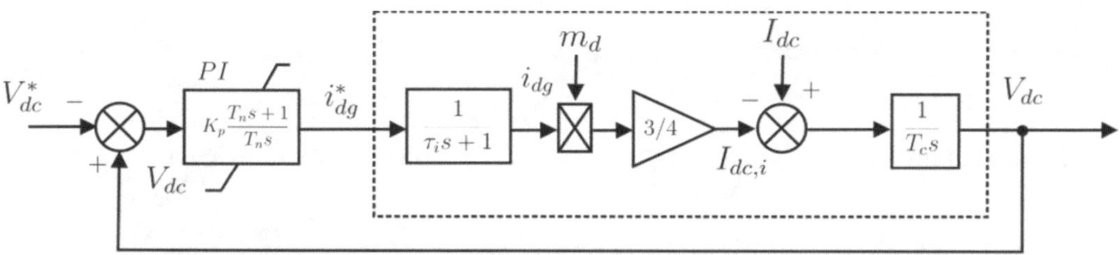

Figura 5.92. Lazo de control de la tensión V_{dc}

Entre la salida del regulador y la entrada de la planta de c.c. se encuentra la función de transferencia en lazo cerrado de la c.a. Como se puede observar, la ganancia de esta función de primer orden es unidad y la constante de tiempo τ_i. La salida de esta función es la corriente i_{dg} a partir de la cual se obtiene, según (5.129), la intensidad $I_{dc,i}$ multiplicando por el factor $(3/4)m_d$, siempre y cuando $m_q = 0$, es decir el inversor no intercambie potencia reactiva. Independientemente del intercambio de potencia reactiva, el regulador PI siempre generará una referencia de corriente i_{dg}^* capaz de mantener constante la tensión V_{dc}.

A continuación de muestra la respuesta dinámica e un convertidor electrónico de dos niveles ante cambios de consigna de potencia activa y reactiva. La potencia asignada del convertidor es de 2 MVA y se conecta a una red de 690 V, 50 Hz. El filtro de salida es inductivo con una impedancia del 15% y un factor de calidad de la bobina *X/R* = 50. Al terminal de c.c. se conectan dos condensadores en serie de 300 mF, siendo la tensión nominal del terminal de corriente continua 1200V. La frecuencia de conmutación del convertidor es de 3 kHz.

En la Figura 5.93 se muestra la variación de la tensión V_{dc} cuando se produce en $t = 0.5$s un cambio en rampa de la c.c. desde $I_{dc} = 0$A hasta $I_{dc} = 1667$A. La tensión V_{dc} aumenta inicialmente ante el cambio de la potencia de entrada al terminal de c.c. pero vuelve a su valor de referencia (1200V) mediante los lazos de control de tensión y de corriente indicados anteriormente.

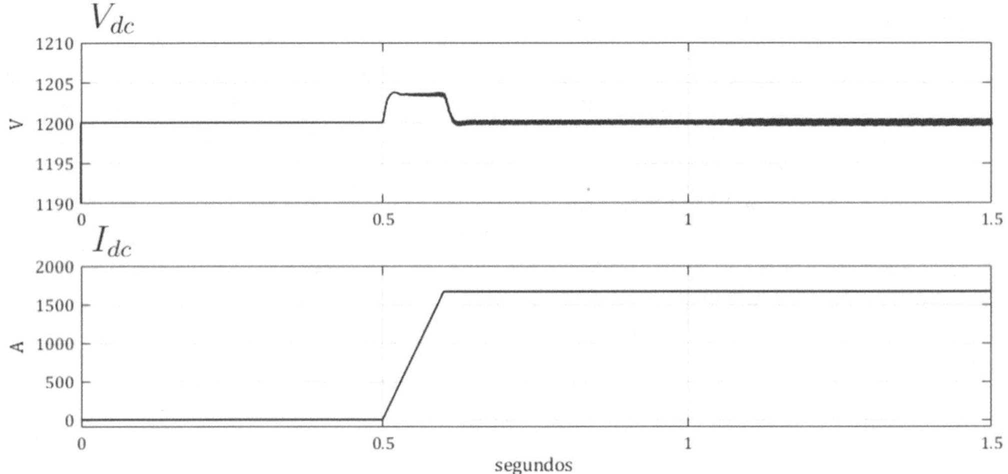

Figura 5.93. Variación de la tensión V_{dc} ante una variación en rampa de la corriente I_{dc}

En la Figura 5.94 se muestran los cambios de potencia activa entregada por el convertidor a la red cuando se produce el incremento de la corriente de entrada I_{dc}. En $t = 0.5$s la tensión de cc. aumenta y también lo hace la componente i_{dg} evacuando la potencia activa P_{ac}hasta alcanzar su valor nominal 2MW. Como se puede observar los cambios de potencia activa no afectan a los cambios de potencia reactiva que se mantiene en un valor nulo (factor de potencia unidad), es decir los cambios de potencia activa y reactiva están prácticamente desacoplados. Este mismo efecto se observa en $t = 1$s donde se cambia la consigna de i_{dg}^* de 0 a –0.5pu con una rampa de 0.1s. La potencia reactiva Q_{ac} aumenta hasta alcanzar el valor de 1MVar sin que la potencia activa se vea afectada.

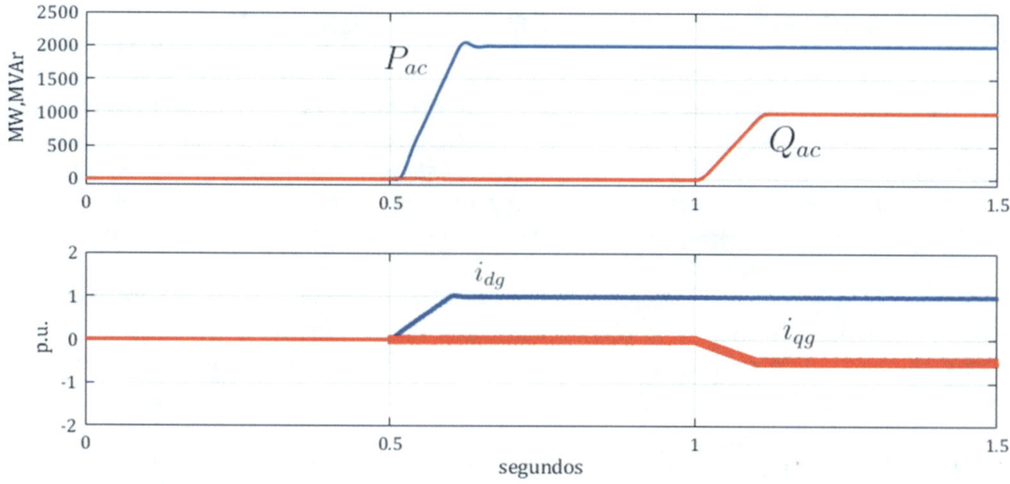

Figura 5.94. Potencias P_{ac},Q_{ac} y componentes de la corriente i_{dg}, i_{qg}

Finalmente, en la 5.95 se muestra en la parte superior un detalle de la tensión y corriente de la fase a durante los 400 ms previos a que se produzca el escalón de potencia reactiva. Por esta razón se observa que las ondas de tensión y de corriente, v_{ag} e i_{ag}, se encuentran en fase. En la parte inferior se representa el valor instantáneo de la tensión de fase a la salida del convertidor v_{ai}, así como su componente de frecuencia fundamental $(v_{ai})_1$

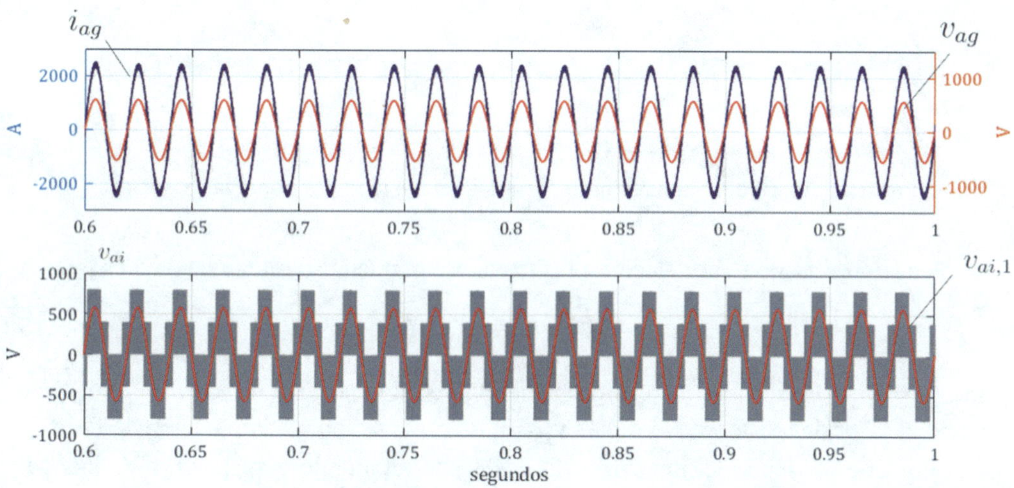

Figura 5.95. Tensión y corriente instantáneas v_{ag} e i_{ag}. Tensión del convertidor v_{ai}

5.4.3. Diagrama de límites de funcionamiento

Como se ha visto en apartados anteriores, el inversor puede ser tratado como una fuente de tensión modulada de alta frecuencia cuya componente fundamental tiene una determinada amplitud, frecuencia y ángulo de fase. Para el análisis en régimen permanente del inversor, su dimensionamiento y sus límites de funcionamiento estáticos, no es necesario tener en cuenta las componentes de alta frecuencia así que en adelante se considerará el inversor como una fuente de tensión de c.a. sinusoidal controlable en amplitud, frecuencia y ángulo de fase.

Por otro lado, y precisamente para compensar estas componentes de alta frecuencia, se emplean diferentes filtros que se suelen usar a la salida de los inversores trifásicos. Para hacer el siguiente desarrollo más simple se emplea un filtro inductivo que se modela como una resistencia R_g en fase con una inductancia L_g.

En tercer lugar, la topología del inversor corresponde a un sistema trifásico a tres hilos. Como es común en el análisis de circuitos trifásicos, siempre que el sistema sea equilibrado, las tres fases se comportarán de igual forma, lo cual permite analizar el sistema mediante un único circuito monofásico equivalente para cualquiera de las fases. Hay que tener en cuenta que, al tratarse de un circuito monofásico, todas las magnitudes que se analizan en dicho circuito son magnitudes fase-neutro.

En la Figura 5.96 se muestra el circuito equivalente monofásico equivalente del inversor conectado a una red mediante un filtro de impedancia $Z_g e^{j\varphi_g} = R_g + jX_g$

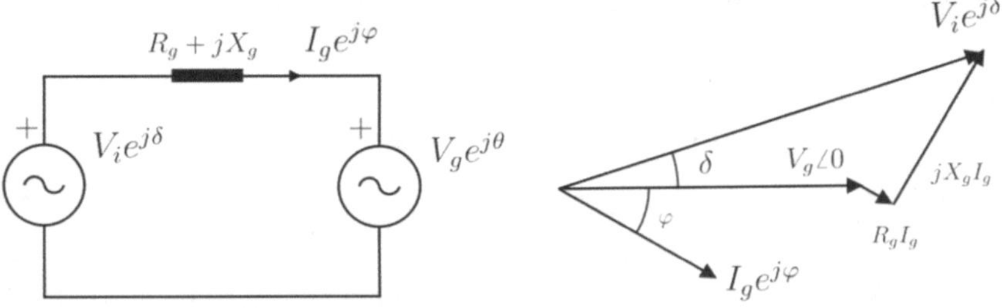

Figura 5.96. Circuito equivalente monofásico del inversor conectado a la red

La ecuación vectorial que relaciona las tensiones con la corriente inyectada es igual a

$$\vec{V_i} = \left(R_g + jX_g\right)\,\vec{I_g} + \vec{V_g} \tag{5.150}$$

donde $\vec{V_i} = V_i e^{j\delta}$ es el fasor de tensión de salida del inversor, tiene módulo V_i y ángulo δ respecto al fasor de tensión de la red es $\vec{V_g} = V_g e^{j\theta}$, que se toma como origen de fases ($\theta =$ 0º). El fasor de corriente del inversor está desfasado un ángulo φ respecto a $\vec{V_g}$, siendo su expresión igual a $\vec{I_g} = I_g e^{j\varphi}$. La impedancia del filtro L que conecta las dos fuentes de tensión representadas en la Figura 5.96 tiene una parte resistiva, R_g, y otra inductiva, $X_g = \omega L_g$, donde ω es la pulsación de la red en rad/s. La definición del filtro de salida (tipo L) se suele indicar en valor unitario especificando Z_g en p.u., y la relación (X_g/R_g) que se conoce como el factor de calidad de la bobina y coincide con la tan (φ_g).

A. Límite de corriente

El primer límite de funcionamiento se refiere a la máxima corriente que puede intercambiar el inversor con la red, o si se expresa en potencia, este límite corresponde a la potencia aparente máxima del inversor. La corriente máxima de un inversor puede estar fijada bien por los interruptores, o bien por la bobina del filtro. En cualquier caso, existe un valor máximo de diseño que no se debe superar.

A partir de la ecuación (5.150), y tomando el criterio de signos de la Figura 5.96, se deduce la expresión de la potencia compleja $\vec{S}_g$

$$\vec{S}_g = 3\vec{V}_g\left(\vec{I}_g\right)^* = P_g + jQ_g \tag{5.151}$$

donde, en este caso (*), indica el conjugado de un número complejo. La ecuación anterior se puede expresar en función del módulo de la tensión de red V_g (que se toma como origen de fase), el módulo de la corriente I_g y su ángulo φ como

$$\vec{S}_g = P_g + jQ_g = 3V_gI_g[\cos(\varphi) - j\sin(\varphi)] \tag{5.152}$$

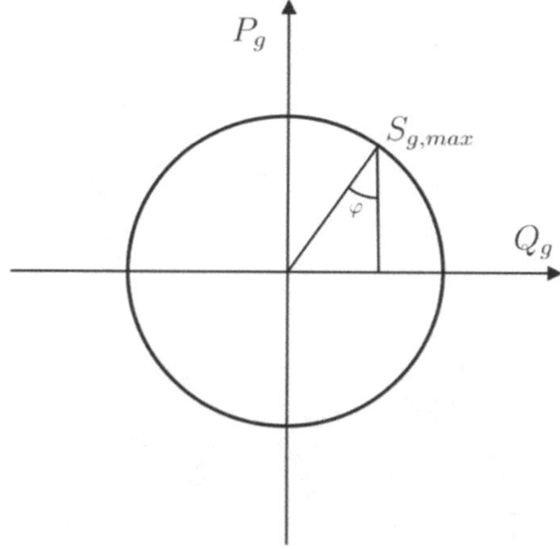

Figura 5.97. Límite de corriente del inversor. Máxima potencia aparente $S_{g,max}$

Si se considera que la corriente I_g no puede superar su valor máximo $I_{g,max}$ aparece una circunferencia límite centrada en el origen y de radio $S_{g,max} = 3V_gI_{g,max}$ (Figura 5.97) de tal forma que

$$P_g^2 + Q_g^2 = S_{g,max}^2 \tag{5.153}$$

Si se representa esta ecuación en valores normalizados, y se considera que la corriente máxima es la nominal, el radio de esta circunferencia es unidad.

B. Límite de tensión

Otro de los límites del inversor que condiciona el intercambio de potencia con la red es el módulo de la tensión V_i a la salida del inversor. Esta tensión está relacionada con el índice de modulación de amplitud según la ecuación

$$\hat{V}_i = m_a \frac{V_{dc}}{2} \tag{5.154}$$

La amplitud máxima $\hat{V}_i$ se alcanza cuando el índice de modulación de amplitud m_a es la unidad, si no se emplea ninguna técnica de sobremodulación.

A continuación, se verá cómo la capacidad de entregar potencia reactiva a la red depende fundamentalmente del módulo de la tensión V_i y por lo tanto de la tensión del enlace de c.c. En el siguiente desarrollo se deduce la expresión de la potencia activa y reactiva del inversor en función del módulo de los fasores de tensión de la red y del inversor, V_g y V_i respectivamente, así como del ángulo δ existente entre ellos.

Despejando el vector de corriente $\vec{I}_g$ de la ecuación (5.150) y expresando la impedancia del filtro como $Z_g e^{j\varphi_g}$ la ecuación (5.151) queda como

$$\vec{S}_g = 3V_g e^{j\theta} \left(\frac{V_i e^{j\delta} - V_g e^{j\theta}}{Z_g e^{j\varphi_g}} \right)^* \tag{5.155}$$

Operando se obtiene que

$$\vec{S}_g = \left(\frac{3V_g}{Z_g} \right) \left[V_i e^{j(\theta+\varphi_g-\delta)} - V_g e^{j\varphi_g} \right] \tag{5.156}$$

y separando en parte real e imaginaria se obtienen las expresiones de la potencia activa P_g y reactiva Q_g como

$$P_g = \left(\frac{3V_g V_i}{Z_g} \right) \cos(\theta + \varphi_g - \delta) - \left(\frac{3V_g^2}{Z_g} \right) \cos(\varphi_g) \tag{5.157}$$

$$Q_g = \left(\frac{3V_g V_i}{Z_g} \right) \sin(\theta + \varphi_g - \delta) - \left(\frac{3V_g^2}{Z_g} \right) \sin(\varphi_g) \tag{5.158}$$

Un caso particular es aquel en el que se toma como origen de fases la tensión, $\theta = 0^\circ$, la resistencia del filtro se considera nula, de tal forma que $R_g = 0$, $Z_g = X_g$y $\varphi_g = \pi/2$. Las expresiones de la potencia activa y reactiva son en este caso iguales a

$$P_g = \left(\frac{3V_g}{X_g}\right) V_i \sin(\delta) \tag{5.159}$$

$$Q_g = \left(\frac{3V_g}{X_g}\right) \left(V_i \cos(\delta) - V_g\right) \tag{5.160}$$

Teniendo en cuenta que, tras la etapa de diseño, el valor del filtro es fijo y los parámetros de la red (amplitud de la tensión y frecuencia) en condiciones normales también lo son, en las ecuaciones (5.157 y 5.158) los valores V_g, Z_g y φ_g se consideran constantes. Así, la potencia activa y reactiva intercambiadas con la red dependerán únicamente de V_i y de δ, conclusión que parece evidente teniendo en cuenta que el inversor es el elemento actuador del control y que funciona como una fuente de tensión, aunque controlada en corriente. Por lo tanto, de estas ecuaciones se pueden sacar varias conclusiones:

- Para un ángulo de carga $\delta = 0$ y un módulo de tensión en el inversor igual al de la red, no hay intercambio de potencia.
- Si se mantiene constante la amplitud de la tensión en el inversor V_i, los cambios en el ángulo de carga δ afectan principalmente a la potencia activa P_g, mientras que casi no afectan al valor de la potencia reactiva Q_g[14].
- Manteniendo δ constante, los cambios en la amplitud de la tensión del inversor V_i modifican principalmente la potencia reactiva Q_g, mientras que afecta poco a la potencia activa P_g.
- Para conseguir un factor de potencia unitario con la red ($Q_g = 0$), se tiene que cumplir que $V_g = V_i cos\delta$. La consecuencia es que la corriente estará en fase con la tensión de la red, como cabía esperar

Operando y reordenando los términos de la ecuación (5.159 y 5.160) se obtiene la expresión de una circunferencia en el plano PQ de radio S_0 y centro en $[0,- Q_0]$ como

$$P_g^2 + \left(Q_g + Q_0\right)^2 = S_0^2 \tag{5.161}$$

donde S_0 y Q_0 son iguales a

$$S_0 = \frac{3V_g V_i}{X_g} \qquad Q_0 = \frac{3V_g^2}{X_g} \tag{5.162}$$

Dividiendo las expresiones de (5.162) por la potencia base $S_b = 3V_b^2/Z_b$ se obtienen los valores normalizados de S_0 y Q_0 como

$$S_{0,pu} = \frac{V_{i,pu}}{X_{g,pu}} \qquad Q_{0,pu} = \frac{1}{X_{g,pu}} \tag{5.163}$$

considerando que la tensión de la red es la tensión base.

---

[14] Hay que tener en cuenta que en estos sistemas es usual que el valor de δ sea pequeño, por lo que se pueden hacer las aproximaciones $sin\delta = \delta$ y $cos\delta = 1$.

En la Figura 5.98 se muestra el diagrama de límites de funcionamiento del inversor donde a la circunferencia centrada en el origen (límite de corriente) se superpone la circunferencia de origen [0,- Q_0] y radio S_0. Como la reactancia del filtro es siempre inferior a 1 p.u., la potencia reactiva Q_0 es mayor en módulo a $S_{g,max}$de ahí que esté representada en el eje negativo y en los límites exteriores de la circunferencia que marca el límite de potencia aparente del inversor. Se ha supuesto además que V_i>V_g de tal forma que el inversor pueda exportar potencia reactiva a la red.

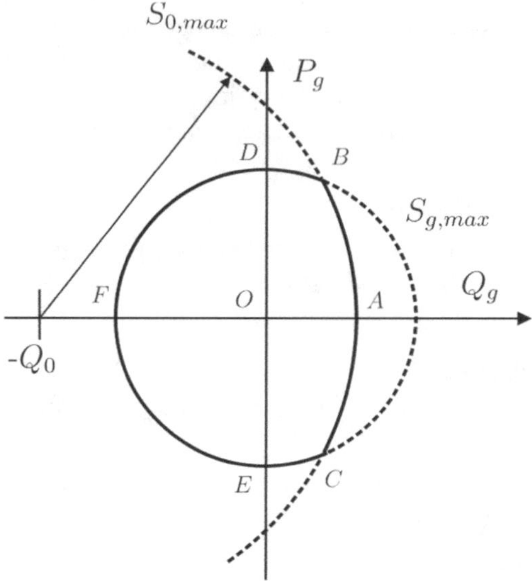

Figura 5.98. Diagrama de límite de funcionamiento del inversor

El punto O corresponde a las condiciones de acoplamiento del inversor con la red, $V_i = V_g$, y el ángulo $\delta = 0$. Si a partir de este punto se incrementa la tensión del inversor $V_i > V_g$, sin entregar potencia activa ($\delta = 0$), el inversor exporta potencia reactiva a la red hasta llegar al punto A, donde la corriente es inferior a la nominal (el punto A está dentro de la circunferencia que marca el límite de corriente del inversor). El inversor puede exportar potencia reactiva pero su valor está limitado por la tensión máxima a la salida del inversor.

Si se parte del punto A manteniendo constante la tensión V_i, y el inversor comienza a generar potencia activa, el ángulo δ aumenta, la potencia reactiva generada se va reduciendo hasta alcanzar el punto B, donde la corriente del inversor es la máxima permitida. Como se observa en la Figura 5.98, la potencia activa del punto B es inferior a la potencia aparente máxima. Si se quiere ahora incrementar la potencia activa, el límite más restrictivo es el de corriente, de tal forma que se puede alcanzar el punto D donde el inversor trabaja con f.d.p. unidad a corriente máxima. Si el inversor comienza a absorber potencia reactiva manteniendo la corriente máxima, los puntos de funcionamiento del inversor siguen la circunferencia de $S_{g,max}$ en el segundo cuadrante hasta llegar al punto F, donde la potencia activa intercambiada es nula. En la trayectoria de D a F se cumple que $V_i<V_g$.

El mismo razonamiento se podría haber hecho si la trayectoria de los puntos de funcionamiento del inversor fuera de A a F pasando por el cuarto y el tercer cuadrante. En este caso, la potencia activa es negativa ($\delta<0$), es decir, el inversor comienza a absorber potencia activa. Este modo de funcionamiento sería aplicable, por ejemplo, al caso de realizar la carga de una batería a través del inversor.

5.4.4. Protecciones del convertidor electrónico

Desde el punto de vista de criterios de protección clásica, los convertidores electrónicos de potencia se encuentran protegidos con sistemas de protección externos al convertidor ante defectos que sucedan en sus componentes por dos tipos básicos de funciones de protección:

1. **Función de protección contra sobrecargas y cortocircuitos**: esta función se realiza normalmente por interruptores automáticos que incorporan las funcionalidades de relés de protección e interruptores en un único elemento. Dependiendo de la tecnología del módulo de protección del interruptor automático, se puede contar con la posibilidad de disponer de curvas inversas de protección contra sobreintensidades. Estas curvas son las mismas que se incluyen en el apartado 5.2.6 ANSI 50/51: Sobrecarga y cortocircuito en fases. De esta manera, ha de coordinarse esta protección con la protección de entrada al centro de transformación por donde se evacúa la energía eléctrica renovable canalizada por el inversor de potencia. Un esquema unifilar básico de configuración de centro de transformación que habitualmente se instala en plantas fotovoltaicas de generación de energía eléctrica renovable se muestra en la siguiente Figura 5.99

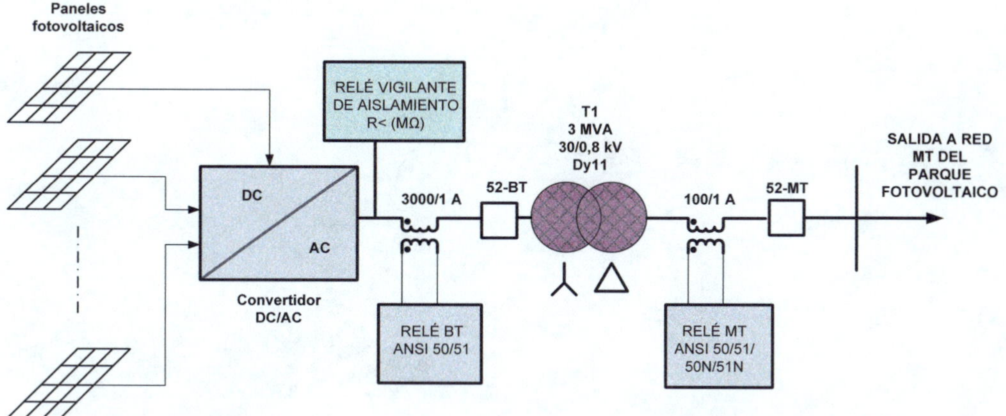

Figura 5.99. Centro de transformación habitual en plantas fotovoltaicas

En la Figura 5.100 se muestra la coordinación de las funciones de protección ANSI 50/51 aguas arriba en 30 kV y aguas abajo en 0,8 kV del transformador ilustrado anteriormente con potencia de 3 MVA. Aunque se tienen habilitadas las funciones de sobrecarga en fases, éstas nunca arrancarán en el sentido desde el inversor a la red ya que el convertidor no se puede sobrecargar. En cambio, cuando se produzca un defecto polifásico aguas abajo del transformador de intensidad de relación 3000/1, dependiendo de la magnitud del mismo, arrancarán las funciones de protección pertinentes, o bien sólo la etapa de sobrecarga o bien ambas.

En la salida del inversor se tiene una red aislada de tal manera que un defecto a tierra no presenta intensidades de elevado valor, siendo innecesaria e inútil la habilitación de las funciones de protección ANSI 50N/51N. Este tipo de defecto bien puede detectarse midiendo la tensión homopolar que aparece en tal situación. La realidad de la inmensa mayoría de este tipo de instalaciones hoy en día es que no se incluye esta protección para detección de tensión homopolar ya que no suelen disponerse ni transformadores de tensión conectados en triángulo abierto ni un relé de protección que incorpore dicha funcionalidad. Así pues, los defectos monofásicos a tierra son despejados o bien por actuación de la electrónica del inversor enviando una orden de disparo al interruptor de baja tensión o bien por un relé que detecta la disminución del aislamiento en la zona de salida del inversor. Esta protección también detecta las pérdidas de aislamiento en los devanados de baja tensión del transformador de potencia elevador, así como en la parte DC el inversor sí no tiene separación galvánica con su salida AC.

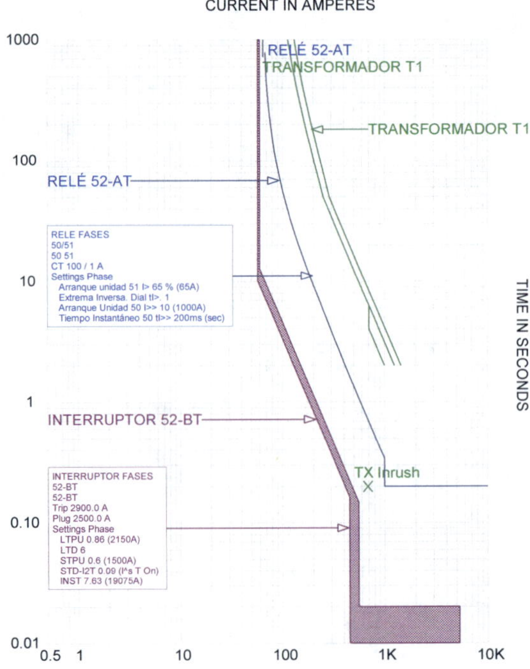

Figura 5.100. Coordinación de funciones de protección ANSI 50/51

2. **Vigilancia del aislamiento en la etapa de corriente alterna del convertidor**: es práctica habitual instalar un relé que vigila permanente el nivel de aislamiento en la etapa de corriente alterna del convertidor. Esta función de protección envía una alarma al sistema de control y protección en tiempos inferiores a 200 ms habitualmente cuando el nivel de resistencia de aislamiento desciende de un valor preajustado que viene definido en consonancia con los valores indicados en la norma UNE-EN 61557-8:2016: "Seguridad eléctrica en redes de distribución de baja tensión de hasta 1 000 V en c.a. y 1 500 V en c.c. Equipos para ensayo, medida o vigilancia de las medidas de protección. Parte 8: Dispositivos de detección del aislamiento para esquemas IT". Es práctica conocida por el personal de mantenimiento y operación usar la recomendación de tener una resistencia de aislamiento de valor en MΩ que se corresponde con el doble de la tensión de operación más 1 kV. Es decir, en el caso expuesto en este apartado, para un transformador de tensión nominal de 0,8 kV en secundario, la resistencia de aislamiento debería no ser inferior a 2,6 MΩ.

5.5. GENERADORES SÍNCRONOS DE VELOCIDAD VARIABLE

Los generadores síncronos convencionales se caracterizan porque su velocidad de giro se mantiene fija cuando se acopla una red de frecuencia constante. Sin embargo, este tipo de máquinas se emplean desde hace décadas en aplicaciones de velocidad variable, especialmente en generación eólica e hidráulica.

El título de este apartado pudiera parecer un contrasentido ya que la denominación de generador síncrono implica tradicionalmente velocidad constante cuando lo que se propone estudiar es la operación de estas máquinas a velocidad variable. Al igual que ocurre con otro tipo de generadores, la razón fundamental para aplicar velocidad variable es optimizar el rendimiento de la turbina en cualquier régimen de funcionamiento. Además, en el caso de los generadores síncronos es posible reducir de forma significativa la velocidad de sincronismo del generador a valores cercanos al régimen de giro de las turbinas (eólicas o hidráulicas) aumentando el número de pares de polos, y reduciendo la frecuencia, la cual es variable debido al uso de convertidores electrónicos. En la generación hidráulica la potencia media de los grupos puede llegar hasta los 150 MVA y las velocidades de sincronismo más reducidas varían entre 150 r/min (40 polos a 50 Hz) de las turbinas Francis, y velocidades inferiores a 100 r/min para las turbinas Kaplan.

En el caso de la generación eólica, el régimen de giro de la turbina depende, fundamentalmente, de su potencia nominal. Debido a que la potencia desarrollada por el aerogenerador es proporcional al área barrida por el rotor eólico, en general, cuando la potencia unitaria aumenta también lo hace el diámetro del rotor. La velocidad en la punta de la pala está limitada por consideraciones de rendimiento aerodinámico y emisión de ruido, de tal forma que los aerogeneradores de mayor potencia giran a velocidades menores. Las turbinas eólicas multimegavatio (entre 2 y 5 MW) presentan actualmente diámetros de rotor entre 90 m y 130 m con velocidades de giro comprendidas entre 10 r/min y 20 r/min.

Como ya se indicó en la ecuación (5.1), la velocidad de giro nominal (o de sincronismo) de los generadores síncronos depende de la frecuencia del estátor y el número de pares de polos $n_s = 60f/p$ r/min. En la actualidad los generadores síncronos pueden construirse con un número de pares de polos desde $p = 1$ hasta $p = 50$. Por ejemplo, con una frecuencia de estátor de 13.2 Hz la velocidad de giro del generador es de 22 r/min para un generador de 72 polos. Debido al desarrollo de los convertidores electrónicos de potencia es posible reducir la frecuencia del estátor y acoplar directamente el generador multipolar a la turbina eólica. El cambio de frecuencia se consigue conectando el estátor a la red a través de un doble convertidor electrónico (c.a./c.c./c.a.), por el que debe fluir la potencia total del generador, de ahí la denominación de convertidor completo o, *fullconverter,* con la que se denomina a estos sistemas. Este convertidor completo permite la operación a velocidad variable del generador síncrono acoplado a la turbina eólica.

Los generadores directamente acoplados (sin caja multiplicadora de velocidad) tienen un tamaño y un peso considerable, son relativamente cortos y presentan un diámetro que, para potencias medias, suele estar entre los 2 y los 5 metros. Dependiendo de la aplicación los generadores síncronos directamente acoplados se suelen emplear en parques eólicos marinos (*offshore*) donde el mantenimiento de los equipos es especialmente sensible. Existen, sin embargo, generadores multipolares con acoplamiento mecánico a la turbina mediante reductoras de una sola etapa, llegando así a un compromiso entre el tamaño del generador y del sistema de transmisión.

Habitualmente se utilizan generadores síncronos multipolares en lugar de asíncronos, la explicación se debe a que la dimensión de los entrehierros en este tipo de generadores debe ser necesariamente grande[15] (del orden de 0.1% respecto al diámetro del rotor, 2 mm en el caso de un generador con 2 m de diámetro) debido a la deformación mecánica que pueden sufrir unas estructuras tan voluminosas y pesadas. Los generadores asíncronos con un elevado entrehierro y un reducido paso polar, demandarían una corriente de magnetización muy elevada y por lo tanto tendrían un reducido factor de potencia.

Existen dos tipos de configuraciones de generadores síncronos multipolares: de rotor bobinado y de imanes permanentes. La elección de una u otra tecnología depende tanto de un criterio técnico como económico. El generador síncrono de imanes permanente (GSIP) en comparación con el GS de rotor bobinado (GSRB) tiene, a igualdad de potencia, mejor rendimiento y menor peso. El uso de imanes en el rotor implica que no se precisa un devanado de excitación de c.c. que da lugar a pérdidas eléctricas e incrementa el peso de la máquina. Sin

[15] En el diseño de los generadores eléctricos se conoce que el volumen es proporcional al par, de forma que, para una potencia dada al aumentar el número de polos, se reduce la velocidad y se aumenta el par, y por tanto el volumen de la máquina. Esto lleva a diseños de diámetros elevados y, por tanto, debido a las tolerancias mecánicas, a elevados entrehierros.

embargo, los GSIP son a día de hoy más caros por varias razones: a) el elevado precio de los imanes, b) un proceso de fabricación más complicado y de menor fiabilidad. Además, los GSIP presentan el problema de desmagnetización de los imanes del rotor en caso de un accidente, o también el desprendimiento de los imanes cuando se montan sobre la superficie del rotor.

En la Figura 5.101 se muestra un esquema de un GSIP *fullconverter* acoplado a una turbina eólica de velocidad variable y conectado a la red a través de un doble convertidor con interruptores autoconmutados (IGBT o IGCT) con una etapa intermedia de c.c. El convertidor, CS, conectado al estátor del generador actúa como rectificador y el convertidor de red, CG, lo hace como inversor. El convertidor CG se acopla a la red a través de un filtro y un transformador elevador. El rotor no dispone de ningún devanado de excitación, la magnetización de la máquina está garantizada por los imanes. En cuanto la máquina comienza a girar se induce f.e.m. en el devanado del estátor.

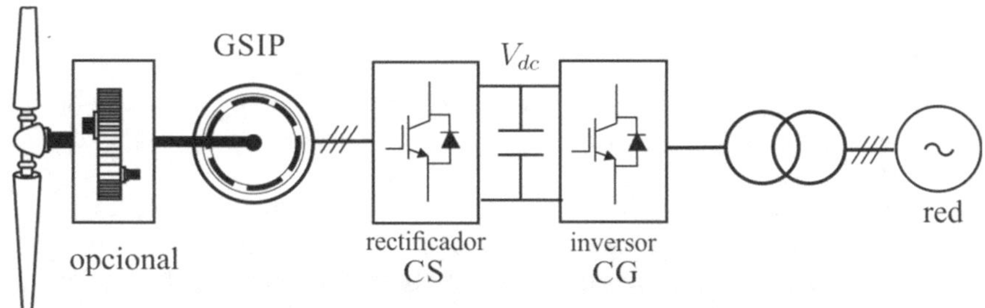

Figura 5.101. GSIP de velocidad variable fullconverter

Existen otros sistemas basados en generadores síncronos de velocidad variable de rotor bobinado (GSRB) y convertidores de plena potencia (*fullconverter*) como los que se muestran en las Figuras 5.102 y 5.103. La diferencia de estos sistemas, en relación a los GSIP, es la existencia de sistemas de excitación en el rotor para controlar la magnetización de la máquina. Este elemento permite controlar el flujo del rotor como $\psi_r = L_{md} i_{fd}$, donde i_{fd} es la intensidad de excitación y L_{md} la inductancia de magnetización de eje directo. En los GSIP el ψ_r es constante según la inducción magnética de los imanes, y en el caso de los GSRB se controla mediante i_{fd} a través del sistema de excitación.

En la Figura 5.102 se muestra un GSRB de velocidad variable *fullconverter* que se conecta a la red a través de un rectificador pasivo (diodos), un elevador de tensión c.c. /c.c. y un inversor CG. El control del generador se lleva a cabo regulando el flujo del rotor a través del sistema de excitación siguiendo una ley U/f constante. Por otra parte, el par del generador T_e se demuestra que es proporcional a la corriente I_{dc} cuya magnitud se controla a través del ciclo de trabajo del interruptor del convertidor c.c/c.c. Este sistema se desarrolló comercialmente a finales de los años 80 del siglo XX y fue el primer *fullconverter* acoplado directamente a una turbina eólica. En este diseño, la implementación del control del GSRB es relativamente sencilla, no se aplica un control vectorial orientada al flujo, y sólo a través de la regulación de las corrientes I_{dc} e i_{fd} se consigue un control desacoplado del flujo y del par en la máquina. Un inconveniente serio es el rizado de par del generador provocado por los armónicos de las corrientes instantáneas del estátor debidas al rectificador de diodos. Una forma de reducir el rizado de par es utilizar un doble devanado trifásico del estátor desfasados entre sí 30º y un rectificador de 12 pulsos.

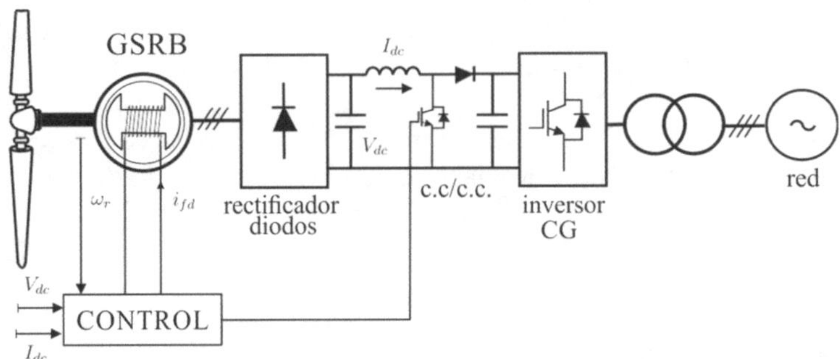

Figura 5.102. GSRB de velocidad variable fullconverter con rectificador y etapa c.c/c.c.

En la actualidad se están desarrollando sistemas de velocidad variable de gran potencia en aplicaciones de generación hidráulica basados en configuraciones *fullconverter* como el mostrado en la Figura 5.103. La diferencia fundamental, con respecto al sistema anterior, es que la conexión a red se realiza a través de un doble convertidor como el empleado en los sistemas con GSIP. El sistema de velocidad variable permite optimizar el rendimiento del grupo turbina/generador, haciendo trabajar al generador a frecuencia variable. No obstante, el sistema dispone de un interruptor de *by-pass* del convertidor electrónico. Cuando se cierra este interruptor el estátor de GSRB se conecta directamente a la red y la velocidad de giro del generador permanece constante. Este modo de operación corresponde al funcionamiento convencional de un generador síncrono.

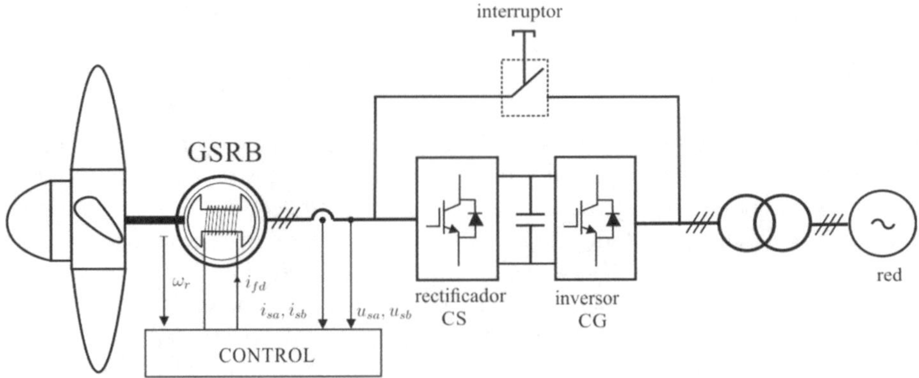

Figura 5.103. GSRB de velocidad variable fullconverter con doble convertidor c.c/c.a.

Esta tecnología se está desarrollando para la central hidráulica reversible Soria-Chira promovida por Redeia (Red Eléctrica de España) en la Isla de Gran Canaria. El proyecto de la central consiste en 6 grupos de 35 MVA (210 MVA). La configuración de cada grupo es como la indicada en la Figura 5.103. El objetivo de esta infraestructura es mejorar la garantía de suministro con una mayor integración de las energías renovables, a fin de aumentar la independencia energética de la isla.

5.5.1. Generador síncrono de imanes permanentes

El control del generador síncrono de imanes permanentes se puede realizar siguiendo diferentes estrategias entre las que se encuentran:

1. Corriente en fase con la f.e.m ($i_{ds} = 0$).
2. Corriente en fase con la tensión (f.d.p = 1).

La primera de ellas se emplea habitualmente en generadores síncronos de rotor liso donde se supone simetría magnética, siendo iguales las inductancias $L_d = L_q$. En esta estrategia el par electromagnético sólo depende de la corriente en cuadratura de la corriente, y por ello la mejor forma de optimizar el cociente par/corriente es manteniendo nula la componente i_{ds}. Cuando el GSIP es de polos salientes, la máquina presenta asimetría magnética, es decir $L_d \neq L_q$ y aparece un par de reluctancia proporcional a la diferencia de ambas inductancias $L_d - L_q$ y al producto de las componentes i_{qs} e i_{ds}. En este caso la estrategia de optimizar el par máximo por amperio se obtiene poniendo en juego también la componente i_{ds}. Otra estrategia posible para controlar el GSIP es mantener el f.d.p. unitario. A continuación, se analizan cada una de estas dos estrategias cuando el GSIP opera a velocidad variable siguiendo una estrategia cuadrática par/velocidad. Para analizar las estrategias de control se desarrollan inicialmente las ecuaciones dinámicas del GSIP en ejes dq, así como la expresión del par electromagnético.

5.5.1.1. Ecuaciones dinámicas

Las ecuaciones dinámicas del GSIP, tomando criterio generador[16], se obtienen a partir de la ecuación vectorial de la tensión del estátor en un sistema de referencia que gira solidario con el rotor, a la velocidad ω_r, de la siguiente forma

$$\vec{u}_s = -R_s \vec{i}_s + \frac{d\vec{\psi}_s}{dt} + j\omega_r \vec{\psi}_s \tag{5.164}$$

donde se observa cómo el vector de tensión del estátor en un sistema de referencia giratorio es igual a la contribución de tres componentes. La primera componente corresponde a

[16] Se considera criterio generador al considerar corrientes positivas aquellas que salen de los terminales del estátor.

la caída de tensión en la resistencia de los devanados ($R_s\vec{i}_s$) y las dos siguientes a la f.e.m de transformación ($d\vec{\psi}_s/dt$) y de rotación ($j\omega_r\vec{\psi}_s$) según estable la ley de Faraday. Nótese la similitud de esta ecuación con (5.119) pero considerando ahora el flujo $\vec{\psi}_s$, en lugar de $L_g\vec{i}_g$.

Tomando parte real e imaginaria en la ecuación (5.164) se obtiene que

$$u_{ds} = -R_s i_{ds} + \frac{d\psi_{ds}}{dt} - \omega_r \psi_{qs} \tag{5.165}$$

$$u_{qs} = -R_s i_{qs} + \frac{d\psi_{qs}}{dt} + \omega_r \psi_{ds} \tag{5.166}$$

Las componentes real e imaginaria del vector del flujo del estátor, ψ_{ds} y ψ_{qs}, dependen del producto de la inductancia y la corriente en cada uno de sus respectivos ejes, y en el caso del eje directo aparece una contribución adicional debido al flujo del imán ψ_r, cuyo valor se considera constante

$$\psi_{ds} = -L_d i_{ds} + \psi_r \tag{5.167}$$

$$\psi_{qs} = -L_q i_{qs} \tag{5.168}$$

Sustituyendo las ecuaciones anteriores en (5.165) y (5.166) se obtiene que

$$u_{ds} = -R_s i_{ds} - L_d \frac{di_{ds}}{dt} + \omega_r L_q i_{qs} \tag{5.169}$$

$$u_{qs} = -R_s i_{qs} - L_q \frac{di_{qs}}{dt} + \omega_r \psi_r - \omega_r L_d i_{ds} \tag{5.170}$$

5.5.1.2. Expresión del par electromagnético

El par electromagnético se define a partir de los productos cruzados de las componentes de flujo y corriente del estátor según la siguiente expresión

$$T_e = \frac{3}{2} p\left(\psi_{ds} i_{qs} - \psi_{qs} i_{ds}\right) \tag{5.171}$$

siendo p el número de pares de polos.

Sustituyendo ψ_{ds} y ψ_{qs} en (5.171) la expresión del par queda como

$$T_e = \frac{3}{2} p\left(\psi_r i_{qs} - \left(L_d - L_q\right) i_{ds} i_{qs}\right) \tag{5.172}$$

5.5.1.3. Análisis del régimen permanente en valores unitarios

Si en las ecuaciones eléctricas, (5.169) y (5.170), se desprecia la resistencia del estátor $R_s \approx 0$, y se consideran nulas las derivadas temporales, se obtienen las expresiones en régimen permanente que relacionan las componentes u_{ds} y u_{qs} en función de las corrientes i_{ds} e i_{qs} y el producto de la velocidad de giro por el flujo del rotor $\omega_r \psi_r$, que se corresponde con la f.e.m. interna del generador

$$u_{ds} = \omega_r L_q i_{qs} \tag{5.173}$$

$$u_{qs} = \omega_r \psi_r - \omega_r L_d i_{ds} \tag{5.174}$$

Las expresiones anteriores se han presentado en magnitudes físicas. Si estas ecuaciones se dividen por la tensión base, U_b la cual se define como el valor de pico de la tensión de fase-neutro. La tensión U_b es igual al producto de la velocidad de giro base, ω_{rb}, por el flujo base ψ_{rb}, el cual es igual a $\psi_{rb} = L_b I_b$ de forma que

$$U_b = \omega_{rb} \psi_{rb} = \omega_{rb} L_b I_b \tag{5.175}$$

Al dividir las expresiones (5.173) y (5.174) por U_b se obtiene que

$$U_{ds} = \overline{\omega}_r X_q I_{qs} \tag{5.176}$$

$$U_{qs} = E - \overline{\omega}_r X_d I_{ds} \tag{5.177}$$

donde se ha considerado U_{ds}, U_{qs}, I_{ds}, I_{qs} son valores unitarios de las componentes de tensión y de corriente, respectivamente. La velocidad de giro en p.u. es $\overline{\omega}_r$, donde se ha tomado como base ω_{rb} correspondiente a la pulsación de las tensiones y corrientes del generador a la velocidad de giro máxima[17]. La velocidad de giro mecánica base ω_{mb} es igual ω_{rb}/p.

Las inductancias en valor normalizado se representan como X_d y X_q y la f.e.m. normalizada como $E = \overline{\psi}_r \overline{\omega}_r$, donde $\overline{\psi}_r$ es el valor unitario del flujo del imán, que se considera de valor constante, y se calcula a partir de un ensayo de vacío[18] de la máquina girando a velocidad nominal. El valor de $\overline{\psi}_r$ es el cociente entre la tensión registrada entre dos fases, E_0, respecto a la tensión nominal de línea U_{bL}

$$\overline{\psi}_r = \frac{E_0}{U_{bL}} \tag{5.178}$$

[17] Téngase en cuenta que ahora la velocidad de giro es variable, no se toma como base la velocidad de giro de sincronismo impuesta por la frecuencia de la red y el número de pares de polos.

[18] El ensayo de vacío de un GSIP consiste en medir la tensión en los terminales del estátor haciendo girar la máquina a una velocidad de giro de referencia y sin que circule corriente por los devanados del estátor. La tensión medida se debe a la f.e.m. producida por el giro de los imanes del rotor.

Como se puede observar los valores normalizados se representan con una línea en la parte superior, en el caso de las tensiones, corrientes y las inductancias se ha omitido para facilitar la notación.

La expresión normalizada del par electromagnético de la ecuación (5.172) se obtiene dividiendo por el par base

$$T_b = \frac{3}{2} p\, \psi_{rb} I_b \tag{5.179}$$

de modo que

$$\overline{T}_e = \overline{\psi}_r I_{qs} - (X_d - X_q) I_{ds} I_{qs} \tag{5.180}$$

Al considerar nulas las resistencias la potencia activa normalizada del estátor coincide con la potencia mecánica interna, $\overline{P}_s = \overline{T}_e \overline{\omega}_r$. Sustituyendo las ecuaciones (5.167) y (5.168) en la expresión del par se obtiene que

$$\overline{P}_s = \overline{T}_e \overline{\omega}_r = (\overline{\omega}_r X_q I_{qs}) I_{ds} + (E - \overline{\omega}_r X_d I_{ds}) I_{qs} = U_{ds} I_{ds} + U_{qs} I_{qs} \tag{5.181}$$

Y la expresión de la potencia reactiva se obtiene como

$$\overline{Q}_s = U_{qs} I_{ds} - U_{ds} I_{qs} \tag{5.182}$$

Ambas expresiones se obtienen tomando parte real e imaginaria de la potencia compleja unitaria de estátor

$$\vec{S}_s = \overline{P}_s + j\overline{Q}_s = \vec{U}_s (\vec{I}_s)^* = (U_{ds} + jU_{qs})(I_{ds} - jI_{qs}) \tag{5.183}$$

5.5.1.4. Estrategia de control I. Corriente en fase con la f.e.m. (I_{ds} = 0)

Los datos de partida para calcular las tensiones y corrientes del GSIP son el par electromagnético $\overline{T}_e$ y la velocidad de giro $\overline{\omega}_r$. Se asumen también como conocidas las reactancias unitarias de la máquina, X_d y X_q, así como el flujo del imán $\overline{\psi}_r$, cuyo valor se obtiene a partir del ensayo de vacío indicado en la ecuación (5.178).

En esta estrategia la componente directa de la corriente es nula por definición $I_{ds} = 0$, y la componente I_{qs} se obtiene como el cociente entre el par y el flujo

$$I_{qs} = \frac{\overline{T}_e}{\overline{\psi}_r} \tag{5.184}$$

Una vez conocidas las componentes I_{ds} e I_{qs} se obtienen las componentes de la tensión

$$U_{ds} = \overline{\omega}_r X_q I_{qs} \qquad U_{qs} = E = \overline{\psi}_r \overline{\omega}_r \tag{5.185}$$

El ángulo de potencia que forma el vector de f.e.m con el vector de tensión se calcula como

$$\delta = \text{atan}\left(\frac{U_{ds}}{U_{qs}}\right) = \text{atan}\left(\frac{X_q I_{qs}}{\overline{\psi}_r}\right) \tag{5.186}$$

En la Figura 5.104 se muestra un diagrama vectorial de las tensiones y corrientes del GSIP con la estrategia de control *I* ($I_{ds} = 0$).

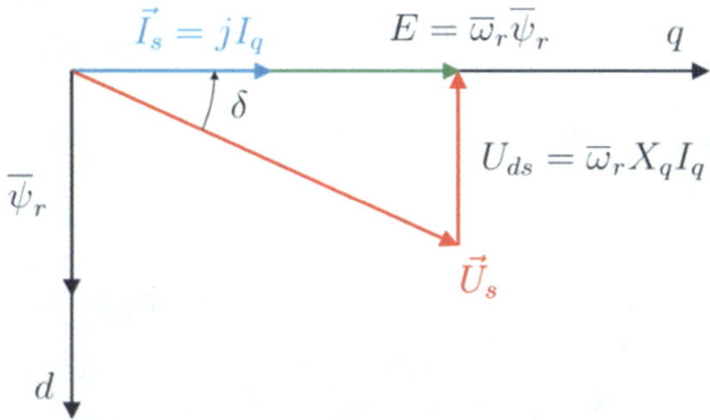

Figura 5.104. Diagrama vectorial de tensiones y de corrientes. Estrategia de control I

En esta estrategia de control, al estar alineado el vector de corriente con el de f.e.m., el ángulo de potencia δ coincide el ángulo φ, así que el f.d.p. cos(φ) se puede calcular como cos (δ).

5.5.1.5. Estrategia de control II. Corriente en fase con la tensión (f.d.p. unidad)

Esta estrategia de control del GSIP implica que el vector de corriente $\vec{I}_s$, está en fase con el vector de tensión $\vec{U}_s$, de modo que se cumple que

$$\tan\delta = \frac{U_{ds}}{U_{qs}} = \frac{I_{ds}}{I_{qs}} \tag{5.187}$$

Y sustituyendo las expresiones de U_{ds} y U_{qs} en función de las corrientes según (5.176) y (5.177) se cumple que

$$\tan\delta = \frac{X_q I_{qs}}{\overline{\psi}_r - X_d I_{ds}} = \frac{I_{ds}}{I_{qs}} \tag{5.188}$$

En el caso particular que el GSIP sea de rotor liso ($X_d = X_q$) el cálculo de la componente I_{qs} se obtiene de forma sencilla como cociente entre el par $\overline{T}_e$ y el flujo $\overline{\psi}_r$ aplicando la ecuación (5.184). En esta estrategia, y conocida la componente I_{qs}, se obtiene I_{ds} resolviendo la ecuación de segundo grado a partir de (6.179)

$$I_{ds}^2 - \left(\frac{\overline{\psi}_r}{X_d}\right) I_{ds} + I_{qs}^2 = 0 \tag{5.189}$$

cuya solución es igual a

$$I_{ds} = +\left(\frac{\overline{\psi}_r}{2X_d}\right) \pm \sqrt{\left(\frac{\overline{\psi}_r}{2X_d}\right)^2 - I_{qs}^2} \tag{5.190}$$

Esta ecuación presenta dos soluciones, pero sólo una de ella es válida y es la que corresponde con el signo negativo del segundo término lo cual implica que

$$|I_{qs}| \leq \frac{\overline{\psi}_r}{2X_d} \tag{5.191}$$

En el caso de un GSIP de polos salientes ($X_d \neq X_q$) la obtención de las componentes I_{ds} e I_{qs} se realiza resolviendo el siguiente sistema de ecuaciones no lineales

$$\overline{T}_e = \overline{\psi}_r I_{qs} - (X_d - X_q) I_{ds} I_{qs} \tag{5.192}$$

$$I_{ds}^2 - \left(\frac{\overline{\psi}_r}{X_d}\right) I_{ds} + \left(\frac{X_q}{X_d}\right) I_{qs}^2 = 0 \tag{5.193}$$

En la Figura 5.105 se muestra el diagrama vectorial de las tensiones y corrientes correspondientes a esta estrategia de control.

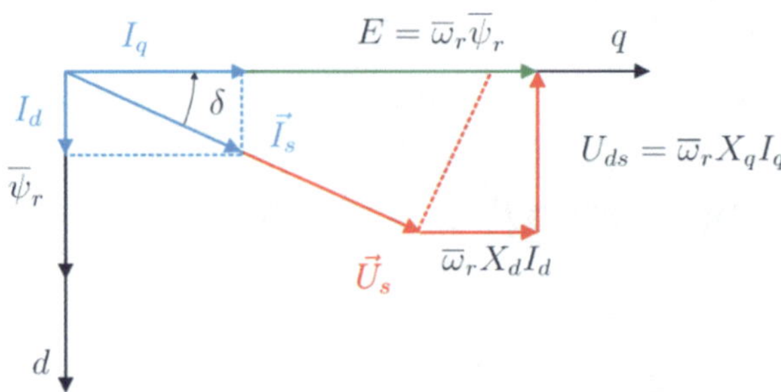

Figura 5.105. Diagrama vectorial de tensiones y de corrientes. Estrategia de control II

Ejemplo de aplicación 5.9

Sea una turbina eólica de velocidad variable de convertidor completo y conexión directa (sin caja multiplicadora), tripala, con torre troncocónica de 80 m de altura, rotor de 70 m de diámetro y 2000 kW de potencia asignada. La variación de velocidad de la turbina se realiza entre 10 r/min y 20 r/min realizando un seguimiento del punto de máxima potencia (MPPT) siguiendo una estrategia cúbica de la potencia con la velocidad de giro. De la estrategia MPPT se conoce que a 20 r/min la potencia generada es de 1500 kW.

El generador eléctrico es síncrono, trifásico, de imanes permanentes 2500 kVA, 690 V, 56 polos y conexión estrella. La tensión a circuito abierto a la velocidad de giro máxima es 670 V. Los parámetros del circuito equivalente de la máquina son los siguientes: $X_d = X_q = 0{,}5$ p.u. y la resistencia del estátor se considera despreciable.

Se pide calcular, cuando la turbina gira a 20 r/min y suministrando 1500 kW.

1. Par desarrollado por el generador en kNm y en p.u.
2. Frecuencia de la tensión aplicada al estátor en Hz
3. Considerando una estrategia de corriente en fase con la f.e.m. ($I_{ds} = 0$):
   a. Componentes d y q de la tensión de línea y de la corriente del estátor expresadas en p.u. y en valores físicos.
   b. Ángulo de potencia del generador en grados.
   c. Potencia reactiva (en p.u. y en kVar) y factor de potencia asociado.
4. Repetir el apartado anterior en el caso de seguir una estrategia de corriente en fase con la tensión (f.d.p. unidad). Comparar los resultados con el apartado 3.

Cuando la turbina gira a 10 r/min se pide:

5. Potencia activa generada en kW y en p.u.
6. Repetir los apartados 1 a 4 en este punto de funcionamiento.

Solución

1. Par desarrollado por el generador en kNm y en p.u.

El par desarrollado por generador se calcula como el cociente entre la potencia útil en el eje y la velocidad de giro en rad/s de modo que

$$T_e = \frac{P_s}{\left(\frac{2\pi n}{60}\right)} = \frac{1500 \cdot 10^3}{\left(\frac{2\pi\, 20}{60}\right)} = 716{,}2 \text{ kNm}$$

La potencia del estátor coincide con la potencia mecánica del eje al no considerar las pérdidas del generador. Para el cálculo del valor unitario se tomará como valor base de par

$$T_b = \frac{S_b}{\left(\frac{2\pi n_{t,max}}{60}\right)} = \frac{2500 \cdot 10^3}{\left(\frac{2\pi 20}{60}\right)} = 1194\ \text{kNm}$$

de modo que el par $\overline{T}_e$ es igual a

$$\overline{T}_e = \frac{T_e}{T_b} = 0{,}6\ \text{p. u.}$$

Nótese que al ser la velocidad de giro la misma que la velocidad máxima, que se toma además como velocidad de giro base, $\overline{T}_e$, coincide con el valor de la potencia del estátor en p.u. $\overline{P}_s = 1500/2500 = 0{,}6$ p.u.

2. Frecuencia de la tensión aplicada al estátor en Hz.

La frecuencia de la tensión del estátor es

$$f_s = \frac{n_{g,max} \cdot p}{60} = \frac{20 \cdot 28}{60} = 9{,}33\ \text{Hz}$$

siendo p el número de pares de polos e igual a 28 (56 polos).

3. Considerando una estrategia de corriente en fase con la f.e.m. ($I_{ds} = 0$).

a) Componentes d y q de la tensión de línea y de la corriente del estátor expresadas en p.u. y en valores físicos.

La expresión del par en p.u. es igual a $\overline{T}_e = \overline{\psi}_r I_{qs}$, es decir es el producto de dos magnitudes que están en cuadratura, por un lado, el flujo del imán que lleva la dirección del eje d y la componente de la corriente en cuadratura.

El flujo del rotor $\overline{\psi}_r$ en valores unitarios se calcula a partir del cociente de tensiones de (5.178)

$$\overline{\psi}_r = \frac{E_0}{U_{bL}} = \frac{670}{690} = 0{,}971\ \text{p. u.}$$

ya que la velocidad de giro es la máxima y coincide con la base $\omega_r = \omega_b$.

La componente directa de la corriente es nula $I_{ds} = 0$, y la componente en cuadratura se calcula como

$$I_{qs} = \frac{\overline{T}_e}{\overline{\psi}_r} = \frac{0{,}6}{0{,}971} = 0{,}6179\ \text{p. u.}$$

El vector de corriente del estátor es igual a

$$\vec{I}_s = I_d + jI_q = j0{,}6179 = 0{,}6179\angle 90^{\underline{o}}$$

Tomando la corriente base de la máquina

$$I_b = \frac{S_b}{\sqrt{3}\cdot V_b} = \frac{2500\cdot 10^3}{\sqrt{3}\cdot 690} = 2091{,}8\text{ A}$$

De modo que la intensidad del estátor es igual a $I_s = 1292{,}5$ A.

Las componentes d y q de la tensión se calculan de la siguiente forma

$$U_{ds} = \overline{\omega}_r X_q I_{qs} = 1\cdot 0.5\cdot 0{,}6179 = 0{,}309\text{ p.u.}$$

$$U_{qs} = E = \overline{\psi}_r \cdot \overline{\omega}_r = 0{,}971\cdot 1 = 0{,}971\text{ p.u.}$$

De modo que el vector de tensión del estátor es igual a

$$\vec{U}_s = U_{ds} + jU_{qs} = 0{,}309 + j0{,}971 = 1{,}0190\angle 72{,}35^{\underline{o}}$$

El módulo de la tensión de línea es $U_s = 703{,}1$ V.

b) Ángulo de potencia del generador en grados.

El ángulo de carga es el complementario del ángulo de la tensión $\vec{U}_s$,

$$\delta = 90^{\underline{o}} - 72{,}35^{\underline{o}} = 17{,}65^{\underline{o}}$$

c) Potencia reactiva (en p.u. y en kVar) y factor de potencia asociado.

La potencia reactiva generada es igual a

$$\overline{Q}_s = U_{qs}I_{ds} - U_{ds}I_{qs} = 0 - 0{,}309\ \cdot 0{,}6179 = -0{,}1909\text{ p.u.}$$

que en valores físicos es igual a $Q_s = -477{,}33$ kVar.

El ángulo que forma la tensión y la corriente es igual δ, de forma que el f.d.p.

$$cos\varphi = \cos(17{,}65^{\underline{o}}) = 0{,}9529$$

4. Repetir el apartado anterior en el caso de seguir una estrategia de corriente en fase con la tensión (f.d.p. unidad). Comparar los resultados con el apartado 3.

La componente I_{qs} es la misma que en el caso anterior y la componente directa se calcula como

$$I_{ds} = \left(\frac{\overline{\psi}_r}{2X_d}\right) - \sqrt{\left(\frac{\overline{\psi}_r}{2X_d}\right)^2 - I_q^2}$$

Sabiendo que $\overline{\psi}_r = 0{,}971$ p.u. e $I_{qs} = 0{,}6179$ p.u., con $X_d = X_q = 0.5$ p.u.

$$I_{ds} = 0{,}971 - \sqrt{0{,}971^2 - 0{,}6179^2} = 0{,}222 \text{ p.u.}$$

El vector de corriente es igual a

$$\vec{I}_s = I_{ds} + jI_{qs} = 0{,}222 + j0{,}6179 = 0{,}6566\angle 70{,}24^{\circ}$$

El módulo de la corriente del estátor es igual a $I_s = 1373{,}4$ A.

Las componentes d y q de la tensión se calculan de la siguiente forma

$$U_{ds} = \overline{\omega}_r X_q I_{qs} = 1 \cdot 0.5 \cdot 0{,}6179 = 0{,}309\, pu$$

$$U_{qs} = \overline{\psi}_r \cdot \overline{\omega}_r - \overline{\omega}_r X_d I_{ds} = 0{,}971 \cdot 1 - 1 \cdot 0.5 \cdot 0{,}222 = 0{,}86 \text{ p.u.}$$

De modo que el vector de tensión del estátor es igual a

$$\vec{U}_s = U_{ds} + jU_{qs} = 0{,}309 + j0{,}86 = 0{,}9138\angle 70{,}24^{\circ}$$

El módulo de la tensión de línea es $U_s = 603{,}54$ V.

El ángulo de carga es el complementario del ángulo de la tensión $\vec{U}_s$,

$$\delta = 90^{\circ} - 70{,}24^{\circ} = 19{,}76^{\circ}$$

La potencia reactiva es nula $Q_s = 0$ y el factor de potencia unidad $cos\varphi = 1$.

En el caso de la estrategia de corriente en fase con la tensión, la corriente del estátor es más elevada, ya que la componente I_{qs} se mantiene constante y la componente I_{ds} toma un valor no nulo. Sin embargo, la tensión en este caso es ligeramente inferior al caso de la estrategia de control de corriente en fase con la tensión.

5. Potencia activa generada en kW y en p.u. cuando la turbina gira a 10 r/min.

El seguimiento del punto de máxima potencia sigue una ley cúbica de la potencia en función de la velocidad de giro que para este problema es de la forma

$$P_s = 1500 \left(\frac{n}{20}\right)^3$$

donde P_s se expresa en kW cuando n lo hace en r/min. Cuando n es igual a 10 r/min la potencia generada según la expresión anterior es igual a $P_s = 187{,}5$ kW que en valor unitario es igual a $\overline{P}_s = 187{,}5/2500$ = 0.075 p.u.

El par $\overline{T}_e$ se calcula como

$$\overline{T}_e = \frac{\overline{P}_s}{\overline{\omega}_r} = \frac{0{,}075}{0{,}5} = 0{,}15 \text{ p.u.}$$

siendo $\overline{\omega}_r$ = 10/20 = 0,5 p.u, ya que se toma como base la velocidad de giro máxima.

6. Repetir los apartados 1 a 4 en este punto de funcionamiento.

Estrategia de control de corriente en fase con la f.e.m.

La componente directa de la corriente es nula I_{ds} = 0, y la componente en cuadratura es igual a

$$I_{qs} = \frac{\overline{T}_e}{\overline{\psi}_r} = \frac{0{,}15}{0{,}971} = 0{,}1545 \text{ p.u.}$$

El vector de corriente del estátor es igual a

$$\vec{I}_s = I_d + jI_q = j0{,}1545 = 0{,}1545 \angle 90^{\circ}$$

Tomando la corriente base de la máquina como $I_b = 2091{,}8$ A, la intensidad del estátor es igual a $I_s = 323{,}18$ A.

Las componentes d y q de la tensión se calculan de la siguiente forma

$$U_{ds} = \overline{\omega}_r X_q I_{qs} = 0.5 \cdot 0.5 \cdot 0{,}1545 = 0{,}0386 \text{ p.u.}$$

$$U_{qs} = E = \overline{\psi}_r \cdot \overline{\omega}_r = 0{,}971 \cdot 0.5 = 0{,}4855 \text{ p.u.}$$

De modo que el vector de tensión del estátor es igual a

$$\vec{U}_s = U_{ds} + jU_{qs} = 0{,}0386 + j0{,}4855 = 0{,}487 \angle 85{,}45^{\circ}$$

El módulo de la tensión de línea es $U_s = 336$ V

El ángulo de carga es $\delta = 90^{\circ} - 85{,}45^{\circ} = 4{,}55^{\circ}$

La potencia reactiva generada es igual a

$$\overline{Q}_s = U_{qs}I_{ds} - U_{ds}I_{qs} = 0 - 0{,}0386 \cdot 0{,}1545 = -0{,}006 \text{ p.u.}$$

que en valores físicos es igual a $Q_s = -14{,}91$ kVar.

Estrategia de control de corriente en fase con la tensión

La componente I_{qs} es la misma que en el caso anterior y la componente directa se calcula como

$$I_{ds} = \left(\frac{\overline{\psi}_r}{2X_d}\right) - \sqrt{\left(\frac{\overline{\psi}_r}{2X_d}\right)^2 - I_q^2}$$

Sabiendo que $\overline{\psi}_r = 0{,}971$ p.u. e $I_{qs} = 0{,}1545$ p.u., con $X_d = X_q = 0.5$ p.u.

$$I_{ds} = 0{,}971 - \sqrt{0{,}971^2 - 0{,}1545^{\,2}} = 0{,}0124 \text{ p.u}$$

El vector de corriente es igual a

$$\vec{I}_s = I_{ds} + jI_{qs} = 0{,}0124 + j0{,}1545 = 0{,}155\angle 85{,}41^{\underline{o}}$$

El módulo de la corriente del estátor es igual a $I_s = 324{,}23$ A.

Las componentes d y q de la tensión se calculan de la siguiente forma

$$U_{ds} = \overline{\omega}_r X_q I_{qs} = 0.5 \cdot 0.5 \cdot 0{,}1545 = 0{,}0386 \text{ p.u.}$$

$$U_{qs} = \overline{\psi}_r \cdot \overline{\omega}_r - \overline{\omega}_r X_d I_{ds} = 0{,}971 \cdot 0.5 - 0.5 \cdot 0.5 \cdot 0{,}0124 = 0{,}4824 \text{ p.u.}$$

De modo que el vector de tensión del estátor es igual a

$$\vec{U}_s = U_{ds} + jU_{qs} = 0{,}0386 + j0{,}4824 = 0{,}4839\angle 85{,}45^{\underline{o}}$$

El módulo de la tensión de línea es $U_s = 333{,}89$ V.

El ángulo de carga es el complementario del ángulo de la tensión $\vec{U}_s$,

$$\delta = 90^{\underline{o}} - 85{,}45^{\underline{o}} = 4{,}55^{\underline{o}}$$

La potencia reactiva es nula $Q_s = 0$ y el factor de potencia unidad $cos\varphi = 1$.

Como se puede observar en el caso de bajas cargas ambas estrategias de control son muy similares.

□

5.5.2. Control vectorial del GSIP

En un GSIP el control vectorial se realiza regulando las componentes de la corriente del estátor en un sistema de referencia orientado al flujo del rotor. Este flujo lo generan los imanes permanentes, siendo su valor constante e igual a ψ_r. En la Figura 5.106 se muestran los sistemas de referencia elegidos para el control de esta máquina y la posición del vector de corriente del estátor $\vec{\imath}_s$.

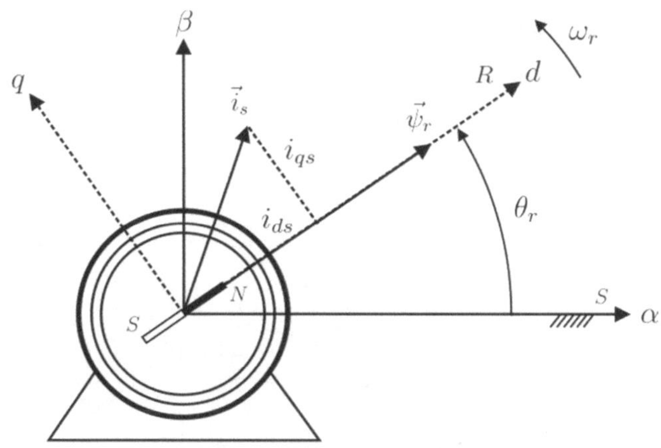

Figura 5.106. Diagrama vectorial del GSIP orientado al flujo del rotor $\vec{\psi}_r$

A partir de las ecuaciones dinámicas (5.169) y (5.170) se observa cómo, una vez compensados los términos cruzados, cada una de las componentes de la corriente del estátor se puede obtener a partir de una función de primer orden donde la entrada es la respectiva componente de la tensión del estátor. La constante de tiempo en cada componente es diferente ya que, en general las inductancias L_d y L_q también lo son. La constante de tiempo en el eje d es $T_{ds} = L_{ds}/R_s$ y en el eje q $T_{qs} = L_{qs}/R_s$. La ganancia es común e igual en ambos ejes a, $-1/R_s$,que toma signo negativo debido a que se ha utilizado un criterio generador. Las funciones de transferencia en cada uno de los ejes son las que se muestran a continuación

$$i_{ds} = -\frac{1}{L_d s + R_s} = -\frac{1/R_s}{T_{ds} s + 1} \tag{5.194}$$

$$i_{qs} = -\frac{1}{L_q s + R_s} = -\frac{1/R_s}{T_{qs} s + 1} \tag{5.195}$$

En la Figura 5.107 se muestra el diagrama de bloques del modelo dinámico del GSIP. De forma general, al ser diferentes las inductancias en cada uno de los ejes, el cálculo de los reguladores varía ligeramente para las componentes d y q. Fijando la constante de tiempo τ_i correspondiente a la respuesta de la corriente en lazo cerrado se obtienen los siguientes valores para la ganancia proporcional k_p y la constante de tiempo T_n del regulador PI.

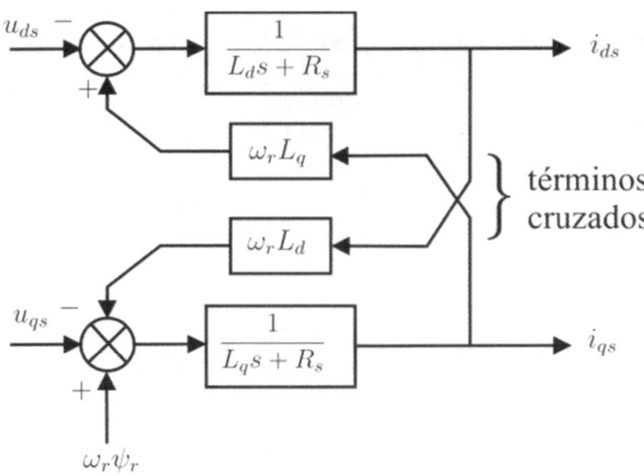

Figura 5.107. Diagrama de bloques del modelo dinámico del GSIP

$$k_{pd} = \frac{L_d}{\tau_i} \quad k_{pq} = \frac{L_q}{\tau_i} \tag{5.196}$$

$$T_{nd} = T_{ds} \quad T_{nq} = T_{qs} \tag{5.197}$$

En la Figura 5.108 se muestra el esquema de control de las corrientes del estátor del GSIP compensando previamente los términos cruzados.

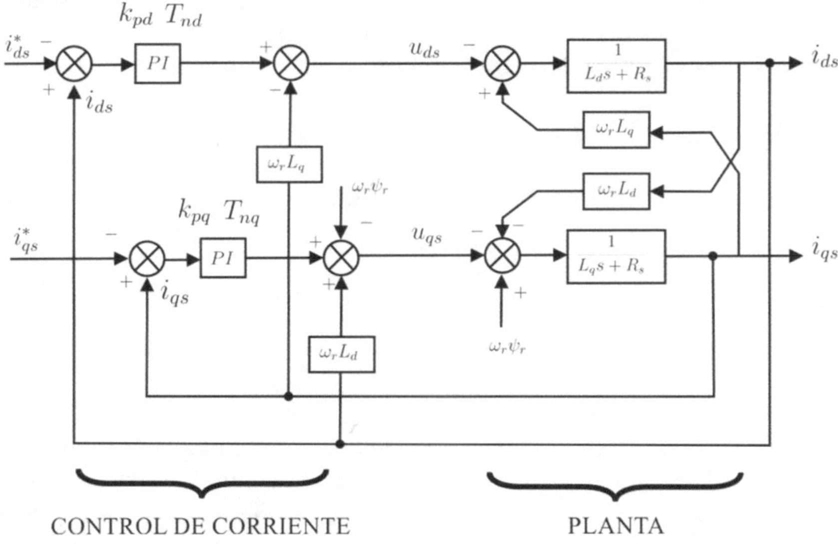

Figura 5.108. Esquema de control de las corrientes del estátor del GSIP

Los esquemas de control de las máquinas eléctricas rotativas de corriente alternan son muy similares entre sí. Las consignas de control son, de forma general, el flujo ψ y el par electromagnético del generador, T_e, para ello se realiza un control vectorial orientando las componentes *dq* de un vector de corriente a un determinado sistema de referencia que permite controlar de forma independiente ψ y T_e. La relación entre cada una de las componentes *dq* de la corriente controlada (i_d, i_q) y de la tensión (u_d, u_q), es una función de primer orden, siempre y cuando se compensen previamente los términos de f.e.m. La constante de tiempo y ganancia de estas funciones de primer orden dependen de los parámetros de la máquina. Los reguladores PI se ajustan para cada componente *dq* siguiendo los criterios de diseño expuestos. A la salida de los reguladores se obtienen las componentes de tensión *dq*, y haciendo uso del ángulo del sistema de referencia, θ, se aplica la transformada inversa de Park obteniendo así las tensiones de fase de referencia, a partir de las cuales se determina el patrón de disparo PWM del convertidor electrónico conectado al generador. En el caso particular del GSIP el sistema de referencia *dq* está orientado al flujo del rotor y las componentes *dq* que se controlan son las correspondientes al vector $\vec{\iota}_s$ actuando sobre las tensiones del estátor.

En la Figura 5.109 se muestra el diagrama de control vectorial del GSIP. Las variables medidas son la velocidad de giro del rotor, θ_r y las corrientes del estátor i_{as}, i_{bs}, i_{cs}. Las consignas de control son la referencia i_{ds}^* y el par electromagnético T_e^*, que en esta máquina es directamente proporcional a la componente i_{qs} y al flujo de los imanes ψ_r . La constante de proporcionalidad k_T que aparece en la figura es $k_T = (3/2)p\psi_r$.

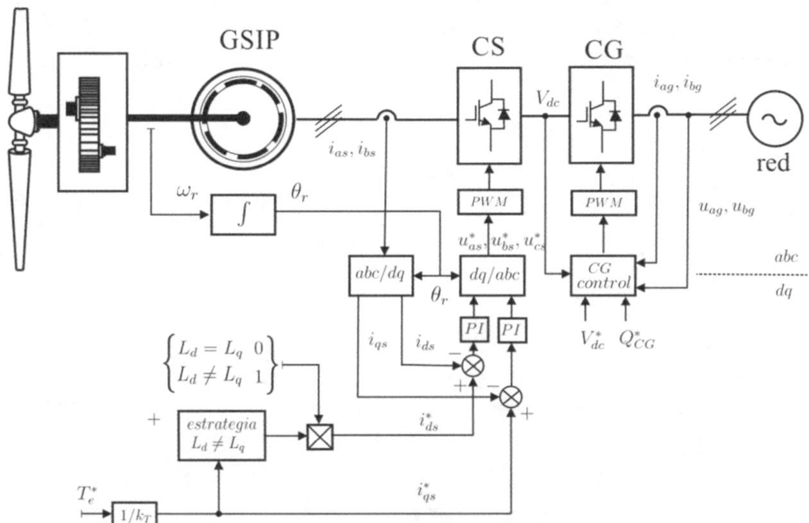

Figura 5.109. Esquema de control completo de un GSIP

Dependiendo de la configuración del rotor la consigna i_{ds}^* toma un valor u otro. En las máquinas de rotor liso las inductancias *dq* se consideran iguales ($L_d = L_q$) y la estrategia de control establece que $i_{ds}^* = 0$. Sin embargo, en las máquinas de polos salientes, $L_d \neq L_q$, y la estrategia de control determina la referencia i_{ds}^* a partir de i_{qs}^* y la estimación del flujo de los imanes ψ_r.

5.5.3. Generador síncrono de rotor bobinado

El GSRB permite controlar la corriente de excitación de c.c. en el rotor de la máquina, a través del regulador automático de tensión (AVR). La tensión inducida en los terminales del estátor depende entonces de la velocidad de giro del rotor y de la corriente de excitación. No ocurría así en los GSIP, donde el flujo de los imanes permanece constante. Ambas máquinas podrían considerarse equivalentes si la intensidad de excitación de los GSRB se mantuviera en un valor fijo, pero al ser ésta una variable controlada se introduce un grado de libertad adicional en la operación de este tipo de generadores.

La conexión de los generadores síncronos de velocidad variable a la red se realiza a través de un inversor c.c/c.a. de topologías diversas (2 niveles, NPC-3 niveles, multinivel, etc.). Sin embargo, la conexión entre los terminales de c.a. del estátor y la entrada de c.c. del inversor se puede realizar de varias formas, con:

1. Rectificador de diodos + convertidor elevador c.c., o
2. Rectificador controlado c.a./c.c.

A continuación, se presenta la operación y el control de ambas soluciones.

5.5.3.1. Rectificador de diodos + convertidor elevador c.c.

El convertidor c.c./c.c. con el rectificador trifásico de diodos permite reemplazar el rectificador controlado que se presentó en el caso del GSIP, lo cual simplifica el control y reduce el coste del sistema. El esquema de control de este sistema se muestra en la Figura 5.110.

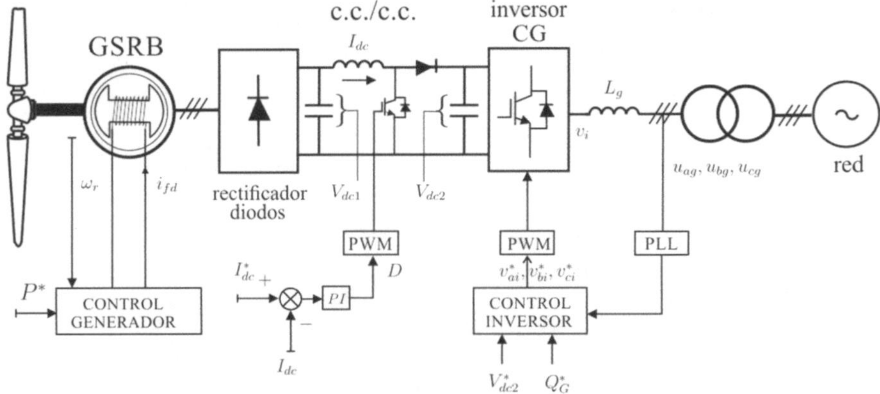

Figura 5.110. Esquema de control del GSRB con rectificador de diodos y convertidor c.c./c.c.

La regulación de la tensión a la salida del rectificador V_{dc} se realiza en función de la velocidad de giro del generador actuando sobre el interruptor del convertidor c.c./c.c. Para vientos bajos la velocidad de giro del generador es reducida y por lo tanto la tensión alterna en sus bornes también lo es. Para que el rectificador entre en conducción se aumenta la intensidad de excitación y se transfiere la potencia activa generada por la turbina eólica.

El esquema de control del generador se asemeja a la estrategia de control de f.d.p. unidad comentada anteriormente en el apartado del GSIP. La existencia de un rectificador trifásico de diodos impone como condición de funcionamiento que las tensiones y corrientes en c.a. pulsan en fase manteniendo un f.d.p. cercano a la unidad. La forma de onda de la corriente en el generador está distorsionada, presentando un 5º y un 7º armónico característicos de la operación de un rectificador no controlado. Esta distorsión de la corriente produce un rizado en el par electromagnético que puede dar lugar a vibraciones mecánicas del sistema de transmisión. Para evitar estos problemas se han propuesto generadores síncronos con dos devanados trifásicos alojados en el estátor y desfasados 30º entre sí, ambos conectados a un rectificador de diodos. Con esta configuración se reduce el rizado de par del generador significativamente, así como los problemas asociados a calentamientos excesivos y posibilidad de excitar resonancias mecánicas. El control del inversor se realiza de forma habitual manteniendo constante la tensión V_{dc2}, para evacuar la totalidad de la potencia generada, y controlando el f.d.p. con la red.

5.5.3.2. Rectificador controlado c.a./c.c.

El GSRB se puede controlar a velocidad variable mediante el esquema que se indica en el Figura 5.111. En este caso se sustituye el rectificador de diodos y el convertidor elevador c.c./c.c. del apartado anterior por un rectificador completamente controlado c.a/c.c., el cual permite imponer la tensión instantánea en las tres fases del estátor del generador síncrono. Esta configuración es similar a la del GSIP estudiada en las secciones anteriores con la particularidad de que la f.e.m. de eje directo del generador no solamente depende de la velocidad de giro ω_r, sino que se puede controlar también a partir del control de la corriente de excitación i_{fd}. Esto hace que se introduzca un grado de libertad adicional al control de la máquina.

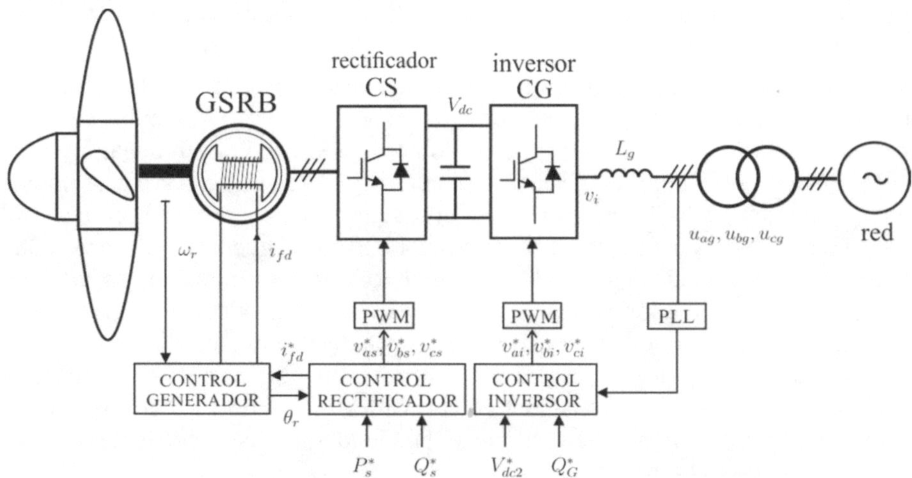

Figura 5.111. Esquema de control de GSRB con rectificador c.a./c.c.

Como ya se comentó en la introducción de este capítulo, esta configuración es muy apropiada para centrales de bombeo reversibles que se pueden operar, bien a velocidad variable, cuando el doble convertidor c.a./c.c./c.a. está operativo, o bien a velocidad fija cuando éste se puentea y queda fuera de servicio. En este último caso la operación del generador síncrono se realiza de forma convencional.

La estrategia de control de este generador consiste en adecuar la velocidad de giro al salto hidráulico dependiendo de la potencia activa intercambiada con el propósito de hacer trabajar al sistema en el punto de máximo rendimiento. A velocidades de giro reducidas la f.e.m. interna, y por la tanto la tensión del estátor, también lo es, aunque existe un cierto margen para modificar su valor actuando sobre la corriente de excitación i_{fd}. Para la tensión generada, la potencia activa que equilibra la potencia mecánica de la turbina (o la bomba) se controla a partir de la componente i_{qs} tomando un sistema de referencia orientado a la dirección del flujo del rotor.

5.6. GENERADORES ASÍNCRONOS DE VELOCIDAD VARIABLE

Durante los primeros años del desarrollo de la tecnología de aerogeneradores, tal y como se conciben en la actualidad, (años 80 y 90 del siglo XX), el generador asíncrono fue sin duda el más utilizado por diversas razones. Entre ellas cabe destacar su alta capacidad de sobrecarga ante variaciones de par, su elevada robustez y fiabilidad, además de presentar una característica mecánica no tan rígida como los generadores síncronos convencionales, lo que permite un cierto deslizamiento de la velocidad, y por tanto, un mayor amortiguamiento mecánico ante las variaciones de la velocidad del viento. Sin embargo, como ya se ha comentado en el apartado 5.3, los generadores asíncronos presentan ciertos inconvenientes:

- **Compensación del factor de potencia**. Las máquinas asíncronas necesitan una corriente de magnetización para crear el campo magnético giratorio en el entrehierro, presentado un f.d.p. en atraso que se compensa mediante el uso de bancos de condensadores conectados en sus terminales.
- **Elevadas corrientes inductivas durante el arranque**. El proceso de arranque de las máquinas asíncronas da lugar a elevadas corrientes siendo su f.d.p. muy reducido. Este tipo de corrientes provocan caídas de tensión en la red que pueden llegar a ser inadmisibles si la potencia nominal de la máquina es significativa respecto a la potencia de cortocircuito del punto de conexión[19]. En el caso indicado se pueden producir caídas de tensión inadmisibles para valores bajos de SCR. Estas sobrecorrientes durante la conexión no sólo se producen cuando la velocidad del rotor es nula, sino que también aparecen cuando el generador asíncrono se conecta a la red a velocidades cercanas a la de sincronismo. Idealmente, si el generador se conecta exactamente a la velocidad de sincronismo la corriente del rotor es nula, pero no así la corriente de magnetización que presenta un transitorio electromagnético con valores máximos de corriente similares a los que se registran durante un arranque a velocidad nula. Estas corrientes de inserción

[19] La relación de la potencia de cortocircuito respecto a la potencia nominal se denomina relación de cortocircuito, o bien SCR, por sus siglas en inglés (*short circuit ratio*).

(o de *inrush*) pueden provocar el disparo intempestivo de las protecciones de sobrecorriente. Es por ello, que los generadores asíncronos de las turbinas eólicas se conectan a la red a través de equipos electrónicos con interruptores conmutados por la red (arrancadores con control de fase) a fin de reducir el valor eficaz de la tensión durante el arranque, aunque produciendo armónicos de tensión y de corriente.

- **Comportamiento inadecuado ante huecos de tensión**. En el caso de una bajada de tensión brusca en los terminales del generador, se producen elevadas corrientes en el estátor para mantener el flujo en la máquina, ya que éste no puede variar instantáneamente[20]. Cuando se recupera la tensión, el generador se comporta como en el caso de un arranque directo, las corrientes del estátor aumentan significativamente y el f.d.p. se reduce drásticamente, es decir el generador toma corriente reactiva inductiva de la red. En el caso de que sean muchas las máquinas que presenten este comportamiento, se puede poner en peligro la recuperación de tensión, ya que en los sistemas eléctricos una absorción de potencia reactiva en un nudo implica una reducción de su tensión.

Aunque estas máquinas fueron las más empleadas durante años, la posibilidad de modificar la velocidad de giro de la turbina, adaptándose a las condiciones del recurso eólico, siempre se consideró como un reto tecnológico que permitiría mejorar el funcionamiento de los aerogeneradores. Los sistemas de velocidad variable permiten ciertas ventajas operativas y de diseño como las que se indican a continuación:

- Mejora el rendimiento de la turbina eólica, manteniendo a carga parcial un coeficiente de potencia muy cercano al máximo de la turbina. Aunque esta ventaja parece clara, las mejoras reales en el rendimiento no son superiores al 15% en comparación a los sistemas de velocidad fija.
- La capacidad de controlar la velocidad de giro permite que el rotor eólico se comporte como un volante de inercia capaz de absorber parte de la energía cinética del viento. Esta energía se transforma en energía cinética de rotación, amortiguando el par transmitido por el sistema mecánico de transmisión y suavizando las oscilaciones de potencia inyectadas a la red. Es por esto que el diseño mecánico de las turbinas de velocidad variable no es tan robusto como en las turbinas de velocidad fija.
- Si los dispositivos de regulación de velocidad están basados en convertidores electrónicos de potencia con interruptores autoconmutados (IGBT o IGCT) la conexión a red se realiza de forma suave mediante un proceso de sincronización similar al de un generador síncrono convencional. Además, estos equipos permiten la compensación dinámica del f.d.p. sin necesidad de utilizar bancos de condensadores.
- Los modernos sistemas de velocidad variable permiten mantener conectado el generador a la red en caso de producirse huecos de tensión. Estas bajadas bruscas de tensión, tienen lugar cuando se producen cortocircuitos en la red y se transmiten al resto del sistema eléctrico. El hecho de que no se desconecten los aerogeneradores cuando se produce un hueco de tensión permite mejorar notablemente la estabilidad del sistema eléctrico, sobre todo cuando la penetración de la generación renovable es significativa.

[20] El flujo no puede variar instantáneamente ya que es una variable de estado de la máquina.

A finales del siglo XX más del 75% de las turbinas eólicas instaladas eran de velocidad fija, sin embargo, en la actualidad esta tendencia es justamente la contraria. Actualmente la totalidad de aerogeneradores de nueva planta son de velocidad variable, sin embargo, en aquellos años la potencia instalada de origen renovable no era significativa en el *mix energético*. Los fabricantes de turbinas eólicas estaban más centrados en el desarrollo de turbinas fiables, robustas y económicas, sin considerar prácticamente ninguna restricción por parte del sistema eléctrico que era considerado simplemente como un sumidero de energía. De hecho, inicialmente la generación renovable estaba exenta de contribuir a los servicios complementarios de regulación del sistema eléctrico como, por ejemplo, regulación de tensión, regulación frecuencia/potencia, etc. Además, la incorporación de sistemas de velocidad variable implicaba el uso de dispositivos electrónicos de potencia cuya fiabilidad y precio han mejorado notablemente en los últimos 30 años.

El cambio real de la tecnología de velocidad fija a variable vino propiciado fundamentalmente por los exigentes requisitos de conexión a red recogidos en los denominados *códigos de red*. Estos códigos de red son un conjunto de reglamentos que definen el comportamiento de las plantas de generación en relación al servicio que deben prestar al sistema eléctrico, tanto en régimen de funcionamiento normal como durante contingencias[21].

Si bien las mejoras de los sistemas de velocidad variable son evidentes, su incorporación a los aerogeneradores se realizó de forma muy progresiva. La irrupción en el mercado de convertidores electrónicos, robustos y fiables, para accionar máquinas eléctricas a frecuencia variable es relativamente reciente (finales del siglo XX) y se produjo debido a diferentes factores. El primero de ellos fue la evolución tecnológica de los componentes electrónicos, los cuales permitieron incrementar de forma notable la potencia unitaria de los convertidores electrónico, aumentando los valores asignados de tensión y corriente. Otro de los avances más notables fue, sin duda, el desarrollo de los controladores en tiempo real mediante DSP (*Digital Signal Processor*). También en las décadas finales del siglo XX se establecieron los fundamentos teóricos del control vectorial, y del control directo, de las máquinas eléctricas a partir de los cuales se desarrolló el control de los generadores eléctricos de velocidad variable, y en el caso concreto de las máquinas asíncronas, mediante la regulación de frecuencia del devanado rotórico, dando lugar a los populares DFIG (generadores asíncronos doblemente alimentados).

La velocidad mecánica, Ω, de un generador asíncrono viene definida por la siguiente expresión

$$\Omega = \Omega_s(1-s) = \frac{2\pi f_s}{p}(1-s) \tag{5.198}$$

Por tanto, si se quiere variar la velocidad de giro de un generador eléctrico es preciso modificar alguna de las tres variables de la ecuación anterior, a saber:

[21] El código de red que es de aplicación en la actualidad se denomina *Requeriments for grid connection of generators* publicado el 14 de abril de 2016 en el boletín oficial de la Unión Europea cuyo contenido fue elaborado por ENTSO-E (Red Europea de Gestores de Redes de Transporte de Electricidad).

a) el número de pares de polos p,

b) el deslizamiento, s, y

c) la frecuencia del estátor, f_s.

De las tres posibilidades, sólo las dos últimas permiten una variación continua de la velocidad de giro, ya que el número de pares de polos debe ser siempre un número entero. En este caso, no cabe hablar de una variación de velocidad sino más bien de un ajuste debido a un cambio brusco de la velocidad de sincronismo. En el caso del deslizamiento, el cambio de velocidad se puede realizar modificando la característica mecánica natural mediante la conexión de resistencias externas en los terminales del rotor. A la vista de (5.198) la velocidad Ω, también se puede modificar mediante el control de la frecuencia de las corrientes del estátor f_s, lo cual se realiza en generadores de inducción de rotor en cortocircuito conectando convertidores de frecuencia en los terminales del estátor. En el caso de generadores asíncronos de rotor bobinado, la regulación de velocidad se realiza a través del control de la frecuencia de las corrientes del rotor f_r aunque esta variable no aparece explícitamente en (5.198). En realidad, lo que ocurre es que el control del deslizamiento se realiza modificando la frecuencia del rotor y manteniendo constante la del estátor, ya que $s = f_r/f_s$.

Todas estas técnicas de control de velocidad se han ido aplicando a lo largo de los años a los generadores asíncronos, especialmente en su conexión a turbinas eólicas. Inicialmente se desarrollaron sistemas de dos velocidades, bien cambiando el número de polos en el generador, o bien utilizando dos generadores de diferencia potencia y velocidad de sincronismo. Estos generadores se podían conectar a un mismo eje, o a dos salidas independientes de la caja multiplicadora. Posteriormente, se emplearon generadores de inducción de rotor bobinado conectados a una resistencia externa variable, cuyo valor eficaz puede variar mediante el control del ciclo de trabajo de un interruptor electrónico conectado en paralelo con una resistencia fija. Estos sistemas se denominaron *generadores asíncronos de deslizamiento variable* y tenían como inconveniente que la energía disipada en la resistencia se perdía en forma de calor reduciendo significativamente el rendimiento del generador. Otro avance posterior se produjo utilizando sistemas de recuperación de la energía del rotor mediante convertidores electrónicos basados en interruptores conmutados por red (tiristores). Este sistema permitía variaciones de velocidad sólo por encima de la velocidad de sincronismo en lo que se denominó *cascada rotórica supersíncrona*. Los inconvenientes de este sistema eran básicamente dos:

a) la restricción de operación sólo a velocidades supersíncronas y

b) el consumo adicional de potencia reactiva debida al empleo de tiristores.

La evolución natural de estos sistemas fue el *generador de inducción doblemente alimentado* (DFIG) que dispone de un doble convertidor trifásico de interruptores autoconmutados, con un enlace intermedio de c.c, que se conecta entre el rotor y la red. El control de la frecuencia de las corrientes del rotor mediante este convertidor permite la operación a velocidad variable (por encima y por debajo de la velocidad de sincronismo) manejando sólo una fracción de la potencia total de la turbina. Asimismo, el empleo de interruptores autoconmutados permite el control del f.d.p. del generador, es decir, es posible controlar el intercambio de potencia reactiva con la red. En la actualidad, se utilizan también generadores asíncronos de rotor en cortocircuito en aplicaciones de velocidad variable. En estos generadores el estátor se conecta a la red mediante un doble convertidor electrónico, también con etapa intermedia de c.c. Este convertidor hace posible el control de par y de flujo del generador en un amplio margen de velocidades de giro. Esta configuración emplea convertidores de la potencia total de la turbina de ahí que se denominen como sistemas de convertidor completo o (*full-converter*) en inglés. Al igual que los DFIG estos sistemas también permiten controlar de forma dinámica el f.d.p a la salida del generador.

A continuación, se presenta el principio de funcionamiento, balance de potencias y diagrama de límites del DFIG. Este sistema de velocidad variable es el más empleado dentro de la categoría de generadores asíncronos, el resto de propuestas están mucho menos implantadas en la industria, de ahí que no se estudien en este apartado. En todo caso, el lector interesado puede consultar la bibliografía recomendada al final del capítulo donde encontrará información detallada sobre estos sistemas.

5.6.1. Generador asíncrono doblemente alimentado

El desarrollo de la electrónica de potencia a finales del siglo XX, propició el desarrollo de sistemas de recuperación de energía por el rotor basados en generadores de inducción de rotor bobinado (GIRB) con convertidores reversibles c.c/c.a. conectados entre los anillos del rotor y la red. Este sistema se denomina doblemente alimentado (DFIG) ya que ambos devanados, del estátor y del rotor, se conectan a una fuente de alimentación. Los devanados del estátor se conectan a una red de frecuencia fija (por ejemplo, $f_s = 50$ Hz) y los devanados del rotor también, pero en este caso a través de un cambiador de frecuencias. Uno de los terminales trifásicos de este dispositivo se conecta al rotor del generador, cuya frecuencia f_r es variable y dependiente de la velocidad de giro. El otro terminal trifásico se conecta al estátor del generador, y éste a una red de frecuencia constante f_s, mediante un doble convertidor de interruptores autoconmutados (IGBT o IGCT) con una etapa intermedia de c.c, un filtro de armónicos y un transformador de acoplamiento que puede ser opcional. El convertidor del rotor se denomina CR[22] y el de red CG[23], es decir, convertidor de red. En la Figura 5.112 se muestra un diagrama con la disposición de ambos convertidores.

A diferencia de la cascada rotórica supersíncrona, estos sistemas permiten el intercambio de potencia por el rotor en régimen de funcionamiento *subsíncrono* y *supersíncrono*. Los convertidores CR y CG se dimensionan para trabajar con la potencia de deslizamiento nominal del generador, cuyo valor habitual suele ser 1/3 de la potencia total del estátor. Así por ejemplo un GIRB de 4 polos, 50 Hz con una potencia asignada de estátor de 1500 kW intercambia una potencia de deslizamiento de ±500 kW si la velocidad de giro varía entre 1000 r/min (régimen subsíncrono $s = 1/3$) y 2000 r/min (régimen supersíncrono $s = -1/3$), pudiendo inyectar una potencia total de 2 MW a velocidad máxima.

---

[22] Se denomina CR por sus siglas en inglés de *rotor converter* (RC).

[23] Se denomina CG por sus siglas en inglés de *grid converter* (GC).

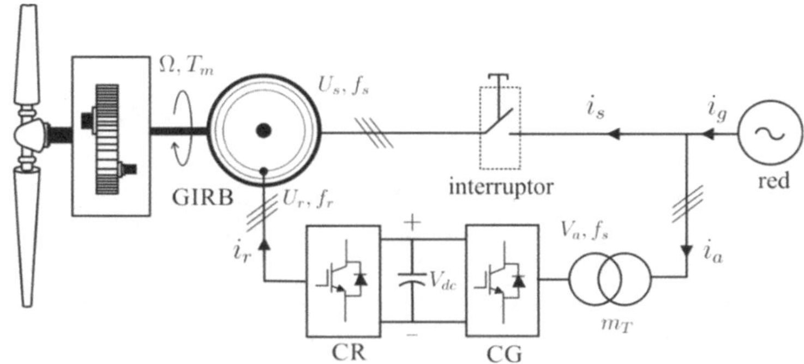

Figura 5.112. Diagrama simplificado de un generador asíncrono doblemente alimentado

Los DFIG permiten un control desacoplado del par electromagnético y de la potencia reactiva intercambiada con la red siendo en la actualidad uno de los sistemas de velocidad variable más utilizado en las plantas de generación eólica. Algunas de las razones de su popularidad son las que se indican a continuación:

1. En comparación a los generadores de inducción de rotor en cortocircuito (GIRC) de velocidad fija, o los generadores asíncronos de deslizamiento variable las mejoras son notables:
   a) se controla el intercambio de potencia reactiva con la red y por lo tanto se regula el f.d.p. del generador.
   b) se mejora el rendimiento al recuperar la energía de deslizamiento en régimen supersíncrono y
   c) se amplía el margen de velocidad de giro significativamente al emplear convertidores reversibles.
2. La potencia asignada a los convertidores reversibles CR y CG es una fracción de la potencia nominal de la turbina, y por tanto, el coste es menor que en el caso de sistemas de velocidad variable *fullconverter* diseñados con convertidores de potencia asignada igual, o superior, a la potencia de la turbina eólica.

5.6.2. Principio de funcionamiento del DFIG

En una máquina asíncrona cuyo estátor está conectado a una red trifásica de frecuencia f_s, se tiene un campo magnético giratorio de velocidad $\Omega_s = 2\pi f_s$. Igualmente, si se alimenta el rotor con un sistema trifásico de tensiones de frecuencia f_r, el rotor también crea un campo magnético que gira a velocidad

$$\Omega_r = \frac{2\pi f_r}{p} \tag{5.199}$$

Si el rotor está girando a velocidad Ω, la velocidad del campo rotórico respecto a un observador fijo es igual a $\Omega + \Omega_r$. Para que una máquina desarrolle un par con un valor medio distinto de cero se precisa que los campos magnéticos de estátor y de rotor giren en sincronismo. De lo anterior se deduce, que la relación entre la frecuencia estatórica, la frecuencia rotórica y la velocidad de giro debe ser

$$\Omega_s = \Omega + \Omega_r \tag{5.200}$$

La velocidad de giro Ω puede ser mayor o menor a Ω_s. En el caso de que Ω_s sea mayor a Ω la velocidad Ω_r debe ser positiva, sin embargo, en el caso de que Ω_s sea inferior a Ω, Ω_r debe ser negativa. Ténganse en cuenta que el sentido de giro del campo magnético creado por un devanado depende de la secuencia de fases aplicada sobre él, de modo que si se desea que la velocidad Ω sea mayor a la velocidad de sincronismo se ha de aplicar al rotor un sistema trifásico de secuencia inversa respecto de la del estátor ($\Omega_r < 0$). Por el contrario, para conseguir que la velocidad Ω sea menor a la del campo se debe alimentar el rotor con un sistema trifásico de la misma secuencia que la tensión aplicada al estátor ($\Omega_r > 0$).

Si se desprecian las caídas de tensión internas en los devanados del estátor y del rotor se cumple que

$$U_r = |s|\frac{U_s}{m} \tag{5.201}$$

siendo m la relación del número de espiras de estátor y rotor $m = N_s/N_r$. Como se ve en (5.201) la tensión entre fases del rotor depende del módulo del deslizamiento, de la tensión entre fases del estátor, U_s, y de la relación de número de espiras m. A la vista de (5.201) es práctica habitual tomar una relación m igual al deslizamiento máximo permitido de tal forma que en esos puntos de operación la tensión del rotor coincida con la del estátor. Si m = 1/3, la tensión del rotor cuando el generador está parado es 3 veces superior a la del estátor y la corriente del rotor se reduce en 1/3 respecto de la corriente del estátor, reduciendo así el desgaste que conlleva el paso de la corriente por los anillos rozantes y las escobillas. Con esta elección de m, el deslizamiento máximo permitido, sin superar la tensión asignada del rotor, es $|s_{max}|$ = 1/3.

En la Figura 5.113 se muestra la variación del módulo de la tensión del rotor en función de la velocidad de giro en condiciones de plena carga (I_s = 1 p.u.) con f.d.p. unidad, 0.95 inductivo y capacitivo. El cálculo de U_r, se ha realizado considerando una relación de parámetros estándar del DFIG y suponiendo una tensión nominal del estátor U_s = 690 V. Suponiendo m = 1/3, la tensión del rotor U_r alcanza el mismo valor que la tensión del estátor (690 V) en $s = \pm$ 1/3. Se observa que la tensión del rotor varía ligeramente con el f.d.p., cuando éste es inductivo (se exporta potencia reactiva a la red), la tensión requerida del rotor es ligeramente superior al caso de factor de potencia unidad o factor de potencia capacitivo, se absorbe potencia reactiva de la red.

El dimensionamiento de los convertidores CR y CG se realiza inicialmente por tensión una vez que se ha elegido la familia de IGBT. Por ejemplo, en caso de emplear IGBT de V_{CES} = 1700 V de tensión colector-emisor, la tensión máxima permitida en los terminales de c.c. es de V_{dc} = 1100 V[24] y considerando un índice de modulación de amplitud m_a = 1 en

[24] Es práctica habitual tomar como tensión máxima de c.c. aproximadamente 2/3 la tensión colector-emisor de los interruptores del convertidor.

zona lineal, el valor eficaz de la tensión de línea U_a en función de la tensión V_{dc} y m_a es igual, según (5.108), a

$$U_a = \frac{\sqrt{3}}{2\sqrt{2}} m_a V_{dc} = 0.612 m_a V_{dc} \tag{5.202}$$

siendo en este caso U_a igual a 690 V que es una tensión normalizada del estátor para generadores comerciales entre 2 y 3 MW. Como ya se ha comentado, el valor de esta tensión suele ser la misma que la tensión del rotor. En estos casos, el transformador con relación de transformación m_T de la Figura 5.112 no se utiliza y se reemplaza por un filtro LC. En otras ocasiones sí que se emplea, como parte de un transformador de tres devanados, donde los secundarios alimentan las tensiones U_s y U_a en BT (690 V o 400 V) y el devanado primario en MT (20 kV o 30 kV habitualmente).

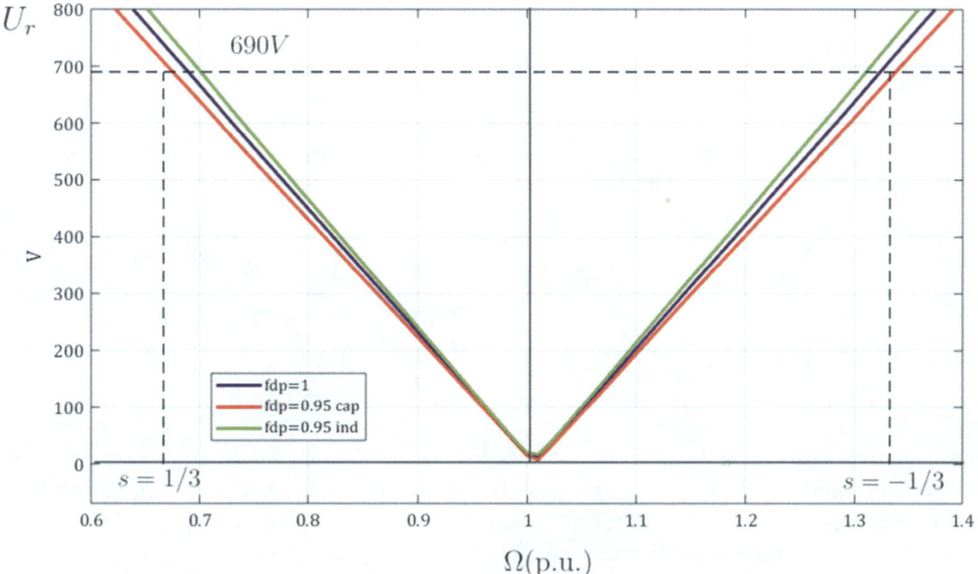

Figura 5.113. Tensión del rotor en función de la velocidad de giro

5.6.3. Circuito equivalente el DFIG

Las ecuaciones eléctricas del generador de inducción de rotor bobinado, tomando criterio motor[25] y expresadas en un sistema de referencia síncrono que gira a la velocidad angular ω_s, son las que se indican a continuación:

[25] Se considera criterio motor al considerar corrientes positivas aquellas que entran por los terminales del estátor.

$$\vec{u}_s = R_s\vec{\imath}_s + \frac{d\vec{\psi}_s}{dt} + j\omega_s\vec{\psi}_s \tag{5.203}$$

$$\vec{u}'_r = R'_r\vec{\imath}'_r + \frac{d\vec{\psi}_r}{dt} + js\omega_s\vec{\psi}_r \tag{5.204}$$

donde s es el deslizamiento y las magnitudes con prima indican que están referidas al estátor.

Los flujos $\vec{\psi}_s$ y $\vec{\psi}_r$ se expresan en función de las inductancias de la máquina y de las corrientes del estátor, $\vec{\imath}_s$, y del rotor $\vec{\imath}'_r$, como

$$\vec{\psi}_s = L_s\vec{\imath}_s + L_m\vec{\imath}'_r \tag{5.205}$$

$$\vec{\psi}_r = L_m\vec{\imath}_s + L'_r\vec{\imath}'_r \tag{5.206}$$

siendo L_m la inductancia de magnetización y L_s, L'_r las inductancias propias del estátor y rotor, respectivamente, ambas referidas al estátor.

Al estudiar las ecuaciones del generador en régimen permanente, los términos de las ecuaciones (5.203) y (5.204) que varían con el tiempo se anulan. Además, al sustituir las expresiones de los flujos en las ecuaciones eléctricas se obtienen las siguientes expresiones

$$\vec{U}_s = (R_s + jX_s)\vec{I}_s + jX_m\vec{I}'_r \tag{5.207}$$

$$\frac{\vec{U}'_r}{s} = +jX_m\vec{I}_s + \left(\frac{R'_r}{s} + jX'_r\right)\vec{I}'_r \tag{5.208}$$

En las ecuaciones anteriores las expresiones de las tensiones y corrientes se representan con letra mayúscula, indicando que los valores son fasores cuyo módulo es un valor eficaz. Las magnitudes del rotor están referidas al estátor y se representan con prima. Las reactancias X_s, X'_r y X_m se corresponden al producto de las correspondientes inductancias por ω_s, siendo las reactancias propias la suma de la inductancia de magnetización X_m y sus correspondientes reactancias de dispersión, $X_{\sigma s}$ y $X'_{\sigma r}$

$$X_s = X_{\sigma s} + X_m \qquad\qquad X_r = X'_{\sigma r} + X_m \tag{5.209}$$

Además, la corriente de magnetización, $\vec{I}_m$, se representa como la suma de las intensidades del estátor y rotor $\vec{I}_m = \vec{I}_s + \vec{I}'_r$.

El término $\vec{U}'_r/s$ de (5.208) se puede descomponer de la siguiente forma

$$\frac{\vec{U}'_r}{s} = \vec{U}'_r + \left(\frac{1}{s} - 1\right)\vec{U}'_r \tag{5.210}$$

Y de igual forma para R'_r/s

$$\frac{R'_r}{s} = R'_r + \left(\frac{1}{s} - 1\right)R'_r \tag{5.211}$$

Teniendo en cuenta estas consideraciones se representa el circuito equivalente por fase de una máquina asíncrona de rotor bobinado con acceso a los terminales del estátor y del rotor según se indica en la Figura 5.114.

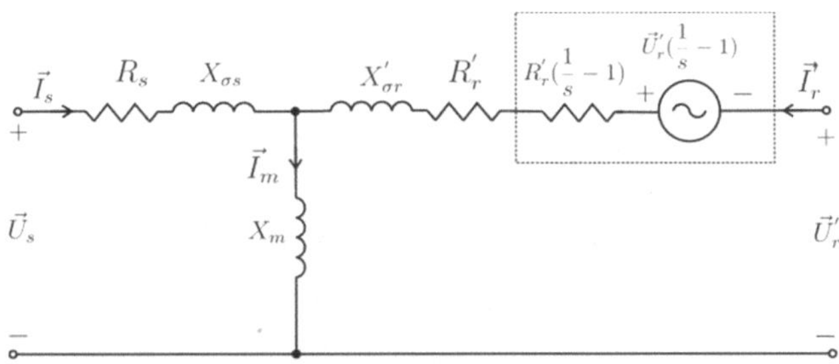

Figura 5.114. Circuito equivalente por fase del DFIG

En el estudio del DFIG es habitual conocer la potencia activa y reactiva intercambiada por el estátor de la máquina y la tensión en los terminales del estátor $\vec{U}_s = U_s\angle 0^{\underline{o}}$ (que se toma como origen de fase. A partir de esta información se calcula la corriente del estátor $\vec{I}_s$ como

$$\vec{I}_s = \left(\frac{P_s + jQ_s}{3U_s}\right)^* \tag{5.212}$$

Una vez determinadas la tensión $\vec{U}_s$ y la corriente $\vec{I}_s$ se obtiene, a partir de (5.207), la corriente del rotor $\vec{I}'_r$ como

$$\vec{I}'_r = \frac{\vec{U}_s - (R_s + jX_s)\vec{I}_s}{jX_m} \tag{5.213}$$

Y la tensión del rotor $\vec{U}'_r$ a partir de (5.208) como

$$\vec{U}'_r = +j(sX_m)\vec{I}_s + [R'_r + j(sX'_r)]\vec{I}'_r \tag{5.214}$$

de modo que las reactancias X_m y X'_r están afectadas por el deslizamiento. Si el DFIG funciona exactamente a la velocidad de sincronismo, los términos sX_m y sX'_rse hacen nulos de forma que la tensión en los terminales del rotor es igual a la caída de tensión en la resistencia del rotor $R'_rI'_r$, que es un valor muy reducido debido a que la resistencia del rotor R'_r también lo es. Puede comprobar el lector como la tensión del rotor es prácticamente nula cuando la velocidad de giro de la máquina coincide con la de sincronismo $\Omega = \Omega_s$.

5.6.4. Balance de potencias del DFIG

Como se muestra en la Figura 5.112, en el DFIG el estátor está conectado a una red de tensión U_s y el rotor está conectado a una fuente de tensión regulable U_r. Para realizar el balance de potencias se utiliza el convenio de signos motor, es decir, se supone que la intensidad es entrante a la máquina por los terminales positivos del estátor y del rotor. Debe indicarse, sin embargo, que la utilización de este convenio no significa necesariamente que la potencia sea siempre entrante a la máquina por el estátor y por el rotor, pues ello depende de que la máquina funcione en régimen motor (potencia activa entrante por el estátor) o generador (potencia activa saliente por el estátor), y de que el régimen de giro sea superior (supersíncrono) o inferior a la velocidad de sincronismo (subsíncrono). La potencia activa intercambiada por el rotor puede ser positiva o negativa dependiendo del régimen de funcionamiento y de la velocidad de giro como ahora demostraremos.

El circuito equivalente de un DFIG se muestra en la Figura 5.114. En este circuito, las potencias en la fracción de la fuente de tensión de valor $\vec{U}'_r(1/s-1)$ y de la resistencia $R'_r(1/s-1)$ (recuadradas en la figura) representan la potencia mecánica P_m.

La potencia mecánica, que se aplica al eje de la máquina corresponde entonces a la potencia disipada en la resistencia $R'_r(1/s-1)$ y la potencia activa absorbida por la fuente $\vec{U}'_r(1/s-1)$.

$$P_m = 3R'_r\left(\frac{1}{s}-1\right)\vec{I}_r'^2 - 3U'_r\left(\frac{1}{s}-1\right)I'_r\cos\left(\varphi_v-\varphi_i\right) \tag{5.215}$$

donde φ_v y φ_i son los ángulos de los vectores de la tensión y de la corriente del rotor. De forma compacta (6.206) queda como

$$P_m = \left(\frac{1}{s}-1\right)\left(P_{cu,r}-P_r\right) \tag{5.216}$$

ya que $P_{cu,r} = 3R'_r\vec{I}_r'^2$ y $P_r = 3U'_rI'_r\cos\left(\varphi_v-\varphi_i\right)$.

Observando el circuito equivalente por fase de la Figura 5.114 se observa que la potencia mecánica total suministrada al eje de la máquina es igual a la suma de la potencia activa tomada por la máquina en los terminales del estátor, P_s, y del rotor P_r, descontando las pérdidas

$$P_m = \left(P_s - P_{cu,s}\right) + P_r - P_{cu,r} = P_\delta + P_r - P_{cu,r} \tag{5.217}$$

donde la potencia del entrehierro P_δ (potencia que se transmite del estátor al rotor) es igual a $P_\delta = P_s - P_{cu,s}$. La potencia del estátor se expresa como $P_s = 3U_sI_s\cos\left(\theta_v-\theta_i\right)$, donde θ_v y θ_i son los ángulos de la tensión y corriente del estátor. Las pérdidas en el cobre del estátor $P_{cu,s} = 3R_sI_s^2$.

Sustituyendo (6.216) en (6.217) la potencia de deslizamiento sP_δ, se obtiene como

$$sP_\delta = \left(\frac{s}{1-s}\right)P_m = P_{cu,r} - P_r \tag{5.218}$$

La expresión del par electromagnético, T_e, desarrollado por la máquina se puede calcular a partir de la potencia mecánica como

$$T_e = \frac{P_m}{\Omega} = \frac{P_m}{\Omega_s(1-s)} = \frac{P_\delta}{\Omega_s} \tag{5.219}$$

Dado que la velocidad de sincronismo de la máquina Ω_s es constante, el par desarrollado por la máquina, T_e, es proporcional a la potencia P_δ. La potencia eléctrica total absorbida por la máquina, P_g , es la suma de la potencia absorbida por el estátor P_s y por el rotor, P_r.

$$P_g = P_s + P_r \tag{5.220}$$

El balance de potencias que se ha expuesto es demasiado prolijo para realizar razonamientos rápidos. Para comprender la esencia de muchos fenómenos es suficiente con hacer un balance de potencias aproximado. Para ello en las expresiones (5.216) y (5.217) se desprecian las pérdidas en el cobre de los bobinados (lo cual es más asumible en máquinas grandes que en máquinas pequeñas) con lo que resultan las siguientes expresiones aproximadas

$$P_s \approx P_\delta \tag{5.221}$$

$$P_r \approx -sP_\delta \tag{5.222}$$

Con esta simplificación la potencia total absorbida P_g coincide con la potencia mecánica, P_m y queda como

$$P_g = P_m = P_s + P_r \approx P_s(1-s) \tag{5.223}$$

A partir de las expresiones anteriores se puede obtener el reparto de potencia entre los devanados de estátor y rotor en función de la potencia mecánica y el deslizamiento como

$$P_s \approx \frac{P_m}{1-s} \tag{5.224}$$

$$P_r \approx -\left(\frac{s}{1-s}\right) P_m \tag{5.225}$$

En la Figura 5.115 se muestra el balance de potencias de la máquina asíncrona doblemente alimentada funcionando como motor. La potencia activa del estátor, P_s, se convierte en potencia del entrehierro P_δ descontando las pérdidas en el cobre del estátor $P_{cu,s}$. Esta potencia del entrehierro, se convierte parte en potencia de deslizamiento sP_δ, y parte en potencia mecánica en el eje $P_m = P_\delta(1-s)$. La potencia de deslizamiento se transfiere a los anillos del rotor como $-P_r$ (criterio motor) más las pérdidas en el cobre del rotor $P_{cu,r}$. Despreciando estas pérdidas en el cobre $P_r \approx -sP_\delta$, de tal forma que en régimen subsíncrono ($s > 0$) el flujo de potencia se realiza desde los anillos del rotor a la red, y en régimen supersíncrono ($s < 0$) al contrario, la transferencia de potencia es de la red al rotor.

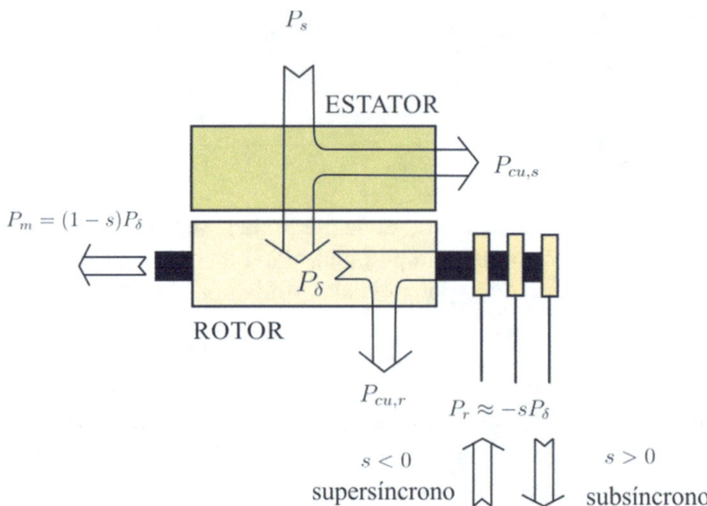

Figura 5.115. Balance de potencia del DFIG. Criterio motor

En el caso de realizar el razonamiento como generador, la potencia de entrehierro cambia de signo, ahora la potencia se transfiere del rotor al estátor siendo entonces igual a $-P_\delta$. La potencia mecánica P_m y la potencia del estátor P_s toman valores negativos. El flujo de potencia activa en el rotor se realiza de forma contraria al funcionamiento como motor; en régimen subsíncrono se toma potencia de la red hacia el rotor, y en régimen supersíncrono el rotor entrega potencia a la red.

En la Figura 5.116 se muestra el flujo de potencias del DFIG. Nótese que este diagrama es válido para funcionamiento motor o generador, sin más que considerar que las potencias P_s y P_r son entrantes o salientes (motor o generador) en sus respectivos devanados. El razonamiento que se hará a continuación es como generador. Por consiguiente, de la Figura 5.116 se deduce la ventaja fundamental del DFIG como sistema de velocidad variable. Cuando el régimen de giro supera la velocidad de sincronismo la potencia que es capaz de desarrollar el generador es superior a la potencia asignada al devanado estatórico, además el control global del sistema se realiza con un dispositivo ubicado entre el rotor y la red (doble convertidor reversible CR-CG) que maneja una fracción de la potencia total producida, lo que reduce los costes de estos equipos que, por su sofisticación, son habitualmente caros.

A continuación, se muestra un diagrama similar al anterior considerando el GIRB de los ejemplos anteriores trabajando a par constante. La potencia nominal del estátor es $P_s = 2000$ kW, 690V/400V, 50Hz, 4 polos conectado en estrella con un margen de variación de velocidad de 2:1, desde 1000 r/min a 2000 r/min ($s = \pm 1/3$). Teniendo en cuenta las ecuaciones simplificadas (5.224), (5.225) y considerando criterio motor, se muestra el flujo de potencias en el DFIG (Figura 5.117). En esta figura se observa como la potencia mecánica desarrolla por la turbina varía entre 1.33 MW y 2.67 MW (criterio generador) y el rotor absorbe de la red 667 kW a 1000 r/min e inyecta la misma potencia, 667 kW, a 2000 r/min. A la velocidad Ω_s la potencia intercambiada por el rotor es nula.

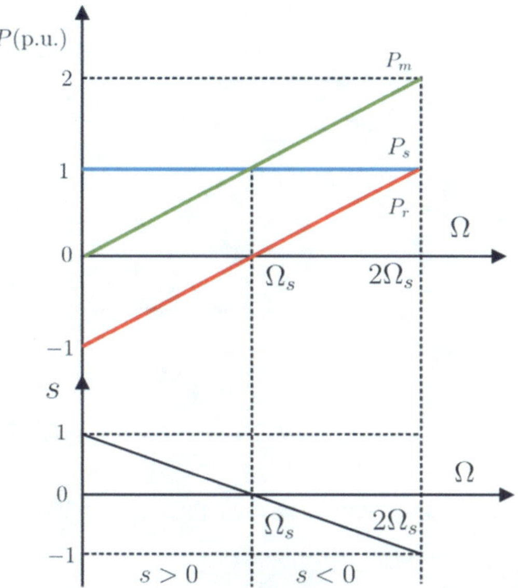

Figura 5.116. Potencia intercambiada por el DFIG. P_s constante

Otra lectura de las ecuaciones de funcionamiento del DFIG se puede realizar al considerar la potencia mecánica contante. En este caso, la potencia asignada del estátor se reduce cuando aumenta la velocidad de giro del generador, Figura 5.118. Una reducción de la potencia del estátor supone un aumento de la potencia por el rotor y, por lo tanto, por los convertidores electrónicos CR y CG. Por ejemplo, considerando ahora $P_m = 2.67$ MW (criterio generador) la potencia del estátor variaría desde 4 MW a 1000 r/min a 2 MW a 2000 r/min. La potencia del rotor absorbería 1.33 MW a 1000 r/min y generaría 667 kW a 2000 r/min.

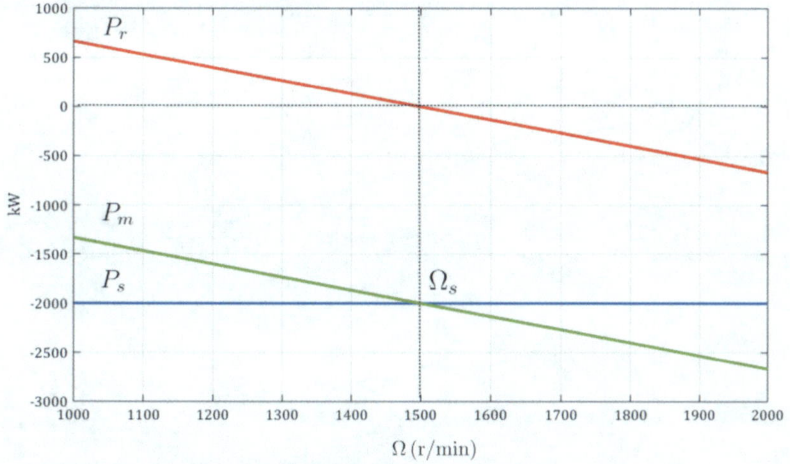

Figura 5.117. Flujo de potencias del DFIG a par constante

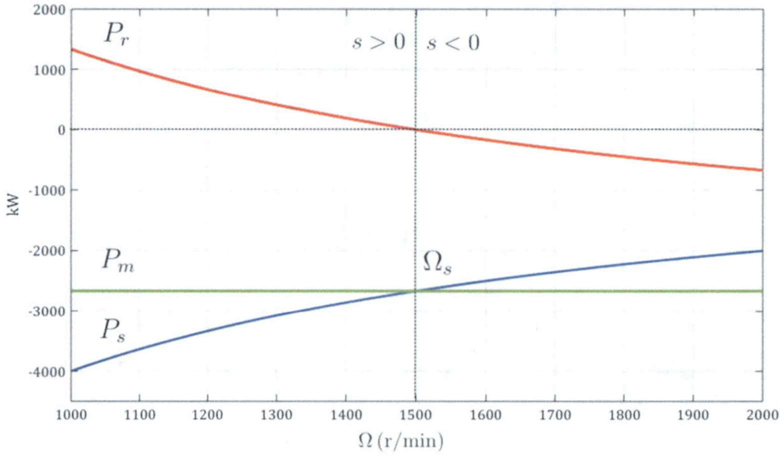

Figura 5.118. Flujo de potencias del DFIG a potencia constante

Evidentemente, para una turbina eólica no es aceptable el funcionamiento a plena potencia mecánica en todo el margen de velocidad de giro establecido, ya que implicaría doblar la potencia nominal del estátor y también de los convertidores CR y CG. En una turbina eólica de velocidad variable la curva de potencia mecánica en función de la velocidad de giro es cúbica hasta que alcanza la velocidad de giro máxima. En la Figura 5.119 se observa la distribución de las potencias en el DFIG con una potencia mecánica de la forma $P_m = k\Omega^3$. Se observa cómo la potencia intercambiada por el rotor sólo alcanza los 667kW cuando la velocidad de giro es máxima. Igualmente ocurre para la potencia del estátor, P_s es inferior a su potencia nominal hasta que se alcanzan 2000 r/min.

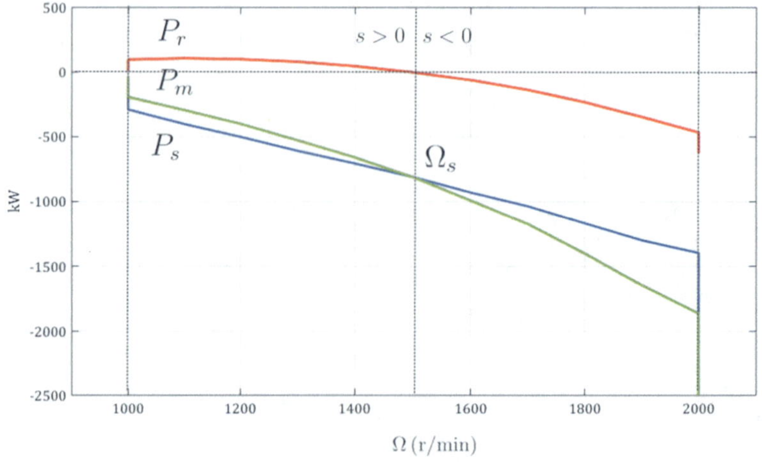

Figura 5.119. Flujo de potencias del DFIG. $P_m = k\Omega^3$

5.6.5. Diagrama de límites de funcionamiento del DFIG

El diagrama de límites de funcionamiento del DFIG representa los valores de potencia activa y reactiva que puede suministrar la máquina asíncrona funcionando como generador, considerando los límites térmicos, tanto del devanado del estátor como del rotor, así como la limitación de la máquina motriz (turbina eólica, habitualmente) en el supuesto de considerar un funcionamiento a la tensión asignada del estátor. Esta definición se podría aplicar a un generador síncrono convencional, la diferencia en el caso del DFIG es que el régimen de giro es variable y depende de la estrategia de regulación de la turbina eólica. La elección del intervalo de variación de la velocidad de giro es esencial ya que:

1. Condiciona el intercambio de potencia activa por el estátor y por rotor de la máquina para una potencia dada de la turbina eólica.
2. Afecta al valor de la tensión del rotor, que como ya se ha indicado, depende del deslizamiento y de la relación de transformación del número de espiras N_s/N_r. En el diseño se debe considerar que el convertidor CR debe ser capaz de sintetizar la tensión U_r requerida en cada punto de operación del diagrama de límites de funcionamiento.

Inicialmente se calcula el diagrama de límites de funcionamiento analizando sólo el intercambio de potencia por el estátor, posteriormente se añadirá la contribución de potencia activa por el devanado del rotor una vez establecido el deslizamiento máximo del generador.

Para la representación de la curva de límites de funcionamiento se considera que:

a) la tensión del estátor se considera constante e igual a la asignada,

b) la corriente del estátor es máxima e igual a la nominal, $I_{s,max}$,

c) la corriente del rotor es máxima e igual a la nominal $I_{r,max}$.

Atendiendo al circuito equivalente por fase de la Figura 5.114, las corrientes del estátor y del rotor están ligadas a través de la corriente de magnetización como $\vec{I}_m = \vec{I}_s + \vec{I'}_r$. Si la tensión U_s es constante, y se toma como origen de fases, la corriente de magnetización $\vec{I}_m$ es aproximadamente igual a

$$\vec{I}_m \approx -j\frac{\vec{U}_s}{X_m} \tag{5.226}$$

siendo $\vec{I}_m$ una expresión aproximada ya que se ha despreciado la caída de tensión en la impedancia $R_s + jX_{\sigma s}$. sumiendo entonces esta simplificación, en la Figura 5.120 se muestra el diagrama vectorial de las corrientes del estátor y del rotor, así como la corriente de magnetización.

La tensión de fase del estátor U_s se supone alineada con el eje de coordenadas *d*, de tal forma que

$$U_{ds} = U_s \text{ y } U_{qs} = 0.$$

La potencia activa P_s, y reactiva Q_s, absorbidas por el devanado del estátor (criterio motor) en función de las componentes dq de $\vec{I}_s$ y $\vec{U}_s$ se pueden expresar como

$$P_s = 3(U_{ds}I_{ds} + U_{qs}I_{qs}) \tag{5.227}$$

$$Q_s = 3(U_{qs}I_{ds} - U_{ds}I_{qs}) \tag{5.228}$$

y considerando el vector de tensión $\vec{U}_s$ como origen de fases ($U_{ds} = U_s$ y $U_{qs} = 0$) las expresiones anteriores de la potencia quedan como

$$P_s = +3U_sI_{ds} \tag{5.229}$$

$$Q_s = -3U_sI_{qs} \tag{5.230}$$

En (5.229) se observa cómo la potencia P_s es negativa (funcionamiento como generador) cuando la componente d de la corriente del estátor, I_{ds} es también negativa. Asimismo, cuando I_{qs}es negativa la potencia Q_s es positiva, es decir la máquina absorbe potencia reactiva de la red. En la Figura 5.120 el vector de corriente $\vec{I}_s$ se encuentra en el tercer cuadrante, de modo de ambas componentes I_{ds} e I_{qs} son negativas. En este caso la potencia activa es negativa (P_s< 0, es decir la máquina genera potencia activa) y la potencia reactiva es positiva (Q_s> 0, es decir la máquina consume potencia reactiva).

El primer límite del diagrama PQ del estátor se obtiene en el supuesto de que se mantenga constante la corriente I_s. Elevando al cuadrado las expresiones de (5.229) y (5.230), y considerando que $I_s^2 = I_{ds}^2 + I_{qs}^2$, el lugar geométrico del límite de funcionamiento del estátor es una circunferencia de radio S_n, ($S_n = 3U_sI_{s,max}$), centrada en el origen y cuya expresión es

$$P_s^2 + Q_s^2 = S_n^2 \tag{5.231}$$

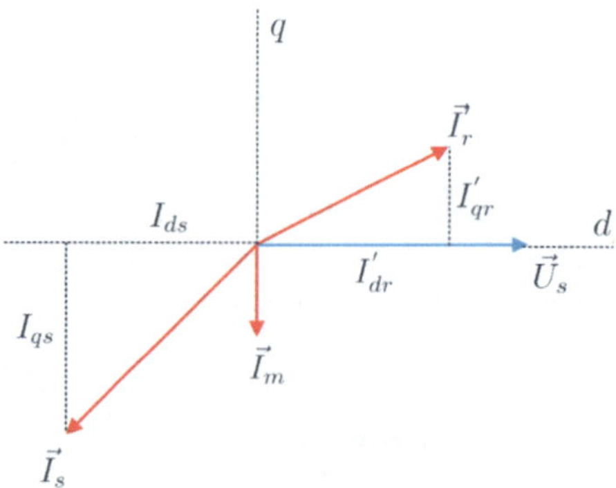

Figura 5.120. Diagrama vectorial de las corrientes del estátor y del rotor. DFIG

El segundo límite PQ se obtiene manteniendo constante la corriente del rotor. Para ello se realiza el mismo razonamiento anterior pero ahora sustituyendo las expresiones dq de las corrientes del estátor en función de las componentes dq de las componentes del rotor. A la vista de la Figura 5.120 estas relaciones quedan como

$$I_{ds} = -I'_{dr} \tag{5.232}$$

$$I_{qs} = -\left(I_m + I'_{qr}\right) \tag{5.233}$$

Sustituyendo estas expresiones en (5.229) y (5.230) se obtiene que

$$P_s = -3U_s I'_{dr} \tag{5.234}$$

$$Q_s = +3U_s\left(I_m + I'_{qr}\right) \tag{5.235}$$

La ecuación (5.235) se puede expresar como

$$Q_s - Q_0 = +3U_s I'_{qr} \tag{5.236}$$

donde Q_0 es la potencia reactiva de vacío del generador. Esta potencia reactiva es prácticamente constante y depende del cuadrado de la tensión aplicada al estátor y de la reactancia de magnetización según la siguiente expresión

$$Q_0 = 3U_s I_m = 3\frac{U_s^2}{X_m} \tag{5.237}$$

Elevando al cuadrado las expresiones (5.234) y (5.236) se obtiene la expresión de una circunferencia centrada en $(0, -Q_0)$ y de radio $S_{rs} = 3U_s I'_{r,max}$

$$P_s^2 + (Q_s - Q_0)^2 = S_{sr}^2 \tag{5.238}$$

Así pues, considerando los lugares geométricos correspondientes a la variación de la potencia activa y reactiva del estátor cuando I_s es máxima o cuando lo es I_r, se obtiene el diagrama de límites de funcionamiento del estátor como el que se muestra en la Figura 5.121.

La potencia activa P_s representada es positiva cuando la máquina entrega energía a la red (criterio generador). Igualmente, la potencia reactiva Q_s representada es positiva cuando la red tiene carácter inductivo, es decir la potencia reactiva generada es absorbida por la red. Es por esta razón que Q_0 se ha representado en el semieje negativo, ya que la potencia reactiva de vacío siempre es demandada de la red. El valor de la potencia reactiva de vacío es, en este ejemplo, Q_0 = –606.2 kVAr.

En el punto de funcionamiento A las corrientes del estátor y del rotor son máximas. La potencia activa, y reactiva, en este punto son P_A = 2087 kW y Q_A = 265 kVAr ($\cos\varphi = 0.992$) capacitivo. Como se puede observar cuando se intercambia potencia reactiva tal que $Q_0 < Q_A$ la corriente limitante es la del estátor, y al contrario cuando $Q_0 > Q_A$ la corriente limitante es la del rotor. Es decir, el generador puede absorber potencia reactiva de la red hasta que la corriente del estátor es máxima, y la puede inyectar hasta que la corriente del rotor es máxima.

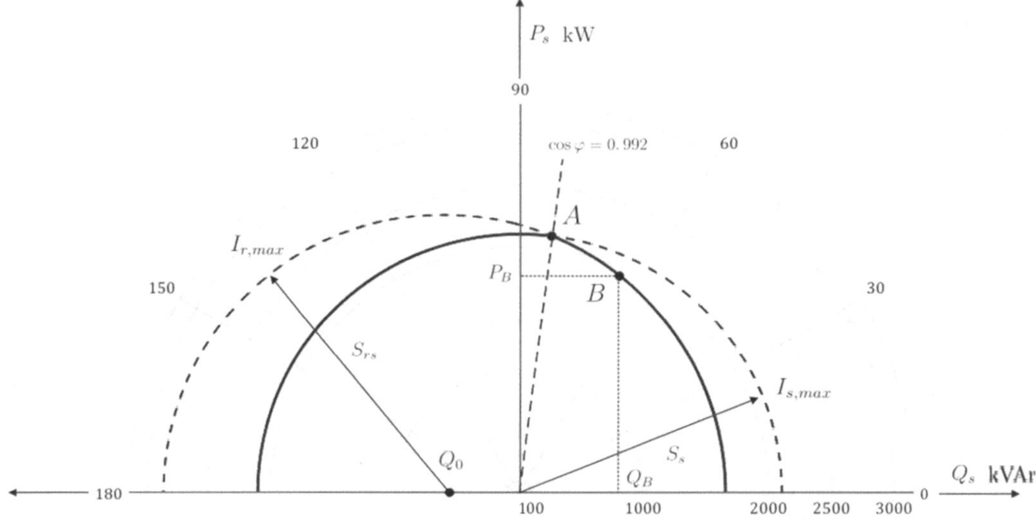

Figura 5.121. Diagrama de límites de funcionamiento del estátor

A partir del diagrama de límites de funcionamiento del estátor de la Figura 5.121, a cada potencia del estátor, P_s, se le suma la potencia del rotor cuando el deslizamiento es máximo. En este caso se ha tomado $s_{max} = -1/3$, ($P_r = -s_{max}P_s$) para obtener la potencia total generada P_g. La potencia reactiva queda inalterada, ya que como es habitual la potencia reactiva total coincide con la potencia reactiva del estátor ($Q_g = Q_s$), es decir no se intercambia potencia reactiva con el convertidor de red.

En la Figura 5.122 se muestra el diagrama de límites de funcionamiento del DFIG considerando la potencia activa total generada P_g, suministrada por el estátor y el rotor.

En el diagrama de límites de funcionamiento de la Figura 5.122 se observan los siguientes límites:

1. **Tramo OA**. En este tramo la corriente del rotor es máxima. En el punto A se alcanza la potencia activa nominal del generador, que en este ejemplo se ha considerado de 2500 kW, con un factor de potencia 0.968 que corresponde a una potencia reactiva generada Q_g = 648 kVAr.

2. **Tramo AB**. Corresponde a la limitación de potencia activa impuesta por el control de la turbina eólica. En todo el tramo la potencia generada por el estátor es P_s = 1875 kW y por el rotor P_r = 625 kW. En el punto B se alcanza la corriente máxima del estátor y el f.d.p. al que puede llegar el DFIG es 0.935 absorbiendo potencia reactiva.

3. **Tramo BC**. Todo el tramo corresponde a un funcionamiento del DFIG a corriente nominal del estator. En esta zona del diagrama la capacidad de intercambio de reactiva (Q_g< 0) es mayor que en el tramo OA, y se debe al efecto de la corriente de magnetización necesaria para crear el campo magnético en el entrehierro de la máquina. Esta corriente de magnetización implica absorber la potencia reactiva de vacío, Q_0.

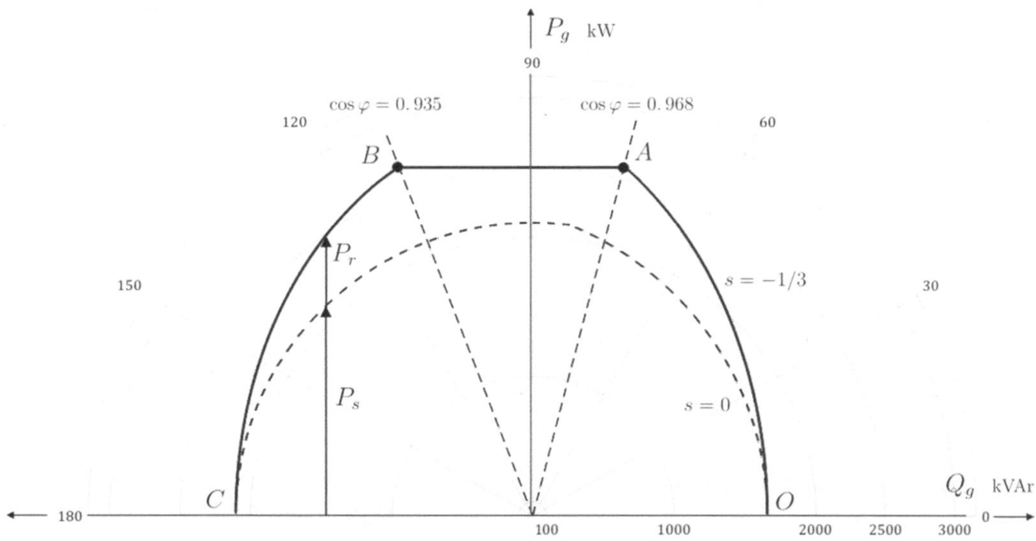

Figura 5.122. Diagrama de límites de funcionamiento del estátor

5.6.6. Control vectorial del DFIG

El control vectorial de un DFIG conectado, a través de su estátor, a una red de tensión y frecuencia constante se realiza mediante el convertidor CR conectado a los anillos del rotor del generador. Este control se realiza por orientación al campo (*field oriented control*, FOC) de las componentes de la corriente del rotor eligiendo un sistema de referencia síncrono ligado al vector de flujo del estátor $\vec{\psi}_s$. Aunque también es posible realizar el control orientado a la tensión del estátor $\vec{u}_s$ (*stator voltage-oriented control*, SVOC), ya que ambos vectores, $\vec{u}_s$ y $\vec{\psi}_s$, se encuentran en cuadratura considerando régimen permanente y despreciando la caída de tensión en la resistencia del estátor. Como se muestra a continuación la regulación de las componentes de la corriente del rotor en ambos sistemas de referencia permite el control desacoplado de la potencia reactiva intercambiada por el estátor Q_s, y el par electromagnético T_e.

5.6.6.1. Control vectorial del DFIG por orientación al flujo del estátor

En la Figura 5.123 se muestra el diagrama vectorial de una máquina asíncrona en régimen permanente funcionando como generador. Por simplicidad, sólo se han representado: los vectores de tensión e intensidad del estátor, $\vec{u}_s$ e $\vec{i}_s$, así como el flujo total estatórico, $\vec{\psi}_s$, el cual está alineado con el vector de intensidad magnetizante $\vec{i}_{ms}$. En dicho diagrama se muestran también las proyecciones del vector de intensidad del estátor, i_{ds}, en la dirección de $\vec{\psi}_s$ y en la dirección perpendicular i_{qs}.

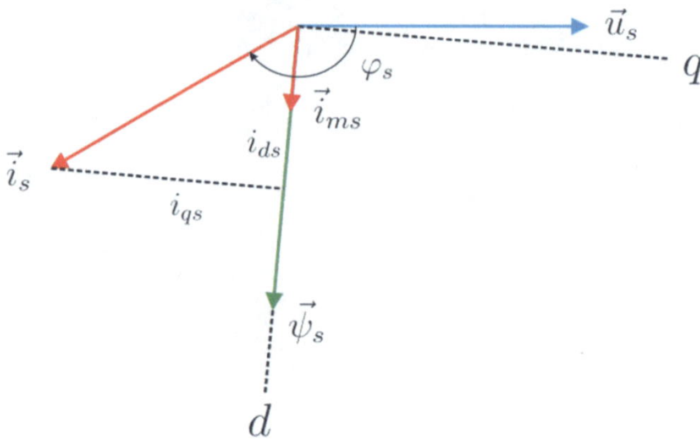

Figura 5.123. Diagrama vectorial del DFIG. Sistema *dq* orientado al flujo del estátor

Considerando el sistema de referencia síncrono orientado al flujo total del estátor se cumple por definición que $\psi_{ds} = |\vec{\psi}_s| = \psi_s$ y $\psi_{qs} = 0$. Al expresar las componentes del flujo en función de las componentes de la corriente se obtiene que

$$\psi_s = L_s i_{ds} + L_m i_{dr} \tag{5.239}$$

$$0 = L_s i_{qs} + L_m i_{qr} \tag{5.240}$$

Las componentes i_{ds} e i_{qs}, mostradas en la Figura 5.123, se calculan en función de las componentes de la corriente del rotor, i_{dr} e i_{qr} como

$$i_{ds} = \frac{\psi_s}{L_s} - \left(\frac{L_m}{L_s}\right) i_{dr} \tag{5.241}$$

$$i_{qs} = -\left(\frac{L_m}{L_s}\right) i_{qr} \tag{5.242}$$

Si se define la intensidad magnetizante del estátor, i_{ms}, como aquella que crea el flujo total del estátor multiplicada por la inductancia de magnetización, $\psi_s = L_m i_{ms}$, y se considera el coeficiente de dispersión del estátor como $\sigma_s = L_{\sigma s}/L_m$, las componentes de la corriente del estátor de las ecuaciones anteriores se pueden expresar ahora como

$$i_{ds} = \left(\frac{1}{1+\sigma_s}\right)(i_{ms} - i_{dr}) \tag{5.243}$$

$$i_{qs} = -\left(\frac{1}{1+\sigma_s}\right)i_{qr} \tag{5.244}$$

Aplicando la expresión del par de (5.171) donde $\psi_{ds} = \psi_s$ y $\psi_{qs} = 0$ se obtiene que

$$T_e = \frac{3}{2}p\psi_s i_{qs} \tag{5.245}$$

es decir, el par es proporcional al flujo del estátor y a la componente de la corriente en cuadratura con él. Sustituyendo i_{qs} según (5.244) se obtiene la expresión del par en función de la componente i_{qr} como

$$T_e = -\frac{3}{2}p\left(\frac{L_m}{L_s}\right)\psi_s i_{qr} \tag{5.246}$$

Sustituyendo ψ_s por el producto $L_m i_{ms}$ el par T_e queda como

$$T_e = -\frac{3}{2}p(1-\sigma)L_r i_{ms} i_{qr} \tag{5.247}$$

donde σ es el factor de dispersión cuyo valor es igual a $\sigma = L_m^2/(L_s L_r)$.

En un sistema de referencia síncrono orientado a $\vec{\psi}_s$, y despreciando la caída de tensión en la resistencia del estátor, las componentes de la tensión del estátor son, $u_{ds} \approx 0$ y $u_{qs} \approx u_s$, de tal forma que las expresiones de la potencia activa y reactiva del estátor quedan como

$$P_s = \frac{3}{2}\left(u_{ds}i_{ds} + u_{qs}i_{qs}\right) \approx \frac{3}{2}u_s i_{qs} \tag{5.248}$$

$$Q_s = \frac{3}{2}\left(u_{qs}i_{ds} - u_{ds}i_{qs}\right) \approx \frac{3}{2}u_s i_{ds} \tag{5.249}$$

Sustituyendo en la ecuación anterior las expresiones de i_{ds} e i_{qs} en función de las componentes de las corrientes del rotor se obtiene que

$$P_s = \frac{3}{2}u_s\left(\frac{1}{1+\sigma_s}\right)(-i_{qr}) \tag{5.250}$$

$$Q_s = \frac{3}{2}u_s\left(\frac{1}{1+\sigma_s}\right)\left(i_{ms} - i_{qr}\right) \tag{5.251}$$

En el caso de que la tensión del estátor se mantenga constante, el par electromagnético y la potencia del estátor son proporcionales a la componente en cuadratura de la corriente del rotor con signo cambiado $-i_{qr}$. De igual forma, al mantenerse u_s constante se mantiene también constante el flujo del estátor (y con él la intensidad magnetizante del estátor) de modo que la potencia reactiva cedida a la red se puede expresar como

$$Q_s = Q_0 - k_Q i_{qr} \tag{5.252}$$

siendo Q_0 la potencia reactiva de vacío. Ajustando convenientemente el signo de i_{dr} es posible conseguir que el estátor de la máquina intercambie potencia reactiva (de signo positivo o negativo) con la red. De igual forma, y según (5.250) ajustando la componente i_{qr} es posible controlar el par T_e. Es decir, cada una de las componentes de la corriente del rotor permite controlar de forma desacoplada la potencia reactiva intercambiada por el estátor y el par electromagnético

5.6.6.2. Control vectorial del DFIG por orientación a la tensión estátor

En vez de estimar la posición del vector de flujo del estátor $\vec{\psi}_s$ para establecer el control del generador DFIG, es habitual tomar el vector de tensión $\vec{u}_s$ del estátor como sistema síncrono de referencia. Esta elección se justifica ya que ambos vectores ($\vec{\psi}_s$ y $\vec{u}_s$) se encuentran prácticamente en cuadratura y la determinación de la posición del vector $\vec{u}_s$ se realiza de forma directa con un PLL. En régimen permanente el vector de tensión $\vec{u}_s$ está adelantado 90º respecto al vector de flujo del estátor $\vec{\psi}_s$ siempre y cuando la caída de tensión en la resistencia $R_s\vec{i}_s$ se considere despreciable. Ciertamente el valor de $R_s\vec{i}_s$ es muy pequeño incluso en condiciones de plena carga.

En la Figura 5.124 se muestra el diagrama vectorial de la máquina doblemente alimentada funcionando como generador tomando un sistema de referencia síncrono orientado a la tensión del estátor donde $u_{ds} = |\vec{u}_s| = u_s$ y $u_{qs} = 0$.

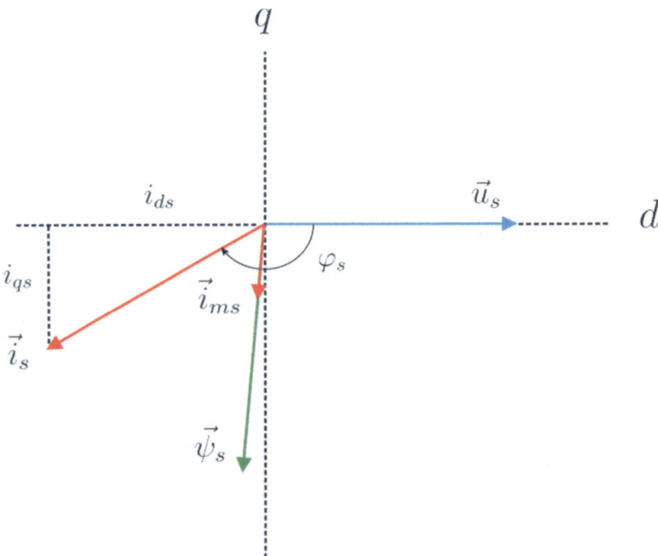

Figura 5.124. Diagrama vectorial del DFIG. Sistema *dq* orientado la tensión del estátor

Considerando este sistema de referencia y asumiendo que u_s es constante el control de la potencia activa y reactiva del estátor se realiza a través de las componentes i_{ds} e i_{qs} según las siguientes expresiones

$$P_s = \frac{3}{2}\left(u_{ds}i_{ds} + u_{qs}i_{qs}\right) \approx \frac{3}{2}u_s i_{ds} \tag{6.253}$$

$$Q_s = \frac{3}{2}\left(u_{qs}i_{ds} - u_{ds}i_{qs}\right) \approx -\frac{3}{2}u_s i_{qs} \tag{6.254}$$

Obsérvese la analogía de estas ecuaciones con (5.248) y (5.249). En este caso la componente i_{ds} es la que controla la potencia activa en lugar de i_{qs}, y de forma análoga para la potencia reactiva, ahora Q_s es proporcional a $(-i_{qs})$ cuando en el control orientado al flujo del estátor lo era a i_{ds}. Es decir, las componentes dq de la corriente están cambiadas debido a que este nuevo sistema de referencia orientado a $\vec{u}_s$ está girado 90º respecto del sistema de referencia orientado al vector $\vec{\psi}_s$.

Así pues, las componentes dq de la corriente del estátor permiten regular de forma desacoplada las dos variables de control del DFIG: a) la potencia activa del estátor (equivalente al par electromagnético) y b) la potencia reactiva del estátor. Dado que el control del DFIG se realiza a través de las corrientes del rotor, pero con el objetivo de regular la potencia activa y reactiva del estátor, es importante obtener la relación entre las componentes dq de ambas corrientes.

Asumiendo despreciable la caída de tensión en la resistencia del estátor se cumple que $\vec{u}_s \approx j\omega_s\vec{\psi}_s$ y descomponiendo en ejes dq se obtiene que

$$u_{ds} = u_s = -\omega_s\psi_{qs} \tag{5.255}$$

$$u_{qs} = 0 = \omega_s\psi_{ds} \tag{5.256}$$

de forma que las componentes del flujo del estátor son

$$\psi_{ds} = 0 \tag{5.257}$$

$$\psi_{qs} = -\frac{u_s}{\omega_s} = -L_m i_{ms} \tag{5.258}$$

Expresando las componentes del flujo del estátor en función de las correspondientes corrientes del estátor y del rotor se obtiene la relación entre las componentes dq de las corrientes del estátor y del rotor según las siguientes expresiones

$$i_{ds} = -\left(\frac{L_m}{L_s}\right)i_{dr} \tag{5.259}$$

$$i_{qs} = -\left(\frac{L_m}{L_s}\right)\left(i_{ms} + i_{qr}\right) \tag{5.260}$$

Las componentes dq de la corriente del estátor son proporcionales, y de signo cambiado, a las componentes dq de la corriente del rotor. Debido a esta relación es posible establecer directamente un sistema de control entre las corrientes del estátor y las tensiones del rotor en la forma que se indica en la Figura 5.125.

En la Figura 5.125 se observa como las componentes de las tensiones del rotor en ejes dq deben referirse a un sistema de ejes coordenados ligado al rotor aplicando la transformada inversa de Park utilizando el ángulo de deslizamiento θ_{sl}, ($\theta_{sl} = \theta_s - \theta_r$).

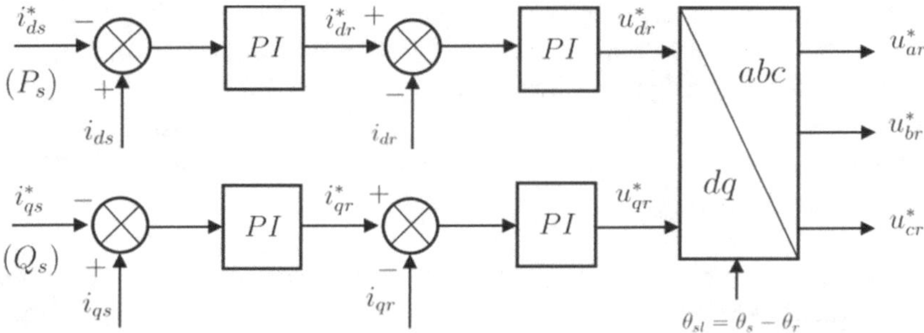

Figura 5.125. Esquema de control del DFIG en un sistema dq orientado a $\vec{u}_s$

En el control orientado a la tensión del estátor (SVOC) la regulación de par y de f.d.p. del generador se realiza controlando indirectamente las componentes dq del vector de corriente $\vec{\imath}_s$ actuando sobre la tensión $\vec{u}_r$ (Figura 5.126). En este caso existen dos reguladores PI anidados, de tal forma que el control más externo determina las componentes dq de la corriente del rotor y el regulador más interno determina las componentes dq de la tensión del rotor. Debido a que la relación entre las componentes dq de la corriente del estátor y del rotor es negativa en la Figura 5.125 se observa cómo el cálculo de la señal de error del PI externo tiene el signo cambiado.

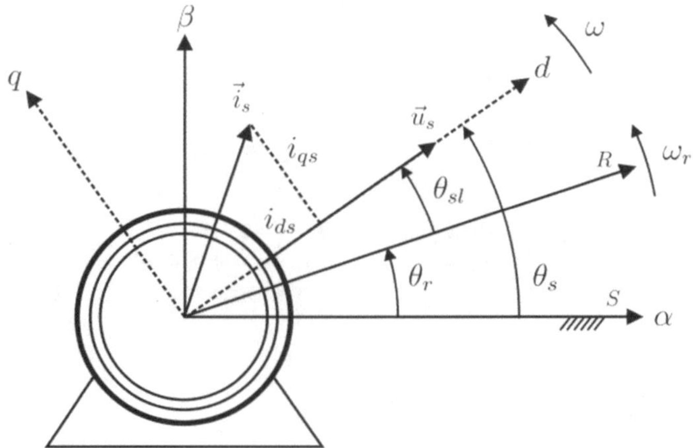

Figura 5.126. Diagrama vectorial del DFIG en un sistema orientado a la tensión del estátor

En la Figura 5.127 se muestra el diagrama de bloques correspondiente al control orientado a la tensión del estátor del DFIG. Es importante hacer notar que todo el control se realiza en valores normalizados o p.u. Las variables instantáneas medidas se normalizan respecto al valor pico de fase. Por ejemplo, la corriente instantánea del estátor i_{as} en p.u. se obtiene dividiendo su valor en A por el valor $\hat{I}_{sb}$ que para una onda sinusoidal es igual a $\sqrt{2}$ veces su valor eficaz I_{sb}, ($\hat{I}_{sb} = \sqrt{2}I_{sb}$). El mismo razonamiento se puede efectuar para la medida instantánea de tensión.

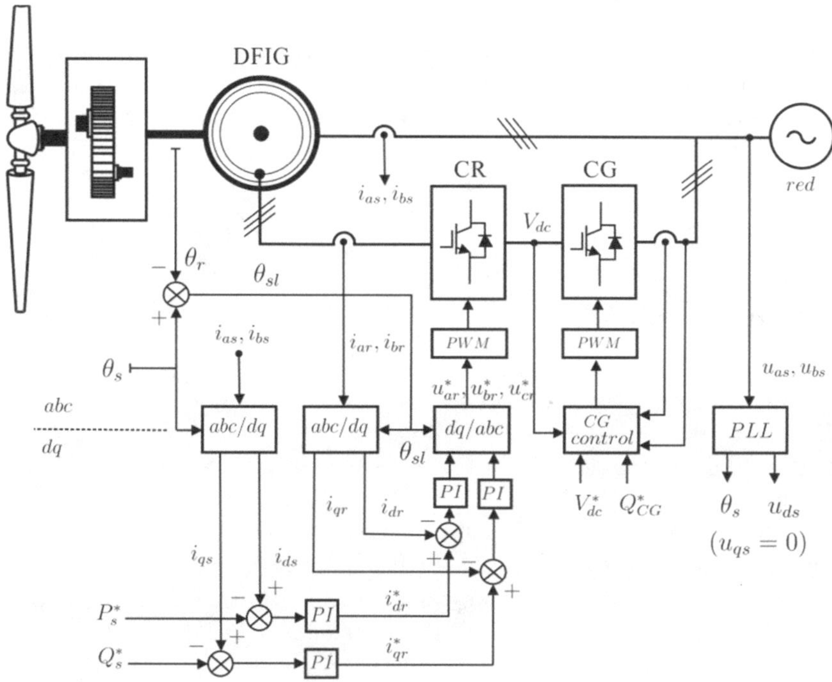

Figura 5.127. Diagrama de bloques del DFIG en un sistema orientado a $\vec{u}_s$

El ángulo de la tensión del estátor θ_s y su módulo, $u_s = u_{ds}$ ($u_{qs} = 0$) se obtiene a través de un seguidor de fase (*phase-locked loop*, PLL). El ángulo del rotor θ_r se obtiene a través de un medidor de posición, o *encoder*, que se encuentra instalado en el eje del generador. El ángulo de deslizamiento θ_{sl} que se precisa para realizar las transformaciones de Park entre las variables del sistema de referencia estacionario *abc* y el sistema de referencia síncrono, *dq*, se calcula como la diferencia entre el ángulo de la tensión del estátor y de ángulo del rotor $\theta_{sl} = \theta_s - \theta_r$.

Las consignas de control del DFIG son la potencia activa del estátor (o par electromagnético) y la potencia reactiva del estátor. A partir de estas referencias y de la medida de los valores instantáneos de potencia del estátor, se obtienen los valores de referencia de las componentes dq de las corrientes del rotor i_{dr}^* e i_{qr}^* mediante el regulador PI del lazo de control externo. Estas referencias se comparan con sus correspondientes valores instantáneos y el error se pasa a través de los reguladores PI del lazo de control interno (ver Figura 5.127). La salida de estos reguladores son las componentes u_{dr}^* y u_{qr}^* a partir de las cuales se obtienen las tensiones de referencia de fase $u_{ar}^*, u_{br}^*, u_{cr}^*$ en un sistema de referencia solidario al rotor. Estas tensiones las emplea el bloque de modulación de ancho de pulso (PWM) para generar las señales de disparo del convertidor de rotor CR.

El convertidor de red CG, se controla para mantener la tensión V_{dc} de tal forma que, en régimen permanente, las potencias activas intercambiadas por los convertidores CR y CG son iguales. Asimismo, otra de las funciones de control es intercambiar potencia reactiva según la referencia Q_{CG}^*. Habitualmente esta referencia es nula y el f.d.p. del DFIG se controla sólo mediante la potencia reactiva intercambiada por el estátor a través del control de la componente i_{qs}.

Ejemplo de aplicación 6.2.

Sea una turbina eólica de velocidad variable de tecnología DFIG, tripala, con torre troncocónica de 80 m de altura, rotor de 114 m de diámetro y 3300 kW de potencia asignada.

El seguimiento del punto de máxima potencia se realiza entre una velocidad del viento mínima de 5 m/s y una velocidad máxima de 10 m/s. En este intervalo la velocidad específica es constante e igual a $\lambda_{opt} = 9{,}55$ que corresponde a un coeficiente de potencia óptimo, también constante, $C_{p,opt} = 0{,}4159$, el cual incluye la conversión energética del rotor eólico y el rendimiento de la caja multiplicadora y el generador eléctrico. La relación de velocidades de la caja multiplicadora es de 1:125. La densidad del aire se estima en 1,225 kg/m^3.

El generador eléctrico es asíncrono trifásico de rotor bobinado 2650 kVA, fdp = 0.95, 690 V conexión estrella, 4 polos, 50 Hz siendo la tensión del rotor cuando éste está parado de 2070 V. Los parámetros del circuito equivalente normalizados son los siguientes: $R_s = 0.011$ p.u., $R'_r = 0.013$ p.u., $X_{\sigma s} = X'_{\sigma r} = 0.12$ p.u., y $X_m = 3.472$ p.u.

Se pide calcular:

1. Potencia activa total del generador expresado en kW cuando la velocidad de del viento es de 5 m/s y de 10 m/s.
2. Velocidad máxima de la turbina en la punta de la pala en m/s.
3. Velocidad de giro máxima y mínima de la turbina y del generador en r/min y deslizamientos correspondientes.
4. Relación de transformación del generador.

Cuando la velocidad del viento es 10 m/s:

5. Potencia activa generada por el estátor, P_s en kW y en p.u. Nota: Para realizar este apartado se tomarán los resultados del punto 1 y 3 considerando nulas las pérdidas del generador. Para el cálculo del valor en p.u. se usará como base la potencia aparente del estátor.

Asumiendo que el factor de potencia en el estátor es 0.95 inductivo (es decir, el estátor absorbe potencia reactiva). Se pide calcular a partir de los parámetros del circuito equivalente del generador

6. Potencia reactiva absorbida por el estátor en kVar y en p.u.
7. Corriente del estátor y del rotor en p.u. y en A.
8. Tensión de línea del rotor en p.u. y en V.
9. Potencia activa generada por el rotor en p.u. y en kW.

Se propone al lector realizar los apartados 5 a 9 cuando la velocidad del viento es de 5 m/s.

1. Potencia activa total del generador expresado en kW cuando la velocidad de del viento es de 5 m/s y de 10 m/s.

El cálculo de la potencia se realiza aplicando la fórmula de la potencia eléctrica generada en función de la densidad, el área barrida, la velocidad del viento y el coeficiente de potencia. Como la velocidad de 5 m/s y 10 m/s corresponden a los límites de la estrategia del seguimiento del punto de máxima potencia el coeficiente de potencia es el óptimo. Con estas consideraciones se tiene que

$$P_5 = \frac{1}{2}\rho V^3 \left(\frac{\pi D^2}{4}\right) C_{P,opt} = 0{,}5 \cdot 1{,}225 \cdot 5^3 \cdot \left(\frac{\pi \cdot 114^2}{4}\right) \cdot 0{,}4159 = 325 \text{ kW}$$

$$P_{10} = \frac{1}{2}\rho V^3 \left(\frac{\pi D^2}{4}\right) C_{P,opt} = 0{,}5 \cdot 1{,}225 \cdot 10^3 \cdot \left(\frac{\pi \cdot 114^2}{4}\right) \cdot 0{,}4159 = 2600 \text{ kW}$$

2. Velocidad máxima de la turbina en la punta de la pala en m/s.

Según el enuncia el seguimiento del punto de máxima potencia se realiza entre V_{min} =5 m/s y V_{max} =10 m/s. Para este último valor, la velocidad de giro de la turbina es la máxima posible y el coeficiente de velocidad específica es el óptimo λ_{opt} de modo que la velocidad máxima en la punta de la pala es

$$V_{pp,max} = \lambda_{opt} \cdot V_{max} = 9{,}55 \cdot 10 = 95{,}5 \text{ m/s}$$

3. Velocidad de giro máxima y mínima de la turbina y del generador en r/min y deslizamientos correspondientes.

Como la máquina tiene 4 polos ($p = 2$) y la frecuencia de la red es $f_s = 50$ Hz

$$n_1 = \frac{60 f_s}{p} = \frac{60 \cdot 50}{2} = 1500 \text{ r/min}$$

La velocidad de giro máxima de la turbina en rad/s se obtiene a partir de la velocidad lineal en la punta de la pala como

$$\Omega_{t,max} = \frac{V_{pp,max}}{D/2} = \frac{2\pi n_{t,max}}{60}$$

siendo $n_{t,max}$ la velocidad de giro máxima de la turbina en r/min cuyo valor es igual a

$$n_{t,max} = \left(\frac{60}{\pi}\right)\left(\frac{V_{pp,max}}{D}\right) = \left(\frac{60}{\pi}\right)\left(\frac{95{,}5}{114}\right) = 16 \text{ r/min}$$

La velocidad de giro máxima del generador se obtiene multiplicando $n_{t,max}$ por la relación de la caja multiplicadora

$$n_{g,max} = n_{t,max} \cdot r_t = 16 \cdot 125 = 2000 \text{ r/min}$$

siendo el deslizamiento máximo s_{max} correspondiente

$$s_{max} = \frac{n_1 - n_{g,max}}{n_1} = \frac{1500 - 2000}{1500} = -\frac{1}{3}$$

La velocidad de giro mínima de la turbina se obtiene considerando que en el seguimiento del punto de máxima potencia λ_{opt} se mantiene constante y por lo tanto también la relación entre la velocidad de giro y la velocidad del viento de modo que

$$n_{t,min} = \left(\frac{V_{min}}{V_{max}}\right) n_{t,max} = \left(\frac{5}{10}\right) 16 = 8 \text{ r/min}$$

$$n_{g,min} = n_{t,min} \cdot r_t = 8 \cdot 125 = 1000 \text{ r/min}$$

siendo el deslizamiento mínimo s_{min}

$$s_{min} = \frac{n_1 - n_{g,min}}{n_1} = \frac{1500 - 1000}{1500} = +\frac{1}{3}$$

4. Relación de transformación del generador.

La relación de transformación del generador se calcula como el cociente entre la tensión del estátor y la del rotor cuando éste se encuentra parado

$$m = \frac{V_s}{V_{r0}} = \frac{690}{2070} = \frac{1}{3}$$

5. Potencia activa generada por el estátor, P_s en kW y en p.u.

La potencia del estátor se obtiene a partir de la expresión aproximada indicada en la ecuación (6.215) de modo que

$$P_s = \frac{P_g}{1 - s_{max}} = \frac{2600}{1 - \left(-\frac{1}{3}\right)} = 0.75 \cdot 2600 = 1950 \text{ kW } (0{,}736 \text{ p.u.})$$

6. Potencia reactiva absorbida por el estátor en kvar y en p.u.

Asumiendo un factor de potencia de 0.95 inductivo (potencia reactiva absorbida y por lo tanto positiva)

$$Q_s = P_s\, tan(acos(0.95)) = 1950 \cdot 0{,}3287 = 640{,}93\ kvar\ (0{,}242 \text{ p.u.})$$

7. Corriente del estátor y del rotor en p.u. y en A.

Considerando que la tensión del estátor es la nominal, y se toma a demás como origen de fases, $\overrightarrow{U_s} = 1\angle 0^{\circ}$.

La corriente del estátor en p.u. tomado criterio motor es

$$\vec{I_s} = \left(\frac{\vec{S_s}}{\overrightarrow{U_s}}\right)^* = \left(\frac{-0{,}736 + j0{,}242}{1}\right)^* = -0{,}736 - j0{,}242 = 0{,}775\ \angle{-161{,}8^{\circ}} \text{ p.u.}$$

El módulo de la corriente del estátor es $I_s = 0{,}775$ p.u.

La corriente base del estátor se calcula a partir de la potencia aparente y la tensión

$$I_{bs} = \frac{S_{bs}}{\sqrt{3} \cdot U_{bs}} = \frac{2650 \cdot 10^3}{\sqrt{3} \cdot 690} = 2217{,}4 \text{ A}$$

De modo que el módulo de la corriente del estátor es $I_s = 1718{,}5$ A.

La corriente del rotor se calcula a partir de la ecuación eléctrica del estátor como

$$\vec{I'}_r = \frac{\overrightarrow{U_s} - (R_s + jX_s)\vec{I_s}}{jX_m} = \frac{1\angle 0^{\circ} - (0{,}011 + j3{,}592) \cdot (-0{,}736 - j0{,}242)}{j3{,}472}$$

$$\vec{I'}_r = 0{,}762 - j0{,}04 = 0{,}763\angle - 3^{\underline{o}} \text{ p.u.}$$

La corriente base del rotor es igual a

$$I_{br} = I_{bs} \cdot m = \frac{2217{,}4}{3} = 739{,}13 \text{ A}$$

De modo que el módulo de la corriente del rotor es $I_r = 563{,}9$ A.

8. Tensión de línea del rotor en p.u. y en V.

La tensión del rotor se calcula a partir de la ecuación eléctrica en función de las corrientes del estátor y del rotor

$$\overrightarrow{U_r} = js_{max}X_m\vec{I_s} + (R_r + js_{max}X_r)\vec{I_r}$$

de modo que

$$\overrightarrow{U_r} = j(-1/3) \cdot 3{,}472 \cdot 0{,}775\ \angle{-161{,}8^{\circ}} + (0{,}013 + j(-1/3) \cdot 3{,}592) \cdot 0{,}763\angle - 3^{\underline{o}}$$

siendo la tensión del rotor en p.u.

$$\overrightarrow{U_r} = -0{,}318 - j0{,}06 = 0{,}324\angle - 169{,}08 \text{ p.u}$$

Y multiplicando por la tensión base del rotor $U_{br} = 2070$ V

$$U_r = 670{,}68 \text{ V}$$

9. Potencia activa generada por el rotor en p.u. y en kW.

La potencia activa del rotor en p.u. se calcula como

$$P_r = R_e\{\vec{U}_r\vec{I}_r^*\} = R_e\{(0{,}324\angle - 169{,}08) \cdot (0{,}763\angle + 3^{\underline{o}})\} = -0{,}24 \text{ p.u.}$$

Al multiplicar por la base la potencia absorbida por el rotor es –636 kW, es decir, genera potencia activa por el rotor

La potencia activa total generada es la suma de la contribución del estátor (1950 kW) y la del rotor (636 kW) siendo igual a 2586 kW que corresponde a un 78,36% de la potencia nominal de la turbina (3300 kW).

BIBLIOGRAFÍA

[1] Rodríguez Amenedo, José Luis; Arnaltes Gómez, Santiago; Eloy-García Carrasco, Joaquín. "Generadores Eléctricos I. Convertidores Electrónicos". Garceta grupo editorial (2021).

[2] Rodríguez Amenedo, José Luis; Arnaltes Gómez, Santiago; Eloy-García Carrasco, Joaquín. "Generadores Eléctricos II. Máquinas Rotativas". Garceta grupo editorial (2022)

[3] Rodríguez Amenedo, José Luis, Juan Carlos Burgos Diaz, and Santiago Arnalte Gómez. "Sistemas eólicos de producción de energía eléctrica". Ed. Rueda, 2003.

[4] Fraile Mora J, Fraile Ardanuy, J "Accionamientos Eléctricos". Garceta grupo editorial (2024).

[5] Novotny D, Lipo T A, "Vector Control and dynamics of AC drives". Oxford University Press.

[6] Wu, Bin, Yongqiang Lang, Navid Zargari, and Samir Kouro. "Power conversion and control of wind energy systems". John Wiley & Sons, 2011.

[7] Power System Relaying. S.H. Horowitz, A.G. Phadke, Jhon Willey and sons. 1992.

[8] Applied Protective Relaying. Westinghouse E.C. 1979.

[9] Criterios Generales de Protección del Sistema Eléctrico Peninsular Español. Red Eléctrica de España S.A. 1995.

[10] Symap Compact Protection and Control Relay. Stucke GmbH. 2022.

[11] Protective Relaying. Principles and Applications. J. L. Blackburn. Marcel Dekker. 1987.

[12]Protecciones en las instalaciones Eléctricas. Evolución y Perspectivas. Paulino Montané. Ed. Marcombo. 1988.

[13] Transmission Network Protection. Theory and Practice. Y.G. Paithankar. Marcel Dekker Inc. 1998.

[14] Fault Location on Power Networks. M.M. Saha. J. Izykowsky. E. Rosolowsky. Springer. 2009.

[15] Analysis of faulted Power Systems. Paul M. Anderson. Iowa State University. 1973.

[16] Transient in Electrical Systems J.C. Das. Mc-Graw Hill. 2010.

[17] Sistemas Eléctricos de Gran Potencia. B.M. Weedy.Ed. Reverté, S.A. 1982.

[18] IEEE Tutorial on the Protection of Synchronous Generators. Second Edition, 2011.

Capítulo 6

SISTEMAS AISLADOS DE GENERACIÓN. EL EJEMPLO DE LA ISLA DE EL HIERRO

José Ignacio Sarasua Moreno
Universidad Politécnica de Madrid

Juan Ignacio Pérez Díaz
Universidad Politécnica de Madrid

Guillermo Martínez de Lucas
Universidad Politécnica de Madrid

Índice del capítulo

6.1. DESCRIPCIÓN DEL SISTEMA ELÉCTRICO DE EL HIERRO

La isla de El Hierro es la más joven, desde el punto de vista geológico, más pequeña y más meridional del archipiélago canario. En la actualidad cuenta con una población cercana a los 10600 habitantes ubicados en tres municipios. Desde el punto de vista energético, la isla precisa de una demanda eléctrica instantánea que osciló en el año 2021 entre los 8,6 y los 4 MW [1]. La demanda anual de energía en ese mismo año fue de 47,92 GWh lo que supuso una demanda media diaria de 131 MWh. El crecimiento de la demanda eléctrica ha sido continuo, prácticamente duplicándose la demanda instantánea y total anual en los últimos 20 años.

Tradicionalmente el abastecimiento eléctrico de la isla de El Hierro se realizó mediante la central térmica de Llanos Blancos, propiedad de Endesa, que se puso en operación en el año 1979 con un primer grupo diésel de 780 kW. En la actualidad cuenta con un total de 10 grupos diésel cuyos principales datos se recogen en la Tabla 6.1 y que suman una potencia total de 14,94 MW [2].

Tabla 6.1. Grupos diésel de la central de Llanos Blancos

Grupos	Año de puesta en marcha	Marca	Potencia nominal eléctrica bruta (kW)
LD 7	1979	Caterpillar	780
LD 9	1988	Caterpillar	1100
LD 10	1989	Caterpillar	1460
LD 11	1991	Caterpillar	1460
LD 12	1991	Caterpillar	1460
LD 13	1995	Caterpillar	1460
LD 14	2005	Man	2000
LD 15	2005	Man	2000
LD 16	2005	Man	1940
Móvil 1	1987	Caterpillar	1280
	Potencia total		14 940

El 27 de noviembre de 1997 el Cabildo de la isla de El Hierro aprueba el Plan de Sostenibilidad de la Isla. En dicho plan se recoge el proyecto de hacer de la isla un lugar autosostenido desde el punto de vista energético, plasmando una idea que se fue gestando en la década de los 80 cuando Unelco (Endesa) estableció un departamento de energías alternativas por primera vez en Canarias. El objetivo del Plan no era otro que el abastecimiento de la demanda eléctrica a partir de fuentes exclusivamente renovables. Otro hito que marcó el futuro de la Isla fue la declaración en el año 2000 por parte de la UNESCO de la isla como Reserva Mundial de la Biosfera, sello de distinción que se le concede a la por la especial conservación de su riqueza medioambiental y cultural. A continuación, en el plan de ordenamiento de El Hierro se establece un proyecto de una central hidroeólica.

En este contexto, en diciembre de 2004 se constituye la sociedad Gorona del Viento, SA, compuesta por el Cabildo de El Hierro (65,82 %), Endesa (23,21 %), el Instituto Tecnológico de Canarias (7,74 %) y el Gobierno de Canarias (3,23 %). En el año 2009 comienzan las obras que se prolongan hasta septiembre de 2013. Finalmente, en junio de 2014 tuvo lugar la inauguración de la central hidroeólica de Gorona del Viento. mientras que el 9 agosto de 2015 a las 12:00 horas Gorona del Viento, por primera vez y de forma pionera en el mundo, consiguió cubrir la demanda energética de toda la isla durante cuatro horas con energía 100 % renovable.

La central hidroeólica de Gorona del Viento está compuesta fundamentalmente por dos instalaciones desde el punto de vista energético: un parque de aerogeneradores y una central hidroeléctrica reversible. A continuación, de una manera breve, se describen las principales características de ambos componentes.

- **Parque eólico.** Consta de cinco aerogeneradores de potencia unitaria 2,30 MW que suman una potencia total es de 11,50 MW. El modelo de aerogenerador es ENERCON E70 cuya curva de operación se muestra en la Figura 6.1. Los aerogeneradores se conectan a la red a través de un convertidor de plena potencia, es decir, son de tipo IV.

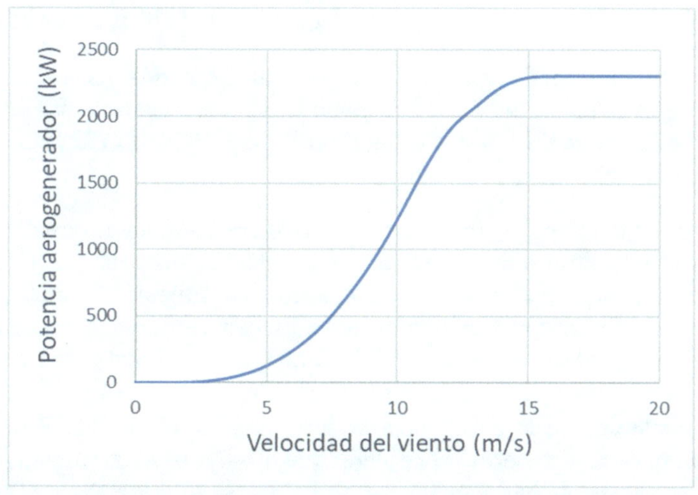

Figura 6.1. Curva de funcionamiento de los aerogeneradores de Gorona del Viento. Elaboración propia a partir de los datos facilitados en (página ENERCON)

- **Central hidroeléctrica reversible.** La central hidroeléctrica reversible ubicada en la isla de El Hierro posee grupos de tipo cuaternario, es decir, que desde el punto de vista físico se puede dividir en dos centrales, turbinación y bombeo. Ambas centrales operan de manera independiente y comparten parte de sus infraestructuras hidráulicas. En este caso las dos centrales están conectadas hidráulicamente con los mismos depósitos, superior e inferior.

El depósito superior tiene una capacidad hidráulica de 380.000 m^3 y está situado en un antiguo cráter natural conocido como «La Caldera» ubicado aproximadamente a 700 metros sobre el nivel del mar (m s. n. m.). El depósito inferior, por su parte, está situado en una vaguada natural a 50 m s. n. m. y se cierra a través de una presa de escollera. Su capacidad, 150 000 m^3, es inferior a la del depósito superior y determina la capacidad de almacenamiento energético del aprovechamiento.

La central hidroeléctrica está compuesta por cuatro grupos, con una potencia unitaria de 2,83 MW. Dichos grupos son de eje horizontal y están equipados con turbinas Pelton, máquinas síncronas y volantes que duplican su inercia para aumentar su estabilidad. El caudal máximo de generación es de 2,0 m^3/s cuando los cuatro grupos turbinan conjuntamente mientras que el salto bruto, es decir la diferencia de cotas entre los dos depósitos, ronda los 650 m.

La estación de bombeo permite elevar el agua desde el depósito inferior al superior cuando hay un exceso de potencia eólica, es decir, cuando esta supera la demanda eléctrica instantánea de la isla. Para ello se disponen de 8 máquinas hidráulicas de bombeo. Seis máquinas están equipadas con motores asíncronos de 500 kW mientras que dos de ellas, de 1500 kW cada una, están equipadas con convertidores de potencia de modo que pueden variar su potencia consumida y facilitar el arranque del resto de máquinas. Por tanto, la potencia total de la instalación es de 6,00 MW.

Respecto a las conducciones que comunican los depósitos con las turbinas y las bombas, la instalación hidráulica cuenta con dos tuberías forzadas: una para la central hidroeléctrica de 2350 m de longitud y de 1,00 m de diámetro y otra para la estación de bombeo de 3015 m de longitud y de 0,80 m de diámetro.

A partir de estos datos es posible hacer una primera valoración de la máxima energía que puede aportar la central hidroeléctrica, almacenada en sus balsas. La máxima energía que podría proporcionar la central se corresponde con una situación en que la balsa superior estuviera llena y la inferior completamente vacía. En este caso, el caudal de 2 m^3/s llenaría la balsa inferior en 75 000 segundos, es decir en 20,83 horas. Durante ese tiempo la potencia aportada por la central sería la de sus cuatro grupos a plena carga (4 × 2,83 MW), de modo que la energía contenida en la balsa superior sería de 235 MWh (11,32 MW × 20,83 h). Este valor orientativo se obtendría suponiendo que el salto bruto se mantuviera constante, a pesar de que se vaciase la balsa superior y se llenase la inferior y que el rendimiento de los grupos Pelton también se mantuviese constante. Según los datos que se presentaron con anterioridad de demanda eléctrica media diaria de la isla, en el año 2021 fue de 134 MWh, de modo que la central hidroeléctrica podría abastecer energéticamente la isla de El Hierro durante casi dos días en el caso de que no recibiese ninguna aportación procedente del viento (bombeo) y el depósito superior estuviese completamente lleno inicialmente.

De este modo, tras la puesta en marcha de la central de Gorona del Viento, la potencia instalada en la isla se puede resumir en la Tabla 6.2. Conviene no perder la perspectiva de que dicha potencia se dispone para atender una demanda punta de 8,6 MW.

Tabla 6.2. Potencias en MW de cada instalación en la Isla de El Hierro

Central Llanos Blancos. Grupos diésel	Central hidroeléctrica	Estación de bombeo	Parque eólico
14,94	11,32	6,0	11,50

Cabe añadir que recientemente, en junio de 2019, en la central de Llanos Blancos se ha instalado una batería de ion-litio de 0,65 MW de potencia y una capacidad de 3 MWh. Dicha batería inicialmente ubicada en la isla de Gran Canaria formó parte del proyecto STORE, liderado por Endesa. En la actualidad la batería, conectada a la barra auxiliar de la central de Llanos Blancos, sirve como apoyo en la alimentación de los servicios auxiliares de esta central diésel, además de dar soporte durante la puesta en marcha de los grupos térmicos.

A lo largo de los últimos años, los medios de comunicación se han hecho eco de importantes logros conseguidos por la central de Gorona del Viento en relación con el autoabastecimiento energético de la isla. Así, por ejemplo, en el día 12 de febrero de 2018 se hizo público cómo la isla de El Hierro había sido abastecida durante 18 días seguidos, entre el 25 de enero y el 12 de febrero de 2018, exclusivamente por energías renovables [3]. El año siguiente este récord se aumentó a 24 días durante el verano de 2019, entre los días 13 de julio y 7 de agosto [4].

Estas noticias, cuyo valor medioambiental es innegable, podrían hacer pensar a un lector poco avezado en materia energética que el autoabastecimiento a partir de fuentes exclusivamente renovables es un objetivo alcanzable a corto-medio plazo en la propia isla. Incluso los más optimistas podrían llegar a extrapolar los resultados de un sistema eléctrico aislado de dimensiones muy reducidas a sistemas mucho más complejos e interconectados como puede ser el sistema peninsular. Sin embargo, mantener el suministro eléctrico exclusivamente a partir de fuentes renovables no es algo tan sencillo como se irá demostrando a continuación.

Lo que se plantea en el presente capítulo es profundizar en el funcionamiento del sistema eléctrico de El Hierro: analizar los retos, dificultades, consecuencias y soluciones que implican la descarbonización del sistema eléctrico en un sistema aislado pequeño. Para ello y, en primer lugar, se analizará el sistema eléctrico de El Hierro a partir de los datos disponibles. A continuación, con vistas a la mejor comprensión de los fenómenos detallados, se procederá a la descripción del modelo dinámico que se ha desarrollado del sistema aislado de la isla de El Hierro, en el entorno de programación MATLAB® Simulink. Dicho modelo tiene como base teórica las expresiones matemáticas recogidas en los capítulos precedentes. Los resultados del modelo permitirán contrastar y comprender mejor las particularidades que implica la operación del sistema cuando únicamente intervienen las tecnologías renovables. Como se verá posteriormente, la operación del sistema en estas situaciones entraña unas dificultades que a día de hoy limitan el aprovechamiento de todo el potencial renovable instalado en la isla. A continuación, se estudian diferentes estrategias recogidas en la literatura que favorecen el aumento de la penetración renovable, de las cuales, algunas de estas ya se llevan a cabo en la actualidad en el sistema eléctrico de El Hierro.

Obviamente los resultados que se muestran, especialmente en la última parta del capítulo, son completamente extrapolables a muchos de los sistemas aislados que hay, tanto en Europa como en el resto del mundo. Pero estos resultados también pueden ser útiles e inspiradores para el desarrollo de las energías renovables en sistemas interconectados, aun teniendo en cuenta las grandes diferencias que tanto cualitativa como cuantitativamente se dan entre los dos tipos de sistemas eléctricos de potencia.

6.2. FUNCIONAMIENTO DEL SISTEMA ELÉCTRICO. IMPACTO DE LA CENTRAL HIDROEÓLICA DE GORONA DEL VIENTO

Según la información facilitada por la propia empresa Gorona del Viento, la central hidroeólica tiene una importancia muy notable en la generación eléctrica de la isla, aunque esta dista mucho del alcanzar el reto del autoabastecimiento eléctrico. En la Tabla 6.3 se muestra el porcentaje de la energía anual aportada por Gorona del Viento (renovable) y Llanos Blancos (diésel). Como se puede apreciar el valor máximo se dio en el año 2018 con un registro que alcanzó más del 55 % de la demanda mientras que en el año 2020 apenas superó el 40 %. Como valor medio, en los últimos cinco años, la penetración renovable en la isla ha sido del 48,3 %.

Tabla 6.3. Porcentaje de energía aportada al sistema de El Hierro por cada central y demanda media diaria eléctrica en los últimos años

Año	Gorona del Viento	Llanos Blancos	Demanda media diaria MWh/día
2018	55,8	44,2	116,1
2019	53,3	46,7	119,4
2020	40,6	59,4	131,4
2021	47,2	52,8	134,0
2022	44,5	55,5	140,7
Media	48,3	51,7	128,3

De este modo, la primera conclusión que puede desprenderse es que los grupos diésel, si bien han visto notablemente reducida su producción tras la puesta en operación de la central hidroeólica, no pueden de momento eliminarse del sistema. De hecho, a pesar de que la penetración renovable nunca ha sido inferior al 40 %, las horas del año cuya demanda ha sido cubierta únicamente a partir de energías renovables en los años 2020, 2021 y 2022 han sido solo de 1293, 1.28 y 1008, respectivamente. En la Tabla 6.4 se muestran estos valores para los últimos años. Durante el resto de horas, los grupos diésel han formado parte del *mix* de generación. De las 8760 horas que tiene un año, puede decirse que la mayor parte del tiempo los grupos diésel se mantienen en funcionamiento.

Aunque los valores de la Tabla 6.4 fluctúan debido a que el viento registrado a lo largo de cada año no resulta constante, puede apreciarse cómo la penetración renovable tiende a reducirse. Esto fundamentalmente es debido a que se ha ido produciendo un incremento sostenido en la demanda eléctrica de la isla, que lógicamente no puede ser absorbido por las energías renovables.

Tabla 6.4. Horas al año de funcionamiento 100 % renovable en el sistema eléctrico de El Hierro

Año	Número de horas	Porcentaje
2018	2.300	26,3
2019	1.905	21,7
2020	1.293	14,8
2021	1.328	15,2
2022	1.008	11,5
Media	1.567	17,9

A partir de los datos diarios de producción de energía eólica se pueden distribuir y clasificar los días en función de dicha energía, lo que permite establecer un histograma para cada año, que se resume en la Tabla 6.5. A partir de los cinco años de los que se disponen datos, se pueden estimar los valores medios, que gráficamente se muestran en la Figura 6.2.

Tabla 6.5. Histogramas anuales de la energía diaria eólica en MWh

Año	$E_{eol} < 10$	$10 < E_{eol} < 50$	$50 < E_{eol} < 100$	$100 < E_{eol} < 150$	$150 < E_{eol} < 200$	$200 < E_{eol}$
2018	47	73	83	58	64	40
2019	52	76	62	78	81	16
2020	64	114	60	53	51	24
2021	55	71	83	75	53	28
2022	66	79	63	61	71	25
Media	57	83	70	65	64	27

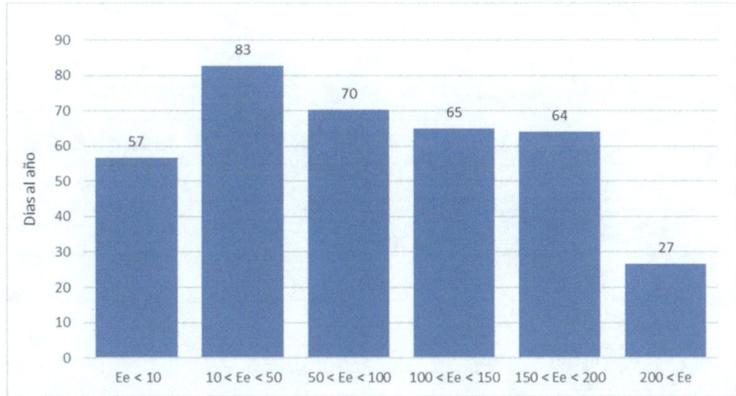

Figura 6.2. Histograma de la energía eólica media diaria producida por el parque eólico de Gorona del Viento

Tanto de la tabla como del gráfico pueden inferirse varias conclusiones:

- A lo largo de los años registrados hay un número no pequeño de días en que la energía eólica es prácticamente nula, es decir, menor de 10 MWh (téngase en cuenta que en el año 2022 la energía media diaria fue de 141 MWh). Esta cifra oscila entre los 47 y los 66 días. Como valor medio puede estimarse que a lo largo del año el número de días sin producción eólica es de 57.
- Si se supone que la demanda eléctrica diaria en un futuro no muy lejano llegará a los 150 MWh, el número de días al año en que la energía eólica disponible será suficiente para abastecer al sistema rondará los 90 días (sumando los valores medios de las dos últimas columnas de la Tabla 6.5).

Dado que se dispone de un elemento almacenador de energía, como es el depósito superior, que recibe el volumen de agua bombeado, es interesante estudiar la duración de los episodios de tiempo en los que no se dispone de energía eólica. Dicha duración se muestra en la Tabla 6.6. En ella se contabilizan el número de episodios o eventos de carestía de energía eólica en función de su duración. Se puede observar que a lo largo del año suele haber del orden de 15 días aislados sin viento mientras que si se amplía la duración del episodio a dos días el número de eventos oscila entre los 4 y los 7.

La máxima energía que puede almacenar la central reversible en el depósito superior, según se mostró en el apartado anterior, es de 235 MWh. Dado que la demanda media diaria en el año 2022 llegó a los 140 MWh, si hubiese una gestión del recurso eólico adecuada y los modelos eólicos predictivos fuesen suficientemente precisos, se podría disponer de energía almacenada hidráulica para suplir la carencia eólica en esos días sueltos a lo largo del año. Sin embargo, la capacidad de almacenamiento de la central de Gorona del Viento es tal que, cuando la duración del episodio de carencia de viento es de dos días o más, es preciso utilizar la central diésel de Llanos Blancos para abastecer energéticamente la demanda de la isla. El número de episodios de este tipo es notable. Así, en todos los años de los que se tienen datos, al menos una vez se han registrado períodos de tiempo de una duración mayor de 5 días con carencia prácticamente absoluta de viento.

Tabla 6.6. Número de eventos con ausencia de viento en función de su duración

Año	1 día	2 días	3 días	4 días	5 días	Más de 5 días	Total
2018	17	4	0	1	1	2	25
2019	14	7	2	1	0	2	26
2020	15	4	5	5	0	1	30
2021	14	5	3	1	0	2	25
2022	16	5	1	3	0	3	28
Media	14,8	5,3	2,8	2,5	0,0	2,0	27,3

A partir de la valiosa y abundante información que hace pública la propia empresa Gorona del Viento [5], es posible deducir si toda la energía que se podría extraer del viento que se registra en la isla es aprovechada por el parque eólico. Para ello, partiendo de la velocidad media del viento en cada uno de los días de los años 2018-2022 y empleando la curva de funcionamiento de los aerogeneradores (Figura 6.1), se puede calcular la máxima energía disponible. Esta energía máxima diaria se puede contrastar con la energía eólica generada realmente. En la Figura 6.3 se muestra gráficamente la diferencia entre ambas energías a lo largo de los años 2018 y 2022. Obviamente, la máxima energía, puntos naranjas, reflejan la curva de funcionamiento del aerogenerador.

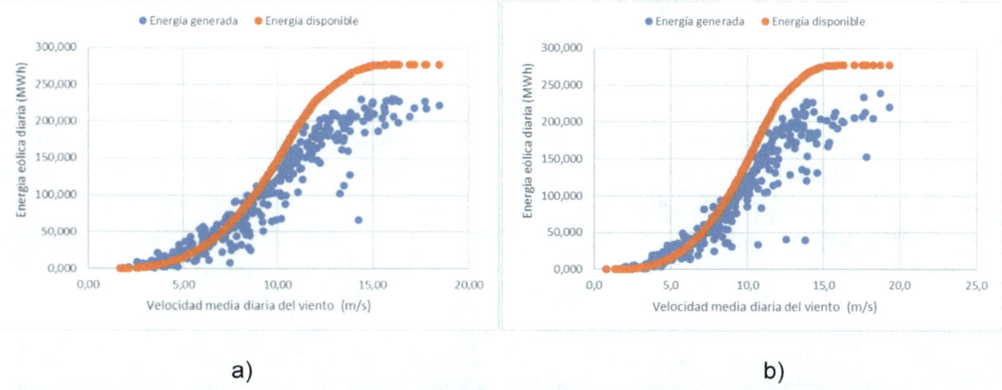

Figura 6.3. Energía eólica generada por el parque y obtenida a partir de la velocidad media de viento: a) Año 2018. b) Año 2022

De las dos gráficas contenidas en la Figura 6.3 se pueden extraer dos sencillas conclusiones:

- Para velocidades de viento reducidas hay una ligera diferencia entre ambas energías, siendo la máxima energía teórica menor que la medida en el parque en algunos casos. Esto puede deberse a que la curva teórica de los aerogeneradores difiere del comportamiento real de los mismos.

- Para velocidades de viento mayores puede observarse que hay una diferencia bastante notable entre ambas energías. Ninguno de los días de los años 2018 y 2022 se llega a extraer del viento la máxima energía disponible.

Es posible cuantificar la diferencia entre ambas energías sumando la energía diaria generada por los cinco aerogeneradores del parque y la máxima energía diaria obtenida a partir de la velocidad media del viento cada día. Estos números se muestran en la Tabla 6.7, tanto en valores absolutos como en valores relativos.

Tabla 6.7. Energía generada por el parque eólico y energía máxima teórica obtenida a partir de los datos de velocidad media diaria del viento

Año	Energía generada (GWh)	Energía máxima teórica (GWh)	% de energía generada respecto a la teórica
2018	34,73	44,24	78,5
2019	33,91	44,61	76,0
2020	27,98	37,56	74,5
2021	33,11	40,05	82,7
2022	32,20	42,84	75,2
Media	32,39	41,86	77,4

Como se puede apreciar, a partir de los datos de velocidad media diaria del viento se puede deducir que, a lo largo de estos años, no se ha aprovechado todo el potencial eólico disponible en el recurso, en concreto más del 20 % de la energía eólica teórica no se aprovecha en la realidad. No obstante, es cierto que la obtención de la energía teórica calculada a partir de la velocidad media del viento puede generar ciertos errores en su estimación. Sobre todo, en los días en que la velocidad del viento supera en muchos momentos la velocidad correspondiente a la máxima potencia del aerogenerador, que según la curva de funcionamiento del aerogenerador es de 15 m/s (ver Figura 6.1). También es cierto la potencia teórica se ha obtenido sin tener en cuenta la dinámica interna de cada aerogenerador, que tiene su propia inercia y sus tiempos de respuesta.

Para analizar un poco más en profundidad esta reducción de la potencia eólica respecto a su máximo teórico se ha obtenido dicho máximo teórico a partir de la velocidad del viento instantánea en cada uno de los cinco aerogeneradores durante las cuatro primeras semanas del mes de marzo de 2019. De esta manera se evita la distorsión que puede provocar el uso de la velocidad media diaria. De las velocidades instantáneas se han obtenido las potencias máximas instantáneas a partir de la curva de funcionamiento de los aerogeneradores. En la Tabla 6.8 se aprecia la diferencia entre la máxima energía teórica a partir de la velocidad media diaria del viento $E_{e,t,vm}$ y la máxima energía teórica a partir de la velocidad instantánea del viento $E_{e,t,vi}$. Como primera comprobación se observa que apenas hay diferencia entre ambas energías. Es cierto que los días con alto potencial eólico, dicha diferencia es apreciable, siendo inferior la energía obtenida a partir de los valores instantáneos de la velocidad. En cambio, los días en que la velocidad del viento es menor, la energía obtenida a partir de los valores instantáneos de la velocidad supera los obtenidos a partir de la velocidad media, de modo que la máxima energía total obtenida a partir de la velocidad media del viento, 3412,3 MWh, es muy similar a la procedente de la velocidad instantánea, 3398,0 MWh.

En la Figura 6.4 se aprecia la diferencia entre la máxima energía eólica disponible diariamente obtenida a partir de la velocidad instantánea medida en las primeras 4 semanas de marzo de 2019 y la que fue entregada por los aerogeneradores en ese mismo espacio de tiempo. La velocidad media del viento lógicamente es la misma. En concreto, a lo largo de estos 28 días, no se ha aprovechado un 15,8 % de la máxima energía disponible teóricamente.

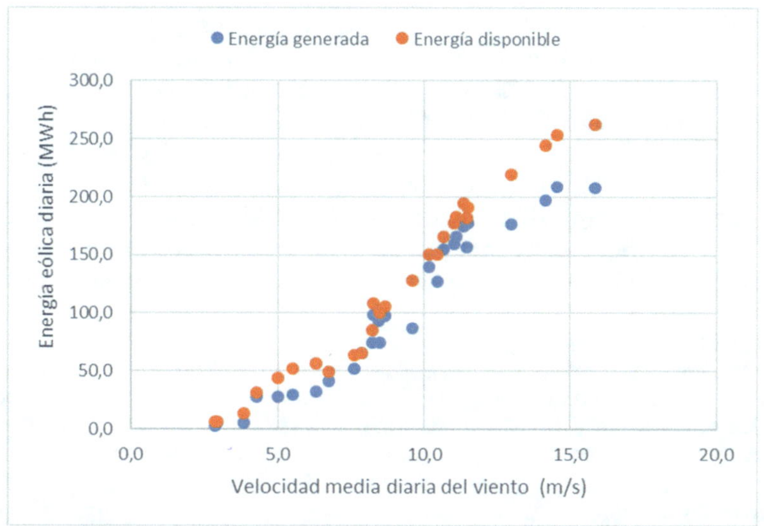

Figura 6.4. Energía eólica generada por el parque eólico y obtenida a partir de la velocidad instantánea durante las primeras cuatro semanas del mes de marzo de 2019

Una posible explicación para la no utilización de todo el potencial eólico disponible podría ser la indisponibilidad para emplear el excedente eólico de bombeo de agua desde la balsa inferior hasta la balsa superior. Esta situación podría darse si la balsa superior estuviese completamente llena o si el nivel del agua en la inferior se aproximase a su capacidad mínima. También podría producirse la situación de que la potencia disponible en la estación de bombeo no sea suficiente en ciertos momentos del día para absorber el exceso de potencia eólica.

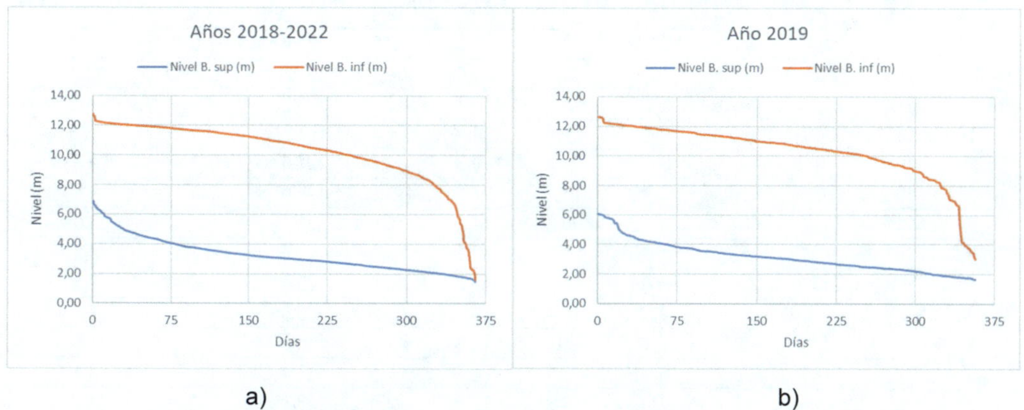

Figura 6.5. Curvas de niveles clasificados en las balsas superior e inferior: a) Años 2018-2022. b) Año 2019

Respecto al primer motivo, la disponibilidad de volumen para bombear en las balsas superior e inferior, se puede comprobar a partir del nivel del agua en ambos depósitos durante las semanas de marzo de 2019 analizadas y recogido en la Tabla 6.8. El nivel de la balsa superior llega a su valor máximo, 4,6 m, los días 23 y 24 mientras que el nivel mínimo en la balsa inferior se alcanza los mismos días con valores de 7,1 y 7,0 respectivamente. A partir de los datos históricos se han elaborado sendas curvas de niveles clasificados, una para todo el período de tiempo disponible (años 2018-2022) y otra para el año 2019, Figura 6.5. Como se puede comprobar en la figura la capacidad de las balsas no supuso en general un límite para el uso de la energía eólica disponible en los periodos analizados.

Tabla 6.8. Velocidad media del viento, máxima energía eólica teórica obtenida a partir de la velocidad media, máxima energía eólica teórica a partir de la velocidad instantánea, energía aportada a la red por los aerogeneradores, la estación de bombeo (consumida en este caso), la central hidroeléctrica, la central diésel y los niveles en las balsas superior e inferior durante las primeras 4 semanas de marzo de 2019

Día	V_{med} (m/s)	$E_{e,t,vm}$ (MWh)	$E_{e,t,vi}$ (MWh)	$E_{e,reg}$ (MWh)	$E_{e,bombeo}$ (MWh)	E_{hidr} (MWh)	E_{die} (MWh)	E_{dem} (MWh)	Nivel B. sup. (m)	Nivel B. inf. (m)
1	7,6	64,9	64,0	52,0	15,3	4,3	91,3	132,3	1,7	11,9
2	7,9	71,2	65,6	65,5	32,3	12,4	84,6	130,1	1,8	11,8
3	8,2	81,9	85,2	74,2	30,1	8,3	75,3	127,7	1,8	11,8
4	8,6	95,5	105,5	97,3	51,6	11,3	75,7	132,7	1,9	11,7
5	3,9	6,2	13,6	5,5	0,6	11,2	130,2	146,3	2,3	11,2
6	9,6	130,0	127,8	86,9	38,1	8,3	75,8	133,0	1,9	11,7
7	11,1	195,1	182,7	166,3	91,7	19,1	38,3	132,0	2,1	11,4
8	14,2	268,9	245,2	197,4	101,3	23,9	9,0	129,0	2,8	10,4
9	14,6	272,5	254,2	208,6	106,8	27,8	0,0	129,6	3,5	9,4
10	10,5	167,0	150,9	127,1	60,3	44,3	16,6	127,8	4,0	8,3
11	8,2	83,0	108,5	99,0	55,3	27,1	51,2	122,0	3,5	9,2
12	8,4	89,1	103,2	93,1	49,3	31,8	48,4	124,0	3,4	9,3
13	11,5	207,6	181,9	156,7	79,1	22,2	31,5	131,3	3,1	9,8
14	8,5	90,6	100,4	74,0	28,8	30,5	59,5	135,3	3,5	9,2
15	5,0	15,2	44,0	27,8	9,2	22,8	92,2	133,6	3,0	10,1
16	5,5	22,5	52,0	29,8	11,2	21,0	84,1	123,7	2,4	11,1
17	11,3	203,4	194,8	174,5	106,3	16,7	36,4	121,2	1,9	11,8
18	10,7	176,0	166,0	154,9	86,7	24,9	34,4	127,5	2,9	10,3
19	11,0	191,4	177,9	160,0	91,5	19,3	34,1	121,8	3,3	9,6
20	10,2	153,7	150,4	140,2	76,6	27,6	33,8	125,0	3,9	8,4
21	11,5	208,9	191,3	177,2	90,3	44,2	0,0	131,1	4,1	8,0
22	15,9	277,0	263,0	208,0	108,7	30,1	0,0	129,4	4,1	8,2
23	13,0	249,3	220,1	177,1	93,9	40,2	0,0	123,4	4,6	7,1
24	4,3	9,3	31,8	27,8	10,4	33,1	69,8	120,3	4,6	7,0
25	2,9	1,9	6,1	2,8	0,0	13,6	120,5	136,9	3,9	8,6
26	6,3	35,0	56,1	32,6	13,1	20,3	97,6	137,4	3,5	9,4
27	6,7	43,1	49,3	41,0	11,9	12,3	92,0	133,4	3,1	10,1
28	3,0	2,1	6,3	5,1	0,3	10,6	125,2	140,6	2,9	10,6
Total		**3412,3**	**3398,0**	**2862,3**	**1450,5**	**619,4**	**1607,4**	**3638,5**		

Respecto al segundo motivo, como se puede apreciar en la Tabla 6.8, la energía empleada para bombear agua es notablemente inferior todos los días a la máxima que se podría emplear, es decir 144 MWh (6,0 MW × 24 horas/día).

Para comprender mejor la operación del sistema completo de El Hierro se estudian a continuación los datos referidos a dos días del mes escogido. El día 9 marzo de 2019, la energía eólica disponible fue notable, 254,2 MWh, teniendo en cuenta que la energía máxima que los cinco aerogeneradores pueden aportar en un día es de 276 MWh (2,3 MW/aerogenerador × 5 aerogeneradores × 24 horas/día). Ese día los aerogeneradores aportaron a la red 208,6 MWh. Obviamente ese día no fue preciso emplear los grupos diésel para suministrar energía al sistema. El desglose horario de dicha energía eólica se muestra en la Figura 6.6.a. Por otro lado, el día 14 de marzo de 2019 la energía eólica disponible fue de 100,4 MWh, mientras que realmente se entregaron a la red 74,0 MWh. Este día la presencia de los grupos diésel fue necesaria, aportando 59,5 MWh al sistema. El desglose horario de la energía eólica durante dicho día se encuentra en la Figura 6.6.b.

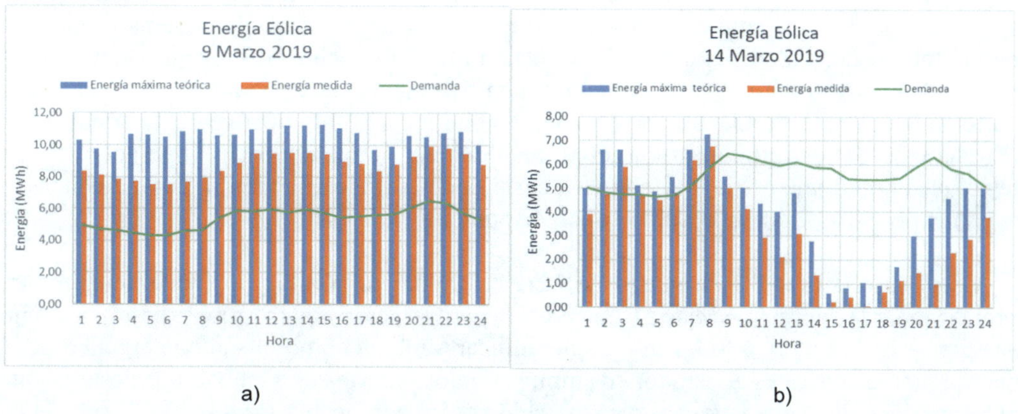

Figura 6.6. Energía eólica máxima teórica y medida en el parque: a) El día 9 de marzo de 2019. b) El día 14 de marzo de 2019

Como puede observarse en la Figura 6.6.a, a lo largo del día 9 la energía eólica generada por el parque eólico varía de manera independiente a la energía disponible. Dicha variación responde a cómo varía la demanda de energía a lo largo del día. Así, a pesar de que la energía disponible alcanza valores altos durante la madrugada, la energía puesta en red durante esas horas es claramente menor.

En la Figura 6.7 se aprecia tanto la potencia eólica registrada a lo largo de ese día como el resto de tecnologías del mix de generación, según la información disponible en la web de REE [6]. En este caso, dado que los grupos diésel no intervienen, la figura muestra únicamente la energía que toma de la red la central hidroeléctrica reversible.

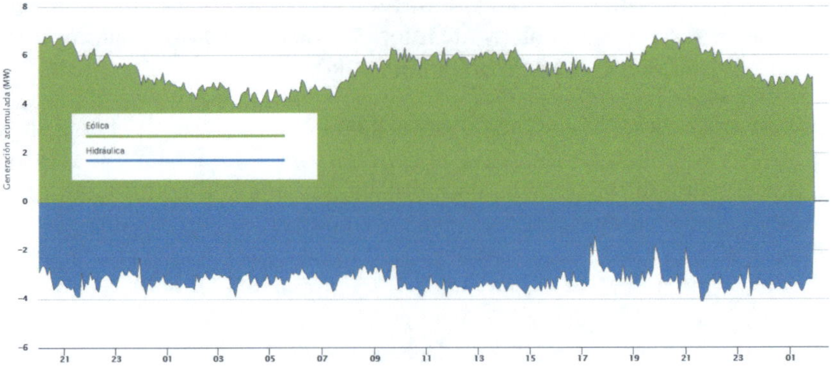

Figura 6.7. Potencia eólica e hidráulica registradas el 9 de marzo de 2019

Se aprecia cómo la energía hidráulica se mantiene oscilante en torno a un valor más o menos constante, mientras que la potencia eólica experimenta cambios que no responden a la potencia disponible a partir del recurso eólico, sino a los cambios en la demanda de energía eléctrica. Es decir, que el parque eólico realiza un seguimiento de la demanda a costa de no aprovechar todo el recurso eólico disponible. La conclusión inmediata que se desprende de la observación de este comportamiento es que el seguimiento de la demanda por parte de la central hidroeléctrica reversible, que implicaría muy posiblemente la puesta en marcha y parada de turbinas y/o bombas, resulta menos atractiva para el operador del sistema que el seguimiento de la demanda a partir de los aerogeneradores, a pesar de que esto suponga no utilizar todo el recurso eólico disponible.

En el caso del día 14 de marzo de 2019, el viento disponible no fue suficiente para proporcionar la energía necesaria y fue preciso la utilización de los grupos diésel, tal como se aprecia en la Figura 6.8. Es interesante indicar también cómo el saldo energético de la central hidroeléctrica es generador en amplios tramos horarios. Sin embargo, a pesar de que el seguimiento de la demanda no fue realizado por los aerogeneradores según se aprecia en la Figura 6.6.b, en la misma figura se aprecia cómo en ese día también se redujo la energía obtenida a partir del viento frente a la máxima disponible a partir del recurso.

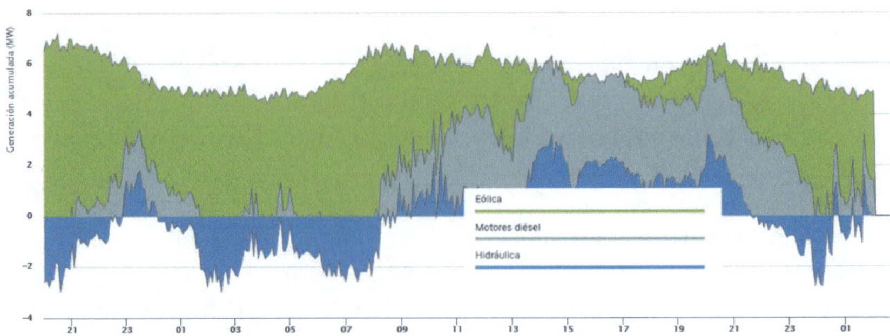

Figura 6.8. Potencia eólica, hidráulica y diésel registradas el día 14 de marzo de 2019

Por tanto, puede concluirse que, si bien en algunas ocasiones la reducción de la potencia eólica puede deberse a un seguimiento de la demanda de energía que no es asumida por la central hidroeléctrica, también se aprecia que, en todas las horas, independientemente del recurso eólico disponible, existe una disminución de la potencia eólica puesta en el sistema frente al máximo teórico.

Para profundizar en el análisis de este fenómeno, en la Figura 6.9 y la Figura 6.10 se muestra la potencia generada por el parque eólico frente a la máxima teórica a partir de la velocidad instantánea del viento a lo largo de cuatro horas de los días 9 y 14 de marzo de 2019, respectivamente. Es importante señalar que la potencia máxima teórica se ha obtenido a partir de la velocidad del viento medida con una resolución temporal de 1 segundo y la curva de funcionamiento del aerogenerador, pero sin tener en cuenta la dinámica interna de dicho elemento generador, de modo que la variabilidad real de la potencia procedente de los aerogeneradores sería menor de la que se muestra en las figuras.

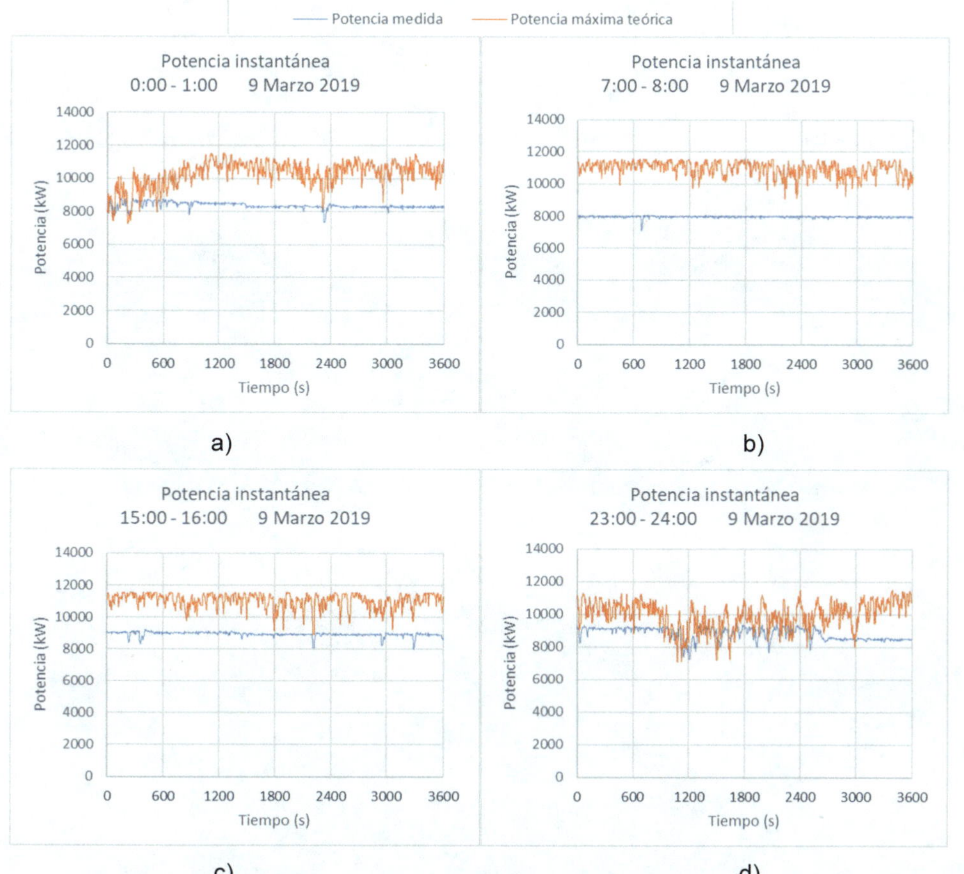

Figura 6.9. Energía eólica máxima teórica y medida en el parque el día 9 de marzo de 2019: a) Entre las 0:00 y las 1:00. b) Entre las 7:00 y las 8:00. c) Entre las 15:00 y las 16:00. d) Entre las 23:00 y las 24:00

En cualquier caso, se observa en ambas Figuras 6.9 y 6.10 que, cuando la potencia eólica producida es notablemente menor que la máxima teórica, es posible mantener la potencia de los aerogeneradores prácticamente constante. Esta observación se ve muy claramente en las Figuras 6.9b y 6.9c del día 9 de marzo y en las Figuras 6.10a y 6.10d del día 14 de marzo. En las otras figuras se aprecia cómo la proximidad de ambas potencias conduce a que la potencia generada registrada presente una variabilidad notable, dado que no puede ser ajena a las variaciones del recurso eólico. Evidentemente la inercia y la dinámica de los aerogeneradores suaviza dicha variabilidad en comparación con la que se observa en la máxima potencia teórica. Es decir, una razón importante para limitar la potencia de los aerogeneradores es reducir las oscilaciones que las variaciones del viento pueden provocar en dicha potencia. Cuanto mayor sea la reducción de potencia más insensibles serán los aerogeneradores a las rampas de la velocidad del viento de modo que su potencia sea prácticamente constante.

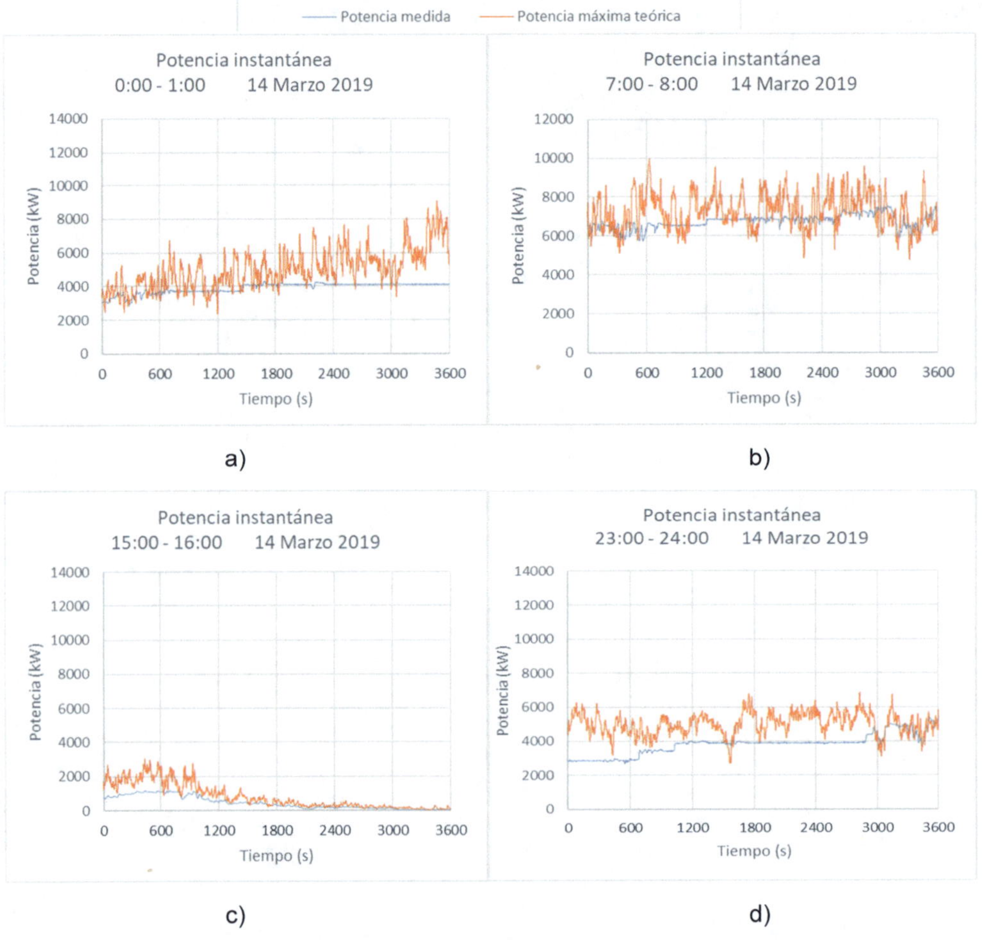

Figura 6.10. Energía eólica máxima teórica y medida en el parque el día 14 de marzo de 2019: a) Entre las 0:00 y las 1:00. b) Entre las 7:00 y las 8:00. c) Entre las 15:00 y las 16:00. d) Entre las 23:00 y las 24:00

Es conveniente resaltar que el Hierro es un sistema aislado de reducidas dimensiones desde el punto de vista eléctrico, de modo que las oscilaciones en la potencia eólica pueden comprometer muy seriamente la frecuencia de la red y por tanto la estabilidad del sistema. En la publicación [7] se analiza dicho fenómeno con detalle, aportando datos de operación real del sistema. Según dicho estudio, las rampas de potencia eólica provocan con frecuencia el deslastre de las bombas de la central reversible y a pesar de ello la frecuencia del sistema en ocasiones llega a valores cercanos a los 49 Hz. Esta es la principal razón por la que, concluye el estudio, una de las medidas que se llevan a cabo para evitar que la estabilidad del sistema se vea comprometida es limitar la potencia generada por los aerogeneradores, aunque esto implique una pérdida de parte del recurso eólico.

En otro informe, en este caso desarrollado por Endesa [8], se dan datos de la central del Gorona del Viento durante el mes de junio de 2018. A lo largo de ese mes se experimentaron variaciones de la velocidad del viento que provocaron en intervalos de 12, 36 y 60 segundos pérdidas de la generación eólica del 59,9 %, 71,1 % y del 87 % respectivamente. Es decir, se registraron episodios en los que, en apenas 12 segundos, se redujo la potencia eólica en más de la mitad, o en los que en un minuto la potencia eólica se redujo a un 13 % de la potencia inicial. Estos datos contrastan con las rampas que se observaron en el mismo período en la demanda eléctrica de la isla. En los mismos intervalos de tiempo, 12, 36 y 60 segundos, se observaron variaciones máximas de la demanda del 9,9 %, 12,0 % y 12,6 % respectivamente, de modo que se puede apreciar claramente cómo la variabilidad de la velocidad del viento supone un problema para la frecuencia del sistema mucho mayor que el ocasionado por los cambios repentinos en la demanda de energía.

La repercusión de dichas variaciones eólicas en la frecuencia del sistema es evidente. En el informe antes citado de Endesa [8], se da información acerca del tiempo en que la frecuencia de los diferentes sistemas del archipiélago canario permanece fuera de un límite dado, que en este caso es de ± 250 MHz[1]. Los resultados de dichas mediciones se muestran en la Tabla 6.9. De todos los sistemas insulares canarios, El Hierro, es con mucha diferencia el que más penetración renovable tiene, como se aprecia en la misma Tabla, 6.9. Se aprecia muy claramente cómo el Hierro es el sistema cuya frecuencia ha presentado mayor variación en los años 2017 y 2018. En este sistema se concentran el 86,6 % y 68,8 % de las horas totales registradas con la frecuencia fuera de rango en todo el archipiélago canario en cada año.

El efecto de la penetración renovable en la frecuencia del sistema puede constatarse y cuantificarse también a partir de los propios registros de la frecuencia en el sistema. En la Figura 6.11 se presentan, por un lado, la frecuencia del sistema y la demanda eléctrica del mismo (Figura 6.11a) y por otro lado, la potencia de los equipos generadores a lo largo de 24 horas del mes de mayo de 2017 entre el 4 y el 5 de mayo (Figura 6.11b). En la Figura 6.11a se observa cómo la cobertura de la demanda se produce exclusivamente a partir de fuentes renovables, es decir, los aerogeneradores y la central hidroeléctrica reversible. En

[1] Se trata del límite considerado para las variaciones normales de frecuencia, siempre que su duración sea menor de 5 minutos, en el procedimiento de operación SENP 1.

cambio, en la Figura 6.12 se muestran gráficamente los registros de las mismas variables durante 24 horas del mismo mes (9 y 10 de mayo de 2017) a lo largo de las cuales la generación eléctrica corre a cuenta de los grupos diésel casi exclusivamente. Comparando ambas figuras puede comprobarse fácilmente cómo la presencia mayoritaria de grupos generadores renovables tiene una repercusión negativa muy notable en la evolución de la frecuencia.

Tabla 6.9. Porcentaje de participación renovable en 2018 y tiempo total, en horas, con frecuencia fuera de límites ($\Delta f > \pm 250$ MHz) en los años 2017 y 2018 en los sistemas del archipiélago canario

Sistema	Participación renovable en 2018 (%)	2017	2018
Gran Canaria	11,8	4,45	9,07
Tenerife	9,6	2,49	5,90
La Palma	10,7	1,75	4,28
La Gomera	0,3	1,36	5,70
Lanzarote	7,1	0,15	0,00
Fuerteventura	5,0	0,01	0,00
Lanzarote-Fuerteventura	-	2,30	2,00
El Hierro	55,8	80,98	59,67
Total		**93,49**	**86,62**

La relación entre la variabilidad de la frecuencia y la penetración renovable se debe a diferentes causas. En primer lugar, obviamente se debe señalar la variabilidad del recurso eólico. Las rampas continuas positivas y negativas que experimenta el viento, cómo se ha descrito anteriormente, tienen su repercusión en la estabilidad del sistema cuando la potencia eólica representa un porcentaje muy elevado o mayoritario en la generación total en el sistema. Pero a este factor se le debe añadir el hecho de que los aerogeneradores están conectados al sistema a través de electrónica de potencia, de modo que la inercia del sistema en los casos en los que la demanda de energía se cubre únicamente con fuentes renovables se reduce exclusivamente a la que aportan los grupos Pelton de la central hidroeléctrica reversible. Sin embargo, cuando los grupos diésel constituyen la fuente de energía principal, la inercia síncrona que aportan sus generadores eléctricos, da mucha estabilidad dinámica al sistema, como se aprecia en los registros de la frecuencia.

La observación de la Figura 6.11 en la que se relaciona la frecuencia del sistema con la potencia aportada por los grupos generadores introduce un nuevo tema de análisis: cómo es posible acometer la regulación de la frecuencia, es decir, seguir las exigencias de la demanda a partir exclusivamente de los aerogeneradores y de la central hidroeléctrica reversible. Según la información que se detalla en el trabajo de [7] los aerogeneradores, aparte de su limitación de la potencia generada, no aportan ningún tipo de regulación de la frecuencia. Es decir, no participan en dicha regulación ni aportando inercia sintética ni modulando su producción en función de las variaciones de la demanda en tiempo real, de modo que la regulación de la frecuencia es acometida exclusivamente por la central reversible.

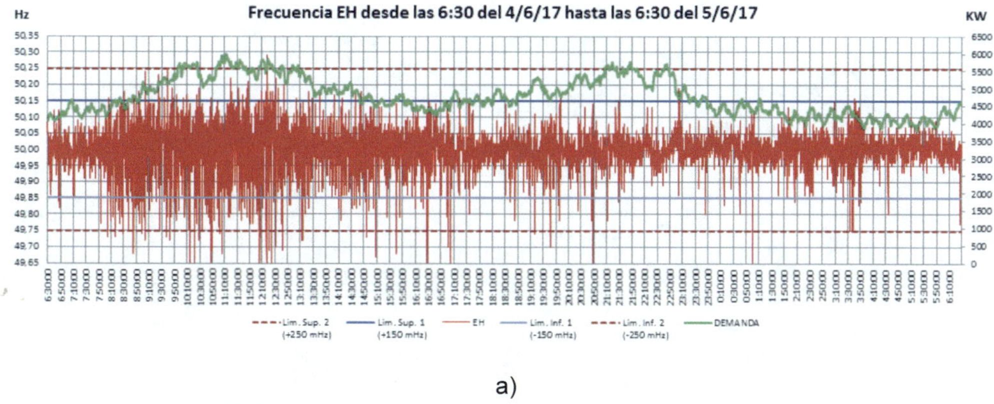

a)

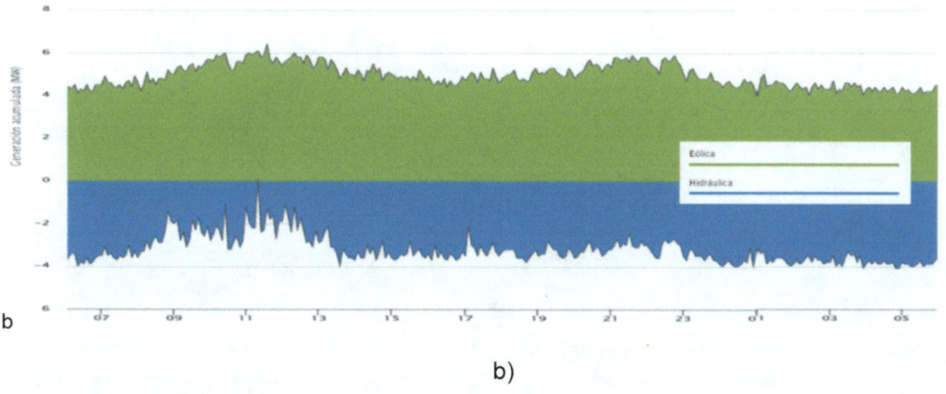

b)

Figura 6.11. Registros en el sistema eléctrico de El Hierro desde las 6:30 del 4 de junio de 2017 hasta las 6:30 del 5 de junio de 2017. a) Frecuencia y demanda [8]. b) Potencias generadas [6]

Según se aprecia en la Figura 6.11, a lo largo de las 24 horas mostradas el saldo energético de la central reversible fue consumido en todo momento y fue ligeramente inferior a los 4,00 MW en valor absoluto. Cabría preguntarse, ante dichos datos, si la regulación de frecuencia es acometida por las bombas de velocidad variable de la estación de bombeo. Como se detalló en el apartado anterior, la estación consta de seis bombas de 500 kW con motores asíncronos de velocidad fija y de dos bombas, de 1500 kW cada una, equipadas con motores asíncronos y convertidores de frecuencia, es decir, que pueden variar la potencia consumida modificando la velocidad de giro de la maquina hidráulica. De nuevo el trabajo de [7] aporta información relevante al respecto dado que en él se afirma que, en la actualidad, dichas bombas de velocidad variable participan en la regulación de la frecuencia del sistema aislado de El Hierro, de modo que cuando el sistema de El Hierro experimenta una penetración renovable del 100 %, las bombas de velocidad variable aportan su capacidad para la regulación de la frecuencia-potencia.

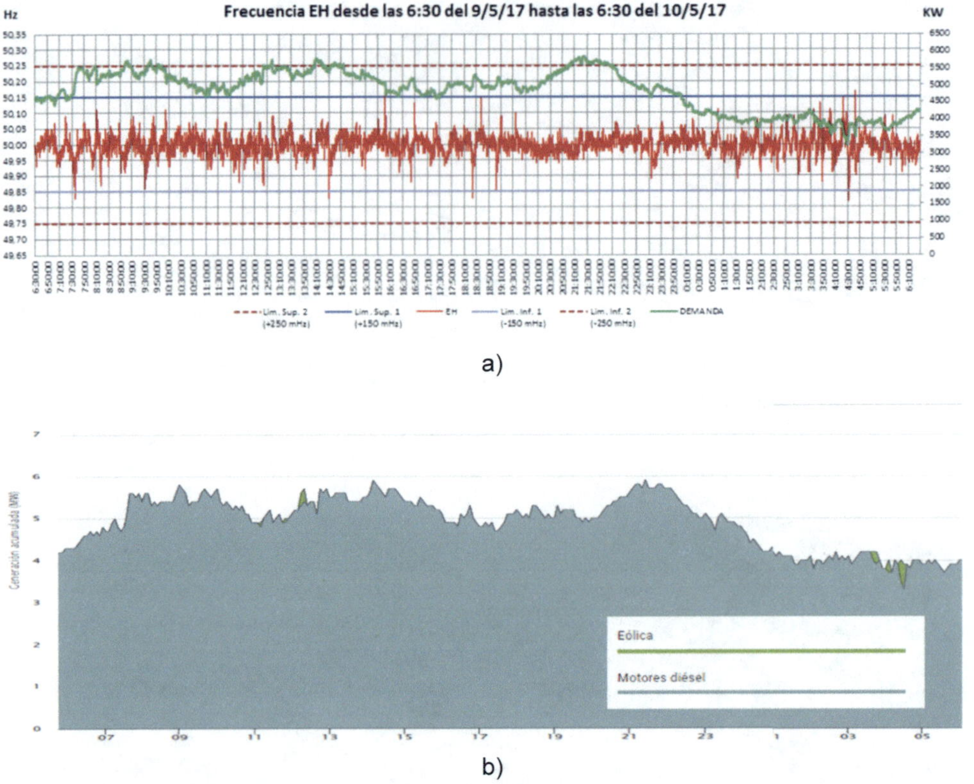

Figura 6.12. Registros en el sistema eléctrico de El Hierro desde las 6:30 del 9 de mayo de 2017 hasta las 6:30 del 10 de mayo de 2017. a) Frecuencia y demanda [8]. b) Potencias generadas [6]

Cabe preguntarse también si la capacidad de regulación de dichas bombas es suficiente para afrontar todos los requerimientos que la regulación de la frecuencia implica, sobre todo conociendo las variaciones de la potencia eólica descritas con anterioridad. La capacidad de regulación de cada una de las bombas está limitada por las velocidades máximas y mínimas de rotación que las máquinas hidráulicas pueden mantener en condiciones de seguridad. Según se muestra en la publicación [9] las máquinas hidráulicas que operan en El Hierro pueden reducir su velocidad de giro ,de modo que la potencia consumida por el motor eléctrico re reduzca hasta los 900 kW, de modo que , sumando la potencia de ambas bombas, la capacidad máxima de regulación del bombeo es de ±600 kW suponiendo que el punto de operación cada una de las bombas es de 1200 kW. Esta capacidad es claramente insuficiente para absorber las variaciones de potencia eólica registradas en la isla, así como para cubrir la desconexión accidental de uno de los cinco aerogeneradores que componen el parque eólico.

Además de las limitaciones de las bombas hidráulicas y de los aerogeneradores, se debe plantear el interrogante sobre el origen de la inercia síncrona necesaria para el correcto funcionamiento del sistema. Sabiendo que tanto los aerogeneradores como las bombas de velocidad variable están conectados a través de electrónica de potencia, obviamente las bombas de velocidad fija se muestran claramente insuficientes para aportar dicha inercia, De modo que, dado que las bombas de velocidad variable no pueden ser el único elemento regulador y las de velocidad fija la única fuente de inercia síncrona, es preciso que las turbinas hidráulicas Pelton estén en funcionamiento al mismo tiempo que la estación de bombeo. Este modo de operación es conocido como *cortocircuito hidráulico* y se describe gráficamente en la Figura 6.13.

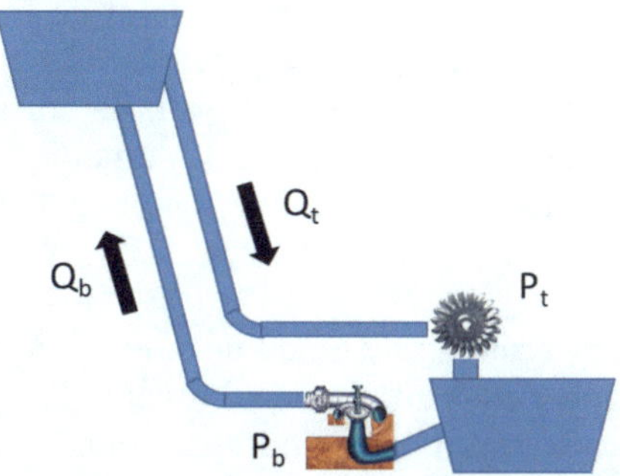

Figura 6.13. Esquema hidráulico de una central reversible con grupos cuaternarios funcionando en modo cortocircuito hidráulico

Cuando la central reversible de Gorona del Viento está funcionando en cortocircuito hidráulico las turbinas Pelton modifican de manera continua su punto de funcionamiento para afrontar, junto con las bombas de velocidad variable, los requerimientos de regulación de frecuencia del sistema al tiempo que aportan la inercia síncrona procedente de sus alternadores síncronos. De esta manera es posible que el sistema eléctrico de El Hierro pueda operar con una penetración renovable completa cuando la potencia aportada por el viento es superior a la demandada. Esta afirmación es corroborada por la información facilitada por el trabajo descrito en [7].

La inercia conjunta del rotor de los alternadores y del rodete de las turbinas es reducida. En el texto [10] se presentan fórmulas aproximadas para la obtención de dicha inercia, como la siguiente:

$$J\left(\mathrm{kg}\cdot\mathrm{m}^2\right)=13750\left[\frac{S}{N^{1,25}}\right]^{1,25} \tag{6.1}$$

siendo

S: potencia aparente de cada alternador en kVA.

N: velocidad síncrona en r/min.

En el caso de los grupos Pelton de la central, la potencia aparente es de 3300 kVA, mientras que la velocidad de sincronismo de 1000 r/min (tres pares de polos) [12], de modo que la inercia resulta 815,53 kg·m^2. Aplicando la Fórmula (1.185) del Capítulo 1 del libro sobre centrales hidroeléctricas se deduce que el tiempo de lanzamiento de cada grupo en base máquina, T_m o $2H$, es de 3,16 s, lo cual, como se ha comentado anteriormente, es un valor muy bajo, sobre todo teniendo en cuenta que los grupos Pelton en ocasiones afrontan la regulación de la frecuencia de forma exclusiva.

Según la información gráfica disponible en [11] se comprueba que la inercia síncrona de los grupos se ha incrementado mediante la instalación de volantes (uno por grupo) que tienen la forma de discos de acero de diámetro y espesor constantes, de modo que la inercia prácticamente se duplicó, llegando a los 6,0 s como valor de T_m [12], a partir de la implantación de la masa giratoria acoplada al eje de giro de cada grupo, previendo que habría momentos en que la inercia de los grupos Pelton sería la única que estaría presente en el sistema. El valor de la inercia de los grupos Pelton, sumando el disco macizo de acero, es similar a la de los grupos diésel, que presentan un tiempo de lanzamiento, T_m o $2H$, en base máquina, de 7,0 s.

Desde el punto de vista energético este modo de operación se muestra claramente ineficiente. El rendimiento del ciclo de las instalaciones reversibles convencionales suele rondar el 75 %, es decir, que por cada MWh consumido para bombear agua al depósito superior, las centrales reversibles de bombeo puro normalmente obtienen 750 kWh a partir de la turbinación del volumen de agua bombeado. La diferencia entre ambas energías se explica por los rendimientos de las máquinas hidráulicas y eléctricas, así como el rozamiento del agua en las conducciones y los cambios en el régimen turbulento del fluido. En el caso del cortocircuito hidráulico el rendimiento decae notablemente. En la Tabla 6.10, elaborada a partir de los datos disponibles en la web de la propia central, se muestran los valores tanto de la energía obtenida de las turbinas Pelton como absorbida por las bombas. Se comprueba cómo el rendimiento de la central reversible en los últimos años rondó el 40 %.

Tabla 6.10. Energía generada por el parque eólico y por la central reversible y porcentaje de energía obtenida de la turbinación frente a la empleada en el bombeo desde 2018 hasta 2022 [5]

Año	Energía eólica MWh	Energía de bombeo MWh	Energía de turbinación MWh	% energ. de turb./ energía bombeada
2018	34 734	18 735	7912	42,2
2019	33 915	17 107	6797	39,7
2020	27 983	13 273	5146	38,8
2021	33 106	15 644	5998	38,3
2022	32 203	14 683	5737	39,1
Media	**32388**	**15 888**	**6318**	**40,0**

Tras todo lo expuesto anteriormente, cabría preguntarse una última cuestión: si en los días en que la demanda eléctrica del sistema es cubierta exclusivamente por fuentes renovables, la regulación de la frecuencia es asumida por los grupos Pelton (cortocircuito hidráulico) y las bombas de velocidad variable, ¿por qué la variabilidad de la frecuencia es mucho mayor que cuando los grupos diésel están presentes en la generación de energía?

Esta pregunta puede responderse parcialmente de manera sencilla. Lógicamente, cuando los grupos diésel operan es cuando el viento es reducido, es decir, que el sistema está mucho menos afectado por la variabilidad del recurso eólico, en concreto por las rampas de viento anteriormente tratadas, de modo que la frecuencia «sufre» menos. Pero esto no es suficiente para explicar las dificultades que experimentan los grupos Pelton para afrontar la variabilidad de la demanda o de la potencia eólica en comparación con los grupos diésel.

Dichas dificultades tienen su origen en la inercia del agua contenida en las conducciones forzadas. Cuando los grupos Pelton realizan labores de regulación de la frecuencia deben asumir cambios bruscos en la demanda o en la potencia eólica. Esta regulación por tanto exige cambios en la potencia producida por cada grupo Pelton que deben realizarse rápidamente a partir de la modificación de la apertura del inyector que regula el paso de caudal al rodete de la turbina. Modificar de manera brusca el caudal de agua turbinado implica acelerar o decelerar todo el volumen de agua contenida en la tubería forzada. En el caso de la central hidroeléctrica de Gorona del Viento esta tubería presenta una longitud muy importante, 2577 metros. Para visualizar lo que suponen estos cambios se puede razonar que cuando los cuatro grupos de la central operan a plena carga el caudal que circula por la tubería es de 2,00 m^3/s mientras que la velocidad del agua en la tubería de 1,00 metro de diámetro es de 2,55 m/s. Por otro lado, el volumen del agua contenida en la tubería es de 2024 m^3. Por tanto, la energía cinética del agua en la tubería forzada es de 6580 KJ. Esta energía cinética es equivalente a la de un camión de tres ejes y 24 toneladas que viaja a 84 km/h. El tiempo de arranque del agua T_w, aplicando la Fórmula (1.55) del Capítulo 1 del libro, resulta de 1,029 s, siendo el salto bruto 650 m.

$$T_w = \frac{LQ_b}{gSH_b} = \frac{2577 \cdot 2}{9{,}81 \cdot 0{,}785 \cdot 650} = 1{,}029 \text{ s} \tag{6.2}$$

Cuando los inyectores de las turbinas se abren o cierran para incrementar o reducir el caudal y, por tanto, la potencia turbinada, es preciso frenar o acelerar el agua de la conducción. El incremento o decremento energético necesario para este cambio en la velocidad del agua se materializa gracias a la presión del agua que absorbe o aporta dichas variaciones de energía cinética prácticamente instantáneas. Es el conocido como *golpe de ariete*, cuya formulación se ha descrito en el Apartado 1.5 del Capítulo 1 del libro. Para estimar de forma aproximada la variación de presión provocada por una maniobra del inyector de la turbina se pueden emplear las conocidas como fórmulas de Allievi, Fórmula (6.3) y de Michaud, Fórmula (6.4).

$$\Delta H\,(\text{m c.a.}) = \frac{a\Delta v}{g} = \frac{a\left(Q_i - Q_f\right)}{g \cdot S} \tag{6.3}$$

$$\Delta H\left(\text{m c.a.}\right)=\frac{2L\Delta v}{g\cdot t_m}=\frac{2L\left(Q_i-Q_f\right)}{g\cdot t\cdot S} \tag{6.4}$$

donde

ΔH: altura en m c.a. (metros de columna de agua).

a: celeridad de la onda de presión.

Δv: variación de velocidad del agua en la tubería provocada por la maniobra del inyector.

g: aceleración de la gravedad.

t: tiempo en que se produce esa maniobra.

La fórmula de Allievi se aplica cuando la maniobra se produce de forma rápida y la de Michaud cuando la maniobra es lenta. Para determinar la rapidez de la maniobra se compara el tiempo en que se efectúa dicha maniobra con el tiempo crítico de la tubería t_c, Fórmula (6.5). Si el tiempo de maniobra es menor que el tiempo crítico se aplica la fórmula de Allievi (6.3) para estimar la variación de presión; en caso contrario, se aplicará la fórmula de Michaud.

$$t_c=\frac{2L}{a} \tag{6.5}$$

Por ejemplo, una reducción del 25 % del caudal nominal turbinado que se efectúa a través del cierre parcial del distribuidor en 3 s provocaría una onda de sobrepresión de 65 m c.a. Para obtener dicho valor se calcula el tiempo crítico t_c de la conducción y se compara con el de maniobra, suponiendo la celeridad de la onda de 1000 m/s, Fórmula (6.6).

$$t_c=\frac{2\cdot 2577}{1000}=5{,}15\text{ s}>3{,}0\text{ s} \tag{6.6}$$

Dado que el tiempo de maniobra es inferior al crítico de la tubería, se aplica la fórmula de Allievi (6.7)

$$\Delta H==\frac{1000\left(2-1{,}5\right)}{9{,}81\cdot 0{,}785} \tag{6.7}$$

Esta onda de presión se añade al salto neto y, por tanto, a la potencia eléctrica producida por la central, de modo que la variación brusca de la potencia eléctrica procedente de los grupos Pelton introduce fenómenos oscilatorios muy perjudiciales, dado que pueden afectar a la frecuencia del sistema. Por ello, para evitar este comportamiento inestable, es preciso limitar la rapidez con que los grupos Pelton reaccionan frente a los cambios en la potencia eólica o la demanda. Ralentizar la regulación de los grupos Pelton para evitar fenómenos oscilatorios inherentes a la inercia del agua en las conducciones es la otra razón por la que la operación del sistema es más inestable desde la perspectiva de la frecuencia cuando la penetración renovable alcanza el 100 %.

A los condicionantes hidráulicos de los inyectores habría que añadir sus propias limitaciones mecánicas que están relacionadas con la máxima velocidad con la que pueden abrirse y cerrarse los propios inyectores accionados a través de pistones de aceite. Esta velocidad está limitada, según se muestra en el trabajo de [13], a ± 0.1 p.u./s, es decir, que en 3 segundos solo es posible cerrar o abrir un 30 % la posición del distribuidor.

Sin embargo, normalmente, desde el punto de vista dinámico, los grupos diésel no presentan estas dificultades para afrontar el control de la frecuencia-potencia.

En el presente apartado se ha realizado una descripción cualitativa de la operación del sistema de El Hierro, poniendo especial énfasis en presentar las dificultades que conlleva aprovechar al máximo el recurso eólico. Como conclusión cabe indicar que limitar la variabilidad del recurso eólico y mejorar la calidad de la regulación de la frecuencia son condiciones necesarias para poder mejorar el aprovechamiento del recurso renovable sin que esto tenga repercusiones negativas en la estabilidad del sistema. En la literatura se han descrito diferentes estrategias para incrementar la penetración renovable en sistemas aislados como es la participación de los propios aerogeneradores en la regulación de la frecuencia o el uso de sistemas de almacenamiento rápido como baterías o volantes de inercia. A priori, implantar estas medidas sería positivo, pero es muy difícil inferir cualitativamente la influencia que dichas medidas, o muchas otras, podrían tener en el sistema eléctrico de El Hierro.

Para ello, en el siguiente apartado se plantea la elaboración de un modelo dinámico del sistema eléctrico a partir de sus principales componentes: central reversible, parque eólico y central térmica. Gracias a este modelo, convenientemente calibrado, será posible valorar cuantitativamente el impacto que ciertas estrategias y modos de operación, pueden tener para mejorar el nivel de utilización del recurso eólico, así como la estabilidad de la frecuencia del sistema.

6.3. MODELO DINÁMICO DEL SISTEMA ELÉCTRICO DE EL HIERRO

El objetivo del modelo que se plantea en el presente apartado es el de obtener la respuesta dinámica del sistema eléctrico de El Hierro debida a los desajustes entre la producción y la demanda de energía eléctrica de la isla. La principal hipótesis, sobre la que descansa todo el modelo, consiste en que todos los elementos productores y consumidores del sistema están conectados a un mismo nudo, de modo que la frecuencia del sistema es exactamente la misma en cada elemento en todo momento. Este tipo de modelos, conocidos como modelos inerciales o modelos de nudo único, han sido utilizados ampliamente en la literatura, sobre todo para la modelización de sistemas eléctricos aislados, especialmente insulares. Como ejemplos, en el trabajo de [14] se emplea un modelo de nudo único para obtener la respuesta dinámica de la isla de Irlanda, o el trabajo de [15] consistente en el estudio del control de la frecuencia en la isla de Madeira. El sistema eléctrico de la isla de El Hierro presenta una potencia instalada mucho menor que las de los ejemplos mencionados por lo que el modelo inercial se considera muy apropiado para el objetivo que se persigue. En la Figura 6.14 se muestra el diagrama de bloques general del modelo.

Los principales componentes del modelo son cada uno de los principales elementos productores y consumidores de energía eléctrica. De este modo se han incluido las principales instalaciones de Gorona del Viento: la central hidroeléctrica compuesta por cuatros grupos Pelton, los cinco aerogeneradores y las ocho bombas de la estación de bombeo, dos de ellas con velocidad variable y seis de ellas de velocidad fija. Se han modelado todos y cada uno de los grupos diésel de la central térmica de Llanos Blancos. Asimismo se ha incluido en el modelo la batería que se encuentra en dicha central, dado que se va a plantear la posibilidad de que dicho elemento participe en la regulación de la frecuencia. Finalmente se incluye la demanda de la isla como último elemento.

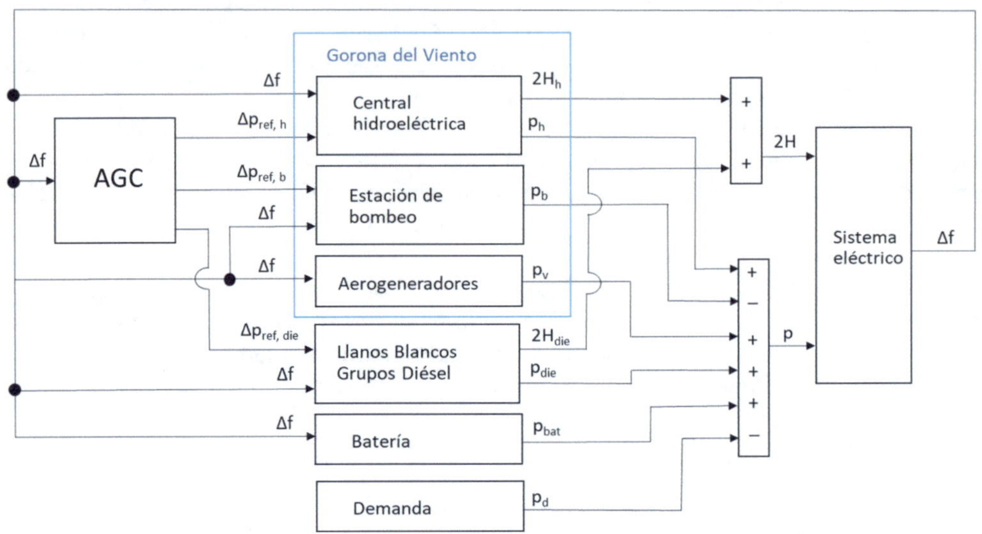

Figura 6.14. Diagrama de bloques del modelo del sistema eléctrico aislado de la isla de El Hierro

Como se puede apreciar en la Figura 6.14, de los bloques del modelo de la central hidroeléctrica y de la central térmica, no solo se obtienen las respectivas potencias producidas por cada tecnología, sino que también se adquieren las constantes de inercia síncronas resultantes de todos los grupos Pelton y diésel conectados durante cada simulación ($2H_h$ y $2H_{die}$, respectivamente). La suma de dichas inercias determina la inercia síncrona de todo el sistema, $2H$.

El modelo plantea que la regulación de la potencia se haga en dos niveles: regulación primaria y regulación secundaria. Los desequilibrios que se producen entre la potencia generada y consumida en cada instante producen desvíos en la frecuencia, Δf, que dependen de la magnitud del desequilibrio y de la inercia síncrona disponible en el sistema. La central hidroeléctrica, la central térmica y la estación de bombeo, según se muestra en el apartado anterior, participan en la regulación primaria. Adicionalmente, tanto los aerogeneradores como la batería, en algunas simulaciones, participarán de dicho servicio de regulación por lo que también reciben la señal de frecuencia.

Cada grupo generador, las bombas, los aerogeneradores y la batería tienen asignado un estatismo para establecer su contribución a la regulación primaria. El error permanente que introduce la regulación primaria en la frecuencia es corregido por los grupos participan en la regulación secundaria. En este caso se ha determinado que las tecnologías que contribuyen a la regulación secundaria sean las turbinas Pelton, los motores diésel y las bombas de velocidad variable. Los bloques que representan el comportamiento de estas centrales reciben la consigna procedente del AGC (*Automatic Generation Control*) para realizar la regulación secundaria ($\Delta p_{\mathrm{ref},h}$, $\Delta p_{\mathrm{ref},b}$ y $\Delta p_{\mathrm{ref,die}}$). El bloque AGC recibe como entrada el error de la frecuencia y reparte la acción correctora de la regulación secundaria entre los grupos que participan de dicho servicio de regulación.

Para elaborar el modelo y realizar las correspondientes simulaciones se ha empleado el programa informático Matlab Simulink en su versión 2022b. A continuación, se describe el contenido de los bloques de cada uno de los componentes del modelo completo tal cual se muestra en el diagrama de la Figura 6.14.

6.3.1. Sistema eléctrico

La ecuación que permite obtener la respuesta dinámica de la frecuencia en el sistema es la Ecuación 6.8. expresada en valores por unidad. Dicha ecuación es equivalente a la 1.185 del Capítulo 1 de Centrales hidroeléctricas, pero suponiendo que además de la potencia generada por los grupos Pelton p_h también se cuenta con la potencia consumida por las bombas p_b, la generada por los aerogeneradores p_v y los grupos diésel p_{die}, la demanda eléctrica de la isla p_d y la consumida o inyectada por batería p_{bat} en el caso de que se conecte para dar regulación de frecuencia (se supone que la potencia de la batería es positiva cuando se descarga y aporta energía a la red y negativa cuando se carga y consume energía del sistema).

$$\left(p_h - p_b + p_v + p_{die} \pm p_{bat} - p_d\right)\frac{1}{f}\frac{1}{\left(\sum 2H_{die,i} + \sum 2H_{H,i}\right)} = \frac{\mathrm{d}f}{\mathrm{d}t} \tag{6.8}$$

En la expresión se muestra cómo los cambios en la frecuencia d*f*/d*t* se deben a los desequilibrios instantáneos entre la potencia generada y la consumida en el sistema. La magnitud de estas variaciones también depende de la inercia síncrona conectada al sistema en esos momentos. En la Ecuación (6.8) la inercia del sistema es el resultado de la suma de la inercia o los tiempos de lanzamiento de cada grupo diésel e hidroeléctrico que se encuentra sincronizado en ese momento.

De la ecuación se deduce de una manera muy intuitiva que este aspecto es muy importante en la estabilidad del sistema. Un mismo desequilibrio de potencias (por ejemplo, por la desconexión accidental de un aerogenerador) puede provocar una caída muy brusca de la frecuencia si la inercia es baja (valor reducido de $2H$), mientras que la pendiente de la caída de la frecuencia (*ROCOF*, *Rate Of Change Of Frequency*) se suaviza si se aumenta la inercia (valor elevado de $2H$). La velocidad con la que la frecuencia decrece o aumenta es muy importante en un sistema tan vulnerable como el de El Hierro. Si la caída de la frecuencia es lenta, es decir, si hay mucha inercia conectada, los grupos térmicos e hidráulicos tienen tiempo suficiente para poder activar sus reservas de regulación primaria. En caso contrario, si la velocidad a la que varía la frecuencia del sistema es superior a la velocidad a la que pueden modificar su punto de funcionamiento, la frecuencia podría alcanzar valores que obligasen a desconectar parte de las cargas conectadas, siguiendo el denominado *plan de deslastre*, para evitar la pérdida de suministro de energía eléctrica en toda la isla. En el caso de El Hierro, no es algo extraordinario que caídas bruscas de la frecuencia conlleven inevitables desconexiones de las bombas.

De este modo, a igualdad de desequilibrio, cuanta mayor sea la inercia del sistema más estable será este. Desde el punto de vista de la estabilidad del sistema, no es lo mismo un grupo conectado generando 2,00 MW que dos a media carga, del mismo tamaño, produciendo 1,00 MW cada uno. Aunque económicamente pueda resultar inconveniente, esta segunda alternativa supone un aporte de inercia doble al hecho de tener solo un grupo arrancado.

Como se ha descrito en la primera parte del presente apartado, el modelo reproduce los dos primeros niveles de la regulación de la frecuencia, es decir, la regulación primaria y la regulación secundaria. La regulación terciaria queda fuera del alcance del modelo.

La regulación primaria es realizada en el sistema y por tanto en el modelo, por todos los grupos que se disponen para dicho servicio de manera automática y autónoma. En este caso participan primeramente en la regulación primaria los grupos diésel, Pelton y las bombas de velocidad variable. Posteriormente se planteará la posibilidad de que participen en este servicio los aerogeneradores y la batería. La respuesta de la regulación primaria de cada grupo es determinada por su recta de estatismo. La pendiente de esta, denominada precisamente estatismo, se fija con anterioridad por el operador del sistema dependiendo tradicionalmente de la tecnología del grupo.

El estatismo R, como se muestra en la Figura 6.15 y la Ecuación (6.9) permite relacionar los cambios producidos en la frecuencia con la modificación que la potencia del grupo correspondiente debe acometer para afrontar dichos cambios. En algunas ocasiones el estatismo se expresa en función de su inversa, denominado entonces como *potencia regulante del grupo*.

$$R = -\frac{\Delta f}{\Delta P} \quad \left[\mathrm{Hz}/\mathrm{MW} \right] \tag{6.15}$$

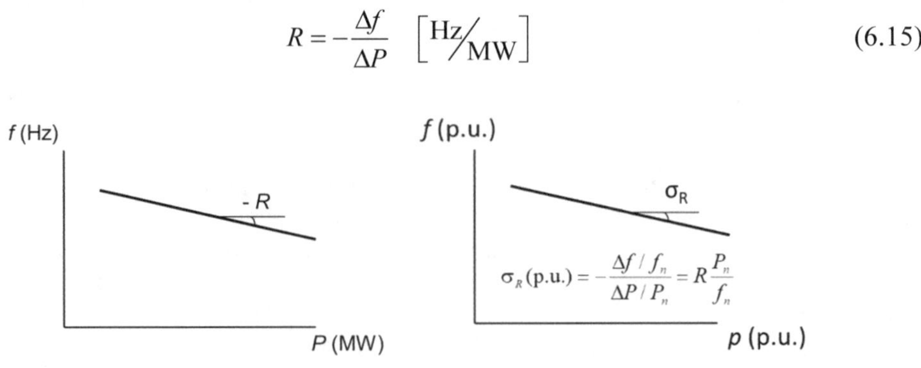

Figura 6.15. Rectas de estatismo: a) En valores absolutos. b) En valores por unidad

En los modelos dinámicos el estatismo se suele emplear expresado en valores por unidad, σ_R. Para obtener su valor, según la expresión que se muestra en la Figura 6.15b es preciso conocer la potencia nominal del grupo P_n y la frecuencia nominal del sistema f_n, que en el caso de la isla de El Hierro es de 50 Hz.

La regulación primaria tiene por objeto frenar y limitar los desvíos de frecuencia de manera rápida y coordinada, pero introduce un error permanente que debe ser corregido por la regulación secundaria. En el caso de un sistema aislado como el que compone la isla de El Hierro, únicamente hay una zona de regulación. Por ello el error de la frecuencia que no es corregido por la regulación primaria es asumido íntegramente por un único gestor o AGC que asigna a cada grupo una consigna de potencia de regulación secundaria. Las ecuaciones que rigen dicho controlador se muestran en el siguiente apartado.

6.3.2. *Automatic Generation Control* (AGC)

En este caso, como hipótesis de trabajo, se supondrá que todos los grupos térmicos e hidroeléctricos que participan de la generación también lo hacen de la regulación secundaria recibiendo consigna de potencia procedente del AGC, $\Delta p_{ref,h}$ y $\Delta p_{ref,die}$, tal como se muestra en la Figura 6.14. En los casos en que se plantee que las bombas de velocidad variable aporten regulación también recibirán consigna procedente del AGC, $\Delta p_{ref,b}$, por lo que contribuirán a la regulación secundaria.

El bloque AGC tiene por misión reproducir el comportamiento dinámico del elemento regulador que envía una consigna de potencia a cada grupo a partir del error de frecuencia. Para ello, en primer lugar, el desvío de frecuencia se traduce en la variación de potencia total requerida mediante el parámetro K_f, Expresión (6.10). El valor de K_f, que se comporta como la potencia regulante de todo el sistema, se obtiene como suma de las potencias regulantes de cada uno de los grupos que participan en la regulación, es decir, depende de su estatismo.

$$\Delta P_{R2} = -\Delta_f \cdot K_f \tag{6.10}$$

La variación de potencia requerida por la regulación secundaria, ΔP_{R2}, se divide entre los grupos que participan de la regulación secundaria a través de los coeficientes de reparto K_u. El criterio para establecer dichos coeficientes ha sido en función de su capacidad de regulación, es decir, proporcionalmente a la potencia regulante de cada grupo. Obviamente la suma de todos los coeficientes de reparto de los grupos presentes en cada simulación debe ser la unidad, Expresión (6.11).

$$\sum K_u = \sum_1^j K_{u,h,j} + \sum_1^m K_{u,die,m} + \sum_1^n K_{u,b,n} = 1 \tag{6.11}$$

La consigna de variación de potencia repartida entre los grupos se ejecuta a través de un control integral que introduce una constante temporal T_u. Dicha constante permite variar indirectamente el tiempo en el que se desarrolla completamente la respuesta de la regulación secundaria. Desde el punto de vista dinámico el AGC se comporta como una función de transferencia de primer orden, de modo que , si se produjese un escalón de frecuencia, el AGC distribuye dicho escalón en el tiempo según las necesidades del sistema, ver Figura 6.16. Así, por ejemplo, en península las centrales disponen de un máximo de 400 s (casi 7 minutos) para desarrollar completamente la respuesta exigida por la regulación secundaria, de modo que T_u no podría superar el valor de 100 s. En el caso de un sistema aislado como El Hierro este valor será notablemente inferior, como se apreciará en el apartado de calibración del modelo.

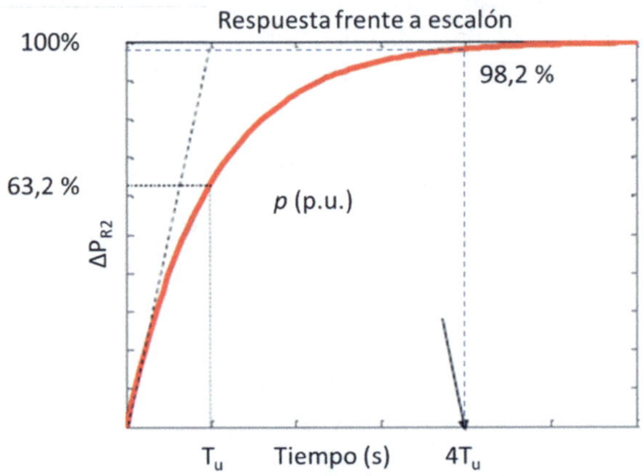

Figura 6.16. Respuesta retardada del AGC frente a una variación en escalón de la potencia de referencia

De modo que la variación de la potencia de referencia que el AGC envía a cada uno de los grupos conectados en cada simulación se puede obtener según la Expresión (6.12). Esta expresión está particularizada para los grupos hidroeléctricos.

$$\Delta p_{ref,h,j} = \frac{K_{u,h,j}}{T_u} \int \Delta P_{R2} \mathrm{d}t \tag{6.12}$$

6.3.3. Central hidroeléctrica

La central hidroeléctrica de Gorona del Viento comunica dos embalses, superior e inferior a través de una única tubería forzada que, a su vez, alimenta cuatro grupos Pelton idénticos de 2,83 MW.

Dinámicamente la central se puede dividir en tres bloques principales, o, mejor dicho, familias de bloques semejantes: tubería forzada, grupo y regulador. Mientras que la tubería forzada es única, el modelo consta de cuatro grupos que son controlados respectivamente por cuatro reguladores. En la Figura 6.17, por razones de simplicidad y claridad, únicamente se han mostrado los bloques asociados al grupo I.

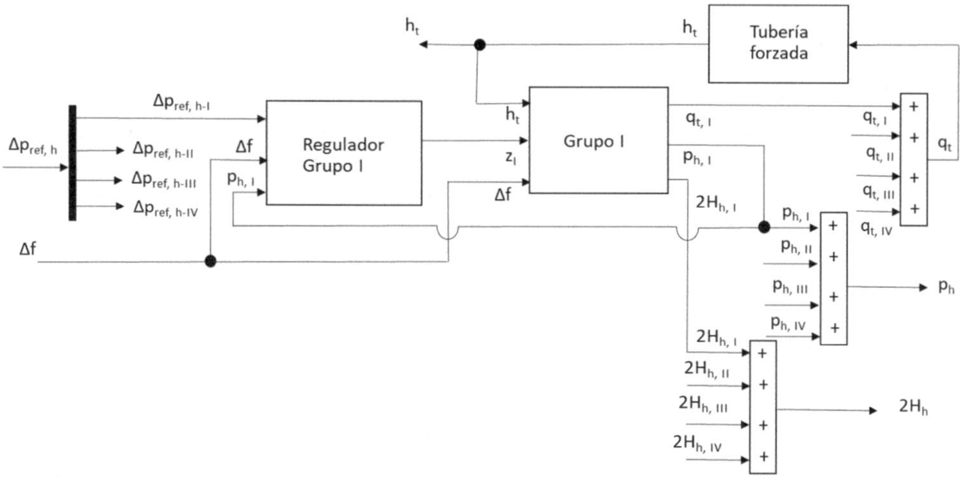

Figura 6.17. Diagrama de bloques simplificado de la central hidroeléctrica de Gorona del Viento

El modelo dinámico de la central recibe como inputs el error de frecuencia del sistema para afrontar la regulación primaria, Δf y la variación del punto de funcionamiento que debe asumir cada grupo como consecuencia de las exigencias de la regulación secundaria (en este caso, $\Delta p_{ref,h}$). Es decir, la consigna enviada desde el AGC. Asimismo, del modelo de la central se extrae la potencia eléctrica que los grupos que están en operación inyectan en el sistema, p_h, así como la inercia que dichos grupos aportan al mismo, $2H_h$.

Para modelar la central hidroeléctrica se han asumido ciertas hipótesis que habitualmente se presuponen en la modelización de este tipo de sistemas:

- A lo largo de las simulaciones el nivel, tanto en la balsa superior, como en la balsa inferior, se mantiene constante. Evidentemente, conforme la central va turbinando caudal, el nivel del agua en el depósito superior disminuye mientras que el inferior aumenta, lo que afecta al salto bruto disponible. Sin embargo, dada la duración de las simulaciones que se van a realizar (del orden de minutos), el error que se comente por esta simplificación es despreciable.
- La respuesta dinámica del alternador, es decir, de la máquina eléctrica del grupo, es extraordinariamente rápida en comparación con la del resto de componentes de la central. Esto permite suponer que el lapso de tiempo que transcurre desde que la turbina modifica su potencia mecánica y el alternador transforma esta modificación en potencia eléctrica es despreciable. Esta hipótesis evita la modelización de la respuesta dinámica de la máquina eléctrica, es decir que la potencia mecánica generada por la turbina se supone igual la potencia eléctrica del grupo.

La tubería forzada tiene una longitud considerable, cercana a los 3 km, de modo que se desestima el uso de un modelo de agua rígida para reproducir su comportamiento dinámico. Se precisa de un modelo que permita introducir tanto la deformabilidad de la conducción como la compresibilidad del fluido, es decir, que contemple el "golpe de ariete". Se ha optado por un modelo de parámetros concentrados, descrito en el Apartado 1.5.1.2 del Capítulo 1 destinado a centrales hidroeléctricas. En este caso, se divide la tubería forzada en diez tramos de idéntica longitud correspondientes al esquema en Γ invertida. El primer tramo del modelo de parámetros concentrados, el ubicado aguas arriba de todos ellos, recibe como input el nivel del embalse superior mientras que el último tramo, el ubicado inmediatamente aguas arriba de las turbinas, la suma de los caudales turbinados por todas ellas, q_t. Asimismo, el nivel de energía en el tramo final es el salto disponible para cada grupo, h_t. Dado que la longitud de las conducciones que comunican el punto final de la tubería forzada y cada una de las turbinas es muy reducida en comparación con toda la tubería se desprecia su respuesta dinámica. En la siguiente tabla se muestran los principales valores de los parámetros del modelo de tubería forzada. Como salto y caudal base se han empleado respectivamente el salto neto nominal de la central (647,396 m) y la suma de los caudales nominales de cada turbina (2,00 m^3/s).

Dado que no se dispone de información precisa de las turbinas Pelton de 2,83 MW con que está equipada la central de Gorona del Viento, se ha optado por el uso de las expresiones generales reflejadas en la parte final del Apartado 1.5.3 del Capítulo 1, particularizadas para las turbinas de la central.

Tabla 6.11. Principales valores de los parámetros del modelo de tubería forzada

Magnitud	Nominal
Longitud (*L*)	2.577 m
Diámetro (*D*)	1,00 m
a	1.193 m/s
T_w (s)	1,033 s
T_e (s)	2,160 s
$r/2$ (10^{-3})	16,379

En el caso del regulador se ha optado básicamente por un controlador PI, dado que la componente derivativa afecta a la estabilidad de las turbinas que deben afrontar las variaciones de presión de una tubería forzada extremadamente larga, además de la consigna de potencia y la variación de frecuencia. Además del propio controlador, el regulador consta del servo según se indica en la Figura 6.18. En la figura se aprecia cómo el controlador recibe como variables a controlar por un lado el desvío de la frecuencia Δf y por otro la consigna de la potencia procedente del AGC $\Delta p_{\text{ref}, h\text{-}I}$. Esta consigna es comparada con la potencia instantánea que está generando el grupo $p_{h,I}$ para establecer el error de potencia. Este error, a través del estatismo σ, se traduce en el correspondiente desvío de frecuencia que es corregido por el controlador PI.

Para ajustar las ganancias de dicho controlador se han seguido las indicaciones que se muestran en el trabajo de [16] en el que se estudian los efectos del golpe de ariete en el control de una central hidroeléctrica que opera en un sistema en isla. Los principales parámetros de los reguladores de los grupos se muestran en la Tabla 6.12. El valor del estatismo se determinará mediante la calibración del modelo en el Apartado 6.3.8.

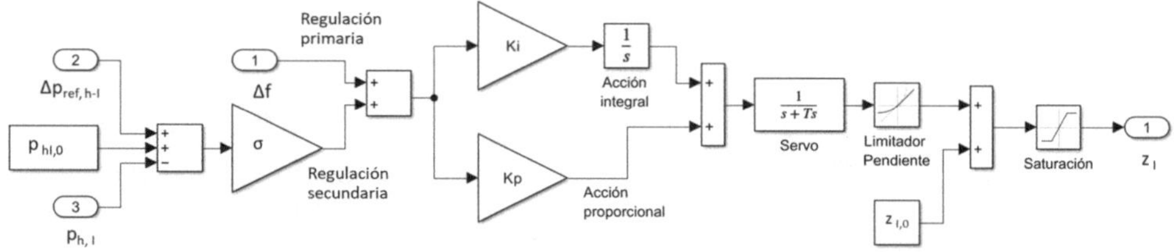

Figura 6.18. Diagrama de bloques del modelo de regulador de velocidad y el distribuidor del grupo I de la central de Gorona del Viento

Tabla 6.12. Parámetros de los reguladores de los grupos de la central hidroeléctrica

Magnitud	Nominal
K_p	1,4286
K_i	0,6494
T_s	0,5 s

6.3.4. Estación de bombeo

La estación de bombeo, como se indicó en la parte inicial del presente capítulo, está compuesta por seis bombas alimentadas por seis respectivos motores asíncronos de 500 kW y por dos bombas también alimentadas por motores asíncronos de 1500 kW conectados a la red a través de sendos convertidores de potencia. El punto de operación de las primeras es único para cada valor del salto bruto, mientras que las segundas pueden variar su punto de operación, modificando la velocidad de giro del grupo.

Al igual que en el modelo de la central hidroeléctrica, también se consideran constantes los niveles de ambos depósitos como hipótesis de trabajo. En cambio, en este caso, sí es necesario distinguir entre la potencia eléctrica del motor $p_{el,B\text{-}i}$ y la potencia mecánica de la bomba hidráulica $p_{me,B\text{-}i}$.

En la Figura 6.19 se muestra el diagrama de bloques de la estación de bombeo modelada, incluyendo en dicha figura únicamente una de las bombas de punto fijo, bomba III y otra de las bombas de velocidad variable, bomba I.

El bloque de la estación de bombeo recibe como entrada el error de frecuencia del sistema, Δf, a partir del cual se modifica la potencia consumida por los motores asíncronos de las bombas de velocidad fija, a través del deslizamiento de la máquina, s_{nom}, ver Ecuación (6.13). Las bombas que operan en punto fijo en el modelo son las numeradas del 2 al 7. En esta expresión, $n_{p,i}$ es la velocidad de giro de la máquina hidráulica en p.u. mientras que N_{syn} y $N_{\text{nom},i}$ son las velocidades de sincronismo y nominal de cada bomba, en r/min.

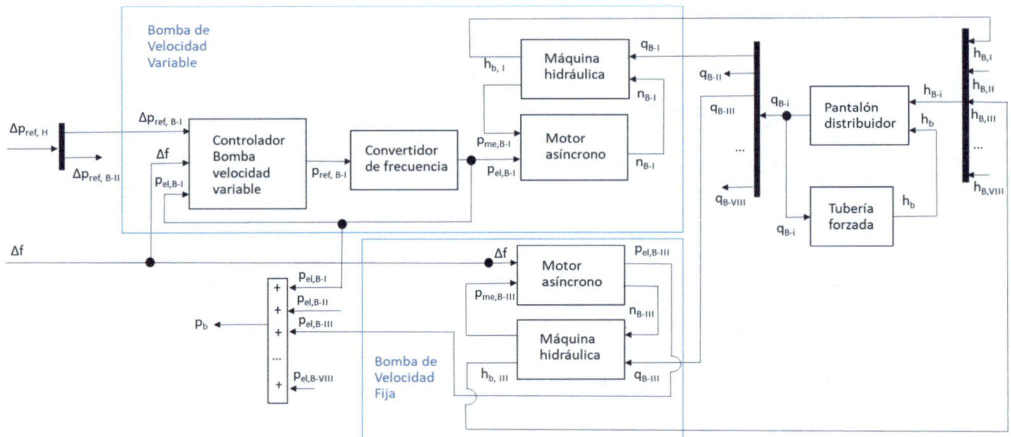

Figura 6.19. Diagrama de bloques simplificado de la estación de bombeo de Gorona del Viento

$$p_{e,i} = \frac{1 - \dfrac{n_{p,i}}{f}}{s_{\text{nom}}} \left(\frac{N_{syn}}{N_{\text{nom},i}} \right) \qquad i \in [II, VII] \tag{6.13}$$

Las bombas de velocidad variable modifican la potencia eléctrica que consumen en función del desvío de frecuencia, Δf y la consigna de potencia $\Delta_{p\text{ref},B\text{-}i}$, de acuerdo con un controlador proporcional-integral implementado en el *bloque controlador bomba velocidad variable* (6.19).

$$p_{\text{ref},B-i} = \left(K_{p,b} + K_{i,b} \int \mathrm{d}t \right) \left(\frac{\Delta f}{\sigma_b} + \Delta p_{\text{ref},B-i} + p_{e,i}^{0} - p_{el,B-i} \right) \quad i = I, VIII \tag{6.14}$$

Ambas bombas de velocidad variable, al igual que los grupos hidroeléctricos y térmicos, tienen asignado un estatismo, σ_b, como se observa en la Ecuación (6.14). El controlador determina la consigna de potencia de la bomba, $p_{\text{ref},B\text{-}i}$, que se utiliza como entrada en el bloque *convertidor de frecuencia*. Para modelar la respuesta dinámica del convertidor de frecuencia se ha recurrido a la utilización de una función de transferencia de primer orden con una constante de tiempo T_d, cuyo valor es de 0,1 s. La potencia eléctrica de las bombas de velocidad variable, $p_{el,B\text{-}i}$, sigue, por tanto, la consigna determinada por el convertidor con un pequeño retardo.

En el caso de que las bombas de velocidad variable no participen en la regulación de frecuencia, el controlador del convertidor mantiene constante la potencia asignada para la bomba durante esa simulación, de modo que las bombas de velocidad variable, cuando no intervienen en la regulación de la frecuencia, mantienen la velocidad de giro constante, independientemente de la frecuencia del sistema. En el caso de las bombas de velocidad fija, alimentadas por motores asíncronos, esto no es así, sino que existe una sensibilidad a los desvíos de la frecuencia.

Los cambios en la potencia eléctrica consumida por cada bomba de velocidad variable, $p_{el,B-i}$, determinan la velocidad de giro del grupo a partir de (6.15), $n_{p,i}$, en función de la constante de inercia de las bombas, J_i y de la potencia mecánica empleada por la máquina hidráulica para elevar el agua, $p_{me,B-i}$.

En el caso de las bombas de velocidad fija los cambios en la potencia eléctrica que consumen vienen determinados por la frecuencia del sistema y el deslizamiento, Ecuación (6.13). Estos cambios son los que determinan la velocidad de giro de la bomba a partir de (6.15), de modo que ambos tipos de bombas, de velocidad variable y fijan comparten esta expresión.

$$n_{p,i} = \frac{\mathrm{d}n_{p,i}}{\mathrm{d}t} = \frac{1}{J_i}\left(p_{el,B-i} - p_{me,B-i}\right) \tag{6.15}$$

En la Tabla 6.13 se muestran los valores numéricos del modelo de los motores de las bombas de velocidad fija y variable.

Tabla 6.13. Valores numéricos del modelo de los motores de las bombas de velocidad fija y variable

Velocidad fija		Velocidad variable	
Magnitud	**Valor**	**Magnitud**	**Valor**
J_i	0,35 s	J_i	0,27 s
N_{syn}	3000 rpm	N_{syn}	3000 rpm
N_{nom}	2695 rpm	N_{nom}	2973 rpm
s_{nom}	0,012	s_{nom}	0,009

Las máquinas hidráulicas, al igual que las turbinas, se modelan a través de sendas expresiones que carecen de dinámica. Una de ellas, Ecuación (6.16), establece la relación entre la potencia mecánica $p_{me,B-i}$, el caudal de agua bombeado q_{B-i} y la velocidad de giro de la máquina $n_{p,i}$, Mientras que la segunda (6.17), determina la altura manométrica a la que es impulsada el agua, $h_{n,B-i}$, a partir también del caudal bombeado y la velocidad de giro de la máquina. Esta altura manométrica es equivalente a la diferencia de cotas entre el embalse superior e inferior más las pérdidas de carga en las conducciones. Nótese esta diferencia respecto al modelo de las turbinas. Mientras que las turbinas utilizan el salto neto, es decir el salto bruto menos las pérdidas de carga, en el caso de las bombas, la altura manométrica responde a la suma del salto bruto y las pérdidas de carga.

$$p_{p,B-i} = \left(c_{p,i} \cdot q_{B-i}^2 + b_{p,i} \cdot q_{B-i} + a_{p,i}\right)\left(\frac{n_{p,i}}{n_{\text{nom},i}}\right)^2 \tag{6.16}$$

$$h_{n,B-i} = \left(c_{h,i} \cdot q_{B-i}^2 + b_{h,i} \cdot q_{B-i} + a_{h,i}\right)\left(\frac{n_{p,i}}{n_{\text{nom},i}}\right)^2 \tag{6.17}$$

Las Ecuaciones (6.16) y (6.17) son de aplicación para las bombas de velocidad fija y variable. En la Tabla 6.14 se muestran los valores numéricos empleados en el modelo de las máquinas hidráulicas.

Tabla 6.14. Valores numéricos empleados en el modelo de las máquinas hidráulicas

Velocidad fija		**Velocidad variable**	
Magnitud	**Valor**	**Magnitud**	**Valor**
$a_{p,i}$	0,553	$a_{p,i}$	0,524
$b_{p,i}$	0,638	$b_{p,i}$	0,397
$c_{p,i}$	–0.190	$c_{p,i}$	0,080
$a_{h,i}$	1,244	$a_{h,i}$	1,169
$b_{h,i}$	0,500	$b_{h,i}$	0,173
$c_{h,i}$	–0,737	$c_{h,i}$	–0,333

Como se deduce a partir de las Ecuaciones (6.15)-(6.17), los cambios en la velocidad de giro de la bomba implican una modificación de la potencia mecánica que eleva el agua. Pero estos cambios se ven limitados por el comportamiento hidráulico de la bomba que no puede funcionar en condiciones de seguridad cuando su velocidad de giro es excesivamente alta o reducida. En este caso, en el modelo del controlador, se incluyen los límites que la máquina hidráulica presenta a la hora de modificar la velocidad de giro de la bomba expresados en términos de potencia máxima y mínima. Para las bombas de 1.500 kW de potencia nominal de la central, la potencia máxima se ha hecho coincidir con la nominal, mientras que se ha estimado en 900 kW la potencia mínima.

Desde el punto de vista de las conducciones, todas las bombas se comunican con la tubería de impulsión, distinta de la tubería forzada de la central hidroeléctrica, a través de un *pantalón distribuidor*, como se muestra en la Figura 6.20. En este caso se incluye la dinámica de las tuberías que comunican cada una de las bombas con la tubería de la impulsión. Dicha tubería se modela de manera análoga a la tubería forzada de la central hidroeléctrica, es decir, mediante un modelo de parámetros concentrados de diez tramos, salvo el pantalón distribuidor que se modela considerando el agua rígida. En la Tabla 6.15 se muestran los principales valores numéricos de las conducciones

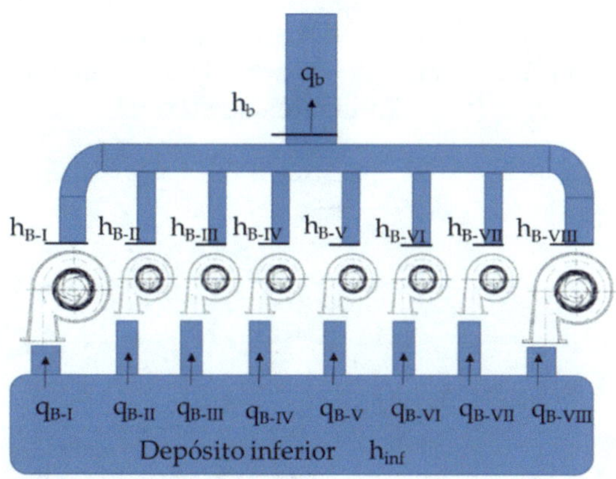

Figura 6.20. Esquema del pantalón hidráulico modelado en la estación de bombeo

Tabla 6.15. Principales valores numéricos de las conducciones considerados en el modelo de simulación

Magnitud	Nominal
Longitud (*L*)	3.015 m
Diámetro (*D*)	0,80 m
a	1193 m/s
$T_{w,\ impulsión}$ **(s)**	0,64 s
$T_{e,\ impulsión}$ **(s)**	2,53 s
$r_{imp}/2$ **(10^{-3})**	7,47
$T_{w,\ pantalón}$ **(s)**	0,017
$r_{pantalón}/2$ **(10^{-3})**	0,392

6.3.5. Aerogeneradores

La Figura 6.21 muestra el diagrama de bloques del modelo de un parque eólico equipado con cinco aerogeneradores. Al igual que en apartados anteriores y para facilitar la interpretación de la figura, solo se ha desarrollado el modelo del aerogenerador I. Este diagrama está compuesto por varios bloques que representan el funcionamiento de los distintos dispositivos que conforman el mismo, tales como la turbina eólica, el rotor, el control de la posición de la pala, el convertidor, así como los distintos lazos de control.

El modelo de turbina eólica calcula la potencia eólica extraída del viento en p.u., $p_{me,W}$, a partir de la Expresión (6.18). Nótese que, en dicha expresión, este valor es dividido por P_b, que representa la potencia base del modelo. Ello es debido a que el resto de la formulación del modelo se ha desarrollado en valores por unidad.

$$p_{me,w} = \frac{\rho}{2} A_r v_{\text{viento}}^3 C_p(\lambda, \theta) \frac{1}{P_b} \tag{6.18}$$

En la Ecuación (6.19) ρ es la densidad del aire, A_r es la superficie barrida por las palas del aerogenerador, λ es la relación entre la velocidad de la punta de las palas del rotor y la velocidad del viento [Ecuación (6.19)], mientras que θ es el ángulo de paso de las palas en grados.

$$\lambda = \frac{\omega \Omega_b R_b}{v_{\text{viento}}} \tag{6.19}$$

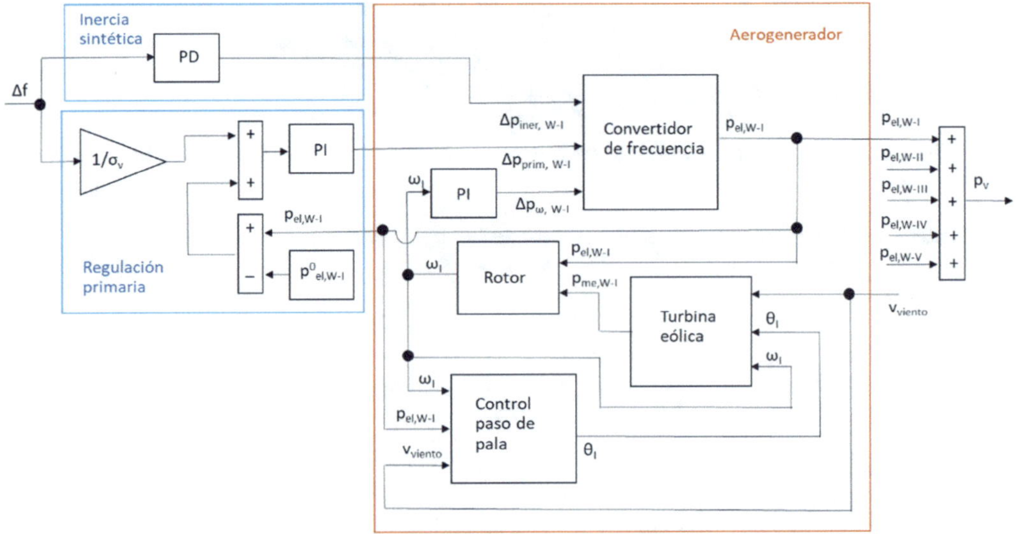

Figura 6.21. Diagrama de bloques simplificado del parque eólico de Gorona del Viento

Esta última expresión precisa de la velocidad de rotación en p.u., ω, la velocidad de rotación base, Ω_b y el radio de las palas, R_b. C_p, que representa el rendimiento de la turbina eólica, suele proporcionarse como un grupo de curvas que relacionan dicho parámetro con λ y θ. La Expresión (6.20) representa las curvas utilizadas en este modelo. Los coeficientes $\alpha_{i,j}$ vienen recogidos en la Tabla 6.16.

$$C_p(\lambda,\theta) = \sum_{i=0}^{4}\sum_{j=0}^{4}\alpha_{i,}j\theta^{i}\lambda^{j} \tag{6.20}$$

Tabla 6.16. Valores de los coeficientes $\alpha_{i,j}$ para el cálculo de C_p

α_{00}	$-4.1909\cdot10^{-1}$	α_{01}	$2.1808\cdot10^{-1}$	α_{02}	$-1.2406\cdot10^{-2}$	α_{03}	$-1.3365\cdot10^{-4}$	α_{04}	$1.1524\cdot10^{-5}$
α_{10}	$-6.7606\cdot10^{-2}$	α_{11}	$6.0405\cdot10^{-2}$	α_{12}	$-1.3934\cdot10^{-2}$	α_{13}	$1.0683\cdot10^{-3}$	α_{14}	$-2.3895\cdot10^{-5}$
α_{20}	$1.5727\cdot10^{-2}$	α_{21}	$-1.0996\cdot10^{-2}$	α_{22}	$2.1495\cdot10^{-3}$	α_{23}	$-1.4855\cdot10^{-4}$	α_{24}	$2.7937\cdot10^{-6}$
α_{30}	$-8.6018\cdot10^{-4}$	α_{31}	$5.7051\cdot10^{-4}$	α_{32}	$-1.0479\cdot10^{-4}$	α_{33}	$5.9924\cdot10^{-6}$	α_{34}	$-8.9194\cdot10^{-8}$
α_{40}	$1.4787\cdot10^{-5}$	α_{41}	$-9.4839\cdot10^{-6}$	α_{42}	$1.6167\cdot10^{-6}$	α_{43}	$-7.1535\cdot10^{-8}$	α_{44}	$4.9686\cdot10^{-10}$

El modelo de rotor de orden reducido de dos masas es el más apropiado para el análisis de la estabilidad transitoria, aunque muchos fabricantes recomiendan el uso del modelo simple de rotor de una masa en los casos en los que el convertidor de potencia desacopla el generador de la red, como es el caso planteado. Así pues, la Ecuación (6.21) proporciona las variaciones de velocidad de giro del rotor en p.u., ω, debido a las diferencias entre la potencia mecánica extraída del viento $p_{me,W}$ y la potencia eléctrica suministrada por el convertidor $p_{el,W}$. $2H$ representa la constante de inercia del rotor.

$$\frac{\mathrm{d}\omega}{\mathrm{d}t} = \frac{1}{2H}\frac{1}{\omega}\left(p_{me,w} - p_{el,w}\right) \tag{6.21}$$

Hay que destacar que esta inercia del rotor no se suma a la inercia de los grupos hidroeléctricos o diésel, debido a que el rotor del aerogenerador está acoplado a la red a través de un convertidor provisto de electrónica de potencia.

El control del ángulo de paso de las palas está compuesto por una combinación de dos controladores consistentes en sendos controladores PI que corrigen, modificando el ángulo de paso de pala, en un caso la desviación entre la velocidad del rotor y su velocidad de referencia y en el otro la diferencia entre la potencia suministrada por el aerogenerador y la potencia nominal máxima, $p_{W,\text{máx}}$ (dependiente de la velocidad del viento, v_{viento}), como muestra la Ecuación (6.22).

$$\Delta\theta = \left(K_{pc} + K_{ic}\int \mathrm{d}t\right)\left(p_{el,w} - p_{w,\text{máx}}\right) + \left(K_{pp} + K_{tp}\int \mathrm{d}t\right)\left(\omega - \omega_{ref}\right) \tag{6.22}$$

Asimismo, se incluye el comportamiento del servomotor que mueve las palas a través de una función de transferencia de primer orden, cuya constante temporal toma el valor de 0,1 s.

Las variaciones del ángulo de las palas son lo suficientemente lentas como para desacoplarse de las respuestas dinámicas de otras variables. En la literatura, existe acuerdo sobre el valor de estas ganancias [17], las cuales han sido consideradas en este modelo y se muestran en la Tabla 6.17. El máximo valor que puede tomar la posición de la pala es de 27º.

Tabla 6.17. Valores de las ganancias de los controladores del ángulo de paso de pala del aerogenerador

K_{pc}	K_{ic}	K_{pp}	K_{ip}
3	30	150	25

El modelo de aerogenerador incluye varios lazos de control que, aunque diferentes, todos modifican la potencia de referencia seguida por el convertidor.

El control del par del aerogenerador permite variar la velocidad del rotor siguiendo una estrategia de *Maximum Power Point Tracking* (Seguimiento del Punto de Máxima Potencia), para extraer la máxima potencia posible del viento. Este lazo de control restaura la velocidad de rotación del aerogenerador, modificada bien por variaciones en la velocidad del viento o por contribuciones de este a la regulación de frecuencia. Así, este lazo de control actúa de forma que la potencia inyectada desde el convertidor se modifique respecto a la potencia eólica extraída en un valor $\Delta p_{\omega,W}$ (p.u.), ver Ecuación (6.23). El valor de la velocidad de rotación de referencia, en p.u., ω_{ref}, se obtiene a partir de la Expresión (6.24), siendo su valor máximo igual a 1,20.

$$\Delta p_{\omega,w} = \omega\left(K_{p\omega} + K_{i\omega}\int \mathrm{d}t\right)\left(\omega - \omega_{ref}\right) \tag{6.23}$$

$$\omega_{ref} = 0,75\left(p_{w,n}\right)^2 + 1,59\left(p_{w,n}\right) + 0,63 \tag{6.24}$$

Los aerogeneradores pueden regular la frecuencia a través de un lazo de control emulador de inercia o bien a partir de un esquema tradicional de regulación primaria, tal como muestra la Figura 6.21.

La regulación de frecuencia inercial consiste en añadir una señal de potencia auxiliar a la consigna de potencia de referencia en los aerogeneradores a través de un *controlador proporcional derivativo*, *PD*, $\Delta p_{\mathrm{iner},W}$, obtenida a partir de las variaciones de frecuencia, ver Ecuación (6.25).

$$\Delta p_{\mathrm{iner},w} = \omega\left(K_{p,\mathrm{iner}} + K_{d,\mathrm{iner}}\frac{\mathrm{d}f}{\mathrm{d}t}\right)\left(f_{ref} - f\right) \tag{6.25}$$

Esta acción de control inercial es suministrada por cada aerogenerador individualmente, por lo que se supone que la señal de potencia suministrada al convertidor se recibe en el mismo instante en que se mide el error de señal. La componente proporcional del controlador actúa como respuesta rápida en frecuencia, monitorizando la desviación de frecuencia, mientras que la componente derivativa emula la respuesta inercial en función del RoCoF. Por ejemplo, en respuesta a una disminución de la frecuencia, esto implica aumentar momentáneamente la potencia de salida del aerogenerador a partir de la energía cinética almacenada en las masas rotativas. En consecuencia, la velocidad del rotor disminuye ya que la potencia inyectada en la red es superior a la potencia extraída del viento.

En cuanto a la regulación primaria, los aerogeneradores son capaces de corregir el error frecuencia-potencia, de forma análoga a los grupos hidroeléctricos, mediante un controlador PI cuya acción de control consiste en una señal de potencia que debe ser seguida por el convertidor de potencia. La referencia de potencia es constante, coincidiendo con la potencia eólica inicial asignada, $p^{0}_{el,W\text{-}i}$. Si los aerogeneradores contribuyen a la regulación primaria, se necesita una reserva de energía eólica, es decir, el punto de funcionamiento del aerogenerador será tal que éstos suministren una potencia eólica inferior a la disponible del viento. En este caso, se ha fijado la reserva mediante el control de la velocidad de giro, consiguiendo un punto de trabajo no óptimo en la curva potencia-velocidad de giro de la turbina tal como se formula en la Ecuación (6.26).

$$\omega_{\mathrm{ref}} = -0,75\left(\frac{p_{el,w}}{1-r}\right)^2 + 1,59\left(\frac{p_{el,w}}{1-r}\right) + 0,63 \tag{6.23}$$

donde r representa la proporción unitaria de la reserva de energía eólica. Por ejemplo, un valor de 0,10 implica que la velocidad de rotación se reduce para que la potencia eléctrica suministrada por el aerogenerador, $p_{el,W}$, sea un 10 % inferior a la potencia disponible del viento.

En el modelo se ha introducido una limitación de la tasa de variación de la potencia eléctrica del parque eólico. Desde el punto de vista de los aerogeneradores, este efecto reduce el estrés mecánico y desde el punto de vista del operador del sistema, los cambios bruscos en la velocidad del viento no se traducen en fuertes desviaciones de frecuencia.

El seguimiento de las variables controladas (potencia de cada aerogenerador y frecuencia del sistema) para la estimación de la señal de respuesta primaria tienen lugar en el centro de control del parque eólico. Debido a este hecho, el modelo incluye un retardo que representa el tiempo empleado por la acción de control en viajar desde el centro de control hasta cada aerogenerador. Este retardo puede variar dependiendo de la forma en que el sistema SCADA interactúe con el controlador de parque del fabricante de la turbina. En este sentido, el tiempo de retardo depende del tipo de aerogenerador, tipo 3 (*máquina de inducción doblemente alimentada*) y tipo 4 (*convertidor completo*).

Así pues, la potencia total suministrada por el convertidor de frecuencia del aerogenerador se corresponde con la suma de la potencia inicial suministrada y los incrementos obtenidos en los lazos de control relativos a la inercia sintética, a la regulación primaria y al control de velocidad del propio aerogenerador. Por último, la potencia suministrada por el parque eólico será la suma de la potencia suministrada por cada aerogenerador, como se indica en la Expresión (6.27).

$$p_V = \sum_{i=1}^{n}\left(p_{el,w-i}\right) = \sum_{i=1}^{n}\left(p^0_{el,w-i} + \Delta p_{\text{iner},w-i} + \Delta p_{\omega,w-i} + \Delta p_{\text{prim},w-i}\right) \tag{6.27}$$

6.3.6. Grupos diésel

Para la modelización de los grupos diésel se ha empleado un modelo propuesto en la guía elaborada la empresa PSI Neplan AG, que desarrolla herramientas para reproducir el comportamiento dinámico de sistemas eléctricos [18]. Dicho modelo consiste en dos funciones de transferencia de segundo y tercer orden respectivamente junto con un retardo final T_{die}, como se muestra en la Figura 6.22.

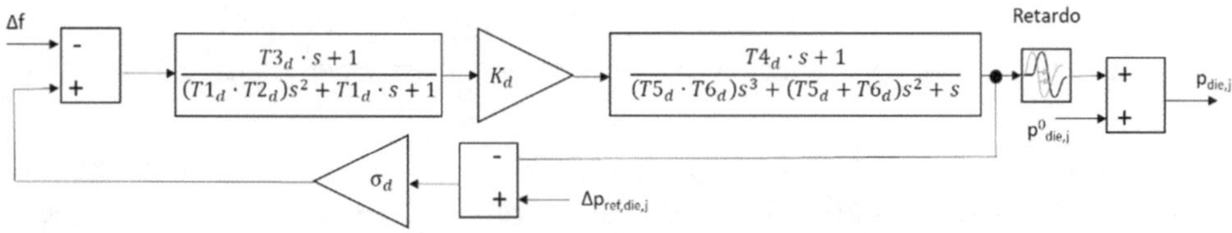

Figura 6.22. Diagrama de bloques de uno de los grupos diésel de la central térmica de Llanos Blancos

Las entradas de cada uno de los grupos térmicos son el desvío de frecuencia, Δf y la consigna de potencia, $\Delta p_{\text{ref,die},j}$.

En la Tabla 6.18 se muestran los valores numéricos de dichos bloques.

Tabla 6.18. Valores numéricos de los parámetros de las funciones de transferencia del modelo de grupos diésel

Magnitud	Valor	Magnitud	Valor
T_{1d}	0,01	$T4_d$	0,1
T_{2d}	0	$T5_d$	0,1
T_{3d}	2,0	$T6_d$	0,01
K_d	3,0	T_{die}	0,2

6.3.7. Batería

El modelo de la batería de ion-litio de 0,65 MW de potencia capacidad de 3 MWh que ha sido instalada recientemente, tiene por objeto exclusivamente analizar su contribución de la regulación de frecuencia, a partir de dos posibles esquemas de control excluyentes, según se muestra en la Figura 6.23. Ambos controles parten de la premisa de que la batería no aporta ni consume energía eléctrica del sistema cuando la frecuencia se mantiene en su valor de referencia (50 Hz). En cambio, cuando la frecuencia disminuye, la batería se comporta como un generador más, aportando energía, mientras que cuando la frecuencia supera el valor de referencia, la batería absorbe energía del sistema contribuyendo así a su estabilidad.

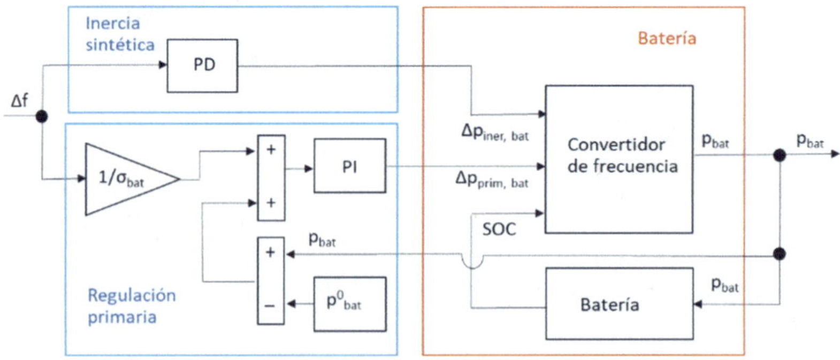

Figura 6.23. Diagrama de bloques del modelo de la batería instalada en el sistema de El Hierro

Uno de estos controles aporta inercia sintética en el sistema a través de un controlador *proporcional derivativo*, de modo que la acción del control por parte de la batería depende, por un lado, del error de la frecuencia y por otro lado de su tasa de cambio o su derivada, es decir del RoCoF. De esta manera, el controlador a través de la consigna, $\Delta p_{iner,\text{bat}}$, permite a la batería, inyectando o absorbiendo potencia, emular la respuesta dinámica de un grupo síncrono.

El otro sistema de control propuesto es el de un control primario convencional a través de un estatismo, σ_{bat}. El controlador establece la consigna de potencia para la batería, $\Delta p_{prim,\text{bat}}$, mediante un regulador *proporcional integral*.

Evidentemente, los dos controladores no pueden funcionar de manera conjunta. La consigna de potencia precedente de ambos controladores es recibida por el convertidor de frecuencia que la ejecuta de forma casi inmediata, siempre y cuando no exceda de la potencia máxima que puede aportar la batería (0,65 MW) y la energía almacenada (*State of Charge*, SOC) lo permita. Así, si la energía almacenada por la batería está próxima a su límite, es decir 3 MWh, la batería no podría absorber energía del sistema o si la batería está descargada lógicamente no podría aportar potencia, aunque los controladores lo requieran. La dinámica del convertidor de frecuencia se ha modelado análogamente a la de las bombas de velocidad variable, es decir, mediante una función de transferencia de primer orden, cuya constante temporal adquiere el valor de 0,2 s.

Dado el alcance y el objetivo de este modelo, que no es otro que el de estudiar la regulación de la frecuencia en el sistema de El Hierro, no se precisa introducir en el modelo de la batería la dinámica interna de los procesos electroquímicos que en ella tienen lugar. Así, el SOC de la batería se obtiene integrando en el tiempo la potencia que la batería absorbe o inyecta en el sistema desde el instante inicial de cada simulación, Expresión (6.28). Dada la escasa duración de la simulación se puede suponer que, a lo largo de la misma, la batería no se descarga, es decir, que salvo que la regulación de la frecuencia lo requiera, el almacenamiento de la batería se mantiene constante.

$$SOC = SOC^0 + \int p_{\text{bat}} \, \mathrm{d}t \tag{6.28}$$

6.3.8. Calibración del modelo

Una vez configurados los bloques de cada uno de los componentes del modelo es preciso, en primer lugar, determinar el valor numérico de algunos de sus parámetros y posteriormente comprobar si el comportamiento dinámico del modelo se corresponde con la respuesta real del sistema modelado. A lo largo del presente apartado 6.3 del capítulo se han facilitado los valores numéricos de la mayor parte de parámetros inherentes a cada submodelo. Muchos de ellos dependen de la geometría o características de los diferentes componentes o han sido estimados de manera coherente con la literatura especializada. Sin embargo, otros parámetros dependen de la gestión que el operador del sistema haga sobre el mismo.

Es el caso del estatismo de los grupos, ya sean los grupos diésel, los Pelton o las bombas de velocidad variable (cuando estas participan de la regulación primaria y secundaria). También el operador del sistema determina los tiempos de respuesta asignados para la regulación secundaria, que pueden diferir respecto a los empleados en el sistema peninsular (T_u en la Expresión 6.5).

Finalmente, para poder realizar simulaciones realistas es preciso conocer la programación de la generación para los escenarios que se quieran simular. De cada hora, ya sea de la información facilitada por REE o por la disponible en la propia página web de la central de Gorona del Viento, se puede conocer en la actualidad la potencia asignada a cada tecnología de manera conjunta, así como la demanda del sistema sin tener en cuenta la estación de bombeo. Sin embargo, no se dispone de la potencia individualizada de cada uno de los grupos de la central de Llanos Blancos o de la central hidroeléctrica de Gorona del Viento.

Para poder estimar el valor de los parámetros descritos (estatismos, T_u y programación detallada de la generación para un escenario) se ha empleado la información disponible en [7]. En esta publicación se muestran registros de potencia del parque eólico y de la frecuencia del sistema, cuya variación se debe fundamentalmente a los cambios que dicha potencia eólica experimenta. Asimismo, se muestran las potencias del conjunto de los grupos térmicos, grupos Pelton y bombas. Concretamente, para la calibración del modelo, se emplea la información disponible en dicha publicación correspondiente al día 27 de julio de 2016 entre las 14:14 y las 14:24, es decir, se simula un evento de 600 segundos de duración.

En la Figura 6.24.a se muestra la potencia eólica real que en este caso es introducida en el modelo como entrada, es decir, como aquello que provoca los desvíos en la frecuencia y la consecuente acción de regulación por parte del resto de actores, de modo que , para la calibración del modelo, se prescinde de los diagramas de bloques de los aerogeneradores. Dado que, lo que se persigue con esta simulación es la estimación de los estatismos de los grupos y de la constante de tiempo de la regulación secundaria, no se considera que la no inclusión de dicha parte del modelo reste validez a la calibración.

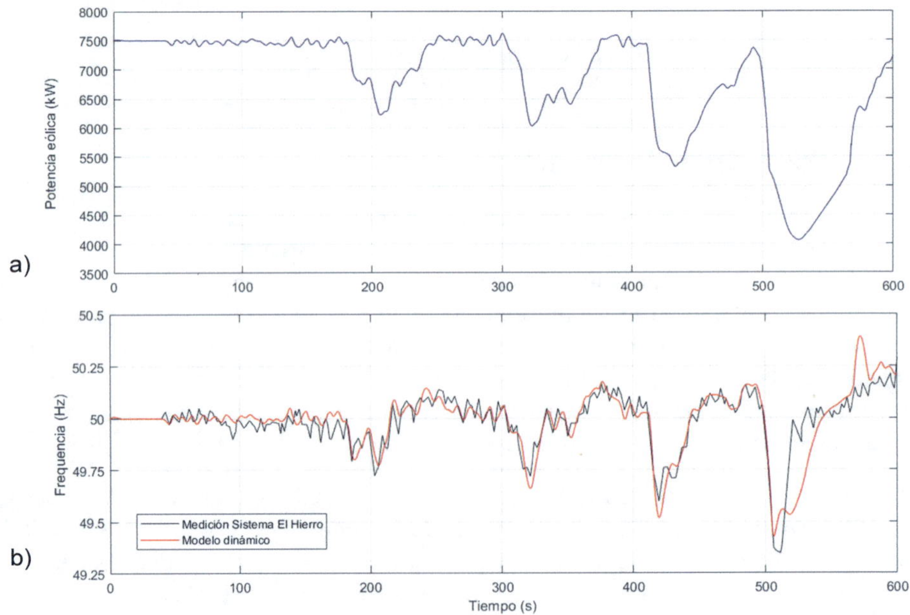

Figura 6.24. Registros en el sistema de El Hierro el 27 de julio de 2016 entre las 14:14 y las 14:24: a) Potencia eólica inyectada en el sistema. b) Frecuencia del sistema

Tal como se refleja en la publicación [7], en el momento en que se recogieron los datos de potencia eólica y frecuencia reproducidos en la Figura 6.24.a, las bombas de velocidad variable se encontraban participando en la regulación de la frecuencia. Esta circunstancia ha sido contemplada en la simulación planteada para la calibración del modelo, activando el control de dichas bombas.

En la Tabla 6.19 y en la Tabla 6.20 se muestran los valores seleccionados como resultado de la calibración. En la Tabla 6.19 re recogen los parámetros del sistema mientras que en la Tabla 6.20 se muestran los grupos programados para el intervalo de tiempo descrito, así como la potencia inicial presupuesta.

En la Figura 6.24.b se muestran tanto el registro de la frecuencia del sistema como el obtenido a partir del modelo ajustado con los valores numéricos de la Tabla 6.19 y la Tabla 6.20. Se debe aclarar que en la simulación la demanda se ha considerado constante (7,50 MW), es decir, que no se han incluido en el modelo las oscilaciones de la demanda eléctrica que tuvieron lugar en el sistema junto con la variación de la potencia eólica. Esto explica que la variabilidad de la frecuencia del sistema sea mayor que la obtenida a partir del modelo. Pero, de los resultados obtenidos se puede afirmar que el modelo dinámico permite reproducir el comportamiento dinámico del sistema eléctrico de El Hierro de manera fidedigna.

Tabla 6.19. Valores numéricos adoptados para los estatismos y el tiempo de respuesta de la regulación secundaria tras la calibración

Magnitud	Valor	Magnitud	Valor
σ_h	2 %	σ_p	1 %
σ_d	4 %	T_u	10 s

Tabla 6.20. Programación de la generación y del bombeo para el escenario planteado

Central	Potencia asignada (MW)	Grupo	Potencia (MW)
Llanos Blancos	4,56	5	0,80
		6	0,56
		7	1,58
		8	1,62
Hidroeléctrica	1,44	2	0,73
		3	0,73
Bombeo	6,00	$V_{variable}$	2 × 1,50
		V_{fija}	6 × 0.50

6.3.9. Determinación de la información extraída del modelo

Previamente a la realización de las simulaciones que se deseen realizar con el modelo calibrado es necesario definir aquellas variables que se quieren medir y cuantificar a lo largo de las simulaciones. Según la filosofía seguida en el presente capítulo, el objetivo de la elaboración del modelo dinámico del sistema eléctrico de la isla de El Hierro, no es otro que estudiar posibles estrategias de operación y de control que puedan favorecer la penetración de la generación renovables. Como se ha analizado previamente, los problemas que provoca en la frecuencia del sistema eléctrico la utilización de programas de generación completamente renovables, conducen a limitar el uso del recurso eólico. Para valorar el uso de estrategias de control y operación alternativas se debe prestar atención a tres tipos de fenómenos.

En primer lugar, lógicamente, se debe analizar el impacto que dichas estrategias tienen sobre la frecuencia del sistema durante las simulaciones. Por un lado, se deben considerar valores máximos registrados durante la simulación y por otro, valores medios. Las variables que se han tenido en cuenta en el presente capítulo para evaluar el impacto en la frecuencia del sistema eléctrico son:

- **Error cuadrático medio, *ECM* (Hz^2).** Medido en relación a la frecuencia nominal del sistema, es decir, 50 Hz. Proporciona información sobre el efecto global que la estrategia de operación puede aportar.
- **Tiempo fuera de rango, T_{250} (s).** Se mide el tiempo que la frecuencia se encuentra del rango de $50 \pm 250 \cdot 10^{-3}$ Hz, establecido en el P.O. SENP 1.
- **Nadir y cenit (Hz).** Valores mínimo y máximo, respectivamente, que alcanza la frecuencia a lo largo de la simulación. Lógicamente, en los registros de la frecuencia se suele prestar especial atención a sus extremos, al existir unos rangos de tiempo y frecuencias dentro de los cuales los grupos de generación deben permanecer conectados a la red, establecidos en el P.O. SENP 12.2.
- **Máx RoCoF (Hz/s).** La máxima pendiente negativa de la frecuencia registrada también aporta información acerca de la estabilidad del sistema, especialmente de su inercia. Valores elevados de la pendiente negativa de la frecuencia suelen indicar necesidad de aumentar la inercia del sistema dado que la velocidad de caída de la frecuencia es tal que los grupos reguladores no disponen de tiempo suficiente para corregir el desvío de la frecuencia. Al igual que en el caso anterior, el P.O. SENP 12.2 establece el valor del RoCoF, en Hz/s, que los grupos de generación deben soportar sin desconectarse de la red.

En muchas ocasiones la introducción de nuevas estrategias de control implica una pérdida de la eficiencia energética de todo el sistema, de modo que los beneficios que experimenta el control de la frecuencia valorados con los parámetros definidos anteriormente deben ser contrapuestos por variables que reflejen la influencia que dichas nuevas estrategias provocan en la eficiencia energética. Con este objeto se propone medir en cada simulación:

- **Energía proporcionada por los grupos Pelton (MWh).** A partir de la potencia aportada por cada uno de los grupos se puede estimar la energía de origen hidroeléctrico en cada simulación
  - **Volumen de agua turbinado (m^3).** Íntimamente relacionado con la energía aportada por los grupos Pelton está el volumen de agua turbinado, que junto con el volumen de agua bombeado permite valorar el balance hídrico que resulta de las estrategias propuestas.

- **Energía consumida por la estación de bombeo (MWh).** Dado que las bombas participan en la regulación de frecuencia resulta muy oportuno conocer la repercusión de dicha regulación en la energía consumida por la estación de bombeo.
- **Volumen de agua bombeada (m^3).** Como se ha comentado con anterioridad, el volumen acumulado en la balsa superior junto con el que ha descendido a la inferior permite valorar cómo el control de frecuencia afecta al balance hídrico de la instalación.
- **Energía proporcionada por los aerogeneradores (MWh).** Al igual que en el caso de los grupos Pelton, a partir de la potencia instantánea de cada aerogenerador, se obtiene la energía generada por el parque eólico en cada simulación.

Finalmente se plantea la posibilidad de estudiar hasta qué punto las nuevas estrategias de control pueden afectar a la durabilidad y mantenimiento de ciertos equipos.

- **Recorrido total del distribuidor, *Inc z* (p.u.).** La participación de los grupos Pelton en la regulación de la frecuencia del sistema implica un desgaste en los elementos mecánicos que regulan la entrada de agua en la cámara de la turbina (inyectores y sus servomotores). Para estimar dicho desgaste es habitual medir el recorrido total de los inyectores de los grupos Pelton [19].
- **Tensión equivalente en las conducciones, $T_{tub,\,for}$ y $T_{tub,\,imp}$ (N/mm^2).** Las variaciones en el caudal turbinado por los grupos Pelton como consecuencia de su participación en la regulación de frecuencia producen oscilaciones de presión en las conducciones (golpe de ariete) que pueden afectar a la durabilidad de algunos elementos de las mismas. Este parámetro se mide tanto en la tubería forzada que alimenta los grupos Pelton como en la tubería que conecta las bombas con el depósito superior.
- **Recorrido total de movimiento de las palas de los aerogeneradores, *Inc* θ_r (grados).** Ciertas estrategias de control involucran a los aerogeneradores, pero pueden implicar un aumento sustancial de los movimientos de las palas y con ello afectar al mantenimiento y el desgaste de los elementos que efectúan dichos movimientos, por lo que en las simulaciones se obtiene el sumatorio de los movimientos del mismo modo que se obtienen los movimientos del distribuidor.
- **Ciclos/hora de la batería.** En los casos en que la batería participa en la regulación de la frecuencia, ya sea aportando inercia sintética o contribuyendo a la regulación primaria, su estado de carga varía de una manera continua, incrementando o disminuyendo su energía almacenada, sufriendo el denominado envejecimiento por ciclado (*cycle aging*). Para valorar el envejecimiento por ciclado que la participación en la regulación de frecuencia produce en la batería se estiman los ciclos equivalentes de carga y descarga completos que se han producido en la batería a lo largo de cada simulación.

Como puede comprobarse, todas las variables propuestas para su obtención y valoración son técnicas, es decir, no han sido traducidas al ámbito económico. Dicho análisis queda fuera del alcance de este estudio.

6.4. VALORACIÓN DE ESTRATEGIAS DE CONTROL DE FRECUENCIA PARA FAVORECER LA PENETRACIÓN DE RENOVABLES

En el presente apartado se pretende en primer lugar, a partir de simulaciones ejecutadas con un modelo convenientemente calibrado, estudiar las medidas que se han ido implantando en el sistema de El Hierro para permitir operar en escenarios cien por cien renovables, pues sin estas estrategias de operación el control de la frecuencia del sistema no sería viable. A continuación, se plantean otras posibles estrategias de control y operación que podrían, a la luz de los resultados de las simulaciones, mejorar la eficiencia energética del sistema, aumentando la generación eólica.

Según la documentación y los registros del propio sistema comentados con anterioridad, en la actualidad en el sistema de El Hierro se recurre a las bombas de velocidad variable para que contribuyan a la regulación de la frecuencia. Además, se limita la potencia eólica que inyecta el parque en el sistema. Como medidas alternativas para reducir la limitación de la potencia eólica se propone que:

- Los propios aerogeneradores contribuyan a la regulación de la frecuencia, ya sea aportando inercia sintética o participando de la regulación primaria.

- La batería recientemente conectada en la central de Llanos Blancos también aporte inercia sintética o participe en la regulación primaria.

Para poder estudiar, a partir de simulaciones, el comportamiento dinámico del sistema hubiera sido deseable emplear el escenario contemplado en la calibración. Dicho escenario contaba como entrada con la potencia eólica del parque a lo largo de 600 s, Figura 6.24a. Sin embargo, para poder analizar las nuevas medidas alternativas, es necesario que el modelo incluya el comportamiento dinámico completo de los aerogeneradores. Por tanto, como entrada del modelo, no basta con la potencia eólica del parque, dato empleado para la calibración del modelo, sino que se precisa de registros de la velocidad del viento en los aerogeneradores. Se asume para ello que, a pesar de no haber formado parte del proceso de calibración, el modelo de aerogenerador, descrito en el apartado 6.3.5, es capaz de reproducir de manera fiel la respuesta del parque eólico de Gorona del Viento frente a variaciones de la velocidad del viento.

La empresa Gorona del Viento El Hierro, SA ha facilitado para la elaboración del presente capítulo registros de la velocidad del viento en el parque eólico. Para realizar simulaciones en un escenario muy similar al usado en la calibración del modelo, de entre todos los registros de velocidad de viento, se selecciona uno cuyos primeros valores registrados den lugar a potencias eólicas iniciales similares a las del escenario de la simulación (7500 kW). En la Figura 6.25 se muestra el registro de la velocidad del viento empleado en todas las simulaciones, que se adopta para los cinco aerogeneradores del parque.

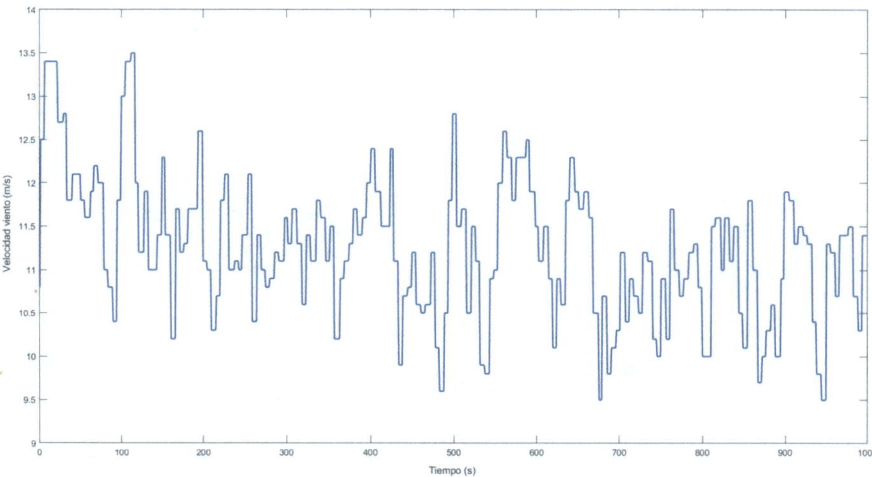

Figura 6.25. Registro de la velocidad del viento adoptada como *input* para las simulaciones

En primer lugar, se realiza la simulación correspondiente a la programación de la generación original que mantiene los grupos diésel, Tabla 6.20. Como puede comprobarse en la Figura 6.26 que muestra la evolución temporal de la frecuencia del sistema y de la potencia por tecnologías, la mayor carga regulatoria corre a cargo de los grupos diésel. Los grupos Pelton, cuya potencia inicial, es pequeña (0,73 MW) frente a la mínima (0,52 MW), disponen por tanto de margen para incrementar su potencia. Pero cuando los incrementos en la velocidad del viento y por tanto en la potencia eólica, exigen una disminución importante de la potencia, alcanzan su mínimo técnico. Esto puede observarse a lo largo de los primeros 100 segundos de simulación y en torno al instante 600 s.

Los valores numéricos de las variables y parámetros definidos en el apartado 6.2.9, obtenidos a partir de la simulación, se muestran en varias tablas. En la Tabla 6.21 se recopilan las mediciones de las variables relacionadas con la frecuencia del sistema. Los resultados que permiten evaluar la eficiencia energética de la simulación realizada se muestran en la Tabla 6.22. Finalmente, la Tabla 6.23 contiene los resultados numéricos que permiten inferir el desgaste de algunos componentes a lo largo de la simulación. Todas estas tablas contienen además los resultados correspondientes a otros escenarios que se describirán posteriormente.

Respecto a la regulación de la frecuencia, la programación de la generación con grupos Pelton y diésel no presenta un comportamiento correcto, dado que según se muestra en la Tabla 6.21 la frecuencia alcanza un valor por debajo de los 49 Hz (Nadir). Esto, según la información disponible, activaría el plan de deslastre del sistema que no ha sido incluido en el presente modelo dinámico. Es importante señalar que la potencia procedente de los aerogeneradores presenta rampas tanto positivas como negativas que superan los 4,00 MW en pocos segundos. Esta es la razón por la que, como ya se ha indicado anteriormente, en la actualidad las bombas de velocidad variable son requeridas para apoyar a los grupos generadores en la regulación de la frecuencia. El efecto de dicha estrategia se verá posteriormente.

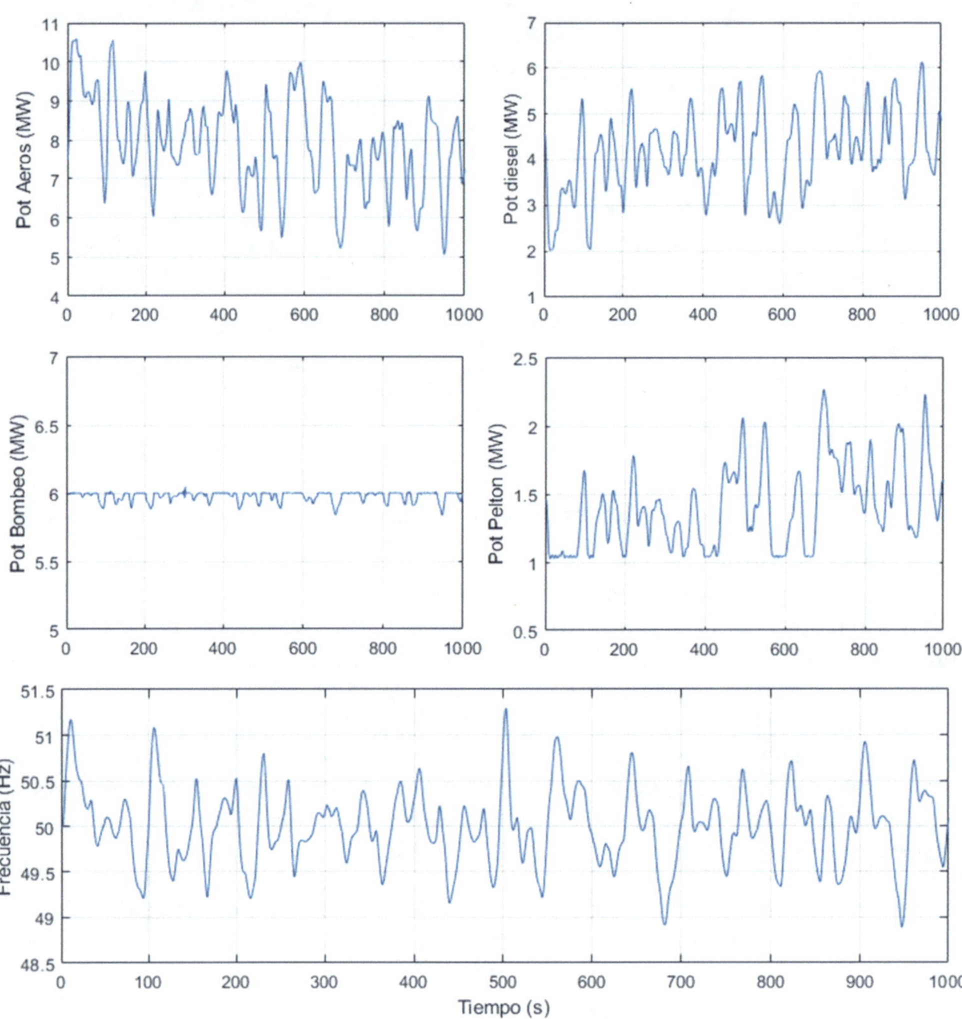

Figura 6.26. Evolución temporal de las potencias aportadas o consumidas por las principales instalaciones del sistema, así como la frecuencia del mismo cuando están operativos grupos diésel y Pelton

Desde el punto de vista de la eficiencia, según la Tabla 6.22, se observa que la energía aportada por los grupos Pelton es notablemente menor que la absorbida por las bombas, lo que se traduce en un balance positivo del volumen de agua bombeado. Es decir, durante los 1.000 segundos de simulación la balsa superior ha recibido en total 402,9 m^3 de agua procedentes de la balsa inferior, aunque a lo largo de la misma se haya turbinado un volumen de agua de 224,9 m^3.

Tabla 6.21. Resultados de las simulaciones relativos a la frecuencia del sistema eléctrico de El Hierro con las estrategias de control actuales

Escenario	ECM (Hz^2)	Nadir (Hz)	Cenit (Hz)	RoCoF (Hz/s)	T_{250} (s)
Diésel + Pelton	0,186	48,89	51,30	–0,279	507,5
3 Pelton	1,845	47,16	54,89	–1,295	819,7
4 Pelton	0,933	47,85	53,47	–0,857	748,7
4 Pelton + Reg. bombas	0,777	47,86	52,95	–0,599	708,3
4 Pelton + Reg. bombas + limitación 9 MW en p. eólico	0,591	47,95	52,42	–0,375	609,2
4 Pelton + Reg. bombas + limitación 8 MW en p. eólico	0,257	48,47	51,85	–0,237	453,2
4 Pelton + Reg. bombas + limitación 7 MW en p. eólico	0,065	49,17	50,98	–0,175	258,3

Tabla 6.22. Resultados de las simulaciones relativos a la eficiencia energética e hídrica en el sistema eléctrico de El Hierro con las estrategias de control actuales

Escenario	E_{Pelton} (MWh)	E_{Bomba} (MWh)	E_{Aeros} (MWh)	V_{Tur} (m^3)	V_{Bomr} (m^3)	Balance (m^3)
Diésel + Pelton	0,359	1,494	1,943	224,9	627,8	402,9
3 Pelton	1,418	1,480	1,943	891,5	622,9	–268,6
4 Pelton	1,423	1,486	1,943	894,8	625,0	–269,8
4 Pelton + Reg. bombas	1,248	1,311	1,943	784,2	542,0	–242,2
4 Pelton + Reg. bombas + limitación 9 MW en p. eólico	1,271	1,314	1,922	798,6	541,6	–257,1
4 Pelton + Reg. bombas + limitación 8 MW en p. eólico	1,362	1,334	1,852	855,6	549,6	–306,0
4 Pelton + Reg. bombas + limitación 7 MW en p. eólico	1,537	1,359	1,701	966,5	561,0	–405,5

Finalmente, los valores de la Tabla 6.23 muestran el desgaste de algunos equipos e instalaciones. Para poder realizar una valoración en términos absolutos de estos valores es preciso establecer una relación de los mismos con la amortización de los equipos, su mantenimiento y su posible reposición que queda fuera del alcance de esta publicación. Sin embargo, estos valores se muestran especialmente útiles para analizar de manera relativa cómo el seguimiento de nuevas estrategias de control de la frecuencia puede afectar al desgaste de las instalaciones.

A continuación, se plantea un escenario 100 % renovable manteniendo la demanda, es decir, sustituyendo los grupos térmicos por generación hidroeléctrica. La potencia inicial de los grupos Pelton debe sumar 6,00 MW, manteniendo la potencia asignada a la estación de bombeo (6,00 MW). Esta potencia hidroeléctrica puede programarse de diferentes formas. En este caso se proponen dos escenarios renovables, uno con tres grupos Pelton cuya programación se muestra en la Tabla 6.24 y otro con cuatro turbinas, en la Tabla 6.25. El objetivo de esta duplicidad de escenarios renovables es el de analizar cómo afecta a la regulación de la frecuencia del sistema y al funcionamiento de sus elementos el número de turbinas Pelton programadas. Los resultados en relación a la frecuencia obtenidos de simular estos dos escenarios se muestran en la Figura 6.27 y en la Tabla 6.21.

Tabla 6.23. Resultados de las simulaciones relativos al desgaste de algunos equipos en el sistema eléctrico de El Hierro con las estrategias de control actuales

Escenario	*Inc z* (p.u.)	$T_{tub, for}$ (N/mm²)	$T_{tub, imp}$ (N/mm²)	Inc θ_r (°)
Diésel + Pelton	3,578	4,412	0,622	151,6
3 Pelton	13,937	19,058	3,662	151,6
4 Pelton	9,868	16,977	2,369	151,6
4 Pelton + Reg. bombas	7,888	12,800	10,402	151,6
4 Pelton + Reg. bombas + limitación 9 MW en p. eólico	6,772	10,750	9,657	180,3
4 Pelton + Reg. bombas + limitación 8 MW en p. eólico	4,375	7,743	9,614	255,0
4 Pelton + Reg. bombas + limitación 7 MW en p. eólico	2,394	4,081	9,338	313,2

Tabla 6.24. Programación de la generación y del bombeo para el escenario completamente renovable y tres grupos Pelton funcionando

Central	Potencia asignada (MW)	Grupo	Potencia (MW)
Hidroeléctrica	6,00	2	2,00
		3	2,00
		4	2,00
Bombeo	6,00	$V_{variable}$	2 × 1,50
		V_{fija}	6 × 0,50

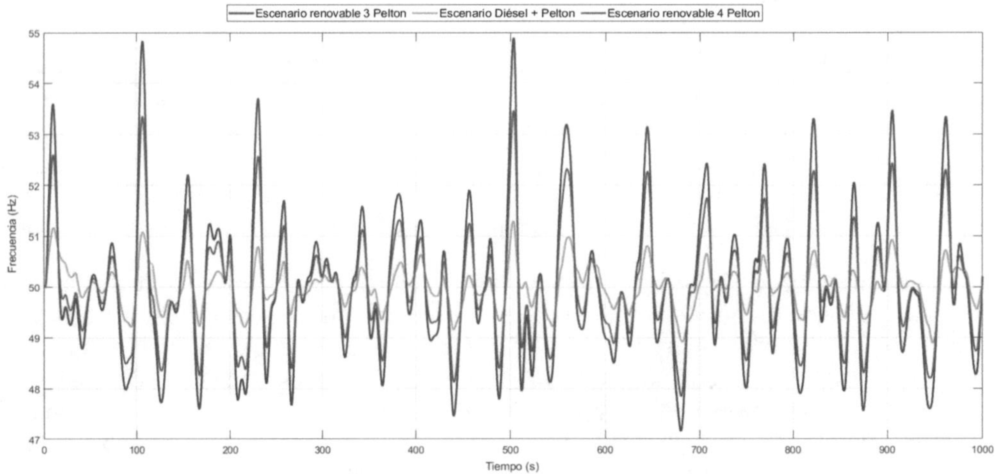

Figura 6.27. Evolución temporal de la frecuencia del sistema cuando están operativos grupos diésel y Pelton y en los escenarios que son sustituidos los grupos diésel por generación hidroeléctrica (3 y 4 grupos Pelton)

Tanto de la figura como de la tabla se puede concluir que la calidad de la frecuencia empeora significativamente cuando los grupos Pelton realizan la regulación de la frecuencia de forma exclusiva. La frecuencia Nadir y el Cenit alcanzan valores extremadamente bajos y altos respectivamente que nunca podrían darse en la realidad. El plan de deslastre hubiese sido activado de manera que se evitase el colapso del sistema. La diferencia entre programar 3 o 4 grupos Pelton también es reseñable a causa de que incrementar el número de grupos no solo mejora la capacidad y la reserva de la regulación, sino que también la inercia síncrona se ve notablemente mejorada. Esto se pone de manifiesto en el valor máximo del RoCoF, Tabla 6.21, medido en las simulaciones, que se reduce de –1,295 Hz/s a –0,857 Hz/s cuando pasa de 3 a 4 el número de grupos Pelton. En cualquier caso, este valor es cuatro veces mayor al registrado cuando los grupos diésel están programados.

Tabla 6.25. Programación de la generación y del bombeo para el escenario completamente renovable y cuatro grupos Pelton funcionando

Central	Potencia asignada (MW)	Grupo	Potencia (MW)
Hidroeléctrica	6,00	1	1,50
		2	1,50
		3	1,50
		4	1,50
Bombeo	6,00	$V_{variable}$	2 × 1,50
		V_{fija}	6 × 0,50

Desde el punto de vista de la eficiencia energética la programación de mayor número de grupos Pelton que sustituyen a los grupos diésel provoca que su energía aportada aumente, igualándose a la consumida por la estación de bombeo (ver Tabla 6.22). Evidentemente, el número de grupos Pelton en la simulación, 3 o 4, no repercute en la energía aportada total por la central hidroeléctrica, dado que la potencia desarrollada por la central en ambos casos es la misma. Lo que cambia es la potencia asignada a cada grupo de forma individual, no la potencia conjunta. Es importante señalar que, aunque la energía obtenida de las turbinas es simular a la empleada para bombear agua, el balance volumétrico de agua es negativo, es decir que la balsa superior pierde cerca de 270 m^3 de agua. De esta simulación es posible inferir el rendimiento del ciclo reversible del agua de la central hidroeléctrica. Si la central de turbinación precisa de un volumen de 894,8 m^3 para obtener 6,00 MW en 1000 segundos y la estación de bombeo eleva con esa misma potencia un volumen de agua de 625,0 m^3 el rendimiento del ciclo resulta de 69,84 % (625,0/894,8 × 100).

Desde el punto de vista del desgaste, la soledad de los grupos Pelton en la regulación de frecuencia se pone de manifiesto en los movimientos del distribuidor y en la tensión equivalente que se ha registrado en la tubería forzada y la tubería de impulsión, ver Tabla 6.23. En el caso de tres grupos Pelton, los movimientos del distribuidor casi se multiplican por 4, llegando a multiplicarse por 4,3 en el caso de la tensión, con respecto al escenario en que la regulación de frecuencia es realizada por los grupos Pelton y diésel. Cuando el número de grupos Pelton aumenta, el incremento de la inercia síncrona del sistema reduce el esfuerzo regulador de la central hidroeléctrica. En el caso de 4 grupos Pelton, los movimientos del distribuidor se incrementan 2,8 veces respecto al escenario con grupos diésel mientras que la tensión equivalente en la tubería forzada aumenta 3,8 veces. En la Figura 6.28 se comparan las potencias hidroeléctricas y las presiones en la tubería forzada en los dos escenarios con y sin grupos diésel programados. En ambos casos puede concluirse que las ventajas económicas y medioambientales inherentes a la disminución del combustible consumido por los grupos diésel conllevan ciertos inconvenientes relacionados con el mantenimiento y desgaste de equipos e instalaciones.

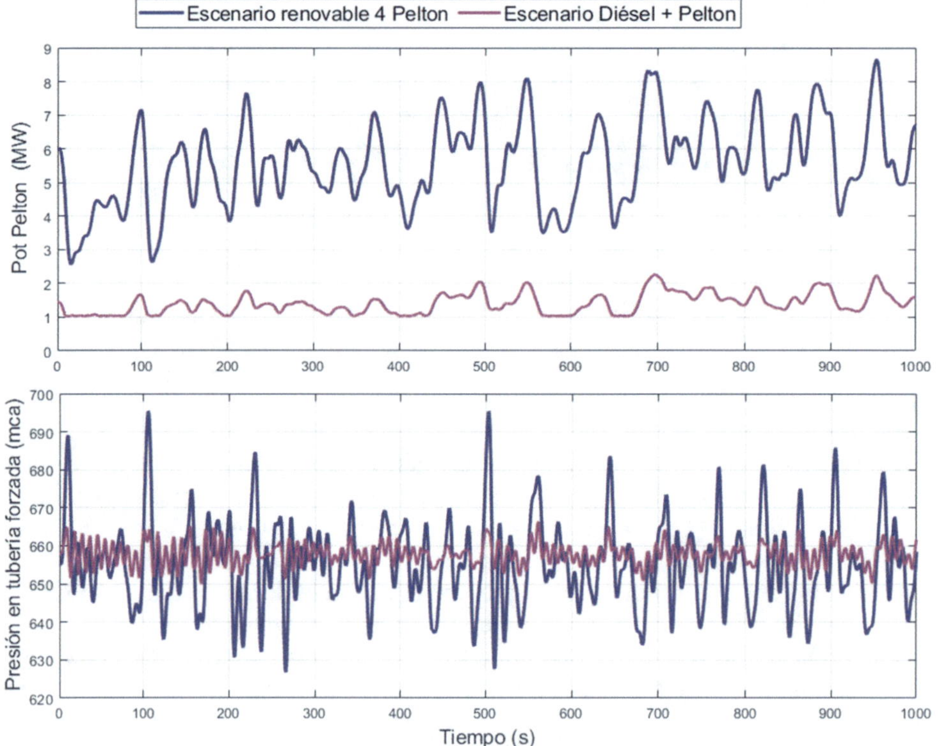

Figura 6.28. Evolución temporal de la potencia de los grupos Pelton y la presión en la tubería forzada cuando están operativos grupos diésel y Pelton y en el escenario renovable con 4 grupos Pelton

Un interrogante que surge al estudiar las diferencias entre los escenarios con y sin grupos diésel es explicar por qué los grupos Pelton no son capaces de igualar la acción de regulación de los grupos térmicos. En un principio, sustituir cuatro grupos térmicos por uno o dos grupos Pelton no supone un cambio significativo en la inercia síncrona del sistema, de modo que las dificultades que tienen los grupos Pelton para responder rápidamente a las exigencias del sistema se deben a una razón interna. La clave para entender esta razón radica en los cambios de presión que se originan en la tubería forzada a consecuencia de los movimientos del inyector, es decir, el golpe de ariete, cuando varía el caudal. Estos cambios de presión son especialmente importantes debido a la longitud de la tubería forzada, que casi llega a los 3 km, de modo que las variaciones de presión se ven reflejados en la potencia hidroeléctrica y por consiguiente en la frecuencia del sistema.

Este fenómeno se puede visualizar en la Figura 6.29, en la que se muestran la frecuencia y la presión en la tubería forzada en el escenario en el que conviven grupos Pelton y diésel y aquel en el que la generación síncrona en el sistema es la correspondiente a los cuatro grupos Pelton. En el caso de la presencia de grupos diésel no existe una relación directa entre la frecuencia del sistema y la presión en la tubería forzada que alimenta los grupos Pelton. Sin embargo, cuando la regulación de la frecuencia es afrontada exclusivamente por la central hidroeléctrica se observa cómo las oscilaciones de la presión provocadas por los cambios de caudal exigidos por la regulación de la frecuencia, están íntimamente relacionadas con la propia frecuencia. Esta dependencia limita considerablemente las posibles acciones correctoras de los reguladores hidroeléctricos dado que si estas son muy *enérgicas* pueden provocar un golpe de ariete que tenga un efecto indeseado en la propia frecuencia del sistema.

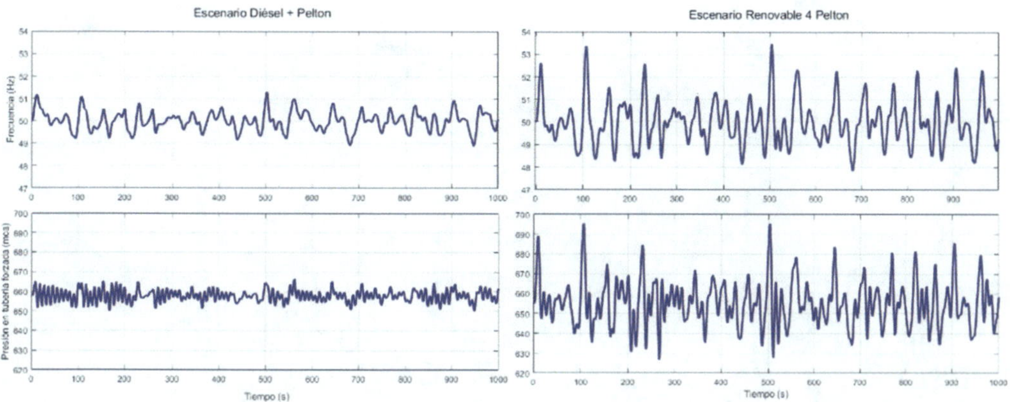

Figura 6.29. Evolución temporal de la frecuencia del sistema y de la presión en la tubería forzada cuando están operativos grupos diésel y Pelton y en el escenario renovable con 4 grupos Pelton

Una de las medidas o estrategias de control alternativas, empleadas en el sistema eléctrico del El Hierro, para limitar los desvíos de frecuencia, especialmente, cuando la generación es exclusivamente renovable, es la incorporación de las bombas de velocidad variable a las tareas de regulación de la frecuencia-potencia. La electrónica de potencia permite controlar la potencia que es absorbida de la red por cada una de las bombas. Los cambios de potencia eléctrica se traducen en variaciones de la potencia mecánica en la máquina hidráulica que terminan determinando la velocidad de giro de la misma.

A partir de este punto, para simplificar las figuras y los comentarios correspondientes se van a comparar los resultados con los obtenidos a partir del escenario *diésel + Pelton* y/o del escenario que surge de sustituir los grupos diésel por cuatro turbinas Pelton, de modo que en adelante en las figuras se considerará *escenario renovable*, como el escenario programado con los cuatro grupos Pelton.

En la Figura 6.30 se muestra la evolución temporal de la frecuencia cuando las dos bombas de velocidad variable participan tanto en la regulación primaria como en la secundaria. Se observa que, en comparación con el escenario renovable, la frecuencia disminuye su variabilidad, pero que sus valores todavía distan mucho del escenario en que conviven los grupos Pelton con los térmicos. Desde el punto de vista numérico en la Tabla 6.21 se observa que el valor de la frecuencia Nadir prácticamente no se ve afectado por la acción de regulación de las bombas. Esto se debe a que su capacidad de regulación es limitada, pudiendo reducir su consumo en 1,2 MW entre las dos bombas. Cuando la caída de la potencia eólica supera dicho valor, la contribución de las bombas se agota. Sin embargo, la rapidez con que la electrónica de potencia actúa se ve reflejada claramente en la reducción del valor pésimo del RoCoF, así como en el ECM o el tiempo en que la frecuencia permanece fuera de rango, T_{250}. A pesar de su limitación, reducen ambos registros notablemente. En el caso del ECM esta reducción llega al 17 %, mientras que el T_{250} disminuye un 5 %.

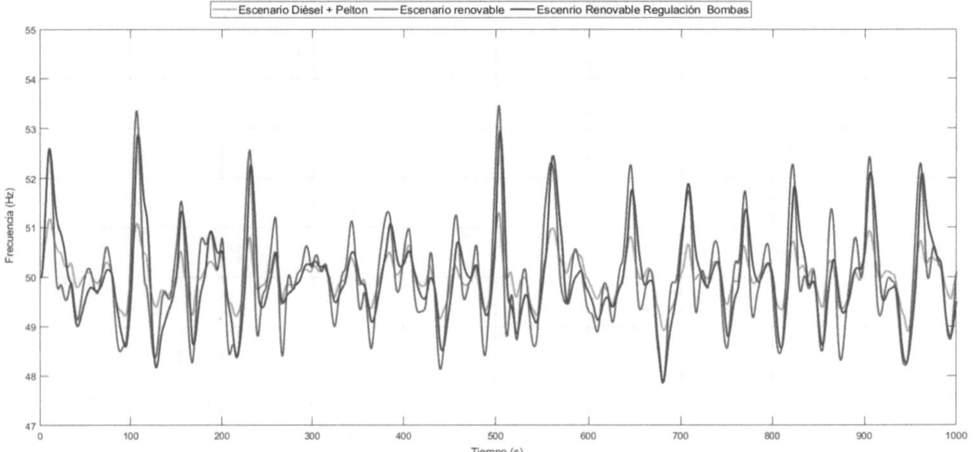

Figura 6.30. Evolución temporal de la frecuencia del sistema cuando están operativos grupos diésel y Pelton y en los escenarios renovables (4 grupos Pelton), incluyendo o no la regulación de la frecuencia realizada por las bombas de velocidad variable

Los cambios continuos en la potencia consumida por la estación de bombeo, recogidos gráficamente en la Figura 6.31, tienen una especial incidencia en la presión de la tubería de impulsión, es decir, la conducción que comunica las bombas con la balsa superior, como se aprecia también en la Figura 6.31.

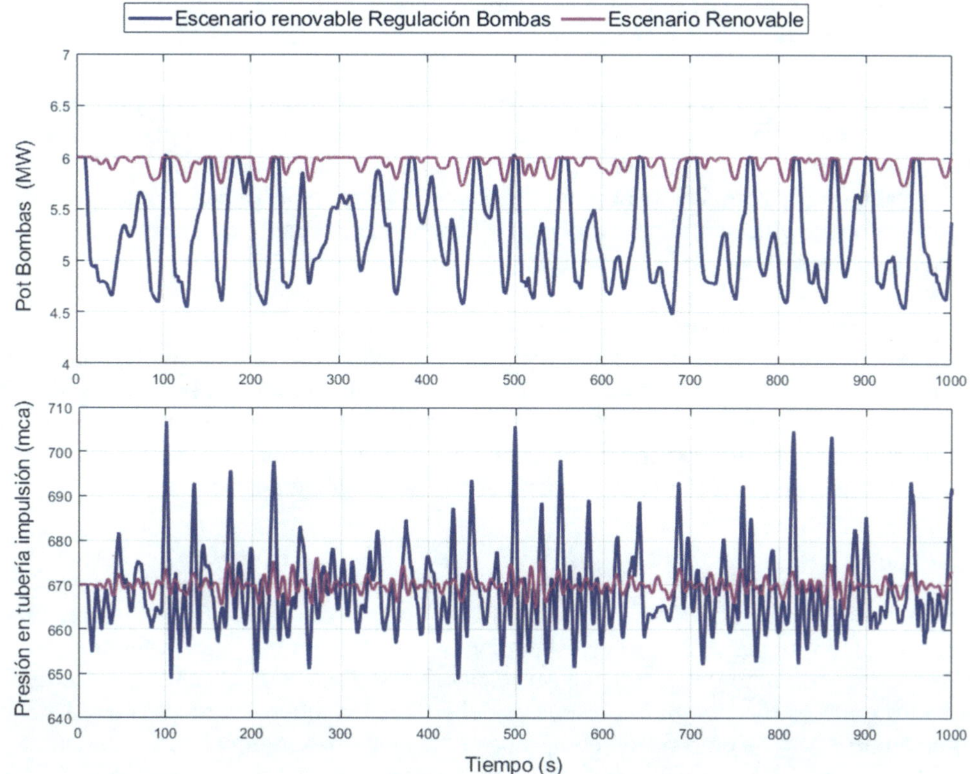

Figura 6.31. Evolución temporal de la potencia de la estación de bombeo y la presión en la tubería de la impulsión en el escenario con generación renovable (4 grupos Pelton) incluyendo o no la regulación de la frecuencia realizada por las bombas de velocidad variable

Los cambios en el caudal bombeado, inherentes a la modificación de la potencia consumida, tienen como consecuencia el golpe de ariete que, al igual que en la tubería forzada, tiene especial trascendencia debido a la longitud de ambas conducciones. El valor de la tensión equivalente en la tubería de la impulsión pasa de 2,37 a 10,40 N/mm^2 en la Tabla 6.23. Este aspecto debe ser tenido en cuenta en la valoración del desgaste de todos los elementos de las conducciones y por tanto en su inspección y mantenimiento. Lógicamente la colaboración de las bombas a la regulación alivia el esfuerzo de regulación de la central hidroeléctrica. Así, los movimientos totales de los distribuidores de los grupos Pelton, en la Tabla 6.25, se reducen un 20,0 % mientras que la tensión equivalente en la tubería forzada un 25 %.

Desde el punto de vista del balance energético, Tabla 6.22, la regulación de las bombas apenas introduce cambios de manera global, es decir, el volumen final de las balsas no se ve afectado prácticamente. Sin embargo, puede observarse cómo la utilización de las bombas de velocidad variable para regular reduce su energía total consumida de 1,49 a 1,31 MWh lo cual disminuye el volumen de agua bombeado un 13 % (de 625 a 542 m^3). Dado que la energía aportada por los aerogeneradores es la misma, esta reducción debe ser asumida por las turbinas Pelton que reducen su generación de 1,42 a 1,25 MWh.

Dado que la aportación de las bombas de velocidad variable no es suficiente para mantener la frecuencia en unos valores aceptables, en la actualidad, se adopta como medida adicional la limitación de la potencia que aportan los aerogeneradores a la red. De esta manera, tal como se aprecia en la Figura 6.9, las oscilaciones que experimenta la velocidad del viento no se traducen en una variación de la potencia eólica, lo que a su vez se traduce en una mayor estabilidad de la frecuencia.

En el modelo desarrollado y descrito en el presente capítulo, para introducir la limitación de la potencia que el aerogenerador inyecta en el sistema se modifica su control de pala. Normalmente, para extraer la máxima potencia procedente del viento, la consigna de referencia para el ángulo de pala viene determinada por la velocidad del viento en cada instante. En este caso, esta consigna se modifica de manera que la posición de la pala del aerogenerador se corresponda con la máxima potencia que el aerogenerador puede dar debido a la limitación impuesta.

Los resultados numéricos procedentes de introducir en las simulaciones la limitación de la potencia del parque eólico se muestran en las Tablas 6.21, 6.22 y 6.23. Concretamente se han simulado tres escenarios correspondientes con tres limitaciones diferentes, 9, 8 y 7 MW, para el conjunto del parque de aerogeneradores. En la Figura 6.32 se muestran los resultados gráficos tras simular la respuesta del sistema cuando el parque eólico tiene una limitación de 7 MW. Como puede comprobarse, los valores extremos y la evolución temporal de la frecuencia son similares a los que resultan del escenario en que conviven los grupos Pelton y los grupos térmicos. En la misma figura puede observarse cómo la variabilidad de la potencia eólica se reduce. Esto permite que las bombas de velocidad variable no alcancen sus límites de operación y que junto con la acción de control de los cuatro grupos Pelton la frecuencia quede dentro de unos límites asumibles por el sistema.

Desde el punto de vista numérico, en la Tabla 6.21, se comprueba que los valores de las frecuencias Nadir y el Cenit, que alcanza la frecuencia para las limitaciones de 9 y 8 MW aún resultan excesivos. La limitación de 7 MW es la que acota las variaciones de la frecuencia a valores similares a los obtenidos en el escenario no renovable con presencia de grupos diésel. Esta limitación además mejora notablemente los valores medios como el ECM, que se reduce prácticamente a la tercera parte, mientras que el tiempo en que la frecuencia permanece fuera del rango admisible, T_{250}, pasa de 507,5 s a casi la mitad, 258,3 s.

Los beneficios que la limitación de potencia eólica aporta a la regulación de la frecuencia tienen su contrapartida desde el punto de vista de la eficiencia energética del sistema porque lógicamente la energía eólica que los aerogeneradores inyectan en el sistema se reduce. En concreto esta reducción es del 12,5 % (de 1,943 a 1,701 MWh en la Tabla 6.22). Esta disminución se ve reflejada en el balance hídrico. Mientras que, a lo largo del escenario renovable con 4 Pelton y con regulación de las bombas, la balsa superior veía reducido el volumen de agua almacenada en 242,2 m^3 de agua, la limitación de la potencia de los aerogeneradores a

7,00 MW provoca que la pérdida de este volumen ascienda a 405,5 m^3. En realidad, la estación de bombeo mantiene el volumen de agua elevado; sin embargo, la reducción de la energía eólica debe ser compensada por la turbinación de una mayor cantidad de agua.

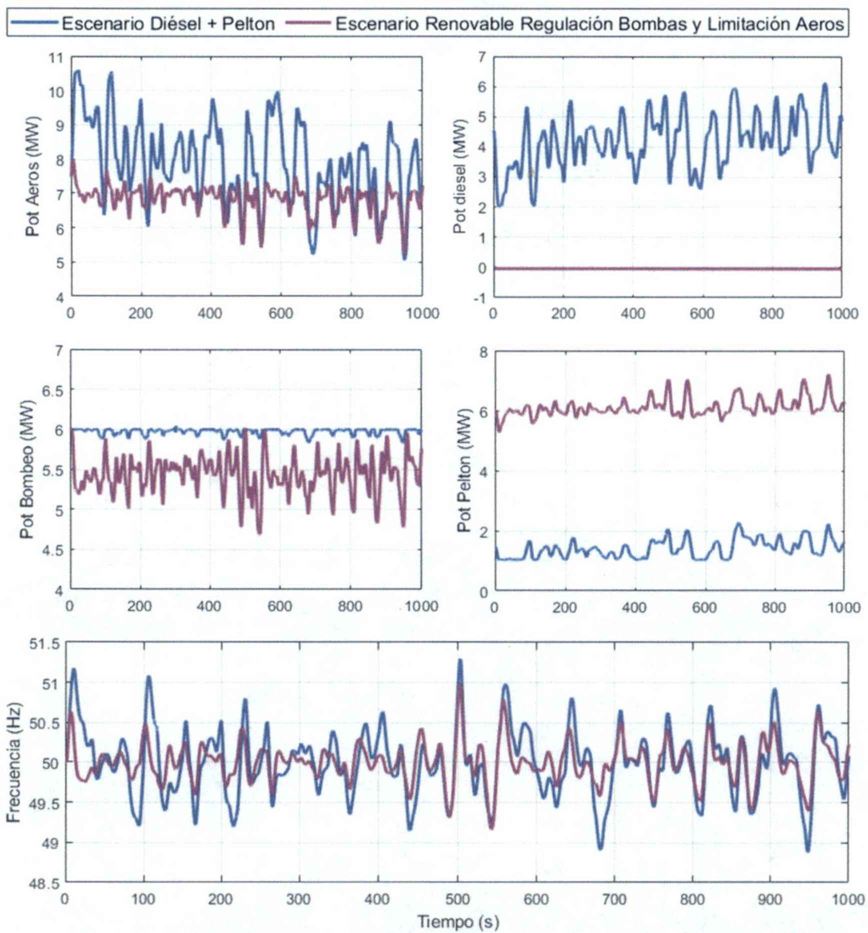

Figura 6.32. Evolución temporal de las potencias aportadas o consumidas por las principales instalaciones del sistema y su frecuencia cuando están operativos grupos diésel y Pelton y cuando la generación síncrona es la correspondiente a los 4 grupos Pelton, las bombas de velocidad variable realizan regulación y la potencia del parque eólico está limitada a 7,0 MW

Desde el punto de vista del desgaste y mantenimiento de los equipos e infraestructuras, la limitación de la potencia del parque eólico tiene una consecuencia inmediata en el elemento regulador que opera dicha limitación. En el caso de que la limitación sea de 7,00 MW el movimiento de las palas de los aerogeneradores se ve duplicado, pasando de 151,6 a 313,2 grados, *Inc* θ en la Tabla 6.23, cuando el parque eólico ve limitado su potencia a

7,00 MW. Este dato debe ser tenido en cuenta a la hora de plantear la inspección y el mantenimiento de los mecanismos que mueven las palas. En la Figura 6.33 se comparan gráficamente los movimientos del ángulo de pala en uno de los aerogeneradores con y sin limitación de la potencia eólica, así como la potencia eólica inyectada en el sistema. Las figuras se corresponden con el denominado escenario renovable con las bombas de velocidad variable danto regulación al que se le añade la limitación de la potencia del parque eólico.

Sin embargo, el esfuerzo regulador de la central hidroeléctrica se ve claramente beneficiado por la limitación eólica. Así, en ese mismo escenario, el recorrido total de los distribuidores de los cuatro grupos Pelton se reduce 3,3 veces de 7,888 a 2,394 p.u., cuando se limita la potencia eólica a 7,00 MW en el "escenario renovable" con regulación de las bombas tal como se muestra en la Tabla 6.23. En el caso de la tensión equivalente en el acero de la tubería forzada esta reducción llega a 3,1 veces.

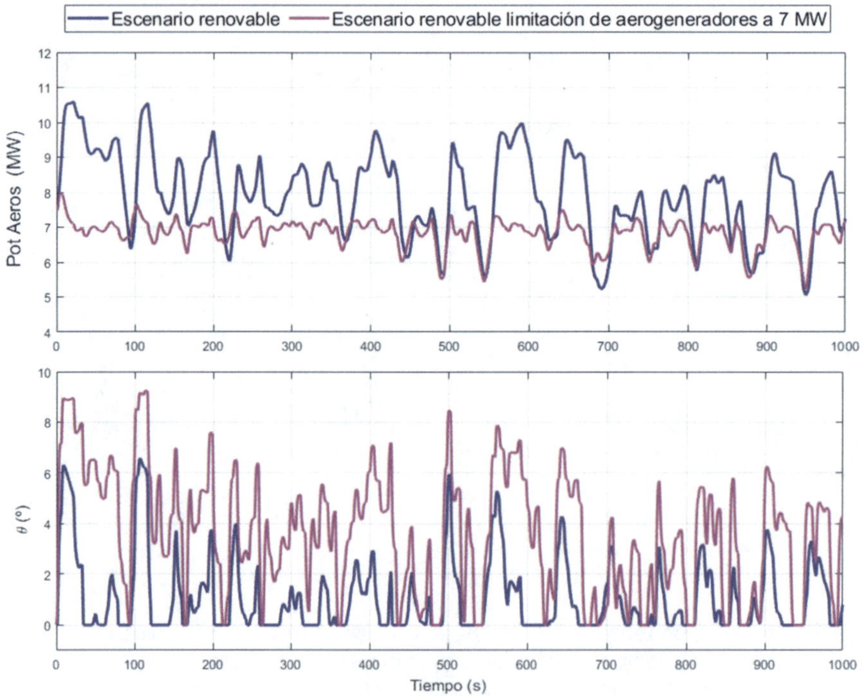

Figura 6.33. Comparación de la evolución temporal de la potencia eólica inyectada en el sistema y del ángulo de posición de la pala de un aerogenerador en el escenario 100 % renovable (4 grupos Pelton) en función de limitar o no la potencia eólica del parque a 7 MW

Una vez analizadas las medidas y estrategias de control no convencionales utilizadas en el sistema eléctrico de El Hierro para favorecer la penetración de las energías renovables, en este caso de la eólica, se plantean nuevas estrategias de operación y de control que podrían mejorar la eficiencia del sistema sin que la estabilidad de la frecuencia se vea comprometida.

Los nuevos escenarios propuestos surgen, por tanto, de añadir al escenario renovable con la regulación de las bombas la regulación de los aerogeneradores y de la batería. Estas nuevas estrategias de control no garantizan valores de frecuencias nadir y cenit admisibles de modo que es preciso mantener la limitación de la potencia eólica. Lógicamente los valores que acotan la máxima potencia eólica serán mayores, mejorando la eficiencia energética del sistema. De todas las limitaciones de potencia eólica simuladas se han recogido tanto gráfica como numéricamente aquellas que presentan unos resultados en frecuencia (especialmente las frecuencias nadir y el cenit) similares a los del escenario diésel + Pelton y el escenario renovable (4 Pelton) con regulación de las bombas y limitación de 7,00 MW del parque eólico. Estos dos escenarios presentan una frecuencia nadir y una frecuencia Cenit de 48,89 y 51,30 Hz y 49,17 y 50,98 Hz, respectivamente. El objetivo, por tanto, es analizar cómo las nuevas estrategias de control permiten mejorar la penetración eólica disminuyendo su limitación, manteniendo los resultados de la frecuencia.

Como se ha aclarado previamente, para valorar los nuevos esquemas y estrategias de control se mantiene el escenario renovable, es decir, con los cuatro grupos Pelton conectados participando de la regulación de la frecuencia junto con las bombas de velocidad variable. En la Tabla 6.26 se muestran los resultados numéricos relacionados con la frecuencia del sistema obtenidos en cada simulación. En las dos primeras filas se mantienen los resultados obtenidos a partir del escenario que incluye la programación de los grupos diésel y los resultados del escenario renovable con regulación de las bombas de velocidad variable y con una limitación de la potencia del parque eólico de 7,00 MW. De esta manera se facilita la comparación de los nuevos resultados con los precedentes.

Tabla 6.26. Resultados de las simulaciones relativos a la frecuencia del sistema eléctrico de El Hierro con estrategias de control alternativas

Escenario	ECM (Hz^2)	Nadir (Hz)	Cenit (Hz)	RoCoF (Hz/s)	T_{250} (s)
Diésel + Pelton	0,186	48,89	51,30	-0,279	507,5
4 Pelton + Reg. bombas + limitación 7,0 MW aeros.	0,065	49,17	50,98	–0,175	258,3
4 Pel. + Reg. bombas + lím. 8,0 MW eólicos + i. sintética aeros.	0,148	48,62	51,12	–0,119	437,6
4 Pel. + Reg. bombas + lím. 7,5 MW eólicos + i. sintética aeros.	0,077	49,03	50,76	–0,097	324,4
4 Pel. + Reg. bombas + *r.* primaria p. eólico	0,139	48,98	50,94	–0,100	497,5
4 Pel. + Reg. bombas + lím. 8,5 MW eólicos + i. sintética batería	0,191	48,62	51,51	–0,147	459,2
4 Pel. + Reg. bombas + lím. 8,0 MW eólicos + i. sintética batería	0,109	48,93	51,04	–0,125	381,6
4 Pel. + Reg. bombas + lím. 9,0 MW eólicos + r. primaria batería	0,102	48,86	51,46	–0,225	317,3
4 Pel. + Reg. bombas + lím. 8,5 MW eólicos + r. primaria batería	0,070	49,08	51,14	–0,169	252,3

Tabla 6.27. Resultados de las simulaciones relativos a la eficiencia energética e hídrica en el sistema eléctrico de El Hierro con estrategias de control alternativas

Escenario	E_{Pelton} (MWh)	E_{Bomba} (MWh)	E_{Aeros} (MWh)	V_{Tur} (m³)	V_{Bomr} (m³)	V_{al} (m³)
Diésel + Pelton	0,359	1,494	1,943	224,9	627,8	402,9
4 Pelton + Reg. bombas + limitación 7,0 MW aeros	1,537	1,659	1,701	966,5	561,0	–405,5
4 Pel. + Reg. bombas + lím. 8,0 MW eólicos + i. sintética aeros	1,414	1,374	1,840	888,5	568,4	–320,1
4 Pel. + Reg. bombas + lím. 7,5 MW eólicos + i. sintética aeros	1,495	1,393	1,778	939,8	578,5	–361,3
4 Pel. + Reg. bombas + r. primaria p. eólico	1,333	1,374	1,884	837,5	567,6	–269,9
4 Pel. + Reg. bombas + lím. 8,5 MW eólicos + i. sintética batería	1,338	1,355	1,897	840,5	559,1	–281,4
4 Pel. + Reg. bombas + lím. 8,0 MW eólicos + i. sintética batería	1,401	1,373	1,852	880,1	568,4	–311,6
4 Pel. + Reg. bombas + lím. 9.0 MW eólicos + r. primaria batería	1,287	1,333	1,922	807,9	546,3	–261,6
4 Pel. + Reg. bombas + lím. 8,5 MW eólicos + r. primaria batería	1,370	1,388	1,897	860,7	576,2	–284,5

La elaboración de la Tabla 6.27 ha seguido la misma filosofía, pero aplicada a las variables que reflejan la eficiencia energética e hídrica del sistema.

Tabla 6.28. Resultados de las simulaciones relativos al desgaste de algunos equipos en el sistema eléctrico de El Hierro con estrategias de control alternativas

Escenario	Inc z (p.u.)	$T_{tub\ for}$ (N/mm²)	$T_{tub\ imp}$ (N/mm²)	Inc θ_r (°)	Ciclos /hora
Diésel + Pelton	3,578	4,412	0,622	151,6	0,0000
4 Pelton + Reg. bombas + limitación 7,0 MW aeros	2,394	4,081	9,338	313,2	0,0000
4 Pel. + Reg. bombas + lím. 8,0 MW eólicos + i. sintética aeros	3,600	4,512	6,333	253,8	0,0000
4 Pel. + Reg. bombas + lím. 7,5 MW eólicos + i. sintética aeros	2,638	3,552	6,063	285,5	0,0000
4 Pel. + Reg. bombas + r. primaria p. eólico	3,642	3,795	5,130	167,0	0,0000
4 Pel. + Reg. bombas + lím. 8,5 MW eólicos + i. sintética batería	3,923	5,594	7,341	213,8	0,0228
4 Pel. + Reg. bombas + lím. 8,0 MW eólicos + i. sintética batería	3,133	4,572	7,085	255,0	0,0183
4 Pel. + Reg. bombas + lím. 9.0 MW eólicos + r. primaria batería	2,861	5,743	8,996	180,3	0,0695
4 Pel + Reg. bombas + lím. 8,5 MW eólicos + r. primaria batería	2,256	4,130	7,038	213,8	0,0599

Finalmente, la Tabla 6.28 contiene los valores numéricos obtenidos del modelo en relación al desgaste de los equipos e infraestructuras de la central de Gorona del Viento y de la batería. En este caso, dado que algunos escenarios contemplan la acción de regulación de la batería se ha incluido su desgaste, en términos de ciclos/hora de la misma.Según se muestra en la Tabla 6.26, cuando se activa el control inercial en los aerogeneradores, los registros de la frecuencia mejoran, pero no es posible evitar limitar la potencia del parque eólico para mantener la frecuencia en valores aceptables. Si cuando no está operativo el control inercial el límite necesario se fija en 7,00 MW cuando este control se activa es preciso mantener la potencia de referencia del parque por debajo de los 7,50 MW. En la Tabla 6.26 se recogen también los valores correspondientes a la limitación de 8,00 MW, pero se observa que los valores máximos y mínimos de la frecuencia resultan excesivos.

En el caso de la regulación primaria no es necesario limitar la potencia del parque eólico. Según se muestra en el Apartado 6.2.5 es preciso definir una reserva, es decir, imponer a cada aerogenerador que funcione en cada instante generando una potencia inferior a la que podría aprovechar del viento. En este caso el margen de potencia que se mantiene como reserva para proporcionar regulación primaria es del 2 % de la máxima potencia disponible. Con este valor de reserva los resultados obtenidos en las frecuencias nadir y cenit son similares a los obtenidos con la aportación inercial y la limitación de 7,50 MW y mejores que los obtenidos en el caso en que la regulación de frecuencia la realizan los grupos Pelton y diésel.

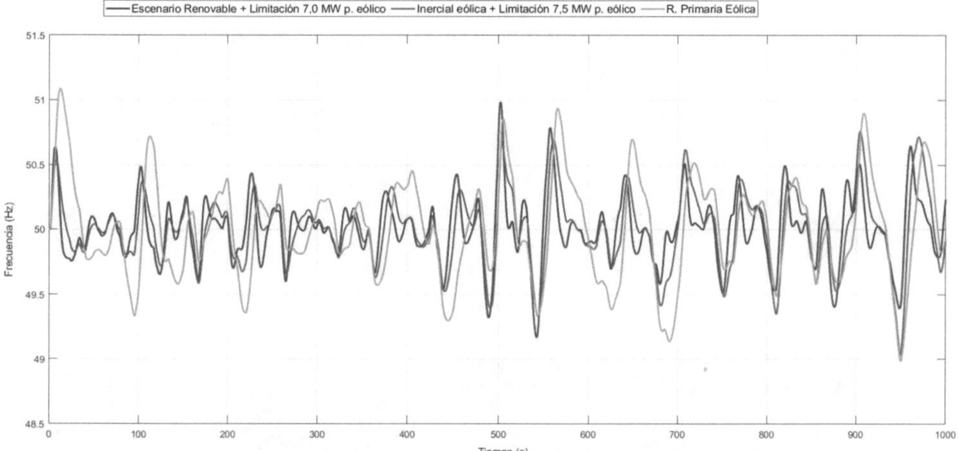

Figura 6.34. Comparación de la evolución temporal de la frecuencia del sistema en escenario renovable (4 grupos Pelton) considerando la limitación de la potencia del parque eólico, la aportación de inercia sintética de los aerogeneradores o su contribución a la regulación primaria

Ambas estrategias de control, inercial y regulación primaria actúan especialmente aportando una rápida respuesta de los aerogeneradores a través de la electrónica de potencia, lo que posibilita que se reduzca notablemente el máximo RoCoF en ambos casos. Sin embargo, comparando los resultados con los obtenidos gracias al control ya efectuado en el sistema que incluye la limitación de la potencia del parque eólico a 7,00 MW, el ECM y el valor del T_{250} muestran valores superiores. Este incremento se hace muy notable en el caso de la regulación primaria. Es decir, que la regulación primaria de los aerogeneradores es especialmente efectiva para acotar los desvíos de frecuencia extremos, pero no lo es tanto respecto a los desvíos medios. Este comportamiento se muestra con claridad en la Figura 6.34 en la que se compara la evolución temporal de la frecuencia resultante de las nuevas estrategias de control propuestas para los aerogeneradores y de las que se encuentran implementadas en la actualidad (escenario renovable con regulación de las bombas y limitación eólica de 7,00 MW).

Como se ha comentado con anterioridad, la participación de los aerogeneradores en un primer momento exige a sus respectivos convertidores inyectar al sistema la potencia requerida. Esta acción va a provocar un desequilibrio en el rotor de las máquinas eólicas, dado que en esos primeros instantes la potencia eléctrica que el sistema recibe de los aerogeneradores es mayor que la potencia mecánica procedente del viento. Este desequilibrio va a producir que la velocidad angular del rotor disminuya o aumente lo que a su vez será corregido por el correspondiente control de velocidad. Este control limita la potencia eléctrica que el convertidor inyecta en la red para evitar que el rotor se embale o se frene en exceso.

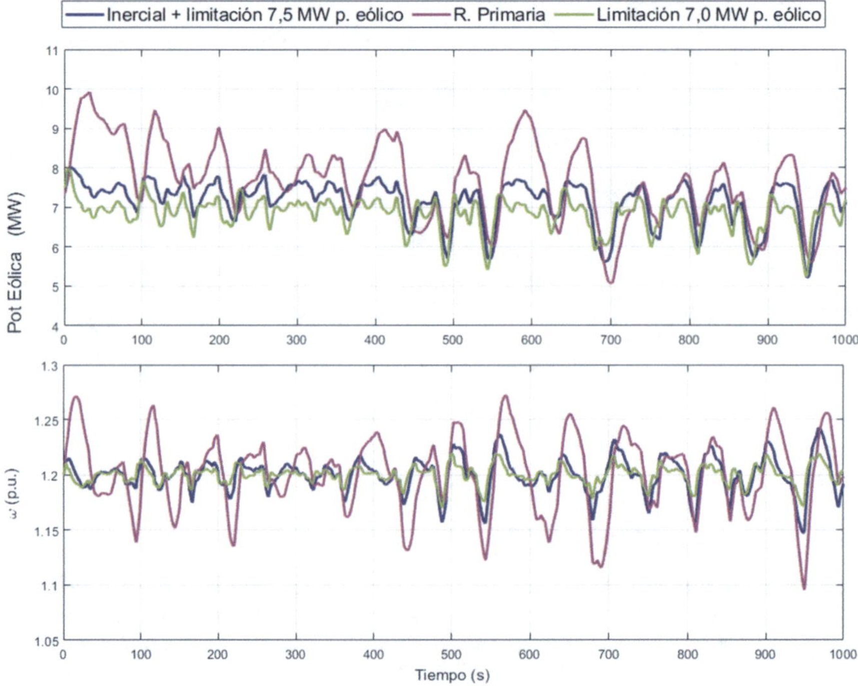

Figura 6.35. Comparación de la evolución temporal de la potencia eólica inyectada en el sistema y de la velocidad de giro del rotor de un aerogenerador en el escenario 100 % renovable (4 grupos Pelton) considerando la limitación de la potencia del parque eólico, la aportación de inercia sintética de los aerogeneradores o su contribución a la regulación primaria

En la Figura 6.35, junto con la potencia eólica, se puede comprobar cómo varía la velocidad angular del rotor de uno de los aerogeneradores, de modo que la acción de control de los aerogeneradores está limitada internamente. En esta misma figura se observa que la reserva de la regulación primaria permite eliminar el límite de la potencia eólica, lo que a su vez posibilita aumentar su rango de acción. Esto a su vez provoca mayores desvíos en la velocidad de giro del rotor. Las oscilaciones en la velocidad de giro del rotor producen ciertas dificultades al control interno de los aerogeneradores, lo cual de una manera indirecta acaba afectando al control de la potencia.

Esta es la razón por la que la regulación primaria resulta efectiva para limitar los valores extremos de la frecuencia pero que no lo es tanto para manejar las variaciones continuas de esta señal. Los desvíos en la velocidad de giro del rotor, activan el control de velocidad angular del aerogenerador, lo que a la postre acaba interfiriendo de manera indeseable en la regulación primaria que realiza el aerogenerador, de modo que la efectividad de este control se ve mermada. Hay cierta analogía entre las dificultades que tienen los grupos Pelton y los aerogeneradores para realizar la regulación de la frecuencia. En el caso de los grupos Pelton los cambios bruscos de caudal provocan oscilaciones de la presión (golpe de ariete) que entorpecen y complican el control de la frecuencia. Los cambios bruscos en la potencia inyectada por el aerogenerador provocan desvíos en su velocidad de giro que también dificultan el control.

El hecho de que los aerogeneradores participen de la regulación permite, en el caso del control inercial, aumentar el valor de la limitación del parque eólico, pasando este límite de 7,00 a 7,50 MW, manteniendo los valores extremos de frecuencia. Como se ha aclarado previamente, en el caso de la regulación primaria la disposición de la reserva permite no tener que limitar la potencia eólica para evitar valores indeseables en la frecuencia. Lógicamente esto tiene una repercusión en la eficiencia energética en ambos casos. Como se observa en la Tabla 6.27, el incremento de energía eólica inyectada en el sistema permite reducir respecto al escenario renovable con regulación de las bombas y una limitación de 7,00 MW de la potencia eólica, la energía procedente de las turbinas Pelton un 3 % en el caso del control inercial y de casi el 11 % en el de la regulación primaria y por tanto el volumen de agua turbinada. El balance hídrico por tanto mejora pasando de vaciar en 405 m^3 la balsa superior a hacerlo en 361 o 270 m3 respectivamente.

En el caso del desgaste de los equipos la introducción de la regulación de los aerogeneradores produce un incremento del trabajo realizado por los inyectores de las turbinas Pelton, que aumenta un 52 % en el caso de la regulación primaria y un 10 % en el caso de la inercial y límite de 7,50 MW, con respecto al "escenario renovable" con regulación de las bombas y limitación eólica de 7,00 MW (Ver Tabla 6.27). Esto se debe a que el control primario, que ocasiona mayores oscilaciones en la velocidad angular de los rotores de los aerogeneradores, tiene que ser compensado por los reguladores hidráulicos. En cambio, la ausencia o reducción de la limitación en la potencia eólica permite a los aerogeneradores disminuir sustancialmente la acción del control de la pala. En el caso de la regulación primaria la variable Inc θ pasa de 313,2° a 167,0° (prácticamente la mitad) mientras que estos efectos son menores en el caso del control inercial y 7,50 MW de limitación eólica a los

285,5°. Como se ha comentado en el párrafo anterior, la principal ventaja de introducir la regulación por parte de los aerogeneradores, radica en los beneficios para la eficiencia energética del sistema, especialmente desde el punto de vista del volumen de agua que pasa de la balsa superior a la inferior. Pero estas ventajas, conllevan en este caso un inconveniente claro, como es el incremento en el desgaste de los equipos de regulación en los grupos Pelton.

Como se ha mencionado anteriormente la Tabla 6.26 también contiene los resultados numéricos de las simulaciones realizadas cuando la batería participa en la regulación de la frecuencia, ya sea inercialmente u ofreciendo regulación primaria. En ninguno de los dos casos ha sido posible evitar la limitación en potencia del parque eólico, pero el valor de dicha limitación se ha reducido. En el caso de la regulación primaria la limitación pasa de 7,00 a 8,50 MW y en el de la regulación inercial a los 8,0 MW, manteniendo la frecuencia en un rango de valores aceptable. En la Figura 6.36 se muestra la evolución temporal de la frecuencia en ambos casos y se compara con el escenario renovable con la regulación de las bombas, en que la potencia de los aerogeneradores se encuentra limitada a 7 MW y estos no participan en la regulación de frecuencia.

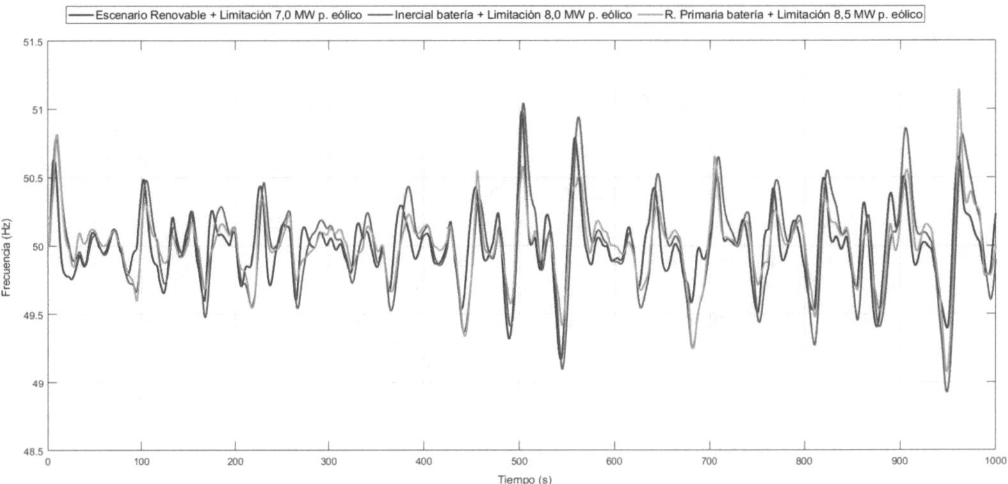

Figura 6.36. Comparación de la evolución temporal de la frecuencia del sistema en el escenario renovable (4 grupos Pelton) considerando la limitación de la potencia del parque eólico, la aportación de inercia sintética de la batería o la contribución a la regulación primaria de la misma

De los valores de la Tabla 6.26 como de los resultados gráficos de la Figura 6.36 se puede concluir que desde el punto de vista de la frecuencia la regulación primaria ejercida por la batería es más efectiva que la aportación de inercia sintética, dado que permite reducir la limitación de la potencia de los aerogeneradores. Esta mejor respuesta se debe a que esta estrategia de control permite aprovechar la potencia disponible en la batería. En la Figura 6.37 se puede observar cómo la potencia que la batería inyecta o consume del sistema llega a su valor máximo (0,65 MW) cuando participa de la regulación primaria mientras que esto no ocurre cuando aporta inercia sintética. Dado que el nivel de carga inicial de la batería es del 50 % y que los desvíos de frecuencia varían en su signo, en ninguno de los dos casos el estado de carga de la batería se ve afectado de manera relevante permaneciendo cercano al valor inicial.

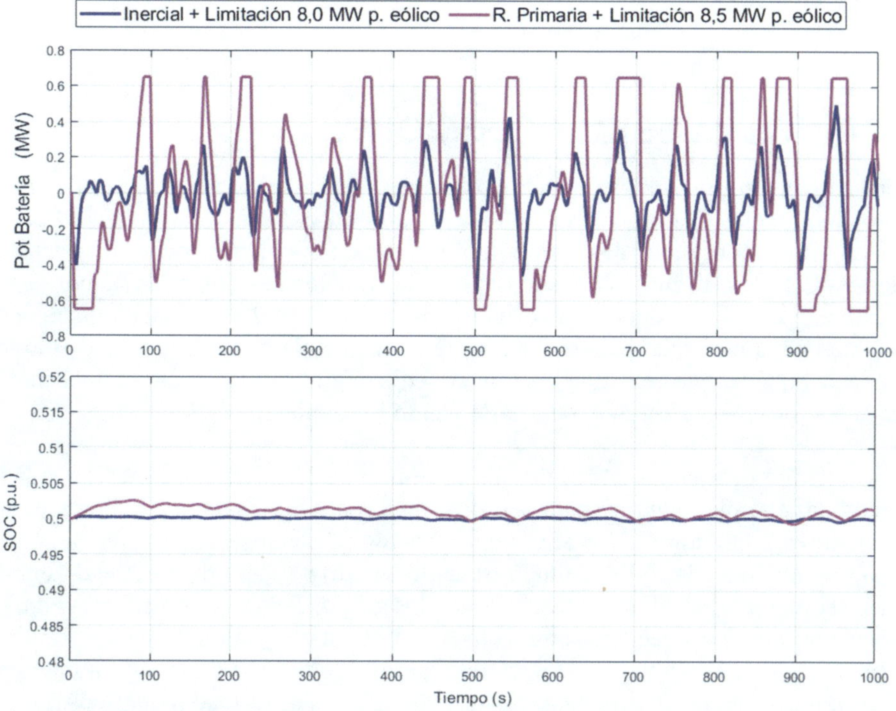

Figura 6.37. Evolución temporal de la potencia y el SOC de la batería en escenario renovable (4 grupos Pelton) incluyendo la regulación de las bombas de velocidad variable y la regulación de la batería

La reducción de la limitación del parque eólico propiciada por la acción de control de la batería, al igual que en el caso de los aerogeneradores, conlleva un beneficio desde el punto de vista de eficiencia. Cuando las baterías no regulan la frecuencia, la balsa superior pierde 405,5 m^3 de agua según se muestra en la Tabla 6.27. Este valor se reduce a 311,6 m^3 en el caso de la aportación inercial y a 284,5 m^3 con regulación primaria. Sin embargo, lógicamente la participación de la batería en la regulación tiene un desgaste que se puede medir a través de los ciclos/hora equivalentes que se han efectuado en cada simulación, que se recogen en la Tabla 6.28.

En el caso de la aportación de inercia sintética este valor asciende a 0,0183, mientras que en la regulación primaria llega a 0,0599. Lógicamente la regulación primaria, al aprovechar más el rango de potencia que ofrece la batería provoca un desgaste 3,3 veces superior al de la inercia sintética. Suponiendo que la batería participase en la regulación de la frecuencia las 8.760 horas del año y un nivel desgaste similar al que se observa en estas simulaciones, la regulación primaria reduciría la vida útil de la batería en 1889 ciclos en un año mientras que la aportación de inercia sintética 577 ciclos. Teniendo en cuenta que en algunas publicaciones se cifra la vida útil de este tipo de batería entre los 4000 y los 10 000 ciclos el desgaste de la batería al ofrecer regulación debe ser tenido muy en cuenta al valorar de manera global su contribución.

6.5. PRINCIPALES CONCLUSIONES

En el presente capítulo se ha presentado un acercamiento al sistema eléctrico de la isla de El Hierro, que gracias a la implantación de la central hidroeólica de Gorona del Viento, ha conseguido hitos importantes desde el punto de vista de la penetración de las energías renovables. Así, en los últimos años este sistema ha funcionado durante días consecutivos exclusivamente a partir de energía de origen renovable. Para ello el sistema dispone de un parque eólico cuya potencia instalada supera la demanda eléctrica de la isla; de modo que los excedentes que se extraen de la energía eólica son aprovechados para almacenar agua que puede ser turbinada cuando el déficit de viento lo requiere.

La operación del sistema cuando no se hace uso de la generación diésel requiere de ciertas medidas complementarias para permitir su correcto funcionamiento. Por un lado, los aerogeneradores están conectados al sistema a través de electrónica de potencia, por otro, el viento presenta una variabilidad muy reseñable a corto y medio plazo. A estas condiciones se debe sumar las dificultades que presentan los grupos Pelton para asumir la regulación de la frecuencia como consecuencia del golpe de ariete que la gran longitud de sus conducciones provoca. Estas condiciones derivan en una dificultad importante para mantener la frecuencia del sistema eléctrico dentro de los márgenes de seguridad requeridos.

Según se puede inferir de la información que se dispone del funcionamiento del sistema, cuando la central reversible participa en el suministro de energía eléctrica sin hacer uso de la generación diésel lo hace turbinando y bombeando al mismo tiempo, independientemente de cuál sea el balance energético conjunto de ambos procesos. Este modo de operación, conocido como cortocircuito hidráulico presenta un rendimiento desde el punto de vista energético muy deficiente. También se ha comprobado que en la actualidad se limita la potencia que inyecta el parque eólico en el sistema, de modo que gracias a esta limitación se reducen las variaciones de la potencia eólica, provocadas por las rampas de viento, que a su vez deterioran la calidad de la frecuencia. Obviamente esta medida reduce la eficiencia energética del sistema. Por último, se ha constatado que las bombas de velocidad variable participan en la actualidad en la regulación de la frecuencia del sistema gracias a la electrónica de potencia con que están equipadas.

Para estudiar cómo contribuyen estas medidas o estrategias de control alternativas en la regulación de la frecuencia se desarrolla un modelo dinámico del sistema eléctrico de El Hierro en el entorno de programación MATLAB Simulink. Dicho modelo permite obtener la respuesta dinámica de la frecuencia del sistema cuando varían las condiciones de contorno del mismo o la velocidad del viento que reciben los aerogeneradores. La calibración del modelo muestra que el modelo reproduce fielmente su comportamiento dinámico. Los resultados obtenidos a partir de las simulaciones realizadas muestran el valor y la idoneidad del modelo para analizar las estrategias de control que se han implantado en la actualidad y para proponer otras posibles, que han sido implantadas en otros sistemas similares.

Una vez calibrado el modelo, como caso base, se simula un escenario de producción y demanda en el que conviven los grupos diésel con los grupos hidráulicos Pelton, los grupos eólicos y las bombas (tanto de velocidad fija como variable). A partir de este modelo se plantea la sustitución de los grupos térmicos por grupos Pelton. Los resultados de las simulaciones muestran que los grupos Pelton no son capaces de asumir la regulación de la frecuencia con garantías de forma exclusiva. Se añade posteriormente la participación en la regulación de frecuencia de las bombas de velocidad variable que contribuyen favorablemente pero no de manera definitiva, pues los desvíos de la frecuencia son todavía inasumibles. Es preciso, para acotar valores extremos de la frecuencia, limitar la potencia del parque eólico. En este caso es preciso establecer este límite en 7,00 MW. La regulación por parte de las bombas implica un incremento muy importante de las oscilaciones de presión en la tubería de la impulsión que deberían ser valoradas a la hora de plantear su inspección y mantenimiento. Por otro lado, lógicamente, la limitación de la potencia del parque eólico lleva implícita una pérdida del rendimiento energético del sistema, que se traduce en un aumento del volumen de agua que se traslada de la balsa superior a la inferior durante las simulaciones. Si se dispone de menos energía eólica es preciso emplear mayor cantidad de agua en la turbinación.

De modo que, a través de los resultados numéricos y gráficos, obtenidos a partir del modelo, es posible estimar cualitativa y cuantitativamente las consecuencias que tiene la generación cien por cien renovable. La consecuencia más evidente es que se evita conectar los grupos diésel con el consecuente ahorro de combustible y emisiones contaminantes, pero es necesario tener en cuenta las medidas que se deben acometer para que el sistema funcione en condiciones de seguridad. Estas medidas tienen unas consecuencias desde el punto de vista de desgaste de los equipos e infraestructuras como los reguladores de los grupos Pelton, los servomotores que mueven las palas de los aerogeneradores o la presión en las conducciones.

Finalmente se proponen nuevas estrategias o modos de control de la frecuencia complementarias a las que se han adoptado en la actualidad que pasan por emplear la capacidad de regulación de los aerogeneradores o de la batería que recientemente se ha instalado en la central térmica. La contribución de los aerogeneradores y de la batería a la regulación de la frecuencia puede plantearse como inercial o como regulación primaria. En ambos casos se consigue, según indican las simulaciones reducir la limitación de la potencia del parque eólico, de modo que se mejore el rendimiento energético del sistema. Este rendimiento se valora por ejemplo observando cómo el volumen de agua turbinado se reduce. Pero de nuevo se hace necesario contemplar las consecuencias que tienen estas estrategias de control en el desgaste de los equipos. En el caso de la participación en la regulación de frecuencia de los aerogeneradores se observa cómo los inyectores de los grupos Pelton son más utilizados. Mientras que la regulación de las baterías conlleva una disminución de su propia vida útil, expresada en los ciclos/hora equivalentes efectuados a lo largo de la simulación.

En resumen, el incremento de la penetración renovable, aparte de las consecuencias favorables que conlleva, implica otras no tan evidentes pero que deben ser muy tenidas en cuenta. El sistema eléctrico de la isla de El Hierro es un sistema aislado de potencia muy reducida de modo que las conclusiones que se extraen de este trabajo no pueden ser extrapoladas tal cual a sistemas interconectados de potencias muy superiores. Pero sí puede ser un ejemplo ilustrativo que ayude a entender, al menos parcialmente, el reto técnico al que se enfrenta la sociedad actual en el camino hacia la descarbonización completa de los sistemas de producción de energía eléctrica en el que se halla.

BIBLIOGRAFÍA

[1]. Anuario energético de Canarias 2021.

[2]. Declaración Ambiental enero-diciembre 2018 CD Llanos Blancos. Endesa.

[3]. Diario Público. Madrid 12/02/2018.

[4]. Europa Press. Islas Canarias 07/08/2019.

[5]. Gorona del Viento, SA: https://www.goronadelviento.es/.

[6]. Red Eléctrica de España REE, https://www.ree.es/es.

[7]. Quevedo, A. M., Domínguez, E. J. M., de León Izquier, J. M., de León, R. C., Arozarena, P. S., Moreno, J. G.,... & Hernández, J. G. (2018, May). Gorona del Viento wind-hydro power plant. In 3rd International Hybrid Power Systems Workshop. Energynautics GmbH, Darmstadt.

[8]. Valle Feijoó, J.M. Baterías como aliados del agua para producir energía eléctrica más limpia en Canarias. Endesa, 22/04/2019.

[9]. Sarasúa, J. I., Martínez-Lucas, G., & Lafoz, M. (2019). Analysis of alternative frequency control schemes for increasing renewable energy penetration in El Hierro Island power system. International Journal of Electrical Power & Energy Systems, 113, 807-823.

[10]. L. Cuesta y E. Vallarino, Aprovechamientos hidroeléctricos2.ª Edición, Madrid: Garceta grupo editorial, 2015.

[11]. https://efeverde.com/las-claves-del-proyecto-de-la-central-hidroeolica-de-el-hierro/

[12]. Platero, C. A., Sánchez, J. A., Nicolet, C., & Allenbach, P. (2019). Hydropower plants frequency regulation depending on upper reservoir water level. Energies, 12(9), 1637.

[13]. Mover, W. G. P., & Supply, E. (1992). Hydraulic turbine and turbine control models for system dynamic studies. IEEE Transactions on Power Systems, 7(1), 167-179.

[14]. Lalor, G., Mullane, A., & O'Malley, M. (2005). Frequency control and wind turbine technologies. IEEE Transactions on power systems, 20(4), 1905-1913.

[15]. Ntomalis, S., Iliadis, P., Atsonios, K., Nesiadis, A., Nikolopoulos, N., & Grammelis, P. (2020). Dynamic Modelling and Simulation of Non-Interconnected Systems under High-RES Penetration: The Madeira Island Case. Energies, 13(21), 5786

[16]. Martínez-Lucas, G., Sarasúa, J. I., Sánchez-Fernández, J. Á., & Wilhelmi, J. R. (2015). Power-frequency control of hydropower plants with long penstocks in isolated systems with wind generation. Renewable Energy, 83, 245-255.

[17]. Praghnesh Bhatt, Ranjit Roy, S. P. Ghoshal. Dynamic participation of doubly fed induction generator in automatic generation control, Renewable Energy, Volume 36, Issue 4, 2011, Pages 1203-1213,

[18]. Neplan, A. G. (2017). Turbine-Governor Models: Standard Dynamic Turbine-Governor Systems in NEPLAN Power System Analysis Tool.

[19]. W. Yang, P. Norrlund, L. Saarinen, J. Yang, W. Guo, and W. Zeng, ``Wear and tear on hydro power turbinesinuence from primary frequency control," Renew. Energy, vol. 87, pp. 8895, Mar. 2016.